Dankmar Bosse

Die gemeinsame Evolution von Erde und Mensch

Dankmar Bosse

Die gemeinsame Evolution von Erde und Mensch

Entwurf einer Geologie und Paläontologie der lebendigen Erde

Verlag Freies Geistesleben

Dankmar Bosse wurde 1940 in Weimar geboren. Er studierte Geologie/ Paläontologie, Mineralogie an der Bergakademie Freiberg/Sachsen und arbeitete bis zur Wende am Zentralen Geologischen Institut in Berlin-Ost, hauptsächlich über Regionalgeologie und Tektonik Mitteleuropas. Anthroposophische Forschungsarbeit auf allen geowissenschaftlichen Gebieten, besonders zu Fragen der Erdgeschichte, Gesteins- und Mineralbildung, Tierevolution und Landschaftserkenntnis. 1994 erschien im gleichen Verlag, von ihm zusammengestellt: Goethe J. W., *Die Metamorphose des Granits.* Dankmar Bosse lebt in Berlin und ist freiberuflich tätig mit goetheanistischen Kursen, Vorträgen, Veröffentlichungen sowie Exkursionen zur Gesteinskunde, zum Vulkanismus und zu Metallen im Erdorganismus.

Die Drucklegung dieses Werkes wurde unterstützt von der Gesellschaft zur Förderung geisteswissenschaftlicher Literatur, der Hausserstiftung e. V. und der Mahle-Stiftung GmbH, Stuttgart.

ISBN 3-7725-1593-2

Verlag Freies Geistesleben
Landhausstraße 82, 70190 Stuttgart
Internet: www.geistesleben.com

Buchgestaltung: Walter Schneider, Stuttgart
Druck: Offizin Chr. Scheufele, Stuttgart

Einbandbild: Bändereisenerz aus Australien: Rhythmische Wechsellagerung von Hämatit (rot), Magnetit (schwarz) und Quarz (gelb) – siehe Abb. 134, S. 245.

Frontispiz Seite 2: Linse aus Alkali-Feldspat (Orthoklas) und Quarz mit Kupferkies in Biotit-Plagioklas-Gneis in Alvik, Hardangerfjord, Norwegen; Bildbreite ca. 2,50 m – siehe Abb. 193, S.340.

Suche im eignen Wesen:
Und du findest die Welt;
Suche im Weltenwalten:
Und du findest dich selbst;
Merke den Pendelschlag
Zwischen Selbst und Welt:
Und dir offenbaret sich
Menschen-Welten-Wesen;
Welten-Menschen-Wesen.

(Rudolf Steiner, GA 40, 27. 2. 1919)

Und die Lehre vom Menschen,
der aus den Kräften der Erde geformt ist,
ist Geologie.

(Rudolf Steiner, GA 149, 31. 12. 1913)

Inhalt

Grundlagen

Einführung in das Buch

Natur- und Geistesforschung

Dieses Buch wendet sich an alle Leser, die an der Geologie und an der Anthroposophie Rudolf Steiners interessiert sind. Ich möchte die Forschungsergebnisse der **Geologie** und der **Paläontologie** mit denen der anthroposophischen **Geisteswissenschaft** vergleichen. Einerseits kann durch anthroposophische Erkenntnismethoden ein neues Licht auf die naturwissenschaftlichen Vorstellungen geworfen werden, andererseits wird das noch grobe Umrissbild der Menschenentwicklung aus anthroposophischer Sicht durch die Details der Geologie und Evolutionsbiologie wesentlich inhaltvoller. Die Erdgeschichte ist ein Gesamtvorgang, der eine sinnlich beobachtbare und eine übersinnlich wahrnehmbare Seite hat. Die Ergebnisse der Geistesforschung lassen sich an den Phänomenen der Natur und auf dem Erkenntnisweg des Goetheanismus prüfen. Dieser Weg führt über die Vorstellungen zu Begriffen und Ideen, die als wahr erlebt werden. So haben sich mir die geologischen Zusammenhänge – bis hinein in die Einzelheiten eines Gesteins, eines Fossils oder einer Landschaft – als ein erstaunlich getreues Abbild der übersinnlichen Entwicklung des Menschen erwiesen, wie Steiner sie darstellt.

Mein Ansatzpunkt

Das Schicksal führte mich auf den naturwissenschaftlichen und den anthroposophischen Erkenntnisweg. Ich wurde 1940 in der Goethestadt Weimar geboren, wuchs dort auf und begann mit zwölf Jahren Steine zu sammeln; seither stand fest, dass ich Geologe werden würde. Die grundlegenden anthroposophischen Bücher von Guenther Wachsmuth (1950), Walter Cloos (1958) und Helmut Knauer (1961) las ich schon vor meinem Studium. An der Bergakademie Freiberg im Erzgebirge erhielt ich eine vorzügliche Ausbildung in Geologie, Mineralogie, Tektonik, Geophysik etc. und schrieb die Diplomarbeit 1968 in Paläontologie bei Prof. Arno Hermann Müller. Von Anfang an war es mein Ziel, die gegenseitigen Beziehungen zwischen Anthroposophie und Geologie kritisch zu betrachten.

Zu diesen Feldern kam ein drittes hinzu. Goethes geologische Schriften las ich als Weimaraner seit der Konfirmation. Eine Zusammenschau seiner Grundideen, die ich 1976 in einem ersten Manuskript dargestellt hatte, erschien 1994 unter dem Titel *Die Metamorphose des Granits* im Verlag Freies Geistesleben. In Goethes Gedanken sehe ich inhaltlich und methodisch einen wichtigen Ausgangspunkt für eine neue Entwicklungsidee des lebendigen Wesens Erde. Seine Ahnungen können zum Bindeglied werden zwischen der geistigen Seite der Evolution, wie sie Steiner darstellt, und der sinnlich wahrnehmbaren, wie sie die modernen Geowissenschaften beschreiben. So wurden die Geowissenschaften, die Anthroposophie und der Goetheanismus die drei Ausgangspunkte für diese Arbeit – sowohl methodisch als auch inhaltlich.

Ich hatte die erstaunliche Chance, seit 35 Jahren den größten Teil meiner Arbeitszeit diesen Themen widmen zu können. Während der 21-jährigen Tätigkeit am zentralen Geologischen Institut in Berlin hatte ich vor allem Fragen zur Regionalgeologie und Tektonik Mitteleuropas sowie weltweite Vergleiche zu bearbeiten und dazu erstrangige Fachbibliotheken zur Verfügung. Ich bekam viel Gelegenheit, verschiedenste geowissenschaftliche Forschungsrichtungen zu hinterfragen und Steiners Darstellungen damit prüfend zu vergleichen. Andererseits konnte ich auf anthroposophischem Felde übend und studierend weiterarbeiten. Dazu kamen zahlreiche Exkursionen, auf denen Tausende von Handstücken geschlagen und Gesteinsfolgen verglichen wurden. Die konträren Vorstellungen wurden immer wieder abwägend an die Bilder herangetragen, welche die Gesteine oder die Landschaften zeigten. So entwickelte sich langsam ein Gesamtbild, welches sich in den Details bewährt, in manchem jedoch von den Vorstellungen abweicht, die wir gelernt haben. In Vorträgen und Seminaren, in Geologie-Epochen an Waldorfschulen, auf Exkursionen und in Gesprächen erhielt ich viele Hilfen und Prüfsteine, für die ich allen Freunden, die mir damit weitergeholfen haben, auch hier sehr herzlich danken möchte! Auch sei dem Verlag Freies Geistesleben herzlich gedankt für die vorzügliche Herausgabe beider Bücher.

Hinweise zur Darstellungsart

Die Entwicklung der Erde ist zugleich die der Naturreiche. Ein solches Gesamtbild der Geologie ist sehr umfangreich. Deshalb soll es einerseits in allgemeinen Umrissen, andererseits anhand von typischen Phänomenen dargestellt werden. Ein Gesamtbild ist mir deshalb wichtig, weil sich die Phänomene von verschiedensten Seiten her gegenseitig besser beleuchten können, als wenn sie alleine stehen. Das gilt für die Darstellungsart ebenso wie für die Erde, die frei im Weltenraum schwebt und getragen wird von den Sternen in ihrer Totalität (vgl. GA 243, 22. 8. 1924). Steiner sagt dazu: «Die Wahrheiten, die sich auf den Geist beziehen, tragen sich eben gegenseitig. Aber man muss nur auch spüren dieses gegenseitige Tragen ..., wenn man aufsteigt von den Wahrheiten, die nur für das gewöhnliche Bewusstsein gelten, zu solchen Wahrheiten, die für sich selbst wesenhaft in der Welt dastehen. Und wesenhaft in der Welt steht dasjenige da, was eben gefasst werden soll in anthroposophischer Erkenntnis. Da muss man eben zusammenhalten, was zu verschiedensten Zeiten gesagt wird» (GA 232, 1. 12. 1923). Insofern lässt sich die goetheanistische Methode nicht nur auf die Phänomene der Natur, sondern auch auf Steiners Darstellungen selbst anwenden.

Über viele einzelne Aspekte der Geologie, Mineralogie oder Tierentwicklung liegen bereits von anderen anthroposophischen Autoren gute Arbeiten vor, auf die ich verweisen werde, damit der Leser sie in ein Gesamtbild einbeziehen kann. Ich lasse diese Felder aus und behandle vorrangig solche Bereiche ausführlicher, welche bisher weniger bearbeitet wurden, z.B. die Entstehung der kristallinen Gesteine, der Landschaften oder der frühen Säugetiere.

Das Buch ist so angelegt, dass es auf mindestens drei Arten gelesen werden kann. Erstens führt der Gedankenweg so, dass die Themen wie üblich aufeinander aufbauen; die späteren Darstellungen zur Gesteinsbildung erscheinen in einem ganz anderen Licht, wenn vorher die Evolutionsgesetze der Tierwelt durchdacht wurden. Zweitens sind die Kapitel so geschrieben, dass sie auch weitgehend unabhängig voneinander gelesen werden können; sie werden jeweils im ersten Absatz mit einem Überblick eingeleitet. Drittens habe ich viele Querverweise angebracht, damit der Inhalt auch thematisch gelesen werden kann – schichtparallel würde der Geologe sagen. Die Verweise sind nicht nur ergänzend gemeint, sondern es wird zwischen zusammengehörigen Aspekten vermittelt, z.B. zwischen der Beschreibung der Phänomene und deren Entstehungsprozessen. Deshalb wird nicht auf Kapitel verwiesen, sondern auf einzelne Seiten und Abbildungen. Die Verweise sollen ebenfalls zu einem Gesamtbild verhelfen.

Ich bemühe mich, mit möglichst wenigen Fachworten auszukommen; sie werden dort erklärt, wo sie zuerst auftauchen. Das gilt für die geologischen ebenso wie für die anthroposophischen Fachbegriffe wie Ätherleib, Astralleib, Alter Mond, Lemuris usw., die sich auf einen nicht weniger speziellen und konkreten Inhalt beziehen. Es kann aber weder eine Einführung in die Geologie noch eine solche in die Anthroposophie gegeben werden; dafür gibt es für beide Gebiete umfangreiche Literatur. Es ist auch nicht mein Ziel, neue wissenschaftliche Modelle vorzustellen, z.B. zur Geologie des Erzgebirges, zur Evolution der frühen Säugetiere, zur Genese metamorpher Gesteine oder von Kugelgraniten. Neue Vorstellungen ergeben sich aus der Zusammenschau der wissenschaftlichen Arbeiten all der

Autoren, auf denen ich dankbar aufbauen kann. Nur die wichtigsten konnten in das Literaturverzeichnis aufgenommen werden. Es geht mir bei Einzelphänomenen auch nicht um die Diskussion von wissenschaftlichen Spezialfragen, sondern um typische Beispiele, die so gewählt sind, dass sie einen wesentlichen Zusammenhang mit dem Ganzen haben. Allgemeiner thematischer Hintergrund für alle behandelten Fragen bleibt die Evolution des Menschen.

Das Werk Rudolf Steiners wird nach der Gesamtausgabe (GA) zitiert. Die Seitenzahlen bei den schriftlichen Grundwerken beziehen sich auf die Ausgaben, welche im Rudolf Steiner Verlag etwa seit 1985 im gleichen Drucksatz erscheinen, sodass ein direktes Nachschlagen möglich wird. Wo Texte von Rudolf Steiner nicht referiert, sondern zitiert werden, kommt es auf die Nuancen der Formulierungen an. Die Zitate sollen nicht als Beweis dienen, sondern zum Vergleich untereinander und mit der Beschreibung der Phänomene. Ein Problem dabei ist, dass die naturwissenschaftlichen Darstellungen meist gedanklich abstrakt, die geisteswissenschaftlichen hingegen vielfach imaginativ angelegt sind. Durch Referieren wird die inhaltliche Seite betont, durch Zitieren ein anderer Zusammenhang hergestellt. Auch die Wandtafelzeichnungen sind in meinen Augen weder Illustrationen noch eigenständige künstlerische Werke, sondern Anregungen zum meditativen Umgang mit den dargestellten Gedanken.

Der Aufbau des Inhaltes

Die naturwissenschaftliche **Methode** haben wir alle in der Schule gelernt; die goetheanistische zur Erkenntnis der übersinnlichen Seite der Welt ist jedoch weniger bekannt, weshalb Goethes wissenschaftliche *Forschungsweise* an den Anfang des Buches gestellt wird. Meine Darstellung geht dabei von Goethes eigenen Beschreibungen aus und führt bis zu den Erfahrungen, die heute auf dem *anthroposophischen Erkenntnisweg* damit gemacht werden können. Es ist ein rationaler Forschungsweg in vier Stufen, den jeder gehen kann; und er führt von den Wahrnehmungen über die Modelle hinaus zu evident erlebten Begriffen und Ideen. Mit diesen kann der Forschende dann mit einem verwandelten Sehen zu den Wahrnehmungen zurückkehren. Goethe sagte, man müsse «mit den Augen des Leibes und des Geistes zugleich zu sehen gewohnt werden». Insofern ist das methodische Kapitel keine literarhistorische Einleitung, sondern die Grundlage, auf welcher die Widersprüche zwischen Phänomenen und Modellen betrachtet und auch gelöst werden können.

Eine weitere Grundlage sind die verschiedenen Möglichkeiten der *Gliederungen der Erdgeschichte*. Die Geisteswissenschaft ermöglicht, vom abstrakten Maßstab der Jahrmillionen zu inhaltvollen Beziehungen zu gelangen, so wie sie in der geologischen Forschung auch angewandt werden. Steiners *Zeitbegriff* bezieht sich auf Ereignis- und Phänomenfolgen, die inhaltlich voneinander abhängig sind. Das führt weiter zu den Möglichkeiten, die *geologischen und anthroposophischen Gliederungen* der Epochen und Formationen in ein Verhältnis zueinander zu bringen.

Im ersten Hauptteil des Buches werden **Mensch und Tier** in ihrem Verhältnis zueinander und innerhalb der Evolution der Naturreiche betrachtet. Steiner stellte dar, dass sich der Mensch aus einem geistigen Ursprung zusammen mit der Erde entwickelt hat. Die heutige Pflanzen- und Tierwelt hat sich im Laufe der Erdgeschichte vom Menschen abgelöst und ist früher als er in die sinnlich wahrnehmbare Entwicklung eingetreten. Die Fossilien würden damit wie geronnene Formenstufen die Menschheitsentwicklung abbilden. Der *Menschen-Wirbeltier-Stamm* und die *Stämme der Mineral-Pflanzen-Tiere* werden in ihren Hauptgruppen aus paläontologischer Sicht kurz charakterisiert, ihre Entwicklungsmotive beschrieben und mit *Steiners Bildern des Menschen in der Erdgeschichte* verglichen. Daraus ergeben sich weitere Aspekte für die *Evolutionsgesetze* von Tieren und Menschen. Sie bilden die Grundlage für ein neues, schlüssiges Gesamtbild der *Evolution des Menschen in der Erdgeschichte* aus der Sicht eines lebendigen Organismus.

Im zweiten Hauptteil wird unter diesem Aspekt der **Gesteinsbildeprozess** behandelt. Einleitend werden die wesentlichen Gedanken von *Goethes Metamorphose des Granits* zusammengefasst. Dabei stehen jetzt nicht Goethes Ideen im Vordergrund, sondern die Frage, wie diese Ideen zu einer künftigen Geologie eines Organismus Erde weiterführen können. Als Grundlage dafür werden anschließend die Phänomene der *Gesteinsfolgen der Erdkruste* beschrieben, die man wie Buchstaben kennen muss, um dann lesen zu lernen. Dabei verläuft der Gedankengang vom Ganzen des mitteleuropäischen Krustenaufbaus zu einer Folge von typischen Beispielen der *Gesteine des Grundgebirges*, die von der Region immer weiter in die Einzelheiten führen: das Erzgebirge → ein Gebiet darin → die kristallinen Gesteine → die Minerale → bis hin zu deren Chemie. In einem anschließenden Kapitel werden die *sedimentären Gesteinsbildeprozesse* betrachtet, vor allem die der Kalksteine und der Sandsteine.

Die Problematik der **Entstehungsprozesse** *der Kristallinen Gesteine* wird erst danach behandelt. Besonders die Bildung von Granit, Gneis und anderen kristallinen Schiefern wird seit 200 Jahren viel diskutiert. Die *Problematik der Metamorphen Gesteine* ist allerdings ein schwieriges Feld, weshalb ich ihr einen ausführlichen Abschnitt widmen werde. Sie ist der zentrale Punkt, von dem meines Erachtens ein Verständnis der Erde als Organismus abhängt. Hier ist die goetheanistische Methode besonders gefordert, will man zu evidenten Erfahrungen gelangen. – Anschließend werden Entstehungsbilder der Kristallinen Gesteine dargestellt, die sich aus ihren Mineralformen und Lagerungsverhältnissen ablesen lassen. Aufschlussreich sind dabei die Bilder, welche auf Phänomene kolloidaler Prozesse hinweisen, wie sie den Lebensvorgängen zugrunde liegen. Das Kapitel über die *Erze im Gestein* charakterisiert die Polarität zwischen Gestein und Metall, die noch auf andere Werdeprozesse verweist.

Die Unterscheidung von *Verhärtung und Kristallisation* führt am Ende zu einer *zusammenfassenden Übersicht zum Gesteinsbildeprozess* im Organismus Erde. Dabei geht der Gedankengang den umgekehrten Weg wie am Anfang, also vom Einzelnen zum Ganzen: Die Charakteristik steigt auf von der Mineralchemie zum Gestein, zum Erdkrustenbau, zur Lebenssphäre bis hin zur Entwicklung des Menschen. Dabei ergibt sich die Möglichkeit, aus der Entstehung der häufigsten Gesteine alle anderen anzuschließen. So kann sich ein Zugang eröffnen, die Welt der Gesteine und Minerale zu verstehen.

Der letzte Teil des Buches umfasst die **Bildung der Erdkruste** *und ihrer Landschaften*. Dargestellt werden die Entwicklung der Kontinente, die Vorstellungen zur Plattentektonik und die Fragen nach der Lemuris, der Atlantis und der *Trennung des Mondes* von der Erde. Das führt zu den Phänomenen des Vulkanismus, der Erdbeben und des Erdinneren. Danach werden *die* **Gestaltung der Landschaft** *aus der Ebene* und der Werdegang der irdischen Lebenssphäre behandelt. Dann können auch abstrakte Übersichtstabellen, wie sie auf den inneren Buchdeckeln abgedruckt sind, zu Gerüsten werden, die hilfreich sind, ein großes Vorstellungsbild zu entwerfen und mit vielen Wahrnehmungen auszufüllen. Solche Zusammenfassungen sollen also nicht nur die Ergebnisse des Buches betreffen, sondern als wünschenswertes Ziel den Leser zu einem neuen Verhältnis zur Erde und ihrer lebendigen Geschichte anregen. Dann können aus den Gesteinen, aus jeder Landschaft und allen Naturformen die Ideen ihrer Werdegeschichte aufleuchten.

Methodische Grundlagen

Goethes wissenschaftliche Forschungsweise

Die Folge der Natur-Phänomene

In diesem Kapitel wird die goetheanistische Forschungsmethode kurz zusammengefasst, weil sie die naturwissenschaftliche ergänzen kann und dadurch weiterführende Erkenntnisse ermöglicht. Goethe beobachtete und forschte in der Natur in einer eigenen Art, die er in seinen wissenschaftlichen Schriften immer wieder beschrieb und begründete. Im folgenden Text werden seine Worte referierend mit verwendet, jedoch nicht zitiert, um Stil und Zusammenhang zu wahren. Es geht jedoch nicht um eine allgemeine philosophische Einführung oder historische Begründung der Methode, sondern es wird ein praktischer Erkenntnisweg umrissen, den Rudolf Steiner weiter ausarbeitete und begründete, sodass er für den modernen Naturwissenschaftler anwendbar ist.

Goethes Ausgangspunkt war die genaue **Beobachtung der Phänomene**. Dabei war ihm wichtig, diese in den Folgen aufzusuchen, wie sie die Natur selbst angeordnet hat. Die gut untersuchte Reihe von Steinen, Pflanzen oder Knochen ist die Grundlage seiner Erkenntnisbemühungen. Wie er zum Beispiel Steine sammelte, zeigte sich besonders charakteristisch bei seinen letzten Reisen nach Böhmen. So trug er dort 1822 drei Sammlungen zusammen, welche vielfältige Variationen der Granite und Gneise sowie die Übergänge in angrenzende Formationen zeigten. Im Gasthof in Eger ordnete er sie auf einer langen Tafel an, die Graf Sternberg und der schwedische Chemiker J. Berzelius besichtigten. Letzterer bemerkte, dass es nur wenige Stücke davon verdienten, aufbewahrt zu werden (LA I, 2, S. 188 u. 237). Zu diesem Eindruck kann man auch gelangen, wenn man heute in Weimar die über 18.000 von Goethe gesammelten Steine betrachtet. Es gehe ihm, so schrieb er (WA, Briefe, 6. 9. 1784), besonders um die **Übergänge**, um die kleinsten Abweichungen und Schattierungen, die eine Gesteinsart der anderen näher bringen. Bei der Karlsbader Sammlung bezeichnete er es als seine Hauptmaxime, alle geologischen Betrachtungen vom Granit anzufangen, sodann aber auf die Übergänge, wie mannigfaltig sie auch sein mögen, fleißig zu schauen (LA I, 8, S. 152 u. 156). Deshalb müsse man jeweils eine Reihe vor sich legen, um die Wichtigkeit der ersten Übergänge des Granits in ein anderes, mehr oder weniger ähnliches oder unähnliches, ja ganz verschiedenes Gestein bemerklich zu machen.

Bei den Mineralen war Goethes Sammelmethode entsprechend. Wenn er große Schaustufen oder seltene Minerale bekam, gab er sie meist an die Universitäts-Sammlung nach Jena weiter. Wo er selbst sammelte, achtete er immer auf den Zusammenhang mit dem Gestein, um aus dem Vorkommen den Werdeprozess zu verstehen. Schon 1784 (WA, Briefe, 2. 12. 1784) schrieb Goethe, dass er vom Harz die wichtigste Suite von Gebirgsarten beisammen habe, die existieren kann, dass es ihn aber nach reichen und kostbaren Stufen nicht gelüste. Von über hundert verschiedenen Orten sind solche Suiten im Katalog von Prescher (1978) verzeichnet, neben den systematischen Sammlungen der Minerale, Gesteine und Fossilien. Er betrachtete die Minerale vom geologischen Aspekt aus und schrieb (LA I, 11, S. 279), dass der Geologe alle einzelnen Minerale, ihre Kristallgestalten, ihre äußerlichen Kennzeichen und ihre inneren chemischen Eigenschaften nur wichtig halten solle, insofern sie durch ihre Folge auf die Bedingungen und ihr Vorkommen hinweisen. So beschrieb er (Goethe 1994, S. 279) ausführlich das umgebende Gestein, welches die Minerale enthält, z.B. beim Egeran von Haslau den Chloritschiefer, beim Schwefelkies der Champagne die Kreidekalke oder beim Bologneser Schwerspat die Mergel. Selbst bei Lagerstätten-Sammlungen ging es gerade nicht nur um den praktischen Nutzen, sondern um die Erkenntnis der Zusammenhänge. So wünschte er sich vom Oberberghauptmann v. Trebra (WA, Briefe, 5. 1. 1814) Belegstücke zu Zinnvorkommen, wobei es keiner Schaustufen bedürfe, sondern jedes Gestein von der Halde solle willkommen sein. Die Sammlungen von Thüringen und aus dem Harz beginnen mit den Gesteinen, dann folgen die Gangarten und zuletzt erst die nutzbaren Minerale und Erze. Das Gebirge führte ihn zum Gestein, aus dem erst das vereinzelte Mineral verständlich wird.

Für Goethe begründete sich dieses Prinzip in dem, was er den porphyrartigen Prozess nannte (s. S. 198; Abb. 189, S. 334 u. Abb. 74, S. 199). An der Reihe vom Granit über porphyrische Granite bis zum Quarzporphyr erkannte er, wie sich der Feldspat bei seiner Entstehung zunehmend aus der umgebenden Masse herausgesondert hatte. Im Enthaltenden der Grundmasse sonderten sich die Feldspatkristalle als Enthaltenes in ihrer eigenen Gestalt und wurden dabei immer reiner in der Substanz. Mit dem Porphyrartigen fasste Goethe aus der Beobachtung einer Phänomen-Reihe einen zentralen Werdebegriff des Mineralischen. Er wandte ihn auf all diejenigen Gesteine an, bei denen sich die einheitliche Anfangsmasse in stofflich und gestaltlich Individualisiertes trennte.

Auch beim Studium der Pflanzen und Tiere wandte Goethe dieses Erkenntnisprinzip an, die **Folgen vergleichend** zu betrachten. Im Aufsatz zur Metamorphose heißt es, dass die Pflanze, indem sie von Knoten zu Knoten, von Blatt zu Blatt sprosst, sich in einer Folge einzelner Entwicklungen zeigt (LA I, 10, S. 58). Bezüglich der Tiere sagte Goethe 1807 zu Riemer, dass die Natur zu allem, was sie machen will, nur in einer Folge gelangen könne. Sie könnte z.B. kein Pferd machen, wenn nicht alle übrigen Tiere vorausgingen (Biedermann 1909). Goethe stellte nach der Beschreibung des Tiertypus zusammenfassend die Gesetzmäßigkeiten dar, die sich ihm aus dem Vergleich der Knochen eines Tieres und verschiedener Tierarten miteinander ergeben haben. Sämtliche Wirbelknochen seien – trotz der großen Unterschiede zwischen dem ersten Halsknochen und einem Schwanzknochen – *ein* Organ, das sich in sehr zarten Abweichungen modifiziere. So würde es der Natur möglich, durch Modifikation ähnlicher Organe die verschiedensten und doch nahe verwandten Systeme zu erschaffen. Die Metamorphose wirke bei vollkommeneren Tieren auf zweierlei Art; zum einen dadurch, dass durch die bildende Kraft identische Teile nach einem gewissen Schema umgeformt werden, wodurch der Typus im Allgemeinen möglich wird; zum andern dadurch, dass die in dem Typus enthaltenen einzelnen Teile durch alle Tierarten immerfort verändert werden, ohne dass sie doch jemals ihren Charakter verlieren können. Die Gestalten der Geschöpfe haben gewisse Eigenschaften miteinander gemeinsam, sodass die Teile miteinander verglichen werden können. Recht gebraucht sei dies der Faden, der uns durch das Labyrinth der lebendigen Gestalten durchhelfe. Naturgeschichte beruhe überhaupt auf Vergleichung (LA I, 4, S. 208; 9, S. 119; 10, S. 64). Der Mensch könne nur das erkennen, was gesondert ist, und er müsse dazu auch sondern, was nicht gesondert werden sollte. Was die Natur gesondert hat, muss er versuchen, wieder zu verbinden. Am leichtesten geschieht dies durch eine Folge, wenn wir darauf achten, wie eine Gestalt sachte in die andere übergeht und zuletzt von der folgenden Gestalt gänzlich verschlungen wird (LA I, 10, S. 58).

In gleicher Weise verfuhr Goethe bei unorganischen Phänomenen. Begeistert begrüßte er, wie der Engländer Howard für die vier Wolkenformen das Unbestimmte treffend benannte und charakterisierte: zuoberst zerfließend die Cirren, darunter ballend die Cumuli, nach unten sich verdichtend in Stratus und Nimbus. Goethe schrieb, man müsse die Erscheinungen in der strengsten Folge beobachten. Er führte beispielsweise im Sommer 1823 ein Wolkentagebuch und notierte auf vielen Reisen Wetterabläufe. Doch er geht über Howard hinaus, indem er die Sonderung, in welcher der Charakter deutlich wird, wieder in das Übergängliche, das Milde führt, um es zu fassen, zu fühlen, zu bilden.

Auch in der Farbenlehre verfuhr Goethe entsprechend. So betonte er beispielsweise, dass es die eigentliche Pflicht eines Naturforschers sei, einen jeden einzelnen Versuch zu vermannigfaltigen. Er habe in den optischen Beiträgen eine solche Reihe von Versuchen angestellt, die aneinander grenzen und sich unmittelbar berühren; ja, wenn man sie alle genau kenne und überschaue, würden sie gleichsam nur *einen* Versuch ausmachen, nur *eine* Erfahrung darstellen (LA I, 8, S. 311). Insgesamt unterschied Goethe drei Arten von Phänomenen. Das empirische Phänomen wird jeder Mensch in der Natur gewahr. Es wird durch Versuche zum wissenschaftlichen Phänomen erhoben, indem man es unter anderen Umständen und Bedingungen darstellt, in einer mehr oder weniger konsequenten Folge. Das reine Phänomen steht zuletzt als Resultat aller Erfahrungen und Versuche da. Es kann niemals isoliert sein, sondern es zeigt sich in einer stetigen Folge der Erscheinungen. Um es darzustellen, bestimmt der menschliche Geist das empirisch Wankende, schließt das Zufällige aus, entwickelt das Verworrene, ja, entdeckt das Unbekannte. Wenn der Mensch sich zu bescheiden wüsste, wäre hier vielleicht das letzte Ziel unserer Kräfte erreicht. Es würde nicht nach Ursachen gefragt, sondern nach Bedingungen, unter welchen die Phänomene in ihrer Gleichheit und Veränderlichkeit erscheinen (LA I, 11, S. 40).

Das Ordnen der Folge unterschied Goethe vom Verknüpfen nach eigenen, vorgefassten Gedanken. Wer zur wahren Ordnung geneigt sei, würde, wenn etwas Fremdes erscheint, das in seine Einrichtung nicht passt, lieber die ganze Zusammenstellung verändern als das eine auslassen oder wissentlich falsch stellen. Wer zum Verknüpfen geneigt sei, würde seine Verbindung nicht gerne auflösen und etwas Neues lieber ignorieren oder künstlich mit dem Alten verbinden. Diejenige Ordnung sei die beste, durch welche die Phänomene gleichsam ein großes Phänomen werden, dessen Teile sich aufeinander beziehen (LA I, 11, S. 44). Dieses übergreifende große Phänomen führt uns auf dem Erkenntnisweg zum nächsten Schritt.

Durch die Beobachtung konsequenter Folgen bemerkte Goethe, dass sein ganzes Verfahren auf dem Ableiten beruhe. Er rastete nicht, bis er einen prägnanten Punkt fand, von dem sich vieles ableiten und weiterentwickeln ließ. Er nannte diesen Punkt einen wahrhaft **geistigen Ort**, in dem sich eine ganze Folge wie zusammenfasst oder die Haupt- und Grundphänomene sich verzweigen und aufeinander beziehen. Von solchen Mittelpunkten aus ließen sich nach allen Seiten weitere Folgen anschließen. Hier, so sagte er, könne man den besonderen Fall leicht dem allgemeinen Begriff unterordnen und das Vereinzelte, Seltsame, Wunderbare in den Kreis des Bekannten und Fasslichen einschließen (LA I, 8, S. 186–187; 9, S. 310).

Auf geologischem Gebiet schilderte Goethe (s. S. 192), wie er im Granit diesen geistigen Ort als den Ausgangspunkt gefunden hatte, von dem aus er die weiteren Entwicklungen der Gesteine ableiten könne. Sein grundlegender Aufsatz zur Geologie von Böhmen beginnt damit, dass er den Granit, das Höchste und das Tiefste, als einen festen Punkt bezeichnet, den er nicht besser wünschen und auf dem er stehen kann (LA I, 8, S. 139). Hier ist ein erster Ring zu dieser unermesslichen Gliederkette, um Fuß zu fassen, ein ideeller Punkt, zur Um- und Übersicht hinreichend (LA I, 8, S. 160). Und nachdem er die Folgen der Gesteine, die an den Granit in Böhmen anschließen, beschrieben hatte, fand er in den Zinnlagerstätten (LA I, 8, S. 141), welche darin vorkommen, einen nächsten festen Punkt, an den man sich im Felde der ineinander übergehenden Erscheinungen halten kann.

Goethe bezeichnete es als ein Aperçu, worauf es in der Wissenschaft ankomme, ein Gewahrwerden dessen, was eigentlich den Erscheinungen zu Grunde liegt (LA I, 6, S. 154), was aus einer Folge kommt und Folge bringt. Es ist ein Mittelglied einer großen produktiv aufsteigenden Kette (LA I, 9, S. 269). Die Fähigkeit, welche wir zum **Vergleichen** der Glieder benötigen, nannte Goethe «exakte sinnliche Fantasie». Um eine Form in die nächste, angrenzende zu verwandeln, brauchen wir Fantasie, aber eine solche, die exakt mit der Sinneswelt verbunden bleibt und nicht beliebige Gestalten entwirft. Damit werden unsere Vorstellungen beweglich und führen uns in das Erleben des Werdeprozesses selbst hinein. Wir bewegen uns auf beiden Feldern, dem der Phänomene und dem der Gedanken.

Die Erfahrung von Urphänomen und Typus

Seinen Erkenntnisweg zusammenfassend sprach Goethe von seiner alten Art, bei der er verbleiben müsse und die ihn nötige, alle Naturphänomene in einer gewissen Folge der Entwicklung zu betrachten und die Übergänge vor- und rückwärts aufmerksam zu begleiten. Denn dadurch gelange er ganz allein zur lebendigen Übersicht, aus welcher ein Begriff sich bildet, der sodann in aufsteigender Linie der **Idee** begegnen wird (LA I, 8, S. 74). Damit sind die Schritte genau bezeichnet. Der erste führt zur Reihe der Phänomene, der zweite zur Übersicht des geistigen Ortes, der dritte zum Begriff, durch den sich die Idee von der anderen Seite her, aus der Welt des Geistes, offenbaren kann.

Was dabei jedoch als Idee bezeichnet wird, ist im Sinne Goethes kein abstrakter Einfall, sondern eine Realität im Geistigen, genau so real wie ein Stein in der Sinneswelt. An Henrik Steffens schrieb er (WA, Briefe, 29. 5. 1801), dass man sich wohl einig darüber sei, dass uns die Betrachtung der Natur zum Denken auffordert und ihre Fülle mancherlei Methoden abnötigt; aber nur in einem kleineren Zirkel scheine man sich darüber zu verstehen, dass beim Anschauen der Natur Ideen geweckt werden, denen wir eine gleiche Gewissheit oder eine größere als ihr selbst zuschreiben. Von diesen Ideen dürften wir uns leiten lassen, sowohl wenn wir suchen, als auch wenn wir das Gefundene ordnen.

Ebenso wird der Realitätscharakter in dem berühmten ersten Gespräch zwischen Goethe und Schiller Ende Juni 1794 deutlich. Zwei entgegengesetzte Denkweisen in der naturwissenschaftlichen Forschung begegneten sich so souverän, dass jede an der Eigenart der anderen erwachte. Goethe beschrieb später diese bedeutende Szene, wie er nach einem botanischen Vortrag Schiller nach Hause begleitete, ihm dort die Metamorphose der Pflanzen lebhaft vortrug und mit charakteristischen Federstrichen eine symbolische Pflanze entstehen ließ. Schiller aber schüttelte den Kopf und sagte, das sei keine Erfahrung, das sei eine Idee. Goethe bemerkte verdrießlich, dass dies der Punkt sei, der sie trenne, und erwiderte, dass ihm sehr lieb sein könne, dass er Ideen habe ohne es zu wissen, und sie sogar mit Augen sehe. Schiller fragte dagegen, wie jemals Erfahrung gegeben werden könne, die einer Idee angemessen sein sollte? Denn das Eigentümliche der Idee bestehe eben darin, dass ihr niemals eine Erfahrung entsprechen könne (LA I, 9, S. 81). Goethe jedoch erlebte die geistig angeschaute Idee als Erfahrung, die wesentlich inhaltvoller ist als ein Begriff, welcher nur im Denken erfasst oder aus Beobachtungen abstrahiert wird. So erlebte er bei der unorganischen Natur die Urphänomene und bei der organischen die Urwesen, welche man als Urtier, Urpflanze und Urgestein bezeichnen könnte.

An der Folge vom Granit in die angrenzenden Gesteine (Goethe 1994, S. 62) glaubte Goethe mit Augen zu sehen, wie das frühere Gleichgewicht zwischen Feldspat, Quarz und Glimmer wie aufgehoben worden sei. Jede Folge von Mineralien müsse nicht mit den **Augen** des Leibes, sondern mit denen **des Geistes** beschaut werden (WA, Briefe, 13. 7. 1816). Oder an anderer Stelle: Man müsse mit den Augen des Leibes und des Geistes zugleich zu sehen gewohnt werden (LA I, 11, S. 142). Bezogen auf die Metamorphose der Pflanzen heißt es (LA I, 9, S. 78), dass die Geistesaugen mit den Augen des Leibes in stetem lebendigem Bunde zu wirken haben; und bezüglich des Tiertypus, dass wir lernen mit den Augen des Geistes zu sehen, ohne die wir, wie überall in der Naturforschung, blind umhertasten würden (LA I, 9, S. 138). Selbst bei der unorganischen Natur betonte Goethe, dass man die Erscheinungen vor den Augen des Leibes und des Geistes gegenwärtig haben müsse, um ihre Herleitung entwickeln zu können (LA I, 4, S. 88). Ein Experiment könne man mit den Augen des Leibes erblicken; wer es aber mit Geistesaugen beschaue, würde von tausend und abertausend Paragraphen befreit sein (Goethe 1953, Nr. 120).

Goethe übte sich, die Dinge so zu sehen und zu lesen, wie sie sind (WA, Briefe, 10. 11. 1786). Seine Treue, das Auge Licht sein zu lassen, seine völlige Entäußerung aller Ansprüche – z.B. der vielen selbstverständlichen Vorstellungen aus der Naturwissenschaft –, machten ihn im Stillen glücklich. Fand Goethe in der Erfahrung irgendeine Erscheinung, die er nicht abzuleiten wusste, so ließ er sie als Problem liegen und konnte dann nach Jahren erleben, wie sich auf einmal alles aufgeklärt in dem schönsten Zusammenhange fand (LA I, 9, S. 310). Wer zur Idee gelangen will, braucht Geduld. Sie lässt sich nicht ausdenken und nicht erzwingen. Sie erscheint, wenn genügend innere Vorarbeit geleistet worden ist.

Rückkehr zum Phänomen

Der bisher betrachtete Weg führt von den Phänomenen über die Reihen in ihrer natürlichen Ordnung zur Übersicht vom geistigen Orte aus, durch welche die Idee auftauchen kann. Der vierte Schritt ist nun, die gewonnene Erfahrung wiederum mit den Phänomenen zu vergleichen, in ein Wechselgespräch zu bringen, sie an der Wahrnehmung zu prüfen. Dabei kann sich beides weiter wandeln, entwickeln und zu neuen Erfahrungen führen. Wenn wir zu den **Urphänomenen** gelangen, welche wir in ihrer unerforschlichen Herrlichkeit anschauen, so schrieb Goethe (LA I, 8, S. 164), ist es nötig, dass wir uns sodann wieder rückwärts der Welt der Erscheinungen zuwenden, die sich bei aller Mannigfaltigkeit und Veränderlichkeit unveränderlich offenbaren. Wir fühlten uns angeregt, das Ideelle im Reellen anzuerkennen und nicht mehr in den Naturwissenschaften die Erfahrung der Idee entgegenzusetzen. Wir gewöhnten uns vielmehr, die **Idee in der Erfahrung** aufzusuchen, überzeugt, dass die Natur und auch der Mensch in allem, was er beginnt, nach Ideen verfahre (LA I, 10, S. 277). Rudolf Steiner schrieb dazu (Sprüche in Prosa, S. 94), dass der Forscher die Idee mit dem Sinnlich-Beobachtbaren zu durchdringen hat, weil so die Wirklichkeit verständlich wird. Lässt er die Beobachtung vorwalten, so geht ihm das Verständnis der Erscheinungen verloren; lässt er die Idee vorwalten, so fehlt seinen Theorien der Inhalt.

Goethe schilderte bei Gesprächen über den Vulkanismus (LA I, 8, S. 58), dass alle Versuche, die Probleme der Natur zu lösen, eigentlich nur Konflikte der Denkkraft mit dem Anschauen sind. Das Anschauen gibt uns auf einmal den vollkommenen Begriff von etwas Geleistetem; die Denkkraft möchte zeigen und auslegen, wie es geleistet werden konnte. Sie ruft die Einbildungskraft zu Hilfe, und so entstehen nach und nach solche Gedankenwesen, die uns auf das Anschauen zurückführen und uns zu größerer Aufmerksamkeit sowie zu vollkommenerer Einsicht drängen.

Heinroth, der Goethes Betrachtungsweise erkannte, nannte dessen Denkvermögen gegenständlich tätig; es sondere sich nicht von den Gegenständen. Deren Elemente und die Anschauungen darüber gingen in das Denken ein und würden von ihm auf das innigste durchdrungen. Goethes Anschauen selbst sei ein Denken, sein Denken ein Anschauen. Goethe selbst fügte hinzu, dass jeder neue Gegenstand, wohl beschaut, ein neues Organ in uns aufschließe (LA I, 9, S. 307). Man kann ergänzen, dass so im Denken selbst das Wahrnehmungsorgan gebildet wird, welches von Goethe als das Auge des Geistes bezeichnet wurde. An diesem Punkt setzte Rudolf Steiner an, indem er die Erkenntnisart Goethes fortbildete und einen methodischen Erkenntnisweg darstellt, auf dem dieses Wahrnehmungsorgan ausgebildet werden kann.

Der anthroposophische Erkenntnisweg

Voraussetzungen

Zum goetheanistischen und anthroposophischen Erkenntnisweg gibt es umfangreiche Literatur, die hier nicht allgemein referiert werden soll, sondern ich will diesen Weg im Folgenden so weit darstellen, wie er sich mir speziell in der geologischen Forschung als fruchtbar erwiesen hat – zwar persönlich erfahren, aber doch allgemein nachvollziehbar. Für die Geologie ist vor allem wichtig, zwischen Erkenntnismethoden für die organische und solchen für die anorganische Natur zu unterscheiden. Die Gesteine sind nur dann zum Anorganischen zu rechnen, wenn man sie heute in ihrem fertigen Zustand nimmt, welcher den physikalischen Gesetzen unterworfen ist. Normalerweise wird die Methode für das Unorganische aber auch auf den *Werdeprozess* der Gesteine ausgedehnt. Betrachtet man hingegen die Entwicklung der Erde als Organismus, so müsste die Erkenntnismethode angewandt werden, welche für die organische Natur gültig ist. Schon deshalb sind auf der Grundlage der gleichen Phänomene andere Ergebnisse zu erwarten.

Rudolf Steiner (GA 1, 1884; bes. Kap. 4, 6, 9, 10.3)

unterschied zuerst in den *Einleitungen zu Goethes Naturwissenschaftlichen Schriften* (GA 1, 1884) beide Methoden und erläuterte, dass das Lebendige nur «im intuitiven Begriff erfasst werden» kann. «Das Ganze» – Goethe nannte es Urorganismus, Typus oder Idee – «bedingt jedes Einzelne aus sich selbst. Die Typusidee ist sogar realer als jeder einzelne wirkliche Organismus, weil sie sich in jedem Organismus offenbart», d.h. das im Räumlich-Zeitlichen zu Erfahrende bewirkt. Der Begriff des Unorganischen hingegen wird aus der Summe der Einzelerscheinungen abstrahiert. In weiteren Schriften – *Grundlinien einer Erkenntnistheorie der Goetheschen Weltanschauung* (GA 2, 1886), *Goethes Weltanschauung* (GA 6, 1897) und in verschiedenen Goethe-Studien (enthalten in *Aufsätze 1884 – 1901*, GA 30) – ergänzte Steiner diese methodischen Arbeiten; noch 1923 bezeichnete er sie in der Vorrede einer Neuausgabe der *Grundlinien* (GA 2) «als die erkenntnistheoretische Grundlegung und Rechtfertigung von alledem, was ich später gesagt und veröffentlicht habe».

Während der Goethearbeiten entstand mit der *Philosophie der Freiheit* (GA 4, 1894) eine der wichtigsten Schriften für das Methodische. Hier stellte Rudolf Steiner dar, wie «der Erkenntnisakt die Synthese von **Wahrnehmung und Begriff**» ist. Sie wird durch das Denken vollzogen. Das Objekt der Beobachtung nennt er Wahrnehmung, wobei es heißt, «dass hier alles sinnlich und geistig an den Menschen Herantretende als Wahrnehmung aufgefasst wird» (GA 4, S. 133). Der sinnlichen Wahrnehmung wird von der geistigen Seite her durch das Denken der Begriffs- und Ideeninhalt entgegengebracht. Ideen bezeichnet Steiner als gesättigte Begriffe. Für die Form, in welcher ein Begriff zunächst auftritt, verwendet er das Wort Intuition. «Sie ist für das Denken, was die Beobachtung für die Wahrnehmung ist.» Erkenntnis wird also möglich, wenn von zwei Seiten aus etwas ins Bewusstseinsfeld eintritt. Durch die Beobachtung kommt die Wahrnehmung von der sinnlichen Welt; durch die Intuition kommt der Begriff aus der übersinnlichen Welt. Mit Hilfe des Denkens werden beide miteinander verknüpft. Daraus folgt, dass der Mensch zwei Fähigkeiten schulen kann: die Beobachtung für die sinnliche Seite und die Intuition für die übersinnliche Seite der Wahrnehmung.

Wahrnehmungsschulung

«Ein Ding erklären, verständlich machen, heißt nichts anderes, als es in den Zusammenhang hinein versetzen», aus dem es durch unsere Organisation herausgerissen ist, weil Wahrnehmung und Begriff auf verschiedene Weise in unser Bewusstsein eintreten (GA 4, S. 96). Es ist eine Willensintention nötig, die den inneren Blick orientiert und die man **Aufmerksamkeit** nennt. Weiterhin ist stets ein – wenn auch noch so allgemeiner – Begriff nötig. Was ist das? Ein Stein. Will ich mehr erkennen, muss ich einerseits genauer hinsehen und andererseits einen **detaillierteren Begriff** herantragen, auch wenn dieser weiterhin vorläufig bleibt. Der Stein sei körnig und bräunlich gefleckt. Was passt da als Begriff? Die Steinindustrie kennt oft nur drei Steine: Granit ist körnig und dunkel; Marmor ist heller und weicher; Schiefer ist schwarz und blättrig. Also vielleicht ein Granit? Ich sehe noch genauer hin, untersuche die Teile, trage andere Vorstellungen und Begriffe hinzu – und auf einmal erkenne ich, vorausgesetzt, ich habe überhaupt einen genaueren Begriff davon: nein, kein Granit, sondern irgend ein Quarzporphyr. Dann untersuche ich mikroskopisch und kann dadurch Wahrnehmung und Begriff noch genauer differenzieren: Es ist ein rhyolithischer Alkali-Ignimbrit! Da ich zunächst nur das sehe, was ich mir vorstellen kann, besteht die Gefahr, dass die eigenen Vorstellungen die Phänomene überlagern. In unseren Vorstellungen werden die Begriffe individualisiert. Was kann ich tun, um über meine Vorstellungen und Gedankenmodelle hinauszukommen, wirklich zum Begriff durchzudrinngen? Mitunter ist sogar schwer zu unterscheiden, was wirklich Wahrnehmungen sind und wo die eng daran anschließenden begrifflichen Modelle beginnen. Siehst du das hinein oder siehst du das heraus?, haben wir da als Studenten gefragt.

Rudolf Steiner beschreibt, wie wir von der Wahrnehmung aus auf einen Erkenntnisweg gelangen können. «Unser gewöhnliches Geistesleben im wachen Zustand verläuft ja so, dass wir wahrnehmen und eigentlich immer im Wahrnehmen das Wahrgenommene mit Vorstellungen durchtränken, im wissenschaftlichen Denken ganz systematisch das Wahrgenommene mit Vorstellungen verweben, durch Vorstellungen systematisieren und so weiter.

Dadurch, dass man sich ein solches Denken angeeignet hat, wie es allmählich hervortritt im Verlauf der ‹Philosophie der Freiheit› kommt man nun wirklich in die Lage, so scharf innerlich seelisch arbeiten zu können, dass man, indem man wahrnimmt, ausschließt das Vorstellen, dass man das Vorstellen unterdrückt, dass man sich bloß dem äußeren Wahrnehmen hingibt. Die nächste Stufe ist dann, dass man sich symbolische oder andere Bilder schafft ... dass man gewissermaßen das Wahrnehmen in Fluss bringt ... im symbolisierenden oder auch künstlerisch verarbeitenden Wahrnehmen ... dass man wirklich im strengsten Sinne sich heranerzieht zu dem, was ich charakterisiert habe als den Phänomenalismus, als das **Durcharbeiten der Phänomene**. Wenn man wirklich an der materiellen Grenze des Erkennens getrachtet hat, nicht in Trägheit durchzustoßen durch den Sinnesteppich und dann allerlei Metaphysisches da zu suchen in Atomen und Molekülen, sondern wenn man die Begriffe verwendet hat, um die Phänomene anzuordnen, um die Phänome hin zu verfolgen bis zu den Urphänomenen, dann bekommt man dadurch schon eine Erziehung, die dann auch **alles Begriffliche hinweghalten** kann von den Phänomenen» (GA 322, 3. 10. 1920). Das aber ist ein langer Weg. – Diese Schilderung entspräche auf dem von Goethe beschrittenen Weg der zweiten Stufe. Da ging es darum, die Übergänge zu vergleichen, zur lebendigen Übersicht des geistigen Ortes zu gelangen und die Haupt- und Grundphänomene zu finden, in denen sich eine ganze Folge von Erscheinungen wie zusammenfasst.

Wichtig ist, dass uns für die Beobachtung auch wirklich Wahrnehmungen vorliegen. An abgeleiteten Phänomenen, Fotos oder Gedankenmodellen können sich keine Ideen entzünden, wie sie hier als gesättigte, evident erlebte Begriffe gemeint sind. Goethe bot 1807 die Karlsbader Steinsammlung an und schrieb in den begleitenden Worten, man müsse sie «als einen Text vor Augen haben, wenn man aus diesem Kommentar einigen Vorteil ziehen und sich in den Stand setzen will, des Verfassers Absichten zu erkennen und zu benutzen» (LA I, 1, S. 331). Die Steine also wären der Text, den es zu lesen gilt!

Besonders hinderlich für ein sachgemäßes Erkennen sind die assoziativen Bilder, mit denen Wahrnehmungen vielfach verglichen werden. So bezeichnet man zum Beispiel den Tropfstein als Elefant oder Wasserfall, die Gipskristallgruppe als Sandrose, kugelige Kalksteine als Rogenstein, Lavaoberflächen als Stricklava, Felsen als Mauern und Türme; oder die Namen zahlreicher Minerale werden von völlig fremden Dingen hergenommen. Diese Vergleiche stammen von ganz äußerlichen Formen fertiger Bilder. Eine Erkenntnis des Wesens ist aber nicht durch formale Vergleiche, sondern nur durch den Werdeprozess möglich, durch seine Biografie, auch wenn sie im Mineral oder Gestein verborgen ist. Der Werdeprozess war völlig anders als bei dem assoziativ verglichenen Gegenstand. Die Felsenmauer wurde gerade nicht aufgetürmt, sondern die Umgebung abgetragen! Ein falsches Bild schiebt sich unbewusst vor die Wahrnehmung. Goethe schrieb zu solchen Bezeichnungen im Schöllental bei Göschenen: «Der Wand'rer hinkt an seiner Glaubenskrücke, vom Teufelsstein zur Teufelsbrücke.» Neutraler wären da schon Vergleiche aus der Geometrie wie kugelig, würfelig, geradlinig und so fort.

Intuitionsschulung

Der Weg führte von den intensiven, vielseitigen Wahrnehmungen über die beweglichen Vorstellungen zu anfänglichen Imaginationen. Hier bemerken wir, dass wir an einer Grenze der forschenden Gedankenarbeit angelangt sind. Die Bilder lassen uns frei, sie sind unverbindlich und können mit verschiedenen Begriffen oder Worten verknüpft werden. Bilder des Flüssigen im Festen, z.B. gebogene Gneisstrukturen, können mit heißen Schmelzen oder kühlem, dickflüssigem Brei verglichen werden. Die Bilder liefern noch keine Erkenntnis. Sie wollen gelesen werden; es fehlt ihnen das, was man als Wahrheit erleben kann: der eigentliche begriffliche Anteil. Da er wie ein Wort hinzukommt, kann man ihn als Inspiration bezeichnen. Solch ein erklärender Begriff taucht auf, indem wir nachdenken, d.h. durch ein inneres Suchen, ein Abtasten des Geistesraumes.

Wahrnehmung und Begriff erscheinen für uns immer getrennt von verschiedenen Seiten. Steiners Ausgangspunkt in seiner *Philosophie der Freiheit* (GA 4, Kap. III) war der grundlegende Gedanke, dass es ein Gebiet gibt, wo Wahrnehmung und Begriff in eins zusammenfallen. Das geschieht, wenn ich das **Denken** selbst beobachte. «Die Erfahrungen, die ich über meinen Denkprozess gemacht habe, kann ich nachher zum Objekt des Denkens machen.» Mit dem Denken betätigt der Mensch eine übersinnliche Fähigkeit, welche er zur geistigen Wahrnehmung umzubilden vermag. Diese Fähigkeit kann durch intensive Übungen geschult werden – ebenso wie die Beobachtung bezüglich der Sinneswelt geübt werden kann. Die Schulung setzt beim gewöhnlichen Denken an und bildet durch Meditationsübungen die Fähigkeit zur Beobachtung in der Ideenwelt aus. Sie führt zu einem **bewussten Erleben** eines rein geistigen Inhaltes, der begrifflichen Seite der Welt. Das heißt geistige Forschung. Damit ist nicht gemeint, Vorstellungen auszubilden. Diese Schritte zu einer höheren Erkenntnis gehen wir unbewusst schon in unserem alltäglichen Denken, indem wir ständig Begriffe bilden. Weil sie uns aber spontan zufallen, meinen wir, man könne sie nicht auch aktiv gewinnen.

Diesen anthroposophischen Erkenntnisweg beschrieb Rudolf Steiner ausführlich in seinen Grundschriften *Die Geheimwissenschaft im Umriss* (GA 13) und *Wie erlangt man Erkenntnisse der höheren Welten?* (GA 10); sie können hier nicht referiert werden. Der Weg geht aus vom «Studium der Geisteswissenschaft, wobei man sich zunächst der Urteilskraft bedient, welche man in der physisch-sinnlichen Welt gewonnen hat». Er geht weiter über das Erwerben der **imaginativen** und **inspirativen** Erkenntnis zu einem «Sicheinleben in die geistige Umgebung, entsprechend der **Intuition**» bis hin zur «Erkenntnis der Verhältnisse von Mikrokosmos und Makrokosmos» von Mensch und Welt. Und er kann schließlich zu einem «Gesamterleben als Grundstimmung» der Seele führen. Dabei werden auch jene seelischen Beobachtungsorgane genauer beschrieben, die Goethe die «Augen des Geistes» nannte.

Eine wichtige Stufe auf diesem Weg tritt ein, wenn die imaginative und inspirative Erkenntnis anfänglich erreicht sind (GA 13, S. 368). Dann wird es nötig, alle bisherigen Bewusstseinsinhalte aktiv auszulöschen. Der Mensch «soll dann buchstäblich nichts von vorher gekanntem äußeren oder inneren Erleben in seiner Seele haben.» In diesen **leeren Bewusstseinsraum** kann dann ein neuer geistiger Inhalt eintreten. Er unterscheidet sich deutlich von unseren Vorstellungen. Alle selbstverständlichen wissenschaftlichen Voraussetzungen und Modelle (s. S. 294, S. 304) können vorher hilfreich sein, sofern uns bewusst bleibt, dass es Vorstellungen sind. Auf dieser Stufe müssen sie bewusst gelöscht werden wie alles, was sich eben vor die Idee stellt, sodass sie nicht sichtbar werden kann. Dabei vermag eine innerlich fragende Geste den Raum des Bewusstseins zu öffnen, welches hingegeben, nüchtern und hellwach sein sollte.

Von einer anderen Seite her schilderte Rudolf Steiner den **Erkenntnisweg** in Vorträgen von 1912 (GA 134, 27. u. 28. 12. 1912). Mit dem gewöhnlichen, auch in der Wissenschaft angewandten Denken kann überhaupt kein Urteil über die Wahrheit der Welt gewonnen werden. Steiner begründet, warum das so ist, mit drastischen Beispielen aus dem Leben und aus der Philosophiegeschichte. Das Denken soll aber ein Instrument zur Selbsterziehung werden, damit sich die Dinge aussprechen können. (Der Weg im Einzelnen muss in diesen Vorträgen nachgelesen werden.) Die Stufen führen über Staunen und Ehrfurcht dazu, dass der Mensch lernt, «sich im weisheitsvollen Einklang zu fühlen mit der Wirklichkeit, mit den Welterscheinungen». Daraus kann «Ergebung in den Weltenlauf» entstehen, durch welche die «Wahrheit als Offenbarung» erscheint.

Auf der Ebene der Wahrnehmung erläuterte Steiner dann, wie der erkennende Mensch hinter dem Schleier der Sinneswelt dem *«strömenden, waltenden Willen»* begegnet, einer inneren Regsamkeit als Wirklichkeit. Durch den Ätherleib verbindet er sich dabei mit einer noch weiter dahinter verborgenen geistigen Ebene, der «Welt des Entstehens und Vergehens, der waltenden Weisheit, in der sich die Begriffe wandeln». Diesen Aspekt schilderte Steiner näher in Vorträgen von 1915 (GA 164, 17. – 20. 9. 1915). Das tote Vorstellungsbild kann sich durch die Erinnerungsmöglichkeit wandeln zur unbewussten, lebendigen Imagination und weiter zur unbewussten Inspiration. Durch die Fähigkeit, lebendige Gedanken zu bilden, welche innere Zusammenhänge, Werden und Vergehen erfassen können, gestalten sich die unbewussten Imaginationen zu bewussten. Der Mensch erlangt eine Erkenntnis, die mit einer Gefühls- und Willensbeziehung zur Welt verknüpft ist. Durch den Willensanteil wird die Erkenntnis individuell.

Persönliches Wahrheitserleben

Der Inhalt einer wahrgenommenen Idee wird anschaubar mit den Augen des Geistes, jenem Organ, welches sich im beobachtenden Denken erschließen kann. Ein solcher Inhalt wird als *gesättigter Begriff* ebenso real wie ein Gegenstand der Sinneswelt erlebt, als wahr, als **evident**. Das Wort Evidenz, wie es in der Mathematik benutzt wird, kommt von evidere = sehen und bezeichnet dieses Erlebnis treffend. Auch wenn die Idee ein Allgemeines beinhaltet, kann sie nur individuell gefasst und erlebt werden. Goethe bemerkte (LA I, 9, S. 181), dass ein solches Gewahrwerden, Auffassen, Vorstellen, ein solcher Begriff, eine solche Idee – wie man es nennen mag – immerfort eine esoterische Eigenschaft behält. Der persönlich verbindliche, erlebte Anteil der Idee bleibt verborgen, esoterisch. Auf einen anderen Menschen muss das wie ein dogmatisches Vorurteil wirken, weil jeder doch den unverbindlichen Charakter der eigenen Vorstellungen kennt. Die Beweiskraft, die Erkenntnissicherheit kann nur individuelll selbstständig errungen und erlebt werden. Goethe bemerkte in einem Brief (WA, Briefe, 30. 9. 1817), dass man seine Ansichten ruhig darstellen solle, als wenn sie individuell wären, und erwartete die Beistimmung von Geistesverwandten. Nötigen ließe sich doch niemand zum Beifall, und jede Überzeugung sei doch zuletzt ein Willensakt. Dem entspricht außen in der Welt, was Steiner als «strömenden, waltenden Willen» und «waltende Weisheit» charakterisierte. In der geistigen Begegnung treten mir auf der Stufe der Intuition geistige Wesenheiten entgegen, die in dem wirken, was ich als Evidenz erlebe (GA 187, 28. 12. 1918). Ein Urteil über die Wirklichkeit wird zwar vom Denken vermittelt, der Weg führt aber über das Gefühl zum Willen, wo die Erkenntnissicherheit als eine Wesensbegegnung erlebt wird.

Da Evidenz individuell im unbewussten Willen erlebt wird, liegen hier viele Ursachen für die Differenzen zwischen den Forschern, die leider auch oft persönlich ausgetragen werden. Unter den anthroposophischen Naturforschern hat inzwischen fast jeder auch seine Methode beschrieben. Es würde zu weit führen, sie hier darzustellen. Ich habe von allen viel gelernt! Es entsteht das, was Steiner das «Erwachen am Geistig-Seelischen des anderen Menschen» nennt (GA 257, 27. 2. 1923), an den Prämissen und Blickrichtungen, der Gedankenführung und den individuell als wahr erlebten Ideen.

Insgesamt würde ich in dem dargestellten Erkenntnisweg dasjenige sehen, was ich als Goetheanismus bezeichnen möchte. Er hat sich mir, von Goethe und Steiner ausgehend, als gangbarer Weg erwiesen und liegt den Darstellungen dieses Buches zugrunde. Ich habe diesen **Erkenntnisweg** immer wieder geübt und geprüft, an Wirbelknochen und Blattfolgen, an Kristallen, an vielfältigen Gesteinsfolgen, an Felsen und im Steinbruch, an den Formen der Landschaft. So wurden in den letzten Jahrzehnten im Gelände Tausende von Handstücken geschlagen, Reihen der Gesteinsvarietäten verglichen, um die Übergänge nach allen Richtungen hin zu verfolgen. Die Folgen der geronnenen Bilder, mit exakter sinnlicher Fantasie betrachtet, führen an den geistigen Ort, zu lebendigen, beweglichen Vorstellungen. Von da aus werden die Felder der Phänomene nach allen Richtungen hin überschaubar und lassen sich mit sachlich entsprechenden Bildern vergleichen, sodass zu den Werdeprozessen erkennend vorgedrungen werden kann.

Bei der organischen Natur ergibt sich aus der Reihe der Phänomene die zeitliche Entwicklung der Ganzheit, also z.B. aus der Folge der Blätter das Werden einer Pflanze im Laufe des Frühlings. Bei der Frage, wie die Gesteine im Organismus Erde entstanden sind, wäre ebenfalls die Erkenntnismethode des Organischen anzuwenden. Die geistige Realität müsste im intuitiven Begriff erfasst werden – wie bei der Pflanze der Typus und seine Ausgestaltungen. Wenn ich meine eigenen Vorstellungen und Imaginationen wieder zu löschen vermag, dann kann im Bewusstsein gleichzeitig – und durch das Bild hervorgerufen – von der geistigen Seite her inspirativ entgegenkommen, was Goethe oder Steiner eine Idee nennen. Sie erscheint als ein gesättigter, beweglicher Begriff.

Eine Idee in diesem Sinne ist daran zu erkennen, dass sie sich deutlich unterscheidet von den eigenen Vorstellungen. Erstens wird sie als zweifelsfrei wahr, als evident erlebt; zweitens eröffnet sie einen neuen Zusammenhang, von dem ich mit etwas Selbsterkenntnis bemerken kann, dass er nicht von mir erdacht ist; drittens wird sie viel erfüllter und inhaltreicher als eine wissenschaftliche Vorstellung erlebt; viertens kann sie auch für andere Menschen, die einen ähnlichen Weg einschlagen, als evident erfahren werden; fünftens erscheint sie als imaginatives Bild, welches begrifflich, inspirativ, durchleuchtet ist. Wir sind im Bereich dessen, was Steiner die waltende Weisheit nennt. Darin kann intuitiv, im Sinne der höheren Erkenntnis, Wesenhaftes erfahren und erforscht werden. Ich kann so vom anschauenden Denken durch ein ahnendes Fühlen bis zu einer willenshaften Begegnung gelangen. Goethe bezeichnete das, was so erlebbar werden kann, als Urphänomen, Urtier, Urpflanze oder Urgestein. Steiner schrieb: «Anthroposophie ist ein Erkenntnisweg, der das Geistige im Menschenwesen zum Geistigen im Weltenall führen möchte» (GA 26, Erster Leitsatz).

Nachdem eine Idee erkannt ist, wendet sich der Weg wieder zur Wahrnehmung zurück. Es wird regelrecht zum Bedürfnis, den bei Goethe beschriebenen vierten Schritt auf dem Erkenntnisweg zu tun: die **Phänomene neu anzuschauen** und die neu gewonnene Idee daran zu prüfen. Aus der Begegnung von Begriff und Wahrnehmung entstehen jetzt die individualisierten Vorstellungen, wie sie dem eigenen Stand des Verstehens entsprechen. Mehr würde man gar nicht bemerken. Die Vorstellungen sind aber nun durchtränkt mit dem Realitätsanteil, den ich vom Begriff her als evident erlebt habe; mit ihnen kann alt Bekanntes in einem neuen Licht erscheinen. In der Art des heutigen wissenschaftlichen Denkens liegt jedoch, dass selbst Ideen, die als evident erlebt werden, bezweifelt werden können. Es kann ein innerliches Abwägen, ein Geistesgespräch entstehen, mit seinem rhythmischen Wechsel zwischen Anschauen und Denken, Phänomen und Idee, Besonderem und Allgemeinem, Analyse und Synthese. Dadurch verwandelt sich für mich sowohl der Begriff, indem er vollkommener wird, als auch das Phänomen, indem ich neue Seiten und Zusammenhänge entdecke, die ich bisher nicht beobachtet habe. Auf diesem Wege wird das Ich des Erkennenden immer aktiver. Es bildet sich im Denken jenes neue Organ, welches Goethe das Auge des Geistes nannte. Auf dieser Stufe aber bemerken wir zart, dass wir einem Wesenhaften gegenüberstehen, welches sich in Inspirationen ausspricht, in Imaginationen erscheint und sich in den Phänomenen und durch sie zu offenbaren vermag. Einem solchen Wesenhaften gegenüber entsteht Verantwortung, indem ich nun dem Erkannten gemäß in der Welt zu wirken trachte. Mein Handeln wird verbindlicher. Die Idee wird zum Ideal.

Erkenntnisgrenzen

Die Schwelle zwischen der sinnlichen Welt der Wahrnehmungen und der übersinnlichen Welt der Ideen spüren heute viele Naturwissenschaftler mehr oder weniger bewusst als Erkenntnisgrenze. Es ist der Ort, an dem jegliche Forschung ansetzt. Wir brauchten nicht zu forschen, wenn wir die Idee erleben würden. Die Erkenntnisgrenze liegt zwischen meinen unverbindlichen Vorstellungen und Modellen auf der einen Seite und der geistigen Realität auf der anderen, die ich als evident erleben kann.

Das hauptsächlichste Ziel heutiger Wissenschaft ist, die Grundlage für die Technik zu liefern. **Gedankliche Modelle** sollen es ermöglichen, zwischen den Phänomenen den Zusammenhang von Ursache und Wirkung zu verstehen. Die Modelle sind Vorbilder für Experimente, die wiederholt werden können. Werden der Wissenschaft grundlegende Erkenntnisfragen entgegengetragen, antwortet sie ebenfalls mit Modellvorstellungen. Diese sollen *objektiv* sein, was aber heißt, dass sie individuell unverbindlich bleiben, dass sie auch anders gedacht oder geändert werden können. Als individualisierte Begriffe sind sie hilfreiche Vorstufen für die Erkenntnis; sie sind aber noch nicht die Ideen selbst. Sie bilden gewissermaßen im Bewusstseinsraum die Schale, in der die Idee zu erscheinen vermag.

Rudolf Steiner stellt dar (GA 187, 28. 12. 1918), wie durch die Entwicklung des Bewusstseins das Vorstellungsleben heute nur zu Spiegelbildern führen kann, nicht mehr zum Erleben von Realitäten. An sie kann man nur noch glauben, sie aber nicht mehr erkennen. Das hängt mit dem Freiheitsimpuls zusammen; denn was instinktiv ins Bewusstsein herauf wirkt und als Wirklichkeit erlebt wird, lässt nicht frei. Steiner bezeichnet alles unbewusst aus dem Menschen aufsteigende Imaginative als krankhaft. «Man muss sich der Idee erlebend gegenüberstellen können, sonst gerät man unter ihre Knechtschaft» – mit diesem Satz schließt die *Philosophie der Freiheit* (GA 4, S. 271). Modelle sind Ausdruck und Frucht der Freiheit im Gedanklichen.

Beim Modell endet aber auch der bewusste naturwissenschftliche Erkenntnisweg. Indem der Forschende Vorstellungen abwägt, tastet er geistig beobachtend die Welt der Begriffe ab. Ist genügend Vorarbeit geleistet, kann der Begriff auftauchen, der als richtig erlebt wird. Das wird ja im allgemeinen Sprachgebrauch diffus als Intuition bezeichnet, als zufälliger Einfall. Woher kommt er? Geisteswissenschaftliche Schulung setzt an dieser Grenze an.

Um in der Wissenschaft die Erkenntnissicherheit eines Modells noch zu erhöhen, werden die Inhalte gern quantifiziert, sofern sie nicht sowieso schon computergerecht vorliegen; qualitative Aspekte fallen leicht weg. Die größeren Sicherheiten, die von einer Statistik oder anderen Berechnungen ausgehen, stammen jedoch aus der Evidenz der Mathematik, nicht aus den berechneten Inhalten. Die inhaltlichen Zuammenhänge selbst werden durch eine statistische Absicherung nicht wirklich sicherer; die Erkenntnisgrenze bleibt bestehen.

Steiner widmet dieser Frage in seiner *Philosophie der Freiheit* (GA 4, S. 112) ein ganzes Kapitel und später manchen Vortrag (GA 73, 8. 10. 1918; GA 322, 27. 9. – 3. 10. 1920). Er geht vom Dualismus aus, der zwischen Wahrnehmung und Begriff unterscheidet, und nennt seine Anschauung dagegen Monismus. «Es folgt aus dem Begriff des Erkennens, wie wir ihn bestimmt haben, dass von Erkenntnisgrenzen nicht gesprochen werden kann.» Würde die Intuitionskraft geschult, gäbe es **keine prinzipiellen Erkenntnisgrenzen** mehr, sondern nur subjektive, individuelle, zeitliche oder räumliche Schranken, die durch Übung überwunden werden können. Gerade an den Grenzvorstellungen, wie Atom, Materie, Kraft, zu denen die Naturwisenschaft führt, bleibt Geisteswissenschaft nicht stehen (17. 6. 1920, in Beiträge zur GA, Nr. 107, 1991). Indem durch meditative Arbeit im Denken Organe der geistigen Wahrnehmung ausgebildet werden, kann durch diese Organe die geistige Seite wahrgenommen werden. Sie wird wie ein mathematischer Beweis als wahr erlebt und lässt sich im Erleben selbst deutlich von einer Autosuggestion oder modellartigen Vorstellung unterscheiden.

In seinem *Lebensgang* erinnerte sich Rudolf Steiner an die Zeit um 1894, als er die *Philosophie der Freiheit* schrieb: «Ich sagte mir: setzt sich der Mensch eine Erkenntnisgrenze, jenseits deren die ‹Dinge an sich› liegen sollen, so versperrt er sich damit den Zugang zur geistigen Welt; stellt er sich zur Sinneswelt so, dass eines das andere innerhalb ihrer erklärt (das gegenwärtig im Erdenwerden Vorsichgehende die geologische Vorzeit, die Formen der tierischen Gestalt diejenigen der menschlichen), so kann er bereit sein, *diese Erklärbarkeit* der Wesen und Vorgänge auch auf das Geistige auszudehnen.» (GA 28, Kap. XXII)

Die Methode dafür setzt bei der Entwicklung des Denkens an, wie er ebenfalls im *Lebensgang* beschreibt: «Dieses ‹sinnlichkeitsfreie› Denken stellte ich als dasjenige hin, mit dem die Seele in dem geistigen Wesen der Welt darinnen steht. Aber ich machte auch scharf geltend, dass der Mensch, indem er in diesem sinnlichkeitsfreien Denken lebt, auch wirklich sich bewusst in den geistigen Urgründen des Daseins befinde. Das Reden von Erkenntnisgrenzen hatte für mich keinen Sinn. Erkennen war mir das Wiederfinden der durch die Seele erlebten Geist-Inhalte in der wahrgenommenen Welt. Wenn jemand von Erkenntnisgrenzen sprach, so sah ich darinnen das Zugeständnis, dass er die wahre Wirklichkeit nicht geistig in sich erleben und sie deshalb auch in der wahrgenommenen Welt nicht wiederfinden könne.» Und er zitiert, was er in seinen Erläuterungen zu Goethes Naturwissenschaftlichen Schriften formuliert hatte: «Das Gewahrwerden der Idee in der Wirklichkeit ist die wahre Kommunion des Menschen.» Dann fährt er fort: «Ich wollte zeigen, dass der Mensch *denkend* nicht Bilder *über* die Natur wie ein ihr Außenstehender formt, sondern dass Erkennen *Erleben* ist, sodass der Mensch erkennend *in* dem Wesen der Dinge steht.» (GA 28, Kap. X). Damit ist aber der Dualismus von Wahrnehmung und Begriff aufgehoben. Es bestehen keine Erkenntnisgrenzen mehr.

Natur- und Geisteswissenschaft

Diese beiden Forschungsfelder sind keine Gegensätze, zwischen denen Brücken nötig wären, sondern zwei Seiten des gleichen Wesens. Immer wieder betont Steiner, dass es zwischen Natur- und Geisteswissenschaft **keine Widersprüche** geben könne und dass gerade gegenüber der Erdgeschichte «die heutigen und zukünftigen naturwissenschaftlichen Beobachtungsergebnisse voll bestätigen werden, was übersinnliches Schauen offenbart, soweit dem übersinnlichen Geschehen eine sinnenfällige Offenbarung entspricht» (GA 13, S. 440; auch GA 60, 9. 2. 1911). Oder an anderer Stelle: «Mit den *Tatsachen* der Naturwissenschaft steht Geistesforschung nirgends im Widerspruch. Wo von ihren Gegnern ein solcher Widerspruch gesehen wird, da bezieht er sich eben gar nicht auf die Tatsachen, sondern auf die *Meinungen,* welche sich diese Gegner gebildet haben und von denen sie *glauben,* dass sie aus den Tatsachen sich notwendig ergeben» (GA 11, S. 243). «Und wenn Sie nicht jene populären Werke nehmen, die sagen: ›Das und das steht wissenschaftlich fest‹, sondern wenn Sie zu den Quellen gehen, dann können Sie insbesondere auf dem Gebiet der Geologie finden, wie die Geologen überall bis zu einem gewissen Punkte vordringen und dann Fragezeichen hinsetzen. Wenn man bei diesen Fragezeichen angekommen ist, kann man von ihnen ausgehen, indem man jetzt die geisteswisenschaftliche Forschung betrachtet» (GA 60, 9.2.1911).

Es ist ganz verständlich, dass neue Gedanken in den Geowissenschaften gerade bei denen, welche auch Geologie oder Evolutionsbiologie studiert haben, mit großer Skepsis und Ablehnung aufgenommen werden müssen. Das liegt einfach daran, dass die hier dargestellten Gedanken an den gesicherten Vorstellungen der Wissenschaft geprüft werden und dabei sofort zahlreiche Widersprüche und Unstimmigkeiten erscheinen. Die unterschiedlichen Ansichten zwischen den Wissenschaftlern beruhen aber auf den Voraussetzungen, unter denen die Einzelheiten betrachtet werden, und die als so selbstverständlich erlebt werden, dass sie nicht bei jedem Phänomen erneut bedacht, oder gar angezweifelt werden.

Zu dieser Erkenntnis kam bereits Goethe. Er schrieb (WA, Briefe, 23.2.1826) an Johannes Müller: «Die **Divergenzen der Forscher** sind unvermeidlich; auch überzeugt man sich bei längerem Leben von der Unmöglichkeit irgendeiner Art des Ausgleichens. Denn indem alles Urteil aus den Prämissen entspringt und, genau besehen, jedermann von besonderen Prämissen ausgeht, so wird im Abschluss jederzeit eine gewisse Differenz bleiben, die dem einzelnen Wissenden angehört und erst recht von der Unendlichkeit des Gegenstandes zeugt, mit dem wir uns beschäftigen, sei es nun, dass wir uns selbst, oder die Welt, oder was über uns beiden ist, als Ziel unserer Betrachtungen ins Auge fassen.

Daraus ergibt sich als Konsequenz, was Rudolf Steiner schreibt: «Jede Ansicht kann eine wahre sein, wenn sie treu das Beobachtete wiedergibt. Und sie ist erst dann widerlegt, wenn nachgewiesen ist, dass ihr eine andere berechtigterweise widersprechen darf, welche von *demselben* Gesichtspunkte aus gegeben ist. Ein Unterschied hingegen von einer Ansicht, die von einem anderen Gesichtspunkte aus gegeben ist, besagt in der Regel nichts. Wer diese Sache so fasst, der ist gegen den leichtwiegenden Einwand geschützt, dass *jede* Meinung bei solcher Auffassung gerechtfertigt erscheinen müsse» (GA 45, Kap. I, S. 16).

Deshalb soll auf die **Gesichtspunkte** hingewiesen werden, von denen aus die Ansichten in diesem Buche dargestellt sind. Sie ergaben sich daraus, dass ich versuchte, die Landschaften, die Gesteine oder Minerale unter dem Aspekt einiger Grundfragen zu prüfen: Kann man die Erde als lebendigen Organismus betrachten? Wenn man im Sinne der aktualistischen Methode die heutigen Beobachtungen nach rückwärts extrapoliert, geht man dann von den Lebewesen und vom Menschen oder vom erstorbenen Zustand der Erde aus? Sind also beispielsweise die Granite und Gneise aus der geochemischen Umwandlung von Sedimenten entstanden oder haben sie sich aus einem umfassenden Lebensprozess abgesondert? Was ergibt sich, wenn man die geisteswissenschaftlichen Darstellungen von Rudolf Steiner an den geowissenschaftlich beschriebenen Phänomenen prüft? Widersprechen die geologischen Phänomene der Annahme, dass die Erde ein lebender Organismus war, der aus einem Geistig-Seelischen hervorgegangen ist, oder können die physikalisch-chemisch begründeten Vorstellungen der Geowissenschaft die Entstehung und Entwicklung des Lebens hinreichend verständlich machen? In welchem Zusammenhang steht die Entwicklung der Erde mit der des Menschen? Wirkt die hauptsächlichste Evolution der Tierwelt nur zufällig oder können aus der Paläontologie Gesetzmäßigkeiten abgelesen werden, die dem so genannten Zufall zu Grunde liegen? Aus dem Zusammenhang solcher Fragen bildeten sich die Gesichtspunkte dieses Buches.

Ich habe die Voraussetzungen der Geowissenschaften bis in den dialektischen Materialismus hinein geprüft. Differenzen zur Geisteswissenschaft entstehen nicht bei den Phänomenen, sondern bei den Deutungen, z.B. den Entstehungsmodellen. Ein Ausgleich von widersprüchlichen Ansichten wäre also so weit möglich, wie es gelingen würde, sich in einem ersten Schritt die jeweiligen Voraussetzungen bewusst zu machen. Ein zweiter Schritt könnte prüfen, welche der möglichen Voraussetzungen zur Erkenntnissicherheit, zur Evidenz, führen. Das ist durch die Methode des Goetheanismus möglich. Beide Schritte zeigen, dass die Differenzen nicht auf Erkenntnisfragen beruhen, sondern dass es Willensfragen sind. Es gehört Mut dazu, beide Schritte einmal zu probieren!

Steiner führte die scheinbare **Differenz** zwischen Naturwissenschaft und anthroposophischer Erkenntnis auch auf die Willensebene zurück und nicht allein auf Unterschiede in den Forschungsergebnissen, also den Denk- oder Vorstellungsinhalten (z.B. GA 81, 6. 3. 1922; GA 13, S. 439). Das bezog er vor allem auf den **Materialismus**, wenn er sagte: «Wer heute studiert, was die materielle Wissenschaft bieten kann, wer in die materielle Wissenschaft hinuntersteigt und nicht zu bequem ist, sich in sie zu vertiefen, der tut auch als Geisteswissenschafter gut daran. Viel kann man lernen von den rein materialistischen Forschern. Wir können dasjenige, was wir da finden, durchdringen mit dem reinen Geist, den die Geisteswissenschaft bieten kann. Denn wenn wir alles durchdringen mit dem Spirituellen, dann ist das richtig verstandenes Christentum» (GA 106, 14. 9. 1908). An anderer Stelle (GA 233a, 13. 1. 1924) fasste er dies mit den Worten zusammen: «Wenn wir den Materialismus der geistigen Welt entgegentragen, dann könnten wir das erhalten, was in der Geisteswissenschaft gesagt ist. Nur wenn wir die Schale bilden, kann sie sich mit Offenbarung erfüllen.»

So schilderte er, wie er zur Abfassung seiner *Geheimwissenschaft im Umriss* «die modernen naturwissenschaftlichen Vorstellungen der Seele imprägnierte, um sie in die Region zu bringen, wo sonst die Imaginationen sitzen», also nicht diese Vorstellungen «benützend, um mit ihnen zu erkennen so, wie Haeckel oder Huxley erkannten, sondern sie benutzend als innerliche Aktivität» oder anderes gesagt «die ganz bewusste Vorstellungswelt, die sich sonst nur auf äußerliche Naturgegenstände bezieht, innerlich zu nehmen und damit die imaginative Welt zu imprägnieren» (GA 243, 20. 8. 1924). Dieser Weg führt an die Schwelle der geistigen Welt heran. Er birgt damit die Gefahr in sich, dass man den Boden unter den Füßen verliert, wenn man nicht gleichzeitig übt, eine innere Sicherheit zu erlangen. Besonders durch die naturwissenschaftliche Schulung kann der exakte innere Halt gewonnen werden, welcher für bewusste Imaginationen notwendig ist.

Aktualismus und Evolution

Es kommen bei der Geologie zu der allgemein menschlichen Erkenntnisgrenze noch **weitere Grenzen** hinzu, die im Raum und in der Zeit liegen. Der Lebenszyklus einer Blume lässt sich räumlich noch überblicken und im Jahreslauf verfolgen, ebenso der Lebenslauf mancher Tiere – die Evolution von Tierarten schon nicht mehr. In der Geologie besteht eine erste, äußerliche Erkenntnisgrenze bereits darin, dass die Gesteine in Mitteleuropa meist unter dem Erdboden verborgen sind, man also Aufschlüsse braucht, um sie zu sehen. Als zweite Grenze kommt hinzu, dass die einzelnen Aufschlüsse in der Vorstellung verbunden werden müssen, denn nur der Zusammenhang der Gesteinsfolgen führt zum Gebirgsbau, der schon in Dimensionen hineinragt, die kaum mehr vorstellbar sind. Wie erlangen wir ein dreidimensionales Bewusstsein einer Landschaft mit ihrem Untergrund im Kilometerbereich? Der eigentliche Werdeprozess aber verbirgt sich dann noch hinter einer dritten Grenze. Er ist mit Zeitverhältnissen verbunden, die jenseits des menschlichen Erlebens liegen. Aber erst sie führen uns zur Biografie der Erde. Wie kann man hier methodisch vorgehen?

Um zu verstehen, wie die Gesteine während der Erdgeschichte gebildet wurden, kann man zunächst von der Beobachtung **heutiger Prozesse** ausgehen und versuchen sich vorzustellen, wie sie **in der Vergangenheit** gewirkt haben könnten. Diese Forschungsweise heißt Aktualismus und bildete sich im 19. Jahrhundert heraus. Bis dahin wurden die Erde und alle Naturreiche als göttliche Schöpfung ohne Entwicklung verstanden. Noch der französische Naturforscher G. Cuvier (1769 – 1838) sah in den Fossilien eine durch Sintflut und Katastrophen umgekommene Lebenswelt, die dann wieder neu geschaffen worden sei. Goethe wandte sich entschieden gegen solche unnatürlichen Erklärungen. Er begrüßte die Gedanken des in Gotha lebenden K. E. A. von Hoff, der 1822 betonte, dass die Geologie bei der Erklärung früherer Vorgänge nur solche natürlichen Bedingungen und Prozesse heranziehen dürfe, die auch in der Gegenwart beobachtet werden können. Gleichzeitig wandte C. Lyell in England dieses Prinzip dann 1830 an, indem er die Erdgeschichte als Abwandlung heutiger Zustände beschrieb. Steiner würdigte in einem Aufsatz von 1897 (GA 30, S. 339), dass Lyell und Darwin eine neue Epoche des Denkens einleiteten, indem sie die Naturwissenschaft von den Vorstellungen unerforschlicher Eingriffe übernatürlicher Gewalten befreiten, wenn auch in vielen Einzelheiten widersprochen werden müsse. Der Aktualismus wurde zur Grundlage der geologischen Forschung und gilt auch heute noch nahezu uneingeschränkt, denn es gibt zunächst keine andere logische Möglichkeit, eine Vergangenheit, die ohne menschliche Zeugen abgelaufen ist, gedanklich zu erschließen.

Allerdings stießen Forscher immer wieder an **Grenzen**, wenn es darum ging, über Enstehungsprozesse, die heute eben nicht beobachtet werden können, Theorien zu bilden. Wir sind genötigt, vom heute kristallisierten Gestein auszugehen und durch dessen Analyse auf davorliegende Vorgänge zu schließen. Allgemeine und populärwissenschaftliche Vorstellungen erscheinen oft noch möglich; problematisch wird es, je genauer und detaillierter die Prozesse dargestellt werden sollen. Auch Laborversuche sind nur bedingt aussagefähig. Eine weitere Grenze entsteht dadurch, dass zugegeben werden muss, dass die Erde doch grundlegend anders war, je weiter man zurückgeht. Wenn man z.B. ins Präkambrium kommt, wo die Erdatmosphäre ohne freien Sauerstoff war, müssten auch die Gesteinsbildeprozesse ganz anders verlaufen sein. Zahlreiche weitere Beispiele könnten zeigen, dass heutige Beobachtungen nur sehr diffuse Vorstellungen ermöglichen oder sich grundsätzlich einer aktualistischen Betrachtung entziehen. In solchen Fällen beschränkt sich die Forschung darauf, lediglich die Phänomene in ihrer Vielfalt nebeneinander zu stellen.

Um aber Zusammenhänge in ihren Entwicklungen zu erkennen, wird notwendig, die heutigen Beobachtungen nach rückwärts zu modifizieren. Dabei geht es heute nicht mehr so sehr um die Frage (Dullo 1999, S. 56), ob ein uniform-starres oder dynamisch-evolutives Vorstellen erforderlich sei, sondern die entscheidende Frage ist, in welcher Richtung diese Vorstellungen zu extrapolieren sind. Müssen für die Gesteinsbildung **anorganische oder organische Prozesse** vorausgesetzt werden? Die aktualistische Methode ermöglicht bis ins Archäikum zurück gültige Vergleiche bei den sekundären Gesteinen: Sandsteine, Quarzite oder Grauwacken, wo die primären Gesteine schon verhärtet waren und bereits der physikalisch-chemische Zerfall und die Kristallisation begonnen haben.

Findet man einen fossilen Knochen, so würde man anatomisch vergleichen; findet man ein devonisches Riff, würde man heutige Riffe aufsuchen. Was aber wäre bei den primären Gesteinen, z.B. Granit und Gneis, zu betrachten? Entstammt das Tote dem Lebensprozess der Erde oder der Aufschmelzung von Sedimenten? Was könnten Laborversuche über kosmische Absonderungsvorgänge aussagen?

Hier setzt der anthroposophische Erkenntnisweg an, der auch die aktualistische Methode zu erweitern vermag. Steiner schreibt, aus der übersinnlichen Forschung ergebe sich auch für die Erdgeschichte, «dass in der vollständigen Beobachtung des Gegenwärtigen, die das Geistige mitumschließt, wirklich neben den Stufen des Daseins, die bis zur Entwicklungsvollkommenheit der Gegenwart fortgeschritten sind, auch die Entwicklungszustände der Vergangenheit erhalten geblieben sind» (GA 13, S. 146).

Der **Aktualismus** wäre danach um verschiedene Aspekte zu **erweitern**. Zu den heutigen physisch beobachtbaren Phänomenen müssten die seelisch-geistigen hinzukommen. Rudolf Steiner schaute vergleichend immer auf den Menschen, um die Fragen der Welt zu beleuchten oder um erdgeschichtliche Vorgänge zu verdeutlichen (s. Mottos S. 5). Im Menschen können heute noch die Werdeprozesse der Erde abgelesen werden, da der **Mensch als Mikrokosmos** alles enthält, was makrokosmisch geschehen ist. Nicht nur ein äußerlicher Analogievergleich ist gemeint, sondern es gehört auch ein innerliches, seelisches Nacherleben der Bildeprozesse dazu (GA 347, 22. u. 30. 9. 1922; GA 354, 30. 6. 1924; GA 60, 9. 2. 1911; GA 61, 18. 1. 1912).

Durch einen so erweiterten Maßstab werden beliebige Fantasien vermieden, wie sie z. B. Lovelock (1993, S. 75 - 93) durchspielt, der seitenlang überlegt, was geschehen würde, wenn die ganze Erde mit Gänseblümchen (Daysiworld-Modell) bedeckt würde. Fantasie wäre für aktualistische Überlegungen schon erforderlich, aber im Sinne Goethes eine *exakte sinnliche Phantasie*, die deshalb exakt sein kann, weil sie an der Erfahrung der Sinneswelt bleibt. Andere Wege wären nötig, um die Erde als Organismus im Sinne des Aktualismus vorzustellen. Vom Entwicklungsgedanken her müssten die heute beobachteten Verhältnisse selbst in Entwicklung begriffen vorgestellt werden. In Steiners Worten: «Man bekommt die Vorstellung, dass zum Erdendasein geradeso hinzugehört dasjenige, was sich als Kräfte in der Pflanzenwelt auslebt, wie dasjenige, was sich im Geologischen oder Mineralogischen und so weiter auslebt. Nicht im Sinne einer vagen Analogie, sondern im Sinnne eines wirklichen Durchschauens wird einem die Erde eine Art organischen Wesens. Allerdings ein organisches Wesen, welches durch seine verschiedenenen Entwicklungsstadien das mineralische Reich aus sich herausgesondert hat und auf der anderen Seite das pflanzliche Reich differenziert hat» (GA 324, 19. 3. 1921). Es wäre erforderlich, dass man aus dem Vergleich der heutigen Lebenswelt mit den Fossilien «sich eine Vorstellung machen muss, wie es auf der Erde einmal ausgesehen hat. Denn Sie können sich ja auch denken, dass die heutigen Zustände auf der Erde in der Zeit nicht gewesen sein können, in der ganz andere Tiere und Pflanzen gelebt haben, denn sonst wären die heutigen nicht entstanden» (GA 247, 20.9.1922). Die Begründung ist bedenkenswert! Die Lebenswelt und die Erde haben sich entwickelt; die Frage aber ist: Wie kann man sich eine Evolution der geologischen Verhältnisse vorstellen? Das Werden der Gesteine und der Erde selbst wäre als biologischer Prozess nach den **Evolutionsgesetzen des Lebendigen** zu betrachten. Aus diesem Grund werden die Entwicklungen von Mensch, Tier und Pflanze im vorliegenden Buch vor der Gesteinsbildung behandelt. Was bedeutet es, wenn man nicht nur die Kalksteine, sondern auch die Substanzen der Granite und Gneise als Abbauprozesse einer Lebenssphäre ansieht? Das Leben hebt die pysikalisch-chemischen Gesetze nicht auf, es modifiziert sie jedoch und unterwirft ihre Wirkungen einem übergeordneten Zeitorganismus, welcher bestimmt, wann und wo welche Prozesse wirken. Diese Vorstellungen müssen den üblichen Voraussetzungen der materialistischen Geologie widersprechen. Ein solcher Widerspruch besteht dagegen nicht bei allen Phänomenen, welche im physikalisch-chemischen Feld ablaufen, also z. B. bei der Verwitterung, den klastischen Ablagerungsgesteinen, den kontaktmetamorphen Gesteinen oder der Tektonik. Diese Phänomene werden in den Geologiebücher sehr gut beschrieben und deshalb im vorliegenden Buch nur soweit berücksichtigt, wie sie für ein Gesamtbild notwendig sind.

Wir müssten damit **drei Formen des Aktualismus** unterscheiden: einen dynamisch aufgefassten Aktualismus, der zutreffende Bilder für alle anorganischen Vorgänge der Erdgeschichte liefern kann; einen organisch erweiterten Aktualismus, der von den Evolutionsgesetzen des Lebens ausgeht und dann zu einem menschlichen Aktualismus führen kann, bei dem Menschenerkenntnis und Welterkenntnis einander beleuchten würden.

Darüber hinaus wäre der Aktualismus zu ergänzen um die Methoden und Ergebnisse der übersinnlichen Beobachtungen. Welche Beziehung bestünde zwischen der menschlichen Geistesentwicklung, dem Wirken höherer hierarchischer Wesen und den erdgestaltenden oder gesteinsbildenden Prozessen in einer irdischen Lebenssphäre? Die Mitteilungen Steiners müssen und können mit derselben Logik gedanklich geprüft werden, ganz im Sinne des Aktualismus, wie die beobachtbaren Fakten der Geologie. Steiner stellt zudem den Schulungsweg dar, nach dem jeder die Fähigkeiten entwickeln kann, die zur Erkenntnis der übersinnlichen, begrifflichen Seite der Welt führen.

Gliederungen der Erdgeschichte

Der Zeitbegriff in der Erdgeschichte

Relative Zeiten in Rhythmen

Geschichtliche Ereignisse werden nach Jahren geordnet. Auch für die Erdgeschichte brauchen wir ein Maß. Die Ordnung nach Jahren versagt hier jedoch zunächst. Als Geologe wird man öfter gefragt: Wie alt ist dieser Stein? Versucht man zu antworten, bemerkt man: Jede Zahl aus der geologischen Zeitskala mit ihren Jahrmillionen, bleibt unvorstellbar und abstrakt, eine reine Rechengröße. Die meisten geologischen Prozesse – beispielsweise die Entstehung von Gebirgen, von neuen Tierarten oder von Granit in der Erdkruste – können heute nicht mehr direkt beobachtet oder im Labor naturgetreu modelliert werden. Der Zeitfaktor erscheint als Erkenntnisgrenze, denn es erklärt nichts, wenn argumentiert wird, was in Jahren nicht beobachtbar ist, könne doch in Millionen von Jahren geschehen.

Was weist uns bei Steinen überhaupt auf zeitliche Prozesse hin? Am Stein begegnen wir etwas Unveränderlichem, Dauerhaftem. Andererseits finden wir im Gestein Bilder vielfältiger Rhythmen (Abb. 119, S. 223; 142, S. 256; 134, S. 244; 153, S. 265 ; 159, S. 279) der Farbe, der Form und des Materials. Rhythmen erleben wir in allen Lebensprozessen, in Herzschlag und Atmung, in Tag und Jahr des Sonnenlaufes. Rhythmen zeugen von Entwicklungsschritten, die innerhalb einer Polarität schwingend, unumkehrbar vorwärts gehen. Eine normal gelagerte Schichtenfolge zeigt zudem einen **relativen Zeitablauf**. Ihre Gesteine werden von unten nach oben immer jünger. Dieses so genannte stratigraphische Grundgesetz, formulierte erstmals der Däne N. Stensen 1669.

Die **rhythmischen Prozesse** der Erdsphäre lassen sich besonders anschaulich während der atlantischen Epoche verfolgen. Die Pflanzenwelt reagiert sehr sensibel auf Klimaschwankungen, die sich daher weltweit rekonstruieren lassen, vor allem aus Pollen und Samen. In den letzten beiden Jahrzehnten sind die paläomagnetischen Messungen an den Basalten der Ozeanböden sowie die Verhältnisse von Sauerstoffisotopen von Plankton und von Eisproben hinzu gekommen. Davon habe ich charakteristische Kurven aus der Literatur zusammengestellt (Abb. 1, S. 36).

Die verschiedenen Kurven sind gut geeignet, um Schichten einzustufen und zu parallelisieren. Obwohl sie so detailliert erscheinen, ist es schwer, sie untereinander zu vergleichen, da sie durch örtliche Gegebenheiten stark modifiziert werden. Die großen Klimarhythmen zeigen aber gut, wie damit besonders die atlantische Zeit in Epochen gegliedert werden kann, die im Prinzip den Kulturperioden Steiners entsprechen. Eine Jahreszählung setzt voraus, dass die Erdumläufe von Anfang an den heutigen entsprechen. Erdgeschichtliche Phänomene zeigen jedoch, dass solche Bewegungen erst relativ spät begonnen haben (s. S. 478). Auch in der Forschung wird praktisch mit den Einheiten dieser Rhythmen gearbeitet, denn sie lassen sich qualitativ unterscheiden, während Jahre im heutigen Sinne ihren Inhalt verlieren, je weiter man zeitlich zurück geht.

Das Jahr ist ein kosmischer Grundrhythmus (Tab. Abb. 2, S. 44), der sich aus dem Verhältnis der Sonne zur Erde ergibt. Er bildet sich z.B. in den Jahresringen der Bäume ab. Werden sie vermessen, gezählt und mittels der Rhythmen ihrer Dicke verglichen, so erhält man in der Dendrochronologie Standardkurven der jährlichen Zuwachsbreite, mit denen heute Hölzer nahezu lückenlos bis etwa 5000 Jahre v. Chr. datiert werden können (Schweingruber 1983). Mit Eichen aus Flussschottern kommt man noch weiter zurück. Für die Nacheiszeit kann die Methode der Warven-Chronologie angewandt werden, bei der feinrhythmische Tone der abschmelzenden Gletscher gezählt und miteinander verglichen werden. In den letzten Jahren brachten Inlandeisbohrungen auf Grönland und in der Antarktis interessante Ergebnisse über jahreszeitlich bedingte Eisschichten, von denen über 40.000 gemessen und berechnet wurden. Die Rhythmik der Kälteperioden während der Eiszeit ist auch in den Kalkschalen von Einzellern aus Tiefseesedimenten bewahrt, wobei das Verhältnis von Sauerstoff-Isotopen korreliert werden kann. Auch in Sedimenten früherer erdgeschichtlicher Epochen wurden zahlreiche Rhythmen untersucht und ausgezählt, so in feinsandigen Tonen des Tertiär, in Kalk/Ton-Lagen des Erdmittelalters, in Grauwacken des Unterkarbon oder millimetermächtige Anhydritlagen im Zechstein, die über gewisse Entfernungen parallelisiert werden konnten. Vermutet wird, dass es sich dabei um Jahresrhythmen handelt – wobei vorausgesetzt wird, dass die heutigen Verhältnisse des Erdumlaufes direkt in die erdgeschichtlichen Zeiten übertragen werden können.

Die wichtigste Methode jedoch, das relative Altersverhältnis von Gesteinen zu bestimmen, gründet darauf, dass die **Entwicklung der Tiere** und Pflanzen mit der Bildung der Gesteine verbunden ist. Einer der ersten, der erkannte, dass in bestimmten Schichten typische Versteinerungen auftreten, war C. G. Füchsel 1761 in Thüringen. Heute können Schichtenfolgen weltweit parallelisiert und eingestuft werden, oft auf den Meter genau, z.B. durch Mikrofossilien. Das geschieht im Routinebetrieb für die Erdölindustrie. Daraus ergibt sich ein detailliertes Gesamtbild der Gesteinsentwicklung über die Erde hin. Erschwerend kommt allerdings hinzu, dass Gesteine mit gleicher Fauna, nicht gleichzeitig abgelagert sein müssen, dass die Gesteinsarten in einer Epoche räumlich wechseln, oft große Aufschlusslücken überbrückt werden müssen und sich die Tierarten, von denen jede ihren spezifischen Lebensraum hatte, unterschiedlich rasch ausbreiteten.

Insgesamt ist somit in dreifacher Weise eine Zeitsignatur in die Gesteine der Erdkruste eingeprägt, welche ein relatives Nacheinander dokumentiert: durch die Schichtenfolge von unten nach oben, durch das Abbild von Rhythmen in den Gesteinen und durch die Entwicklungsschritte des Lebens in den Fossilien.

Absolute Zeitbestimmungen

Die Bemühungen, erdgeschichtliche Zeiten auch absolut mit der Zeiteinheit des Jahres anzugeben, beginnen erst mit der Neuzeit. 1648 bestimmte der irische Bischof Ussher den Anfang der göttlichen Schöpfung aus den Zeitangaben der Bibel auf Sonntag, den 23. Oktober des Jahres 4004 v. Chr. um 9 Uhr. Gegen Ende des 18. Jahrhunderts errechnete der Franzose Buffon das Erdalter aus der Abkühlungszeit einer Metallkugel auf 75.000 Jahre. 1862 kam Lord Kelvin in England mit ähnlichen Methoden auf 25 Millionen Jahre bei einer Ausgangstemperatur von 1.000°C bzw. auf 200 Millionen Jahre bei anderen Temperaturen. Rutherford und Sody fanden 1902 in der Radioaktivität eine neue Wärmequelle und bestimmten damit die Abkühlungszeit der Erde auf 400 Millionen Jahre, ein Zeitraum, der bis heute durch die Extrapolation der Halbwertszeiten noch einmal auf das Zehnfache gedehnt wurde.

Die gegenwärtig angewandten Methoden der **radiometrischen Altersbestimmung** von Gesteinen beruhen darauf, dass das Mengenverhältnis der Isotope der Ausgangs- und Zerfallsprodukte bestimmt wird. Jedes Isotop zerfällt in einer für diese Substanz spezifischen Zeit auf die Hälfte seiner Ausgangsmenge. Mit diesen Halbwertszeiten und den Mengen der Isotope kann dann das radiometrische Alter berechnet werden. Je länger die Halbwertszeiten sind, desto weiter reicht die Berechnungszeit in die Erdgeschichte zurück. So zerfällt z. B. das für erdgeschichtliche Zeitbestimmungen wichtige Uran 238 in 4,4 Milliarden Jahren zu Thorium 234, dieses in 24,1 Tagen zu Palladium 234, dieses in 6,7 Jahren zu Uran 234, dieses in 250.000 Jahren zu Thorium 230 und so fort bis zu dem End-

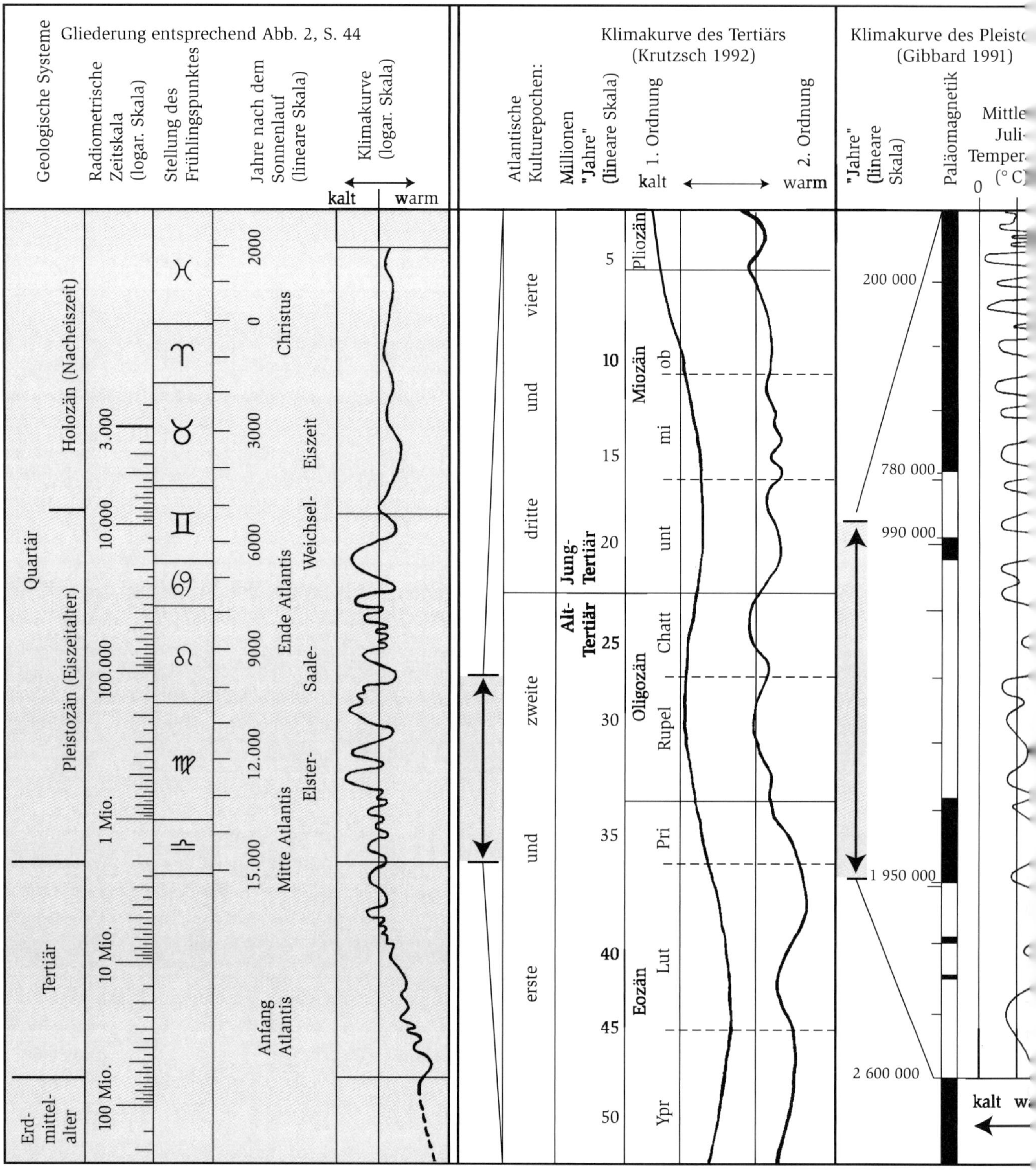

Abb. 1: Rhythmische Prozesse im Tertiär und Quartär (nach Ehlers 1994 u.a.)
Die ersten Spalten zeigen die Grundgliederung wie in Abb. 2, S. 44. Die weiteren Spalten zeigen Details, die sich jeweils auf diejenigen Abschnitte dieser Grundgliederung beziehen, welche durch die Pfeile markiert sind. So zeigt die zweite Spalte die Klimakurve des Tertiärs, also der ersten Hälfte der Atlantis, in zwei Größenordnungen. Sie wurde aus dem paläobotanischen Vergleich mit der heutigen Vegetation abgeleitet und zeigt, wie sich die Atmosphäre in Rhythmen abkühlte. Die nächsten vier Spalten zeigen die Rhythmen hauptsächlich während des Eiszeit-

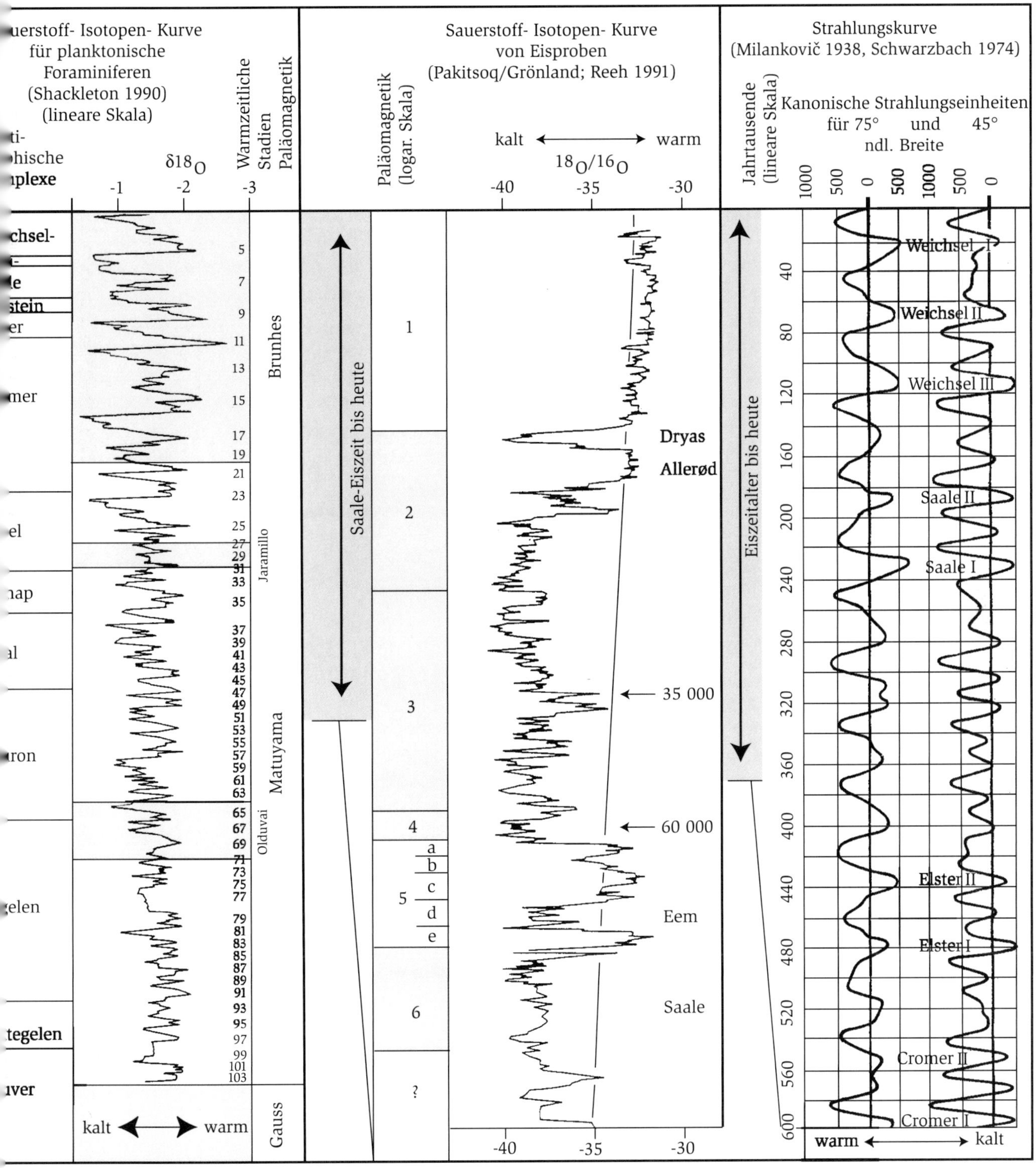

alters. Erstaunlich dabei ist, dass die Unterschiede zwischen den Eiszeiten und den Warmzeiten viel geringer sind, als man zunächst erwarten würde. Das zeigt auch die letzte Spalte mit zwei Strahlungskurven von Milankovič (1938). Sie wurden für mehrere Breitenkreise mittels verschiedener periodischer Änderungen der Erdbahn errechnet, wie der Exzentrizität, der Präzession und der Erdachsenwinkel (Kahlke 1981 u.a.). Man hatte in der ersten Hälfte des 20. Jahrhunderts geglaubt, damit die Ursachen der Eiszeiten gefunden zu haben. Die astronomischen Berechnungen sind heute sehr genau, doch ihre Korrelation mit den geologischen Phänomenen blieb unsicher.

produkt Blei 206. Voraussetzung ist ein physikochemisch geschlossenes System, weil sich erst dann die Mengenverhältnisse der Isotope nicht mehr ändern. Das bedeutet, dass die Bestimmung bis dahin zurückreicht, wo das Gestein zum letzten Male unter eine bestimmte Temperatur abgekühlt wurde und keine Gase mehr entweichen konnten. Schwankende Zahlenangaben sind meist dadurch verursacht, dass die Gesteine später verändert wurden.

Die radiometrischen Altersbestimmungen (Abb. 2, S. 45) sind zu einem brauchbaren Hilfsmittel geworden, um z.B. die fossilfreien Gesteine des Präkambriums zu gliedern und weltweit zu korrelieren oder um die verschiedenen Erstarrungszeiten kristalliner Gesteine zu bestimmen. So konnte in den letzten Jahrzehnten der rhythmische Polwechsel des irdischen Magnetfeldes für die jüngere Erdgeschichte erforscht worden. Der Magnetit im Basalt der Ozeanböden hält bei seiner Kristallisation die Richtung des Erdmagnetfeldes fest. Zusammen mit den überlagernden Sedimenten lässt sich dann das relative Alter der Ozeanböden bestimmen, verglichen mit den Leitfossilien in der jüngeren Erdgeschichte. Der Zahlenwert ermöglicht, kristalline Gesteine den erdgeschichtlichen Epochen zuzuordnen.

Jahrzehntelange Vergleiche waren nötig, um solche Zahlenwerte auch annähernd für die Grenzen geologischer Systeme zu ermitteln, welche ja nicht an kristallinen Gesteinen, sondern an fossilführenden Sedimenten bestimmt wurden. So beginnt z.B. das Känozoikum bei 65 +/- 1 Million Jahren, das Mesozoikum bei 249 +/- 4 Millionen Jahren und das Paläozoikum bei 575 +/- 15 Millionen Jahren. Die Grenzen der Unterabteilungen und Stufen können oft nur schematisch gezogen werden. Die Geologen haben sich inzwischen international auf eine Skala geeinigt, wie sie heute überall in der Literatur, aber auch in Museen etc. zu finden ist. Isotope mit geringen Halbwertszeiten ermöglichen, an historische Zeitrechnungen und die Dendrochronologie anzuschließen, z.B. durch Untersuchung von Kohlenstoff-Isotopen von Holz aus ägyptischen Gräbern. Diese Datierungen haben sich allerdings öfter stark verschoben, sodass Werte, die vor 1980 bestimmt wurden, kritisch betrachtet werden müssen (Geyh 1983). Das zeigt, dass die so exakt bestimmbaren physikalisch-chemischen Daten vielfach doch qualitativ bewertet werden müssen! Je größer solche Zahlen werden, desto weniger Inhalt haben sie jedoch; desto mehr werden sie zu einer bloßen Rechengröße, die in der Praxis als relative Größe angewandt wird. Deshalb sollte man, statt vom absoluten Alter, besser von radiometrischer Datierung sprechen.

Ein grundlegendes Problem besteht darin, dass die Halbwertszeiten heute im Labor nur in einem, im Verhältnis zu ihrer Länge, sehr kurzen Moment bestimmt werden können. Aus dem asymptotisch verlaufenden Ende einer Exponentialkurve muss der Anstieg des Anfangs ermittelt werden. Die Physik betrachtet es als empirisch gesichert, dass die Naturkonstanten, auch die Halbwertszeiten und die Gravitation, für den gesamten Zeitraum der Erdgeschichte unveränderlich sind. In der Fachdiskussion geht es noch um verfahrenstechnische Fragen, Störfaktoren und geologische Bedingungen, auch um die Frage der Jahreslänge in der frühen Erdgeschichte. Prinzipielle Fragen werden kaum mehr diskutiert.

Rudolf Steiner zu absoluten Zeitangaben

In der Geologie wird der Zeitbegriff im Sinne von Newton gedacht. Danach verläuft Zeit an sich unabhängig und außerhalb der Dinge. In der Bestimmung der radioaktiven Zerfallsreihen besteht ein absoluter Maßstab dafür. Steiner hingegen schrieb schon 1882 in seinem Aufsatz «Einzig mögliche Kritik der atomistischen Begriffe» (Beiträge zur GA Nr. 63, 1978) und dann 1890 (GA 1, Kap. XVI/2), dass es weder einen absoluten Raum als leeres Vakuum noch eine absolute Zeit als unveränderlichen Maßstab des Nacheinander gebe, d.h. als ein Gefäß, in dem die Veränderungen sich abspielen würden. Zeit ist ein Ausdruck dafür, dass die Tatsachen ihrem **Inhalte** nach **in einer Folge voneinander abhängig** sind. Die Zeit ist nur an den Prozessen der Sinnenwelt gegeben; sie tritt erst da auf, wo das Wesen einer Sache erscheint. Das Wesen selbst ist jedoch nur ideell zu erfassen. Es bleibt geistig im Bereich der Dauer. Wir können Zeit erfahren, weil wir vom seelischen Erleben des Zeitlichen immer wieder hinüberwechseln in die Dauer, welche wir tagsüber im Denken und nachts im Schlafe erleben. Schon damals schrieb Steiner, dass es sehr wichtig für die künftige Wissenschaft sei, den Newtonschen Zeitbegriff zu korrigieren. Für die Erdgeschichte bietet diese Bestimmung, die Zeit als den Ausdruck einer Folge inhaltlich voneinander abhängiger Tatsachen zu erkennen, den Ansatz, einen neuen realen Zeitbegriff (s. S. 43) zu gewinnen.

Wie im Gegensatz dazu spricht Steiner in seinen Vorträgen bei erdgeschichtlichen Ereignissen auch von **Jahrmillionen**. Von den bisher gefundenen Stellen liegen etwa zehn zwischen 1904 und 1908, nur etwa vier in späteren Jahren*; ich habe sie in einem Aufsatz (Bosse 1993, S. 382) in chronologischer Folge zitiert. Wenn man auf die Ausdrucksweise Steiners achtet, zeigt sich, wie er diesen Zeitbegriff anwandte. Zahlen anzugeben, so sagt er, sei schwierig, sie seien schwer verständlich, weil man die Methoden kennen müsse, welche die Geisteswissenschaft anwende (GA 53, 9. 3. 1905). Nur einmal (GA 93a, 25. 10. 1905) nennt er die Zahl von 22 Millionen Jahren für die lemurische Epoche. Sie wurde vermutlich aus der Wissenschaft übernommen und dürfte nach damaligen Berechnungen ins Mesozoikum fallen. Das Erdalter wurde am Ende des 19. Jahrhunderts mit etwa 400 Millionen Jahren angegeben. Es handelt sich meines Erachtens nicht um Steiners eigene Forschung. An den meisten Stellen spricht er von Millionen von Jahren im Sinne von unvorstellbar langen Zeitabschnitten, die durch bestimmte Entwicklungsschritte charakterisiert sind. Es ist bei Steiner ein qualitativer Ausdruck für Dauer. Er schildert (GA 184, 20. 9. 1918), wie noch in der Gnosis ein Gefühl vorhanden war von dem Lebendigen der Zeit. Man sprach nicht von einer Linie, die von der Vergangenheit in die Zukunft verläuft, sondern nannte die Schöpfergeister **Äonen**. Die Zeit wurde in der Imagination so vorgestellt, dass in der Hierarchienfolge das vorangehende Wesen die Schöpfungsimpulse immer an das nächstfolgende abgab, welches dadurch gewissermaßen hervorgebracht wurde. Diese großen Epochen der Erdentwicklung bezeichnet Steiner auch an anderer Stelle (GA 165, 31. 12. 1915) als Äonen, die uns wie Sinnbilder sein können für das, was wir im Jahreslauf erleben. Im Sinne von Äonen sprach Steiner von «Jahrmillionen» – nicht im Sinne von Jahreszahlen, die dem entsprächen, was heute über die Halbwertszeiten für die Erdgeschichte errechnet wird.

Ähnliches trifft auch zu für die aus Indien überlieferten Zahlenangaben für vergangene Epochen, welche die großen und kleinen **Yuga-Zeitalter** genannt werden (Vreede 1954). Addiert man diese Zahlen und fasst sie als Jahre v. Chr. auf, so würde das Krita-Yuga 48.000 beginnen, das Treta-Yuga 28.000, das Dvapara-Yuga 13.000, das Kali-Yuga 3.101. In den so genannten großen Zahlen beginnt das Kali-Yuga mit 432.000. Es handelt sich aber nicht um Jahresangaben geschichtlicher Zeitepochen, wie heute meist angenommen wird, sondern diese Zahlen müssen im okkulten Sinne qualitativ gelesen werden als 4 – 3 – 2 – 0, Krita = 4 = vollbracht, Treta = 3 = Drittel, Dvapara = 2 = Zweiheit, die Hälfte, Null = vollendete Runde. Steiner charakterisierte diese Zahlen (GA 118, 25. u. 27. 1. 1910; GA 116, 2. 2. 1910) als Stufen des abnehmenden Hellsehens von der Mitte des lemurischen Zeitalters bis in die chaldäisch-ägyptische Epoche. Solche Bewusstseinszustände können bei verschiedenen Menschen gleichzeitig nebeneinander auftreten. Die einzige Zahl, die Steiner als Jahreszahl angab, kennzeichnet den Beginn des vierten Zeitalters, des Kali-Yuga, «um 3101 v. Chr.». Eine Tabelle (GA 118, 1977, S. 34) zeigt zwar Angaben als Jahreszahlen, sie stammt jedoch wahrscheinlich nicht von Steiner. Elisabeth Vreede (1954, S. 379 – 381) versteht diese Zahlen im Gegensatz zu Steiner als Jahre und parallelisiert sie mit den Kulturepochen und mit Umlaufzeiten der Präzessions-Bewegung, aber auch nur, «um einen gewissen Parallelismus zustande zu bringen», wie sie schreibt. Es erscheint mir höchst fraglich, mit den indischen Yuga-Zahlen eine absolute Zeitskala in Jahren, gestützt auf astronomische Rhythmen, für erdgeschichtliche Epochen zu bilden.

Das Platonische Weltenjahr

Von «Jahrmillionen» sprach Rudolf Steiner vor allem vor 1910. Danach bildete sich bei ihm ein neuer Ansatz heraus, die **Zeitfrage** anzugehen. Er sagt

* (GA 11, 1904, Vorwort; GA 53, 9. 3. 1905; GA 93a, 16. und 25. 10. 1905; GA 97, 30. 3. 1906; GA 95, 31. 8. 1906; GA 283, 26. 11. 1906; GA 100, 26. 6. 1907; GA 105, 5. 8. ; GA 125, 17. 9. 1910; GA 175, 10. 4. 1917; GA 188, 3. 1. 1919; GA 234, 20. 1. 1924; GA 240, 25. 1. 1924)

(GA 125, 17. 9. 1910), dass man empfindungsmäßig wenig erklären könne, wenn man davon spricht, dass die göttlich-geistigen Kräfte an dem Erdenleib durch Jahrmillionen gearbeitet hätten. Zwischen 1917 und 1924* wandte er sich dann zunehmend gegen eine Berechnung von Jahrmillionen in die Vergangenheit oder Zukunft. Das sei vergleichsweise so, als wenn man Veränderungen am Menschen über Jahrhunderte extrapolieren würde. Die Berechnungen der Geologie sind in diesem Sinne ganz richtig und vollständig logisch, nur nicht wirklichkeitsgemäß, denn vor Millionen von Jahren war die Erde eben nicht da; und Ausssagen über diese Erde sind genau so unsinnig, wie wenn ich meine eigene Gestaltung als physischer Mensch vor dreihundert Jahren aus den gegenwärtigen Verhältnissen berechnete. Man kann die physikalischen Gesetze, die man jetzt beobachtet, für die Frage der Zeitberechnung nicht auf die Erde anwenden. Diese ist später entstanden, als Tyndall, Huxley, Haeckel oder andere annehmen. Haeckel (1903, S. 101) schrieb damals, dass die Erde mehr als hundert Millionen Jahre alt sei.

Einen zeitlichen Vorgang, mit dem erdgeschichtliche Ereignisse verglichen werden können, sah Steiner von 1908 an in der **Präzessionsbewegung** (GA 106, 9. 9. 1908; ausführlich: GA 174, 28. 1. 1917; GA 312, 26. 3. 1920). Sie bezeichnet die scheinbare Bewegung **des Frühlingspunktes** durch den Tierkreis, in Gegenrichtung zum jährlichen Sonnenlauf, innerhalb von etwa 25.920 Jahren, dem so genannten Platonischen Weltenjahr (Abb. 2, S. 44). Bedeutsam erscheint mir, dass Rudolf Steiner diesen kosmischen Rhythmus immer im Zusammmenhang mit menschlichen Entwicklungsprozessen und deren Beziehungen zur Welt dargestellt hat. Er meinte keinen unabhängigen Maßstab, kein Zeitgefäß, in dem sich die Ereignisse abspielen, sondern es entspricht seinem Zeitbegriff, wenn er Ereignisfolgen schildert, welche ihrem Inhalte nach voneinander abhängig sind. Diese Zahl 25.920 ist eine kosmisch-menschliche Größe, die auch in verschiedenen kleineren Rhythmen enthalten ist: in den Monaten einer menschlichen Kulturperiode von 2.160 Jahren, in den Tagen eines Menschenlebens von 72 Jahren, in den Stunden dreier Jahre und in den Atemzügen eines Tages. Gut erläutert werden die Zusammenhänge bei Wilhelm Hoerner (1978, S. 284 – 292).

Als Steiner die Präzessionsbewegung meines Wissens zum ersten Male erwähnte (GA 160, 9. u. 10. 9. 1908), schilderte er, wie sich die äußere menschliche Gestalt während des Platonischen Weltenjahres in zwölf Entwicklungsstufen aus dem Gang der Sonne durch die Tierkreiszeichen gebildet hat (s. S. 137). Es begann nach der Trennung der Sonne vom Erde-Mond-Körper, als der Frühlingspunkt im Zeichen der Fische stand, und schritt zum Kopf hin fort, indem der Frühlingspunkt zunächst mehrfach, später einmal durch den Tierkeis ging. Rein rechnerisch käme man damit auf ein Vielfaches des Platonischen Weltenjahres während der Lemuris, zwischen der Trennung der Sonne und der Atlantis. Wäre das ein Beleg dafür, dass Steiner da längere Zeiträume meint, vielleicht auch Jahrmillionen? Bei dieser ersten Erwähnung des Weltenjahres sprach er das einzige Mal über mehrere solcher Umläufe während der Erdgeschichte. Es handelt sich meines Erachtens um Kräftewirkungen aus bestimmten Richtungen, nicht um zeitliche Datierungen. Das belegen Skizzen für die Tierkreisbilder zum Kalender 1912/13 (Beiträge zur GA, Nr. 37/38, 1972, S. 69 – 91), wo die ganze Erdentwicklung mit den Tierkreiszeichen gegliedert wird. Es werden viel größere Abschnitte erwähnt, die inhaltlich mit dem, was 1908 zur menschlichen Gestalt gesagt wurde, übereinstimmen, jedoch nicht mit der Stellung des Frühlingspunktes, sodass diese überlieferte Skizze für eine Datierung nicht relevant ist.

Steiner erläutert seinen Zeitbegriff 1918 (GA 184, 15. u. 20. 9. 1918) am Wechselverhältnis zwischen Ewigkeit und Entwicklung, also zwischen der Dauer im seelisch-geistigen Bereich und einer Entwicklung im Vergänglichen der Erscheinungswelt. Den Begriff des Jahres im heutigen Sinne benutzte Steiner nach rückwärts nur bis 3.000 v. Chr., also bis zu der Zeit, in der etwa die geschichtliche Überlieferung beginnt. Weiter zurück verwandte er ab 1910 das Platonische Weltenjahr, um kosmische und menschliche Ereignisse aufeinander zu beziehen (Abb. 2, S. 44; Zitate in Bosse 1993). Vor allem wurde die atlantische Epoche bzw. ihr Untergang mit der Eiszeit ins Verhältnis gesetzt, welche er zwischen 4.000 und 10.000 v. Chr. datierte. Dabei wurden in früheren

* (GA 175, 10. 4. 1917; GA 177, 14. 10. 1917; GA 319, 3. 9. 1923; GA 228, 16. 9. 1923; GA 234, 20. 1. 1924; GA 348, 3. 2. 1923; GA 354, 9. 7. 1924)

Jahren eher höhere Werte genannt, dann niedrigere. Für die atlantische Zeit erläutert Steiner (GA 205, 9. 7. 1921) die Seelenentwicklung und das Werden des Menschen anhand der Stellung des Frühlingspunktes im Tierkreis. Dabei ging er bis in die letzte Zeit der lemurischen Epoche zurück, in welcher die Sonne in den Fischen stand. Berücksichtigt man, dass die Tierkreisbilder verschieden weit ausgedehnt sind, lassen sich Jahreszahlen für die einzelnen atlantischen Kulturstufen berechnen. Man käme damit für den Beginn des atlantischen Zeitalters auf etwa 23.000 Jahre v. Chr. In einem anderen Vortrag (GA 349, 17. 2. 1923) wird ebenfalls ein Weltenjahr vor heute angegeben. Bereits früher hatte er schon begründet, dass jeweils sieben Kulturepochen zwischen der Mitte der Lemuris, der Mitte der Atlantis und der Zeitenwende lagen (GA 105, 10. 8. 1908). An wieder anderer Stelle (GA 350, 20. 7. 1923) wird jedoch gesagt, dass die Erde nicht länger als ein Weltenjahr lang bestehe und unsere Zeit etwas über die Mitte hinaus liege. Damit könnte der gegenwärtige Zustand der Erde und des Erde-Sonne-Verhältnisses gemeint sein, welches seit der mittleren Atlantis bestehen würde. Weiter zurück verliert das Jahr im heutigen Sinne seine Realität; nur zahlenmäßig kann man in alle Ewigkeit weiter zurückrechnen. Deshalb werden in der Tabelle (Abb. 2, S. 44) Jahresangaben nur bis etwa 15.000 v. Chr. eingetragen, was der Mitte der atlantischen Epoche entsprechen könnte. Von da an kann wahrscheinlich überhaupt erst mit dem heutigen Umlauf der Erde um die Sonne gerechnet werden, womit das Jahr die jetzige Länge erhalten hat.

Verschiedene Schüler Steiners haben seine Angaben verarbeitet. Sigismund v. Gleich (1950) stellt die Menschheitsentwicklung während der zweiten Hälfte der Atlantis dar, etwa zwischen 12.000 und 5.000 v. Chr. Die Berechnung der Jahreszahlen für den Stand des Frühlingspunktes verwenden und erläutern Guenther Wachsmuth (1950), Fred Poeppig (1962), Hans Gsänger (1975) und Wilhelm Hoerner (1978). Walter Cloos (1970) schließt vor allem an Elisabeth Vreede an und datiert die Mitte der Atlantis ins 20. Jahrtausend v. Chr., von wo an Zeitberechnungen im heutigen Sinne möglich würden.

Fragen der radiometrischen Datierung

Wie lassen sich aus geisteswissenschaftlicher Sicht die Methoden verstehen, mit denen durch radioaktiven Zerfall eine absolute Zeit für die Erdgeschichte bestimmt wird? In den letzten zwei Jahrzehnten ist eine ganze Reihe von Arbeiten anthroposophischer Autoren zur **Radioaktivität** erschienen (z.B. *Die Drei* 1978 u. Sonderheft 1986; C. Bockemühl 1999), die das Thema auch verschieden behandeln. In der Geologie werden die Jahrmillionen-Angaben aber nicht nur als Rechengrößen zum relativen Vergleich angewandt, sondern es wird auch inhaltlich damit argumentiert, wenn z.B. geologische Vorgänge wie Sedimentationszeiten, Kontinentaldrift, Talerosion, Entstehung und Aussterben von Tierarten etc. begründet werden.

Die Angabe von Jahreszahlen beruht darauf, dass bei radioaktiven Isotopen in gleichen Zeiten jeweils die Hälfte der Menge zerfällt. Diese heute gemessenen Halbwertszeiten werden nach rückwärts extrapoliert. Bezogen auf eine lineare Zeitskala wie die Jahresfolge nimmt also die Ausgangsmenge der Isotope im Laufe der Zeit in logarithmischem Maße ab. Anders ausgedrückt: Die radiometrisch bestimmten Zahlenwerte (Abb. 2, S. 44) werden nach rückwärts immer größer, und zwar logarithmisch zunehmend. Dadurch entsteht der Eindruck, dass die erdgeschichtlichen Prozesse zuerst sehr langsam abgelaufen, eben in Jahrmillionen und Jahrmilliarden, und dann immer schneller geworden seien. Wolfgang Schad (1993, S. 233) deutete diese zunehmende Zeitverkürzung zur Gegenwart hin in der Weise, dass eine **logarithmische Zeitmetrik** mitbewirken würde, dass weniger Zeit für den nächsten Qualitätssprung nötig sei; in gleichen erdgeschichtlichen Zeitabständen nehme somit der Anteil der Neueinschläge logarithmisierend zu.

Alle Lebensprozesse folgen ebenfalls einer logarithmischen Zeitmetrik, aber im Gegensatz zu dem Ablauf, den die radiometrische Datierung zeigt, gerade umgekehrt. Am Anfang geschieht in derselben Zeiteinheit relativ mehr an Entwicklungsschritten, Substanzumsatz oder Wachstum als später, wo alle Vorgänge immer langsamer werden, im Alter bis zum Tode. Die Entwicklungsschritte des menschlichen Embryo werden nach Tagen und

Wochen, die des Säuglings nach Monaten, des Kindes nach Jahren betrachtet. Die Tier- und Pflanzenstämme zeigen bei ihrer frühen Entwicklung (s. S. 110) das gleiche Prinzip. In raschen Entwicklungsschritten erscheinen zuerst sehr unterschiedliche Baupläne, die am Ende nur noch ausdifferenziert werden.

Hier zeigen sich Konsequenzen, je nach dem, ob die **Erde als lebendiger Organismus** angesehen wird oder ob nur physiko-chemische Prozesse gelten sollen. Ein Ausdruck abnehmender Lebensprozesse der Erde wäre z.B., dass die Mächtigkeiten der primären Gesteinsbildungen (z.B. Abb. 82, S. 219) in logarithmischen Schritten abnähmen. Das wäre ein Ausdruck des Absterbens der Erde; unter Voraussetzung anorganischer Prozesse belegten sie jedoch die Zeitverkürzung zur Gegenwart hin. Verglichen mit dem radioaktiven Zerfallsprozess, würden sich die zeitlichen Abläufe der Erde mit der Entwicklung ihrer Naturreiche also umgekehrt zu den Lebensprozessen heutiger Organismen verhalten. Welche der beiden Voraussetzungen wäre anzusetzen?

Daran schließt die Frage, ob lebendige Entwicklungsprozesse der Erde überhaupt mit dem radioaktiven Zerfall verglichen werden können. So fragt Thomas Schmidt (1975), für welche Seinsbereiche es überhaupt berechtigt sein kann, Zeit durch den Übergang von Erdenmaterie in Chaos und Zerfall zu messen? Im lebendigen Erdorganismus können die rhythmisch variierenden Werdeprozesse damit gar nicht erfasst werden. Isotope können auch in Organismen eingelagert werden oder durch Bestrahlung entstehen. Sie sind aber nicht Ausdruck des Lebens. Die Isotopenmengen, welche gemessen werden, verbleiben erst dann in einem geschlossenen System, wenn die Substanzen der Entwicklung entfallen und die Minerale kristallisiert sind. Damit gerinnt der Prozess zum festen Bild; eine Ereignisfolge, ein Zeitablauf, geht in die Dauer über. Dies entspricht qualitativ den starren, unbeeinflussbaren radioaktiven Zerfallsvorgängen, die mit ihren lebensfeindlichen Wirkungen erst mit dem «Tod» der Gesteinssubstanz festgehalten werden. Es wäre zu fragen, ab wann mit diesen Gesetzmäßigkeiten der unorganischen Natur bei der Erde gerechnet werden kann. In einem Vortrag (GA 93a, 5. 10. 1905) spricht Steiner davon, dass es **Radioaktivität** früher gar nicht gegeben habe, sondern erst seit einigen Jahrtausenden, weil jetzt die Atome immer mehr zersplittern. Da Steiner stets konkrete Bilder, meist im Zusammenhang mit dem Menschen, vor Augen hat, könnte auch dies nicht als abstrakte, allgemeingültige Angabe verstanden werden, sondern als ein Hinweis auf den Substanzzustand in der Mitte der atlantischen Epoche. Wäre nicht denkbar, dass erst von da an die kristallinen Gesteine in den endgültig verhärteten (s. S. 459) und kristallisierten Zustand übergegangen sind? Auch die Bemerkung Steiners (GA 197, 30. 7. 1920), dass die Radioaktivität erst seit Christi Zeiten bestehe, beruht wahrscheinlich auf der Halbwertszeit von 1617 Jahren von Radium 226 (Hamprecht 1986) und nicht auf einem geisteswissenschaftlichen Forschungsergebnis. Für das Präkambrium nimmt eine materiell betrachtende anthroposophische Auffassung sogar an (*Grant in C. Bockemühl* 1999, S. 131), dass die Wärme der Polaris-/Saturnepoche auf Radioaktivität beruhe, im Gegensatz zu Steiners Darstellungen einer rein seelischen Wärme, aus der dann auch äußerliche Wärme wurde.

Eine weitere Frage ist die nach der erkenntnismäßigen **Realität absoluter Zeitangaben** in Jahrmillionen. Die Zahlen liegen weit jenseits jeglichen Vorstellungsvermögens. Wie unterscheidet sich ein Stein, der fünf Millionen Jahre alt sein soll, von einem fünfzig oder fünfhundert Millionen Jahre alten? Wie weit kann das Jahr als ein kosmischer Vorgang, der inhaltlich erfüllt ist, überhaupt nach rückwärts extrapoliert werden? Geschichtliche Urkunden, z.B. Herrscherlisten, reichen an einigen Orten bis etwa 2.500 oder 3.000 v. Chr. zurück. Nicht, dass das Jahr davor nicht mehr existierte, sondern es wird zunehmend zur abstrakten Rechengröße. Die Rechnungen sind richtig, nur der berechnete Gegenstand ist entschwunden. Jahre für die Erdgeschichte zu berechnen, gleicht dem Versuch eines alten Menschen, sein ganzes Leben nach Sekunden oder Minuten erinnern zu wollen. Ich kann durchaus berechnen, dass ich vor 2763 Tagen ein Erlebnis hatte; die Zahl sagt mir aber nichts, wenn ich die Folge der täglichen Zwischenereignisse vergessen habe. Ich muss zu Ereignisreihen mit größeren zeitlichen Schritten übergehen. Entsprechend wäre es, wenn wir ein Gestein mit einem «absoluten Alter» in «Jahren» mit Hilfe dieser Zahl in andere Ereignisfolgen einordneten, z.B. in die Folge von

Schichten und Tierformen. Das «absolute Alter» führt uns zum relativen im Sinne des Zeitbegriffs von Rudolf Steiner.

Erdgeschichtliche Ereignisfolgen

Für die Ereignisse des Lebens haben wir die kosmischen Rhythmen von Stunde, Tag, Jahr als inhaltlich abhängige Ereignisreihe. So benötigen wir im Sinne des Zeitbegriffes von Rudolf Steiner auch für die Erdgeschichte Tatsachenreihen, die ihrem Inhalte nach voneinander abhängig und in ihrer Größenordnung vergleichbar sind. Ein großer Teil der geologischen Forschung befasst sich mit der Frage, wie **Gesteinsfolgen zeitlich** zueinander stehen. Kontinuierlich abgelagerte Schichten sind beispielsweise von Perioden der Abtragung unterbrochen. Währenddessen laufen andere erdgeschichtliche Ereignisse ab, z.B. Gebirgsbildungen oder die Tierentwicklung. Das Alter zu bestimmen, würde bedeuten, die Dauer, in der ein Gestein unverändert in der Erdkruste ruht, durch den Vergleich mit anderen Werdeprozessen zu überbrücken, die zwischen der Entstehung und der Gegenwart liegen. Der zeitliche Werdeprozess eines Gesteins bleibt immer äußerlich und wird nicht wie bei einem Organismus nach innen genommen, sodass man von einem Alter sprechen kann. Nur im Zusammenhang mit der ganzen Erde ist er ein innerlicher. Jedes Gestein bewahrt die Geschichte der Erdkruste an seinem Ort. Der Geologe vergleicht solche Phänomen-Reihen und entwirft ein Gesamtbild aus den Beziehungen zwischen den einzelnen Ereignisfolgen. Dabei deuten die Bilder auf unterschiedliche Zeitstrukturen, Rhythmen und Geschwindigkeiten der Entwicklung. Daraus kann gerade das Nacheinander abgelesen werden (z.B. Abb. 1, S. 36 – 37). Damit bleibt eine Erklärung innerhalb der geologischen Phänomene, denen radiometrisch datierte Ereignisse zugeordnet werden können.

In der zusammenfassenden Übersicht (Abb. 2, S. 44) wurde versucht, die **lineare Zeitskala** der Jahre mit einer **hyperbolischen Skala** der radiometrisch ermittelten Werte zu korrelieren. Damit würde es möglich, die Folgen erdgeschichtlicher Ereignisse mit denen der menschlichen Kulturepochen zu vergleichen. Sie beziehen sich auf das Platonische Weltenjahr, d.h. auf die Bewegung des Frühlingspunktes durch den Tierkreis. Es geht nicht darum, welche der Zeitskalen gültig ist – das wäre aus dem Zeitbegriff Newtons gedacht –, sondern es soll gezeigt werden, wie es der Zeitbegriff Steiners möglich macht, zu inhaltlich konkreten und vergleichbaren Ereignisfolgen zu kommen. Die Darstellung ist ein Versuch, aus den verschiedenen Ereignisreihen ein Gesamtbild zu entwerfen.

Die **logarithmische Zeitmetrik** behandelt Dieter Kötter (1993, S. 57) als Sonderfall einer projektiven Darstellung für die radiometrisch ermittelten Datierungen, wobei er jedoch kein neues, unabhängiges «Zeitgefäß» begründen will. Es geht ihm um die Art der Beziehungen, die zu einem organischen Zeitmaß führen können. Die mathematischen Ableitungen von Wachstumskurven beziehen sich auch auf die Abnahme der Lebensprozesse, welche für eine lebendige Erde zutrifft. Für die geologischen Zeitalter leitet Kötter verschiedene **hyperbolische Skalen** ab, die je nach den angenommenen Grenzwerten unterschiedlich gedehnt sind. Die mathematisch notwendigen Grenzwerte lassen sich seiner Ansicht nach als Umbruchphasen verstehen, in denen eine andere Eigenzeit der Ereignisfolgen an Bedeutung gewinnt. Um die gesamte Erdgeschichte ohne solche Umbrüche mit einer Skala darstellen zu können, bietet sich diejenige an, welche Logarithmen auf der Basis von 3,18 zwischen den Grenzwerten von 3,8 Milliarden und 3.000 «Jahren v. Chr.» umgreift (Abb. 2, S. 44). Als die für die Berechnung einer logarithmischen Kurve nötigen Fixpunkte sind die Einschnitte für die Entwicklung der Tierwelt gesetzt: die Grenze Präkambrium/Kambrium bei 575 Millionen Jahren und die Kreide/Tertiär-Grenze bei 65 Millionen Jahren sowie der Höhepunkt der Eiszeit (um 500 000 Jahre).

Durch Rudolf Steiners Zeitbegriff wird es möglich, vier Hauptbereiche zu unterscheiden, in denen abhängige Ereignisfolgen zeitlich verglichen werden können. Im Gegensatz zu den Jahrmillionen haben sie einen kontinuierlichen Inhalt. Deshalb wurden sie von der Forschung praktisch schon immer als relative Bezugsfolgen verwendet. Eine erste Folge ist die der **Jahresrhythmen**. Sie bildet nach der Vergangenheit hin ein inhaltvolles Maß für die geschichtlichen Ereignisse bis etwa 3.000 v. Chr. Da beginnt mit den babylonisch-ägyptischen Kulturen

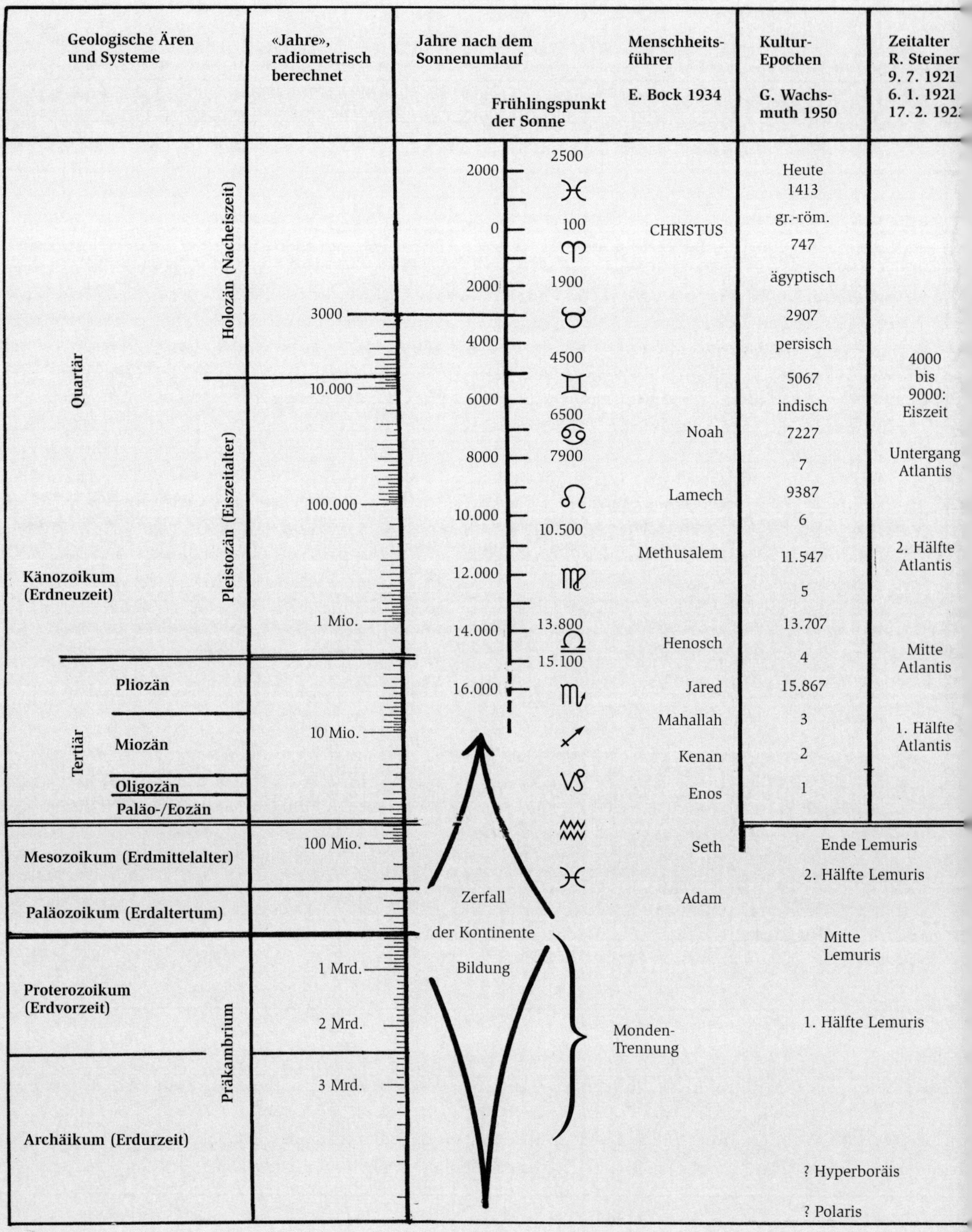
Geologische Ären und Systeme
«Jahre», radiometrisch berechnet
Jahre nach dem Sonnenumlauf
Frühlingspunkt der Sonne
Menschheitsführer
E. Bock 1934
Kultur-Epochen
G. Wachsmuth 1950
Zeitalter R. Steiner 9. 7. 1921 6. 1. 1921 17. 2. 192
Quartär
Holozän (Nacheiszeit)
Pleistozän (Eiszeitalter)
Känozoikum (Erdneuzeit)
Tertiär
Pliozän
Miozän
Oligozän
Paläo-/Eozän
Mesozoikum (Erdmittelalter)
Paläozoikum (Erdaltertum)
Proterozoikum (Erdvorzeit)
Präkambrium
Archäikum (Erdurzeit)
3000
10.000
100.000
1 Mio.
10 Mio.
100 Mio.
1 Mrd.
2 Mrd.
3 Mrd.
2000
0
2000
4000
6000
8000
10.000
12.000
14.000
16.000
2500
100
1900
4500
6500
7900
10.500
13.800
15.100
Zerfall
der Kontinente
Bildung
Monden-Trennung
CHRISTUS
Noah
Lamech
Methusalem
Henosch
Jared
Mahallah
Kenan
Enos
Seth
Adam
Heute
1413
gr.-röm.
747
ägyptisch
2907
persisch
5067
indisch
7227
7
9387
6
11.547
5
13.707
4
15.867
3
2
1
4000 bis 9000: Eiszeit
Untergang Atlantis
2. Hälfte Atlantis
Mitte Atlantis
1. Hälfte Atlantis
Ende Lemuris
2. Hälfte Lemuris
Mitte Lemuris
1. Hälfte Lemuris
? Hyperboräis
? Polaris

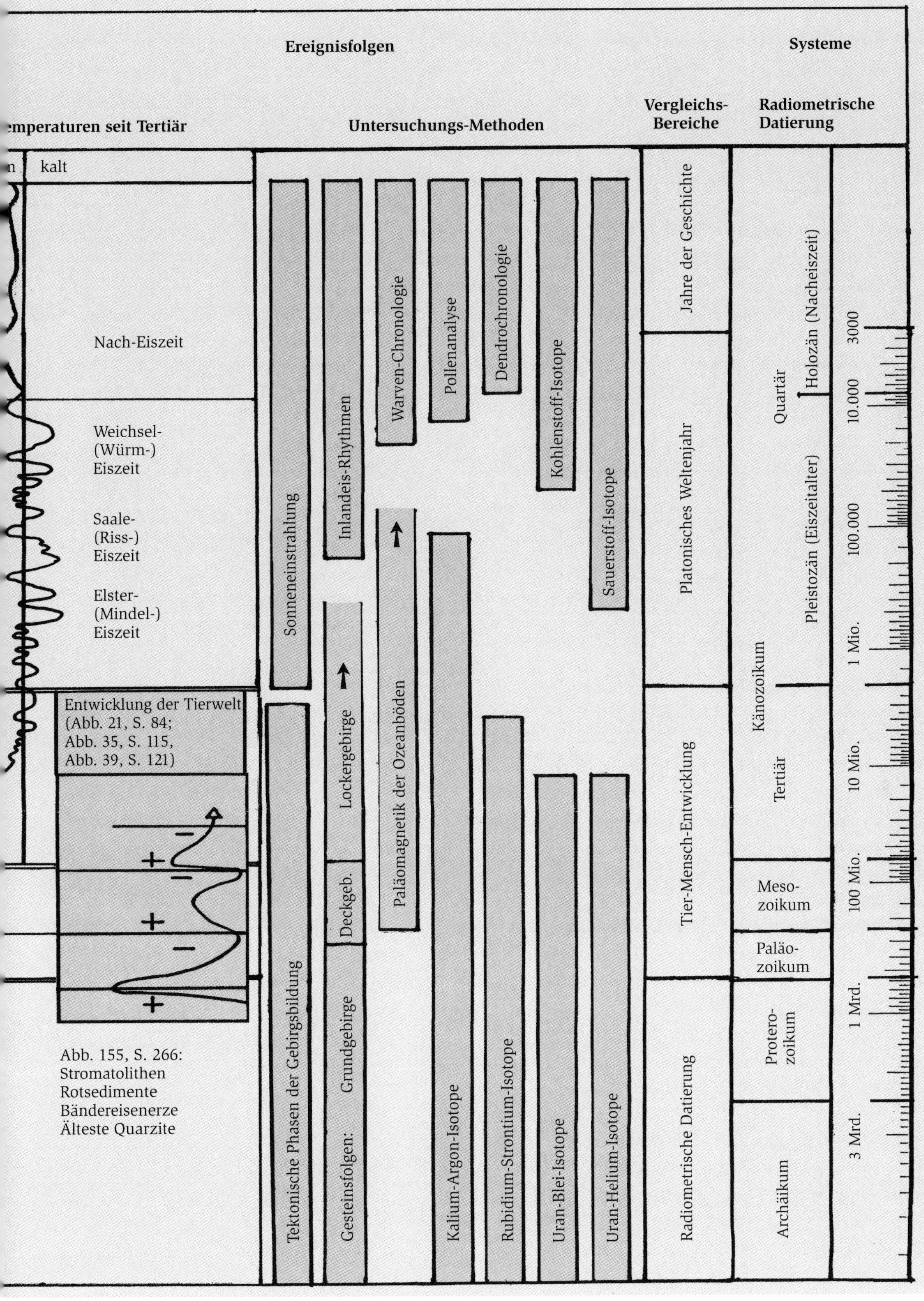

Abb. 2: Vergleich der Gültigkeitsbereiche wichtiger rhythmischer Ereignisfolgen und physikalischer Verfahren für eine zeitliche Gliederung der Erdgeschichte, welche eine Parallelisierung geologischer und geisteswissenschaftlicher Epochen im logarithmischen und linearen Zeitmaßstab ermöglichen könnte. Die Maßstäbe entsprechen Abb. 1, 5.36.

die individuelle Geschichte der Menschen und die historische Überlieferung. Für weiter zurück liegende Zeiten würde das Jahr immer mehr zum leeren Gefäß. Hier bietet das **Platonische Weltenjahr** eine Möglichkeit, die Entwicklungsschritte während der frühen menschheitlichen Kulturen mit den Rhythmen der Eiszeit vergleichend zu ordnen, etwa bis zur Mitte der atlantischen Zeit zurück. Für eine Kulturepoche wurden 2160 Jahre angesetzt als ein Zwölftel des Platonischen Weltenjahres und von 747 v. Chr. aus zurückgerechnet. Für die Ausdehnung der Sternbilder wurden die Werte von Guenther Wachsmuth (1950, S. 127) übernommen. Die Ereignisse der Erdentwicklung sind dem entsprechend für diesen Zeitraum auch radiometrisch datiert. Beide Folgen lassen sich miteinander vergleichen, wenn man die zweite Hälfte der Atlantis mit der Eiszeit parallelisiert (Abb. 2, S. 44). Die kosmischen Verhältnisse zwischen Sonne und Mond entsprechen den heutigen, sodass noch mit dem Jahr als abstrakter Einheit gerechnet werden kann. Mit dem Jahresbegriff jedoch noch weiter zurückzugehen, wäre ebenso realitätsfremd wie die Berechnung von Jahrmillionen bei der radiometrischen Datierung.

Für die Epochen vor dem Platonischen Weltenjahr, also dem Tertiär, dem Erdmittelalter und Erdaltertum, ist die **Entwicklung der Tierwelt** die inhaltlich am dichtesten erfüllte Ereignisfolge. Sie bildet eine abhängige Reihe mit den vielfältigen Rhythmen und eigenen Geschwindigkeiten der Gesteinsprozesse, der Erdkrustenbewegungen, der Klimazonen und der Pflanzenevolution bis zum Kambrium zurück.

Die errechneten Zahlen aus den **Zerfallsreihen der Isotope** haben sich als relative Bezugsgrößen bewährt, z.B. bei der Korrelation der fossilfreien kristallinen Gesteine des Präkambriums, der ozeanischen Basalte oder der Granite in den Gebirgsmassiven. Durch die radiometrische Datierung können Gesteinskomplexe weltweit miteinander oder mit anderen Ereignisfolgen verglichen werden. Das hat ein in sich stimmiges Gesamtbild ergeben, welches zeigt, dass die Methode in diesem relativen Sinne gut anwendbar ist, entsprechend den Fossilfolgen in den Sedimenten. Vom «absoluten Alter» wird vor allem noch in der Populärwissenschaft und in den Museen gesprochen. In der Forschung verwendet man sachgemäßer den Begriff der «radiometrischen Datierung».

Um die Frage nach dem Alter eines Steines beantworten zu können, wäre also nötig, ihn in zusammenhängende Ereignisreihen einzuordnen, welche seinem Werden parallel verlaufen und die Dauer bis zur Gegenwart überbrücken. **Vier** verschiedene Gruppen von inhaltlich abhängigen **Tatsachenfolgen** ermöglichen es, geschichtliche und erdgeschichtliche Prozesse in ihren relativen zeitlichen Geschwindigkeiten inhaltvoll zu vergleichen:

1. die Halbwertszeiten für die relative radiometrische Datierung im Verhältnis zu den fossilfreien kristallinen Gesteinen, ihrer Tektonik, Verhärtung und Kristallisation;
2. die Entwicklung der Tiere und Pflanzen im Verhältnis zu den Gesteinen der jüngeren Erdgeschichte;
3. das Platonische Weltenjahr im Verhältnis zur Eiszeit und Nacheiszeit und den vorgeschichtlichen Kulturepochen;
4. das Jahr im Verhältnis zur überlieferten historischen Entwicklung ab ca. 3.000 vor Christus.

Natur- und geisteswissenschaftliche Gliederungen

Der geisteswissenschaftliche Evolutionsaspekt

In der *Geheimwissenschaft im Umriss* (GA 13) und den Aufsätzen *Aus der Akasha-Chronik* (GA 11) sowie in zahlreichen Vorträgen schildert Rudolf Steiner die Entwicklung von Erde und Mensch überwiegend vom **seelisch-geistigen Gesichtspunkt** aus. Von den heutigen Naturreichen entstand der geistige Keim des Menschen am Anfang aller Entwicklung, welche von höheren geistigen Wesenheiten ausging und geführt wurde. Gesteine, Pflanzen und Tiere haben sich im Laufe der Erdgeschichte aus diesem Keim abgelöst, sind zur werdenden Erde hinuntergesunken und früher als der Mensch dicht, fest und sinnlich wahrnehmbar geworden. Ganz allgemein verlief der Entwicklungsweg vom Geistigen zum Seelischen, zum Lebendigen und durch die Zustände von Wärme, Luft und Wasser bis zum Festen und Toten. Die geologischen Einzelheiten dazu werden später dargestellt. Sie werden in den geläufigen wissenschaftlichen Darstellungen der Erdgeschichte völlig anders gedeutet. Deshalb muss zuerst die Frage untersucht werden, an welchen Stellen sich gemeinsame Berührungspunkte, die eine Parallelisierung der Inhalte ermöglichen, finden lassen. Wo und wie schilderte Rudolf Steiner Ereignisse und Bilder, welche Vorgängen der Erdgeschichte entsprechen, die sich in die Gesteine eingeprägt haben? Wie hat er geologische Phänomene – die Eiszeit, die Saurier der Juraepoche, die Karbonflora und ähnliche Erscheinungen – ins Verhältnis zu derjenigen Menschheitsentwicklung gesetzt, welche er für die Zeit der Lemuris und Atlantis darstellte? Ich habe diese Frage ausführlicher in einem Aufsatz behandelt (Bosse 1992, S. 291), in dem auch die Wortlaute Steiners zitiert werden. Hier folgt eine Zusammenfassung dieser Ergebnisse. Dabei möchte ich deutlich betonen, dass in diesem Abschnitt die Erdentwicklung aus Steiners Sicht nicht dazu referiert werden soll, um sie der Wissenschaft gegenüberzustellen, sondern es geht nur darum, diejenigen Stellen bei **Steiner** zu vergleichen, welche für eine **Parallelisierung** aussagekräftig sind.

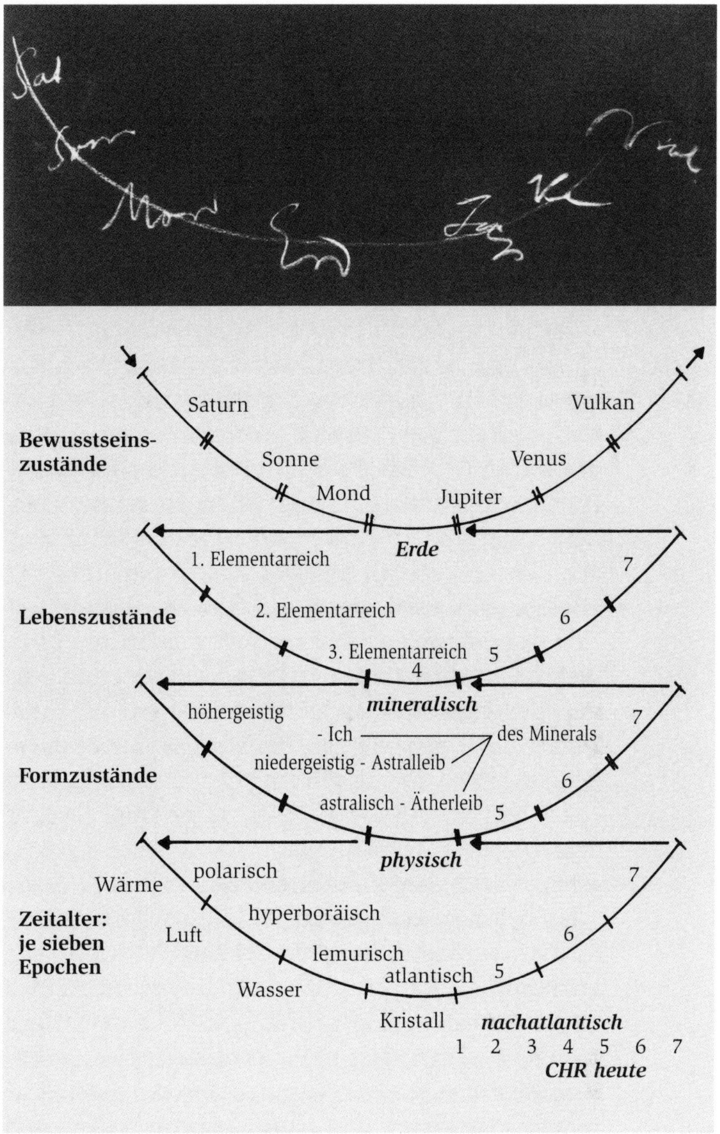

Abb. 3: Schema der absteigenden und aufsteigenden Evolutionsschritte bei Rudolf Steiner; oben Tafelskizze dazu. (GA 104, 27. 6. 1908; GA 93a, S. 190 ff., 263 ff.; Wesensglieder der Minerale: GA 136, 14. 4. 1912; Skizze: GA 219, 17. 12. 1922, Wandtafelzeichnungen Bd. XI,, Tf. 7, S. 38)

Nach der materialistischen Auffassung geht die Entwicklung bekanntlich von einem kosmischen Urnebel (s. S. 293) aus; das Leben entstand und entwickelte sich zufällig und im Verhältnis zur Umwelt immer höher; am Ende steht der Wärmetod der Erde. Triebkräfte der stetig aufsteigenden Folge sind mechanische und chemische Prozesse, die sich immer weiter differenzierten. Steiners Entwicklungsbegriff verweist demgegenüber auf einen

Abstieg aus dem übersinnlich Geistigen bis ins sinnlich wahrnehmbare Tote und einen verwandelten **Wiederaufstieg** ins Geistige. Dies geschieht auf verschiedenen Ebenen in sieben rhythmisch gegliederten Stufen (GA 13, S. 217), drei mittleren und je zwei aufsteigenden und absteigenden Schritten, die in sich jeweils weiter untergliedert sind.

Dem heutigen Erdenzustand gingen die planetarischen Inkarnationen der Erde, der «Alte Mond», die «Alte Sonne» und der «Alte Saturn», voran. Jeder dieser Bewusstseinszustände durchlief sieben Lebenszustände, jeder Lebenszustand sieben Formzustände, jeder Formzustand sieben Zeitalter und jedes Zeitalter gliedert sich in sieben Epochen – zuletzt in die historischen Kulturepochen. Zwischen den einzelnen Stufen der ersten drei Zustände ging alles jeweils wieder in eine längere bzw. kürzere geistige Form über, was in der Abbildung durch die Doppelstriche angedeutet ist. Erst bei den Zeitaltern bleibt die Entwicklung in der Sinneswelt, ohne geistige Zwischenform. Gründliche referierende Übersichten der Darstellungen Steiners gaben z.B. Oskar Kürten (1990) für die Elemente und Elementarreiche, Ernst Marti (1994) für die Ätherarten und die ätherischen Bildekräfte und Ernst Hagemann (1973) für die Entwicklung der Naturreiche.

Die Ausdrücke **physisch** und sinnlich werden bei Steiner synomym gebraucht (Halla 1968), d.h. das Physische ist mit den zwölf Sinnen wahrnehmbar. Physisch wäre das, was den physischen Gesetzen folgt, aber durchaus in einer übersinnlichen – geistigen oder seelischen – Form erscheinen kann. Als mineralisch bezeichnet er die substanzielle Seite. Die sieben Lebenszustände gehen vom Elementarischen über das Mineralische, Pflanzliche, Tierische zum Menschlichen, wobei alle Stufen spezifische Substanzen enthalten, die nacheinander die sieben Formzustände durchmachen. In der physischen Form erscheint das **Mineralische** den Sinnen wahrnehmbar. So machte auch zum Beispiel der «Alte Mond» in der Mitte seiner Entwicklung einen mineralisch-physischen Zustand durch. Der physische Leib des Menschen ist in der geistigen Form, in seiner Kräftestruktur, übersinnlich, wird in seinem mineralischen Lebenszustand jedoch sinnlich sichtbar. Eine mineralische Substanz stammt aus einem Lebensprozess, der bis zum Toten abgesunken ist. Der planetarische Erdkörper entwickelte sich also seit dem polarischen Zeitalter im mineralischen Lebenszustand und im physischen Formzustand. Die Erde wäre von da an sinnlich wahrnehmbar gewesen, wenn es damals die heutigen Sinnesorgane gegeben hätte. Diese Verhältnisse könnten den für Geisteswissenschaft und Geologie gemeinsamen Ausgangspunkt bilden und somit eine wichtige Voraussetzung, wenn wir die geologisch erforschbaren Phänomene mit den geisteswissenschaftlichen Darstellungen vergleichen wollen.

Der Zeitpunkt der Mondablösung

Steiner beschreibt immer wieder, wie während der Zeitalter, die im physischen Formzustand verliefen, die Substanz der Erde vom Wärmehaften zum Luftigen, dann zum Wässrigen bis hin **zum Festen** verdichtet wurde (GA 13; GA 11; GA 347, 27. u. 30. 9. 1922). Mit «fest» sind zunächst rauchartige Zustände, dann knorplige Verhärtungen gemeint, die erst langsam kristallisierten. Nachdem im hyperboräischen Zeitalter die Erde aus dem Weltenkörper der Sonne abgetrennt worden war, wurde dieses Feste in der Erde von innen her bewirkt aus einem Bereich, der später als Mondenkörper herausgelöst wurde. Das geschah in der mittleren lemurischen Epoche, weil die verhärtenden Kräfte die weitere Evolution des Lebens verhindert hätten. Da alle Naturreiche und der Mensch von diesem Ereignis sehr stark betroffen waren, wäre damit ein wesentlicher Fixpunkt für den Vergleich geisteswissenschaftlicher und geologischer Forschung gegeben, vorausgesetzt, der relative Zeitpunkt der Erd-/Mondentrennung könnte noch genauer gefasst werden. Leider ist meines Wissens diese wichtige Frage, in welcher geologischen Formation sich der Mond abgelöst hat, an Rudolf Steiner nie gestellt worden. Er äußert sich in verschiedenen Vorträgen indirekt dazu, jedoch nicht so eindeutig, dass dieses Ereignis unmittelbar mit geologischen Formationen parallelisiert werden könnte. Es ist zunächst eine Frage, ob ein solcher Vergleich überhaupt möglich ist oder ob eine eventuelle Mondablösung vor den geologisch belegten Gesteinsbildungen lag und damit keinerlei Spuren hinterlassen hat.

Die geologischen Prozesse der Mondablösung werden später (s. S. 398) dargestellt; in diesem Abschnitt sollen nur solche Aspekte Steiners angeführt werden, die sich mit geologischen Phänomenen vergleichen lassen. Nach den heutigen Ansichten wäre eine Trennung des Mondes von der Erde nur in einem frühesten Stadium des Archäikums denkbar, in dem es noch keine Verhärtungen gab. Dafür sprächen auch die radiometrischen Datierungen der Mondbasalte. Dem entsprechend wird von anthroposophischer Seite verschiedentlich auf einen Vortrag verwiesen, in dem Steiner (GA 254, 17. 10. 1915) davon spricht, dass die Mondentrennung nur dem imaginativen Hellsehen, nicht aber den heutigen physischen Sinnen wahrnehmbar gewesen sei. Er sagte dies aber im Konjunktiv und führte gleich anschließend weiter aus, dass man es nicht hätte sehen können, wenn nicht gekommen wäre, dass der Mond mineralisch gemacht worden sei. Im folgenden Vortrag (GA 254, 18. 10. 1915) ergänzte er noch, dass der Mond bei seiner Aussonderung in einem Substanzzustand war, der viel dichter, physischer und mineralischer war als sonstige mineralisierte, physische Substanz.

Andere Stellen sind weniger missverständlich formuliert. Die **Mondentrennung** wäre sinnlich sichtbar gewesen, wenn es Augen gegeben hätte, sie zu beobachten (GA 110, 13. u. 17. 4. 1909; GA 354, 3. 7. 1924). Der Mondenkörper habe als **physischer** Weltenkörper die Erde verlassen; es sei physische Materie hinausgeströmt in den Weltenraum (GA 233, 26. 12. 1923 u. 21. 4. 1924; GA 235, 25. 1. 1924). Das würde sich auch aus dem oben angegebenen Entwicklungsschema (Abb. 3, S. 47) ergeben. Mit dem Mond wurde ausgeschieden (GA 13, S. 231, 245 u. 250), was im Erdenstoff zur bleibenden Verhärtung beitragen konnte. Die Gebilde des **Mineralreichs blieben verfestigt**, als der Mond sich abtrennte. Das bedeutet, das sie vorher schon fest gewesen sein müssen. Der Mensch, der vorher «über dem festen Erdboden» war, musste nun «herabsteigen auf Teile der Erde, die schon mehr oder weniger verfestigt waren». Kurz vor der Mondentrennung begann sich das Feste aus dem Flüssigen zu verdichten, und das Mineralreich entstand, bzw. es wurden in der Erde dichtere Einlagerungen gebildet (GA 95, 31. 8. 1906; GA 102, 16. 3. 1908; GA 347, 27. u. 30. 9. 1922). Der Mond war in der dickflüssigen Erde wie aufgelöst, überhaupt noch nicht begrenzt, sondern er war darin eine noch dicklichere Kugel und verhärtete sich zuerst außen (Abb. 212, S. 397). Diese Gebiete wurden auf einer Seite der Erde durch die Mondenkräfte verdichtet (GA 106, 7. 9. 1908), auf der anderen durch einen festen, mineralischen Kern aus den schwereren, gröberen Substanzen, die erst später kristallisierten (GA 106, 7. 9. 1908; GA 184, 22. 9. 1918). Vor der Mondablösung gab es schalenartige Verhärtungen, danach bildete sich allmählich die feste mineralische Kruste. Bei der Mondentrennung (GA 351, 10. 10. 1923) wurden der Sauerstoff und die Kohlensäure, die mit der Bildung von Kalkstein und Kohle zusammenhängt, auf der Erde zurückgelassen. Das deutet geologisch auf die Grenze Archäikum/Proterozoikum (Abb. 155, S. 266).

Da sich diese ersten Verhärtungen nach der Mondentrennung erhielten, müssten wir sie noch heute in der Erde finden. Es dürfte sich dabei um die ersten archäisch-proterozoischen Kontinentalkerne handeln. Die geronnenen Bilder in den ältesten Gesteinen müssten sich also vergleichen lassen mit den Bildern des menschlichen Werdeprozesses, welche die Geisteswissenschaft für die Zeit nach der Mondentrennung beschreibt, also für die zweite Hälfte der lemurischen Epoche. Die Einzelheiten der geologischen Ereignisse könnten zeigen, ob sich der Prozess der Mondentrennung zwischen dem ersten Verhärten der Kontinente im Archäikum und ihrem Auseinanderbrechen im Perm noch genauer eingrenzen ließe. Tabellarisch könnte das bisher Dargestellte so zusammengefasst werden (siehe auch Abb. 4, S. 57):

Zeitalter:	Polaris	Hyperboräis		Lemuris		Mitte Lemuris
Elemente:	feurig	luftig		wässrig	erdig	fest
Ereignisse:			Sonnen-Trennung		erste Kontinente	Monden-Trennung

Die Gliederung der Naturreiche

Rudolf Steiner gab von der Entwicklung des Menschen im Verhältnis zur geologischen Erdgeschichte keine Gesamtdarstellung, sondern nur zahlreiche Einzelhinweise. Die übersinnlich geschauten, mitunter allgemein gehaltenen Bilder werden in künstlerischer Art bildhaft beschrieben. Wenn man auf die Zusammenhänge, die Gesichtspunkte und die **Betrachtungsebenen** achtet, kann man sehen, dass die Bilder dennoch sehr exakt und stimmig im Vergleich zu anderen Stellen geschildert werden. Mitunter bespricht Steiner entweder nur die Entwicklung des Menschen oder nur die der Tierwelt, dann wieder nur die der Erde. Auch verknüpfte er Ergebnisse der Wissenschaft seiner Zeit mit solchen der übersinnlichen Forschung. Neu und ungewohnt für die Naturwissenschaft sind die Vorstellungen der irdischen Lebenssphäre, vor allem die von weichkörprigen Vorformen der Tiere, Pflanzen und Gesteine. Daran entstehen die meisten Missverständnisse.

Die Tierentwicklung ist ein wichtiges Bindeglied zwischen der Geologie und der Menschheitsentwicklung, da sich nach Steiner die Tiere vom Menschen abgelöst haben und sie andererseits in den Fossilien geologisch überliefert sind. Im Folgenden werden aus seinen Darstellungen nur die Aspekte herausgegriffen, welche für eine solche Parallelisierung dienlich sind. Die Evolutionswege der Naturreiche vom geisteswissenschaftlichen Aspekt werden später (s. S. 63 ff.; 151 ff.) dargestellt.

Steiner schilderte in frühen Vorträgen (GA 106, 10. u. 12. 9. 1908), wie sich die **Gestalt des Menschen** zwischen der Sonnen- und Mondentrennung entwickelte. Der werdende Mensch lebte in den oberen Bereichen einer die Erde umgebenden warmen, durchlichteten, luftig-wässrigen Lebenssphäre der Erde. Mensch- und Tierform waren noch verbunden. Der menschliche Leib war im oberen Teil ähnlich wie heute gestaltet und noch von ätherischer Substanz. Unterhalb der Leibesmitte ging er mehr in eine Fischform über. Diesen Teil hätte man mit heutigen Augen als feinen Weichkörper sehen können. Weichkörprige Gestalten, die davon zurückblieben, schwammen wie die Fische in der Wassererde umher. Als der Mond herausging, hatte der obere Mensch nur noch die letzten Überreste einer ätherischen Lichtgestalt. In Bezug auf seine niedere Natur stand er etwa auf der Höhe eines großen Molches, was die Bibel als Schlange bezeichnet. Solche Tierwelten lebten in einer tieferen, wässrigen Schicht der Lebenssphäre im Bereich der schon verhärtenden mineralischen Kontinentalschollen. Auf deren Oberfläche waren dann die Pflanzen und Tiere, die sich bereits so weit verhärtet hatten, dass wir sie fossil finden können. Diese unterschiedlichen Ebenen lassen sich in den Schilderungen Steiners exakt unterscheiden. Was für einen bestimmten Ort der Lebenssphäre oder der Erde gesagt wird, darf jedoch nicht pauschal als der Zustand der ganzen Erde angesehen werden. Wenn Steiner den lemurischen Menschen in seiner Umgebung als ätherisch-luftig beschreibt, so schließt das Verhärtungen an anderen Stellen der Erde in der Tierwelt oder im Gesteinsbereich nicht aus. Die Einzelheiten werden noch behandelt. Betrachtet man nur die elementarische Substanzform von Erde und Mensch auf einigen markanten Entwicklungsstufen, kann tabellarisch zusammengefasst werden (vor allem nach GA 11; GA 13; GA 106, 7., 10. u. 12. 9. 1908):

	Polaris	*Hyperboräis*	Sonnen-Trennung	Monden-Trennung	*Mitte Atlantis*
Oberer Mensch:	ätherisch	ätherisch-feurig	Feuernebel	luftig-wässrig	wässrig
Unterer	feurig	feurig-luftig	luftig-wässrig	wässrig	knorplig
Tierform des unteren Menschen:			Fisch	Lurch	Reptil
Erde:	feurig	luftig	wässrig	fest	kristallin

Zeitlich unterschied Steiner in seinen letzten Darstellungen (GA 232, 1. 12. 1923) **drei Schöpfungsstufen** der Naturreiche. In der ersten hatten sich schon wachsartig weiche, quarzreiche Gesteinsmassen aus der umgebenden Lebenssphäre der Erde abgesondert. Damit wurden algenartige Pflanzenbildungen herangezogen, die Abscheidungen des noch ganz geistig lebenden Menschlichen waren. Die Tiere hatten sich bis zum Gallertartigen oder Knorpligen verdichtet und sahen unseren Reptilien ähnlich, nur waren sie viel größer und noch in sich selbst beweglich. Von den Tierformen dieser Zeit kann heute nichts mehr fossil gefunden werden.

In einer zweiten Stufe verwandelte sich dann alles, die Atmosphäre wurde sauerstoffhaltiger, der Mensch kam näher an die Erde heran. Die Gebilde, die er jetzt absonderte, waren komplizierter; sie erschienen wie die Nachkommen der früheren Pflanzen und Tiere. Die Pflanzenformen bildeten in der noch weichen Erdensubstanz eine Art Wurzel aus. Die Tiere waren eidechsenähnliche Reptilien und solche, die an heutige niedere Säugetiere erinnern. Diese Darstellung Steiners bezieht sich auf die Zeit zwischen der lemurischen und atlantischen Epoche.

Erst etwa in der Mitte der atlantischen Zeit konnte der Mensch in einer dritten Phase Formen absondern, aus denen die Tiere und Pflanzen entstanden, welche sich dann zu den heute lebenden weiterentwickelten.

Diese drei Stufen können wieder stichwortartig zusammengefasst werden:

1. Schöpfung	*2. Schöpfung*	*3. Schöpfung*
weiches Kieseliges webendes Pflanzliches gallertige «Echsen»	wurzelnde Pflanzen Tier-Fossilien, Saurier niedere Säugetiere	Pflanzen, Tiere wie heutige
älteste Lemuris	bis Ende Lemuris	ab Mitte Atlantis

Erstes und zweites Tierreich

In diese Darstellung fügt sich ein, was Steiner schriftlich formuliert hat (GA 11, S. 62). Zunächst heißt es allgemein über die **lemurische Zeit**, dass auf der verhärteten Erdkruste eine **Tierwelt** lebte, die bis zur Amphibien-Vogelwelt und den niederen Säugetieren vorgeschritten war; höhere Säugetiere gab es noch nicht. Die Pflanzen waren ähnlich unseren Palmen. Viele Formen waren riesig entwickelt; die Farne bildeten Bäume und mächtige Wälder. Ein großer Teil der Menschheit war auf einer ersten, niedrigen, tierartigen Entwicklungsstufe. Diese Charakteristiken treffen für die geologischen Epochen vom Karbon bis zur Kreidezeit zu, die somit in die lemurische Zeit fallen würden.

Etwas später beschreibt Steiner die Situation aus der Zeit vor der Geschlechtertrennung, die etwa gleichzeitig mit der Mondentrennung stattfand (GA 11, S. 95). Der Mensch konnte damals wegen seines noch bildsamen Leibes nur auf den Gebieten der Erde leben, die noch nicht in die derbste stoffliche Form übergegangen waren. Die tierischen Wesen, die dort mit ihm lebten, hatten noch einen ähnlich plastischen Leib und standen in ihrer Art auf derselben Entwicklungsstufe wie der Mensch. Man würde sie nach heutigen Begriffen zu den Reptilien rechnen. Daneben lebten jedoch Tiere, welche bereits die Eingeschlechtlichkeit und die Sinne ausgebildet hatten. Sie konnten sich nicht mehr weiterentwickeln, weil ihre Leiber zu früh die dichtere Stofflichkeit angenommen hatten. Einige Arten von ihnen sind dann untergegangen; andere haben sich bis zu den heutigen Formen gebildet. Außer ihnen gab es niedrigere Arten der Tierwelt. Damit vergleichbar wäre aus der Geologie, dass sich erste Reptilien im Perm und in der Trias entwickelten, die mit den Sauriern im Jura und in der Kreidezeit ihre Hauptentwicklung erreichten und dann ausstarben.

Im übernächsten Kapitel (GA 11, S. 115) wird die **hyperboräische Zeit** vor der Sonnentrennung beschrieben. Der Mensch war noch in ätherischer Form. Daneben gab es tierartige Wesen mit luftförmigem Körper, die ein erstes Tierreich auf der Erde bildeten. Ihre Gestalt glich keiner der jetzt vorhandenen Tierformen. Höchstens haben sie entfernte Ähnlichkeit mit gewissen Schnecken- oder Muschelschalen, die heute existieren. Indem sich dann das Wässrige bildete, entstanden neue Gruppen von Tieren in gröberer, wässrig-luftiger Stofflichkeit. Daneben lebten pflanzenähnliche Wesenheiten, die einen Leib bildeten, der aus Luft- und Lichtäther, mit Wasser vermischt, bestand, aber wieder sehr anders gestaltet waren als die gegenwärtigen Pflanzen. Der Leib des Menschen hatte noch feurig-luftige Substanz.

Vergleichen wir diese drei Schilderungen von 1904 mit der oben angeführten von 1923, so dürften die beiden ersten Stellen der zweiten Schöpfung und die dritte Stelle der ersten Schöpfung entsprechen. Ich will wiederum zusammenfassen:

Hyperboräis:			*Lemuris:*	
erstes Tierreich	zweites Tierreich	Sonnen-Trennung	Amphibien, niedere Säuger, Vögel Palmen, Farnbäume	
luftig	wässrig erstes Pflanzenreich		Reptilien niedere Tiere dichte Leiber	Geschlechter- und Monden-
Mensch: feurig-luftig			eingeschlechtlich	Trennung
1. Schöpfung			*2. Schöpfung*	

Lemurische Menschen und Tiere

Eine dritte zusammenhängende Schilderung der Tierentwicklung gibt Rudolf Steiner in einem Vortrag von 1905 (GA 53, 9. 2. 1905). Ausgehend von astralischen **Tiermenschenwesen** schildert er wiederum, wie sich der obere, feinere Teil zum Menschen entwickelte und der untere ausgesondert wurde. Unten verdichtete sich die Astralmaterie zu reptilartigen Tiergebilden, die noch kaltblütig waren. Von ihnen können keine Reste mehr gefunden werden, da die Körper noch sehr fein und weich waren.

Um die Mitte des lemurischen Zeitraumes war der Wohnplatz dieser Wesen feuerflüssig, nicht jedoch die gesamte Oberfläche der Erde. Bei der Abscheidung der mineralischen Wesenheiten, also der Massen, die heute Gesteine sind, waren schon anfänglich verhärtete Gebiete vorhanden. Dort konnten Wesenheiten leben, welche in irgendeiner Form schon feste Gestalt angenommen hatten. Sie können durch die Paläontologie nachgewiesen werden.

Als die Erde auf einer weiteren Entwicklungsstufe kompakter und fester wurde, war der Mensch genötigt, sich dem anzupassen. Er konnte das nur dadurch, dass er einen Teil seiner Wesenheit abgab an die gröbere Stofflichkeit. Daraus entstand die erste, noch sehr **unvollkommene Tierwelt**. Diese Geschöpfe, die der Mensch abgestoßen hatte, sehen wir in den ersten Erdschichten abgelagert. Es sind Krustentiere, Schalentiere, die der Mensch aus sich herausgesetzt hatte. Dann entstand das, was wir die Wurmtiere, die **Fischtiere** nennen. Die Erde hatte damals schon ein etwas festeres Knochengerüst aufgebaut, und es bildete sich der Mensch in dem, was man Feuernebel nennt. Da der Mensch sich dann in feinerer Luftmaterie verkörperte, war es möglich, dass er eine neue Hülle abwarf und andere Tiere aus sich heraussetzte. Er warf wie seine Schalen ab, was sich dann als Vögel und Kriechtiere auf tieferer Stufe weiter entwickelte.

Bis zur Mitte der lemurischen Zeit gab es nur kaltblütige, leidenschaftslose Wesen. In dieser Periode war die Erde schon stellenweise stark verdichtet. Der Mensch vereinigte sich mit dem höheren Geist, und es entstand alles übrige Warmblütige auf der Erde. Dadurch bildeten sich auch die zwei

Geschlechter aus dem einen heraus. Durch die Ausscheidung der niederen Wesen, die noch als **Reptilien** fortleben, wurde der Mensch reif, den Geist in seiner ersten Gestalt in sich aufzunehmen. Als er dann schon aufgerückt war zur Warmblütigkeit, stieß er das Geschlecht der Vögel von sich ab. – Auch im nächsten Vortrag (GA 53, 9. 3. 1905) sprach Steiner noch einmal davon, dass die Zweigeschlechtlichkeit mit der Mondentrennung parallel ging und das warme Blut sich in demselben Maße zu entwickeln begann, wie sich die Mondmaterie aus der Erde herauszog. Der Mensch kam zu einer verdichteten Materialität. Während der anschließenden atlantischen Periode wurde vom Menschen noch einmal eine letzte Tiergruppe abgestoßen: die höheren **Säugetiere**.

Vergleichen wir diese Darstellungen mit der Paläontologie, so sind die Krebse als Trilobiten und die Schalentiere, Brachiopoden und Muscheln vom Kambrium an belegt. Reptilien gibt es seit dem Karbon und Perm. Sie waren noch wechselwarmblütig. Echte Warmblütigkeit entwickelte sich ab dem Jura mit den Vögeln und den frühen Säugetieren. Die höheren Säugetiere entfalteten sich rasch und vielfältig mit dem Beginn des Tertiärs.

Fassen wir wieder zusammen:

Reptilartige, fein, weich, astralisch, kaltblütig nicht fossil	Erde feuerflüssig, erste Kontinente, erste niedere Tiere Krebse, Schalentiere fossil erhalten, dann Würmer, Fische, Reptilien	*Mitte Lemuris:* Mensch:Feuernebel Erde verdichtet Geschlechter- und Mondentrennung, Warmblütigkeit, Vögel	Untergang Lemuris	*Atlantis:* höhere Säugetiere

Gegenläufige Entwicklungen

Nach diesen drei Gesamtdarstellungen will ich noch Einzelheiten und weitere Gesichtspunkte in dieses Bild einfügen. In einem Vortrag von 1908 (GA 103, 25. 5. 1908) schildert Rudolf Steiner unter anderem das Ende der lemurischen Entwicklung, wo gewisse Gebiete der Erdoberfläche schon abgekühlt waren und wie Inseln herausragten aus der im übrigen noch flüssigen, entweder von Meerwasser umgebenen oder in Dampf gehüllten Erde. Darauf lebten Vorläufer unserer heutigen Kriechtiere und Lurche. Der Mensch war erst gegen die Mitte der atlantischen Zeit so weit verdichtet, dass er Fleisch und Bein wurde, nachdem sich zuerst die Knorpel verhärtet hatten und dann die Knochen nach und nach herausgekommen waren.

Die heute frühesten, gesicherten Menschenfunde reichen ins ausgehende Tertiär zurück, einzelne Reste von Menschenvorläufern bis ins mittlere Tertiär. Danach würde größenordnungsmäßig die Mitte der Atlantis etwa der Mitte des Tertiär entsprechen. Die atlantische Epoche endete mit dem Beginn der indischen Kulturepoche, etwa 7200 v. Chr. Die Eiszeit während des Pleistozäns fiele damit in die zweite Hälfte der atlantischen Zeit.

An anderer Stelle heißt es dazu (GA 100, 26. 6. 1907), dass sich gewisse niedere Säugetiere in der ältesten atlantischen Zeit abzweigten. Später kamen höhere Säugetiere hinzu, bis zuletzt, erst ziemlich spät in der Atlantis, die Arten abzweigten, die sich dann zu den heutigen Affen gestalteten. Paläontologisch erscheinen niedere Säugetiere im hier gemeinten Sinne mit dem Alttertiär, dem Beginn der Atlantis, die höheren Affen im Jungtertiär, also gegen die Mitte der Atlantis.

Der Mensch war einerseits der Ausgangspunkt aller Entwicklungen der Natur, andererseits erschien er zu allerletzt auf der Erde. Die **geistige** Evolution und die **mineralisch-physische** Erscheinung der Naturreiche verliefen **gegenläufig** zueinander. Diese Umkehr begann mit dem physischen Formzustand der Erdenentwicklung, in dem die früheren Zustände wiederholt wurden: im polarischen Zeitalter der Saturnzustand, im hyperboräischen der Sonnenzustand und im lemurischen der Mondenzustand. In einem Vortrag von 1908 (GA 102, 24. 3. 1908) weist Steiner darauf hin, dass sich die menschlichen Organsysteme während der planetarischen Stufen in umgekehrter Folge entwickelten als während ihrer Wiederholungen in der Erdenperiode. Den Tatsachen entsprechend müsse man von einer umgekehrten Wiederholung reden. Die Entwicklung sei eben eine sehr komplizierte, und diese Umkehrung sei auch wieder nur eine teilweise.

Betrachten wir diesen **Umkehrungsprozess**. Der Mensch hat geistig-seelisch die längste Entwicklung hinter sich, denn sie reicht bis in den alten Saturnzustand zurück (GA 230, 28. 10. 1923). Während des Sonnenzustandes war die Tierheit dazugekommen, während des Mondenzustandes die Pflanzenheit und während des Erdenzustandes das Gesteinsmäßige. Gegenläufig dazu enstanden die Anlagen zum physischen Leib und Mineralreich auf dem Saturn, zum Lebensleib und Pflanzenreich auf der Sonne, zum Astralleib und Tierreich auf dem Mond und zum Ich des Menschenreiches auf der Erde. Während der Wiederholungen der planetarischen Zustände erschien in der polarischen Epoche wiederum zuerst der Mensch. Während der hyperboräischen Zeit, vor der Sonnen-Trennung, gliederte er zuerst Tierisches ab: Reptil- und Fischförmiges als Vorfahren des Tierreiches. Zurückbleibende Seelen, welche noch vor der Sonnentrennung den Menschen verlassen hatten, zogen in diese Wesen ein (GA 13, 1910, S. 240, 242; GA 106, 13. 9. 1908). Andere zurückgebliebene Seelen bezogen zur Zeit der Sonnentrennung Wesen, die Vorfahren des Pflanzenreiches wurden. Dann trat das Feste noch vor der Mondentrennung auf. Es blieb verhärtet, als der Mond sich von der Erde trennte, und wurde zum Mineralreich.

Von der sinnenfälligen Seite der Erdentwicklung betrachtet, verlief der Prozess umgekehrt (GA 106, 13. 9. 1908 und GA 109, 10. 6. 1909). In der hyperboräischen Zeit würden wir einen Menschen finden, in dem noch alle Stoffe der physischen Welt ein- und ausströmten. Während der ersten lemurischen Zeit entstand, sozusagen durch das Herausfallen feiner Aschemassen mit Feuerflüssig-Metallischem, inselartig der erste Bodensatz von Mineralischem. Dann erschien auf diesen Verhärtungen das Pflanzliche und später erst das Tierreich. Das, was heute der Mensch ist, blieb zunächst noch bis in die Atlantis hinein in der Luft-Wasser-Sphäre über der Erde. Erst als der Mensch seine Knochen bildete, setzte er die mineralische Welt heraus, insofern das vorher bereits Verhärtete nun Kristallinität erreichte. Auch die Aspekte dieses Abschnitts sollen schematisch gefasst werden:

Hyperboräis:	*Lemuris:*	*Anfang* *Atlantis:*	*Mitte*
1. Mensch Sonnen-Trennung	3. Tierreich	niedere,	höhere
	2. Pflanzenreich	Säugetiere	
2. Tiervorfahren	1. Mineralisch, Kontinente		Menschen-
3. Pflanzenvorfahren	feurig, Dampf, Meerwasser		knochen

Vergleich mit dem Alten Testament

Wie fügen sich in dieses Bild die Schilderungen der Bibel, von der Genesis bis Noah, also 1. Moses 1–9 ein? Rudolf Steiner hat 1910 (GA 122, 16. bis 26. 8. 1910; vgl. auch GA 88, 8.12.1903) über die ersten **sieben Schöpfungstage** einen Zyklus von Vorträgen gehalten, aus denen deutlich wird, wie vielschichtig diese Frage ist. Hat man sich bis zu den letzten beiden Vorträgen durchgearbeitet, wird anschaulich, wie die Bilder der Genesis denen der geisteswissenschaftlichen Forschung entsprechen. Steiner formuliert dies sehr differenziert, sodass es eigentlich unmöglich ist, einige Aspekte als Fakten zu referieren. Er entwickelt ausführlich, dass die *Genesis* mit dem ersten Schöpfungstag dort beginnt, wo Sonne und Erde sich anschickten, sich voneinander zu trennen. Der zweite Tag fiel in eine Zeit zwischen der Sonnen- und der Mondentrennung. Dann stellt er den vierten Schöpfungstag in die Zeit nach dem Hinausgang des Mondes und die weiteren in die Zeit bis zum Anbrechen der atlantischen Epochen. Zahlreiche Einzelheiten, auch die Folge der Naturreiche vom zweiten bis sechsten Tag wurden noch dargestellt.

Die **zweite Schöpfung** (1. Moses 2,5) begann in der Lemuris, ebenso der Einzug des göttlichen Odems in den Menschen als sein Ich (GA 96, 1. 4. 1907). Die Geschlechtertrennung und der Sündenfall als die luziferische Verführung stehen im Zusammenhang mit der Mondablösung und der Verbindung des Menschen mit dem Erdenstaub, dem festen Element. Adam (Abb. 2, S. 44) und seine drei Söhne kennzeichnen die zweite Hälfte der Lemuris. **Adam** im Sinne des Adam Kadmon (s. S. 135) als Erdenmensch hat eine umfassendere Bedeutung, auf die noch eingegangen wird. Die sieben Nachkommen Seths (1. Moses 5,6) von Enos bis Lamech bezeichnen die sieben Führer der atlantischen Kulturstufen. Ihre Charaktere und die Völkerentwicklungen der Atlantis hat Sigismund von Gleich (1969) dargestellt; Emil Bock (1934) bringt weitere Zusammenhänge (s. S. 162). **Noah** entspricht dem Manu als Name eines Eingeweihten, nicht als individueller Name eines Menschen. Er bezeichnete einerseits den Menschheitsführer, der mit dem ahrimanischen Einschlag in der Mitte der Atlantis zusammenhing (1. Moses 6,1), als die Sintflut begann, und andererseits den Inaugurator der nachatlantischen Kulturen (1. Moses 9,19). Die Sintflut entspräche der Eiszeit in der zweiten Hälfte der atlantischen Epoche.

Der anthroposophische Arzt Kaspar Appenzeller (1976) hat in einer gründlichen Arbeit das Sieben-Tage-Werk mit der menschlichen **Embryonalentwicklung** zusammengeschaut, wobei die Vorträge von Steiner feinfühlig berücksichtigt wurden. Im Anhang bringt er eine Texttranskription und die Wortübersetzung des Bibeltextes. Diese Arbeit erschließt ebenso wie eine frühere von Karl König (1966) die Möglichkeit, die Erdgeschichte mit der Embryonalentwicklung zu vergleichen.

Das folgende etwas eingleisige Schema ist selbstverständlich zu grob für die Vielschichtigkeit imaginativer Bilder. Es berücksichtigt nicht, dass an einer Stelle mehr die irdisch-kosmischen, an anderer mehr die menschlichen Ereignisse beschrieben sind, die sich scheinbar widersprechen können, da sie verschiedenen Seins-Schichten angehören. Trotzdem könnten diese Aspekte vielleicht so gefasst werden:

Hyperboräis	*Lemuris*		*Atlantis*	*Nachatlantis*
Sonnen-Trennung-	Monden-Trennung	Sünden-fall	Mitte Enos-Jared-Lamech-Noah	7200 v. Chr.
1. Schöpfung	2. Schöpfung		Sintflut-Eiszeit	

Steiners eigene Parallelisierung

Einmal wurde das Problem der Parallelisierung von Geologie und Geisteswissenschaft Rudolf Steiner selbst vorgelegt, und zwar von einem Lehrer (nach Mitteilung von Friedrich Kipp war es Walter Johannes Stein) in den Konferenzen der Waldorfschule (GA 300a, 25. u. 26. 9. 1919). Er fragte zunächst, wie man für den geologischen Unterricht den Zusammenhang zwischen den anthroposophischen Darstellungen und der Geologie herstellen könne. Daraufhin sagte Steiner, dass die Eiszeiten in Europa gleichzeitig mit dem Untersinken der **Atlantis** stattgefunden hätten, also im 7. und 8. Jahrtausend vor Christus. Der Lehrer fragte dann weiter nach den davorliegenden Zeitaltern. Die überlieferte Antwort Rudolf Steiners enthält offensichtliche Stenogrammfehler; die vom Herausgeber korrigierte, sehr wahrscheinliche Version könnte sein, dass man die Tertiärzeit mit der ersten und zweiten Säugetierfauna gut mit der Atlantis parallelisieren könne. Die Sekundärzeit, also das Mesozoikum mit den älteren Amphibien und Reptilien, auch den Sauriern, entspräche im Wesentlichen, nicht pedantisch, dem, was als **lemurische Zeit** geschildert wurde. Der Mensch war da in seiner Substanz nur quallig vorhanden und in der äußeren Gestalt amphibienhaft.

Der Lehrer stellte daraufhin eine geologische

Übersicht zusammen, und zwar auf der Grundlage einer **Tabelle** von Steiner (GA 46, 1890 in Pierers Konversationslexikon; abgedruckt bei Pfeiffer 1926, ergänzt bei Cloos 1958), der bei Ferdinand v. Hochstetter in Wien Vorlesungen über Geologie gehört hatte und für das Lexikon dessen Tabelle (in Hochstetter 1875) etwas gekürzt und verändert übernahm. Steiner sagte nun zu der vorgelegten Tabelle, dass man in der Primitivformation, im Urgebirge des Präkambriums, die polarische Zeit habe. Die paläozoische entspreche der hyperboräischen Epoche, aber auch da dürfe man die einzelnen Tierformen nicht pedantisch nehmen. Das mesozoische Zeitalter sei dem lemurischen im Wesentlichen entsprechend. Die erste und zweite Säugetierfauna oder das känozoische Zeitalter, das sei das atlantische Zeitalter. Es wurde noch nach dem Karbon gefragt, und Steiner sagte (GA 300c, 12. 7. 1923), dass es da schon tierische und pflanzliche Versteinerungen gegeben habe, dass aber das, was versteinert werden kann, immer mehr aufhöre, je weiter man in der Erdgeschichte zurückgeht.

Auf die Frage nach dem **Menschen** in diesen Zeiten sagte Steiner, dass er im primitiven Zeitalter noch fast ganz von ätherischer Substanzialität war, erst im hyperboräischen Zeitalter dichter wurde, aber nichts von einer Substanz an sich hatte, die hätte zurückbleiben können. Erst etwa im känozoischen Zeitalter erreichte er äußere Dichte. Im lemurischen Zeitalter bestanden noch fast ätherische Landschaften, aber es sind keine geologischen Überreste davon geblieben. Der Mensch ist durch alle fünf Zeitalter überall schon da; im ersten Zeitalter außer ihm eigentlich noch nichts anderes, abgesehen von geringfügigen Überresten, die mehr Formation, Figur bildeten und keine wirklichen Tiere. In der hyperboräisch-paläozoischen Zeit tritt das Tierische schon auf, aber in Formen, die später nicht mehr erhalten sind. In der lemurisch-mesozoischen Zeit tritt das Pflanzenreich auf und kurz vor der Atlantis, in der känozoischen Zeit, das Mineralreich.

Dieser letzte Absatz hat Anlass zu vielen Missverständnissen gegeben. Isoliert gesehen könnten die Sätze belegen, dass es in der Lemuris nur ätherische Formen gab, von denen keine geologischen Überreste blieben. Ich meine aber, dass sich diese zwei Sätze noch auf den Menschen und seine Umgebung beziehen und nicht auf die Erde als Ganzes. Die Aussage, dass paläozoische Tierformen später nicht mehr erhalten sind, kann man entweder so auffassen, dass sie eben ätherische Bilder waren, oder aber, dass sie ausgestorben und heute nicht in lebenden Formen erhalten sind. Mit dem Auftreten eines kristallisierten Mineralreichs erst im Känozoikum müssen verhärtete Kontinentalgebiete früherer Zeiten nicht ausgeschlossen sein.

Mehrfach warnte Steiner in diesen Konferenzen, man solle ja nicht pedantisch parallelisieren. Ich sehe darin die Mahnung, ein **differenziertes Bild** zu entwickeln, welches die Beziehungen der verschiedenen Entwicklungsräume, Betrachtungsebenen, Rhythmen und Gegenläufigkeiten berücksichtigt. Das wird im vorliegenden Buch versucht. Die unterschiedlichen Bereiche der irdischen Lebenssphäre sind in der zusammenfassenden Übersicht (Abb. 4, S. 57) in den beiden rechten Spalten gemeint. Dabei stehen die Formationsnamen für den Charakter der erdgeschichtlichen Zeiten, das heißt, wir hätten z.B. in der frühen Lemuris von der tierisch-pflanzlichen Umgebung des Menschen her mesozoische Verhältnisse, während gleichzeitig in den Gebieten der späteren Kontinente frühpaläozoische Ablagerungen entstanden und in den anderen Gebieten der Erdoberfläche überhaupt noch keine Verhärtungen angenommen werden können (s. S. 390 ff). In diesem Sinne seien auch die Aspekte der Konferenzen schematisch zusammengefasst:

Primitiv-Formation	*Paläozoikum* Primär-F.	*Mesozoikum* Sekundär-F.	*Känozoikum* Tertiär-F.	*Anthropozoikum* Quartär-F.
Polaris	Hyperboräis	Lemuris	Atlantis	Eiszeit
Mensch:	ätherisch	quallig	äußerlich dicht	
	Tierreich	Pflanzenreich	Mineralreich	
Versteinert:	Vegetabilisch	Animalisch	Säugetiere	

Zeitalter	Kosmische Ereignisse	Obere Lebenssphäre (Umgebung des Menschen)	Untere Lebenssphäre (an der Erdoberfläche)	Oberer Mensch	Unterer Mensch	Formationen bezüglich Mensch	Formationen bezüglich Erde
2.Hälfte Atlantis	Untergang Atlantis Sintflut der Bibel Eiszeit-beginn	Pflanzen und Tiere wie heutige	Kristalline Kruste	Noah Mensch	erste Menschenknochen	Anthropo-zoikum Quartär-formation	Quartär
Mitte Atlantis **1.Hälfte Atlantis**	Ahriman. Einfluß	Trennung Luft-Wasser	höhere Säugetiere niedere Säugetiere Dritte Schöpfung	Stier Löwe Adler	knorplig wässrig-erdig	Tertiär-formation	Tertiär
2.Hälfte Lemuris	Untergang Lemuris Luzifer. Einfluß	luftig wäßrig	erdig Palmen Vögel Saurier Reptilien	weich-gallertig Warmblütigkeit Sündenfall der Bibel	Aufrichtung Geschlechter-Trennung	Meso-zoikum	Kreide – Jura
Mitte Lemuris	Monden-Trennung Zweite Schöpfung der Bibel	luftig-wässrig	wässrig- erdig Amphibien Farnbäume wurzelnde Pflanzen 20 % kontinental fest	luftig-wässrig Ich-Geburt Adam	wässrig- erdig reptilförmig lurchförmig	Sekundär-formation Paläo-zoikum	Trias-Perm
1.Hälfte Lemuris	Erste Schöpfung der Bibel	warm-luftig weiches Kieseliges, erste Kontinente webendes Pflanzliches	wässrig- erdig Fische Krebse, Schalentiere Tier-Fossilien	feurig-luftig Feuernebel eingeschlechtlich menschenförmig	wässrig fischförmig	Sekundär-formation	Karbon – Protero-zoikum
Hyper-boräis	Sonnen-Trennung Mars-Trennung Jupiter-Trennung	feurig-luftig Pflanzen/Tier-Vorfahren vegetabilisch keine Fossilien	luftig echsenhaft fischförmig weichtierartig	ätherisch-feurig	feurig-luftig		Archäikum
Polaris	Saturn-Trennung	feurig	wärmehaft	ätherisch	ätherisch-feurig	Primitiv-formation	

Abb. 4: Vergleich von Steiners Darstellungen der physisch-mineralischen Seite der Erdenentwicklung (Polaris bis Atlantis) mit der geologischen Gliederung.

Die Übersicht auf Seite 57 fasst die Schemata im Text etwas erweitert zusammen. Es wurden lediglich die Angaben Steiners – in den von ihm benutzten Begriffen – berücksichtigt, die für einen Vergleich zwischen der geisteswissenschaftlichen und der geologischen Gliederung der Erdgeschichte geeignet sind. Da wir den Grund für eine geologische Betrachtung legen wollen, erscheint in der Tabelle die materiell-stoffliche Seite stark betont. Nicht berücksichtigt wurden die Wirkungen der hierarchischen Wesen, die höheren Wesensglieder des Menschen, die auf jeder Entwicklungsstufe zurückbleibenden Formen sowie die spezifischen Geschwindigkeiten und Gegenläufigkeiten der Evolution; auch fehlen Rhythmen, Wiederholungen, Umkehrungen und wohl noch manches andere aus Steiners Darstellungen. Die Übersicht wurde nicht in die Abb. 2, S. 44 eingearbeitet, weil schon in dieser abstrakten Form solche Tabellen erst wahr werden können, wenn der Leser sie mit den inneren Bildern aus Geistes- und Naturwissenschaft belebt.

Anthroposophische Autoren zur Parallelisierung

Die Darstellungen Rudolf Steiners wurden von den anthroposophischen Naturforschern in den seither vergangenen achtzig Jahren sehr unterschiedlich gedeutet und mit der herkömmlichen Geologie parallelisiert. Den ersten Versuch unternahm Ehrenfried Pfeiffer (1926). Seine Grundinterpretation lässt sich so zusammenfassen: Das Archäikum trägt Züge der polarischen Zeit, das Paläozoikum spiegelt das hyperboräische Zeitalter, entstanden sind beide jedoch erst im lemurischen Zeitalter gegen den Mondaustritt hin. Das Mesozoikum entspricht demnach der lemurischen Zeit an sich und zeigt deren eigentlichen Charakter. In ihr spiegelt sich auch der Mondaustritt, der aber viel früher im Archäikum lag, noch im Bereich einer geistigen Entwicklung. Die Tertiärzeit entspricht der Atlantis.

Der Geologe O. Eckstein (1930, S. 11) unterstützte diese Gedanken durch kurze Charakteristiken der geologischen Formationen. Er setzte die Sonnentrennung zwischen Silur und Devon an, die lemurische Epoche vom Perm bis zur Kreide. Hermann Poppelbaum (1928) schließt ausdrücklich an Pfeiffer und Eckstein an. Er beschreibt die Menschenentwicklung in großen Zügen aus paläozoologischer Sicht. Die von Steiner genannten Zeitalter würden sich in den geologischen Formationen spiegeln – was immer dies heißen mag; bei Rudolf Steiner findet man diese Formulierung nicht. Für Poppelbaum lag der Mondenaustritt höchstwahrscheinlich am Übergang zwischen Trias und Jura. Wie das geologisch gesehen werden kann, wird nicht beschrieben. Ein Entwicklungsschema (1928) bringt die Unterschiede der früheren Entstehung der Tierformen gegenüber ihrem jeweilig späteren Erscheinen zum Ausdruck.

Walther Cloos (1929) verband die Gliederung bei Rudolf Steiner (GA 46, Pierers Lexikon, 1890) mit der Tabelle von Pfeiffer (1926). Bei ihm begann die geologische Entwicklung des Archäikums am Anfang der lemurischen Zeit. Dabei unterscheidet er auch zwischen der Entstehung im Geistigen und dem Erscheinen im Physischen. Im Präkambrium und Kambrium wiederhole sich die polarische Epoche, vom Silur bis zum Perm wiederhole sich die hyperboräische Epoche, die eigentliche lemurische Epoche reiche von der Trias bis zur Kreide, jeweils als *Synthese* der vorangehenden Zeitalter. Während Pfeiffer von *Widerspiegelung* eines früheren Zustandes in späterer Zeit spricht, spricht Cloos von *Wiederholung*. Das führt zu Missverständnissen, indem Steiner vorirdische Wiederholungen der *planetarischen Zustände* schilderte, wobei er solche Wiederholungen in lemurischer Zeit nicht erwähnte. Tertiär und Quartär entsprechen bei Cloos wie bei Pfeiffer der Atlantis und den nachatlantischen Kulturepochen, welche damit also noch vor den Eiszeiten beginnen! Steiner hingegen stufte die Eiszeiten stets in die zweite Hälfte der Atlantis ein. Zur Mondentrennung äußerte sich Cloos zunächst nicht. In seinem Buch zur Erdentwicklung (1958 u. 1970) und in einem Aufsatz zur Mondentrennung (1959) stehen nur indirekte Hinweise auf Steiner, jedoch ohne Quellenangaben.

Guenther Wachsmuth (1950, S. 38 – 40) hat dagegen ein klares Konzept. Er ordnet das polarische und hyperboräische Zeitalter den kosmischen Zuständen und der archäischen Entwicklung zu, die Früh- und Mittellemuris dem Paläozoikum, die Spätlemuris dem Mesozoikum und die Atlantis dem

Tertiär und Quartär. Die Eiszeit legt er in die zweite Hälfte der atlantischen Zeit. Von der Mondentrennung schreibt er, dass sie die mittellemurische Zeit hindurch andauerte, schreibt jedoch nicht, wie dies geologisch zu verstehen wäre.

Ernst Hagemann kommt zu ganz anderen Ergebnissen (1957 und 1973). Er datiert die erste Schöpfung (1. Moses 1) im Wesentlichen in die hyperboräische und lemurische Zeit. Die zweite Schöpfung (1. Moses 2,5) habe mit der atlantischen Zeit, die dritte mit den Säugetieren ab dem Jura begonnen. Damit ordnete er die gesamte Erdgeschichte vom Kambrium bis ans Ende der Eiszeit der Atlantis zu! Die Mondentrennung sei ein imaginäres Geschehen und sinnlich nicht wahrnehmbar gewesen. Gegen Hagemanns Parallelisierung wandte sich Friedrich A. Kipp (1958) in deutlichen Worten, wobei er seine Entgegnung vor allem mit anderen Darstellungen Steiners begründete (GA 300) und auf Pfeiffer, Poppelbaum und Wachsmuth verwies.

I. T. Lorenzen verglich sachkundig die Entwicklung des Menschen mit derjenigen der Tierwelt aus paläontologischer Sicht. Zunächst übernahm er von Cloos (1958), dass der Beginn der Atlantis vor der geologisch erforschbaren erdgeschichtlichen Entwicklung liege. Später (1969, S. 76, 83, 84, 125) kam er jedoch dazu, die Mondentrennung in die Trias und die erste Hälfte der Atlantis ins Tertiär zu legen. Andreas Suchantke (1967) brachte den permo-triassischen Faunenschnitt mit dem Mondaustritt in Zusammenhang. Andere Autoren, z.B. Werner Schüpbach, Wolfgang Schad, Jos Verhulst und Thomas Marti, behandeln das Evolutionsthema ausführlich, ohne jedoch deutliche Aspekte zur Parallelisierung mit der Erdgeschichte zu geben.

Für die Paläobotanik hat R. Rissmann (1969) ein fachkundiges Werk vorgelegt, welches zu einem differenzierten und gut begründeten Gesamtbild gelangt, in dem Wiederholungen und Konvergenzen ebenso berücksichtigt werden, wie die präphysische und physische Pflanzenentwicklung im Verhältnis zu den Aussagen Steiners. Seine Ansichten stimmen weitgehend mit denen von Pfeiffer und Wachsmuth überein. Auch Helmut Knauer (1961) übernahm die Tabelle von Wachsmuth, ließ allerdings dabei die geologisch heikle Einstufung der Mondentrennung weg. Zu den Fragen der Parallelisierung hat er in seinen zahlreichen geologischen Aufsätzen keine Stellung gezogen. Sigismund von Gleich (1969) griff wiederum auf die Tabellen von Pfeiffer (1926) zurück, die er etwas modernisierte, wobei er die Sonnen- und Mondentrennung ebenfalls nicht erwähnte. K. Lang (1966) orientierte sich vor allem an frühen Vorträgen Steiners, wobei aber kein plausibles Gesamtbild entsteht. Bernard Lievegoed (1993) schrieb, dass der Mondaustritt in der lemurischen Zeit gleichzeitig mit dem Aussterben der Saurier stattfand. Er ist der einzige, der die Mondentrennung derartig spät ansetzte, also am Ende der Kreidezeit, allerdings ohne jede Begründung. Extrem gegensätzlich dazu belegt K. Frisch (1993) mit ausgewählten Zitaten Steiners, dass die physische Mondentrennung im frühen Archäikum stattgefunden haben müsse, bevor Verfestigungen der Erde eingetreten seien, und begründet dies mit den radiometrischen Datierungen. Man könne geologisch keinerlei Spuren der Mondablösung erwarten und sie nicht in eine der jüngeren geologischen Zeiträume verlegen. Damit liege die gesamte geologisch fassbare Entwicklung in der zweiten Hälfte des lemurischen und im atlantischen Zeitalter. Auch H.-U. Schmutz (2001, S.156) schließt sich dieser Ansicht an: «Der Zeitraum zwischen Mondenaustritt und Beginn der Atlantischen Zeit wird dem Proterozoikum zugeordnet» (S. 177); bzw. «hätte die Atlantische Zeit den Zeitraum vom Beginn des Paläozoikums bis zum Ende der Eiszeit umfasst ... Diese Hypothese steht allerdings im Widerspruch zu Angaben Steiners ...» (S.178).

Diese Vielfalt gegensätzlichster Ansichten ist auch durch unterschiedliche Erkenntniswege begründet; die weichkörprigen Tierformen werden missverstanden, die räumlich-zeitlichen Lebensbereiche der Erdsphäre nicht unterschieden und die Ergebnisse anderer Autoren zu wenig berücksichtigt. Die Parallelisierungen beruhen mehr auf einem anpassenden Vergleich von Steiners Aussagen mit den Ansichten einer materialistischen Geologie, die aber auf ganz anderen Voraussetzungen beruht.

Das Verhältnis von Mensch und Tier in der Erdgeschichte

Grundtatsachen der Evolution

Die Gliederung der Naturreiche

Überblick

Die Naturreiche sind heute in unzählig viele einzelne Wesen getrennt. Das ergab sich aus dem Grundprinzip der Evolution, welches besagt, dass sich eine **ursprüngliche Ganzheit** immer weiter **gliedert** in solche Wesen, die sich höher entwickeln, und in solche, die zurückbleiben. In Schriften und Vorträgen stellte Rudolf Steiner dar, dass darauf alle Entwicklung geistiger und physischer Wesen beruht. Mit anderen Worten: Jede Gruppe von Wesen, jede Generationenfolge, jedes abgegliederte Organ hat eine eigene relative Geschwindigkeit der Weiterentwicklung. Dieses Prinzip bietet einen Schlüssel, um den Zusammenhang zwischen den vielfältigen Arten und Formen von Tieren, Pflanzen und Gesteinen zu verstehen. Angewandt auf den oben dargestellten planetarischen Werdegang der Erde (Abb. 3, S. 47; Abb. 6, S. 66), heißt das, dass sich aus der Entwicklung des Menschen durch Sonderung alle einzelnen Naturwesen ableiten lassen. Im Folgenden werden nun zuerst einige wichtige allgemeine Entwicklungsprinzipien dargestellt, um in die Gesichtspunkte einzuführen. Anschließend werden die wichtigsten Tiergruppen in ihrer Entwicklung während der Erdgeschichte behandelt. Ein Hauptgewicht liegt auf dem Menschen-Wirbeltierstamm. Die Entwicklung der Pflanzenwelt wird kurz gefasst, die der Gesteine in späteren Kapiteln ausführlicher, weil sie unter diesem Aspekt weniger bekannt ist. Die Formbildungen in den Reihen der paläontologischen Funde werden dann mit den Darstellungen der Menschengestalt durch Rudolf Steiner verglichen. Dabei werden besonders die Umbildungen der Weichkörperformen während des lemurischen und atlantischen Zeitalters betrachtet. Das ergibt neue Aspekte für die Grundfragen der Höherentwicklung. Die Evolution des Menschen, die am Ende (Abb. 72, S. 182) zusammengefasst wird, bleibt der durchgehende rote Faden hinter allen Einzelheiten.

In der anthroposophischen Literatur wurde vor allem die Tierwelt in hervorragenden phänomenologischen Betrachtungen beschrieben, auf die verwiesen wird und worauf aufgebaut werden kann. Die meisten Autoren gehen von den heute beobachtbaren, zoologischen Phänomenen aus. Die Zusammenhänge der Tiergruppen untereinander und mit dem Menschen werden jedoch erst aus der Evolution während der Erdgeschichte verständlich. Für eine solche Paläontologie des Menschen aus anthroposophischer Sicht, die sich heute zunehmend, bis in die Details hinein, abzeichnet, kann hier nur ein grober Überblick gegeben werden. Die Arbeit würde zu umfangreich werden, wollte man die paläozoologischen Phänomenreihen im Einzelnen entwickeln. Ich beschränke mich deshalb vor allem auf die Skelettentwicklung und auf einige Themenbereiche, die bisher weniger behandelt wurden, z.B. die Paläontologie der Wahrnehmungsorgane, die Dreigliedrigkeit der frühen Säugetiere oder die evolutive Beziehung des Menschen zu den niederen Tier- und Pflanzengruppen. Die dadurch entstehenden Disproportionen eines Gesamtbildes können durch die angegebene Literatur ergänzt und ausgeglichen werden.

Die drei Stämme des Tierreiches

Überschaut man das Tierreich von seinen heutigen, höher entwickelten Gruppen aus, so lässt es sich klar in drei große Stämme gliedern. Im Basisbereich ergeben sich Übergänge, die noch besprochen werden. Dort ist die Gliederung stark davon abhängig, wie die meist noch ursprünglichen **Merkmale** gewichtet werden. Bei den Endstadien der Entwicklungslinien sind die Unterschiede so groß, dass die allermeisten Tierformen einem der drei großen Stämme zugeordnet werden können. Grundlage sind die unterschiedlichen Merkmale im so genannten **Bauplan**. Ich möchte diesen Begriff zunächst beibehalten, obwohl er von der materialistischen Zoologie her, die ihn geprägt hat und weiterhin benutzt, unsinnig ist. Denn wer sollte da planen, wer gibt «Informationen» an Gene? Der Bauplan wird aus der Gestalt der fertig entwickelten Formen abgeleitet. Da die Einzelheiten in den entsprechenden Biologie- oder Zoologiebüchern – alle Baupläne finden sich z.B. in Grzimeks Tierleben, 1993, 13 Bd. – nachgeschlagen werden können, möchte ich hier vor allem die Aspekte hervorheben, welche durch die Anthroposophie erweiternd hinzukommen. Wie sind die Baupläne entstanden? Welche Zusammenhänge bestehen zwischen ihnen? Wie stehen sie zu einer fließenden Evolution oder Metamorphose? Wie wären die zahlreichen übergeordneten Merkmale zwischen evolutiv völlig getrennten Gruppen zu verstehen?

Jede Tierform entwickelt sich aus dem befruchteten Ei durch Teilung bzw. Furchung wenig differenzierter Zellen. Schon von Anfang an verläuft der Prozess bei den drei Gruppen verschieden, was sich bereits im 8-Zellen-Stadium zeigt. Es bildet sich dann die Zellkugel (Morula – Blastula), welche sich an der dem Polkörper gegenüberliegenden Seite einstülpt und damit die **primäre Leibeshöhle** (Gastrula – Blastocöl) bildet. Derjenige Stamm, dem vor allem die Hohltiere angehören, verbleibt in seinem Bauplan auf diesem Entwicklungsstadium. Die Einstülpungsöffnung wird zum Ein- und Ausströmungsorgan für den Nahrungsstoffwechsel (Abb. 37, S. 117). Bei den beiden anderen Stämmen entsteht gegenüber der Einstülpung eine **neue Öffnung**, sodass sich ein Mund-Darm-Kanal bilden kann. Bei dem Stamm, der zu den Insekten führt, wird die Einstülpungsöffnung zum Mund (Urmünder oder Protostomia), bei dem Stamm, der zu den Wirbeltieren führt, wird der neue Durchbruch zum Mund (Neumünder oder Deuterostomia). Bei der menschlichen Embryonalentwicklung ist die Einstülpung weiter differenziert. Ihr entspricht die Anlage von Gehirn und Herz in der 3. Woche und die Abfaltung in der 4. Woche. Bei den Wirbeltieren bilden sich u.a. das Nervensystem und die Plattenknochen des Schädels aus dem Ektoderm, dem äußeren Keimblatt. Bei dem Insektenstamm dagegen entsteht das Nervenssystem aus dem Entoderm, dem inneren Keimblatt, als Bauchmark. Es kann als der eingestülpte Kopfpol angesehen werden, der zum Urmund wird. Der Wirbeltierstamm hingegen wäre vom **Stoffwechselpol** her eingestülpt. Während der Hohltierstamm bei zwei Keimblättern verbleibt, entsteht bei den beiden anderen, höheren Stämmen dazwischen das mittlere Keimblatt, das Mesoderm. Aus ihm entwickeln sich die verschiedenen inneren Organe. An diesen Unterschieden zeigt sich, dass die Tierwelt in drei große Hauptstämme gegliedert ist. Gegenüber den Pflanzen haben alle drei die Einstülpung gemeinsam. Diese Unterschiede sind ein wichtiger Schlüssel, die Zusammenhänge zwischen den Tier- und Pflanzengruppen von der Entwicklung her zu verstehen.

Das Prinzip der Sonderung

Die Entwicklung der Tierwelt wird rekonstruiert, indem Reihen ähnlicher fossiler Formen miteinander verglichen werden. Ihre zeitliche Folge ergibt sich aus dem Übereinander der Gesteine. Aus der Ähnlichkeit der Formen kann auf ihre Verwandtschaft geschlossen werden. In den Folgen ähnlicher Tiergruppen verändern sich die Baupläne. Daraus werden die Phänomene abgelesen, welche die Biologie als **Höherentwicklung** bezeichnet. Dazu gehören heute vor allem drei Phänomenfolgen:

1. Die Formen und die Organe werden immer differenzierter und spezieller.
2. Die Anzahl gleichartiger Strukturen wird geringer, z.B. die Schädelknochen.
3. Die Organe werden zuerst außen angelegt und dann zunehmend nach innen verlagert.

Ein weiteres Prinzip ergibt sich, wenn zu dieser

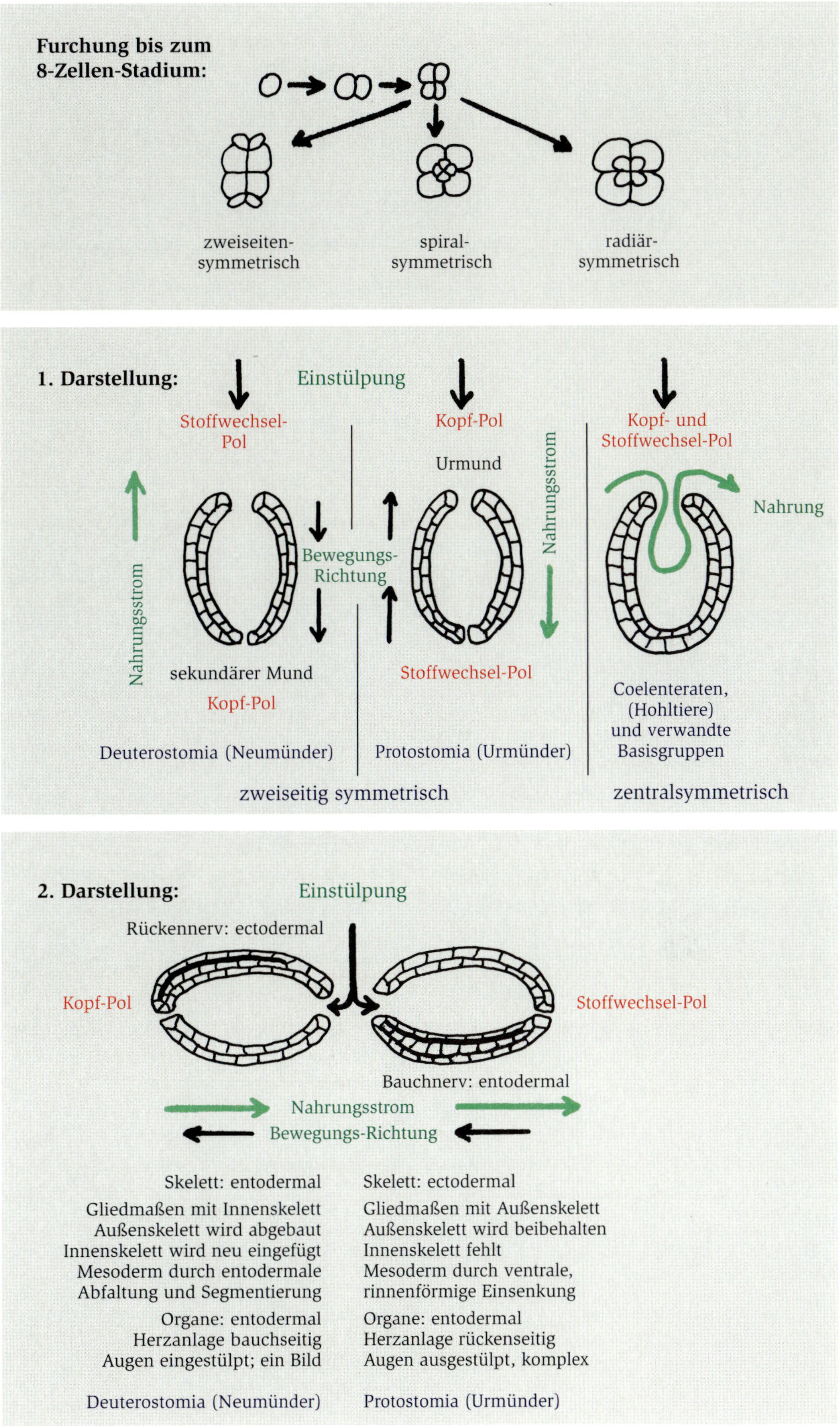

Abb. 5: Die Bauplan-Typen der drei Tierstämme, der Rückenmark-, Bauchmark- und Hohltiere in ihren frühembryonalen Unterschieden vor der Einstülpung (oben) und danach (Mitte).

Die beiden Darstellungen beziehen sich auf den gleichen Inhalt, zeigen aber zwei verschiedene Orientierungen der eingestülpten Formen bei den Deuterostomiern und Protostomiern: Die 1. Darstellung ist bezogen auf die Richtungen der Einstülpung bzw. der Bewegung zum Kopfpol. Sie zeigt die Baupläne der drei Stämme nach der Einstülpung hin orientiert und begründet mehr die Funktionen. Die 2. Darstellung ist nach dem Kopf- und Stoffwechselpol orientiert, also dem Nahrungsstrom und der Bewegungsrichtung. Sie zeigt die Polarität im Nervensystem.

In der ersten Darstellung werden die Funktionen deutlicher. In der zoologischen Literatur wird meist die zweite Darstellung als Bauplan bevorzugt.

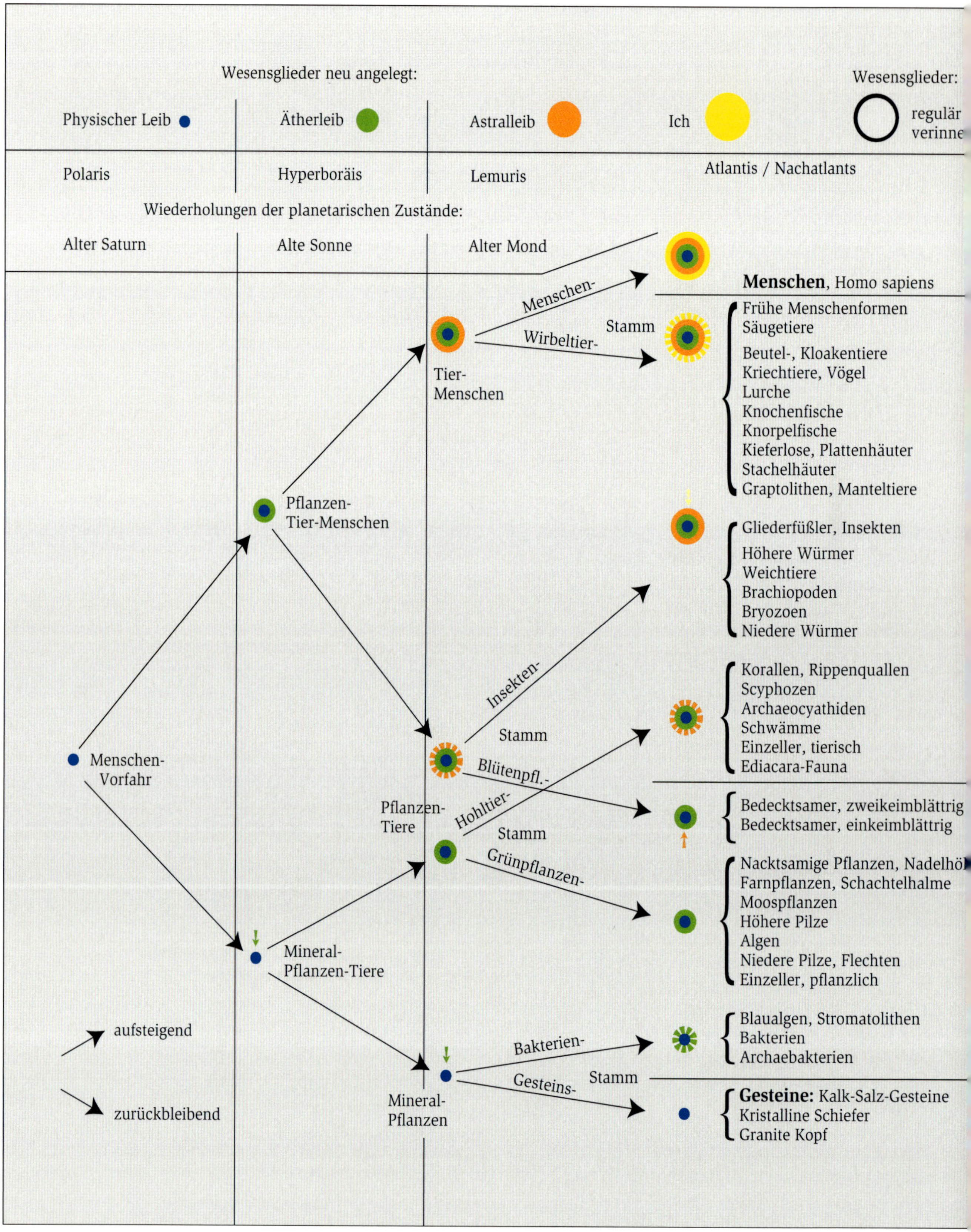
Wesensglieder neu angelegt:
Physischer Leib
Ätherleib
Astralleib
Ich
Wesensglieder:
regulär
verinne
Polaris
Hyperboräis
Lemuris
Atlantis / Nachatlants
Wiederholungen der planetarischen Zustände:
Alter Saturn
Alte Sonne
Alter Mond
Menschen, Homo sapiens
Menschen-
Stamm
Wirbeltier-
Tier-Menschen
Frühe Menschenformen
Säugetiere
Beutel-, Kloakentiere
Kriechtiere, Vögel
Lurche
Knochenfische
Knorpelfische
Kieferlose, Plattenhäuter
Stachelhäuter
Graptolithen, Manteltiere
Pflanzen-Tier-Menschen
Gliederfüßler, Insekten
Höhere Würmer
Weichtiere
Brachiopoden
Bryozoen
Niedere Würmer
Insekten-
Stamm
Korallen, Rippenquallen
Scyphozen
Archaeocyathiden
Schwämme
Einzeller, tierisch
Ediacara-Fauna
Menschen-Vorfahr
Blütenpfl.-
Pflanzen-Tiere
Hohltier-
Stamm
Bedecktsamer, zweikeimblättrig
Bedecktsamer, einkeimblättrig
Grünpflanzen-
Nacktsamige Pflanzen, Nadelhö
Farnpflanzen, Schachtelhalme
Moospflanzen
Höhere Pilze
Algen
Niedere Pilze, Flechten
Einzeller, pflanzlich
Mineral-Pflanzen-Tiere
aufsteigend
zurückbleibend
Bakterien-
Stamm
Gesteins-
Blaualgen, Stromatolithen
Bakterien
Archaebakterien
Mineral-Pflanzen
Gesteine: Kalk-Salz-Gesteine
Kristalline Schiefer
Granite Kopf

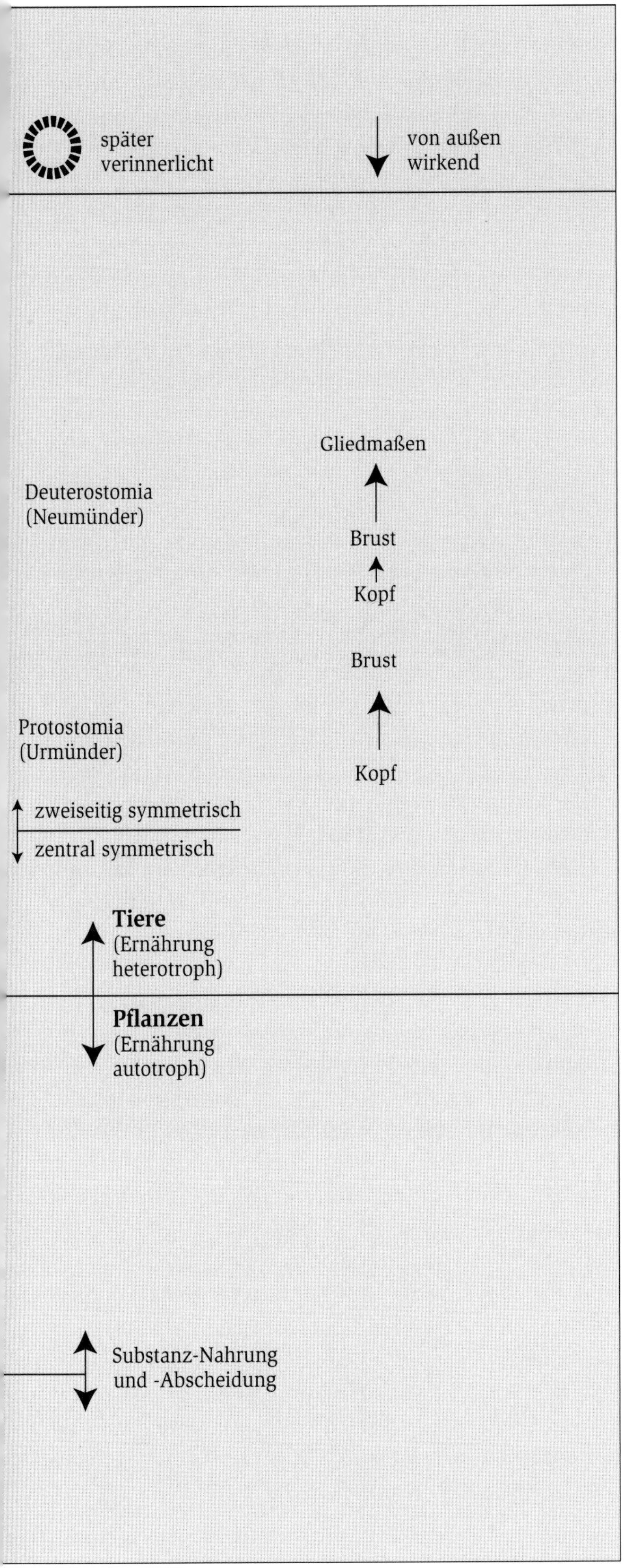

physischen Seite die geistige Seite durch die Geisteswissenschaft ergänzend hinzugenommen wird. Ein ursprüngliches Wesen sondert sich in zwei, die verschieden rasch weiter fortschreiten. Die **Höherentwicklung** eines Wesens ist stets mit dem **Zurückbleiben** eines anderen Wesens verbunden. Das darf jedoch nicht moralisch genommen werden, sondern ein Zurückbleiben kann auch als «Opfer» betrachtet werden, wie Steiner dies für die geistigen Wesenheiten der planetarischen Entwicklung begründet hat (GA 132, 31. 10. – 5. 12. 1911). Während das fortschreitende Wesen übersinnlich bleibt, sinkt das andere in die Sinneswelt hinunter. Dieses Prinzip gilt ebenso für elementarische Zustände. Die Wärme gliedert sich in innere und äußere, der nächste Zustand in Licht und Luftiges, der nächste in Ton und Wässeriges, der nächste in Lebendiges und Festes, Kristallines (Abb. 3, S. 47).

Wird dieses **Prinzip der Sonderung** auf die Gliederung der Naturreiche angewandt (Abb. 6), so lässt sich ein einfaches Gesamtbild gewinnen. Es ergibt sich einerseits aus der Stufenfolge der Tier- und Pflanzengruppen zwischen dem Menschen und dem Gestein, so wie sie heute von der synthetischen Evolutionstheorie gesehen wird. Andererseits beruht es darauf, dass diese Folgen geisteswissenschaftlich ergänzt werden können, zum einen durch die Evolution des Menschen während der planetarischen Evolutionsstufen der Erde und zum anderen durch das Prinzip der Sonderung. Dadurch können die Zusammenhänge genauer verstanden werden, die als biologische Phänomene zwar beschrieben sind, aber aus sich heraus unverständlich bleiben.

Steiner schildert (GA 11) das Prinzip der Sonderung vor allem für die Entwicklung des Menschen. Man hätte mit einem «Vorgang zu tun, der darin besteht, dass sich etwas Höheres auf Kosten eines anderen entwickelt, das es aus sich ausscheidet». Das geschah auf allen planetarischen Stufen für jede

Abb. 6: Aufgliederung der Naturreiche durch Höherentwicklung und Zurückbleiben während der planetarischen Entwicklungsstufen bzw. deren Wiederholungen innerhalb der Erdentwicklung. Die Verinnerlichung des Lebendigen und des Seelischen führt zwischen dem Gesteinsreich und dem Menschen zu je drei Hauptstämmen des Tier- und Pflanzenreiches.

Epoche der einzelnen Zustände (Abb. 3, S. 47). Da überall Gruppen zurückbleiben, ergibt sich eine Vielzahl von tierischen und pflanzlichen Formen bzw. Bauplänen als Abgliederungen aus dem Menschen. Vom gemeinsamen Ursprung her sind anfangs weniger scharfe Trennungen anzunehmen, zumal die ersten Stufen als Wiederholungen früher gebildeter Formen aus dem Übersinnlichen hervortreten. Damit erscheint es – qualitativ gesehen – nicht sinnvoll, schematische Rechnungen über die Anzahl der abgespaltenen Gruppen aufzustellen. Hier soll zunächst nur die Sonderung als allgemein wirkendes Entwicklungsprinzip eingeführt werden. Ein Zurückhaltend-Niederes entwickelt sich langsamer und ermöglicht einem Weiterschreitenden die höhere, raschere Entwicklung. An anderer Stelle heißt es bei Steiner: «Darauf beruht ja alle Entwickelung, dass erst aus dem Leben der Umgebung selbstständige Wesenheit sich absondert; dann in dem abgesonderten Wesen sich die Umgebung, wie durch Spiegelung einprägt und dann dies abgesonderte Wesen sich selbstständig weiter entwickelt.» (GA 13, S. 191)

Während der planetarischen Epochen der Erde wurden durch die höheren Hierarchien die **Wesensglieder des Menschen** gebildet und ihm verinnerlicht. Die Grundbegriffe dieser geisteswissenschaftlichen Menschenkunde müssen in den einführenden Schriften Steiners, der *Theosophie* (GA 9) und der *Geheimwissenschaft im Umriss* (GA 13), nachgelesen werden – ebenso wie die naturwissenschaftlichen Grundlagen in den heute zahlreichen Übersichtswerken nachgeschlagen werden können. (Bei Pflanzen- und Tiernamen benutze ich die deutschen Namen für den allgemeinen Gedankengang; für die spezielleren Gruppen verwende ich die allgemein üblichen lateinischen Namen. Wem diese wissenschaftlichen Namen nicht vertraut sind, der kann getrost solche Textstellen überlesen. Ich bemühe mich so gut es geht, Fachausdrücke in beiden Wissenschaften zu umschreiben und mich auf möglichst wenige zu beschränken.)

Die Entwicklung beginnt mit dem Zustand des Alten Saturn (s. S. 47; S. 134), in dem der physische Leib des Menschen angelegt wurde. Unter «Leib» ist anfangs ein geistiger Kräftezusammenhang in der Substanz der Wärme zu verstehen. Auf der jetzigen Erdenstufe ist er im mineralisch-physischen Zustand und bleibt mit dem Tode als Leichnam zurück. – Dann kommt auf der Alten Sonne der Ätherleib hinzu, der Lebens- oder Bildekräfteleib, der den physischen Leib aufbaut und unter den heutigen Verhältnissen im Schlaf mit ihm verbunden bleibt. – Auf dem Alten Mond folgte der Astral- oder Seelenleib, und während der lemurischen Epoche der Erdenentwicklung kam das menschliche Ich hinzu.

Dem Prinzip der Sonderungen entsprechend (Abb. 6, S. 66) finden wir auf der **Alten Sonne** zwei Naturreiche, auf dem **Alten Mond** drei (wobei das mittlere zweigliedrig ist), ebenso wie das Tier- und Pflanzenreich auf der Erdenstufe jeweils dreiteilig sind. Steiner schreibt z.B.: «Physisch gesehen zeigt sich in den angeführten Reichen des Mondes eine große Mannigfaltigkeit. Die Mineralpflanzen, Pflanzentiere und Tiermenschen sind nach Gruppen verschieden. Man wird das verstehen, wenn man bedenkt, dass durch das Zurückbleiben der Gebilde auf jeder der früheren Stufen der Entwicklung Formen in den mannigfaltigsten Qualitäten verkörpert worden sind. Es sind Gebilde da, welche noch die Anfangsstadien des Saturn zeigen, solche der mittleren Epoche dieses Weltenkörpers, solche vom Ende. Ein gleiches gilt für alle Entwicklungsstufen der Sonne» (GA 13, S. 195).

Diese Gliederung wurde mir in den zwanzig Jahren, seitdem ich damit umgehe, zum Verständnisschlüssel für zahlreiche Phänomene der Tier- und Pflanzenwelt und ihrer Beziehungen zum Menschen. Sie löste mir etliche Probleme, welche in der Fachliteratur als ungeklärt dargestellt werden, wofür ich Beispiele angeben werde. Nach diesem Prinzip können gerade auch die Basisgruppen weiter untergliedert werden, was hier nicht bis in die Details verfolgt werden kann. Von den Stammlinien wird anschließend vor allem der Menschen-Wirbeltier-Stamm besprochen, die anderen Stämme können nur kurz charakterisiert werden. Die Gesteinsbildung aus dem Lebensprozess der Mineral-Pflanzen wird in den späteren Kapiteln genauer behandelt.

Der Mensch-Wirbeltier-Stamm

Die Folge der Hauptgruppen

Das Tierreich hat im Laufe der Erdgeschichte eine nicht mehr überschaubare Fülle von Formen und Variationen entwickelt. Die Paläontologen konnten die natürlichen Zusammenhänge der hauptsächlichen Gruppen, an deren Spitze zuletzt der Mensch erscheint, jedoch so herausarbeiten, dass die großen **Entwicklungslinien** deutlich werden. Sie zeigen sich in Einzelheiten, wie sie im Folgenden zunächst anhand von Zeichnungen typischer Vertreter der großen Gruppen kurz charakterisiert werden. Das einzelne Tier zeigt aber nicht nur die allgemeinen Merkmale, sondern immer auch gattungs- und artspezifische Eigenschaften. Der Text weist auf die allgemeinen Entwicklungsschritte hin. Der Zusammenhang mit der Evolution des Menschen kann hervortreten, wenn man sich in solche beispielhaften Einzelheiten vertieft, die sich zahllos vermehren ließen. Von anthroposophischen Autoren liegen gute Schilderungen weiterer Einzelheiten vor, besonders von zoologischer Seite, sodass ich mich hier auf die paläontologischen Entwicklungslinien beschränken kann.

Die beschriebenen Phänomene und die Bilder wurden der Lehrbuch- und Spezialliteratur entnommen (Caroll 1993; Grzimeks Tierleben 1993, 13 Bd.; Müller 1956 –1970; Remane 1981; Starck 1978 – 1982; G. Steiner 1977; Thenius 1972 u. a.). In den Lehrbüchern sind die Abbildungen aus den Orginalarbeiten oder aus wiederum anderen Lehrbüchern übernommen. Die typischen Bilder werden immer mehr zum Gemeingut der Wissenschaft; die ersten Bearbeiter werden oft nicht mehr angegeben. Allerdings sind die Darstellungsarten der einzelnen Verfasser sehr verschieden. Damit die Zeichnungen besser verglichen werden können, habe ich sie fast alle umgezeichnet und dabei ergänzt, zusammengefasst oder vereinheitlicht.

Das natürliche zoologische System der Ordnungen, Familien und Klassen beruht meist auf Verwandtschaft, die physiologisch begründet ist. Die Paläontologie kann überwiegend nur die **Morphologie** studieren. Dadurch ist vielfach eine künstliche Gliederung notwendig, die teilweise verschieden gehandhabt wird. Ich spreche deshalb von «Gruppe», weil eine genaue taxonomische Einstufung im Sinne der Zoologie nicht nur mitunter unsicher ist, sondern auch wenig zur Erkenntnis des Entwicklungsablaufes beiträgt.

In seinem anatomischen Bau schließt der Mensch unmittelbar an die Reihe der höheren Wirbeltiere an. Von den Fischen über die Lurche (Amphibien), Kriechtiere (Reptilien), Vögel und Säugetiere bis zum Menschen besteht sowohl im Skelett als auch im Bau der inneren Organe und ihrer Funktionen eine folgerichtige, **kontinuierliche Höherentwicklung** im oben angeführten Sinne (s. S. 64 r). Sie geht durch die ganze geologische Erdgeschichte hindurch, obwohl die einzelnen Tiergruppen als die Träger dieser Höherentwicklung ständig wechseln; sie entstehen, leben eine Weile, sterben aus, und andere entstehen wieder neu. Dieses Grundphänomen der Evolution ist seit Darwin bekannt und hat sich seither in allen Pflanzen- und Tierreihen immer detaillierter bestätigt.

Unterhalb der Fische liegt das große Feld der wirbellosen Tiere. Gliedern wir es nach seinen Grundbauplänen (Abb. 5, S. 65), so sehen wir, dass die meisten zu den Stämmen der Protostomier und der Hohltiere gehören. Aber auch zu den Deuterostomiern gehören noch hauptsächlich zwei Gruppen: die

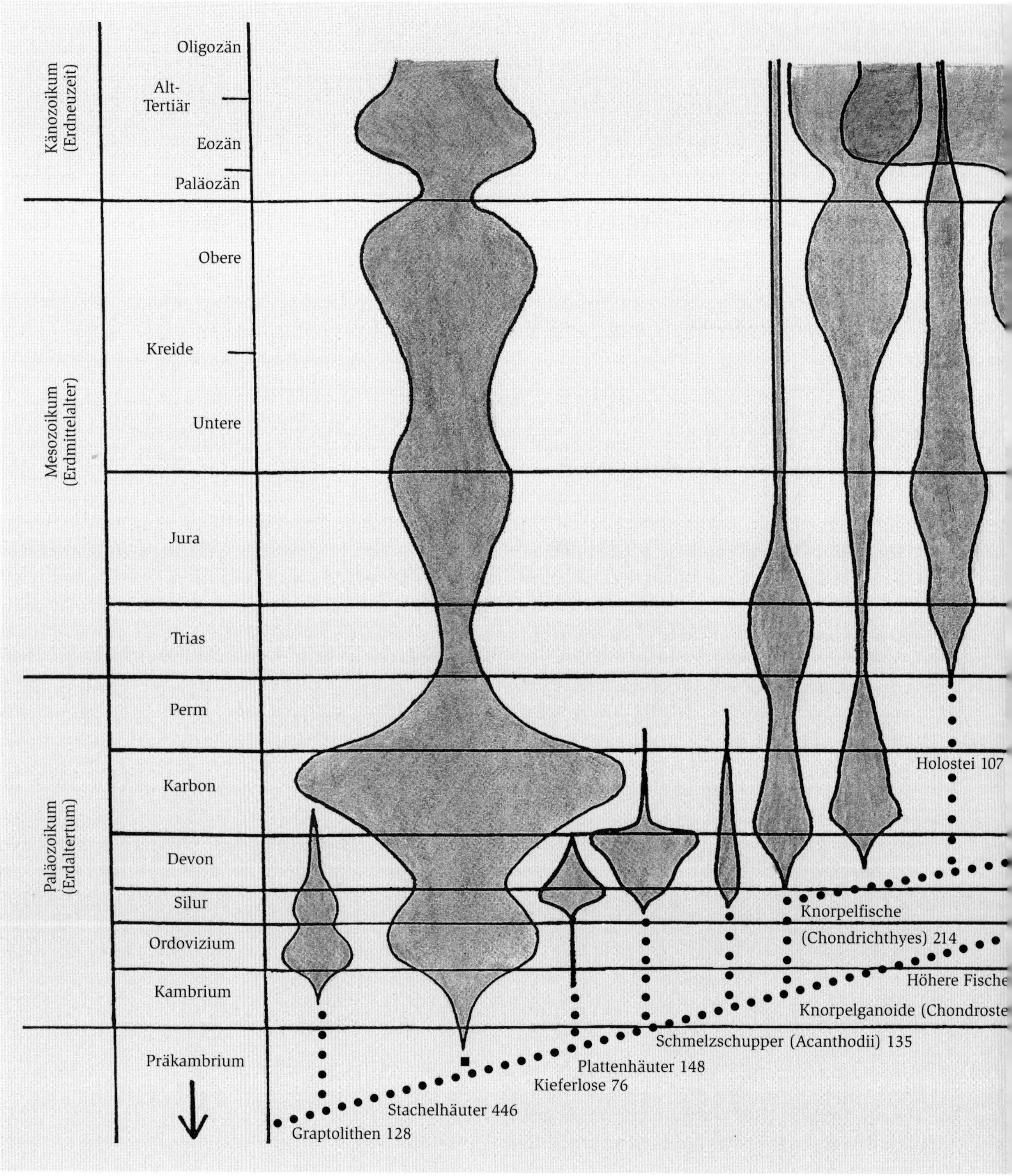
Känozoikum (Erdneuzeit)
Mesozoikum (Erdmittelalter)
Paläozoikum (Erdaltertum)
Oligozän
Alt-Tertiär
Eozän
Paläozän
Obere
Kreide
Untere
Jura
Trias
Perm
Karbon
Devon
Silur
Ordovizium
Kambrium
Präkambrium
Holostei 107
Knorpelfische
(Chondrichthyes) 214
Höhere Fische
Knorpelganoide (Chondroste
Schmelzschupper (Acanthodii) 135
Plattenhäuter 148
Kieferlose 76
Stachelhäuter 446
Graptolithen 128

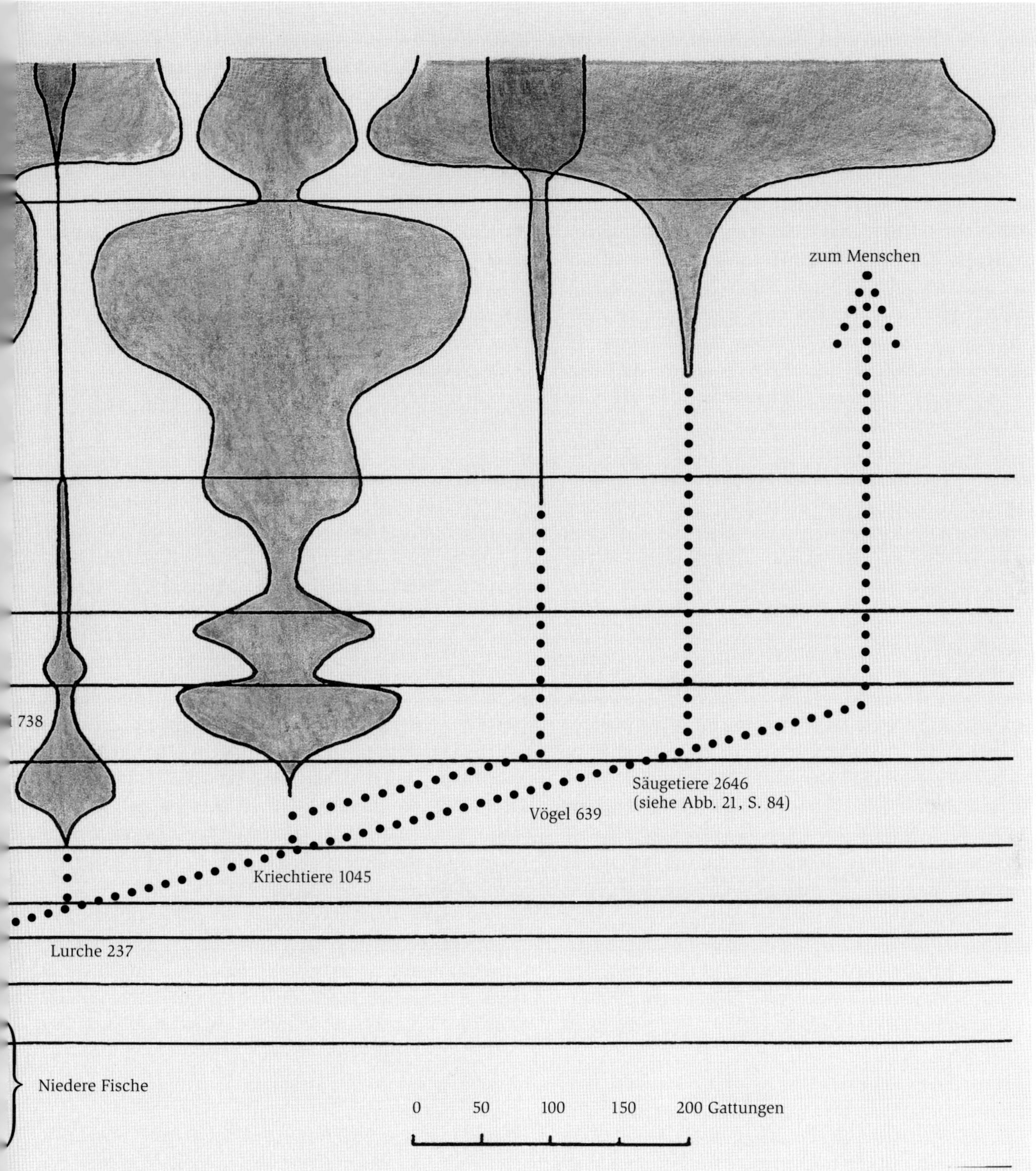

Abb. 7: Die Folge der großen Gruppen der Deuterostomier: der Wirbeltiere und ihrer verwandten Vorläufer. Etwa 7.000 Gattungen sind in ihrer Verbreitung innerhalb der geologischen Epochen dargestellt; im logarithmischen Zeitmaßstab, wie er in Abb. 2, S. 44 eingeführt wurde. Die Zahlen bezeichnen die Gesamtzahl der Gattungen. (Nach A. H. Müller, ergänzt und umgezeichnet.)

Stachelhäuter oder Echinodermen und die Manteltiere oder Tunicaten, zu denen vor allem die erdgeschichtlich wichtigen Graptolithen des Erdaltertums gerechnet werden können. Sie stehen als Deuterostomier unterhalb der Fische und gehen ihnen noch voraus. Sie bilden nur noch keine Chorda dorsalis oder Wirbelsäule aus. Für die Evolution insgesamt ist dies ein wichtiges Phänomen.

Die Abbildung 7 zeigt die Folge der wichtigsten **Gruppen der Deuterostomier** anhand der Anzahl von Gattungen, welche in einer bestimmten Zeit gelebt haben. Für die zeitliche Gliederung der geologischen Systeme wird in allen Darstellungen die hyperbolische Skala (s. S. 43) verwendet. Die ältesten Formen erscheinen im Kambrium. Es sind die Graptolithen und frühen Stachelhäuter. Sie gehören noch zu den Wirbellosen, denn sie haben noch kein Innenskelett. Das erscheint erst bei den frühen Fischen vom Silur an, also bei den Plattenhäutern und niederen Knochenfischen. Die höheren Fische, mit Knorpel- oder Knochenskelett, verfolgen ihre eigene Entwicklung weiter; sie gelangen dann vor allem mit den echten Knochenfischen (Teleostei) in der Erdneuzeit zu großer Blüte. Es folgen in der Wirbeltierreihe im Devon die Lurche und im Karbon die Kriechtiere. Sie beherrschen vor allem mit den Sauriern das Erdmittelalter, an dessen Ende die meisten Gruppen der Kriechtiere aussterben. Gleichzeitig bilden sich die Vögel heraus. In der Erdneuzeit entfalten sich dann die Säugetiere. Ihre ersten Vorläufer finden sich bereits am Ende des Erdaltertums im Perm, was allerdings auch eine Frage der Bewertung von Merkmalen ist. Es zeigt sich daran jedoch, dass alle diese Gruppen im Erdaltertum erschienen sind und später vor allem weiter ausgestaltet und aufgegliedert wurden. Meine Darstellung endet mit dem Alttertiär, weil die Entwicklung hier weitgehend abgeschlossen ist, was noch weiter begründet wird (s. S. 184 – 187).

A. H. Müller (1961) hat für die wichtigsten Tiergruppen herausgearbeitet, wie sie sich in ihrer zeitlichen Folge nacheinander ablösten. Indem die Gattungen einer früheren Gruppe ausstarben, breiteten sich die Gattungen einer nächsten, evolutiv etwas höherstehenden Gruppe aus. So wird anschaulich, wie der **Entwicklungsstrom** durch die aufeinander folgenden Gruppen hindurchgetragen wird. Grundlegend neue Formen oder Eigenschaften erschienen in den jeweiligen Ausgangsformen einer jeden Gruppe; sie wurden in verschiedenen anschließenden Entwicklungslinien weiter ausgestaltet. Am Ende sterben die Gruppen aus oder reichen bis zu den heute noch lebenden Vertretern. Echte Zwischenformen fehlen in der fossilen Überlieferung. Alle vermeintlichen **Zwischenglieder** haben sich bei genauer Betrachtung doch immer wieder als so spezialisiert erwiesen, dass sie zwar die abzweigenden Linien verdichten, jedoch keine Verbindung zwischen den fossilen Gruppen bilden konnten. Das ist das Grundproblem jeder Darstellung der Evolution seit Darwin – eine Tatsache, der wir noch nachgehen werden (s. S. 171 ff.).

Graptolithen

An der Basis des Wirbeltierstammes stehen Tiergruppen, die äußerlich recht verschieden sind, aber in ihrem inneren Bau, ihrer embryonalen Entwicklung und ihrer Eiweißart zu den Deuterostomiern gehören. Hauptmerkmale sind der Nervenstrang auf der Rückenseite und ein Stützstab ähnlich der Chorda dorsalis, als Vorläufer der Wirbelsäule, weswegen sie als Hemicordata bezeichnet werden. Heute lebende Hemicordaten bilden aus dem äußeren Keimblatt Röhren aus Chitinringen. Der äußere Gesamtbau ähnelt noch der Zentralsymmetrie der Hohltiere, das einzelne Tier ist aber zweiseitig symmetrisch gebaut. Die Hemicordaten weisen aber auch Gemeinsamkeiten mit den Basisgruppen der Protostomiern, den Tentakulata, auf.

Zu den Hemichordaten an der **Basis des Wirbeltierstammes** werden auch die Graptolithen gerechnet. Sie bildeten im frühen Erdaltertum wichtige Leitfossilien, besonders im Ordovizium und Silur. Im Karbon sind sie restlos ausgestorben. Unter einer Schwebeblase, die nur selten erhaltenen ist, saßen dünnwandige Hohlkugeln, in denen an einer Achse zahlreiche Anfangskammern gebildet wurden. Sie lösten sich ab und bildeten an einem Ende einen Faden. Aus ihm wuchs durch Knospung seitlich ein erstes polypartiges «Einzeltier», das eine Kammer bildete. Weitere solcher Kammern wurden an dem Faden aufgereiht und wuchsen zu einer neuen «Kolonie», die mit zahlreichen weiteren Fäden wiederum neue Schwebeblasen und Hohlku-

Abb. 8: Kolonie eines verzweigten Graptolithen, Cyrtograptus, auf schwarzem, graphitischem Tonschiefer des Silurs. Jeder kleine Haken ist eine Kammer (Foto B. Boucek, Prag).

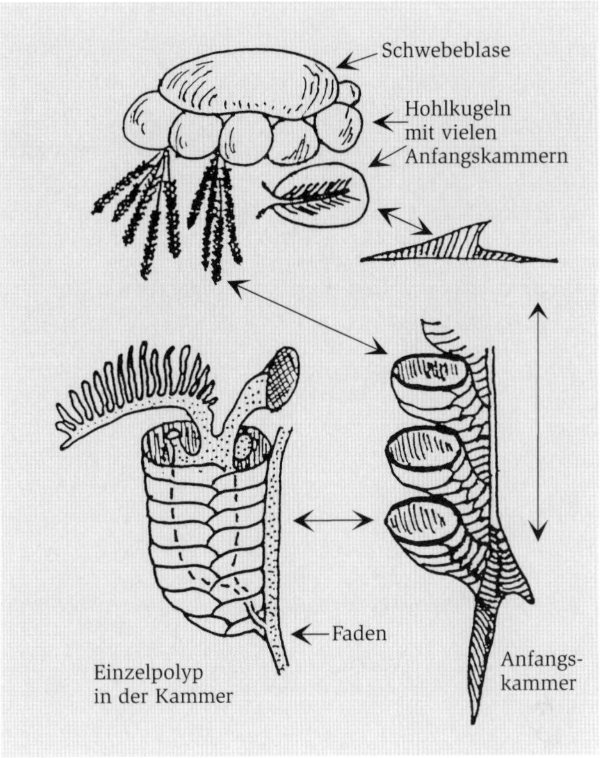

Abb. 9: Oben Aufbau der Kolonie mit ihren Zweigen; darunter rechts die Kammern, die an jedem Zweig aufgereiht sind; links eine Kammer mit einem Einzeltier.

geln ausbildeten. Die geschlechtliche Fortpflanzung innerhalb der Hohlkugeln mit den Anfangskammern wechselte mit der ungeschlechtlichen durch Sprossung der Einzeltiere in den Kammern. Solch ein polypenartiges Einzeltier war meist unter einem Millimeter groß, während die Fäden mit den Kammern bis zu mehreren Metern lang werden konnten. So gehörten zu dem gesamten Tier unter einem Schwebeapparat einige hundert bis mehrere tausend Einzeltiere. Die Kammerwand bestand vermutlich aus Chitin in Halbringen, ähnlich wie bei heutigen Hemichordaten. Die Formen ihrer Zweige wandelten sich im Laufe der Stammesentwicklung systematisch weiter (Jaeger 1978). Obwohl immer neue Gattungen und Arten erschienen und wieder ausstarben, können gleichbleibende Tendenzen von kontinuierlichen Umbildungen erkannt werden. So wird die Anzahl der Fäden einer Kolonie bei verschiedenen Gattungen parallel von vielästigen bis zu zwei- und einästigen reduziert; am Ende traten wieder vielästige auf. Die Entwicklung der Zweige verlief von geraden zu spiraligen Formen sowie von hängender über waagrechte zu aufsteigender Lage; die Baupläne wurden immer differenzierter.

Ähnlich wie die Graptolithen sind die **Manteltiere**, die Tunicaten, aufgebaut. Fossil sind sie noch nicht sicher belegt; aber an heutigen Vertretern können Baupläne und Lebensfunktionen studiert werden, wie sie an der Basis des Wirbeltierstammes bestanden haben. Die Manteltiere bilden eine Corda dorsalis und ein Nervensystem mit Augen im Rückenmark aus; sie können sich vegetativ durch Sprossung oder generativ als Zwitter vermehren; einige zeigen Generationswechsel; bei Sprossung entstehen Kolonien. Sie zeigen angeheftet einen Bauplan ähnlich dem der Hohltiere. Die Larven leben freischwimmend wie auch manche Arten. Dann sind sie länglich gestreckt, wie das 5 cm lange Lanzettfischchen, welches bereits zu den frühesten Fischen gezählt wird.

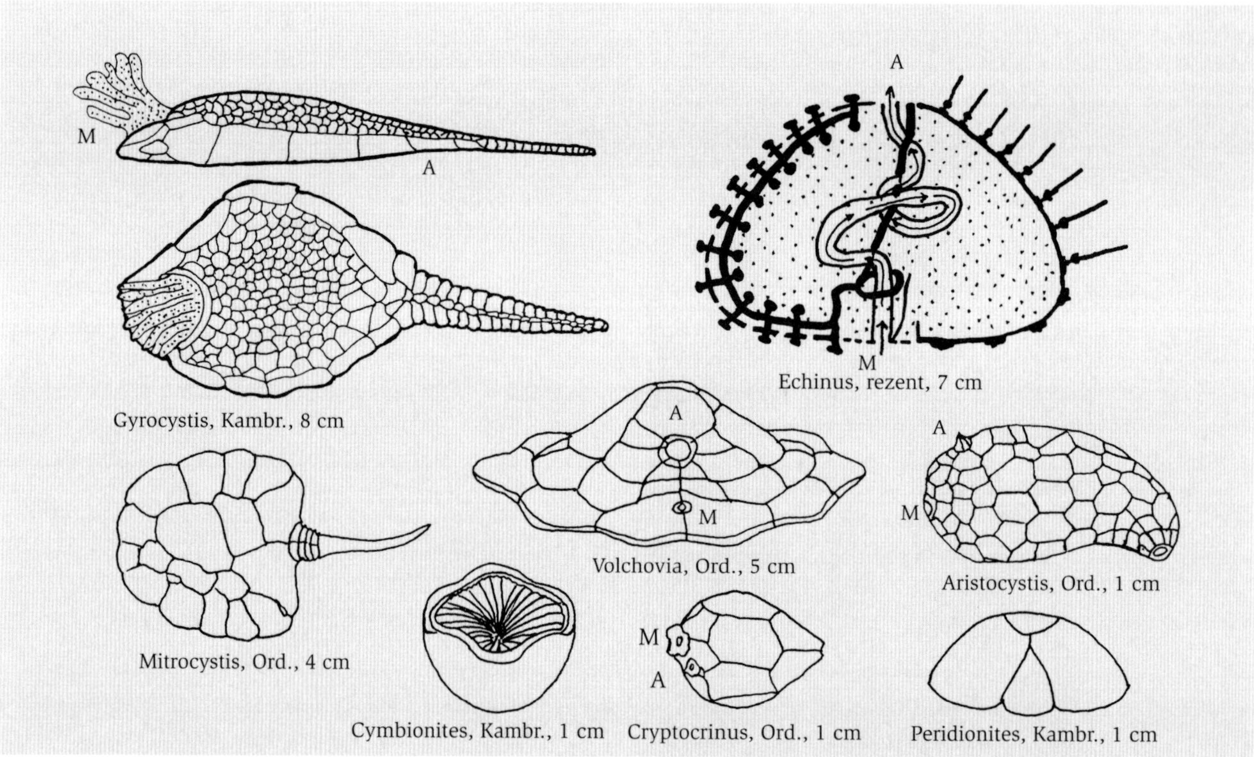

Abb. 10: Frühe Stachelhäuter (Echinodermen) in einigen Beispielen. – Rechts oben: Schnitt durch einen heutigen Seeigel; die Pfeile zeigen den Weg der Nahrung. M = Mund, A = After.

Stachelhäuter

Die nächste große Gruppe der Deuterostomier sind die Stachelhäuter, von denen heute die Seeigel und Seesterne am bekanntesten sind. Sie erschienen ebenfalls im Kambrium (Abb. 7, S. 71) und gliederten sich in noch viel mehr Arten auf als die Graptolithen. Die Larvenstadien sind zweiseitig symmetrisch; die Fünfstrahligkeit wird erst sekundär ausgebildet, bei erwachsenen Individuen erst ab dem Ordovizium. Eine frühe Hauptgruppe, die Homalozoa, war nur zweiseitig symmetrisch, spätere Formen sind überwiegend fünfstrahlig. Die Larven sind sehr ähnlich gebaut wie die der Hemichordaten. Sie leben planktonisch und setzen sich dann fest, und zwar mit dem Kopfpol, also der Mundöffnung der Deuterostomier, nach unten. Die fossilen Formen waren sowohl frei beweglich als auch festsitzend. Neu angelegt ist ein Wassergefäßsystem (Abb. 31, S. 101). Es hat einen zentralen Kanal und äußere Ringkanäle, von denen Austülpungen durch die Wand nach außen gehen. Mit ihnen können sie sich fortbewegen und vermutlich auch wahrnehmen. Sie werden innen von einem Nervensystem begleitet, das zu Sinneszellen unter der äußeren Haut hinführt, während weitere Nerven zur Muskulatur führen. Einige Arten bilden ein ektodermales, kalkiges Außenskelett aus Platten, die bei manchen Formen schuppenartig ausgebildet und damit gegeneinander beweglich sind. Verschiedene frühe Formen (Abb. 10 links oben) erscheinen in ihrem gestreckten Bau und mit ihren Kalkplatten sehr ähnlich den sich in der Reihe der Deuterostomier anschließenden kieferlosen Fischen.

Fische

Die **kieferlosen Fische** wurden bis zu 10 cm lang und lebten flach am Boden liegend. Sie besaßen ein Außenskelett, das den Kopfbereich und teilweise auch den Rumpf mit größeren phosphatischen Knochenplatten umschloss, welche nach hinten zu Schuppen wurden oder auch fehlten. Es waren noch

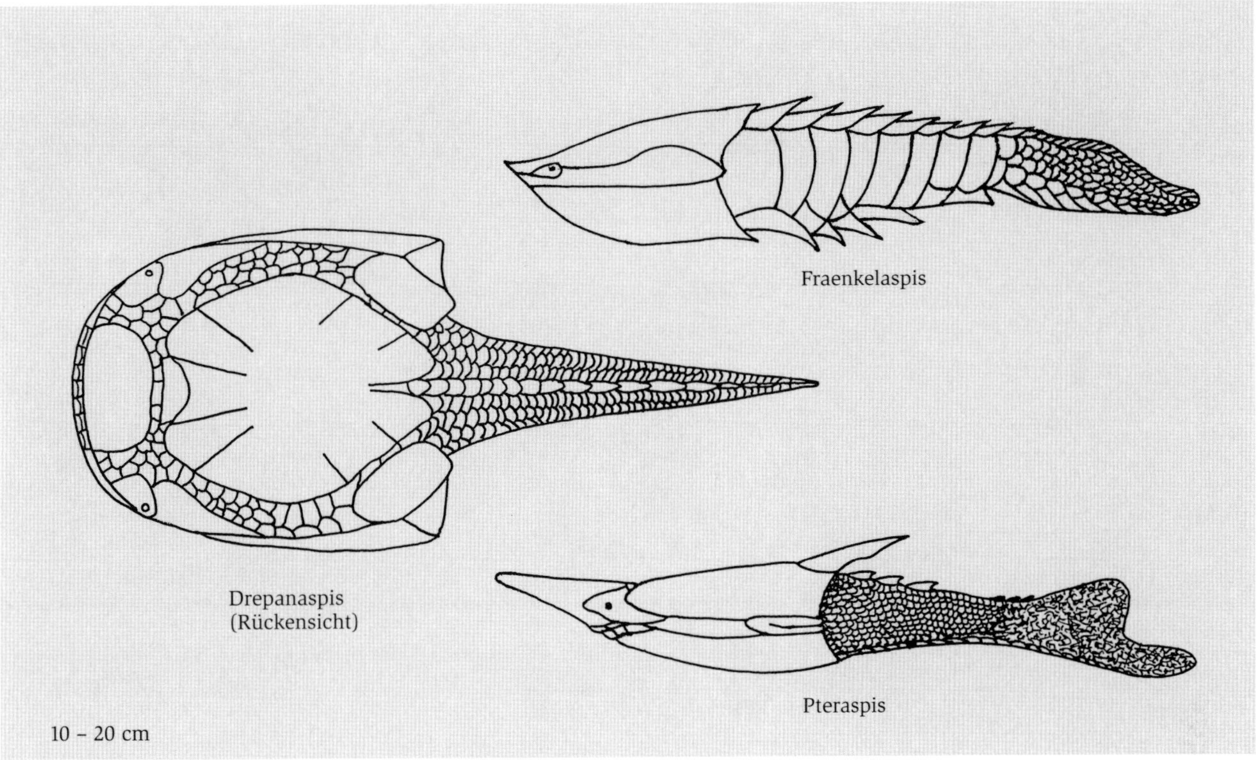

Abb. 11: Kieferlose Fische (Agnatha) aus dem unteren Devon.

keine beweglichen Kieferknochen und keine Gliedmaßen vorhanden; nur selten findet man Vorformen von Flossen als Anhänge im Brustbereich. Im Inneren fehlte ein knöchernes Innenskelett; es war nur der knorplige Stab der Chorda dorsalis ausgebildet. Die Kiemen besorgten Atmung und Ernährung. Verschiedene Sinnesorgane (Abb. 33, S. 105) waren schon differenziert ausgebildet, so der Geruchs- und Gleichgewichtssinn, die Augen und streifenförmige sensorische Felder im Kopf- und Brustbereich. Zu allen Wahrnehmungsorganen verliefen Nervenstränge, die von einem stark gegliederten Gehirn ausgingen. Die ersten Vertreter dieser ältesten Fische erschienen wie die Graptolithen bereits im oberen Kambrium. Von den zahlreichen Gruppen im Silur und Devon leben heute noch zwei Klassen, die einen Vergleich ermöglichen: die Neunaugen und die Inger mit je etwa 35 Arten. Sie bilden jedoch kein hartes Außenskelett wie die Kieferlosen.

Die nächsten Gruppen in der Reihe der frühen Fische, die **Plattenhäuter oder Placodermen** und ihre verwandten Formen, lebten ebenfalls hauptsächlich im Devon (Abb. 7, S. 71 und Abb. 12, S. 76). Bei ihnen wurde das Außenskelett wie von hinten her zurückgebildet; es erschien nur noch im Brust- und Kopfbereich; der hintere Teil war mit Schuppen bedeckt. Ein Außenskelett behindert aber das Wachstum. Bei den Stachelhäutern und den Protostomiern entsteht es in mehreren Larvenstadien mit Häutungen. Bei verschiedenen Gruppen der Deuterostomier wie auch bei den Plattenhäutern wuchsen die Knochenplatten an ihren Nähten. Erstmals war ein – meist noch unbezahnter – Kiefer vorhanden, der sich aus dem vorderen Kiemenbogen entwickelt hatte. Im Kiemenbereich bestanden Anhänge, die als Vorläufer von Lungen gedeutet werden. Neu waren erste paarige Extremitäten, mit denen sich die Tiere am Boden fortbewegen konnten. Sie waren flossenähnlich oder entsprechend dem Brustbereich außen gepanzert. Erste innere Knochenbildungen entstanden im Hirnschädel sowie im mittleren Bereich der Brust und der Flossen; die Chorda dorsalis selbst verknöcherte jedoch noch nicht.

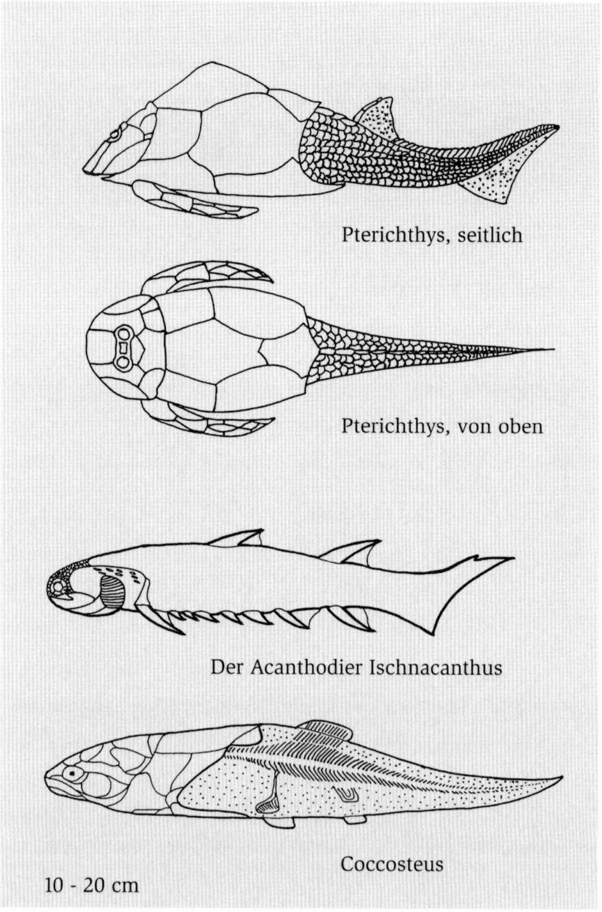

Abb. 12: Plattenhäuter (Placodermen oder Panzerfische) aus dem mittleren Devon. Unten: das Außenskelett im Kopf- und Brustbereich und die Anfänge eines Innenskelettes

Die weiteren Entwicklungsschritte zeigen sich bei verschiedenen Gruppen der **frühen Knochenfische** (Chondrostei = Knorpelganoide) und **Schmelzschupper**, der Acanthodier (Abb. 7, S. 71). Bei den Acanthodiern hatten die Schuppen noch eine knöcherne Basis, und die Schädelknochen waren in zahlreiche Plättchen aufgelöst. Bei den Knorpelfischen (Chondrichthyes) fehlt die Knochensubstanz; das Innenskelett ist knorpelig, wenn auch zum Teil verkalkt. Zunächst sah man sie deshalb als die Vorläufer der frühen oder auch der heutigen Knochenfische an, doch die Knochen sind bei ihnen sekundär reduziert, in der Evolution also erst nachträglich. Sie haben weder Schwimmblase noch Lungen. Die Eier sind mit einer Schale umschlossen, einige Arten bilden sogar

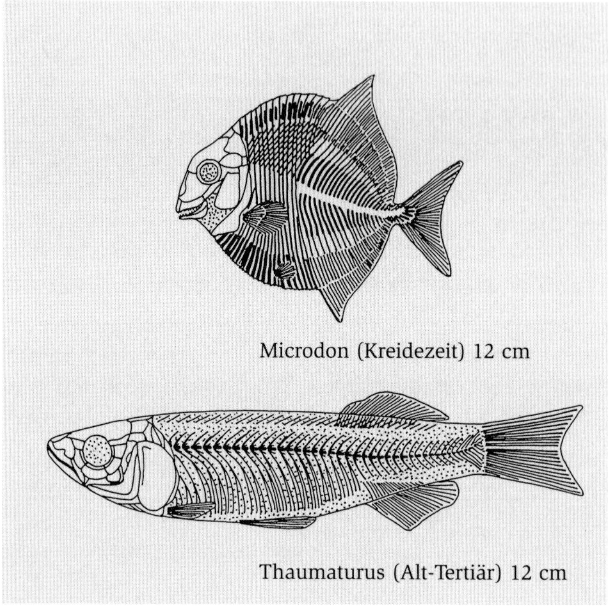

Abb. 13: Knochenfische: Holostei (oben) und Teleostei (unten).

placenta-ähnliche Eileiter und sind lebendgebärend. Es sind also Formen, die vom Skelett her auf einer frühen Stufe stehengeblieben sind, sich aber andererseits bezüglich der Fortpflanzung höherentwickelt haben.

Die so genannten echten, **späteren Knochenfische** (Osteichthys) haben keinen Zusammenhang mit den früheren Knochenfischen. Zunächst entwickelten sich von der Trias an die Knochenganoide (Holostei) und dann von der Kreidezeit an die Teleostei, welche heute mit 99 % aller Fische die Meere bevölkern. Das Außenskelett wurde zunächst im Brustbereich und dann auch am Schädel weiter abgebaut. Die Schuppen als ein letzter Rest des Panzers werden in die Haut hineingenommen. Im Inneren ist die Wirbelsäule verknöchert; zu den Flossen hin werden keine Knochen mehr ausgebildet. Das Prinzip, im Brustbereich rhythmisierend «Rippen» – in Form von Gräten – zu bilden, kann den ganzen Körper und sogar die Flossen völlig durchdringen.

In der Evolution direkt an die Kieferlosen und Plattenhäuter anschließend (Abb. 7, S. 71) lebten vom Devon an früheste Knochenfische, die **Crossopterygier**. Das Außenskelett beschränkte sich nunmehr auf den Kopf oder ging wie bei den Plattenhäutern noch teilweise in den Brustbereich über. Im Innenskelett wurde die Chorda dorsalis mitunter von

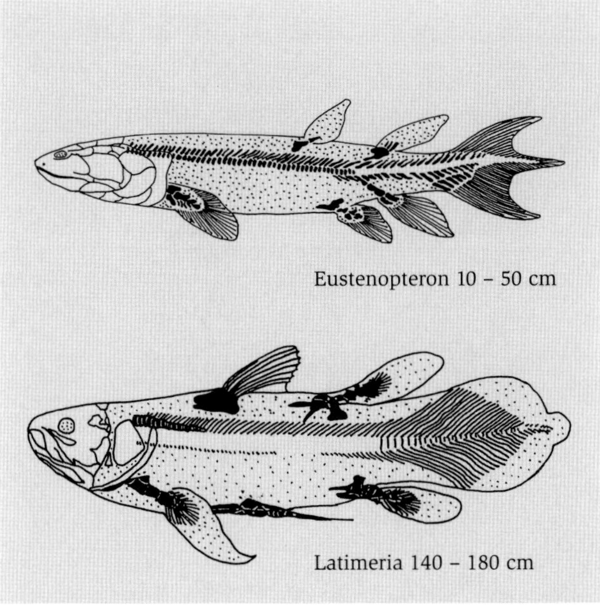

Abb. 14: Crossopterygier aus dem Devon (oben) und heute lebend (unten).

Knochenringen umschlossen. Als anfängliche Gliedmaßen wurden an der Basis der Flossen Knochenplatten gebildet, die aber noch nicht mit der Wirbelsäule zu Schulter- oder Beckengürtel verbunden waren (Abb. 27, 28, S. 97). Man meinte, diese Tiere seien in der Oberkreide ausgestorben, bis im Indischen Ozean einige Exemplare von Latimeria als heute noch lebende Vertreter der Crossopterygier gefunden wurden.

Ähnlich gebaut waren die **Lungenfische**, die etwas später im Devon einsetzten. Sie bildeten als Larven noch reduzierte Kiemen aus. Bei den erwachsenen Formen hat jedoch die Schwimmblase eine Öffnung zur Bauchseite. Sie kann vor allem in sauerstoffarmem Wasser als Lunge dienen, ähnlich wie bei den Amphibien. Die Lungen bildeten sich als Ausstülpungen des Vorderdarmes. Aus solchen Luftsäcken entstand einerseits die paarige Lunge der Amphibien, andererseits die Schwimmblase der Fische. Die Lungenfische gelten, vor allem wegen des Schädelbaues, jedoch nicht als Vorläufer der Amphibien. Sie werden mit den Crossopterygiern als Fleischflosser (Sarcopterygii) zusammengefasst, im Gegensatz zu den Strahlflossern (Actinopterygii), zu denen die echten Knochenfische gehören, welche Knochenstrahlen in den Flossen ausbilden (s. S. 97).

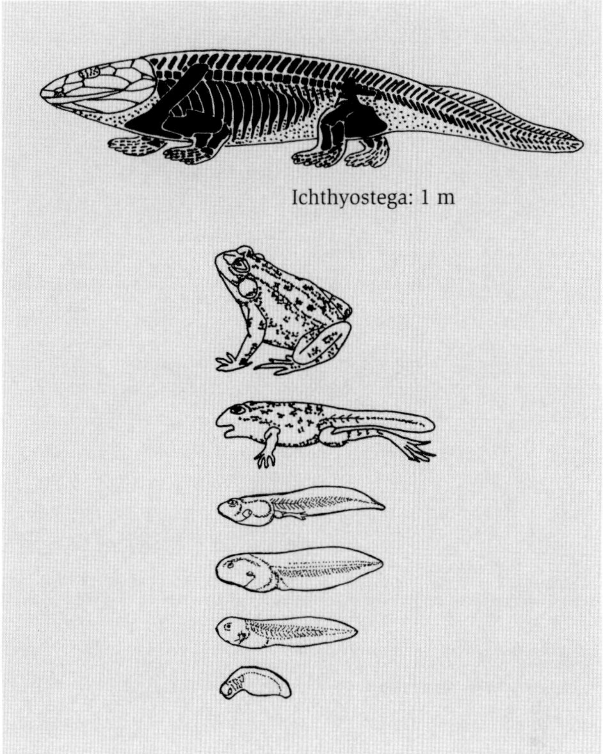

Abb. 15: Oben Ichthyostega, das älteste Amphibium aus dem oberen Devon. Unten die Entwicklung eines Frosches aus der Kaulquappe.

Lurche

Der nächste Evolutionsschritt wurde von den Lurchen vollzogen. Die erst fischartige Gestalt der Kaulquappen wird zum Frosch; die Kiemen werden wieder reduziert; die Lunge entwickelt sich. Die Lurche haben ein festes Innenskelett und Gliedmaßen mit Gelenken, welche den Körper ohne den Auftrieb des Wassers fortbewegen können. Die Hinterextremitäten sind über Rippen mit der Wirbelsäule verbunden. Die unpaaren Flossen oben und unten wurden zurückgebildet. Zu den ältesten Lurchen gehörte Ichthyostega mit sehr starken Verköcherungen. Eine Haut mit dünner Hornschicht und Schleimdrüsen wurde ausgebildet, die in einer trockeneren Umgebung feucht blieb. Die Befruchtung war wie bei den Fischen äußerlich, und es fehlten noch die Embryonalhüllen. Die Lurche waren vor allem im Karbon verbreitet (Abb. 7, S. 71). Heutige Arten setzten erst später ein.

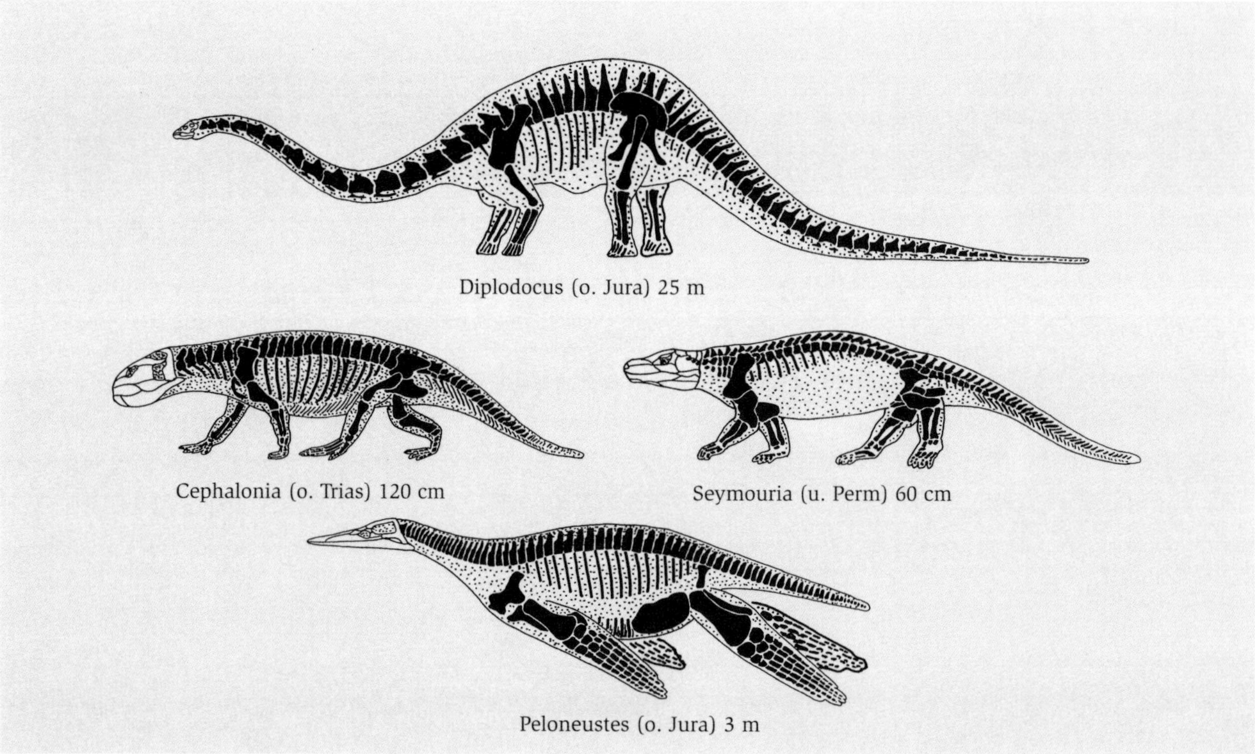

Kriechtiere und Vögel

Die frühesten **Kriechtiere** traten im Karbon auf. Nach einer ersten Ausbreitung im Perm hatten sie ihre Hauptentwicklung im Erdmittelalter. Mit den Sauriern bildeten sie die größten Landlebewesen überhaupt aus – bis 25 Meter Länge – und bevölkerten Land, Wasser und Luft (Abb. 13, S. 76). Heute leben nur noch wenige Gruppen der frühen Kriechtiere: die Schildkröten und von den Sauriern die Krokodile, während die Schuppenkriechtiere mit den Echsen und Schlangen noch zahlreich verbreitet sind. Eine trockene Haut mit Schuppen und Schildern schließt nach außen ab; sie muss zum Teil abgeworfen und neu gebildet werden. Damit wird das Flüssigkeitssystem ins Innere genommen, und die Atmung erfolgt nicht mehr über die Haut. Das Herz wird weiterentwickelt; die Warmblütigkeit beginnt mit wechselwarmem Blut. Die Kriechtiere legen auf dem Land kalkschalige Eier, die von der äußeren Sonnenwärme ausgebrütet werden. Der Embryo wird von ersten Eihüllen umschlossen. Es gibt auch bereits lebendgebärende Arten, bei denen die Eier im Eileiter ausreifen.

Im Skelettbau schließen die **Vögel** unmittelbar an die Kriechtiere an. Wenn der Urvogel Archaeopteryx keine Federn hinterlassen hätte, könnte man ihn für ein Kriechtier halten (eine sehr gute Charakteristik findet sich bei Schad 1982). Ihm fehlt noch ein verstärktes Brustbein, was darauf schließen lässt, dass er Segler war. Schon bei verwandten Sauriergruppen kann die Tendenz zur Aufrichtung beobachtet werden. Es wird vermutet, dass schon bei gemeinsamen Vorläufern die bipede Fortbewegung ursprünglich angelegt war. Zweibeinige Saurier waren meist Fleischfresser.

Bei den Vögeln wurde der Wärmeorganismus verinnerlicht; sie entwickeln die höchste konstante Blutwärme, nämlich um 41° C. Eine größere Beweglichkeit wird möglich, auch durch zusätzliche Gelenke der Halswirbel und knorplige Bandscheiben zwischen den Wirbelkörpern. Die Flugsaurier mit ihren langen Schnäbeln, verlängertem Hinterkopf, hochentwickeltem Gehirn und verkürztem Rumpf wirken wie fliegende Köpfe. Sie wurden mit ihren Hautflügeln die größten Flugtiere aller Zeiten, waren behaart

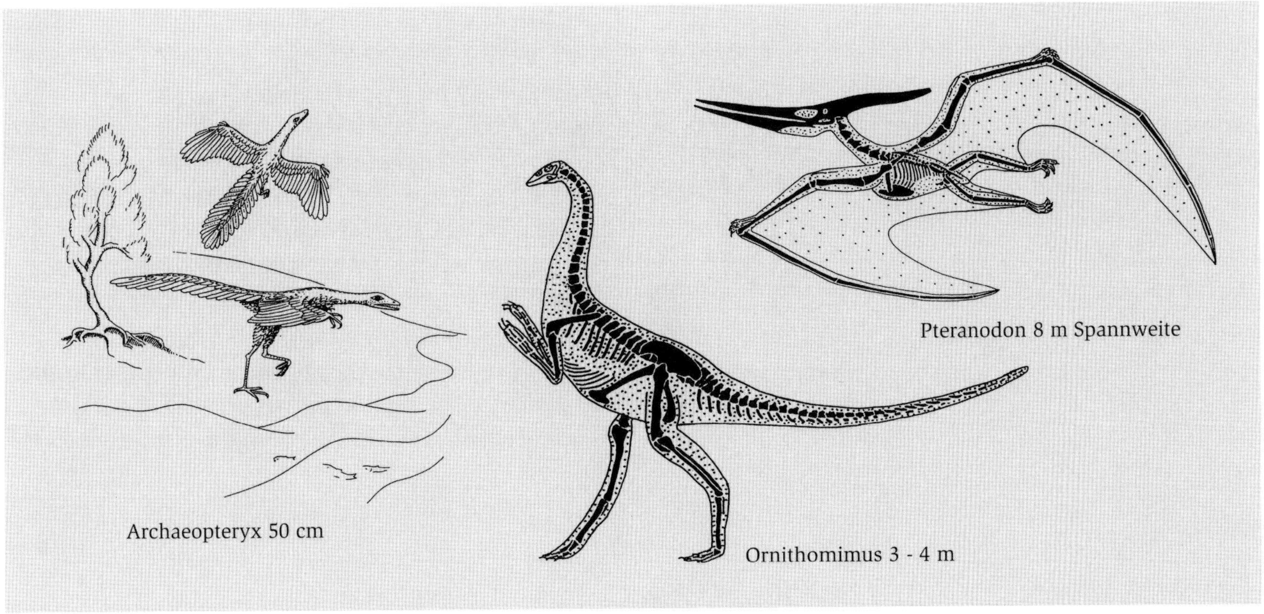

Abb. 16, linke Seite: Saurier, die auf dem Land und im Wasser lebten. Seymouria gehört zu den ältesten Kriechtieren (siehe auch Abb. 50, S. 142).

Abb. 17, oben: Der Urvogel aus dem oberen Jura (Rekonstruktion von Schad 1982, S. 67) und zwei Archosaurier aus der oberen Kreidezeit: ein aufrecht laufendes Kriechtier und ein Flugsaurier.

und warmblütig und konnten somit ausdauernd fliegen. Sie lassen sich zwischen Kriechtieren, Säugetieren und Vögeln nur schwer einordnen.

Evolutionsaspekte der Säugetiere

Die wesentlichen weiteren Entwicklungsschritte über die Kriechtiere und Vögel hinaus zu den Säugetieren sind durch typische neue Merkmale charakterisiert. Säuger bilden ein Fell aus, im Gegensatz zu der Schuppenhaut der Kriechtiere und den Federn der Vögel. Dazu gehört ein Wärmeorganismus, welcher eine gleichbleibende Körperwärme hält. Im Schädel vergrößert sich das Gehirn, vor allem durch Entwicklung der Hirnrinde. Der Unterkiefer wird aus einem Knochen gebildet und hat ein einziges sekundäres Kiefergelenk. Die Zähne sind am härtesten und am meisten individualisiert. Sie unterscheiden sich in Schneide-, Eck- und Backenzähne, wodurch die Nahrung stückweise zerkleinert werden kann und nicht ganz verschlungen werden muss wie bei den Kriechtieren mit gleichartigen Stiftzähnen. Die Verdauung beginnt somit gewissermaßen schon im Kopfbereich. – Das innere Ohr entsteht mit Gehörknöchelchen. Die Zahl der Halswirbel ist auf sieben begrenzt, von denen die beiden ersten so gestaltet sind, dass der Kopf frei beweglich wird.

Ein hauptsächlicher Entwicklungsschritt der Säugetiere besteht darin, dass die **Fortpflanzung** (Abb. 18) verinnerlicht wird. Die Embryonalentwicklung wird in den Organismus hereingenommen und das Kind lebend geboren; danach ist eine mehr oder weniger lange Brutpflege erforderlich, wozu das Säugen an Milchdrüsen gehört. Die Schnabeltiere und Ameisenigel zeigen noch Vorstufen. Sie legen weichschalige Eier wie die Kriechtiere, brüten aber schon etwa zehn Tage lang und säugen ihre Jungen. Bei den Beuteltieren ist schon eine differenzierte Placenta entwickelt, und das frühgeborene, millimetergroße Junge bewegt sich mit eigener Kraft in den Beutel, wo es sich festsaugt und ein bis sieben Monate getragen wird.

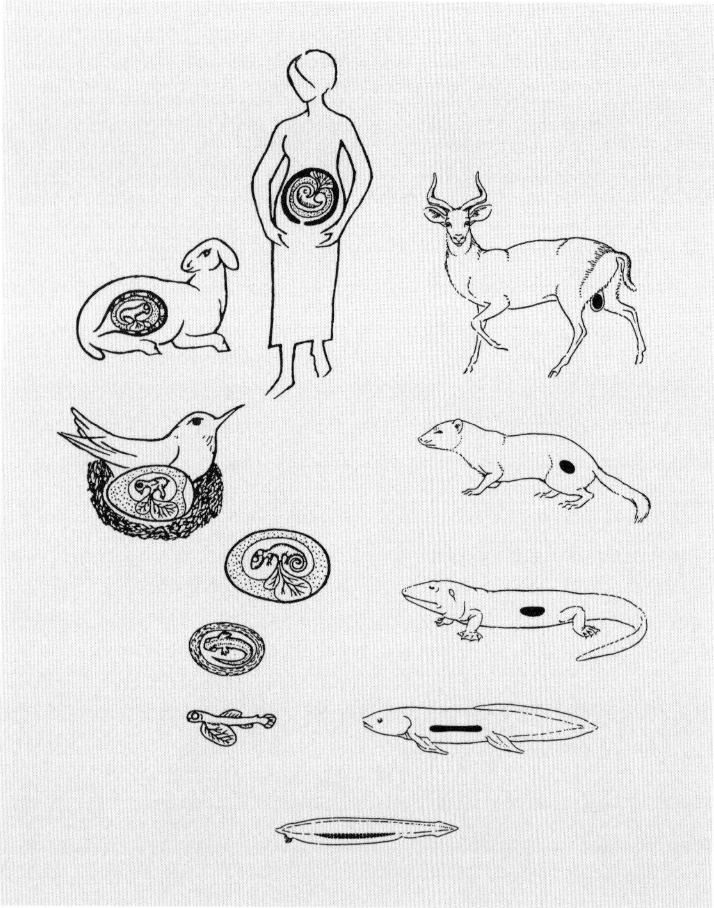

Abb. 18: Die Verinnerlichung der Keimesentwicklung in charakteristischen Entwicklungsschritten am Beispiel von geschlüpfter Forelle, Molchlarve, Eidechsenembryo, Kolibri, Schaf, Mensch. – Abstieg der männlichen Keimdrüsen am Beispiel vom Lanzettfischchen, Lungenfisch, frühem Lurch, niederem und höherem Säugetier. Übernommen aus Suchantke / Schad (1981, S. 137 + 157), welche die Entwicklungsprozesse näher beschreiben.

Ein weiterer wichtiger Entwicklungsschritt betrifft die **Gliedmaßen**. Sie rücken unter den Leib und heben den Körper damit vom Boden ab. Jede Gruppe der Vierfüßler beginnt mit handartigen, etwa fünfstrahligen Gliedmaßen, die rasch spezialisiert werden, wie wir noch weiter sehen werden (Abb. 19, S. 81; Abb. 30, S. 99).

Die drei wichtigsten Gruppen der heute lebenden Säugetiere hat Wolfgang Schad (1971) hervorragend charakterisiert, sodass hier darauf verwiesen werden kann. Er gliedert (Abb. 21, S. 84 rechts) in die ausgewogenen, mittleren Formen der Raubtiere und die beiden Spezialisierungen, einerseits die sinnesaktiven Nagetiere, andererseits die stoffwechselbetonten Huftiere. Diese drei Gruppen sind begründet durch die **Dreigliederung** des Menschen, wie sie Rudolf Steiner ausarbeitete und Schad anfangs (S. 25) darstellt. Dieser Zusammenhang entstand aus der «gemeinsamen Evolution der Organismen». Schad fasst aus dieser Sicht die «Verselbstständigung der Organsysteme» (S. 185, S. 252) von den Wirbellosen über die Wirbeltiere bis zum Menschen zusammen. Die heutige Lebewelt «bietet uns in dieser **Stufenfolge** ein indirektes Bild der wahren Evolution»:

Wirbellose:	Sinnessystem, Körperoberfläche
Fische:	Zentralnervensystem, Gehirn
Lurche:	Atemsystem, Lunge
Kriechtiere:	Flüssigkeitssystem, Herz
Vögel:	Wärmesystem, Leber
Säugetiere:	Fortpflanzungssystem, Uterus
Mensch:	Gliedmaßensystem, Bein und besonders Fuß.

Von diesem anthroposophischen Gesichtspunkt aus, dass sich Tier und Mensch gemeinsam entwickelt haben, liegen noch weitere sehr gute Beschreibungen der Säugetiere vor, sodass ich hier auf weitere verzichten kann und darauf verweisen möchte. Ernst-Michael Kranich (1995) und Frits H. Julius (1970) schildern in einfühlsamer Art unter verschiedenen Aspekten die wichtigsten Wirbeltiere und einige Gruppen der Wirbellosen, beispielsweise Stachelhäuter, Weichtiere, Insekten und Hohltiere. Weiteres vor allem zur Evolution der Wirbeltierreihe (dazu später s. S. 91 ff.) bringen E.-M. Kranich (1989) und Hermann Poppelbaum (1954/1982). Die meist zoologische Sicht dieser Beschreibungen geht gewissermaßen vom heutigen Ende der Evolution aus, an dem die Tierreihen in meist stark spezialisierten Formen weit getrennt sind und die Mehrzahl bereits ausgestorben ist. Ein Gesamtbild ergibt sich, wenn einige der dort nicht behandelten Phänomene der vergangenen Entwicklung hinzugefügt werden.

Abb. 19: Entwicklung der Pferde im Tertiär und Pleistozän, gezeigt an den Schädelformen und einem Vorderfuß.

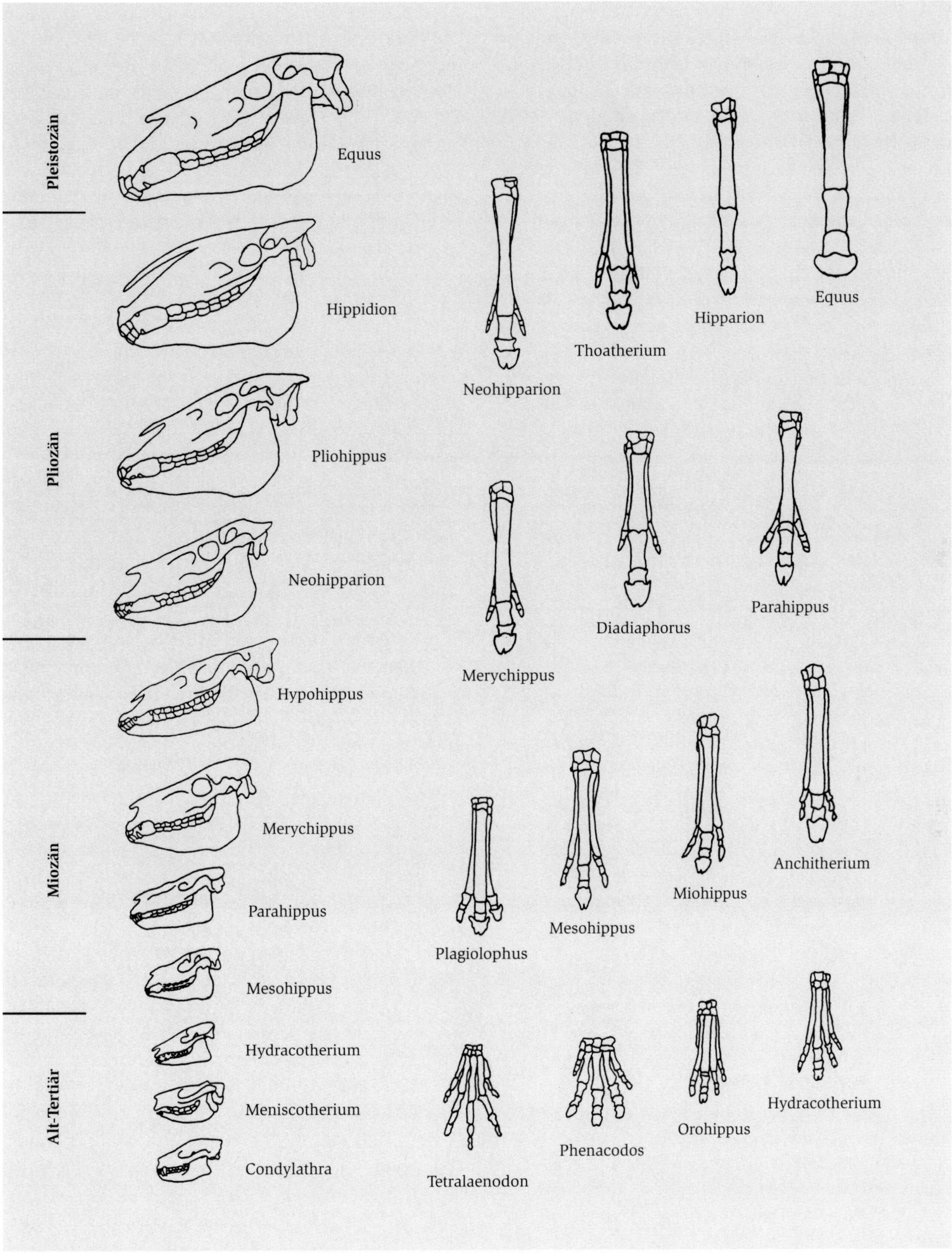
Pleistozän
Pliozän
Miozän
Alt-Tertiär
Equus
Hippidion
Pliohippus
Neohipparion
Hypohippus
Merychippus
Parahippus
Mesohippus
Hydracotherium
Meniscotherium
Condylathra
Neohipparion
Thoatherium
Hipparion
Equus
Merychippus
Diadiaphorus
Parahippus
Plagiolophus
Mesohippus
Miohippus
Anchitherium
Tetralaenodon
Phenacodos
Orohippus
Hydracotherium

Paläontologisch betrachtet zeigt sich bei allen Gruppen der Säugetierentwicklung während des Tertiärs und des Pleistozäns das prinzipiell gleiche Entwicklungsbild: Sie beginnen mit kleinen Formen, die sich differenzieren, indem sie in der Folge der Arten größer werden und oft sehr spezialisierte Endformen erreichen. Ich möchte das an zwei gut untersuchten Beispielen zeigen, an den **Pferden** und den Elefanten. Bei den Raub- und Nagetieren ergäbe sich ein im Prinzip ähnliches Bild; nur sind die Phänomene bei den kleinen Nagetieren nicht so offensichtlich, und die Raubtiere bleiben als die mittlere Gruppe der Säugetiere dem variablen Ursprung näher.

Spezialisierung und **Größenzunahme** zeigen sich besonders am Schädel, an den Zähnen und an den Gliedmaßen. Die Urpferdchen lebten im Paläozän bis Eozän und waren so groß wie eine Katze oder ein Fuchs. Die ursprünglich fünfstrahligen Füße, die der menschlichen Hand nahe kommen, werden bis auf den Mittelfinger reduziert. In der Abbildung 19 wurden die Zeichnungen bei den frühen Vertretern relativ vergrößert. Die auffallend kontinuierlich, scheinbar geradlinig verlaufenden Veränderungen der Formen waren früher ein Paradebeispiel der Evolution. Je mehr Funde jedoch hinzukamen, desto mehr zeigte sich, dass die Entwicklung von mindestens drei Formengruppen getragen wurde. Inzwischen sind ca. 175 fossile Gattungen bekannt. Jeweils am Ende des Alttertiärs, des Miozän und des Pliozän starben alle Arten aus. Danach setzten neue Arten die Entwicklung von der erreichten Höhe aus und mit gleicher Tendenz fort, indem sie eine weitere Stufe anfügten. Heute leben nur noch sechs Pferdegattungen, die erst während der Eiszeiten entstanden sind. Dabei verschoben sich die relativen Geschwindigkeiten der Entwicklung einzelner Organe. Dadurch wird es möglich, gleichalte Formen den verschiedenen Stammlinien zuzuordnen. Auch hier zeigt sich ein ganz allgemeines Entwicklungsprinzip, auf das ich noch einmal am Beispiel der Ammoniten (Abb. 67, S. 166) zurückkommen werde.

Das zweite Beispiel zeigt die Entwicklung der **Elefanten** an ihren Schädeln. Die frühesten Vertreter erscheinen im Eozän und waren etwa 1 m groß. Die gesamte Gestalt, einschließlich der Füße und der Zähne, war noch ähnlich derjenigen der anderen, unspezialisierten frühtertiären Säugetiere. Die Elefanten stehen da in der Nähe der ursprünglichen Huftiere, unterscheiden sich jedoch deutlich von ihnen, was zeigt, dass sie einer noch früheren Absonderungsstufe entstammen. Im jüngeren Eozän erscheinen dann Arten mit den für Elefanten typischen Schädel- und Zahnformen, die aber untereinander so verschieden sind, dass sie zu getrennten Gattungen gerechnet werden. Caroll führt insgesamt etwa 25 Gattungen auf, von denen heute nur noch zwei mit je einer Art existieren.

Vorläufer der Säugetiere

An den genannten Beispielen bemerken wir, dass man nicht denken sollte, zu den heute lebenden Tieren kämen eben noch einige ausgestorbene hinzu, sondern die Mehrzahl der Tiere ist bereits ausgestorben.

Wenn wir bedenken, dass bei den Pferden 175 fossile Gattungen zwei noch lebenden gegenüberstehen und bei den Elefanten von 25 nur noch zwei übriggeblieben sind, erkennen wir: Ein Bild der Tierentwicklung bleibt unvollständig und viele Schlussfolgerungen werden fraglich, wenn wir hauptsächlich die heutigen Tiere betrachten. Bei den Säugetieren insgesamt leben immerhin noch 60% der Gattungen; von den frühen Säugetieren, zu denen die Elefanten und die Pferde gehören, leben aber nur noch 16 %! Bei den Kriechtieren sind die Zahlenverhältnisse ähnlich: Zwei Drittel aller Gattungen sind ausgestorben.

W. Schad (1971, S. 225) erwähnt neben den drei großen Gruppen der späteren Säugetiere noch «Sondergruppen», die zunächst sehr heterogen erscheinen. Dazu gehören die sinnesaktiven Insektenfresser und die Affenartigen, in deren Mitte der Mensch steht. Weiterhin zählen dazu die Hasen, Elefanten, Seekühe und Klippschliefer sowie alle ausgestorbenen Gruppen, von denen nur noch einzelne Vertreter leben, wie die Riesengleiter und Fledertiere, die Zahnarmen, Schuppentiere und Elefantenspitzmäuse. Sie «stellen einen merkwürdigen Verwandtschaftskreis dadurch dar, dass sie sich viele unspe-

Abb. 20: Entwicklung der Elefanten, dargestellt an ihren Schädeln und Stoßzähnen; älteste Form links unten, heutige links oben. Die Schädel sind auf ähnliche Größe gebracht, um die Spezialisierung im Zahnbereich zu zeigen.

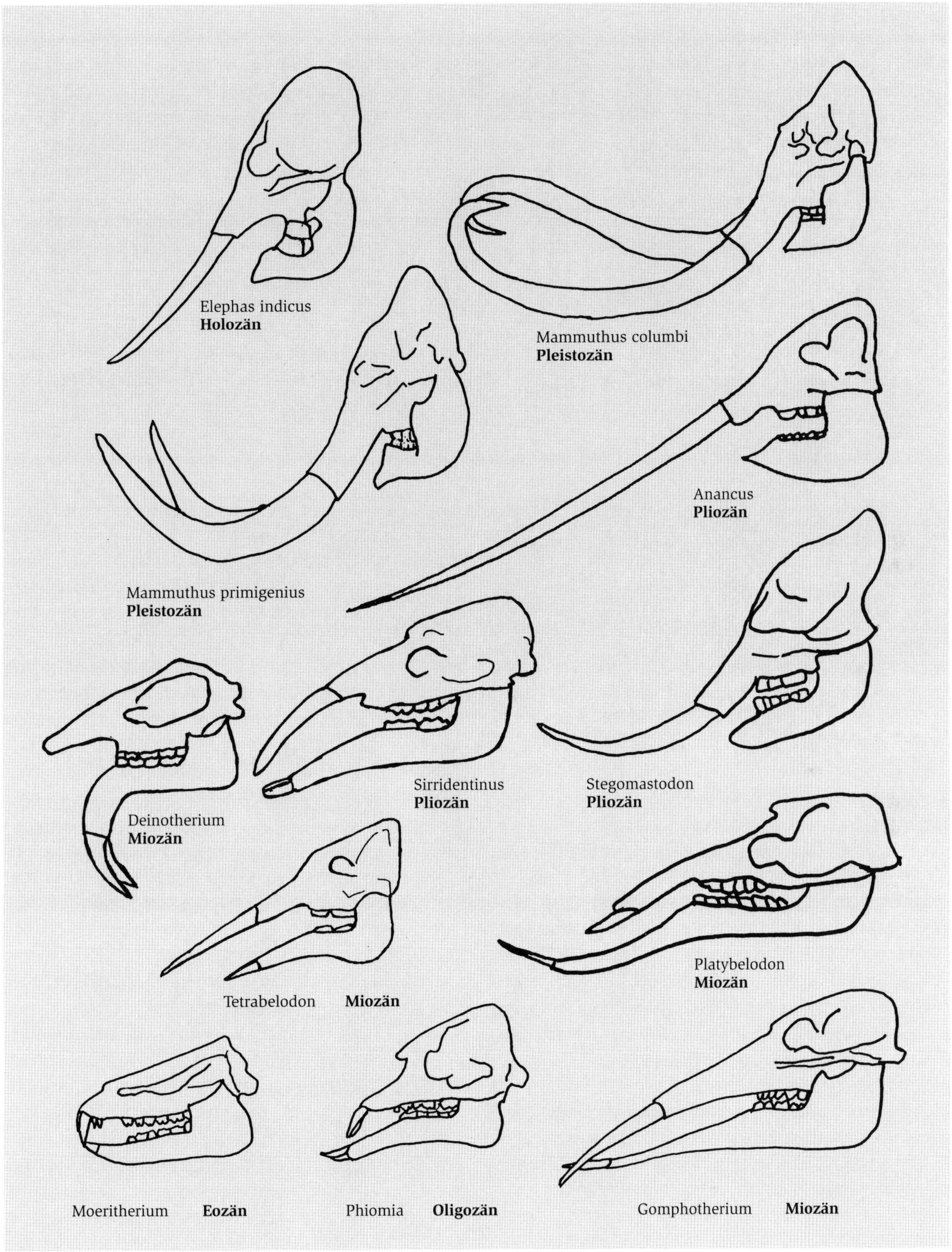
Elephas indicus
Holozän
Mammuthus columbi
Pleistozän
Mammuthus primigenius
Pleistozän
Anancus
Pliozän
Deinotherium
Miozän
Sirridentinus
Pliozän
Stegomastodon
Pliozän
Tetrabelodon Miozän
Platybelodon
Miozän
Moeritherium Eozän
Phiomia Oligozän
Gomphotherium Miozän

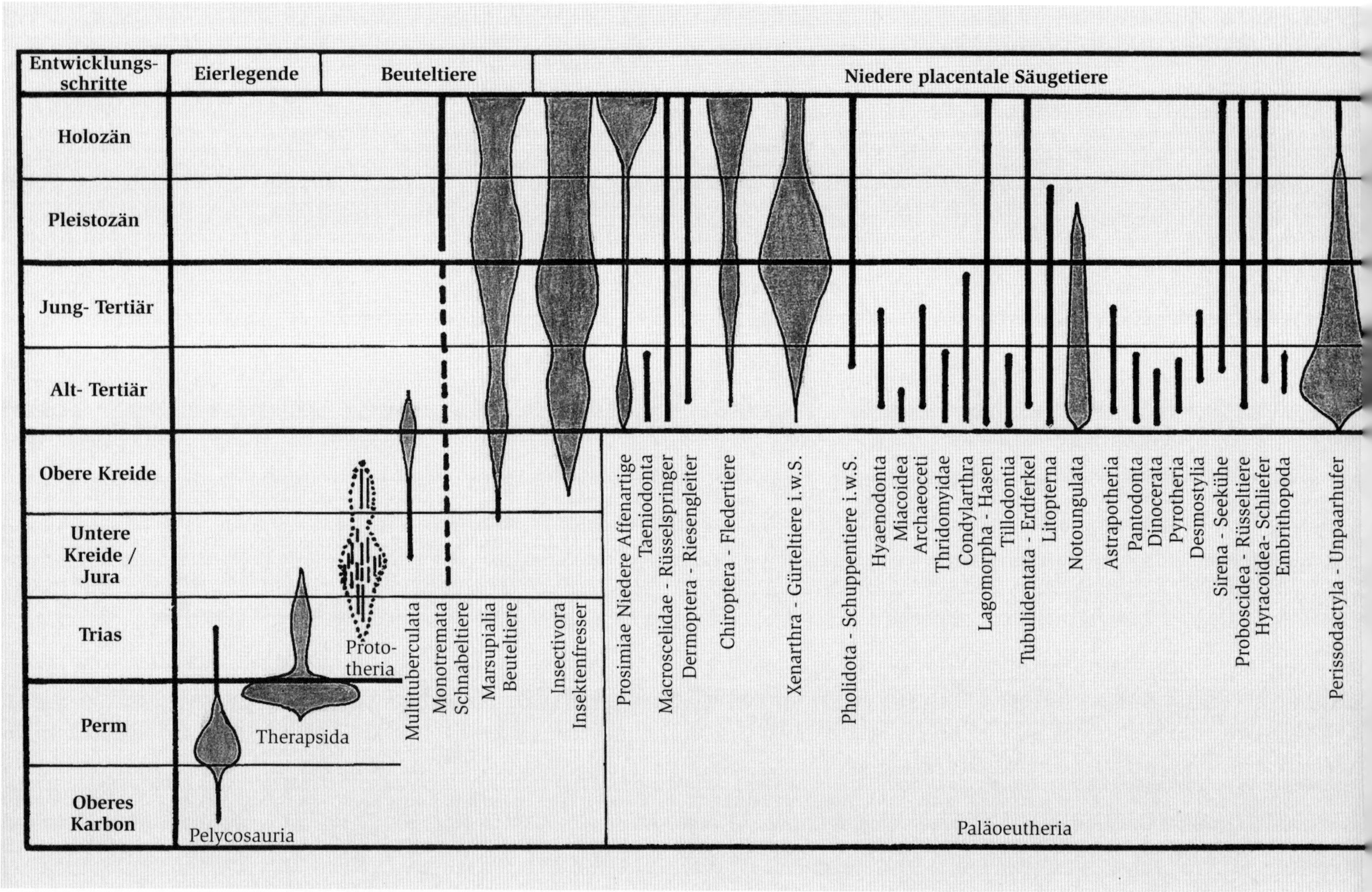

zialisierte Merkmale bewahren, indem sie die drei Organsysteme nur erst andeutend auseinandergliedern und sie noch nicht so scharf wie die Nage-, Raub- und Huftiere entmischen» (S. 232). Später schreibt Schad dazu, «dass diese Ausarbeitung der **Dreigliederung der Säugetiere** die unternommene Probe war, wie weit das Organon der Dreigliederung typologisch trägt. Das Ergebnis war, es trägt weit. Aber nur als eingeengte, simultane Metamorphose innerhalb des Typus. Diejenigen Phänomene, bei denen der Ansatz nach dem dargestellten Muster nicht hinreicht, sind nur nicht genannt worden» (1998, S. 100). Bei den Ausnahmen und Widersprüchen, z.B. den Fledermäusen und Erdferkeln, würde dieser Ansatz nicht tragen. Nimmt man jedoch die paläontologischen Phänomene hinzu und ergänzt man die ausgestorbenen Formen, dann ergibt sich, dass dieser Ansatz der Dreigliederung viel weiter reicht. Er kann meines Erachtens nicht «nur als eingeengte, simultane Metamorphose innerhalb des Typus» gesehen werden, denn schon der Zusammenhang mit der Entwicklung des Menschen, von dem Schad ausgeht, legt nahe, dass dieser Ansatz für alle Säugetiere gelten müsste, wenn nicht für alle Tiere überhaupt (s. S. 113 und S. 154).

Es würde den Rahmen sprengen, die Formen hier genauer zu besprechen. Es liegt aber viel Allgemein- und Spezialliteratur sowohl von zoologischer als auch von paläontologischer Seite vor, wo die Phänomene zu den Gruppen nachgeschlagen werden können (Thenius in Grzimeks Tierleben, 1993, Bd. 10 – 13; Caroll 1993; Schad 1992 b; Colbert 1980; Müller). Ich will auf dieser Grundlage hier nur eine vorläufige Gesamtübersicht geben. Es würde sich lohnen, dieses interessante Feld vom Aspekt der Dreigliederung weiter zu bearbeiten. In der Gliederung folge ich der

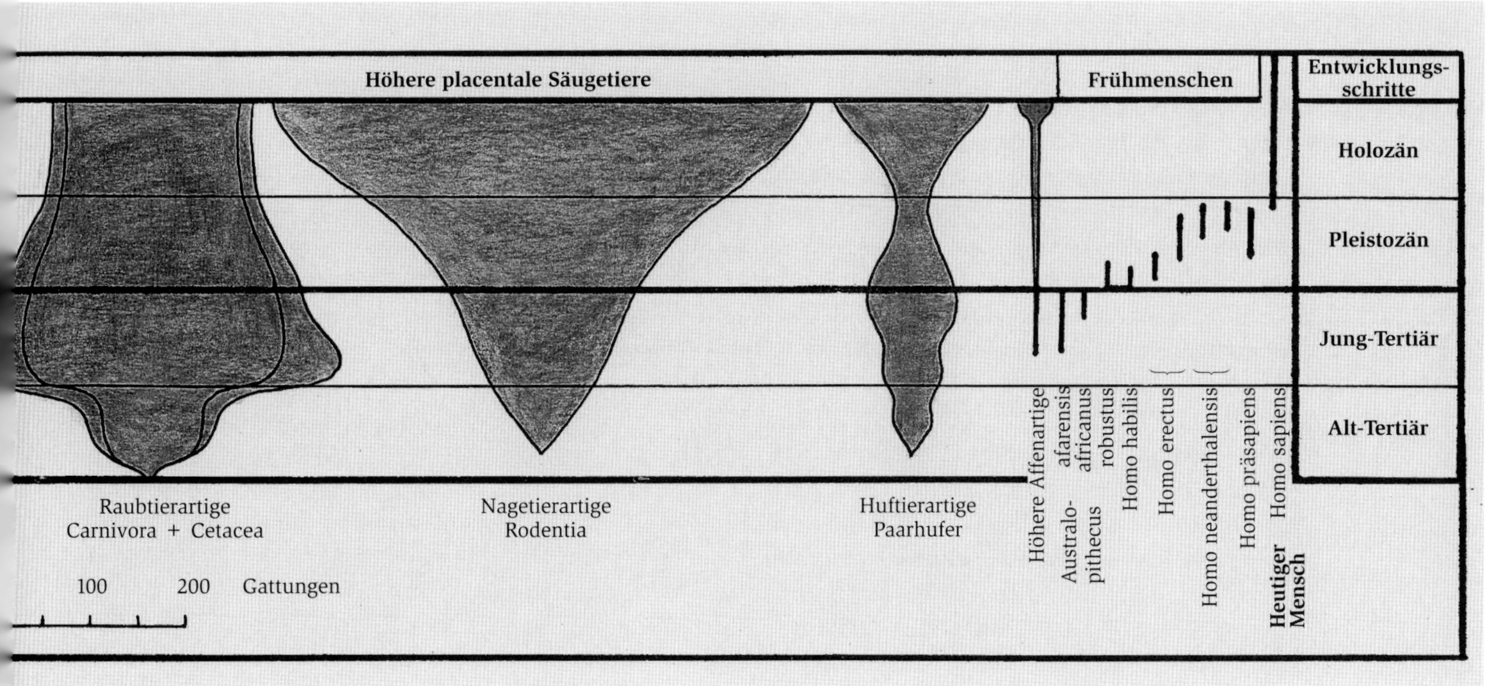

Abb. 21: Überblick über die Folge aller Ordnungen der heute lebenden Säugetiere und ihrer Vorläufer seit dem Erdaltertum. Sie zeigen die Entwicklungsschritte zum Menschen, der als letzter dieser Reihen erscheint. Die Schritte sind gekennzeichnet durch die geologischen Systeme am rechten und linken Rand. Die zahlenmäßige Verbreitung in den geologischen Epochen auf Gattungsebene wurde umgezeichnet und verändert nach Müller (1970, Bd. 3/3) und durch neuere Untersuchungen ergänzt. Der Maßstab für die Gattungszahlen gilt für beide Seiten; Linien kennzeichnen Ordungen mit weniger als 10 – 15 Gattungen; für Ordnungen mit heute noch lebenden Arten werden auch die deutschen Namen angeführt. Die Abbildungen charakteristischer Schädel und Zahnbilder dazu zeigen die Abb. 22, S. 87; Abb. 23, S. 92 und Abb. 24, S. 93.

paläontologischen Taxionomie von Caroll (1993). Bei den Säugetieren können die lebenden Gattungen gut in Ordungen gefasst werden; die ausgestorbenen gliedere ich als evolutiv zusammengehörige Gruppen. So lassen sich die **Entwicklungsschritte** am besten verdeutlichen, unabhängig von den verschiedenen taxionomischen Systemen, die von den Aspekten abhängig sind, nach denen die Merkmale gewertet werden. Für die fossilen Gruppen gehe ich auf die geläufigen lateinischen Namen über. Eine mögliche Gliederung möchte ich hauptsächlich an den Zähnen und Schädeln vorstellen, weil sie am meisten spezialisiert sind. Natürlich muss dahinter immer das ganze Tier gesehen werden.

Einer Zufallsevolution erscheint es als ein Rätsel, dass die Säugetiere sich zu Beginn des Tertiär so schlagartig und vielfältig entfalteten. Zahlreiche Hypothesen, die oft den biologischen Regeln widersprechen, wurden ausgedacht, um diese Tatsache zu begründen. Der Fossilmangel an dieser Grenze – im Maastricht/Dan/Paläozän – mag mit begründet sein durch die weltweiten Sedimentationslücken, welche auf einen Umbau in der Luft-Wassersphäre der Erde (s. S. 483, S. 519) hinweisen. Es ist geologisch gesehen die Grenze zwischen den verfestigten Schichtgesteinen des Deckgebirges (s. S. 212) und den unverfestigten des Lockergebirges. Gehen wir vor die Kreide-Tertiär-Grenze zurück, so gelangen wir zu einem Formenkreis von **frühen Säugetieren**, von denen heute eben nur noch wenige Vertreter leben, wie die Insektenfresser, die niederen Affen und die oben genannten Sondergruppen. Als Schwierigkeit kommt hinzu, dass die ausgestorbenen Arten aus früher abgelösten Entwicklungslinien in die heutigen Hauptgruppen von Raub-, Nage- und Huftieren mit eingeordnet werden. Sie sind jedoch zoologisch erkennbar an ihren urtümlichen Merkmalen, welche sonst in den drei Hauptgruppen fehlen, die im Tertiär später entstanden sind. Über die frühen Säugetiergruppen wird man weiter zurückgeführt in das davor liegende, noch diffusere Feld der reptilartigen Vorläufer der Säugetiere. Von ihnen liegen nur spärliche Funde vor, die in den letzten Jahrzehnten in ungeheurer Kleinarbeit zusammengetragen und von ihren evolutiven Zusammenhängen her bearbeitet wurden. Sie führen bis in die Trias und in ihren ersten Anfängen sogar in das obere Karbon zurück. Von da an lassen sich zunächst die Entwicklungsschritte des Weges rekonstruieren, an dessen Ende der Mensch erschien.

Die **Entwicklung der Säugetiere** ist dadurch charakterisiert, dass die typischen Säugermerkmale gegenüber den Kriechtiermerkmalen vom Karbon an kontinuierlich immer weiter zunehmen. Diese Merkmale zeigen sich an Tiergruppen, welche nacheinander erscheinen und wieder aussterben. Im generellen Überblick gesehen ergäben sich folgende Stufen:

Die Pelycosauria und Therapsida im Perm stehen noch den Kriechtieren nahe. Von der Trias an erscheinen ca. 40 vereinzelte Gattungen mit überwiegendem Säugercharakter, die hier als **Prototheria** zusammengefasst werden. Während sie wieder aussterben, erscheinen im Jura und der Unterkreide die Multituberculata, die Schnabel- und die **Beuteltiere.** In der Oberkreide folgt mit den **Insektenfressern** die erste große Gruppe der voll entwickelten, placentalen Säuger. Ein weiterer Entwicklungsschritt geschieht mit Beginn des Tertiärs, indem urtümliche Säugetiere erscheinen. Sie können in etwa 28 Ordnungen mit etwa tausend Gattungen zusammengefasst werden; von 155 Gattungen gibt es heute noch lebende Arten. Ich habe sie als **Paläoeutheria** bezeichnet, auf der linken Seite der Abbildung auf S. 84 in ihrer Verbreitung dargestellt und in der Tabelle S. 89 aufgelistet. Der nächste Schritt führt zu den drei großen Gruppen der heute hauptsächlich verbreiteten Raub-, Nage- und Huftiere. Aus der Anzahl ist zu sehen, wie diese drei Gruppen sich deutlich von den früheren Ordnungen der Paläoeutheria abheben, die viel weniger Gattungen umfassen. Den Raubtieren (Raubtiere = innere Linie; Wale = äußere Linie) habe ich, W. Schad folgend, die Wale hinzugerechnet, die das Feld noch erweitern. Bei den Huftieren habe ich die Unpaarhufer und die Paläodonta aus den Paarhufern zu den Paläoeutheria gestellt, auch wenn man die heutigen Pferde (Equus, s. Abb. 19, S. 81) zu den modernen Säugern zählen müsste. Detailuntersuchungen der Paläoeutheria könnten da zu interessanten Ergebnissen führen. – Im Jungtertiär folgt ein weiterer Schritt mit den höheren Affen und den Australopithecinen. Letztere können an sich schon dem Menschen zugerechnet werden, da sie aufrecht gingen. Die Bezeichnung «-pithecus» ist sachlich falsch, da sie an den retardierten Schädelmerkmalen festgemacht wurde. Die weiteren **Frühmenschen** erscheinen hauptsächlich im Pleistozän, also während der Eiszeit, und sterben an deren Ende aus. Die heutige Generationenfolge setzt meines Erachtens erst nach der Eiszeit ein, also in etwa mit der altindischen Epoche um 7.000 v. Chr. (Abb. 2, S. 44).

Zu diesem ersten Überblick werden im Folgenden noch einige Aspekte hinzugefügt, vor allem zum Schädelbau, soweit sie für die Evolution des Menschen besonders charakteristisch sind.

Eine Antwort auf die Frage, wann in der Erdgeschichte die **ersten Säugetiere** auftraten, hängt davon ab, wie die Merkmale (s. S. 168) bewertet werden. Gegenüber den Kriechtier-Merkmalen (Heterochronie, s. S. 171) treten zunehmend neue auf, jedoch nicht mosaikartig und zufällig, sondern in kontinuierlicher Ordnung. Gerade die inneren Organe, welche die Säugetiere charakterisieren, sind paläontologisch meist nur indirekt nachweisbar. Da ein Organismus immer ein Ganzes ist, kann auch am Skelettbau, besonders im Bau des Schädels und der Zähne, auf innere Funktionen geschlossen werden.

Die frühesten Säugetiermerkmale im Schädelbau finden sich bei den **Pelycosauriern** (Abb. 22, unten), die mit 39 Gattungen am Ende des Erdaltertums, vom Oberkarbon an und im Perm lebten. Das Skelett ist jedoch sonst das von primitiven Kriech-

Abb. 22: Schädel mit Zahnformen einiger typischer Vorläufer der Säugetiere für die in Abb. 21, S. 84 dargestellten Entwicklungsstufen unter dem Aspekt der Dreigliederung. Zum Vergleich umgezeichnet, auf gleiche Größe gebracht und zusammengestellt, vorwiegend nach R. Caroll (1993), A. H. Müller (1970) und E. Thenius (1993) sowie aus zahlreichen Spezialveröffentlichungen.

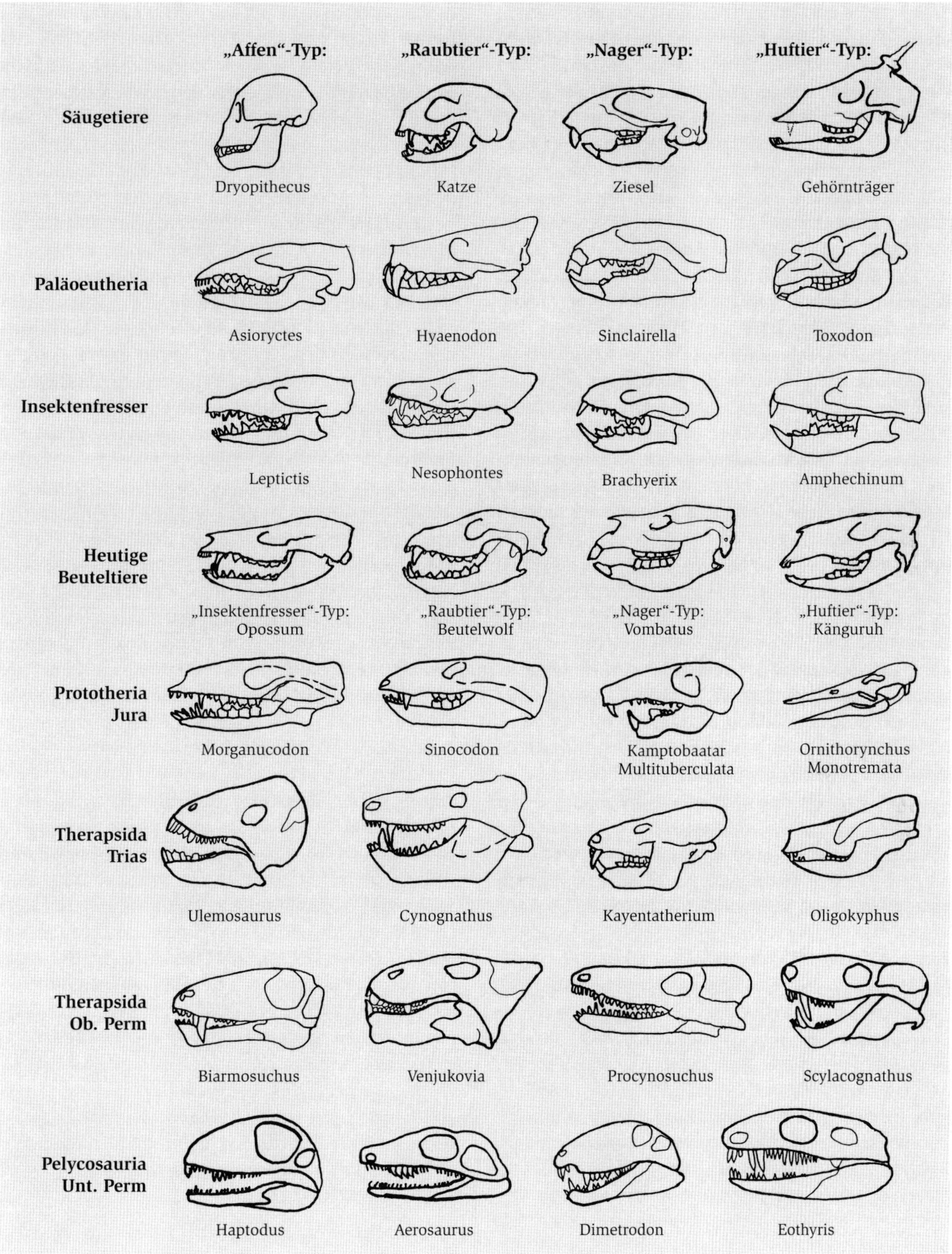
„Affen“-Typ:
„Raubtier“-Typ:
„Nager“-Typ:
„Huftier“-Typ:
Säugetiere
Dryopithecus
Katze
Ziesel
Gehörnträger
Paläoeutheria
Asioryctes
Hyaenodon
Sinclairella
Toxodon
Insektenfresser
Leptictis
Nesophontes
Brachyerix
Amphechinum
Heutige Beuteltiere
„Insektenfresser“-Typ: Opossum
„Raubtier“-Typ: Beutelwolf
„Nager“-Typ: Vombatus
„Huftier“-Typ: Känguruh
Prototheria Jura
Morganucodon
Sinocodon
Kamptobaatar Multituberculata
Ornithorynchus Monotremata
Therapsida Trias
Ulemosaurus
Cynognathus
Kayentatherium
Oligokyphus
Therapsida Ob. Perm
Biarmosuchus
Venjukovia
Procynosuchus
Scylacognathus
Pelycosauria Unt. Perm
Haptodus
Aerosaurus
Dimetrodon
Eothyris

tieren, deren Vorläufer in den gleichen Schichten zu finden sind. Sie sahen aus wie heute lebende große Echsen oder Warane. Die Gliedmaßen hatten fünf Finger wie bei allen frühen Landwirbeltieren (s. S. 98). Einige Arten hatten stark verlängerte Dornfortsätze, die der aktiven Temperaturregulation gedient haben könnten. Innerhalb des gleichförmigen Kriechtiergebisses erscheinen bei einigen Formen schon differenzierte Eck- oder Schneidezähne, die vor allem auf Fleischfresser hinweisen.

Diese Tendenz setzt sich im nächsten Schritt bei den **Therapsiden** mit 292 Gattungen im oberen Perm und in der Trias fort. Hier überwiegen die raubtierhaften Gebisse. Bei einigen Arten fehlen jedoch schon die Eckzähne; der Unterkiefer wird säugetierähnlich; das Kiefergelenk und die Ohrknöchelchen werden umgestaltet. Die Hauptentwicklung geht in den Gliedmaßen vor sich; die Fingerzahl wird bei einigen Arten bereits reduziert; der katzenartige Körper hebt sich vom Boden ab; die unteren Extremitäten stehen senkrecht; die Wirbelsäule und der Hals werden beweglicher; sieben Halswirbel werden festgelegt. Zählt man die Merkmale zusammen, so zeigt sich, dass am Ende des Erdaltertums schon etwa 50% der Säugetiermerkmale erreicht sind. Die Pelycosauria Therapsida werden noch zu den Kriechtieren gerechnet, vor allem, weil sie Eier legten. Übergänge fehlen (Caroll 1993, S. 410) sowohl zwischen diesen beiden, deutlich unterschiedenen Gruppen säugerähnlicher Kriechtiere als auch zu den folgenden frühen Säugetieren.

Die ersten echten Säugetiere wurden von der oberen Trias bis in die obere Kreide gefunden. In dieser Zeit bildeten sich alle anderen Säugetiermerkmale aus, beispielsweise der Bau des inneren Ohres, des Kiefergelenkes oder der Halswirbel. Von der Oberkreide an sind die placentalen Säuger voll entwickelt. Gleichzeitig war dies die Blütezeit der Saurier (Abb. 7, S. 71). Die etwa 40 verschiedenartigen Gattungen, die bisher gefunden wurden, möchte ich alle als **Prototheria** (Ordnungen: Triconodonta, Docodonta, Symmetrodonta, Eupanotheria) bezeichnen. Es waren mausartige, wenige Zentimeter lange Tiere, sinnesbetont, vermutlich nachtaktiv, in der Lebensweise wohl ähnlich den heutigen Insektenfressern, warmblütig und wahrscheinlich mit Fell bekleidet; die Gliedmaßen waren wiederum fünfstrahlig. Schädelbau und Zahnformen entsprachen schon weitgehend denen der Säugetiere; die Schnauze war weniger weit vorgeschoben. Die drei Zahntypen waren deutlich unterschieden und stets spezialisiert. Der Gebisstyp der Insektenfresser dominierte bei den meisten Arten, doch finden sich schon deutlich betonte Schneide-, Eck- oder Backenzahn-Typen mit den entsprechenden Kaubewegungen.

Zu diesen Säugetiervorläufern gehören auch die **Multituberculata**, die mit etwa 50 bisher bekannten Gattungen bis in das Alttertiär hineinreichen und bei denen nagetiertypische Gebisse dominieren. Weiterhin schließen die Monotremata an, von denen heute noch das Schnabeltier und der Ameisenigel mit drei Gattungen leben. Vermutlich hatten sie Vorläufer bis in den Jura hinein. Beide Gruppen zeigen von den höheren Säugern abweichende Merkmale. Die Schnabeltiere gehören wegen des Haarkleids, des sekundären Kiefergelenks und der Gehörknöchelchen zu den Säugetieren. Kriechtierhaft sind noch der Schädel, der Schnabel mit Rillen und Hornplatten, die freie Zahl der Halswirbel mit Rippen, der Schultergürtel und der Eizahn der Embryonen. Die Eier werden gelegt und in einem Beutel ausgetragen – in dieser Hinsicht ein Mittelweg zwischen Kriechtieren und Beuteltieren. Auch die **Multituberculata** könnten sich ähnlich fortgepflanzt haben. Diese verschiedenen neuen Merkmale werden in geordneter zeitlicher Folge (Heterochronie, s. S. 171) zwischen den Kriechtieren und Säugetieren angelegt und verinnerlicht.

Über die **Beuteltiere** gibt es sehr gute zoologische Beschreibungen, auf die hier verwiesen werden kann. Sie zeigen einen deutlichen nächsten Entwicklungsschritt, besonders im Fortpflanzungs- und Gliedmaßenbereich. Erste Arten erscheinen in der oberen Kreidezeit; ca. 150 Gattungen sind ausgestorben, 70 leben heute noch, vor allem in Australien und Südamerika (Abb. 248, S. 458). Für unseren Zusammenhang interessant ist, dass sie einen Aufrichtungsimpuls zeigen und sich deutlich in vier Formentypen (Abb. 22, S. 87 Mitte) gliedern: Neben Arten mit vielen ursprünglichen Merkmalen ist die Dreigliederung in mittlere raubtierhafte, kleine sinnesaktive und große stoffwechselbetonte Gruppen auch bei ihnen klar erkennbar.

Frühe und heutige Säugetiere

Die eigentlichen, **placentalen Säugetiere** (Eutheria, Abb. 21, S. 85) beginnen etwa zur gleichen Zeit in der oberen Kreide. Den drei Hauptgruppen der Raubtiere, Huftiere und Nagetiere, aber auch den Insektenfressern und Affen werden Gattungen zugeordnet, die noch zahlreiche primitive, ursprungsnahe Merkmale aufweisen. Sie unterscheiden sich damit von den Gruppen, welche später entstanden sind, eine höhere Entwicklungsstufe erreicht haben und den überwiegenden Teil der heute lebenden Säuger ausmachen. Von der zoologischen Taxonomie werden diese Gattungen zu vielen heterogenen Ordnungen zusammengefasst, deren Abstammung kontrovers behandelt wird. Wenn man diese früher erscheinenden Gruppen etwa auf dem Niveau von Ordnungen abtrennt, dann ergeben sich drei Entwicklungsstufen mit jeweils 3 bis 4 Hauptgruppen, die kurz nacheinander erscheinen (Abb. 22, S. 87; oben, 21, S. 84). Die erste Hauptgruppe umfasst die Insektenfresser, die ab der Oberkreide lebten. Die zweite Hauptgruppe erscheint mit dem Beginn des Tertiärs. Da sie zwischen den Prototheria und den Eutheria stehen, möchte ich den Namen **Paläoeutheria** (siehe oben) vorschlagen und hier vorläufig anwenden. Für die Untergruppen setze ich die Silbe «Paläo-» davor, die noch nicht vergeben ist und sowohl auf die Altform als auch auf die Ablösung im Paläozän/Paläogen hinweisen möchte. Die dritte Hauptgruppe ab dem Eozän umfasst die Vorläufer der heutigen Raub-, Nage- und Huftiere. Dieser Gliederungsvorschlag kann hier nur im Überblick vorgestellt werden. Sicher wird sich noch manches modifizieren, wenn einmal die Details unter diesem Aspekt näher untersucht werden.

Die erste ist die umfangreiche Hauptgruppe der **Insektenfresser** (Insektivora, Abb. 22, S. 87). Von insgesamt 217 bekannten Gattungen leben heute noch 63, also etwa 30%. Die Insektenfresser stehen insgesamt den Ausgangsformen der drei großen Säugergruppen so nahe, dass die systematische Abgrenzung von den Gesichtspunkten abhängig ist, nach denen unterschieden wird; echte Zwischenformen fehlen wie überall. Von den heute lebenden Arten her lassen sie sich deutlich in drei Gruppen gliedern: in die mittlere der Igel- und Tanrekartigen, in die sinnesaktiven Spitzmäuse und in die stoff-

Gliederung der Paläoeutheria (Abb. 21, S. 84) nach Ordungen:

Anzahl der Gattungen:	insgesamt:	davon heute noch lebend:
1. Paläosimiae - Altaffenartige:		
Prosimiae i. w. S. – Halbaffen	81	22
Taeniodonta	9	–
Macroscelidae – Rüsselspringer	9	4
Dermoptera – Riesengleiter	3	1
Chiroptera – Fledertiere	90	84
Xenarthra - Gürteltiere i. w. S.	165	13
Pholidota - Schuppentiere i. w. S.	5	1
2. Paläocarnivora - Altraubtierartige:		
Hyaenodonta	24	–
Miacoidea	13	–
Archaeoceti	15	–
3. Paläorodentia - Altnagetierartige:		
Thridomyidae	15	–
4. Paläoungulata - Althuftierartige:		
Protungulata:		
Condylarthra	25	–
Lagomorpha – Hasen	39	11
Tillodontia	6	–
Tubulidentata - Erdferkel	5	1
Litopterna	51	–
Notoungulata	122	–
Astrapotheria	11	–
Amblypoda:		
Pantodonta	11	–
Dinocerata	15	–
Pyrotheria	4	–
Desmostylia	5	–
Paenungulata:		
Sirena – Seekühe	16	2
Proboscidea – Rüsseltiere	25	2
Hyracoidea – Schliefer	12	8
Embrithopoda	1	–
Mesaxonia:		
Perissodactyla – Unpaarhufer	175	6
Paraxonia:		
Paläodonta	35	–
Anzahl der Gattungen insgesamt:	ca. 987	155 (16 %)

Gruppen der Deuterostomier, die sich aus dem Entwicklungsstrom zum Menschen abgelöst haben:

Anzahl der Gattungen:	insgesamt:	davon heute noch lebend:
Tiergruppen des Erdaltertums:		
Graptolithen	128	-
Echinodermata – Stachelhäuter	36	-
Niedere Fische	513	10
Lurche	170	-
Pelycosauria	35	-
Therapsida	292	-
Tiergruppen des Erdmittelalters:		
Prototheria	40	-
Multituberculata	50	-
Monotremata	3	3
Marsupialia - Beuteltiere	150	70
Insektivora - Insektenfresser	217	63
Tiergruppen der Erdneuzeit:		
Paläoeutheria:		
Paläosimiae	362	125
Paläocarnivora	52	-
Paläorodentia	15	-
Paläoungulata	558	30
Eutheria:		
Carnivora – Raubtierartige	375	338
Cetacea – Wale	179	38
Rodentia – Nagetierartige	563	547
Artiodactyla – Paarhufer	501	465
Höhere Affenartige	41	35
Frühe Menschenformen	2	-
Anzahl d. Gattungen insgesamt	ca. 4282	1686
davon:		
Anzahl der Säugetiergattungen	2646	1578

Es sind also etwa 40 % der Säugetiergattungen ausgestorben.

wechselbetonten Maulwürfe und Goldmullartigen. Caroll (1993, S. 469) führt sechs ausgestorbene Familien aus dem Alttertiär an, die sich durch ursprüngliche Merkmale (die ich hier nicht ausgesondert habe) abgrenzen lassen.

Für die zweite Hauptgruppe der niederen Säugetiere, der Paläoeutheria (ihr zeitliches Vorkommen zeigt Abb. 21, S. 84), möchte ich diejenigen Ordnungen auflisten, welche ich von den modernen drei Hauptgruppen abgrenzen würde, weil sie einen ursprünglicheren Entwicklungsschritt bewahrt haben. Vermutlich lassen sich noch weitere Arten ausgliedern und dieser Paläo-Stufe zuordnen, die aus zoologischer Sicht von ihren Merkmalen her isoliert stehen. Ein Gesamtbild der Paläoeutheria ergibt sich erst, wenn man zu den heute noch lebenden die ausgestorbenen Gattungen hinzunimmt, welche mit 84% die Mehrzahl bilden. Die Paläoeutheria gliedern sich wie die Insektenfresser in vier Hauptgruppen (Abb. 22, S. 87 und Tabelle S. 89, 2. Zeile). Die erste steht dem primären Entwicklungsstrom und den Insektenfressern am nächsten, während die drei weiteren den Raub-, Nage- und Huftieren nahestehen.

Bei den lebenden Arten habe ich in den Tabellen die deutschen Namen mit angeführt; ihre Anzahl ist Grzimeks Tierleben entnommen. Dort sind die Gruppen sehr gut beschrieben, worauf hier aus Raumgründen leider verzichtet werden muss.

Zu den **Paläosimiae** würde ich die Lemuriformes, Lorisiformes, Plesiadapiformes und auch die Tarsiiformes rechnen. Sie unterscheiden sich doch deutlich (Abb. 23, S. 92) von den höheren Affen, also den Neuwelt- und Altweltaffen, die als Anthropoidea dem Menschen nahestehen. Deshalb würde ich sie zu der letzten aus dem Entwicklungsstrom abgelösten Gruppe zählen. Sie könnten als Vorläufer mit den ausgestorbenen Frühmenschen (Abb. 24, S. 93) auf eine Entwicklungsstufe gestellt werden, mit denen sie ja oft verbunden werden, da sie zeitgleich sind. Der Paläosimiae-Gruppe möchte ich zunächst auch die Gürteltiere, Schuppentiere, Faultiere und ihre verwandten Arten zuordnen. Sie sind heute schon so weit vom Ursprung entfernt und fossiles Material ist so spärlich, dass es schwer fällt, die Zusammenhänge zu erkennen; sie könnten auch den Insektenfressern oder den Condylarthra nahestehen. Die **Paläorodentia** sind nur gering vertreten, was vielleicht damit zusammenhängt, dass die Rodentia zuletzt erscheinen und eine stark progessive Entwicklung nehmen. Bei ihnen wie auch bei den Artiodactyla und den Carnivora habe ich zunächst die fossilen Gruppen ausgesondert, welche sich deutlich von den modernen Säugern abheben. Die Gliederung der **Paläoungulata** folgt Wendt (Grzimeks Tierleben, Bd. 12, S. 467). Die isoliert stehenden Lagomorpha, die schon überall zugeordnet wurden, würde ich doch als sinnesaktive Gruppe der Paläoungulata ansehen, und zwar wegen ihrer Beziehungen zu den Condylarthra.

Zusammenfassend sind in der Tabelle auf S. 90 diejenigen größeren Tiergruppen der Deuterostomia zusammengestellt, welche sich primär aus dem gemeinsamen, im Laufe der Erdgeschichte zum Menschen führenden Strom früher abgelöst haben. Sie zeigen die Neueinschläge der jeweiligen Entwicklungsschritte zuerst, an denen die kontinuierliche Höherentwicklung abgelesen werden kann.

Zu diesen Zahlen der primär abgelösten Tiergruppen kommen noch diejenigen der sekundär abgelösten hinzu. Sie haben später ihre eigene Höherentwicklung aufgenommen (Abb. 7, S. 70; 25, S. 94; 68, S. 170), vor allem vom Erdmittelalter an. Zu ihnen gehören die meisten der heute noch lebenden Gattungen. Erst aus diesen sekundär abgelösten Gruppen trennten sich die einzelnen Arten ab, wie noch dargestellt wird (Abb. 68, S. 170).

Sekundär abgelöste Gruppen:	
Stachelhäuter	410
Knorpelfische	214
Höhere Knochenfische	845
Lurche	67
Kriechtiere	718
Vögel	639
Anzahl der Gattungen insgesamt:	2893

Beide Summen addiert, ergeben insgesamt etwa 7000 Gattungen von Deuterostomiern; vielleicht auch 8000, wenn man andere Zahlen zugrundelegen würde. Die Anzahl der Arten wird mit 46.000 bis 48.000 angegeben. Ein Vergleich mit den Protostomiern folgt noch (Abb. 34, S. 111). Bezogen auf den Menschen sagt eine solche Statistik natürlich wenig aus, aber sie wirft ein Licht auf die differenzierte Entwicklung des Mensch-Wirbeltier-Stammes. Die Vergleiche mit den anderen Stämmen (Abb. 35, 39, 41, S. 115 – 122) ermöglichen dann eine gewisse Gesamtübersicht über die Relationen in der Lebenswelt überhaupt.

Die Entwicklung einzelner Organgruppen

Zusammenfassung zur Schädelentwicklung

Überschauen wir insgesamt die Entwicklung der Deuterostomier anhand der Schädelbildung, so zeigen sich verschiedene allgemeine Bildeprinzipien. Die genauere Betrachtung der Säugetiere zeigt (Abb. 22, S. 87), dass in jeder der Tiergruppen und auf jeder Entwicklungsstufe **vier große Formenbereiche** unterschieden werden können. Einer bleibt mehr allgemein, dem Ursprung nahe, während sich die drei anderen in die Richtungen des Raubtierartigen, Nagetierartigen und Huftierartigen spezialisieren. Die Spezialisierungen nehmen immer mehr zu, je weiter sich die Entwicklung von der Entstehungsepoche entfernt. In der zoologischen Literatur (Grzimeks Tierleben, Bd. 12, S. 419), ist davon die Rede, dass sich z.B. das Nagergebiss *mehrfach entwickelt* habe: bei den Multituberculata, den Beuteltieren, den Tillodonten und den Halbaffen. Es ist aber nicht nur das Gebiss, das sich spezialisiert, sondern es sind die drei grundsätzlichen Richtungen der Spezialisierung auf den Kopfpol, den Gliedmaßenpol oder auch den rhythmischen Bereich hin. Damit erweist sich meines Erachtens die **Dreigliederung**, wie sie aus der Menschenkunde der Anthroposophie hervorgeht und von W. Schad (1971) für die modernen Säugetiere dargestellt wurde, auch als tragfähiger Aspekt für die gesamte Evolution der Säugetiere seit dem Oberkarbon.

Verfolgen wir in der Abb. 23, S. 92 die Entwicklung (zur zeitlichen Verbreitung siehe Abb. 21, S. 85) bei den letzten Gruppen, den **niederen und höheren Affen**. Die zeitliche Folge geht bei beiden Gruppen in der Abbildung von unten nach oben. Am Anfang stehen langgezogene Schädel, welche denen der Insektenfresser und anderer Paläoeutheria noch stark ähneln. Später wird der Gesichtsschädel weniger weit vorgeschoben, besonders bei den höheren Affen. Meist dominieren die Eckzähne, die das Raubtierhafte betonen; bei manchen Arten können auch die Schneide- oder Backenzähne hervortreten. Das Gebiss der Affen ist im Vergleich mit dem menschlichen Gebiss immer etwas

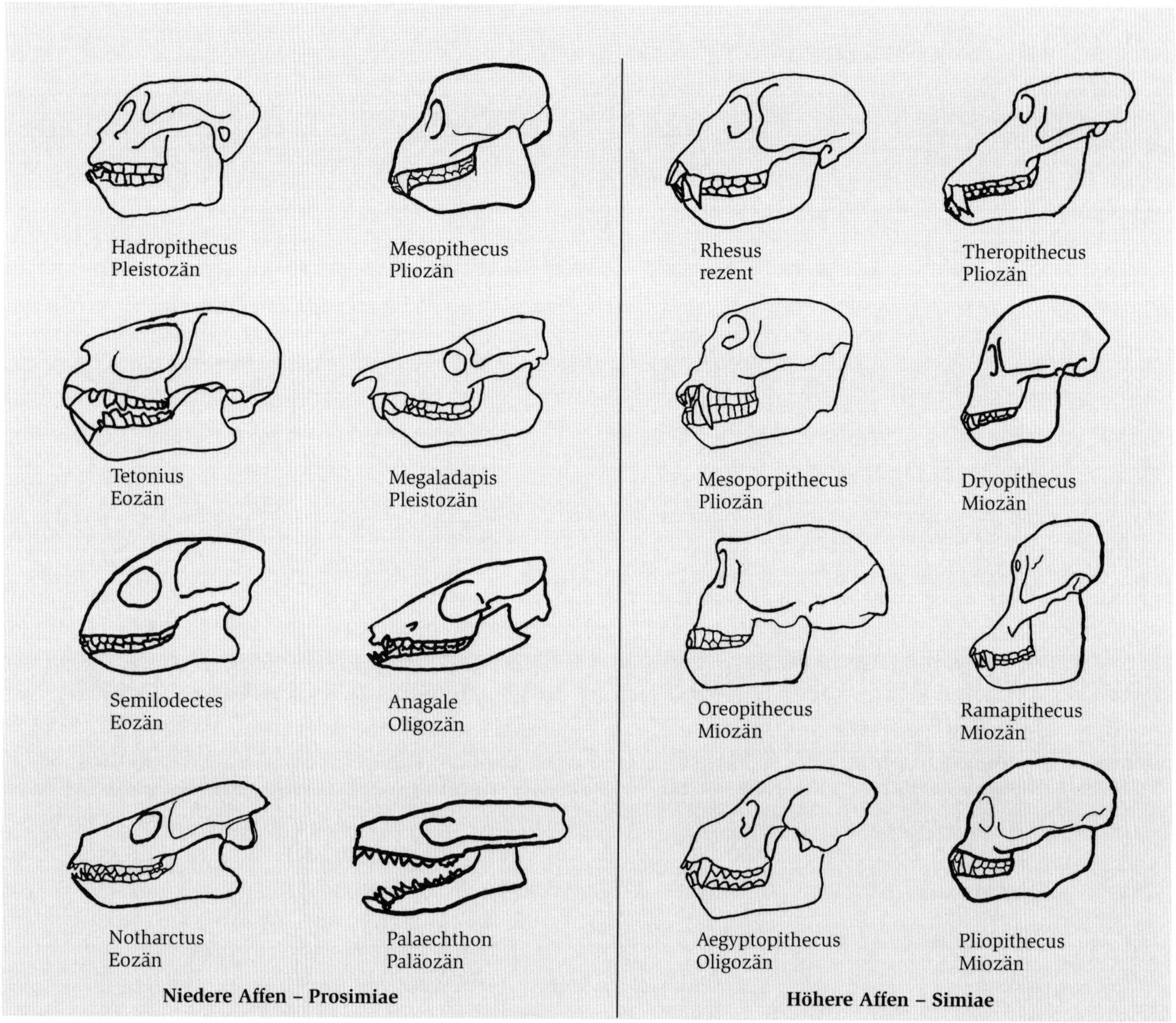

stärker spezialisiert. Gleiches gilt für das gesamte Skelett.

Die Schädel- und Zahnformen zeigen besonders deutlich, wie sich Spezialisierteres zum Allgemeineren verhält. In der Stammesentwicklung lassen sich die Schädelformen **der frühen Menschen** unmittelbar an die der höheren Affen anschließen, wie die Abb. 24 deutlich zeigt. Das sollen die Pfeile links andeuten, indem sie an Abb. 23 anknüpfen. Die spezialisierteren höheren Affen und die Australopithecinen erscheinen etwa gleichzeitig im Jungtertiär. Da die Australopithecinen bereits aufrecht gingen, wären sie zu den Menschen zu rechnen (Schad 1985, S. 112) und nicht zu den Affenartigen. Wolfgang Schad belegte, dass die Höherentwicklung

Abb. 23: Entwicklung der Schädelformen bei den niederen und höheren Affen hauptsächlich während des Tertiärs.

Abb. 24: Die gegenläufige phylogenetische und ontogenetische Entwicklung der Schädelformen der Primaten. (Nach W. Schad 1985, S. 128; in der gegenläufigen Spirale von J. Bockemühl 1982, ergänzt und erweitert zum W-Kurvenfeld von D. Kötter 1993, S. 93; siehe auch Abb. 72, S. 182).

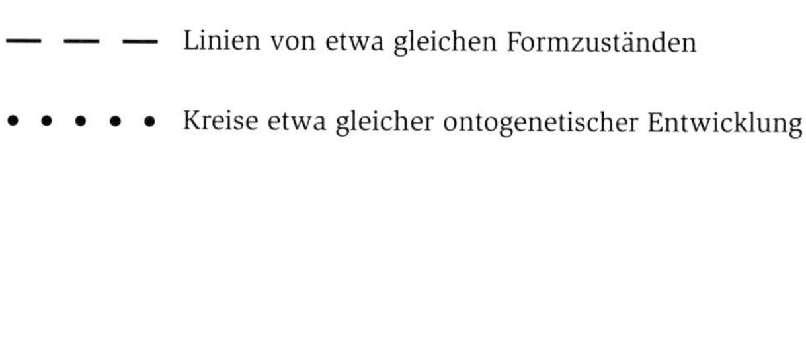

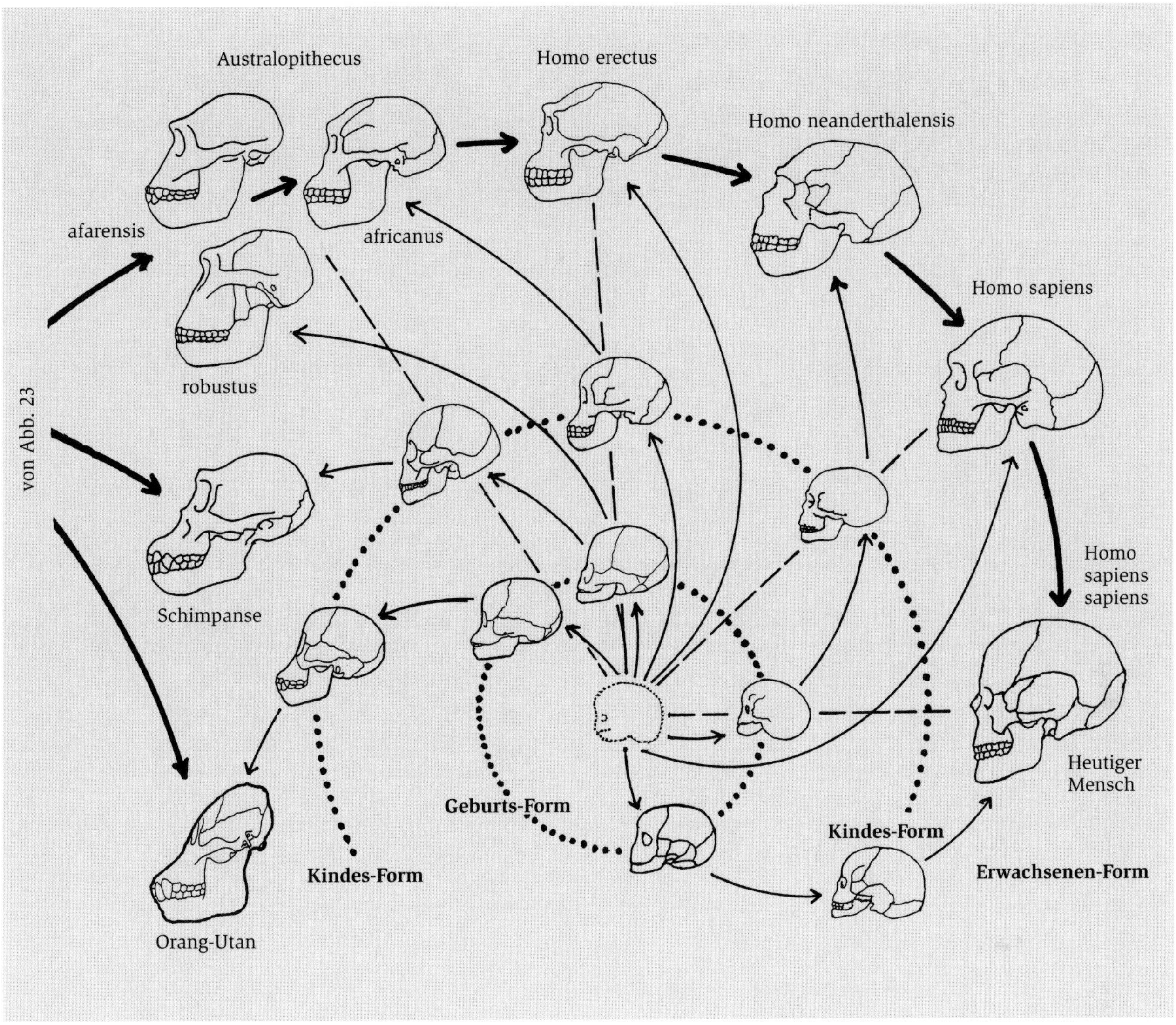

über die Gliedmaßen verlief. Früher bewertete man die Schädel- und Gehirnbildung als wichtiger; an ihr zeigen sich aber die Merkmale des Zurückgebliebenen und nicht der Höherentwicklung.

Die dicken Pfeile in Abb. 24 außen herum zeigen die Formveränderungen der Phylogenese, also der Stammesentwicklung, bis zum heutigen Menschen. In ihr setzt sich die Tendenz fort, dass der Gesichtsschädel im Verhältnis zum Gehirnschädel zunehmend kleiner wird und das Gebiss immer ausgeglichener. Folgen wir dagegen den Veränderungen der **ontogenetischen Entwicklung**, also während des Lebens (dünne Pfeile), so zeigt sich das Gegenteil: Von der Fötus-Form in der Mitte über die Geburtsform zur Kindesform und zur Erwachsenenform wird der Gesichtsschädel immer weiter vorgeschoben. Diese Folge wird am heutigen Menschen, am Neandertaler, am Australopithecus und an zwei heutigen Affen gezeigt. Schimpanse und Orang-Utan haben sich aus den jungtertiären Arten (s. Abb. 21 rechts und Abb. 23) entwickelt. Die Gegenläufigkeit zwischen ontogenetischer und phylogenetischer Entwicklung wird in der Grafik auch daran ersichtlich, dass die gerissene Linie etwa gleiche morphologische Entwicklungszustände verbindet. So entspricht z.B. die Geburtsform des Schimpansen etwa der Kindesform des Australopithecus und der Erwachsenenform des Homo erectus. Damit scheint die Stammesentwicklung vom spezialisierten Schädel der frühen Menschenformen zum allge-

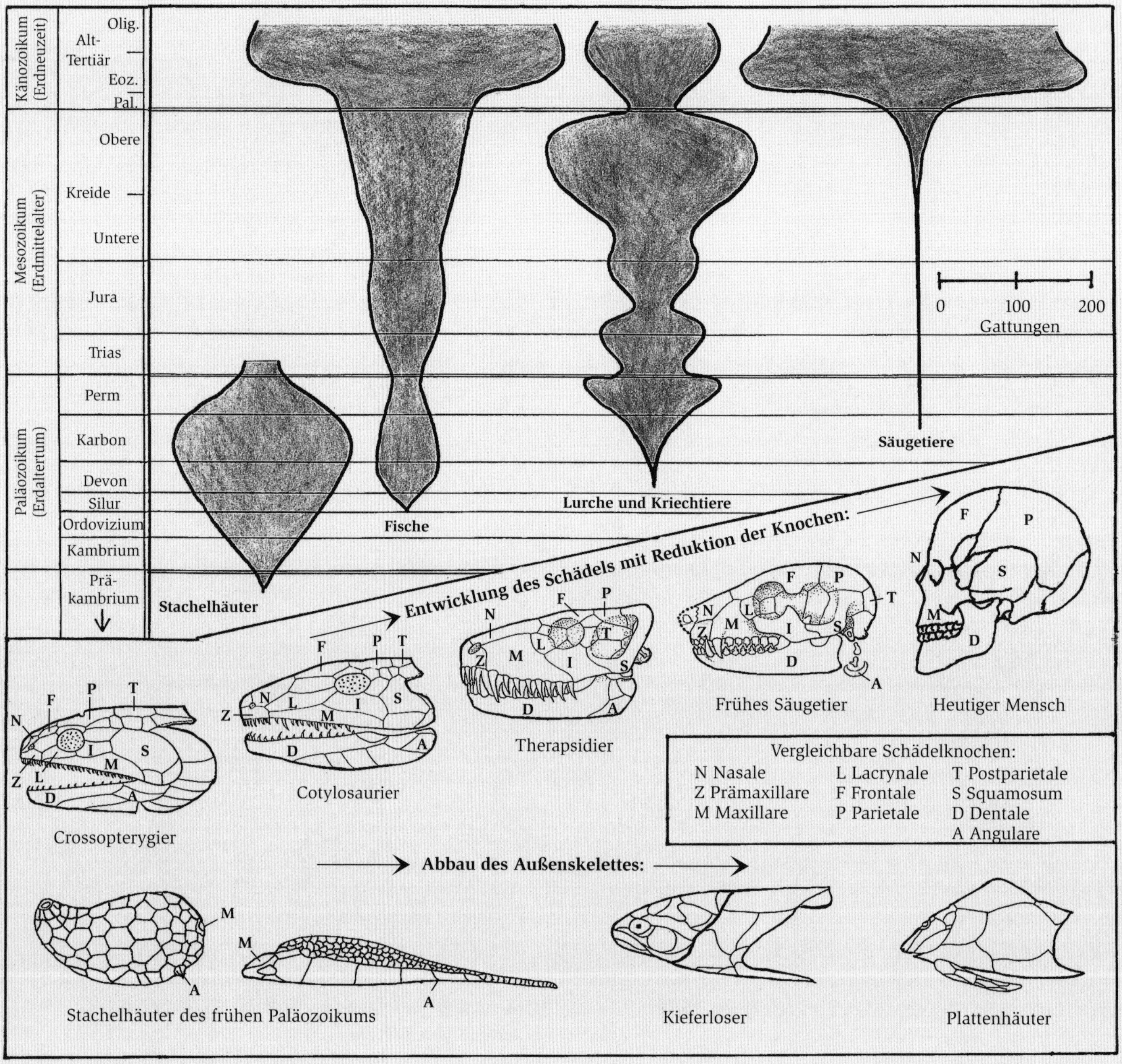

Abb. 25: Die Evolution der Schädelform von den Stachelhäutern über die Fische, Lurche, Kriechtiere und Säugetiere bis zum Menschen zeigt vier große Entwicklungsschritte. Das vollständige Außenskelett wird bei Stachelhäutern und Fischen reduziert bis auf den Schädel (untere Reihe von links nach rechts); in der weiteren Folge zum Menschen wird die Anzahl der Schädelknochen verringert (obere Reihe). Die Verbreitung der insgesamt etwa 7.000 Gattungen der Deuterostomier ist zusammengefasst aus Abb. 7, S. 70; die Schädel sind zum Vergleich etwa in gleicher Größe dargestellt (teilweise verändert aus G. Steiner 1977).

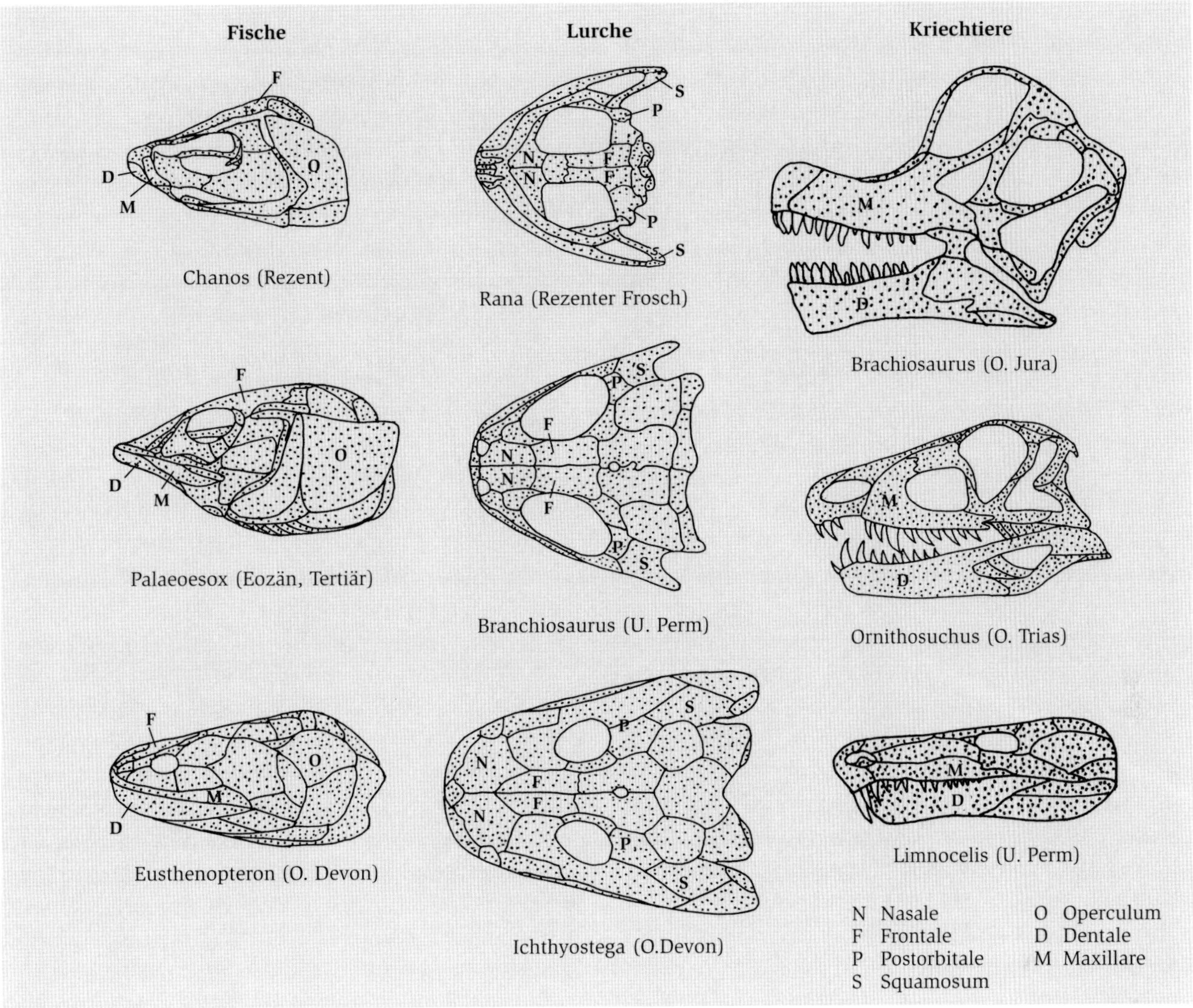

Abb. 26: Der Abbau des Schädelskelettes bei Fischen, Lurchen und Kriechtieren im Laufe der Erdgeschichte (von unten nach oben). Einige der homologen Knochen sind mit dem gleichen Buchstaben bezeichnet.

meineren des heutigen Menschen zu verlaufen, also rückwärts von der Erwachsenen- zur Fötusform. Die individuelle, die ontogenetische Entwicklung verliefe dagegen umgekehrt, vom Allgemeinen zum Speziellen. Weitere Untersuchungen dieser Phänomene, besonders der Schädelform und der Zähne, bringt u.a. Jos Verhulst (1999, S. 263). Die Konsequenzen dieser gegenläufigen Formenfolgen werden uns noch beschäftigen (s. S. 168 u. S. 171; Abb. 72, S. 182), denn hierin liegt die ganze Problematik des Darwinismus und der Schlüssel, um die Beziehung des Menschen zur Tierwelt zu verstehen. Hier sollen zunächst nur die Phänomene dargestellt werden.

Die Zusammenschau der **Schädelentwicklung** in Abb. 25, S. 94 zeigt die evolutiven Tendenzen der **Deuterostomier**, also des Menschen-Wirbeltierstammes. Von der Form her ist am Anfang der Entwicklung der gesamte Körper kugelförmig, am Ende nurmehr der Kopf. Zuerst erscheint im Kambrium bei den Stachelhäutern ein vollständiges Außenskelett: Mund (M) und After (A) liegen nebeneinander, bei späteren Formen nur noch bei den Larven; der Kopf- und Stoffwechselpol werden polarisiert. Das Außenskelett wird von hinten her zunehmend abgebaut: bei den Kieferlosen bis zur Brust, bei den Plattenhäutern bis auf den Schädel. Dann geht dieser

Abbau konsequent weiter, indem bis zum Menschen hin die Anzahl der Schädelknochen reduziert wird. In der Zeichnung sind durchgehend verfolgbare, homologe, also aus gleichen Anlagen entstandene Knochen mit dem gleichen Buchstaben bezeichnet. Von den frühen Säugetieren ist ein allgemeiner Typus dargestellt, da die heutigen Insektenfresser schon zu spezialisiert sind. Beim Unterkiefer ist die Reduktion besonders stark zu sehen; sie geht so weit, dass beim Säugertypus nur noch ein Knochen übrig bleibt. Die Zähne sind zunächst gleichartig, homodont. Sie werden beim Übergang von den Kriechtieren zu den Säugetieren verschiedengestaltig, heterodont. Die Unterschiede treten immer stärker hervor, bis zu den Schneide-, Eck- und Backenzähnen der Nage-, Raub- und Huftiere (Abb. 22, S. 87), und enden teilweise in Extremen. Das menschliche Gebiss zeigt nur geringe Nuancen und bleibt dem Ursprung am nächsten.

Die Abb. 26, S. 95 zeigt – am Beispiel der Fische und der Lurche zwischen Devon und heute sowie innerhalb der Kriechtiere zwischen Devon und Jura –, wie innerhalb der Eigenentwicklung verschiedener Tiergruppen die Tendenz der **Knochenreduktion** auf spezifische Art weitergetragen wird. Die Zahl der Schädelknochen wird immer geringer, ihre Zwischenräume immer größer. Das Außenkelett im Kopfbereich wird jedoch nicht vollständig abgebaut. Andreas Suchantke (1983, S. 12) stellt am Beispiel von Korallen, Schnecken und Kopffüßlern dar, wie auch bei weit getrennten Tiergruppen die gleiche Tendenz zu beobachten ist, dass nämlich das Außenskelett im Laufe der Evolution reduziert und ein Innenskelett neu gebildet wurde. Selbst die Flossen trugen bei den Plattenhäutern und frühen Knochenfischen noch äußere Knochenplatten bzw. -schuppen, die abgebaut und durch ein knöchernes Innenskelett ersetzt wurden.

Wenn man bedenkt, dass der Säugetier-Typus schon vom Perm an und in der Trias den Kriechtiertypus abzulösen beginnt, können wir den Eindruck gewinnen, dass sich die innovativen **Hauptschritte der Evolution** eigentlich im Erdaltertum, im Paläozoikum, abgespielt haben. Sie führen vom Kopf über den Rumpf zu den Gliedmaßen und bei den Organen von außen nach innen. Im Erdmittelalter, dem Mesozoikum, verlief die weitere Entwicklung langsamer, während die Saurier das Feld beherrschten. Nach deren Aussterben entfaltete sich dann rasch die ganze Fülle der heutigen Säugetiere. Dabei dominiert die Entwicklung der Gliedmaßen und Fortpflanzungsorgane. Die evolutiven Tendenzen der Fische und Kriechtiere setzten sich in gleicher Richtung auf höherem Niveau kontinuierlich fort; sie werden konsequent von einer Tiergruppe zur nächsten weitergetragen, obwohl die einzelnen Arten, an denen die Merkmale abgelesen werden, neu erscheinen und wieder aussterben.

Die Entwicklung der Gliedmaßen

Wichtig für die letzte Stufe der Entwicklung des Menschen war nicht die Bildung des Gehirns, sondern die der Gliedmaßen. Dies hat Wolfgang Schad (1985, S. 57) bei Erörterung der Abstammungsfragen herausgearbeitet. Die wesentlichen Phänomene in der Anatomie von Hand und Fuß sowie der aufrechten Haltung hat Jos Verhulst (1999, S. 133–216) umfassend zusammengestellt. So kann ich mich auf einige ergänzende Phänomene aus der Paläontologie beschränken. Die Hauptaspekte, die in den folgenden Abbildungen dargestellt sind, beziehen sich auf die Fragen: Aus welchen Formen bildeten sich die Gliedmaßen jeweils am Beginn der großen Tiergruppen? Wie wandelten sich die Gliedmaßen beim Übergang vom Wasser- zum Landleben? Wie spezialisierten sie sich im Lauf der Erdgeschichte?

Die vier Gliedmaßen der Wirbeltiere haben sich bei den Fischen aus den paarigen Flossen an der Bauchseite entwickelt. Diese wiederum bildeten sich während der Evolution wahrscheinlich aus Hautfalten. Die davor liegenden **Stachelhäuter** können sich bereits auf dem Boden (Abb. 31, S. 101) mit Hilfe ihrer Ambulakral-Füßchen fortbewegen. Die frühen **Kieferlosen** (Abb. 11, S. 75) besaßen noch nichts Gliedmaßenartiges, lediglich stachelartige Fortsätze. Bei den **Plattenhäutern** bildeten sich Extremitäten, die außen Knochenplatten trugen, z.B. bei Pterichthys (Abb. 12, S. 76). Einige Arten hatten bewegliche Stacheln, andere bereits Flossen, z.B. die Ctenurella (Abb. 27), die innerhalb des Körpers durch Knochen und außerhalb durch Flossenstrahlen gestützt werden. Bei Acanthodes waren die Stacheln, an die sich Hautflossen anschlossen, verknöchert. Die Flossen der **Knorpelfische** bestehen

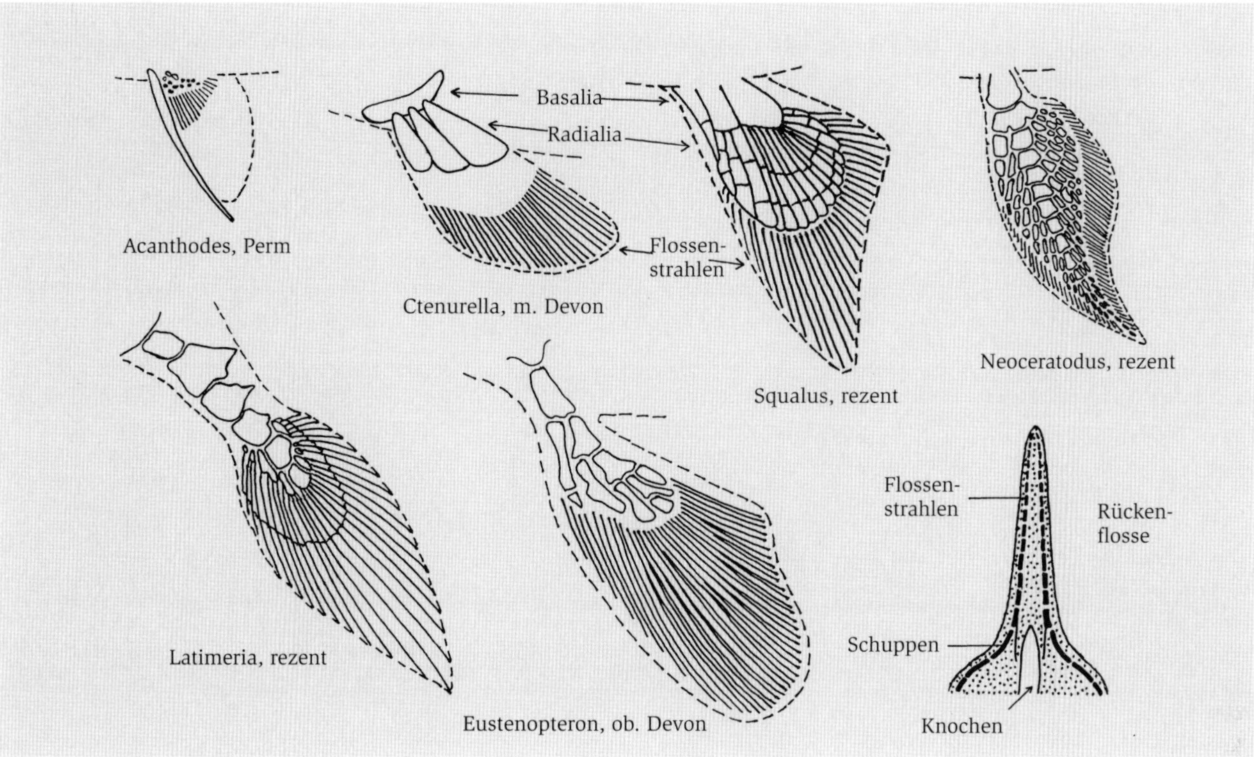

Abb. 27: Linke Bauchflossen früher Fische und Querschnitt durch eine Rückenflosse; Knochen umrandet, Flossenstrahlen als Linien. Nicht maßstabgetreu.

Abb. 28: Ein früher Lurch, der Crossopterygier Eustenopteron (siehe auch Abb. 14, S. 77) aus dem Devon, wie er gerade aufs Land kriecht. Diese Lurche bildeten im Gliedmaßenbereich ein starkes knöchernes Innenskelett, kräftige Muskeln und eine gelenkige, schmale Flossenbasis aus. Die paarigen Gliedmaßen sind dadurch beweglicher als die unpaaren Flossen der Fische, aus denen sich keine Gliedmaßen entwickelt haben. Bei Latimeria ist direkt ein Gelenk ausgebildet, wodurch die Flosse bei der Bewegung bis zu 180° gedreht werden kann. Durch das Innenskelett war es Eustenopteron möglich, den Körper vom Boden abzuheben und am Meeresgrund oder auf dem Land vorwärts zu schieben, wobei die Flossen (Abb. 27, unten Mitte) flächig dem Boden aufliegen, wie man es auch bei heutigen Lungenfischen beobachten kann. (Nach Romer 1946).

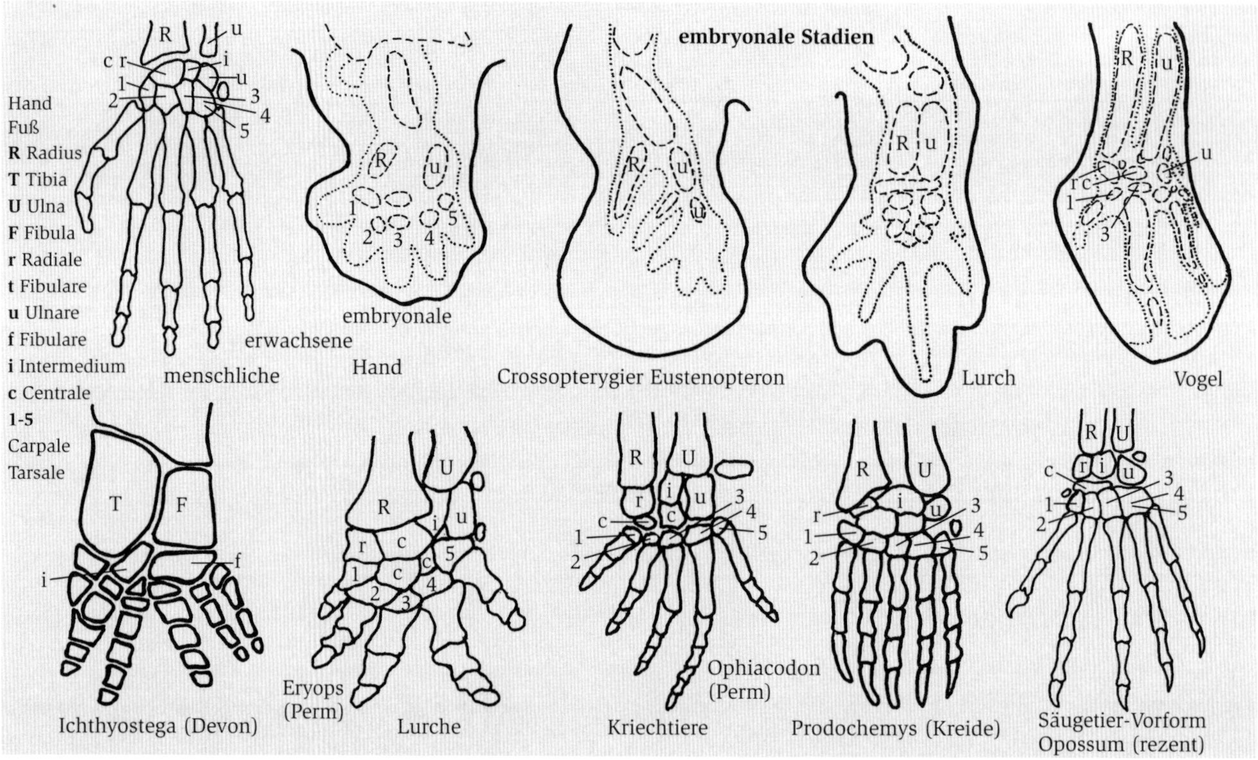

Abb. 29: Die linke menschliche Hand im Vergleich zu embryonalen Stadien der Füße und zu den evolutiv frühesten Formen bei Lurchen, Kriechtieren und Säugetieren. Nicht maßstabgetreu.

meist aus drei deutlich unterscheidbaren Gliedern, wie z.B. beim heutigen Haifisch (Squalus, Abb. 27) zu sehen ist. An drei basale Knorpel schließen sich zahlreiche Radialia an, und in den äußeren Flossen sind wiederum Hornstrahlen ausgebildet. Die Basalia und Radialia können auch, wie bei Neoceratodus, mehr oder weniger deutlich zweiseitig aufgereiht sein, ein Bauprinzip, wie man es bei den Schwanzflossen findet. Im Gegensatz dazu werden die Radialia bei einigen frühen devonischen Lurchen und Lungenfischen asymmetrisch. Sie gliedern sich nach außen hin immer mehr auf, wie besonders bei **Eustenopteron** (Abb. 27 oben u. 14, S. 77) zu sehen ist.

Außerhalb des Körpers schließen sich an die Radialia die Flossenstrahlen an (Abb. 27, S. 97 unten rechts). Der Querschnitt durch eine Flosse von Eustenopteron zeigt, dass die Flossenstrahlen den Schuppen entsprechen. Sie entstehen embryonal aus einer Hautfalte des äußeren Keimblattes, des Ektoderm, und werden dann durch außen nachwachsende Schichten in die Tiefe verlagert. Demgegenüber entstehen die Radialia, Basalia und anderen Knochen des Innenskeletts aus dem mittleren Keimblatt, dem Mesoderm. Sie werden zunächst knorplig vorgebildet und verknöchern später; die Flossenstrahlen werden von vornherein aus Knochensubstanz gebildet. Ursprünglich sind es viele, bei den späteren Knochenfischen (Chondrostei, Holostei, Teleostei; Abb. 7, S. 70) wird ihre Anzahl reduziert. Die radialen Knochen wurden dabei nicht spezialisiert, und zu jedem entsteht ein Flossenstrahl. Sie nehmen ihren eigenen Entwicklungsweg auf, der zum freien Schwimmen im Wasser führt. Die evolutive Tendenz der **frühen Fische** hingegen war von Anfang an darauf gerichtet, die Fortbewegung auf dem Lande zu ermöglichen. Dabei sind während des Lebens im Wasser solche Organe ausgebildet worden, die erst auf dem Lande genutzt werden konnten. Die Gliedmaßen entstanden ganz von außen, als schmal angesetzte, gelenkig verbundene Knochen, die innerhalb der Muskeln sitzen und ohne Verbindung zur Wirbelsäule bleiben. Erst

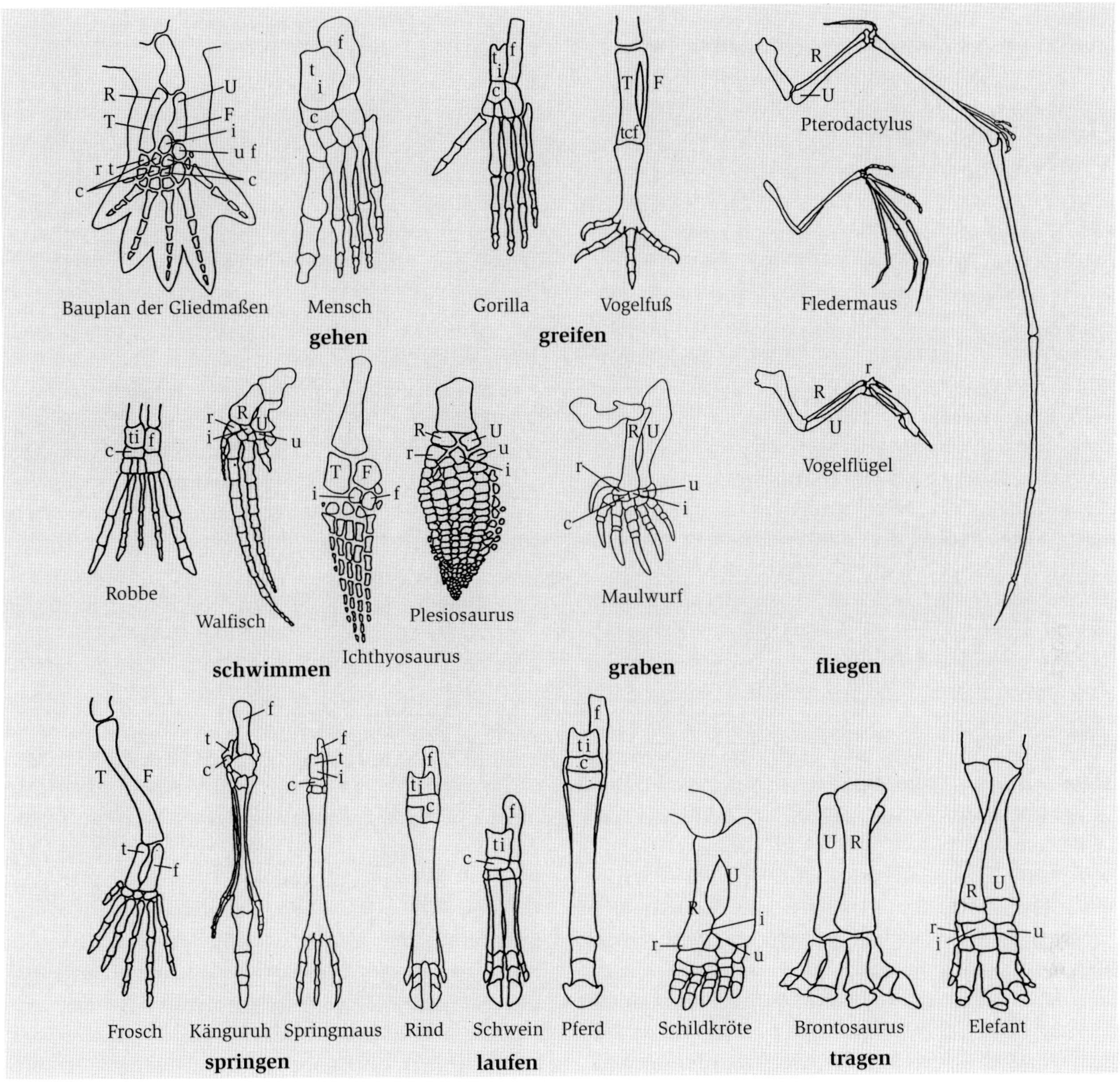

Abb. 30: Die Differenzierung der Gliedmaßen bei einigen Wirbeltieren, zum besseren Vergleich auf ähnliche Größe gebracht.

die **Lurche** (Abb. 15, S. 77) bildeten einen Beckengürtel aus. Damit ging der Vorwärtsschub auf die Hinterbeine über. Nur so wird später ein aufgerichteter Gang möglich.

Die Bilder des **embryonalen Stadiums** einer Gliedmaße von Crossopterygier, Lurch und Vogel der Abb. 29 zeigen alle den prinzipiell gleichen Bauplan, obwohl sie in der ausgewachsenen Form sehr spezialisert sind (Crossopterygier: Abb. 27 unten Mitte; Lurch: Abb. 29, oben rechts; Vogel: Abb. 30, oben). Embryonal werden körperseitig die Knochen des Innenskelettes mesodermal angelegt. Im Bereich der Hautfalte darüber entstehen außerhalb die Finger bzw. Zehen. Sie liegen also dort, wo die Fische die Flossenstrahlen bilden. Das ist deutlich bei dem Crossopterygier Eustenopteron zu sehen, wenn man das embryonale Bild mit der Flosse vergleicht (Abb. 27 und 29, unten Mitte). An der Körpergrenze begegnen sich also **zwei Bildetendenzen**: die mesodermalen rundlicheren Stützknochen von innen und die ektodermalen strahligen Knochen von außen. Auf diese Polarität in der Bildung des Menschen weist Rudolf Steiner hin (GA 293, 1. 9. 1919: Abb. 63, 64, S. 156). Bei allen Beispielen zeigt sich, wie die **Gliedmaßen** jeweils **fünfgliedrig** wie bei der embryonalen menschlichen Hand angelegt werden, sich dann jedoch rasch zu einer speziellen Form hin entwickeln. Ebenso zeigen die erwachsenen Formen (Abb. 29, S. 98, obere Reihe) der jeweils frühesten Vertreter der Vierfüßler, dass auch sie mit fünf Endgliedern beginnen. Bei frühen Lurchen und Kriechtieren kann man mitunter auch sechs oder sieben Strahlen finden. Bei den Fischen betrug die Anzahl der Flossenstrahlen ein Vielfaches. Die Entwicklung begann also mit der Vielstrahligkeit, führte bei den jeweils ersten Vertretern der Vierfüßler zur Fünfstrahligkeit und wurde innerhalb der Tiergruppen-Entwicklung weiter spezialisiert und teils bis zur Einstrahligkeit reduziert, wovon die Abb. 30, S. 99, einige Beispiele zeigt (Beispiel Pferde: Abb. 19, S. 81).

Der schematische Bauplan einer **Gliedmaße** der Vierfüßler ist auf Abb. 30, links, nochmals dargestellt und dazu einige Beispiele von tierischen Vorder- und Hinterfüßen, die sich im Laufe der Entwicklung besonders stark **spezialisiert** haben. Damit verbunden sind verschiedenste, spezielle Funktionen und Lebensweisen. Zum Vergleich der Homologien wurden die Namen einiger Knochen angegeben. Der fünfstrahlige Grundbauplan bleibt selbst in extremen Fällen erkennbar. Die menschliche Hand ist von all diesen Formen am wenigsten spezialisiert. Sie ist dem embryonalen und dem evolutiven Urbild am nächsten. Zur Bildung von Hand und Fuß bringt Jos Verhulst (1999, S. 133 u. 197) noch weitere interessante Einzelheiten. Sie zeigen, dass der Mensch «unmöglich von einem menschenaffenähnlichen Vorfahren abstammen kann» und dass der ganze Bau des Beins und des Fußes auf die **Aufrichtung** des Menschen (S. 164) hin gerichtet ist. Der Mensch wird mit dem Kopf nach unten geboren. Die Aufrichtung ist nicht angeboren, sondern muss im ersten Jahrsiebt am Vorbild erlernt werden. Damit bildet sich der doppelt gewölbte Fuß. Der Mensch nimmt die Aufrichtung im Gegensatz zu den Affen in sich hinein; er trägt den Kopf über dem Körperschwerpunkt. Erst das befreit die Hand davon, der Fortbewegung zu dienen, und macht menschliches Handeln möglich.

Die **freie Beweglichkeit** beginnt bei den niedersten Tiergruppen, den Hohltieren und Stachelhäutern (s. S. 74) damit, dass die Larvenformen passiv im Wasser weggetragen werden konnten wie die Samen von Pflanzen. Die aktive Fortbewegung der ausgewachsenen Tiere am Boden fing bei den Stachelhäutern an (Ambulakralfüßchen Abb. 31, S. 101 links). Die frühen Fische bewegten sich mit den vorderen Gliedmaßen am Meeresboden; mit den Lurchen ging der Vorwärtsschub auf die Hinterbeine über, es entstand ein Beckengürtel; der Körper blieb auf dem Boden. Bei den Kriechtieren wird er beim Laufen frei vom Boden abgehoben, der Kopf wird über die Wirbelsäule erhoben. So weit ging die Entwicklung im Erdaltertum. An der Schwelle zum Erdmittelalter, wo der **Wärmeorganismus** verinnerlicht wurde, sonderte sich die weitere Entwicklung in zwei Richtungen. Einerseits spezialisierten sich die Schlangen zum Verlust der Gliedmaßen, andererseits begann bei verschiedenen Tiergruppen das Laufen auf zwei Beinen; die Wirbelsäule blieb aber schräg und damit die aktive Bewegung meist vierfüßig. Die Vögel, welche die höchste Körperwärme entwickelten, richteten sich am stärksten auf – bis hin zum Fliegen; die Wirbelsäule ist aber meist gebogen. Tendenzen zur **Zweibeinigkeit** sind auch bei heutigen Fröschen, beim Känguruh oder bei verschiedenen Insektenfressern, Nagetieren, Bären und Affen zu beobachten. Die Säugetiere nehmen die Gliedmaßen unter den Körper und heben ihn damit vom Boden ab; die Wirbelsäule bleibt meist waagrecht. Die Gliedmaßen entwickeln sich mit der Tendenz zum Zehengänger und zur Einstrahligkeit. Erst beim aufrechten Gang des Menschen liegt der Körperschwerpunkt unter der Mitte des Kopfes. Die Entwicklungstendenzen wurden auch bei den Gliedmaßen folgerichtig beibehalten, über alle Tiergruppen hinweg, die stufenweise neu erschienen und wieder ausstarben.

Sinnliche und übersinnliche Wahrnehmung

Für die Evolution des Menschen ließen sich sicher interessante Erkenntnisse gewinnen, wenn man für die verschiedenen Organsysteme die paläontologischen und embryonalen Entwicklungen sowie die

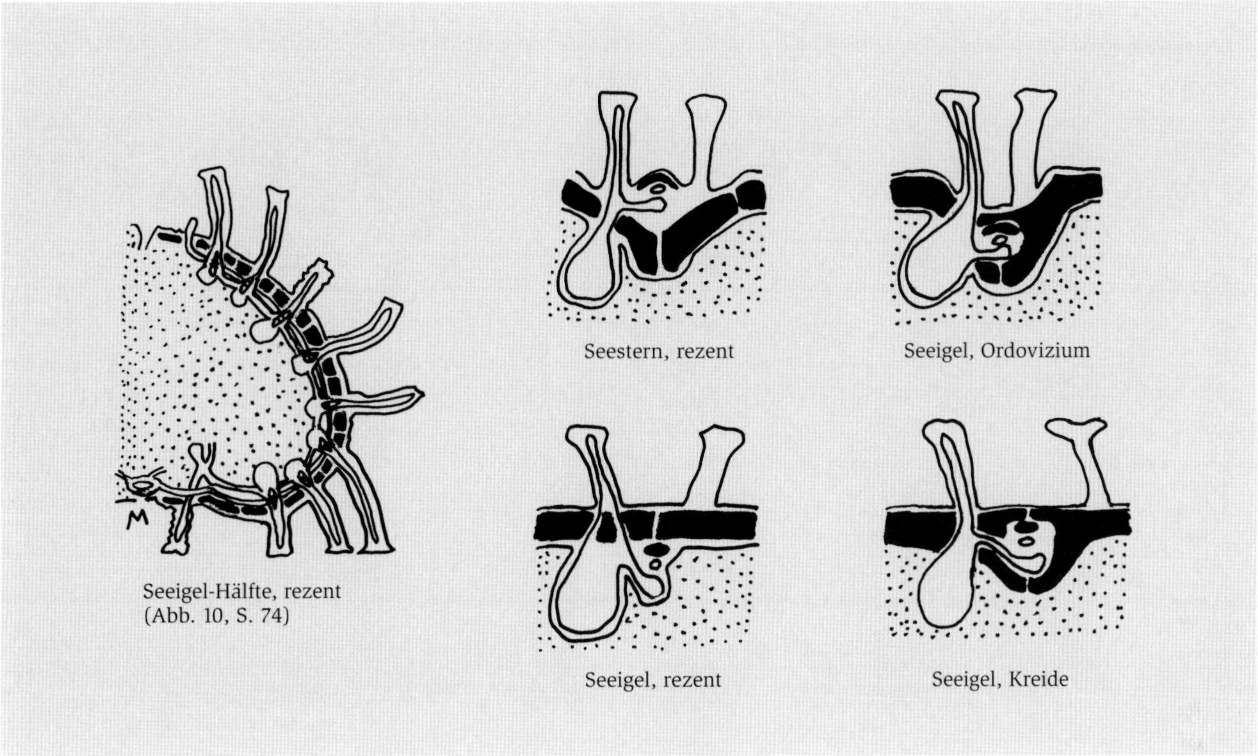

Abb. 31: Das Nerven- und Wassergefäßsystem der Stachelhäuter (nach G. Steiner 1977). Links Seeigelhälfte: Die Ambulakralfüßchen mit Ampulle sind durch den Ringkanal verbunden und durchragen die Ambulakralplatten nach außen. Dazwischen das Nervensystem mit Ringnerv am Mund (M). Rechts: Vier Detailschnitte zur Lage von Nerv (schwarz), Blutgefäß (hohl) und Radiärkanal des Ambulakralsystems darunter, die zwischen zwei Ambulakralfüßchen liegen, über, innerhalb oder unter der Ambulakralplatte (dick schwarz).

heutige Physiologie mit den Forschungsergebnissen von Rudolf Steiner vergleichen würde. Jos Verhulst (1999) hat weitere Phänomene unter evolutiven Aspekten zusammengestellt, vor allem solchen zum Skelettbau, aber auch zum Kreislaufsystem (S. 224 – 245) und zur Gehirnbildung. Im Folgenden sollen noch einige Aspekte zur Wahrnehmung hinzugefügt werden, da sich gerade hier aus anthroposophischer Erkenntnis neue Zusammenhänge der paläontologischen Phänomene ergeben.

Ausgangspunkt für die Entwicklung der **Wahrnehmungsorgane** wären wiederum die paläontologisch frühesten Deuterostomier, die **Stachelhäuter** (Abb. 10, S. 74). Sie können vom unteren Kambrium an in ihrer Evolution verfolgt und in ihrer Physiologie heute noch studiert werden. Bezüglich der Sinnesorgane besitzen die paläozoischen Arten und die Seeigel noch keine Augen und kein Gehirn; nur heutige Seesterne haben anfängliche Augen. Stattdessen ist als charakteristische Eigentümlichkeit ein Wassergefäßsystem ausgebildet. Durch eine Siebplatte tritt auf der Unterseite Wasser von außen in Röhren ein, die mit einem Wimpernepithel ausgekleidet sind. Blutbahnen, die zwischen den Organen und im Gewebe verlaufen, existieren gesondert. Von einem zentralen Ringkanal um die Mundhöhle geht ein Gefäß nach oben, wo das Wasser durch eine Siebplatte wieder austritt. Fünf radiale Seitenkanäle verlaufen in die Arme bzw. bei den Seeigeln unter den Deckplatten. Von diesen Röhren gehen Reihen paariger Ausstülpungen ab, die mit Längsmuskeln versehen sind und sich durch Löcher im Panzer über die Körperoberfläche hinaus ins umgebende Wasser erstrecken. Unten können sie auch der Fortbewegung und dem Nahrungsfang dienen. Das Wassergefäßsystem soll auch Atmungsfunktion haben. Vor allem aber ist es ein Tastorgan, mit dem

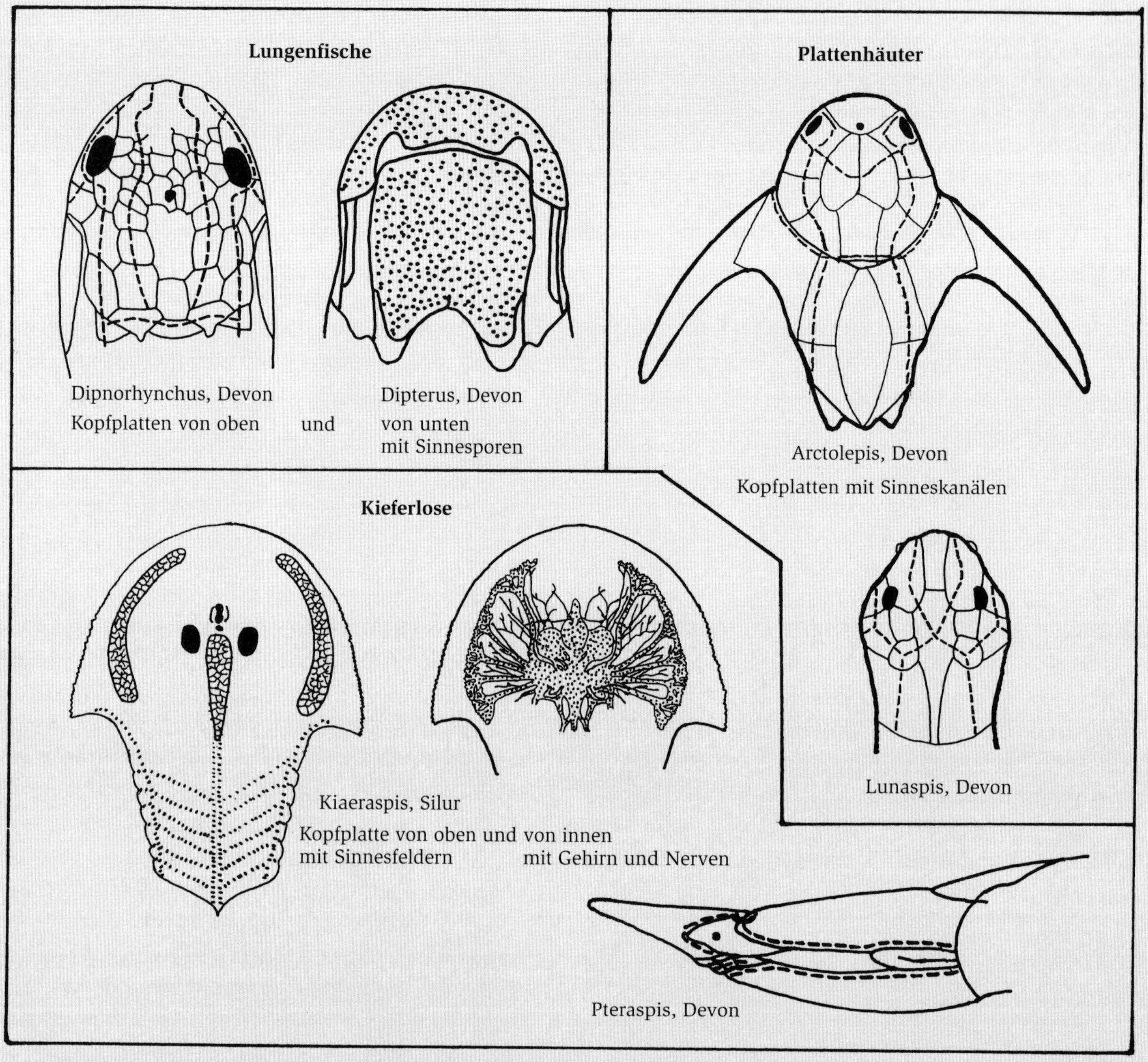

das Tier die Umgebung wahrnehmen kann, vermittelt durch den Radiärkanal, der von dem Füßchen aus zu dem Blutgefäßsystem führt. Beide Gefäßsysteme liegen übereinander und werden von Nerven begleitet. Die Nervenstränge sind mit Sinneszellen unter der äußeren Haut verbunden, die mindestens Helligkeitsunterschiede, mechanische und chemische Reize wahrzunehmen vermögen. Der Sinnesorganismus ist also außen über den ganzen Körper ausgebreitet. Im Laufe der Entwicklung werden die Nerven von außen in die Ambulakralplatte (Abb.

Abb. 32: Der Sinnesorganismus der frühen devonischen Kieferlosen, Plattenhäuter und Lungenfische (Abb. 11 und 12, S. 75 und 76). Dargestellt sind die Sinneskanäle (gestrichelt), Sinnesfelder (Raster), Sinnesporen (Punkte) und Augen (schwarz). (Nach A. H. Müller, 1966, Bd. III/1.)

31, S. 101, rechts) und dann nach innen verlagert. Weitere Nervenstränge verlaufen zur Körpermuskulatur, zu den Geschlechtszellen und zur Muskulatur der Arme. Sie sind über je einen Ringnerv im Mundbereich miteinander verbunden, der für jedes der drei Nervensysteme gesondert ausgebildet ist.

Die nächste Stufe können wir bei den frühen devonischen Fischen (Abb. 32, S. 102) beobachten. Die Kieferlosen hatten am Kopf, unter kleineren Knochenplatten, begrenzte Felder, die durch zahlreiche Nerven mit einem schon sehr differenzierten Gehirn verbunden waren. Die Funktion dieser Felder ist unbekannt, da ein Vergleich zu heute fehlt. Die Plattenhäuter hatten offene Sinneskanäle an der Oberfläche der Deckknochen oder auch spaltförmige Öffnungen über vertieften Kanälen. Man kann vermuten, dass sie einer allgemeinen Sinneswahrnehmung mit dem ganzen Körper dienten, ähnlich wie bei den Stachelhäutern. Die Seitenlinienorgane der heutigen Neunaugen und der Fische sind ähnliche Wahrnehmungsorgane; sie ziehen sich in der Mitte der Körperseiten entlang und sind eine Art Gehörorgan, mit dem Druck-, Strömungs- und Temperaturunterschiede des Wassers wahrgenommen werden. Teilweise sind sie mit dem Ohr verbunden und könnten Sende- und Empfangsorgane für akustische Signale sein. Fische, die im Dunkeln in großen Wassertiefen oder im Schlamm leben, können auch über die Muskeln elektrische Impulse erzeugen, mit deren Hilfe sie andere Fische anlocken, die Umwelt wahrnehmen oder sogar farbige Lichter ausstrahlen können. Nur zum Laichen und für die Larvenentwicklung leben sie in oberen, durchsonnten Wasserzonen. Die Organe der Wahrnehmung sind die evolutiv ersten, die sich entwickeln. Die Tendenz geht vom allgemeinen Wahrnehmen zu stark differenzierten Einzelorganen hin.

Gleichzeitig finden sich bei den frühen devonischen Kieferlosen die ersten einfachen **Augen**. Sie lagen noch eng zusammen und waren nach oben gerichtet. Bei den heutigen Nachfahren, den Rundmäulern (Cyclostomata; Grzimeks Tierleben 1, S. 95; 3, S. 32), bilden sie sich erst mit der Geschlechtsreife und sind von Haut bedeckt, ohne Linse und Regenbogenhaut. Versuche haben aber gezeigt, dass außerdem Lichtsinnesorgane in der Haut verteilt sind, gehäuft am Vorder- und Hinterende des wurmförmigen Tieres. Ähnliches kann übrigens schon an Einzellern beobachtet werden, die auf starke Lichtquellen reagieren. Eine andere Art der Wahrnehmung ist an die **Hypophyse** und die **Epiphyse** gebunden. Zwischen den Augen lag bei den devonischen Kieferlosen in der Mitte des Schädels (Abb. 32) eine ovale Öffnung. An dieser Stelle befand sich das Parietalorgan (parietal = zum Schädelbein gehörig; dann auch Hirnanhangdrüse oder Hypophyse genannt), bei heutigen Kieferlosen eine Ausstülpung des oberen Zwischenhirns (Abb. 33, S. 105), ein Bläschen mit glaskörperartiger Schale und einer Schicht von Sinneszellen. Zusätzlich bildeten einige Tiergruppen noch eine weitere, ähnliche Ausstülpung, die als Parapinealorgan bezeichnet wird. Beide Organe sind verbunden mit der Epiphyse (dann auch Zirbeldrüse oder Pinealorgan genannt, von Pinus = kiefernzapfenartig), über deren Funktion es in der Zoologie und Medizin nur die Vermutungen gibt, dass sie mit Licht- oder Klangwahrnehmungen zusammenhängen könnte, ebenso wie das Parietalorgan. Auch die Epiphyse enthält bei den Fischen und Lurchen Sinneszellen. In der Evolution finden wir also von den frühen **Fischen** an ein differenziertes Gehirn und eine Wahrnehmung, die aufgegliedert ist auf die Augen, das Parietalorgan und die Seitenlinienorgane. Bei den **Kriechtieren** ist die Epiphyse mit Hornhaut, Linsen und Netzhaut am weitesten differenziert. Bei einigen Kriechtiergruppen und bei den Vögeln wird sie jedoch schon in eine Drüse umgebildet. Versuche zeigten (Boie 1968, S. 23), dass besonders ein Zusammenhang mit dem Sonnenlicht besteht. Wenn die Sonne nicht scheint, wird eine Substanz (Melatonin) abgesondert. – Auch das Parietalorgan ist noch bei Lurchen und frühen Kriechtieren bis in die Trias hinein entwickelt und wird dann zurückgebildet. Bei den **Säugetieren** fehlt es. Bei ihnen ist auch die Epiphyse als Wahrnehmungsorgan nur noch rudimentär vorhanden und erhält innersekretorische Funktionen, verwandelt sich zur Zirbeldrüse. Beim Menschen wird sie zunehmend vom Vorderhirn überwölbt.

Bei Säugetieren und **Mensch** beginnt embryonal die Anlage des Gehirns (Abb. 33, S. 105 oben) sehr früh, noch bevor sich das Neuralrohr schließt. Aus dem vorderen Gehirnbereich entwickeln sich einerseits Epiphyse und Parietalorgan nach oben hin, während andererseits nach unten vorn der Augenbecher hervorwächst. Nach oben hinten wird das Hörzentrum angelegt; das Ohr ist beim Menschen schon in der Mitte der Schwangerschaft fertig ausgebildet und aktiv. Nach unten hinten hin bildet sich die Hypophyse (Hirnanhangdrüse oder Schleimdrüse), welche als übergeordnete Drüse durch zahlreiche Hormone die unbewussten Stoffwechselprozesse steuert.

Rudolf Steiner erwähnte in etwa 30 Vorträgen die vergangenen **Funktionen von Epiphyse und Hypophyse**, meist im Zusammenhang mit ihrer zukünftigen Metamorphose.* Dietrich Boie (1968) hat diese Angaben mit den medizinischen, zoologischen und kulturhistorischen Fakten zusammengeschaut. In den folgenden Abschnitten wird vor allem der paläontologische Aspekt der Wahrnehmung referiert, und zwar bezogen auf den lemurischen Menschen; seine detaillierte Entwicklung während der Erdgeschichte wird später (s. S. 158) dargestellt. Rudolf Steiners Schilderungen stammen aus verschiedenen Zusammenhängen. Würden sie wörtlich zitiert, wäre viel Raum nötig; Wiederholungen wären unvermeidlich und eine inhaltliche Ordnung nicht möglich. Deshalb werde ich nicht interpretieren, sondern nur referieren, indem ich seine Worte und Sätze mit verwende, jedoch neu fasse.

In der **hyperboräischen Zeit** (Abb. 4, S. 57) wurden im damals noch ätherischen Menschen in einem traumhaften Gefühl hellere und dunklere Farbenbilder seelisch erlebt, die sich nicht unmittelbar auf äußere Dinge bezogen, sondern mehr auf seelische Wirkungen. Sie wurden mit einem heute nicht mehr vorhandenen Organ übersinnlich wahrgenommen. Nach der Trennung von Sonne und Erde kam Licht von außen an den Menschen heran, und so entstand der Sinn des Sehens. Was vorher mehr auf Seelisches bezogen war, lernte der Mensch auf Äußeres anwenden. Die Augen entwickelten sich in dem substanziell noch luftförmigen Leib. Damit ging das Wahrnehmungsvermögen für Seelisches in der Umgebung nach und nach verloren.

In der ersten **lemurischen Zeit**, vor der Mondablösung, war die Erde noch halb flüssig, halb dampfförmig, und der Mensch schwamm in diesem Bereich wie ein Fisch. Der Leib war riesengroß und aus einer feinen, beinahe gelatineartigen Substanz gebildet (s. S. 162). Augen waren zwar veranlagt, aber noch nicht ausgebildet; denn da unten in dem Urmeer brauchte der Mensch noch nicht zu sehen, er musste sich anders orientieren. In dem Urmeer war auch alles enthalten, was er verzehrte, um sein Dasein zu fristen. Da gab es auch Tiere, die ihm freundlich, andere, die ihm nicht freundlich gesinnt waren. Diese Tiere sowie Wärme und Kälte konnte er mit einem Organ wahrnehmen, das später zur Zirbeldrüse wurde; er lenkte sich mit ihrer Hilfe. Das ist für den Menschen überhaupt der Anfang äußerer Sinneswahrnehmung auf der Erde. Der Scheitel war geöffnet, und in diese Öffnung drangen die Lichtstrahlen hinein, sodass der Kopf von einer strahlenden Aura umgeben war und die Menschen so aussahen, als ob sie oben eine Laterne (Abb. 50, S. 142; 52, S. 144; 65, S. 159) hätten. Das Organ öffnete sich früher auch nach außen; es war sozusagen ein Kraftorgan, das seine Strahlen nach außen sandte. Mit dieser Art Laterne, die eine gewisse Leuchtkraft entwickelte, bewegte sich der Mensch durch das wässrige Element. Es war eine Art Außenhirn, das zugleich als Antenne für Auge und Ohr diente. Ein wirkliches Auge war dies nie, sondern ein Wärmeorgan, und zwar konnte es nicht nur in der unmittelbaren Umgebung, sondern sogar auf eine gewisse Entfernung hin wahrnehmen. Die Wahrnehmungen des Menschen hatten einen hellseherischen, bildhaften Charakter. Die warmen Strömungen riefen in ihm einen Eindruck von hellem Rot und starkem Wohlklang hervor, die kalten Strömungen erweckten grüne und blaue Farben, silberglänzende und flüssige Klänge.

Für die spätere lemurische und die atlantische Zeit schilderte Steiner in Arbeitervorträgen (GA 347, 20. 9. 1922; Abb. 50, S. 142) am Beispiel der Saurier des Jura auch die Wahrnehmung bei den Tieren. Die Flugsaurier konnten so etwas wie eine elektrische Ausströmung um sich verbreiten und mit ihren fledermausartigen Flügeln, die sehr empfindlich waren, wahrnehmen. Die Ichthyosaurier, die halb schwimmend im schlammigen Wasser lebten, hatten riesige Augen, die wie eine Riesenlaterne schon von weitem leuchteten. Die Augen der Plesiosaurier saßen schon mehr an den Seiten. – In der **atlantischen Zeit** war die Luft dann schon reiner, eine Art Wassernebelluft. Es gab plumpe

* (z.B.: GA 93a, 18. 10. 1904 u. 30. 9. 1905; GA 94, 28. 5. 1906; GA 266/1 18. 12. 1906; GA 100, 26. 6. 1907; GA 101, 21. 10. 1907; GA 105, 11. 8. 1908; GA 106, 9. 9. 1908; GA 109, 28. 3. 1909; GA 128, 23. u. 24. 3. 1911; GA 129, 25. 8. 1911; GA 130, 1. 10. 1911; GA 266/3, 4. 7. 1914)

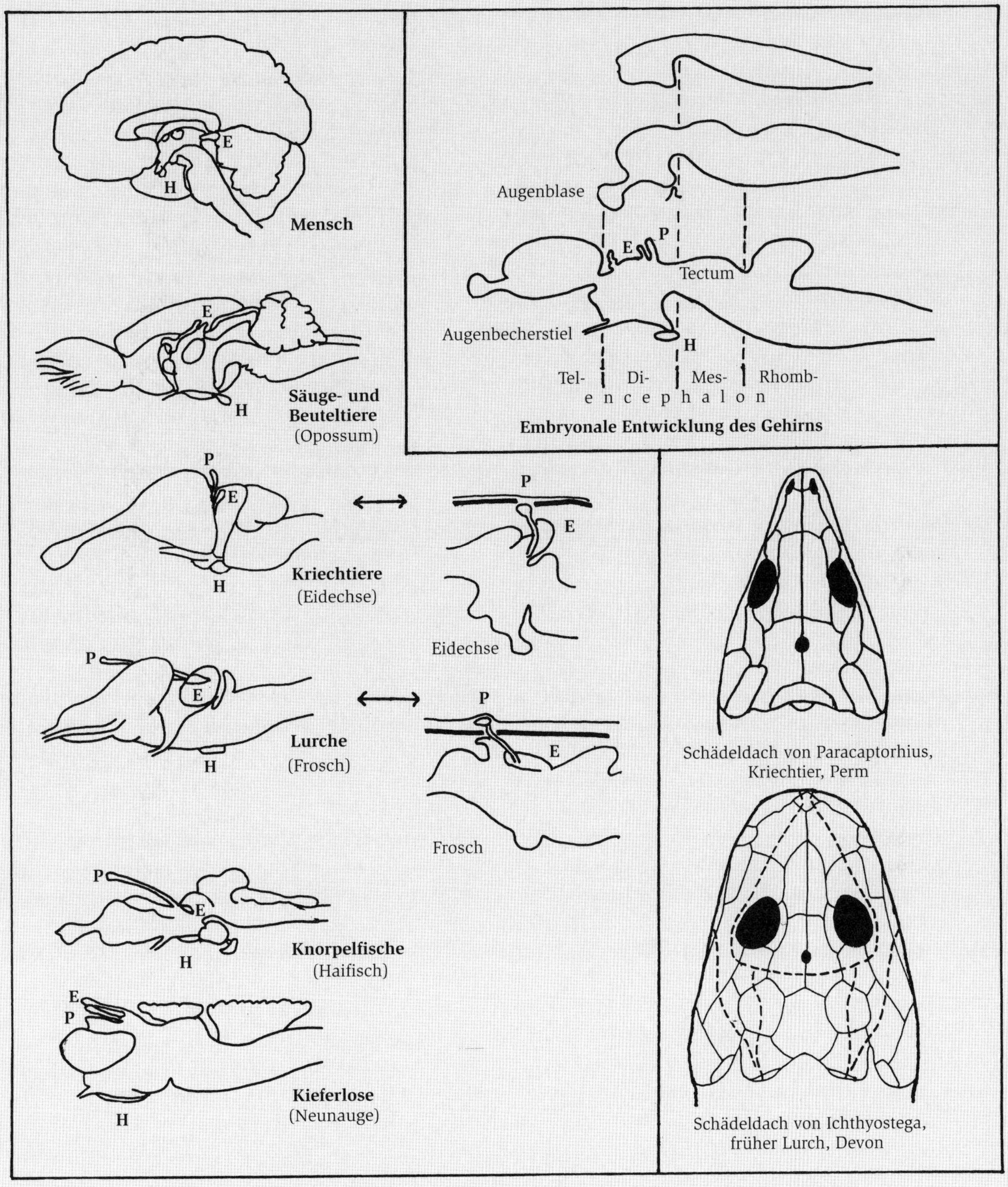

Abb. 33: Parietalorgan (P), Epiphyse (E), und Hypophyse (H) in ihrer Lage bei Wirbeltieren und Mensch; in der embryonalen Entwicklung und in Bezug auf das Schädeldach bei Lurchen und Kriechtieren. (Embryonalentwicklung nach Jarvik 1980, Bd. 2; Gehirnschnitte nach Romer/Parson 1983, vereinfacht; Schädel nach A. H. Müller 1966.)

Tiere, deren letzte Vertreter heute noch leben, mit Haarkleid und vier handartigen Füßen; ihre Augen leuchteten nicht mehr wie die der früheren Tiere. Steiner zeichnete drei verschiedene Tiere an die Tafel: oben links mit flossenartigen Füßen und einem großen, orangefarbigen Auge über dem Kopf; daneben eines, bei dem das rote Auge schon seitlich steht und darunter ein tertiäres Säugetier, bei dem die andersartige Wahrnehmung durch ein blaues Auge angedeutet ist.

Bei den Menschen wurde vor der Mondablösung die **Epiphyse** durch die Mondenkräfte dazu angeregt, die niederen Verrichtungen zu regulieren, vor allem Ernährungs- und Atmungsvorgänge, die damals noch eines waren. Von diesem Organ aus wurden die inneren Kräfte des weichkörprigen Menschen gelenkt, wodurch er sich aufblasen und sich die verschiedensten Gestalten geben konnte, und auch gesteuert, was weniger in seine Willkür gegeben war. Die Epiphyse war außerdem ein Befruchtungsorgan, sodass Sinnesempfänglichkeit und Befruchtung für eine gewisse Zeit zusammenfielen. Durch sie nahm der Mensch diejenigen Kräfte aus seiner Umgebung in sich auf, die ihn befähigten, seinesgleichen hervorzubringen. Dies geschah, wenn die Atmosphäre der Erde besonders fähig wurde, bei einer bestimmten Sonnenstellung diejenige Substanz abzugeben, welche dieses Organ zu besonderem Aufleuchten brachte, sodass der damals noch völlig ungeschlechtliche Mensch eine Befruchtung erfuhr. Nach der Mondablösung, in der zweiten Hälfte der Lemuris, begannen die anderen Sinnesorgane, vor allem die Augen, sich nach außen zu öffnen. Im Lauf der Evolution zog sich der Ätherkopf immer mehr in den physischen Kopf zurück; in der folgenden atlantischen Zeit hatte er nur noch einen besonderen Punkt für ein restliches übersinnliches Wahrnehmen, und zwar an der Stelle, wo wir heute die Zirbeldrüse haben. Das heutige Gehirn begann sich auszubilden, fossil belegt für die erste Hälfte der Atlantis durch die tertiären Säugetiere. Das einstige Wahrnehmungs-Befruchtungs-Organ verdichtete und schloss sich. Es wurde zu einem Drüsenorgan, eben zur Zirbeldrüse. Die letzte Andeutung des Organs, das sich vom Kopf der Lemurier hinausstreckte in den Weltenraum, sehen wir am Kopf eines eben geborenen Kindes, und zwar als die kleine Öffnung oben, die ungefähr ein Jahr oder etwas mehr offen bleibt, die Fontanelle. Für die zukünftige Weiterentwicklung der Menschheit ist mit der Zirbeldrüse ein Organ veranlagt, welches als ein aktives Organ zum Auge hinzukommen wird. Es wird den Bildern, die das Auge erzeugt, Wirklichkeit verleihen und damit dem Menschen künftig die Hellsichtigkeit zurückgeben. Zum anderen wird es im Zusammenhang mit dem Kehlkopf und der Sprache die Fortpflanzungsprozesse des Menschen übernehmen, wenn die derzeitigen Organe degeneriert sein werden. – Die Hirnanhangdrüse (**Hypophyse**) ist dazu veranlagt, zukünftig ein aktives Wärmeorgan zu werden. Es wird die innere, seelische Wärme bewusst ausstrahlen, im Gegensatz zum Herzen, das von außen Wärme aufnimmt. In diesem Zusammenhang schilderte Steiner noch (GA 128, 23. u. 24. 3. 1911), wie beide Organe sich als physisch-sinnlicher Ausdruck zweier entgegengesetzter Ätherströmungen gebildet haben, die durch ihren Ausgleich im Menschen das Einprägen von Gedächtnisvorstellungen ermöglichen. Johannes Rohen (2000, S. 399-401) charakterisiert sehr gut die Funktionen und Werdeprozesse von Hypophyse und Epiphyse und weist darauf hin, welche Bedeutung sie für das Wahrnehmen und das Ich haben.

Boie weist darauf hin, dass Steiners Forschungsergebnisse die naturwissenschaftlichen ergänzen, ja zum Teil um Jahrzehnte vorweggenommen haben, beispielsweise bei der Frage der Lichtwahrnehmung durch die Epiphyse. Wir können allerdings die tierische Entwicklung nur an den spezialisierten Endformen untersuchen, wobei jede Art eine andere Nuance ausbildete. So kann die Spezialisierung bis dahin gehen, dass auch untersinnliche Kräfte wie Elektrizität oder Ultraschall benutzt werden. Wenn wir den Blick von den spezialisierten Endformen aus auf die Kontinuität der **Gesamtentwicklung** lenken und im goetheanistischen Sinne (s. S. 19 ff.) in den Bildeprozess der Evolution eintauchen, dann gelangen wir auf die Ebene von Steiners Darstellungen, auf der die Parallelität von Mensch und Tier evident wird.

Die primäre übersinnliche Wahrnehmung zog immer mehr nach innen und verlosch. Gleichzeitig gliederte sich einerseits die äußere Wahrnehmung der Augen und der anderen Sinnesorgane heraus; andererseits wurde die Fortpflanzung zweigeschlechtlich und verinnerlicht. Bei den Stachelhäutern besteht zuerst an der gesamten Körperoberfläche ein Wahrnehmungsorgan, welches noch mit Atmung, Ernährung und Bewegung verbunden ist. Nerv, Blut und Wassersystem verlaufen parallel; die einzelnen Sinnesfunktionen sind noch wenig aufgegliedert. Dem entspricht die Entwicklung der Wahrnehmung bei den lemurischen Menschen. Von den frühen Fischen an ist die Wahrnehmung an ein differenziertes Gehirn gebunden und in die Augen, das Parietalorgan und die Seitenlinienorgane gegliedert. Bei den Lurchen und Kriechtieren wird das Parietalorgan zurückgebildet und fehlt bei den Säugetieren und beim Menschen. Epiphyse und Hypophyse sind heute aber nicht nur rudimentär, sondern dazu bestimmt, als zentrale Wahrnehmungs- und Lebensorgane Träger für neue Funktionen zu werden. Durch Steiners Forschungen rückt die Bedeutung des Parietalorganes und der Seitenlinienorgane der Tiere noch in ein anderes Licht. Eine übersinnliche Wahrnehmungsfähigkeit ist viel naheliegender als die Annahme einer Helligkeitswahrnehmung, welche bei Tieren mit Augen als wenig sinnvoll erscheint. Solche Deutungen der Paläontologie entstehen, weil eine übersinnliche Wahrnehmung von der materialistischen Naturwissenschaft ausgeschlossen wird. Dabei findet sich ein Rest davon selbst noch bei Säugetieren, was sich dem aufmerksamen Beobachter am Verhalten immer wieder anschaulich zeigen kann.

Die Stämme der Mineral-Pflanzen-Tiere

Evolutionsaspekte der Absonderungen

Verinnerlichung der Wesensglieder

Wir betrachteten den Entwicklungsweg der Deuterostomier von den Stachelhäutern über die Wirbeltiere bis zum Menschen. Ich habe diese Tiergruppen als Menschen-Wirbeltierstamm bezeichnet. Dem steht das große und sehr verschieden gestaltete Reich der **wirbellosen und niederen Tiere** gegenüber. Es lässt sich zunächst in zwei große Stämme (Abb. 6, S. 66) gliedern: die zweiseitig symmetrischen **Protostomier** mit den Weichtieren und den Insekten und die zentral symmetrischen **Hohltiere** mit den Schwämmen und den Korallen. In der Fach- und Populärliteratur liegen zahlreiche vorzügliche Beschreibungen der Phänomene vor, sodass ich mich bei der Fülle der Formen auf einen Überblick und auf das beschränken werde, was für die Erdgeschichte, die Gesteinsentwicklung und die Evolution des Menschen wesentlich ist. Die grundlegenden Unterschiede und die Gemeinsamkeiten in den Bauplänen der drei Tierstämme und ihre Zusammenhänge mit den drei Pflanzenstämmen werden von der Biologie konstatiert und beschrieben; durch das Prinzip der Sonderung und der Entwicklung des Menschen aus der Sicht der Anthroposophie kommen einige neue Aspekte hinzu, welche ein erweitertes Verständnis möglich machen.

Aus dem Prinzip der Sonderung ergab sich, dass sich während der Erdentwicklung die beiden Stämme der Wirbellosen von den beiden Pflanzenstämmen getrennt haben. Alle vier entstammten dem zweigliedrigen **Pflanzen-Tier-Reich** des Alten Mondes. Die heute zu beobachtenden Unterschiede haben sich danach erst im Laufe der erdgeschichtlichen Entwicklung herausgebildet. Das zeigt sich schon daran, dass die Trennung in Arten, Gruppen etc. immer schwieriger wird, je weiter wir zeitlich oder in der Taxonomie zurückgehen. Bei den Einzellern kann kaum mehr zwischen Pflanze und Tier unterschieden werden, bei den Bakterien nur noch nach Formgruppen. Diese Lebenswelten können auf vielfältige Weise durch ihren Stoffwechselprozess Substanzen anreichern, in sich einlagern und mit ihrem Tode abscheiden. Deshalb soll die Betrachtung der niederen Tier- und Pflanzenwelt in diesem Kapitel die Grundlage schaffen, um anschließend die Gesteinsbildung aus dem Lebensprozess besser zu verstehen.

Beide Reiche der Pflanzentiere standen auf dem Alten Mond (Abb. 6) auf der Entwicklungsstufe der Pflanzen. Sie hatten den Ätherleib im physischen Leib verinnerlicht, wobei das höhere Reich von der Sonnenstufe her zurückgeblieben war und das niedere sich von daher weiterentwickelt hatte. Zu Beginn des Erdenzustandes erschienen beide Reiche wieder. Nun sollte das Astralische eingegliedert werden. Durch die unterschiedliche Vorgeschichte wurde es verschieden aufgenommen. Das bewirkte, das sich die beiden Reiche **in vier Stämme** aufgliederten. Die Unterschiede, wie wir sie heute am Ende der Entwicklung beobachten können, lassen sich daraus verstehen, dass das Astralische in jedem Stamm in anderer Art auf das Physisch-Ätherische wirkte bzw. schrittweise verinnerlicht werden konnte.

Die Gruppenseelen der Arten, die sich weiterentwickeln konnten, begannen den Astralleib zu verinnerlichen und bildeten die beiden Stämme des niederen Tierreiches; die zurückbleibenden Gruppenseelen bildeten die Stämme des Pflanzenreiches. Bei dem Grünpflanzen-Stamm und im vegetativen Bereich der Blütenpflanzen wirkt das Astralische gestaltend ganz von außen, anschaubar z.B. im Generationswechsel oder in der Blattmetamorphose. Bei den Bedecktsamern wirkt es in der Blütenbildung ebenfalls von außen und zeigt sich z.B. in Farbe, Duft und den eingestülpten Blütengestalten. Bei den Gruppen des Hohltier-Stammes wirkt der Astralleib in den Stockbildungen noch mehr im Ganzen, während er in den einzelnen Tierformen schon individualisiert und teilweise verinnerlicht werden konnte. Die Protostomier beginnen zunächst ebenfalls mit Stöcken wie die Bryozoen; dann überwiegen aber die Einzelformen. Mit der Insektenwelt erreicht die verinnerlichte Gestaltungskraft des Astralischen einen Höhepunkt, der sich in der gewaltigen Formen- und Artenfülle zeigt. Dem entspricht im zurückbleibenden Pflanzenstamm die Formenfülle der Blütenbildungen, bei denen das Astralische jedoch äußerlich bleibt. Über den Befruchtungsvorgang hängen beide Stämme immer noch zusammen.

In den Gruppen mit den jeweils höchsten Entwicklungsstufen wirkt bereits das nächsthöhere Wesensglied, das Ich, von außen gestaltend mit. Das kann z.B. bei Bienen oder Ameisen beobachtet werden, deren Lebensordnung als «Staat» bezeichnet wird; besser wäre Organismus. In der Wirbeltierreihe zeigt sich das Ich beispielsweise in Herdenphänomenen, in der Möglichkeit, Haustiere zu zähmen, oder in einer gewissen Lernfähigkeit, im Dressurvermögen. Erst beim höchstentwickelten Stamm, dem Menschen, konnte das Ich auch verinnerlicht werden, da er auf allen früheren Stufen das Evolutionsziel erreicht hatte. Dadurch wird eine weitere Höherentwicklung im Geistigen möglich.

Diese Phänomene beschreibt die Biologie mit Begriffen wie Ko- oder Synevolution, Analogie und Homologie; sie vermutet als Ursache eine Anpassung an äußere Umweltwirkungen, ohne dass jedoch ein Zusammenhang zwischen Umwelt und Bauplänen aufgezeigt werden kann. Durch den Aspekt der Sonderung sowie der differenzierten Wirkung und Verinnerlichung der Wesensglieder wird der Zusammenhang der Phänomene zwischen den Stämmen der Naturreiche viel tiefer verständlich. Dazu sollen in diesem Abschnitt einige Gesichtspunkte beigetragen werden.

Die verschiedenen Stufen der Verinnerlichung der Wesensglieder können auch an der **embryonalen Entwicklung** gut erkannt werden. Die beiden Pflanzenstämme blieben unter den irdischen Verhältnissen auf dem Entwicklungsstand des Alten Mondes zurück, d.h. sie hatten nur den Ätherleib verinnerlicht. Die Entwicklung bleibt auf dem Stadium der Zellkugel, der Morula, stehen. Die teilungsfähige Lebensschicht der Pflanze dehnt sich aus bis in die Knospe oder das Kambium. Die Ernährung durch Assimilation ist autotroph. – Bei den beiden aufsteigenden Stämmen, die das Astralische verinnerlichten, wurde die Morula zur Gastrula (s. S. 64) eingestülpt. Die Individuen sind kleiner; die Ernährung wird heterotroph. Der Hohltierstamm vermochte nur den ersten Schritt (Abb. 5, S. 65 u. Abb. 37, S. 117) zu gehen und blieb bei der Einstülpung stehen. Nahrung und Atmung werden ungetrennt an gleicher Stelle ein- und ausgeströmt. Protostomier und Deuterostomier entwickelten sich dadurch weiter, dass ein durchgehender Nahrungsstrom ausgebildet wurde: bei den Insekten in gleicher Richtung wie die Einstülpung, also vom Stoffwechselpol her; bei den Wirbeltieren und Stachelhäutern entgegengesetzt gerichtet, also vom Kopfpol her. Atmung und Ernährung werden getrennt. Alle diese Phänomene sind wichtig für den Vergleich mit der Evolution der Menschengestalt, die im nächsten Kapitel beschrieben wird.

Die dritte große Stammgruppe, die sich höher entwickelte, umfasst die **Bakterien**. Sie gehen aber von einem noch weiter zurückgebliebenen Standort aus. Sie hatten auf dem Alten Mond nur den physischen Leib ausgebildet, der allerdings nur dadurch denkbar war, dass das Ätherische von außen her auf ihn wirkte; denn ein mineralisch Erstorbenes, bei dem nur der physische Leib zurückbleibt, gibt es erst mit den **Gesteinen** auf der Erdenstufe. Die Bakterien werden zu den Pflanzen gerechnet, weil sie sich zum Teil wie diese durch Assimilation autotroph ernähren. Diese Begründung ist jedoch unzureichend, weil das Kriterium der Ernährungsweise eigentlich nicht mehr greift, ja schon bei den Einzellern nicht mehr weiterhilft. Vom Aspekt der Sonderung aus gesehen stehen die Bakterien auf einer ganz anderen Stufe als die Pflanzen. Die Assimilation hängt damit zusammen, dass ein Ätherleib mehr oder weniger noch ganz von außen wirksam ist. Er übergreift die interzellulären Stoffwechselprozesse von außen, während er sie bei Pflanzen, Tieren oder Menschen von innen ergreift. Die Bakterien erfüllen Luft, Wasser und Erdboden und unterliegen dem Ätherleib der irdischen Lebenssphäre (s. S. 128) bzw. auch dem eines höheren Organismus. In ihrer Stoffwechseltätigkeit sind sie eng mit der Gesteinsbildung und Gesteinsauflösung verbunden, beispielsweise bei der Verwitterung und Bodenbildung oder bei zahlreichen kolloidalen Fällungen.

Die Höherentwicklung beruht überhaupt darauf, dass sich die drei übersinnlichen Wesensglieder in den physischen Leib inkarnieren. Das wird als das Prinzip der Individualisierung und **Verinnerlichung** (Internalisation) beschrieben. Dieser Prozess erfolgt differenziert und von Gruppe zu Gruppe verschieden rasch (Heterochronizität). Dadurch sondern sich die Gruppen voneinander. Ausgangsort innerhalb der Naturreiche ist die Evolution des Menschen, die Inkarnation des Ich; sie bewirkt im Astralischen die Gliederung in Gruppenseelen, die weiter in die Ätherleiber hineinwirkt, sodass die Arten zunehmend getrennt erscheinen. Deshalb hängen am Anfang die Tiergruppen noch stärker zusammen. Das Sondernde wirkt sich zuerst bei den Wesen aus, die am weitesten zurückgeblieben sind, also bei dem, was wir heute als Bakterien kennen. Dadurch erscheinen die Gesteine zuerst, der Mensch zuletzt im physischen Leib. Unter dem Aspekt der Wesensglieder wäre es notwendig, die Entwicklungen nicht von der Addition der Zellen oder der Einzelwesen aus zu betrachten, sondern umgekehrt von den übergeordneten Ganzheiten auszugehen und zu betrachten, wie sie sich sondern und aufgliedern. Gerade an der Basis der Pflanzentierstämme begegnen wir diesen sich gliedernden Ganzheiten. Nicht die Bakterien stünden am Anfang der Evolution und würden auf unerklärliche Weise zu Einzellern, diese ebenso unerklärlich zu Vielzellern; nicht die Bakterien oder Einzeller lebten in Symbiose mit höheren Organismen; nicht einzelne Korallen, Bryozoen oder Graptolithen bildeten Kolonien oder Stöcke; nicht Algen und Pilze gingen in den Flechten eine Symbiose ein – sondern in jedem Falle ist der Ätherleib eines übergreifenden Organismus als Ganzheit wirksam, indem er sich noch nicht so weit inkarniert und individualisiert hat, dass die Gruppen völlig gesondert sind. Nur dem analysierenden Denken erscheinen die Gruppen zunächst getrennt. Die Welt wird dann so vorgestellt, als sei sie aus den Teilen zusammengefügt. Die konkrete Realität eines übergeordneten Organismus wird erst wirklich verständlich und anschaubar, wenn das differenzierte Verhältnis seiner Wesensglieder erkannt wird.

Erdgeschichtliche Übersicht

An den Phänomenen aller vier Stämme lassen sich für die Zeit der Erdentwicklung allgemeine gemeinsame Entwicklungszüge ablesen. Das Prinzip der Sonderung macht verständlich, dass bestimmte Gruppen sich weiter entwickeln konnten, während auf jeder Stufe andere zurückblieben. Die jeweils evolutiv ersten oder zeitlich frühen Formen ähneln sich stark. Erst im Laufe der Entwicklung individualisierten sie sich, sowohl in der phylogenetischen als auch in der ontogenetischen Folge. Stets verläuft die Evolution am Anfang rascher, dann wird sie langsamer, bis sie nach und nach erstirbt. Am Anfang werden vor allem völlig neue Organe veranlagt; viele grundlegende Innovationen erscheinen; die Schritte sind groß; später werden sie immer kleiner. Die meisten so genannten Baupläne konstatiert die Biologie bei den niederen Tieren. Die großen Abstände der Innovationen spiegeln sich auch in den Schwierigkeiten für die Nomenklatur, welche auf Merkmalen beruht und hierarchisch gegliedert ist. So stehen am Anfang oft kleine Gruppen mit wenigen Arten, bei denen ein neues Organ erscheint, welches bei allen späteren Tieren oder Pflanzen erhalten bleibt. Solche kleinen Gruppen müssen eigene Reiche, Stämme oder Klassen bekommen und werden der Fülle aller weiteren Gruppen nomenklatorisch gegenübergestellt. Damit stehen einige seltene Formen der Mesozoa, oder auch die Schwämme, der gesamten anderen Tierwelt gegenüber, die Stachelhäuter allen Wirbeltieren oder die Kieferlosen allen Kiefertragenden und so fort. Indem die **Entwicklung erst rasch** in großen Stufen verläuft und **dann langsamer** wird, zeigt sich insgesamt dasselbe Prinzip, welches auch in jedem Wachstumsprozess beobachtet werden kann. Die individuelle Entwicklung eines Lebewesens entspricht auch hierin der Stammesentwicklung. Es ist

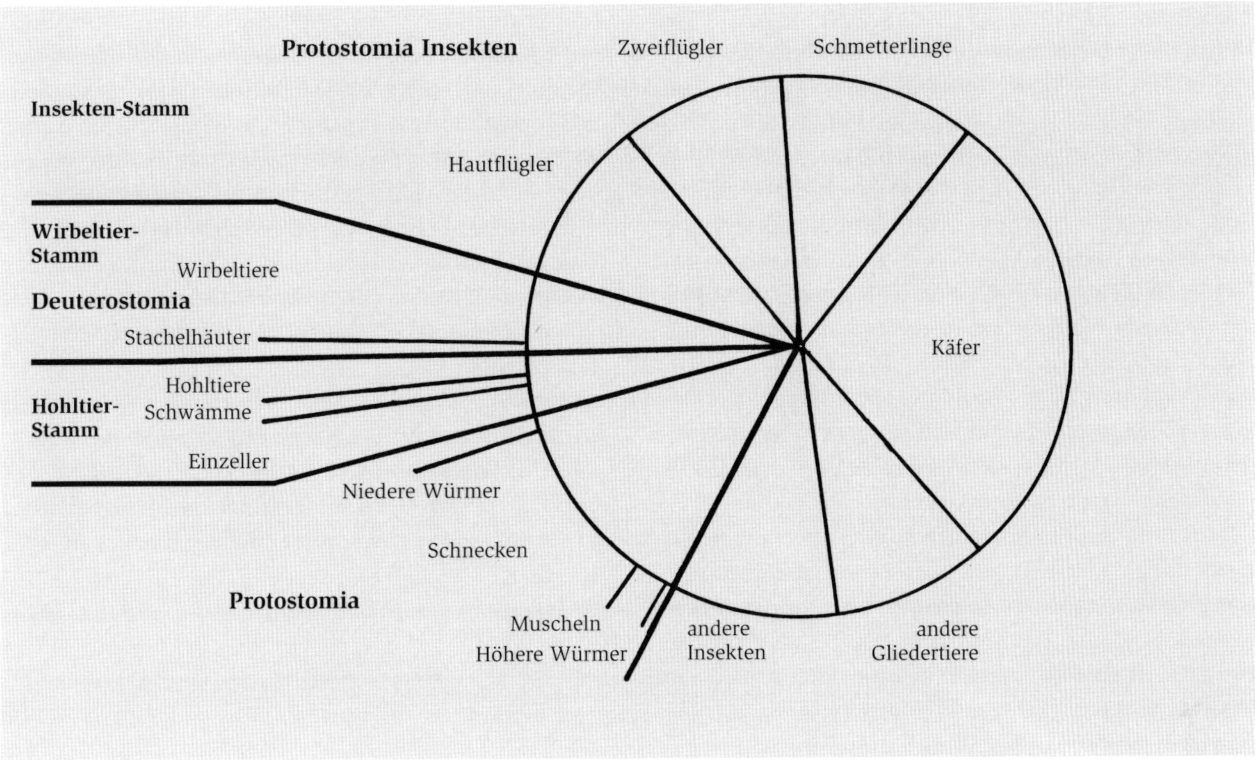

Abb. 34: Der prozentuale Anteil der Hauptgruppen an der Zahl aller heute lebenden Tierarten, aufgeteilt auf die drei Hauptstämme des Tierreichs entsprechend Abb. 6, S. 67. (Entworfen nach Angaben in Grzimeks Tierleben 1993, Bd. 1, S. 20 u. Taschenbuch der Biologie, Jena 1979).

dasselbe Prinzip, welches auch der hier verwendeten logarithmischen Zeitskala (s. S. 43) und dem doppelten Gesetz der Evolution (s. S. 184) zugrunde liegt. Es ist begründet durch das Absterben der irdischen Lebenssphäre (s. S. 477) und damit der Entwicklung des Menschen überhaupt. Im Gegensatz dazu sieht Wolfgang Schad (1993, S. 248) eine immer schneller verlaufende Evolution, eine logarithmische Zunahme der Innovationen, womit sich die logarithmische Verzerrung der radiometrischen Zeitskala (s. S. 41) begründen würde.

Als **erste Gruppe** während der Erdgeschichte sonderten sich die **Bakterien** aus der allgemeinen Lebenssphäre (s. S. 125) der Erde ab. Das Archäikum wird von der Epoche an gerechnet, wo die verhärtenden Gesteinsmassen erscheinen, welche sich aus den Lebensprozessen der Erdsphäre abzusondern beginnen. Diese Gesteinsentwicklungen werden uns im nächsten großen Kapitel (s. S. 206, 349) weiter beschäftigen. Nach diesen Gesteinsmassen erschienen mit Beginn des Kambriums Vertreter aller höheren Tiergruppen, also der beiden anderen, sich höher entwickelnden Stämme. Es muss aber allen Gruppen eine weichkörprige Entwicklung vorangegangen sein, da ihre ersten Vertreter bereits voll entwickelt, d.h. stark spezialisiert gefunden werden. Auch die extrem seltenen, weichkörprigen Vorläufer (Abb. 40, S. 122) haben schon spezialisierte Formen. Die Grenze Präkambrium/Kambrium ist genau genommen eine Fossilisationsgrenze und als solche auch im 19. Jahrhundert bestimmt worden; sie wurde dorthin gelegt, von wo an sich hartschalige Fossilien finden. Sie kennzeichnet eine Entwicklungsstufe, die sich vor allem auf ein erhaltungsfähiges Außenskelett bezieht. Auch bei den Gesteinen kennzeichnet sie einen deutlichen Einschnitt. Schon im jüngeren Proterozoikum weisen erste mächtige Quarzite (Abb. 161, S. 285) darauf hin, dass weltweit Verhärtungs- und Abtragungsprozesse begonnen haben.

Während des **Erdaltertums** dominierten besonders die Gruppen des Hohltier-Grünpflanzen-Stammes – zunächst in der aufsteigenden Linie mit Korallen und dann in der absteigenden Linie mit Algen und den baumgroßen Schachtelhalmen und Farnen. Im Protostomier-Stamm sind es die Bryozoen, die wie die Korallen zu Stöcken auswachsen, also noch übergeordnete Organismen sind. Die höherstehenden Gruppen wie die Brachiopoden, Weichtiere und Trilobiten bilden Einzelformen mit Außenskeletten. An den hartschaligen Tieren können wir die weitere Evolution gut verfolgen, während sie bei den Gruppen mit fehlenden oder weichen Körperhüllen, beispielsweise den Insekten oder Würmern, nur lückenhaft überliefert ist. Sie unterliegen aber denselben Prinzipien und lassen sich damit auch rekonstruieren.

Während des **Erdmittelalters** entwickelten sich in beiden Tierstämmen vor allem die kalkschalenbildenden Gruppen: im Hohltier-Stamm die Einzeller, Schwämme und Korallen und bei den Protostomiern die Muscheln, Schnecken und Kopffüßler. Am Ende des Erdmittelalters begann die gewaltige Artendifferenzierung des Insekten-Stammes und der Blütenpflanzen. Das weist wiederum darauf hin, dass sich die Wasser-Luft-Verhältnisse der Erdatmosphäre geändert hatten (s. S. 477).

Die **Sonderungen enden** im Großen gesehen für die Hauptgesteine der Erdkruste im Proterozoikum, für die meisten primären Gesteine im Karbon, für die Pflanzen- und Tierarten in der Mitte der atlantischen Zeit, also etwa am Ende des Tertiärs; für den Menschen erst Ende der Atlantis, also gegen Ende der Eiszeit (das wird alles noch im detaillierten Zusammenhang betrachtet werden). Am Ende der Sonderungen geschieht das Gegenteil wie am Anfang: Es erfolgen keine wesentlichen neuen Entwicklungsschritte mehr; wenige Baupläne werden vielfältig variiert, und die Gruppen gliedern sich in ungeheuer viele Arten auf. Das zeigt beispielsweise die Säugetierentwicklung (Abb. 21, S. 84) oder die Artenfülle der Blütenpflanzen (s. Abb. 41, S. 123) zusammen mit der Formenvielfalt der Insekten. Wäre das Ende der Sonderungen damit heute erreicht? Können heute noch neue Tier- oder Pflanzenarten entstehen? Diese Fragen werden mit den Evolutionsprinzipien zusammen später besprochen (s. S. 181 – 187).

Aus anthroposophischer Sicht schilderte Rudolf Steiner die «**Gegenwart und Zukunft** der Welt- und Menschheits-Entwicklung» (GA 13, S. 397). Danach wird sich auch das Menschengeschlecht weiter aufgliedern, und zwar in Abhängigkeit davon, wie weit das Ich in Freiheit die anderen Wesenglieder umgestaltet. Auch der Menschenstamm (s. S. 180) ist aus der Evolution in die Devolution übergegangen. Das hieße, dass innerhalb des Wirbeltierstammes, der Deuterostomier, keine neuen Tierarten im heutigen Sinne entstehen können. Anders könnte das bei den sich höher entwickelnden Stämmen der Pflanzentiere aussehen, bei denen das Astralische gliedernd einwirken kann. So stammen auch die meisten Beispiele für vermutliche Neubildung von Arten aus dem Insektenstamm mit kurzer Generationenfolge und aus dem Bereich der Blütenpflanzen; beide sind außerordentlich stark aufgegliedert.

Die Pflanzen-Tier-Stämme

Aspekte zum Insekten-Blütenpflanzen-Stamm

Die Sonderung in einzelne Arten und Gattungen geht innerhalb der Tierwelt bei den Gruppen der Insekten am weitesten (Abb. 34, S. 111). Sie sind schätzungsweise in über eine Million Arten aufgegliedert, von denen längst nicht alle bekannt sind. Von allen heute lebenden Tierarten gehören 92 % zu den Protostomiern, also zum **Insektenstamm**. Ihre Gruppen gehen von den niederen Würmern bis zu den am höchsten entwickelten Hautflüglern mit den Ameisen, Hummeln, Wespen und Bienen. Die restlichen 8 % entfallen auf 48.000 Arten Deuterostomier, 20.000 Arten Einzeller, 5.000 Arten Schwämme und 9.000 Arten Hohltiere. Diese Zahlen zeigen vor allem, wie stark bei den Insekten die Tendenz zur Sonderung wirksam ist. Entsprechend hoch ist die Artenzahl bei den Blütenpflanzen, die mit 170.000 bis 300.000 sehr verschieden angegeben wird (10.000 Gattungen, 300 Familien). Bei solchen Größenordnungen können in den Schemata (Abb. 41, S. 123) die Verhältnisse zu den anderen Tier- und Pflanzengruppen überhaupt nicht adäquat dargestellt werden.

Über die Insektenwelt liegen anschauliche goetheanistische Darstellungen vor von Andreas Suchantke (1994) über die Schmetterlinge und allgemeine Aspekte sowie von Thomas Marti (1998) über die Käfer. Beide Arbeiten enthalten auch Abschnitte zur Evolution. Deutlich wird im **Vergleich mit den Wirbeltieren** herausgearbeitet (Suchantke, S. 14 – 30; Marti S. 217), wie ein festes Außenskelett und ein rhythmisch gegliederter Leib veranlagt sind, sodass man die Insekten als Kopf-Brust-Wesen bezeichnen kann. Die zahlreichen bei Suchantke und Marti dargestellten Phänomene werden vom Aspekt der Sonderung noch umfassender verständlich als durch gegenseitige Anpassung und «Koevolution». Man versuche einmal, gewissermaßen imaginativ den folgenden Fragen nachzugehen: Was könnte es heißen, dass diese beiden Stämme sich schon auf einer früheren Stufe getrennt haben? Wie ist zu verstehen, dass beispielsweise das seelische Verhalten der Insekten wie äußerlich, automatisch bleibt (Suchantke, S. 98; Marti, S. 189) und bei den Wirbeltieren verinnerlicht wird? Welche Bedeutung hat es für alle Lebensfunktionen, dass die Einstülpung der Insekten vom Kopfpol her, die der Wirbeltiere vom Stoffwechselpol her erfolgt und das Nervensystem der Insekten von innen, das der Wirbeltiere von außenher entsteht (Abb. 5, S. 65)? Wie unterschiedlich bilden sich die Augen, die Gliedmaßen? Marti (S. 217 – 222) und auch Suchantke (S. 101) finden Parallelen zwischen der **Dreigliedrigkeit** der Gestalt und der Lebensfunktionen bei den Säugetieren (s. S. 84) und denen der Käfer. Marti schreibt: «Es ist nun vollständig überraschend zu sehen, dass diese Regeln sich auch in der Käferwelt bestätigen.» Die Dreigliederung fand Rudolf Steiner am Menschen, was Marti nicht erwähnt. Beide Stämme haben aber polar entgegengesetzt gebildete Baupläne. Wie sollte da ein durchgängiges Bildeprinzip wirksam sein? Das wird vom Prinzip der Sonderung her verständlich. Der gemeinsame Ursprungsort beider Stämme liegt am Beginn der hyperboräischen Epoche, als sich die Pflanzentiere vom Menschenstamm (Abb. 6, S. 66) sonderten. Es wäre nicht verwunderlich, wenn sich das Prinzip der Dreigliederung, entsprechend modifiziert, in allen Naturreichen finden ließe. Zum Erscheinen der Blütenpflanzen schreibt Straßburger (1971, S.747): «Ihre stammesgeschichtliche Herkunft ist ein noch ungelöstes Rätsel».

Den Zusammenhang der **Insekten mit den Blütenpflanzen**, die Gestalt- und Farbähnlichkeiten mit Blüten, die funktionale Gemeinschaft mit Früchten hat besonders Andreas Suchantke herausgearbeitet (1994, S. 51 u. 87; Weiteres 1998, S. 29), z.B. bei der Feigenwespe und auch bei anderen, evolutiv völlig verschiedenen Tiergruppen. Der gemeinsame Ursprung liegt im bildefähigen Bereich der aufsteigenden Entwicklung, aus der sich absteigende Gruppen sonderten. Auch Steiner beschreibt dies (GA 230, 26.10.1923). Ähnliche Beziehungen sind auch zwischen Vögeln und Blütenpflanzen bekannt (Bedecktsamer, schematisch Abb. 41, S. 123; Vögel, Abb. 7, S. 71), z.B. bei den Kolibris. Hier bestünde ein Zusammenhang darin, dass beide Gruppen in der gleichen Zeit, in der Oberkreide, gebildet wurden.

Die erste große Gruppe der **Protostomier**, welche im Erdaltertum fossilfähige Skelette ausbildete, waren die **Trilobiten** (Abb. 36, S. 117, oben links; Verbreitung Abb. 35 rechts, S. 115). Sie bildeten wichtige Leitfossilien und starben im Perm restlos aus. Es waren asselartige Gliedertiere mit starrem dreiteiligem Panzer aus Chitin, Kalk bzw. Calciumphosphat, der gehäutet wurde. Sie besaßen Facettenaugen, ein einfaches Darmsystem, bauchseitige Nervenstränge und einfache seitliche Spaltbeine an den mittleren Segmenten. Zu den hartschaligen Gliederfüßlern gehörten die sehr kleinen Muschelkrebse oder Ostracoda und die höheren Krebse, die Malacostraca.

Als nächste große Gruppe des Erdaltertums folgten bei den Protostomiern die Armfüßler oder **Brachiopoden** (Abb. 36, S. 117, oben rechts; Verbreitung Abb. 35, links, S. 115; Abb. 141, S. 256), die im Devon maximal verbreitet waren. Sie hatten zwei hornig-kalkig-phosphatische Schalen, die mit einem fleischigen Stiel am Boden festgeheftet waren. Diese Schalen waren ähnlich wie bei den Muscheln, aber nicht wie dort rechts und links, sondern symmetrisch oben und unten angeordnet. Charakteristisch sind innen die spiraligen, kalkigen Stützgerüste der Kiemenarme (Armgerüste = Brachidia). Von den etwa 7.000 Arten leben noch 250.

Die **Weichtiere** (Verbreitung Abb. 35, S. 115) gehören ebenfalls zu den Protostomiern, die durch ihr kalkiges Außenskelett fossil erhalten sind. Sie dominieren vor allem im Erdmittelalter, wo sie vielfach an der Bildung der mächtigen Kalksteinablagerungen beteiligt waren. Zu ihnen zählen die Muscheln,

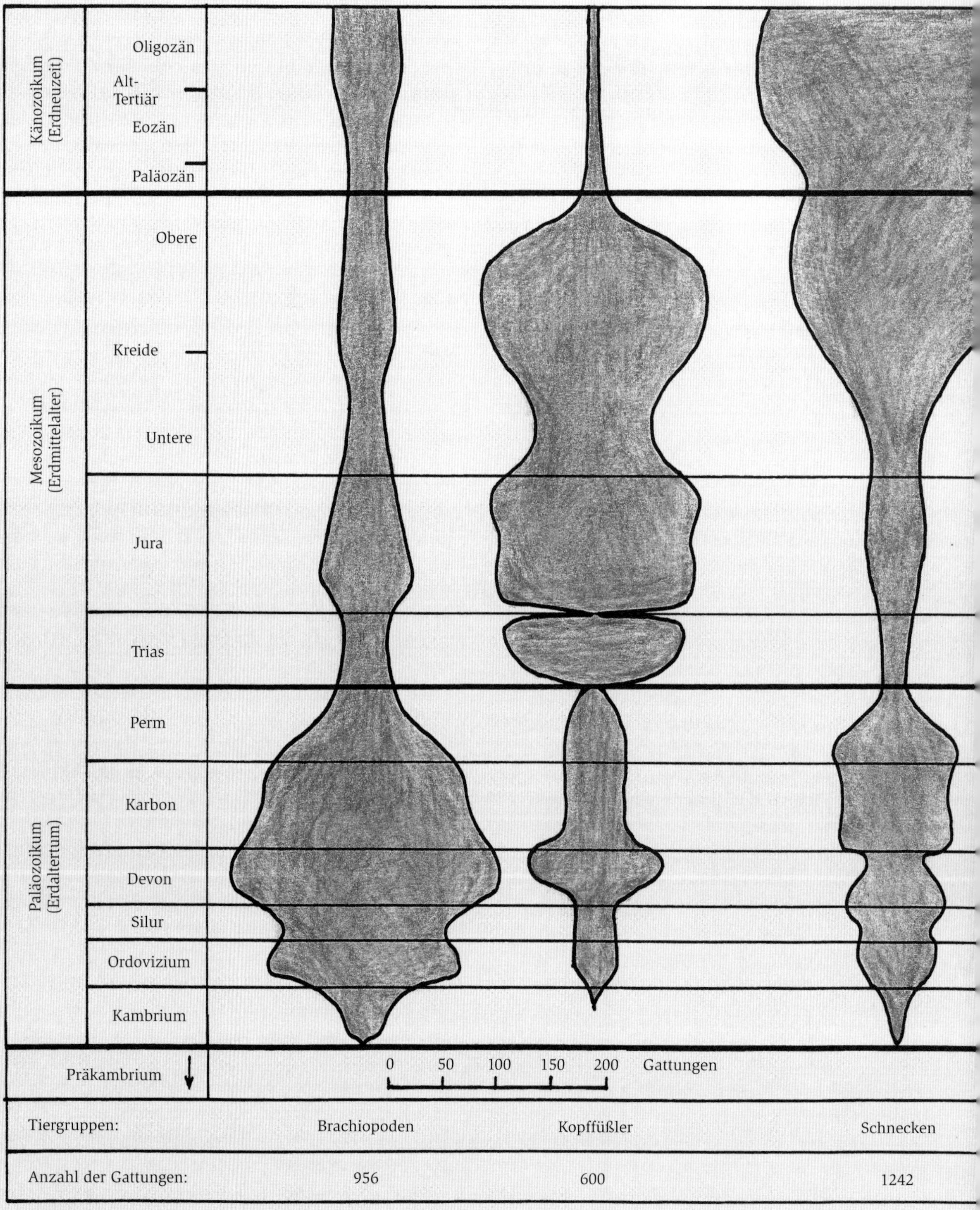
Känozoikum (Erdneuzeit)
Oligozän
Alt-Tertiär
Eozän
Paläozän
Mesozoikum (Erdmittelalter)
Obere
Kreide
Untere
Jura
Trias
Paläozoikum (Erdaltertum)
Perm
Karbon
Devon
Silur
Ordovizium
Kambrium
Präkambrium
0 50 100 150 200 Gattungen
Tiergruppen:
Brachiopoden
Kopffüßler
Schnecken
Anzahl der Gattungen:
956
600
1242

Schnecken und Kopffüßler, zu welchen wiederum die Tintenfische, Belemniten, Ammoniten und Nautiliten gerechnet werden. Auf die Ammoniten werde ich noch näher eingehen (Abb. 67, S. 167), um an ihrem Beispiel einige Evolutionsprinzipien zu erläutern.

Auch die weichkörprigen **Würmer** haben fossile Spuren in der Erdgeschichte hinterlassen. Schon vom unteren Kambrium an finden sich in feldspathaltigen Quarziten röhrenförmige, gebogene oder trichterförmige Strukturen, die im Gestein anders gefärbt sind und senkrecht zur Schichtung stehen. Es wurden mehrere Typen benannt; der häufigste ist der im weltweit verbreiteten *Scolithus*-Sandstein. Er gehört zu den ersten Sedimenten, die über den Gneisen abgelagert wurden. Man könnte sich ein Milieu ähnlich dem heutigen Wattenmeer mit seinen Wattwürmern vorstellen (s. S. 474).

Eine wichtige, gesteinsbildende Tiergruppe an der Basis der Protostomier sind die **Bryozoen** (Abb. 36 unten links, S. 117; Verbreitung Abb. nebenstehend; Schnitt Abb. 37, S. 117. Einzeln betrachtet sind es millimeterkleine polypenartige Tiere, die ähnlich wie die Korallen ein kalkiges Skelett ausscheiden und somit Stöcke bis zu einem halben Meter Größe bilden, damit aber große Riffkomplexe mit aufbauen können. In der Kreidezeit lebten ca. 15.000 Arten, heute sind noch ca. 4.000 Arten erhalten. Fossil sind die Stöcke an ganz fein perforierten Kalksteinoberflächen erkennbar. Der normale Nährpolyp hat ein gebogenes Verdauungssystem mit einem Kranz von Fühlern, Magen und Darm, welches mit Muskeln bewegt werden kann. Die Körperhöhle (Abb. 37, punktiert) ist mit Flüsigkeit gefüllt, in der weiße Blutkörperchen ohne Gefäße schwimmen und in die männliche und weibliche Keimzellen abgegeben werden. In Eibehältern können aus dem befruchteten Ei durch Teilung bis zu hundert Larven hervorgehen, was an die Graptolithen erinnert. Die Larven sind frei beweglich und suchen einen neuen Haftplatz. Ein Sinnesorgan dient der Nahrungssuche

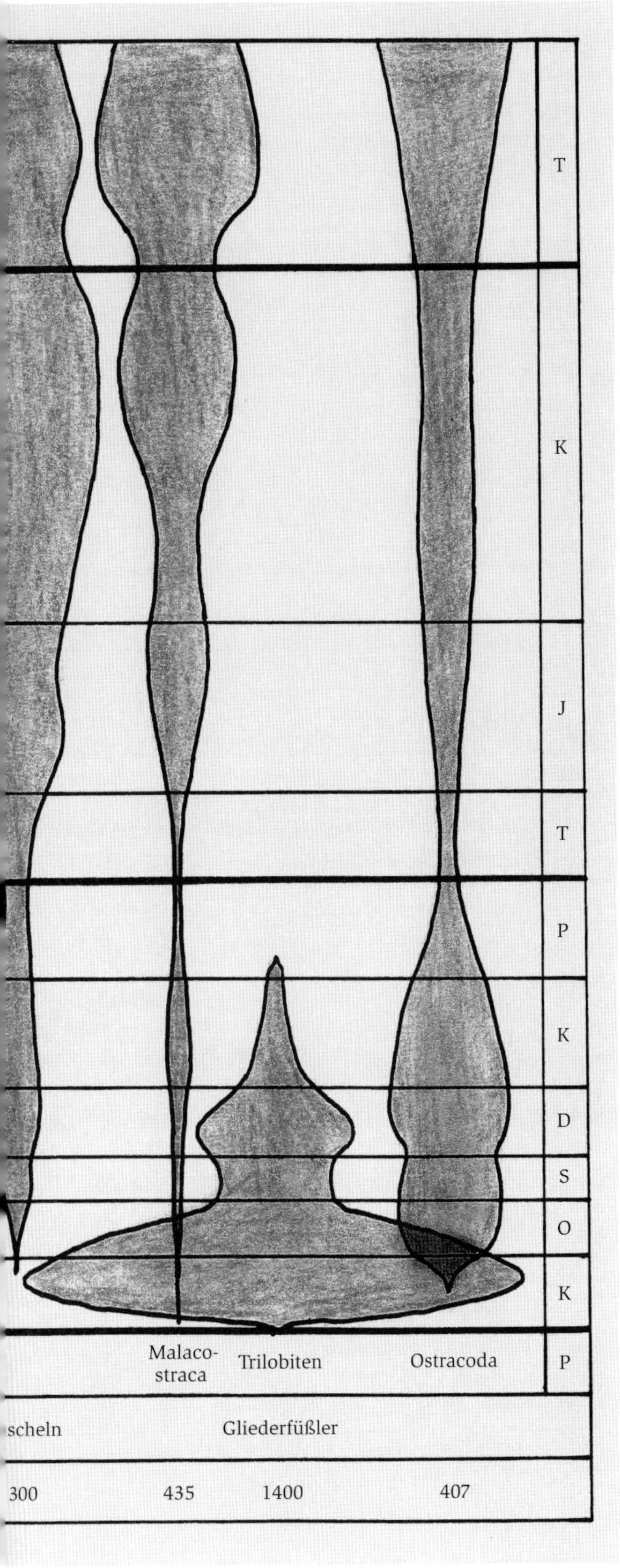

Abb. 35: Entwicklung der fossilen Hauptgruppen der Protostomier: der Brachiopoden, Weichtiere und hartschaliger Gliederfüßler mit der Anzahl ihrer Gattungen in der Folge der geologischen Epochen, im logarithmischen Zeitmaßstab. (Meist nach A. H. Müller, ergänzt und umgezeichnet.)

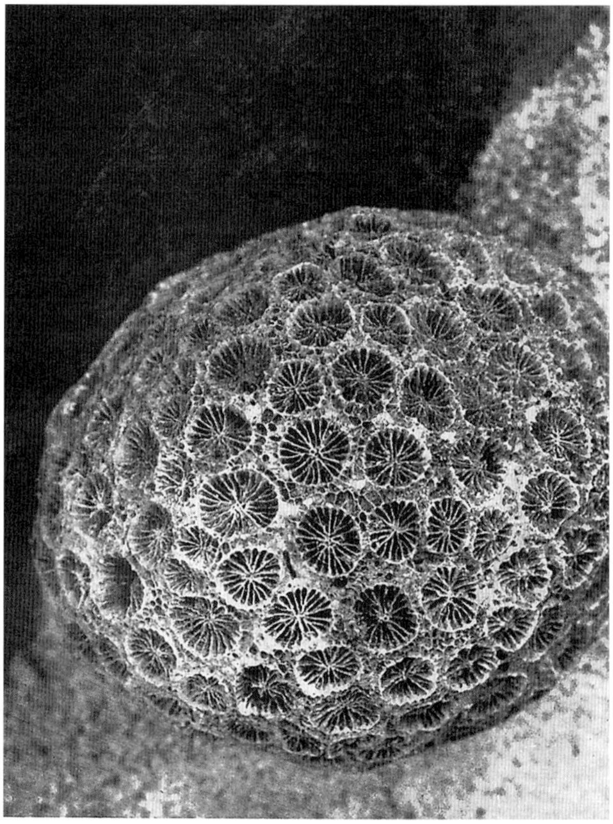

Abb. 37: Schnitte zum allgemeinen Aufbau der Tiergruppen im Hohltier-Stamm und bei Bryozoen. Innerer Bereich punktiert; Kalkskelett schwarz; die Pfeile zeigen links den Wasserstrom, rechts, bei den Hydrozoen, den Generationswechsel: Das Quallenstadium (links) bildet Eier und Samen, der befruchtete Keim ist passiv beweglich, setzt sich fest, wächst zum Polypenstadium aus, bei dem am Ende neue Quallen gebildet werden, sich ablösen und teils durch Kontraktion aktiv beweglich sind. (Nach Remane u.a. 1981).

und tastet den Haftplatz ab; dann löst sich die Larve unter Zucken zu einem unförmigen Klümpchen von Zellbrei auf und bildet sich zu einem neuen Einzeltier aus, welches vegetativ, durch ungeschlechtliche Knospung einen neuen Bryozoenstock bildet. Zu einem Stock gehören außer den normalen Nährpolypen noch solche, die zu verschiedenen speziellen Aufgaben umgebildet sind, wie zu Eibehältern, Tastfäden oder zangenartigen Wehrpolypen. Ein Stock ist also wie bei den Schwämmen ein übergeordneter Organismus, der in Einzeltieren spezialisiert ist und der den Generationswechsel bewirkt. Studiert man die Einzelheiten eines solchen Lebens, bei dem die Verbindung zwischen den einzelnen Organen und Funktionen noch sehr lose erscheint, kann man einen guten Begriff davon gewinnen, wie ein allgemeiner Ätherleib wirkt, der dabei ist, sich zu inkarnieren und zu individualisieren. Die Unterschiede bzw. Ähnlichkeiten der Bryozoen gegenüber dem Hohltierstamm sind sehr aufschlussreich für die beiden Stämme der Pflanzentiere (Abb. 6, S. 66).

Abb. 36: Fossile Vertreter der Protostomia. Oben links: Trilobit Dalmanitina, ob. Ordovizium, Beroun. Oben rechts: Brachiopod Mucrospirifer, mittl. Devon, USA. Unten links: Bryozoe Ceriopora, ob. Kreide, Westfalen. Unten rechts: Korallenstock aus dem Tertiär zum Vergleich. (Fotos H. Zimmermann, aus A. H. Müller 1962.)

Bildeformen des Hohltier-Stammes

Der Gastrulatyp erscheint als gemeinsamer Bauplan des Hohltierstammes. Er wird bei den einzelnen Gruppen vielfältig variiert, vom festsitzenden Stock bis zur passiv schwebenden, beweglichen Einzelform. Die Hülle, die das meist sehr kleine Einzeltier umschließt, ist auf der Seite, welche durch die embryonale **Einstülpung** entsteht, offen zur Umgebung; es ist der Stoffwechsel-Pol, an welchem mehr oder weniger aktiv Nahrung und Atmung pulsieren. Meist sind hier Tentakeln ausgebildet, die, wie bei den Korallen, dem Nahrungsfang dienen oder bei frei lebenden Formen wie den Quallen auch der Fortbewegung. Der andere Pol, den man als Kopfpol ansehen kann, ist ein geschlossener Bereich, wo eine harte, meist kalkige Skelettschicht ausgeschieden werden kann. Mit ihr ist das Tier in einem Stock oder am Grund befestigt.

Der **Generationswechsel** zwischen ungeschlechtlich vegetativer Vermehrung und einer zweigeschlechtlichen Generation ist ein Phänomen, welches typisch ist für niedere Tiergruppen wie Hohltiere, Manteltiere, Bryozoen und Würmer; aber auch für Pflanzen wie Pilze, Algen und Moose sowie für Nackt- und Bedecktsamer. Zahlreiche Varianten haben sich dabei herausgebildet, an denen abgelesen werden kann, wie weit der Astralleib von

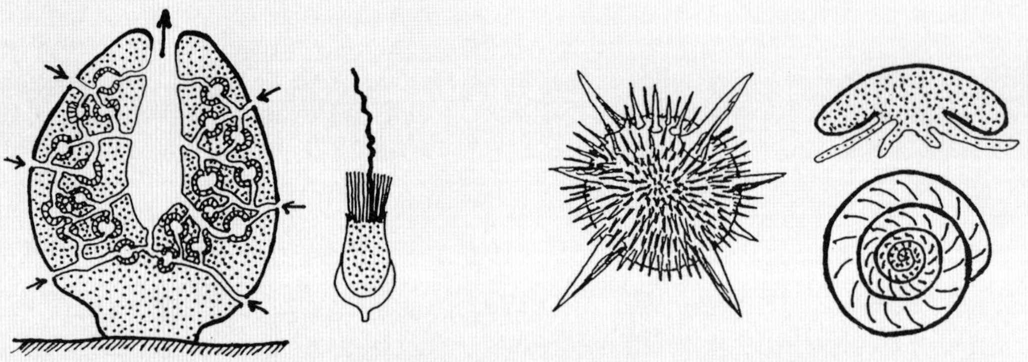

Abb. 38: Schwämme und Einzeller; die Pfeile zeigen den Wasserstrom; Kragengeißelzellen kleiden die Hohlräume im Schwamm aus. Rechts einige Typen von kiesel- und kalkschaligen Foraminiferen.

außen hineinwirkt oder bereits in die ursprünglich vegetative Vermehrung verinnerlicht ist, die vom Ätherleib durch Wachstum und Teilung getragen wird. Weitere Entwicklungsmotive hat Thomas Marti (1997) in anschaulichen Folgen gerade für den Hohltier- und Insektenstamm zusammengestellt. Da er die wichtigsten Phänomene beschreibt, möchte ich auf diese Arbeit verweisen. Marti zeigt die Polarität zwischen den festsitzenden, langlebigen Polypen mit ihren gesteinsbildenden Skeletten und ihrer betont vegetativen Lebensweise im Stoffwechsel- und Fortpflanzungspol einerseits und andererseits den Quallen, die zart, transparent, freischwebend, absterbend, mit Nervensystem und Sinnesorganen mehr die animale Lebensform betonen. Weitere Beschreibungen auch zu den Insekten, Hohltieren und Einzellern bringt F. H. Julius (1970).

Die **Korallen** (Abb. 36 unten rechts, S. 116; Verbreitung Abb. 39, S. 121; Schnitt Abb. 37, S. 117; im Kalkstein Abb. 127, S. 241) bilden nur das Polypenstadium aus, während die höher stehenden Hydrozoen beide Generationsformen, die Polypen und die Quallen, bilden. Bei manchen Gruppen der Korallen gibt es auch Zwitter mit generativer Fortpflanzung. Das äußere Kalkskelett wird nur vom unteren Teil des Polypen gebildet, indem radialstrahlige Septen auf einer Fußplatte vertikal aufgesetzt oder auch Seitenwände und Böden gebildet werden. Der Einzelpolyp bewohnt die oberste Etage, und indem aus ihm durch Knospung weitere Polypen herauswachsen, entsteht ein Korallenstock. Die Stöcke, die zu ihrem Leben Salzwasser benötigen, bilden heute in warmen Meeren zwischen 28° nördlicher und südlicher Breite weit ausgedehnte Riffe. Die Innenhaut des Polypen ist mit einzelligen Grünalgen ausgekleidet, die zur Assimilation das Sonnenlicht brauchen. Das begrenzt den Lebensbereich von Korallen nach unten. Auch die leuchtenden Farben werden von verschiedenen Algen hervorgerufen. Sie sind an der Bildung des Skeletts ebenfalls beteiligt, indem sie das bei der Kalkbildung entstehende Kohlendioxid binden. Eine additive Betrachtungsweise spricht vom Zusammenleben, von einer Symbiose der Korallen und Algen. Vom Aspekt der Sonderung zeigt sich hierin wiederum eher ein Phänomen des ursprünglichen Zusammenhanges, der an der Basis des Hohltier-Grünpflanzenstammes noch nicht getrennt ist.

Zu den **Schwämmen** (im Kalkstein Abb. 156, S. 267; Verbreitung Abb. 39, S. 121) gelangen wir, wenn wir die Gruppen im Hohltierstamm noch weiter in Richtung zum Ursprung hin verfolgen. Viele Arten haben noch keine eigene Gestalt; sie sind unregelmäßig rundlich und können bis zu 2 m Größe zusammenwachsen. Sie sind von Poren und Kanälen durchzogen; die inneren Höhlungen sind mit Krangengeißelzellen ausgekleidet, welche die Nahrung verdauen und auch außerhalb von Schwämmen als Einzeller leben können. Durch die gemeinsame Bewegung der Geißeln entsteht ein starker Wasserstrom, der durch die Poren einströmt und über den inneren Hohlraum wieder ausströmt. Innerhalb des kollagenen Bindegewebes sind noch keine abgegrenzten Organe ausgebildet, sondern Bereiche, in denen spezialisierte Zellen verschiedene Funktionen erfüllen. Verschiedene Arten scheiden lose eingelagerte Skelettnadeln ab, die aus Calcit oder Opal bestehen, wodurch Schwämme zu wichtigen Gesteinsbildnern werden können. Sie bilden durch Knospung abgetrennter Gewebeteile Stöcke, die wie pflanzenartig auseinander hervorwachsen, oder sie vermehren sich geschlechtlich durch amöboide Wanderzellen, die im Muttertier entstehen und frei bewegliche Larven bilden, welche sich festsetzen und so neue Stöcke bilden.

Die Schwämme stehen in der Mitte zwischen den höheren Organismen mit differenzierten Zellen und den Einzellern, wo alle Organe, im Protoplasma schwimmend, von einer gemeinsamen Hülle umgrenzt sind.

Die **Einzeller** sind im Inneren am geringsten differenziert; die einfache Teilung führt zu neuen Einzeltieren. Je höher die Tiere entwickelt sind, desto stärker ist der gesamte Organismus gegliedert; aus der Teilung werden innere Organe. Richtet man bei den Schwämmen den Blick auf die einzelne Zelle, so erkennt man «Kolonien» von vielen Kragengeißelzellen. Der Organismusbegriff wird damit als Summe von Einzelzellen und Funktionen gefasst. In *Grzimeks Tierleben* heißt es im ersten Satz zu den einzelligen Tieren (1993, Bd. 1, S. 89): «Das ganze Tierreich, der Mensch eingeschlossen, und das ganze Pflanzenreich entwickelten sich stammesgeschichtlich aus Lebewesen, die aus nur einer einzigen Zelle bestanden.» Anderseits sind die Arten der Einzeller so stark spezialisiert, dass nach anderer Ansicht die Vielzeller evolutiv nicht daraus abzuleiten sind. Es gibt keine Übergangsformen zwischen den verschiedenen Bauplänen der Hauptgruppen. Die Probleme der systematischen Stellung resultieren aus der additiven Betrachtungsweise der Biologie.

Einzeller sind weltweit verbreitet; sie können auch unter extremen Bedingungen leben, beispielsweise im Gletschereis. Bei vielen Gruppen können ein Kopf- oder Formpol und ein Stoffwechsel- oder Bewegungspol unterschieden werden. Die meisten sind Geißelträger, wie die Kragengeißelzellen (Abb. 38). Innerhalb einer Zelle ist die tierische oder/und die pflanzliche Ernährungsweise möglich ist. Bei der Teilung kann die eine oder andere Weise weitergegeben werden. Verschiedene Gruppen haben bereits Augenflecke ausgebildet und reagieren auf Lichtreize. Als eine Zelle sind sie kleinste Ganzheiten; indem sie in anderen Organismen leben, sind sie diesen untergeordnet. Es sieht so aus, als ob die Einzeller differenzierte Zellen eines Schwammes oder anderer stockbildender Tiere wären, die sich verselbstständigt haben. Sie treten immmer in großen Gemeinschaften auf; eine einzelne Foraminifere, wie sie unter dem Mikroskop erscheint, ist im Lebensraum eigentlich keine Realität. Manche Arten bilden kugelige Haufen von Einzellern, die von gemeinsamen gallertartigen Hüllen umgeben sind. Bestimmte Amöben können zusammenkriechen, ein turmartiges Gebilde aufbauen, an der Spitze Sporenträger entwickeln, in deren Hüllen Trockenzeiten überdauern und nach Befeuchten als Einzeltiere weiterleben. In einem Gramm Erdboden wurden hunderttausend Geißelträger, fünfzigtausend Amöben und tausend Wimpertierchen bestimmt. Je genauer man den Begriff des **Organismus** von den Funktionen des Ätherleibes her zu fassen vermag, desto deutlich wird das gesamte Wesen als Ganzheit erfahrbar, die sich in Zellen oder Organe gliedert. Die Einzeller könnten aus dieser Sicht aufgefasst werden als Glieder eines übergeordneten Organismus, der in die einzelnen Zellen zerfallen ist. Die spezialisierten Arten entstehen durch abgegliederte, weiterentwickelte Gruppenseelen (Abb. 68, S. 170). Man kennt etwa 50.000 Arten; ständig kommen neuentdeckte hinzu; etwa die Hälfte davon ist heute noch lebend. Entsprechend vielfältig sind ihre Formen (Abb. 38), die bei kalkschaligen mehr rhythmisch angeordneten Schneckenschalen ähneln, bei kieselschaligen mehr strahlig sind. Diejenigen Gruppen, welche Kalk- oder Kieselgehäuse bilden, haben mächtige Gesteinsschichten aufgebaut, z.B. Radiolarite (s. S. 274) oder Kreidekalke (s. S. 277).

Die fossilfähigen **Hauptgruppen** des Hohltierstammes zeigen prinzipiell ähnliche Großabläufe in ihrer erdgeschichtlichen Verbreitung wie die Protostomia. Die älteste Gruppe sind die Archaeocyathen (Abb. 37 Mitte S. 117; Verbreitung Abb. 39, S. 121). Sie haben vom Bauplan her mit den Schwämmen die Perforationen und den zentralen Hohlraum gemeinsam, mit den Korallen ein Kalkskelett aus Septen und Böden. Man könnte sie als ursprünglichere Gruppe ansehen, die sich vor den Schwämmen und

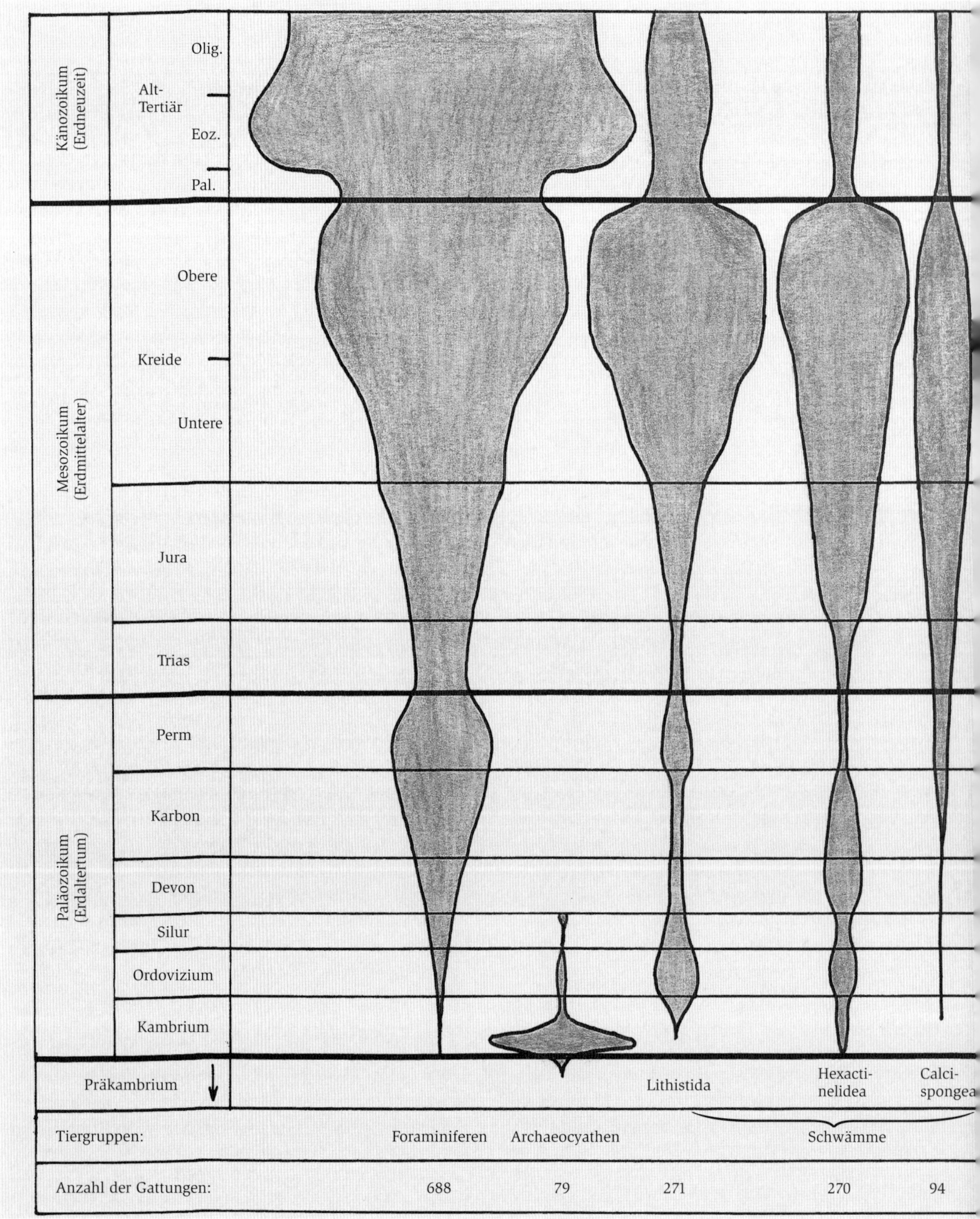
Känozoikum (Erdneuzeit)
Olig.
Alt-Tertiär
Eoz.
Pal.
Mesozoikum (Erdmittelalter)
Obere
Kreide
Untere
Jura
Trias
Paläozoikum (Erdaltertum)
Perm
Karbon
Devon
Silur
Ordovizium
Kambrium
Präkambrium
Lithistida
Hexacti-nelidea
Calci-spongea
Tiergruppen:
Foraminiferen
Archaeocyathen
Schwämme
Anzahl der Gattungen:
688
79
271
270
94

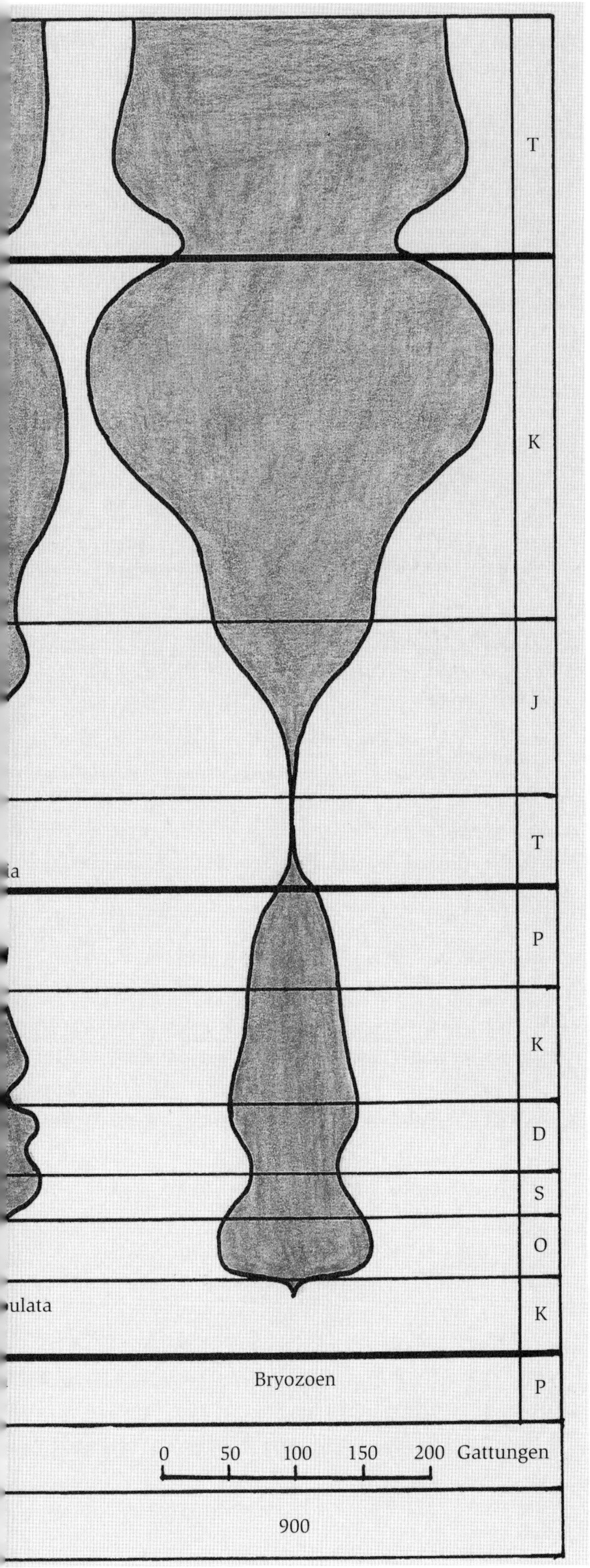

Korallen im frühesten Kambrium als erste abgesondert hatte. Es folgen die Schwämme und im Ordovizium die Korallen. Nahezu alle frühen Arten und Gruppen starben am Ende des Erdaltertums aus, was auf der Ebene der Gattungen nicht so deutlich hervortritt. Im Erdmittelalter erscheinen neue Gruppen, die sich bis in die Kreidezeit stark spezialisierten und mit ihren Kalkskeletten wichtige Gesteinsbildner waren. Ein dritter Entwicklungsschub geschah im Tertiär; er führte zu den heutigen Formen. Die in viele spezialisierte Arten gegliederten Foraminiferen zeigen ein sehr ähnliches Bild wie die Schwämme. Im oben erläuterten Sinne würde ich beide als zusammengehörig ansehen, indem sie eine ursprungsnahe Gruppe bilden, die sich in Einzelwesen zu gliedern beginnt. So betrachtet zeigt sich, wie Ätherleib und Astralleib stufenweise immer weiter verinnerlicht wurden (Abb. 6, S. 66). An den allgemeinen Formstufen und Bildeprozessen des Anfangs, wie sie heute an den Phänomenen noch abgelesen werden können, kann vorstellbar werden, wie sich das Werden des Menschen während der Erdgeschichte vollzogen haben mag. Wir können so zu imaginativen Bildern gelangen, die mit dem vergleichbar werden, was Rudolf Steiner aus geisteswissenschaftlicher Forschung beschrieb.

Ursprünglich wurde die Grenze zwischen dem Präkambrium und Kambrium dorthin gelegt, wo schlagartig alle Tierstämme fossil auftauchen. In Australien wurden die ältesten, mehrzelligen Fossilien gefunden, in Schichten unterhalb des Kambriums. Sie wurden nach ihrem Fundort als **Ediacara-Fauna** bezeichnet (Abb. 40, S. 122). Inzwischen wurden von ca. 15 Fundorten auf allen alten Kontinentalkernen knapp 2.000 Exemplare in etwa 30 Formgruppen beschrieben (z.B. in *Spektrum der Wissenschaft: Fossilien,* 1990; Glaessner 1971; Cloud 1990; Pflug 1984). Sie fanden sich in feinkörnigen Sandsteinen, in denen sich diese quallenartigen, weichkörprigen Formen abdrücken konnten.

Abb. 39: Entwicklung der fossilen Hauptgruppen im Umkreis des Hohltier-Stammes: Foraminiferen als wichtigste hartschalige Einzeller; Schwämme, Archaeocyathen und Korallen; Bryozoen vom Protostomia-Stamm. Mit der Anzahl ihrer Gattungen in der Folge der geologischen Epochen, im logarithmischen Zeitmaßstab. (Meist nach A. H. Müller ergänzt und umgezeichnet.)

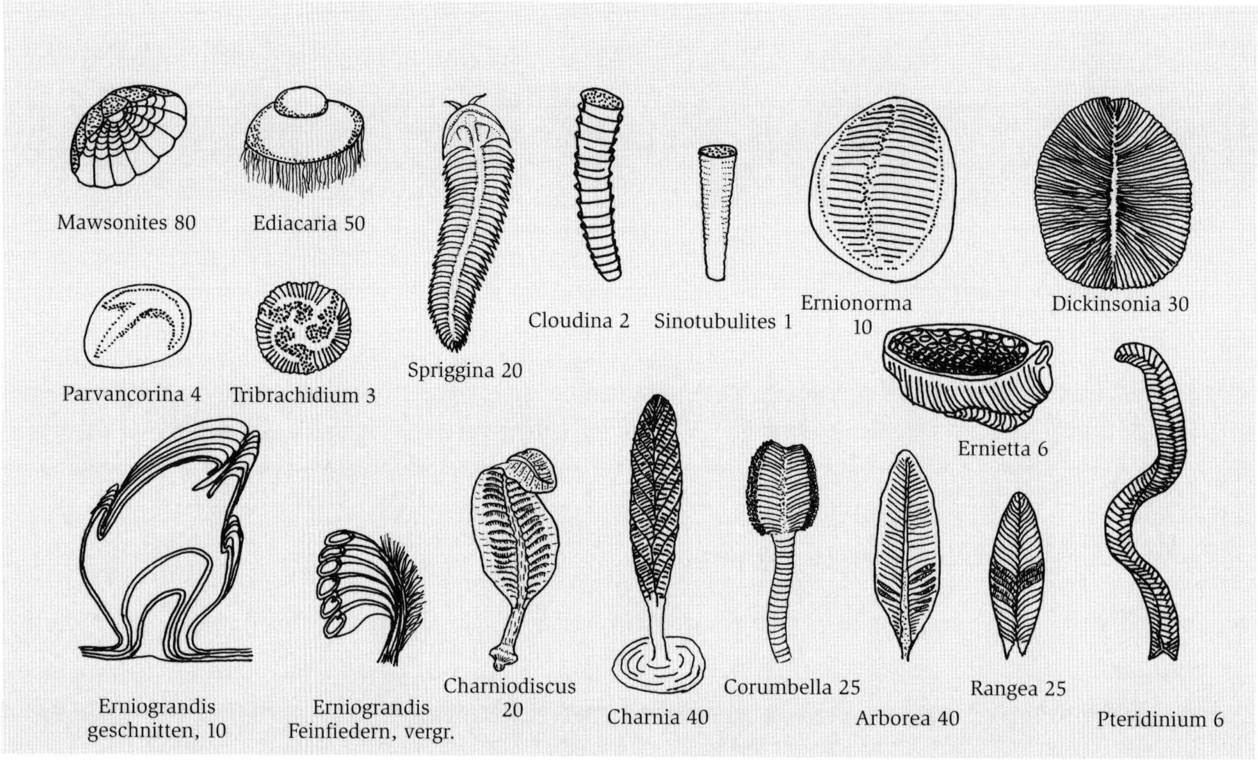

Abb. 40: Die Weichkörperformen der Ediacara-Fauna aus dem oberen Proterozoikum. Die Zahlen bezeichnen die Größe in Zentimeter. (Nach Cloud, Glaessner, McManamin, Pflug, Meinel, Seilacher, Jenkins, Hahn u.a.)

Die Wände bestanden vermutlich nur aus wenigen Zellschichten. Die Gestalten sind sowohl radiär als auch zweiseitig symmetrisch, oft ganz flach, von wenigen Zentimetern bis zu einem Meter groß, schalen- oder wurmförmig, meist rhythmisch gegliedert, aufgewachsen oder bodennah lebend. Da bisher keine Innenstrukturen beobachtet wurden, vermutet man, dass sie in «Symbiosen» mit Einzellern, vor allem mit assimilierenden Blaualgen lebten. Ihre Gestalten zeigen Anklänge an verschiedene Gruppen der Stachelhäuter, Weichtiere und Würmer oder an Larven von Gliedertieren. Da sie bereits sehr spezialisiert erscheinen, ist es schwer, in ihnen Vorläufer der Fauna des Kambriums zu sehen, von welcher sie sich deutlich unterscheiden; zwei Drittel zeigen Ähnlichkeiten mit dem Hohltierstamm. Insgesamt gesehen ist es eine eigene Welt von Weichkörperformen mit einer differenzierten Außenhülle. Sie stehen der Wurzel nahe, an der sich die Pflanzen-Tier-Stämme trennten.

Aspekte zum Grünpflanzen-Stamm

Zur Evolution der Pflanzen aus geisteswissenschaftlicher Sicht liegt eine gründliche Arbeit von Rudolf Rissmann vor (1969). Die dort dargestellten Gesichtspunkte entsprechen sehr gut dem Evolutionsbild, zu dem ich von paläozoologischer Seite her gekommen bin. Rissmann beschreibt – entsprechend den Darstellungen Steiners – den Abstieg der Pflanzentypen als Verdichtung aus den Urbildern über die Funktionstypen und Weichkörperformen bis zu den fossil erhaltenen Gruppen. Seine Beschreibungen konnten durch Neufunde seither differenziert werden; die prinzipiellen Aussagen sind meines Erachtens weitgehend gültig geblieben. Der Aspekt der Sonderung, wie er hier dargestellt wird, kann die Darstellungen Rissmanns ergänzen.

Das nebenstehende Schema zeigt die Vorkommen der größeren Gruppen des Grünpflanzenstammes während der Erdgeschichte; es soll die Übersichten zur Tierentwicklung ergänzen. Im Verhältnis zu ihr

Abb. 41: Vorkommen der großen Gruppen des Pflanzenreiches und der Kohlebildung während der Erdgeschichte.

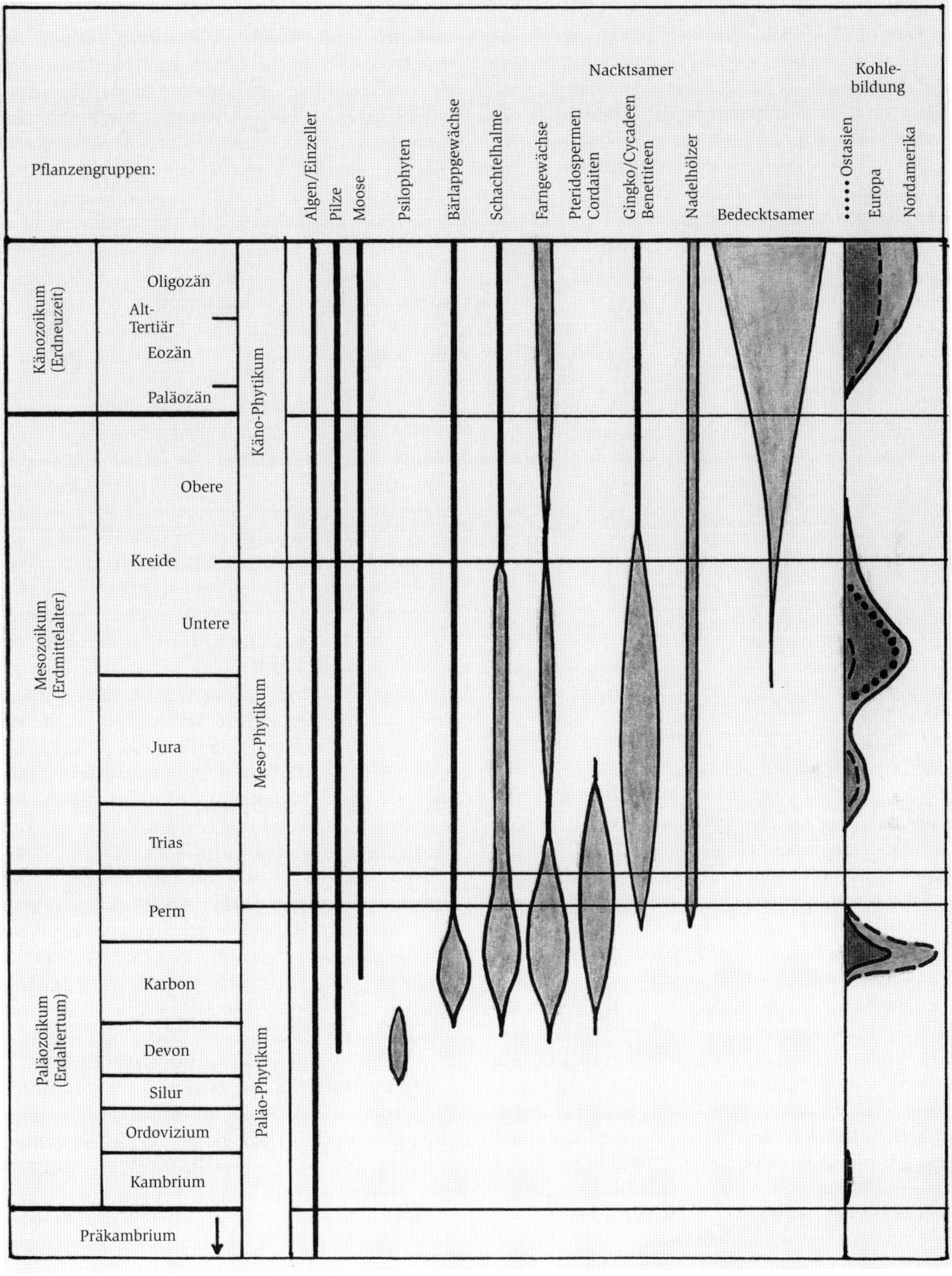
Pflanzengruppen:
Algen/Einzeller
Pilze
Moose
Psilophyten
Bärlappgewächse
Schachtelhalme
Farngewächse
Nacktsamer
Pteridospermen Cordaiten
Gingko/Cycadeen Benettiteen
Nadelhölzer
Bedecktsamer
Kohle-bildung
Ostasien
Europa
Nordamerika
Känozoikum (Erdneuzeit)
Oligozän
Alt-Tertiär
Eozän
Paläozän
Käno-Phytikum
Mesozoikum (Erdmittelalter)
Obere
Kreide
Untere
Jura
Trias
Meso-Phytikum
Paläozoikum (Erdaltertum)
Perm
Karbon
Devon
Silur
Ordovizium
Kambrium
Paläo-Phytikum
Präkambrium

liegen die **Entwicklungseinschnitte** am Ende des Erdaltertums und Erdmittelalters zeitlich jeweils etwas früher. So stirbt die paläophytische Pflanzenwelt bereits mit dem Rotliegenden aus und die mesophytische an der Wende von der Unter- zur Oberkreide. Wie stark die Gruppen heute aufgegliedert sind, wird aus der Anzahl der Arten ersichtlich. Die Maxima der Vorkommen können nur relativ dargestellt werden, da die absoluten Zahlen in der Literatur zu sehr voneinander abweichen. Noch stärker als bei den Tieren sind sie davon abhängig, wie der Artbegriff gefasst wird.

Anzahl der Arten im Grünpflanzen-Stamm:

Algen	10.000 (je nach Fassung auch 100.000)
Höhere Pilze	120.000 (u. niedere Pilze 3.000)
Moose	20.000 (9.000 Lebermoose, 12.000 Laubmoose)
Psilophyten	50
Bärlappgewächse	400 – 1.000
Schachtelhalme	30
Farngewächse	8.000 - 10.000
Cycadeen	200
Nadelhölzer	600

Die hohen Zahlen charakterisieren auch, dass sich gerade die **Algen und Pilze** in alle feuchten Lebensräume spezialisiert haben. Zur Gruppe der Algen werden außerdem noch diejenigen Einzeller gerechnet, welche sich pflanzlich ernähren. Wie schon bei den tierischen Einzellern erwähnt (s. S. 109), ist die Ernährungsweise eigentlich kein charakteristischer Gesichtspunkt der Gliederung. Einige Gruppen, die sich wie Pflanzen ernähren, sind durch Geißeln frei beweglich, zeigen Generationswechsel und bilden kalkige bzw. kieselige Schalen aus. Daran wäre eher zu ersehen, in welchem Verhältnis das Ätherische und das Astralische bei der Sonderung dieser Gruppen hereinwirken. Auch bei den Algen und Pilzen lässt sich vielfältig beobachten, wie ein übergeordneter Organismus wirkt, der noch nicht voll inkarniert ist. Eine additive Betrachtungsweise spricht von Symbiosen oder assoziativ von Schmarotzern; Umweltwirkungen werden als Triebkräfte angesehen, die bewirken sollen, dass sich getrennte Gruppen in Ko-Evolution annähern. Von diesem Gesichtspunkt aus konnten auch die stammesgeschichtlichen Zusammenhänge noch nicht geklärt werden. Es lassen sich aber gerade bei den Einzellern, Algen und Pilzen, die durch ihre Sporen überall anwesend sind, noch heute letzte Bilder davon gewinnen, wie Lebensprozesse alles Luftig-Wässrige durchdringen, die in viel umfassenderer Weise die frühe Lebenssphäre der Erde erfüllt haben mögen.

Die niederen Pflanzengruppen stehen vor allem im Zusammenhang mit der **Kohlebildung** (s. S. 231), zu der Rudolf Rissmann auch die geisteswissenschaftlichen Aspekte darstellt (S. 95 – 103). Braunkohlen sind überwiegend im Tertiär entstanden, die ältesten im Karbon. Sie enthalten noch bis zum Stadium der Mattbraunkohlen deutliche Pflanzenstrukturen. Steinkohlen können dadurch entstehen, dass Braunkohlen aufgeheizt wurden, beispielsweise in größeren Tiefen oder an Kontakten mit Basalten. Aber auch alle Kohlen, die älter sind als das Karbon, sind Steinkohlen. Ihre Hauptmasse besteht aus mikroskopisch feinen Lagen von Kohlemineralen, der Glanzkohle (Vitrain) und der Mattkohle (Durain). Pflanzlich indentifizierbare Reste sind hingegen selten. Mitunter sind Zell- und Holzstrukturen, Sporen und Algen zu erkennen. Die feinen Kohlehäutchen auf Pflanzenabdrücken entsprechen dem Inkohlungsgrad der angrenzenden Steinkohlen. In kugeligen Kalksteinknollen, die in der Kohle enthalten sind, finden sich noch gut erhaltene Holzteile, was dafür spricht, dass zumindest an diesen Stellen Verhältnisse herrschten, die mit heutigen Torfmoooren vergleichbar sind. Für die Hauptmasse der Steinkohlen könnte man sich jedoch auch vorstellen, dass pflanzenartige Prozesse innerhalb der Lebenssphäre der Erde gewirkt haben, bei denen noch keine spezialisierte, individuelle Artgestalt ausgebildet war. Heute würden solche Prozesse vergleichsweise noch bei den Einzellern, Algen und Pilzen ablaufen, aber eben unter heutigen Bedingungen und nicht unter denen der Lebenssphäre der Erde. Die Inkohlungsprozesse vom Torf bis zur Steinkohle benötigen zahlreiche hypothetische Voraussetzungen, vor allem die eines über Jahrmillionen kontinuierlich sinkenden Beckens. Der in den Kohlen häufig vorkommende Pyrit und die kalkigen Absonderungen weisen auf ein starkes Bakterienleben hin. Die mächtigsten Kohlebildungen fallen zusammen mit den drei Endphasen (Abb. 41, S. 123) der großen Entwicklungsschritte der Pflanzenwelt; die Hälfte der Weltkohlenvorräte entstanden im Karbon-Perm. Das könnte darauf hinweisen, dass zunächst weichkörprige, nicht strukturierte Pflanzenmassen, assimilierend in rhythmischen Lebensprozessen und von Bakterien und Algen durchdrungen, die Steinkohlen bildeten. Steiner spricht von einem Atmungsprozess (GA 312, 31. 3. 1920), welcher der Kohlenbildung zu Grunde liegt. Ein noch nicht pflanzlich individualisierter Lebensprozess sondert die Masse ab, die dann zu Steinkohle kristallisiert (s. S. 372). Darin sind dann zunehmend auch härtere holzartige und strukturierte Zellgewebe individualisiert. Was gerade im Erdaltertum von den Pflanzen zuerst fest wurde, sind die Bäume, nicht die niederen krautigen Pflanzen, die heute Torf bilden.

Die substanzielle Herkunft von **Erdöl und Erdgas** wird ebenfalls auf Mikroorganismen zurückgeführt, vor allem pflanzliches Plankton, Einzeller und Algen. Bei Absenkung der Gesteine, welche solche organischen Reste enthalten, auf zwei bis drei Kilometer Tiefe und bei 70° bis 100°C entstehen je nach Pflanzensubstanz verschiedene Kohlenwasserstoffe. Die allermeisten Erdöl- und Erdgaslagerstätten entstanden in der Kreide und im Tertiär, zusammen mit großen Sedimentablagerungen (Abb. 246, S. 453). Zu den gewaltigen Mengen, die als Lagerstättenvorräte bekannt sind, müssen auch noch ähnliche Mengen hinzugerechnet werden, die in die Atmosphäre entwichen. Es sind unvorstellbare Massen an organischer Substanz, die in einer Epoche eingelagert wurden, in der die Lebenssphäre der Erde (s. S. 477) abstarb. Auch hier ist der Gedanke naheliegend, dass es sich nicht nur um pflanzliches Plankton handelte, sondern um Reste eines noch undifferenzierten Eiweiß-Lebensprozesses, der sich bei der Trennung der Wasser- und der Luftsphäre absonderte. Da sowohl für die Kohle- als auch für die Erdölbildung solche Aspekte bisher überhaupt nicht in Betracht gezogen wurden, andererseits von geowissenschaftlicher Seite noch verschiedene Fragen der Genese offen sind, wären von genaueren Untersuchungen noch interessante Ergebnisse zu erwarten.

Die Bakterien-Gesteins-Stämme

Lebensprozesse der Bakterien

Die wichtigsten gesteinsbildenden Lebewesen sind die **Cyanobakterien**. Sie bilden im Feuchten bläulich-grünliche Schleimdecken und sondern dünnschichtige Kalksteinlagen ab, welche als Stromatolith (griech. stroma = Decke, lithos = Gestein) bezeichnet werden. Von der frühesten Erdgeschichte an bildeten sie kilometermächtige Schichtpakete (Abb. 152 – 155, S. 265), die noch näher beschrieben werden. Diese Bakterien werden auch als Blaualgen, Cyanophyceen (cyano = blau; phycos = Meeresalge), bezeichnet, aber nur wenige sind bläulich, noch sind es Algen, wie man meinte, als man sie so benannte. Mit den Algen als einzellige (Eukaryota) oder niedere Pflanzen haben sie gemeinsam, dass sie assimilieren; von daher könnten sie zu den Pflanzen gerechnet werden. Es sind aber Bakterien ohne abgegrenzte Zellen und ohne Zellkern (Prokaryota; Cyanobacteria, Schizomycetes). Insofern ist der Name Cyanobakterien noch der günstigste, während die anderen teilweise noch benutzten Namen irreführend sind. In neueren Systemen werden sie als Extragruppe zwischen die Bakterien und Pflanzen gestellt und biologisch in ca. 150 Gattungen mit ca. 1500 Arten eingeteilt. Fossil lassen sich ca. 15 Formgruppen der stromatolithischen Kalksteinlagen unterscheiden (Abb. 42 unten, S. 126). An den Cyanobakterien kann heute beobachtet werden, wie durch Verdauen, Vermodern, Verwesen Substanz aus einem Lebensprozess in den anorganischen Zustand überführt und abgeschieden werden kann. Ohne die bakterielle Tätigkeit blieben alle abgestorbenen organischen Leiber unverändert erhalten. Anderer-seits sind die Bakterien die wichtigsten Wesen, die tote Substanzen wiederum in einen Lebenskreislauf zurückführen können, beispielsweise bei der Verwitterung und Humusbildung oder bei der pflanzlichen Stickstoffaufnahme.

Betrachten wir beispielhaft die wichtigsten **Lebensvorgänge** an den Cyanobakterien und einigen ihrer Formen. Die Skizze Abb. 42 links oben zeigt das Innere einer Zelle. Sie ist ca. 0,001 mm groß und meist von einer Schleimhülle umgeben, die auch andere Zellen mit umgibt. Die mehrschichtige Zell-

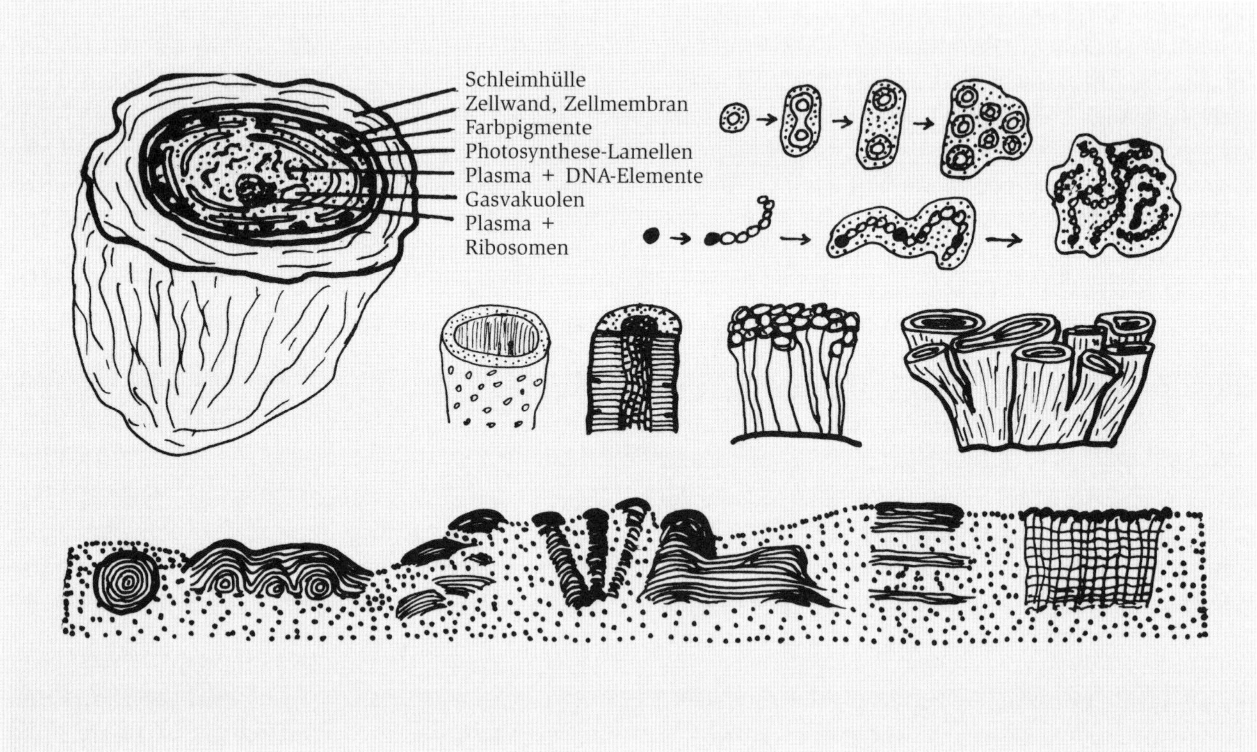

Abb. 42: Bakteriendecken und Cyanobakterien, die Stromatolithen bilden. An ihnen kann die Absonderung von Gesteinssubstanz aus dem Lebenprozess heute noch beobachtet werden. Oben links: Aufbau einer Einzelzelle. Oben rechts: Bildung von Bakterienfäden und -decken. Mitte: verschiedene Röhrenformen von stockförmigen Stromatolithen. Unten: verschiedene Typen von Bakterienrasen im Sediment, die Stromatolithen bilden. Die Lebensschicht ist jeweils nur die Oberfläche. (Zusammengestellt nach verschiedenen Autoren, besonders Lindner 1991, Toomey 1985, Pflug 1984, Monty 1981, Vogel 1979, Wray 1977, Mollenhauer 1973.)

wand umgrenzt das gelartige Zellplasma. Darin sind nach innen hin Pigmente eingelagert, welche die blaugrünen bis rötlichbraunen Färbungen ergeben. Es folgen Lamellen mit Chlorophyll, welche den Kohlenstoff durch Photosynthese assimilieren; andere Gruppen können auch anorganische oder organische Substanzen durch Oxidation assimilieren. Im inneren, unbewegten Zellplasma sind Äquivalente von Kernbausteinen, DNA- und Ribosom-Elemente ohne die Begrenzung eines Zellkernes enthalten. Die Zellen vermehren sich ausschließlich durch Teilung. Indem die Zellwand nach innen wächst und neue Zellen abgliedert, die wieder auswachsen, entstehen Fäden, die von einer gemeinsamen Wand und Schleimhülle umgrenzt werden. Bei einigen Formen entstehen nach gewissen Abständen dickwandigere Grenzzellen (oben rechts, dunkle Punkte), die zerfallen und deren Fadenabschnitte neue Zellfäden bilden können. Viele Fäden können so gemeinsame, meist rundliche Kolonien bilden, die sich als Schleimschichten (Abb. unten, dicke Linie) ausbreiten oder nach oben weiterwachsen, indem sie nach unten Kalksubstanz absondern. An den schleimigen Flächen bleibt angespültes Sediment haften, welches die Stöcke umgibt bzw. durchwächst. Durch ständiges rhythmisches Wachstum sind **Stromatolithe** in millimeterfeinen Lagen geschichtet. Im unteren Teil der Abb. 42 sind sieben verschiedene Formvarianten dargestellt, die prinzipiell vom Punkt zur Fläche hin wachsen, modifiziert durch örtliche Bedingungen.

Die Cyanobakterien leben heute meist an feuchten Felsen, in der Gezeitenzone oder in Gewässern, und zwar oberflächennah, da sie von Licht und Wasser abhängig sind. Rezente Riffe aus stromatolithisch strukturierten Bakteriendecken gibt es z.B.

an den Küsten des Persischen Golfes, der Bahamas und Westaustraliens. Ihr heutiger Lebensraum in 25° bis 70° warmem Wasser erscheint aktualistisch gesehen wie ein Bild des früheren Lebensbereiches; man kann sich vorstellen, wie diese Bakteriendecken im Grenzbereich zwischen dem durchlichteten, durchwärmten, Wasser-Luft-Element oben und dem abgestorbenen, fest werdenden Gestein unten eine Lebensschicht bildeten. Ähnlich wie sich das Holz und die Rinde eines Baumstammes aus der hauchdünnen Lebensschicht des Kambiums absondern, vermochten sie die Kalksubstanz aus dem flüssigen in den festen Zustand zu konzentrieren.

Ebenso wie die Schleimdecken der Cyanobakterien treten auch andere Bakteriengruppen immer in großer Menge an der **Grenze des Organischen zum Anorganischen** auf. In einem Gramm Ackererde sollen 2 Milliarden Bakterien enthalten sein; in einem Milliliter Meerwasser 100.000. Da sich ein Bakterium alle halbe Stunde teilen kann, könnten rein rechnerisch an einem Tag eine Viertelbilliarde Nachkommen entstehen. Trotzdem wird die Gesamtmenge in einem Gleichgewicht gehalten, was Ausdruck eines übergeordneten Organismus ist. Bakterien können dort überhand nehmen, wo sie sich unter extremen Bedingungen ungezügelt vermehren oder wo der regulierende Organismus zu schwach ist. Die verschiedenen Bakteriengruppen haben sich darauf spezialisiert, in allen nur denkbaren irdischen Verhältnissen anwesend zu sein. Sie vertragen bis zu 30 Stunden Siedehitze, extreme Kälte bis unter –200° und hochgiftige Schwermetallverbindungen; sie produzieren Schwefelsäure und überstehen erdgeschichtlich lange Trockenperioden, beispielsweise wurden 90 Jahre alte Herbarexemplare wiederbelebt.

Die extremste Gruppe sind die **Archaebakterien**, die erst in den Siebzigerjahren des 20. Jahrhunderts entdeckt wurden. Zu ihren Lebensräumen gehören bis zu 80°C heiße vulkanische Quellen, wobei sie bis zu 110°C vertragen, eine Temperatur, von der man bisher dachte, dass kein Leben mehr möglich sei; sie vertragen Säuregrade mit dem pH-Wert 1 – 2; sie leben in Solfataren, wobei Schwefel eine wichtige Substanz ihres Stoffwechsels ist, aber auch in hochkonzentrierten Salzlösungen, wo sie zusammen mit anderen, schwefelhaltigen Purpurbakterien durch ihren Farbstoff die Salzseen oder Salinengärten rötlich färben können. Von den eigentlichen Bakterien unterscheiden sie sich im Chemismus der Eiweiße und dadurch, dass sie ohne Licht und ohne Sauerstoff leben. Die Energie beziehen sie aus chemischen Reaktionen. Sie können anorganische Stoffe so aufbereiten, dass sie von höheren Organismen aufgenommen werden können; und umgekehrt können sie organische Stoffe abbauen. Dadurch wirken Bakterien gesteinsbildend. Wie geschieht das im Einzelnen?

Bildung von Gasen und Gesteinen

Durch den **bakteriellen Stoffwechsel** entstehen Gase wie Sauerstoff, aber auch Ammoniak, Schwefelwasserstoff, Kohlendioxid oder Stickstoff, welche sich im Zellplasma in Vakuolen sammeln oder nach außen abgegeben werden. Dadurch können die Zellgruppen im Wasser auf- und absteigen. Archaebakterien bilden aus dem Abbau organischer Substanzen beispielsweise große Mengen Methan; vermutlich etwa eine Milliarde Tonnen pro Jahr, allein im Pansen einer Kuh täglich bis zu 200 Liter. Besonders wichtig ist der **Sauerstoff**, welcher bei der Photosynthese entsteht. Dabei werden – chemisch betrachtet – mit Hilfe von Sonnenenergie Wasser und Kohlendioxid zerlegt und Zucker bzw. Stärke aufgebaut:

$$6\,CO_2 + 12\,H_2O \leftrightarrow 675\,\text{Kcal}\;C_6H_{12}O_6 + 6\,O_2 + 6\,H_2O.$$

Der freiwerdende Sauerstoff stammt aus dem Wasser, nicht aus dem Kohlendioxid. Dazu kommt, dass heute dort wo Kalkstein gelöst wird – $Ca\,(HCO_3)_2 \leftrightarrow CaCO_3 + H_2O + CO_2$ – und als Calciumhydrogenkarbonat im Wasser vorhanden ist, das Kohlendioxid von den assimilierenden Algen oder Bakterien herausgezogen wird und **Kalkstein** wiederum ausfällt.

Die chemischen Vorstellungen (s. S. 246) können die Vorgänge nur vom Anorganischen her umschreiben. Aber in den Lebensprozessen verlaufen sie anders. Beispielsweise wäre der der Photosynthese entgegengesetzte Prozess die Atmung, wobei – chemisch gedacht – Sauerstoff und Wasserstoff wieder zu Wasser verbunden würden, aber eben keine Knallgasexplosion stattfindet. Im Lebendigen haben wir Stoffe als substanzielle Ganzheiten vor uns, die zu anderen Stoffen umgewandelt werden.

Da bei der Photosynthese Sauerstoff frei wird, gelten die Archaebakterien, Bakterien und Cyanobakterien als die Produzenten der Sauerstoffatmosphäre der Erde. Nach populären Gedankenmodellen *(Spektrum der Wissenschaft: Fossilien – Bilder frühen Lebens,* 1989, S. 29) stellt man sich die Uratmosphäre im Präkambrium so vor wie die heutige Venus- und Marsatmosphäre. Sie habe zu ca. 95% aus Kohlendioxid bestanden, welches aus Vulkanen stamme, und zu ca. 3 % aus Stickstoff, dazu seien Calciumionen aus der Verwitterung hinzugekommen. Aber das Wasser und das Leben der Bakterien sowie deren organische Kohlenstoffverbindungen müssten ja noch vorher «entstanden» sein.

Die bakteriell gebildeten Gase reagieren mit anderen Substanzen; dadurch entstehen anorganische Schwefel-, Nitrat-, Phosphor- oder Kalk-Verbindungen, die als Mineralkörnchen ausfallen. Sie werden als Pyrit, Calcit, Gips oder Phosphat (Abb. 158, S. 275) im Zellplasma, in der Zellwand oder außerhalb der Zellen abgeschieden. So wurden die **Bakterien zu den wichtigsten Gesteinsbildnern**. Die Gips- und Kalksteinschichten mit ihrem Pyritanteil sind auf diese Weise entstanden. Durch die Umwandlung von Kohlendioxid in organische Kohlenstoff- und Eiweißverbindungen haben Bakterien den größten Teil aller Kohle- und Erdöl/Erdgas-Lager bewirkt. Die Anteile an höheren Pflanzen sind dagegen minimal. Auch werden Bakteriengruppen beschrieben (Westbroek 1983, S. 41), welche Kieselgele (s. S. 274) zu bilden vermögen, wenn Kiesel gelöst im Wasser enthalten ist wie z.B. an heißen Quellen. Wieder andere vermögen Metalle über organische Komplexverbindungen direkt zu konzentrieren (Abb. 183, 185, S. 329) bzw. durch die Gase indirekt zu fällen. So sind beispielsweise Gold und Uran in den archäischen Konglomeraten von Südafrika durch cyanproduzierende Bakterien im kolloidalen Zustand angereichert worden (Pflug 1984, S. 184). Solche Metallfällungen können heute noch an den mittelozeanischen Rücken oder den Manganknollen der Tiefsee beobachtet werden. Im Proterozoikum sind durch Cyanobakterien Millionen Tonnen von Eisen in den Bändereisenerzen gebunden worden (Abb. 155, S. 266, Abb. 134, S. 244).

Wollen wir uns jedoch aus den heutigen Beobachtungen Vorstellungen von diesen früheren **irdischen Lebensprozessen** bilden, so entsteht die Schwierigkeit, dass wir gewohnt sind, von den gesonderten Dingen auszugehen, von spezialisierten Bakterien, von gelösten Gasen und Feststoffen, oder an Ionen oder chemische Elemente zu denken. Wohl gab es auch schon in den ältesten Sedimenten, archäischen Quarziten und Hornsteinen, kugelige Mikrofossilien, Algen und Bakterien aus organischem Kohlenstoff. Aus den anorganischen, abgetrennten Substanzen und den gesonderten Gruppen wären gewisse Rückschlüsse auf den Charakter der ursprünglichen, ungetrennten Ganzheit möglich, die es so nicht mehr gibt. Eigentlich kann man nicht einmal sagen, dass die Stoffe in der primären Erdsphäre *gelöst* waren, weil ein Gelöstes ein vorher Festes oder Gasförmiges voraussetzt – was es noch nicht gab, wenn wir von einem lebendigen Organismus Erde ausgehen. Von der heutigen Beobachtung der Bakterienprozesse werden wir zu einem ursprünglich lebensdurchdrungenen, flüssigen Einheitlichen geführt, welches um die ganze Erde herum ausgebreitet war. Der substanzielle Zustand entsprach etwa dem von kolloidalem Eiweiß, welches heute Lebensgrundlage ist. Die Lebensprozesse waren vielleicht mit heutiger Assimilation vergleichbar, wo mit Hilfe von Sonnenlicht Stoffumwandlungen bewirkt werden. Dadurch wurden aus einem substanziell einheitlichen, füssigen Zustand Stoffe abgesondert, Substanzen getrennt und neu verbunden, die dann in das Anorganische ausfielen als Wasser, als die erwähnten Gase der Erdatmosphäre und als Minerale im kolloidalen Zustand, mit der Tendenz, fest zu werden und zu kristallisieren. Die Bakterien hätten sich als erste individuelle Lebensformen aus dieser Lebenssphäre herausgetrennt. Bei den Kalkstein- und Eisenabsonderungen wirkten sie bereits mit. Ob aber Kieselbakterien in heutiger Form bei der Fällung der Granit- und Gneismassen beteiligt waren, kann noch offen bleiben; die Bilder könnten sich jedoch entsprechen.

Zur Entstehung von Bakterien und Einzellern

Im Gegensatz zu einem solchen Bild gehen die Vorstellungen von der anorganischen Erdentstehnung davon aus, dass die Bakterien durch eine Art «Urzeugung» entstanden seien, durch eine zufällige Synthese von RNS, DNS und Proteinen. Ebenso zufällig wären die Fähigkeit zur Photosynthese und das Leben entstanden. Klaus Frisch (1992, S. 376; mit zahlreichen Literaturangaben) hat einleuchtend dargestellt, dass dies auch aus heutiger naturwissenschaftlicher Sicht unmöglich ist – und experimentell auch noch nicht gelang. Der Ausweg, dass ja Milliarden von Jahren für einen solchen Zufall zur Verfügung gestanden hätten, ist auch nicht mehr gegeben, seitdem in den ältesten archäischen Sedimenten Lebensspuren gefunden wurden. Frisch entwickelt, wie das Zellplasma das Primäre ist, indem es die Ursubstanz der Pflanzentiere charakterisiert. Man findet heute noch größere Algen, Tange und Pilze, die ähnlich wie die Ediacara-Fauna nicht in Zellen untergliedert sind, in deren Zellplasma viele Kerne ausgebildet werden. Derartigem Protoplasma entspräche jener lebendige Ur-Ozean, wie ihn Steiner schilderte (s. S. 347) und den ich als Lebenssphäre des frühlemurischen, d.h. archäischen Erdorganismus bezeichne. Daraus hätten sich, wie Frisch schreibt, Archaebakterien, Bakterien und – erdgeschichtlich viel später – auch einzellige Organismen als drei unabhänige Reiche herausgesondert. Er leitet weiterhin ab, wie Atmung und Photosynthese als die ursprünglichen Lebensprozesse dieser Eiweißsphäre anzusehen sind. Weitere Einzelheiten solcher Mikroorganismen unterhalb der Einzeller wurden von N. Pfennig dargestellt (1984 u. 1995). Einzeller, die noch beide Atmungs-/Ernährungsweisen haben, zeigten noch etwas vom ursprünglichen Zustand. In den Differenzierungen der darüber folgenden Gruppen der niederen Pflanzen und Tiere ist zu sehen, wie der Ätherleib und der Astralleib stufenweise verinnerlicht wurden. Die additive Betrachtungsweise spricht hingegen von Symbiose, nimmt also an, dass durch Zusammenleben getrennter Lebewesen die höheren Stufen in der Evolution entstanden sind: aus der Synthese anorganischer Moleküle die Archaebakterien; aus Gruppen von Archaebakterien die Bakterien, daraus die Einzeller und zuletzt die Vielzeller. Wie durch Zusammenleben spezialisierter Wesen jedoch ein neuer Organismus entstehen soll, beispielsweise aus Einzellern die Schwämme, kann nicht abgeleitet werden. Dagegen kann beobachtet werden, dass die Ganzheit einer Eizelle sich nach der Befruchtung in gesetzmäßiger Ordnung gliedert und immer differenziertere Organe ausbildet (Kraft 1968, S. 45). Hier kann die gestaltende Tätigkeit des Ätherleibes konkret beobachtet werden. Der Mensch ist nicht aus Zellen zusammengesetzt, sondern in spezialisierte Zellen gegliedert.

Zu dieser gliedernden Tätigkeit der Lebensprozesse schilderte Rudolf Steiner für die frühlemurische Zeit vor der Mondentrennung (GA 102, 16. 3. 1908) die Kräfte, die im **Eiweiß** auf die Lebensprozesse der Zelle wirkten. Sie «gliederten den Keim» rhythmisch nach Maßgabe kosmischer Töne und Lichtbilder. «Und zuerst bildete sich das Eiweiß wie eine Art Hülle, wie eine knorplige Leimsubstanz, möchte man sagen, damit ein Schutz da ist gegen außen. Das bildete sich alles wirklich nach dem Tanz der Stoffe in Gemäßheit der Sphärenmusik. Das alles war da, bevor es eine einzige Zelle gab. Die Zelle ist nicht das Ursprüngliche des Organismus, sondern das, was ich Ihnen jetzt beschrieben habe, das Geistige ist das Ursprüngliche des Organismus, zuerst vorhanden als Wärmewesen, dann angedeutet mehr in Kraftlinien, dann sich einlagernd in diese Kraftlinien das, was aus der Sphärenmusik entstanden ist durch Anordnung der Stoffe; und verhältnismäßig spät, als letzte der Bildungen, entstand erst die Zelle. Die Zelle als letzte Absonderung musste schon von einem Lebewesen geboren werden. Niemals ist es so gewesen, dass sich Organismen aus Zellen heraus gebildet haben» (s. S. 356).

Dementsprechend ließen sich die Einzeller oder Bakterien evolutiv aus umfassenderen Organismen ableiten. Klaus Dumke hat dargestellt, wie die Bakterien als der isolierte **Stoffwechselpol** der Zelle, als Protoplasma mit Kernderivaten aufgefasst werden können (Dumke 1988, S. 104), die Viren hingegen als der isolierte **Formpol**, als Zellkern ohne Protoplasma. In einem Organismus wirken Astralleib und Ätherleib zusammen; in einer Bakterienkolonie überwiegt dagegen das Ätherische, in den Viren das Astralische. Aus den Absonderungen der Substanz, die zu den Gesteinen führt, haben sich beide Wesensglieder herausgezogen; es blieb der abgestorbene physische Leib zurück.

Zusammenfassende Rückblicke

Substanzprozesse

Je weiter wir im Hohltierstamm von den Hydrozoen und Rippenquallen über die Korallen und Schwämme zu den Einzellern und dann zu den Bakterien und Archaebakterien heruntergehen, desto weniger ist ein individueller Ätherleib inkarniert, sondern ein allgemein irdischer Ätherleib wirkt immer umfassender von außen. In den Stoffwechselprozessen der niedersten Lebewesen wirkt er auch heute noch mineralbildend. In den frühen Erdepochen war der **tierisch-pflanzliche Lebensprozess** der Erde das Primäre. Er wirkte in einem einheitlich Flüssigen, das sich aus einem Luftförmigen verdichtet hatte. Die irdische Ursphäre wäre dabei nicht als Kohlendioxid-Atmosphäre vorzustellen, in welcher der Sauerstoff durch bakterielle Assimilation hinzugekommen wäre, sondern als eiweißartige Flüssigkeit, in der eine allgemeine Lebenstätigkeit wirkte. Durch Prozesse ähnlich der Assimilation wurden unter Mitwirkung des Sonnenlichtes Gase und Mineralisches abgesondert. Einerseits entstanden Sauerstoff, Stickstoff, Kohlendioxid, Methan, andererseits kieselige, kalkige und kohlige Massen, die später erst zu Gesteinen verhärteten und kristallisierten (Abb. 60, S. 153;) Ein wässrig-luftiger Zustand blieb gewissermaßen zurück, dessen Elemente sich erst in der atlantischen Epoche voneinander sonderten (Abb. 65, S. 159). Das Eiweißartige, in welchem das Ätherische weiter wirken konnte, wurde in den Organismen individualisiert. Vor allem im oberen Bereich der Lebenssphäre bildeten sich die Weichkörperformen der Pflanzen- und Tierwelt (s. S. 162); in ihr lebte auch der Mensch. In den Substanzprozessen der Bakterien können wir heute noch einen allerletzten Rest davon beobachten, wie Gesteinsbildungen als Absonderungsprozess aus dem Lebendigen erfolgen. Von diesen spezialisierten Lebensprozessen und den heutigen Gesteinen können wir im aktualistischen Sinne ausgehen, um uns viel umfassendere Lebensvorgänge vorzustellen, wie sie in der Erde als Organismus gewirkt haben können.

Anthroposophie ermöglicht ergänzend, die Kräfte und Wesenheiten zu erkennen, welche in der Evolution wirksam waren. Auch führt sie noch weiter zurück zu Vorgängen, die vor dem Archäikum liegen und aus welchen die heutigen Naturreiche hervorgegangen sind. Die Evolutionsprozesse können von dem Alten Saturn bzw. der polarischen Epoche als gemeinsamem Ausgangspunkt mit dem Prinzip der Sonderung verfolgt werden. Ein Gesamtbild wird möglich unter dem Aspekt, dass auf jeder Stufe Wesen relativ zurückbleiben, während sich andere weiterentwickeln. Wenn wir die heutigen differenzierten Baupläne und Lebensfunktionen miteinander vergleichen und imaginativ anschauen, können wir Vorstellungen gewinnen vom Charakter der beiden Ausgangsstämme der Pflanzentiere (vgl. Abb. 6, S. 66) und der Mineralpflanzen, welche die Lebenssphäre der Erde ausmachten.

Die Substanzprozesse erscheinen in einem übergeordneten Zusammenhang. So gehören z. B. die gesteinsbildenden Wesen zu den Mineralpflanzentieren, die auf der Alten Sonne (s. S. 48 u. Abb. 6, S. 66) zurückgeblieben sind. Vermutlich wurde die kieselige Gesteinsmasse der Erde – Basalte, Granite, Kristalline Schiefer – als erstes aus den Lebensprozessen der Erdsphäre abgesondert. Zur nächsten Gruppe, die in der Sinneswelt erscheint, würden die Bakterien gehören, die heute noch bei ihrer Gesteinsbildung beobachtet werden können. Sie stiegen von den **Mineralpflanzen** des Alten Mondes auf und erwarben erst mit der Erdentwicklung den Ätherleib. Damit waren pflanzliche Stoffwechselprozesse möglich, aus denen besonders die Kalksteine, die Bändereisenerze und die Kohlen zurückblieben. Mit den Stromatolithen und den rhythmischen Oolith-Kugeln (Abb. 148 – 155, S. 262 ff.) begann eine erste gestaltbildende Tätigkeit des Ätherleibes mit einer äußerlich differenzierenden Wirkung.

Der **Hohltier-Grünpflanzen-Stamm**, der von den niederen Pflanzentieren des Alten Mondes ausging, umfasst die meisten Gruppen, welche im Laufe der Erdgeschichte Kalksteinriffe aufbauten. Zum absteigenden Ast gehören die echten Algen, von denen etwa 10 % kalkabscheidend sind, wie auch verschiedene Kalk- und Kiesel-Flagellaten. Zum aufsteigenden Ast zählen vor allem die schalenbildenden Foraminiferen und die riffbildenden Archaeocyathen, Schwämme und Korallen sowie die zu den Hydrozoen zählenden Stromatoporen. Sie bildeten vom Kambrium bis zur Kreide rhythmische Kalkschichten oder säulig-lagige, eng vernetzte Kalkstöcke. Schwämme konnten an Riffen beteiligt sein, wie z.B. im Jura (Abb. 156, S. 267), während sie heute kaum mehr zu Riffen beitragen. Von den niederen **Protostomiern** kommen noch die Bryozoen hinzu. Diese frühen Gruppen sonderten kalkige Außenskelette ab. In dem Maße, wie bei den weiteren Protostomier-Gruppen der Astralleib verinnerlicht wurde, bildeten sich Innenskelette. Zwei Drittel davon sind kalkig, der Rest aus Opal, Chitin und zahlreichen anderen organischen Materialien. Während die Bakterien hauptsächlich Calcit abscheiden, bestehen die Außenskelette der Hohltiere und Protostomier aus Aragonit und die Knochen der Wirbeltiere vor allem aus Calciumphosphaten, die weniger stabil sind und in Fossilien meist zu Calcit umgewandelt wurden.

Baupläne und Mensch

Versuchen wir, zu den Substanzprozessen hinzu die Formen zu überschauen, die als Baupläne der Lebewesen beschrieben werden. Wenn wir sie in ihrer funktionellen Gestalt betrachten, sie gewissermaßen ebenfalls imaginativ als Bauprinzipien zusammenfassen, so ergeben sich vier Haupttypen. Am Ausgangspunkt steht eine flächige, schichtenbildende Form, wie sie bei den Gneisen, bakteriellen Kalksteinen, Stromatolithen und Bändereisenerzen charakteristisch ist. Sie wäre ein Ausdruck des Ätherleibes der ganzen Erde oder ihres kontinentalen Pols. Indem sich dieser Ätherleib individualisiert, gliedert und damit zusammenzieht, erscheint als nächster Typ die allseits abgeschlossene **Kugelform**, die Kopfform, wie bei der Ediacara-Fauna und den Einzellern, die in der Entwicklung dahin geht, festere Schalen zu bilden. Auch die Kugelgranite hätten davon etwas bewahrt.

Gleichzeitig erschien mit dem Beginn des Kambriums ein dritter Typ: der polypenhafte Bauplan mit einer großen Fülle bereits ausentwickelter Formen und Arten; sie machen weichkörprige Vorläufer wahrscheinlich. Dieser Typ erinnert an die Gastrula (Abb. 5, S. 65), die eingestülpte **Hohlkugel**. Er dominiert hauptsächlich bei den Hohltieren, Schwämmen, Archaeocyathen, Korallen und Hydrozoen. Bei den Bryozoen von der Basis der Protostomier und bei den Graptolithen und Manteltieren von den Deuterostomiern wird der Körper U-förmig gebogen und in ein röhrenförmiges Gehäuse hineingezogen, welches er abscheidet. Diese Gruppen hatten eine andere Vorgeschichte als die Hohltiere; sie trennten sich später, vom Pflanzen-Tier-Menschen der Alten Sonne an. Die gestreckten Körper treten erst danach auf, bei den Larven, den Würmern und bei den kieferlosen Fischen.

Dieser eingestülpte **Bauplan-Typ** erscheint in drei stark voneinander unterschiedenen Formen: nur eingestülpt bei den Hohltieren, mit durchgehendem Darmkanal in Richtung der Einstülpung bei den **Protostomiern** und in entgegengesetzter Richtung bei den **Deuterostomiern**. Entsprechend verschieden sind die Nerven- und Skelettsysteme ausgebildet. Das Gemeinsame ist dadurch charakterisiert, dass der Astralleib einen Innenraum bildet; die Unterschiede hängen davon ab, welche Stufen der Sonderung diese basisnahen Gruppen in ihrer vorherigen Entwicklung erreicht hatten (Abb. 6, S. 66). Von den Pflanzen-Tier-Menschen der Alten Sonne beginnen im luftig-flüssigen Zustand der frühen lemurischen Epoche die Deuterostomier als weiterentwickelter, die Protostomier als zurückgebliebener Stamm. Mit der Erdentwicklung kehrt sich dieses Verhältnis um: Die **Wirbeltier-Reihe** bleibt hinter der Menschentwicklung zurück und fällt heraus, während die Protostomier bis zu den Insekten hin den Astralleib verinnerlichen. Bei den zurückbleibenden Gruppen der Pflanzen-Tiere wirkt der Astralleib äußerlich in Farbe und Duft, in der Bildung von Ölen oder eiweißreichen Früchten, in allen stickstoffhaltigen, giftigen Verbindungen der bedecktsamigen **Blütenpflanzen**. In den Blütenformen gestaltet das Astralische Innenräume – so bei den Lippenblütlern, Schmetterlingsblütlern, Orchideen etc. –, welche ihre Beziehung zu einem Seelischen zeigen. Die äußere astralische Wirkung kann auch in dem gesehen werden, was bei den einjährigen, zweikeimblättrigen Blütenpflanzen als Blattmetamorphose beobachtet werden kann; dieser Gestaltwandel fehlt weitgehend bei den Bäumen und den Gruppen des Grünpflanzenstammes. – Auf das Äußerliche antwortet das verinnerlichte Seelische der Insekten. Der Insekten- und der Blütenpflanzenstamm bleiben vom gemeinsamen Ursprung her in der Funktion wie ein höherer Organismus verbunden. Mit den ersten Gefäßpflanzen, vom Devon an, erscheinen zunächst flügellose Insekten, dann geflügelte; im Karbon gab es bereits Riesenformen, auch Larven und Puppenstadien. Es ist naheliegend, dass ihre große Ausbreitung von der Oberkreide und dem Tertiär an parallel ging mit der Evolution der Blütenpflanzen und der Vögel, und im Zusammmenhang damit stand, dass die Luft rein und wasserfrei wurde.

Die Gruppen der unteren Hälfte der Pflanzentiere entstammten einer Höherentwicklung, indem sie zu Beginn der Lemuris den Ätherleib verinnerlicht hatten. Nun nahmen sie weiter aufsteigend im **Hohltierstamm** den Astralleib auf bzw. blieben als **Grünpflanzen-Stamm** auf dieser Stufe zurück. Dabei ist beispielsweise interessant zu verfolgen, wie zuerst die kosmisch geprägte, ätherische Kugelform bzw. Blattfläche dominiert, die dann, wie bei den Grünpflanzen, in die spiraligen Symmetrien übergeht und zunehmend von der Zweiseitigkeit überprägt wird, in der das Astralische wirkt. Das zeigt sich an den Korallen oder den vielfältigen Symmetrien der Blütenpflanzen. An der Basis der Deuterostomier bilden die Stachelhäuter zweiseitig-symmetrische Larvenformen und gehen dann sekundär in fünfstrahlige Symmetrien über. Bei den Graptolithen ist der Gesamtorganismus zentralysmmetrisch, das Einzeltier aber bereits zweiseitig. Alle späteren Deuterostomier beginnen mit dem kugelförmigen Ei und bilden sich darin zweiseitig symmetrisch.

Die kugelförmige Gesamtgestalt dominiert vor allem bei den hartschalig begrenzten Formen der Protostomier, den Brachiopoden und Weichtieren, aber auch bei den weichschaligen Würmern; innerhalb der Deuterostomier nur noch bei den Stachelhäutern und frühen Kieferlosen. Die Kugelform bildet eine Grenze zwischen innen und außen. Der Kopf wird Träger des Sinnesorganismus. An ihn fügt sich der gegliederte Leib, der Brustbereich an. Ihn bilden vor allem die höheren Gliedertiere aus und bei den Deuterostomiern die Fische. Sie bleiben auf dieser Stufe. Echte Gliedmaßen wurden erst bei den Wirbeltieren, vor allem in großer Vielfalt bei den Säugetieren entwickelt. Der Mensch erlangte durch den aufrechten Gang die Freiheit der Hände hinzu.

Diese Entwicklungsfolge Kopf – Rumpf – Gliedmaßen ist verbunden mit den entsprechenden Funktionen. Sie ist keine zufällige, sondern ein direkter Ausdruck der Menschenevolution. Die **Dreigliederung** bzw. Viergliederung, wie sie sich besonders ausgeprägt an den Säugetieren zeigt, ist nicht nur ein geeigneter Maßstab der Evolution, sondern ein überall mehr oder weniger stark wirkendes Prinzip. Es zeigt sich funktionell, gestaltlich und zeitlich. Zuerst erscheinen die Kopf-Sinnes-Typen, zuletzt die Gliedmaßen-Stoffwechsel-Typen. Dieses Verhältnis ist darin begründet, dass hinter der Entwicklung aller Naturreiche letztlich der Mensch in seiner Dreigliedrigkeit steht. Er kann wiederum aus der gesamten Weltentwicklung im Zusammenhang mit der Entwicklung der geistigen Wesen verstanden werden.

Ein Gesamtbild über den Werdegang der Lebenswelt während der Erdgeschichte kann sich ergeben, wenn wir die ungeheuere Fülle der Gestalten unter dem Aspekt der **Sonderung aus dem Menschenwesen** betrachten. Wenn man versucht, zu den Verbreitungs-Schemata die Evolution der Baupläne und die Substanzprozesse hinzuzunehmen, und vergleicht, was für die Deuterostomier (Abb. 7, S. 70), für die Säugetiere (Abb. 21, S. 84), für die Protostomier (Abb. 35, S. 115), für die Hohltiere (Abb. 37, S. 117) und für die Pflanzenwelt (Abb. 41, S. 123) dargestellt wurde, wird beispielsweise deutlich, dass alle **Grundbaupläne im Weichkörprigen** während des Präkambriums ausgebildet wurden und mit dem Beginn des Kambriums in getrennten Gruppen in sinnenfälligen, verhärteten Formen erschienen. Sie starben praktisch alle an der Grenze zum Erdmittelalter aus; die Angaben schwanken zwischen 80% und 96%; vermutlich handelt es sich um alle Arten des Erdaltertums! Dieser Einschnitt ist auf höherem Ordnungsniveau (s. Abb. 35, S. 115 und 37, S. 117) weniger deutlich zu sehen, als wenn man Gattungen oder Arten darstellen würde, was aber wegen des Umfangs immer nur für ausgewählte Bereiche möglich wäre. Ein ähnliches Aussterben geschieht noch einmal an der Grenze zwischen Kreide und Tertiär. Für die Pflanzenwelt liegen die Einschnitte etwas früher, was zeigt, dass wir innere Ursachen dafür zu suchen haben und nicht äußerliche Katastrophen (s. S. 450). Sie hätten sich gleichzeitig auf alle Gruppen auswirken müssen. Wenn wir in den späteren Kapiteln die Gesteins- und Kontinentalentwicklung hinzunehmen, werden sich auch da Aspekte ergeben, die in der Entwicklung des Menschen liegen. Diese aus geisteswissenschaftlicher Sicht näher zu betrachten, wird Thema des nächsten Kapitels sein.

Der Mensch und die Tierentwicklung

Steiners Bilder des Menschen in der Erdgeschichte

Überblick

Rudolf Steiner gab von der Entwicklung des Menschen im Verhältnis zur Tierwelt keine Gesamtdarstellung im Sinne einer paläontologischen Beschreibung. Die übersinnlich wahrgenommenen Bilder werden von ihm im Vergleich zu sinnlichen Wahrnehmungen und zum Menschen beschrieben. Davon können wir uns Vorstellungen bilden. Diese wieder in **Imaginationen** zu verwandeln, kann man als Aufruf empfinden. Ein möglicher Schritt dahin wäre, das, was in diesem Kapitel nacheinander beschrieben oder skizziert ist, in eine allgemeine, bewegliche Übersicht umzuwandeln. Wenn es gelänge, die Bilder und Gestalten vorwärts und rückwärts mit der Vorstellung zu durchlaufen und ineinander zu verwandeln, kämen wir einem lebendigen Bilde der menschlichen Evolution vielleicht näher. Diese Bilder wären dann wiederum mit ähnlich beweglich gestalteten Vorstellungen der fossilen Tierentwicklung zu vergleichen.

Ich möchte im Sinne des Goetheanismus (s. S. 19) mit den Darstellungen und Bildern Steiners methodisch ebenso umgehen wie mit den Tier- und Gesteinsphänomenen. Ich werde versuchen, die Schilderungen so zu referieren, dass der Leser sich einen eigenen Überblick verschaffen kann. Paralleldarstellungen von Steiner habe ich nur dann weggelassen, wenn sie keine neuen Aspekte bringen. Es geht mir um ein **Gesamtbild**, wobei nicht auszuschließen ist, dass mir Stellen des Gesamtwerkes entgangen sind. Keinesfalls geht es mir um eine Auswahl von Zitaten, die ein bestimmtes Bild belegen sollen, auch nicht um eine persönliche Interpretation und erst recht nicht um Rechtfertigungen von Steiners Anschauungen vor der Naturwissenschaft. Es geht darum – so gut es möglich ist – die Grundlage zu schaffen für einen Vergleich der Menschen-, Tier- und Gesteins-Entwicklung. Dabei werden hauptsächlich die Aspekte betrachtet, welche Steiner von der sinnlich wahrnehmbaren Seite der Entwicklung schildert – nicht weil die übersinnliche Seite unwesentlich wäre, sondern weil es darum geht, innerhalb der Geologie und Paläontologie eine sichere Ausgangsbasis für die übersinnliche Seite zu gewinnen. Hinter der physischen Entwicklung des Menschen wirken die höheren geistigen Wesen, was in der *Geheimwissenschaft im Umriss* (GA 13) genauer dargestellt wird. Dort ist jedoch die sinnenfällige Seite so knapp gehalten, dass es hilfreich sein kann, wenn dieser Umriss im Folgenden durch andere Darstellungen Steiners aufgefüllt wird.

Die Entwicklung des Menschenvorfahren und die Gliederung der Naturreiche während der Erdgeschichte habe ich bereits knapp referiert (s. S. 50 – 53) und in einer Übersicht zusammengefasst (Abb. 4, rechte Spalte, S. 57) unter dem Aspekt, wie die geologischen und anthroposophischen Forschungsergebnisse einander zugeordnet werden könnten. Darauf aufbauend soll in diesem Kapitel zuerst referiert werden, wie Steiner die **Entwicklung der menschlichen Gestalt** seit dem Alten Saturn beschrieb. Da sich die alten planetarischen Zustände am Anfang der Erdentwicklung wiederholen, entspräche das etwa der Spanne vom polarischen Zeitalter bis zum atlantischen. Dabei geht es um die Bilder, welche im **Verhältnis zur Tierentwicklung** stehen. Steiners Darstellungen dazu werden anschließend referiert, wiederum vom Anfang an bis in die Atlantis. Dabei werden die **weichkörprigen Vorstufen** ausführlicher behandelt, weil davon bisher kaum wissenschaftliche Vorstellungen gebildet wurden. Es ergibt sich daraus als naheliegender Schritt, diese Anschauung von der Entwicklung der menschlichen Gestalt mit den Evolutionsgesetzen zu vergleichen, welche sich aus den paläontologischen Beobachtungen ergeben haben. Das führt zu den grundlegenden **Fragen der Höherentwicklung** und zu den Problemen, die sich daraus für die Geologie ergeben. Dabei kommt es in allen Abschnitten gerade auf Einzelheiten an. Wo sie erwähnt werden, sind sie nicht Beiwerk, sondern Grundlage, auf der die Zusammenhänge deutlich werden können. Auch Steiners Darstellungen sollten nicht nur als allgemeine Imaginationen oder pauschale Bilder vergangener Zustände, sondern als exakte, detaillierte Beschreibungen der übersinnlichen Seite verstanden werden. Wir können sie im imaginativ-empfindenden Vorstellen mit den detaillierten Phänomenen der physisch-sinnlichen Seite vergleichend prüfen und uns aus beidem ein imaginatives Gesamtbild erarbeiten.

Adam Kadmon als Menschenkeim

Für die erste Entwicklungsstufe, den **Alten Saturn** (Abb. 3, S. 47), beschrieb Steiner differenzierte Wärmezustände, die am Anfang der Saturnzeit rein innerlich waren, in der Mitte der Epoche aber auch äußerlich, sodass sie mit dem heutigen Wärmesinn hätten wahrgenommen werden können. Die physischen Leiber der Menschenkeime wurden von höheren geistigen Wesenheiten angelegt und geführt. Sie zeigten sich als differenziert gestaltete Wärmeunterschiede innerhalb von eiförmigen Räumen. Steiner skizzierte (Abb. 43 oben links; GA 110, 13. 4. 1909,vormittags) einige an einem Kreis, der den äußeren Umkreis einer gewaltigen planetarischen Weltenkugel andeutet.

Am Ende des Vortrags geht Steiner zur **Alten Sonne** über, in der sich ein licht- und luftartiger, rhythmisch strömender Zustand ausbildete. Er zeichnete die Menschenform (oben Mitte) und sagte dazu: «Dasjenige, was früher bloß Eiform hatte, Wärme-Ei war, hatte sich zu allerlei regelmäßigen Gebilden umgestaltet. Ganz sonderbare Rauchgebilde mit innerem Leben und innerer Regelmäßigkeit waren entstanden.» Das entspräche der Stufe, welche in der *Geheimwissenschaft im Umriss* (GA 13, S. 222) für das hyperboräische Zeitalter ebenfalls als Eiform beschrieben ist, die «an ihrer unteren Fläche wie die Eichelfrucht von einem Becher umschlossen wird». Was hier vom Menschen zunächst angelegt wurde, war der Kopf, während der übrige Organismus erst auf den weiteren Entwicklungsstufen ausgestaltet wurde. Darauf verweist eine kleine Skizze (GA 156, 20. 12. 1914; oben rechts), die zeigt, «dass der Mensch ausgegangen ist von dem, was heute zusammengedrängt, konzentriert in seiner Schädelorganisation vorhanden ist; das andere hat sich angegliedert. Wir müssen also sagen, schematisch gezeichnet würden wir den Menschen in seiner **Mondenentwicklung** so haben und in seiner Erdenentwicklung würden wir ihn so haben, dass sich die übrige Organisation daran angliedert.» Die Formen der Saturn-, Sonnen- und Mondenzustände werden in den Zeitaltern der frühen Erdentwicklung entsprechend wiederholt.

An anderer Stelle (GA 129, 25. 8. 1911; Abb. 43 unten links) skizzierte Steiner zunächst in drei Kreisen den Ätherleib und darin als dunklen Kern die Kräfte des physischen Leibes. Sie wurden während der planetarischen Stufen erworben, «aber sie waren nicht als physischer Leib vorhanden», sondern als Kräfteorganismus. Die vierte, größere Skizze (Abb. unten links) zeigt dann «den Ätherleib des Menschen, wie er war, als die **Erdenentwicklung** vor der lemurischen Epoche begann. In diesem Ätherleibe sind die mannigfaltigsten Strömungen, sind die mannigfaltigsten Kräfterichtungen darinnen», von denen Steiner diejenige hervorhebt, welche zustande bringt, «was wir nennen können die Blutzirkulation mit ihrer Zentralisierung, mit ihrem Mittelpunkt im Herzen». Er beschreibt weiter die Bildungen der Organe als physische Verdichtungen aus dem Umgebenden und vergleicht sie mit der Kristallisation von Salz. Auch an anderer Stelle (GA 104, 26. 6. 1908; Abb. unten rechts) werden die inneren Strömungen als das charakterisiert, was heute zu Blut- und Nervenbahnen geworden ist. Diese Anlagen waren in den frühen lemurischen Zeiten noch nicht durch die Grenze der Haut abgeschlossen, sondern setzten sich fort als Strömungen in die umgebende Erdensphäre,

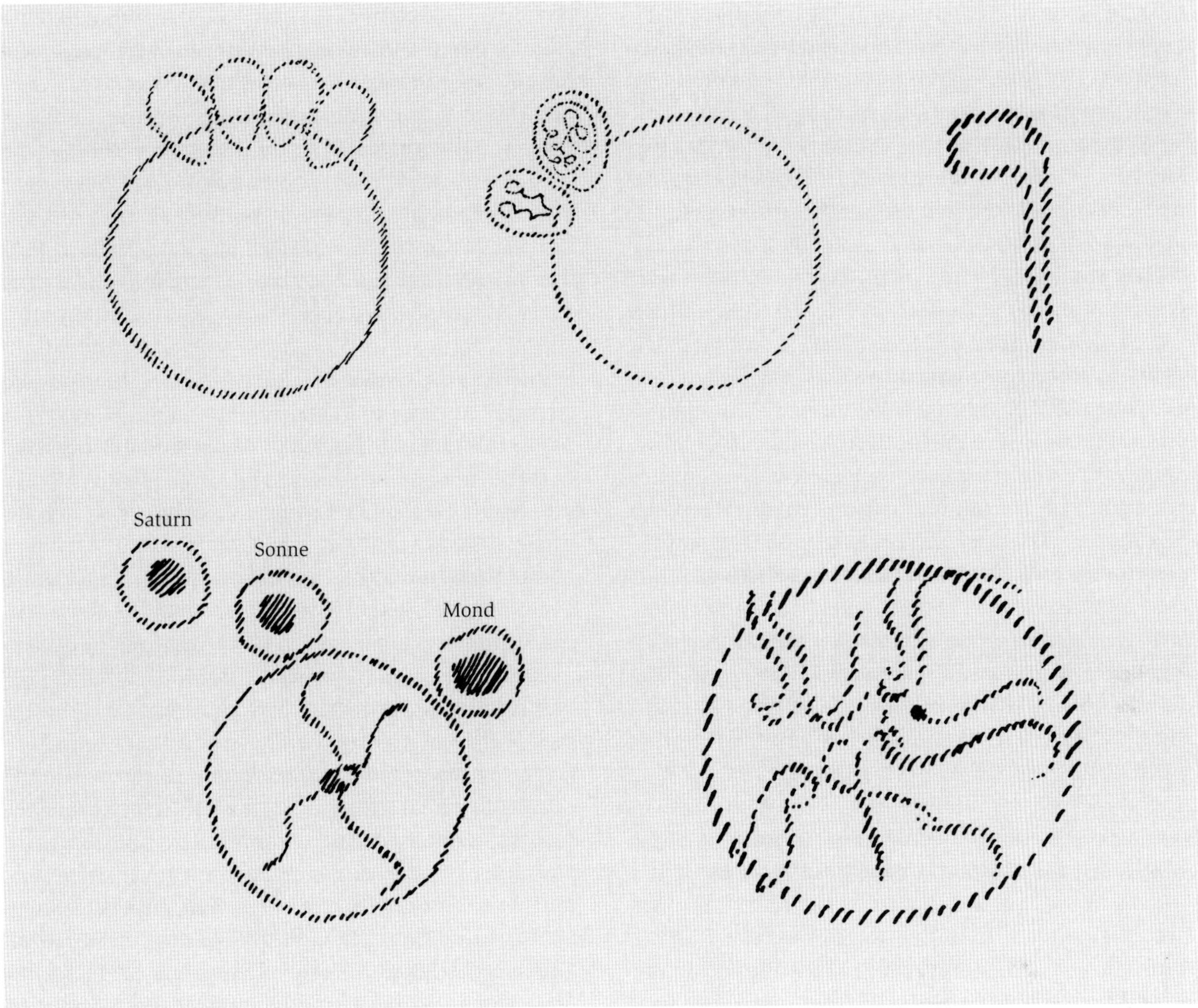

Abb. 43: Die Formen des Menschenkeimes auf den planetarischen Vorstufen der Erdentwicklung nach Tafelskizzen zu Vorträgen Rudolf Steiners. Umgezeichnet. Nachweise und Erläuterungen im Text.

ähnlich der embryonalen Nabelschnur (Abb. 46, S. 139). Als dann diese Verbindungen abgeschnitten wurden, wurde der Mensch nicht mehr aus der Erde heraus, sondern von seinesgleichen geboren. Er wurde ein *Menschensohn*; vor der Mondentrennung in der Mitte der Lemuris war er ein *Erdensohn* – und das heißt eigentlich *Adam*.

Die große Kuppel im Ersten Goetheanum (1914 bis 1922) war mit **Bildern zur Entwicklung des Menschen** ausgemalt. Die Motive wurden 1998 auch für die Ausmalung der Saaldecke des Zweiten Goetheanums zugrunde gelegt. Dazu zeichnete Rudolf Steiner 1914 (GA K13) Entwürfe in Bleistift, welche die Motive zeigen, und in Pastell, um die Farben anzudeuten. Hilde Raske (1983) hat in einer gründlichen Monographie diese Bilder in Tafeln abgebildet und beschrieben, wie sie miteinander zusammenhängen und aus der Farbe hervorgehen. Die ersten drei über dem westlichen Eingang zeigen die Schöpfung des Menschen durch die Geister der Form, die Elohim (Abb. 44, S. 137). Die beiden anderen Motive, «Es entstehen die Sinne» sowie «Jahwe und die luziferische Versuchung», zeigen, wie höhere geistige Wesen dem Menschenkeim die Urbilder von Auge und Ohr einprägten und wie Luzifer im Baum der Erkenntnis auf die Menschenvorfahren wirkte.

Rudolf Steiner sprach davon, wie aus dem seelischen Erleben der Farbe die «Gestalten entstehen, Gestalten, die die Geheimnisse des Weltalls zum Ausdruck bringen; die zum Ausdrucke bringen, die Seele des Weltalls. Aus dem Schöpferischen der Farbe wird selber eine Welt entstehen, eine Welt, die sich konfiguriert, die sich innerlich differenziert, die sich wesenhaft auslebt» (GA 287, 25. 10. 1914). So deuten die Bilder auf Imaginationen, und man scheut sich, sie verstandesmäßig zu beschreiben und zu deuten. Rudolf Steiner hätte sie aber nicht gegeben, wenn sie nicht dazu dienen könnten, zu den Worten Vorstellungen zu bilden, um daraus insgesamt eine bewegliche Bilderfolge zu erarbeiten, die sich der imaginativ erlebbaren Realität des menschlichen Werdeprozesses zu nähern vermag. Gerade in den ersten Vorträgen über die *Geheimnisse der biblischen Schöpfungsgeschichte* (GA 122, 17. u. 18. 8. 1910) forderte uns Steiner auf, lebendige Vorstellungen zu bilden über das Wirken der Elohim, und er fragt am Ende: «Wie kann man die Gestalt des makrokosmischen Menschen gleichsam innerlich erfühlen? Wenn man anfängt zu fühlen, wie der Laut in die Gestalt schießt! Das ist eine durchaus objektive Sprache, die in ihrer Lauthervorbringung sich zum Bilde kristallisiert, wenn die Seele sich von ihr anregen lässt.» Im Elementarischen gestaltend, schaffen die Urworte der Elohim den Menschen als ein innerlich Regsames, nach außen Erscheinendes. In diesem Sinne wären die Bilder keine Illustrationen wie in einem Lehrbuch, sondern Anregungen zur meditativen Imagination.

Auf dem Bilde (Abb. 44) wirken drei mal vier Wesen zusammen. Auf der linken Seite strahlen von oben Lichtwesen rot-gelb herunter, die von blau überschatteten Wesen mit der linken Hand empfangen und mit der rechten Hand nach unten weitergegeben werden, wo Pflanzenhaftes aus dem Erdengrund keimt: drei grüne und ein rotes Gebilde. Auf der rechten Bildhälfte sind vier rhythmisch wirkende, rote Wesen gezeichnet, die sich nach unten öffnen, wo ganz zart menschliche Kopf-Brust-Wesen angedeutet sind, von denen blaue Strahlen auf das Erdenrund gerichtet sind. Ebenso zart, aber ohne ein solches rotes Wesen ist eine fünfte Menschenwesenheit in der Mitte zu sehen. Auf der Erde sind dunkle, vielleicht tierische Kopf-Brust-Wesen, ähnlich den beiden dunklen augenartigen Wesen in der Bildmitte. Dieses Bild deutet auf die Bildung der Pflanzen (s. S. 153 ff.), Tiere und Menschen, was noch im Einzelnen miteinander verglichen werden soll.

Die vier Skizzen der oberen Reihe in Abb. 45, S. 138 entstanden zu Vorträgen, in welchen Steiner die lemurische und atlantische Epoche schilderte (GA 103, 25. 5. 1908). Die **Menschenvorfahren** lebten in der Wasser-Luft-Sphäre der Erde. Die erste Anlage des physischen und ätherischen Leibes war vom Astralleib und Ich umschlossen und noch ganz im Schoß geistiger Wesen eingebettet. Die übersinnlichen **Wesensglieder** prägten die Gestalten bis in die feinsubstanziellen Zustände hinein. Ein weiteres Stadium entstand, als sich Wasser und Luft der Erdensphäre zu trennen begannen, der physische und ätherische Leib dichter wurden – luftartig – und das Feuerelement aufnahmen. Derartiges Feuer lebt heute noch in uns als Blutwärme und das Luftige in der Atmung. Dieser Zustand kennzeichnet demnach die Situation nach der Mondentrennung, welche bis in die ersten Zeiten der Atlantis währte. Ein drittes Stadium zeigt, dass der Mensch auch das Flüssige eingliederte, «wo Sie den physischen Menschenleib finden würden in dem Wasser enthalten, sozusagen quallenförmig darin; ... aus dem Wasser heraus verdichtete Gestalten», deren Astralleib und Ich noch in göttlichen Wesen eingebettet sind. Auf einer vierten Stufe wird die Festigkeit erreicht, bis dahin, dass auch fossile Menschenfunde möglich werden. «Und erst gegen die Mitte der atlantischen Zeit ist der Mensch soweit verdichtet, dass er Fleisch und Bein wird, nachdem sich zuerst die Knorpel verdichtet haben, die Knochen nach und nach herauskommen. Und damit wird außen die Erde auch immer fester und der Mensch steigt herunter auf den Erdboden ... Im letzten Drittel der atlantischen Zeit wird dann die Menschengestalt immer ähnlicher der heutigen.» Diese ganze Entwicklung vom Alten Saturn an wurde in einem anderen Vortrag (GA 102, 29. 2. 1908) ähnlich geschildert, wobei mehr auf die Umwandlung der Wahrnehmung eingegangen wird.

Die Skizze links unten (GA 96, 1. 4. 1907) bezieht sich auf die **lemurische Zeit**. «Wir würden da Menschengestalten finden, die erst die Hülle hatten zu der menschlichen Seele, Menschen, die erst physischen Leib, Ätherleib und Astralleib hatten. Und die Astralleiber hatten eine Art von Einbuchtung – bildlich zu verstehen – zur Aufnahme des Ich-Be-

Abb. 44: «Es wirken die Elohim in die Erde hinein, es strahlen hinein die Lichtwesen.» Pastellskizze von Rudolf Steiner für die große Kuppel im Ersten Goetheanum, 1914.

wusstseins.» Steiner sagte, man würde «diese Menschen gleichsam wie Gefäße zeichnen müssen, die bereit waren, den höheren seelischen Gehalt in sich aufzunehmen. Der innere Raum soll bedeuten eine Aushöhlung des Astralleibes, der bereit ist, einen höheren seelischen Gehalt in sich aufzunehmen.» Und er schilderte, wie sich das Ich aus der gemeinsamen Geistatmosphäre wie Tropfen aus einem Wassergefäß in die Leiber senkte und sie zunehmend individualisierte. Dieses Ich wurde dann tiefer hereingezogen durch den luziferischen Einfluss, vor allem in den Astralleib. Dazu heißt es in einem anderen Vortrag (2 Skizzen rechts unten; GA 177, 26. 10. 1917): «Der Mensch war verbunden mit dem ganzen Kosmos, einschließlich der Erde (Außenkreis) vor der luziferischen Tat; er hat sich verbunden mit der Erde (Innenkreis) dadurch, dass ihm die Vererbungseigenschaften – die Erbsünden, wie man biblisch spricht ... – eingepflanzt worden sind. Dadurch ist der Mensch, den ich hier in Kreuzesform bezeichne, zu einem Gliede der Erde geworden» (rechts).

Das Menschenwesen ist aus dem Weltenall heraus gebildet worden. Über seine kosmischen Dimensionen sagte Steiner 1909: «Man hat den **Tierkreis** früher nicht so aufgezeichnet, dass er in seinen entsprechenden Tierformen auseinandergelegt war, sondern so, dass man die einzelnen Menschenglieder hinzugezeichnet hat zu den betreffenden Regionen ... Also denken Sie sich einen solchen Tierkreis als Mensch in den Kosmos hineingezeichnet, dann haben Sie dasjenige, was aus dem Kosmos, das heißt aus den entsprechenden Kräften der Hierarchien der Throne, Seraphim, Cherubim heraus die ursprünglichen Anlagen schuf zum menschlichen physischen Leib. Das ist der große kosmische Mensch, der Mensch, der

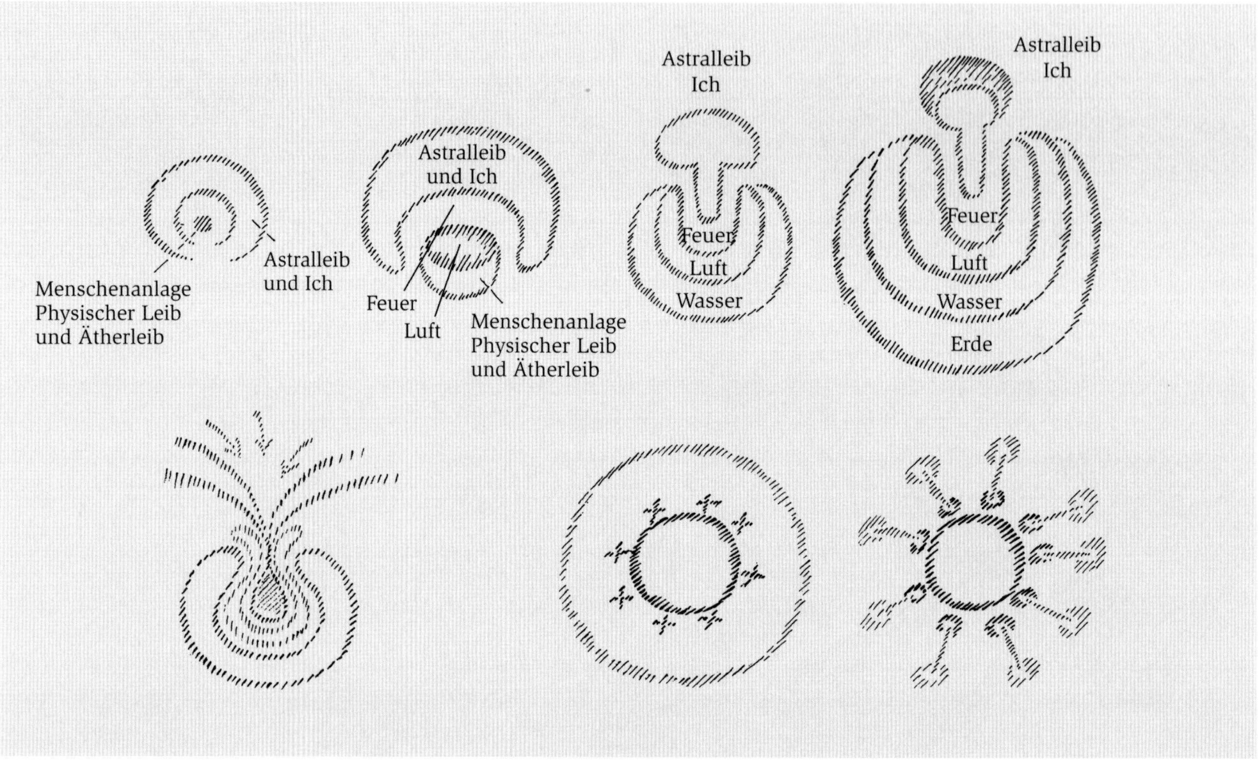

Abb. 45: Die Verinnerlichung von Ich und Astralleib in den physischen und ätherischen Leib nach Tafelskizzen zu Vorträgen von Rudolf Steiner. Umgezeichnet. Nachweise und Erläuterungen im Text.

durch alle Weltsagen und Weltmythen geht, aus dem der einzelne Mensch auf der Erde herausgebildet ist in den mannigfaltigsten Gestalten. Denken Sie an den Riesen Ymir ... [oder] jene Geheimlehre, die dem Alten Testament zugrunde liegt: im Adam Kadmon der Kabbala» (GA 110, 18. 4. 1909). Über diesen Adam hatte Steiner früher schon gesagt: «Dann haben wir den Menschen, der vor der lemurischen Zeit da war und den man den reinen Menschen nennt. Unrein wird der Mensch dadaurch, dass er nicht sein ganzes Wesen selbst erzeugt, sondern anderes in seine Wesenheit hineingliedert. Dieser reine Mensch ist Adam Kadmon genannt worden. Wenn die Bibel anfangs vom Menschen spricht, spricht sie von diesem reinen Menschen» (GA 93a, 1. 10. 1905, s. a. Abb. 60, S. 153).

Rudolf Steiner malte am 2. und 4. Dezember 1923 in einer Reihe von Lehrskizzen für den Malunterricht das Bild **Adam Kadmon in Frühlemurien**. Eine orangefarbene Kreisfläche – wohl die Erde bezeichnend – schwimmt in einer gelblich-bläulichen Umgebung, ihrer Lebenssphäre. Darin öffnet sich eine Becherform, von der nach unten hin wie rötliche Strömungen ausgehen und in die von oben Strahlen einströmen (Abb. 45; Abb. 43, S. 35; beide rechts unten). Auffällig sind die Augen, sowohl in dem oberen Wesen als auch in dem unteren und in den zwei tierartigen Köpfen, die rechts und links unten sich aus dem Gelb verdichtet haben. Die Tierwesen sind noch wie ätherisch oder weichkörprig, aber auch schon mit Sinnen begabt. In der frühen lemurischen Epoche war der Mensch noch mit seiner Erdenumgebung verbunden, die Bechergestalt war bereits gebildet, und die Sinnesorgane waren erweckt.

Die **Wahrnehmungsorgane** des Menschen wurden zuerst angelegt, wie auch heute noch in der Embryonalzeit. «Mit der Anlage zum Gehör trat der Mensch in die Saturnentwicklung ein. Auf dem Saturn legte er sich den Wärmesinn zu. In der auf den Saturn folgenden Sonnenentwicklung erwarb der Mensch den Gesichtssinn. Die Anlage zum Gesichtssinn während der Sonnenzeit ist also die dritte Etappe, mit der sich die anderen Sinne in der ent-

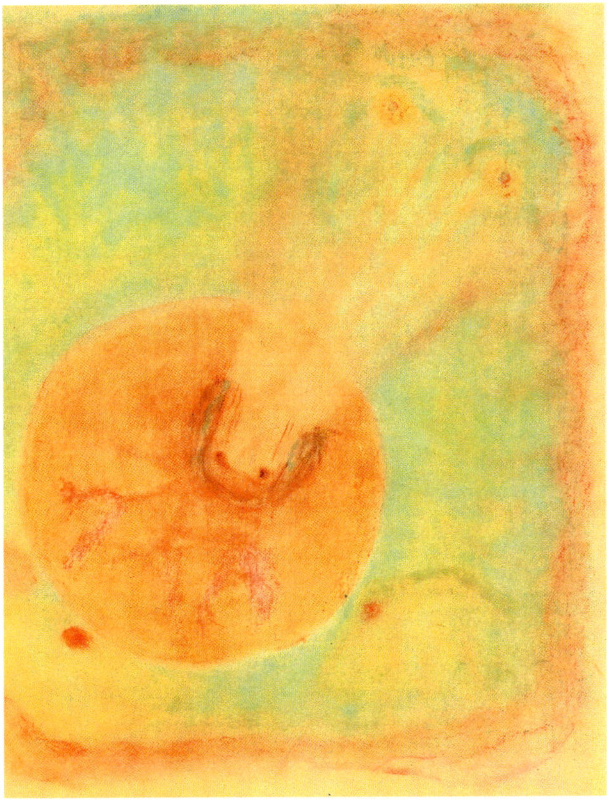

Abb. 46: Adam Kadmon in Frühlemurien. Pastellskizze von Rudolf Steiner, Dezember 1923 (GA K 54.21 G).

sprechenden Weise umgestalten, sodass der Mensch auf der Sonne ein hörendes, fühlendes und eine Art sehendes Wesen ist» (GA 96, 19. 10. 1906). Diese Anlagen wurden dann, wie bereits dargestellt (s. S. 100), während der Erdenentwicklung ausgebildet. In der frühlemurische Zeit wurden als letztes vor der Mondentrennung gebildet «diejenigen Nerven, die zu Sinnesorganen hingehen. Aber die Sinnesorgane waren noch nicht geöffnet. Sie waren gebildet von innen heraus ... » (GA 102, 16. 3. 1908). Nachdem der Mond getrennt war, wirkten Sonnne und Mond im Gleichgewicht von außen und öffneten die Sinne für die äußere Wahrnehmung. Dadurch wurde die innere Wahrnehmung zurückgebildet (Abb. 32, S. 105).

Für das vorhergehende **hyperboräische Zeitalter** schilderte Steiner Erde und Mensch so, wie es diesem Bilde Abb. 46 entsprechen könnte: «Wir müssen uns die Erde als eine lichtdurchglänzte Kugel

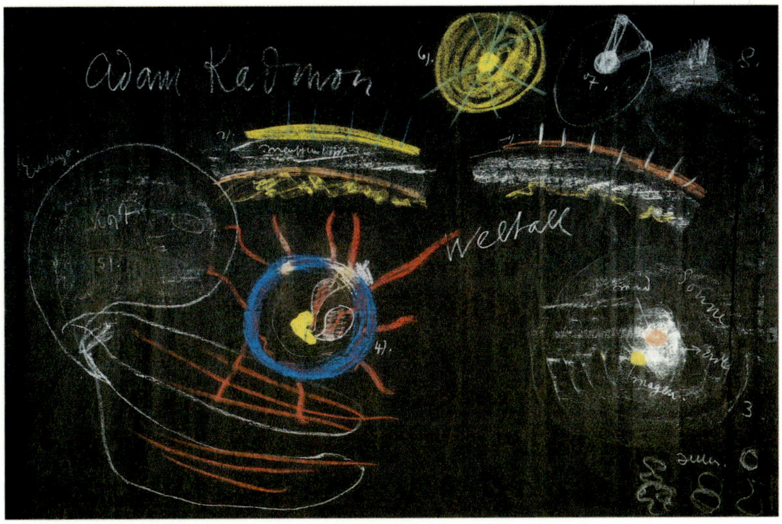

Abb. 47: Adam Kadmon und der embryonale Mensch. Wandtafelzeichnung zu einem Arbeitervortrag von Rudolf Steiner.

vorstellen, von lichttragenden Wolken umstrahlt, wunderbare Lichterscheinungen von wunderbarem Farbenspiel erzeugend. Wenn man eine fühlende Hand hätte hineinstrecken können in diese Erde, man hätte Wärmeerscheinungen wahrgenommen, auf- und abwogend ... darin alle heutigen Menschenwesen, umwebt und umwogt von all den geistigen Wesenheiten. Denken wir uns eine regelmäßig gestaltete Wolke, wie eine nach oben sich erweiternde, kelchartige Bildung, und denken wir uns diesen Kelch durchglüht und durchleuchtet von innerem Lichte» (GA 106, 7. u. 9. 9. 1908).

Eine Tafelskizze dieses «großen kosmischen Menschen» entstand bei einem Arbeitervortrag (GA 347, 30. 9. 1922; *Wandtafelzeichnungen*, Bd. XXV, Abb. 47), wo Steiner sagte, dass das Alte Testament missverstanden würde, wenn man meinte, «da war die Erde und irgendwo das Paradies und da ist der fertige Adam im Paradies ...», sondern man sprach von Adam Kadmon. «Der ist der Riesenkopf, der die Erde einmal war» (Abb. 47, blau, Mitte). Und Steiner verglich dies mit dem Embryo in den ersten Wochen (links und im blauen Kreis, Mitte) als die Erde mit dem Weltall so verbunden war wie der Embryo mit der Mutter. Das war zu einer Zeit, als die Sonne (rechts unten) noch die Erde und den Mond enthielt, also in der hyperboräischen Zeit.

Mensch und Tier in Lemurien

Rudolf Steiner entwarf die Vorlagen der Bilder für die Ausmalung der großen Kuppel im Ersten Goetheanum in zweifacher Art (GA K 13; siehe auch Raske 1983, S. 59 u. 92). Die Farben gab er in Pastellskizzen an und die Formen in Bleistiftzeichnungen. Das Bild der **Lemuris** (Abb. 59, S. 153 u. 65, S. 159) zeigt, verglichen mit dem, was in Vorträgen geschildert wurde, meines Erachtens die zweite Hälfte der lemurischen Epoche (s. S. 52). Geflügelte Wesen im oberen Teil ähneln noch denen der frühen Lemuris (Abb. 44, S. 137). In gleicher Farbe sind darunter zwei menschliche Profile angedeutet. Sie schweben in einer vorwiegend gelblich-rötlichen Umgebung, die ich als Lebenssphäre der Erde betrachten würde. Von beiden Wesensgruppen verlaufen rote Strahlen nach unten, wo – schärfer konturiert – drei geflügelte und drei echsenartige Tiere erkennbar sind (Abb. 49), links vielleicht auch noch ein rötliches, fischförmiges Wesen. Im grünlich-gelblichen Grund sind vorne bräunliche, pflanzenartige Gebilde zu sehen, die sich nach hinten zu mehreren spitzen, wohl schon verhärteten Felsenformen verdichten. Der Mensch lebte während der ganzen lemurischen Zeit als großes, weichkörpriges Wesen im oberen Bereich der Lebenssphäre der Erde (s. S. Abb. 4, S. 57). In der **zweiten Hälfte der Lemuris** wurde er immer weiter nach unten gezogen, was geologisch dem Erdmittelalter entspräche.

Damit ergäbe sich eine interessante Ergänzung dieser eben dargestellten lemurischen Verhältnisse durch einen Arbeitervortrag Rudolf Steiners, in dem die Abbildung 50, S. 142 entstand (GA 347, 20. 9. 1922; *Wandtafelzeichnungen,* Bd. XXV, Tafel 6). Steiner schildert hier anschaulich, wie die **Saurier** «auf der Erde so ein Leben geführt haben, das halb schwimmend und halb watend im Schlamm war», darüber noch eine Wasserluft, «Feuerluft», in der die Flugechsen flogen. Am Beispiel der Ichthyosaurier,

Abb. 48 und 49: «Lemurien». Pastellskizze und Bleistiftzeichnung von Rudolf Steiner für die große Kuppel im Ersten Goetheanum, 1914.

Plesiosaurier und Flugsaurier wies er auf die Gliedmaßen hin, die flossenartig (Mitte links, blau), als Flügel (oben links), fußartig (Mitte, rechts) und schließlich bei den felltragenden Säugetieren (unten) länger wurden zu Beinen, die mehr einem Landleben angepasst waren. Zur Entwicklung der Augen (s. S. 104) sprach Steiner davon, wie eine mehr übersinnliche Wahrnehmnung durch das Pinealorgan (Mitte, hellrot) über dem Schädel möglich war, die dann erlosch. Stattdessen entstanden seitliche Augen, schon bei den Sauriern (rot) und dann bei den Säugetieren (unten, blau). Wenn wir auf die Bilder und Evolutionstendenzen schauen, entspricht diese populäre, teilweise drastische Darstellung inhaltlich exakt dem, was Steiner auch in einem sehr anspruchsvollen Mitgliedervortrag darstellte (GA 232, 1. 12. 1923; Abb. 65, S. 159).

Die von Steiner erwähnten Saurier lebten im unteren Jura. Gerade im Jahr vor dem Arbeitervortrag hatte Bernhard Hauff seine Arbeit über die berühmten Funde in den **Posidonienschiefern** des Lias von Holzmaden, südöstlich von Stuttgart, veröffentlicht. Es ist naheliegend, dass Steiner diese Darstellung kannte. Man kann heute noch in dem sehenswerten *Urwelt-Museum Hauff* auch die fossilen Ichthyosaurier, Plesiosaurier (s. Abb. 16, S. 78, unten: Peloneustes; Abb. 30, S. 99) und Flugsaurier (Abb. 17, S. 79, oben: Pteranodon) besichtigen. Sieht man auf ihre Gliedmaßen (Abb. 30, S. 99, Mitte), so fällt auf, dass sie zwar stark verknöchert waren, andererseits Schulter- und Beckengürtel fehlten. Da bei den Ichthyosauriern die vorderen Gliedmaßen kräftiger waren als die hinteren, muss man sich schon fragen, auf welche Umgebung eine Fortbewegung mit solchem Knochenbau hinweist. Entspräche dem ein

Abb. 50: Drei Saurier in der Feuerluft und auf der wässrigen Erdoberfläche der Juraepoche und darunter zwei Säugetiere im Wald des Tertiär. Wandtafelzeichnung zu einem Arbeitervortrag von Rudolf Steiner.

normales Schwimmen? Die Flossen der Fische und die Füße der Krokodilartigen, die in denselben Schichten vorkommen, deuten schon mehr auf Wasser und Land im heutigen Sinne hin.

Auf einem Plakat (Abb. 52, S. 144; GA K 55.5; 132 x 77 cm) zu einer Eurythmieaufführung malte Rudolf Steiner ein Bild des «**Ur-Menschen**». Er scheint in einer wässrig blau gehaltenen Umgebung zu schwimmen. Deutlich in Form und Farbe ist die Dreigliedrigkeit hervorgehoben. Der Kopf ist schon erhoben, wenn auch nicht senkrecht wie auf den nächsten Abbildungen 53 und 55. Der rötliche Schein um den Kopf, vor allem an der Stirn, dürfte den noch herausragenden Ätherleib andeuten, wodurch die übersinnliche Wahrnehmung mit dem Parietalorgan möglich wurde. Das Antlitz mit dem Auge und die Hände sind deutlich gestaltet, die Füße weniger deutlich, auch in Gelb und auf etwa gleicher Höhe. Zwischen Händen und Füßen wogt ein rhythmisch bewegter Leib. Darunter sind blaue Wesen gemalt, schon sinnenfällig, von denen sich mindestens das rechte vielleicht echsenförmig, mit dem Kopf nach unten, deuten ließe. Sie tauchen ab in das blaue Wässrige. Auf der gelben Fläche rechts stand ein Text. Der Mensch lebt im rötlich Feurigen. Ihm fehlen noch Arme und Beine. Diese Entwicklungsphase wäre vergleichbar mit der entsprechenden Stufe der frühlemurischen Tierentwicklung.

Auf der Abb. 53, S. 145 ist die linke Skizze der Abb. 52 noch ähnlicher; auf der rechten sind die Beine bereits nach unten gerichtet; der Impuls der Aufrichtung wurde nach dem luziferischen Einschlag verinnerlicht, welcher in der Mitte der lemurischen Zeit nach der Mondablösung auf den Men-

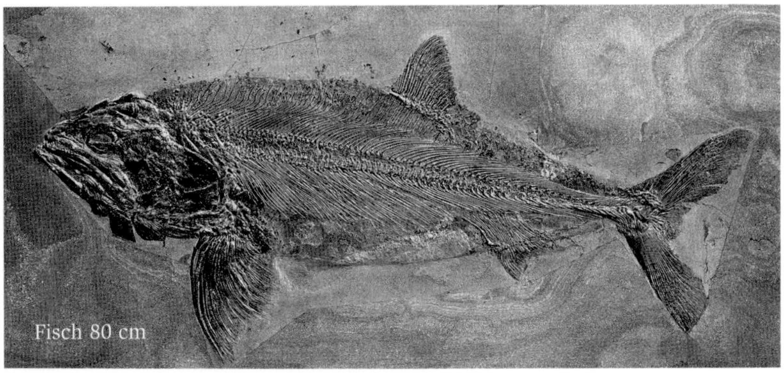

Abb. 51: Fossilien aus dem Urwelt-Museum Hauff in Holzmaden, wie sie in dem Vortrag erwähnt werden, zu dem die Tafelzeichnung Abb. 50 entstand. (Fotos: Urwelt-Museum Hauff, Holzmaden)

Abb. 52: «Ur-Mensch – Ur-Tier». Aquarell von Rudolf Steiner zu einem Plakat aus dem Jahre 1924.

schen wirkte. Rudolf Steiner sagt in dem Vortrag dazu: «Das Vor-Luziferische des Menschen ist in dem elementarischen Dasein von Wärme und Luft enthalten, und in das Flüssige und in das Feste des Menschen hat sich hineingeschlichen der luziferische Einfluss» (GA 177, 8. 10. 1917), wodurch der Mensch auch in die sinnliche Sichtbarkeit fiel (s. S. 164). Hier wird bereits für die Zeit der Mondentrennung von Festem im Menschen gesprochen – wenn auch sicher noch keine Knochen gemeint sind! An anderer Stelle heißt es: «Durch diese durch den luziferischen Einfluss bewirkte Zusammenpressung des Menschenleibes, wurde der Mensch schwerer und sank herunter aus dem Umkreise auf den Erdboden» (GA 122, 24. 8. 1910), welcher schon stellenweise fest war (s. S. 48 und 49). Daran bildeten sich die Gliedmaßen aus.

Zur äußeren menschliche Gestalt heißt es in der *Geheimwissenschaft im Umriss* nur, dass der «Kopf schon vollkommener ausgebildet, der übrige Organismus wie Anhängsel noch undeutlich gestaltet» war (GA 13, S. 238). Eine andere Beschreibung ist da ausführlicher: «Will man sich von seiner Leiblichkeit auf der jetzt besprochenen Entwicklungsstufe eine Vorstellung machen, so kann man das am besten, wenn man sie sich denkt ähnlich einem Wasserdampf oder einer in der Luft schwebenden Wolke. Nur ist diese Vorstellung natürlich eine solche, die sich der Wirklichkeit ganz äußerlich nähert. Denn die Feuerwolke ‹Mensch› ist innerlich belebt und organisiert ... [Dieses Wesen] bewegt sich, mehr schwebend als schreitend, durch vier gliedmaßenähnliche Organe vorwärts, seitwärts, rückwärts, nach allen Seiten» (GA 11, S. 93). In der Mitte der Lemuris war vom Menschen erst der untere Teil äußerlich sichtbar: «Als der Mond herausging, da hatte der Mensch unten eine tierartige, hässliche Gestalt, oben aber waren die letzten Überreste einer Lichtgestalt ... die Gestalt, die nach unten hin, ungefähr von der Mitte des menschlichen Leibes ab, von der Hüfthöhe etwa, schon eine Gestaltung zeigte, die der heutigen nicht ganz unähnlich ist. Man würde mit heutigen Augen immerhin schon, wenn auch als weiche Teile, die-

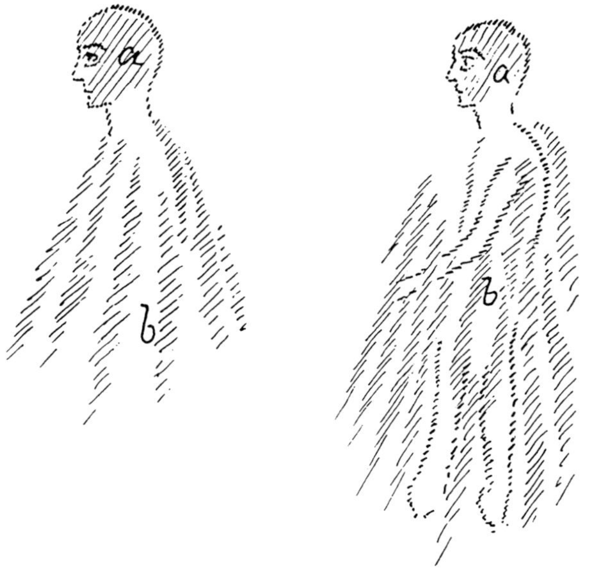

Abb. 53: Der lemurische Menschenvorfahr vor und nach dem luziferischen Einschlag. Der Kopf (a) stammt aus der planetarischen Entwicklung, der übrige Organismus (b) ist von höheren Geistern auf der Erde hinzugebildet. Tafelskizzen zu einem Vortrag von Rudolf Steiner, umgezeichnet.

sen Leib haben sehen können, während die oberen Teile nur für ein hellseherisches Bewusstsein zu schauen gewesen wären» (GA 106, 10. 9. 1908). Und wenn man noch weiter zurückgeht in die spätere **hyperboräische Zeit**, kann man sagen: «Als die Sonne herausgegangen war, war die höchste Form der damaligen Tiere eine Art von Tieren, welche auf der Stufe der heutigen Fische standen ... dass in dieser Zeit vom Menschen physisch wahrnehmbar nur die Füße ausgebildet waren. Das andere war in feiner ätherischer Form nur vorhanden.» Diese Wahrnehmbarkeit ging von den Füßen zum Kopf hin und hing mit den Gestaltungskräften des Tierkreises zusammen (GA 106, 9. u. 10. 9. 1908).

Die verschiedenen Verdichtungsstufen – die Ätherform, die wahrnehmbare Weichkörperform und die Fossilform – müssen für Mensch und Tier unterschieden werden, wie in den nächsten Abschnitten noch genauer betrachtet wird (Abb. 58, S. 151). Bezüglich der Fischform der Tiere ist hier die erste Ablösungsstufe gemeint, die in der hyperboräischen Epoche noch ätherisch war, während im Folgenden die zweite, weichkörprige Stufe beschrieben wird. Da heißt es über die **lemurische Zeit**: «Der irdisch herumwandernde Mensch war damals wirklich ein zusammengeklapptes Wesen. Die beiden Arbeitsorgane, die Hände, waren damals nach rückwärts geschlagen und bildeten auch Bewegungsorgane, sodass damals der Mensch auf vier Beinen ging.» (GA 93a, 16. 10. 1905) Dies ging so lang, bis in der Mitte der Lemuris «die Zeit des Aufrichtens kam. Die anderen lebenden Kameraden des Menschen waren zur lemurischen Zeit reptilartige Tiere [Weichkörperform] von grotesken Formen, die keine Spuren zurückgelassen haben. Ichthyosaurier und so weiter sind Abkömmlinge [Fossilform] von jenen Tieren. Tatsächlich war damals die Erde mit Wesen bevölkert, die einen reptilartigen Charakter hatten; auch die Menschen hatten damals einen reptilartigen Charakter. Indem sich nun das damals reptilartige menschliche Wesen aufrichtete, wurde eine nach vorn ganz offene Kopfbildung [Ätherform] sichtbar, aus der eine feurige Wolke hervorquoll. Das hat Veranlassung gegeben zu der Erzählung vom Lindwurm, von dem Drachen.» Gemeint ist das Parietalorgan (Abb. 50, S. 142; 65, S. 159). Nach der Mondablösung war die Menschengestalt verändert und «hat die eine Hälfte mit zwei Bewegungsorganen zur unteren Körperhälfte umgewandelt, die dadurch hauptsächlich der Träger der Ernährung und Fortpflanzung geworden ist. Die andere Hälfte wurde gleichsam nach oben gewendet. Aus den beiden anderen Bewegungsorganen sind die Ansätze zu Händen geworden. Und solche Organe, die vorher noch mit zur Ernährung und Fortpflanzung gedient haben, bilden sich zu Sprach- und Denkorganen um. Der Mensch hat sich aufgerichtet. Das ist die unmitttelbare Folge des Mondaustrittes» (GA 11, S. 95).

Der «lemurische Mensch ging nicht etwa wie ein Mensch von heute auf seinen Gliedern; er war mehr oder weniger ein Luftwesen. Alle Organe des heutigen Menschen waren nur andeutungsweise vorhanden; er konnte sich metamorphosieren ... Auch in der atlantischen Zeit war der menschliche Körper noch formbar und konnte durch den Willen von innen heraus umgestaltet werden ...» (GA 100, 22. 11. 1907).

Abb. 54 und 55: «Atlantis». Pastellskizze und Bleistiftzeichnung von Rudolf Steiner, 1914.

Der atlantische Mensch und die Gruppenseelen

Die beiden Abbildungen 54 und 55 zeigen – wie bei der Lemuris – das gleiche Bild, einmal als Farbvorlage in der Pastellskizze und dann für die Formen in Bleistift. Verglichen mit den Lemuris-Skizzen (Abb. 48, 49, S. 140, 141) strahlen die blauen Flügelwesen immer noch ihre rötlichen Strahlen vor einem orangegelben Hintergrund nach unten. In der Zeichnung sind unter dem rechten Wesen noch drei mal drei kleine Gesichter gezeichnet. Die Erdformen unten erscheinen massiver. In drei Höhlen links sind Tierköpfe zu erkennen: Adler, Löwe und Stier, während in der größeren Höhle rechts ein menschliches Wesen mit Armen und Beinen vermutet werden kann, noch wie in einem embryonalen Zustand verharrend. Die Tiere erscheinen in ihren Köpfen; die Leiber sind noch mit dem unkonturierten Hintergrund verbunden. Alle vier könnten die **Repräsentanten von Gruppenseelen** darstellen, wobei eine ursprünglichere Form drei anderen gegenübersteht, die in Denken, Fühlen und Wollen vereinseitigt sind. Wären ihre Seelen bereits wie vom Erdenelement umschlossen und von den göttlichen Wesen getrennt zu sehen? Es sind Seelenbilder von Gruppengeistern dargestellt – nicht Weich-

körperformen von Säugetieren. Die fünfte Gruppe, die herabsteigenden Köpfe, schweben hingegen noch im Lichtraum oberhalb des dunkleren Irdischen. Den physischen Menschen der atlantischen Zeit schilderte Steiner vergleichsweise so, wie wenn «man etwa Meerestiere nimmt, Quallen, die man kaum von ihrer Umgebung unterscheiden kann, dann kommt man zu der materiellen Gestaltung, in der der Mensch einmal auf der Erde war, während der alten atlantischen Zeit, in der die Erde noch überall bedeckt ist von dauerndem dichten Nebel, in welchem der Mensch lebte und daher auch ein ganz anders organisiertes Wesen war» (GA 288, 30. 12. 1921; genauer s. S. 160, 164).

Zu den Gruppengeistern sagt Rudolf Steiner, «dass das gegenwärtige Ich sich herausentwickelt hat aus solchem Gruppenbewusstsein oder Gruppen-Ich; sodass für den Seher, wenn er zurückschaut, die einzelnen Menschen immer mehr zusammenströmen in die Gruppenseelen. Nun gibt es vier Typen von Gruppenseelen, vier Urbilder von Gruppenseelen ... als der Mensch noch nicht im Fleisch war, noch nicht herabgestiegen war auf die Erde ... Es gab einmal eine Zeit, wo unsere Erde eine viel weichere Materie hatte als heute, wo noch nicht Fels und Stein so verfestigt waren wie heute, wo die Pflanzenformen noch anders aussahen, wo das Ganze wie ein Urmeer in Wasserhöhlen eingebettet war, wo Luft und Wasser nicht geschieden waren, wo von all den Wesen, die heute auf der Erde woh-

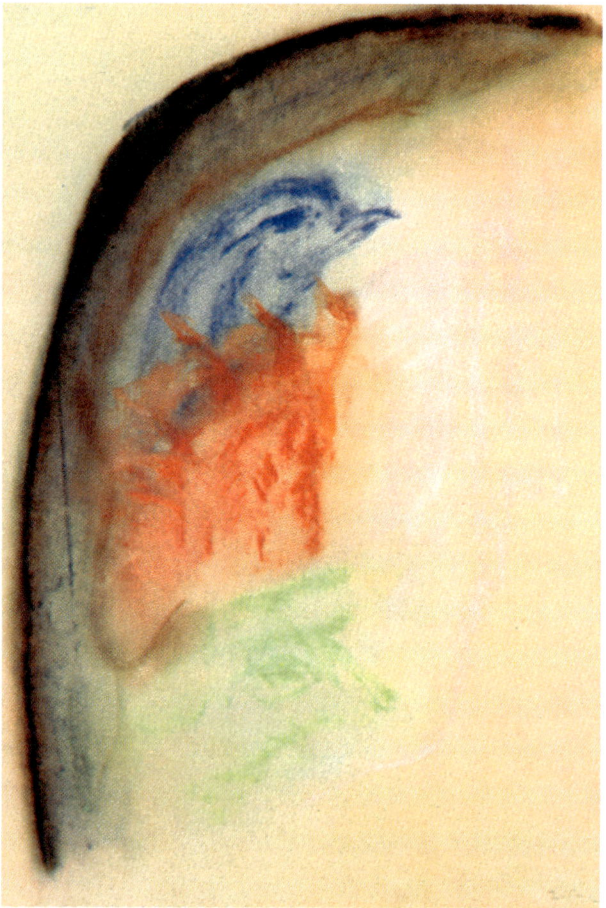

Abb. 56: «Gruppenseelen – Der Mensch»; so wird das Pastellbild bezeichnet, welches Rudolf Steiner am 2. 12. 1922 malte (GA K 54.10). Der obere Teil – das Symbol des Vogelkopfes – ist am deutlichsten konturiert; der Stier unten deutet sich erst an. Wäre der Mensch das Übergreifende, von hinten Einhüllende, der Typus, welcher sich in Denken, Fühlen und Wollen, in Nerven-Sinnes-Pol, Herz-Lungen-Pol und Stoffwechsel-Gliedmaßenpol gliedert?

nen, Tiere und Pflanzen im Wasser ausgebildet waren. Als die mineralischen Wesen anfingen, ihre heutige Form zu bekommen, da konnte man sagen: Der Mensch trat aus der Unsichtbarkeit hervor. So stellte es sich dem Einzuweihenden dar. Außen mit einer Art von Schale umgeben, stieg er aus den Regionen herunter, die heute die Luftregionen sind. Der Mensch war noch nicht dicht physisch da, als das Tier schon im Fleisch vorhanden war. Und er hat sich so herausgegliedert, dass sich das hellseherische Bild darstellt mit den vier Gruppenseelen: auf der einen Seite wie ein Löwenbild, auf der anderen wie das Bild eines Stieres, oben wie das eines Adlers und in der Mitte unten etwas, was schon menschenähnlich ist.» (GA 104, 19. 6. 1908). Und einige Tage später ergänzte er: «Wie unsere Finger zu unserem Ich, so fühlten sich die Menschen hinzugehörig zu den Gruppenseelen, die hellseherisch so gesehen werden, wie sie in den vier Köpfen des Löwen, Ochsen, Adlers und Menschen in der Apokalypse des Johannes geschildert sind. In irgend eine solche Gruppenseele hinein versetzt fühlte sich der Mensch» (GA 104, 23. 6. 1908). Und wieder einige Tage später ergänzte Steiner: «Diese vier Typen der Gruppenseele treten uns sozusagen entgegen, bevor der Mensch heruntersteigt ins Physische, bevor er individualisiert wird» (GA 104, 26. 6. 1908); das heißt, bevor er Denken, Fühlen und Wollen seinem Ich unterworfen hat. Diese Tiertypen wurden dadurch bewirkt, dass eines der vier Wesensglieder im Verhältnis zu den anderen ein Übergewicht erlangte (GA 106, 4. u. 10. 9. 1906). Die Tiertypen sind in ihrer Gestalt nicht den heutigen Tieren ähnlich, «aber sie erinnern dennoch durch ihren Eindruck an die Art des Eindrucks, den heute die entsprechenden Tiere machen».

Damit sei die Folge der Bilder abgeschlossen, welche Rudolf Steiner aus der imaginativen Wahrnehmung davon entwarf, wie die physische Gestalt des Menschen sich im Laufe der Erdgeschichte entwickelt hat. Zusammenfassend (Abb. 72, S. 182) ergibt sich, dass sie mit kuglig-elliptischen Außenformen begann, welche im Inneren dann zunehmend gegliedert wurden. Diese Gestalt blieb durch die planetarische Entwicklung und ihre Wiederholungen bis in die polarische bzw. frühe lemurische Zeit prinzipiell bestehen. Dann zogen der Astralleib und das Ich aus dem Umkreis in den Menschen ein, was zur Folge hatte, dass die Gestalt becherförmig eingestülpt wurde. Damit begann auch die Wahrnehmung, zunächst übersinnlich, später sinnlich mit Hilfe der Organe, die von außen her angelegt wurden. Nach dem Mondenaustritt bildeten sich im unteren Teil des Menschen die Gliedmaßen heraus, die Gestalt wurde aufgerichtet und von den Füßen zum Kopf hin durchgestaltet und sinnlich wahrnehmbar. In der atlantischen Zeit gliederten sich die Menschen in vier Gruppen mit unterschiedlichem seelischem Charakter.

Sonderung der Naturreiche vom Menschen

Urbilder während der planetarischen Stufen

In den nächsten Abschnitten können aus Platzgründen nur die Stellen zitiert bzw. referiert werden, die sich auf die Sonderungen der drei Entwicklungsstadien beziehen, welche von Steiner als erste, zweite und dritte Schöpfung (s. S. 51 und Abb. 4, S. 57) bezeichnet werden. Für alle umgebenden Aspekte muss in den Originaltexten nachgelesen werden. Die referierten Stellen beziehen sich vornehmlich auf die übersinnliche Seite eines Gesamtbildes der Evolution. Wir können uns dadurch Vorstellungen bilden von den Urbildern, von dem, was der Typus als übersinnliche Realität ist und sich in den Bauplänen der Zoologie oder dem Viergetier oder der Dreigliederung spiegelt, wie sie beim Menschen, bei den Säugetieren und Säugetier-Vorformen beobachtet werden kann. Die Sonderung der Naturreiche vom Menschen wird im Weiteren bei den Substanzprozessen der primären Gesteine und den Gestaltungen im Porphyrartigen wichtig.

Rudolf Steiner nannte in dem Vortrag zu Abb. 61, S. 154 (GA 232, 1. 12. 1923) zusammenfassend «eine erste vegetabilisch-animalische Schöpfung, die eigentlich in Absonderungsprodukten des Menschen besteht» in der frühen Lemuris, eine zweite Schöpfung, die ich in die Mitte der Lemuris setzen würde (Abb. 4, S. 57), und eine dritte, «so in der Mitte der atlantischen Zeit». Geht man noch weiter vor die lemurische Zeit zurück, nämlich in die hyperboräische, so «kommt man in ein noch Flüchtigeres, wo nur mehr wallende, webende, wesende Farbbildungen sind, die entstehen und vergehen ... Gestaltungen, wie ich sie für das Sonnendasein, für das Saturndasein beschrieben habe». Um folgerichtig vorzugehen, werfen wir noch einen Blick auf diese beiden zuletzt erwähnten frühen planetarischen Zustände, bezogen auf die Entwicklung der Naturreiche.

Steiner gab kurz nacheinander drei ähnliche Darstellungen der Menschenentwicklung im Verhältnis zu den Tieren; einmal allgemein vor Arbeitern und zweimal speziell für Mitglieder (GA 230, 28. 10. 1923 u. Abb. 58, S. 151; GA 233, 28. 12. 1923; *Wandtafelzeichnungen*, Bd. XIV, Tafel 8), wobei die Zeichnungen S. 150 und S. 191 entstanden. Während die linke Zeichnung (GA 354, 30. 6. 1924; Abb. 57) entstand, schilderte er in großen Zügen die **planetarischen Entwicklungsstufen**, indem er auch auf die *Geheimwissenschaft im Umriss* hinwies. Vom Alten Saturn sagte er, es war «ein richtiges lebendiges Wärmewesen ... Da konnte der Mensch schon leben». Im nächsten Zustand, der Alten Sonne, kam das Luftige hinzu; es wird gesagt, dass «der Mensch ursprünglich da war und nachher die Tiere, die sich gebildet haben aus demjenigen, was nicht Mensch werden konnte». Als Bild nennt er den Vogel, aber als Luftform gemeint. Und im dritten Zustand, dem Alten Mond, «da haben wir also einen wässrigen Körper, einen richtig wässrigen Körper. Natürlich bleiben Luft und Wärme dabei ... Und jetzt, weil Wasser auftritt, kann dasein: der Mensch, der schon früher da war, das Tier, und aus dem Wasser heraus schießen die Pflanzen auf.» Als Tierform wird der Fisch angeführt, als aus dem Wässrigen gestaltet. Steiner vergleicht die Vorgänge mit dem menschlichen Embryonalprozess. Erst auf der Erde kommt das Mineral hinzu, mit der Mondentrennung, worüber er dann im nächsten Vortrag sprach (GA 354, 3. 7. 1924; s. Abb. 64, S. 157).

Während in dem Arbeitervortrag mehr äußerliche Bilder geschildert werden, bis hin zu den sinnenfälligen Substanzzuständen, deuten die in dem Mitgliedervortrag (GA 230, 28.10. 1923; Abb. 58, S. 151) beschriebenen Bilder auf intime Imaginationen. Auch wenn hier nur abstrakt darauf hingewiesen werden kann, möchte ich trotzdem einige Bilder erwähnen, weil sie wichtig werden für die anschließenden Vergleiche (s. Abb. 72, S. 182) mit der fossil belegten Tierentwicklung. Da heißt es, dass das Haupt «der entwicklungsgeschichtlich älteste Teil» des Menschen ist, ein Nachkomme aus der Saturnzeit. Andererseits wird auf das Schmetterlingswesen hingewiesen. «Während der Mensch in sich aufnimmt, in sich verschließt das, was oberer Kosmos ist, innerlich seelisch wird, seelisch wie die Konzentration des Kosmos, die dann nach außen ausstrahlt und sich im Menschenhaupt die Form gibt, sodass wir im Menschenhaupt etwas von innen nach außen Gebildetes haben, haben wir im Schmetterlingswesen das von außen nach innen Gebildete [Abb. 58 links unten u. oben] ... Kommen wir zur Sonnenzeit herauf, so ha-

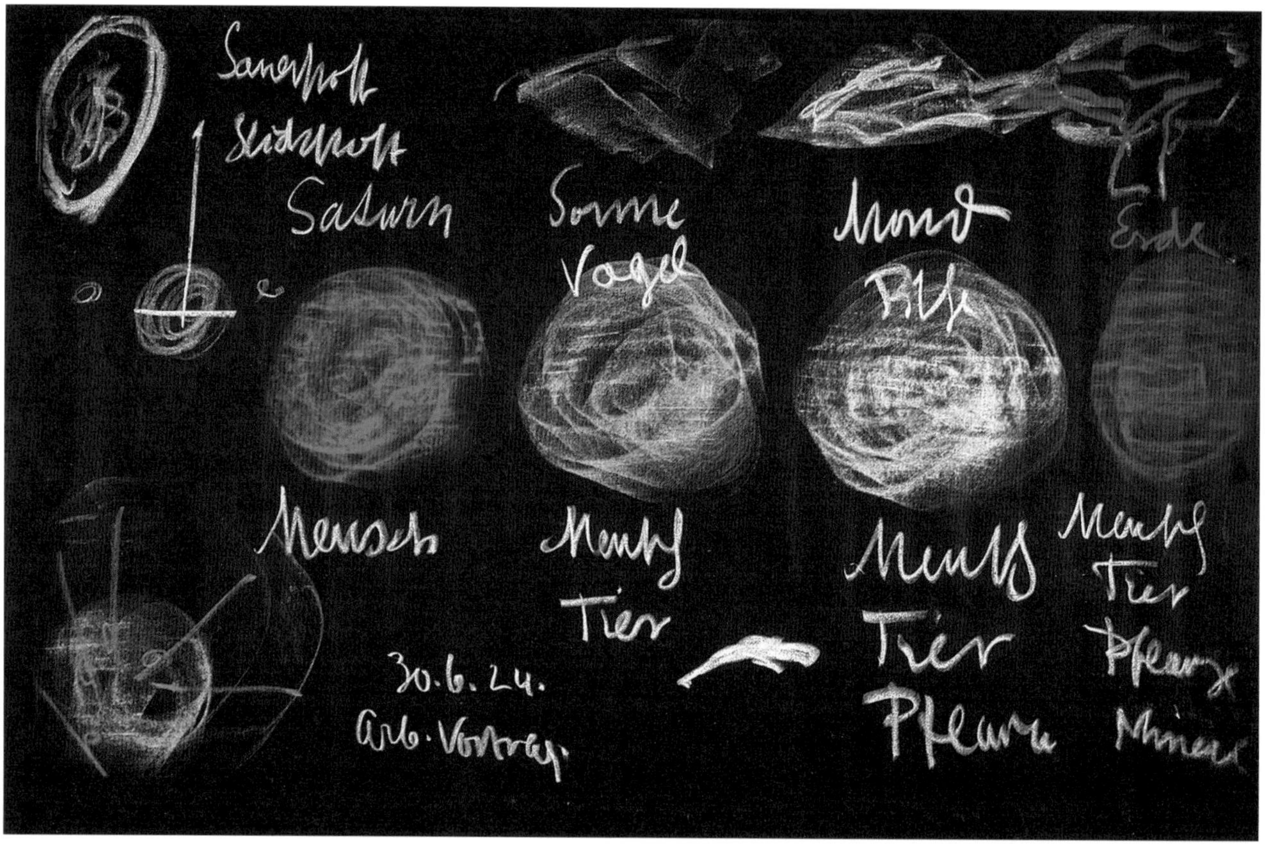

ben wir den **Kopf-Brust-Menschen;** es gliedert sich an, was nun Brust des Menschen ist. Gleichzeitig aber entsteht schon in der letzten Saturn- und in der ersten Sonnenzeit ... das Vogelgeschlecht, und es entstehen in der zweiten Sonnenzeit die ersten Anlagen derjenigen Tiergeschlechter, welche eigentliche Brusttiere sind, wie der Löwe.» Und während der Mondenzeit gliedert sich der Mensch das **Verdauungssystem** an. «Damit aber kommt der Mensch also dazu, Kopf, Brust und Unterleib zu werden. Und da alles im Monde noch wässrige Substanz ist, hat der Mensch während dieser Mondenzeit Auswüchse, die ihn schwimmend durch das Wasser tragen. Von Armen und Beinen kann erst während der Erdenzeit gesprochen werden, wenn die Schwerkraft wirkt und dasjenige herausgestaltet, was sich vor allen Dingen in die Richtungen der Schwerkraft hineinstellt, die **Gliedmaßen.**» Steiner nennt diejenigen Tiere, welche wie die Kuh Repräsentanten des Stoffwechsels sind: die Amphibien, Reptilien und Fische. «Sie entstehen auch während der zweiten Mondenzeit in einer höchst plumpen Form, sind eigentlich wandelnde Magen und Gedärme, wandelnder Magen und Darmschlauch ... da kommt man aus dem Mund gleich in den Magen hinein.» Zuletzt wird noch kurz behandelt, wie die «**Mineralwesen** während der Erdenzeit entstanden sind; wie das, was zum Beispiel die Gesteine unserer Urgebirge sind, Stück für Stück von den Pflanzen abgelagert ist [Zusammenfassung S. 372], wie die Kalkgebirge Stück für Stück von den späteren Tieren abgelagert sind [Zusammenfassung S. 373]. Mineralreich ist Ablagerung des Pflanzen- und Tierreiches, und im Wesentlichen Ablagerung der niedersten Tiere ... Die niederen Wesen mit Kieselpanzern und Kalkpanzern, Kalkschalen, die lagern dasjenige ab, was sie erst aus ihrem Tierischen, aus ihrem Pflanzlichen heraus bilden, und das Mineralische zerfällt dann.» Insgesamt wird an beiden Vorträgen deutlich, dass mit den Namen Schmetter-

Abb. 57 (links) und Abb. 58 (rechts): Die stufenweise Entstehung des Menschen und der Naturreiche während der planetarischen Entwicklungzustände der Erde. Tafelskizzen zu Vorträgen von Rudolf Steiner.

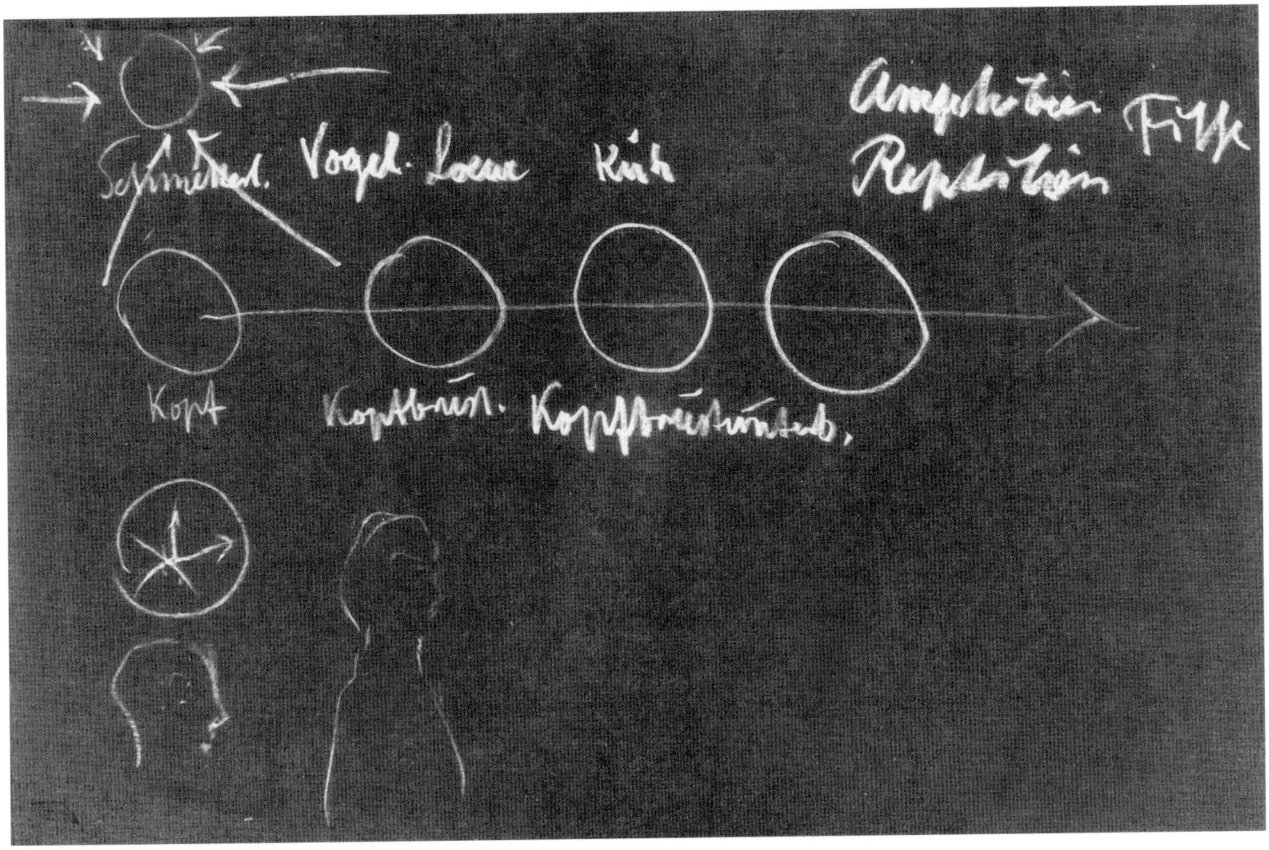

ling, Vogel, Kuh, Reptil geistig-seelische Urbilder bezeichnet sind. Man könnte versuchen, sich innere Lebensbilder zu gestalten vom Zusammenleben des Schmetterlings mit der Wärme, des Vogels mit der Luft, des Fisches mit dem Wasser, eines Pferdes mit der Erde; man könnte an so etwas wie **Funktionstypen** denken, welche sich in einer *ersten Schöpfung* unmittelbar aus der menschlichen Evolution abgelöst haben. Wir werden sie in ihrer Wirksamkeit auf die ätherischen und weichkörprigen Formen bis hin zu den fossilen Resten weiter verfolgen in der *zweiten und dritten Schöpfung*.

Naturreiche der planetarischen Stufen

In der *Geheimwissenschaft im Umriss* (GA 13) beschreibt Steiner die Entwicklungen, auch die der Naturreiche, hauptsächlich von der geistigen Seite her. Das kann dort nachgelesen werden. Ich möchte im Folgenden wiederum nur die unterste, physische Seite hervorheben, weil an sie die geologischen Aspekte unmittelbar anschließen. Diese physische Seite jeder der planetarischen Entwicklungsstufen kann heute noch erfahren werden, ganz im Sinne des Aktualismus, z.B. der Wärmezustand des Saturn in der seelischen Wärme und im Wärmeorganismus des Menschen. In der *Geheimwissenschaft im Umriss* wird nach der Beschreibung des Saturnzustandes zunächst die reguläre Höherentwicklung auf der Alten Sonne beschrieben. Dann wird auf die **Sonderung** zwischen den sich weiter entwickelnden Wesen und den zurückbleibenden eingegangen als «eine Tatsache des Weltenwerdens, welche von der allergrößten Bedeutung ist. Sie besteht darin, dass im Laufe einer Epoche keineswegs alle Wesen das Ziel ihrer Entwicklung erreichen.» Das gilt auch für geistige Wesen. «Und ebensowenig haben alle auf dem Saturn ausgebildeten physischen Menschenleiber den Grad von Reife erlangt, der sie befähigt, auf der Sonne zu Trägern eines selbstständigen Lebensleibes zu werden.» (S. 179; siehe auch Abb. 6, S. 66). Das führt zu zwei Naturreichen auf der Alten Sonne.

Auf dem **Alten Mond** finden wir entsprechend drei Naturreiche, wobei das mittlere zweiteilig ist (vgl. die Darstellung GA 11, S. 147 – 149). Steiner schildert sie vom Aspekt der Wesensglieder aus. Wenn im Folgenden von Mineral, Pflanze und Tier gesprochen wird, ist – anders als heute – vor allem das Verhältnis des physischen, ätherischen und astralischen Leibes gemeint. Ein Tier wäre ein Wesen mit allen drei Gliedern, eine Pflanze hätte einen physischen und ätherischen Leib, ein Mineral nur den physischen. In der Mitte der Mondenepoche wurde für alle Naturreiche ein physisch-mineralischer Zustand (s. S. 48) erreicht, der sinnlich wahrnehmbar gewesen wäre, wenn es damals heutige Augen gegeben hätte. «Die ganze Grundmasse des Mondes ist gebildet aus einer halblebendigen Substanz, die in einer bald trägen, bald lebhaften Bewegung ist. Eine mineralische Masse im Sinne der Gesteine und der Erdbestandteile, auf denen der gegenwärtige Mensch herumwandelt, ist das noch nicht. Man könnte von einem Reich von Pflanzenmineralien sprechen. Nur hat man sich vorzustellen, dass der ganze Grundkörper des Mondes aus dieser Pflanzen-Mineral-Substanz besteht, wie heute die Erde aus Gesteinen, Ackererde usw. besteht. Wie gegenwärtig sich Felsmassen auftürmen, so lagerten sich der Mondesmasse härtere Teile ein, die sich mit harten Holzgebilden oder mit Formen aus Horn vergleichen lassen» (S. 192). Dazu ergänzend nennt Steiner in einer ähnlich ausführlichen Darstellung das Pflanzenmineral «eine Art halblebendigen Wesens. Wenn Sie heute denken würden etwas wie Torfmoor, oder wie Kochsalat oder gekochten Spinat, einen solchen Brei, der dabei lebendig, aufbrodelnd – dann ungefähr hätten Sie eine Vorstellung von dem, was damals die Grundmasse war. Und nicht Felsen ragten aus dieser Masse heraus, sondern Gebilde wie etwa das Holz, verdichtete Pflanzenmasse, Horngebilde, das war damals an Stelle der heutigen Felsen» (GA 105, 8. 8. 1908).

Weiter heißt es: «Und wie sich jetzt Pflanzen aus dem Mineralboden erheben, so war der Mondgrund bedeckt und durchdrungen von dem zweiten Reich, bestehend aus einer Art von Pflanzentieren. Ihre Substanz war weicher als die Grundmasse und in sich beweglicher. Wie ein zähes Meer zog sich dieses Reich über das andre hin. Und der Mensch selbst kann als Tiermensch bezeichnet werden. Er hatte in seiner Natur die Bestandteile der anderen beiden Reiche. Aber seine Wesenheit war ganz durchdrungen von einem Lebensleib und astralischen Leib.» (GA 11, S. 192). Deren Entwicklungen werden weiter beschrieben: «Physisch gesehen zeigt sich in den angeführten Reichen des Mondes eine große Mannigfaltigkeit. Die Mineralpflanzen, Pflanzentiere und Tiermenschen sind nach Gruppen verschieden. Man wird das verstehen, wenn man bedenkt, dass durch das Zurückbleiben der Gebilde auf jeder der früheren Stufen der Entwicklung Formen in den «mannigfaltigsten Qualitäten verkörpert worden sind. Es sind Gebilde da, welche noch die Anfangseigenschaften des Saturn zeigen, solche der mittleren Epoche dieses Weltkörpers, solche vom Ende. Ein gleiches gilt für alle Entwicklungsstufen der Sonne» (S. 195). Auch auf dem Alten Mond gingen diese Aufgliederungen weiter. Dadurch wird verständlich, wie zu Beginn der Erdentwicklung die Stämme in großer Mannigfaltigkeit erscheinen. Die evolutive Nähe ihrer Ausgangsgestalten (s. S. 171) ist begründet durch ihre Stellung während der Mondentwicklung. Während der Erdentwicklung setzt sich diese Aufgliederung in der Weise fort, wie wir sie sehr zusammengefasst betrachtet haben.

Erdenzustand und Naturreiche

Für die Erdenepoche beschrieb Steiner in der *Geheimwissenschaft im Umriss* die Naturreiche auch mehr vom geistigen Aspekt. Nur am Anfang, bei der Darstellung des hyperboräischen Zeitalters, kommt er nochmals genauer auf die **Sonderung** zurück, und zwar am Beispiel der «Vorfahren des Tierreiches. Sie entwickelten im ferneren Zeitenlauf besonders jene Organe, welche beim Menschen nur als Anhängsel vorhanden waren [Abb. 52 u. 53, S. 144, 145]. Ihr Astralleib musste auf den physischen und Lebensleib so wirken, wie das beim Menschen auf dem Alten Monde der Fall war. Die so entstandenen Tiere hatten nun Seelen, welche nicht in dem einzelnen Tiere wohnen konnten. Es dehnte die Seele ihr Wesen auch auf die Nachkömmlinge der Vorfahrengestalt aus. Es haben die im Wesentlichen von einer Gestalt abstammenden Tiere zusammen eine Seele» (S. 243). Das entspricht dem Gruppen-

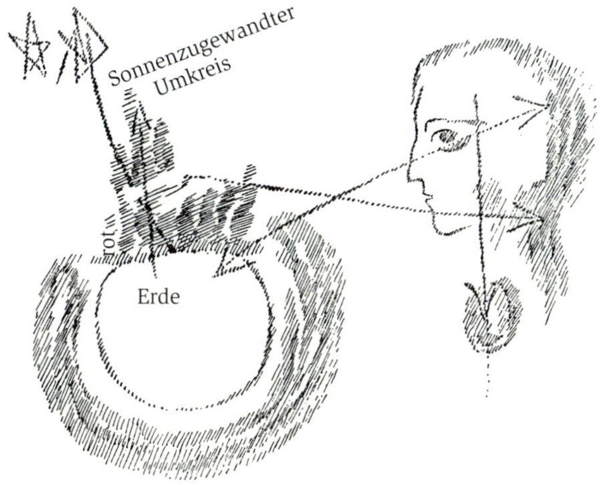

Abb. 59: Wie die Menschen früher die Beziehungen zur Erde empfanden. Tafelskizze zu einem Vortrag von Rudolf Steiner. Umgezeichnet.
Abb. 60: Kiesel- und Kalkprozesse im Erdenumkreis des werdenden Erden-Menschen-Wesens. Wandtafelbild zu einem Vortrag von Rudolf Steiner. Ausschnitt.

Ich bzw. der Gruppenseele, zu der alle Individuen einer Tierart gehören.

Vom lemurischen Zeitalter an, wo die erdgeschichtlich überlieferten Zeugnisse beginnen, wird erforderlich, dass wir die Prozesse räumlich und zeitlich zunächst etwas gliedern und dann zusammenschauen. Immer wieder entstehen Missverständnisse und Differenzen zur Geologie nur deshalb, weil Steiners Darstellungen der Lemuris pauschal genommen werden, d.h. als zeitlich und räumlich für die ganze Erde gültig. Vergleicht man die Vorträge jedoch genauer, so trifft man auch in den allgemein gehaltenen Bildern auf sehr exakte Darstellungen und Details, die erst ein in sich stimmiges Bild ermöglichen. Die von Steiner geschilderten Entwicklungen beziehen sich, soweit sie zunächst geologisch vergleichbar sind, auf die Zeitalter von der frühen Lemuris bis zur Mitte der Atlantis, nach der hier zugrunde gelegten zeitlichen Gliederung (Abb. 4, S. 57) also vom Archäikum bis Ende Tertiär. Die Entwicklungsprozesse der Naturreiche spielten sich innerhalb der Lebenssphäre der Erde ab. Sie umgab die ganze Erdkugel und ging unterhalb einer Fläche, welche die spätere Erdoberfläche wurde, in einen Bereich über, in dem erste Verhärtungen begannen und welcher dann zur Erdkruste wurde. Innerhalb dieser Kugelsphäre müsste unterschieden werden zwischen dem Mondenpol einerseits, dem Kontinentalpol andererseits und der unverfestigten basaltischen Oberfläche dazwischen. (Die räumliche Gliederung wird am Ende des Buches, nach der Gesteinsentwicklung noch genauer dargestellt; siehe Abb. 214, 216, S. 399; Abb. 225, S. 431). Die Entwicklung der Naturreiche, zumindest die von Gestein, Pflanze und Tier, würde sich während der frühen Lemuris im Gebiet des Kontinentalpols konzentrieren und dort auf den unteren Bereich der Lebenssphäre. Das beträfe somit Gebiete von etwa einem Drittel der heutigen Erdoberfläche. Würde man einen anfangs noch größeren Erddurchmesser annehmen, wären diese Gebiete relativ noch kleiner. Je weiter wir von da aus in die obere Lebenssphäre hinaufgehen oder zeitlich weiter zurück, desto mehr könnten wir uns wohl den gesamten Erdenplaneten als Lebensbereich des Menschen vorstellen. Mit den Verhärtungsprozes-

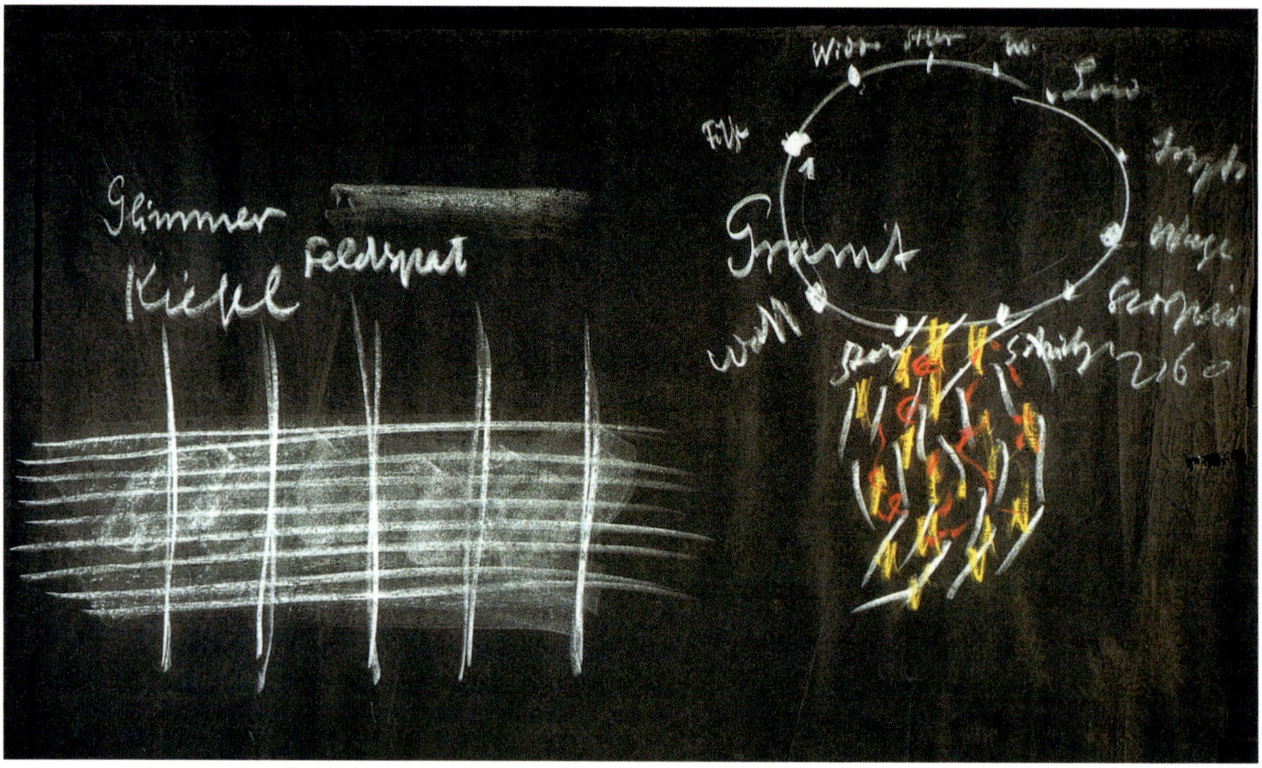

Abb. 61: Kraftrichtungen, welche in der frühlemurischen Lebenssphäre der Erde bei der Granitbildung wirkten und mit dem Pflanzen- und Tierleben zusammenhängen. Ausschnitt aus der Tafelskizze zu einem Vortrag von Rudolf Steiner.

sen der frühen Lemuris vor der Mondenablösung werden die sich entwickelnden Wesen und die Erde räumlich und zeitlich immer differenzierter.

In der frühen Lemuris war der Mensch als Adam Kadmon noch ganz mit der Erde verbunden. Insofern kann bezüglich der Entwicklung der Naturreiche an die Bilder vom Menschen angeknüpft werden (Abb. 46, 47, S. 139; 59, S. 153). Es kann hier auf zwei Wandtafelbilder hingewiesen werden, die vom Erden-Menschen-Wesen überleiten zu den Naturreichen. Sie entstanden beide im Dezember 1923 und zeigen den Weg, wie eine Erfahrung dieser frühen Zustände gewonnen werden kann. Während der Weihnachtstagung schildert Rudolf Steiner am Beispiel eines spätatlantischen Menschen im Gebiet von Indien (Abb. 59, S. 153), wie früher die Erde erlebt wurde im Verhältnis zum menschlichen Kopf als «die kosmische Erinnerung an die Erde. Und den sonnendurchwärmten Luftumkreis der Erde empfand er auf dem Boden, wo er stand, in der Art seines Atmens, in Beziehung zu seinem Brustkorb, zu seinem Herzen. In dem, was ich als die Kräfte meiner Arme und Hände, meiner Füße und Beine empfinde, habe ich das, was abbildet das Verhältnis der Erde zu den weit im Weltenraum draußen lebenden Gestirnen» (GA 233, 24. 12. 1923). Wenn man sich anhand der ausführlichen Schilderung in diesen Vorgang einlebt, kann man verstehen lernen, wie die Erde dem übersinnlichen Bewusstsein erscheint.

Das Bild des **Erden-Menschen-Wesens**, des Adam Kadmon (s. S. 138), stellte Rudolf Steiner in mehreren Vorträgen näher dar (GA 232, 2. 12. 1923; *Wandtafelzeichnungen*, Bd. XIV, Tafel 10, Abb. 60, S. 153). Ein Bild betrifft besonders die Kontinentalentwicklung. Sie beginnt ja damit, dass die substanzielle Masse abgesondert wurde, die später zu den Graniten, kristallinen Schiefern und Kalksteinen verhärtete. Es wurde dargestellt (s. S. 125 – 128), wie der Sonderung pflanzenartige Assimilationsprozesse innerhalb der irdischen Lebenssphäre zugrunde liegen. Insofern kann die Erde als pflan-

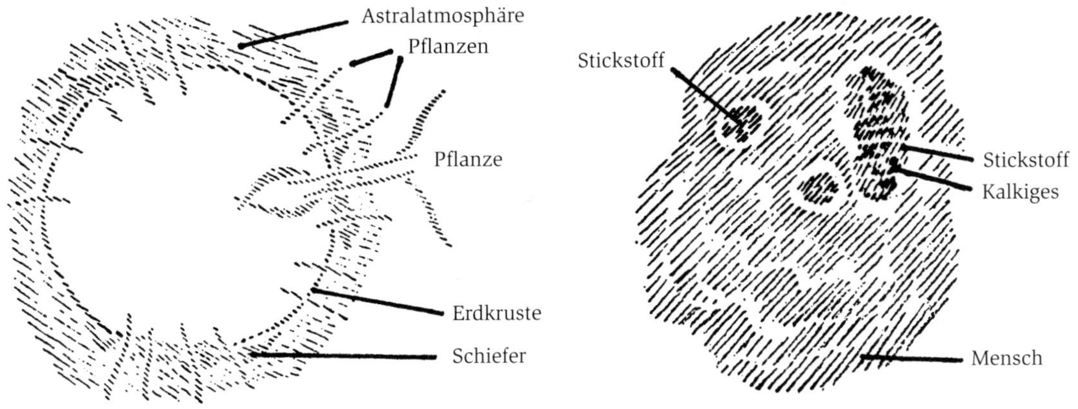

Abb. 62: Die Verhältnisse der Pflanze zur Erde (rechts) und des Tieres zum Menschen (links). Tafelskizzen zu einem Vortrag von Rudolf Steiner.

zenartig bezeichnet werden. Zunächst schildert Rudolf Steiner die Werdevorgänge der Erde (Abb. 60, S. 153): wie der Tierwerdeprozess (blau) mit dem Kalkigen (weiß) zusammenhängt und auch mit dem menschlichen Knochenbau und wie mit dem Kieseligen, dem Quarz, das Pflanzliche (links, grün) erscheint. Wenn beide Prozesse heute wahrgenommen werden, wird der Zusammenhang des Menschen mit der Erde erlebbar; die Welt wird zur Sprache. Das **Tierisch-Kalkige** und das **Pflanzlich-Kieslige** sind noch in die Lebenssphäre des Erdenumkreises eingetaucht. Die sich niederschlagenden, knochenhaften Kalkschichten formen sich wie zum Bild eines Antlitzes. Auch hier wäre notwendig, die Gedankengänge des Vortrages und die Bilder auf eine imaginative Ebene zu heben, um sie genauer zu verstehen.

In ganz anderer Art schildert Rudolf Steiner in einem Arbeitervortrag diese Polarität des Kieselig-Schiefrigen und des Kalkigen (GA 349, 17. 2. 1923; *Wandtafelzeichnungen,* Bd. XXVI, Tafel 2). Die Skizzen (Abb. 61) sollen andeuten, dass die in der noch weichen Gesteinsmasse wirkenden Kräfte beim Glimmer horizontal und beim Quarz vertikal ausgerichtet waren (links). Das Gitter dazwischen wurde vom Feldspat erfüllt, «der beide miteinander verkittet hat». Diese drei sind dann wie zerbrochen und zerstoßen worden, so wie wir es im Granit oder Gneis sehen können (rechts: weiß, gelb, rot). Wenn wir heute beide Gesteine «anschauen, so sind das die Reste von diesen alten Pflanzenbildungen. Die ganze Erde war eine Pflanze ... Und aus diesen Resten werden durch den Weltenraum die Pflanzen aufgebaut ... dadurch namentlich, dass die Erde immer noch ihre wichtigsten Stoffe, Kräfte an den Keim abgibt.» Steiner sprach weiter von den kalkabsondernden Korallen, dem Jurakalk. «Die ganze Erde hat ja einmal gelebt. Ursprünglich war sie eine Pflanze, dann ein Tier. Was wir heute als Gesteinsmaterial haben, sind die Reste des Lebens.» Mit der Erde als Pflanze und Tier sind meines Erachtens wiederum die Wesensglieder gemeint, d.h., dass die irdische Lebenssphäre noch ätherisch und astralisch durchdrungen war. Dieses Bild ist wichtig, um die Kieselprozesse zu verstehen, welche bei den biologisch-dynamischen Düngepräparaten (s. S. 356) genutzt werden.

Die Bildung der Pflanzen war stärker mit der Erde verbunden, die der Tiere mehr mit dem Menschen. Von den Wesensgliedern her zeigt sich dieses Verhältnis auch beim heutigen Menschen, in dem der physische mit dem ätherischen Leib einerseits und der Astralleib mit dem Ich andererseits enger miteinander verbunden sind. In dem Vortrag schilderte Steiner, wie «für die geistige Erfahrung die besondere Art und Weise, wie das Pflanzenwesen, das gesamte Pflanzenwesen zur Erde gehört, sich so darstellt, dass es eine gewisse Beziehung zu der Schieferformation hat» (GA 213, 2. 7. 1922; *Wandtafelzeichnungen,* Bd. X). Er zeichnete (Abb. 62) die

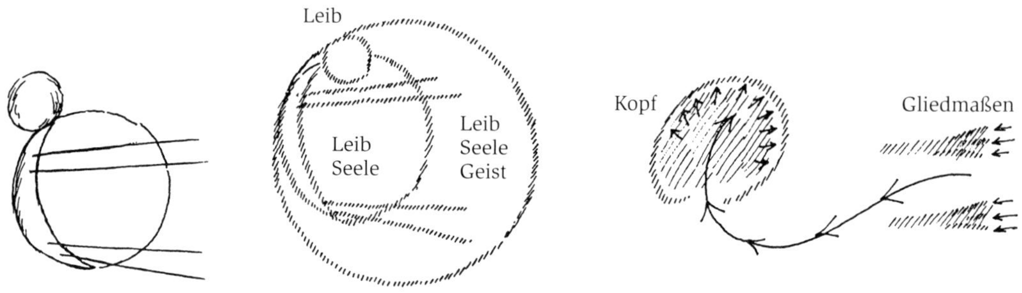

Abb. 63: Schematische Skizzen von Rudolf Steiner im September 1919 zu den im Text referierten Ausführungen über die Form des Menschen.

Erde, die Schieferformation «und dann die nach dem Weltenall hinauswachsenden Pflanzen». Mit Schieferformation sind die Kristallinen Schiefer, Gneis und wohl auch Granit gemeint, denn anschließend wird vom Quarz, vom Kiesel, gesprochen, der polar zum Kohlenstoff wirke. Dabei sind in den Pflanzen auf der Erde nur der physische und ätherische Leib; «dann müssen wir uns dieses Astralische der Pflanzenwelt als eine Astralatmosphäre denken, die die Erde umgibt» und die bei Blüten und Fruchtbildung mitwirkt (in Abb. 6, S. 66 die «von außen wirkenden Kräfte»). Das Tierische wird charakterisiert als selbstständig und frei beweglich – was im Zusammenhang steht mit den kalkigen Bildungen der Schalen, Skelette und Kalksteine. Im Menschen (Abb. 62 rechts) wirkt dem Kalkigen der Stickstoff entgegen. Näheres muss im Vortrag nachgelesen werden. Weiteres wird später (s. S. 372 – 374) im Zusammenhang mit Fragen der Schiefer- und Kalkwirkung im Menschen behandelt.

Zum Aspekt der geistig-seelischen **Urbilder** gehört auch, was Rudolf Steiner in pädagogischen Vorträgen (GA 293, 1. – 4. 9. 1919) über den kosmischen Ursprung der menschlichen Gestalt schilderte, es soll hier nur mit einigen Stichworten angedeutet werden (Abb. 63). Steiner weist darauf hin, «wie im Wesentlichen die **Kopfform** die Form des Kugeligen ist ... dass der Brustteil des Menschen ein Fragment einer Kugel ist, sodass also, wenn wir schematisch zeichnen, wir dem Kopf eine Kugelform, dem Brustteil eine Mondenform geben ... Bei den **Gliedmaßen** ist mehr etwas von dem Inneren, von den Radien der Kugel übrig geblieben, sodass also die inneren Teile der Kugel angesetzt sind als Gliedmaßen ... die Gliedmaßen sind ein Stück vom großen Weltenkörper, wo er sich überall mit den Radien hineindrängt in die menschliche Gestalt.»

Anschließend führte Rudolf Steiner zum Entstehungsprozess dieser Formen hin. Der Kopf hat sich «so ausgebildet, dass er heute das älteste Glied an dem Menschen ist. Der Kopf ist entsprungen zuerst aus höheren, dann weiter zurückgehend aus niederen Tieren ... Unsere Brust ist erst später dem Kopf angesetzt worden; sie ist nicht mehr so tierisch wie der Kopf. Die Brust haben wir erst in einem späteren Zeitalter bekommen. Und die Gliedmaßen haben wir Menschen als die spätesten Organe bekommen; sie sind die allermenschlichsten Organe. Die sind nicht umgebildet von den tierischen Organen, sondern die sind später angesetzt. Die tierischen Organe sind selbstständig gebildet aus dem Kosmos zu den Tieren hin, und die menschlichen Organe sind später selbstständig hinzugebildet zu der Brust.» In welchen Epochen das jeweils geschah, wird an anderer Stelle ausgeführt (GA 194, 22. 11. 1919; Abb. dazu: 43, S. 135 u. 53, S. 145). Den Kopf haben wir seit dem Alten Saturn, den Brustteil seit dem Alten Mond, und die Gliedmaßen sind erst auf der Erde hinzugebildet worden. Es ist deutlich, dass hier die Urbilder der menschlichen Leibesglieder gemeint sind. Ihre Entstehung wäre zu unterscheiden von ihrer Ausgestaltung durch die drei erwähnten Schöpfungsstufen während der Erdenentwicklung.

Ein gute Illustration hierzu sind Skizzen, die Rudolf Steiner während eines Arbeitervortrages entwarf (GA 354, 3. 7. 1924, Abb. 64, S. 157). Es wurde zunächst zwar nicht der Kopf, sondern – imaginativ entsprechend – die Erde gezeichnet und dazu gesagt, «dass unsere ganze Erde ursprünglich nicht so war, wie sie sich heute darstellt, wie sie heute ist, sondern sie war eine Art von Lebewesen». Gemeint ist die frühlemurische Zeit, da vorher die planetari-

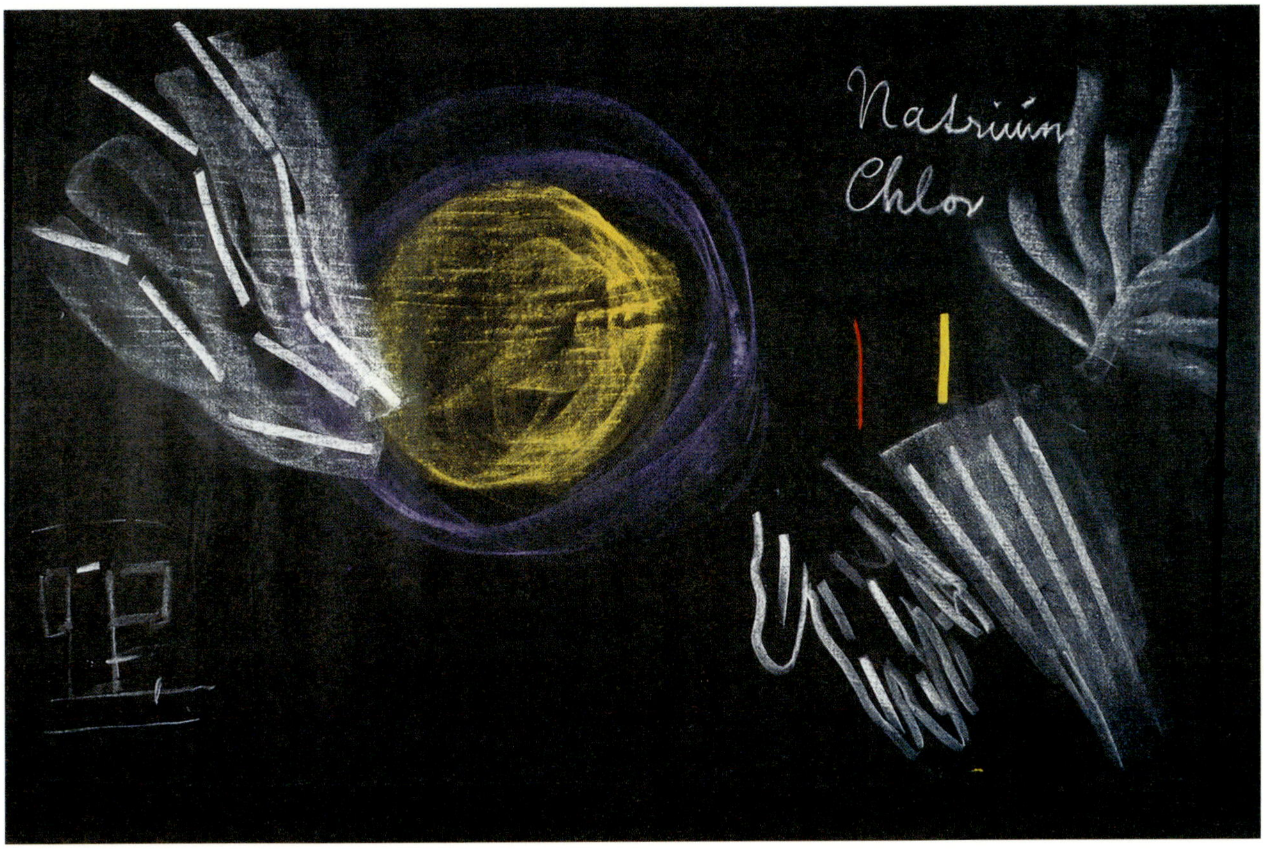

Abb. 64: Die Erde in der lemurischen Epoche mit ihrer Lebenssphäre als Kopfgestalt und in der Polarität zu den Gliedmaßen. Tafelskizzen zu einem Vortrag von Rudolf Steiner.

sche Entwicklung (Abb. 57, S. 150) und anschließend die Mondentrennung besprochen wurde. Ausführlich wird die warme, luftig-wässrige, schwefelhaltige **Lebenssphäre** geschildert, die noch viele andere Stoffe enthielt, von denen Steiner Chlor und Natrium erwähnte, also auf die Salzbildung schaute. Indem er auf die Flammenfärbungen verwies (Abb. 64: Striche), könnte man an den gasförmigen Zustand solcher Stoffe denken.

Wichtig für unser Gesamtbild ist, dass an dieser Stelle gesagt wird, die Erde mit dieser Lebenssphäre sei nicht als unsichtbarer, ätherischer Körper vorzustellen. «Hätten Sie sich mit heutigen Augen auf dieser Erde befunden, dann würden Sie auch nicht auf eine solche Ansicht gekommen sein, dass da draußen Sterne sind, Sonne und Mond sind; denn die Sterne hätten Sie nicht gesehen, sondern Sie hätten eben in ein unbestimmtes Luftmeer hineingeschaut, das aufgehört hätte nach einiger Zeit. Man wäre sozusagen, wenn man dazumal mit heutigen Sinnesorganen hätte leben können, wie in einem Welten-Ei darinnen gewesen ... einem riesigen Eidotter, einer dicklichen Flüssigkeit, und mit einer ganz dicklichen Luftumgebung – das ist das, was heute das **Eiweiß** im Ei darstellt.» Und in diesem Wässrigen haben fischartige Wesen gelebt, «die heute nicht mehr existieren», die konnten weder schwimmen noch gehen; dabei wurden Flossen und Hände gezeichnet. Aus der ganzen Schilderung, bei der auch von Riesengliedmaßen gesprochen wird, geht hervor, dass weichkörprige Wesen gemeint sind. Sie sind die Ausgestaltungen der Urbilder, welche auf den planetarischen Stufen entstanden waren. Heutige Kröten sind «eben schwache, verkümmerte, zaghafte Nachbildungen von Riesentieren, die einmal gelebt haben, die plump waren, aber verkleinerte Köpfe hatten wie die Schildkröten». Anschließend werden «vogelartige Tiere» auch in ihrer Lebensweise geschildert, wobei ebenfalls deutlich weichkörprige Wesen beschrieben werden. Sie sind die Vorformen derjenigen Tiere, welche Steiner aus dem Jura von Holzmaden (Abb. 50 u. 51, S. 142) charakterisierte. Man kann gerade an diesen allgemein gehaltenen Schilderungen der Arbeitervorträge sehen, dass Steiners Beschreibungen ebenso exakt sind wie in den Mitgliedervorträgen, wenn man die unterschiedlichen Verdichtungsstufen genau unterscheidet.

Zu **Beginn des Erdenzustandes**, «damals in der ersten Zeit der Erdenentwicklung, waren noch keine anderen Geschöpfe auf der Erde als der Mensch. Er ist der Erstgeborene. Er war ganz geistig. Denn die Verleiblichung besteht in einer Verdichtung ... Die niedersten tierischen Wesen haben nicht warten können, haben zu früh verlassen ihre geistige Muttersubstanz und sind daher auf einer früheren Evolutionsstufe stehengeblieben. Und so bedeuten die stufenweise heraufsteigenden niederen Wesen in der Entwicklung stehengebliebene Stufen ... Alle Tiere in ihren verschiedenen Formen stellen nichts anderes dar als zu früh verdichtete einzelne menschliche Leidenschaften. Was der Mensch heute noch geistig hat in seinem Astralleib, das stellen die Tiergestalten einzeln physisch dar» (GA 104, 21. 6. 1908).

Das Geistige im Astralleib des Menschen ist sein Ich. Dem entspricht, was in der Tierwelt als eine Art bezeichnet wird, die geistige Wesenheit einer individuell begrenzten **Tiergruppe**. Die Tiergestalten werden als zu früh verdichtete, menschliche Entwicklungsstufen bezeichnet, als vereinseitigte Seelenformen, die im Physischen sichtbar erschienen sind. Unter diesem Aspekt ist das, was wir als Höherentwicklung der Tierreihe bezeichnen (Abb. 68, S. 170), die Stufenfolge der menschlichen, geistig-seelischen Entwicklung. Von daher wird auch die Dreigliedrigkeit (s. S. 84) der Tierwelt verständlich.

Diese Entwicklungsstufen der drei menschlichen Leibesglieder im Verhältnis zur Tierwelt beschrieb Rudolf Steiner in einem pädagogischen Vortrag: «Die Kopforganisation ist von einem Punkt ausgegangen, auf dem heute noch die niederen Schalentiere stehen; nur haben die sich in der Evolution verspätet. [Als Beispiel nannte er die Auster.] Sie stellen heute unter ganz anderen Erdenverhältnissen dasjenige dar, was unter früheren Verhältnissen in seiner Kopforganisation der Mensch selbst noch war. Und die Fischorganisation, sie trat später in der Erdenentwicklung auf [im Zusammenhang mit dem rhythmischen Organismus des Menschen]. Und zuletzt, als der Mensch schon seinen Gliedmaßen-Stoffwechselorganismus im heutigen Sinne angesetzt hatte ... da kamen die höheren Tiere dazu.» Zusammenfassend heißt es dann: «Was wir in der Tierreihe draußen finden, ist überall die einseitige Ausbildung irgendeines menschlichen Organsystems. Die Austern sind einseitige Kopftiere, die Fische sind einseitige Brusttiere, die höheren Säugetiere namentlich sind einseitige Stoffwechsel-Gliedmaßentiere. Jede Tierform verstehen wir, wenn wir sie als eine einseitige Ausbildung eines menschlichen Organsystems betrachten» (GA 303, 1. 1. 1922; *Wandtafelzeichnungen*, Bd. XXI, Tafel 7). Diese Stufen sollen noch genauer angeschaut werden.

Mensch und Tier in der lemurischen Epoche

Die Urbilder, die auf den planetarischen Entwicklungsstufen entstanden waren, bildeten den Ausgangspunkt für die Formen der Naturreiche der frühen Erdentwicklung. Nach den Wärme-Eiformen der polarischen Epoche bildeten sich jene oben beschriebenen Kelchformen des Menschen am Ende des hyperboräischen Zeitalters (Abb. 46, S. 139; GA 106, 9. 9. 1908). Aus ihnen gliederten sich die Keime heraus, «welche die erste Anlage zu unserem heutigen Tierreiche» waren, geschlechtslose Tiere, welche «auf der untersten Stufe des heutigen Tierreiches dazumal standen», noch vor der Sonnentrennung. Damit dürften die Formen des Hohltierstammes (Abb. 6, S. 66) gemeint sein, die sich damals von der Menschenentwicklung trennten.

Die Situation der folgenden lemurischen Epoche stellte Steiner in einem charakteristischen Ausgangsbild für alle Naturreiche dar (GA 232, 1. 12. 1923; *Wandtafelzeichnungen*, Bd. XIV, Tafel 7 + 8; vgl. auch Abb. 65; Abb. 48, S. 140. Außerdem werden die drei Stufen der Verdichtung nochmals deutlich: Die Wesen bilden auf der ersten urbildliche, auf der zweiten weichkörprige und erst auf der dritten Stufe feste Formen. Entstanden sind sie in der zeitlichen Folge Mensch – Tier – Pflanze – Mineral; aber sie erscheinen sinnlich gegenläufig (s. S. 53): Mineral – Pflanze – Tier – Mensch. «Da haben wir auch in dieser ältes-

Abb. 65: Die Bildung der Gesteins-, Pflanzen- und Tierwelt während der frühen Erdenzustände; rechts ein lurchartiges Tier mit Parietalauge und seine gelbe Flosse. Wandtafelbild zu einem Vortrag von Rudolf Steiner.

ten Zeit der Erdentwicklung schon so etwas zu beobachten, wie heute es der feste Erdkern gewissermaßen ist, um den herum der Luftkreis ist.» Hier ist deutlich ausgesprochen, dass damals, also noch vor der Mondentrennung, bereits feste Gesteinsbereiche existierten (s. S. 49 u. 407 sowie Abb. 212, S. 397), wenn auch wohl noch keine kristallinen. Dann wird der Luftkreis darüber als feinflüssig-luftig, durchwärmt, eiweißartig, belebend charakterisiert, «durchdrungen vom Weltall herein von kosmischem Äther (Abb. 65, links gelb) ... Das erste, was aus dem Kosmos herein sich bildete, das ist nun das ... **Quarzige**, das Kieselsäureähnliche, das da in die ganze Atmosphäre hereindrang und sich allmählich ablagerte als Urgebirge ... in der damaligen Zeit kaum härter als Wachs» (Pfeile, bläulich-grünlich, Pflanze links oben), durchsichtig, aber so, «dass man den Tastsinn darauf anwendet: man würde es spüren, wenn man es angreifen könnte.» Auch das ist wichtig für unsere späteren Gesteinsbetrachtungen. Mit dem Kieseligen verbunden war etwas wie ein «mächtiges Pflanzenbild», welches – wie mächtige, algenartige **Pflanzenbildungen** – ergrünend und wieder vergehend, zusammen mit dem Kieseligen aus dem Kosmos in das Irdische hereinzieht. «Man war dazumal schon als Mensch mit der Erde, die in dieser wässrigen Eiweiß-atmosphäre lebte, verbunden, aber so, dass man als Mensch noch ganz geistig war ... Diese Pflanzen, die man da in der Atmosphäre sieht, die sind für die damalige Zeit Abscheidungen, Absonderungen des Menschlichen. Der Mensch setzt das aus seiner Wesenheit, die noch mit der ganzen Erde eines ist, heraus.»

Dann wirkten auf dieses Eiweiß in der Erdenumgebung kosmische Kräfte so, «dass sie es wie gerinnen machten ... Es waren eigentlich Tiere, die aus diesem geronnenen Eiweiß bestanden [Abb. rosa im Gelb, rechts], das sich bis zu der Dichtigkeit von Gallerte, ja bis zu der Dichtigkeit unserer heutigen Knorpelmasse herausbildete. Solche **Gallert-Tiere**, die waren in dieser flüssigen Eiweiß-Atmosphäre. Sie hatten die Gestalt, welche im Kleinen vorhanden ist bei unseren Reptilien [Abb. 65 rechte Tafelhälfte], bei unseren Eidechsen und dergleichen; aber sie waren eben nicht von einer solchen Dichtigkeit, sondern sie waren ... in sich beweglich. Bald hatten sie lange Gliedmaßen, bald waren die Gliedmaßen wieder in sich zusammengezogen.» Auch diese Tierwesen, die sich mit dem Kalkigen verbanden, hatte der Mensch abgesondert.

Dann verwandelte sich alles; die Atmosphäre

wurde sauerstoffhaltiger, der Mensch kam näher an die Erde heran. «Was er jetzt absonderte, erscheint wie die Nachkommen der früheren Pflanzen und der früheren Tiere. Jetzt allmählich bildeten sich die späteren Pflanzenformen aus, die eine Art Wurzel fassten, aber in noch durchaus weicher Erdensubstanz. Und es bildeten sich heraus aus dem, was Reptilien, eidechsenähnliche Tiere waren, kompliziertere Tiere, solche Tiere, welche die heutige Geologie in Abdrücken und dergleichen noch findet. Von dem Allerältesten, von dem ich hier gesprochen habe, wird ja nichts mehr gefunden, erst das, was dann in der späteren Epoche entstand, in der der Mensch – sozusagen ein zweites Mal – kompliziertere Gebilde aus sich heraussetzte.» Es sind saurierartige Tiere und solche, «die an die heutigen niederen Säugetiere erinnern für jene Zeit, die das lemurische Zeitalter mit dem atlantischen verbindet», also die Jura- mit der Kreidezeit. Auf der Tafel entwarf Steiner dazu den Umriss eines Tieres mit dem rot leuchtenden Parietalauge (Abb. 50, S. 142) und einer Flosse, wie sie oben aus dem Lias bereits beschrieben wurden. Der Unterschied zwischen den weichkörprigen und den Gestalten, die fossilfähige Hartteile enthielten, wird im übernächsten Abschnitt weiter behandelt.

Atlantische Entwicklungen

Der zuletzt zitierte Vortrag setzt fort: «Und erst in der späteren atlantischen Zeit, so in der Mitte der atlantischen Zeit, da entstehen Säugetiere und diese Pflanzen, Pflanzen und Tiere, die schon den unseren ähnlich sind. Da wird auch die Erde schon so gestaltet, dass sie durchaus ähnlich ausschaut dem, was sie jetzt ist ... Damit aber kann der Mensch das Dritte absondern von sich, dasjenige, was er heute in seiner Umgebung als pflanzliche, tierische Welt findet» (GA 232, 1. 12. 1923), also die dritte Schöpfung, welche ab Oberkreide/Tertiär beginnt. – Oder an anderer Stelle: «Ziemlich spät in der atlantischen Zeit zweigt die Art ab, die sich dann später zu den heutigen Affen gestaltete. Früher in der atlantischer Zeit haben sich gewisse höhere Säugetiere abgezweigt; gewisse niedere Säugetiere zweigten sich in der ältesten atlantischen Zeit ab» (GA 100, 26. 6. 1907; Abb. 21, S. 84). Ergänzend heißt es dazu: «Der physische Mensch war damals vom Entwicklungswert eines Säugetieres; nur sind die Säugetiere auf dieser Stufe stehengeblieben, während der Mensch sich weiterentwickelt hat. In noch früherer Zeit stand der Mensch im Entwicklungswert eines Reptils ... Wenn wir den Zeitpunkt betrachten, wo die Vögel und Reptilien sich abgezweigt haben, so sehen wir, dass damals tatsächlich physische Menschenformen vorhanden waren, die den späteren Vogelarten, und solche, die den späteren Reptilien ähnlich waren» (GA 100, 22. 11. 1907). Unter «Entwicklungswert» würde ich verstehen, dass er kein Säugetier im heutigen Sinne war, aber auf dieser Entwicklungsstufe stand.

Zur **Ablösung der letzten Tiergruppen** vom Menschen in der frühen Atlantis sagte Steiner noch: «Damals waren höchstens Tiere auf der Erde, die nicht warten konnten mit der Verkörperung im Physischen und daher stehengeblieben sind, da die Erde noch nicht reif war, das Material für die Menschen herzugeben. Daher sind die Tiere auf niederen Formen stehengeblieben, weil sie nicht warten konnten mit dem Heruntersteigen.» (GA 103, 25. 5. 1908). Der Mensch war geistig-seelisch während der ganzen Entwicklung da. «Physisch, also dem Körperlichen nach, kommt aber der Mensch erst dann heraus, wenn die Erde eigentlich tot geworden ist, wenn die Erde selber ihr Leben verloren hat» (GA 354, 9.7.1924), d.h. die flüssig-luftige Lebenssphäre zerfallen ist (s. S. 348, S. 477). «Das Menschenwesen konnte erst zum Bewusstsein erwachen, als die Erde allmählich abgestorben war.» Von den Wesensgliedern her gesehen, heißt Tod auch für das Gestein, dass der Ätherleib und der physische Leib getrennt sind. «Der Ätherleib umgibt das Mineral und hüllt es von allen Seiten ein. Wenn Sie zum Beispiel einen Bergkristall nehmen, so müssen Sie sich vorstellen, dass diese ganze Form ausgespart ist, wie ein ätherischer Hohlraum ist, und dass erst da, wo die physische Substanz aufhört, das Ätherische beginnt; wie die Pflanze oben von dem Astralischen umspült wird, so ist das Mineral von allen Seiten vom Ätherischen umgeben» (GA 105, 6. 8. 1908). – «Und als der Mensch seine Knochen bildete, setzte er heraus die mineralische Welt» (GA 106, 13. 9. 1908). Er fühlte sich getrennt von seiner Erdenumgebung, als «abgeschlossenes Sonderwesen», und erwachte damit für die äußere Wahrnehmung der Naturreiche, welche ihn früher lebendig durchdrangen.

Die letzten Aufgliederungen des direkt zum Menschen führenden Stromes (Abb. 21, S. 85) werden von Rudolf Steiner genauer charakterisiert in der *Geheimwissenschaft im Umriss* (GA 13, S. 268). Es werden **drei Hauptgruppen der Menschen** beschrieben, die stufenweise in ihrem physischen Leib verhärteten. Jede dieser Gruppen gliederte sich wiederum in die vier besprochenen Typen von Gruppenseelen, welche die seelisch-geistige Seite betreffen (S. 147). Diese drei physischen Gruppen gingen alle drei hervor «aus einer feineren, weichen Stofflichkeit ... Seelische Vorgeschrittenheit zog die Glieder zusammen, die Gestalt wurde klein erhalten; seelische Zurückgebliebenheit und Verstricktheit in die Sinnlichkeit drückte sich in riesenhafter Größe aus» (GA 13, S. 265 f.). – Die eine Menschengruppe bewahrte diese Bildsamkeit weiter, sodass sich Größe und Form des Leibes nach den seelischen Eigenschaften richteten. Triebe und Leidenschaften konnten an Größe und Form groteske Menschengestalten bilden. Diese Menschengruppe starb aus, und man darf annehmen, dass wegen der Plastizität des Leibes fossil nichts von ihnen gefunden werden kann. Eine zweite Gruppe erlangte ihre Verfestigung in einem Moment, in dem optimale Bedingungen herrschten. Eine dritte Gruppe von Menschen, «welche sich vor diesem Zeitraum verfestigt hatten, konnten sich zwar lange fortpflanzen, doch wurden nach und nach die in ihnen sich verkörpernden Seelen so beengt, dass die Rassen aussterben mussten. Allerdings erhielten sich gerade manche von diesen Rassenformen bis in die nachatlantische Zeit hinein» (GA 13, S. 269).

Ich meine, dass es sich bei dieser **dritten Gruppe** (Abb. 24, S. 93) um die fossil erhaltenen frühen Menschenformen handelt, von denen Knochen gefunden werden können, da sie zu früh verfestigt waren. Sie sind jedoch ausgestorben. Hierzu würden alle Gruppen zählen, die zwischen dem Australopithecus und dem Neanderthaler liegen. Während eines Arbeitervortrags skizzierte Steiner mit zwei genialen Linien die Profile einer solchen Schädelform im Verhältnis zur heutigen (Abb. 66, GA 354, 9. 7. 1924; *Wandtafelzeichnungen,* Bd. XXVIII, Tafel 5).

Die **zweite Gruppe** würden die Vorfahren der heutigen Menschheitsrassen bilden, biologisch die Gruppe des Homo sapiens sapiens. Da ihre Knochen im optimalen Moment die Festigkeit erreichten,

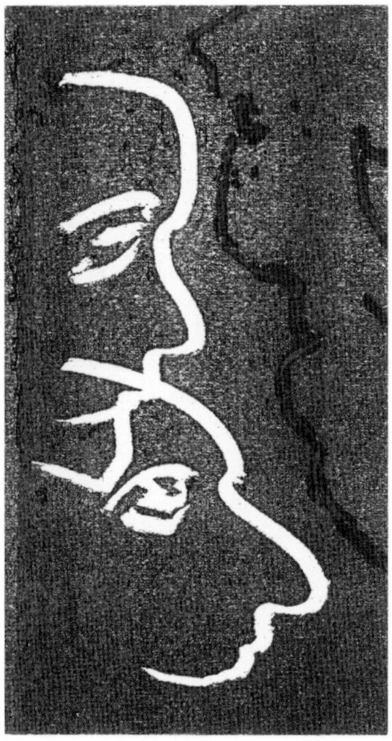

Abb. 66: Profil des heutigen Menschen mit vorgeschobener Stirn- und Kinnbildung im Vergleich zum Profil des fossilen eiszeitlichen Menschen aus der atlantischen Zeit. Tafelskizze von Rudolf Steiner.

konnten sich aus ihnen die kontinuierlichen Generationenfolgen der nachatlantischen Menschen entwickeln. Die Dreigliedrigkeit prägt sich nun mehr im Seelischen und Geistigen aus (Abb. 246, S. 453; s. S. 455).

In der **ersten**, ausgestorbenen **Gruppe** wäre meines Erachtens das Ende derjenigen weichkörprigen Formenfolge zu sehen, aus welcher sich zuletzt die Säugetiere verfestigten und als Arten abgliederten. Nach dem Aussterben der Weichkörperformen waren also zumindest im Menschen-Wirbeltierstamm keine neuen Artbildungen mehr möglich. Er war insgesamt differenziert in die vier Gruppenseelen, welche auf dem Bild der Atlantis (Abb. 54, 55, S. 146) dargestellt sind und sich physisch in der Gliederung der vier Säugetiergruppen (Abb. 22, S. 87) zeigen. Die zur zweiten und dritten Gruppe gehörenden Seelen könnten die auf dem Bild Abb. 55, S. 147 im Hintergrund schwebend dargestellten Wesen sein.

Dieser letzte Entwicklungsschritt kann von der geistigen Seite, vom Ich aus noch weiter verdeutlicht werden. «Hier in dieser physischen Welt hat nur der Mensch ein selbstbewusstes Ich. Bei den Tieren ist es ein ganz anderes Verhältnis; das Tier hat nicht in derselben Weise sein Ich in der physischen Welt wie der Mensch ... Während jeder Mensch als einzelne, innerhalb seiner Haut abgeschlossene Individualität sein Ich hat, hat das einzelne Tier nicht sein Ich, sondern es ist so, dass immer gewisse Gruppen gleichgestalteter Tiere zusammen ein Ich haben» (GA 105, 6. 8. 1908). Steiner führt Löwen und Bären an, also Arten, und sagt: «Alle Einzeltiere haben zusammen ein Ich, und wir nennen daher ein solches Ich der tierischen Welt ein Gruppen-Ich»; und er führt das noch weiter aus. Biologisch gehören die Menschen zu einer Art – der letzten, die erscheint; geistig ist jeder Mensch eine eigene Art. Der Mensch ist dem Gesetz von Reinkarnation und Karma unterworfen, das Einzeltier nicht. Den **Übergang** vom Gruppen- oder Art-Ich der Tiere **zum Individual-Ich** des Menschen können wir meines Erachtens gut ablesen an den frühen Menschenformen (Abb. 21 rechts, S. 85) etwa zwischen dem Australopithecus und dem Homo präsapiens, also während der zweiten Hälfte der Atlantis. Die Inkarnationsstufen des Ich zeigen sich daran, dass Gehen, Sprechen und Denken als die drei Grundfähigkeiten des Menschen nacheinander erscheinen (vorderer Innendeckel). Wolfgang Schad (1985, S. 57) hat überzeugend ausgeführt, dass dies mit dem aufrechten Gang des Australopithecus begann. Der Übergang zum individuellen Ich ist darin zu sehen, dass eine Menschen- oder Stammesgruppe in einer Generationenfolge ein Ich hat (GA 102, 1. 6. 1908). Das wurde als eine gemeinsame Erinnerung erlebt, die über die persönliche Erinnerung bis zum Stammvater hinaufreichte. Die Bibel schildert dies bei den Patriarchen des Alten Testamentes (1. Mose 5,27; Bock 1934; Abb. 2, S. 44), deren Namen geistige Menschheitsführer bezeichnen. So wurde beispielsweise Methusalem 969 Jahre alt und bekam nach 187 Jahren einen Sohn. Man könnte das so verstehen, dass in diesem Falle ein Ich, welches mit einem Namen bezeichnet werden kann, etwa 30 Generationen umgreift und sich nach etwa 7 Generationen innerhalb dieser Generationenfolge ein neues Ich inkarnierte; «Methusalem» bekam einen Sohn mit einem neuen Namen. Allerdings muss bedacht werden, dass aus diesen Zahlen keine Zeitrechnungen abgeleitet werden können, weil die Namen zugleich auch Menschheitsführer und Kulturepochen bezeichnen (s. a. GA 103, 22. 5. 1908).

Weichkörprige und feste Formen

Da die Vorstellung von weichkörprigen Gestalten bei Mensch und Tier doch sehr ungewohnt ist, folgen hierzu noch etwas ausführlichere Zitate. Sie beziehen sich nur auf die im vorigen Abschnitt behandelte lemurische und erste atlantische Zeit, nicht auf die Zeiten der planetarischen Zustände. Ich habe die referierten Stellen wieder vorrangig in zeitlicher Folge angeordnet und sie unter dem Aspekt ausgewählt, dass möglichst viele Einzelheiten der weichkörprigen Entwicklungsstufe deutlich werden – und nur darum soll es in diesem Abschnitt gehen. Die weichkörprige Stufe kann ja heute nicht mehr unmittelbar beobachtet werden, weil die zugehörige Umgebung, die Lebenssphäre der Erde, abgestorben ist. Die entsprechenden Prozesse wirken jedoch heute noch in der Embryonal- oder Larven-Entwicklung, wobei natürlich die Umgebung, die Zeitverhältnisse, die Dimensionen etc. völlig andere sind.

Die beschriebenen geistig-seelischen Wesen metamorphosierten sich in kontinuierlicher Höherentwicklung, was noch näher dargestellt werden soll (Abb. 68, S. 170). Daraus lösten sich stufenweise immer wieder Formen ab, blieben zurück, verhärteten und sanken zur werdenden Erdoberfläche herunter. Aus Steiners Darstellungen ergeben sich **drei Verdichtungsstufen**, die bei den folgenden Zitaten genau unterschieden werden müssen, sonst ergeben sich Widersprüche. Eine erste Stufe führte von den übersinnlichen **Urbildern** bis zum Ätherischen, eine zweite in das **Weichkörprig**-Wässrige; eine dritte ging bis ins **Feste** und wurde damit **fossil** belegbar. Diese drei Zustände gelten in etwas anderer Art auch bei der Entwicklung der Pflanzen und bei der Gesteinsbildung. Solange die Körper noch weich und bildsam sind, ist Höherentwicklung möglich, sowohl beim Menschen als auch in den bereits abgetrennten Linien, welche in die tierischen Formen hineinsinken. Dadurch, dass Wesen zurückbleiben und andere sich weiter entwickeln, ergeben sich verschiedene Entwicklungsgeschwindigkeiten (Heterochronie s. S. 171) für jedes Naturreich, jede Gruppe und Art ebenso wie für Kopf, Rumpf und Gliedmaßen.

In der **ältesten lemurischen Epoche** vor der Mondentrennung bestand der Leib des Menschen «aus einer weichen, bildsamen Masse ... Der Körper des

Menschen war warmblütig ... Neben dem Menschen waren Tiere vorhanden, die in ihrer Art auf derselben Entwicklungsstufe standen wie er. Man würde sie nach den heutigen Begriffen zu den Reptilien rechnen. Außer ihnen gab es niedrigere Formen der Tierwelt. Nun war zwischen den Menschen und den Tieren ein wesentlicher Unterschied. Der Mensch konnte wegen seines noch bildsamen Leibes nur auf den Gebieten der Erde leben, die selbst noch nicht in die derbste stoffliche Form übergegangen waren. Und in diesen Gegenden wohnten mit ihm tierische Wesen, die von einem ähnlich plastischen Leib waren. In anderen Gegenden lebten jedoch Tiere, welche bereits dichtere Leiber hatten und welche auch schon die Eingeschlechtlichkeit und die Sinne ausgebildet hatten ... Sie konnten sich nicht mehr weiterentwickeln, weil ihre Leiber zu früh die dichtere Stofflichkeit angenommen hatten. Einige Arten von ihnen sind dann untergegangen; einige haben sich in ihrer Art bis zu den heutigen Formen gebildet. Der Mensch konnte dadurch zu höheren Formen gelangen, dass er in den Gebieten geblieben ist, die seiner damaligen Beschaffenheit entsprochen haben» (GA 11, S. 73). Es wird dann von drei Gruppen von Menschen gesprochen, die Tiere zurückließen, abhängig von der Geistbefruchtung. Das dürfte den drei Tierstämmen (Abb. 6, S. 66: Deuterostomier, Protostomier und Hohltierstamm) entsprechen. «Was aber in die Tierheit hinabgestoßen worden ist, das ist entweder ausgestorben oder es lebt in den verschiedenen höheren Tieren fort. In diesen Tieren hat man also Wesen zu sehen, welche auf einer früheren Stufe der Menschenentwicklung stehenbleiben mussten. Nur haben sie nicht dieselbe Form behalten, die sie bei ihrer Abgliederung hatten, sondern sind zurückgegangen von höherer zu niederer Stufe. So sind die Affen zurückgebildete Menschen einer vergangenen Epoche» (GA 11, S. 74).

Für die **lemurische Zeit** schildert Steiner genauer das Verhältnis der Tierheit zum oberen und unteren Menschen, bezogen auf die leibliche Gliederung, wie sie bereits referiert wurde (Abb. 52, 53, S. 144): «Es gab damals auf dem physischen Erdenplan eine Art höherer Tiere, Tiere, von denen heute nichts mehr auf der Erde vorhanden ist, die längst ausgestorben sind. Sie waren ganz eigenartig gestaltet. Das, was heute hier die höheren Tiere sind, sind Nachkommen dieser ganz anders gestalteten Wesen, aber verkommene Nachkommen. Diese Wesen sind die Vorfahren der heutigen physischen Menschennatur. Sie hatten nur einen physischen Leib, einen Ätherleib und einen Empfindungsleib. Und damals verband sich nach und nach das Ich mit diesen Wesen, es senkte sich von der höheren Welt herab. Die Tierheit also wuchs der Seele des Menschen entgegen, die Seele begab sich von oben herunter. Von unten herauf entwickelte sich die Tierheit, von oben senkte sich die Seele herab» (GA 283, 26. 11. 1906). Hier kann deutlich werden, worin die Höherentwicklung des Menschen bzw. der Tierwelt besteht. Schematisch kann sie dargestellt werden in Steiners grundlegendem kosmologischem Evolutionsprinzip des Abstiegs und verwandelten Aufstiegs (Abb. 3, S. 47).

In einem Überblick schildert Steiner die gesamte lemurische Entwicklung. Das astralische Tiermenschenwesen gliederte sich in einen oberen, feineren Teil, der sich zum Menschen entwickelte, und einen unteren. «Unten verdichtete sich die Astralmaterie zu reptilartigen Tiergebilden; die waren noch kaltblütig. Sie waren nicht gebildet wie etwa ein Ichthyosaurus, von dem wir heute noch Reste finden. Reste von diesen Gebilden gibt es überhaupt nicht, denn diese Körper waren fein, weich – Knochen gab es erst viel später ... Um die Mitte des Zeitraumes, den wir den lemurischen nennen ... folgt dann ein weiterer Entwicklungszustand der Erde. Sie wurde kompakter, fester. Dadurch war der Mensch genötigt, sich dieser festeren Gestaltung des physischen Erdenlebens anzupassen. Der Mensch konnte das nur dadurch, dass er einen Teil seiner Wesenheit abgab an die gröbere Stofflichkeit. Und aus diesem Teil ... entstand die erste unvollkommenste Tierwelt ... Diese letzten Geschöpfe, die der Mensch abgestoßen hat, sehen wir in den ersten Erdschichten abgelagert. Es sind Krustentiere, Schalentiere, die der Mensch aus sich herausgesetzt hat ... Und so geschieht die weitere Entwicklung ... [Dann] entstand das, was wir die Wurmtiere, die Fischtiere nennen. – Dadurch, dass der Mensch mit seiner Seele sich in feinerer Materie, in Luftmaterie verkörperte, war es möglich, dass er eine neue Hülle abwarf, dass er Tiere aus sich heraussetzte. Die Erde hatte damals schon ein etwas festeres Knochengerüst aufgebaut, und es bildete sich der Mensch in dem, was man Feuernebel nennt ... Das kam dadurch zustande, dass der Mensch seine Schalen abgeworfen hat, die dann als Vögel und Reptilien auf der anderen Seite sich weiterentwickelten ... So vereinigte er sich in der Periode, von der wir jetzt sprechen und die schon mit starken Verdichtungszuständen unserer Erde parallel geht, das, was wir den höheren Geist nennen ... Es entstand dasjenige, was den Menschen von den niederen, kaltblütigen Wesenheiten scheidet, und es entstand damit auch alles übrige Warmblütige auf der Erde. Bis zu einem gewissen Punkte der Entwicklung gab es nur kaltblütige und leidenschaftslose Wesen; die anderen sind entstanden in der **Mitte der lemurischen Zeit** ... Dadurch haben sich auch die zwei Geschlechter aus dem einen herausgebildet. Dadurch, dass der Mensch die niederen Wesen, die noch fortleben als Reptilien, und dann, als er schon aufgerückt war zur Warmblütigkeit, das Geschlecht der Vögel von sich abstieß, durch diese Ausscheidung wurde er reif, den Geist in seiner ersten Gestalt in sich aufzunehmen.» (GA 53, 9. 2. 1905). Diese **zweite Hälfte der lemurischen Epochen**, also etwa Karbon bis zur Kreidezeit, beschrieb Steiner mit den Worten: «Noch viel dichter als später in atlantischen Zeiten war die Luft, noch viel dünner das Wasser. Und auch das, was heute unsere feste Erdkruste bildet, war noch nicht so verhärtet wie später. Die Pflanzen- und Tierwelt waren erst fortgeschritten bis zur Amphibien-, Vogelwelt und den niederen Säugetieren, ferner bis zu Gewächsen, die Ähnlichkeit haben mit unseren Palmen und ähnlichen Bäumen. Doch waren alle Formen anders als heute. Was jetzt nur in kleinen Gestalten vorkommt, war riesig entwickelt. Unsere kleinen Farne waren damals Bäume und bildeten mächtige Wälder. Die gegenwärtigen höheren Säugetiere gab es nicht. Dagegen war ein großer Teil der Menschheit auf so niedriger Entwicklung, dass man ihn durchaus als tierisch bezeichnen muss» (GA 11, S. 48).

«In der **ersten atlantischen Zeit** hatte der Mensch eine große Gewalt über die Gestalt seines Leibes. Das war damals durchaus möglich, so sehr es auch dem heutigen, materialistisch denkenden Menschen widerstrebt» (GA 105, 10. 8. 1908). Der Mensch konnte bis zu einem gewissen Grade Gliedmaßen verlängern, seine Gestalt modifizieren. Ab Mitte der Atlantis erlangte er etwa heutige Menschengestalt; vorher war er weicher als Knorpel, «schwamm sozusagen noch herum in der noch ganz von dichten Wassern angefüllten und durchsetzten Luft.» Und Steiner schildert ausführlich, was geschah, wenn Formen abgelöst wurden, bevor die Gestalt fertig ausgebildet, d.h. die physische Höherentwicklung abgeschlossen war. Da «entstanden die Affen und vorher entsprechend die ganze Reihe der Tiere. Wenn Sie aber fragen: Stammt irgendein menschliches Wesen von solchen Tierformen?, so ist die Antwort: Nein! Der Mensch blieb sozusagen über dem Boden der Erdoberfläche in den reinen Elementen und verdichtete sich erst, als für ihn Zeit war.»

Es ging in diesem Kapitel um die **Sonderungen der Naturreiche** vom Menschen. Die Entwicklung verlief von den Urbildern über die Weichkörperformen bis hin zu den differenzierten Gruppen, die fossil erhalten sind. Nehmen wir die einzelnen Darstellungen Rudolf Steiners genau, nicht nur als pauschale Bilder gesamtirdischer Zustände, vergleichen wir sie im goetheanistischen Sinne untereinander und mit den paläontologischen Phänomenen, so kann sich ein differenziertes Gesamtbild ergeben. Die geologischen Vorstellungen werden so ergänzt für diejenigen Zustände und Zeiten, die vor den jeweilig verhärteten Formen der Naturreiche liegen. Auch für die Gesteinsentwicklung ergeben sich ergänzende Aspekte, die in den nächsten Kapiteln zu dem Bild der Menschen-Tier-Evolution hinzugestellt werden sollen. Die Massen der späteren Kristallinen Schiefer und Granite hatten sich frühlemurisch zuerst abgeschieden. Sie entstammten der Lebenstätigkeit der niederen, pflanzenartigen Wesen, die sich bereits auf früheren planetarischen Stufen abgesondert hatten. Die Gesteinssubstanzen sanken herunter bis auf eine Fläche, welche die spätere Erdoberfläche wird, und sammelten sich dort zu ersten Verhärtungen. Das wird noch beschrieben.

In den oberen Bereichen der Lebenssphäre lebte der Mensch, zusammen mit den geistigen Wesenheiten, welche alle Entwicklung überhaupt führten. Sie wirkten gestaltend auf die geistig-seelischen Wesensglieder des Menschen und von dort auf die ätherisch-physischen Glieder. Dieser ätherisch-physische Leib bildete sich im Verhältnis mit der Lebenssphäre der

Erde, verdichtete sich mit ihr, vor allem in seinem unteren, sinnlich wahrnehmbaren Teil. Daraus lösten sich immer wieder, stufenweise, weichkörprige, tierförmige Gestalten ab. Sie sind die Vorläufer der drei Tierstämme und konnten sich noch innerhalb des Weichkörprigen weiter entwickeln. Aus ihnen sonderten sich diejenigen Tier- und Pflanzengruppen, welche festere Substanz einlagern konnten. Dadurch erschienen sie stufenweise als die differenzierten, individualisiert abgegrenzten Tierarten in fossiler Erhaltung. Erst in der atlantischen Zeit, hauptsächlich zwischen Kreide und Ende Tertiär, starb die Lebenssphäre ab; Luft und Wasser trennten sich, der Mensch sonderte die letzten Tiergruppen ab und nahm selbst das Feste in sich herein; die Knochen der frühen Menschen entstanden, bis zuletzt die physische Generationenfolge einsetzte. Die Entwicklung des Geistig-Seelischen wurde zunehmend dem Gesetz von Reinkarnation und Karma unterworfen.

Evolutionsgesetze

Das Grundprinzip der Evolution

Nach der Darstellung der Phänomene aus der Paläontologie und der Geisteswissenschaft sollen im Folgenden die Grundgesetze der Evolution betrachtet werden mit dem Ziel, ein Gesamtbild zu entwickeln. Dazu wird zunächst an einem gut untersuchten Beispiel (Abb. 67, S. 166), der Entwicklung der Ammoniten, die typische phänomenologische Situation dargestellt, die für alle paläontologisch untersuchten Formenfolgen gilt. Es können daran die wichtigsten allgemeinen Evolutionsgesetze abgelesen werden, die uns weiterführen zu den Fragen nach den Triebkräften der Höherentwicklung überhaupt, nach Typus und Metamorphose. Am Ende kann sich aus dem gegenseitigen Beleuchten paläontologischer und geisteswissenschaftlicher Ergebnisse ein Gesamtbild ergeben.

Das Grundproblem der Evolution ist seit Darwin die Frage nach dem **Träger der Höherentwicklung**. Wenn sich die Tiere durch ständige Umbildung von den niedersten Formen bis zum Menschen heraufentwickelt haben, dann müsste im Laufe der Erdgeschichte in den Fossilien eine kontinuierliche Folge zu finden sein. Nun enthalten zwar die ältesten Schichten die niedersten Tierformen, aber die zu erwartende kontinuierliche Folge erscheint in der Reihe der Funde immer unterbrochen. Zunächst schob man dies auf Kenntnislücken. So schrieb Darwin in seinem Hauptwerk *Die Entstehung der Arten* (1859, Kap. 15) noch von der «außerordentlichen Unvollständigkeit der Urkunden. Man kann die Erdrinde mit den in ihr enthaltenen Resten nicht als ein wohlgefülltes Museum, sondern nur als eine zufällige und nur dann und wann einmal bedachte arme Sammlung ansehen.» Heute ist dieses Museum überfüllt. Beispielsweise werden für die Erdöl-Erdgas-Bohrungen routinemäßig und täglich weltweit Proben ausgewertet, Mikrofossilien bestimmt und mit Hilfe ihrer Vorkommen die Schichten genau eingestuft. Selbst Schichtlücken können von den evolutiv bedingten Unterbrechungen unterschieden werden. Von den Fossilbestimmungen hängt ab, ob weiter gebohrt wird. Da ein Meter Bohrung im Offshore-Bereich über 50.000 $ kostet, kann man sich den Druck vorstellen, unter dem diese Untersuchungen stehen.

So hat eine ungeheuere Detailforschung Tausende von Evolutionsbildern gewonnen, die alle das prinzipiell gleiche Bild zeigen: in jeder Kategorie, also bei Arten, Gattungen, usw., im Kleinen wie im Großen, bei allen Tier- und Pflanzengruppen, von den Einzellern bis zu den Säugetieren oder Blütenpflanzen. Eine **Art erscheint** auf einmal in fertig ausgebildeten Individuen auf einem bestimmten Entwicklungsstand. Sie **lebt** eine Zeit lang, **spezialisiert sich** dabei, **degeneriert** gewissermaßen bis zum Aussterben hin (Abb. 7, S. 70 u. 21, S. 84). Eine nächste erscheint, die ähnlich ist und damit auch verwandt, aber auf einem etwas höher entwickelten Niveau. Es gibt keine Fossilien, welche einen kontinuierlichen Übergang belegen könnten. Die Kriechtiere haben Schuppen, die Vögel Federn, die Säuger ein Fell; es gibt da keine Übergangsformen. Sie alle sind Glieder **kontinuierlich** sich entwickelnder **Lebensströme**, können aber nur an Formenfolgen abgelesen werden, welche **in diskontinuierlichen Schritten** erscheinen.

Sehen wir uns ein gut untersuchtes Beispiel genauer an; ein weiteres wird an der Entwicklung der Pferde dargestellt (Abb. 19, S. 81). Die Tiergruppe der **Ammoniten** gehört zu den Kopffüßlern, von denen heute in Nautilus und den Tintenfischen nur noch

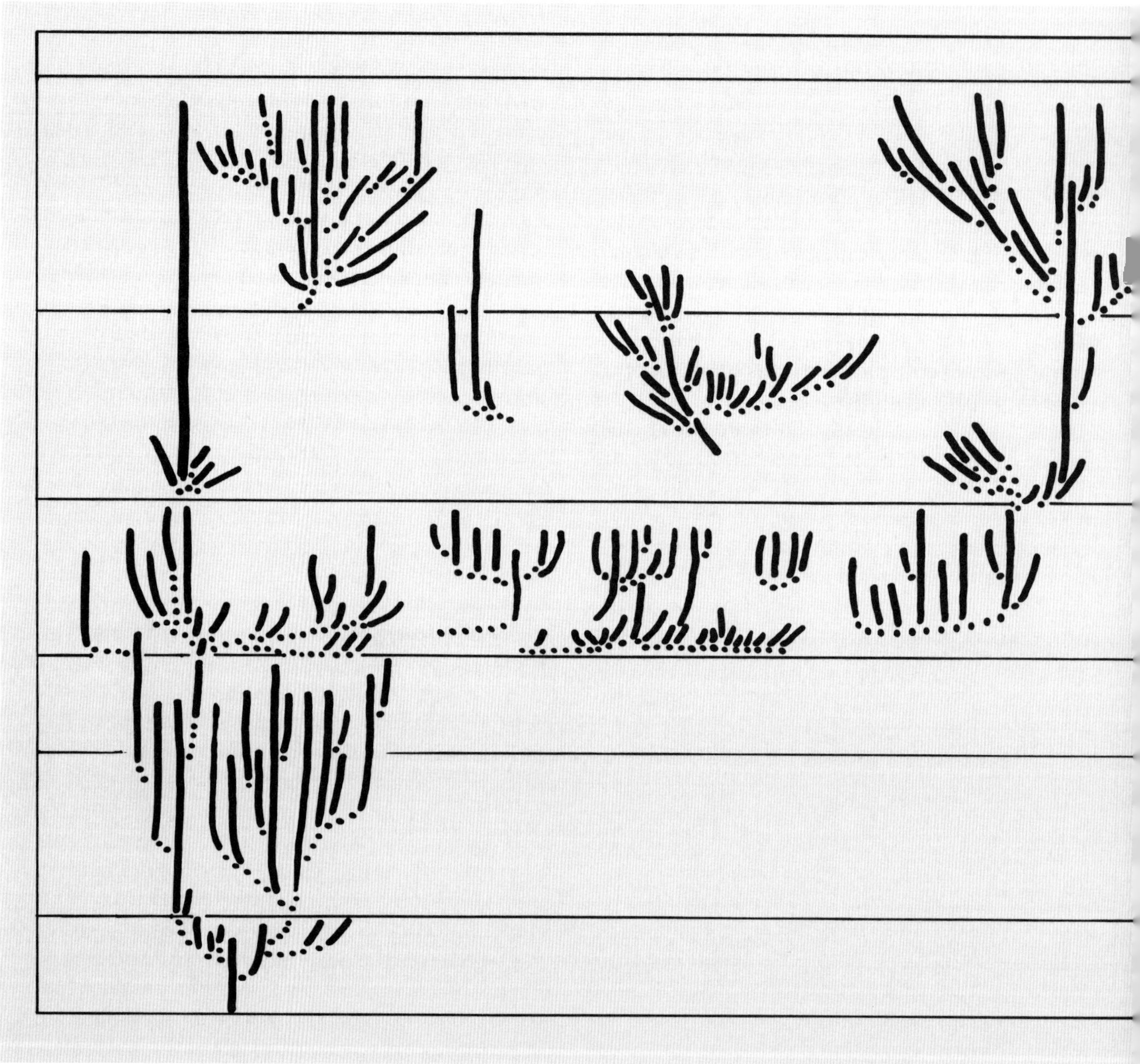

einige ähnliche Vertreter leben. In der vorderen Hälfte des Gehäuses lebte ein Weichtier mit Fangarmen. Die Gehäuse finden sich weltweit in sandig-tonigen Gesteinen, vom Devon bis zur Oberen Kreide, wo alle Arten ausgestorben sind. Der verwandtschaftliche Zusammenhang zeigt, wie die Familien in den Schichten auftauchen, eine Zeit lang zu finden sind und dann wieder verschwinden. Ein prinzipiell ähnliches, nur sehr viel differenzierteres Bild ergäbe sich, wenn die 1500 Gattungen oder die mehreren zehntausend Arten dargestellt würden. Charakteristisch ist, wie häufig am Anfang eine gewisse Formenvielfalt erscheint, die bald vergeht, sodass nur einzelne Reihen länger erhalten bleiben. Der verwandtschaftliche Zusammenhang ist genau genommen immer nur an der Basis gegeben, auch wenn mitunter Abzweigungen an höherer Stelle dargestellt sind. Da liegen vermutlich einzelne Arten vor, die zu durchgehenden Familien zusammengefasst sind.

Die Verbreitung der Gattungen (Abb. 67 Mitte) in der Zeit zeigt **drei Entwicklungsphasen**, die sich in kleinere untergliedern. An den großen Einschnitten

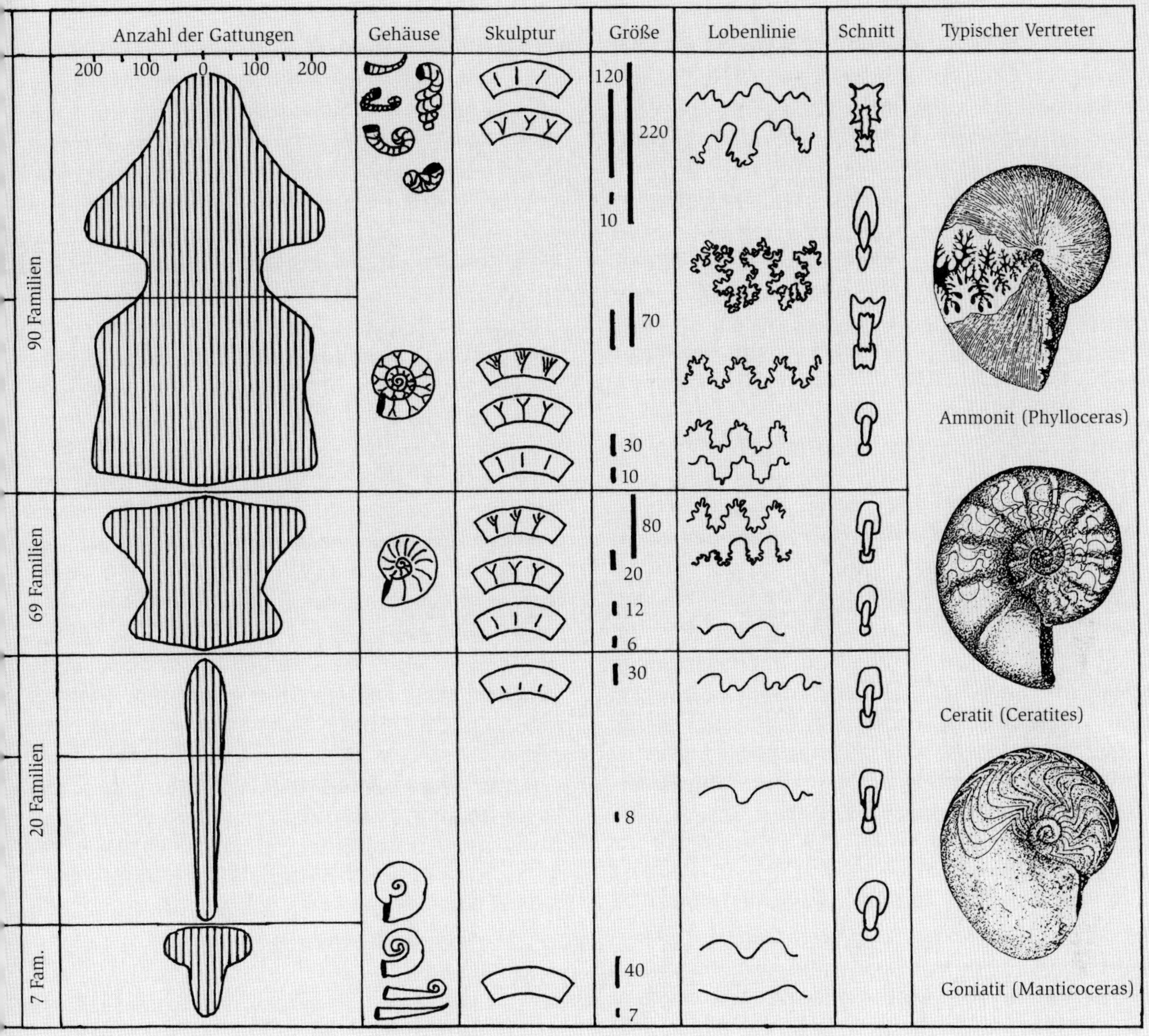

Abb. 67: Links: das zeitliche Vorkommen und der vewandtschaftliche Zusammenhang (punktiert) von 186 Familien (schwarze Linien) der **Ammoniten** in ca. 1500 Gattungen und deren zeitliche Verbreitung. Rechts: Die Entwicklung verschiedener Merkmale in der Zeit zeigt eine Gesamtevolution in drei Entwicklungsphasen, die aufeinander aufbauen; ganz rechts je ein typischer Vertreter. Weiteres im Text. (Zusammengestellt vorwiegend nach Müller 1961; Abb. rechts aus Schad 1989).

der Perm/Trias-Grenze und der Trias/Jura-Grenze sind alle Arten ausgestorben. Neue Formen setzen danach mit jeweils neuen Entwicklungsschritten ein. Die Gehäuse zeigen diese Schritte an typischen Merkmalen. Die ältesten Formen im Devon schließen an frühere Weichtiergruppen mit gerade gestreckten Gehäusen an. Die Ammoniten bleiben eingerollt, bis sie sich am Ende in der Oberkreide wieder auf vielfältige Weise aufrollen.

Die ältesten Gehäuse beginnen glattschalig, erst im Perm tauchen an der Innenseite Rippen auf. Die

Entwicklung in der Trias beginnt wieder glattschalig, dominiert dann mit einfachen Rippen, die sich erst gegen Ende bei einigen Arten zu Spaltrippen entwickeln. Die dritte Phase im Jura beginnt gleich mit Einfachrippern und kommt rasch zu Spaltrippern, die hauptsächlich verbreitet sind. Am Ende erscheinen wieder Gehäuse mit gegabelten oder einfachen Rippen, oder Glattschaler. Die Größe und die Lobenlinie zeigen die gleichen drei Entwicklungsschritte. Jede Gattung bzw. Familie setzt mit kleinen Formen ein und endet mit großen. Die angegebenen Zahlen sind Beispiele für Durchschnitts- und Maximalwerte.

Obwohl die Arten **aussterben**, setzt die Höherentwicklung jeweils an dem Stand der vorherigen Phase, etwa in einem mittleren Stadium an und führt mit gleicher Tendenz weiter. Am Ende der Schritte erscheinen dekadente Formen, in manchen Merkmalen ähnlich denen am Anfang, aber unregelmäßig, aus der Form geraten. Die Gehäuse werden wieder glattschalig, haben aber vielbuchtige, unsymmetrische Lobenlinien. Nach einzelnen Merkmalen würden sie zu früheren Stadien gehören, aber sie lassen sich von diesen eindeutig dadurch unterscheiden, dass daneben andere Merkmale auftreten, die auf Endformen hinweisen, wie Größe, Einrollung oder Querschnitt. Solche unregelmäßigen Formen tauchen in seltenen Fällen schon am Ende der Trias auf und sind am Ende des Jura häufiger, in der Kreidezeit sind nahezu alle Formen in Auflösung begriffen. Die Gattungsanzahl nimmt von der mittleren Kreide an kontinuierlich ab; nur wenige Arten erreichen die vorletzte Stufe der Kreide, keine Art die Grenze zum Tertiär. An diesem Bild kann auch deutlich sichtbar werden, dass es innere, geordnete Vorgänge sind, die zum Aussterben führen, und keine gewaltigen **Naturkatastrophen**, Planetoid-Einschläge oder ähnliche Szenarien, die neuerdings von Physikern postuliert werden (s. S. 450). Äußere Einwirkungen können den Todesprozess beschleunigen; die Gestalt wird jedoch von innen her umgewandelt.

Bei den Ammoniten lässt sich außerdem die individuelle Entwicklung eines Tieres verfolgen, was sonst in der Paläontologie selten möglich ist. Sie beginnt in der Mitte der Windung mit den embryonalen Anfangskammern und endet mit der letzten Wohnkammer des Tieres. Die Gehäuseveränderungen entsprechen denen der stammesgeschichtlichen Entwicklung; zum Beispiel beginnen späte Formen auch glatt, werden einrippig und enden gabelrippig, wie die gesamte Gruppe zwischen Devon und Kreide oder innerhalb der Entwicklungsstufen. Die phylogenetische Entwicklung wird in der ontogenetischen rekapituliert, unter den jeweiligen Bedingungen. Auch das ist eine Beobachtung, die seit Haeckel tausendfach immer wieder gemacht werden kann.

Insgesamt ist in allen Merkmalsgruppen eine übergeordnete **Gesamtentwicklung** zu erkennen. Sie gliedert sich bei den Ammoniten in drei große Entwicklungsschübe, die etwa in der Mitte des vorherigen anschließen und gedrängter weiter führen. Jede Form ordnet sich in den Gesamtorganismus ein, obwohl Tausende von Arten über lange Zeiträume hinweg vielfältig erscheinen und wieder aussterben. Dazu kommt, dass Entwicklung nicht umkehrbar ist; sie schreitet ihren inneren Tendenzen entsprechend immer weiter voran. Die strengen übergeordneten Regeln ermöglichen es, dass jede Form im Zusammenhang aller Merkmale prinzipiell genau an ihrem Platz eingeordnet werden kann. Damit lässt sich ein Gestein, in welchem ein Fossil gefunden wird, erdgeschichtlich exakt einstufen. Dieses Prinzip der Leitfossilien gilt für alle fossilen Formenreihen. Wo Formen vorliegen, bei denen diese Regeln scheinbar nicht gelten, wäre zuerst zu prüfen, ob genügend Material vorhanden ist, um solche Schlüsse sicher zu belegen.

Höherentwicklung und Art-Umbildung

Als übergeordnete Prinzipien der Höherentwicklung lassen sich heute allgemein drei Haupttendenzen erkennen. Die Organismen werden zunehmend **differenziert.** Sie werden von der Umgebung **unabhängiger**; neue Anlagen erscheinen in geordneter Folge erst äußerlich und werden immer weiter **verinnerlicht**. Diese drei Tendenzen können besonders deutlich am Wirbeltier-Menschen-Stamm beobachtet werden, sie gelten aber für alle Gruppen. Als weiteres Prinzip konnte die **Spezialisierung in Richtung** der drei Leibesglieder beobachtet werden, die in der zeitlichen Folge **Kopf – Rumpf – Gliedmaßen** wirkte. Neue Organe entstehen jedoch nicht in einem ständig sich wandelnden Strom unendlicher Umbildungen, sondern sie erscheinen stufenweise, unvermittelt und voll funktionsfähig in neuen Arten. Zwischen den großen Evolutionschritten wie Stachelhäuter – Fische – Lurche – Kriechtiere – Säugetiere liegen ebenso deutliche Lücken wie zwischen den einzelnen Arten (Abb. 7, S. 70).

Diese Stufen sind auf der untersten natürlichen Ebene der **Arten** schon dadurch voneinander abgegrenzt, dass jede Art ihr individuelles Immunsystem hat. Damit wird die Barriere bezeichnet, welche bewirkt, dass zwischen zwei Arten keine fortpflanzungsfähigen Nachkommen entstehen können. Dadurch ist die Art, allgemein gesehen, eine abgegrenzte biologische Individualität. Mit einer anderen, ähnlichen Art kann sie also verwandtschaftlich nicht direkt zusammenhängen, sondern nur über einen gemeinsamen Ursprung. Beispielsweise bilden Katzen, Löwen und Tiger drei Artindividuen mit getrennten Generationsreihen, die keine Mischformen bilden. Sie sind aber durch die Merkmale der Katzenartigen miteinander in einer Gattung verbunden. Ihre fossilen Formen zeigen, dass die heute spezialisierten Arten aus einem gemeinsamen Ursprung im Tertiär hervorgegangen sind, wo alle Raubtiere noch sehr viel ähnlicher waren.

Das Bild von getrennten Entwicklungsströmen wird noch dadurch verschärft, dass sich eine Art während ihres Lebens zwischen ihrem Erscheinen und Aussterben kontinuierlich umwandelt. Otto Schindewolf (1950) fand, vor allem am Beispiel von Ammonitenarten, dass diese Veränderungen einen gesetzmäßigen Charakter haben – eine Biografie. Er unterschied und benannte eine kurze Jugendzeit, die Typogenese, eine lange Reife- oder Erwachsenenzeit, die Typostase und eine kurze Alters- oder Endphase, die Typolyse.

Die **Typogenese** ist charakterisiert durch vielgestaltige, kurzlebige Formen, die trotz gleicher Umwelt gegenüber früheren Arten neue, höherentwickelte Merkmale aufweisen, also z.B. neue Organe. Während der **Typostase** sterben Seitenlinien rasch aus, die anderen spezialisieren sich gerichtet, kontinuierlich. Es werden Rassen gebildet, die untereinander mischbar bleiben, aber sehr spezialisierte Formen oder Eigenschaften annehmen können – man denke an die Hunderassen im Verhältnis zum Wolf. Hier wirken Umwelt und Züchtung ein, auch von außen wirkende Selektion. Gruppen können in ökologischen Nischen isoliert werden, wie z.B. Vögel auf Inseln. All diese Spezialisierungen führen früher oder später zur Auflösung der Formen, zur **Typolyse**. Die Gestalten variieren wieder stärker, so wie am Anfang, bilden aber Extreme und entarten. Oft wird das Optimum im Verhältnis von Leben und Umwelt überschritten, wie das z.B. bei den Sauriern bekannt ist. Wenn eine physiologische Grenze erreicht wird, stirbt die Art aus, differenziert jedoch nach dem Alter ihrer Rassen.

Die Umwandlungen in den Formenreihen der Arten werden auch als **Mikro-Evolution** bezeichnet, im Gegensatz zur Höherentwicklung, der **Makro-Evolution**. Beide Male werden die Gestalten verändert, nur die Richtungen sind zunächst entgegengesetzt. Die Makro-Evolution führt aufwärts, sie ist Träger der Höherentwicklung; die Mikro-Evolution führt zum Aussterben, zum Tode. Hier müsste man eigentlich besser den auch von Steiner benutzten Ausdruck Devolution anwenden (s. S. 180), sofern darunter nicht Rückentwicklung verstanden wird. Eine solche gibt es in der Natur nirgendwo. Das ist als *Dollosches Gesetz* bekannt. Wenn einzelne Organe gegenüber früheren Formen zurückgebildet erscheinen, sind dies – genauer besehen – Spezialisierungen, die in Richtung zum Aussterben führen. Stets behalten sie auch Merkmale, an denen die Herkunft erkannt werden kann und durch welche sie z.B. von ähnlichen Jugendformen unterschieden werden können (s. S. 173). Typogenese, Typostase und Typolyse sind drei deutlich unterscheidbare Epochen des Lebenslaufes der Gruppen aller Kategorien der Mikro- und Makro-Evolution, paläontologisch wie zoologisch.

Das Schema (Abb. 68, S. 170) zeigt beide Bildungsrichtungen, die der aufsteigenden **Höherentwicklung** und die der absteigenden Umbildungen. Es zeigt in anderer Weise die gleiche Gesetzmäßigkeit, auf die schon an anderen Beispielen hingewiesen wurde (Abb. 7, S. 70; Abb. 19, S. 81; Abb. 20, S. 82; Abb. 35, S. 115; Abb. 39, S. 121). Da die Höherentwicklung weiterführt und im Geistigen verläuft, wurde sie aufsteigend und gerissen gezeichnet; die zum Tode führende Artumbildung und Spezialisierung ist dagegen abwärts gerichtet und als durchgezogene Linie gezeichnet, womit die physisch-leibliche Kontinuität der Generationsfolgen angedeutet ist.

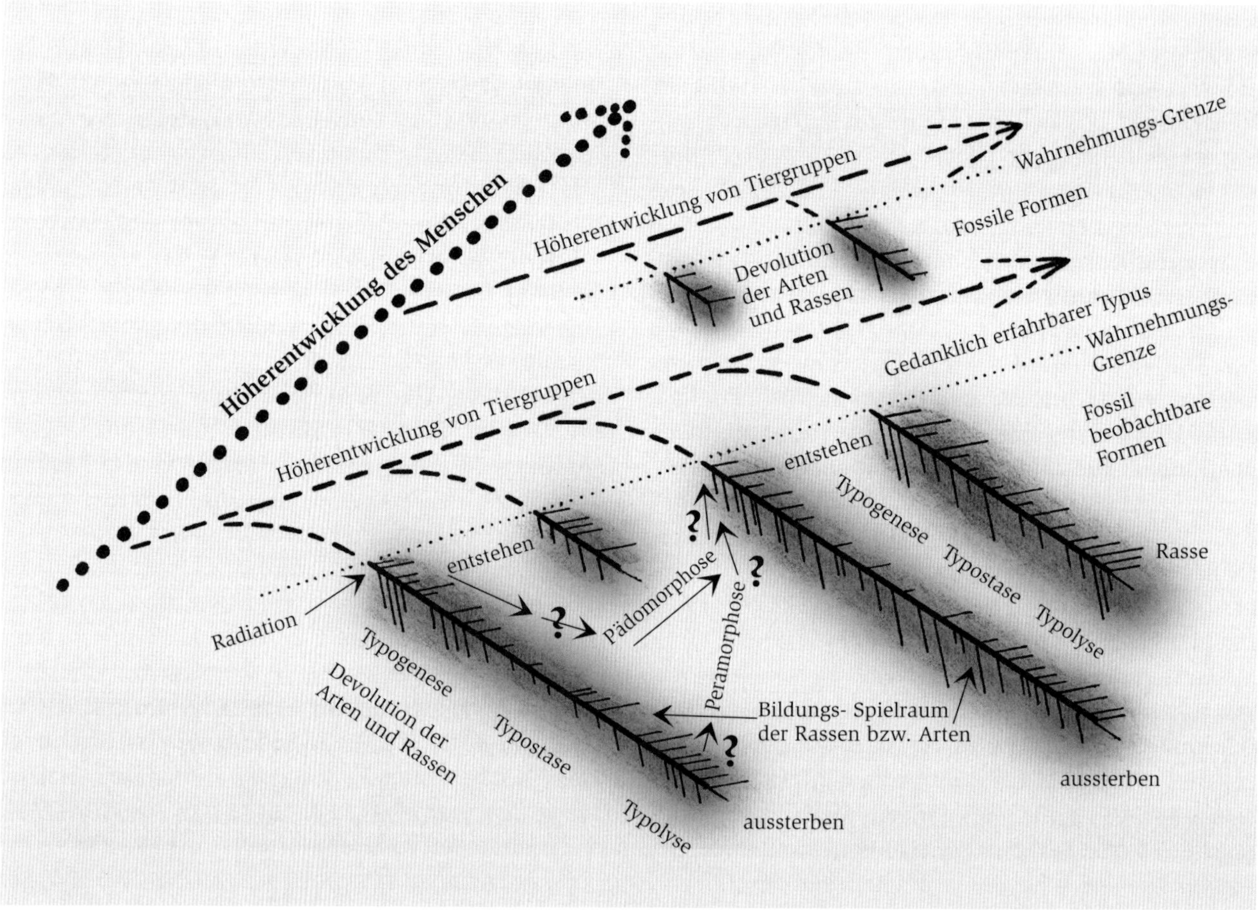

Abb. 68: Schema der Evolutionsrichtungen am Beispiel der Tierwelt. Von der kontinuierlich aufsteigenden Höherentwicklung oder Makroevolution des Typus gliedern sich Gruppen ab, aus denen sich stufenweise wiederum Arten abtrennen, die innerhalb der Gruppen miteinander verwandt sind. Sie verändern sich im Laufe der Generationenfolge kontinuierlich, was als Devolution oder Mikroevolution bezeichnet wird. Die Formen verfestigen sich, sie können fossil erscheinen; es gliedern sich in begrenztem Rahmen noch Rassen ab, die am Ende zum Aussterben hinführen.

Aus dem **Prinzip der Sonderung** (s. S. 67) ergibt sich, dass auf allen Stufen Seitenzweige abgegliedert werden. Aus der geistig-seelischen Entwicklung des Menschen trennen sich Gruppenseelen ab, die im Ätherischen und dann im Weichkörperzustand die Hauptgruppen der Tiere bilden. Sie können sich höher entwickeln, solange die Leiber noch plastisch genug sind. Aus den Gruppen-Ichen trennen sich einzelne Ich-Wesen ab, bilden auf speziellerem Niveau Formen, die sich im Weichkörprigen entwickeln und die dann als fertige Arten neu in der Sinneswelt erscheinen. Ein Ich inkarniert sich und grenzt sich ab, was sich physisch als Immunbarriere ausdrückt. Die Evolution geht in die Devolution, die geistig-seelische Kontinuität geht sinnlich-physisch in diskontinuierlich abgesonderte Individuen über. Die Bildungsfähigkeit schränkt sich immer weiter ein. Jede Art behält aber eine gewisse Variabilität. In diesem Rahmen können noch im Larven- oder Embryonalzustand Rassen abgesondert werden. Jede abgetrennte Generationsfolge endet mit dem Aussterben.

Goethe erkannte die zwei Entwicklungsströme und notierte 1795 (LA I, 10, S. 135) in den «Vorarbeiten zu einer Physiologie der Pflanzen», dass die Metamorphose der Pflanzen die Gesetze zeige, wonach die Pflanzen gebildet werden. «Sie macht uns auf ein **doppeltes Gesetz** aufmerksam: 1. Auf das

Gesetz der innern Natur, wodurch die Pflanzen konstituiert werden. 2. Auf das Gesetz der äußeren Umstände, wodurch die Pflanzen modifiziert werden.» Rudolf Steiner, der diese Notiz Goethes zuerst herausgab, beschrieb bereits 1891 in seinem Aufsatz «Über den Gewinn unserer Anschauungen von Goethes naturwissenschaftlichen Arbeiten ...» (GA 30) die Konsequenzen. Das eine «ist die Möglichkeit der Umwandlung bestehender Formen», wozu Darwin «die empirischen Beobachtungen» lieferte; das andere ist, was Goethe «eine Entwicklung im höhern Sinne» nennt, dass nämlich die einzelnen Formen aus einer Einheit heraus erklärbar sein müssen, dass «diese verschiedenen Teile aus einem idealen Urkörper entsprungen und nach und nach in verschiedenen Stufen ausgebildet gedacht werden ...» Dieses «doppelte Gesetz» kann besonders gut an der Metamorphose der Pflanze studiert werden. Die Formen der Blätter werden schrittweise von Knoten zu Knoten verändert, wobei die gestaltende Pflanze selbst als Träger der kontinuierlichen Umwandlung unsichtbar bleibt. Eine Höherentwicklung vom Laubblatt zur Blüte, zur Frucht und zum Samen können wir erkennen, indem wir die stufenweise sichtbar werdenden Gestaltungen vergleichen (J. Bockemühl 1982).

Das Prinzip der Sonderung wirkt sich nicht nur auf die Wesen insgesamt aus, sondern abgeschwächt auch auf die leiblichen Glieder. Innerhalb des geordneten Ganzen eines Organismus ist die relative Geschwindigkeit der Entwicklung für jedes Organ oder Merkmal verschieden. Damit hat auch jedes Glied sein eigenes relatives Alter. Zum Beispiel entwickelt sich beim Menschen der Kopf hauptsächlich embryonal, die Gliedmaßen folgen erst viel später. Darin wiederholt sich der Werdeprozess, den wir bei den Tieren bereits verfolgt haben. Diese unterschiedlichen Zeitverhältnisse werden **Heterochronien** genannt. Sie sind im Organismus nicht zufällig verteilt. Die Forschung charakterisiert sie mit Hilfe von Merkmalen. Jede Art hat – unabhängig von der Entwicklungshöhe – primitive, intermediäre und progressive Merkmale. Sie werden einzeln beschrieben und erscheinen dadurch als ein Mosaik; man hat dafür den Begriff des «Mosaikmodus» eingeführt. Aber nicht Merkmale setzen den Organismus zusammen, sondern sie werden vom Ganzen abstrahiert. Alle Organe sind in ihrer verschiedenzeitlichen Entwicklung immer vollkommen aufeinander abgestimmt innerhalb der sinnvollen Ordnung eines Organismus, der wiederum ganz im Einklang mit seiner Umgebung steht. Am Beipiel des Urvogels hat Wolfgang Schad (1982) in einer gründlichen Untersuchung herausgearbeitet, wie sich die Kriechtier- und Vogelmerkmale in gesetzmäßiger Weise im Gesamtorganismus anordnen. Die urtümlicheren **Merkmale** der Kriechtiere, also Kopf-Wirbelsäule, befinden sich mehr am Achsensystem, die progressiven, vogelartigen wie die Federn mehr in der Peripherie. Unter diesem Aspekt hat Schad (1992 b) auch die Hauptgruppen des Menschen-Wirbeltier-Stammes beschrieben: von den Fischen, Lurchen, Kriechtieren, Säugetieren bis zu den frühen Menschenformen. An seinen Beispielen wird überzeugend deutlich, wie konsequent Evolutionstendenzen der Makro-Evolution gesetzmäßig ausgebildet werden, unabhängig von den Gruppen und Arten, an denen diese Merkmale abgelesen werden. Schad geht hier zwar nicht weiter auf den Menschen als möglichen Träger dieser Kontinuität ein, aber die Phänomene weisen auf diese Konsequenz. Durch das Evolutionsprinzip der Sonderung, welches nach innen hin die Heterochronie bewirkt, wird auch verständlich, warum die Dreigliedrigkeit des Menschen in Kopf, Rumpf und Gliedmaßen bei den Tieren erscheint. Bei den letzten Gruppen, den späten Säugetieren (Abb. 22, S. 87), ist sie am stärksten ausgeprägt, bei früheren Gruppen weniger, da sie sich selbst erst entwickelt hat. Sie wurde während der planetarischen Entwicklungsstufen in der Folge Kopf – Rumpf – Gliedmaßen angelegt (Abb. 57, 58, S. 150). Hier liegt der Ursprung der heterochronen Dreigliedrigkeit, die durch immer weitere Sonderungen aufgefächert wurde.

Höherentwicklung durch physische Umbildungen?

Die viel diskutierte Frage nach der **Abstammung des Menschen** entsteht an der Grenze zwischen der sinnlichen und der übersinnlichen Wahrnehmung. Beruht diese Frage nicht darauf, wie sich der Mensch selbst erfährt? Wenn er sich als physisch-leibliches Wesen erlebt, in dem sich während des Lebens seelisch-geistige Eigenschaften heranbilden – verläuft dann nicht für ihn die Abstammung im sinnlichen

Generationsstrom, der letztlich durch die ganze Tierreihe von den Bakterien und Einzellern bis zu den Säugetieren als durchgehender Lebensstrom anzunehmen wäre? Erlebt sich der Mensch als geistig-seelisches Wesen, das sich dadurch entwickelt, dass es immer wieder neue physich-leibliche Inkarnationen durchmacht – würde dann nicht die Abstammung als Sonderungsprozess vorstellbar, bei dem alle anderen Naturwesen stufenweise entsprechend ihrer Individualisierung sich verfestigend in der Sinneswelt erscheinen? An dieser individuell erfahrenen **Wahrnehmungs- und Erkenntnisgrenze** (s. S. 28) entzünden sich die Grundfragen der Evolution und der Tierentwicklung. Wie entstehen die Arten, bevor sie in fertigen Formen erscheinen? Wie können sich neue Arten abtrennen? Wie entstehen die Immunbarrieren; was ist das überhaupt? Gibt es Übergangsformen zwischen den Arten? Wer oder was trägt die Kontinuität der Höherentwicklung? Wer determiniert die undeterminierten Stammzellen und Gene? Worin unterscheidet sich der Mensch von den Tieren?

Neue Arten können aus den vorhandenen deshalb nicht entstehen, weil die Arten durch die Immunbarriere getrennt sind und weil der gesetzmäßige Gang von der Jugend-, zum Reife-, zum Alters-Stadium läuft. Die schon spezialisierte Gestalt einer Rasse müsste sich in eine unspezialisierte zurückverwandeln können. In der praktischen Züchtung ist das noch nie gelungen; im Gegenteil, jede Vereinseitigung einer Rasse geht auf Kosten anderer Fähigkeiten und vermindert letztlich die Lebenskräfte, beschleunigt die Typolyse. Die Unmöglichkeit einer Rückentwicklung schließt ein neues typogenetisches Stadium grundsätzlich aus.

Darwin beschrieb vor allem die Variabilität der Arten und Rassen, z.B. der Finken auf den Galapagos-Inseln. Er vermutete, dass sich **neue Arten über Rassen** bilden könnten. Er beobachtete die Rinderzüchter und folgerte, dass auch in der Natur Kräfte wirken könnten, welche wie der Mensch die besten Eigenschaften auswählen. So nannte er gleich im Titel seines Buches die Triebkräfte: «Die Entstehung der Arten durch natürliche Zuchtwahl oder die Erhaltung der bevorzugten Rassen im Kampf ums Dasein». Danach verliefe die Entwicklung so, dass die Natur züchtet, d.h. innerhalb des Artspielraumes die Rassen verändert; heute wird dieser Vorgang **Mutation** genannt. Dann wählt die Natur aus, z.B. durch **Isolation**, und vernichtet die Schlechteren durch **Selektion** im Kampf ums Dasein.

Der Darwinismus bemüht sich heute um eine *synthetische Evolutionstheorie*, die Mikro- und Makro-Evolution umfasst. Er geht von den Phänomenen aus und vergleicht die Formen der fossilen und rezenten Tiere, der Embryonen etc. Zu diesen klassischen Methoden sind jetzt vor allem die genetischen Untersuchungen hinzugekommen, durch die neue Zusammenhänge in der Verwandtschaft von Arten und Gruppen erkannt werden konnten. Als Triebkräfte der Umbildungen können hauptsächlich Mutationen als zufällige, richtungslose, **genetische Veränderungen** beobachtet werden, an welchen dann die Selektion angreifen kann, wenn auch nicht mehr als «Kampf ums Dasein», eher schon nach weiteren Umbildungen in der Isolation ökologischer Nischen und äußerlich begrenzter Lebensräume. Konstanz erhalten die veränderten Eigenschaften durch alle Phänomene, welche als Vererbung beschrieben werden. Letztlich führen alle diese speziellen Veränderungen zum Tode des Individuums, der Art oder der höheren Gruppe. Es wurden noch keine Mutationen beobachtet, die wirklich neue, höher entwickelte Organe hervorgebracht hätten.

Wenn sich über die Abtrennung von Rassen neue Arten bilden würden, dann müsste im Laufe der Erdgeschichte ein eng verzahntes Feld verwandter Formen entstanden sein. Wenn die Höherentwicklung durch kontinuierliche physische Umbildungen erfolgt wäre, dann müssten zahlreiche **Übergangsformen** zwischen den Arten und Gruppen leben bzw. fossil zu finden sein. Die Frage nach den Zwischenformen erhielt historisch allgemeines Interesse durch Ernst Haeckel, der eine gemeinsame Vorform zwischen Mensch und Affe annahm und sie Pithecanthropus nannte. Als dann Du Bois 1894 einen Schädel mit solchen gemeinsamen Merkmalen fand, wie sie Haeckel vorausgesagt hatte, gab er ihm diesen Namen. Für Haeckel war es eine gedankliche Konsequenz, die kontinuierliche Folge von Formen vorzustellen; durch Du Bois wurde diese Folge zum physisch vererbten Generationsstrom. Je mehr aber weitere Schädel gefunden und je genauer sie untersucht wurden, desto deutlicher stellte sich vor allem in den letzten Jahrzehnten heraus, dass die gesuchten physischen «Übergangsformen» doch nur fertig entwickelten Gruppen angehörten. Immer deutlicher zeigte sich auch bei den frühen Menschenformen (Abb. 21 rechts, S. 85), dass etwa vier diskontinuierliche Stufen vorliegen, deren Vertreter ausstarben. Die Kontinuität einer physischen Formenfolge lässt sich nur aufrecht erhalten, solange wenige Formen vorliegen. Letztlich unterliegen sie demselben Gesetz der Devolution der Arten, welches gerade in der Mikro-Paläontologie mit gewaltiger Formenfülle belegt ist. Das wird sich auch bei den frühen Säugetieren (Abb. 21 links, S. 85; s. S. 88) erweisen. Noch liegen relativ wenige Funde vor, die zu einem Strom physisch sich umwandelnder Formen verbunden (Schad 1992 b) oder aber als getrennte Arten und Gattungen beschrieben werden können (Caroll 1993), wo sie dann in den Evolutionsschemata als völlig isolierte Linien dargestellt sind. Die Zwischenformen, die für die Höherentwicklung theoretisch notwendig sind, können bei höheren Pflanzen oder Tieren prinzipiell ebenso wenig von der Paläontologie belegt werden, wie sie heute zu beobachten sind. Die stufenweisen Merkmalsänderungen werden als «Radiationen» oder «Innovationen» bezeichnet und durch Zusatzhypothesen erklärt, da sie aus zufällig und kontinuierlich wirkenden Mutationen nicht abgeleitet werden können.

Anders ist es, wenn wir den Bereich der Typogenese betrachten. Wir sahen bereits (s. S. 108), dass dort, wo sich die Naturreiche voneinander scheiden, alle Gruppen so eng zusammen kommen, dass sehr ähnliche Formen am Ausgangspunkt von Gruppen stehen, die sich dann immer weiter trennen. Natürlich spielt hier die Frage hinein, wie genau eine Art gefasst werden kann, was gerade in der Paläontologie oft schwierig ist. Während der Typogenese erscheinen neue Merkmale der Höherentwicklung zum ersten Mal. In den zeitlich folgenden Gruppen oder Arten prägen sich solche Merkmale immer weiter ein. Bei den ersten Arten finden sie sich nur in der Kindheit, bei späteren im Jugendstadium, bei noch späteren auch im Erwachsenenstadium, also während der Typostase. Es sind voll entwickelte Formen, welche den **Kindheitsformen** einer früheren Art oder Stufe entsprechen. Diese Formen werden beschreibend **Pädomorphosen** genannt. Wir betrachteten ein Beispiel (Abb. 24, S. 93) an den frühen Menschenformen. Das kann als Pädomorphose verstanden werden: Die Geburtsform des Kopfes einer früheren Stufe – des Neanderthalers –, entspricht der Erwachsenenform einer späteren Stufe – des heutigen Menschen.

Unter dem dargestellten Aspekt (Abb. 68, S. 170), dass die Höherentwicklung im Übersinnlichen verläuft und sich Arten stufenweise daraus absondern, wären die als Pädomorphose bezeichneten Phänomene ganz normale Heterochronien (s. S. 171). Neue Merkmale treten bei einer Art in der Kindheit auf; der Hauptstrom schreitet weiter; eine spätere Art rekapituliert die früheren Entwicklungen rascher und hat nun diese Merkmale im Erwachsenenstadium. Insofern ist die Pädomorphose meines Erachtens kein besonderes Evolutionsprinzip.

Die andere Deutung sieht die Entwicklung so, dass eine neue Art mit neuen Merkmalen entsteht, indem sich die früheren Formen während des typogenetischen Stadiums innerhalb der physischen Vererbungsfolge zu neuen Arten umwandeln. Diese Gedanken sind in den letzten Jahrzehnten in der englischsprachigen Fachliteratur hervorgetreten; sie wurden besonders durch die Genforschung befördert. Die kontinuierliche Höherentwicklung, die im gegenläufigen Schema (Abb. 24, S. 93) entlang der Peripherie erkannt werden kann, wird auf die sinnenfällige Seite verlagert. Sie erscheint jetzt als kontinuierliche Umbildung der Kindheitsformen, die durch genetische Veränderungen bedingt sind.

Wolfgang Schad bringt in seinen neueren Arbeiten dafür viele Beispiele. In dem Evolutionsschema für die frühen Menschenformen (1985, S. 129) setzt er eine zweite schrittweise aufsteigende Formenreihe, die über den Homo habilis und den Homo präsapiens verläuft, dorthin, wo die Kindheitsschädel der Ontogenese stehen. Das würde bedeuten, dass Formen, die schon auf dem Wege der Ontogenese sind, wieder aufgelöst werden und in ein Stadium übergehen, welches eigentlich erst von einer späteren Form erreicht wird. Schad (1995, S. 31) beschreibt dies so: «Dabei wurden Verfestigungsstrukturen wieder abgebaut, komplexe Differenzierungen vereinfacht, die Merkmalsmenge teilweise zurückgenommen ... Das Dollosche Gesetz von der Nichtumkehrbarkeit der Evolution beibt erhalten. Aber das verhindert nicht, dass evolutive Juvenalisationen sich auf neuem Wege einstellen ... Dabei findet mit einer gestaltlichen Vereinfachung immer eine physiologische Embryonierung statt, die die Typostasen auflöst und neue Typogenesen ermöglicht, weil die Entwicklungsplastizität wiedergewonnen wird. So ist es bei solchen Pädomorphosen einleuchtend, dass die innovativen Umstrukturierungen schon in der Kindheitsphase der Vorfahren einsetzen.»

Auch bei der Typolyse können wieder gestaltlich einfache Formen wie am Anfang auftreten (Beispiel Ammoniten, Abb. 67, S. 166). Wenn daran die Bildung neuer Arten angeschlossen wird, also durch kontinuierliche **Umwandlung** von **Altersstadien**, spricht man von **Peramorphose** (Abb. 68, S. 170). Auch dafür beschreibt Wolfgang Schad ein Beispiel an der Entwicklung der Ceratiten (1989, S. 99). Die vorzügliche phänomenologische Beschreibung mündet in einen Stammbaum (1989, S. 124, Bild 9), der die verschiedenen Gruppen mit einer durchgehenden Linie verbindet. Die typolytischen Formen am Ende deutet er als Rückkehr zu den Ausgangsformen, als neue Typogenese, als «Zeitumkehr der Gestaltwandlung, als gegenläufigen Metamorphosemodus. Das ist unser wichtiges Fazit: Wir haben es hier mit der Umkehr der Haeckelschen Regel zu tun ... [dass] die Phylogenese nun zeitlich gegensinnig zur Ontogenese verläuft.» Die Diskontinuität in den Entwicklungsschritten neu erscheinender Arten wird als «vermehrte Radiation, Entwicklungsschub» etc. bezeichnet.

Selbstverständlich sind gewisse Änderungen im physischen Generationsstrom der Arten möglich, die Mikro-Evolution. Es geht jetzt um die Triebkräfte der Makro-Evolution, um die kontinuierliche **Höherentwicklung**, die durch ständige physische Umwandlungen **im sinnenfälligen Bereich** bewirkt würde. Dazu schreibt Schad am Ende seiner Dissertation (1992 b, S. 105): «Zusammenfassend lässt sich also für alle hier aufgeführten makro-evolutiven Vorgänge eine Art phylogenetischer Paedomorphose konstatieren.» Die Phylogenese, die Höherentwicklung, wird mit genetischen Modellen begründet: Neue Merkmale im Laufe der Höherentwicklung könnten bewirkt werden durch vermehrte Verinnerlichung derjenigen DNA-Menge, die genetisch noch nicht geprägt ist. Oder anders gesagt (Schad 1996, S. 546): Mit der phylogenetischen Entwicklung «wird auch das genetische Material massiv angereichert. Das Erbgut ist in jedem Organismus angesammelte Information über alle konstituierenden Innovationen der bisherigen Generationen-Kette, also die biologische Gegenwart der evolutiven Vergangenheit.»

Zur Problematik, in welchem Verhältnis die **Gene** zur Funktion und Gestalt eines Organismus stehen, möchte ich auf zwei wesentliche Arbeiten hinweisen: eine einführende von Craig Holdrege (1999) und eine fachkritische von Peter Heusser (1989; 1990, 1991 u. 1993). Heusser verfolgt vor allem die Frage, wie die Gene und ihre Eiweißsubstanzen im Verhältnis zur «Information», zur Gestalt und zum übersinnlichen Typus stehen. Er sieht die Lösung des Problems darin, von den abstrakten, nominalistischen Begriffen, die zunächst an den Phänomenen gebildet werden können, aufzusteigen zur Erkenntnis der geistigen Realität. In diesem Ansatz würde auch ich (s. S. 25, 26) die Möglichkeit sehen, diese Frage der Evolution zu klären.

Wie soll man sich biologisch konkret vorstellen, was genannt wird «Pädomorphose», «Neotenie», «sukzessive Verjugendlichung» (Suchantke 1998, S. 279), «Juvenilisation», «physiologische Embryonierung», die die Typostasen auflöst, Zurücknahme höherer Differenzierung und Spezialisierung, durch die die «evolutionäre Plastizität» erhöht wird? Kann ein sich entwickelndes Blatt auf halbem Wege anhalten, in die Knospe zurückkehren und ein späteres bilden? Wurde auf diese Frage nicht schon vor fast 2000 Jahren die Antwort an Nikodemus gegeben (Joh. 3,4), dass Höherentwicklung nicht durch Embryonierung des Erwachsenen, sondern im Geistigen erfolgen muss? Deshalb wurden in Abb. 68 die Pädomorphosen und Peramorphosen mit Fragezeichen versehen.

Und was ist eine «genetische Information»? Wie bestimmen die Strukturen der vier Nukletoide des genetischen Codes die konkrete, sichtbare Tiergestalt? Wieso ist eine Eizelle oder Stammzelle zuerst omnipotent, wenn im Erbgut mit den angesammelten Information über alle konstituierenden Innovationen die evolutive Vergangenheit enthalten ist? Wer bestimmt von da aus die Richtung über pluripotente Stadien bis zur determinierten und differenzierten eines Organs? Wer regelt, dass die volle Chromosomengarnitur nur in solchen Zellen erhalten bleibt, die im späteren Reifestadium in der Keimbahn liegen, während sie in anderen Zellen teilweise zerfällt?

Was beobachtet werden kann, ist lediglich, dass Veränderungen der Genstrukturen solche der Gestalt nach sich ziehen, sofern sie der Organismus nicht auszugleichen vermag. Laborative Veränderungen, also künstliche Mutationen, führen in den meisten Fällen nur zum rascheren Ende, bewirken Fehlbildungen oder Verlagerungen, aber keine neue Art oder Typogenese. Können natürliche Mutationen die Richtung der Höherentwicklung über alle Arten hinweg bewirken, obwohl sie ungerichtet und zufällig sind? Kann ein neues Organ in alter Umgebung so ausgebildet werden, dass es – rückwärts gesehen – in der konsequenten Folge der Höherentwicklung liegt? Wie können sehr ähnliche Tendenzen bei weit entfernten, nicht verwandten Gruppen erklärt werden, z.B. der Abbau des Außenskeletts und Aufbau eines Innenskeletts oder die Spezialisierungen in Richtung der Dreigliedrigkeit?

Gene können nicht als die physischen Träger des Vererbungsstromes bezeichnet werden. Zahlreiche Beobachtungen werden von Transplantationsversuchen bei der Organbildung an Embryonen beschrieben (z.B. Remane 1981). Sie zeigen, wie zunächst omnipotente Felder existieren, in denen ein Organ zuerst ortsabhängig angelegt wird, unabhänig vom genetischen Charakter der beteiligten Zellen; wie kurz darauf erst diese Bereiche eingeschränkt und die Zellen «determiniert» werden. Solche Vorgänge werden von Remane assoziativ beschrieben als «umfangreiche Induktionen, die von einem Organisator ausgehen, der einen ganzen Organkomplex induzieren kann».

Wenn die «genetische Information» dann in der räumlichen Struktur determiniert ist, entsteht die nächste Frage: Wie werden die Prozesse **zeitlich** geordnet? Spezifische Eiweiße werden nur zu bestimmten Zeiten und in bestimmten Zellen produziert. Dadurch, so meint man, würde verursacht, dass die Organe in zeitlich geordneter Folge ausgebildet werden. Es müsste also ein System oder Bauplan bestehen, nach dem die Informationen der einzelnen Gene im richtigen Augenblick *aktiviert* werden. Das führte zu komplizierten Theorien, nach denen «Regulations- und Repressor-Gene» zusammen mit Enzymen aktivierend oder hemmend auf die Strukturgene wirken, abhängig von der Konzentration der jeweiligen Eiweiße. Aktivierung und Hemmung können belegt werden; die Frage der zeitlich sinnvollen Ordnung ist aber letztlich damit nur von den Genen auf andere Substanzen verschoben, und die Frage bleibt, wie komplizierte chemische Vorgänge mittels räumlicher Strukturen zeitlich geordnet werden. Vertieft man sich in alle diese Phänomene, so wird deutlich, wie eine kontinuierliche **Höherentwicklung nicht durch Gene** bestimmt sein kann. Der Vorgang ist umgekehrt: Ein «Organisator» induziert die Gestalt eines jeden Organs am rechten Ort, im richtigen Moment – nicht als zufälliges Mosaik, sondern genau entsprechend einer heterochronen Ordnung. Wer ist dieser Organisator, der das Eiweiß oder die Gene im richtigen Moment induziert, aktiviert, determiniert, informiert?

Rudolf Steiner schilderte bereits 1923, wie die Auffassung, das Eiweiß einer befruchteten Eizelle sei eine aus den chemischen Elementen zusammengesetzte Substanz – er zeichnete da Atome und Moleküle hinein (Abb. 69; S. 176, links) –, die sich immer weiter bis zum neuen Tier entwickele, vor dem geistigen Blick Unsinn sei. In Wirklichkeit muss man sagen: «Ein Eiweiß, das der Fortpflanzung zugrunde liegt, das ist» – im Gegensatz zum Geprägten der anderen Zellen – gerade dadurch ausgezeichnet, dass die **Materie** vollständig zurückgeführt wird **ins Chaos**, gar keine Struktur mehr hat ... Wir haben auf der einen Seite die irdischen Substanzen, die unterworfen sind den irdischen zentralen Kräften, aber wir können sie in gewissen Verhältnissen auch unterworfen denken den Kräften, die von den Grenzen des Weltenalls her überall hereinwirken. Diese Kräfte, die letzteren, das sind nun diejenigen, die im menschlichen Ätherleib wirken; der ist unterworfen den Kräften des Kosmos. – Sehen Sie, jetzt haben wir reale Vorstellungen vom physischen Leib und Ätherleib.» Steiner skizzierte (Abb. 69, Mitte), wie die ätherischen Kräfte, denen der menschliche Ätherleib (Ä) unterworfen ist, «von überall her aus der Peripherie hereinkommen» (Pfeile). Sie wirken auf die Kräfte des physischen Leibes (P), welche mit den Erdenkräften zusammenhängen und nach unten gerichtet sind. Der Erde sind die Beine angepasst (Abb. 69 rechts); der Kopf und auch die Arme mehr dem Umkreis. Als Drittes wirken «von außerhalb des Raumes» die astralischen Kräfte (Abb. Mitte: AL). Das physische Eiweiß, in dem die chemischen Elemente konstatierbar sind, ist den physischen Kräften unterworfen. In der Sphäre der Fortpflanzung wird es herausgehoben, die Kräfte des

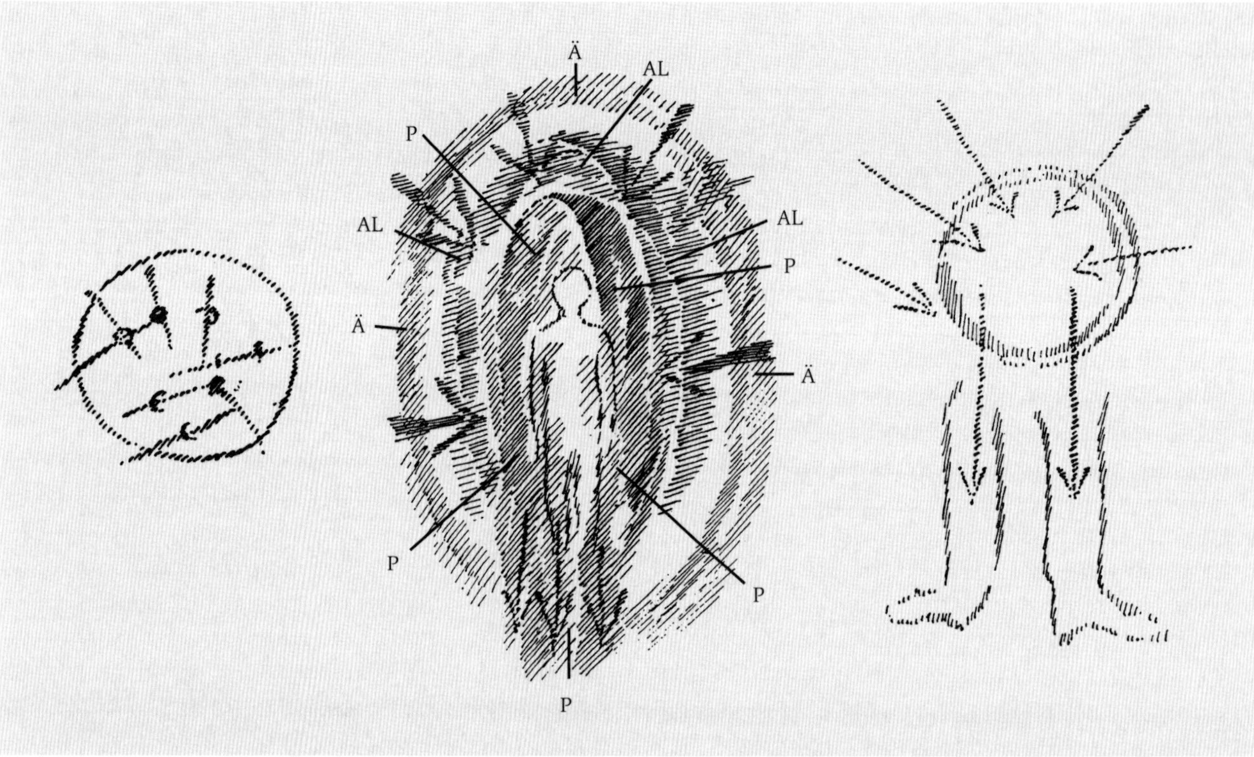

Abb. 69: Die Bildung der menschlichen Gestalt im Zusammenhang mit ihren Wesensgliedern. (Tafelskizzen zu einem Vortrag von Rudolf Steiner, umgezeichnet. Wandtafelzeichnungen, Band XIV, Tafel 12).

Weltalls beginnen zu wirken, und «es entsteht neues Eiweiß als Abbild des ganzen Weltalls» (GA 233, 30. 12. 1923). Wir werden damit auf die Betrachtung der geistigen Seite geführt, welche die physische Seite wiederum ergänzt.

Typus und Metamorphose

Der Träger der Höherentwicklung wird oft als der Typus beschrieben. In welchem Verhältnis steht der **Typus** zu den **Bauplänen** der Tiere? Wäre er veränderlich und damit der Metamorphose unterworfen? Ist er eine Abstraktion, die aus den Beobachtungen der Tiere gewonnen wird, oder ist er eine Realität? Von dieser Frage möchte ich ausgehen.

Bereits der 25-jährige Rudolf Steiner bezeichnet 1886 in den *Grundlinien einer Erkenntnistheorie der Goetheschen Weltanschauung* (GA 2, Kap. 16)) den allgemeinen Organismus als Typus, als etwas «durchaus Flüssiges», das die mannigfaltigsten Gestaltungen annehmen könne. Er liege als Urorganismus der gesamten Entwicklung zugrunde, und aus ihm ließen sich alle besonderen Arten ableiten. Wenn wir Späteres, Komplizierteres auf ehemalige einfachere Formen zurückführen, welche das Ursprüngliche seien, würden wir uns täuschen, denn wir hätten nur Spezialform von Spezialform abgeleitet. Ein zeitlich Erstes sei kein prinzipiell Erstes, aus dem alle Formen abgeleitet werden müssten. Man komme letztlich zu einer Folge von Entwicklungsformen des Typus. Der Typus durchdringe die Einzelform von innen heraus. Er müsse mit Goethes vergleichender Methode intuitiv erkannt werden; er könne kein Mittel des Beweises liefern, sondern bloß die Möglichkeit geben, jede Form aus sich zu entwickeln. Der Geist müsse selbst anschauend werden.

Etwa zur gleichen Zeit, in den *Einleitungen zu Goethes Naturwissenschaftlichen Schriften* (GA 1, Kap. IV) schreibt Steiner vom Typus, dass er als Entelechie in jedem Einzelnen wirksam, aber realer als jeder einzelne wirkliche Organismus sei; nur im intuitiven Begriff könne er erfasst und der Begriff als

Idee selbst angeschaut werden. «Die ideelle Einheit setzt aus sich heraus eine Reihe sinnenfälliger Organe in zeitlicher Aufeinanderfolge und räumlichem Nebeneinandersein»; die einzelne Erscheinungsform sei «eine der Stufen, der Metamorphosen, in denen sich der Typus verwirklicht ... Die sinnliche Verwandtschaft ist nur die Folge der ideellen Verwandtschaft ... Der Inhalt des Typusbegriffes kann also nicht aus der Sinneswelt als solcher stammen, obwohl er an derselben gewonnen wird.» Von immer wieder neuen Seiten und in variierten Formulierungen versucht der junge Rudolf Steiner, die Realität des übersinnlichen Typus gegenüber dem Sinnenfälligen zu verdeutlichen.

In späterer Zeit spricht er über diesen Unterschied der Begriffe noch vom geschichtlichen Aspekt, ausgehend von den Scholastikern: «Nehmen wir einmal die Realisten, die sagten: Ideen, Begriffe, Formen also, in denen das Sinnlich-Materielle angeordnet ist, sind Wirklichkeiten – so waren für die Scholastiker diese Ideen und Begriffe allerdings schon Abstraktionen, aber sie nannten diese Abstraktionen ein Reales, weil diese ihre Abstraktionen die Abkömmlinge waren von früheren, viel konkreteren, wesentlicheren Anschauungen. In früherer Zeit sahen die Menschen nicht bloß auf den Begriff Wolf, sondern auf die reale, in der geistigen Welt vorhandene Gruppenseele Wolf. Das war eine reale Wesenheit. Diese reale Wesenheit einer früheren Zeit hatte sich bei den Scholastikern verflüchtigt zu dem abstrakten Begriff.» Die **Nominalisten** hingegen waren schon «gewahr geworden, dass sie nicht mehr fähig waren, mit der Idee, mit dem Begriff ein Wirkliches zu verbinden ... Und der heutige Mensch – er weiß es zwar nicht, weil er sich nicht um solche Begriffe mehr bekümmert – ist im weitesten Umfange Nominalist.» Der **Realist** hingegen würde sich sagen: «Wenn ich in dem Stein, in den Pflanzen, in den Tieren, in den physischen Menschen noch reale Ideen finde – oder besser gesagt, Ideen als Realitäten finde –, dann kann ich die Frage aufwerfen, ob diese Gedanken, die in den Steinen leben, in den Pflanzen leben, ob diese einmal die Gedanken waren der göttlichen Wesenheit, welche der Urheber ist der Steine und Pflanzen.» (GA 220, 27. 1. 1923; Weiteres dazu: GA 74, 23. 5. 1920)

Für den heutigen Erkenntnisweg kann der abstrakte Begriff der Wissenschaft meines Erachtens zum Ausgangspunkt für den realen Begriff werden. Die goetheanistische Methode, wie sie hier als Geistesschulung gemeint ist (s. S. 25), kann vom denkbaren Typus ausgehend weiterführen zur Erfahrung des geistig realen Typus. Heute kämen wir aber nicht zu dem scholastischen Realismus, der an eine Realität glaubte, welche vielleicht früher, oder von Rudolf Steiner, wahrgenommen werden konnte, sondern dank der Naturwissenschaft zu einem wachen, wahrnehmenden Realismus (s. S. 27).

Wenn man beide Typusbegriffe unterscheidet, kann meines Erachtens auch die Frage geklärt werden, ob der Typus selbst sich metamorphosiert, ob er der Evolution unterworfen oder ob er als Bauplan, als Urbild, zu denken ist? Der Typus im realistischen Sinne setzt (s. o.) die erscheinenden Formen stufenweise aus sich heraus. Da die Formenfolge der Baupläne nominalistisch als kontinuierlicher Wandel erkannt werden kann, wäre der reale Typus als der Träger der Höherentwicklung einer kontinuierlichen Metamorphose unterworfen. Er wandelt sich gemäß der Ordnungen der geistigen Wesen, die sich ebenfalls entwickeln. Diesen Hintergrund charakterisierte Steiner u.a. in der Weise, dass dem Entstehen und Vergehen in der physischen Welt die astralische Welt zugrundeliegt (GA 113, 25. 8. 1909). Sie ist der Ort der Metamorphose, während in der geistigen Welt dem Seher eine relative Dauer entgegentritt.

Den realen **Typus als Träger der Metamorphose** beschreibt Jochen Bockemühl (1982, S. 15) so, dass er nicht als Bauplan anzusehen ist, sondern als «Bewegungsgestalt, als ideelle Bewegung ... Diese kann nur im Element des Denkens erlebt werden, ist aber ebenso real wie die an der Sinneswelt entwickelten Vorstellungen einzelner Formen»; ja es kann sogar «ein höherer Grad an Realität erreicht» werden. Oder an anderer Stelle (S. 34): «Hier erst lässt sich Metamorphose bewusst handhaben, während sich der Typus auf der Ebene der nebeneinandergestellten Formelemente nur durch ein begriffliches Schema annähern lässt.» In diesem Sinne würde auch ich den Typus auffassen als eine höhere, geistige Realität, die im Denken erlebt werden kann, Träger der Metamorphose ist und die sinnenfälligen Formen aus sich hervorgehen lässt. Dieser Typusbegriff soll im Folgenden noch konkreter gefasst werden.

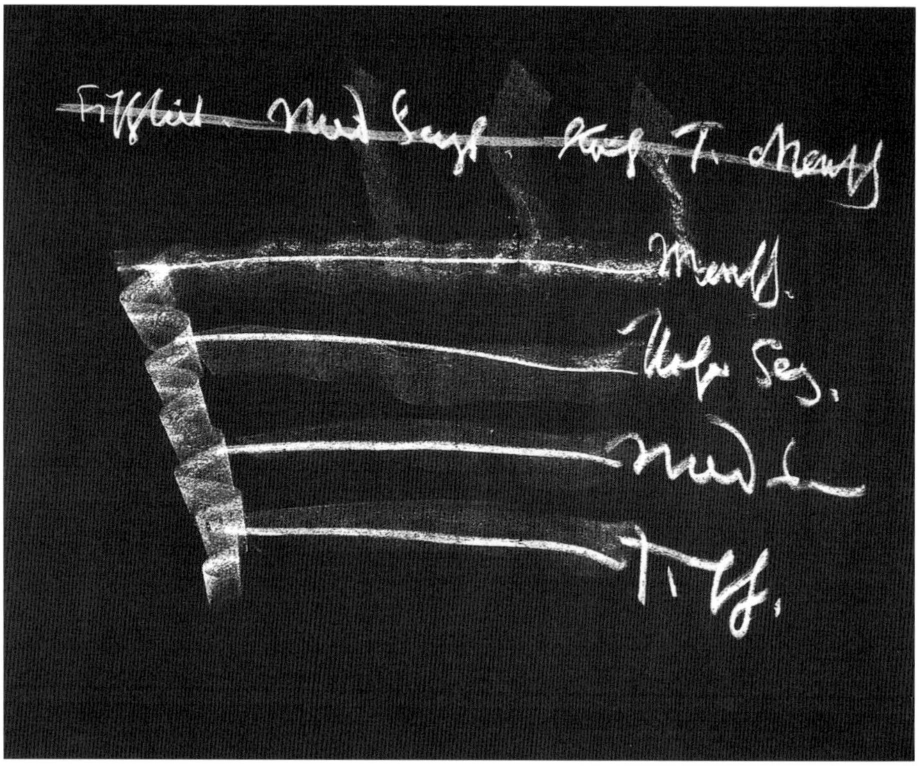

Abb. 70: Die Höherentwicklung aus der Sicht des Darwinismus (obere Zeile) als kontinuierliche Umbildung der Tierformen bis zum Menschen und aus der Sicht der Geisteswissenschaft (unten), als stufenweise höher steigende Ablösung der einzelnen Gruppen (rechts) aus einem gemeinsamen geistigen Ursprung (Wellenlinie links). Schema zu einem Vortrag von Rudolf Steiner. Obere Zeile: Fischtier Nied. Säuget. Höh. Sgt. Mensch. Rechts: Mensch Höh. Sgt. Nied. Sgt. Fisch

Geistige Entwicklung

Den Träger der **Höherentwicklung** sah Wolfgang Schad in seinem phänomenologisch hervorragenden Buch *Säugetiere und Mensch* (1971) anders als in seinen neueren Arbeiten (1992 b, 1998). In diesem Buch schließt er an die Darstellungen der Dreigliederung des Menschen durch Rudolf Steiner an. Er verweist auf die Konsequenz, mit der in der Entwicklung der Wirbeltiere die Organsysteme vom Kopf zu den Gliedmaßen hin sich immer mehr verselbstständigen und verinnerlicht werden. Er bezeichnet den Menschen als das «Urbild der notwendigen Zusammengehörigkeit aller so verschiedenartiger Tierformen» (1971, S. 255) und vergleicht die kontinuierliche Höherentwicklung mit der von Blatt zu Blatt fortschreitenden Metamorphose. «Alle beobachtbaren fossilen und heutigen Organismen sind über reale Vorformen miteinander verwandt. Diese selbst aber konnten sich, wie der embryonal verbleibende Vegetationskegel der Pflanze, gerade wegen ihrer noch unverfestigten Plastizität nie versteinert erhalten.» An einem Beispiel führt er an, «dass die entscheidenden Übergangsformen nicht petrifizierbar gewesen sein können, sonst wären sie zu den durchgreifenden Evolutionschritten unfähig gewesen» (S. 246). Diese erdgeschichtlich real existente, **plastische Menschenform** ergibt sich aus der konsequenten naturwissenschaftlichen Betrachtung. Rudolf Steiner beschreibt sie aus der geisteswissenschaftlichen Forschung (s. S. 162).

Die Anschauungen der Entwicklungslehre erwähnt Steiner in einem Vortrag als Beispiel für die Frage, wie die Grenzen des Naturerkennens überwunden werden können. «Heute konstruiert man so annähernd eine Entwicklungslinie, die gerade verläuft [Abb. 70 obere Zeile]. Dafür sprechen aber die Tatsachen gar nicht ... Die eigentliche naturwissenschaftliche Forschung ist großartig; das, was die Naturforscher über sie sagen, stimmt nicht ... Denn würde man die Tatsachen unbefangen betrachten, so bekäme man dieses» (vier untere Zeilen), dass man für alle Gruppen «zu einer Ursprungsstätte kommt, wo noch alles geistig ist und an der man sieht, wie der Mensch in seiner weiteren Entwicklung direkt davon abstammt und nach und nach seine höhere Geistigkeit aufgenommen hat und wie die niederen Wesen eben auch davon abstammen, aber keine höhere Geistigkeit aufgenommen haben. Das ergibt sich unmittelbar aus den Tatsachen» (GA 220, 26. 1. 1923).

Was ist diese «höhere Geistigkeit», die der Mensch aufgenommen hat, die Tiere aber nicht? Steiner bezeichnete sie als dasjenige, was beim Tier in die Artvielfalt beweglich ausgebreitet ist und dann feste Formen annimmt, beim Menschen aber nach innen genommen ist, «in die beweglichen Formen seiner Gedanken» (GA 67, 15. 4. 1918). Gemeint ist das Ich, das beim Menschen verinnerlicht ist. Der menschliche Lebenslauf entspricht der Mikro-Evolution einer Art und folgt damit dem im Schema Abb. 68, S. 170 dargestellten Prinzip. Das **menschliche Ich** entspräche dem Art-Ich bzw. den Gruppenseelen der Tiere. Der Mensch als geistig-seelisches Wesen auf dem Wege der Höherentwicklung verbindet sich mit der weichkörprigen Embryonalbildung. Mit der Geburt beginnt die Devolution, d.h. der leibliche Todesprozess. Die Frage nach der Artbildung bei den Tieren entspräche damit der Frage nach der Präexistenz des individuellen Menschen vor seiner Inkarnation. Die **Reinkarnation** begann mit der Mondablösung, also etwa parallel zu den fossil erhaltenen Tierarten ab dem Kambrium. Das **höhere Ich** des Menschen entspräche dem Strom der Höherentwicklung, der während der ganzen Erdgeschichte und in die Zukunft hinein wirkt. Die Höherentwicklung ist gedanklich fassbar; eine gestaltende Wirkung bis in den physischen Leib kann aber nur von einer Realität ausgehen.

Steiner schilderte, wie die geistige Realität des Ich während der Erdgeschichte auf die plastische Menschenform gestaltend wirkte. Er verwies beispielsweise auf die Gliedmaßen, um zu zeigen, wie Säugetier und Mensch von einer Urform abstammen, die der Mensch am treuesten bewahrt hat (Abb. 29, S. 98). Eine solche plastische Form wäre heute nicht mehr lebensfähig. «Der Mensch hat sich eben die Form von damals so umgestaltet, dass er sie nach und nach den heutigen Verhältnissen angepasst hat.» Früher gab es Zeiten, «in denen das Geistig-Seelische des Menschen solche Verhältnisse antraf, dass ohne Vorgänge der gegenwärtigen Vererbung und Fortpflanzung die damaligen stofflichen Verhältnisse und Gesetze unmittelbar aus dem Geistigen heraus gestaltet werden konnten ... Und in der ersten Verkörperung des Menschen [mit der Mondablösung] haben wir ein unmittelbar plastisches Ausarbeiten der Leiblichkeit zu sehen ... eine Urform des Menschen, die in sich geistig ist, aber so stark in sich mit Kräften durchsetzt ist, dass es die Materie noch meistert ... Die Tiere erlangten die Leibesform früher und unter anderen Verhältnissen, und das bedingte – während auch bei ihnen die Urform geistig ist –, dass dieses in viel engeren Verhältnissen Arbeitende des Geistig-Seelischen des Tieres in anderer Form im Tiere zum Vorschein kam» (GA 61, 4. 1. 1912).

Zu dieser gestaltenden Tätigkeit des Ich heißt es an anderer Stelle: «Diejenigen Menschenwesen, die fähig geworden sind, über all das zu immer höheren Stufen emporzusteigen, die sich ihr inneres Zentrum bewahrt haben, haben einen Ausgleich gefunden, sodass in ihnen nur noch die Möglichkeiten zu diesen Leidenschaften liegen, dass diese Leidenschaften nur ein Seelenwesen sind und keine äußere Gestalt annehmen. Das bedeutet die Höherentwicklung des Menschen», dass also die Leidenschaften in den Tiergruppenseelen von der Ich-Entwicklung abgetrennt wurden. Aber auch die Tiergruppen haben auf niederer Stufe eine weitere Entwicklung durchgemacht; «deshalb ist der heutige Löwe nicht mehr in derselben Gestalt wie damals, er ist der Nachkomme eines vor langen Zeiten abgezweigten Geschlechts» (GA 105, 11. 8. 1908). Es sonderten sich also zunächst die Wesen auf der Ebene des Ich; dadurch entstanden Gruppenseelen (s. S. 146), die weiter auf die Gestaltbildung der Weichkörperformen wirkten. Sie konnten einen eigenen, weiteren Weg der Höherentwicklung durchmachen, bevor sich von ihnen einzelne Arten abzweigten (Abb. 68, S. 170), die dann fossil erschienen. Diese Entwicklung innerhalb der abgelösten Tierstämme schilderte Steiner in einem Vortrag (GA 225, 20. 7. 1923; *Wandtafelzeichnungen*, Bd. XII, Tafel 9). Dabei wird besonders deutlich, wie die **geistige Kontinuität** zusammmenhängt mit der **diskontinuierlichen Formenfolge** der sinnlich-physischen Seite und wodurch diese bedingt ist. Indem Steiner in diesem Vortrag die obige Zeichnung entwarf, erläuterte er: «Nehmen wir

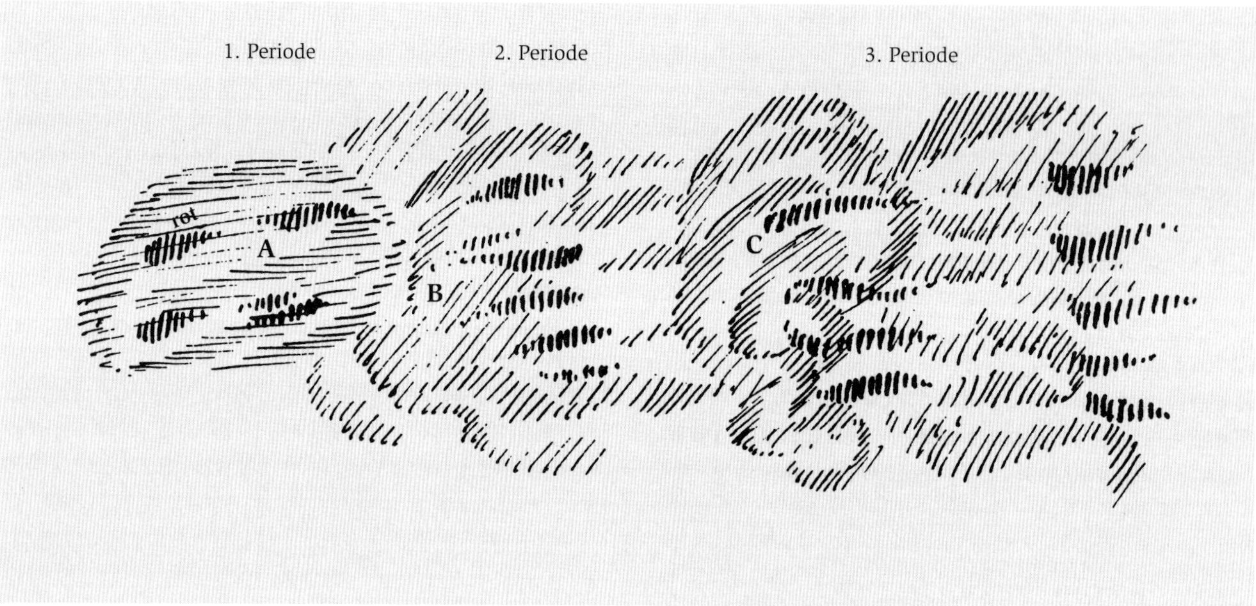

Abb. 71: Die kontinuierliche Makro-Evolution oder Höherentwicklung der Tierwelt von links nach rechts (dünne Schraffur) und die daraus periodisch hervortretende Mikro-Evolution (dicke vertikale Schraffur). Tafelskizze zu einem Vortrag von Rudolf Steiner, umgezeichnet.

an, ich würde schematisch diese sehr alte Entwicklung, wo also meinetwillen Ichthyosaurier, Plesiosaurier, diese merkwürdigen Biester hier auf Erden gelebt hätten, zeichnen. Ja, diese Wesen waren dazumal auf der Erde nicht durch die physische Erdenmaterie, sie waren durch den Kosmos herausgebildet, durch den Äther. Und als die Zeit nahte, in der allmählich diese Biester ausstarben, da blieb, wenn ich so sagen darf, die ganze Äthermaterie zurück (Abb.: waagrechte Schraffur A). Jetzt waren keine Biester mehr da. Aber die ganze Äthermaterie, aus der sich diese Biester herausgebildet haben, die blieb zurück, wie unser Ätherleib zurückbleibt. Und diese Äthermaterie (schräge Schraffur B), die war die Veranlassung, dass in der späteren Zeit sich wiederum im Erdendasein, nachdem diese Ätherbildung durch den Kosmos durchgegangen war, andere Wesen bildeten. Von denen blieb wiederum zurück das Ätherische. Daraus bildeten sich wiederum andere Wesenheiten (C). Und endlich entstand die Welt von Tieren, die heute da ist. – Wenn Sie also hier drei aufeinanderfolgende Perioden haben (s. Abb. 71), erste Periode, zweite Periode, dritte Periode, so haben Sie, sagen wir, aufeinanderfolgende Tierformen. Aber dass die folgende immer aus der vorhergehenden entstehen kann, dazu ist ein Durchgang durch den Kosmos mit Hilfe des Äthers notwendig, wie der Durchgang durch den Kosmos zwischen zwei Erdenleben für den Menschen notwendig ist. Und wenn wir zuletzt hier (Abb.: vertikale dicke Striche) Wesenheiten haben, so kann ja das wiederum in den Äther übergehen, und da kann in einer bestimmten Periode, aus dem Äther heraus gebildet, der Mensch auftreten. Aber immer ist der Einfluss auf dem Umwege durch den Kosmos geschehen.»

Evolution und Devolution

Die obige Darstellung zeigt – ähnlich wie die vorherige Skizze (Abb. 70, S. 178) –, wie der physische Mensch am Ende seiner Höherentwicklung selbst in die Devolution übergeht. Vom Menschen aus gesehen «ist eine Tiergestalt eine Gestalt, die stehengeblieben ist, während der Mensch in der Evolution weiterschritt. Wir sehen in ihnen stehengebliebene Stufen der Menschheitsentwicklung, insofern diese

Stufen physisch geworden sind. Im Spirituellen hat sich etwas ganz anderes abgespielt ... Nicht nur die physischen Gestalten sind stehengeblieben, sondern auch die Anlagen zur ätherischen und astralischen Gestalt. Gerade wie der Löwe damals, als er sich abspaltete, anders aussah als jetzt, so werden auch gewisse seelisch-geistige Gestalten, die auf einer gewissen Stufe stehenbleiben, im Laufe der Zeit anders; sie verkommen. Ja, es ist ein Gesetz der geistigen Welt, dass dasjenige, was auf der geistigen oder seelischen Stufe stehenbleibt, immer mehr in die Dekadenz kommt.» (GA 106, 13. 9. 1908) Da die Tiere sich früher ablösten, fielen sie rascher in eine Spezialisierung hinein. Der Mensch hat sich dem Tier gegenüber auf einer allgemeineren, relativ früheren Stufe zurückgehalten, erscheint zurückgeblieben, retardiert, wie man heute sagt. Bis zur Mitte der atlantischen Epoche (Abb. 21, S. 85 und S. 160) konnte er sich weiter entwickeln, solange es die Weichkörperform zuließ. Als die Knochen sich bildeten, wurde der Mensch der «Letztgeborene». Entsprechend der Heterochronizität ging dabei der Kopf voran. So führte Steiner aus, «dass die Umgestaltung aus der Tierheit heraus für das menschliche Haupt dadurch zustande gekommen ist, dass in dieses Haupt bereits eingezogen ist eine rückwärts gerichtete Entwicklung. Dasjenige, was voll lebendigen Lebens war in früheren Stadien der Entwicklung, ist im menschlichen Haupte bereits auf dem Wege des Absterbens» (GA 194, 22. 11. 1919).

In der zweiten Hälfte der atlantischen Zeit, ab dem Pleistozän, entstanden mit der Devolution auch bei den frühen Menschenformen die Rassen. Der Menschenstrom trat selbst als letzte Art in die Typogenese (zur atlantischen Menschheit s. S. 146, S. 454 ff, S. 459) und konnte innerhalb seiner Variabilität aufgespalten werden. Die **Sonderung der Rassen** während der Devolution folgt derselben Regel wie die Sonderung der Arten während der Makro-Evolution. Erst von da an dürfte damit zu rechnen sein, dass das Ich von innen heraus das Seelische zu gestalten begann und die Immunität, der physische Vererbungsstrom und die individuelle Prägung der Genstrukturen einsetzten.

Rudolf Steiners Äußerungen zur Rassenbildung wurden in einer gediegenen, gründlichen Studie Autorenkollektiv, 1998) zusammengestellt, auf die ich hier verweisen möchte. Sie wurde durch die Unterstellungen bei der aktuellen Diskussion über den Rassenbegriff veranlasst. Dieser hat sich seit Steiners Zeit insofern wesentlich geändert, als z.B. in der frühen Theosophie der biologische Rassenbegriff auch auf die Namen der atlantischen Kulturepochen angewandt wurde. Inzwischen wurde der Rassenbegriff tragisch missbraucht, um andere Menschen zu diffamieren. Dass der Mensch überhaupt von seiner Rasse her beurteilt wird, hängt meines Erachtens auch damit zusammen, dass er aus naturwissenschaftlicher Sicht hauptsächlich als physisch-leibliches Wesen angesehen wird (s. S. 458). Anthroposophie sieht in jedem Menschen in erster Linie ein Ich, ein seelisch-geistiges Wesen. Das kann sich in verschiedenen Rassen inkarnieren. Durch die Arbeit des Ich an den Wesensgliedern werden die Rassentrennungen gerade wieder aufgehoben. Dadurch können sich auch die Gruppenseelen der Arten wieder auflösen, wie Steiner schilderte (GA 102, 1. 6. 1908). Eine höhere Übereinstimmung kann sich in dem Maße ergeben, wie der Mensch durch die Aufnahme der Christuskraft die geistigen Zusammenhänge wieder erkennen kann. Damit wird aber auch für die abgetrennten Wesen der Naturreiche ein neuer Aufstieg eingeleitet. Aus der Erkenntnis der Evolution können wir Mitverantwortung übernehmen für die Naturreiche, die sich geopfert haben, um dem Menschen diesen Weg in die geistige Freiheit zu ermöglichen.

Das **Ich** bleibt auch in der Zukunft der **Träger der Höherentwicklung**, indem von ihm aus Astralleib, Ätherleib und physischer Leib immer mehr umgebildet und veredelt werden können.

Auch der menschliche physische Leib geht unweigerlich, dem Gesetz der Devolution folgend, dem Aussterben entgegen. Er wird bei einer späteren Entwicklungsstufe der Erde abgelegt werden können, weil – oder wenn – ein neues geistiges Wesensglied hinzuentwickelt worden ist. Der Mensch kann durch das inkarnierte Ich die Höherentwicklung als Möglichkeit in weiteren Inkarnationen selbst handhaben. Im absteigenden Mensch-Wirbeltier-Stamm wäre im physischen Sinne eine neue, sich aus dem heutigen Menschen abgliedernde Art nur möglich, wenn diese Arbeit des Ich nicht geleistet würde. Insofern kann man eigentlich nicht sagen, dass der Mensch in die Devolution gefallen sei,

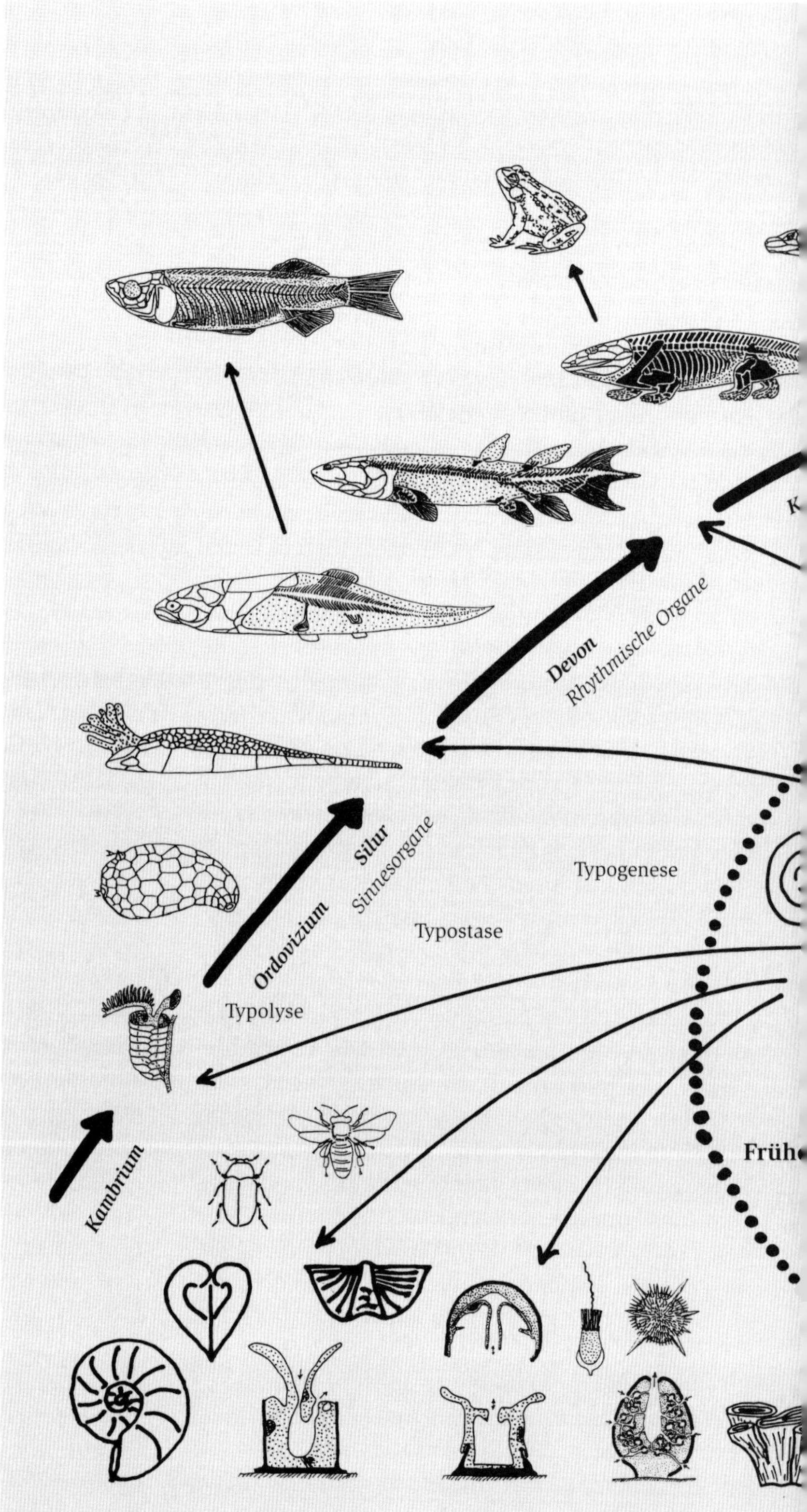

Abb. 72: Die Entwicklung des Mensch-Wirbeltier-Stammes im schematischen Bild der gegenläufigen Evolutionsspirale; als Zusammenfassung anhand von einigen bereits beschriebenen Abbildungen. Die äußeren dicken Pfeile zeigen die diskontinuierliche Folge der fertigen Formen, die Makro-Evolution. In entgegengesetzter Richtung ist mit dünnen Pfeile die kontinuierliche Umbildung der Menschenformen bezeichnet: ausgehend von der Mitte, über die weichkörprigen Zustände, weiter verhärtend über die Typogenese, Typostase und Typolyse der Arten bis zum Aussterben an der Peripherie. Von den Säugetieren an wurden nur die Schädel dargestellt; der Entwicklungsimpuls geht vor allem in die Gliedmaßen; dazu Abb. 30, S. 99. Der punktierte Kreis zeigt die Grenze zwischen weichkörprigen und fossil erhaltenen Formen. Links unten angedeutet einige Vetreter der früher abgesonderten Gruppen des Hohltier- und Protostomier-Stammes. Entsprechend dargestellt wurde in Abb. 24, S. 93 die Evolution der frühen Menschenformen und in Abb. 205, S. 384, die der Gesteine. Weitere Erläuterungen auf S. 184 – 186.

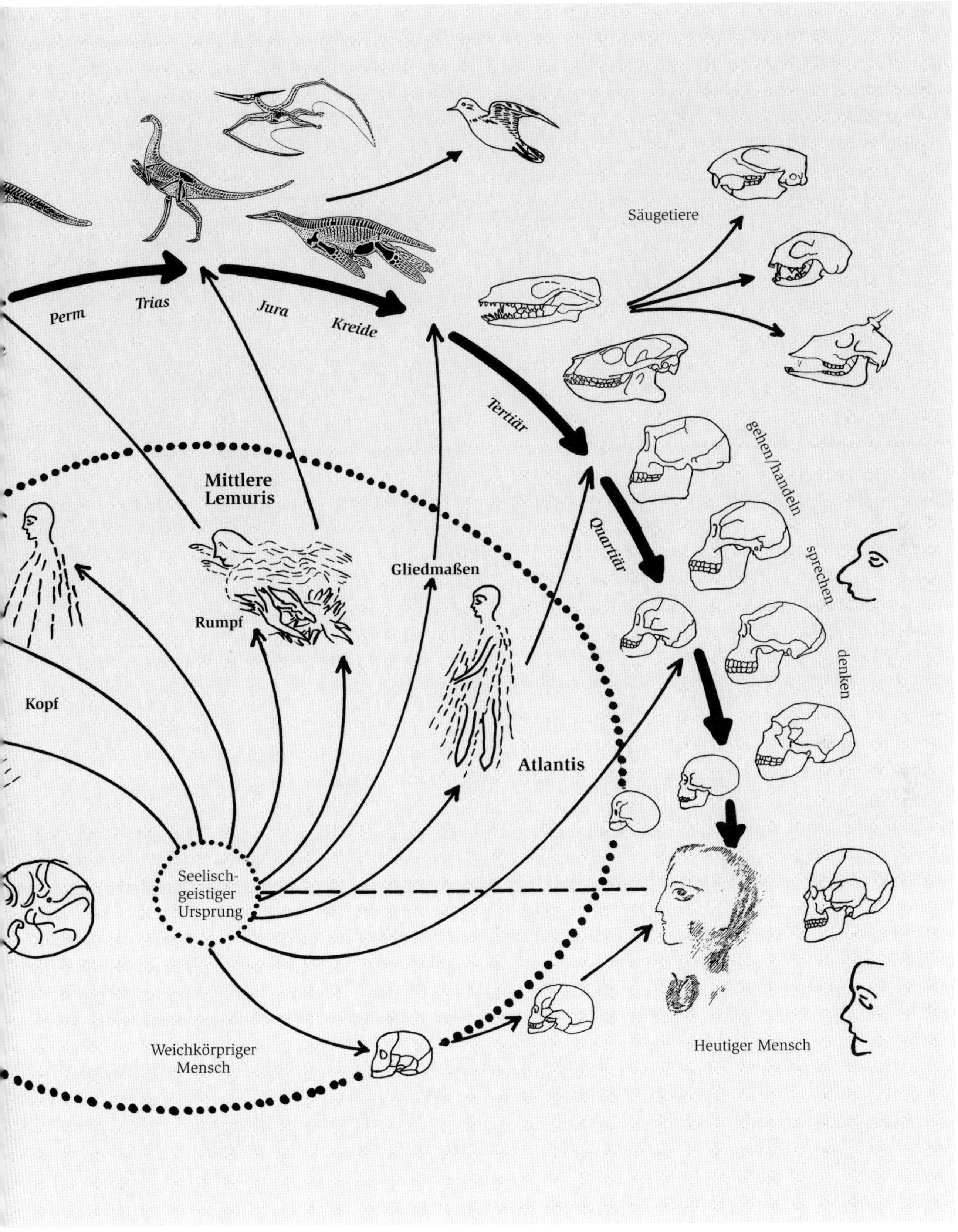

Perm
Trias
Jura
Kreide
Säugetiere
Tertiär
Quartiär
gehen/handeln
sprechen
denken
Mittlere
Lemuris
Rumpf
Gliedmaßen
Kopf
Atlantis
Seelisch-
geistiger
Ursprung
Weichkörpriger
Mensch
Heutiger Mensch

denn seine geistige Entwicklung geht seit der Mitte der Atlantis (Abb. 3, S. 47) weiter aufwärts.

Diese Arbeit des Ich beschrieb Goethe in knappen Worten im letzten Brief seines Lebens, den er am 17. 3. 1832 an Wilhelm von Humboldt schrieb: «Die Tiere werden durch ihre Organe belehrt, sagten die Alten. Ich setze hinzu: die Menschen gleichfalls; sie haben jedoch den Vorzug, ihre Organe wieder belehren zu können ...» – und der Mensch «beherrscht sie»; so hatte Goethe in den *Sprüchen in Prosa* noch hinzugefügt.

Menschliche und tierische Entwicklung

Anhand der Abbildung 72, S. 182 möchte ich versuchen, zusammenfassend ein **Gesamtbild der Menschenentwicklung** darzustellen. Dabei kann angeknüpft werden an die früheren Zusammenfassungen der Abschnitte zur Paläontologie des Mensch-Wirbeltier-Stammes (Abb. 25, S. 94), zu den Pflanzen-Tieren, Mineral-Pflanzen (S. 130 – 132) und zu Steiners Darstellungen der Menschengestalt (S. 135 – 148). Die Aufgliederung der Naturreiche (Abb. 6, S. 66) während der planetarischen Stufen und ihrer Wiederholungsepochen läge in der obigen Abbildung zwischen dem geistig-seelischen Ursprung und den weichkörperigen Formen. Innerhalb des punktierten Kreises läge der Bereich, welcher sich im Schema der Evolutionsrichtungen (Abb. 68, S. 170) etwa oberhalb der punktierten Wahrnehmungsgrenze befindet, wobei die Weichkörperformen sichtbar gewesen wären, wenn es damals Wahrnehmungsorgane dafür gegeben hätte. Diesem Bereich entspräche in den Skizzen Steiners die Wellenlinie links in Abb. 70, S. 178, oder der dünn schraffierte Hintergrund in Abb. 71, S. 180.

Die Darstellung in der Abb. 72 folgt dem Schema, welches Jochen Bockemühl für die Blattmetamorphose der einjährigen Blütenpflanzen entwickelte (1982, S.17). Es ermöglicht, das Verhältnis zwischen der **aufsteigenden Höherentwicklung und der absteigenden Spezialisierung** anschaulich darzustellen. Bockemühl zeigte in weiteren Arbeiten, wie diese beiden Bildungsimpulse zeitlich und morphologisch entgegengesetzt verlaufen. Das ist im Verhältnis des Ätherischen zum Physischen begründet. Diese beiden Gestaltungsprozesse gehen in allem vor, was sich entwickelt. Deshalb habe ich diese Darstellungsform für alle zusammenfassenden Schemata verwendet.

Für die Entwicklung des Menschen, wie sie Rudolf Steiner aus der imaginativen Wahrnehmung schildert, begann die kontinuierliche Folge im Geistig-Seelischen Ursprung und verlief über die weichkörprigen Formen in die physiche, sinnlich wahrnehmbare Gestalt. Das würde bei der Blattmetamorphose der kontinuierlichen Ontogenese der einzelnen Blätter entsprechen, von der Knospe in der Mitte zum fertigen Blatt außen. Aus den weichkörperigen Formen sondern sich die Tiergruppen ab, die früher als der Mensch fest werden. Sie folgen den inneren Linien und gehen über in die Devolution oder Mikro-Evolution der Arten oder Gattungen mit Typogenese, Typostase und Typolyse. Die kontinuierlich verlaufende Ausgestaltung der abgesonderten Seitenzweige entspräche dem Ablauf, wie er in Abb. 71 dargestellt wurde. Die Träger der Kontinuität wären die Gruppen-Iche und Gruppenseelen. Die in der Paläontologie üblichen Darstellungen evolutiver Reihen (z.B. Ammoniten Abb. 67, S. 166) setzen an der punktierten Linie ein; davor lägen die verwandtschaftlichen Zusammenhänge, wie sie zwischen den Gruppen vermutet werden. Die zuletzt erscheinenden Endformen an der Peripherie entsprechen der eigentlichen Fundsituation, die sich natürlich auch in den Bereich der Artentwicklung, der Mikro-Evolution ausdehnt. Sie zeigt die abgetrennten Stufen, an denen die Höherentwicklung oder Makro-Evolution erkannt werden kann. Embryonal wird von den Tieren und dem Menschen unter den heutigen Bedingungen der Weg von innen nach außen rekapituliert. Jede **Ontogenese** entspricht damit der **Phylogenese** – nicht aber in ihren Endformen, die im Schema an der Peripherie stehen, sondern entlang der Linien von der Mitte nach außen. In dieser Weise gilt die Haeckelsche Regel uneingeschränkt.

Aus der Fülle verschiedenster Tiergestalten sind in der Abbildung nur Beipiele dargestellt, welche an die beschriebenen Entwicklungsprozesse erinnnern sollen. Deshalb wurden sie nicht weiter beschriftet; es könnten auch verwandte Beispiele dastehen. Wenn die Bilder als Anregungen genommen werden, in exakter sinnlicher Fantasie die kontinuierliche Metamorphose nachzuvollziehen, kann ein lebendiges Gesamtbild entstehen. Es gilt, die innere und die äußere Bilderfolge miteinander zu vergleichen. Die festen Formen an der Peripherie müssen in der Vorstellung so ineinander überführt werden, dass an ihnen die Evolutionsmotive, die Gestaltungstendenzen, als ein Bild der Höherentwicklung abgelesen werden können, in dem die erwähnten Tiere nur deren Repräsentanten sind. Die Formen selbst sind immer spezialisiert und aus der Höherentwicklung herausgefallen. Sie sind wie die Fußspuren eines Wanderers, dessen Maße, Richtung und Tempo erschlossen werden müssten.

Zusammenfassend ergibt sich, dass die Gestalten mit kuglig-elliptischen Formen beginnen, welche innen zunehmend gegliedert werden. Diese Grundform bleibt durch die planetarische Entwicklung und ihre Wiederholungen bis in die polarische bzw. frühe lemurische Zeit prinzipiell bestehen. Rudolf Steiner beschreibt in seiner *Geheimwissenschaft im Umriss* (GA 13, S. 222) den Menschen, wie er nach den Wiederholungen der Saturn-, Sonnen- und Mondenentwicklung zu Beginn der Erdenentwicklung, also der polarischen Epoche gegliedert war: «Man kann deshalb sagen, dass der Mensch auf dieser Stufe seines Daseins besteht aus der Empfindungsseele, dem Astralleib, dem Lebensleib und dem aus Feuer gewobenen physischen Leib.»

Was als Mineral-Pflanzen-Tiere auf dem Alten Saturn abgelöst wurde, erscheint erdgeschichtlich zuerst als flächige, weit ausgebreitete Verhärtung in den Mineralpflanzen. Dieses Wesen mit physischem und ätherischem Leib ist für die frühlemurische Zeit die Lebenssphäre der Erde. Das Kieselige fällt am Kontinentalpol direkt aus ihrem Lebensprozess heraus. Indem sich das Kalkige eingliedert, deutet sich die beginnende Differenzierung in Bakterienrasen, Einzeller und niedere Tiere an, die der gemeinsamen Basis nahestehen. Bei ihnen dominiert die Kugelform, die ein Innen und ein Außen trennt und an der Grenzfläche Empfindung ermöglicht. Diese Grenze wird durch Schalen zunehmend verfestigt, die sich aus verschiedensten Materialien, hauptsächlich aber aus Kalk bilden. Typische Vertreter sind die Einzeller, die Korallen im Hohltierstamm, bei den Protostomiern die Weichtiere und bei den Deuterostomiern die Stachelhäuter.

Auf die Kugelform folgen die Gastrulaformen mit dem offenen Polypentyp. Er charakterisiert für die Evolution des Menschen, dass der Astralleib und das Ich aus dem Umkreis eingezogen sind und die Gestalt becherförmig einstülpen. Der Kopfpol ist zur Erde hin gerichtet, der Stoffwechselpol zum Umkreis. Damit beginnt auch die Wahrnehmung: zunächst übersinnlich, später sinnlich mit Hilfe der Organe, die von außen her angelegt wurden. Der Gastrulatyp charakterisiert die Tiere gegenüber den Pflanzen, vom Prinzip her auch durch Atmung, Ernährung und Beweglichkeit. Dieser Formtyp erscheint an der Basis aller drei Stämme, vor allem im Hohltierstamm, bei den Deuterostomiern in den Graptolithen und bei den Protostomiern in den Bryozoen. Sie gehen ihren speziellen Weg der Höherentwicklung, der Mikro-Evolution, gemäß dem, was durch das frühere Zurückbleiben noch möglich ist.

Mit den Fischen wird das Außenskelett abgebaut, und neu entwickelt sich ein Innenskelett. Ansätze dazu gibt es auch bei den anderen beiden Stämmen. Gleichzeitig entstehen die Gliedmaßen als ein wesentlicher Neueinschlag von außen. Sie verbinden sich mit dem Innenskelett und ermöglichen die aktive Bewegung auf dem verhärtenden Boden der irdischen Gesteinskruste. Die Tiergestalten des Wirbeltierstammes erscheinen wie abgelöst aus der ins Physische fallenden unteren Menschengestalt, während die obere sich weiter zurückhält, retardiert. Mit den Kriechtieren und Säugetieren werden die Gliedmaßen unter den Leib genommen, die Gestalt tendiert zur Aufrichtung, die Fortpflanzung wird verinnerlicht. Alle abgesonderten Gruppen setzen ihren eigenen Entwicklungsweg fort, der noch eine begrenzte Höherentwicklung zulässt, wie sie aus dem Vergleich der Formen der verschiedenen Epochen abgelesen werden kann. Die allermeisten heute lebenden Tierarten – besonders die heutigen Fische, Säugetiere und Insekten, ebenso die allermeisten Blütenpflanzen – begannen die Devolution erst in der atlantischen Zeit, ab dem Tertiär.

Die gesamte Entwicklung des Skeletts und der Organe geschieht relativ rasch während des Erdaltertums, an dessen Ende alle wesentlichen Entwicklungsschritte angelegt sind, wenn auch noch nicht ausgeformt. Von daher erscheint es naheliegend anzunehmen, dass die gestaltenden, aber auch verhärtenden Kräfte des Mondes noch bis ins Karbon/Perm von innen her wirkten. Gleichzeitig ziehen mit dem luziferischen Einschlag Krankheit und Tod in den Menschen ein, aber auch die Reinkarnation als Möglichkeit, die geistige Entwicklung über den physischen Tod hinaus fortzuführen. Das Überhandnehmen der Verhärtungskräfte könnte letztlich zum Aussterben aller Arten am Ende des Erdaltertums geführt haben. Die Mondentrennung als Ablösungsprozess (Abb. 216, S. 401), nicht als zeitlich punktuelle Katastrophe, könnte von der Tier-Menschen-Entwicklung her bis an das Ende des Erdaltertums angesetzt werden. Dem entspräche auch die primäre Entwicklung der Gesteine auf der Kontinentalseite.

Die Tierentwicklung verläuft stets rascher als die des Menschen – phylogenetisch und ontogenetisch. So kann man davon ausgehen, dass die Organbildungen, die im Menschen im Weichkörprigen veranlagt, aber noch zurückgehalten sind, in den entsprechend abgelösten Tiergruppen bereits in der fossilen Gestalt erscheinen. In der Mikro-Evolution werden sie dann bis in die speziellsten Formen ausgestaltet. Wir betrachteten als Beispiele die fünfstrahligen Gliedmaßen, die Dreigliedrigkeit und die Geschlechtertrennung. Letztere beginnt in der Tierwelt mit dem Generationswechsel bereits im Kambrium und setzt sich zunehmend durch; beim Menschen wird sie mit der Mondablösung angelegt – also etwa gleichzeitig –, aber erst in der Atlantis voll erreicht, d.h. parallel zur Säugetierentwicklung.

Mit den Kriechtieren beginnt die Warmblütigkeit, die dann bei den Säugetieren und den Vögeln immer weiter verinnerlicht wird. Das geschieht also etwa vom Karbon bis zur Kreide, d.h. während der zweiten Hälfte der Lemuris. Die Warmblütigkeit ist in der Tierevolution Ausdruck für das stärkere Hereinziehen des Ich in das Blutorgan des Menschen als seinem physischen Träger, bedingt durch den luziferischen Einschlag im astralischen Leib. Parallel dazu wirkt bei den Tieren die Tendenz zur Aufrichtung, sowohl bei den Sauriern als auch bei den Vögeln. Mit dem Einzug des Ich, welches nun zunehmend die weitere geistige Entwicklung bewirken wird, beginnt das Neue der Erdenentwicklung im eigentlichen Sinne, d.h. über die Wiederholungsphasen hinaus. Rudolf Steiner stellte dar (GA 102, 4. 6. 1908), wie auf dem Saturn der physische Leib, auf der Sonne der Ätherleib mit dem Drüsensystem, auf dem Mond der Astralleib mit dem Nervensystem und auf der Erde das Ich mit dem Blutsystem angelegt werden. Das spiegelt sich in dem, was sich in der ersten Hälfte der Lemuris in den Tierformen entfaltet und zunehmend verinnerlicht wird. Drüsensysteme im Sinne von Stoffwechselorganen erscheinen bei den Stachelhäutern, Weichtieren und Hohltieren; das Nerven-Sinnessystem bildet sich von den Stachelhäutern bis zu den Plattenfischen, die Warmblütigkeit von den Reptilien bis zu den Vögeln und Säugetieren.

Nach der Mondentrennung betritt der noch weichkörprige Mensch die Erde und wird von den Füßen zum Kopf hin durchgestaltet und sinnlich wahrnehmbar. Die sich noch stufenweise ablösenden Gruppen der Säugetiere gliedern sich immer stärker in vier Hauptgruppen. Sie entsprechen der menschlichen Dreigliederung in Nerven-Sinnes-System, rhythmisches System, Stoffwechsel-Gliedmaßen-System; dazu gehört eine ursprünglicher bleibende vierte Gruppe. Sie steht jeweils der Makro-Evolution des Menschenstromes am nächsten. Daraus gliedern sich im Alttertiär die letzten Säugetiergruppen ab, also in der ersten Hälfte der atlantischen Zeit. Sie fallen in die Devolution, während der Mensch noch weichkörprig bleibt.

In der Mitte der atlantischen Epoche ist der Tiefstpunkt der physisch-mineralischen Entwicklung des Menschen erreicht (Abb. 3, S. 47) . Die übersinnlich getragene Höherentwicklung verschmilzt mit der Devolution; das Gruppen-Ich der Arten geht zum individuellen Ich über. Das Übergangsfeld zeigt sich daran, dass das Ich eine ganze Generationenreihe umfasst (S. 162). Mit der Inkarnation entsteht langsam die Möglichkeit, dass das Ich von innen heraus die weitere Höherentwicklung übernimmt, indem es die drei Wesensglieder unter ihm zu verwandeln beginnt. Die Verhärtung der Weichkörperform geht in der zweiten Hälfte der Atlantis bis in die Knochen über, wie sie in den frühen Menschenformen in der Mitte der Kontinente, in Afrika, vom Plio-/Pleistozän an zuerst gefunden wurden. Physischer Ausdruck davon ist, dass sich am Kopf Kinn und Stirn ausbilden. Das Gehirn wird Grundlage eines sich inkarnierenden Bewusstseins; bei den Gliedmaßen spezialisieren sich die Füße; die Hände werden von der Fortbewegung befreit. Gehen, Handeln, Sprechen und Denken bilden sich aus. Sie zeigen, wie die Höherentwicklung nun auf geistigem Felde nach innen genommen ist.

Rudolf Steiner schildert ausführlich die Ablösung

der Tierwelt vom Menschen: «Im Laufe der Jahrtausende verändert sich unser Planet, und diese Veränderung bedingt auch eine Entwicklung der Menschheit. Die Seitenzweige, die nicht mehr in die Verhältnisse hineinpassen, werden dekadent. Wir haben also einen geraden Entwicklungsstamm und abgehende Seitenzweige, die verfallen. Von dem Punkte der atlantischen Zeit, wo Europäer und Indianer noch vereint waren, weiter zurückgehend, kommen wir in eine Zeit, wo der Körper des Menschen noch verhältnismäßig weich, von gallertartiger Dichtigkeit war. Da sehen wir wieder Wesen sich abzweigen und zurückbleiben. Diese Wesen entwickeln sich weiter, aber in absteigender Linie, und aus ihnen entsteht das Affengeschlecht. Wir dürfen nicht sagen, der Mensch stamme vom Affen ab, sondern beide, Menschen und Affen stammen von einer Form ab, die aber eine ganz andere Gestalt hatte als die Affen und die heutigen Menschen. Die Abzweigung erfolgte von einem Punkte, wo diese Urform die Möglichkeit hatte, einerseits aufzusteigen zum Menschen und andererseits hinunterzufallen, zum Zerrbilde des Menschen zu werden ... Je mehr wir aber zurückgehen in der atlantischen Zeit und je mehr der Ätherleib außerhalb des physischen Leibes war, desto mehr war er imstande, umgestaltend zu wirken auf den physischen Leib, ... weil der physische Leib noch viel biegsamer und geschmeidiger war als jetzt ...

Früher in der atlantischen Zeit haben sich gewisse höhere Säugetiere abgezweigt; gewisse niedere Säugetiere zweigten sich in der ältesten atlantischen Zeit ab. Der physische Mensch war damals von dem Entwicklungswert eines Säugetieres; nur sind die Säugetiere auf dieser Stufe stehengeblieben, während der Mensch sich weiterentwickelt hat ...

Wir können auch ohne weiteres Haeckels Stammbaum übernehmen; der Unterschied ist nur der, dass Haeckel erst die Tierformen entstehen und diese sich dann bis zum Menschen hinaufentwickeln lässt, während wir in der Urform bereits den Menschen sehen und die Tierwelt nur als Abzweigung, als entartete Menschen betrachten. Tatsächlich ist der Mensch der Erstgeborene der Erde; er hat sich in gerader Linie weiterentwickelt, hat die anderen Wesen an den verschiedenen Etappen zurückgelassen. Wenn wir den Zeitpunkt betrachten, wo die Vögel und Reptilien sich abgezweigt haben, so sehen wir, dass damals tatsächlich physische Menschenformen vorhanden waren, die den späteren Vogelarten und solche, die den späteren Reptilien ähnlich waren» (GA 100, 22. 11. 1907). «Die ganze Summe der irdischen Lebewesen stammt also in Wahrheit vom Menschen ab. Was heute als Seele in ihm denkt und handelt, hat die Entwicklung der Lebewesen bewirkt.

Wie die sinnlich-naturwissenschaftliche Forschungsmethode die physisch-körperliche Organisation zurückverfolgt bis in ferne unbestimmte Urzeiten, so tut es die geisteswissenschaftliche Denkweise in Bezug auf Seele und Geist. Die letztere kommt dabei mit den bekannten naturwissenschaftlichen Tatsachen nicht in den geringsten Widerspruch; nur mit der materialistischen Ausdeutung dieser Tatsachen kann sie nichts zu tun haben» (GA 54, 5. 10. 1905).

Bezogen auf die weichkörprige Menschenform sprach bereits Rudolf Steiner von diesem Problem. «Es ist unmöglich, dass eine solche Urform, welche die des Menschen und des Affen zugleich wäre, heute lebensfähig wäre, dass sie unter den gegenwärtigen irdischen Lebensverhältnissen existieren könnte» (GA 61, 4. 1. 1912). Heute folgert man daraus, dass es eine solche Weichkörperform also nicht gegeben haben kann. Steiner folgerte hingegen, «dass die Erde in früheren Zeiten ganz andere Verhältnisse als heute gehabt haben muss», wenn wir zurückschauen «auf frühere Zeiten, welche ganz andere Lebensbedingungen hatten». Das beträfe nicht nur die Menschen-Affen-Urform des Tertiärs, sondern die gesamte Erdgeschichte.

Zu den Konsequenzen sollen im nächsten Teil dieses Buches die Urteilsgrundlagen ausführlicher behandelt werden. Eine unabdingbare Voraussetzung dafür war, ein Gesamtbild der menschlichen Evolution zu entwerfen und seine Gesetze zu durchdenken, denn dann können Bilder der heutigen Lebensprozesse mit denen verglichen werden, die in den Gesteinen geronnen sind. Es geht also auch im Weiteren nicht um eine regionale Geologie von Mitteleuropa oder eine neue Gesteinskunde, sondern um Menschenerkenntnis auf Grundlage der Natur- und Geisteswissenschaft.

Der Gesteinsbildeprozess

Goethes Metamorphose des Granits

Geologische Lebenserfahrungen

Überblick

Goethes geologische Anschauungen stehen verbindend zwischen den Ergebnissen der Geowissenschaften und dem, was Rudolf Steiner aus übersinnlicher Forschung darstellte. Damit sind die drei Ausgangspunkte dieses Buches genannt. In Goethes überlieferten Texten zur Geologie und Mineralogie sind überall Ansätze zu einer Geologie des Organismus Erde enthalten (siehe Goethe 1994). Aus meiner Zusammenstellung sollen Goethes eigene Anschauungen deutlich werden; sie ist keine wissenschaftsgeschichtliche Darstellung, und es geht auch nicht um die Frage, was er zur heutigen Geologie beigetragen oder zum Granit gesagt hat. Seine Gedanken umfassen vor allem zwei Themenkreise: die **Substanz-Entwicklung** der Gesteine und die **Gestaltung der Kristall- und Felsformen.**

In diesem Kapitel werden einige Grundgedanken zu den *Metamorphosen im Gesteinsreich* referierend zusammengefasst. Der Granit war für Goethe, als das Tiefste und Älteste, der Ausgangspunkt. Die darüber folgenden Gesteine wie die Kristallinen Schiefer, Marmor, Kalkstein und Sandstein und alle ihre vielfältigen Übergänge wurden ihm wie eine Schrift, in der die Entwicklungsprozesse der Erde verzeichnet sind. Da die beschriebenen Gesteinsreihen der Entstehung folgen, ermöglichen sie einen einfachen Zugang zur Gesteins- und Mineralwelt, der sich bei Seminaren und im Unterricht bewährt hat.

Die gründlichen Dokumentationen von Goethes Lebensweg ermöglichen es, die Entwicklung seiner *geologischen Lebenserfahrungen* genauer zu verfolgen, was in den anschließenden Abschnitten kurz zusammengefasst wird. Dabei zeigt sich, wie Schicksalserlebnisse am Anfang Fragen entzündeten, durch die er auf wissenschaftlichen Wegen zu Ideen fand, welche zuletzt künstlerisch gestaltet wurden. Dieser Erkenntnisweg (vgl. Bosse 1995) gab Goethe eine innere Sicherheit neuen Gedanken gegenüber und bestätigt die Tragfähigkeit seiner Methode (s. S. 19 – 23).

Erfahrungen am Kiesel

Im Juli 1768 wurde Goethe als Leipziger Student von einer schweren Erkrankung niedergeworfen (*Dichtung und Wahrheit*, HA, Bd. 9, S. 341). An seinem 19. Geburtstag reiste er nach Frankfurt zurück und kam dort in den Kreis um Susanne von Klettenberg, zu dem auch die behandelnden Ärzte gehörten. In ihnen lebte noch ein letzter Nachklang christlicher Naturbetrachtung, wie er von den wahren Alchimisten und Rosenkreuzern vergangener Jahrhunderte gepflegt worden war. Auch Goethe wurde angeregt, sich mit alchimistischen Schriften zu beschäftigen. Als sich im Dezember 1768 die Krankheit verschlimmerte, gab ihm der Arzt aus diesem Wissen heraus als Medikament ein lösliches Salz von alkalischem Geschmack, wodurch die Krankheit schließlich überwunden wurde.

Diese Erlebnisse an der Todesschwelle haben Goethe, wie er selbst bekannte (WA, IV, Bd. 1, S. 234), tief ergriffen und verwandelt, hin zu einem starken christlichen Impuls. Rudolf Steiner sagte über diese Erlebnisse aus der Geistesforschung, dass Goethe damals «einer rosenkreuzerischen

Quelle nahekam», aus der er «etwas von einer höchst merkwürdigen hohen Initiation empfing ... eine Art von Initiation», durch die eine gewisse Lockerung seiner Wesensglieder eingetreten und erhalten geblieben sei (GA 99, 22. 5. 1907; GA 97, 13. 10. 1906, Fragenbeantwortung; GA 172, 5. 11. 1916). Goethe habe dadurch die Begabung gewonnen, sich mit übersinnlichen Vorstellungen zu durchdringen. Er sei sich dessen nicht bewusst gewesen; der Vorgang habe aber als eine Art poetische Strömung in seiner Seele gewirkt, was sich besonders gezeigt hätte 1784 in dem Gedicht *Die Geheimnisse* und 1795 im *Märchen von der grünen Schlange und der schönen Lilie*.

Innerhalb dieser Erlebnisse stand die Begegnung mit der heilenden Kraft jenes alkalisch reagierenden Salzes an zentraler Stelle. Im Frühjahr 1769 begann Goethe dann mit eigenen alchimistischen Versuchen (HA, Bd. 9, S. 343). Er schreibt, dass er sich besonders mit dem «Kieselsaft» beschäftigte, indem er reine Quarzkiesel mit Alkalien schmolz, woraus ein durchsichtiges Glas entstand, welches sich gelöst «als eine schöne klare Flüssigkeit» darstellte: **kolloidaler Kiesel**, heute als Wasserglas bekannt. Er galt bei den Alchimisten als die *Prima Materia*, aus welcher der werdende Erdenplanet zuerst bestand und der als *Mittelsalz* bezeichnet wurde, da es innerhalb des lebendigen Kosmos zwischen dem Mineral- und dem Pflanzenreich in der Mitte steht. Alle Wesen der Naturreiche waren darin noch ungetrennt enthalten. Die frühen Alchimisten versuchten, das Wirken der Elementargeister in der Kiesel-Lebenssphäre der Erde zu schauen, indem sie die Schmelz- und Ausfällungsvorgänge beobachteten und dabei versuchten, die Prozesse innerlich nachzuerleben. Goethe gelang dieses mystische Schauen nicht mehr, und er musste bemerken, dass «das Kieselhafte keineswegs mit dem Salze so innig vereint sei», wie er philosophischerweise geglaubt hatte. Es flockte zu seiner «größten Verwunderung in Form einer animalischen Gallerte» aus, also ähnlich einem tierischen Eiweiß, ließ feinsten Kieselstaub fallen und nichts mehr davon spüren, wie die Naturreiche aus der Erdensphäre heraus im lebendigen Prozess geboren wurden. Die ganze Alchimie war in die heute bekannte Dekadenz gefallen und suchte in den materiellen Vorgängen selbst, was man früher durch die Prozesse hindurch wahrzunehmen vermochte. Mit dem Verlust der alten Wahrnehmungsfähigkeit konnte die moderne materialistische Naturwissenschaft gewonnen werden. Statt die Elementargeister oder den Erdgeist selbst wirken zu sehen, lernte man Naturgesetze denken.

Die Bilder, die man sich zur Goethe-Zeit vom Beginn der Erdentwicklung zu machen versuchte, beruhten noch selbstverständlich auf den Imaginationen, wie sie in der Bibel im ersten Buch Moses beschrieben sind: Die Gottheit schuf im Urbeginne Himmel und Erde, und die Elohim breiteten ihre Schwingen über den **Urgewässern** aus. Auch das wissenschaftliche Weltbild der Goethezeit ging davon aus. 1775 begann A. G. Werner als Lehrer an der Bergakademie Freiberg damit, die Geologie als systematische Wissenschaft aufzubauen. Er ordnete in seiner Nomenklatur die Gesteinsarten so, wie sie im Allgemeinen von unten nach oben in Mitteleuropa anzutreffen waren. Daraus ergab sich auch die zeitliche Folge, da man sich dachte, dass alle Gesteine nacheinander aus dem allmählich sinkenden Wasser des Ur-Ozeans gebildet worden seien. Diese Ansicht wird Neptunismus genannt. Das tiefste und somit zugleich das älteste Gestein war da der Granit. Darüber und daran angelehnt folgten die uranfänglichen Gebirgsarten wie Gneis, Glimmerschiefer, Tonschiefer, Porphyr und Marmor. Dann kamen die Flözgebirge oder Schichtgesteine mit Grauwacke, Kalkstein, Tonstein, Sandstein und Steinsalz und zuletzt die vulkanischen und die aufgeschwemmten Massen des niederen Landes.

Graniterlebnisse

Diese Vorstellungen lebten auch in Goethes Seele, als im Dezember 1777 ein Ereignis eintrat, das ihn tief bewegte (WA, IV, Bd. 3, S. 200, 10. – 15. 12. 1777; und WA, I, Bd. 41,1, S. 328; HA, Bd. 1, S. 392). Er ritt in den winterlichen Harz mit dem größten Wunsch, den **Brocken** zu besteigen, obwohl ihm alle versicherten, es sei unmöglich. Doch es gelang, und er stand auf dem verschneiten Gipfel «zwischen jenen ahnungsvollen **Granitklippen**, mittags in der heitersten, brennendsten Sonne» und sah «unter sich ein unbewegliches Wolkenmeer nach allen Seiten die Gegend überdecken». Auf dem

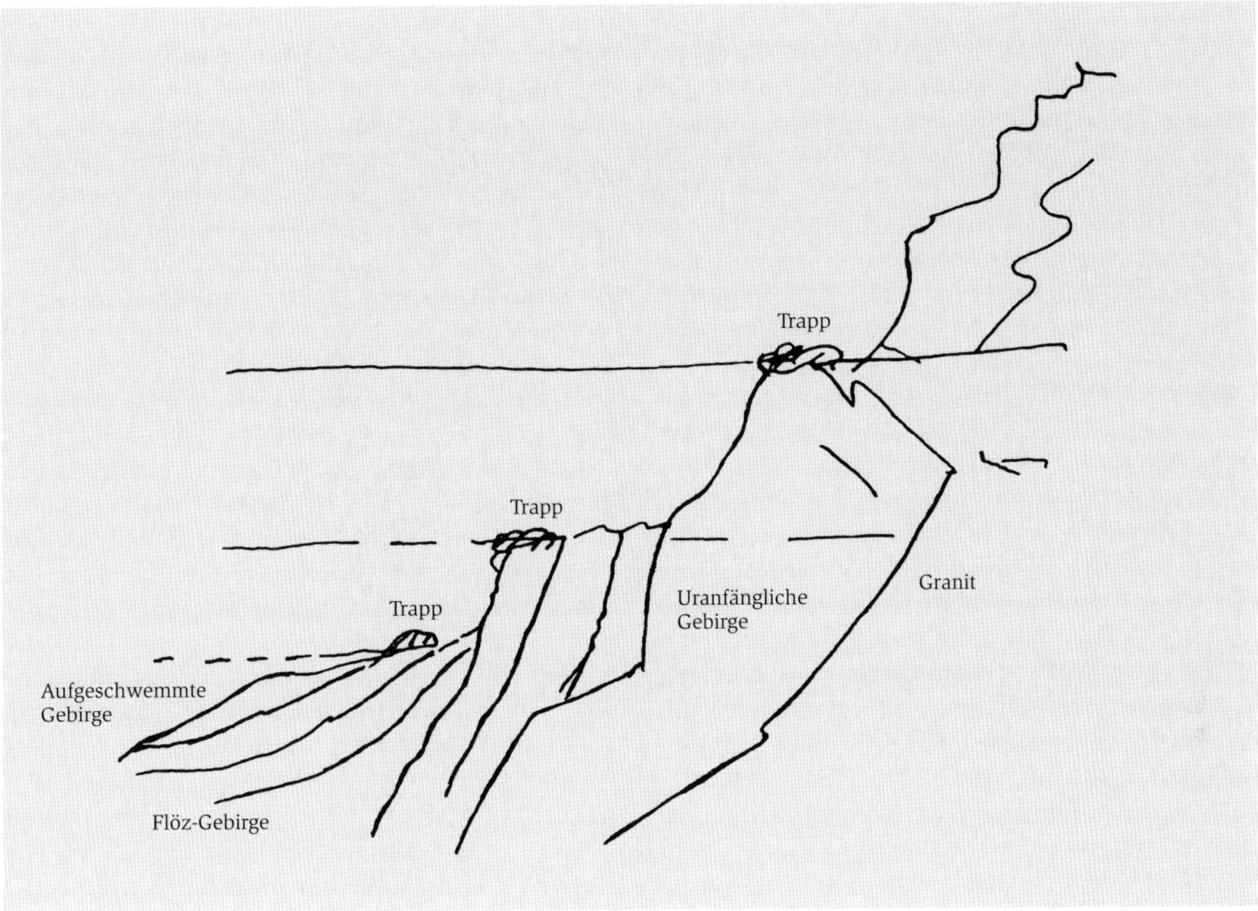

Abb. 73: Skizze Goethes zur Ansicht des Neptunismus vom allmählich sinkenden Urwasser, in drei Niveaus dargestellt; in deren Höhe am Rand jeweils vulkanische Formationen entstanden, die als Trapp bezeichnet wurden. Vorher schlugen sich granitische, uranfängliche und Flöz-Gebirge nieder. (CZ Bd. VB, Nr. 212, 3. 12. 1817, umgezeichnet. Worte hinzugefügt.)

Teufelsaltar, wie diese Felsen genannt werden, hat er dann «seinem Gott den liebsten Dank geopfert». Mit dem Auge wahrnehmbar lag vor ihm, was er in der Vorstellung über den Erdenanfang in sich trug: Auf dem ältesten Granit stehend, schaute er wie auf jene wogenden Urwasser, aus denen sich alles Jüngere absondern würde und über denen die Sonne gleich den Elohim brütete.

In diesen ersten Weimarer Jahren durchstreifte Goethe mit stürmischem Erkenntnisdrang das Thüringer Land. Oft begleitete ihn dabei J. C. W. Voigt (1752 - 1821), der zuvor bei Werner in Freiberg Geologie und Bergbaukunde studiert hatte. Gemeinsam waren beide für den Ilmenauer Bergbau verantwortlich. Dies war für Goethe jedoch mehr eine juristische Aufgabe und bestenfalls Anstoß zu geologischen Studien. Ihm ging es stets um die allgemeinen **Bildungsgesetze der Erde**. Durch Voigt lernte Goethe Werners geologisches System kennen, welches seiner Denkweise und seinen Beobachtungen entsprach. Auf den Reisen nach Karlsbad (Goethe 1994, S. 48 - 60) fand er dort den Granit, anschließend bei Marienbad und im Fichtelgebirge das Übergangsgebirge und dann in Thüringen die Flöz- oder Schichtgebirge. Er trug umfangreiche systematische und regionale Gesteinssammlungen zusammen, in denen die Grund- und Übergangsgebirge bei weitem überwiegen (Prescher 1978).Allein vom Granit finden sich über fünfhundert Stücke aus aller Welt in seinen Sammlungen. Er studierte die Übergänge und versuchte daran, sich in die Entwicklungsschritte hineinzudenken.

Mit dem Granit beschäftigte sich auch ein erster geologischer Aufsatz 1784 (Goethe 1994, S. 20 u. 23). Er bildete zugleich das Tor zu seiner Naturforschung. Der mittlere Teil des Textes steht in Ich-Form und zeigt, dass Wissenschaft nicht nur sachlich nüchtern, sondern auch Gottes-, Welt- und Menschen-Erkenntnis sein sollte. Deutlich schwingt in den Sätzen mit, was Goethe sieben Jahre vorher auf dem Brocken erlebt hatte. «Auf einem hohen Granitgipfel, eine weite Gegend überschauend», fühlt er sich «auf einem Grunde, der bis zu den tiefsten Orten der Erde hinreicht ... So einsam, sage ich zu mir selber, indem ich diesen ganz nackten Gipfel hinabsehe und kaum in der Ferne am Fuße ein geringwachsendes Moos erblicke, so einsam sage ich, wird es dem Menschen zu Mute, der nur den ältesten, ersten, tiefsten Gefühlen der Wahrheit seine Seele öffnen will. Ja, er kann zu sich sagen: hier auf dem ältesten, ewigen Altare, der unmittelbar auf die Tiefe der Schöpfung gebaut ist, bring ich dem Wesen aller Wesen ein Opfer. Ich fühle die ersten festesten Anfänge unseres Daseins; ich überschaue die Welt, ihre schrofferen und gelinderen Täler und ihre fernen, fruchtbaren Weiden, meine Seele wird über sich selbst und über alles erhaben und sehnt sich nach dem näheren Himmel ... Vorbereitet durch diese Gedanken, dringt die Seele in die vergangenen Jahrhunderte hinauf, sie vergegenwärtigt sich alle Erfahrungen sorgfältiger Beobachter, alle Vermutungen feuriger Geister. Diese Klippe, sage ich zu mir selber, stand schroffer, zackiger, höher in die Wolken, da dieser Gipfel noch als eine meerumflossne Insel in den alten Wassern dastand – um sie sauste der Geist, der über den Wolken brütete.» (LA I, Bd. 11, S. 272) Sein Geist, so schreibt Goethe in einem weiteren Fragment aus dem Jahre 1785, hat keine Flügel, sich die Kant-Laplacesche Entstehungstheorie der Erde vorzustellen. «Ich stehe auf dem Granit fest und frage ihn, ob er uns einigen Anlass geben wolle zu denken, wie die Masse, woraus er entstanden, beschaffen gewesen.» (LA I, Bd. 11, S. 10) Goethes Weg ist, direkt die Phänomene zu befragen und in ihnen zu lesen, die Ahnungen des Künstlers mit exakter Beobachtung zu durchdringen. Mit erdachten Modellen konnte er sich nicht verbinden.

Tore zur Welterkenntnis

Weitere Lebensereignisse, die für unseren Zusammenhang wichtig sind, fielen ebenfalls in das Jahr 1784: Im Frühjahr fand Goethe nach siebenjähriger Bemühung den Zwischenkieferknochen beim Menschen. Es war keine Zufallsentdeckung, sondern ergab sich aus der Konsequenz des Typus-Gedankens (s. Steiner, GA 1, Kap. 3). Der Unterschied zwischen **Mensch und Tier** kann demnach nicht am Fehlen eines Knochens liegen. Mensch und Tier unterscheiden sich nicht im Körperlichen, sondern im Geistigen. Die Frage mag vor Goethe gestanden haben, wie sich der Mensch über seinen natürlichen Zusammenhang mit dem Tier hinaus weiterentwickeln kann. Da entstand im September 1784 auf der dritten Harzreise das Gedicht *Die Geheimnisse* («Ein wunderbares Lied ist uns bereitet ...»), in dem Goethe auf den geistigen Entwicklungsweg der Menschen im Zeichen des Rosenkreuzes hinweist. Gleichzeitig beschäftigte er sich mit der Geologie und besonders den **Felsformen**, vor allem wiederum denen des Granits (Goethe 1994, S. 185), die genau studiert und gezeichnet wurden. Beide Themen durchdringen sich in seinen Briefen aus dem Harz (WA, IV, Bd. 6, S. 333): die Gestaltung der Erde, wie sie sich in der Klüftung des Granits offenbart, und die Gestaltung des menschlichen Zusammenlebens in christlicher Gemeinschaft. Aus Goethes späterer Erläuterung (WA, I, Bd. 41,1, S. 104; Steiner: GA 98, S. 263) geht hervor, dass das Gedicht am Karfreitag spielt; es steht im Zeichen des Kreuzes. Zugleich fand Goethe, dass die Haupt-Kluftrichtungen im Granit Nord-Süd und Ost-West verlaufen. Da ist ein großes Kreuz, kosmisch und irdisch zugleich, der Erde eingeprägt. Es ist das Urbild des Würfels in mannigfaltigsten Variationen, als drei senkrecht aufeinanderstehende Flächen (Goethe 1994, S. 176). Diese beiden Themenkreise – die Werdeprozesse der **Gesteinssubstanzen und ihre Gestaltung** in den Felsformen und Kristallisationen – blieben lebenslang Goethes hauptsächliche geologische Forschungsthemen.

So wurde in diesem Jahr 1784 etwas von jener «Art von Initiation» offenbar. Goethes Blick tauchte in die Vergangenheit der Erde, die mit der Entwicklung der Menschheit verbunden ist. Man kann sich vorstellen, dass aus den Erlebnissen mit dem eiweißartigen Kiesel und aus der Überschau vom Brocken eine große Sicherheit in ihm entstand. Die Erdentwicklung lebte in ihm als lebendiger Werdeprozess. Dagegen beschritt die Geologie seiner Zeit – wie schon die Alchimie – den Weg in den Materialismus. Diesen Weg verfolgte Goethe zwar aufmerksam, doch mit innerer Ablehnung. Für die Geologie fühlte er sich nicht stark genug, seine eigenen Ideen dagegen zu stellen. Alle Ansätze blieben Fragment – auch die drei Versuche des Jahres 1784: der Granitaufsatz, die Arbeiten zum Tiertypus und das Gedicht *Die Geheimnisse*.

Metamorphosen im Gesteinsreich

Die Folge der Gesteine

Im **Granit** lassen sich Glimmer, Feldspat und Quarz unterscheiden. Goethe schrieb dazu, dass schon der erste Anblick zeige, dass diese Bestandteile «durch kein drittes Mittel verbunden sind», dass «sie nicht, wie man es sonst von Teilen denken muss, vor dem Ganzen, das sie ausmachen, entstanden» sein können, sondern weil der Raum fehlte, konnten sie ihre eigenen Gestalten nicht annehmen. So sei es «offenbar, dass der Granit durch eine lebendige, bei ihrem Ursprung sehr zusammengedrängte Kristallisation entstanden» sei *(Goethe 1994,* S. 72), bei der alle drei Minerale «einander das Gleichgewicht halten, gleiche Rechte des Beisammenseins ausüben, ihre trinitarische Einheit behaupten». Dieses Hauptkennzeichen müsse festgehalten werden, wenn sich auch «das Gestein noch so unübersehbar mannigfaltig in Farbe und Form darstelle». So fand Goethe bei Karlsbad einen feinkörnigen und einen grobkörnigen Granit sowie Übergänge in mehr geschieferte Varietäten.

«Wenn aber in dieser Mannigfaltigkeit das Übergewicht eines Teils über den andern bemerklich» ist, so deutet dies auf eine «abweichende Epoche». In einer mittelkörnigen Varietät nimmt zuerst der Feldspat überhand. Dabei sammelt sich die Substanz und schließt zunächst noch Quarz und Glimmer mit ein. Dann grenzt sich der werdende Kristall immer deutlicher von seiner granitischen Umgebung ab, sodass man sagen kann, die Natur habe «sich mit der kristallinischen **Feldspatbildung** übernommen» (Abb. 74, S. 199). Im verwitterten Gestein lösen sich die Kristalle heraus und zeigen in ihrer Gestalt zwei ineinander gesteckte rhombische Tafeln, die so genannten Karlsbader Zwillinge (Abb. 200, S. 376). Weiterhin entwickeln sich Feldspatmassen, die vom Quarz mehr oder weniger begleitet werden, beispielsweise in Gängen. Verwitternd werden sie grünlich, oder es bildet sich weiße Porzellanerde.

«Sogleich erscheint aber auch, dass die beiden anderen Teile sich von der Gemeinschaft lossagen. Jeder Teil maßt sich das Übergewicht an» *(Goethe 1994,* S. 62 u. 77). Der **Quarz** zeigt seine eigene Gestalt in einem glimmerarmen, feinkörnigen Granit als kleine sechsseitige Doppelpyramide. Reiner Quarz findet sich in Gängen, z.T. von Glimmer durchdrungen, mit Hohlräumen, in denen sich kleine Amethystkriställchen bilden konnten. Wenn Quarz überwiegt und dann auch Glimmer und Feldspat zurücktreten, bilden sich die dichten kieseligen Gesteine wie Jaspis, Quarzit, Hornstein und die Grundmasse des Porphyrs, welche schon zu den Gesteinen der Quarz-Feldspat-Formation des Übergangsgebirges zählen.

«Der **Glimmer** fängt ebenfalls an, eine Hauptrolle zu spielen.» Er ballt sich in dem Granit, welcher noch die Feldspatzwillinge enthält, zu Nestern und Kugeln. Daneben kommen schwarzer Turmalin und Hornblende vor. Nimmt der Glimmer mengenmäßig überhand, so wird das gesamte Gestein von seiner blättrigen Struktur überprägt. Es geht in **Gneis** über, in dem die «Feldspatkristalle zu länglichen Linsen gedehnt erscheinen». Anschließend nimmt der Glimmer weiter zu und der Feldspat ab. Es folgt der Glimmerschiefer, welcher den Quarz in Knauern und flasrigen Bändern enthält; statt Feldspat tritt auch Granat auf. Der Quarz begleitet beide Linien, die des Feldspats und die des Glimmers, ins Übergangsgebirge hinein. Goethe schreibt: «Man glaubt an dieser hererzählten Reihe der Gebirgsarten mit Augen zu sehen, wie bei jener großen Scheidungsepoche die Bestandteile miteinander gekämpft und sich einander wechselweis besiegt» haben, eben weil «das frühere Gleichgewicht aufgehoben» worden sei. Es sei «höchst unterhaltend und unterrichtend, wie die drei Wesen Quarz, Feldspat und Glimmer auseinandertreten und jeder für sich sein eigenes Reich gründet».

Die **primäre** Variationsreihe des Glimmers läuft auf den **Tonschiefer** zu. Darin trtt als neue Komponente der Kohlenstoff auf, der die Gesteine dunkel bis schwarz färbt. Massenhaft angehäuft ist er in der Steinkohle, die dem Tonschiefer meist eingelagert ist und von Pflanzenabdrücken durchdrungen und begleitet wird. In den Tonschiefer mischen sich zunehmend Quarzkörnchen hinein. Goethe sah eine Polarität zwischen den Gesteinen des lebendig-chemischen, primären Pols und denen des **sekundären**, mechanischen Pols (Goethe 1994, S. 102), welche aus der Verwitterung älterer Gebirge entstehen. Wird solcher Schutt neu verfestigt, bilden sich grobe Brekzien mit eckigen Bruchstücken oder Konglomerate mit gerundeten, sowie feinkörnige Sandsteine. Ist ihr Bindemittel kieselig, dann entstehen Quarzite; wenn es tonig wird, führt die Reihe zur Grauwacke, wird es kalkig, zum Kalksandstein. Zwischen diesen Gesteinen breitet sich das große Feld der «Dekomposition und Rekomposition» aus, in dem sich Ton, Kalk und Sand vielfältig mischen und durchdringen. Dadurch entstehen die Schichten des Flözgebirges, die Sedimente.

Eine weitere Reihe vom primär gebildeten Granit zu den sekundär gebildeten Sedimenten führte für Goethe über den **Quarzporphyr** zu Porphyrtuffen (Goethe 1994, S. 262 u. 272). Er fand sie im Thüringer Wald zwischen Sandsteinen, Konglomeraten und Brekzien eingelagert. Hier wirkte der Gestaltungsprozess, den er porphyrartig nannte. Aus einer ursprünglich einheitlichen Grundmasse sonderte sich ein Mineral heraus. Beim Porphyr ist eine kieselige Grundmasse, das *Enthaltende* und die Einsprenglinge von Feldspat sind das *Enthaltene*, wie Goethe beide bezeichnete. Vom Granit zum Quarzporphyr und Porphyrtuff sah er einen Übergang von den *chemisch* gebildeten Quarzgesteinen in die vorwiegend mechanisch entstandenen Sandsteine und Konglomerate.

Der Kalk tritt für Goethe erstmals im Übergangsgebirge in einigen Mineralen auf, so in den Kalksilikaten Egeran, Apatit und Flussspat (Goethe 1994, S. 120). Der **Kalkstein** ließ sich für Goethe nicht recht durch Vereinseitigung aus dem Granit herleiten. Er fand älteste kristalline Kalksteine und Marmore im Übergangsgebirge nahe dem Granit, zusammen mit Glimmerschiefer, Quarzit und Quarzporphyr und sogar mit Gneis. Jüngere, teils noch kristalline Kalksteine, die schon Korallen enthalten, kommen zusammen mit Tonschiefern und Grauwacken vor. Die jüngsten Kalksteine sind voller Korallen, Muscheln und Ammoniten und wechsellagern mit Gips, Steinsalz und Sandsteinen. Goethe fand sie in Thüringen, Süddeutschland und Italien und bewunderte dabei, wie konsequent die Schichten des Flözgebirges verfolgt werden können.

Die Entstehung des **Basaltes** und seine Beziehung zum Vulkanismus blieben für Goethe rätselhaft (Goethe 1994, S. 136). Er fand den Basalt als Fremdling an lokal begrenzten, zufälligen Orten, den verschiedensten Gesteinen auflagernd (Abb. 73, S. 193): auf dem Granit in Karlsbad und Stolpen; auf dem Glimmerschiefer und Tonschiefer in Böhmen; auf dem Sandstein und jungen Kalkstein in Thüringen. Basalt ließ sich nicht durch Übergangsfolgen aus dem Granit herleiten. Am Vesuv und Ätna beobachtete Goethe dann, wie der Basalt mit Lava und Tuff zusammenhängt, die heute noch durch Vulkane entstehen. Der Vulkanismus jedoch zeigte sich für Goethe als oberflächennahe, relativ ruhige und «lokale Spätlingswirkung der Natur». Das schien ihm nicht die Ursache zu sein für mächtige Basalt- und Quarzporphyrdecken, erst recht nicht für gewaltige Gebirgsbildungen. Auch war ihm das Schmelzfeuer der Vulkane ein anderes als die Wärme der werdenden Erde.

Die **Erze** fand Goethe hauptsächlich im Übergangsgebirge enthalten (Goethe 1994, S. 104). Es war ihm sehr bedeutsam, dass als erstes die Zinnerze auftreten, die er intensiv sammelte und deren Vorkommen er an mehreren Orten studierte. Das Zinn tritt dort auf, wo sich die granitischen Minerale trennen. Es kommt in Kristallen und Nestern zusammen mit dem Quarz vor, angereichert in horizontalen Lagern und vertikalen Gängen (Abb. 184, S. 329). Zusammen mit dem Zinn erscheinen weitere Erze verschiedener Metalle: Molybdän und Wolframit, Arsenkies und Eisenerze, Kobalt, Nickel und Wismut. Sie werden begleitet von Scheelit, Apatit, Fluorit, Calcit sowie zahlreichen weiteren Mineralen. Auch Silber und Rotgültigerz in Quarz mit Eisen ist dem Gneis granitnah eingelagert. Mit jüngeren Gesteinen verbunden fand Goethe im Quarz Bleiglanz, Kupfer- und Eisenerze in Grauwacken, Kalksteinen und Schiefern. Darüber folgt noch der Kupferschiefer, um dessen Erkundung es beim Ilmenauer Bergbau ging.

Metamorphosen

In Goethes Papieren fand sich ein Fragment von 1814, welches – obwohl von Christian Heinrich Schlossser aufgeschrieben – ihm zugeschrieben wurde, da es seinen Formulierungen entspricht, (Goethe 1994, S. 331). Darin werden Goethes Gedanken zur Gesteinsentwicklung zusammenfassend wie aus der Überschau formuliert. Zuerst heißt es, die Hauptschwierigkeit der Geologie beruhe darauf, «dass man das **Atomistische** und Mechanische, welches in gewissen Momenten freilich sich wirksam erweist, solange als möglich zurückdrängt, dem Dynamischen dagegen, einem gesetzmäßig bedingten Entstehen, einem Entwickeln und Umgestalten sein Recht gibt». Die atomistische Betrachtung geht von einem bereits Gewordenen aus und sieht es hin und her treiben, ablagern und erstarren. Dazu würden beispielsweise Konglomerate oder Sandsteine gehören. Heute wird diese Betrachtungsart auch auf die Entstehung des Granits, der Kristallinen Schiefer und der Erde selbst angewandt. Die **dynamische** Ansicht führt dagegen «in den Moment des Entstehens das lebendige Spiel der Elemente und ihrer Anziehungen ein. In ihr kann sehr vieles noch aus ruhiger Vollstreckung innerer Gesetze hergeleitet werden ...» Auch lässt sich durch sie ein «partielles Entstehen ohne Schwierigkeiten erklären ... sie hält nämlich die ganze Materie für lebens- und verwandlungsfähig, je nachdem es die Bedingungen herbeiführen; sie leugnet ein Kosmisches nicht; sie setzt ein Spiel der Elemente durch die ganze Atmosphäre, mit Anziehungskräften zu dem Festen,wie wir sie jeden Tag, nur modifiziert, gewahr werden; sie sieht ein, dass eine Wechselwirkung zwischen dem Vorhandenen und dem Entstehenden da sei.» Mit solchen Worten sind deutlich Prozesse umschrieben, wie sie im Lebendigen ablaufen und zu deren Verständnis eine dynamische Anschauung nötig ist.

Diese Ansicht wird in dem Fragment nun auf den Granit angewandt. Sein «auszeichnender Begriff» sei, kein Enthaltendes und Enthaltenes, «sondern ein vollkommenes Ineinandersein, eine vollkommene Dreieinigkeit seiner Teile» zu haben, indem keiner «ein entscheidendes Übergewicht über den anderen» hat. Gibt das Granitische diesen Charakter auf, so überwiegt eines der drei und macht seine Art zur herrschenden. Dieser Charakterwandel, den man als «ein Aussichschreiten, ein Überschreiten» ansehen könne, wird im Text als Metamorphose bezeichnet. Sie führt zur Vielfältigkeit, vergleichbar mit «einer Kugel, welche von ihrem Mittelpunkt Radien nach allen Enden zulässt». Eine Richtung geht zu den Kristallinen Schiefern hin, in die Kalkgesteine eingelagert sind; in den Schiefern zeigen sich pflanzliche, in den Kalksteinen tierische organische Bildungen. Eine andere Richtung geht zu Quarzgesteinen, wieder eine andere zu den Feldspäten, zu den Porphyren. Es tritt Kristallisation ein, welche als das «erste gelungene Individualisieren der Natur» bezeichnet wird. Im «Überschreiten des Granits» erscheinen auch die Metalle, als Erstes das Zinn.

Inwiefern können wir bei diesen Reihen der Gesteine denn wirklich im Sinne der dynamischen Betrachtungsweise Goethes von **Metamorphosen** sprechen? Sie waren für ihn der «Schlüssel zu allen Zeichen der Natur» (Goethe 1994, S. 338), da sie sich an der Gestalt offenbaren. So wollte er eine universelle Lehre von der Gestalt begründen, der Bildung und Umbildung der organischen Körper als Verwandlungslehre. Dazu rechnete er alle Reiche der Natur, also auch das Gesteinsreich. Den Granit bezeichnete er als «Grund- und Knochengerüste der Erde» (Goethe 1994, S. 337) und die Geologie als «Osteologie der Erde», als die Lehre von ihrem Knochenbau und ihrer Gestalt. Die Gesetze und Phänomene der Metamorphose müssen an den Lebewesen abgelesen werden. Die Gesteine sind heute abgestorbene Reste; sie sind anorganisch geworden. Im Sinne von Goethe sind sie aber aus einem Lebensprozess der Erde hervorgegangen, welcher der organischen Welt entspricht. Hier haben, so seine Anschauung, Metamorphosen gewirkt, wie wir sie heute im Lebendigen anschauen können.

Danach suchte Goethe, wenn er den Granit fragte, ob er «Anlass geben wolle zu denken, wie die Masse beschaffen gewesen war, aus der er geworden» ist. Und der Granit antwortete ihm mit den Bildern seiner Varietäten, durch die Verhältnisse seiner verschiedenen Minerale. Goethe sah aus ihrem Miteinander, dass sie durch eine «lebendige Kristallisation» aus einem Ganzen hervorgegangen sind. Er beschrieb (Goethe 1994, S. 24 – 28) diese Masse als «lebens- und verwandlungsfähig», ein luftigflüssiges Ursprüngliches, in dem «noch alles in innig verbundener Auflösung enthalten» war. Das «Wasser hat die erste Grundmasse mit in Auflösung erhalten helfen, aus der sich zuerst der Granit niederschlug. Dadurch war der ungeheure Ozean noch lange nicht klar und rein geworden und auch über den Wassern schwebten in der Atmosphäre die flüchtigsten Substanzen und wechselten auf und ab.» Die Masse wurde «durch ein innerliches Feuer in einer gleichen Auflösung erhalten, das mit einem Schmelzfeuer nicht zu vergleichen» ist und welches «keine solche Feindschaft mit dem Wasser» gehabt zu haben scheint als das «entbundene Feuer». Goethe charakterisierte diese Wärme als «Entzündliches, nicht Brennendes, sondern Hitze und Gärung Erzeugendes und nur zuletzt auch wohl in Flammen aufschlagendes, feuerfähiges Wesen». So wollte er sich auch «gegen den krassen Neptunismus verwahren und nicht durchaus auf einen wellenschlagenden Meeresraum, sondern auf eine dichtere Atmosphäre hindeuten, wo mannigfaltige Gasarten mit mineralischen Teilen geschwängert, auf das Entstehen der Oberfläche unseres Planeten» wirkten. Dieses Suchen nach Worten und Vergleichen zeigt, dass man Goethe nicht zu den Neptunisten im Umkreis von A. G. Werner rechnen kann, welche annahmen, dass sich alle Gesteine aus einem Meer im heutigen Sinne niedergeschlagen hätten. Das wird noch deutlicher, wenn man Goethes Differenz zu Werner betrachtet (Goethe 1994, S. 148). Werners System war ihm nur wie ein Gerüst, um ein eigenes Geistgebäude der Erdentwicklung zu erbauen.

Dieses Bild einer **Metamorphose irdischer Lebensprozesse** führt schon deshalb leicht zu Missverständnissen, weil die betreffenden Gesteine – Gneis, Glimmerschiefer, Phyllit, Marmor usw. – heute ebenfalls als metamorph bezeichnet werden. Dabei wird aber an eine geochemische Umwandlung der Minerale durch Aufschmelzen von Sedimenten gedacht. Es handelt sich also um zwei ganz verschiedene Metamorphose-Begriffe (s. S. 292), die sich aber auf die Enstehung derselben Gesteine beziehen. Die heutige Anschauung, dass der Granit und die Kristallinen Schiefer aus umkristallisierten früheren Sedimenten stammten, wäre im Goetheschen Sinne eine atomistische; sie geht von Gewordenem aus, von Endzuständen, nicht von einer sich entwickelnden und differenzierenden Ganzheit. Ein zweites Missverständnis kommt noch hinzu. Als das Alter eines Granits wird die Zeit seiner Kristallisation bezeichnet. Da der Granit später als die überlagernden Gneise kristallisierte (s. S. 366), wäre er jünger als sie; von seiner ursprünglichen Substanz her wäre er jedoch älter. Goethe sah auf diese Ausgangssubstanz, und in dieser Hinsicht bleibt auch heute das Granitische «das Tiefste und Älteste».

Das Porphyrartige

Im oben (S. 196) zusammengefassten Text Goethes heißt es, dass dicht am Granit auch der Porphyr liegt. Dieser hat «alle Bestandteile des Granites, aber nicht in gleicher Herrschaft» (Abb. 176 – 178, S. 321). Man unterscheidet in ihm deutlich «**Enthaltenes und Enthaltendes**». In einer rötlichen oder grünlichen dichten, kieselreichen Grundmasse sind Feldspatkristalle als Einsprenglinge enthalten. Sie sonderten sich aus der zunächst einheitlichen Ausgangsmasse ab. Dabei konnten sie ihre Substanz nur sammeln und vom Umgebenden trennen, solange das Gestein noch nicht verhärtet und kristallisiert war. Der Feldspat wird gleichzeitig zunehmend reiner; Glimmer und Quarz bleiben in der Grundmasse. Die Gestalt der Feldspatkristalle ist zunächst unregelmäßig begrenzt, dann bildet sich aber immer deutlicher ihre typische taflige Form aus (s. Abb. 74 und Abb. 84, S. 221).

Diesen Prozess nannte Goethe ein «erstes gelungenes Individualisieren», was man sowohl auf die reine Substanz als auch auf die spezielle Gestalt beziehen kann. Beide Vorgänge verlaufen parallel. In treffenden Sätzen eines Fragmentes charakterisiert er (Goethe 1994, S. 170), wie alles Materielle «eine unwiderstehliche Neigung hat, sich zu gestalten». Die allgemeinste Form ist dabei die Kugel, die allgemeine das Polyeder, welches beispielsweise in der Klüftung der Gesteine erscheint; die besondere Form ist die Gestalt der Kristalle. Goethe schrieb dazu den bedeutsamen Satz, dass man daran «das Eintreten der ideellen Gestalt in die Wirklichkeit, wo nicht mit Augen sehen, so doch mit dem Sinn und der Einbildungskraft einigermaßen erreichen kann» (Goethe 1994, S. 266; Abb. 74).

Dieser **Gestaltungsprozess** verläuft bezüglich der Kornform innerhalb einer zeitlichen Polarität (Abb.

Abb. 74: Feldspatkristalle in porphyrartigem Granit von Karlsbad aus Goethes Sammlung. (Foto: Stiftung Weimarer Klassik; Prescher 1978, Nr. 1606.)

189, S. 334, Feldspat). Im Granit sind alle Kristalle ähnlich groß und eng zusammengedrängt (Abb. S. 221). Sie kristallisierten nahezu gleichzeitig, sodass sie ihre eigentümliche Gestalt nicht ausbilden konnten. Im Gegensatz dazu nahm im Porphyr der einzelne Feldspatkristall seine gesetzmäßige Gestalt an und grenzte sie scharf gegen die Umgebung ab, weil diese noch nicht verhärtet war. Die Kristallisation des Feldspates begann früher, die Verhärtung der Grundmasse folgte erst später nach. Beide Vorgänge rückten zeitlich immer weiter auseinander. Goethe unterschied zwischen simultan und sukzessiv ablaufenden Prozessen (Goethe 1994, S. 343) sowie Übergängen zwischen beiden, je nachdem, ob die Solideszenz fortlaufend oder schrittweise, mit rhythmischen Unterbrechungen ablief. Wo die verschiedenen Übergangsstadien festgehalten wurden, lässt sich der Vorgang durch den Vergleich der einzelnen Stufen insgesamt in der Vorstellung nachvollziehen.

In einem Fragment mit dem Titel «Über den Ausdruck **Porphyrartig**» (Goethe 1994, S. 265) erweiterte Goethe den Begriff auf alle Gesteine, in denen sich aus der umgebenden Masse Kristallindividuen herausgesondert haben. Nach dem Beispiel des Feldspates im Porphyr, Granit und Gneis folgen Granat im Glimmerschiefer, Gipsspat im Gips, Schwerspat im Tonschiefer und andere. In Aphorismen bezeichnete es Goethe als «die schönste Metamorphose des unorganischen Reiches, wenn beim Entstehen das Amorphe sich ins Gestaltete verwandelt» (Goethe 1994, S. 264). Dabei wird ein anderes Evolutionsgesetz offenbar: das «Prinzip des Gebens und Entziehens», welches er bei den Tieren beobachtete. Es besagt, dass die einseitige Spezialisierung eines Organs auf Kosten anderer geht. Dies findet sich z.B. dort, wo der Feldspat überhand nimmt und sich gleichzeitig die anderen Minerale heraussondern.

Solideszenz

Mit dem «Porphyrartigen» beschrieb Goethe einen grundlegenden Prozess, der für alle Entwicklungsvorgänge zutrifft. Er kann bei Lebensvorgängen überall dort beobachtet werden, wo sich in einem Enthaltenden ein Enthaltenes sondert und individualisiert. «Alles Lebendige verlangt Hülle», heißt es in einem Aphorismus (Schriften zur Naturwissenschaft, LA, I, 9, S. 10). Dabei wird die Gestaltung meist von einem Absterbevorgang begleitet; beim Gestein ist es die Verhärtung, die Solideszenz. Goethe kennzeichnete treffend, was er darunter versteht (Goethe 1994, S. 296): «Den Augenblick der Solideszenz hat man als höchst bedeutend zu betrachten. **Solideszenz** ist der letzte Akt des Werdens, aus dem Flüssigen durchs Weiche zum Festen hingeführt, das Gewordene abgeschlossen darstellend.» In einem Fragment brachte er den treffenden Vergleich mit einem **Gerinnungsvorgang**. Das kann «im geologischen Fall künftig ebenso viel heißen als im animalischen. Wir sehen einen Liquor, der uns völlig homogen zu sein scheint: die Milch. Ein geringer Umstand macht sie entschieden gerinnen und offenbart in ihr zwar verwandte, aber verschiedene, sich voneinander ablösende, aber doch innerhalb einander vorhandene Teile. Augenblicke des Werdens dieser Art finden wir in dem Mineralreich mehr als gewöhnlich gedacht wird.» Er legte in den Jahren ab 1817 dazu eine entsprechende Gesteinssammlung an und beschrieb kieslige und kalkige Gesteine. Besonders an verschiedenen Marmorarten (Abb. 75, S. 200; weitere Abbildungen s. Goethe 1994, S. 274 u. 304 – 306) könne beobachtet werden, wie die Verhärtung vor sich ging.

Goethe sah hierin ähnliche Vorgänge im Kleinen,

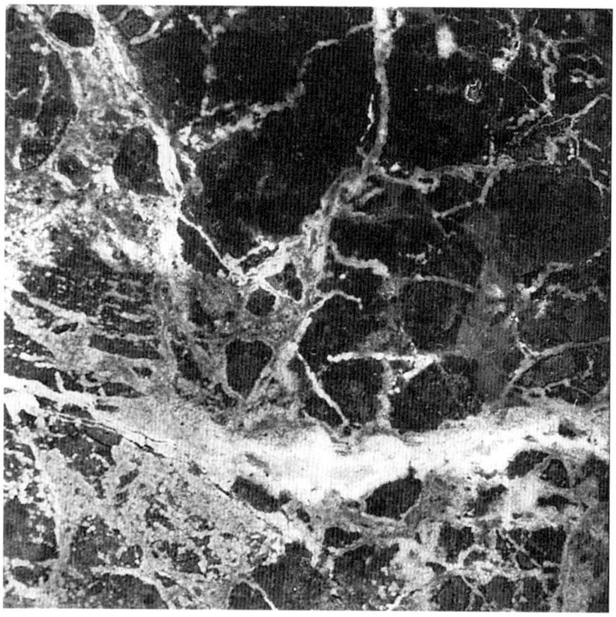

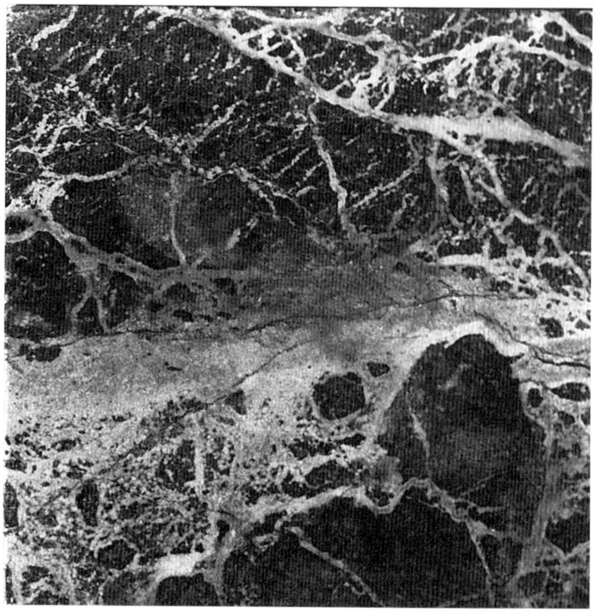

wie sie im Großen vor sich gehen können, wenn Gänge und Klüfte entstehen und gefüllt werden. Er verglich die Prozesse in der irdischen Lebenssphäre, z.B. die Fällungserscheinungen des Liquor Silicium, mit dem Gerinnen von Milch oder einer animalischen Gallerte. Auch da trennt sich aus dem Lebendigen eine Ganzheit ab und sondert sich weiter in Molke und Quark, der letztlich zu Käse verhärten kann. Hier werden Ideen ausgesprochen, die ein Licht auf den Zustand lebendiger Substanzen werfen können. Ich möchte daran anknüpfen (s. S. 333, S. 342), wenn die geologischen Grundlagen betrachtet worden sind. Als Goethe diese Notiz vom Gerinnen niederschrieb, waren 49 Jahre vergangen, seitdem er die heilende Kraft des Kieselgel (s. S. 191) erlebt hatte. Und seit dem Aufsatz über den Granit, also 33 Jahre hindurch, hatte er die Frage nach der Lebenssphäre der Erde in sich bewegt.

Goethe beobachtete an verschiedenen Versuchen ein interessantes Phänomen: «Solideszenz ist mit **Erschütterung** verbunden.» Bestimmte Substanzen im gelförmigen Zustand können, beispielsweise durch Schütteln, wieder in einen flüssigeren zurückgeführt werden und erstarren dann erneut. Dieses Phänomen, dass Erschütterungen die Solideszenz begleiten, verursachen, aber auch aufheben können, verglich Goethe mit chladnischen Klangfiguren, rhythmischen Farberscheinungen der Polarisation an

Abb. 75: Marmor aus Polen; zwei angeschliffene Täfelchen aus Goethes Sammlung von 1817 zum Gerinnen, an denen der Werdeprozess abgelesen werden kann. Goethe schrieb dazu: «Hier findet man ein Gerinnen, da schwarzer und weißer Marmor im Entstehen sich sonderte, und innerhalb eines durch weiße Seen und Ströme gebildeten Zusammenhangs schwarze Inseln schwimmen.» Ein Marmor, der durch Ton dunkel gefärbt ist, zerbrach; die Bruchstücke wurden in etwas hellerem Marmor verfestigt, der erneut zerbrach, wobei jeweils die Stücke etwas versetzt werden konnten; in die Klüfte drang weißer Kalkspat ein und verhärtete. Am Ende kristallisierte das Ganze gemeinsam zum Gestein aus, was daran bemerkbar ist, dass die Kriställchen von Kalkspat und Marmor so miteinander verzahnt wurden, dass sie bei späterer Beanspruchung nicht mehr an alten Bruchkanten aufbrechen. Als der Marmor zerbrach, war der Zustand also noch anders als wenn er heute zerbricht. (Foto: Stiftung Weimarer Klassik; Prescher 1978, Nr. 6397 u. 6400.)

Mineralen oder Brechungsphänomenen des Lichtes. Er erwähnte extra in diesem Zusammenhang, dass es um eine methodische Analogie gehe, wodurch das «entfernt Scheinende verknüpft, dessen Identität entdeckt und das eigentliche Gesamtleben der Natur» empfunden werden soll. Er ahnte wohl die Richtung, in der gedacht werden könnte, um die eigentlichen Ursachen zu verstehen, die der Verhärtung und Kristallgestaltung (s. S. 344, S. 348) zu Grunde liegen.

Metamorphose in der Lebenssphäre

Die Gedanken Goethes zur Metamorphose des Granits führen zu dem Bilde, dass sich das Granitische als der älteste Zeuge der Erdenentwicklung aus einer lebendig durchwärmten **Luft-Wasser-Sphäre** niedergeschlagen hat. In ihr waren noch alle Naturreiche ungegliedert enthalten. Goethe stellte sie sich ähnlich der Milch vor, also in einem kolloidalen Zustand, wie er heute auch noch beim Quarz hergestellt werden kann. Die ursprüngliche Masse differenzierte sich nach dem Absondern in Glimmer, Feldspat und Quarz. Dabei verhärtete sie und kristallisierte schließlich zum Granit. Die heute über dem Granit lagernden kristallinen Gesteine können durch Übergänge aus ihm abgeleitet werden. Sie sind demnach Ausdruck der anschließend in der irdischen Lebenssphäre abgelaufenen Vorgänge. Es waren Lebensprozesse, welche zur Entwicklung der sich differenzierenden Tiere und Pflanzen führten. Was sich somit eigentlich **metamorphosiert**, ist der Tier- und Pflanzen-Typus als übersinnliche Realität. In diesen Evolutionsvorgängen wirkte, was Goethe in den Metamorphosen des Organischen als Polarität und Steigerung beschreibt. Dabei wurden Substanzen verdichtet, abgesondert und niedergeschlagen. Sie erschienen in der sinnlich beobachtbaren Entwicklung im Bereich der Erdoberfläche, verhärteten und kristallisierten. Der Granit wäre als tiefste und älteste Masse Abkömmling der ungetrennten Lebenssphäre. Die Metamorphose des Granits ist ein geistiger Vorgang, der sich in den Sonderungen der Naturreiche zeigt und Ausdruck ihrer Lebensprozesse ist. Ihr Abbild findet sich in den Serien der kristallinen Gesteine, die über dem Granit folgen. Aus den Übergängen zwischen den Gesteinen kann der Metamorphose-Prozess vorgestellt werden. Damit sind nicht die geochemischen Umwandlungen von Sedimenten gemeint im Sinne der «metamorphen Gesteine» der Geologie. Metamorphose im Goetheschen Sinne bezieht sich auf den in der geistigen Realität wirkenden Entwicklungsprozess der Naturreiche im Erdenumkreis.

Goethe nennt in dem oben angeführten Text das, was beim «Überschreiten des Granits» eintritt, ein «Individualisieren der Natur» (Goethe 1994, S. 334). Mit einem ersten **Individualisieren** ist der porphyrartige Prozess gemeint, bei dem die besonderen Gestalten jeder Substanz in die Wirklichkeit eintraten. Damit ist ein zweites Individualisieren verbunden, was in den Gesteinen über dem Granit zu organischen Bildungen, zu Pflanzen und Tieren führte. Der Tonschiefer ist schwarz gefärbt vom Graphit, organischem Kohlenstoff, den Goethe am brennbaren Alaunschiefer kennen lernte. In späteren Schiefern sind die Steinkohlemassen und dann auch Pflanzenabdrücke eingelagert. Parallel dazu fand er in den Kalksteinen tierische Reste wie Muscheln und Korallen. Das bezeichnet er als den Eintritt der Vegetation und der Animalisation. Durch diese beiden Prozesse des Individualisierens, also des Porphyrartigen und des lebendigen Sonderns, erschienen in den Gesteinen Einzelgestalten: die der Kristalle und die der organischen Wesen. In diesem Sinne suchte Goethe nach einer «universellen Morphologie» und betrachtete die Lehre von den Metamorphosen als Verwandlungslehre und als Schlüssel zu allen Reichen der Natur.

Goethes Typusbegriff

In der organischen Natur spricht Goethe zunächst vom Typus, der «alle organischen Naturen nach einem **beweglichen Urbilde** mit einem gewissen Spielraum» formte und sich noch immer «durch Fortpflanzung aus- und umbildet». Er fragt, ob es nicht möglich sein müsste, «es zwar nicht den Sinnen, jedoch dem Geiste darzustellen, indem das Urbild wie eine Norm von den einzelnen Gestalten abgezogen» würde, um dann «die verschiedensten Gestalten wieder darauf zurückzuführen». Eine einzelne Gattung könne jedoch kein Muster vom Ganzen sein. Man dürfe das Muster für alle nicht im Einzelnen suchen, denn die Arten und Individuen verhalten sich «wie die Fälle zum Gesetz; sie sind darin enthalten, aber geben es nicht» (Goethe 1994, S. 348).

Goethe sieht im Typus also **geistig wirksame Realitäten**, nicht Abstraktionen, die aus der Sinnenwelt abgeleitet sind, wie er in dem berühmten Gespräch mit Schiller deutlich gemacht hat. Hier besteht für Schiller die bezeichnete Erkenntnisgrenze, welche Goethe eben nicht anerkennen kann. Hier liegt der wichtige Unterschied zwischen dem Typus im Sinne Goethes und dem Bauplan der Biologie, der mitunter auch als Typus bezeichnet wird, aber eigentlich das Gegenteil meint, indem er ein allgemeines und feststehendes Bild bezeichnet, welches aus der Beobachtung vieler Individuen abstrahiert wurde. Dieser biologische Typusbegriff wird von den Autoren, welche eine geistige Realität nicht erleben, verständlicher Weise auch auf das übertragen, was Goethe Typus, Urpflanze oder Urtier nannte (s. S. 176). Obwohl er meines Erachtens deutlich aussprach, was er meinte, ist die Literatur zu Goethes Naturwissenschaft über den Typusbegriff dadurch voller Missverständnisse. So wurde z. B. vom darwinistischen Aspekt her Goethes Urpflanze als Ursprungsform der Entwicklung in den ältesten Landpflanzen des Devon gesucht (Weyland 1938, S. 181).

In seinem Aufsatz über «Goethes Verhältnis zur Naturwissenschaft» (*Beiträge* zur GA, 46, 1974) wies Rudolf Steiner schon 1895 auf drei verschiedene Typus-Begriffe hin (s. S. 176): die Typen als älteste Fossilien, als abstrakte Ideen und als geistige Realitäten. Für ihn können «sie uns nicht als sinnliche, sondern nur als geistige Anschauungen gegeben sein. Keine einzelne, tatsächliche Pflanze ist eine Urpflanze. Dadurch unterscheidet sich Goethes Auffassung von derjenigen der gegenwärtigen Naturwissenschaft. Diese glaubt das Urwesen gefunden zu haben, wenn sie einen sinnlich wahrnehmbaren Einzelorganismus aufweisen kann, der den denkbar einfachsten Bau hat und aus dem sich die komplizierteren Lebewesen allmählich entwickelt haben ... Der Naturforscher der Gegenwart wird ein solches Gebilde eine bloße Idee, einen Gedanken nennen. Goethe aber sieht darin ein wirkliches Wesen. Das ist charakteristisch für ihn. Er sieht das Ideelle als ein Wirkliches, wahrhaft in der Natur Vorhandenes an.» Dieses Wirkliche kann uns bei den Tieren in dem begegnen, was Goethe als «doppeltes Gesetz» der Metamorphose bezeichnet hat (s. S. 170, 382): «das Konstituierende der inneren Natur und das Modifizierende der äußeren Umstände». Da dieses doppelte Gesetz in jeder Entwicklung wirksam ist, finden wir es ebenfalls bei der Metamorphose des Granits, insofern sie eine lebendige Entwicklung charakterisiert. In diesem Kapitel sollen die Phänomene beschrieben werden, aus denen Goethes Ahnungen mit Hilfe der modernen Naturwissenschaft zu einem Gesamtbild ausgestaltet werden können.

Granit als Urgestein?

Im Gebiet des Mechanischen spricht Goethe von Ursachen und ihren Wirkungen; bei anorganischen Erscheinungen, auch von «Haupt-, Grund- oder Urphänomenen», weil nichts in der Erscheinung über ihnen liegt, sie aber völlig geeignet sind, dass man von ihnen herab bis zum konkreten Fall der täglichen Erfahrung niedersteigt. Können wir den Granit jedoch als Urgestein bezüglich der Gesteinswelt ansprechen? Wäre er als Anorganisches ein Urphänomen? Ist er Urgestein im Sinne eines Typus, entsprechend der Urpflanze, also eine geistige Realität? Oder wäre «Urgestein», im Sinne von uralt, als ältestes Gestein anzusehen? Goethe benutzte das Wort «Urgestein» nur sehr selten, wie ich schon 1994 und 1996 darlegte, immer jedoch im Sinne von uralt, dem Ur- oder Grundgebirge angehörig, welches in einer Urzeit gebildet worden ist. So verstand es auch die Freiberger Schule unter Abraham Gottlob Werner. Mitunter klingt ein Ideelles an, wenn Goethe vom «Schwanken der Urbildung» schreibt, jedoch ist auch da der zeitliche Aspekt mit gemeint.

Als zeitlicher Begriff ist «Urgestein» veraltet und unscharf. Ein Gestein ist immer uralt, jenseits jeglicher Vorstellung. Als sein **relatives Alter** wird wieder Verschiedenes betrachtet (Goethe 1994, S. 73), das Substanz- oder das Kristallisationsalter, was immer wieder zu Missverständnissen geführt hat. Die Geologie rechnet das Alter von dem Moment an, wo das Gestein fest wird, sedimentiert oder kristallisiert. Das Flüssige davor liegt jenseits einer Grenze, sodass die Aussagen darüber sehr divergieren. Die Granite haben von diesem Aspekt her – verglichen mit der Tierentwicklung – sehr verschiedene Alter, vom Präkambrium bis zum Tertiär. Als zeitlichen Begriff meinte Goethe jedoch stets die granitische Substanzmasse, welche als kontinentaler Sockel überall das Tiefste und damit auch das älteste Gestein der Erde ist. Als Ausgangsmasse sieht die Geologie jedoch Sedimente an, die zumeist aus dem Präkambrium stammen müssten. Von daher wären die granitischen Massen also auch das Tiefste und Älteste, selbst wenn sie erst im Karbon oder Tertiär kristallisiert sind. Um diese Missverständnisse bezüglich des Alters zu vermeiden, sollte für den Granit und die Kristallinen Schiefer der in der Wissenschaft gebräuchliche Begriff «Grundgebirge» (Abb. 78, S. 210) angewandt werden. Das Wort Urgestein sollte im Sinne von uralt auf wissenschaftshistorische Betrachtungen beschränkt bleiben.

Ein Urgestein im Sinne einer **ältesten Masse** müsste nach Wolfhard Wimmenauer (1994, S. 127) eigentlich das Basaltische des Erdmantels bezeichnet werden, woraus sich nach den derzeitigen Modellen der Weltentstehung die ältesten, ursprünglichen granitischen Gesteine abgesondert hätten. «Wenn also nach Urgestein im eigentlichen Sinne gefragt wird, dann ist auf diesen Gesteinstypus, der den tieferen Zonen der Erde und ihrer planetarischen Nachbarn gemeinsam ist, zu verweisen. In ihm ist die ursprünglichste uns zugängliche Muttersubstanz für alle anderen Gesteins- und Mineralbildungen an der Peripherie der Erde zu suchen.» Durch die weiteren Entwicklungen haben sich jedoch die Zusammensetzungen «beständig verändert, sodass Urgestein im strengen Sinne in der lebendigen Erde nicht erhalten bleiben konnte». Noch einen Schritt weiter geht Susanna Kümmell (1999, S. 52), die als stoffliches Urgestein den Peridotit betrachtet, der, unter dem Basaltischen gelegen, als noch älter anzunehmen wäre. Der im Kreislauf der Gesteine gebildete Granit sei «dasjenige Gestein, in dem die Spuren aller früheren Ereignisse so ausgelöscht werden, dass ein Neubeginn, ein neuer Zyklus beginnt ... dass der Granit in einem mehr ideellen Sinne als ‹Urgestein› gesehen werden kann, indem alle anderen Gesteine von ihm aus betrachtet werden können.» Ähnlich setzt Cornelis Bockemühl fort (1999, S. 150 u. 159): «Das so gefasste ‹Urgestein› ist gleichzeitig Beschreibung eines Sinneseindrucks und Idee. Dies entspricht ein wenig den anderen von Goethe geprägten ‹Ur-Begriffen›, z.B. das ‹Urphänomen› und die ‹Urpflanze›.» Er denkt an «elementare Eindrücke, dass man sie fast nicht formulieren kann ... die Frage nach der Natur des Gesteins-Seins selber ... die Gleichmäßigkeit ... wie die ‹Erinnerung an das Flüssige› – und davor nichts mehr, denn im Flüssigen hinterlassen die Ereignisse ja keine voneinander unterscheidbare Spuren. In diesem Sinne ist das ‹Urgestein› auch eine echte Erkenntnisgrenze.» Wie diese **Erkenntnisgrenze** überschritten werden kann, wurde methodisch bereits dargestellt (s. S. 28). Es ist die gleiche Grenze, die uns begegnet zwischen der Entwicklung der Tierwelt und ihrem Typus, dem Menschen (Abb. 68, S. 170).

Anknüpfend an Goethe wird das Wort Urgestein bei Anthroposophen öfter als **Sammelname** für Granite oder Kristalline Schiefer gebraucht (z.B. Cloos 1958; Knauer 1961; Schad 1981; Schmutz 1986). Aus dem Kontext geht hervor, dass dabei immer das konkrete Gestein gemeint ist, welches im Aufschluss gefunden werden kann, nicht das, was Goethe als Typus ansah. Rudolf Steiner unterscheidet da deutlich zwischen dem Typus und seiner sinnlichen Form. Die Urpflanze «ist das objektiv in allen Pflanzen enthaltene Wesentliche derselben». Wir haben im Geiste «die Möglichkeit, darüber zu entscheiden, ob es der Auffassung Goethes gemäß ist, die Urpflanze oder das Urtier mit irgendeiner zu einer bestimmten Zeit vorgekommenen oder noch vorkommenden sinnlich-realen organischen Form zu identifizieren. Darauf kann nur mit einem entschiedenen ‹Nein› geantwortet werden. Die ‹Urpflanze› ist in jeder Pflanze enthalten, kann durch die konstruktive Kraft des Geistes aus der Pflanzenwelt gewonnen werden, aber keine einzelne, individuelle Form darf als typisch angesprochen werden» (GA 28, Kap. VII).

Bezogen auf den Granit schrieb Rudolf Steiner: Goethe «strebte nach einem Gesetze, einem Prinzip, das aller Gesteinsbildung zugrunde lag ... das den Granit konstituiert, bevor er Granit geworden» ist, und diese Idee sei dieselbe, die «auch allen anderen Bildungen zugrunde» liege. Deshalb wären ihm die **Übergänge** von Gestein zu Gestein so wichtig gewesen, weil aus ihnen ja die Absicht und die **Entstehungstendenz** viel besser zu erkennen sei, als aus dem in bestimmter Weise ausgebildeten Produkt. «Wenn also Goethe von einem Übergehen eines Gesteins in ein anderes spricht, so meint er damit nicht ein tatsächliches Umwandeln, sondern eine Entwicklung der objektiven Idee, die sich zu den einzelnen Gebilden ausgestaltet, jetzt diese Form festhält und Granit wird, dann wieder eine andere Möglichkeit aus sich herausbildet und Schiefer wird usw.» (GA 1b, S. LXXI). Steiner weist auf Goethes Metamorphosegedanken in der Geologie hin, der sich als «konkreter Idealismus» zeige. Geistige Realität wirke gestaltend in der Erdentwicklung und könne durch Goethes Erkenntnismethode erfahrbar werden. Das führt weiter zu Rudolf Steiners Geisteswissenschaft, wonach der Granit als erster Niederschlag aus der Lebenssphäre der frühen lemurischen Erdenepoche (s. S. 154, S. 155) stammt. Da der Mensch ganz am Anfang (s. S. 134, «Alter Saturn», «Polarische Epoche») alle Erdensubstanz bildete und die Naturreiche aus sich herausgliederte (Abb. 6, S. 66), wäre auch das Granitische aus seiner Entwicklung hervorgegangen.

Mit dem Wort Urgestein werden also fünf **verschiedene Begriffe** angesprochen. Es bezeichnet das uralte Grundgebirge (Goethe, A. G. Werner), die vielleicht älteste Gesteinsmasse des Basaltischen (Wimmenauer, Kümmell), den Granit oder Gneis aus dem Steinbruch (Cloos, Knauer u.v.a.), die an der Anschauung gewonnene, abgeleitete Idee (C. Bockemühl), die geistig wirksame Realität hinter der Erscheinung (Steiner). Wenn man den Begriff verwendet, sollte man also deutlich sagen, welchen der vielen möglichen Inhalte man meint. Besser ist es freilich, den Begriff Urgestein überhaupt zu vermeiden.

Dichterische Bilder

Goethe hat immer wieder neu angesetzt, seine geologischen Vorstellungen in wissenschaftlichen Aufsätzen darzustellen; doch alle blieben Fragment. So versuchte er es in dichterischen Bildern. «Wenn man von Uranfängen spricht, so sollte man uranfänglich reden, d.h. dichterisch; denn was unserer tagtäglichen Sprache anheimfällt: Erfahrung, Verstand, Urteil, alles reicht nicht hin» (Goethe 1994, S. 20 u. 182). In *Wilhelm Meisters Wanderjahren* lässt er den Bergmeister Jarno, welcher «in Berg und Kluft eingeweiht» war, sagen, dass er «die Spalten und Risse der Felsen als Buchstaben behandelte, sie zu entziffern suchte, sie zu Worten bildete und sie fertig sehen lernte». Am stärksten aber prägte sich Goethes Erkenntnisringen in die *Faust*-Dichtung ein (Bosse 1995). In den Worten des Erdgeistes klingt das wirkende Weben der vier Elemente innerhalb der Lebenssphäre der Erde an. Im Dank an den Erdgeist in «Wald und Höhle» spricht Faust aus, wie der tiefe Blick in «die Reihe der Lebendigen» zur Erschütterung, zur Selbsterkenntnis führt und ihm von den Felsenwänden «der Vorwelt silberne Gestalten» aufschweben, die Bilder der Erdentwicklung, «der Gottheit lebendiges Kleid», wie es in der Nacht-Szene heißt. Im Zweiten Teil des *Faust* führen die Bilder der Klasssischen Walpurgisnacht in einen übersinnlich-elementarischen Bereich, wofür Rudolf Steiner wesentliche Erläuterungen (GA 272 u. 273) gibt. Zunächst wird in den Szenen am oberen Peneios die Entstehung der Erde dargestellt. Die Sirenen als Wesen des Wässrig-Luftigen begegnen im Seismos dem Irdisch-Feurigen und dem schon fest Gewordenen in den Sphinxen und Oreas (Verse 7495 – 7811). Mit den Kräften des Unterirdischen ist der Streit um das Gold verbunden, bei dem sich Mephisto einfindet. Anaxagoras ruft den Mond zu Hilfe, und ein Fels stürzt von dort herunter (Verse 7902 u. 7939). Es ist dasselbe basaltische Gestein, welches von unten durch Vulkane und Gebirgsbildungen heraufdrängt, aus Regionen unter dem Naturfels, dem Granit. Was hier im Elementarischen geschieht, wird von Thales und Anaxagoras im Streitgespräch noch einmal «nur gedacht». Erdentwicklung ist die Voraussetzung für den Herabstieg des seelisch-geistigen Wesenskerns des Menschen, den der Homunkulus darstellt. Doch in diesem Tumult kann er keinen Leib bilden. In der nächsten Szene führt ihn Thales dazu in die elementarische Welt der Urwasser, zu den Buchten des Ägäischen Meeres. Das ist aber kein «wellenschlagender Meeresraum», sondern ein «unsäglicher Dunstkreis, eine holde Lebensfeuchte», in der es «grunelt»; das ewige Gewässer der Urerde. Der Mond spendet seine Geburtskräfte, Fischmenschen ziehen nach Samothrake, wo die Mysterien der Geburt geschaut wurden. Proteus als Geist der Metamorphose, rät Homunkulus, wie er Mensch werden kann, «vom Fisch durch abertausend Formen» sich wandelnd bis zur höchsten; «die Brüder in der Reihe der Lebendigen» zurücklassend. Zuletzt zerschellt Homunkulus am Muschelwagen der Galatee – das Seelisch-Geistige wird durch das innerliche Feuer der Liebe geboren, der Leib durch die vier Elemente zubereitet. Der Mensch erscheint in Helena – noch trunken von den Luft- und Wassermächten.

Auch in dem Gedicht «Weltseele» («Verteilet euch nach allen Regionen ...») schildert Goethe dichterisch, wie das, was zuerst als Luft-Wasser-Sphäre der Erde erscheint, dann zu Pflanze und Tier wird und am Ende «als das erste Paar» im Paradies verwandelt auftritt. Das Wörtchen *als* zeigt, dass der Mensch es selbst ist, der diese Wandlungen in seiner kosmischen Geschichte durchgemacht hat. Goethe schließt da (LA, II, Bd. 9B, S. 177) an Ideen von Schelling an, welcher von der «inneren Identität aller Organisationen» spricht, die in der Erde ihren gemeinschaftlichen Stamm haben. Das Organische entstand niemals, sondern es war schon immmer da; durch ihre dynamische Grundorganisation konnte die Erde Pflanze und Tier werden. Goethe ahnte, dass hinter allen Entwicklungen der Erde, der Gesteine, der Pflanzen und Tiere, das Werden des Menschen steht. Das zeigt sich besonders in Gesprächen, von denen J. D. Falk berichtete (Goethe 1994, S. 352). «In der Reihe so mannigfaltiger Produkte, wodurch die schaffenden Kräfte der Natur sichtbar würden, sei der Mensch gleichsam das erste Gespräch, das die Natur mit Gott halte.» Und Goethe drückte ihm einen **Granit** in die Hand, den er als ein Produkt «des ältesten Gesetzes» in der Natur bezeichnete. Er verwies ihn dann auf die «Übergänge, worauf am Ende alles in der Natur ankommt» und aus denen das Entstehen gesehen werden könne. Dann sagte er: «Hier ist ein Stück von der **ältesten Urkunde des Menschengeschlechts**. Den Zusammenhang aber müssen Sie selbst entdecken. Wer es nicht findet, dem hilft es auch nichts, wenn man es ihm sagt.» Das ist ein wahres Wort, welches heute immer noch gilt.

Gesteinsfolgen der Erdkruste

Der Aufbau der Erdkruste in Mitteleuropa

Überblick

Um die Entstehung der Gesteine zu behandeln, bin ich ausgegangen von **Goethes Grundgedanken** zur Metamorphose des Granits; denn von ihnen aus kann die Entstehung der Erde methodisch und inhaltlich neu bedacht werden. Das wäre vor allem: aus der Folge der kristallinen Gesteine den Werdeprozess abzulesen; aus den Bildern des Gerinnens die Solideszenz von der Kristallisation zu unterscheiden; und vom Aspekt des Porphyrartigen aus die Gestaltungsvorgänge zu verfolgen. Dadurch werden Vorstellungen möglich, die letztlich zu dem hinführen, was als Metamorphose des «Urgesteins» in der Lebenssphäre der Erde das Werden des Menschen zeigt. Es begegnet sich mit dem, was am Anfang zur Evolution von Mensch und Tier beschrieben wurde. Goethes Fragmente liegen zwischen dem, was einerseits die moderne Naturwissenschaft, andererseits die Geisteswissenschaft Rudolf Steiners erforscht hat.

In den folgenden Abschnitten soll die geologische Seite aufgebaut werden. Ich gehe dabei vom Großen in die Einzelheit. Ich beginne mit dem **Aufbau der Erdkruste**, zuerst im Allgemeinen, dann in Mitteleuropa, dann am Beispiel des Erzgebirges, in dem die Gesteine des Grundgebirges vollständig aufgeschlossen und gut untersucht sind. Was dort beobachtet werden kann, ist typisch für die Gesteinsentwicklung im Grundgebirge. Es geht hier nicht um die regionale Geologie einer bestimmten Gegend, sondern darum, die Phänomene kennenzulernen, um daraus Erkenntnissicherheit zu gewinnen. Das geht nur am Detail, auch wenn es mühsam ist. Ich versuche dabei, die Beziehungen zwischen den Gesteinen des Grundgebirges deutlich zu machen, die sich aus ihrem Zusammenhang und Mineralbestand ergeben und die allgemein gültig sind. Es geht dabei noch nicht um die Entstehungsprozesse und auch nicht um Gebirgsbildung oder Tektonik.

Der Gedankengang geht vom Erdkrustenbau zur Folge der Gesteine, wie sie im Gebirge vorgegeben ist; von da zu den **Mineralen**, welche in den einzelnen Gesteinen unterschieden werden können, und dann zum Chemismus der Minerale. Die übliche systematische Darstellung geht meist umgekehrt vor. Sie setzt die Analyse voraus und beginnt bei den chemischen Elementen; die Minerale werden als deren Verbindungen dargestellt und setzen die Gesteine zusammen, welche wiederum die Gebirge aufbauen. Der goetheanistische Ansatz geht, entsprechend dem Werdeprozess eines Organismus, von der sich gliedernden Ganzheit aus.

Nach den Gesteinen des Grundgebirges werden die wichtigsten **Gesteine des Deckgebirges** beschrieben. Aus den Phänomenen wird versucht, sich ihre Entstehungsprozesse vorzustellen. Im Kalkstein, Sandstein und Tonstein, in Eisenerzen, Salz- und Kohlegesteinen durchdringen sich primäre Gesteinsbildungen aus Lebensvorgängen und sekundäre aus der Verwitterung und Abtragung. Solche unverfestigten, sekundär aus anderen Gesteinen umgebildeten Massen bauen das Lockergebirge auf. Die sedimentären Gesteinsbilde-Prozesse spielen sich an der Grenze zwischen dem Organischen und Anorganischen ab. Hier lassen sich die Vorgänge der Gesteinsbildung betrachten. Daraus ergeben sich Aspekte, durch welche auch die Entstehung der kristallinen Gesteine neu angeschaut werden kann. Deshalb wird deren Entstehung erst anschließend behandelt (Überblick s. S. 291). Dieser Gedankengang ergibt sich aus dem Versuch, im Sinne der dargestellten goetheanistischen Methode (S. 19 – 23) vom Phänomen auszugehen und von den Bildern in den Gesteinen zu Vorstellungen über ihre Werdeprozesse aufzusteigen.

Gesteinsbildung im Kreislauf?

Die Gesteine werden von der üblichen Geologie seit der Mitte des 19. Jahrhunderts nach ihrer Entstehung in sedimentäre, metamorphe und magmatische gegliedert. Sedimente haben sich im Wässrigen niedergeschlagen, meist aus dem Meer. Metamorphite sind aus Sedimenten in größeren Tiefen unter Druck und Hitze umgebildet, im festen Zustand oder aufgeschmolzen. Magmatite sind aus solchen Gesteinsschmelzen oder Magmen entstanden, die aus der Tiefe wieder aufgedrungen sind und entweder in der Erdkruste langsam zu Tiefengesteinen erstarrten oder als vulkanische Ergussgesteine empordrangen und ausflossen. In dieser Gliederung ist die selbstverständliche **Voraussetzung** enthalten, dass die Erde aus einer kosmischen Staubwolke entstanden ist, die aufgeschmolzen wurde und daraus erstarrte. Alle drei Gesteinsgruppen sind danach aus rein physiko-chemischen Prozessen hervorgegangen. Organische Bildungen spielen nur bei Sedimenten eine gewisse Rolle, nicht bei der Bildung der Erde als Ganzes und ihrer kristallinen Gesteinskruste.

Weiterhin wird entsprechend dem **Aktualitätsprinzip** (s. S. 31) vorausgesetzt, dass die heute beobachtbaren Ereignisse der Gesteinsbildung auch für die früheren Zeiten der Erdgeschichte nahezu unverändert gelten. Bei den **Sedimenten** meint man sich vorstellen zu können, wie sie abgesetzt wurden: Die Gebirge verwitterten, der Schutt wurde abgetragen, die Minerale teilweise aufgelöst oder umgebildet und als Sandsteine oder Tonsteine erneut abgelagert. Bei genauerem Hinsehen zeigen sich jedoch schon bei Sandsteinen oder Tonsteinen – z.B. im Buntsandstein oder Rotliegenden – Phänomene, die zugleich dem Milieu heutiger Wüsten, Deltas und Flachmeere entsprechen und Ausmaße zeigen, wie sie nirgends mehr zu beobachten sind. Bei Kalksteinen wird es noch schwieriger, wenn man sich beispielsweise vorzustellen versucht, wie die 1000 Meter mächtigen Riffe zwischen Kalkalpen und Himalaya aus nur einige Zentimeter mächtigen Bakterienrasen aufgebaut sein sollen, welche heute nur lokal im Gezeitenbereich der Flachmeere leben. Oder ein weiteres Beispiel: Zehn Meter Torf würden einen Millimeter Steinkohle ergeben; wieviel Tausende Meter Torf brauchen also 30 Meter mächtige Steinkohlenflöze? Zahlreiche Zusatzannahmen werden nötig, wie ständig sinkende Meeresböden, andere Klimaverhältnisse etc. Und ist wirklich etwas erklärt, wenn dann mit Jahrmillionen argumentiert wird? Ist damit nicht eher eine Erkenntnisgrenze aufgerichtet, die nicht näher hinterfragt werden kann? Also schon bei der Entstehung der Sedimenten beginnt die Frage: Wie liefen gesteinsbildende Prozesse in der Erdgeschichte eigentlich ab, für die, genauer besehen, in der heute beobachtbaren Welt kaum vergleichbare Vorgänge zu finden sind?

Das gilt erst recht für die **metamorphen Gesteine**. Die geochemische Umwandlung, die als Metamorphose bezeichnet wird, wirft zahlreiche Probleme auf, da die Beobachtungen am Gestein mit den Temperatur- und Druckexeperimenten im Labor nicht in Übereinstimmung zu bringen sind, wenn man sie genauer betrachtet. Aus Sedimenten kann kein Granit oder Gneis hergestellt werden. Man stößt auf prinzipielle Grenzen. Immer kompliziertere Zusatzmodelle mussten konstruiert werden, die zu neuen Widersprüchen führen, wenn sie untereinander verglichen werden.

Der Begriff der **magmatischen Gesteine** ist an den Vulkanen gewonnen. Hier dringt ein basaltisches Magma in flüssiger Form an die Erdoberfläche und erstarrt als vulkanisches Ergussgestein, als Lava. Auch der Granit gilt als ein magmatisches Gestein, da er aufgedrungen ist, jedoch in größerer Tiefe kristallisierte. Nur wenn man unter Entstehung allein diesen letzten Moment der physikalischen Seite der Bildungsgeschichte versteht, haben Granit und Basalt das Gemeinsame, aus einem vorher Flüssigen kristallisiert zu sein. Sieht man aber auf den Werdeprozess der Gesteinssubstanzen selber, so wären Granit und Basalt in vieler Hinsicht eine grundsätzliche Polarität, welche durch diesen Magma-Begriff verdeckt wird. Weiteres dazu S. 306.

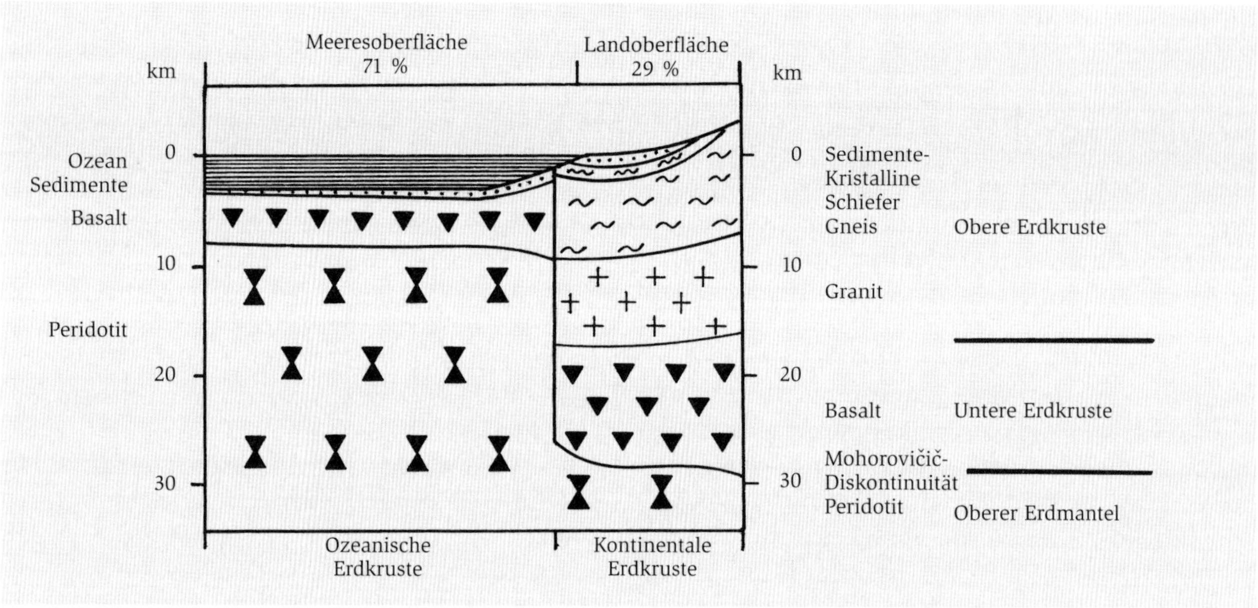

Abb. 76: Prozentuale Anteile der Gesteinsgruppen am Aufbau der Erdkruste, schematisch an einem Tiefenschnitt dargestellt: Sedimente 7 %; Kristalline Schiefer 6 %; Gneis 22 %; Granit u. Granodiorit 22 %; Basalt 43 %. (Umgezeichnet nach Ronov 1967).

Die Sedimente gehen nach der Tiefe hin vielfach in Metamorphite über und diese wiederum in granitische Gesteine. Granite und alle anderen Gesteine verwittern und bilden wiederum Sedimente. So lässt sich ein «**Kreislauf der Gesteine**» von sedimentären zu metamorphen und zu magmatischen Gesteinen und wiederum zu Sedimenten denken. Ein Kreislauf wäre aber nur in unorganischen Prozessen wirksam; ein Lebendiges entwickelt sich in der Zeit weiter. Würde die Folge der Gesteine angesehen als abgesondert aus einem Lebensprozess der Erde, dann würde diese Folge die unumkehrbare Erdentwicklung wiederspiegeln. Die meisten Gesteine zeigen schon äußerlich solche Unterschiede, wenn man mit etwas Erfahrung Stücke aus verschiedenen Entwicklungsepochen der Erdgeschichte vergleichend betrachtet, und zwar unabhänig von der Gegend. Zum Beispiel sieht ein devonischer Riffkalk anders aus als ein alpiner aus der Trias oder aus dem Jura. Ein Sandstein aus dem Kambrium ist anders als einer aus dem Karbon, aus dem Buntsandstein, aus dem Dogger oder aus der Kreidezeit. Kristalline Schiefer oder granitische Gesteine unterscheiden sich substanziell und strukturell entsprechend ihrer Lage in der Erdkruste. Die chemisch ähnlichen granitischen Ergussgesteine des Perm können wegen ihrer phänomenologischen Unterschiede als Quarzporphyr, die des Tertiär als Rhyolith bezeichnet werden. Auch basaltische Ergussgesteine unterscheiden sich entsprechend ihrem Kristallisationsalter und können damit verschieden benannt werden: Im Devon findet sich der Diabas und der Keratophyr, im Perm der Melaphyr und im Tertiär der Basalt. Die moderne Gesteinskunde geht jedoch immer mehr vom Gehalt der chemischen Elemente aus, da der sich leicht bestimmen lässt; die phänomenologischen und strukturellen Unterschiede, die erdgeschichtlich relevant sind, verschwinden dabei aus dem Blickfeld (s. S. 249).

Gliederung der Erdkruste

Für die Fragen nach der Entstehung benötigen wir als sicheren Ausgangspunkt eine genauere Kenntnis davon, wie die Gesteine in der Erdkruste vorkommen. Die geologischen Wissenschaften haben unendlich viel Material zusammengetragen, welches über Kontinente und Ozeanböden hinweg einen weltweiten, vergleichenden Überblick ermöglicht.

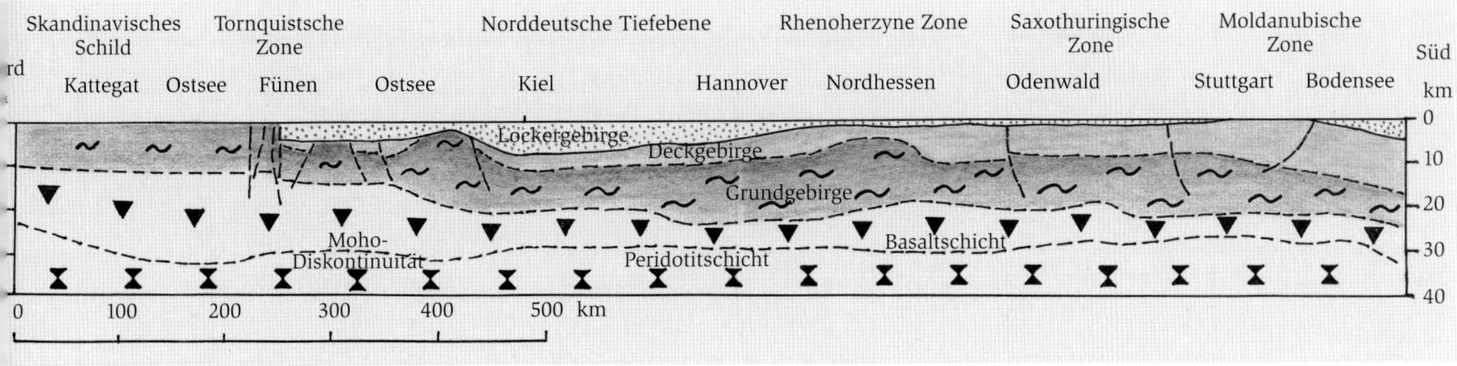

Abb. 77: Nord-Süd-Schnitt durch die Erdkruste von Mitteleuropa zwischen Dänemark und dem Bodensee nach der Tiefenseismik. (Umgezeichnet und vereinfacht nach Franke 1990, Walter 1992 u.a.).

Beginnen wir mit dem tiefsten uns bekannten Gestein der Erde. Es kommt aus dem oberen Erdmantel mit dem Basalt durch die Vulkane herauf und heißt Peridotit (Abb. 76, S. 208, 90, S. 223). Darüber lagern überall die basaltischen Gesteine der unteren Erdkruste. Sie werden überdeckt von der oberen Erdkruste, die in den Ozeangebieten aus einer dünnen Sedimentschicht besteht, in den Kontinenten jedoch aus Granit und Gneis, über denen vielfach noch weitere Kristalline Schiefer und Sedimente folgen. Die Schicht- und Lockergesteine machen zwar nur 7 % der Erdkruste aus, bedecken aber 75 % der Erdoberfläche.

Die **Verhärtung der Erdkruste** schritt vom Gneis ausgehend nach unten fort. Als der Gneis und die Kristallinen Schiefer gefaltet wurden, war der Granit darunter noch weich und drang dabei in die Kristallinen Schiefer ein. Heute ist vermutlich auch die Basaltschicht in der unteren Erdkruste kristallisiert. Sie wird nach unten hin begrenzt durch eine geophysikalisch scharf fassbare Fläche (Mohorovičič-Diskontinuität). In Mitteleuropa liegt sie in etwa 30 Kilometer Tiefe und taucht unter der Osteuropäischen Tafel in Polen und unter den Alpen auf über 40 Kilometer Tiefe ab. Diese Fläche wird gedeutet einerseits als strukturelle Grenze zwischen der festen Erdkruste und dem vermutlich noch plastischen Erdmantel, andererseits auch als substanzielle Grenze zwischen dem Basalt-Stockwerk und dem darunter anzunehmenden Peridotit.

Obere Erdkruste in Mitteleuropa

Die Abbildung 77 zeigt die verschiedenen Stockwerke des **Gesteinsaufbaus** an einem neueren Schnitt durch die mitteleuropäische Erdkruste. Er zeigt, wie die verschiedenen Gesteinspakete zwar mit schwankender Mächtigkeit, aber doch recht gleichmäßig übereinander liegen. Das weist auf einheitliche Bildungsprozesse hin. Sie sind durch Flächen voneinander getrennt, die sich geophysikalisch deutlich verfolgen lassen. Diese charakterisieren wichtige Grenzen, an denen sich die Erdentwicklung jeweils grundlegend geändert hat. Schnitte durch die Kruste anderer Kontinentalgebiete sehen prinzipiell gleich aus. Einen weiteren Schnitt durch die Norddeutsche Senke zeigt Abb. 147, S. 159.

Betrachten wir den schematischen Schnitt durch die obere Erdkruste von Mitteleuropa (Abb. 78, auf der nächsten Seite). Das **Grundgebirge** beginnt mit granitischen Gesteinen, hauptsächlich dem Granodiorit und dem Granit. Darüber folgen, meist mit scharfer Grenze, die Gneise in zahlreichen Varietäten. Sie gehen nach oben in Glimmerschiefer, Phyllit und in den Tonschiefer über. Darin enthalten finden sich Linsen von Marmor, der nach oben in dichten, kristallinen Kalkstein übergeht. Die Gesteine zwischen dem Gneis und dem Tonschiefer können auch als Kristalline Schiefer zusammengefasst werden. Sie sind erdgeschichtlich zwischen dem Oberen Proterozoikum und dem Unterkarbon entstanden und wurden im Karbon in der variszischen Gebirgsbildung gefaltet. Dabei drangen die Granite, die damals noch nicht verfestigt waren, in die Kristallinen Schiefer ein. Im Schema wurde der Granit zeitlich dargestellt, also bis ins Oberkarbon hinauf gezeichnet. Räumlich

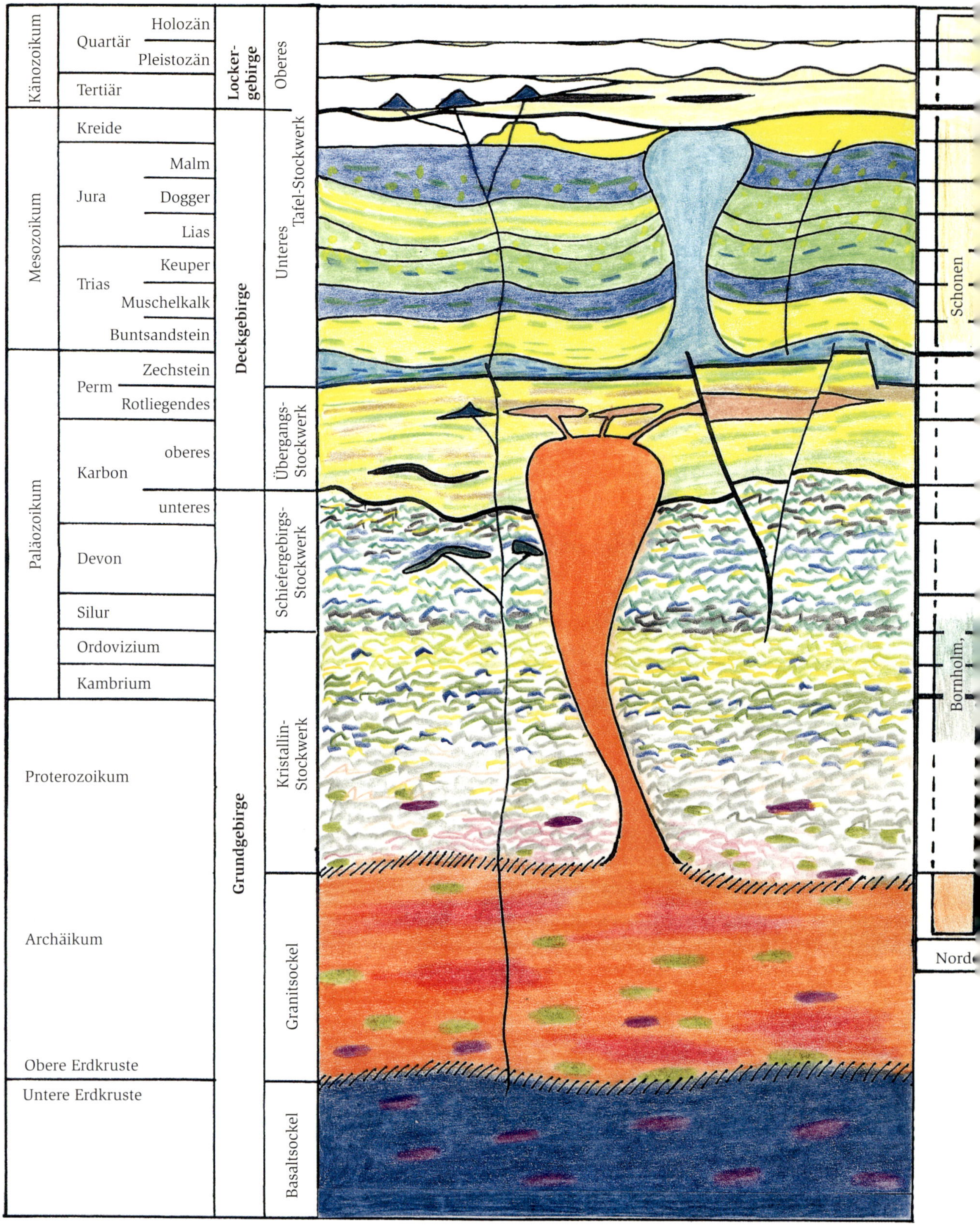
Känozoikum
Quartär
Holozän
Pleistozän
Tertiär
Mesozoikum
Kreide
Jura
Malm
Dogger
Lias
Trias
Keuper
Muschelkalk
Buntsandstein
Paläozoikum
Perm
Zechstein
Rotliegendes
Karbon
oberes
unteres
Devon
Silur
Ordovizium
Kambrium
Proterozoikum
Archäikum
Obere Erdkruste
Untere Erdkruste
Locker-gebirge
Deckgebirge
Grundgebirge
Oberes
Unteres Tafel-Stockwerk
Übergangs-Stockwerk
Schiefergebirgs-Stockwerk
Kristallin-Stockwerk
Granitsockel
Basaltsockel
Schonen
Bornholm,

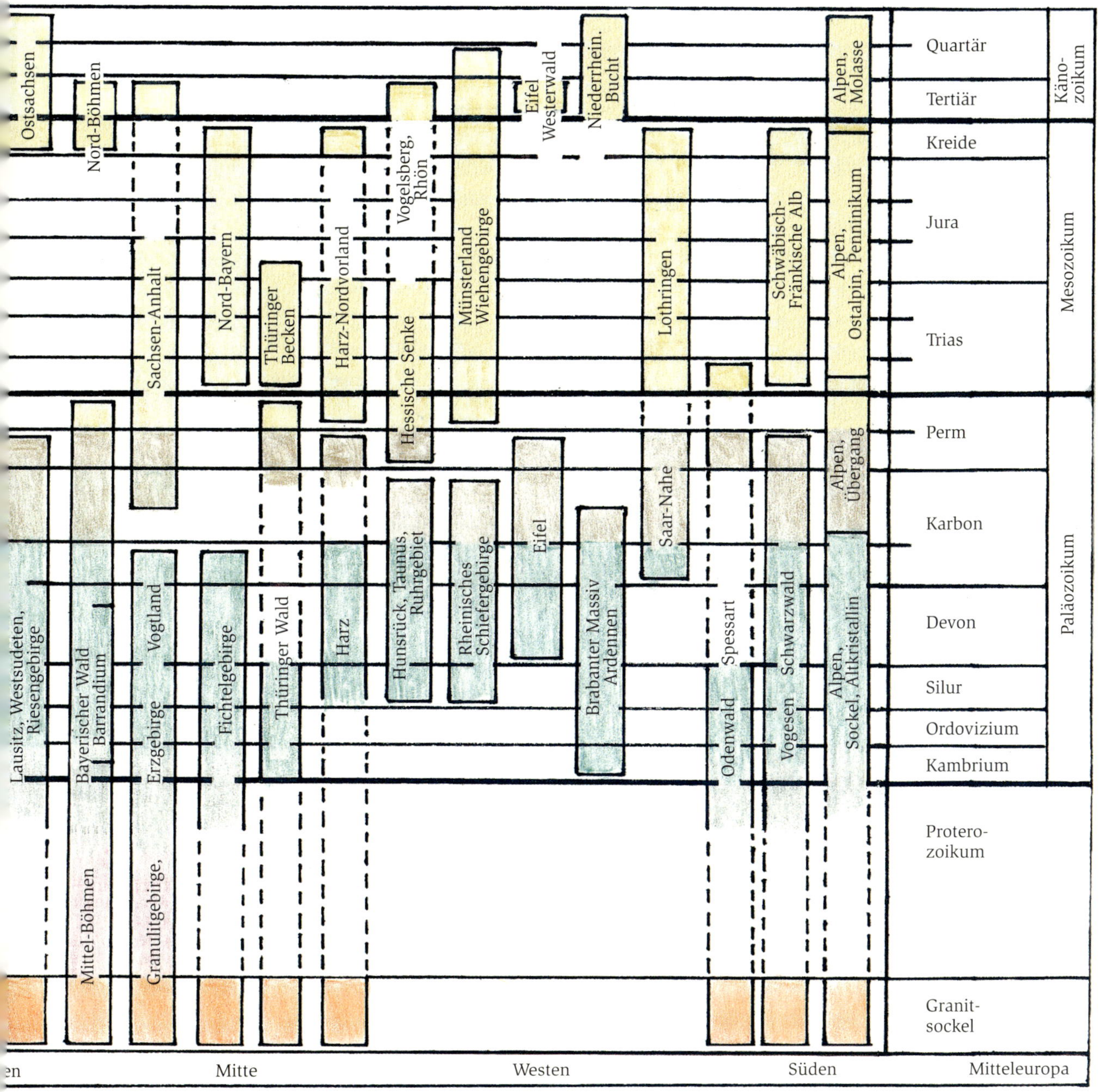

Abb. 78: Linke Seite: Schematischer Schnitt durch die obere Erdkruste von Mitteleuropa, außerhalb der Alpen, modifiziert nach Wagenbreth 1982, Schwab 1988, Wagner 1961 u.a. Die Gesteine über der Basaltschicht gliedern sich in drei große Gruppen oder in weitere Stockwerke: das Grundgebirge aus kristallinen Gesteinen, das Deckgebirge aus Sedimenten und das Lockergebirge aus unverfestigtem Sand und Ton.
Rechte Seite: Tabelle der Gebiete von Mitteleuropa, in denen die Gesteine, entsprechend dem Schema links, an der Oberfläche aufgeschlossen sind; zusammengestellt nach Walter 1992. – Nähere Erläuterungen im Text.

steckt er in verschiedenen Horizonten der Kristallinen Schiefer, welche dadurch teilweise aufgeschmolzen oder im Kontaktbereich verändert wurden. Das Grundgebirge unterlagert in Mitteleuropa alle jüngeren Gesteine und ist in den Mittelgebirgen an der Erdoberfläche aufgeschlossen.

Diese variszischen Gebirge aus dem Unterkarbon zerfielen im oberen Karbon und unteren Perm zu Konglomeraten und Sandsteinen und wurden eingeebnet. Auf diese Schichten ergossen sich letzte Ausflüsse granitischer Massen, die als mächtige Decken von Quarzporphyr erstarrten. Die Konglomerate und Sandsteine des oberen Karbon und unteren Perm bilden ein **Übergangsstockwerk** zum eigentlichen sedimentären Deckgebirge. Dieses beginnt mit den Rhythmen von Kalkstein, Gipsstein oder Anhydrit, Steinsalz und Kalisalz des oberen Perm oder Zechstein. Bis zur Oberen Kreide folgen in vielfachem rhythmischem Wechsel Tonsteine, Kalksteine und Sandsteine. Durch die Last dieser Gesteinsmassen wurden die Salzgesteine im Norddeutschen Becken an Verwerfungen zu Salzstöcken aufgepresst. Die Gesteine des **Deckgebirges** zeigen ihren Charakter vor allem in der Gestalt der Landschaft durch ihre unterschiedliche Härte. Das gesamte mittlere Deutschland wird von den Schichtstufenlandschaften des Erdmittelalters bestimmt.

Das **Lockergebirge** besteht hauptsächlich aus unverfestigten Sanden, Mergeln und Tonen. Erdgeschichtlich entstanden sie im Tertiär und Quartär. Das Tertiär ist durch die Braunkohlen bekannt, welche in Lockersedimenten eingelagert sind. In dieser Zeit drangen auch die Vulkane der Rhön, des Vogelsberges, der Eifel oder des Hegau empor. Ihre markanten Berge bestehen aus **Basalt**, welcher wegen seiner dichten Kristallinität zum Grundgebirge zu rechnen wäre, aber dem Lockergebirge ein- und aufgelagert ist. Wenn diese basaltischen Massen in früheren geologischen Epochen aufgedrungen sind, entstanden Gesteine, die substanziell ähnlich, aber strukturell verschieden sind: der Diabas im Devon und der Melaphyr im Perm.

Über dem Tertiär folgt das Pleistozän, in welchem im Norden Mitteleuropas und im Alpenvorland die Gletscher der Eiszeit Lockermaterial umgelagert haben. Landschaftliches Hauptmotiv sind die wiederholten Rhythmen von Grundmoräne, Endmoräne, Sander und Urstromtal. Während der Eiszeit entstanden die Täler mit ihren Terassen im mittleren Deutschland und in den Alpen. Danach wurden die Talauen meist mit Lockersedimenten des Holozän aufgefüllt.

Im Goetheschen Sinne der Metamorphose des Granits würde das Grundgebirge den Pol der **primären Gesteinsbildung** aus der Lebensursphäre der Erde darstellen. Das Lockergebirge hingegen bildete den **sekundären** Pol, dessen Material aus der Verwitterung und Abtragung früher verhärteter Gesteine entstand. Im Deckgebirge und Übergangsstockwerk dazwischen verzahnen sich in rhythmischem Wechsel primäre und sekundäre Entwicklungen. Im Tonschiefer und Kalkstein sowie in den Salzgesteinen dominiert noch der primäre Pol, im Konglomerat, Sandstein und Tonstein, in Grauwacke und Quarzit mehr der sekundäre Pol.

Die rechte Seite der Abb. 78, S. 211 zeigt tabellarisch, wo innerhalb von Mitteleuropa die Gesteinsbildungen aus den verschiedenen Zeitepochen an der Erdoberfläche liegen und in Aufschlüssen angesehen werden können. Eine allgemeine geologische Karte von Mitteleuropa habe ich dazu nicht gezeichnet, weil sie in allen Schulatlanten zu finden ist.

Das Grundgebirge der kontinentalen Erdkruste Europas ist insgesamt von Norden nach Süden entstanden, und zwar in dem Sinne, dass die Gesteine fest wurden und sich geologisch datieren lassen. Mitteleuropa hat dabei Anteil an allen europäischen Bildungsepochen. Das Granit- und Gneis-Stockwerk

Abb. 79: Die zeitliche Abfolge der Gesteinsbildeprozesse in der Erdkruste von Mitteleuropa, wie sie an der Oberfläche des Grundgebirges ausgebildet ist. (Nach Hoth / Hirschmann 1970, Gwinner 1971, Walter 1992).

Legende:

- Lage der Karte Abb. 80, S. 216
- Jura bis Tertiär
- Höheres Devon bis Karbon
- Höheres Ordovizium bis Silur
- Kambrium bis tieferes Ordovizium
- Proterozoikum, im Tertiär überprägt
- Proterozoikum, im Karbon überprägt
- Unteres Proterozoikum
- Mittleres Proterozoikum
- Oberes Proterozoikum

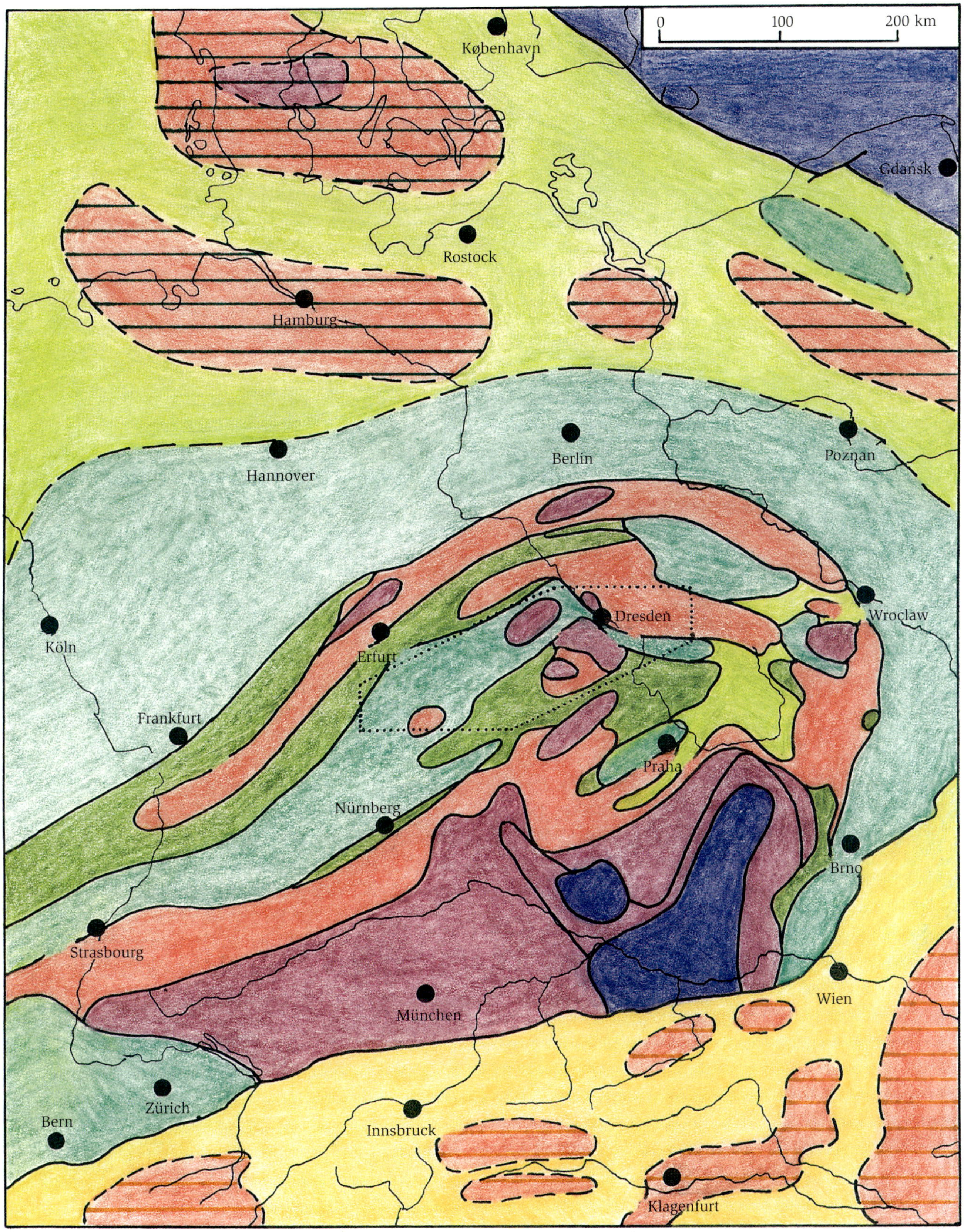

0
100
200 km
København
Gdańsk
Rostock
Hamburg
Hannover
Berlin
Poznan
Wroclaw
Dresden
Erfurt
Köln
Frankfurt
Praha
Nürnberg
Brno
Strasbourg
München
Wien
Zürich
Bern
Innsbruck
Klagenfurt

bildete sich im Gebiet des ganzen Kontinents in der Erd-Urzeit, also im Archäikum und Proterozoikum. In Skandinavien war damit die Gesteinsbildung abgeschlossen. Im Nordosten Mitteleuropas ragt der Rand bis nach Polen herein (blauviolett). Ebenfalls in dieser Epoche entstand eine Krustenscholle im südlichen Böhmen, die bis nach Österreich hinüberreicht und von den Alpen abgeschnitten wird. An sie gliederten sich vor allem nach Westen und Norden ringförmig immer weitere Zonen an (dunkel- und hellviolett), die bis zum Ende des Proterozoikums verhärteten. Dazu dürften auch Schollen im tieferen Untergrund Norddeutschlands und der Alpen gehören. Um diese ältesten Schollen herum entstanden in den dazwischen liegenden Gebieten noch weitere Kristalline Schiefer, die im Erdaltertum bis zum Karbon gefaltet, verfestigt und der **mitteleuropäischen Kruste** angegliedert wurden (grün). Wo solche Gebiete im tieferen Untergrund liegen und von späteren Gebirgsbildungen überprägt wurden, ist ihr zeitlicher Werdegang schwerer fassbar. Das ist der Fall in Norddeutschland, in den Alpen oder im pannonischen Becken Ungarns. Dort teilen sich die **Alpen** an einer solchen tiefen Scholle in den nördlichen Karpatenbogen und die südlichen Dinariden. Die heutige Lage dieser Schollen wurde in die Karte eingetragen. Vor der alpinen Faltung lagen sie weiter südlich (Abb. 231, S. 438). Wo in den Alpen der tiefere Untergrund aufgeschlossen ist, zeigt sich, dass auch dort mit der variszischen Gebirgsbildung ein verhärteter Sockel gebildet wurde. Damit ist also der Werdeprozess des primären Grundgebirges abgeschlossen. Darüber lagerten sich in Mittel- und Südeuropa im Perm und Erdmittelalter die Gesteine des Deckgebirges. Sie wurden im Gebiet der heutigen südeuropäischen Hochgebirge während der Kreidezeit und im Alttertiär zusammengeschoben und aufgefaltet. Die ältere, noch nicht völlig verhärtete Granit-Gneis-Kruste zerbrach und wurde untergeschoben oder in Decken aufgepresst. Mitteleuropa hat mit den nördlichen Alpen auch Anteil an der jüngsten Bildephase der Erdkruste (hellbraun). Die Mittelgebirge wurden gleichzeitig emporgehoben und die Deckschichten bis auf tiefe Grundgebirgsanschnitte abgetragen (Abb. 260, S. 484). Danach wurden im Tertiär und Quartär die Alpen und Mittelgebirge stark zertalt. Die Abtragungsmassen wurden zusammengeschwemmt bzw. durch die Gletscher der Eiszeit umgelagert. Sie überdecken als Lockergebirge vor allem in Norddeutschland, im Alpenvorland oder im Rheintalgraben alles früher Gebildete.

Es ist erstaunlich, dass die Unterschiede der Gesteinsausbildung innerhalb einer geologischen Epoche weltweit doch relativ gering sind. Was man an einem typischen Beispiel gründlicher beobachtet und durchdacht hat, lässt sich an anderen Orten gut wiedererkennen. Statt aus dem Erzgebirge könnte man ebenso Beispiele aus dem Schwarzwald, den Alpen, aus Niederösterreich, Norwegen wählen oder wo auch immer Granit und Kristalline Schiefer aufgeschlossen sind. Gewisse Variationen entstanden dadurch, dass die aufgeschlossenen Schichtkomplexe ein verschiedenes Entstehungsalter haben. So bildeten sich die kristallinen Gesteine des Grundgebirges zwischen dem Granit und dem Tonschiefer in Norwegen bis ins Kambrium, im Erzgebirge bis ins Karbon und in den Alpen noch bis in den Jura. In Mitteleuropa finden wir alle Bildungen aufgeschlossen – eine glückliche Situation für geologisch Interessierte!

Literatur und Karten

Eine *Geologische Karte der Bundesrepublik Deutschland*, die detaillierter ist als die Karte in den Schulatlanten, hat die Bundesanstalt für Geowissenschaften 1993 für das wiedervereinigte Deutschland neu erarbeitet. Nach der Wende wurden die Übersicht zur Geologie von Mitteleuropa (Walter 1992) und die allgemein verständliche, regionale Geologie der Bundesrepublik (Henningsen / Katzung 1992) neu bearbeitet. Eine sehr gute Darstellung mit vielen dreidimensionalen Blockbildern erschien für das ostdeutsche Gebiet (Wagenbreth / Steiner 1990); für die ehemalige Bundesrepublik gibt es Vergleichbares nur für einzelne Gebiete. Typische Aufschlüsse werden in der Lokalliteratur und in den geologischen Führern, z.B. der *Sammlung geologischer Führer*, beschrieben, die es von vielen Gebieten Deutschlands gibt. Die Reihe Geologischer Karten von Deutschland im Maßstab 1:200.000, herausgegeben von der Bundesanstalt für Geowissenschaften in Hannover, wird fortgeführt. Geologische Karten im Maßstab 1:25.000 mit Erläuterungen erscheinen nahezu flächendeckend bei den Geologischen Landesanstalten.

Um 1790 wurden in Thüringen und Sachsen die ersten geologischen Karten der Welt gezeichnet, zu deren Farbgebung auch Goethe beitrug. Der Laie muß beim Lesen geologischer Karten beachten, was da eingetragen ist. Die anfängliche geologische Kartierung verzeichnete im kristallinen Grundgebirge zunächst die Gesteine, also Granit und die Kristallinen Schiefer wie Gneis, Granulit, Glimmerschiefer und Phyllit. Im Deckgebirge hingegen wurden in die Karten die erdgeschichtlichen Zeitalter eingetragen, in denen die Gesteine gebildet wurden: also Perm, Trias, Jura etc. – und nur manchmal auch die Gesteine, die in diesen Zeiten entstanden. Für das Grundgebirge ermittelte man in den letzten Jahrzehnten ebenfalls die geologischen Epochen, in denen die ursprünglichen Sedimente gebildet wurden – unter der Voraussetzung, dass die kristallinen Gesteine aus Sedimenten umgewandelt seien. In den Karten wurden dann diese Epochen verzeichnet; statt des anstehenden Gneis steht dann also Proterozoikum, in dem die Grauwacke entstanden sein soll, die dann zu Gneis umgewandelt worden sei; oder statt Glimmerschiefer ist Kambrium angegeben etc. Zusätzlich wird mitunter vermerkt, in welcher anschließenden Epoche diese theoretisch angenommenen Sedimente durch die Regionalmetamorphose umgewandelt wurden. Das macht es für den Laien fast unmöglich, solche Karten zu lesen, denn er findet vor Ort nicht, was die Karte verzeichnet. Nur bei Graniten wird das Alter der Kristallisation angegeben – z.B. Karbon – und nicht das Alter der angenommenen präkambrischen Ausgangssedimente. Da ich in dieser Darstellung die Phänomene zugrunde legen will, habe ich in den Karten und Schnitten für das Grundgebirge zunächst die Gesteine eingezeichnet (z.B. Abb. 80, S. 217). Die Zeiten ihrer Entstehung, d.h. ihrer Verhärtung, entsprächen unter dem Aspekt einer Metamorphose des Granits denjenigen Zeitepochen, in welchen vom «Kreislauf der Gesteine» her die sedimentären Ausgangsmassen der Metamorphite vor ihrer Umwandlung abgelagert wurden. Der Umgang mit Bestimmungsbüchern für Gesteine und Minerale ist auch nicht einfach. Wichtig ist, dass man frische Bruchflächen betrachtet! In Gesteinen muss man dann die verschiedenen Minerale unterscheiden. Man geht am besten von Vermutungen aus, die man dann anhand eines Buches prüft. Dabei sind die Farbe und die Ritzhärte die ersten, einfachsten Kriterien.

Das Grundgebirge am Beispiel des Erzgebirges

Der allgemeine Aufbau des Grundgebirges kann am besten am Beispiel des Erzgbirges betrachtet werden, wo zwischen der Lausitz und dem östlichen Thüringen die vollständigste **primäre Gesteinsfolge Mitteleuropas** an die Oberfläche kommt. Das sächsische Gebiet ist zudem geologisch hervorragend gut untersucht, vor allem durch die Bergakademie in Freiberg, die älteste technische Hochschule der Welt. Hier wurde 1775 durch Abraham Gottlob Werner die moderne wissenschaftliche Geologie begründet und weltweit zuerst gelehrt; befördert durch einen Erzbergbau, der hier von 1168 bis 1968 betrieben wurde.

Die Karte (Abb. 80) zeigt die oberflächlich anstehenden Gesteine im Gebiet zwischen der Lausitz und Ostthüringen. In groben Zügen gesehen, liegen von Osten nach Westen nebeneinander Granodiorit (karminrot), Gneis (grau), Glimmerschiefer (dunkelgrün), Phyllit (hellgrün) und Tonschiefer (bläulichgrün). Der Granit (hellrot) und der Quarzporphyr (rotbraun) haben an verschiedenen Stellen diese Gesteine durchdrungen. Hinzu kommt noch der Granulit (rosa), der zum tieferen Gneis gerechnet werden kann.

Zum Übergangsstockwerk des Perm gehören die Konglomerate und Sandsteine (dunkelbraun) sowie die Quarzporphyre (hellbraun); Salzgesteine stehen nicht an der Oberfläche an, weil sie weggelaugt wurden. Randlich wird das Gebiet teilweise vom Deckgebirge (gelbbraun) und Lockergebirge (hellgelb) überlagert. Vor allem im Südosten entlang des Egertalgrabens haben im Tertiär basaltische Gesteine (dunkelblau) alle älteren Gesteine durchschlagen. In der gleichen Farbe werden das Gabbro- und Serpentingestein am Rand des Granulitgebirges dargestellt.

Vergleichen wir die Geologische Karte Abb. 80 mit einem **Querschnitt** (Abb. 82, S. 219), so wird deutlich, dass die kristallinen Gesteine, die an der Oberfläche nebeneinander ausstreichen, in der Tiefe wie Schichtpakete übereinander liegen. Dabei ist der **Granit** – im Schnitt rot – das Tiefste, was der Erkundung zunächst noch gut zugänglich ist, da er an vielen Stellen nach oben durchgebrochen ist. Über dem Granit folgen ein mehrere tausend Meter mächtiges Gneisstockwerk (grau), zu dem auch der Granulit

(rosa) gerechnet werden kann; dann etwa zweitausend Meter Glimmerschiefer (dunkelgrün), tausend Meter Phyllit (hellgrün) und tausend Meter Tonschiefer (blaugrün). Dieser wird von den Sandsteinen und Konglomeraten aus der Zeit des Rotliegenden (hellbraun) bedeckt. Diese Mächtigkeiten der **Kristallinen Schiefer** sind in der Größenordnung auch in anderen Gebieten der Erde relativ ähnlich. Was unter den Kristallinen Schiefern lagert, ist schwerer zu bestimmen. Die Laufzeiten von künstlich erzeugten Wellen können seismisch gemessen und im Labor an Gesteinen unter vermutlich ähnlichen Bedingungen verglichen werden. Granite, Granodiorite und Gneise sind in ihren geophysikalischen Eigenschaften sehr

Abb 80: Geologische Übersicht der Gesteinsfolgen im sächsischen Erzgebirge zwischen der Lausitz und Thüringen (nach der Geol. Karte der DDR, Berlin 1971).

ähnlich und dadurch von den Laufzeiten und Schwerewerten her nicht mehr zu unterscheiden. Die geophysikalischen Profile bis etwa 30 km Tiefe zeigen lediglich, dass die Erdkruste durch schichtartig verlaufende Grenzflächen gegliedert ist (Abb. 82, S. 218; Abb. 77, S. 209; Conrad 1994; Neumann 1978; Walter 1992, S. 43). An diesen Flächen ändern sich die Laufzeiten der Wellen. Das spricht für unterschiedliches, schichtartig gelagertes Gesteinsmaterial. Darin sind größere linsenförmige Körper eingelagert, die basal-

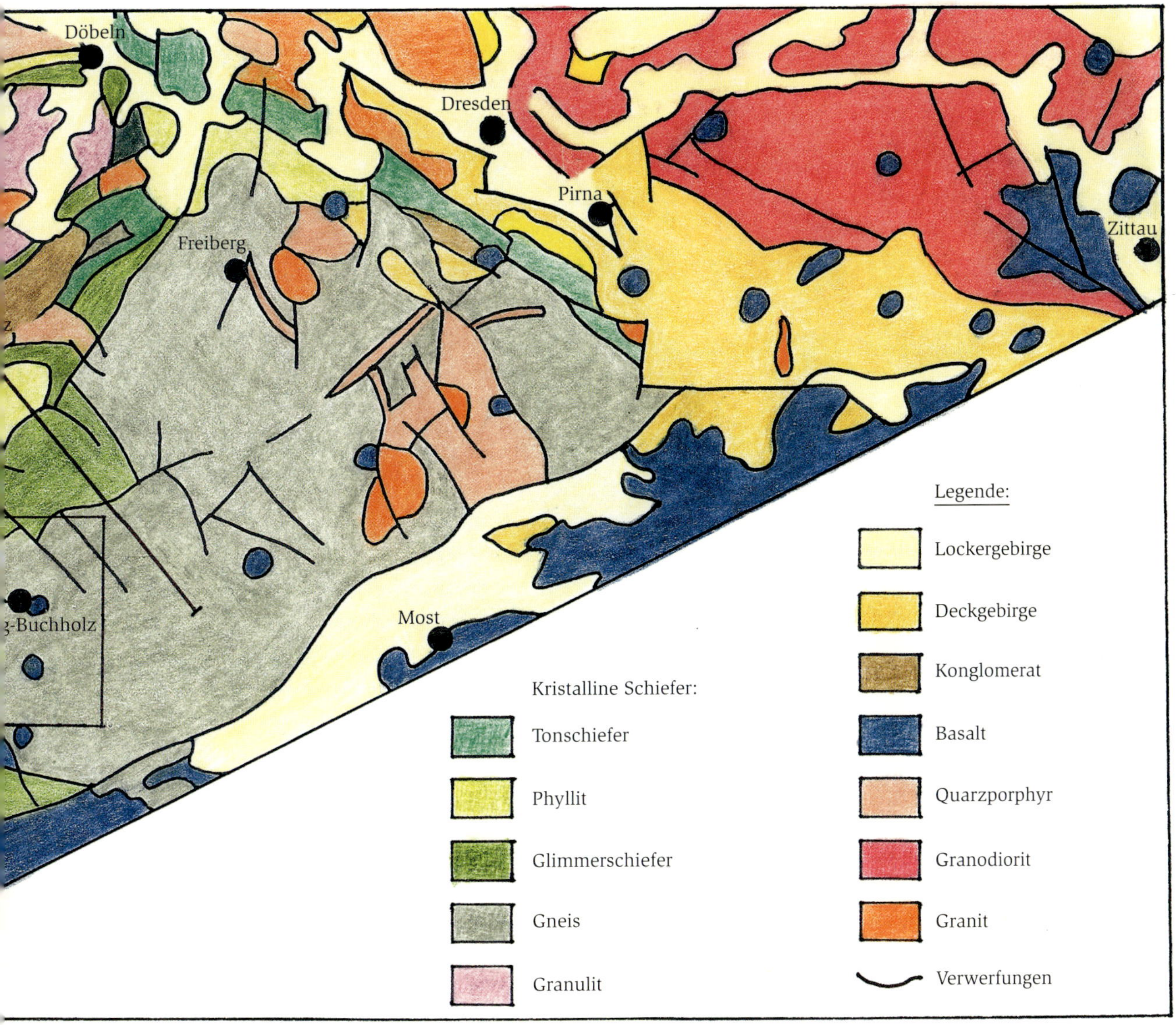

tisch sein könnten und nach unten hin häufiger werden. Wenn sie im Gneis erstarrten, wandelten sie sich in Amphibolit um. Welche Gesteine dort zu vermuten sind, hängt von den Modellen über die Gesteinsbildung der Erdkruste ab, die man der Interpretation zugrunde legt. Geht man konventionell davon aus, dass Granite aus Gneisen aufgeschmolzen wurden, so folgt die Annahme, dass Gneise und Granulite den Sockel der Kontinente bis zu 15 oder sogar 30 Kilometer Tiefe bilden. Nach unten könnten sie zunehmend von schweren, dichten Amphiboliten (hellgrüne Linsen) und Serpentiniten (violette Linsen, aus umgewandeltem Peridotit) durchsetzt sein. Granitische Gesteine würden nur an begrenzten Aufschmelzungsstellen angenommen, von wo aus sie aufdringen, nicht aber als geschlossenes Stockwerk unter dem Gneis durchgehen, wie hier dargestellt. Da aber tiefere, ältere Gneise überall, wo sie aufgeschlossen sind, von Granitgängen durchschlagen werden und nach unten hin in Granite übergehen, kann man auch davon ausgehen, dass der Granit nicht partiell durch Aufschmelzung entstanden ist, sondern ursprünglich überall die Gneise unterlagert hat. Dann wäre denkbar, dass er nach der Tiefe hin immer mehr granodioritisch wird (schematisch als dunkelrote Linsen eingezeichnet) wie z.B. in der Lausitz aufgeschlossen ist.

Das Gneis-Granit-Stockwerk wird nach unten von einer Fläche begrenzt, die sich geophysikalisch ver-

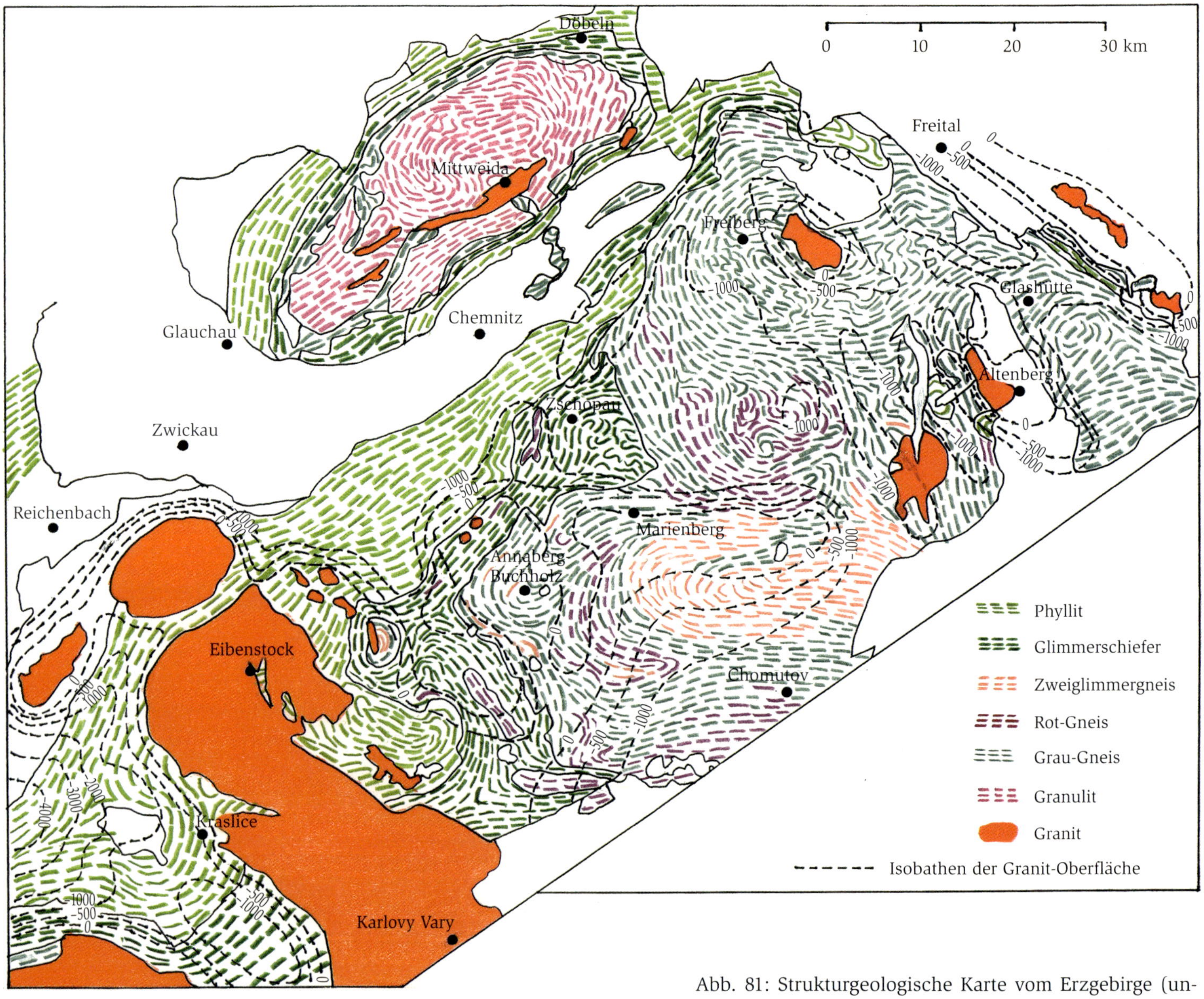

Abb. 81: Strukturgeologische Karte vom Erzgebirge (unten) und Granulitgebirge (oben). Die Karte zeigt die Richtungen, in welche die Flächen der Schieferung streichen. Schieferung (Abb. 198, S. 364) wird dadurch gebildet, dass die Minerale, vor allem die Glimmer der Kristallinen Schiefer, bei der Kristallisation parallel eingeregelt werden, und zwar senkrecht zum Druck, welcher durch Faltung oder Überlagerung entsteht. Die Flächen bilden konzentrische Schalen um die Gneiskuppeln. Diese werden zu ihrem Kern hin immer älter. Unter dem Gneis lagert überall der Granit. Seine ungefähre Oberfläche ist in Tiefenlinien dargestellt. Sie ist bis 1 km Tiefe geophysikalisch zu verfolgen und taucht nach Norden und Süden ab. (Schieferung nach der Geol. Karte von Sachsen, Freiberg 1975; Granitoberfläche nach Tischendorf, Zeitschrift für angewandte Geologie, 11, 1965).

folgen lässt (Conrad-Diskontinuität). Darunter lagert das **Basaltstockwerk**. Seine Gesteinsmassen konnten immer wieder heißflüssig nach oben durchbrechen und in Vulkanen oder mächtigen Deckenergüssen ausfließen. Je nachdem, welchen Entwicklungszustand der Luft-Wassersphäre der Erde sie dabei antrafen, erstarrten sie im Devon als Diabas und Keratophyr, im Perm als Melaphyr und im Tertiär als Basalt und heute als Lava. Erstarrten und kristallisierten sie langsam in der Erdkruste, so entstand der grobkristalline Gabbro. Deshalb könnte man bei der unteren Erdkruste auch von der Gabbroschicht sprechen; ich

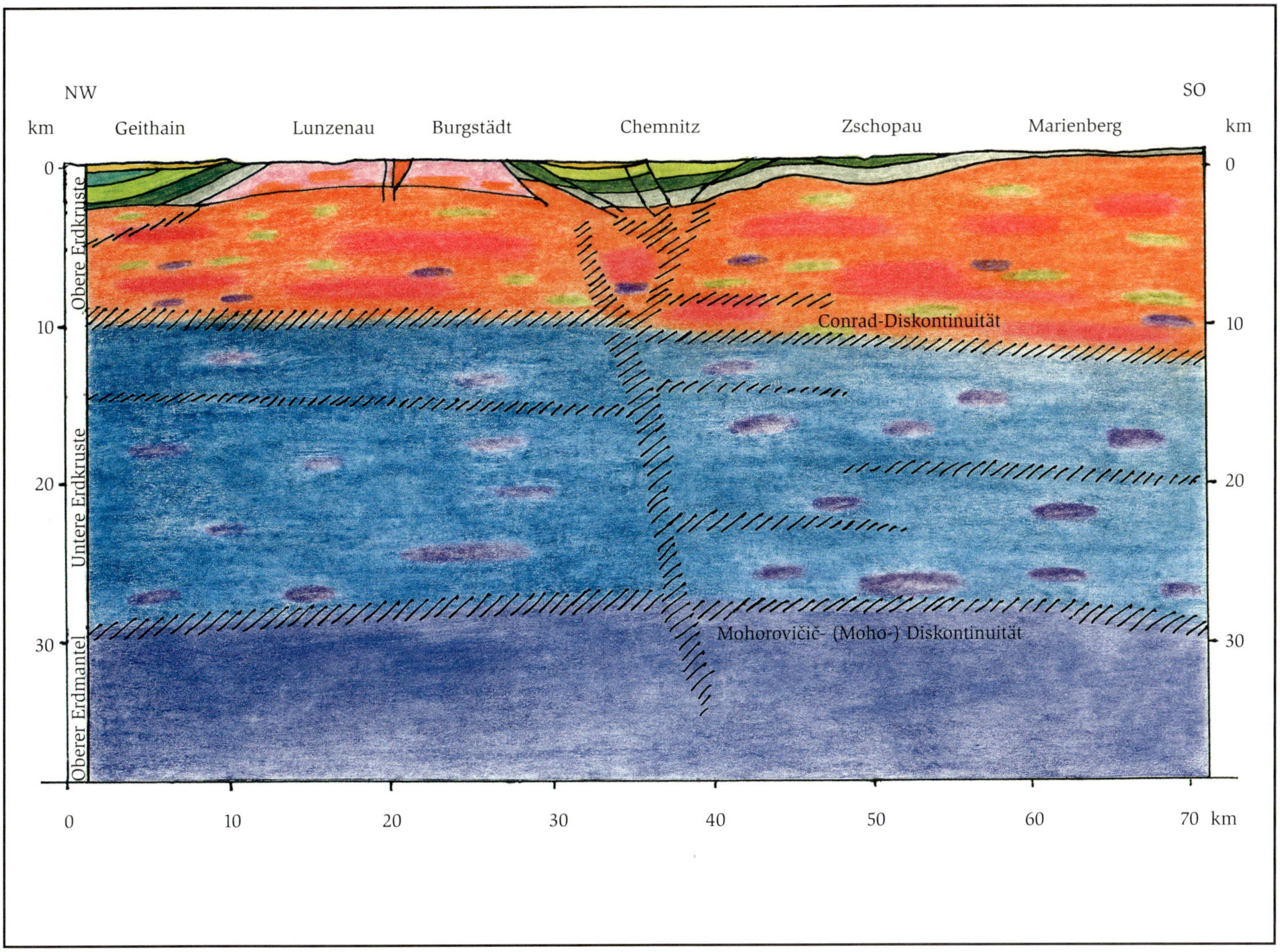

Abb. 82: Geologischer Tiefenschnitt durch das Erzgebirge und das Granulitgebirge. Zuoberst bei Chemnitz und Geithain Deckgebirge; darunter Kristalline Schiefer (grün), die Granitschicht (rot), die Basalt-Gabbro-Schicht (hellblau) und zuunterst die Peridotitschicht (dunkelblau). Einen Detailschnitt zeigt Abb. 125, S. 239. Die eingelagerten Linsen sind schematisch dargestellt. Die Schrägschraffur deutet auf Flächen mit geophysikalischer Inhomogenität. Näheres im Text.
Nicht überhöht: der Längenmaßstab ist gleich dem Höhenmaßstab. Die Lage des Schnittes ist auf Abb. 80, S. 217 eingetragen. (Nach Gotte / Hirschmann 1973, Conrad 1994 u.a. Daten der Tiefenseismik ZIPE 1978/79, sowie Erläuterungen zur Geol. Übersichtskarte von Sachsen, Freiberg 1973).

nehme jedoch das Basaltische als allgemeinen Substanzbegriff, um nicht durch zu viele Spezialnamen zu verwirren. In der Basaltschicht könnten linsenförmige Einschlüsse (violette Linsen) von Olivin enthalten sein, die aus der darunterliegenden Peridotitschicht stammen. Einen guten Einblick in den Aufbau der tieferen Basaltschicht geben z.B. der große klassische Aufschluss, der Gabbro-Steinbruch bei Bad Harzburg und seine Umgebung (Mohr 1984), oder auch das südliche Norwegen um Egersund. Die Basaltschicht wird nach unten überall begrenzt durch eine geophysikalisch sehr deutliche Grenzfläche (Mohorovičič-Diskontinuität), die in Mitteleuropa bei etwa 30 km Tiefe liegt.

Da sich die Moho-Diskontinuität bis in die ozeanische Kruste fortsetzt, kann sie auch als eine Grenze zwischen zwei physikalisch unterschiedlichen Zuständen angesehen werden, wie etwa zwischen Festem und Plastischem. Inwiefern man aber bei dem Druck in diesen Tiefen von plastisch oder weich (Astenosphäre) sprechen kann, entzieht sich unseren Vorstellungen. Deutet man die Moho-Diskontinuität substanziell, so könnte darunter wahrscheinlich die **Peridotitschicht** (Olivin = Peridot; als Gestein Peridotit) folgen. Durch Vulkane werden aus ihr Materialfetzen mit nach oben gerissen und finden sich als Olivineinschlüsse im Basalt. In seltenen Fällen können an tiefen Bruchzonen der Erdkruste solche lagig strukturierten Olivin- und Gabbro-Gesteine des Erdmantels bis an die Oberfläche aufgepresst werden, wie z.B. an der Ivrea-Zone in den Südalpen. Aus solchen Aufschlüssen kann angenommen werden, dass sich zwischen die Basalt- und Peridotitschicht noch Lagen von Eklogit (Abb. 92, S. 223; Abb. 136, S. 252) als Übergangszone bis etwa 45 km Tiefe einschalten. Die Peridotitschicht würde bis etwa 400 km Tiefe reichen. Was darunter substanziell liegt, wissen wir nicht. Die zahlreichen Modelle dazu sind abhängig von den Voraussetzungen, unter denen sie gedacht werden.

Die Gesteine des Grundgebirges und ihre Minerale

Um den Aufbau der kontinentalen Erdkruste zu verstehen, reicht es für einen ersten Überblick aus, wenige Gesteine näher kennenzulernen. Zahlreiche weitere können als Variationen verstanden werden, wenn die Namen etwas weiter gefasst werden. Ein Gestein ist durch die qualitativen und quantitativen **Verhältnisse seiner Minerale** charakterisiert. Gesteine werden heute als «Gemenge natürlich entstandener Minerale» aufgefasst. Das trifft aber unter dem hier verfolgten Aspekt nur für die Gesteine des sekundären Pols, des Lockergebirges und z.T. des Deckgebirges zu. Schon ein Sandstein ist nicht nur aus Mineralien gemengt, sondern die einzelnen Körnchen sind dadurch verkittet, dass ein Bindemittel wie Kalk aus dem Wässrigen neu kristallisierte. Erst recht gilt das am primären Pol der Gesteinsbildung, im kristallinen Grundgebirge. Die Minerale hatten sich während ihrer Verhärtung und Kristallisation **aus einem** einheitlichen **Ganzen** einer Gesteinsmasse **differenziert** und individualisiert. Wenn jedoch bei einem Granit die Minerale als «Bestandteile» bezeichnet werden, welche das Gestein «zusammensetzen», so weist schon der Wortgebrauch auf eine Denkweise hin, die in der Technik berechtigt ist, aber Lebensvorgänge nicht erfassen kann. Hier gliedert sich eine ursprüngliche Ganzheit in spezifische Zellen, wie bei einem kristallisierenden Gestein in die Minerale. Der Unterschied wird sofort deutlich, wenn man betrachtet, wie die Minerale aneinander grenzen und ineinander übergehen (Abb. auf den Seiten 221 - 232).

Die abgebildeten Gesteine stammen zumeist aus dem sächsischen Erzgebirge. Obwohl es den Gepflogenheiten widerspricht, gebe ich die Herkunftsorte meist nicht mit an, da es den Text beschweren würde, den meisten Lesern wenig sagt und es nicht um lokale Besonderheiten geht, auf die der Blick damit gelenkt würde. Jedes Gestein ist an jedem Ort anders in seinem Mineralgefüge; ja, bereits an jedem Punkt! Die Kräfte des Individualisierens, die in allen Gestalten der Natur auf der Erde wirken, werden auch hier anschaulich. Wenn nicht anders angegeben, befinden sich die Stücke in der Sammlung des Verfassers.

Granite und Basalte

Wenn wir Granite betrachten, dann fallen zuerst die **roten und weißen** Farben der beiden **Feldspäte auf** (s. S. 221 und Abb. 100, S. 226; Abb. 170, S. 313; Abb. 172, S. 315 und Abb. 73, S. 193). Die dicktafligen Kristalle leuchten im frischen Bruch an den deutlich reflektierenden Spaltflächen auf, nach denen der Spat benannt wurde. Wenn sie verwittern, bilden sie das Feld, den Ackerboden. Der weißliche Feldspat ist der Plagioklas (von plagio = schief, klas = spaltend; triklin kristallisierend) oder Kalknatronfeldspat. Der meist rötliche ist der Orthoklas (von ortho = gerade; monoklin kristallisierend; als Mikroklin oder Albit weiß) oder Alkalifeldspat (Abb. 200, S. 376). Der farblose Spat erhält eine Farbe dadurch, dass sich feinste Schüppchen von Eisenoxid, von Hämatit, ausgesondert haben. Die Namen deuten auf Eigenschaften, die zunächst jedoch nicht zu sehen sind: weder der Chemismus

83: Granit mit Alkalifeldspat

Abb. 84: Granit mit Plagioklas

85 : Granit mit Alkalifeldspat, Quarz, Biotit

Abb. 86 : Granit mit zwei Feldspäten, Quarz, Biotit

87: Syenit mit Alkalifeldspat, Amphibol

Abb. 88: Granodiorit mit Plagioklas, Quarz, Biotit

noch der Winkelunterschied von 4° in der Kristallachse zwischen Orthoklas und Plagioklas. Kalk oder Calcium, Alkalien, also Natrium und Kalium, sind etwas ganz anderes als die Feldspäte und erscheinen erst im Labor. Phänomenologisch lassen sich die beiden Feldspäte in erster Näherung doch an den Farben unterscheiden, also weißer Plagioklas und roter Alkalifeldspat. Der Alkalifeldspat entsteht meist als monokliner Orthoklas, geht aber am Ende der Verhärtung teilweise in den triklinen Mikroklin über, ohne seinen Chemismus dabei zu ändern. Der Unterschied ist so gering, dass er nur mikroskopisch sichtbar wird, weshalb zum roten Feldspat in erster Näherung auch Orthoklas gesagt werden kann, obwohl er genau genommen nicht mehr monoklin ist. Im Folgenden verwende ich das Wort Alkalifeldspat, wobei auch hier nicht gemeint ist, dass er aus Alkalien zusammengesetzt ist (s. S. 246), sondern dass er bei der Analyse in Alkalien zerfällt.

Der **Glimmer** ist das zweite Hauptmineral im Granit. Er glänzt ebenfalls an seinen Spaltflächen, bildet jedoch keine dicken Tafeln wie der Feldspat, sondern feine Blättchen. Auch er tritt vielfach in zwei Varietäten auf. Im Granit ist der schwarze Biotit viel häufiger enthalten als der helle Muskovit. Mit dem Biotit verwandt und in der Farbe ähnlich können die schwarzgrünen Amphibole oder Hornblenden auftreten. Sie bilden jedoch keine Blättchen, sondern Säulen. Biotit bzw. Amphibol werden in manchen Graniten durch den tiefschwarzen Turmalin ersetzt, den Schörl, der, meist in Nestern angehäuft, in Säulen kristallisiert (Abb. 174, S. 316).

Das dritte Hauptmineral ist der grau oder weißlich erscheinende **Quarz**, der im Granit meist wenig auffällig ist. Seine Oberfläche erscheint fettglänzend und wie Glas uneben gebrochen. Er ist oft noch mit dem Feldspat verbunden oder füllt vielfach die Zwickel zwischen den anderen Mineralen. Das zeigt, dass er der letzte war, welcher sich aus der Ganzheit absonderte.

Diese Minerale, also zwei Feldspäte, zwei Glimmer und Quarz sind im Granit an jeder Stelle des Handstücks, des Steinbruchs oder des Gebirges in einem anderen Verhältnis zueinander enthalten. Auch die Größe der Mineralkörner ist verschieden. Im Inneren eines Granitmassivs ist sie meist ähnlich, sodass hier der Granit ein gleichkörniges Gestein bildet, welches zwischen grob- oder feinkörnig schwanken kann. Am Rand zum Nebengestein hin wird der Granit meist ungleichkörnig, weil sich der Feldspat zu größeren Kristallen ausgebildet hat. Aber auch mengenmäßig entstehen Unterschiede; die Glimmer und die weißen Feldspäte treten zurück, und es überwiegen roter Feldspat und Quarz. Immer sind es aber im Wesentlichen nur diese wenigen Minerale, deren **gegenseitiges Verhältnis** zueinander typisch ist für einen bestimmten Erdenort. Die Werdeprozesse können sich erschließen, wenn wir solche Bilder vergleichen. Dieses Schwanken von Punkt zu Punkt führt uns weiter zu Graniten, in denen das eine oder andere der drei Minerale stark überwiegt. Die verschiedenen Varietäten lassen sich mit dem umfassenderen, beweglichen Begriff «granitoid» fassen, wenn man viele Granite vergleichend betrachtet. Die analysierende Wissenschaft hingegen hat leider vielen Abweichungen und Mischungen eigene lokale Namen gegeben. Man könnte eine unendliche Systematik entwickeln, weil letztlich jedes Gestein an jedem Ort etwas anders ausgebildet ist.

Die **basaltischen Gesteine** (Abb. S. 223) zeigen im Gegensatz zu den granitischen andere Minerale und Eigenschaften. Sie sind meist dunkel bis schwarz und im Vergleich zum Granit zäher, härter und schwerer. Der feinkörnige Basalt und der grobkörnige Gabbro sind mineralogisch gleich; die Kristallgröße weist auf verschieden rasche Kristallisation hin. Es sonderten sich bei den Basalten hauptsächlich zwei Minerale: der weiße Feldspat **Plagioklas** und der schwarzgrüne, stenglige **Pyroxen**. Die dunklen Minerale färben hauptsächlich den Feldspat, sodass die Farbe des Gesteins, besonders im feinkörnigen Basalt, grau bis schwarz erscheint. Die Minerale Olivin, Nephelin, Magneteisenerz und Pyrit können hinzukommen. Der **Olivin** ist in kleinen Körnern oder kugligen Knollen mit Zentimeter- bis Dezimeter-Größe enthalten. Die Gehalte der verschiedenen Minerale können ebenso wie beim Granit schwanken. Auch hier wurden die zahlreichen Varianten entsprechend den dominierenden Mineralen mit verschiedenen Namen benannt, sodass umfangreiche und komplizierte Nomenklaturen entstanden sind.

Einer der Hauptunterschiede zwischen **Granit und Basalt** liegt im Kieselgehalt. Er beträgt beim Basalt zwischen 45 % und 50 % und ist im Feldspat und Pyroxen gebunden enthalten. Erst bei über 50 % Kie-

89: Lava mit Strömungsstrukturen

Abb. 90: Diabas: Plagioklas und Amphibol

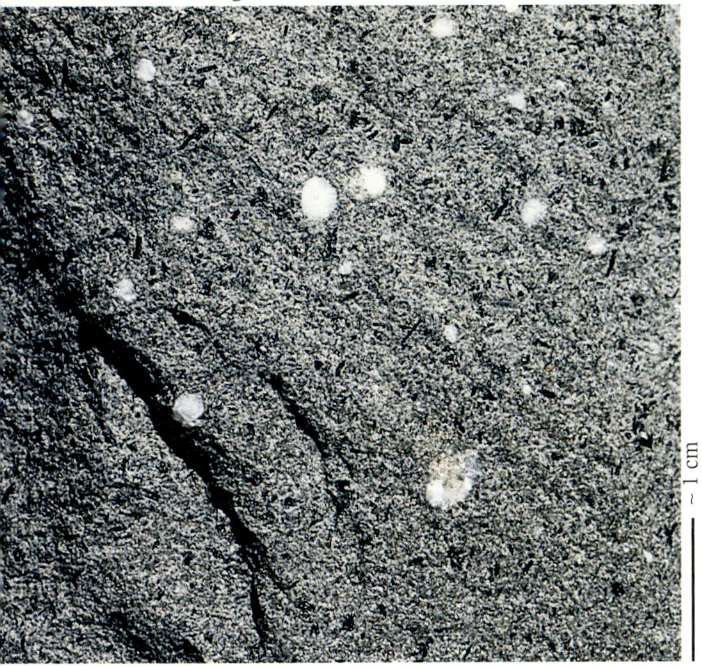

91: Phonolith mit Pyroxen und Zeolith

Abb. 92: Eklogit: Pyroxen und Granat

93: Basalt mit Olivinknolle

Abb. 94: Gabbro: Plagioklas und Pyroxen

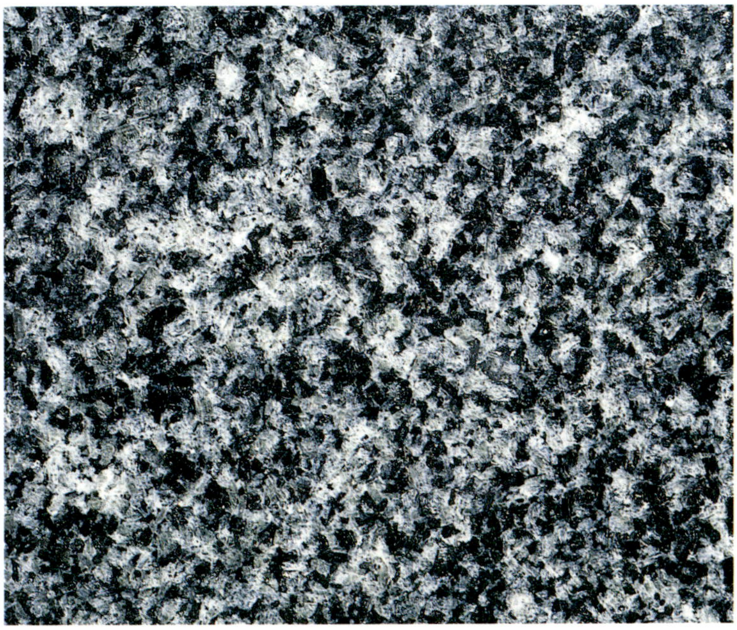

sel in der erstarrenden Gesteinsmasse wird Quarz als freies Mineral ausgesondert. Er fehlt den basaltischen Gesteinen. Im Diabas, einem körnigen basaltischen Ergussgestein aus dem Devon, sind die Pyroxene vollständig in grüne Amphibole umgewandelt. Auch im Phonolith und dem ähnlichen Trachyt ist Amphibol neben Pyroxen und Alkalifeldspat enthalten. Die weißen Kügelchen sind Zeolithe, eigentlich unterkieselte Feldspäte. Diese Veränderungen der ursprünglichen basaltischen Masse – dass also Pyroxen zu Amphibol und Feldspat zu Zeolith wird – hängen damit zusammen, dass der heißflüssige Basalt auf dem Wege nach oben andere, schon festere Gesteine wie Granit, Gneis, Kalkstein oder Sandstein durchschlug. Dabei assimilierte er sie teilweise oder mischte sich mehr oder weniger mit ihnen (weitere genetische Aspekte s. S. 423). So können im Phonolith Alkalifeldspäte auftreten, oder im Andesit und anderen ähnlichen Gesteinen manchmal sogar Quarz. Bekannt sind die Achat- und Amethystdrusen im Melaphyr. Quarz bleibt aber Fremdling und grenzt sich dort ebenso von der basaltischen Umgebung ab wie die Peridotittropfen als Olivinknollen. Schaut man sich etwas in die Darstellungen ein und vergleicht sie mit den betreffenden Abbildungen, so kann man einen anfänglichen Begriff entwickeln von der Variationsbreite der Minerale in den häufigsten kristallinen Gesteinen. Bei den Granitoiden (Abb. 83 bis 88, S. 221) variieren die mengenmäßigen Anteile der beiden Feldspäte und des Quarzes stärker; bei Graniten im engeren Sinne überwiegt der Alkalifeldspat gegenüber dem Plagioklas. Die dunklen Minerale, Glimmer und Amphibol treten im Granit zwar prozentual gegenüber den hellen zurück, fallen jedoch zwischen Feldspat und Quarz stärker auf. Dadurch erscheinen die drei Hauptminerale meistens in einem ausgewogenen Verhältnis zueinander, wobei die hellen Farben überwiegen.

Die Minerale der Basalte hingegen liegen in einem ganz anderen Gebiet. Plagioklas und Pyroxen dominieren; Alkalifeldspat und Quarz fehlen. Das ist Ausdruck der Grundpolarität zwischen Basalt und Granit. Sie entspricht der deutlichen Grenze zwischen Granit- und Basaltschicht (Abb. 82, S. 219) in der Erdkruste. Übergangs- und Mischbereiche sind wohl vor allem darauf zurückzuführen, dass die Kruste insgesamt absteigend verhärtete, vom Gneis aus über den Granit zum Basalt und Peridotit hin – natürlich auch an verschiedenenen Orten unterschiedlich rasch. Bei Gebirgsbildungen und vulkanischen Ereignissen können sich die Massen mischen. Wir können solche Entstehungssituationen heute daran erkennen, dass Minerale, die eigentlich typisch für den Basalt sind, in granitischen Gesteinen auftreten, bzw. dass Basalte Minerale enthalten, die eigentlich für ihn Fremdlinge sind. So gibt es Granite (Abb. 96; Durchschnittsanalysen – keine Variationsfelder; Muskovit nicht enthalten) mit viel Alkalifeldspat und wenig Quarz, die aber dafür viel Amphibol enthalten, der mit dem basaltischen Pyroxen nahe verwandt ist. Sie werden Syenit genannt. Oder der Granodiorit führt weniger Alkalifeldspat und Quarz, dafür mehr Plagioklas und Biotit. Damit kommt er dem Basalt schon näher. Er liegt auch meist im unteren Bereich der Granitschicht. Auch der Diorit und der Monzonit liegen in diesem Zwischenfeld; in der Mitte liegt der quarzreiche Tonalit. Vom Gabbro, dem grobkörnigen Basalt, über Diorit, Tonalit und Granodiorit zum Granit ließe sich rein von den Mineralgehalten her eine Übergangsreihe anordnen. Im Odenwald z.B. sind solche Mischgesteine zwischen Granitoiden und grobkörnigen Basaltoiden, also Gabbros und Noriten, aufgeschlossen. Die zahlreichen Varianten sind vielfach mit eigenen Namen belegt, was auch hier zu umfangreichen Nomenklaturen geführt hat, die vortäuschen, es gebe neben Granit und Gabbro zahlreiche weitere Tiefengesteine. Damit wird die Grundpolarität von Granitoiden und Basaltoiden, die für das Verständnis der Werdeprozesse wichtig ist, verwischt. Diese seltenen Mischgesteine erhalten nur dadurch eine eigene Bedeutung, dass die Nomenklatur strikt auf dem Mineralgehalt aufgebaut ist. Genetisch (s. S. 250; S. 424) handelt es sich jedoch darum, dass basaltische Massen an der Berührungszone in die noch weiche Granitschicht eindrangen, sich mischten, in der Tiefe erstarrten und kristallisierten.

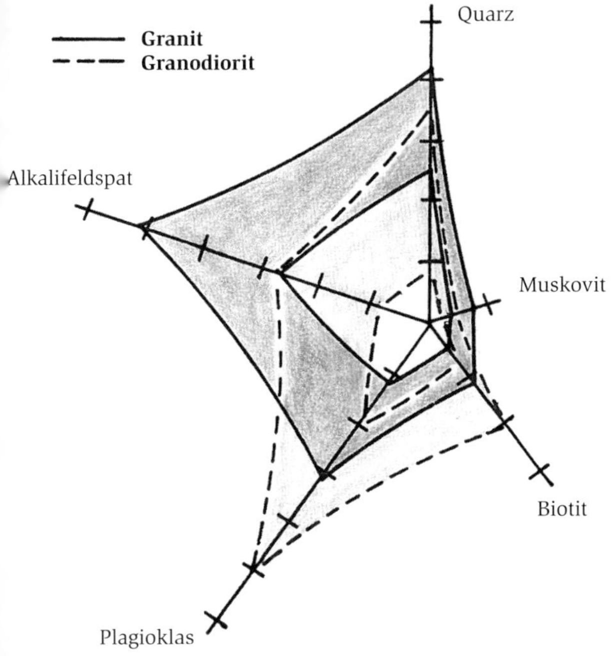

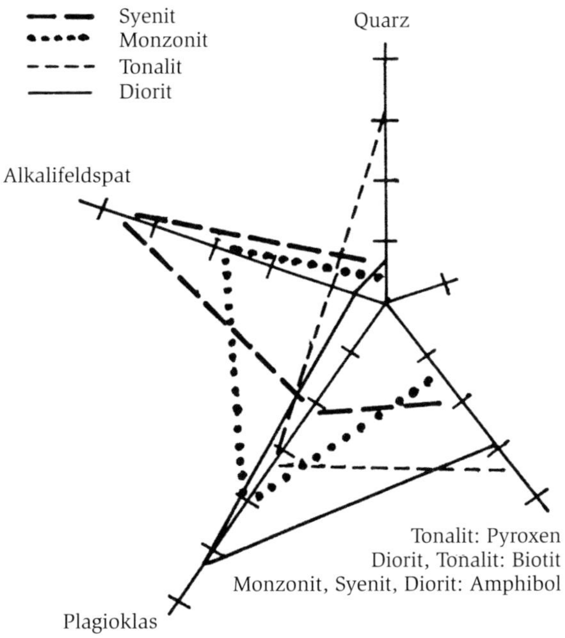

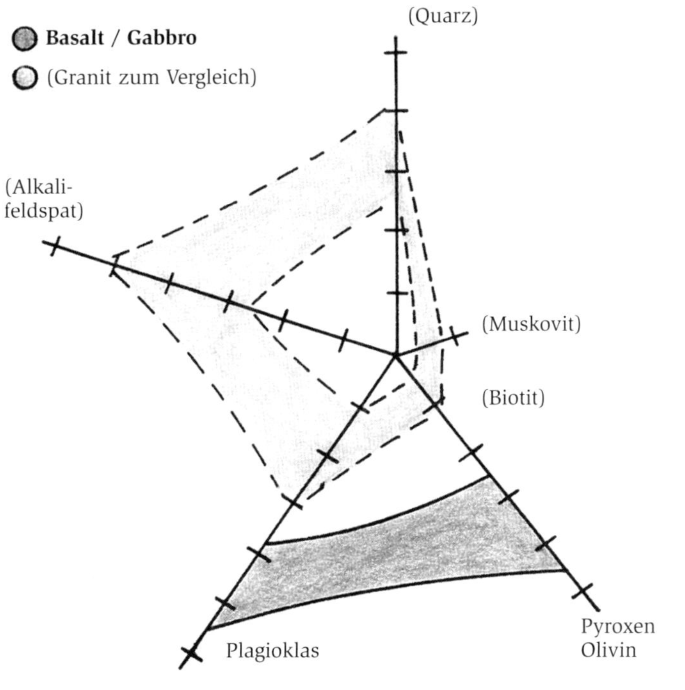

Abb. 95, 96 und 97: Die prozentualen Anteile der hauptsächlichsten Minerale in granitischen und basaltischen Gesteinen. Jeder Teilstrich entspricht 10%.
Die Mengen der einzelnen Minerale variieren in jedem Gestein von Ort zu Ort. Um diese Variabilität zu zeigen, habe ich eine neue Graphik entwickelt, welche die Mineralanteile (Volumenprozente) nicht wie üblich in Zahlen und Tabellen, sondern anschaulicher in Flächen darstellt (siehe auch Abb. 102 – 105, S. 227). Sie werden durch Linien begrenzt, die den minimalen und dem maximalen Gehalt anzeigen. Jede einzelne Gesteinsanalyse ließe sich mit Linien einzeichnen, die innerhalb der Flächen lägen. Der Durchschnittsgehalt liegt in der Mitte der schraffierten Fläche. Die Mittelpunkte der Abbildungen liegen neben- oder übereinander, damit die Flächen besser verglichen werden können. Geringe Gehalte und seltene, akzessorische Minerale wurden nicht betrachtet, um zunächst ein Gesamtbild im Überblick zu entwickeln. Für weitere Einzelheiten ließe sich die Darstellung entsprechend erweitern.

Abb. 98: Phyllit: Serizit, Quarz

Abb. 99: Glimmerschiefer: Muskovit, Granat, Quarz

Abb. 100: Granit: Zwei Feldspäte, Quarz, Biotit

Abb. 101: Grau-Gneis: Quarz-Feldspatlinsen, Biotit

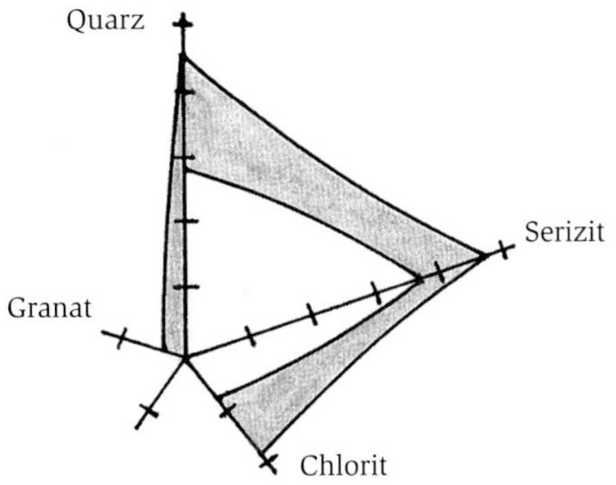

Abb. 102: **Phyllit**

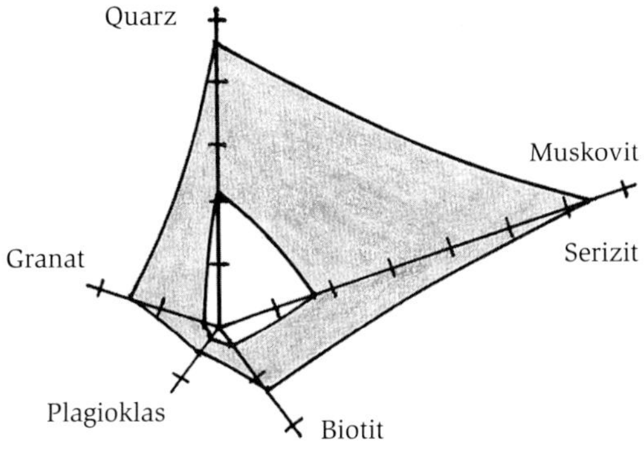

Abb. 103: **Glimmerschiefer**

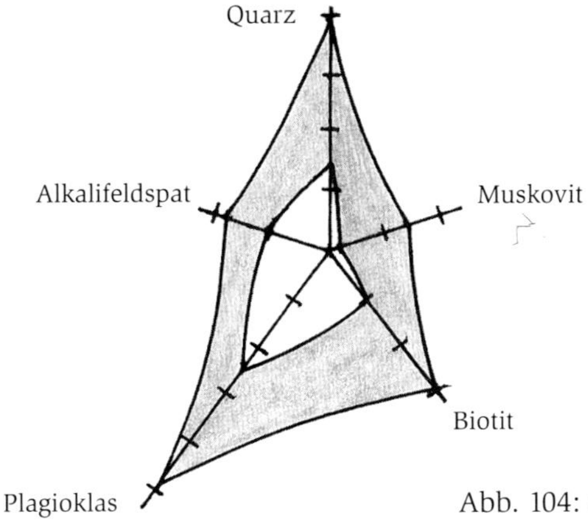

Abb. 104: **Grau-Gneis**

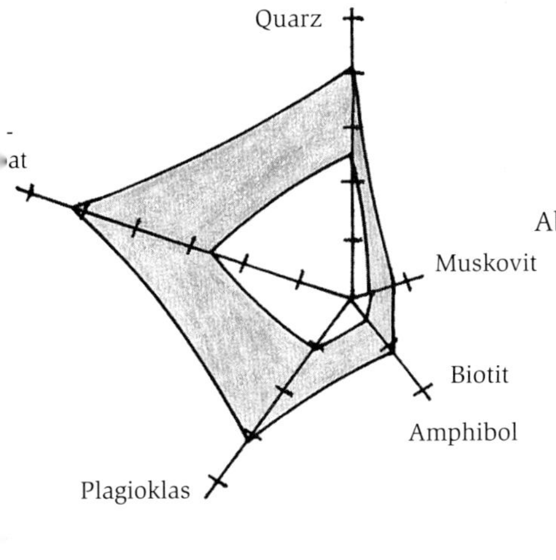

Abb. 105: **Granit**

Kristalline Schiefer

Über der Granitschicht folgen die **Gneise**. Die Mineralgehalte schwanken in den verschiedenen Gneishorizonten, wodurch die zahlreichen Varietäten wiederum viele lokale Namen erhalten haben. Die beiden Haupttypen sind der Graugneis und der Rotgneis (sehr umfangreiche Literatur u.a.: Zs. *Geol. Bh.*, 44, 1964; *Freiberger Forsch. Hefte*, C 191). Sie unterscheiden sich durch die beiden Feldspäte. Seine Grundfarbe erhält der graue Gneis (Abb. 101) vom Plagioklas, der rote (Abb. 109, S. 230) vom Alkalifeldspat. Alle Gneise haben gemeinsam, dass der Glimmer dominiert, im Graugneis vor allem der Biotit, im Rotgneis der Biotit und der Muskovit. Seine blättrigen Kristalle strukturieren den Gneis lagig bis schichtig. In den Abbildungen sind Querbrüche dargestellt; bei lagenparallelen Brüchen bedecken die Glimmerblättchen die ganze Fläche. Feldspat und Quarz sind meist in dicken oder stark ausgedünnten Linsen miteinander verbunden und gegen die Glimmerlagen abgesetzt.

Vergleicht man den Mineralgehalt der Gneise mit dem des Granit in den Abbildungen 104 und 105, so fällt auf, dass vor allem der dunkle Glimmer Biotit und auch der helle Glimmer Muskovit zugenommen haben; der Alkalifeldspat hat hingegen abgenom-

Abb. 102 – 105: Übersicht über die vier wichtigsten kristallinen Gesteine des Grundgebirges und die prozentualen Anteile ihrer hauptsächlichsten Minerale. Jeder Teilstrich entspricht 10%. Die Mittelpunkte der Diagramme liegen auf einer Linie, damit sie gut verglichen werden können. Dabei zeigt sich, dass die Quarzgehalte relativ ähnlich bleiben. Der rote Alkalifeldspat (Orthoklas) nimmt vom Granit zum Gneis hin ab und verschwindet im Glimmerschiefer; dafür erscheint Granat. Der weiße Feldspat Plagioklas nimmt im Gneis zu, verschwindet aber im Glimmerschiefer ebenfalls (weitere Bilder vom Gneis s. Abb. 107 – 110, S. 228, 230; Abb. 124, S. 237; Abb. 190 – 194, S. 340). Der dunkle Glimmer Biotit nimmt im Gneis zu, kann im Glimmerschiefer noch vorhanden sein, wird aber im Phyllit durch den dunkelgrünen Chlorit ersetzt. Der helle Glimmer Muskovit nimmt nach oben zum Phyllit hin immer mehr zu und wird zum feinkörnigen Serizit. Der Phyllit geht weiter in den Tonschiefer über, in den sich bereits sandiges Material vom sekundären Pol der Gesteinsbildung einmischt.

men, und der Quarzgehalt bleibt etwa gleich. Der Glimmer prägt quantitativ durch die Menge und qualitativ durch seine parallel lagerndem Blätter den Charakter der Gneise gegenüber den Graniten. Der Quarz und die Feldspäte bleiben enger verbunden und sammeln sich zwischen den Glimmerlagen zu lang gedehnten linsenförmigen Bändern.

In der oberen Erdkruste überwiegen die Graugneise. Die **Rotgneise** treten in ihnen als linsenförmige Einlagerungen auf, gehäuft im oberen Teil des Gneisstockwerks, wo sie stellenweise den Graugneis überwiegen können (Abb. 122, S. 234). Die Abbildung 106 zeigt ein typisches Bild für das Verhältnis beider Gneise, welches sich in ähnlicher Form von Handstückgröße («Augengneis») bis zum

Abb. 106: Linsenförmige dünnere Lagen von Graugneis mit Plagioklas und Biotit, wechselnd mit dickeren Linsen von Rotgneis; nach der Verhärtung durchschlagen von einem etwa waagrechten Quarz-Feldspat-Gang. Balestrand am Sognefjord, Norwegen. Bildbreite 80 cm.
Abb. 107, 108: Die prozentualen Anteile der wichtigsten Minerale im Graugneis und Rotgneis im Vergleich zu Granodiorit und Granit. Jeder Teilstrich entspricht 10%. Weitere Erläuterungen zum Diagramm S. 225.

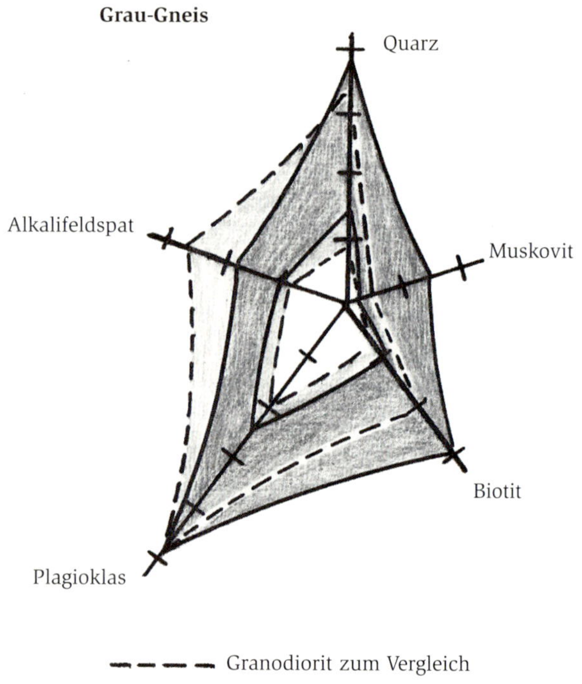

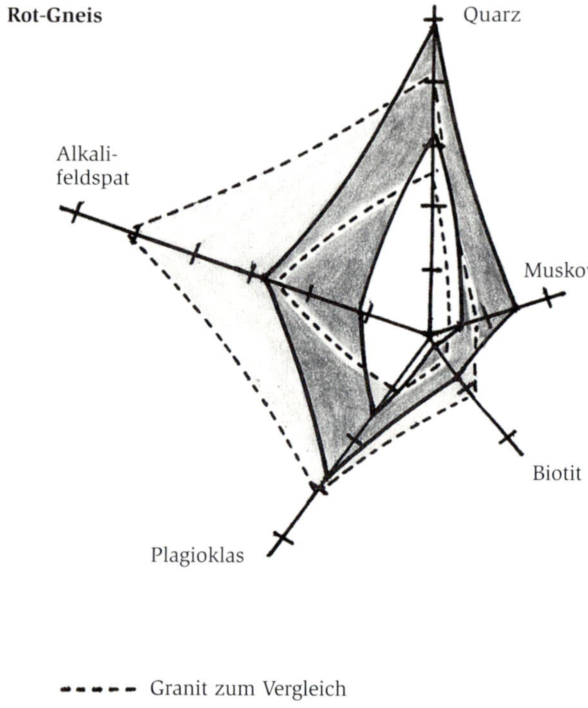

Gebirgsmassiv (Abb. 123, S. 236) wiederholt. Da während der Verhärtung der Plagioklas früher relativ fester wird als der Alkalifeldspat, können bei Gebirgsbewegungen die Rotgneislinsen noch eine gewisse Beweglichkeit behalten und ausgequetscht, vereint oder verlagert werden («Migmatite»). Dabei sammeln sich die dunklen Minerale am Rand der Rotgneislinsen an. Auch im Granit sind es der Alkalifeldspat und der Quarz, welche als letzte fest werden und so in die Klüfte im Dach der Granitmassive als Gänge (grobkörnige Pegmatite bzw. feinkörnige Aplite) eindringen können. Die Entstehungsfragen können jedoch erst genauer besprochen werden (Abb. 188, S. 332), nachdem die Zustände und Verhärtungsprozesse der Minerale von den Phänomenen aus betrachtet worden sind.

Der Granulit – **Granulit** als Gestein, nicht als metamorphe Fazies! – ist ein sehr feinkörniges, überwiegend helles Gestein, indem Quarz und Alkalifeldspat überwiegen (Abb. 111 links und Abb. 112). Damit ist er den Graniten und Rotgneisen ähnlich. Er hat mit dem Gneis die Lagenstruktur gemeinsam, welche jedoch viel feinrhythmischer ausgebildet ist und nicht durch den Glimmer bedingt wird, der weitgehend fehlt. Stattdessen treten häufig Körnchen von rotem Granat oder blauem Disthen auf. Oft sind dunkle Bereiche (Abb. 111 rechts und Abb. 113) in feinen Lagen oder größeren Linsen eingelagert, die Plagioklas und dazu vor allem Pyroxen, Amphibol und Biotit enthalten. Diese Pyroxen- und Amphibolgranulite sind den Amphiboliten und Graugneisen ähnlich. Die Granulite stammen meist aus dem unteren und mittleren Proterozoikum und lagern unter den Gneisen, sodass sie auch als deren unteres Stockwerk betrachtet werden können. Zu den Übergängen in die Graugneise gehört auch der Cordieritgneis, z.B. am Rand des sächsischen Granulitgebirges, der neben Quarz und Biotit bis zu 50% Cordierit enthält.

In den tiefen Grundgebirgsanschnitten des Proterozoikums trifft man vielfach feinkörnige, granulitische Gneise an. Sie werden auch als Hälleflinta, Leptit, Leptynit, Plattengneis, Aplitgneis o.ä. bezeichnet. Zu ihnen gehört z.B. der Lewisische Gneis (Abb. 110, S. 230) im westlichen Schottland. Er wird in das obere Archäikum gestellt und gehört damit zu den ältesten Gesteinen Europas. Er enthält Plagioklas, Quarz und Biotit sowie Pyroxen und Amphibol. Die dünnen Quarz-Plagioklas-Lagen sind nicht durchgängig, sondern vielmehr gedehnte Linsen. Man könnte ihn zu den feinkörnigen Graugneisen rechnen und den hellen Granulit zu den feinkörnigen Rotgneisen. Diese tiefsten Gneise werden häufig von Granit- und Basaltgängen durchschlagen – ein Zeichen dafür, dass sie von diesen Gesteinsmassen noch unterlagert werden.

Über den Gneisen folgen allgemein die **Glimmerschiefer** (Abb. 117, S. 232; 99, S. 226; 103, S. 227). Es dominieren der helle Glimmer Muskovit, jedoch mit einem großen Spielraum bis zum sehr feinkörnigen Serizit, sowie das grüne Mineral Chlorit. Gegenüber dem Gneis wird der Biotit seltener, der Quarz nimmt etwas zu und bildet vielfach Linsen oder feine Lagen. Insgesamt ist der Glimmerschiefer somit ein helles Glimmer-Quarz-Gestein, in dem der Plagioklas abnimmt und der Alkalifeldspat meist fehlt. Stattdessen nimmt der rote Granat Almandin stark zu. Man findet ihn manchmal schon im Gneis (Abb. 116, S. 232), im Glimmerschiefer gehört er jedoch zu den Hauptmineralen. Gneis und Glimmerschiefer sind nicht scharf gegeneinander abgegrenzt (Abb. 125, S. 239), sondern können vielfach ineinander übergehen. Anders gesagt: Die Mineralgehalte variieren in rhythmischem Wechsel. Sinkt z. B. der Feldspatgehalt des Gneises unter 20 %, so spricht man von Glimmerschiefer, überwiegt im Gneis Muskovit gegenüber Biotit, spricht man von Gneis-Glimmerschiefer. Solche Übergänge finden sich z.B. in der Pressnitzer Serie (Abb. 122, S. 234), wo Glimmerschiefer im Gneis linsen- und lagenförmig eingeschaltet sind.

Der Glimmerschiefer geht nach oben hin in den **Phyllit** über (Abb. 114, 115, S. 232; 98, S. 226; 102, S. 227), in dem der sehr feinschuppige Serizit überwiegt. Auch der Quarz wird meist sehr feinkörnig, sodass das Gestein zu einem einheitlichen, dichten, seidenglänzenden Schiefer wird. Da Serizit ein feinkörniger Hellglimmer ist, kann man den Phyllit auch dem Glimmerschiefer im weiteren Sinne zurechnen. Feldspat und Granatkörner können noch untergeordnet auftreten. Statt Biotit findet sich der grünliche Glimmer Chlorit (Abb. 98, S. 226) bzw. Chloritoid, dessen Eisenanteil oxidierend rötlich wird (Abb. 115, S. 232). Überwiegt statt Serizit der Chlorit im Phyllit, so spricht man von Grünschiefer. Häufig nimmt der Quarzanteil zu, sodass schiefrige

Abb. 109: Rotgneis mit Orthoklas, Glimmer und Quarz

Abb. 110: Lewisischer Gneis, Lake Assynt, Schottland; Breite 80 c

Abb. 111: Quarz-Feldspat-Granulit (links Schieferungsfläche) Pyroxen-Granulit (rechts Querschnitt)

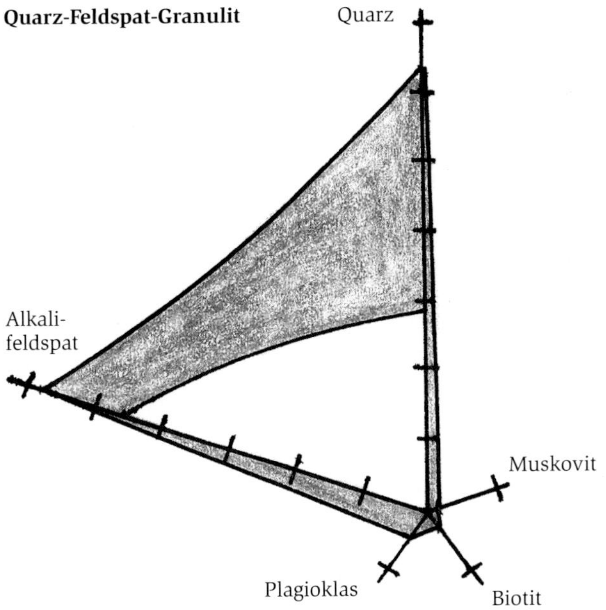

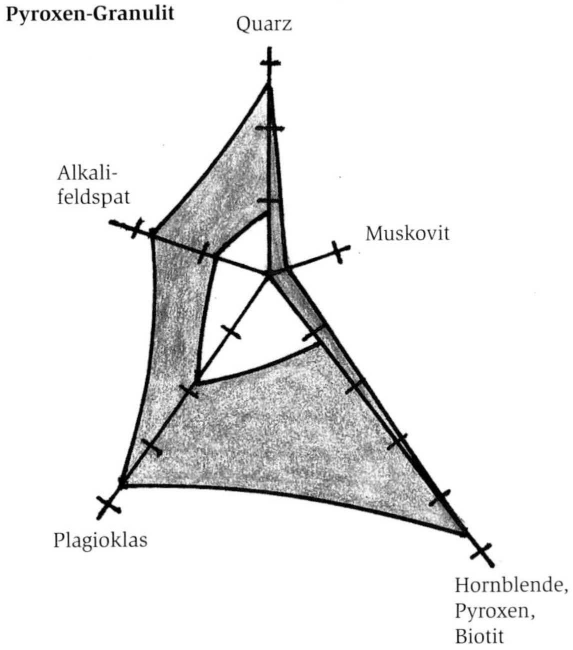

Abb. 112, 113: Die prozentualen Anteile der wichtigsten Minerale in den hellen und dunklen Granuliten. Jeder Teilstrich entspricht 10%. Die Mittelpunkte liegen zum besseren Vergleich auf einer Höhe. Weitere Erläuterungen zum Diagramm S. 225.

Quarzite entstehen; mit Feldspatlinsen geht er zu Chloritgneis über. Nach oben geht der Phyllit in phyllitische Tonschiefer über, in dem Serizit noch zunimmt und Sandanteile auftreten.

Der **Tonschiefer** (Abb. 118 – 121, S. 233) ist durch den Gehalt an Serizit und Chlorit dem Phyllit noch ähnlich. Zu dem primären Quarzanteil kommen aber sandiges Material und Tonminerale aus der Verwitterung älterer kristalliner Gesteine hinzu. Diese nehmen vielfach in rhythmisch wechselnden Lagen so weit überhand, dass der eigentliche Tonschiefer in sandige **Grauwacken** übergeht. Im Tonschiefer lagerten sich die feinblättrigen Glimmer- und Tonminerale bei der späteren Faltung quer zur Hauptrichtung des Druckes. Dadurch entstand die Schieferung (s. S. 364), die im Gestein meist in anderer Richtung als die Schichtung verläuft. Die dunkle Farbe des Tonschiefers stammt von fein verteilten organischen Kohleteilchen, die einen Anteil bis zu 15 % erreichen können (s. S. 124; Abb. 158, S. 275). In den Tonschiefern und tonigen Grauwacken sind in manchen Gebieten mächtige **Steinkohlenlager** eingeschaltet. Hier sind durch pflanzliche Lebensprozesse gewaltige Mengen reinen Kohlenstoffs angereichert, aber als differenzierte Kohleminerale, sowie wenig andere Beimengungen wie Sand und Glimmer. Pflanzenreste selbst finden sich allerdings nicht in der Steinkohle, sondern vor allem in den Tonschiefern und feinkörnigen Grauwacken der Zwischenschichten. Die dunkle Substanz dieser Abdrücke besteht ebenfalls aus Kohlemineralen. Der Tonschiefer ist also insgesamt charakterisiert durch seine feinkörnigen tonig-sandig-kalkigen Minerale, vermischt mit durchschnittlich etwa 1 % **Kohlenstoff**, übergehend in sandige Grauwacken, tonige Kalksteine und kohlenstoffreiche Alaunschiefer bis hin zur Steinkohle. Indem die sandigen Anteile auftreten, ist mit dem Tonschiefer die primäre Gesteinsbildung abgeschlossen. Er würde jedoch wegen seiner Kristallinität noch zu den Kristallinen Schiefern und zum Grundgebirge zu rechnen sein.

~ 1 cm

Abb. 114: Phyllit mit Serizit, Quarz und Granat

Abb. 115: Phyllit mit Serizit und Quarz

Abb. 116: Graugneis mit Granat

Abb. 117: Glimmerschiefer mit Muskovit und Granat

118: Farnabdruck in Grauwackenschiefer

Abb. 119: Grauwacke: Sandig-schiefrige Rhythmen

120: Tonschiefer mit Kalk-Phosphoritknollen

Abb. 121: Die durchschnittlichen prozentualen Anteile der wichtigsten Minerale im Tonschiefer im Vergleich zum Phyllit. Jeder Teilstrich entspricht 10%.

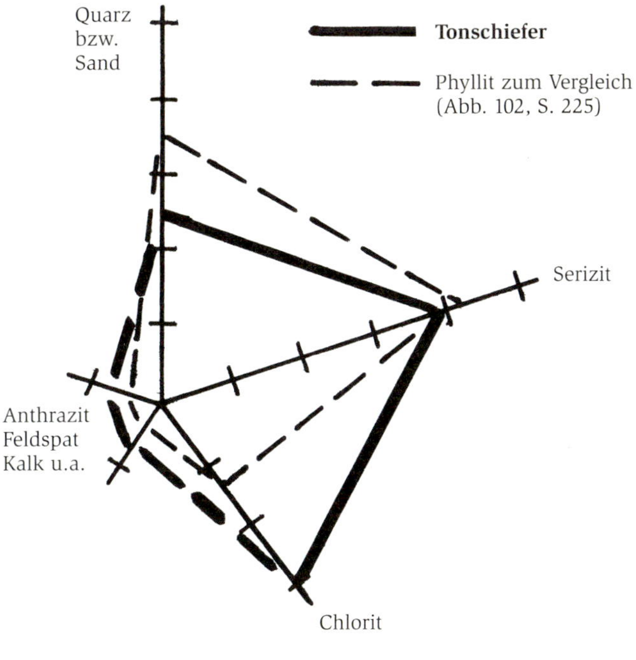

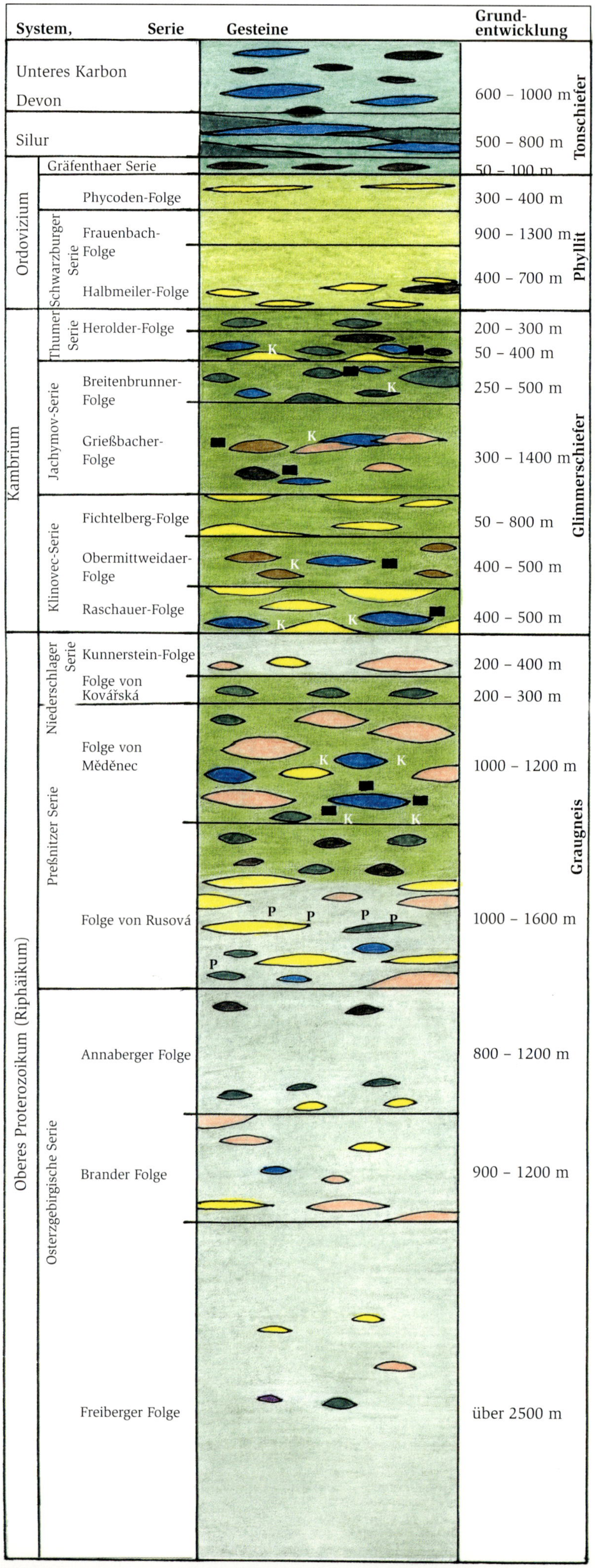

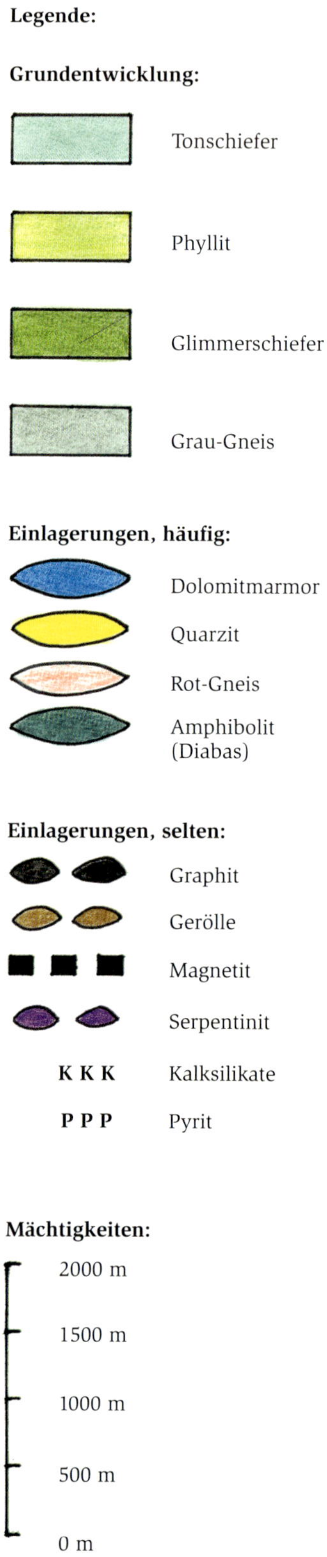

Abb. 122: Schematisches Profil durch die Gesteinsfolgen im Erzgebirge und Vogtland (zusammengefasst nach Lorenz, Hoth, Hirschmann u.a. 1964, 1974, 1977).

Grundentwicklung und Linsen

Überschauen wir **zusammenfassend die Gesteinsfolge** von unten nach oben, vom Granit über den Gneis und Glimmerschiefer bis zum Tonschiefer, dann werden wir auf substanzielle und strukturelle Veränderungen gewiesen, die sich an den Mineralgehalten zeigen. In den Granitoiden charakterisiert der freie Quarz den Schritt über die Peridotit- und Basaltschicht hinaus. Statt des Pyroxen im Basalt erscheinen im Granit der Amphibol und der schwarze Glimmer Biotit. Beim Feldspat überwiegt weiter unten der Plagioklas, weiter oben der Alkalifeldspat. Im darüber folgenden Gneis überwiegt der Glimmer, zunächst der schwarze Biotit, der zunehmend in den hellen Muskovit übergeht. Er strukturiert das Gestein lagig in Quarz-Feldspat- und Quarz-Glimmer-reiche Zonen. Die tieferen Gneise sind überwiegend feinlagig, kleinkörnig, granulitisch, die höheren mehr körnig mit linsenförmig gesammeltem Feldspat: unten mehr als Plagioklas im Graugneis, weiter oben auch als Alkalifeldspat im Rotgneis. Über den Gneisen folgen die Glimmerschiefer, hauptsächlich mit Muskovit und Quarz; der Feldspat nimmt immer mehr ab, und stattdessen erscheint Granat. Dann nimmt der Glimmer immer mehr zu und wird zum feinkörnigen Serizit; der grünliche Chlorit kommt hinzu und der Glimmerschiefer wird zum feinkörnigen Phyllit. Im folgenden Tonschiefer sind noch Serizit und Chlorit enthalten, Quarz ist feinkörnig dicht im Kieselschiefer oder zunehmend als sekundär hineingemischter Anteil von Quarzsand enthalten. Als neue Komponente treten Kohleteilchen auf, die den Tonschiefer dunkel färben, im Alaunschiefer zunehmen und in der Steinkohle massig gesteinsbildend angereichert sind.

Diese Folge vom Granit über die Kristallinen Schiefer bis zum Tonschiefer bildet eine gewisse **Grundentwicklung** als schichtartig aufeinander lagernde Gesteinsmasse im Sockel aller Kontinente. In diese Gesteine eingelagert erscheinen stofflich andere Gesteine und Minerale in Form von elliptischen, **linsenförmigen Einlagerungen**, von denen die wichtigsten im Folgenden dargestellt werden sollen. Mit Größen im Zentimeterbereich sind im Gneis Feldspat- und Quarzlinsen enthalten, im Glimmerschiefer und Phyllit Quarzlinsen und Granatkörner. In größeren Linsen von einigen Metern bis zu Kilometern finden sich Gesteine eingelagert, mit abnehmender Häufigkeit Rotgneis, Amphibolit, Quarzit, Eisenerz, Marmor und Kohlenstoff sowie seltener Serpentinit, Skarne oder Kalksilikate und Geröllhorizonte. Gegenüber der Dimension dieser Einlagerungen sind die Gesteine der Grundentwicklung durchschnittlich wesentlich mächtiger. Im Erzgebirge (Abb. 122) lagern übereinander mehrere Kilometer Granulit, etwa acht Kilometer Graugneis, vier Kilometer Glimmerschiefer, zwei Kilometer Phyllit und ein Kilometer Tonschiefer.

Die Karte Abb. 123, S. 236 zeigt als Beispiel für eine typische Gesteinsfolge die **Grundentwicklung** aus dem mittleren Erzgebirge, wo auf kleinem Raum die wesentlichsten Übergänge der Kristallinen Schiefer anstehen. Rechts sind die Graugneise mit ihren Einlagerungen, vor allem dem Rotgneis, eingetragen. Nach Westen folgen der Glimmerschiefer und der Phyllit, ebenfalls mit seinen Einlagerungen. Diese Gesteinslagen werden von unten vom Granit und aus noch größeren Tiefen vom Basalt durchbrochen. Der Schnitt Abb. 125, S. 239 zeigt, wie diese Gesteine schichtartig übereinander lagern und dabei nach Westen immer jünger werden. Der Ausschnitt Abb. 122 zeigt, verglichen mit Abb. 123, den Bereich von der Pressnitz-Serie bis zur Schwarzburg-Serie.

Die Einlagerungen von linsenförmigen Gesteinskörpern sind in den älteren, tiefer liegenden Graugneisen meist seltener, wogegen sie in höheren Bereichen, vor allem am Übergang zum Glimmerschiefer («Bunte Horizonte», Abb. 122 Mitte; 123, 124), zahlreicher werden können. Sie sind parallel zur Lagenstruktur des Gebirgsbaues und deutlich horizontbeständig in die Gesteine der Grundentwicklung eingefügt. Die mächtigsten sind – mit Linsen von Dezimeter- bis Kilometergröße – die Rotgneise in den Graugneisen (Abb. 124; 106, S. 228; Abb. 109, S. 230), wo sie gebietsweise überwiegen können (Gebiet von Sayda im Erzgebirge: Abb. 123, rechts; *Freiberger Forsch. Hefte,* C 241, 1986; *ZIPE* Bd. 94, 1988). Beide Gneise wechseln in jeder dieser Größenordnungen schichtartig miteinander ab, meist deutlich begrenzt, aber auch ineinander übergehend oder mit Glimmerschiefern wechsellagernd. Die anderen linsenförmig eingelagerten Gesteine sind an manchen Orten vor allem mit den Rotgneisen verknüpft oder angela-

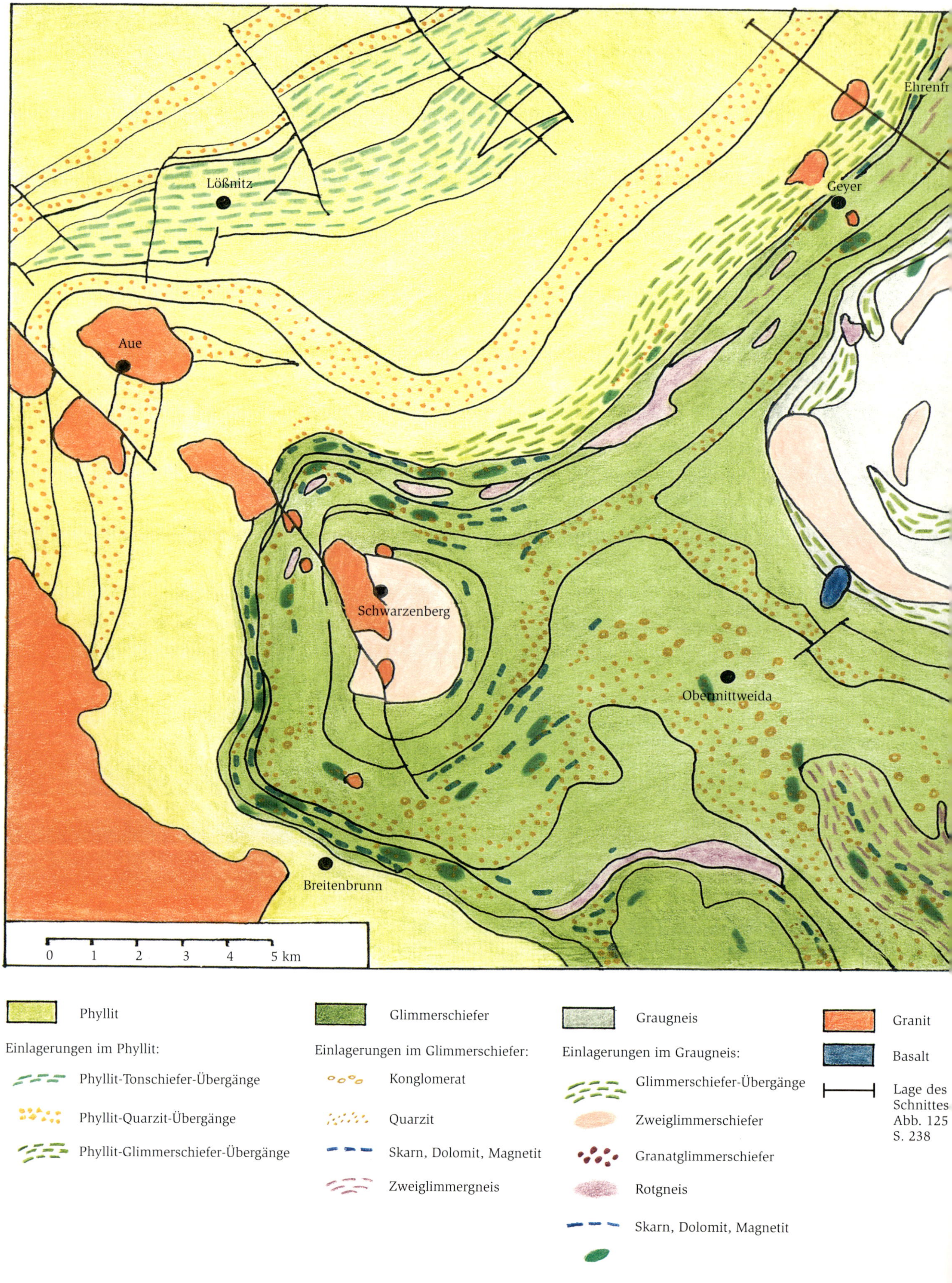
Lößnitz
Ehrenfr
Geyer
Aue
Schwarzenberg
Obermittweida
Breitenbrunn
0 1 2 3 4 5 km
Phyllit
Einlagerungen im Phyllit:
Phyllit-Tonschiefer-Übergänge
Phyllit-Quarzit-Übergänge
Phyllit-Glimmerschiefer-Übergänge
Glimmerschiefer
Einlagerungen im Glimmerschiefer:
Konglomerat
Quarzit
Skarn, Dolomit, Magnetit
Zweiglimmergneis
Graugneis
Einlagerungen im Graugneis:
Glimmerschiefer-Übergänge
Zweiglimmerschiefer
Granatglimmerschiefer
Rotgneis
Skarn, Dolomit, Magnetit
Granit
Basalt
Lage des Schnittes Abb. 125 S. 238

Abb. 123: Geologische Karte des mittleren Erzgebirges in der Umgebung von Ehrenfriedersdorf, Geyer und Schwarzenberg (Lage der Karte: siehe Abb. 80, S. 216; nach Lorenz / Hoth, Geologie, Jg. 16, 1967).

Abb. 124: Graugneis, wechsellagernd mit Linsen von Rotgneis, Amphibolit (grünlichschwarz) und weiteren kleinen Einschlüssen; Bildbreite etwa fünf Meter; Norwegen, Anschnitt 7 km südliche Förde, Straße nach Sande.

gert, wie die Gneisglimmerschiefer, Magnetit-Skarne, Kalksilikate, Marmore oder Amphibolite (Abb. 126, S. 238). Durch den Bergbau und die lange Forschungstradition sind alle oberflächennahen Vorkommen gut bekannt. Im Phyllit-Stockwerk überwiegen die Quarzite, welche sich zu ganzen Bänken zusammenfassen lassen, aber im Einzelnen aus großen Linsen bestehen. In manchen Gebieten kommen graphitische Phyllite vor, die ebenfalls linsenförmig, aber diffus begrenzt auftreten. Zwischen allen Hauptkomplexen gibt es jeweils Übergangsbereiche, in denen sich der charakteristische Mineralgehalt rhythmisch wechselnd ändert.

Der Vergleich über Mitteleuropa hin zeigt (Hirschmann 1994, S. 587), dass auch in den anderen Gneisgebieten ein monotoner unterer und ein linsenreicher oberer Bereich unterschieden werden können. Dadurch wird zwar ein allgemeiner Vergleich zwischen verschiedenen Gebieten möglich; andererseits erschwert die Ähnlichkeit der Gesteine, in denen ja gute Fossilien fehlen, eine genauere Parallelisierung. Die linsenförmigen Einlagerungen im Verhältnis zu ihren umgebenden Gesteinen haben wir außer im Erzgebirge an besonders typischen Aufschlüssen studiert, bisher z.B. im Bayerischen Wald, im südlichen Böhmen, im österreichischen Mühlviertel, im Südschwarzwald, im Gotthard- und Großglocknermassiv, in den Ötztaler Alpen, in

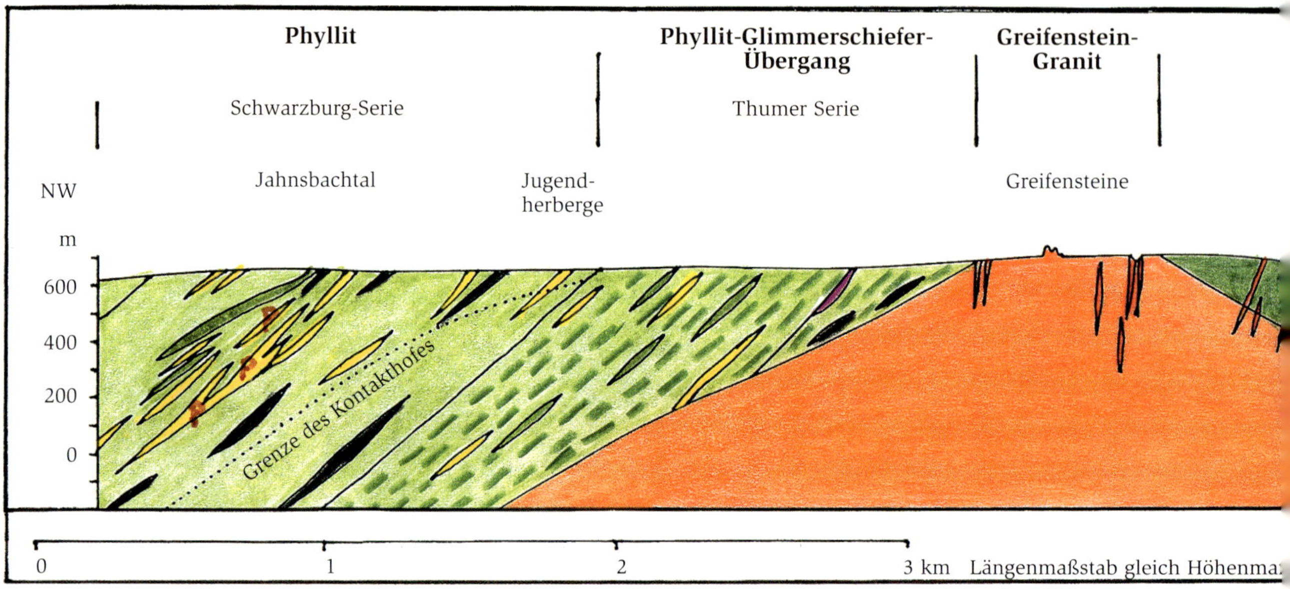
Phyllit
Phyllit-Glimmerschiefer-Übergang
Greifenstein-Granit
Schwarzburg-Serie
Thumer Serie
NW
Jahnsbachtal
Jugend-herberge
Greifensteine
m
600
400
200
0
Grenze des Kontakthofes
0
1
2
3 km Längenmaßstab gleich Höhenma

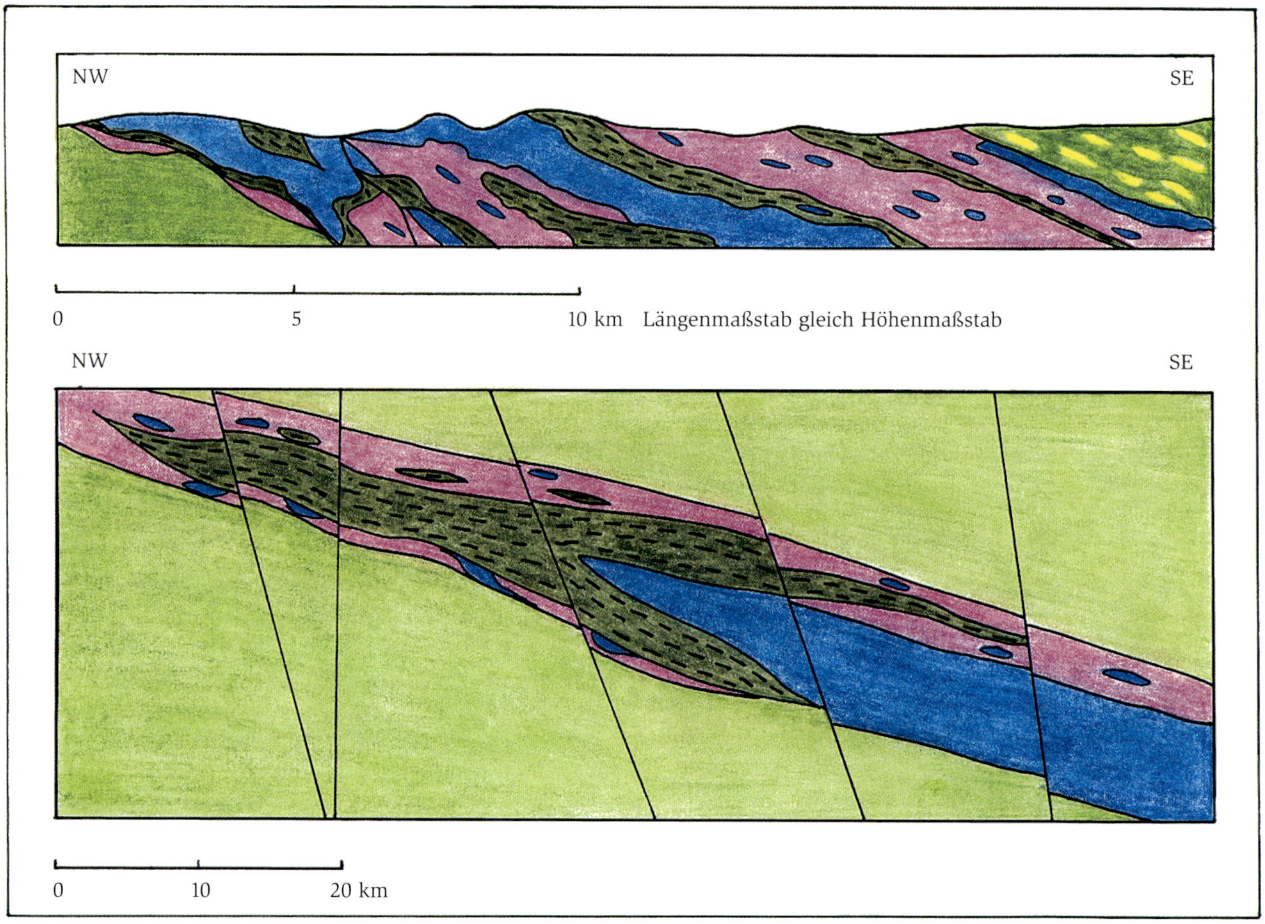
NW
SE
0
5
10 km Längenmaßstab gleich Höhenmaßstab
NW
SE
0
10
20 km

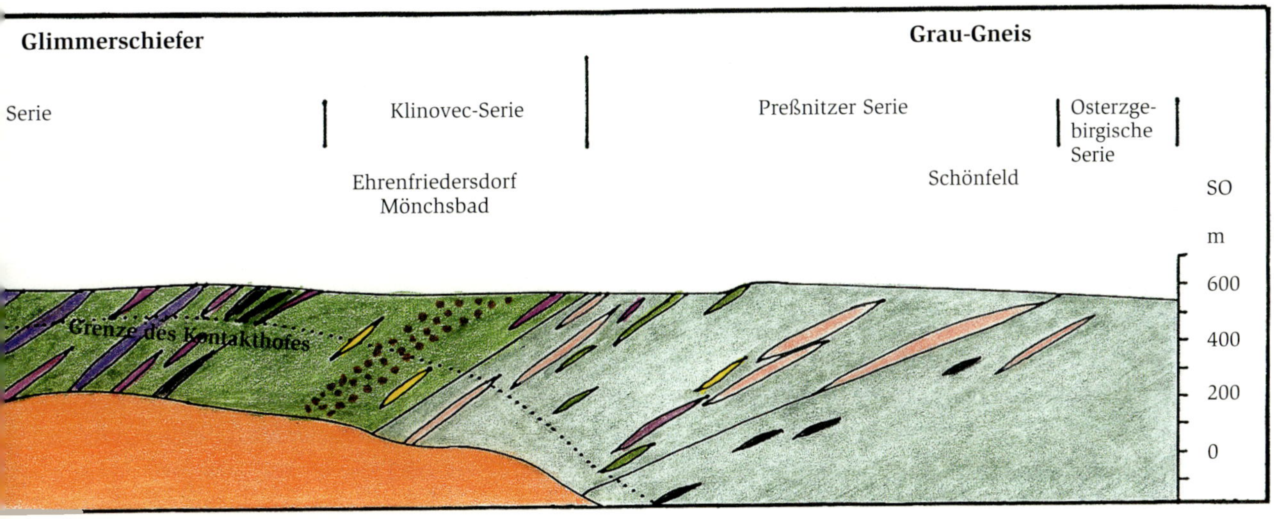

Abb. 125: Geologischer Schnitt durch den Granitstock von Geyer-Ehrenfriedersdorf mit den umgebenden Gesteinen. Die Legende entspricht der von Abb. 123, S. 236, auf der auch die Lage des Schnittes eingetragen ist. (Nach Geol. Karte des Zinnbergbaugebietes Ehrenfriedersdorf-Geyer; Sä. LA für Umwelt u. Geologie, Freiberg 1993.)

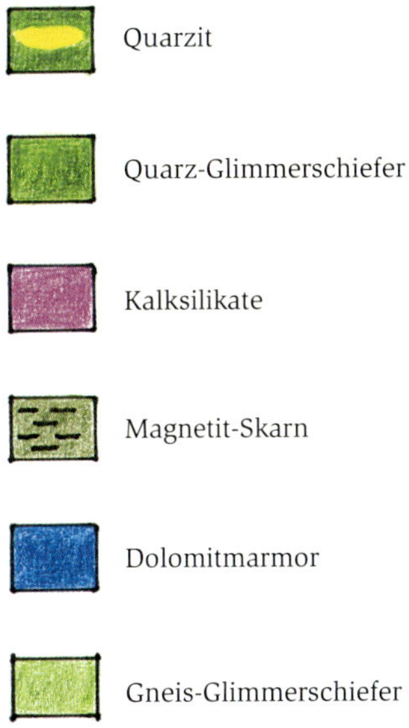

Abb. 126: Zwei geologische Schnitte durch die Lagerstätte von Pöhla südwestlich von Schwarzenberg mit ihren Linsen von Magnetit, Kalksilikaten und dolomitischem Marmor. (Nach Lorenz / Hoth, Geologie, Jg. 16, 1967.)

Kärnten, Schottland oder Südnorwegen (Abb. 124). Gerade die linsenreichen Horizonte sind vom Gesteinsverband, von der Mineralzusammensetzung und von den Strukturformen her erstaunlich ähnlich ausgebildet. Lediglich die Größe der Linsen kann stark schwanken, vom Handstück bis zu Größen, die bergbaulich genutzt werden, vor allem bei Eisenerz, Marmor und Graphit.

Die obige Abbildung 125 zeigt in einem Schnitt die Kristallinen Schiefer vom Gneis bis zum Phyllit in ihrer Grundentwicklung. Die linsenförmig abgesonderten Einlagerungen sind teilweise vergrößert eingetragen, um sie kenntlich zu machen. Das ganze Gebiet wird vom Granit unterlagert (s. Abb. 81, S. 218), der quer zum Strukturbau der Kristallinen Schiefer eingedrungen ist. Durch den Zinnabbau zwischen Ehrenfriedersdorf und den Greifensteinen ist der Gebirgsbau bis in Einzelheiten bekannt.

Die beiden nebenstehend abgebildeten Schnitte zeigen an einem bergbaulich aufgeschlossenen Beipiel, wie die Linsen von Dolomitmarmor, Kalksilikaten und Magnetit im Detail miteinander verbunden sind. Die Glimmerschiefer enthalten unter der Linsenzone noch Feldspäte und sind darüber mehr quarzreich, gehen also in Gneis-Glimmerschiefer über. Besonders charakteristisch und für die Genese wichtig ist, dass die Linsen im Inneren den Marmor enthalten, der z. T. von Kalksilikaten und Magnetit umgeben wird. Das kann auch im Handstückformat (Abb. 129, 130, S. 241) beobachtet werden.

Kristalline Kalksteine

Von den Kalkgesteinen, die in Linsenform in den Kristallinen Schiefern eingelagert sind, ist der Marmor der häufigste (im Bild: Abb. 128, 129; in Karte Abb. 123, S. 236; im Schnitt Abb. 122 u. Abb. 125, 126). Da die älteren kristallinen Kalksteine und Marmore meist einen gewissen Magnesiumgehalt haben, werden sie auch als **Dolomit** bezeichnet. Die Linsen haben eine Größe von einigen Zentimetern bis zu mehreren hundert Metern. Sie kommen vor allem in den Glimmerschiefern und Phylliten vor und sind gegenüber dem Nebengestein meist scharf begrenzt; jedoch sind keine tektonischen Scherflächen zu sehen, sondern primäre Übergangszonen im Zentimeter- bis Dezimeter-Bereich. Manchmal finden sich im Inneren der Linsen feine Lagen von Graphit, Glimmer, Chlorit, Pyrit oder anderen sulfidischen Erzen. Sie bewirken die schwärzliche, grünliche oder gelbliche Färbung der Marmore (Abb. 75, S. 200). Das Gestein ist fossilfrei, abgesehen von seltenen und fraglichen Mikrofossilien. Im oberen Teil des Grundgebirges gehen die dolomitischen Marmore in Schichten von magnesiumarmem kristallinem Kalkstein des unteren Paläozoikums über. Darin finden sich Fossilien der Tiere, welche diese Kalke angereichert haben, wie Stromatolithen, Korallen, Schwämme und Bryozen (Abb. 127, S. 241, 36, 39, 42, S. 116 ff.).

Die **Kalksilikatgesteine** (Abb. 130) sind vielfach mit Marmor-, Amphibolit- oder Magnetitlinsen verbunden. Als Skarne werden solche Kalksilikatgesteine bezeichnet, die reich an Magnetit sind oder mit sulfidischen Erzen imprägniert auftreten, vor allem Pyrit, Kupferkies, Bleiglanz und Zinkblende. Zu den Kalksilikaten (s. S. 303) gehören der braune Granat Grossular, der grüne Diopsid und Epidot sowie der weiße Wollastonit. Allgemein gesehen könnte man eigentlich auch den Plagioklas dazu zählen. Kalksilikate können einzelne Linsen mit meist Dezimeterbis Metergröße bilden. Sie sind vor allem im Bereich der Glimmerschiefer verbreitet (Abb. 122 - 126, S. 235 - 239). Zum umgebenden Gestein sind sie meist deutlich abgegrenzt. In der vollständigen Ausbildung nehmen Glimmer, Plagioklas und Quarz nach innen hin in Zonen stufenweise ab, während Diopsid, Epidot und Granat zunehmen; mitunter erscheint noch Wollastonit; ganz innen befindet sich dolomitischer Marmor (Berichte der Mineralogischen Gesellschaft, 2/1991; Geologie, 15, S. 769, 1966; u. 16, S. 1007, 1967). Auch kann ein Granatamphibolit in Skarn übergehen, indem der rote Granat abnimmt und der braune erscheint; ebenso kann Pyroxen in Amphibol und dieser in Epidot übergehen, wobei Magnetit und Marmor hinzukommen. Abbildung 129 zeigt die typische Ausbildung einer weißen Marmorlinse mit bräunlicher Kalksilikathülle in einem Amphibolschiefer von der Franz-Josefs-Höhe am Großglockner.

Der **Cordierit** ist den Kalksilikaten und Granaten mineralogisch ähnlich. Er bildet fettglänzende, hellgraue Körnchen, die wie Quarz aussehen, kann fein verteilt in den Kristallinen Schiefern in auftreten, aber auch mit den ihm verwandten Mineralen Sillimanit und Andalusit bis zur Hälfte den Gneis erfüllen. Sie bilden aber keine begrenzten Linsen und kommen nicht mit den Skarnen zusammen vor. Ein bekanntes Beispiel ist die Lagerstätte Bodenmais im Bayerischen Wald, wo sulfidische Linsen von Pyrit, Zinkblende und Bleiglanz abgebaut werden, die im Granat-Cordierit-Sillimanit-Gneis und Glimmerschiefer liegen (Geol. Bavar., 77, 1978). Cordierit und Sillimanit können auch als Umbildungsminerale im Kontaktbereich von Graniten entstehen, wenn diese in kalkige Gesteine eindringen.

Oolithische Eisenerze

Eisenerze treten innerhalb der Kristallinen Schiefer in drei Ausbildungsformen auf (im Bild: Abb. 134, S. 244; in Karte: Abb. 123, S. 236; im Schnitt: Abb. 122, 125, 126; weltweit zeitlich: Abb. 155, S. 266; räumlich Abb. 131, S. 242). Im Archaikum überwiegt der Magnetit, im mittleren Proterozoikum liegt das Maximum der Erze und der Übergang vom Magnetit zum Hämatit, im oberen Proterozoikum überwiegt Hämatit. Im Glimmerschiefer des erzgebirgischen Kambriums dominieren Magnetitlinsen, während in den Phylliten und chloritischen Tonschiefern des Kambriums und Ordoviziums oolitische Eisenerze eingelagert sind, wie der Chamosit.

Die mächtigsten Eisenerzbildungen überhaupt sind die rhythmisch gesonderten **Bändereisenerze**, auch Kieseleisenerz oder Itabirit genannt. Eine magnetitfreie, mikrokristalline Varietät von Quarz-Hä-

127: Kristalliner Kalkstein mit Korallen, Devon

Abb. 128: Dolomitmarmor mit Biotit

129: Kalksilikatlinse, innen Marmor, Großglockner

Abb. 130: Kalksilikatlagen im Graugneis, Pöhla

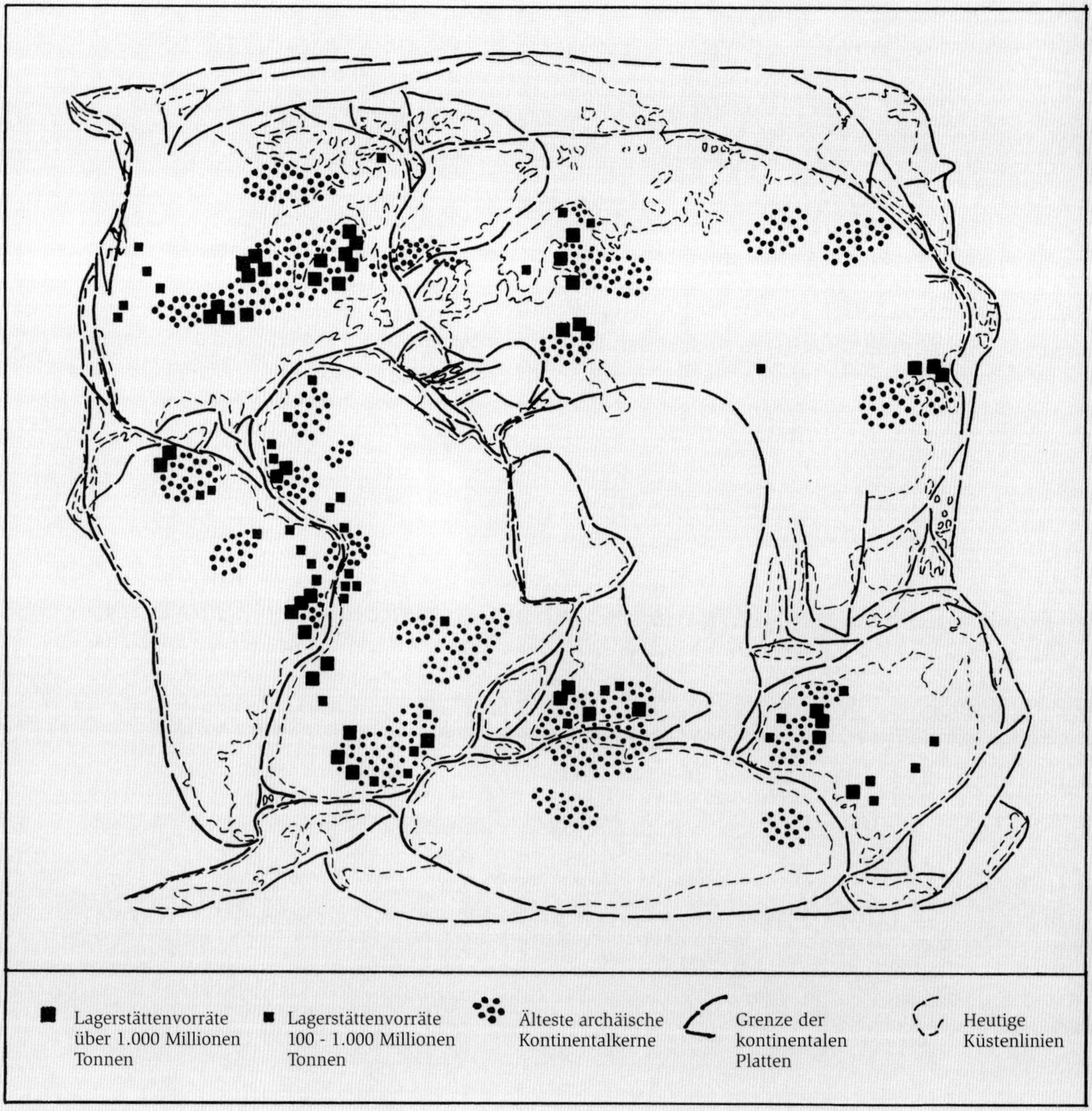

matit-Lagen wird als Eisenjaspilit oder Eisenjaspis bezeichnet. Die Erze kommen hauptsächlich im Übergangsbereich zwischen Gneis und Glimmerschiefer vor. Es sind eigentlich riesige linsenförmige Quarzkörper, in denen Magnetit und Hämatit in feinen Lagen und Bändern eingelagert sind, welche aber nicht aushalten und somit wiederum sehr flache, zusammengedrückte Linsen innerhalb der grö-

Abb. 131: Die größten Lagerstätten von Bändereisenerz auf der Erde, eingetragen in die Karte des Kontinentalpols am Ende des Präkambriums. (Kontinente nach Owen 1983; arch. Kerne nach Spezialarbeiten der 80er Jahre; Lagerstätten nach Implic. of Cont. Drift II, S. 1057, 1973.)

ßeren sind. Die deutlich voneinander getrennten Bänder sind meist um ein Millimeter dick, wobei, genauer betrachtet, die größeren Rhythmen im Meterbereich in immer feinere Rhythmen bis zu 1/10 mm weiter untergliedert werden können. Bei mehreren hundert Meter Erzmächtigkeit liegen Tausende solcher ineinander rhythmisierter Lagen als dünne Linsen übereinander. Feine Schichten und Linsen von Muskovit, Biotit und Amphibol sind öfter zwischengeschaltet, auch enthält das Erz geringe Mengen von Pyrit, Eisenspat, Kupfer, Mangan und Gold.

Das Bändereisenerz enthält 30 – 40 % Eisen und bildet mit Milliarden von Tonnen 93% aller Eisenerzvorräte der Welt, auf denen die Hälfte der Weltstahlindustrie beruht. (Einige Spezialarbeiten aus der sehr umfangreichen Literatur weltweit: Glöckner 1981, Guta 1982, Alkim 1985; Schriften der Deutschen Metallhütten-Bergleute, 14, Clausthal 1964: Econ. Geol. 68, 7, 1973; Bottke 1981.) Die Mächtigkeit der einzelnen Erzlinsen liegt durchschnittlich im Meter-Bereich, die Ausdehnung im Hundertmeter-Bereich. Durch Faltung liegen mehrere Erzhorizonte übereinander, sodass die Lagerstätte mehrere hundert Meter mächtig und bis mehrere tausend Kilometer ausgedehnt sein kann (in der Ukraine beispielsweise 800 km lang, bis 100 km breit, 200 m mächtig; in Kanada 1.110 km lang, bis 100 km breit, bis 30 m mächtig, aber sekundär verdoppelt; in Brasilien 3.000 km lang, bis 60 km breit, 300 m mächtig, die weltgrößte Lagerstätte, mit oberflächennah 10 Billionen Tonnen Vorräten). Die Lagerstätten liegen meist am Rande der ältesten archäischen Kontinentalkerne, an der Grenze zum Proterozoikum und vor allem im Übergangsbereich zwischen Gneis und Glimmerschiefer; weltweit sind die Gesteinszusammenhänge sehr ähnlich. So lagern unter den brasilianischen Erzen etwa 8.000 Meter Gneise, Granulite und Glimmerschiefer bis Serizitquarzite, und darüber folgen etwa 6.000 Meter Glimmerschschiefer, Phyllite, Chloritschiefer und Quarzite, in die Linsen von dololomitischen Marmoren, Amphiboliten und Skarnen eingeschaltet sind. In den oberen Horizonten treten auch zunehmend Konglomerate auf.

Im Erzgebirge lagern Linsen von **Magnetit** in geologisch ähnlicher Position im Gneisglimmerschiefer. Insgesamt sind oberflächennah etwa 150 Erzvorkommen in zehn Horizonten bekannt, mit einem Umfang im Meter- bis Dekameter-Bereich. Der Magnetit ist vielfach mit Quarzkörnchen verbunden und kann in Magnetitquarzite oder Linsen von Amphibolit und Dolomitmarmor übergehen; daneben kommen Kupferkies, Arsenkies, Zinkblende, Zinnstein und Pyrit vor.

Das jüngste Eisenerz dieser Art ist der **Chamosit** (Zeitschrift Geologie, Bh. 23, 1958), der nur aus dem Erdaltertum bekannt ist. Es ist ein Oolith, also ein Kugelgestein, welches aus Ooiden, Chloritkügelchen von 1 bis 5 mm Größe besteht. Um Kerne aus Quarz, Chloritkristallen, Schwermineralen, Kugel-Bruchstücken legen sich Schalen aus eisenreichem Chlorit im Wechsel mit eisenreichem Kalkstein, dem Siderit. Der Eisengehalt liegt bei 30 bis 40 %. Die Kugeln sind von einer sandig-kalkigen Grundmasse umgeben. Der Kalkanteil ist phosphoritisch und kann sich ebenfalls in Kugeln bis 1 cm Größe sammeln, die reich an Mikrofossilien sind. Die Eisen-Ooide sind meist breitgedrückt; es wurde sogar beobachtet, dass Schalen von Eisen-Ooiden eingedrückt und die Masse von innen herausgequetscht wurde. Das spricht dafür, dass das Ooid zunächst außen fester und innen noch weich war und dann erst kristallisierte, wie man es auch bei den Kugelgraniten (Abb. 167, S. 311) beobachtet hat. Der Chamosit bildet Linsen von 3 bis 10 m, maximal bis 50 m Mächtigkeit, die nebeneinander in blaugraue, sandige Tonschiefer und glimmerreiche Quarzsandsteine horizontbeständig eingelagert sind, teilweise mit Geröllen. Fein verteilt und linsenförmig gesammelt ist außerdem Pyrit enthalten.

Weitere Einlagerungen

Der **Amphibolit** (Abb. 122 – 125, S. 234 ff.; Abb. 132, S. 244; Abb. 135, S. 245) ist ein dichtes, feinkörniges, dunkelgrünes Amphibolgestein mit Plagioklas und Granat, aber auch Pyroxen. Die linsenförmigen Gesteinskörper sind im Gneis scharf begrenzt; ihre Größe bewegt sich meist im Dezimeter bis Dekameter-Bereich. Im Glimmerschiefer und Phyllit können die Linsen mehr in flächig ausgebreitete Amphibolschiefer übergehen, welche noch Chlorit, Epidot, Serizit, Calcit und den braunen Granat Grossular enthalten.

Eine spezielle Ausbildung des Amphibolits, die **Spilit** genannt wird, kommt noch im oberen Prote-

Abb. 132: Amphibolit mit Granat

Abb. 133: Serpentinit

Abb. 134: Bändereisenerz mit Wechsellagerung von Magnetit (schwarz), Hämatit (rot) und Quarz (gelb, weiß), Australien

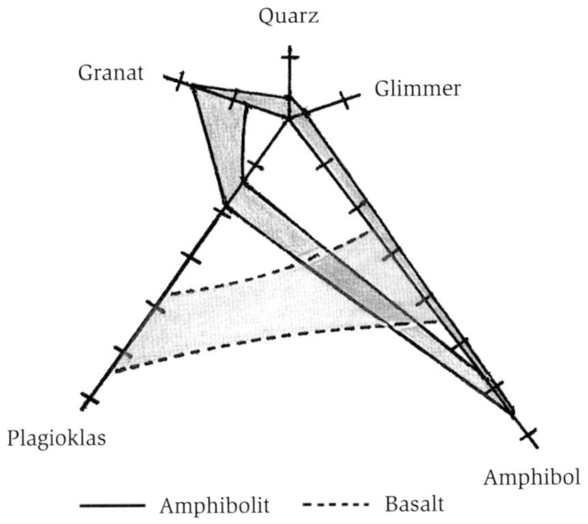

Abb. 135: Die durchschnittlichen prozentualen Anteile der wichtigsten Minerale im Amphibolit (getönte Fläche) im Vergleich zum Basalt (gestrichelt). Jeder Teilstrich entspricht 10%. Hauptminerale sind Amphibol und Plagioklas, zu denen oft Granat und Pyroxen hinzukommen. Chlorit und Biotit treten als Umbildung des Pyroxen auf; auch sind Magnetit und Pyrit enthalten, während Quarz selten ist. Bei gößerem Anteil an Plagioklas und Pyroxen ist er den dunklen Pyroxen-Granuliten bzw. dem Basalt ähnlich (Abb. 113, S. 231).

rozoikum von Böhmen vor, das entspricht der oberen Pressnitzer Serie in Abb. 122, S. 234 (Röhlich / Fediuk 1964). Es ist ein grünlich-graues, dichtes, splittriges Gestein, welches hauptsächlich aus einem feinkörnigen Gewebe von Plagioklas, Pyroxen und Chlorit besteht, also einem sehr feinkörnigen, kieseligen Chloritschiefer entspräche. Es ist in Linsen und Lagen in eine etwa 800 m mächtige Gesteinsfolge von schiefrigen, rhythmisch geschichteten Grauwacken eingelagert. Die umgebende Masse ist reich an dichtem, feinkristallinem Quarz, welcher sich, ebenso wie der Feldspat, in Kügelchen oder Einzelkristallen sammeln kann. Darüber folgen ca. 1000 m mächtige dunkelgraue Tonschiefer mit Chlorit, Serizit und Feldspat, die in den unteren 20 Metern zahlreiche Gerölle enthalten. Es folgen noch feingradierte, gebänderte Kieselschiefer mit Pyrit, Kalklagen sowie fein verteiltem Graphit.

Der **Serpentinit** (Abb. 133) ist dem Amphibolit ähnlich, da er ebenfalls überwiegend dunkelgrüne bis bräunliche Minerale enthält, welche einen dichten, sehr feinkörnigen Filz bilden. Das Gestein ist weich, im Gegensatz zum sehr zähen Amphibolit. Die Serpentin-Minerale zeigen vielfach Relikte von Olivin und Pyroxen, an denen man sehen kann, dass sie umgewandelte Peridotite sind. Der rote Granat Pyrop ist häufig enthalten, aber meist auch teilweise umgewandelt (Abb. 162, S. 295). Weiterhin kommen Magnetit als eingelagerte Einzelkristalle vor sowie vorwiegend auf Klüften Chalcedon, Chlorit, Talk, Magnesit und Asbestminerale. Durch seine Umwandlung gibt es viele Serpentin-Varianten, die in Linsen und Lagen miteinander abwechseln können, von den granatfreien Olivin-Pyroxen-Serpentinen über Granat-Serpentine bis hin zu reinen Granatlinsen. Damit verwandt und häufig verbunden ist der Eklogit, ein schönes, aber sehr hartes Gestein aus hellgrünem Pyroxen und hellrotem Granat, genauer Omphazit und Pyrop (Abb. 92, S. 223). Weitere Übergänge bestehen zu Amphibol-, Talk-, und Chloritschiefern.

Der **Graphit** erscheint bereits in den Kristallinen Schiefern, (Abb. 122, S. 234; Abb. 125, S. 239), wo er schon im Gneis fein verteilt auftritt. Häufiger wird er im Glimmerschiefer und Phyllit, wo er innerhalb von linsenförmig begrenzten Gesteinsbereichen von Meter- bis Dekameter-Größe einen Gehalt bis zu einem Prozent erreichen kann. Die schuppenförmigen Kriställchen können sich zu millimeterdünnen, schwarzgrauen Lagen sammeln («schwarze Flöze» der Bergleute). Isotopenuntersuchungen belegen, dass es sich um organisch angereicherten Kohlenstoff handelt. Eine bedeutende Graphitlagerstätte in einem cordieritführenden Graugneis ist zum Beispiel Kropfmühl nordöstlich von Passau, wo Linsen von reinem Graphit, dolomitischem Marmor, Kalksilikaten und auch Amphibolit eingelagert sind (Aufschluss-Sonderheft, 31, S. 91, 1981). Im Glimmerschiefer und Phyllit werden die graphitischen Bereiche häufiger (Abb. 125, S. 239, links), während der Tonschiefer und Alaunschiefer gänzlich mit fein verteilten Graphitkörnchen durchdrungen wird. Der Kohlenstoffgehalt kann hier bis zu 10 % erreichen und soll einer statistischen Berechung zufolge weltweit die Menge in den Steinkohlenflözen um ein Vielfaches übersteigen. Die weitere Entwicklung führt zu den Steinkohlenflözen, die vielfach mit sandigen Tonschiefern und Grauwacken verknüpft sind. Ihre Bildung wurde zusammen mit den Pflanzenprozessen in der Lebensphäre der Erde behandelt (s. S. 124).

Auch der **Quarzit** (Abb. 146, S. 257; 160, 161, S. 285; 122, 123, 125, S. 234) ist in den Kristallinen Schiefern linsenförmig eingelagert. Das sehr harte, dichte Gestein besteht aus feinen Quarzkörnern, die wiederum durch Kiesel – als Mineral Chalcedon – miteinander verbunden sind. Untergeordnet sind auch Feldspat sowie der helle Glimmer Muskovit enthalten, welcher gehäuft am Rand von Quarzitlinsen auftritt. Nimmt der Quarzit stark zu oder durchdringt er lagenweise das Gestein, so geht er in Quarzitschiefer oder Glimmerschiefer über. Während die Quarzlinsen in den Kristallinen Schiefern meist Zentimeter- bis Dezimeter-Größe haben, können die Quarzitlinsen mehrere hundert Meter Größe erreichen. Eine Sonderform sind Linsen von splittrig-dichten, schwarzen Quarzitschiefern mit Meter-Größe (Felsithorizont), die im Erzgebirge an der Grenze zwischen Gneisen und Glimmerschiefern eingelagert sind. Außer Quarz enthalten sie viel Graphit, Chlorit und Serizit sowie wiederum linsenförmig angereichert Sulfide wie Pyrit, Kupferkies und Zinnstein bis zu abbauwürdigen Mengen. Sie werden begleitet von Marmor- und Rotgneislinsen.

Als eine letzte Gesteinsgruppe in den Kristallinen Schiefern sollen noch die **Gerölle** erwähnt werden. Sie sind elliptisch, teilweise deformiert oder gequetscht, meist einige Zentimeter groß, auch vom Millimeter- bis Dezimeter-Bereich. Sie finden sich im Erzgebirge in einzelnen Dezimeter-mächtigen Horizonten, einzeln oder enger gelagert, meist in dichten, feinkörnigen Gneisen oder in biotitreichen Gneisglimmerschiefern. Die hauptsächlichsten Geröllsteine sind Granit, Gneis, Quarzporphyr, Quarzit, Quarz und seltener Amphibolit oder kristalliner Kalkstein. Sie stammen nicht aus der unmittelbaren Umgebung. Manche haben einen Überzug aus Glimmerschuppen oder sind teilweise später umkristallisiert. Auch in den präkambrischen Grauwacken der Lausitz oder in quarzitischen Tonschiefern des Ordoviziums finden sich, ungleichmäßig verteilt, Gerölle ähnlicher Gesteine, und zwar von Millimeter- bis Meter-Größe.

Die gesteinsbildenden Minerale und ihr Chemismus

Chemische Reaktionen und Mineralbildung

Als Minerale werden in der Naturwissenschaft (Rösler: 1981, S.16) anorganische, meist feste, natürliche Körper bezeichnet, die stofflich homogen sind, das heißt einen bestimmten Chemismus und eine definierte Kristallstruktur aufweisen. Die Mineralogie erforscht die Gesetzmäßigkeiten ihrer Eigenschaften, der Vorkommen, des Entstehens und Vergehens. Um die Werdevorgänge der Minerale und damit auch die der Erdkruste zu verstehen, können die Beobachtungen der heutigen Abläufe in der anorganischen und organischen Chemie viel beitragen, indem dadurch die Substanzen in ihren Eigenschaften und gegenseitigen Beziehungen charakterisiert werden. Es gilt also, von den festen Stoffen aus auf die Werdeprozesse zu sehen.

Rudolf Steiner sah vom anderen Pol aus, von der geistigen Seite auf die Substanzen. So sprach er am Beispiel der Schiefer- und Kalksteinbildung davon, dass die Stoffe als zur Ruhe gekommene Prozesse zu betrachten sind (GA 313, 11. 4. 1921). Er schaut auf das Verhältnis zwischen den kosmischen und den menschlichen Lebensprozessen. Ein kosmischer Lebensprozess sonderte Stoffe ab, die im Bereich der Erdkruste weiter verhärteten und sich in Minerale differenzierten. Diese **Prozesse im Geistigen** haben unterschiedliche Charaktere. Steiner charakterisiert sie mit den Namen, mit denen am Ende die zur Ruhe gekommenen Stoffe benannt werden. So spricht er im Landwirtschaftlichen Kurs von den Stoffen Kohlenstoff, Stickstoff, Sauerstoff, Wasserstoff, Schwefel, und man denkt zunächst selbstverständlich an die Elemente im chemischen Sinne. Dann aber heißt es auch das «Kohlenstoffartige, Sauerstoffliche, Kalkige, Kieslige, Stickstoffmäßige», und es werden diese Stoffe bezeichnet als «Träger des Astralischen, Vermittler des Geistigen»; als «nicht bloß lebendig, sondern empfindlich», oder: «in Wirklichkeit ist der Sauerstoff der Träger des lebendigen Äthers und dieser lebendige Äther bemächtigt sich des Sauerstoffs, beherrscht ihn, indem er das auf dem Umwege durch den Schwefel tut» (GA 327, 11. 6. 1924). Die Stoffe seien über der

Erde, im Kosmos oder im Menschen etwas anderes als unter der Erde. Es geht mir hierbei jetzt nicht um die einzelnen Inhalte, sondern darum, wie Steiner die Namen der Elemente benutzt. Wollen wir die Entstehung der Minerale aus dem Erdwerdeprozess verstehen, so müssen wir bis zu dieser geistigen Seite gehen, auch wenn es ungewohnt ist, sich vorzustellen, was Steiner meint. Was umfasst der Begriff des Kohlenstoffs, des Kiesels? So heißt es weiter: «Alle diese Stoffe stehen in innerer Beziehung zu einem ganz bestimmt gearteten Geistigen, sind also etwas ganz anderes als dasjenige, von dem unsere Chemie spricht. Unsere Chemie spricht nur von den Leichnamen der Stoffe. Es ist ja schwer, sich über diese Sache mit den Physikern, den Chemikern zu verständigen; ... sie haben nur toten Sauerstoff vor sich» (GA 327, 11. 6. 1924). Für die technologischen Prozesse der materialistischen Chemie ist dieser Aspekt jedoch der wesentliche.

Der lebendige Prozess, wie Stoffe verdichtet und verwandelt werden, lässt sich heute noch im Menschen verfolgen. Steiner charakterisiert z. B. den Unterschied – ja den Gegensatz – des Kohlenstoffs im Menschen und außerhalb von ihm und dann wie der Kohlenstoff in der Erde, «wenn sie, wie es ja notwendig ist, als Organismus aufgefasst wird, einem Atmungsprozesse unterliegt und dass der Kohlengehalt der Erde zu tun hat mit diesem Atmungsprozesse» (GA 312, 31. 3. 1920). Unter dem Aspekt vom Gesetz der Erhaltung des Stoffes würden das Leben, die Entstehung, der Tod der Stoffe nicht verständlich. «Und es ist eben ein Unding, die Impulse für die chemischen Wirkungen auf der Erde in den Substanzen selber zu suchen. Da sind sie nicht. Die kommen aus diesen Regionen», aus dem kosmischen Umkreis auf die Erde herunter. Und dann kommt Steiner auf die Austernschale, die «sich in einer frühen Stufe des Erdbildungswesens verfestigt», und die Regenwürmer, welche heute den Prozess weiterführen und wieder zur Ackererde verlebendigen können. In den anschließenden Vorträgen spricht er so weiter, dass er die Namen der Elemente benutzt, sein Blick aber nicht auf die chemische Verbindung, sondern auf den Lebensprozess eines Wesens gerichtet ist. In ähnlicher Weise wird dies auch in *Grundlegendes für eine Erweiterung der Heilkunst* (GA 27, Kap. XVI) beschrieben bzw. am Verhältnis von Denken und Salzbildung geschildert (GA 128, 27. 3. 1911). In den physiologischen Prozessen des Menschen wären die Vorgänge zu beobachten, die der Mineralbildung im Erdorganismus entsprechen.

Etwas anderes ist die chemische Analyse, in welcher der mineralische Sonderungsprozess gewissermaßen durch den Chemiker weitergeführt wird. Bei der Reaktion mit anderen Stoffen verschwindet das feste Mineral als qualitative Ganzheit mitsamt seinen Eigenschaften. Gleichzeitig erscheinen qualitativ völlig andere Substanzen mit ganz anderen Eigenschaften, die am Ende als **chemische Elemente** bezeichnet werden, weil sie nicht weiter zerlegbar sind. F. H. Julius (1965, S.63 – 71) hat diesen Zusammenhang überzeugend dargestellt, indem er darauf aufmerksam macht, wie die beteiligten Stoffe dabei durch die elementarischen Zustände geführt werden: vom Festen zum Flüssigen, Luftigen, Wärmehaften und weiter bis ins Geistige und andere Stoffe mit neuen Qualitäten auf dem umgekehrten Wege wieder zurück in Erscheinung treten. Dabei bleiben die Gewichtsverhältnisse der beteiligten Stoffe bzw. die Volumenverhältnisse bei Gasen gleich. Das führte letztlich zum materialistischen Denken in Molekülen und Atomen. Die chemischen Elemente werden neue Ausgangspunkte für Reaktionen, die zu neuen Stoffen, zu Verbindungen führen. Hier liegt die große Bedeutung der Chemie und der daraus entstandenen Technik.

Die Elemente, die am Ende der Analyse entstanden sind, können ebenso als Substanz-Individualitäten mit einem speziellen Charakter betrachtet werden wie die Minerale, aus denen sie gewonnen wurden. Nur ihre Herkunft ist eine andere. Ihre Eigenschaften lassen sich dabei jedoch nicht aus denjenigen der Minerale ableiten. Weder können wir aus der Kenntnis von Silicium und Sauerstoff die Eigenschaften eines Quarzes vorhersagen noch umgekehrt. Andererseits besteht ein wesensmäßiger Zusammenhang zwischen dem Mineral, den Elementen und ihren Verbindungen, denn die Reaktionen laufen stets gleich ab, und ihre Ergebnisse sind dadurch vorhersagbar. Dieser wesensmäßige Zusammenhang kann jedoch nicht beobachtet werden. Er liegt nicht in der Sinneswelt, sondern in dem Bereich, in den hinein die Eigenschaften verschwinden und ganz andere, aber ganz bestimmte, erscheinen.

Als reine Stoffe sind die chemischen Elemente

streng genommen nur in der Idee vorhanden, denn *chemisch rein* kennzeichnet lediglich die Nachweisgrenze der Reaktionen. Jedes natürliche Mineral und jeder künstlich hergestellte Stoff bleibt mit feinen Anteilen anderer Stoffe verbunden. Chemisch zeigt sich das in spezifischen Spurenelementen, physikalisch an Isotopen. Damit behalten sie etwas von der Signatur ihrer Herkunft in sich. Der Werdeprozess, die Biographie einer Substanz, kann ermittelt werden und damit auch der qualitative Unterschied zwischen künstlichen Verbindungen und natürlichen Mineralen.

Sehr selten kommen auch in der Natur solche Minerale vor, die den chemischen Elementen entsprechen, z.B. die **gediegenen Metalle** als Erze. Gold, Platin, Osmium etc., auch Arsen und Wismut, sonderten sich primär auf Grund ihrer chemischen Stabilität sofort bis zu ihrer gediegenen Endstufe. Sie entstanden jedoch durch einen natürlichen chemischen Umwandlungsprozess, der sich nach der primären Mineralbildung als sekundärer Vorgang anschloss. Dadurch wurde ein bereits verfestigtes Mineral wieder gelöst und verändert, ähnlich wie es auch bei der chemischen Verwitterung geschieht. Gediegenes Silber, Quecksilber und Kupfer sind sekundär (s. S. 330) in der Reduktionszone von Erzgängen aus primären Erzmineralen entstanden. Das gediegene Eisen entstand durch eine «Naturverhüttung», Diamant durch Druck-Hitze-Überprägung aus Graphit.

Aus der Sicht der Chemie wären diese natürlichen und künstlichen Elemente gleich; sie erhalten die gleiche Elementformel. Aber über den Werdeprozess sagt eine Formel nichts aus. Für einen Pyrit beispielsweise wäre die Formel FeS_2 nur eine idealisierte Vorstellung, selbst wenn er im Labor produziert wurde. Für eine materialistische Chemie ist dabei gleichgültig, ob er aus einem Erzgang, einem Tonschiefer oder aus dem Labor stammt. Alle drei haben fast die gleichen Eigenschaften und brauchen für weitere technische Prozesse auch nicht unterschieden zu werden. Diese qualitativ verschiedene **Biographie der Substanzen** ist aber beispielsweise sehr wichtig, wenn daraus Heilmittel hergestellt werden sollen. Woran wäre der Unterschied zu erkennen? Vor allem am Zusammenhang, dem ich ein Mineral entnommen habe, vielleicht auch durch eine Analyse der Spurenelemente. Biographisch sonderte sich der Pyrit im Erzgang aus einer kolloidalen Paragenese von anderen Erzen; im Tonschiefer stammte er aus dem bakteriellen Lebensprozess, im Labor aus der Verbindung von zwei Elementen, die vorher aus anderen Mineralen wie Gipsstein und Brauneisenerz gewonnen worden waren. Biographisch gesehen träfe die Formel FeS_2 nur dann zu, wenn die Synthese aus den Elementen Eisen und Schwefel erfolgt wäre, nicht aber für die Erze!

Ein typisches Beispiel für dieses Problem ist, dass auch in der anthroposophischen Literatur der **Quarz als Kieselsäure** bezeichnet wird. Die gelöste Kieselsäure im chemischen Sinne ist ein Kunstprodukt, das durch Entwässerung übergehen kann in Kieselsäureanhydrid. Beide kommen im Naturzusammenhang höchstens in sekundären chemischen Umbildungen vor. Primär entstanden sind der kristalline Quarz, der mikrokristalline Chalcedon und der amorphe Opal. In der chemischen Analyse verschwinden sie, und es erscheinen gleichzeitig bei allen drei Mineralen wie auch beim Kieselsäureanhydrid trotz ganz unterschiedlicher Eigenschaften die gleichen Elemente, Silicium und Sauerstoff. Chemisch gesehen sind die Minerale mit dem Kieselsäureanhydrid gleich; genetisch gesehen haben sie ganz verschiedene Biographien. Wenn wir vom Quarz im geologischen Sinne sprechen, sollten wir uns dem Wortgebrauch bei M. v. Mackensen (1994, S. 20 – 38) anschließen. Er verwendet die Begriffe exakt im prozessualen Sinne, indem er Quarz und Silikat zusammenfassend **Kiesel** nennt, als Überbegriff einer Ganzheit, und den Kieselprozess als Bildevorgang bezeichnet, der sich in den Quarz und die Silikate gliedert und letztlich im Silicium und der Kieselsäure endet. Silicium «entstammt dem Quarz» (S. 35), «liegt ihm zugrunde» usw.

Aus dieser chemischen Denkweise stammen auch die Begriffe der «saueren» Gesteine für Granite und der «basischen» für Basalte. Das zugrunde liegende Phänomen ist stattdessen, dass der Granit im Gegensatz zum Basalt freien Quarz enthält. Das wird chemisch über den Umweg gedacht, Siliciumdioxid als Anhydrid der künstlichen Orthokieselsäure gleich anzusehen mit dem Quarz, weil er in Silicium und Sauerstoff zerlegt werden kann. Der geologische Werdeprozess von Granit und Basalt hat mit Kieselsäuren, mit sauer und basisch nichts zu tun.

Deshalb verwende ich die Begriffe der saueren und basischen Gesteine nicht.

Primär gebildete Minerale sind vom natürlichen Entstehungsprozess her gesehen Endstufen wie die chemischen Elemente im Labor. Zum Beispiel entstehen **Salze**, chemisch betrachtet, bei der Reaktion von Säuren und Basen. Das geht aber erst, wenn ich vorher aus den natürlichen Salzen Säuren und Basen hergestellt habe. Kalkstein, Gipsstein und Steinsalz entstanden jedoch als primäre Ganzheiten und nicht aus der Verbindung von Säuren und Basen.

Wir sollten uns bewusst machen, dass die Welt nicht aus den Teilen entstanden ist, in die sie zerlegt werden kann. Die Worte müssten so gebraucht werden, dass sie der Betrachtungsweise entsprechen, die Werdeprozesse wirklichkeitsgemäß beschreiben und nicht ausschließen! Wir sind die chemischen Ausdrucksweisen und Gedankengänge so gewöhnt, dass wir keinen Unterschied sehen zwischen einem Mineral und einem Stoff, der aus einer chemischen Reaktion hervorgegangen ist. Die Minerale entstehen als eine Ganzheit, die mit dem Namen bezeichnet ist, aus primären Sonderungsprozessen bei der Gesteinsbildung. Trotzdem wird ein Feldspat selbstverständlich als Verbindung von Calcium, Natrium, Aluminium, Silicium etc. angesehen und so bezeichnet. Auf die Frage, was ist Quarz? wird geantwortet: Siliciumdioxid. Ist nicht die Konsequenz, dass die Bildung von Granit und Gneis heute ganz selbstverständlich angesehen wird als chemische Umwandlungsreaktion von Sedimentmaterial? Die entsprechenden Modelle werden so aufgestellt und begründet (s. S. 296), dass die Elementgehalte der Minerale auf beiden Seiten der chemischen Formel im Gleichgewicht stehen. Das entspricht einer Denkweise, die für den technologischen Vorgang richtig ist, wenn es darum geht, Stoffe möglichst rein zu gewinnen oder chemische Reaktionen exakt wiederholen und berechnen zu können.

Es ist wichtig, zwischen den prozessualen Sonderungen und den chemischen Verbindungen zu unterscheiden! Dann können die Beobachtungen der Chemie, die Eigenschaften der chemischen Elemente, die Laborexprimente und auch die Formeln dazu beitragen, dass die Zusammenhänge bei den Werdeprozessen der Minerale und Gesteine oder das Wesensmäßige einer mineralischen Ganzheit genauer charakterisiert werden (s. S. 354), beispielsweise durch die Ordnung und den Rhythmus des Periodensystems. Es entsteht jedoch die Aufgabe, die Ergebnisse der detaillierten chemischen Analysen umzudenken und die Blickrichtung auf die Werdeprozesse zu lenken. Wir können dann im Sinne Steiners von den Stoffen aus auf die Prozesse schauen. Zusammengefasst ergibt sich:

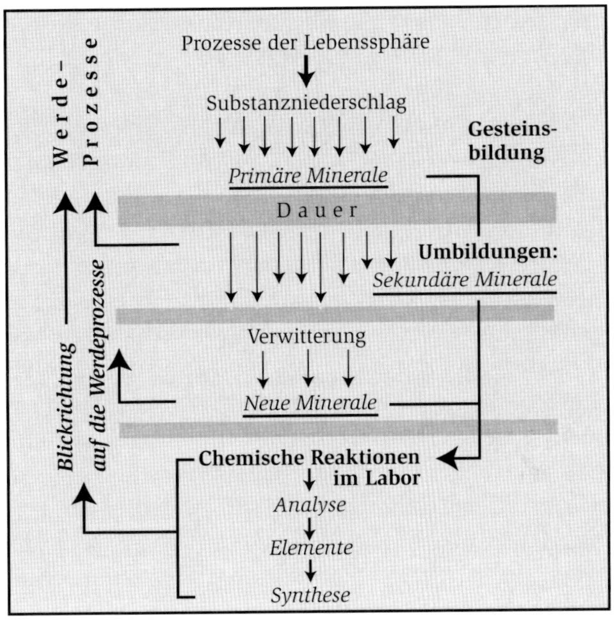

Analysen und Namen

Ein weiteres Problem ergibt sich, wenn die **Prozentgehalte der chemischen Elemente** oder der Metalle in der Erdkruste, die so genannten Clarke-Werte, in der allgemeinen und auch der anthroposophischen Literatur zitiert werden. Als Erdkruste wird der feste Gesteinsbereich verstanden, nach unten hin extrapoliert und etwas willkürlich abgegrenzt bei 16 km Tiefe. Er umfasst also neben den Sedimentschichten vor allem Teile der granitischen Kontinentalkruste und der basaltischen Ozeankruste. Erstens würden Teufen aus anderen Krustenmodellen ganz andere Werte ergeben. Zweitens wären alle Werte anders, wenn man z.B. für die ganze Kruste 30 km ansetzen würde, denn damit hätte man viel mehr Basaltoide. Drittens sind solche Werte überhaupt sehr abstrakt, weil ja in der Tiefe nicht 46 % Sauerstoff, 28 % Silicium usw. zu finden sind, sondern die Gesteine. Viertens wird der Gegensatz zwischen granitischer und basaltischer Kruste, die im Werden der Erde völlig unterschiedlich entstanden sind, nicht berücksichtigt, sondern die Analysenwerte werden über beide Bereiche gemittelt. Die Clarke-Werte enthalten damit von ihren Voraussetzungen her prinzipielle Fehler, weshalb ich sie nicht anführe. Aussagekräftiger wären schon Werte, welche bestimmte Gesteins- oder Lagerstättenbereiche charakterisierten (s. Abb. 181, S. 325).

Ein nächstes Problem der chemischen Betrachtungsweise betrifft die **Namen der Gesteine**. In der Praxis ermöglichen es die modernen chemischen Analysemethoden, besonders die granitischen, basaltischen und verwandten Gesteine rasch in ein lückenloses System einzuordnen und exakt zu benennen. Es werden etwa zehn Elemente bestimmt, deren Oxidformen zu einem normativen Mineralbestand umgerechnet und mit dem beobachteten, modalen Bestand in Beziehung gesetzt. In etwa hundertjähriger Forschung hat sich von den verschiedenen Methoden der Berechnung und Darstellung das Klassifikationssystem von Streckeisen am meisten bewährt, in dem die Massenprozente der errechneten Gehalte von Quarz, Alkalifeldspat, Plagioklas und Feldspatvertretern miteinander ins Verhältnis gesetzt werden. Das Problem ist jedoch, dass phänomenologisch und genetisch deutlich verschiedene Gesteine nun den gleichen Namen erhalten, weil sie pauschal-chemisch gleich sind. So wurde zum Beispiel der Quarzporphyr zum Rhyolith, der Keratophyr zum Trachyt, der Diabas zum Mikrogabbro und so weiter. Für die computergestützte Analyse, den internationalen Vergleich und die technische Nutzung mag das vorteilhaft sein, obwohl es auch in Fachkreisen umstritten ist und nicht überall angewandt wird. Versuchen wir jedoch, phänomenologisch und genetisch auf die Gesteine zu schauen, sollten diese Unterschiede berücksichtigt werden. Deshalb verwende ich hier bewusst zum Teil die in der deutschen Sprache eingeführten Namen, auch wenn sie den Eindruck erwecken, der Text entspreche damit nicht dem «neuesten Stand der Wissenschaft».

Ein weiteres Problem ist, dass die einfache, detaillierte Mineralanalyse eine ebenso detaillierte Nomenklatur ermöglicht, was auf der anderen Seite bei Mineralen und Gesteinen zu einer Inflation von Namen geführt hat. Beispielsweise können so in einem Steinbruch des Harzburger Gabbros 30 verschiedene Gesteine unterschieden werden. Die Namen als solche sind außerdem alle gleichwertig; für die Erkenntnis des Werdens müssen sie jedoch gewichtet werden, weil die Gesteine genetisch sehr verschiedene Bedeutung haben. Letztlich lassen sich die mehrere tausend Minerale auf Variationen von vielleicht einhundert reduzieren, welche sich wiederum, genetisch betrachtet, auf wenige Hauptgruppen zurückführen lassen (Abb. 196, S. 352). Ähnlich ist es mit den **chemischen Mineralformeln**, in denen meist nur die wesentlichen Elemente berücksichtigt werden können. Bei genauerer Betrachtung müssten diese Formeln wesentlich komplexer und oft gar nicht darstellbar sein, zumal an jedem Ort andere substanzielle Verhältnisse bestehen. Da es mir um die genetischen Aspekte geht, habe ich hier überhaupt auf Mineralformeln verzichtet. Zur Charakteristik der Substanzen gebe ich nur die Hauptelemente an, welche bei der Analyse erscheinen.

Ein weiteres Problem bei der Benennung von Mineralen und Gesteinen ist, dass sie häufig nach dem Fundort, dem Entdecker, mittelalterlichen Bergerfahrungen oder einer bestimmten Eigenschaft benannt werden, die oft gar nicht charakteristisch ist. Ich verzichte deshalb auf Namenserklärungen, weil der Blick damit meist vom Wesen abgelenkt wird zu Unwesentlichkeiten, Kuriositäten, Begriffsänderungen oder Assoziationen. Wegen der internationalen Verständigung werden für Minerale und Gesteine zunehmend die lateinischen Namen verwendet. Um aber verständlich zu bleiben, halte ich mich weitgehend an die eingeführten deutschen Namen.

Ich halte diese ausführlichen Vorbemerkungen zur Chemie deshalb für wichtig, weil hier ein anderer Erkenntnisansatz als der gewohnte versucht wird, der durch die chemische Technologie geprägt ist, mit dem auch mein Text zunächst gelesen wird. Da geht es um Analyse und Synthese, wobei Minerale und Verbindungen – unabhängig von der Entstehung – als Ausgangspunkte gehandhabt und bei gleicher chemischer Formel als gleiche Stoffe betrachtet werden. Wir wollen hingegen von den chemischen Elementen aus, die bei der Analyse der Minerale erscheinen, auf die Werdeprozesse der Gesteinswelt und der Erde schauen. Unter diesem Aspekt ist die folgende Tabelle Abb. 136, S. 252 zu lesen. Es ist nicht eine «chemische Zusammensetzung» gemeint, sondern die Elemente können die Minerale und ihre Entwicklungsprozesse charakterisieren.

Chemismus der Minerale

In der Tabelle auf der nächsten Seite sind zusammenfassend die Minerale aufgeführt, welche bei der Beschreibung der Gesteine bisher erwähnt wurden. Darunter stehen die chemischen Elemente, welche bei ihrer Analyse erscheinen. Das sind bei den Mineralen aus den Gesteinen der Grundentwicklung vor allem die Elemente Silicium, Sauerstoff und Aluminium. Im **Quarz** erscheint der Kiesel von der Granitschicht an nach oben hin frei, während darunter nur silikatisch-kieselige Minerale vorkommen. Bei den **Feldspäten** dominieren von unten nach oben Calcium, Natrium und Kalium. Dabei bildet der Plagioklas eine Mischreihe, die vom Calciumfeldspat (Anorthit) zum Natriumfeldspat (Albit) übergeht und triklin kristallisiert. Auch die Alkalifeldspäte bilden eine solche Reihe, und zwar vom weißen Natrium- zum meist rötlichen Kaliumfeldspat. Meist entsteht zunächst der eigentliche Orthoklas als monokliner Kaliumfeldspat, aus dem sich noch während der Kristallisation der Albit als trikliner Natriumfeldspat entmischt, weshalb man genauer Alkalifeldspat und nicht Orthoklas sagt. Mit dem Übergang in die **Glimmer** kommen noch zunehmend die OH-Gruppen hinzu. Die **dunklen Minerale** können chemisch als Entwicklungsreihe aus dem Peridotit und Basalt aufgefasst werden. Magnesium nimmt ab; Calcium und OH nehmen zu; das Eisen beginnt in grüner Farbe zweiwertig (FeO), erscheint dann in den dunklen Mineralen und im Bändereisenerz (Näheres zu den Erzen S. 322 ff., zum Bändereisenerz S. 240) zwei-/dreiwertig (Fe_3O_4) und geht später im Bereich der Luft-Wasser-Sphäre der Erde in die rote Farbe und Dreiwertigkeit über (Fe_2O_3).

Bei den **Einlagerungen** in die Gesteine der Grundentwicklung werden zum Ersten die linsenförmigen Anteile aus den jeweils tieferen Gesteinsstockwerken mineralchemisch im Sinne der eben angeführten Reihen verändert; die Granite werden zu Rotgneisen, die Basalte zu Amphiboliten, die Peridotite zu Serpentiniten mit all den angeführten Übergängen. Zum Zweiten differenzieren sich innerhalb der **Grundentwicklung** Minerale heraus, die chemisch qualitativ den gesteinsbildenden ähnlich bleiben, aber quantitativ neue Verhältnisse bilden. Das Übergewicht geht im Bändereisenerz zum Eisen hin und in den Kalksilikaten zum Calcium. Die Granate haben eine gemeinsame kubische Kristallform, sind aber vom Chemismus her verschieden. Im Basaltischen überwiegt der dunkelrote Pyrop, ein Magnesium-Granat; im Gneis und Glimmerschiefer der braunrote Almandin, ein Eisen-Granat, und in den Kalksilikatgesteinen und Skarnen die bräunlich-grünlichen Calcium-Granate Grossular und Andradit. Hier zeigt sich besonders auffällig, dass Entwicklungen der Substanz und der Form verschiedene Wege gehen. Ähnliche Unterschiede lassen sich bei den orthorhombischen und monoklinen Pyroxenen und Amphibolen bis in die Glimmer hinein verfolgen, was zu betrachten hier zu weit führen würde. In Sillimanit, Andalusit und Disthen erscheinen chemisch Übergewichte des Aluminiums.

Zum Dritten erscheint der **Kohlenstoff** neu als Einlagerung in der Grundentwicklung. Er wird im Lebensbereich der Gerüstbildner, welcher das Silicium bei den gesteinsbildenden Mineralen ist. Diese Funktion erfüllt er allein im Pflanzlichen, während im Kalk des Tierischen zum Kohlenstoff das Calcium hinzukommt. Dabei wird vom Chemismus her ein Entwicklungsweg deutlich, der vom Feldspat als Calciumsilikat über die Kalksilikate zum Calciumkarbonat verläuft, also zum Kalkspat des Marmors. Dieser Weg wird noch vom Marmor zum Kalkstein, Dolomit und Gipsstein fortgesetzt und mündet in die Salze (s. S. 259). Chemisch betrachtet folgen bei den Salzen übereinander Calcium, Natrium und Kalium – interessanterweise in der gleichen Reihenfolge wie bei den Silikaten der Feldspäte; also vom Plagioklas zum Alkalifeldspat. Wenn diese chemischen Fakten in ihrer Folge, ihren Übergängen und ihren Umwandlungen als Signaturen gelesen werden, können sie wichtige Schritte der substanziellen Evolution der Erde charakterisieren.

Grundentwicklung:

Stockwerke:	dunkle Minerale:	helle Minerale:
	(Kiesel frei:)	Quarz
Kristalline Schiefer	Chlorit: Mg Fe^{++} Fe^{+++} OH	Muskovit, Serizit: K OH
	↑	↑
+	Biotit: Mg Fe^{++} K OH	Kalifeldspat: K Na
Granit	↑	↑
	Amphibol: Mg Ca Fe^{++} Fe^{+++} OH	Albit: Na (Ca)
Basalt	↑ (Kiesel gebunden)	↑
	Pyroxen: Mg Ca Fe^{++} Fe^{+++}; Granat: Pyrop: Mg	Plagioklas: Ca (Na)
Peridotit	Olivin: (Kiesel gebunden) Mg Fe + +	

+ Al

+ Si
+ O

Einlagerungen in Kristallinen Schiefern:

– aus tieferen Stockwerken:

Granit ⟶ Rotgneis: Alkalifeldspat, Muskovit, Quarz
Basalt ⟶ Amphibolit: Amphibol, Plagioklas, Pyrop
⟶ Eklogit: Pyroxen, Pyrop
Peridotit ⟶ Serpentinit: Serpentin, Asbest, Talk, Magnesit
Pyroxen, Amphibol, Pyrop

– innerhalb der Grundentwicklung differenziert:

Quarzit: Quarz: Si O; Muskovit: K Al Si O / OH

Bändereisenerz; Oxidisch: Magnetit – Hämatit u. Quarz: Fe^{++} Fe^{+++} Si O

Sulfidische Erze: Pyrit: Fe^{++} S; Bleiglanz: Pb S

Kalksilikate: alle: + Si, + O
im Skarn:
Epidot: Ca Fe^{+++} Al OH; Diopsid: Ca Mg Fe; Wollastonit: Ca

Granate: Grossular: Ca Al; Andradit: Ca Fe^{+++}

im Glimmerschiefer:
Granat: Almandin: Al Fe^{++}; Sillimanit / Andalusit / Disthen: Al / Al / Al

seltener: Cordierit: Al Mg Fe^{++}

– neu auftretendes Grundgerüst: Kohlenstoff

aus Pflanzlichem: Graphit: C
aus Tierischem: Marmor, Kalkspat: C + Ca O; Dolomit: C + Ca + Mg O

Abb. 136: Die chemischen Elemente zur Charakteristik der wichtigsten Minerale, welche in den Gesteinen der Grundentwicklung und der Einlagerungen auftreten; ohne Formelschreibweise, genetisch gesehen (s. S. 354).

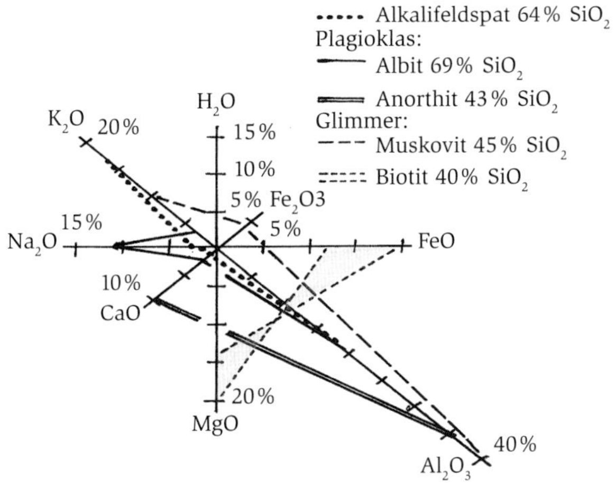

Abb. 137: Die chemischen Elemente + Sauerstoff, welche bei der Analyse der Feldspäte und Glimmer erscheinen; Strichabstände 5%. (Die Werte aller drei Abbildungen nach Jubelt /Schreiter 1972.) – Die Abbildung zeigt den Chemismus der Minerale aus den Gesteinen der Grundentwicklung. Bei den Feldspäten verschiebt sich vom Plagioklas zum Alkalifeldspat der Gehalt vom Aluminium und Calcium hin zum Natrium und Kalium; bei den Glimmern vom Biotit zum Muskovit vom Magnesium und zweiwertigen Eisen zum Kalium und OH-Gehalt. In beiden Entwicklungen nimmt der Kieselgehalt zu.

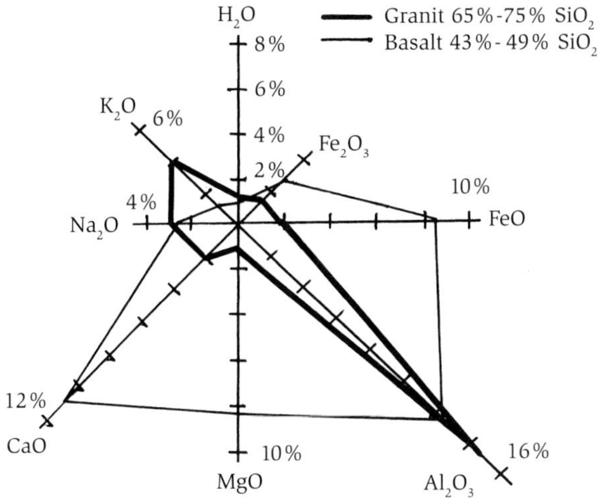

Abb. 138: Die chemischen Elemente, die bei der Pauschalanalyse mehrerer hundert Proben von Granit und Basalt erscheinen; mittlere Gehalte ohne die Schwankungsbereiche; Strichabstände 2%. – Der Vergleich des Chemismus von Granit und Basalt zeigt sehr deutliche Unterschiede, vor allem bei Calcium, Magnesium und zweiwertigem Eisen. Im Kieselgehalt schließen sie einander aus. Unter 50% SiO_2 ist der Kiesel im Feldspat und Glimmer gebunden, erst bei höheren Gehalten entsteht freier Quarz. Beim Aluminium und beim Natrium des Albit sind die Unterschiede nur gering.

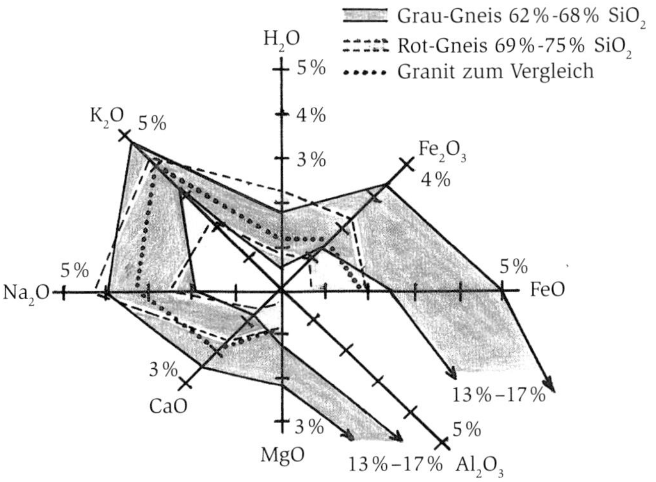

Abb. 139: Die chemischen Elemente, die bei der Pauschalanalyse von Graugneis und Rotgneis erscheinen; Granit zum Vergleich; Strichabstände 1%. – Die Abbildung zeigt, wie der Chemismus vom Rotgneis als Einlagerung im Graugneis in einem ähnlichen Feld liegt. Unterschiede bestehen vor allem durch den Biotit im Magnesium- und Eisengehalt. Die Durchschnittslinie des Granit liegt in der Mitte des Rotgneises und zeigt den Zusammenhang beider Gesteine.

Die Gesteine des Deck- und Lockergebirges

Die Gesteine

Das Deckgebirge lagert zwischen den Alpen und Skandinavien in horizontalen Schichten diskordant über dem variszisch gefalteteten Grundgebirge (Abb. 77, 78, S. 209, 210 und Abb. 147, S. 258). In den Alpen ist es gefaltet und in Decken überschoben worden. Es besteht hauptsächlich aus Tonsteinen, Kalksteinen und Sandsteinen in vielfach wiederholtem rhythmischem Wechsel (Tucker 1985). In den Sandsteinen sind die Quarzkörner durch mehr oder weniger kalkige und tonige Minerale miteinander verbunden. Vielfach beginnen die Rhythmen (Abb. 141 – 146, S. 156, 157) gröberkörnig und gehen in feinkörnige, tonreiche Lagen über, die sich nach oben scharf gegen den nächsten Rhythmus abgrenzen. Die Kalksteine sind meist reich an Tonen, sodass sie gut für die Zementindustrie geeignet sind.

Als vierte Gesteinsgruppe kommen noch die Salzgesteine hinzu. Dazu zählen der Dolomit, der Anhydrit, das Steinsalz und die Kalisalze. Durch ihre leichte Wasserlöslichkeit sind die Salze meist nicht an der Erdoberfläche aufgeschlossen. Eine fünfte, seltenere Gruppe bilden die kieseligen Gesteine, welche als Hornstein oder Chert bezeichnet werden. Sie sind vorwiegend mit den primären kalkigen und tonigen Gesteinen verbunden. Es sind feinkörnige, z.T. feinrhythmisch geschichtete splittrig-harte Gesteine, die aus mikrokristallinem Quarz oder Chalcedon bestehen und je nach ihrer Umgebung durch organische Substanzen dunkel oder durch Kalkstein hell gefärbt sind. Sie kommen als geringmächtige Schichten oder als Knollen vor, wie zum Beispiel die Feuersteine im Kreidekalkstein, oder auch als Kieselschiefer in den Tonsteinen und Schiefern im Silur, Devon, Unterkarbon und Jura.

Im Grundgebirge überwiegt allgemein die **primäre Gesteinsbildung**, im Lockergebirge dagegen die **sekundäre**, und im Deckgebirge durchdringen sich beide rhythmisch. Dabei können – allgemein gesagt – zwei genetische Reihen unterschieden werden. Die eine entwickelt sich vom primären Pol her als Niederschlag mit Kalkstein – Dolomit – Anhydritstein / Gipsstein – Steinsalz – Kalisalz ; eine zweite vom sekundären Pol her als umgelagertes Material mit Konglomerat – Sandstein – Tonstein oder Schieferton, der an den Tonschiefer anschließt. Beide Reihen sind vielfach rhythmisch und zyklisch miteinander verzahnt. Entwickelt man dafür an der Anschauung einen lebendigen, beweglichen Begriff, so reichen vier Namen aus: Kalk- und Salzgesteine, Sand- und Tonsteine. Sie werden herkömmlich als Sedimentgesteine bezeichnet. Allerdings ist mit diesem Begriff implizit ein bestimmter Entstehungsprozess gemeint, der im nächsten Kapitel noch kritisch betrachtet werden muss.

Vorkommen

Die Schichten des Deckgebirges finden wir an der Oberfläche vor allem in den Landschaften des **mittleren Deutschland**. Sie werden vielfach vom Lockergebirge überlagert, besonders mächtig in Norddeutschland und im Alpenvorland (Abb. 147, S. 258). Insgesamt dominieren im Deckgebirge die Kalkgesteine. Sie beginnen im Zechstein geringmächtig, erreichen in der Trias, im Jura und der Kreidezeit außerhalb der Alpen Mächtigkeiten im Hundertmeter-Bereich und in den heutigen Hochgebirgszügen der Erde im Tausendmeter-Bereich. Mit den Salzgesteinen war es umgekehrt: Im Alpengebiet waren sie geringmächtig und in Mitteleuropa tausende Meter mächtig. Die Zeit vom Perm bis zur Kreide war die Hauptzeit der Salz- und Kalksteinbildung.

In den **Alpen** verlief die jüngere tektonische Entwicklung anders als in Mitteleuropa, während die Gesteine in beiden Gebieten ausgesprochen ähnlich ausgebildet sind. Schon das Grundgebirge zeigt dort, wo es fensterartig aufgeschlossen ist, die gleichen Gesteine der Grundentwicklung und der Einlagerungen, z.B. im Ötztal (Purtscheller1978) und im Erzgebirge. Auch die variszische Gebirgsbildung war gleichzeitig. Sie wird in den Alpen herzynisch

Abb. 140: Schematische Blockbilder der Schichtstufenlandschaften der Trias von Thüringen, Hessen, Franken, und der Pfalz sowie des Jura in Süddeutschland, der Fränkischen und Schwäbischen Alb. Die rhythmisch wechselnden Schichten von Tonsteinen, Sandsteinen und Kalksteinen zeigen sich in den verschieden steilen Stufen der Talhänge.

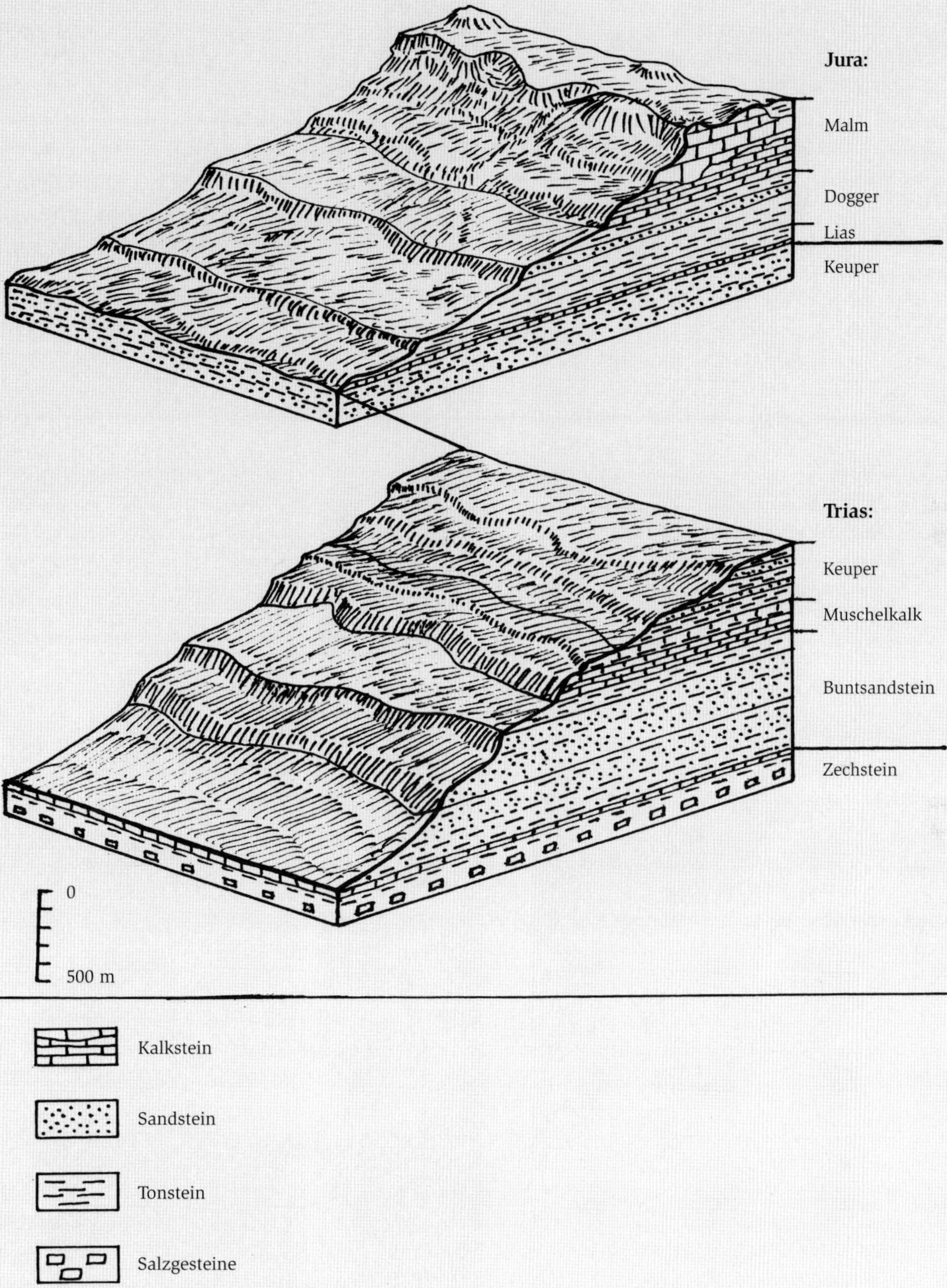

Jura:
Malm
Dogger
Lias
Keuper
Trias:
Keuper
Muschelkalk
Buntsandstein
Zechstein
0
500 m
Kalkstein
Sandstein
Tonstein
Salzgesteine

Abb. 141: Kalkstein mit Brachiopodenschalen

Abb. 142: Sandstein im Wechsel mit Tonstein

Abb. 143: Unten Anhydritstein, oben Gipsstein

Abb. 144: Unten Steinsalz, oben Kalisalz

Abb. 145: Konglomerat aus Phyllit

Abb. 146: Quarzit

genannt, obwohl sie mit dem Harz nichts zu tun hat. Danach beginnt das Deckgebirge wie in Mitteleuropa mit sehr ähnlichen Gesteinsbildungen, stellenweise mit einem kohleführenden, sandigen Oberkarbon und ab dem Perm bzw. der Trias (Permoskyth, Werfener Schichten, Haselgebirge) mit Kalksteinen und Salzgesteinen. Allerdings dauerten örtlich die mächtigeren primären Gesteinsbildungen viel länger an, z.B. bei den Phylliten der Bündner Schiefer (s. S. 366). Der ursprüngliche Ablagerungsraum der Deckgebirgsgesteine erstreckte sich vor dem Zusammenschub ca. 500 km weit nach Süden; die nördlichen Kalkalpen lagen südlich des Tauernmassivs. In weitgespannten Senken entstanden mehr tonige und kieselige, auf den Schwellen mehr kalkige Gesteine, und von den Rändern her wurde sandiges Material hineingetragen. Diese Gesteine wurden in der Oberen Kreide und dem Tertiär zu gewaltigen Decken übereinander geschoben.

Rhythmen in der Landschaft

Kalkstein, Tonstein und Sandstein finden wir im **mittleren Deutschland** vielfach aufgeschlossen in den Tälern und an den Abhängen der großen Schichtstufen (Abb. 140, S. 255). Erdgeschichtlich entstanden sind sie in den Epochen vom oberen Karbon bis zur oberen Kreidezeit. Besonders charakteristisch ist die Gesteinsfolge in der Trias, jener Dreiheit, in welcher in der Buntsandsteinzeit der **Sandstein**, in der Muschelkalkzeit der **Kalkstein** und in der Keuperzeit der **Tonstein** überwiegen. In zweiter Linie enthält aber auch der Sandstein den Kalkstein und Tonstein, der Kalkstein den Tonstein und Sandstein, der Tonstein den Sandstein und Kalkstein, jeweils wieder in untergeordneten, feineren Rhythmen. Das setzt sich fort im Jura, wo im Lias der Tonstein, im Dogger der Sandstein und im Malm der Kalkstein überwiegt. Auch in den Ablagerungen der Kreidezeit findet man

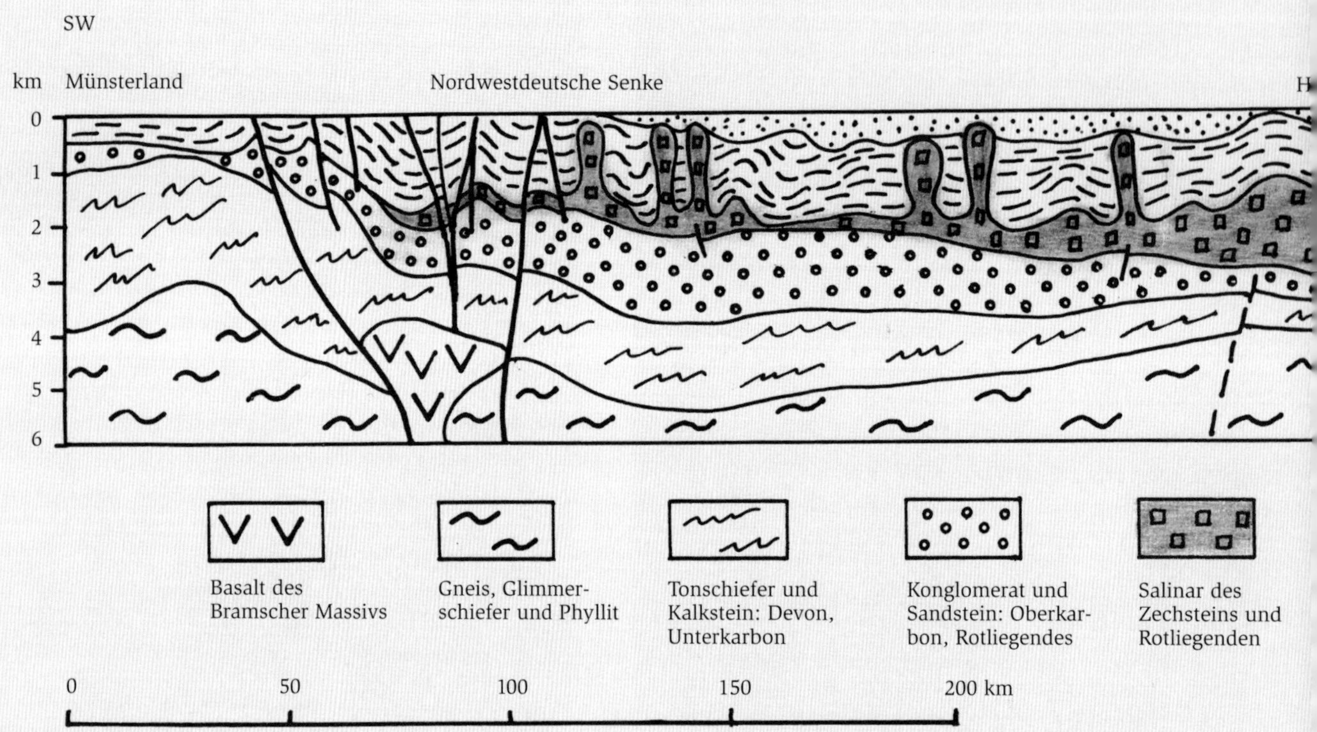

diese Rhythmen, allerdings vor allem im verdeckten Untergrund von Norddeutschland. Aufgeschlossen sind im Münsterland und auf Rügen mehr kalkige Ablagerungen, im nördlichen Harzvorland und Elbsandsteingebirge mehr sandige. Auch da können sich die Schichtrhythmen als morphologische Rhythmen im Gelände zeigen. Sie bilden deutlich ab, wie weit die verschiedenen Gesteine in die Verhärtung gegangen sind.

Vereinzelte Lagen von Anhydritstein/Gipsstein oder Steinsalz können auch in den Kalksteinen und Tonsteinen auftreten. Da die **Salze** vom Grundwasser ausgelaugt werden, erscheinen sie in der Landschaft nur indirekt als Senkungsgebiete – ähnlich den Stellen, wo die mächtigen Salzschichten des Zechsteins ausstreichen. Auch der Kalkstein kann ausgelaugt werden, jedoch weniger flächenhaft. Das ist vor allem dort geschehen, wo er während des Pleistozän an der Oberfläche anstand. Besonders in den Zwischeneiszeiten entstanden die Karstlandschaften und umfangreichen Höhlensysteme, z.B. auf der Schwäbisch-Fränkischen Alb. Da wo der Kalkstein aber stärker verhärtet ist, z.B. durch Fossilien, konnte er der Verwitterung widerstehen und blieb in Felsformen erhalten.

Rotsedimente und Salze im Untergrund

Im oberen Karbon und unteren Perm, dem so genannten Rotliegenden, wurden stellenweise mächtige durch Eisen rotgefärbte **Konglomerate, Sandsteine** und **Tonsteine** zusammengeschwemmt. Man kann diese Formationen als Übergangsstockwerk (Abb. 78, S. 210) vom Deckgebirge abtrennen. Diese Schichten sind vor allem dort aufgeschlossen, wo an den Rändern der Mittelgebirge das Grundgebirge in das Deckgebirge übergeht: im Ruhrgebiet, Saarland, Odenwald, Thüringer Wald, Zwickauer Becken und Ostharz. Im Ruhrgebiet, Saarland und bei Zwickau sind abbauwürdige Steinkohlenflöze eingelagert, zeitgleich geringmächtige in verschiedenen Gebieten der Alpen.

Nach der variszischen Gebirgsbildung wurden die zerfallenden Gesteine der höheren Rücken des gefalteten Grundgebirges in begrenzten Becken dazwischen abgelagert. Zunehmend wurden immer tiefere Gesteine angeschnitten. Die Phyllitstücke im Konglomerat auf Abbildung 145 wurden nur wenige Kilometer weit transportiert und mit feinerem Material verbacken. Die Korngröße dieser Rotsedimente nimmt allgemein nach oben hin rhythmisch ab, von

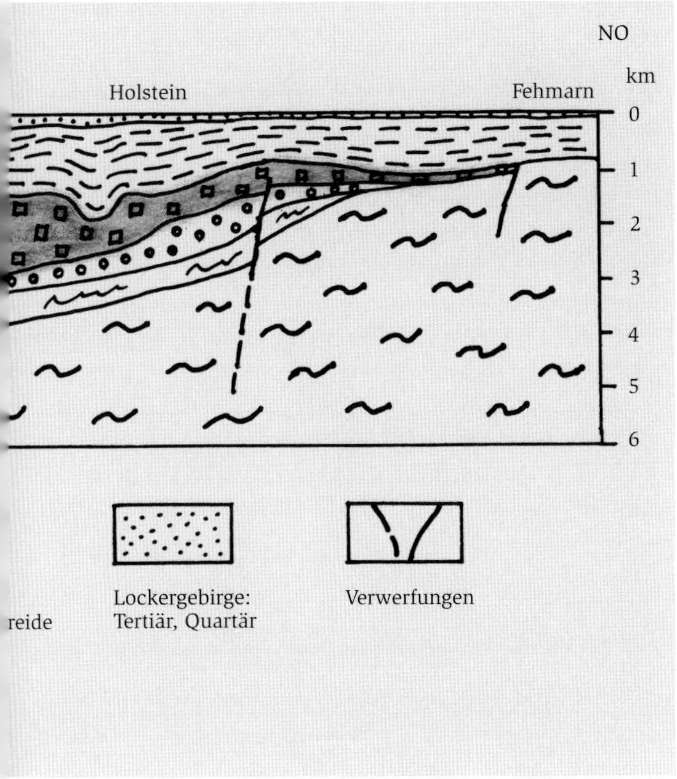

Abb. 147: Schematischer geologischer Schnitt durch das Deckgebirge der Norddeutschen Senke und das Salinar von Niedersachsen. Die mehrere tausend Meter mächtigen Salzschichten sind nach oben gedrungen und wurden dort vom Wasser weggelöst. (Nach Walter 1992, Plein und Ziegler.)

den Konglomeraten des Oberkarbons und Rotliegenden über die Sandsteine des Buntsandsteins bis zu den Tonsteinen des Keuper, des Jura und der Kreide. Das Bindemittel ist meist tonig bis feinsandig, kann auch kalkig oder anhydritisch sein. Ist es kieselig, nennt man das Gestein Quarzit (Abb. 146).

In diese Rotsedimente zwischen dem Rotliegenden und dem Buntsandstein sind die **Salinar**-Schichten des Zechsteins eingeschaltet. Im **nördlichen Mitteleuropa** lagern solche Salzmassen zwischen der mittleren Nordsee und Mittelpolen, zwischen Rügen, Thüringen und Hessen. Die primären Mächtigkeiten werden auf drei- bis viertausend Meter geschätzt. In einem ähnlich großen Becken nördlich des Kaspischen Meeres entstanden im Perm, vielleicht schon ab Devon, vier bis sechs Kilometer mächtige Salzablagerungen. Beide Senken zusammen enthalten die gewaltigsten Salzablagerungen der Erde. Im Beckentiefsten, im Gebiet unter Hamburg, beginnt die Salzablagerung schon im Rotliegenden. Sie besteht aus vier bis fünf Gesteinszyklen, die über einer dünnen Tonsteinschicht im Allgemeinen mit Kalkstein beginnen, der in Dolomit übergeht; darüber folgt Anhydritstein, der oberflächennah als Gipsstein ausgebildet ist; darüber Steinsalz, das teilweise sehr mächtig werden kann, und verschiedene Kalisalze, die wiederum von Anhydritstein und auch Dolomit bedeckt sein können. Der graue Anhydritstein (Abb. 144 unten) nimmt heute, wenn er nahe an die Erdoberfläche kommt, Wasser auf, quillt dabei und verwandelt sich in den weißen Gipsstein; wenn Hohlräume enstehen, sogar weiter in das durchsichtige «Marienglas», einen wasserhaltigen Gipsspat. Auch das Steinsalz kann am Ende im Gesteinsverband zu einem Gefüge durchsichtiger Kristalle kristallisieren. Einige Kalisalze sind durch einen feinen Gehalt an Hämatit leicht rötlich gefärbt und ähneln so von der Farbe her dem Kalifeldspat.

Auch in den **Alpen** beginnt das Übergangsgebirge im Oberkarbon und Perm mit mächtigen roten Konglomeraten (Verrucano bis 1600 m mächtig). Darüber folgen ebenfalls Salinar-Schichten mit Gips und Steinsalz, das bis 300 m mächtige so genannte Haselgebirge. Die Plastizität der Salze bewirkte hier, dass sich die darüber liegenden mächtigen Kalksteinpakete bei der Gebirgsbildung als Decken ablösen konnten.

Die Salze besitzen die merkwürdige Eigenschaft, dass sie nicht so stark in die Verhärtung gehen wie alle anderen Gesteine. Sie sind auch die Gesteine, welche am leichtesten vom Wasser aufgelöst werden können. Wenn sie von einige hundert Meter dicken weiteren Deckgebirgen überlagert werden, beginnen sie zu fließen und werden in Bereichen, in denen sich Verwerfungen befinden, nach oben durchgepresst. Dort werden sie vom Grundwasser gelöst oder treten in Wüstengebieten sogar an der Erdoberfläche aus. Die am Rand angrenzenden Schichten werden entsprechend abgesenkt, es bilden sich Senken, in denen sich wiederum Sedimente sammeln, an deren Alter man die Zeit der Salzbewegung ablesen kann. Bei gringerer Auflast entstehen beulenartige Salzkissen, unter mehr Druck pilzförmige **Salzstöcke** (Abb. 78, S. 210; Abb. 147, S. 258) – Diapire – mit rundlichem Umriss und bei großen Salz- und Deckgebirgsmächtigkeiten entlang von Verwerfungen Salzmauern, die von der Zechsteinbasis bis an die Oberfläche 5000 bis 7000 m Höhe erreichen können. In Lüneburg z.B. kam ein solcher Salzstock bis an das Grundwasser herauf, wurde dort abgelaugt und lieferte die Sole für die Salinen. Anderenorts wurden untertägige Salzbergwerke oder danach Speicherhohlräume eingerichtet. An der Erdoberfläche bleiben die weniger löslichen Gips- und Tonsteine nur etwas länger als die Salze erhalten. Doch auch sie werden mit der Zeit stark ausgelaugt und bilden die vielgestaltigen Landschaften der Karstgebiete.

Das Lockergebirge

Das Lockergebirge (Abb. 78, S. 210) besteht aus Kies, Sand, Mergel, Löss, Schluff und Ton, aus Gesteinsmaterial also, welches hauptsächlich aus verwitterten und **umgelagerten** älteren Gesteinen stammt. Man könnte auch den Erdboden dazurechnen. Diese Materialen sind meist noch nicht durch ein Bindemittel zu neuen Gesteinen verbunden. Erdgeschichtlich sind sie im Tertiär und Quartär durch Wasser oder Gletschereis umgelagert worden. Wir finden sie in großer Mächtigkeit unter den Ebenen des norddeutschen Tieflands und im Alpenvorland, aber auch geringmächtig in allen Talauen sowie aufgeschlossen in Sand- und Tongruben. Im Tertiär wurden im Nordseebecken 3500 m erreicht, im Rheintalgraben bei Mannheim 4000 m und im Alpenvorland 4500 m. An den Beckenrändern in Mitteldeutschland, in der Lausitz und im Niederrheinischen Graben sind diesen tertiären Lockergesteinen bis zu 100 m mächtige **Braunkohlenflöze** eingelagert – ein Viertel der Weltvorräte. Das Gesteinsmaterial dieser tertiären Schichten wurde vor allem von den gleichzeitig heraufgehobenen Mittelgebirgen und Alpen abgetragen. Im Quartär waren es vor allem die Gletscher der Eiszeit, welche aus Skandinavien bzw. aus den Alpen alles Lockermaterial in die Vorländer verfrachteten. Darauf gehe ich später (s. S. 470 ff.) im Zusammenhang mit dem Werden der mitteleuropäischen Landschaft näher ein.

Sedimentäre Gesteinsbildeprozesse

Überblick

Im vorigen Kapitel wurden die Lagerungsverhältnisse und Vorkommen der Gesteine in der mitteleuropäischen Erdkruste dargestellt, vom Grundgebirge über das Deckgebirge bis zum Lockergebirge. Dabei wurden die Gesteine, die Minerale und ihr Chemismus betrachtet, weil die Phänomene ihrer typischen Folgen die Grundlage sind für das Verständnis der Entstehungsprozesse. Anders als in der gewohnten geologischen Literatur wird nicht systematisch nach den Gesteinen vorgegangen. Die Systematik ergibt sich am Ende (Abb. 196, 197, S. 352, 360) aus dem Zusammenhang. Die Werdeprozesse sollen in den nächsten beiden Abschnitten zuerst für die Gesteine des Deck- und Lockergebirges behandelt werden, da an ihnen die Gesteinsbildung aus Lebensvorgängen genauer betrachtet werden, besonders an den Kalksteinen und Eisenerzen mit ihren oolithischen Bildungen sowie den Sedimenten aus dem bakteriellen Schwefelprozess. Weiterhin wird kurz auf Kiesel- und Salzgesteine eingegangen. Diese Darstellungen schließen an das an, was im Kapitel über die Stämme der Mineral-Pflanzen-Tiere (s. S. 125 ff.) zur Evolution und den Lebensvorgängen der niederen Tiere und der Bakterien beschrieben wurde.

Im nachfolgenden Abschnitt wird die Bildung der

sekundären Gesteine beschrieben, der Sandsteine, Grauwacken, Konglomerate und Quarzite. Ihr Werdeprozess geht von schon vorhandenen Gesteinen aus, die verwittern und abgetragen werden. Übergänge zwischen der sekundären und primären Gesteinsbildung finden wir vor allem in der Bodenbildung und den Tongesteinen; sie sind aber auch bei anderen Gesteinen bemerkbar. Aus den Werdeprozessen wird dann auch verständlich werden, warum ich den üblichen Begriff der Sedimente nur bedingt verwende. Mit diesen beiden Abschnitten sind die Gesichtspunkte gewonnen, unter denen im nächsten Kapitel die Entstehung der kristallinen Gesteine behandelt werden kann. Sie bilden den Ausgangspunkt des anschließenden Gesamtüberblicks über die Bildeprozesse im Verhältnis zur Erd- und Menschheitsentwicklung.

Oolithische Kalksteine

Beobachtungen an Kugelbildungen im Kalkstein wurden mir zum Schlüssel, der es ermöglichte, Gesteinsbildeprozesse grundsätzlich neu zu verstehen. Da finden sich im Unteren Buntsandstein (Mittlere Trias) Mitteldeutschlands mehrere etwa ein Meter mächtige, rhythmisch geschichtete Kalksteinbänke eingelagert, in denen zahlreiche Kügelchen im Millimeter- bis Zentimeterbereich (Abb. 148 – 151, S. 262, 263) enthalten sind. Der Sandstein besteht hauptsächlich aus Quarz, Feldspat, Glimmer, Tonmineralien und Calcit. Die **Kugeln** können die Hälfte des Gesteins ausmachen und bestehen aus einem Kern und rhythmisch angelagerten Schalen, in denen Calcit und Tonmineralien miteinander abwechseln. Sie werden als «Rogensteine» bezeichnet, obwohl sie mit Fischrogen nur die Kugelform gemeinsam haben, aber völlig anders entstanden sind. Allgemeiner wird das Gestein als Oolith, die einzelnen Kugeln darin als Ooide bezeichnet. (Aus der umfangreichen Literatur: Kalkowsky 1908, S. 68; Quiering 1944, S. 75; Usdowski 1962, S. 141; Haage 1970, S. 106.)

Die Kerne der Ooide bestehen vor allem aus Calcit, Biotitblättchen und Tonmineralien, aber auch aus länglichen Bruchstücken von Fossilien oder anderen Ooiden (f). Um die Kerne legen sich zahlreiche Lagen von radial gerichtetem, fasrigem Calcit, in rhythmischem Wechsel mit konzentrisch angeordneten Tonmineralien (a), wobei Sandkörner fehlen. Auf 1 mm wurden bis zu 100 Lagen gezählt! Die Lagen werden häufig von durchgehenden radialen Calcit-Rhomboedern unterbrochen, den so genannten Spindeln (g). Diese sind scharf begrenzt und laufen nach außen spitz zu. Von ihnen geht eine **Sammelkristallisation** aus, bis schließlich das ganze Ooid in sekundäre Calcitkristalle umkristallisiert ist (h). Die ursprüngliche Struktur wird dabei völlig überprägt und zerstört.

Mitunter an die Spindeln anschließend, aber auch unabhänig davon, bilden sich unregelmäßige Zwischenbereiche (e) aus, so genannte Interradien aus Sand, Ton und Calcit, ähnlich der umgebenden Matrix. Auch sie unterbrechen die rhythmische Folge der Lagen, die aber auf den dazwischen verbleibenden Kegeln wie ungehindert weiter verfolgt werden können. Obwohl also die Lagen noch rundherum gleichmäßig ansetzen, machen sich die Kegel wie eigene Ooide selbstständig, indem sie kleinere Radien bilden als das ganze Ooid. Von außen sieht das Gebilde dann wie beerenartig aus (Abb. 150). Diese Bildungen können sich dadurch fortsetzen, dass mehrere Ooide durch weitere gemeinsame Schalen zu Zwillingen, Viellingen oder **Polyooiden** vereinigt werden (b, c). Das Wachsen der Schalen ist also ein Prozess, der sich um Einzelpartikel der Matrix (Kerne), um Schalenbruchstücke (f), um mehrere Ooide oder sogar um größere Bereiche herum entwickeln kann (d). Diese Hüllen sind etwa 2 mm dick, haben einen Durchmesser bis 10 cm und sind wie die Ooidschalen aufgebaut. Sie liegen flach in den Schichtflächen, als wären sie wie schwimmende Kugeln beweglich gewesen, und werden «Ooidbeutel» genannt.

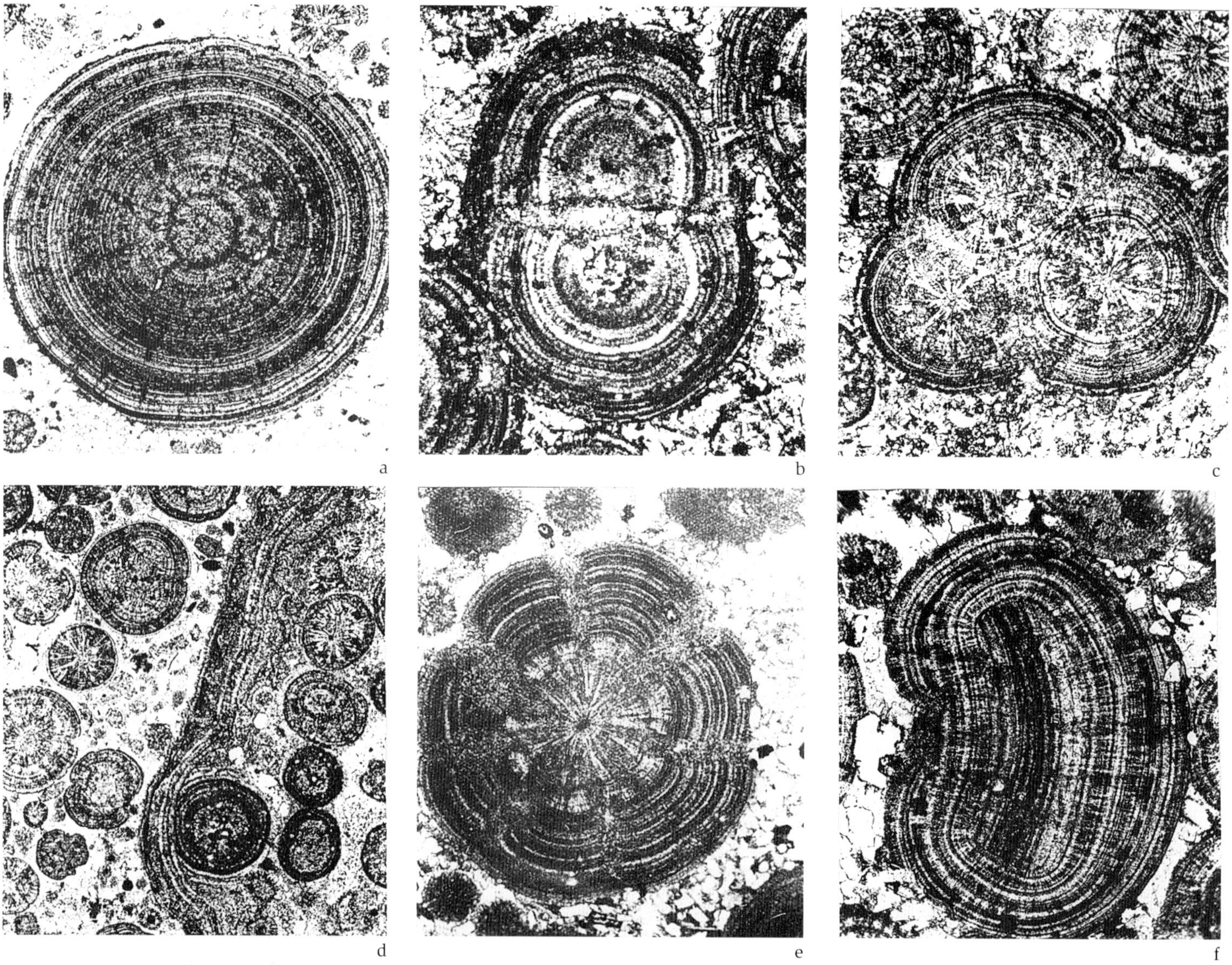

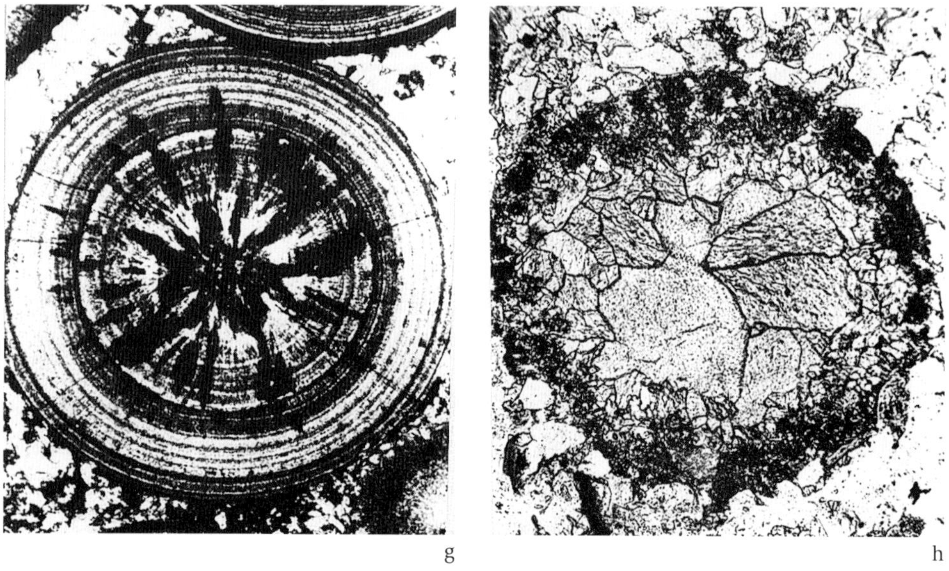

Abb. 148: Ooide in verschiedenen Formen im Oolithkalkstein aus dem Unteren Buntsandstein des Harzvorlandes. Kugelgröße 0,5 – 0,7 mm; nähere Erläuterung im Text. (a - d, f, h aus Usdowski 1962, e aus Erbe 1966, g aus Haage 1970.)

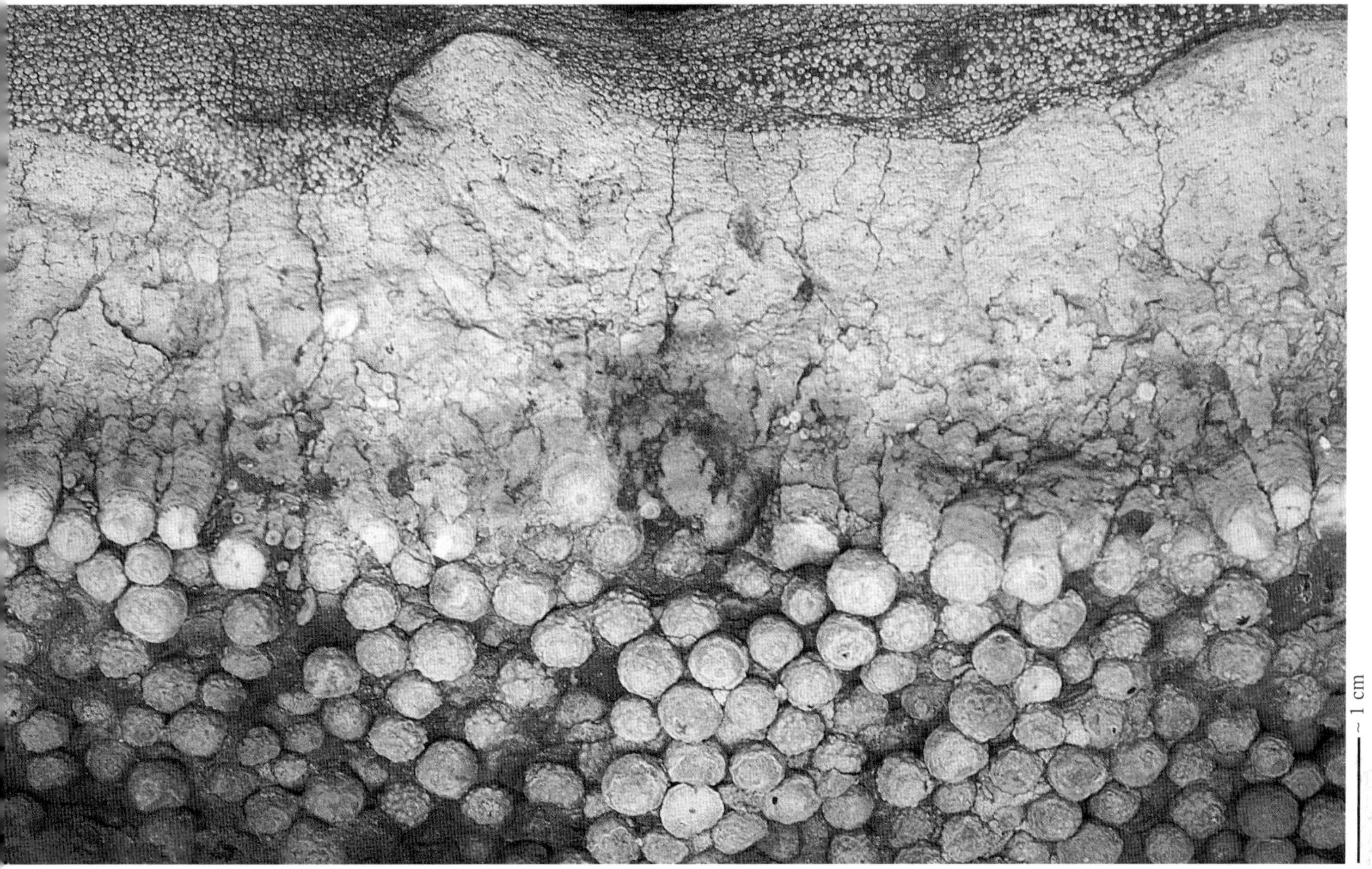

Abb. 149: Oolithbank im Querschnitt, deren einzelne Ooide nach oben hin direkt in Stromatolithe übergehen. Darüber setzt eine nächste Schicht mit kleinen Ooiden ein. Hamersleben westlich von Magdeburg.

Abb. 150: Beerenförmige Ooide in der Aufsicht auf eine Schichtfläche. Bernburg südlich von Magdeburg.

Abb. 151: Stromatolithische Struktur im Querschnitt mit schichtig gegliederten Säulen und Sand-Ton-Material dazwischen. Werningerode am nördlichen Harzrand.

Stromatolithe

Die beschriebenen Formen lassen sich in zwei Folgen anordnen. Die eine führt von den einfachen Kugeln über Polyooide zu den Ooidbeuteln. Die andere führt von kleinen Kugeln zu großen beerenförmigen Ooiden und weiter, indem sich nur nach oben hin lagig gegliederte Säulen anschließen (Abb. 149, 151), zwischen denen sich wie bei den Interradien ungeordnete Sand- und Tonkörnchen sammeln. Sie können weiter wachsen, indem sich die Säulen teilen und bis zu metergroße, stockartige, blumenkohlähnlich aufgewölbte Halbkugeln mit wulstigen Oberflächen entstehen (Abb. 152, 154). Sie können aber auch nach oben in feingeschichtete Kalksteinlagen übergehen (Abb. 153). Diese Bildungen werden Stromatolithe genannt, von griech. stroma = Decke und lithos = Gestein – ein neutraler Name, den ich deshalb beibehalten möchte. Die meist unauffällige, feinlamellare Horizontal- und Vertikalstruktur erscheint oft erst an verwitterten oder geschliffenen Flächen. Solche Rhythmen von Oolith- oder Stromatolithbänken sind im Buntsandstein mehrere Meter (Abb. 152) mächtig. Darüber folgen die üblichen Schiefertone und tonigen Sandsteine.

Stromatolithe und Oolithe kommen oft zusammen vor (Übersichten über die zahlreiche Literatur bei Walter 1976; Flügel 1977; Montey 1981; Toomey 1985). Ihre Entstehung ist jedoch auch nach 90 Jahren Forschung noch ein umstrittenes Feld. Einer der ersten Bearbeiter (Kalkowsky 1908, S. 68) beschrieb Oolithe, Ooidbeutel und Stromatolithe als zusammenhängende Folge und betonte ihre organische Entstehung durch Algen. Man kann verschiedene Wuchsformen unterscheiden, die als Gattungen und Arten betrachtet werden. Während die Stromatolithe allgemein als organisch gebildet angesehen werden, gibt es für das «Oolith-Problem» auch eine anorganische Deutung in der Weise, dass sich um Sandkörnchen Kalk anlagern könne, wobei kugelige Kongretionen dadurch entstünden, dass im Gezeiten- und Strandbereich die Ooide ständig gerollt würden. Gegen die chemisch-mechanische Deutung spricht, dass sämtliche heute gebildeten Ooide aus Aragonit bestehen, während die fossilen aus Calcit bestehen, d.h. sie sind alle aus einer instabilen in die stabile Form umkristallisiert. Dem entspricht der Bau der Muschelschale, bei der die innere Perlmuttschicht aus Aragonit von der Manteloberfläche direkt gebildet wird, während die äußere Prismenschicht aus Calcit vom Mantelsaum abgeschieden wird. Für eine organische Entstehung von Oolithkalksteinen spricht u.a. auch, dass zwischen den Ooidlamellen organische Substanzen (Tucker 1985) und Reste mehrerer Gruppen von Cyanobakterien gefunden wurden (Daber 1954) und dass beerenförmige Kegelooide unorganisch nicht erklärbar sind. Der Übergang der Ooide in Stromatolithe zeigt besonders deutlich, dass bei beiden die rhythmische Fällung des Kalkes aus den Lebensprozessen von Cyanobakterien stammt (Abb. 42, S. 126), die zwischen den Bakterien und den Algen stehen und zum Bakterien-Gesteins-Stamm gehören. Alle folgenden Vorgänge – Setzungserscheinungen, Verfestigung, Zementation und Umkristallisation – verlaufen dann mechanisch, chemisch und durch Kristallisation, worüber gründliche Untersuchungen vorliegen. Zur unorganischen Seite dieser Gesteinsbilung gehört, dass an den Schleimoberflächen der Stromatolithen Sand- und Tonteilchen haften bleiben, sowohl zwischen den vertikal aufwachsenden Säulen als auch auf den horizontalen Decken (Abb. 151, 152). Es ist nur eine dünne bakterielle Lebensschicht (Abb. 42 unten: dicke Linien), die ständig nach oben weiter wächst. Bei der Bildung der Ooide und Stromatolithe durchdringen sich also der primäre Pol der Gesteinsbildung als Kalkanreicherung mit dem sekundären der mechanischen Sandanlagerung.

Oolithe und Stromatolithe finden sich in der gesamten Erdgeschichte vom frühesten Präkambrium bis zum Tertiär. In den älteren Vorkommen sind sie jedoch meist umkristallisiert, sodass die Lagenstruktur (Abb. 148, g und h) nicht mehr zu erkennen ist. Soweit sie erkennbar bleibt, zeigt sich, dass im Präkambrium die säuligen Formen, im frühen Erdaltertum die kugligen, und im Erdmittelalter die großflächigen dominierten. Detaillierte Untersuchungen der letzten Jahre haben ergeben, dass die Marmorlinsen des Präkambriums, die in den Kristallinen Schiefern eingelagert sind, alle auf Stromatolithen zurückzuführen sind. Hier lag ihre hauptsächlichste Entwicklungszeit, die mit den oolithischen Bändereisenerzen etwa zusammenfällt (Abb. 155). Eine weitere Blütezeit lag im Erdmittelalter im Gebiet der Alpen.

Abb. 152: Stromatolithe auf Oolithkalksteinbank. Obere Folge des Unteren Buntsandsteins; Dingelstedt nördlich von Halberstadt.

Abb. 153: Stromatolithischer Kalkstein aus der alpinen Trias von Griechenland. ——— ~ 1 cm

Abb. 154: Stromatolith aus dem oberen Silur. Langhammars auf Fåro, Gotland. ——— ~ 10 cm

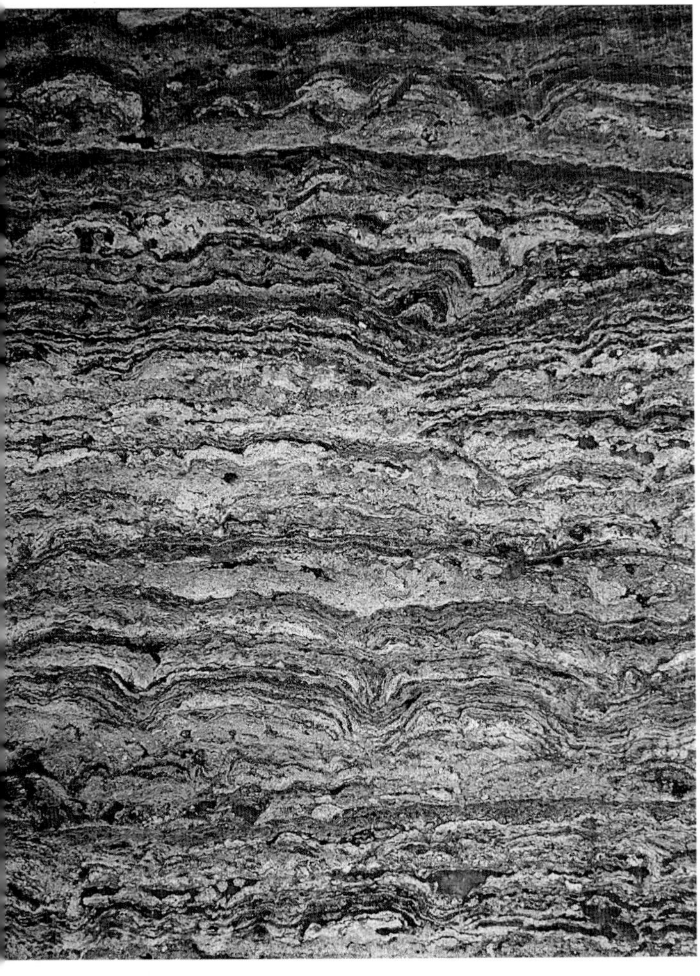

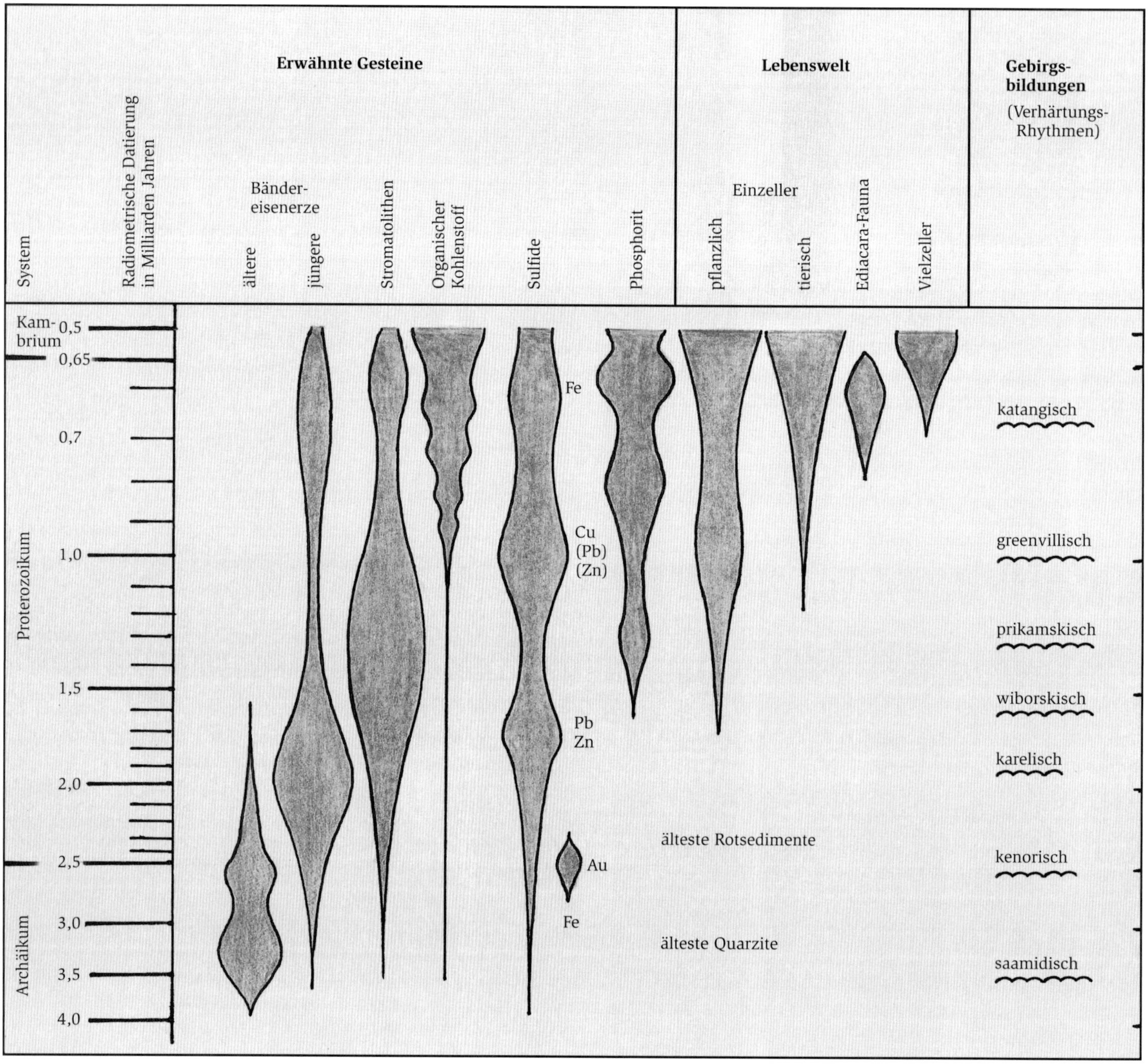

Abb. 155: Entwicklung der Lebensprozesse im Präkambrium anhand der Gesteinsbildungen und Fossilreste. Radiometrische Datierung im logarithmischen Maßstab. Die jeweilige Ausdehnung ist relativ innerhalb der Gruppe, nicht absolut gemeint. Die Gebirgsbildungen charakterisieren Verhärtungsrhythmen innerhalb der Gneise, was auf S. 427 beschrieben wird. (Zusammengestellt nach Daten von Pflug 1984 u. 1990; Vidal 1984; Cloud 1990; Knoll 1991, u.a.)

Bildung der Platten- und Riff-Kalksteine

Die Bakteriengruppen der Mineral-Pflanzen-Tiere, wie sie beschrieben wurden (s. S. 125, Abb. 6, S. 66), haben in vielfältiger Weise die Fähigkeit, mit dem Kalk umzugehen und ihn anzureichern. Das entspräche vom Substanzprozess her dem Tierischen. Andererseits assimilieren sie wie Pflanzen und können den Kalk abscheiden, ihn in das Mineralische absondern. Die niedersten sich aus dieser Evolution abgliedernden Lebensformen wären Bakteriengruppen mit Kalkstoffwechsel, bei denen noch keine übergeordnete Struktur erkennbar ist wie bei den Stromatolithen. Aus ihrem Lebensprozess bleibt ein Kalkschlamm zurück, der verhärtet und letztendlich zu einem feinsten Gefüge von Kalkspatkriställchen kristallisiert (Mikrit = mikrokristalliner Calcit). Die unregelmäßigen Korngrenzen ähneln einem granitischen Gefüge. So entstanden die feinkörnigen, schichtigen, unstrukturierten Plattenkalksteine. Geht man von diesem «unorganischen» Ende der Gesteinsbildung aus, ist der Lebensprozess schwer zu erkennen, obwohl er inzwischen von biologischer Seite in allen Einzelheiten bekannt ist.

Auf einer höheren Stufe stehen solche Bakteriengruppen, welche zusammenhängende Oberflächen bilden, wodurch die **Ooide und Stromatolithe** entstehen. Dazwischen liegen noch die kalkigen Onkoide, als Gestein Onkolith, bei denen Kern und Schale unregelmäßig knollig aufgebaut sind. Darüber folgt in der Evolution der Grünpflanzenstamm. Zu ihm gehören die kalkabscheidenden Rotalgen (Lithothamnium und Dasycladaceen; Flügel 1977) und Grünalgen. Sie bilden Kalksteine, die ähnlich den stromatolithischen strukturiert sind und **Riffe** mit aufbauen. Der sich höher entwickelnde Zweig der Hohltiere umfasst die Hauptgruppen der vertikal wachsenden, riffbildenden niederen Tiere. Die frei beweglichen Einzeller und Protostomier bilden kalkige Außenschalen, die Deuterostomier ein Innenskelett.

In den Plattenkalken finden wir dann auch fossile Reste (Abb. 156) von Tieren, die kalkige Schalen bilden, wie Foraminiferen, Brachiopoden, Muscheln und Ammoniten, oder auch Fischzähne, die Conodonten. Sie wurden im lebenden Organismus vielfach aus dem instabilen Aragonit gebildet, sind jedoch dann alle in Kalkspat umkristallisiert. Dabei können die organischen Formen bis zur völligen

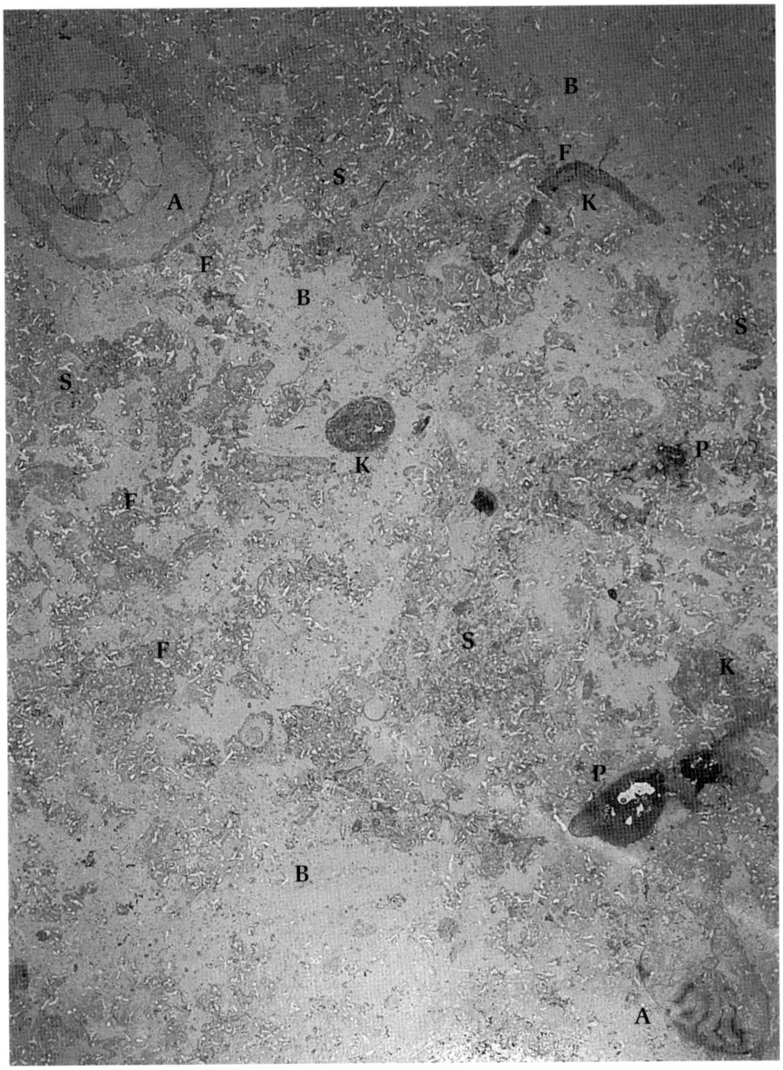

Bildbreite 15 cm

Abb. 156: Treuchtlinger Kalkstein aus dem Oberen Jura der Schwäbischen Alb (Meyer / Schmidt-Kaler 1991 und 1994), Schwamm-Stromatolithen-Fazies. Schnitt parallel der Schichtfläche; weit aushaltende Kalkbänke mit dünnen Mergellagen, durch den Pyrit (P) von Schwefelbakterien gelblich gefärbt. Die kalkabsondernden Gruppen, in der Stufenfolge geordnet, sind:

B = Bakterien: feinkörnige Grundmasse
S = Stromatolithen: diffus begrenzte dunklere Bereiche
F = Foraminiferen, aufgewachsen, riffbildend; weiß
K = Kieselschwämme: trichter- bis tellerförmig, randliche Krusten
Korallen, Bryozoen, Brachiopoden, nicht im Bild
A = Ammoniten, umkristallisierte Schalen
Belemniten, nicht im Bild

Unkenntlichkeit überprägt werden. Mikroskopisch stark ungleichkörnige Kalksteine weisen dann nur noch auf Fossilschalen hin. Wenn man bedenkt, dass auch die feinkörnigen Kalke der Zwischenmittel aus bakteriellen Lebensprozessen hervorgegangen sind, so haben wir an diesem Beispiel ein schönes Bild der **Mineral-Pflanzen-Tiere**, die sich im Laufe der Evolution immer weiter individualisierten.

Im Gegensatz zu den flach gelagerten Plattenkalksteinen stehen die **Kalksteinriffe** mit ihren kompakten, ungeschichteten oder vertikal strukturierten Formen. Dazwischen lägen die Stromatolithe, die eine gerade noch erkennbare vertikale und horizontale Struktur haben. Sie können auch an beiden Ablagerungsformen beteiligt sein. Kalksteinriffe bilden sich heute in warmen Regionen, in denen das Wasser Temperaturen um 30° hat und noch durchlichtet ist. So finden wir sie an den Küsten tropischer und subtropischer Meere. Zum Land hin grenzen sie eine flache Lagune ab; nach außen liegt das bewegte offene Meer. Aktualistisch wird dieses Bild direkt in die Erdgeschichte übertragen; unter dem Aspekt der irdischen Lebenssphäre müsste man es modifizieren. Statt eines tieferen, offenen Meeres wäre außen vor dem Riff mehr an eine dichtere, stark bewegte Luft-Wasser-Sphäre zu denken, welche die Außenseiten der Riffe vielfach aufgearbeitet hat, sodass sie heute als zerbrochener und verbackener Schutt vorliegen. Weiter außen hat sich noch primäre Gesteinssubstanz niedergeschlagen, sodass die Plattenkalksteine in Tonschiefer übergehen konnten. Gute Beispiele sind aus dem Devon, dem Zechstein oder dem Jura bekannt. Da bei einer durchgehenden Wasser-Luft-Sphäre Küstenlinien im heutigen Sinne nicht anzunehmen sind (s. S. 474 – 476), finden wir meist isolierte Riffe auf relativen Erhöhungen oder über vulkanischen Eruptionsschloten (Abb. 157, S. 271). Zwischen dem Riff und dem Abtragungsgebiet wären – etwa vom Jura an – schon mehr getrennte Luft-Wasser-Verhältnisse anzunehmen, die eher heutigen tropischen Randmeeren ähnlich sein könnten. Um die Riffe herum entwickelten sich viele örtlich differenzierte Übergänge in Algen- und Stromatolithen-Kalksteine, Zonen mit Oolithkalken, mit Schwermetallsulfiden, Dolomit oder Gipsstein. Für derartige Ablagerungsmilieus in einer Luft-Wasser-Sphäre sprächen auch die Sedimentstrukturen (Tucker 1985, S. 128), welche in den Kalksteinen ähnlich wie in den Sandsteinen vorkommen. Dazu gehören die Schichtoberflächen mit Strömungsstrukturen, Verkrustungen (Hartgründe), angelöste oder verkarstete Oberflächen, Bohrgänge, Wurmspuren, umgelagerte Gerölle, Trockenrisse u.a. Solche Oberflächen, wie sie heute an schmalen Strand- und Wattstreifen beobachtet werden können, folgen in geringen Abständen von wenigen Zentimetern z.B. über die gesamte Mächtigkeit von vielen hundert Metern und über Flächen von tausend Kilometern Ausdehnung. Solche Ablagerungsräume und -oberflächen gibt es heute nicht mehr.

In den **fossilen Riffen** ist die Entwicklung vieler Arten und Gruppen der Mineral-Pflanzen-Tiere überliefert (s. S. 108, Abb. 37 – 39, S. 117). Als Schalensubstanz überwiegt am Anfang Phosphorit (Abb. 155, S. 266), später Calcit und heute Aragonit. Im Kambrium sind es die Archäocyathiden, im Erdaltertum hauptsächlich die Tetrakorallen (Rugosa und Tabulata), im Erdmittelalter die Stromatoporen, Schwämme, Scleractinia und Bryozoen. Einige Beispiele sollen aufgeführt werden, an denen die Zusammenhänge von Riffen mit Stromatolithen und Plattenkalken aufgeschlossen sind und beobachtet werden können. Zu allen Stellen gibt es gute Spezialliteratur. Leider muss darauf verzichtet werden, die vielen interessanten Einzelheiten zu schildern. Kambrische Riffkalke, die jetzt als Marmor vorliegen, sind im Bereich der Glimmerschiefer im Erzgebirge mehrfach aufgeschlossen. Die Fossilformen sind durch die Kristallisation zerstört; fossil belegt sind sie z.B. bei Chemnitz und durch Archäocyathiden in der Lausitz. Anschließend im Silur überwiegen die Plattenkalke mit den eisenhaltigen Ockerkalken. Im Unterdevon des Barrandiums südwestlich von Prag ist der Zusammenhang der 200 m mächtigen Riffkalke von Koneprusy mit den Plattenkalken von Slivenec, Prokop, Provce und Lodenice gut aufgeschlossen und klassisch beschrieben. Isolierte, über 500 Meter mächtige Riffe aus dem mittleren Devon mit Stromatoporen und Korallen (Abb. 127, S. 241; Abb. 157, S. 271), umgeben von kalkigen Tonschiefern, finden sich im Harz um Elbingerode und Rübeland und am Iberg bei Bad Grund oder im Sauerland, z.B. bei Attendorn. Im Unterkarbon überwiegen mit dem Kohlenkalk wiederum die plattigen Kalksteine, die am Brabanter Massiv im südwestlichen Belgien bis 1000 m Mächtigkeit erreichen. Im unteren Zechstein folgen Bryozoenriffe, z.B. klassisch aufgeschlossen bei Pössneck am Südostrand des Thüringer Beckens.

Die Hauptzeit der Kalksteinentwicklung in der Erdgeschichte liegt im Erdmittelalter; ihre bedeutendsten Beispiele finden wir in den nördlichen und südlichen **Kalkalpen**, im Oberostalpin und den Dolomiten. Es bildeten sich jeweils mächtige Riffkalke zwischen geringmächtigen inneren und äußeren Plattenkalken. Küstenlinen im heutigen Sinne sind nicht erkennbar. Es beginnt im Ladin mit dem Wettersteinkalk (1000 m) zwischen Partnachschichten (200 m) und Ramsaudolomit (800 m), dem in den südalpinen Dolomiten der Schlerndolomit (1000 m) und die Wengener Schichten (200 m) entsprechen. Darüber entstanden zwischen Nor und Lias im Norden der Hauptdolomit (1000 m) und die Allgäuschichten (1500 m), südlich davon der Plattenkalk (200 m), der Dachsteinkalk (1000 m), die Hallstädter Kalke, darüber weitere Kalksteinrhythmen, meist mit einigen hundert Metern Mächtigkeit. Über große Flächen und Mächtigkeiten hinweg sind die Kalksteine stromatolithisch strukturiert, nicht nur in schmalen Gezeitenzonen. In den Riffen dominieren die Gruppen des Hohltier-Stammes. So besteht der zentrale Dachstein-Riffkalk aus ca. 30 % Schwämmen, 30 % Korallen, 20 % Stromatolithen und 20 % Bryozoen, Hydrozoen, Foraminiferen und anderen.

Im gesamten **außeralpinen** Raum entstanden gleichzeitig während des Muschelkalks nur etwa 300 m mächtige plattige Kalksteine, die besonders in Thüringen und in Franken aufgeschlossen sind. Im oberen Jura folgen bis 500 m mächtige Riffkalke, die von der Fränkischen Alb über die Schwäbische Alb bis in den Schweizer Jura reichen, zusammen mit plattigen Kalken, wie zum Beispiel im Altmühltal bei Solnhofen. Ähnliche Entwicklungen gab es in verschiedenen Senken in Norddeutschland. Abschließend folgen noch die Kreidekalke von Rügen und Dänemark bis nach Nordfrankreich und Südengland. Sie bestehen aus unzähligen Schalen von pflanzlich-tierischen Einzellern, den Coccolithophoriden mit Größen von einigen Nanometern, die assimilierten, aber ein kalkiges Gehäuse bildeten. Diesen wenigen hundert Metern Kalkstein in Mitteleuropa stehen also 5.000 bis 6.000 m in alpin gefalteten Gebieten gegenüber – von den Pyrenäen, den Alpen und Dinariden bis zum Himalaya. Es ist versucht worden, eine Mengenbilaz zu berechnen, derzufolge diese Mengen an Kalksubstanz im «Kreislauf der Gesteine» aus der Verwitterung von Feldspäten stammen sollen. Das würde jedoch insgesamt zu geologisch unmöglichen Konsequenzen führen.

Heute wird auch von unorganischer Bildung von Kalksteinen gesprochen, also durch chemische Niederschläge. Gibt es aber wirklich unorganische Kalksteinbildungen, ohne dass Bakterien beteiligt wären? Für die **organische Entstehung** spräche auch der experimentelle Nachweis, dass Calcit, Aragonit oder Dolomit aus dem Meerwasser primär garnicht ausfällt, selbst nicht bei Übersättigung. Nur Bakterien, Pflanzentiere oder höhere Tiere können durch ihren Stoffwechsel Kalksubstanz anreichern. Die Schalen sinken heute nach dem Tode der Tiere auf den Meeresgrund und können auf diesem Wege aufgelöst werden. Wie rasch das geht, hängt hauptsächlich von der Temperatur ab, sodass sich heute unterhalb einer bestimmten Meerestiefe kein Kalkschlamm ansammelt. Für prä-tertiäre Epochen träfe das insofern nicht zu, als wir noch keine Tiefsee im heutigen Sinne haben. Erst seither überwiegen in den Ozeanen die Tiefseesedimente (s. S. 475). Für die Zeit vor dem Tertiär müsste man nach den herkömmlichen Modellen «Flachmeere» annehmen, die über Tausende von Kilometern ausgedehnt waren. Sie müssten aber in sehr kurzen Abständen ständig trocken gefallen und wieder überflutet worden sein, und zwar in ihrer gesamten Oberfläche. Sie werden durch Absenkung der Platten bei der ozeanischen Dehnung erklärt. Vergleichbare Sedimentationsgebiete können heute nicht beobachtet werden. Das wirft Fragen auf, die sich auch bei der genetischen Deutung von Kieselsedimenten (s. S. 274) und Sandsteinen (s. S. 286) stellen. Stattdessen meine ich, dass die Substanzmengen, die im Kalkstein angereichert und niedergeschlagen wurden, aus den Lebensprozessen des irdischen Umkreises stammen, aus der «Entanimalisierung» (s. S. 373), die im Zusammenhang mit der gesamten Erdentwicklung beschrieben werden soll, wenn alle diesbezüglichen Phänomene betrachtet worden sind. Grundsätzlich kann davon ausgegangen werden, dass alle Kalksteine dadurch entstanden, dass die Substanz im Lebensprozess angereichert wurde und durch den Tod in den unorganischen Zustand überging.

Oolithische Eisenerze

Ein ähnlicher gesteinsbildender Prozess, wie er sich bei den Kalksteinen und Stromatolithen abspielte, war bei der Bildung der oolithischen Eisenerze wirksam. Deshalb wird er in diesem Zusammenhang behandelt. Ich schildere die Prozesse in den folgenden Abschnitten im aktualistischen Sinne, d.h. von heutigen Vorgängen aus rückwärts gehend über die oolithischen Eisenerze des Erdmittelalters, die primär-sekundären Erze des Erdaltertums bis zu den präkambrischen Bändereisenerzen.

Der Prozess der Eisenerzbildung kann heute noch gut an den See- oder **Raseneisenerzen** beobachtet werden. Die eisenhaltigen Minerale z.B. des Basaltes oder des Gneis verwittern, werden durch Huminsäuren gelöst und bilden Eisenhumate und -bikarbonate, vor allem im stagnierenden Grundwasser, in Seen und Mooren. Kommen sie an Seeufern oder Quellen mit sauerstoffhaltigem Wasser zusammen, bilden sich organische Eisenhydrogele, welche oft an der Wasseroberfläche durch schillernde Häutchen zu erkennen sind. Dabei wirken Bakterien mit, welche die kolloidalen Eisenverbindungen als Stoffwechselprodukte in die Zellwand einlagern (Abb. 42, links oben; S. 126). Nach dem Absterben werden diese Eisenschlämme ausgefällt. Sie verfestigen von unten nach oben, wobei das Wasser herausgeht und bilden Dezimeter- bis Meter-mächtige, knollige Massen. So sind ausgedehnte Eisenerzlager mit Vorräten von mehreren Millionen Tonnen entstanden, z.B. in den norddeutschen Urstromtälern, die vielfach abgebaut wurden. Sie enthalten bis zu 40 % Eisen, über 10 % Mangan und auch Eisenphosphat (Vivianit).

Ein entsprechender Prozess hat sich auch im Erdmittelalter abgespielt. Die größten Lagerstätten von **oolithischem Brauneisenerz** entstanden im Mittleren Jura in Lothringen, Luxemburg, Süddeutschland und England sowie in der Unteren Kreide in Salzgitter; kleinere Vorkommen finden sich in diesen Formationen fast überall. Das Eisen dieser Lagerstätten stammt vermutlich ebenso aus der Verwitterung wie beim Raseneisenerz. Für eine anorganische Deutung der Genese besteht auch hier das «Oolith-Problem»: Wie konnte das Eisen in den Ooiden so stark angereichert werden? Entstanden die Eisenoolithe im Wellenbereich des Strandes oder in entfernteren, abgeschnürten Meeresbecken? Wie ist die weltweite Parallelität der Lagerstättenbildung zu verstehen? Und so weiter. Im wässrigen Milieu der frühen irdischen Lebenssphäre konnte das Eisen meines Erachtens durch die Lebensprozesse der Bakterien über den kolloidalen Zustand in Ooiden ebenso angereichert werden wie heute noch im Raseneisenerz und wie bei den oolithischen Kalksteinen.

Eine weitere Epoche der Eisenfällungen lag vor der varistischen Gebirgsbildung im Devon und Unterkarbon (Abb. 157). Hier endeten die primären Gesteinsbildungen der Kristallinen Schiefer, wozu die Tonschiefer und **kristallinen Kalksteine** gehören. Sie vermischten sich wechsellagernd mit den sekundären Grauwacken einerseits und andererseits mit basaltischen Massen, die von unten her eindrangen. Über den Basalten entstanden kilometerweite Kalksteinriffe (s. S. 268). Sie bestehen hauptsächlich aus stromatolithischen Algen, Schwämmen, Korallen, Brachiopoden. Diese Riffe können in plattige, tonige Kalksteine übergehen, die mit sandig-kalkig-kieseligen Tonschiefern wechsellagern.

Die **Basalte** vermischten sich beim Aufstieg mit umgebenden Gesteinen, nahmen Schiefer und Kalkstein auf und flossen in das wässrige Ablagerungsmillieu des Tonschiefers ein. Die basaltischen Minerale veränderten sich dabei und erstarrten zu Keratophyr, bei dem der Pyroxen und Biotit zu Chlorit umgebildet wurden und die aufgenommenen Gesteine zu elliptischen Drusen mit Chalcedon, Calcit und Chlorit umkristallisierten. Die basaltische Masse, die weniger aufgenommen hatte, erstarrte als Diabas, bei dem der Pyroxen zum Amphibol und der Plagioklas vielfach in Klüften zu Calcit umgewandelt wurde. Die mehr explosive Phase mischte sich mit den Tonschiefern zu Tuffen, den so genannten Schalsteinen. Porphyroide werden ähnliche Gesteine genannt, die als dichte, graue, feingeschichtete Linsen in sandigen Tonschiefern des Devon auftreten, teilweise sogar Fossilien enthalten. Noch ältere, aber ähnlich entstandene Gesteine, die z.B. im Präkambrium von Mittelböhmen häufig vorkommen, werden Spilit genannt. Spilit, Porhyroid, Schalstein und ähnliche Gesteine entsprächen als explosive Phase den späteren basaltischen Tuffen und Aschen. Diabas, Keratophyr und Melanphyr sind die entsprechenden Glieder der effusiven Pha-

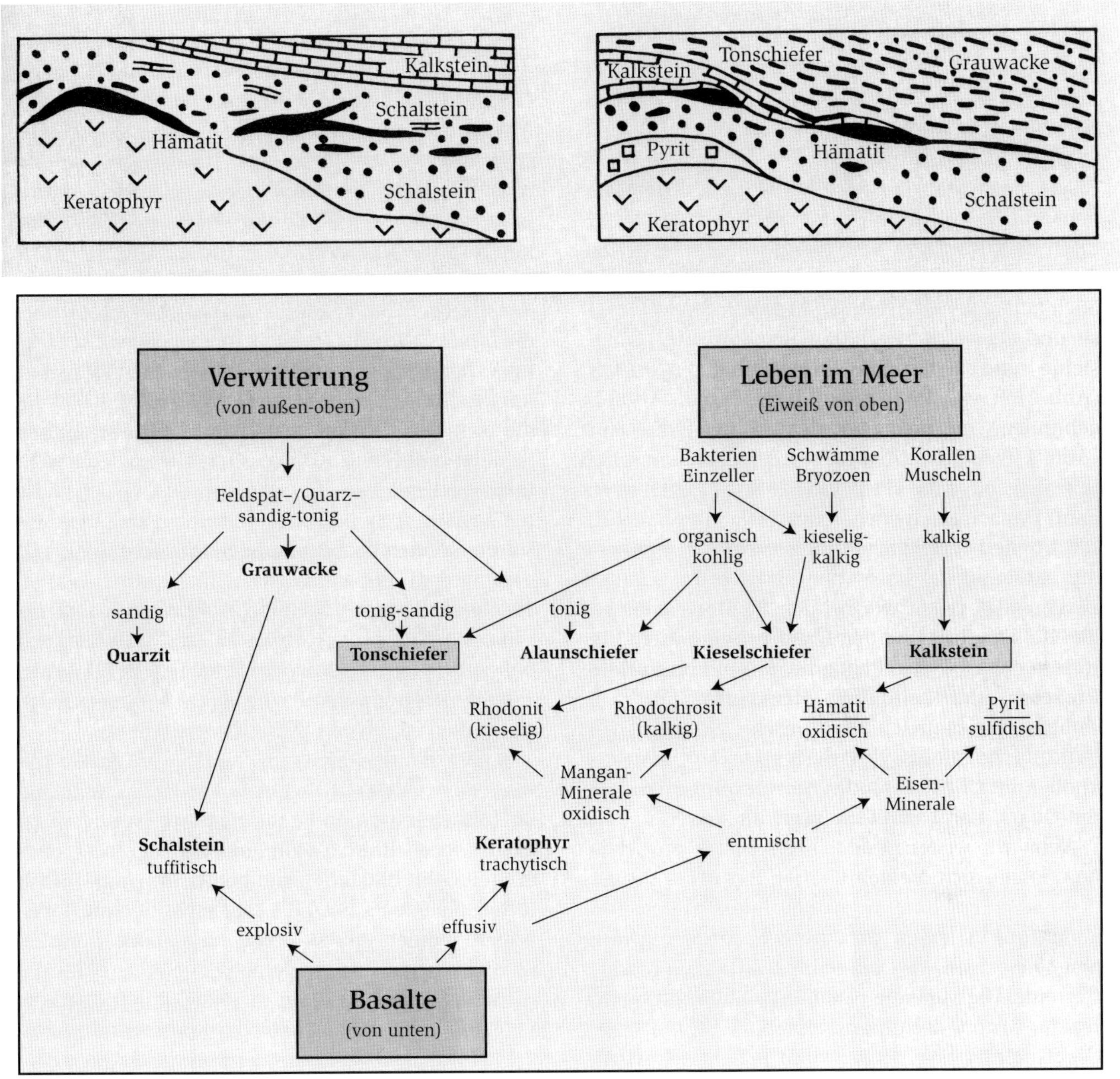

Abb. 157: Gesteinsübergänge im oberen Devon, wo sich im Tonschiefer die primäre schiefrige und kalkige Substanzbildung mit den sandigen Einspülungen vom sekundären Pol der Verwitterung durchdringt und zusätzlich durch vulkanische Gesteine beeinflusst wird, welche von unten aufdringen; Profilbreite 50 – 100 m. Oben: Die Gesteinsfolgen am Beispiel aus dem Oberdevon von Ostthüringen. Unten: Schema der drei wichtigsten Bildeprozesse, die zu den verschiedenen Gesteinen führen.

se. Sobald man in die Prozesse hineinkommt, vereinfachen sich die zahlreichen Namen, mit denen die verschiedenen Endprodukte bezeichnet werden. Die Entstehung wird – unter der üblichen Voraussetzung permanenter Ozeane – rein aktualistisch auf untermeerische Eruptionen zurückgeführt, bei der explosiven Phase auch als Aschetuffe gedeutet, als «submarine Sedimente von subaerischen Ausbruchszentren». Genauer betrachtet bestehen jedoch sehr große Unterschiede zu den entsprechenden heutigen Bildungen, bei denen weder Diabase noch Schalsteine oder dergleichen entstehen. Auch hier könnte die Vorstellung einer luftig-wässrigen Erdsphäre zu Bildern führen, die mit den Phänomenen besser übereinstimmen.

Aus dem Pyroxen des Basaltes sonderte sich das **Eisen**, löste sich und wurde durch bakterielle Lebensprozesse wieder ausgefällt. Dabei wurde es oxidisch oder sulfidisch neu gebunden. Das oxidische Erz (Rösler 1962) erscheint sowohl kieselig wie auch kalkig als zweiwertiger Magnetit oder Chamosit und als dreiwertiger Hämatit, die in die Schalsteine und Kalksteine linsenförmig eingelagert (Abb. 157) sind. Im Pyrit wurde das Eisen sulfidisch gebunden, entsprechend dem Schwefelkreislauf (Abb. 158, S. 275). Die Erze wurden im Rheinischen Schiefergebirge, im Harz und in Ostthüringen abgebaut. Danach erschienen in den 60er Jahren des 20. Jahrhunderts gründliche Untersuchungen, in denen die Meinungen über die Entstehung ebenso auseinander gehen wie bei den Bändereisenerzen, den Kalkoolithen und den Eisenoolithen. Auch hier weisen aber viele Phänomene auf **bakterielle Prozesse** und **kolloidale Strukturen** hin, z.B. Oolithe, konzentrisch rhythmische Sonderungen, Pyritimprägnationen in Kalksteinknollen, Hämatitknollen im Chalcedon oder Schrumpfungsrisse, die mit Quarz, Calcit und Chlorit gefüllt sind.

Wenn wir weiter in der Erdgeschichte zurückgehen, lassen sich die oolithischen Eisenerze des Ordoviziums und Kambriums anschließen. Vom Präkambrium bis dahin sind die Erze kieselig gebunden, diejenigen im Deckgebirge an kalkig-sandige Gesteine. Die Minerale (Chamosit, Thuringit) gehören zur Gruppe des Chlorit, also zur Verwandtschaft des Glimmer. Die stellenweise erhaltenen Ooide sind bis 3 mm groß und bestehen aus Kernen von Quarz, Pyrit und Ooidbruchstücken, umgeben von Chlorit- und Eisenspatlagen, in die mikroskopisch feiner Pyrit eingelagert ist; im Thuringit ist auch noch Phosphorit enthalten. Das spricht wiederum für bakterielle Bildungen, die anschließend durchkristallisiert sind. Wir kommen hier an einen interessanten Übergang (Abb. 136, S. 252): vom wasserfreien, polyedrischen Pyroxen über den schwarzen, blättrig-flächigen Glimmer Biotit im Gneis und Glimmerschiefer hin zum wasserhaltigen, oolithisch angelagerten Chlorit.

Entstehung der Bändereisenerze

Das Hauptvorkommen oolithischer Eisenerze liegt in den präkambrischen Bändereisenerzen (s. S. 240, Abb. 131, 134; Abb. 122, S. 234). Sie wurden zusammen mit den anderen linsenförmigen Einlagerungen in den Kristallinen Schiefern beschrieben. Ihre maximale Verbreitung im frühen Proterozoikum wurde anschließend von den stromatolithischen Marmorlinsen (Abb. 155, S. 266) abgelöst. Die Frage, woher die unvorstellbaren Mengen an Eisensubstanz kommen, kann erst zusammen mit der Erzbildung behandelt werden (s. S. 365, S. 380 – 381), nachdem die primären Entstehungsprozesse der Kristallinen Schiefer dargestellt worden sind. Die späteren oolithischen Eisenerze sind dagegen aus der sekundären Verwitterung primärer Gesteine entstanden. Insofern können diese heutigen Prozesse auch nur bedingt und zeitlich begrenzt übertragen werden. Sie liefern jedoch vorzügliche Bilder, um sich die primären Substanzprozesse in der irdischen Lebenssphäre, in der wohl noch keine Individualisierung in substanzspezifische Bakteriengruppen anzunehmen ist, als ein Ganzes vorzustellen.

In den Bändereisenerzen wurden Magnetit, Hämatit und Quarz in rhythmischer Folge ausgefällt. Für die chemisch-anorganische Betrachtungsweise besteht das «**Itabirit-Problem**» mit derzeit hauptsächlich fünf Entstehungshypothesen (einige Literaturbeispiele s. S. 243), die hier nicht nochmals diskutiert werden sollen. Jeder trägt meist nur sein Modell vor, ohne es mit den Phänomenen und Argumenten anderer Autoren in Beziehung zu setzen. Einige Beispiele vom Chaos der Kontroversen:

Die Herkunft des Eisens wird dort, wo auch Amphibolite auftreten, vulkanisch erklärt; dagegen sprechen jedoch die riesigen Erzmengen, das Fehlen der Erze an vielen anderen Amphiboliten, die niedrig temperierten Kristallformen des Hämatits sowie die weitflächige Ausbreitung des Eisens, wenn z.B. 10 m mächtige Folgen über 50 km Entfernung vergleichbar bleiben. Wo Amphibolite fehlen, wird die Frage vulkanischer Herkunft nicht behandelt, sondern es werden vom Land eingeschwemmte Eisenhydroxide vermutet, wobei allerdings das Problem auftaucht, dass es präkambrisch noch keine heutige Eisenverwitterung gab, zumal viel höhere Titan- und Phosphorgehalte bestehen als bei späteren verwitterungsbedingten Erzen, wo man strandnahe anorganische Oolithkongretionen annimmt; diese jedoch können wiederum nicht verglichen werden mit den riesigen Ablagerungsflächen des Präkambriums, wo mehrere Lagerstätten ausgebreitet sind. Aktualistische Vergleiche sind nicht möglich, weil derartige Lagerstätten auf das Präkambrium beschränkt sind, was die Herkunft sowohl des Eisens als auch die des Quarzes betrifft, der nicht vulkanisch sein kann, aber auch die Herkunft des Kohlenstoffgehalts und der rhythmischen Fällung oder der linsenförmigen Lagerung. Überhaupt bleibt das ganze Ablagerungsmilieu unklar, weil die begleitenden Quarzite keine Schwerminerale, Kreuzschichtung oder Sedimentgefüge enthalten, andererseits aber Gerölle (s. S. 283) und synsedimentäre Bruchstrukturen. Wie aber hätten die dafür nötigen Schlammströme entstehen können, wenn darüber und darunter mächtige ungestörte Rhythmen für ruhige Becken sprechen, andererseits Ooide nur im Gezeitenbereich durch Wellenbewegung entstanden – und so immer weiter.

Das Bändereisenerz bestand chemisch gesehen primär aus **Magnetit**, einer ungetrennten zwei- und dreiwertigen Modifikation des Eisenoxids (Fe_3O_4). Daraus gliederte sich erst mit der Verfestigung des Erzes der rote, dreiwertige **Hämatit** (Fe_2O_3) ab, der heute den größten Anteil des Erzes ausmacht. Parallel dazu wird von geologischer Seite her angenommen, dass in der Erdumgebung im mittleren Proterozoikum (s. Abb. 155, S. 266) erstmals freier Sauerstoff auftrat, der durch die Assilimation der Stromatolithen gebildet worden sei. Aus meiner Sicht zeigt sich darin die Entwicklung der Lebenssphäre, aus deren Einheitlichkeit sich zuerst die Bakterien und der Sauerstoff abtrennten. Etwa gleichzeitig sonderten sich aus dem **kolloidalen** Zustand Magnetit, Hämatit und Quarz aus. Eine zweite Quarzgeneration sammelte sich in kugligen bis linsigen Formen. Zwei weitere Magnetit- und drei weitere Hämatitgenerationen können unterschieden werden; der Hämatit bildete Ooide um 0,002 mm Durchmesser mit Quarzkörnern in der Mitte. Für **Lebensprozesse** spricht ebenfalls, dass organischer Kohlenstoff mit ca. 2 % und Calcit mit ca. 10 % enthalten sind. Die primär rhythmisch abgesonderte kolloidale Magnetit-Quarz-Masse verhärtete dann langsam und sonderte sich dabei weiter, wobei besonders der primäre Magnetit in bis zu fünf Rhythmen in Hämatit zerfiel. Die Quarz-Hämatit-Lagen sind die ehemalige Schichtung und nicht eine umkristallisierte Schieferung. Ihre Verhärtung verlief von außen nach innen, weil die größeren Kriställchen in der Mitte liegen, was anderen kolloidalen Prozessen entspricht. Zuletzt wurde das Erz noch in mehreren Phasen verfaltet und bruchtektonisch überprägt, wobei Hämatit und Quarz weiter angereichert, entmischt und umgelagert wurden, bevor beide am Ende in ihren typischen Formen kristallisierten. Dabei sind die oolithischen Kugelstrukturen, die in den späteren chamositischen Eisenerzen des Ordoviziums erhalten blieben, in den meisten Fällen überprägt worden. Offensichtlich konnte vom Kambrium an die Verhärtung die Kristallisation überwiegen (Abb. 189, S. 334). Diese ganze komplizierte Entwicklung lässt sich im mikroskopischen Bild rekonstruieren, weil verschiedene Stufen der Verhärtung durch die letzendliche Kristallisation festgehalten wurden. Werden diese Bilder in ihrer Entwicklungsfolge im goetheanistischen Sinne miteinander verglichen, kann der **Entstehungsprozess** der Bändereisenerze abgelesen werden.

Die mächtigsten Lager finden sich im Übergangsbereich vom Gneis zum Glimmerschiefer. Im Gneis sind die eisenreichen Minerale Biotit und Amphibol enthalten. Im Glimmerschiefer fehlt der Amphibol, und der Glimmer (Abb. 136, S. 252) wird im **Muskovit** bzw. Serizit **eisenfrei**. Würde das nicht auf Sonderung des Eisens innerhalb der Lebenssphäre verweisen? Als die Gneismassen sich niederschlugen, war das Eisen noch gebunden und sonderte sich mit dem Biotit und der Hornblende als Erstes aus der erstarrenden Masse. Später, als sich die Glimmerschiefermassen sonderten, gliederten sich schon im kolloidal-flüssigen Zustand der Lebenssphäre die mächtigen, eisenreichen Kiesellinsen ab, zunächst insgesamt belebt, dann auch in Bakterienprozessen sich differenzierend. Sie bewirkten vielleicht mit, dass sich Magnetit und Opal rhythmisch trennten. Damit kommen wir bis an diejenigen Verhärtungsprozesse heran, welche – wie beschrieben – aus dem heutigen mikroskopischen Bild noch erschlossen werden können.

Der Gehalt der Eisenoolithe an Calciumphosphat weist zusätzlich auf die organische Entstehung und gibt Anlass, einen Absatz zu den Phosphatgesteinen und dem **Phosphorit** anzufügen. Heute kommt Phosphorit vor allem in den Sedimenten derjenigen Ozeanküsten vor, an denen äquatorwärts gerichtete Kaltwasserströme entlangziehen. Das reiche Leben an Plankton und damit an Fischen und Meeresvögeln liefert so viele Exkremente, dass durch bakteriellen Abbau der Phosphorit entsteht. Er ist chemisch ein kolloidaler bis mikrokristalliner wasserhaltiger Calciumfluorapatit. Er wird in knolligen oder oolithischen Lagen sedimentiert und bildet so stellenweise ausgebreitete Lagerstätten. Obwohl die Konzentration des Phosphors durch Bakterien und höhere Lebewesen nicht mehr abzuleugnen ist, werden auch hier anorganische Enstehungsmodelle diskutiert, weil nur die allerletzte chemische Fällung als «Entstehung» betrachtet wird. Phosphorite kommen seit dem Präkambrium vor (Abb. 155, S. 266; s. S. 375). Gleichzeitig wurde auch Uran bakteriell gefällt, welches sulfisch gebunden in Phosphaten und Karbonaten vorkommt. Es ist zusammen mit kolloidal gefälltem Gold linsenförmig in Konglomeraten und Schwarzschiefern eingelagert und bildet umfangreiche Lagerstätten. Im Erdaltertum und Erdmittelalter sonderten sich vielfach kalkige Phosphatknollen in Tonschiefern und oolithischen Kalksteinen (Abb. 120, S. 233).

Kieselgesteine

In diesen Zusammenhang gehören auch alle kieseligen Gesteine des Deckgebirges wie der Radiolarit, Chert, Feuerstein oder Hornstein. Sie finden sich heute vor allem als **Radiolarit** auf den äquatornahen Tiefseeböden. Er entsteht aus den Kieselgehäusen von pflanzlichen Einzellern, den Radiolarien, oder Nadeln von Kieselschwämmen. Das skelettbildende Material ist Opal, also kolloidaler Kiesel, der nach dem Kalk dabei an zweiter Stelle steht. Fossil ist er umkristallisiert in Chalcedon – ähnlich wie ja auch der Aragonit der Muschelschalen in Calcit übergeht, der dabei jedoch die Kristallform wechselt. Die Radiolarien und anderen Einzeller leben heute in der obersten, durchlichteten Schicht des offenen Meeres. Die Skelette lösen sich nach dem Tode nicht auf, im Gegensatz zu den kalkigen Schalen, welche temperaturabhänig unterhalb bestimmter Meerestiefen aufgelöst sind. Es ist also keine Frage der Entstehung, sondern der Erhaltung, dass die heutigen Tiefseesedimente in bestimmten Gebieten nur kieselig sind. Damit entfällt das wichtigste Argument dafür, dass fossile Kieselgesteine, die im Wesentlichen vor dem Tertiär entstanden sind, Tiefseebildungen seien. Schrägschichtung und Erosionsmarken (Tucker 1985, S. 223) in Radiolariten sprechen ebenso gegen Tiefwasserablagerung wie ihr Zusammenhang mit umgebenden Gesteinen für ein «Flachmeer»-Milieu. Für die Großtektonik ist diese Frage deshalb so wichtig, weil man meint, durch Radiolaritvorkommen die Lage der ozeanischen Tiefseebecken nachweisen zu können (s. S. 514), besonders wenn auch basaltische Gesteine in der Nähe vorkommen. Für Ablagerungen vor dem Tertiär fehlen jedoch nach wie vor sichere Merkmale für echte Tiefseesedimente (Müller, 1963, Bd. 1, S. 88). Die Verbreitung der Kalksteine zeigt das deutliche Phänomen, dass heute an den Ozeanrändern nur schmale Schelfmeere mit Kalkbildung bestehen, während es bis zum Tertiär nur ausgedehnte «Flachmeer»-Gebiete gab.

Kieseleinlagerungen finden sich im Erdmittelalter häufig als linsenförmige, knollige **Hornsteine** in Kalksteinen oder als Feuerstein in der Schreibkreide. Auch hier wurde der Kiesel durch Lebensvorgänge angereichert, wanderte nach dem Absterben fein kolloidal verteilt mit dem Porenwasser im Kreideschlamm nach oben und flockte aus, wenn eine bestimmte Konzentration erreicht war bzw. das basische Millieu in saures umschlug, wie an Fossilien. So entstanden die Feuersteinbänder, welche im Abstand von 2 bis 3 Metern im Kreidekalkstein von Norddeutschland, Dänemark und Frankreich eingelagert sind. Die einzelnen Knollen enthalten im Kern vielfach Fossilien, und der farblose Chalcedon ist durch organische Substanzen schwarz gefärbt.

Kieselgesteine kommen weiterhin im Erdaltertum vor, häufig zusammen mit Tonschiefern und Grauwacken (Abb. 157, S. 271). Neben knolligen Linsen bilden sie hier weit ausgebreitete, feinrhythmische Schichten von Kieselschiefern. Für die übliche anorganische Sichtweise besteht das «Chert-Problem» (Tucker 1985, S. 221) darin, dass die Herkunft des Quarzes bei Kieselschiefern ebenso unklar erscheint wie bei den Bändereisenerzen, denen die Kieselschiefer eigentlich sehr ähnlich sind, nur ohne die Eisenminerale. Organisch betrachtet, stammt der

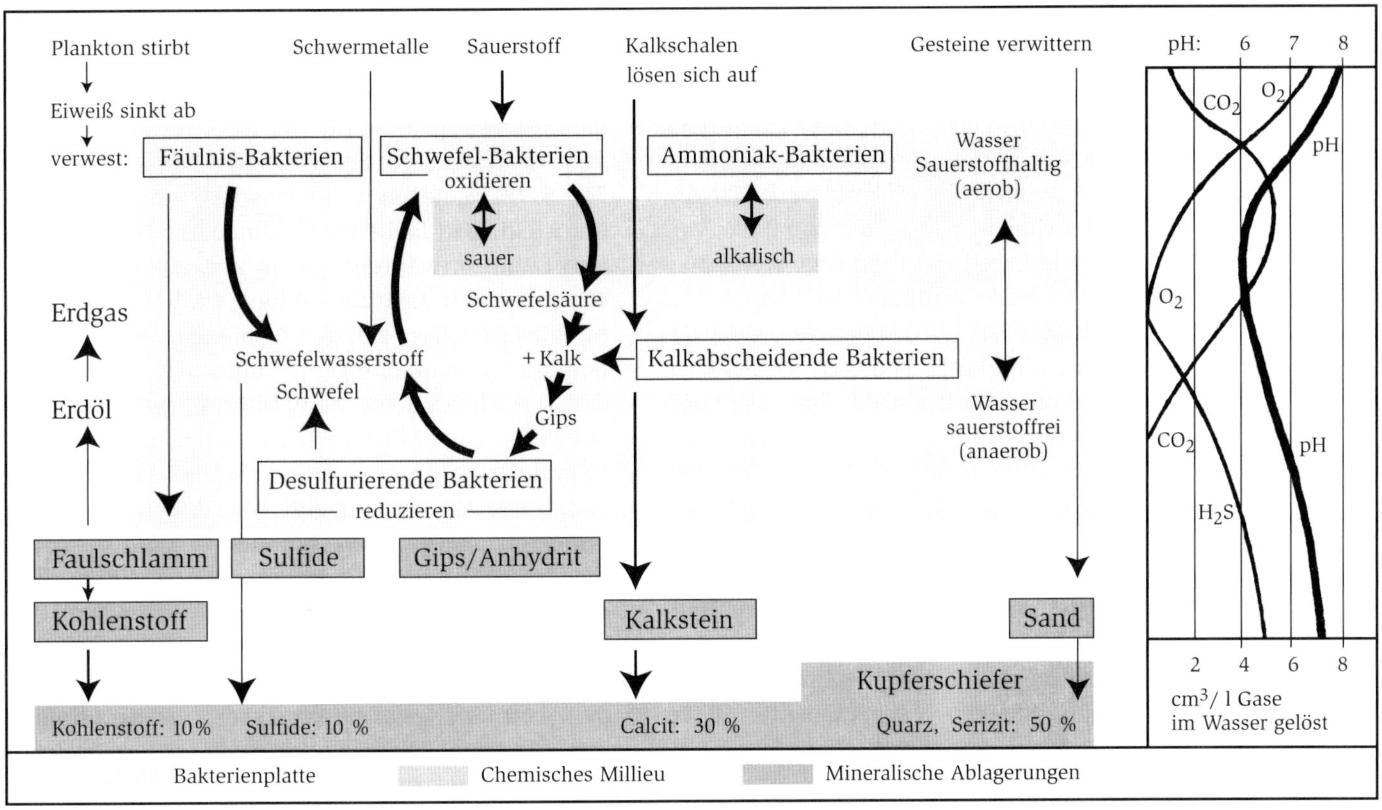

Abb. 158: Schema der Gesteinsbildeprozesse durch Schwefelbakterien, vor allem am Beispiel des Kupferschiefers. Die Tätigkeit der Bakterien in der mittleren Bakterienplatte setzt das, was von oben hereinsinkt, um und scheidet mineralische Substanz nach unten ab. Rechts die Gasgehalte im Vergleich zum pH-Wert. Näheres im Text. (Zusammengestellt nach Rösler1976, ergänzt.)

Quarz auch hier aus dem Kieselgel von Einzellern. Er ist zum Teil sogar noch als Opal oder als sphärolithischer Chalcedon mit konzentrischen Schalen erhalten. Das Gestein enthält bis 10% organische Substanz, die es dunkel färbt, und um 80% Chalcedon; teilweise sind noch Radiolarien zu erkennen, ja selbst noch in Hornsteinen aus dem frühen Protozoikum wurden Mikrofossilien gefunden. Diese sind teilweise von Chlorit erfüllt, was aber heißt, dass organisch gefällter Kiesel zusammen mit Eisenhydroxid zu Chlorit kristallisieren kann. Die Kieselschiefer gehen über oder wechsellagern mit Kalksteinen, Dolomiten, Kieselkalken und Tonschiefern, welche wiederum in Schwärzschiefer übergehen. Damit grenzen die oxidischen Bakterienprozesse an die sulfidischen, welche im folgenden Abschnitt besprochen werden.

Gesteinsbildungen des Schwefel-Stoffwechsels

Für die Gesteinsbildung aus dem Lebendigen durch die Tätigkeit der Bakterien ist ein anderer Prozess charakteristisch, der heute noch in tieferen stehenden Gewässern beobachtet werden kann, wie beispielsweise im Schwarzen Meer. Das obige Schema (Abb. 158) kann nur abstrakt auf einen lebendigen Vorgang hinweisen, der in einem sensiblen Gleichgewicht verläuft. Die Hauptrolle spielt dabei der mit dicken Pfeilen angedeutete Lebensprozess der Schwefelbakterien, der aus chemischer Sicht als «Schwefelkreislauf» bezeichnet wird. Aber im Lebendigen gibt es keine Kreisläufe, sondern Entwicklungen, die zwischen Aufnahme und Absonderung stehen und daher besser als Schwefel-Stoffwechselprozess bezeichnet werden. Der Vorgang steht zwischen den höheren Lebensprozessen der Tiere und Pflanzen darüber und den herausfallenden mineralischen Massen darunter. Je nach den äußeren Bedingungen verlagert sich das Gleichgewicht und damit das Verhältnis der zurückbleibenden Produkte, welche zu Gesteinen und Mineralen verdichtet werden.

Im **Kupferschiefer** ist ein Gestein zurückgeblieben, welches von allen Prozessen etwas enthält. Es ist ein tonig-kalkiger, stark bituminöser, sulfidreicher Mergelschiefer (Abb. 185, S. 329) mit einer Mächtigkeit von etwa einem halben Meter. Die jeweils höchsten Sulfidgehalte ordnen sich von unten nach oben und von außen nach innen in der Reihe Kupferkies – Bleiglanz – Zinkblende – Pyrit. Der Kupferschiefer wurde seit der Bronzezeit abgebaut, zunächst wegen des Kupferkieses, dann aber auch wegen zahlreicher weiterer Minerale (Abb. 181, S. 325), aus denen u.a. die Elemente Silber, Gold, Selen, Germanium, Cobalt, Nickel und Molybdän gewonnen wurden.

Dem Kupferschiefer ähnlich sind die sulfidischen, feingebänderten, so genannten **Melierterze** (Abb. 183, S. 329) vom Rammelsberg bei Goslar im Harz. Das sind eng ineinander kristallisierte Körnchen von Zinkblende, Bleiglanz, Pyrit und Kupferkies mit den Gangarten Quarz, Kalkspat und Schwerspat; außerdem sind geringe Mengen Silber, Gold und Arsenkies enthalten. Die Erze sind in mehreren bis 20 m mächtigen linsenförmigen Lagern über etwa 500 m ausgedehnt. Sie stecken in einer überkippten Falte von sandigem Tonschiefer, in dem stellenweise Pyrit in unzähligen kleinen Kügelchen auftritt. Die Bakterienprozesse, welche die Erze anreicherten, sind völlig überprägt worden, als die Erze gefaltet wurden und kristallisierten. Das **Pyritvorkommen** in Meggen an der Lenne ist ähnlich entstanden, ebenfalls mit Zonen von Zinkblende, Bleiglanz und Schwerspat. Ein anderes mächtiges Pyritlager bei Elbingerode im Mittelharz, das lange abgebaut wurde, sitzt rund um einen Keratophyrkegel. Alle drei Vorkommen werden von devonischen Tonschiefern und Kalksteinriffen umgeben. Für ein wässriges Milieu sprechen z.B. auch die Schwefelisotope und das Phänomen, dass die Sulfide gleichzeitig als unzählige Kügelchen ausflockten, bevor sie kristallierten.

Es ist lange untersucht worden, woher die Erze kamen. Die Pyritvorkommen hängen mit den Basalten (Abb. 157, S. 271) zusammen. Bei der Vererzung des Kupferschiefers fällt auf, dass sie an den Rändern der Mitteldeutschen Kristallin-Schwelle (Abb. 79, S. 213) liegen – Richelsdorf, Sangerhausen, Mansfeld, Bad Liebenstein, Ilmenau sowie Cottbus und Lubin –, während sie im gesamten Norddeutschen Becken arm an Sulfiden sind. Genauer betrachtet sind die vererzten Gebiete an Bereiche gebunden (so genannte «Rote Fäule»), wo im Liegenden des Flözes feine hämatitführende Klüfte ausstreichen. In ähnlicher Weise finden sich auch am Rammelsberg (so genannte «Kniest»-Linsen) Erzgänge mit einer Paragenese, die den Melierterzen ähnlich ist. Diese Gänge könnten die Zufuhrspalten für die Erzlösungen gewesen sein, welche dann durch die Bakterien des Schwefel-Stoffwechsels angereichert und ausgefällt wurden. Ein solcher Prozess kann heute an den Solfataren beobachtet werden, beispielsweise auf der Insel Vulcano nördlich von Sizilien. Als Spätwirkung des Vulkanismus dringen hier aus Klüften Schwefeldioxid und Schwefelwasserstoff auf. Bei über 95° C bildet sich labiler monokliner Schwefel, der beim Abkühlen gleich zum orthorhombischen umkristallisiert. Verbunden mit Eisen sondert sich der instabile kolloidale Melnikovitpyrit ab, der in Limonit übergeht. Der Schwefel als Gas ist zwar mit der vulkanischen Tätigkeit verknüpft, entstammt aber meines Erachtens nicht dem Basalt, obwohl dieser auch Sulfide enthält, aber nur ca. 300 ppm Schwefel. Die exhalativen Schwefellagerstätten und **Solfataren** sind an solche Stellen gebunden, wo der Basalt das Deckgebirge durchschlagen hat (s. S. 424) und sich mit anderen Gesteinen mischte, also auch Andesite, Bimssteine etc. bildete. In Italien, Japan, Chile ist dies der Fall; ja selbst auf Island fand ich diesen Zusammenhang. Andererseits sind Basalte, die keine Deckgebirgsgesteine assimiliert haben, frei von Solfataren und Schwefelvorkommen. Wir müssen also bei der Herkunft der sulfidischen, erzliefernden Lösungen unterscheiden: zum einen Sulfide aus dem Basalt; zum anderen, dass der Basalt Schwefel aus durchschlagenen Gesteinen aufnahm, und zum dritten, dass Erzgänge aus dem Granitischen (Abb. 182, S. 329) bis in den wässrigen Erdenumkreis aufdrangen. Das wäre der anorganische Teil der Entstehung; die eigentliche Konzentration und Abscheidung der Erze wird aber durch die organischen Lebensprozesse der Bakterien bewirkt.

Die eigentliche Quelle des Schwefels ist das Eiweiß der abgestorbenen Lebewesen. Dafür ist eine leicht beobachtbare Folge von Phänomenen aufschlussreich. Frischer Kalkstein ist meist grau. War er ein paar Jahre lang an einer Steinbruchwand frei dem Regenwasser ausgesetzt, wird er gelblich (Abb. 141 S. 256, 127, 128, S. 241). Steht ein Kalksteinfelsen lange Zeit frei, wird er weiß. Woran liegen diese Farbänderungen? In fast allen **Kalksteinen** ist mikroskopisch fein verteilt Pyrit enthalten. Wenn er mit Wasser in Berührung kommt, oxidiert er zu dem Eisenhydroxid Brauneisen (Limonit, Goethit), welches den Kalkstein bräunlich oder gelblich färbt. Wird das Brauneisen weggelöst, wird er wieder weiß. Die ursprünglichen Pyritkörnchen stammen aus der Tätigkeit von Schwefelbakterien. Sie werden mitunter sogar als «versteinerte Bakterien» bezeichnet (Fabricius 1961, S. 647). Sie weisen auch darauf hin, dass nicht nur der Pyrit, sondern die Plattenkalke insgesamt einem Bakterienprozess entstammen. Ursprünglich entstand aller sedimentärer Pyrit aus dem instabilen Melnikovit-Gel, daraus wurde Markasit und daraus erst der Pyrit. Die würfligen Kriställchen sind oft nur 0,0001 mm groß; die etwas größeren beerenförmigen Ooide bleiben unter 1 mm, können aber auch zu erbsen- bis faustgroßen Knollen und Kugeln zusammenbacken (Abb. 195, S. 340). Auch solche größeren Kongretionen bestehen aus Pyrit, nicht aus Markasit, und sind lagenweise radialstrahlig durchkristallisiert. Sie sind in allen Sedimenten weit verbreitet, vermutlich viel häufiger, als zunächst auffällt. Zum Beispiel fand sie Goethe im Kreidekalk der Champagne; auf Rügen sieht man sie unregelmäßig in den Kreidefelsen verteilt oder findet sie am Strand; sie stecken im Elbsandsteingebirge im Kreide-Sandstein, in den Tonen des Lias und des Tertiärs, in Braun- und Steinkohlen; in Ungarn sollen sie Meter-Größe erreichen. Im unterkarbonischen Tonschiefer des Thüringer Schiefergebirges lagern – wegen des Schwefelkies ‹Kieskälber› genannt – unregelmäßig verteilt, linsenförmige kalkig-schiefrige Knollen, die Meter-Größe erreichen können. Sie enthalten im Randbereich zahlreiche Pyritkristalle, welche außen größer und innen kleiner sind. Bei der Verhärtung der Linsen entstanden Schwundrisse, die mit Calcit oder Quarz ausgefüllt sind; ferner enthalten sie, wenn auch selten, Kupferkies, Zinkblende, Mangan und sogar Spuren von Erdöl. Auch in den Kristallinen Schiefern (Abb. 122, S. 234; Abb. 136, S. 252) ist Pyrit vom frühestem Archäikum an weit verbreitet, oft als linsenförmige Nester von Zentimeter-Größe.

Ein anderes Übergewicht innerhalb des bakteriellen Schwefel-Stoffwechsels (Abb. 158) führt zum **Kohlenstoff**. In abgeschlossenen Senken mit stagnierendem Wasser, in sauerstoffreiem Milieu, wenn die organischen Reste von Algen und einzelligen Lebewesen gegenüber den abbauenden Bakterien überwiegen, bildet sich ein meist toniger Faulschlamm, der bis zu 10 % organische Anteile enthalten kann. Verdichtet er, so werden Kohlenwasserstoffe abdestilliert, die nach oben aufsteigen. Sie entweichen in die Erdenumgebung, wenn sie nicht als Erdöl und Erdgas (s. S. 125) in abgeschlossenen Fallen poröser Speichergesteine wie Sandstein hängen bleiben und angesammelt werden. Die gewaltigsten Mengen sind in der Jura- und Kreidezeit entstanden. Das könnte damit zusammenhängen, dass damals die Lebenssphäre der Erde weitgehend abgestorben war (s. S. 477), bevor sie anschließend in Wasser und Luft zerfiel. Interessant ist, dass auch in den gleichzeitig abgesetzten tonigen Sedimenten der Kreidezeit auf den Ozeanböden besonders viel organische Substanz angetroffen wurde (*Geol. Mijnb*. 55, 1976, S. 179).

Im Erdaltertum, besonders im Silur, entstanden weltweit typische **kohlenstoffreiche** Gesteine als Variationen des Tonschiefers: die Schwärzschiefer, Alaun- und Graptolithenschiefer (Abb. 157, S. 271). Hauptsächlich enthalten sie Ton- und Glimmerminerale sowie Quarz, aber weniger als der Tonschiefer; dazu kommen Pyrit, weitere Sulfide und Phosphoritknollen. Die organische Substanz mit einem Anteil bis 10 % ist fein verteilt oder sogar in Linsen von Graphitstaub angesammelt. Aus diesen Schiefern wurde Alaun gewonnen, indem man das Gestein so weit erhitzte, dass es sich durch den hohen Kohlenstoffgehalt entzündete und dann weiter schwelte. Dabei wird der reichlich enthaltene Pyrit in Eisensulfat umgewandelt, was Wärme erzeugt. Anschließend wurde mit Wasser gelöscht, wodurch das Eisensulfat mit Ton und Wasser zu Alaun reagierte, einem wasserhaltigen Aluminiumsulfat.

Geht man erdgeschichtlich (Abb. 122, S. 234) noch weiter zurück, so findet man reinen **Graphit** in Linsen eingelagert in den Glimmerschiefern und Gneisen des oberen Proterozoikums. Bekannte Lagerstätten Mitteleuropas sind in zwei Zügen angeordnet im Bayerischen Wald, in Südböhmen, im Mühl- und Waldviertel. Vielfach sind Marmorlinsen, Pyrit und andere Sulfide damit verbunden. Im Erzgebirge ist der Graphit nicht rein, sondern fein im Gestein verteilt, aber ebenfalls in linsenförmig begrenzten Bereichen, den «Schwarzen Flözen» der Bergleute. Das sind die ältesten Vorkommen; in noch tieferen Gneisen oder im Granit ist praktisch kein Kohlenstoff mehr zu finden. Nach oben hin nimmt er quantitativ zu und ist von der Gesamtmenge her am meisten in den Schwärz- und Tonschiefern enthalten, von der kompakten Konzentration her natürlich in der Steinkohle. Ihre Enstehung wurde bereits im Zusammenhang der Pflanzenentwicklung geschildert (s. S. 125).

Salinar-Gesteine

Bei wieder einem anderen Übergewicht des bakteriellen Schwefel-Stoffwechselprozesses können die Kalksteine in die salinare Richtung übergehen. Erdgeschichtlich folgen auf den Kalkstein Dolomit, Anhydrit- und Gipsstein, Steinsalz und verschiedene Kalisalze. **Dolomit** ist äußerlich als Mineral vom Calcit oder als Gestein vom Kalkstein kaum zu unterscheiden. Bei seiner chemischen Analyse erscheint außer Calcit noch Magnesium. Dabei kommen alle Übergänge vom Calcium- bis zum reinen Magnesiumkarbonat vor. Je weiter wir in die Erdgeschichte zurückgehen, desto mehr sind die Kalksteine dolomitisch, besonders die Riffkalke und Marmore. Im Erdmittelalter überwiegen die Kalksteine, im Präkambrium die Dolomite, dazwischen im Erdaltertum die Übergänge. Das Verhältnis Dolomit zu Kalkstein ist im Präkambrium 3:1, im Erdaltertum 1:3 und im Erdmittelalter 1:10. Auch die Schalen von Einzellern, Korallen, Stachelhäutern oder Muscheln aus dem Erdaltertum enthalten Magnesium, während die heutigen frei davon sind. Woher kommt der Magnesiumanteil in der frühen Erdgeschichte? Dieses «Dolomit-Problem» (Tucker 1985, S. 146) entsteht aktualistisch gesehen dadurch, dass aus heutigen Meeren kein Dolomit ausgefällt wird, selbst nicht bei Übersättigung. Allerdings ist interessant, dass dies experimentell im kolloidalen Zustand gelungen ist (*Nature Physical Science 1973*, S. 139)! Heute kann noch Dolomit entstehen, wenn stark salzhaltiges Meereswasser im Strandbereich arider Gebiete mit Grundwasser zusammentrifft, verdunstet und dadurch die Salinität stark ansteigt. Das ist aber ein besonderes Milieu, welches für allgemeine, großräumige Verhältnisse während der Erdgeschichte nicht zutreffen würde.

Vom Lebensprozess der Erde her gesehen, wäre die Frage, ob sich im Übergang vom Dolomit zum Kalkstein nicht ein Entwicklungsaspekt der kolloidalen Lebenssphäre ausdrückt. Sie hatte vielleicht als Ganzes eine dem heutigen Meerwasser gegenüber höhere Salinität, die sich in dem ursprünglichen «Magnesiumgehalt» gezeigt hätte. Was zuerst aus der Lebenssphäre bakteriell konzentriert wurde, war primär dolomitisch; nachdem sich zunehmend die Salze abgesondert hatten, vor allem im Perm, wurden die Schalen der späteren, höheren Lebewesen immer mehr aragonitisch und calcitisch. Zuletzt, vor allem vom Tertiär an, veränderte sich die Wassersituation nochmals dadurch grundlegend, dass der heutige Wasserkreislauf (s. S. 479) entstand. Die gleiche Tendenz der Abnahme des Magnesiums zeigt sich auch bei den Kieselmineralen (Abb. 136, S. 252) vom Olivin über den Amphibol zu den Glimmer-Mineralen.

Über dem Dolomit finden wir an den Rändern der großen Salinarbecken (Abb. 147, S. 259) den **Anhydritstein**. Er bildet rundum mehrere hundert Meter mächtige Wälle, die nach dem Becken hin sehr geringmächtig werden. Wo der Anhydritstein an die Erdoberfläche kommt und Wasser aufnimmt, wird er in den kristallwasserhaltigen Gipsstein (Abb. 159) umgewandelt. Dabei hat sich das Volumen mehr als verdoppelt, was die gefalteten Lagen bewirkt haben könnte. Die feinen rhythmischen Tonlagen enthalten etwas organische Substanz, sodass sie dunkel gefärbt sind. Sie erinnern an Stromatolithenlagen, die stellenweise auch beobachtet wurden. Man hat über 10.000 solcher Rhythmen übereinander gezählt und sie über erstaunlich weite Entfernungen parallelisieren können. Interessant für die Genese ist, dass man im

Abb. 159: Gefaltete Gipslagen zwischen feinen Rhythmen von Gipsstein, teilweise knollig werdend, und dünnen Lagen von Tonstein mit organischer Substanz; aus dem unteren Perm, Werraanhydrit, Zechstein 1; vom Kohnstein, Niedersachswerfen, Nordthüringen. Bildbreite 9 cm.

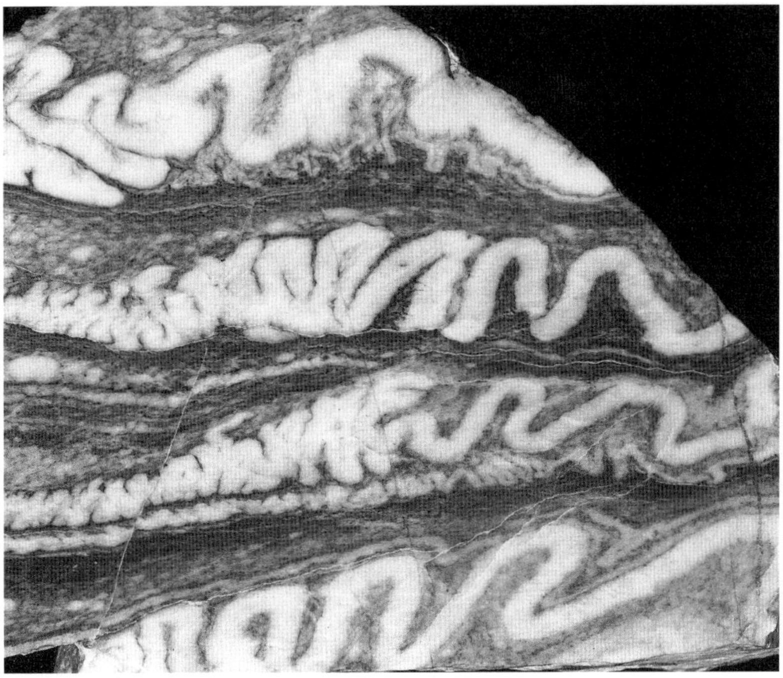

Anhydritstein kleine, doppelspitzige, trigonale Quarzkriställchen gefunden hat. Schwierig sind die unregelmäßig verteilten Knollen zu erklären, die bis Dezimeter-Größe erreichen können und die keine Schichtung enthalten. Gründliche Spezialuntersuchungen führten zu widersprüchlichen Vorstellungen.

Das viel untersuchte «Anhydrit-Gips-Problem» besteht, wiederum aktualistisch gesehen, darin, dass heute kein Anhydritstein entsteht, wenn man Meereswasser eindampft, sondern unter 19% des Ausgangsvolumens scheidet sich Gipsstein ab und unter 10% Steinsalz. Da heute überall unterhalb des Grundwasserspiegels aber Anhydritstein – und kein Gipsstein – vorkommt, kann er nicht aus dem Meerwasser entstanden sein. Das heute bevorzugte Modell geht davon aus, dass ursprünglich Gipsstein abgelagert worden sein müsste, der dann in Anhydritstein entwässert worden wäre. Dafür gibt es aber keine Phänomene.

Auch das **Steinsalz** und die **Kalisalze** im Inneren der Salinarbecken sind durch rhythmisch eingelagerte, dünne tonig-anhydritische Lagen in größeren Abständen gegliedert. Heute können Salzablagerungen in solch großen Dimensionen wie im Zechstein nicht beobachtet werden. Kleine Salzseen in Wüstengebieten zeigen bei genauerer Betrachtung andere Phänomene als die Salinarbecken während der Erdgeschichte mit mehreren hundert Kilometern Länge und primären Mächtigkeiten, die auf 4 bis 8 Kilometer geschätzt werden. Auch hier bleiben viele Fragen der Entstehung offen. Die relativen Salzmengen aus eingedampftem Meerwasser sind andere als bei den Salinargesteinen dieser großen Becken. Die Unterschiede werden mit schwankenden Zuflüssen über schwellenartige Untiefen erklärt.

Vom Aspekt der ungetrennten Wasser-Luft-Atmosphäre könnten sich meines Erachtens in abgeschlossenen Senken über den dolomitischen Kalksteinen zunächst primär Anhydritstein – nicht Gipsstein – und anschließend die Stein- und Kalisalze ablagern, vielleicht wiederum mitbewirkt durch rhythmische Bakterienprozesse oder Archaebakterien. Die Bilder sind ähnlich denen von stromatolithischen Kalksteinen. In rhythmischen Abständen wurde feiner Tonstaub hereingewirbelt, auch über große Entfernungen. Für ein kolloidales Milieu solcher Lebensprozesse sprächen auch die Quarzkriställchen und die unregelmäßigen Gipssteinknollen. Derartige Vorstellungen müssen noch genauer mit den Phänomenen der bakteriellen Kalksteinbildung und mit den unterschiedlichen Modellen der Dolomit-, Anhydritstein- und Salzgenese verglichen werden.

Gesteinsbildung und Lebensprozess

Alle diese Beispiele zeigen, wie bedeutend die Bakterienprozesse bei der Gesteinsbildung sind. Sie verlaufen zwischen dem Organischen und Anorganischen. Es hängt von der Blickrichtung und von der Gewichtung ab, welcher Bereich als «Entstehung» beschrieben wird. Die letzte Stufe führt immer in den anorganischen Zustand. Von den heute kristallisierten Mineralkörnern, von Ionen und Molekülen aus gesehen, erscheint eine anorganische Fällung naheliegend. Der wesentliche Vorgang aber, durch den die Substanzen angereichert werden, ist der Lebensprozess der Bakterien. Durch ihn werden Eisen, Kalk, Schwefel, Phosphor, Kohlenstoff, Kiesel etc. aus dem Wässrigen heraus kolloidal gebunden und wieder ins Unorganische abgeschieden. Zur **organischen oder unorganischen** Betrachtungsweise schrieb der Altmeister der Lagerstättenkunde, Hans Schneiderhöhn (1962, S. 258), bezüglich des Pyrit: «Es ist direkt erheiternd, welche Angst manche Autoren davor haben, den Schwefelbakterien eine Rolle zuzuerkennen. Dabei sind sie überall nachzuweisen, und die 10 000 bis 50 000 Punkthäufchen von Pyrit pro Kubikmillimeter in all diesen Gesteinen und Erzen sehen ihnen lächerlich ähnlich. Fossil fand diese Bildung überaus reichlich und oft statt.» Überall sind es unvorstellbar große Substanzmengen, Millionen von Tonnen, die dabei weltweit umgesetzt wurden. Je weiter wir in der Erdgeschichte zurückgehen, desto mehr nehmen sie exponentiell zu. Von den bisher behandelten Stoffen lagen weltweit gesehen die Maxima im Präkambrium für Eisen, es folgten Phosphorit, Dolomit, Pyrit und Graphit, im Karbon die Kohle, im Perm die Salze, im Erdmittelalter Kalkstein und Erdöl/Erdgas. Die Kieselprozesse (s. S. 274) müssen noch genauer betrachtet werden.

Der unter heutigen Bedingungen sich abspielende Schwefel-Stoffwechselprozess oder die stromatolithische Kalksteinbildung sind nur als die letzten Nachklänge aufzufassen, an denen die Vorgänge studiert werden können. Heute sind die Bakterien- und Archaebakterien-Gruppen auf die verschiedensten Substanzen spezialisiert, ebenso auf unterschiedliche Milieus und Temperaturen. Von da aus wäre der Blick auf die Frage zu richten: Wie mögen unspezialisierte **Lebensvorgänge** abgelaufen sein, nicht durch Bakterien wie heute, sondern als Ganzheit in einer frühen irdischen Wärme-Luft-Wasser-Sphäre?

Von den Phänomenen her gesehen, gruppieren sich die betrachteten Gesteinsbildungen in genetisch unterschiedliche Folgen. Die eine ist verbunden mit dem sauerstoffreichen, oxidierenden Milieu und führt zu Kalksteinen, Eisenerzen und Oolithen; eine andere mit dem reduzierenden Milieu, welches von den Schwefelbakterien beherrscht wird, sie führt zu Pyrit, zu den Sulfiden und Phosphorit, zu Anhydrit- und Gipsstein. Dieser Faziesbereich kann mit vulkanischen Prozessen verknüpft sein. Zwischen beiden Milieus wechselt die Folge vom Kalkstein über Dolomit und Anhydritstein bis zum Steinsalz und Kalisalz. Hinein verwoben ist die Kohlenstoffreihe, beginnend mit Graphit, angereichert im Schwärzschiefer, Alaunschiefer, Tonschiefer und bei Steinkohle und Erdöl/Erdgas endend.

Diesen Gesteinsfolgen entsprechen zwei polare Lebensvorgänge der Mineral-Pflanzen-Tiere. Der quantitativ wichtigste ist der oxidische, kalkabscheidende Atmungsprozess; der andere der sulfidische Stoffwechselprozess, zu dem wohl auch die archaebakterielle Salinarbildung gehört. Assimilation war ursprünglich zugleich Atmung und Ernährung, die dann erst bei Tier und Pflanze getrennt sind. Bei den Tieren ist der Astralleib verinnerlicht und wirkt gegliedert in Atmung und Stoffwechsel, Lunge und Verdauungsorganen. Assimilation bei Pflanzen heißt, dass mit Hilfe des Sonenlichtes Kohlendioxid und Wasser zu organischer Substanz, also zu Kohlehydraten, verdichtet werden und Sauerstoff dabei frei wird. Wir können heute noch beobachten, wie für die Assimilation Kohlendioxid einem instabilen, dem Kalkstoffwechsel zugänglichen Stoff entzogen werden kann. Wenn kohlensäurehaltiges Wasser Kalkstein auflöst, entsteht doppeltkohlensaurer Kalk, dem durch Assilimation das Kohlendioxid entzogen werden kann, und Kalkstein fällt als Travertin wieder aus: $H_2CO_3 + CaCO_3 \rightarrow Ca(HCO_3)_2 \rightarrow CaCO_3 + CO_2 + H_2O$. Was hier doppeltkohlensaurer Kalk ist, könnte als ursprüngliche Ganzheit in der Lebenssphäre enthalten gewesen sein – nicht als Kalklösung wie heute, sondern im labilen, vielleicht kolloidalen Zustand, in den der Ätherleib eingreifen konnte, um ihn durch tierpflanzliche Assimilation zu zerlegen. Solche labilen Stoffzustände, die bakteriell mineralisiert werden können, begegneten uns auch in den Übergängen vom Aragonit zum Kalkspat, vom Eisenhydroxid zum Hämatit, vom Melnikovitpyrit zum Pyrit, vom monoklinen zum orthorhombischen Schwefel. Was heißt es, wenn Stoffe chemisch gleiche «Modifikationen» bilden können, die aber den Lebensvorgängen gegenüber labil sind und erst nach dem Tode in stabile übergehen? Hier zeigt sich die übergeordnete Kraft des Ätherleibes der Erde, welcher in der frühen Lebenssphäre noch wirksam war.

Bei der tierischen Atmung wird der durch Assimilation freiwerdende Sauerstoff wiederum aufgenommen; Kohlendioxid wird ausgeatmet und Eiweiße werden aufgebaut. Sie werden nach dem Absterben ebenso wie pflanzliche Kohlehydrate in den dargestellten reduzierenden Schwefelprozessen bakteriell abgebaut. In der bakteriellen Fazies erscheinen sie noch wie ein von außen wirkender, nicht inkarnierter tierischer Stoffwechsel- oder Ernährungsvorgang. Die Substanz wird durch diese Lebensprozesse aus ihrem ursprünglichen Zusammenhang individualisiert – wir sagen: Eiweiß «zerfällt» – und wird ausgeschieden, unterliegt dann immer mehr den chemischen und physikalischen Vorgängen, verhärtet, kristallisiert, wird umkristallisiert und verbleibt zuletzt im chemisch gereinigten, stabil kristallisierten Mineral: im Calcit, Dolomit, Steinsalz, oder Schwefel, Pyrit, Anhydrit, Hämatit, Limonit, oder Phosphorit und Graphit.

Der Zusammenhang zwischen **Gesteinsbildung und Lebensprozess** ist für mich am deutlichsten bei der Entstehung der oolithischen und stromatolithischen **Kalksteine** zu erkennen. Betrachten wir die geschilderte Reihe (Abb. 148 – 154 S. 262 ff.; Abb. 42, S. 126): feinkörniger, organisch abgeschiedener Kalkstein – einfache Ooide mit Lagenstruktur – Übergang zur Kegelstruktur – Polyooide – Ooidbeutel – Stromatolithenrasen – Stromatolithenstock. Die Reihe setzt sich damit fort, dass die Reste höherer tierischer Lebewesen, beginnend mit den einzelligen Pflanzentieren und Hohltieren, direkt im Kalkstein erhalten sein können (Abb. 156, S. 267). Dabei gestalten sich die Tier- und Pflanzenwesen immer deutlicher heraus, erscheinen immer stärker in Arten individualisiert. Die Stromatolithen repräsentieren ein Mineral-Pflanzen-Tier, insofern sie wie die Tiere Kalk abscheiden, wie die Pflanzen assimilieren und unmittelbar mineralbildend wirksam sind. Der Stromatolithenstock wäre die älteste und höchste Organisationsform dieser Wesen, da er schon so weit organisiert ist, dass etwa acht Formtypen unterschieden werden können, die aber noch keine Arten sind, da das Ätherische noch nicht voll inkarniert ist. Die Bakterien und Archaebakterien erscheinen wie aus dem Zerfall dieser höher organisierten Form hervorgegangen – nicht wie üblicherweise angenommen so, dass die Einzeller aus den Bakterien «zusammengesetzt» oder evolutiv entstanden wären. Ebenso könnte man die Einzeller als aus der höher organisierten Form auf der Stufe der Schwämme herausgefallene Einzelwesen betrachten, und nicht umgekehrt als «Symbiose». Die Hohltiere und Bryozoen sind noch festsitzend, riffbildend; hier ist der Ätherleib artspezifisch inkarniert. Erst die höheren Tiergruppen, die frei atmen können, sind auch frei beweglich, weil der Astralleib voll inkarniert ist.

Wenn wir diese Evolutionsreihe als methodische Hilfe einmal rückwärts gehen, also vom individuellen Einzeltier, beispielsweise dem schalenbildenden Weichtier, zur riffbildenden Gemeinschaft, zum Stromatolithen bis zum Plattenkalkstein, erscheint ein solches Tierwesen immer mehr als immer größerer Organismus, der eine Lebensgemeinschaft immer weiter übergreift. Der ätherische Leib würde aus dem Individuum herausrücken und zunehmend wie von außen wirken. Wir können mit einer solchen Vorstellung, die an der Reihe der Gesteinsbildungen und damit der tierischen Evolutionsstufen gewonnen wurde, zu einem umfassenderen und dennoch exkten Begriff des **Organismus der irdischen Lebenssphäre** gelangen, deren Evolution natürlich umgekehrt verlief – vom Ganzen zum Einzelnen. Stromatolithe, Oolithe und bakterielle Plattenkalke wären als Abscheidungen von Wesen aufzufassen, deren Ätherleib noch mehr in der Umgebung lebte und erst dabei war einzuziehen. Der Kalkprozess, der eine Muschelschale bildet, verinnerlicht im Kleinen, was sich im Großen in der rhythmischen Wechsellagerung der lagigen Kalksteine, Oolithe und Stromatolithe niederschlug. Unter diesem Aspekt könnte man z.B. die Ablagerungen des Muschelkalks aus der Trias dem Schalenbau der Ooide oder dem einer Muschel vergleichen. Rudolf Steiner brachte in einem Arbeitervortrag (GA 347, 23. 9. 1922) den drastischen Vergleich von einer «schleimigen Riesenauster, so groß wie ganz Frankreich». Die heute beobachtbaren bakteriellen Lebensvorgänge im Kalkigen sind mir deshalb so wichtig, weil sie uns dazu führen können, die Lebensprozesse auch im Kieseligen vorzustellen, also die Entstehung der Kristallinen Schiefer und des Granits zu verstehen – was jedoch weitaus schwieriger ist. Vorher soll noch die dem primären Lebensprozess entgegengesetzte Bildungsweise von Gesteinen behandelt werden, die vom sekundären Pol ausgeht.

Entstehung sekundärer Gesteine

Bodenbildung und Verwitterung

Sekundäre Gesteine und Minerale wären solche, die durch Umbildung von schon früher verhärtetem Gesteinsmaterial neu entstanden. Als im Präkambrium erste Verhärtungsgebiete entstanden waren, begannen sie auch schon wieder zu zerfallen. Das Material wurde **abgetragen** und zu neuen Gesteinen umgebildet. So existierten auf der unmittelbaren Erdoberfläche während der gesamten Erdgeschichte Gebiete, in denen die Abtragung vorherrschte, neben solchen, in denen **abgelagert** wurde. Abgetragen wurden meist die weiträumigen, aufgewölbten kontinentalen Krustengebiete und die gehobenen Gebirgsblöcke darauf; abgelagert wurde das Material vor allem in Senken, Grabenbrüchen oder an Kontinentalhängen. Hauptsächliches Transportmittel ist heute das Wasser der Flüsse, für feineres Material auch der Wind und die Meeresströmungen. Gehen wir jedoch für die Zeit vor dem Tertiär von einer ungetrennten Luft-Wasser-Sphäre (s. S. 472 ff.) aus, wären diese drei Medien noch als Eines zusammen. Das würde erfordern, sich eine ganz andere, flächenhafte Abtragung und Ablagerungsräume vorzustellen, die nicht wie im Meer oder in Seen unter Wasser liegen. Verwitterungsvorgänge und Bodenbildung wären ganz anders verlaufen, als man unter aktualistischem Gesichtspunkt bisher als selbstverständlich angenommen hat. Welche Antworten geben die Phänomene selbst auf diese Fragen?

In Mitteleuropa, Skandinavien und den Alpen war nach den Eiszeiten kein Boden im heutigen Sinne vorhanden. Die Gletscher hattten alles Lockermaterial umgelagert. In den eisfreien Gebieten dazwischen wurde das feinere Material durch Stürme verfrachtet und Löss abgelagert, auf dem dann eine spärliche Tundra gedieh, später sich aber gute Ackerböden entwickeln konnten. **Fossile Böden** und Verwitterungshorizonte aus den Zwischeneiszeiten sind vielfach erhalten geblieben. Aber für die Formationen vor der Eiszeit gibt es meines Wissens keine eindeutigen Belege für fossile Böden. Wenn es sie gegeben hätte, wären auch sie stets später abgetragen worden. Horizonte mit Rotverwitterung aus dem Tertiär und der Oberkreide können nicht als Böden bezeichnet werden. Die damaligen Pflanzen, zum Beispiel der tertiären Braunkohlenwälder, könnten auch aus dem Lockermaterial heraus gewachsen sein und in dem wässrig-luftig-durchwärmten Umkreis gelebt haben – ähnlich wie der heutige tropische Regenwald viel mehr oberhalb einer dünnen, abgestorbenen Bodenschicht lebt. Die «Wurzelstöcke» (Stigmarien) aus dem Karbon oder die frühen Landpflanzen entwickelten einfache, waagrecht liegende Rhizome, aus denen sich senkrechte Sprosse abzweigten. Feinwurzeln sind verständlicherweise nicht erhalten. Böden im heutigen Sinne sind da fossil nicht belegt.

Wie aber sind unsere heutigen Böden während und nach der Eiszeit entstanden? Der Vorgang beginnt mit der **Verwitterung**. Zunächst ist jedes Gestein in Verhältnissen entstanden, welche gegenüber den jetzigen physikalisch und chemisch andere waren. Von daher ist ein Gestein heute ein «instabiles System». Das drückt sich darin aus, dass alle Gesteine mehr oder weniger rasch verwittern. Die Verwitterung wirkt auf ein frisches Gestein zunächst mechanisch und chemisch. Entsprechend ihrer Härte und Löslichkeit werden am leichtesten Calcit, dann Feldspat und so weiter und zuletzt der Quarz angegriffen. Von grundlegender Bedeutung ist, dass der Feldspat, indem er Wasser aufnimmt, umgebaut wird und in die neue kolloidale Form der komplexen Tonminerale übergehen kann. Nur wenn ein Gestein aus seinem toten kristallinen Zustand wieder in einen kolloidalen zurückgeführt worden ist, kann es zu einer neuen Lebensgrundlage werden. Die **Bakterien** vermitteln zwischen dem Anorganischen und dem Organischen. Sie bauen die Pflanzenreste ab und überführen sie in eine kolloidale Form, die den Tonmineralen ähnlich ist. Dieser Zustand ermöglicht nicht nur, dass Wasser oder gelöste Substanzen gehalten werden können, sondern er erlaubt auch, dass Pflanzen und niedere Tiere die anorganische Substanz mit dem Ätherleib zu durchdringen und so in den eigenen Lebensprozess einzubeziehen vermögen. Damit hängt zusammen, dass die Pflanze Substanzen «auswählen» oder anreichern kann. Sie vermag unorganische Stoffe wie Luft-Stickstoff nur aufzunehmen, wenn diese z.B. durch Pilze in den kolloidalen Zustand überführt worden sind. Die Bakterien bereiten die neuen, stabilen Ton-Humus-Komplexe vor, die dann auch von niederen Tieren, vor allem den Regenwürmern, ätherisch durchdrungen und aufgebaut werden können. Somit sind ja besonders die Regenwürmer Ausdruck der Fruchtbarkeit eines Erdbodens.

Anorganisch gesehen wird der Boden ja als Mischung aus Gesteinsmaterial, Pflanzen- und Tierresten betrachtet. In Wirklichkeit ist ein durchlebter **Humusboden** aber eine neu gebildete **lebendige Ganzheit**. Rudolf Steiner gibt im *Landwirtschaftlichen Kurs* (GA 327) Ratschläge, wie besonders der Boden in seiner Lebendigkeit und Fruchtbarkeit gefördert werden kann. Daraus ging die biologisch-dynamische Landwirtschaft hervor, von der auch zur Bodenbildung zahlreiche gute Einzelarbeiten vorliegen (zum Beispiel; Koepf 1980; Scheffler 1979). Rudolf Steiner spricht davon, dass sich das Leben von den Wurzeln der Pflanzen aus in den Erdboden hinein fortsetzt und keine scharfen Grenzen zwischen dem Leben der Pflanze und ihrem Umkreis bestehen (GA 327, 10. u. 15. 6. 1924). Dadurch gewinnt der Erdboden eine Art von Eigenleben, etwas wie ein Eigen-Ätherisches, welches aber mit dem der Pflanzen verbunden ist. Das zeigt sich z.B. auch in einem viel reicheren Bodenleben direkt an den Wurzelspitzen. Die lebendige Bildungsschicht des Bodens setzt sich bei den Bäumen in das Kambium hinein fort, sodass die Blätter, Blüten und Früchte des Baumes wie auf einem Stück ausgestülpten Erdbodens wachsen. Damit weist Steiner auf den Zusammenhang der Lebensschicht der Pflanze mit derjenigen der Erde hin. Was heute im Humusboden bzw. im Stoffwechsel der Organismen abläuft, wäre als Lebensprozess dem vergleichbar, was in erdgeschichtlichen Zeiten unter ganz anderen Bedingungen im Erdenumkreis wirkte.

Ein Humusboden unterscheidet sich durch seine neu gebildete Ganzheit deutlich vom unterlagernden Gestein. Wenn die aufbauenden Prozesse des Ätherischen jedoch zu schwach sind, beispielsweise in extremen Klimazonen, verstärken sich auch die chemischen Vorgänge, und der Boden kann wieder sterben. Stufen auf diesem Wege sind die Bildung von Ortstein, wenn die Niederschläge überwiegen, oder von Krustenböden und Roterden, wenn die Verdunstung zu stark ist. Je weniger das Leben beteiligt ist, desto mehr nehmen die chemischen und mechanischen Vorgänge der Verwitterung überhand.

Brekzien, Gerölle und Konglomerate

Wo die mechanische Verwitterung besonders überwiegt, zerfallen die Gesteine entlang der Klüfte. Wenn die Bruchstücke nicht weiter transportiert werden und im eigenen Schutt neu gebunden werden, entstehen **Brekzien**. Wird der Schutt umgelagert, kann er zu Schotter abgerundet werden, und wenn die Gerölle in einer sandigen, kalkigen oder tonigen Grundmasse neu verbunden werden, entstehen **Konglomerate** (Abb. 146, S. 257). Aus Korngröße, Rundung, Sortierung und Reifungsgrad kann auf das transportierende Medium und die Länge der Transportwege geschlossen werden. Für den Transport kommen Flüsse, Wind und Gletscher infrage, aber auch Schlammströme und Bergstürze sowie untermeerische Rutschungen, wenn man von heutigen Verhältnissen ausgeht. Es besteht aber hier die gleiche Frage, ob nicht auch eine suspensionsartige, ungetrennte, kräftig wirbelnde Wasser-Luft-Sphäre anzunehmen wäre. Für Phänomene des Präkambriums und des Erdaltertums lassen sich, genauer betrachtet, keine aktualistischen Vergleiche finden.

Erdgeschichtlich kommen die ältesten **Gerölle** im Gneis vor (Abb. 122, S. 234), z.B. lagenweise in feinkörnigen Gneisen bei Mittweida im Erzgebirge (Pietzsch 1963, S. 634 u. 643). Sie sind unregelmäßig verteilt, einzeln eingebettet, zentimeter- bis kopfgroß, elliptisch bis scheibenförmig, meist von einer Hülle aus Glimmer umgeben und bestehen zur Hälfte aus Grauwacken, weiter aus Quarzporphyr, Granit, Quarzit, Amphibolit und Quarz. Diese Gerölle zeigen, dass schon im Präkambrium manche Gesteine so fest waren, dass sie zerbrechen, umgelagert und abgerundet werden konnten. Ein Vergleich mit Verwitterung und Transport, wie sie heute vorliegen, ist dennoch schwierig, weil die relativ großen Gerölle vereinzelt in einer einheitlich feinkörnigen Grundmasse liegen.

Einzelne Gerölle oder Konglomeratlagen der gleichen Formation, so genannte intraformationelle Gerölle, finden sich auch in Sandsteinen, Tonsteinen, Kalksteinen, Salzen, Tonschiefern oder Grauwacken. Sie haben ebenfalls meist elliptische Formen und sind zentimeter- bis dezimeter-groß. Es sind Bruchstücke aus einer etwas tieferen Schicht, welche teilweise wieder aufgearbeitet wurde, nachdem sie kaum abgelagert, aber schon etwas verhärtet war. Heute könnte man sich solche Vorgänge an Kontinentalhängen vorstellen. Die Frage nach den abtragenden und transportierenden Kräften bei weiten, flachmeerartigen Flächen ist aktualistisch schwer zu beantworten, besonders wenn mehrere ähnliche Vorkommen verglichen werden.

Lockere Schottermassen, mit Sand und Ton vermischt, sind heute in **Gletschermoränen**, aber auch als Konglomerate im tertiären Abtragungsschutt (Molasse, Nagelfluh) zu beobachten. Feine Sande, Steine und kaum gerundete, grobe Gerölle liegen hier wenig sortiert und rasch wechselnd nebeneinander, noch kaum durch Bindemittel verbunden. Besonders mächtige Schichten entstanden auf diese Weise aus dem Zerfall der variszischen und alpinen Hochgebirge. Teilweise kann noch rekonstruiert werden, woher die Gerölle gekommen sind. Das nutzt beispielsweise die Geschiebeanalyse, bei der die Herkunft der nordischen Findlinge ermittelt wird oder verschiedene Moränen durch ihren Geröllgehalt unterschieden werden können.

Sind solche unsortierten Massen verfestigt, werden sie **Tillite** genannt. Sie kommen besonders im Präkambrium und Perm auf den frühesten Kontinentalschilden vor. Darunter oder darüber sind vielfach geglättete Flächen mit parallel eingeritzten Schrammspuren zu finden, oft auch auf den Geröllen. Sie gelten als eindeutige Belege für Gletschertransport – damit aber auch für eine präkambrische Vereisung aller Kontinente und eine permo-karbonische der Südkontinente. Daraus ergeben sich wesentliche Konsequenzen für die ganze Erdentwicklung. Seit über hundert Jahren sind die Aufschlüsse weltweit immer wieder untersucht (Literatur bei Schwarzbach1993) und mit heutigen Phänomenen verglichen worden, wobei viele Beschreibungen später wieder in Frage gestellt wurden; die «Pseudotillite» können von echten Tilliten sehr schwer unterschieden werden. Derartige unsortierte Abtragungsmassen entstehen auch bei Bergrutschen, Schlammströmen oder untermeerischen Rutschungen. Bei diesen drei Bewegungsarten wurden auch glatte Flächen mit Schrammspuren beobachtet. Sie entstehen, wenn zwei verschieden harte Gesteine übereinander bewegt werden, was auch bei tektonischen Bewegungen der Fall ist. Durch solche Vergleiche wurden bereits etliche Tillite zu Pseudotilliten. «Die Karte aller ‹Vereisungsspuren› bietet zunächst ein verwirrendes Bild», resümiert Martin Schwarzbach (S. 142) für das Präkambrium, weil eine weltweite Vergletscherung nicht vorstellbar ist. Ein ähnlich verwirrendes Bild bietet in der Fachliteratur auch das «Tillit-Problem».

Eine Dimension größer sind die **Gleitschichten** oder «Olisthostrome», die bis zu 2.000 m mächtig und bis zu 100 km ausgedehnt sein können. In ihnen wurden bis zu mehreren hundert Metern große Gesteinsblöcke mit verfrachtet, wie beispielsweise im Harz. Hier lagern devonische Kalksteine und silurische Schwärzschiefer als Fremdkörper mitten in unterkarbonischen Tonschiefern – alles fossil belegt. Es hatte über hundert Jahre Forschung bedurft, dies zu entwirren.

Alle diese Phänomene wären unter dem Aspekt einer ungetrennten, suspensionsartigen Wasser-Luft-Sphäre verständlich, wie sie auch von anderen Phänomenen nahegelegt wird (s. S. 472 ff.). Es kämen ähnliche Bilder wie bei Schlammströmen zustande, aber auch einzelne Gerölle mit weiten Transportwegen ließen sich verstehen. Ein zweiter Aspekt ist, dass mit anderen relativen Festigkeiten zu rechnen ist, wenn man, vom kolloidalen Zustand ausgehend, die Verhärtung in differenzierten Stufen von einer späteren Kristallisation (Abb. 189, S. 334) trennt. Aus der Erdentwicklung insgesamt würde verständlich, dass bis zur endgültigen Überwindung der Verhärtungskräfte des Mondes (s. S. 407, 408), also bis etwa zum Permokarbon, die Gesteine erst mehr oder weniger verhärtet waren und dann erst bis Mitte Tertiär die Kristallisation die Erdkruste durchprägte – natürlich nicht weltweit gleichzeitig, sondern räumlich differenziert. Wenn besonders für die frühe Erdgeschichte angenommen wird, dass verschieden stark verhärtete Gesteine gegeneinander bewegt wurden, werden die Schrammen auf Geröllen oder geglätteten Flächen eher verständlich, als wenn man wie üblich eine gleichmäßige Kristallisation der Gesteine annimmt.

Sandsteine

Der Sandstein (Abb. 142, S. 256) besteht aus gerundeten Quarzkörnchen, die durch ein Bindemittel neu verkittet wurden. Der Quarz bleibt zurück, wenn die chemische Verwitterung überwiegt und

Abb. 160: Schrägschichtung im Sandstein. Sie zeigt, wie der Sand kleinräumig, immer wieder rhythmisch wechselnd abgelagert und wieder abgetragen und umgelagert wurde. Bildbreite 6 cm; entsprechende Bilder gibt es auch im Meterbereich. Zeichnung nach einem Sandstein aus dem Rät Norddeutschlands. (Nach Foto Tf. 2.1/3 bei Pfeiffer 1981).

Abb. 161: Schrägschichtung in einem quarzitischen Sandstein aus dem jüngeren Proterozoikum von Südschweden; eiszeitliches Geschiebe, Norddeutschland. Die feineren Schichten oben schneiden etwas frühere, grobkörnigere Schichtung darunter schräg ab. Die Schichtung wird dadurch sichtbar, dass die Sandkörner, lagenweise wechselnd, zum Teil mit Hämatit überzogen sind. Bildbreite 4 cm.

das Wasser die leichter löslichen Minerale aus dem primären Gesteinsverband aufgelöst hat. Aus den Lösungen fällen und kristallisieren teilweise die Bindemittel neu aus, die als Kalk, Kiesel (Abb. 146, S. 257), Ton, Kaolin, Anhydrit- oder Steinsalz aus der Umgebung hinzugeführt werden. Seitdem es also erdgeschichtlich Verwitterungsprozesse gibt, wurden auch Sandsteine im weiteren Sinne gebildet, einschließlich der Konglomerate, **Quarzite** und Grauwacken (Klastika, Psephite, Psammite). In Europa sind die ältesten aus dem mittleren Proterozoikum erhalten: die Jotnischen und Dala-Sandsteine Skandinaviens und die Torridon-Sandsteine Schottlands aus dem oberen Proterozoikum Abb. 255, S. 480. Es sind quarzitische **Arkosen**, also feldspatführende Sandsteine mit kieseligem Bindemittel, die bis zu 7.000 m mächtig werden können. Auch in anderen Kontinenten gibt es an den Rändern der proterozoischen Granit-Gneis-Kerne ähnlich mächtige Konglomerate, Sandsteine und Quarzite, die über weite Entfernungen großflächig transportiert und rasch abgelagert wurden. Vergleichbare Vorgänge oder Sedimentationsräume sind heute hierfür ebenso wenig zu finden wie für die Brekzienschuttmassen.

In Deutschland stammen die ältesten **Grauwacken** in der Oberlausitz auch aus dem oberen Proterozoikum; es folgten Quarzite aus dem Ordovizium, die Grauwacken und **Sandsteine** des Devon im Rheinischen Schiefergebirge, die Tonschiefer und Grauwacken des Unterkarbon. Jede dieser Formationen erreicht in manchen Gebieten mehrere Kilometer Mächtigkeit. Nach der Faltung dieser Massen folgten rote Konglomerate, Arkosen und Sandsteine des Oberkarbon, Rotliegenden und Buntsandsteins – ebenso mit kilometerstarker Mächtigkeit.Weniger mächtig, im Hundertmeter-Bereich, werden die sekundären Serien im Keuper, Jura und der Kreidezeit fortgesetzt. Vom Tertiär an sind die Sande meist nicht mehr verfestigt, können aber in Senken oder tektonisch bedingten Grabenbruchzonen noch mehrere Kilometer mächtig werden. Andererseits liegen sie geringmächtig ausgedehnten Flächen auf, sofern sie dort nicht später wieder abgetragen wurden. Einen letzten Rest des Lockergebirges transportierten noch die Gletscher der Eiszeit mit den Moränen und die heutigen Flüsse.

Man könnte annehmen, dass bei den vielfältigen Problemen mit der Gesteinsbildung wenigstens die **Entstehung** der Sandsteine aus dem Vergleich mit heutigen Vorgängen einfacher erklärt werden kann, sind doch viele Strukturen darin denen ähnlich, wie sie heute in flachen Seen, Wattenmeeren mit Sandstrand oder in Sandwüsten beobachtet werden können. Die Vergleiche scheitern dennoch – einerseits wenn man die Phänomene wirklich detailliert untersucht, und andererseits an den Dimensionen, da es heute keine derart großen Ablagerungsräume gibt. Über alle Sandsteinformationen liegen umfangreiche geowissenschaftliche Analysen vor, weil die Suche nach Erdöl- und Erdgas-Lagerstätten mit davon abhängt, wie man sich das Entstehungsmilieu und die Verfestigungsprozesse dieser wichtigsten Speichergesteine vorstellt. Einige Aspekte des «Sandstein-Problems» sollen am **Beispiel des Buntsandsteins** (Mader 1992) und des Rotliegenden dargestellt werden. Weitere Beispiele für die Probleme paläoökologischer Deutungen bieten z.B. auch die fast 1000 Seiten umfassenden Berichte über die weltweite Trias (*Geol. Rundschau*, 71, H 3, 1982), wo die Probleme dann auftauchen, wenn mit heutigen Klima- und Landschaftsräumen verglichen werden soll, welche, genau besehen, nicht zu finden sind.

Zu den Strukturen, die mit heutigen Vorgängen vergleichbar sind, gehören die Schrägschichtung (Abb. 160, 161) mit wechselnden Schüttungsrichtungen, Strömungs- und Wellenrippen, rhythmische und zyklische sandig-tonige Wechsellagerungen, Rutschfaltungen, Wohn-, Kriech- und Grabbauten oder Wühlgefüge von niederen Tieren, auch ein gewisser Anteil an organischer Substanz im Sand, Fußspuren von Reptilien, aber auch schwer zu deutende Belastungs- und Schleifmarken, «Regentropfenabdrücke» und Wulstbänke. Solche Strukturen können sich nur erhalten, wenn sie rasch eingedeckt werden. Gleichkörniger Sand weist auf weite Transporte. Sind die Relationen zwischen den Schwermineralen einheitlich, kann angenommen werden, dass das Material häufig umgelagert wurde. Neben deutlich durch Wasser transportiertem Sand finden sich aber auch Windschliffe an Geröllen und Dünen sowie feinste abgelöste Tonhäutchen, die vom Wind transportiert und im Sand eingebettet wurden, ohne zu zerbrechen. Andererseits treten unmittelbar daneben Auskolkungen und erodierte Rinnen mit steilen Rändern auf sowie turbulente Schichtflutabsätze mit unsortierten Geröllen. Immer wieder sind verhärtete Schichtoberflächen (Hardground) mit Trockenrissen eingeschaltet, die kurzzeitiges Fehlen von Wasser belegen. In schmalen Strand- und Wattstreifen wären solche Phänomene vorstellbar, nicht aber unmittelbar neben- und übereinander in kilometermächtigen Schichtfolgen und in so großen Ablagerungsbecken wie dem europäischen Buntsandstein von England bis Spanien und Bulgarien, von Rügen bis in den Alpenbereich. Derartige Landschaften, die in raschem Wechsel, aber über weite Flächen nahezu gleichzeitig Sandwüsten mit Trockenseen, aber auch Flußdeltas oder Flachmeere mit Gezeiten und Schlammströme mit einem starken Relief aufweisen, sind heute nicht mehr vorhanden. Wenn aber Geröllanalysen Liefergebiete belegen, die bis zu 500 km voneinander entfernt waren, oder gut parallelisierbare Schichten weithin aushalten, kann kein Relief vorliegen; andererseits bleibt vielfach offen, wo die entsprechenden Abtragungsräume waren, die solche Sedimentmassen lieferten.

Ein weiteres wichtiges Phänomen bei Sandsteinen ist ihre **rote Färbung**. Quarz hat keine Eigenfarbe; heutige Strandsande sind weißlich, Dünen in Wüsten gelblich. Die Sandsteine und Konglomerate des Devon, Buntsandstein und Rotliegenden sind meist rötlich gefärbt, da die Sandkörnchen mit Braun- oder Roteisen verkittet oder umkrustet sind. Auch dafür finden sich heute keine Vergleiche. Mit diesem «Hämatit-Problem» befasst sich eine umfangreiche Literatur (z.B. Turner 1980). Stammt das Eisen aus lateritischer Verwitterung über Limonit oder kam es während der Verhärtung des Sandsteins aus verwitternden, eisenreichen Mineralkörnern hinzu? Welche Umwandlungen haben stattgefunden? Die Rotfärbungen durch Hämatit sprechen für ein heißes, trockenes Wüstenklima, die Sedimentstrukturen aber für turbulente Schichtflutabsätze, Flachmeer- oder Deltafazies. Da auch die weißen Sandsteine des Buntsandsteins teilweise rote Relikte enthalten, kann vermutet werden, dass sie sekundär gebleicht wurden. Dies ist dort erklärlich, wo Kalksteine überlagern (Weißliegendes). Graue und grüne Farben deuten auf reduzierende Bedingungen, die jedoch häufig gewechselt haben müssen. So wechseln beispielsweise in den sandigen Schiefertonen des Keupers die roten und grünen Farben unregelmäßig und unabhängig von der Schichtung miteinander ab. Es gibt keine aktuellen Beobachtungen des Nebeneinanders oxidierender und reduzierender Bedingungen in einem Faziesraum.

Quarzite, Grauwacken und Tonsteine

Der Quarzit entsteht, wenn die kieseligen Sandkörner durch den Kiesel selbst neu miteinander verbunden werden. Kiesel kann z.B. aus dem Opal planktonischer Kieselskelette oder aus den Quarzkörnern selbst gelöst werden. Mächtige **Quarzite** sind vor allem im Präkambrium, im Ordovizium entstanden, geringermächtig noch bis ins Karbon hinein; in den alpinen Gebieten auch noch im Erdmittelalter, aber in der Erdneuzeit nicht mehr. Was hat sich da während der Erdgeschichte geändert? Wenn man – wie es auch andere Phänomene nahelegen (s. S. 333 ff.) – Verhärtung und Kristallisation trennt, dann ist denkbar, dass in den älteren Epochen bzw. den primären Gesteinsbildezonen der Erde die Quarzkörner zunächst nur verhärtet waren und so leichter angelöst und wieder verkittet werden konnten. Erst später kristallisierten Körner und Bindemittel durch und durch; der Quarzit gehört heute zu den härtesten Gesteinen. Unter den Bedingungen des Tertiärs konnten durch den Wechsel von starken Niederschlägen und wüstenhafter Wärme nochmals Quarzite entstehen, aber nur im Meter-Bereich. Kiesel wurde aus den Sanden gelöst und verkittete oberflächennah die Sandkörner, wenn er durch Humussäuren ausgefällt wurde. Sie werden *Tertiärquarzite* genannt, weil die Entstehungsbedingungen auf diese Formation begrenzt sind und nicht mit den früheren vergleichbar sind.

Eine weitere Varietät der Sandsteine im weiteren Sinne sind die **Grauwacken**. Sie enthalten hauptsächlich Quarzkörner, außerdem noch Gesteinsbruchstücke und Chlorit sowie bis zu 40% Feldspat. Häufig ist auch der feinkörnige Glimmer Serizit, der sekundär aus Biotit hervorging, aus dem das Eisen herausgelöst wurde. Auch Anhydrit, Kalkspat, Pyrit und Phosphat kommen als Bindemittel oder in Knollen eingelagert vor, welche sich vor oder mit Ablagerung des Sandes gebildet haben können. Die Grauwacke mit den Glimmer-Ton-Mineralen und den Quarz- und Feldspatkörnern ist in ihrer Zusammensetzung dem Granit sehr ähnlich (Abb. 138, S. 253). Mineralogisch besteht sie z.B. aus ca. 40% Quarz, 30% Alkalifeldspat, 10% Plagioklas, 10% Serizit, Chlorit, 10% Gesteinsbruchstücken; pauschal-chemisch aus durchschnittlich 70% SiO_2, 13% $Al2O_3$ und jeweils 1% bis 3% bei den anderen Oxiden. Die Ähnlichkeit von Grauwacke und Granit führt dazu, dass unter dem Aspekt des «Kreislaufs der Gesteine» die meisten Granite und Gneise als aufgeschmolzene präkambrische Grauwacken angesehen werden. Diese Voraussetzung ist inzwischen so selbstverständlich geworden, dass für Gebiete, wo im Gelände präkambrischer Gneis vorkommt, in den stratigraphischen Profilen gar kein Gneis, sondern Grauwacke eingetragen wird (z.B. bei Walter 1992). Das ist ein Beispiel dafür, wie Gedankenmodelle zu geologischen Fakten gemacht werden und es für den Laien schwer wird, Fachliteratur zu verstehen.

Feldspatreiche Sandsteine und Grauwacken werden **Arkosen** genannt. Will man den Feldspatgehalt aktualistisch deuten, entsteht das, was in der Literatur als «Grauwacke-Problem» (Tucker 1985, S. 56) bezeichnet wird. Heute verwittert der Feldspat zuerst und bildet sich in Tonminerale um. In den Sandsteinen und Grauwacken vom Präkambrium bis in das Erdmittelalter hinein finden sich unverwitterte Feldspatkörner, meist Alkalifeldspat, die unter heutigen Verhältnissen nach langem Transport, weitab vom Abtragungsgebiet, nicht mehr enthalten sein dürften. Die Phänomene der Feldspatverwitterung verweisen ebenso wie die Bildung der Rotsandsteine oder der Quarzite auf die Frage, wie sich die Erdenumgebung verändert hat. Unter dem Aspekt einer ungetrennten Luft-Wasser-Sphäre mit wechselnd starker Bewegung wäre hingegen vorstellbar, dass in bereits verhärteten Gebieten die mechanische Verwitterung an der Gesteinsoberfläche noch anders ablief als heute. Sie könnte stärker gewirkt haben im Verhältnis zur chemischen Verwitterung, welche ja heute mit dem Süßwasser verbunden ist. Dadurch verwitterten die Feldspäte noch bis in die Erdneuzeit hinein anders – wiederum örtlich differenziert. Erst ab Perm/Trias überwiegen in den Sandsteinen Tonminerale aus der Feldspatverwitterung, wie Montmorillonit und Kaolinit. Vorher überwogen Serizit und Chlorit wie in den Tonschiefern und Phylliten, die schon zu den Kristallinen Schiefern des Grundgebirges gehören. Zu ihnen bilden sowohl die Grauwacken als auch die Tonsteine zahlreiche Übergänge, wie das z.B. im mitteldeutschen Devon (Abb. 157, S. 271) typisch entwickelt ist. In den Tonschiefern verzahnt sich der sekundäre Bereich der Gesteinsbildung, aus dem Quarz- und Feldspatkörner, Gesteinsbruchstücke, Glimmer und Ton stammen, mit den primären Prozessen des Deckgebirges, also besonders den kalkigen, kieseligen, kohlenstofflichen und sulfidischen Anteilen, und zum dritten – vor allem im Serizit und Chlorit – mit den primären Prozessen der Kristallinen Schiefer, welche später (s. S. 294) behandelt werden.

Die wenig verfestigten **Tonsteine** (Abb. 142, S. 256) gehören zu den sekundären Bildungen des Deckgebirges und sind charakteristisch für das Erdmittelalter. In Trias, Jura und Kreide sind sie durch vielfältige Übergänge und rhythmische Wechsellagerungen mit den sandigen, kalkigen und kiesligen Gesteinen verbunden (Abb. 140, S. 255). Tonstein-Sandstein-Wechsellagerung ist nicht Ausdruck eines Wechsels zwischen Tief- und Flachsee, sondern des Rhythmus der Stofflieferung. Der Tonstein enthält ähnliche Tonminerale aus der Feldspatverwitterung wie der unverfestigte Ton des Lockergebirges, der vom Tertiär an in ruhigen Seen oder als mariner Ton auf dem Schelf unterhalb der Wellenbasis abgelagert wurde, also heute in 50 bis 200 m Wassertiefe. In den Ozeanen mit mehreren tausend Metern Meerestiefe haben sich erst seit der Erdneuzeit verschiedene Tiefseetone gebildet. Sie lagern dort über den Sandsteinen, Tonsteinen und Kalksteinen des Erdmittelalters und Alttertiärs, unter denen in den meisten Gebieten direkt die Basalte der Ozeanböden folgen.

Wasser-Luft-Sphäre und Deckgebirgsgesteine

Im Hinblick auf ihre Entstehung lassen sich zusammenfassend die vielfältigen Faziesbereiche der sekundär entstandenen Gesteine in drei oder vier hauptsächliche Gruppen und **Bildungsräume** gliedern. Das verwitterte Material wurde transportiert, dabei gerundet, sortiert, zusammengeschwemmt und abgesetzt und dann zunehmend durch Bindemittel neu verkittet und verfestigt. Die Bruchstücke werden zu Brekzien, Gerölle zu Konglomeraten, die Sande zu Sandsteinen, Grauwacken und Quarziten, die Tone zu Tonsteinen. Sie durchdrangen sich wechsellagernd vielfach mit den primären Gesteinsbildungen des Deckgebirges, wie dem Kalkstein, und des Grundgebirges, wie dem Tonschiefer.

Die Fragen nach der Entstehung können heute noch anders gestellt werden, weil die Geologie in den letzten hundert Jahren eine erstaunliche Detailarbeit in der Kartierung und im stratigraphischen Vergleich der Deckgebirgsgesteine über die Erde hin geleistet hat. Die erwähnten «Probleme» bei der Deutung der Enstehungsprozesse treten in allen Fällen dort auf, wo deren Bedingungen, streng aktualistisch gesehen, heute so nicht beobachtet werden können. Es geht mir aber nicht darum, die heutige Methode des Aktualismus zu relativieren. Sie muss für alle Phänomene notwendiger Ausgangspunkt bleiben und noch erweitert werden! Die Phänomene selbst haben dazu geführt, dass in der geologischen Fachliteratur Bildungsräume vorgestellt werden, welche genauer betrachtet unmittelbar zu Bildern der bewegten Luft-Wasser-Sphäre führen, wenn auch noch nicht einer von Leben durchdrungenen. Charakteristisch sind die Vergleiche, die beispielsweise in der Literatur (Backhaus 1992) für die Ablagerung des Rotliegenden im Odenwald gebraucht werden: «Die Sand-Silt-Suspension wurde durch hochkonzentrierte, turbulente Dichteströme im Becken verteilt – dichte matrixreiche Suspensionströme – weitgehend unkanalisierte Fließereignisse – trümmerreiche Schichtflutsedimente – schlammreiche flache Wasserströme – rascher Absatz unter geringer Wasserbedeckung; aber auch rhythmisch wechselnde Trocken- und Nassperioden – wiederholte Eindampfung – Windkanter zeigen subaerische Exposition» und so fort. Die Worte weisen auf aktualistische Vorstellungen, die sich den Phänomenen der Gesteine anzunähern versuchen. Es werden weite schlammige Überschwemmungsebenen angenommen mit Seen und riesigen Flüssen – aber ohne Täler –, die gleichzeitig auch in Flachmeere oder Deltas übergehen; Küstenlinien sind meist nicht festzulegen. Wegen des häufigen Fazieswechsels wird ein stark bewegter «Gezeitenbereich» angenommen, der sich aber über Hunderte von Kilometern erstreckt hätte. Was seit dem Tertiär an den Kontinentalhängen stattfindet, müsste flächenhaft wirkend in weiten Becken vorgestellt werden. Damit die Senken auch bei mehreren tausend Metern Mächtigkeit stets nur flach mit Wasser bedeckt blieben, wird angenommen, Absenkung und Materialzufuhr hätten sich aufgehoben.

Wenn die Vergleiche immer nur für ausgeblendete Teilaspekt zu passen scheinen, dann entsteht die weitere Frage, in welcher Richtung die Vorstellungen modifiziert werden müssten. Wie würden alle diese Phänomene eine Wasser-Luft-Sphäre charakterisieren, die im kolloidalen Zustand gehalten ist, dünner als Wasser, also wesentlich flüssiger als heutige Schlammströme und dennoch imstande, große Mengen verschiedenkörnigen Materials flächenhaft und weiträumig zu transportieren? Es würde bedeuten, dass wir in den Phänomenen lesen lernen. Die Vorstellung eines wechselnd strömenden, sedimentbeladenen Mediums mit suspensionsartigem Charakter ist der anorganische Aspekt. Er wäre zu erweitern zu einer **lebendurchdrungenen, durchwärmten Luft-Wasser-Sphäre** (s. S. 474), die nicht nur die sekundären Materialien transportierte, sondern aus der sich auch noch primäre Gesteine bilden konnten, welche sich in die sekundären mischten. So würde erklärlich:

- dass die Lebenswärme ein weltweit ähnliches «Klima» bewirkte;
- dass die mechanische Verwitterung dominierte;
- dass die Feldspäte bei der Verwitterung erhalten blieben und Arkosen entstanden;
- dass das Eisen zunächst nicht gelöst wurde, sondern erst nach dem Zerfall des Kolloidalen oxidierende und reduzierende Reaktionen auftraten;
- dass primär in einem wässrigen Millieu Minerale entstanden sind, die sich heute mit Wasser sofort umbilden, wie Anhydritstein in Gipsstein oder Pyrit in Limonit;
- dass erst nach der Ablagerung die Gesteine rot gefärbt wurden;
- dass der Kiesel gelöst wurde und mächtige Quarzite bildete;
- dass der kolloidale Zustand substanzielle Sonderungen in kugliger Form möglich macht, während das umgebende Gestein relativ später verhärtet, wie Feuerstein in der Kreide, Hornstein im Kalkstein, Pyrit und Phosphorit im Tonschiefer, oder Kalkstein im Sandstein;
- dass einerseits große Geröllmassen bis zu Felsblöcken transportiert wurden, andererseits feinste Tonblättchen und zarte Seelilien;
- dass zahlreiche Phänomene der Tier- und Pflanzenwelt besser erklärlich werden, beispielsweise der Bau von Reptilien-Gliedmaßen oder die Leitbündel karbonischer Farnbäume;
- dass Schleif- und Schrammspuren entstehen konnten;
- dass Material bis zur Geröllgröße über weite, ebene Fläche getragen wurde;
- dass Ooide über weite Flächen gerollt wurden und dann in ruhigeren Becken in Stromatolithen übergehen;
- dass stark bewegte «Sturmfluten», «Gezeitenwellen» und ruhige Beckenfazies rasch miteinander abwechselten;
- dass immer wieder verhärtete Oberflächen wie abgetrocknete «Meeresböden» entstanden;
- dass die Fossilien und Oberflächenspuren auch in ausgedehnten Gebieten stets «Flachwasserfazies» anzeigen;
- dass neue Schichten sehr rasch ältere überdecken konnten;
- dass Kreuzschichtung als typisches Grundphänomen überall entstand mit wechselnder Schüttungsrichtung als Ausdruck von übergeordneten an- und abschwellenden rhythmischen Strömungsbewegungen;
- dass Bilder von gleichzeitigem Wasser- und Windtransport zurückblieben;
- dass es kein Landschaftsrelief mit definierten Küsten und Flusstälern gab – außer den kurzzeitigen variszischen Gebirgen;
- dass Tiefseeablagerungen (s. S. 274) im heutigen Sinne eigentlich bis ins Tertiär hinein nicht vorkommen.

Die großen, ja «weltweiten» Transgressionen, wie sie für den Zechstein, den Dogger, die Unterkreide angesetzt werden, würden vor dem Tertiär damit entfallen und so auch die entsprechend notwendigen Absenkungen der Kontinente.

Die primären und sekundären Gesteine des Deckgebirges sammelten sich in **großen Binnensenken** und an den Rändern der Kontinente. Für Mitteleuropa geschah dies vom Oberkarbon an, also nach dem variszischen Gebirge, im norddeutsch-polnischen Tiefland und dem ursprünglichen Alpenraum, zunächst in enger begrenzten Senken, dann fast auf der ganzen Fläche des mittleren eupopäischen Kontinentes und zuletzt für das Lockergebirge noch in der Nordseesenke, dem Rheintalgraben und im Alpenvorland. Im Tertiär wären in den Zwischengebieten weite, ebene Flächen (s. S. 481) vorzustellen, auf denen geringmächtige Sedimente liegenblieben. Sie sind z.B. unter tertiären Basalten erhalten, wie im Westerwald, bei Kassel oder am Scheibenberg im Erzgebirge. Erst mit den Braunkohlewäldern im Alttertiär zeichnen sich vielleicht küstenlinienartige Randsäume ab, an denen sich die Luft-Wasser-Sphäre in einen mehr wässrigen und einen mehr luftigen Bereich zu trennen begann. Grenzten hier vielleicht luftige, durchlichtete Atmosphären an noch wassergesättigte, dichtere und vegetationsreiche Zonen? Zunächst können nur erste Andeutungen gegeben werden; sicher müssten noch zahlreiche Einzelheiten an den Phänomenen geprüft werden. Weitere Aspekte können behandelt werden, wenn die Phänomene aus anderen Gebieten hinzugekommen sind (s. S. 472 ff.).

Um die Gesteine zu benennen, hat man aus dem gesamten Entstehungsvorgang nur den Aspekt des Absetzens herausgegriffen und die Gesteine als Sedimente bezeichnet. Damit wird das, was als Entstehung angesehen wird, sehr stark auf diesen anorganischen Teilaspekt als die Hauptsache konzentriert. Sowohl bei der Verwitterung als auch bei der Neubildung spielen jedoch organische Prozesse wesentlich mit; bei den primären Gesteinen sind sie das Wesentliche. Ich verwende das Wort «Sedimente» (s. S. 362) deshalb für den Gesamtkomplex der Gesteinsgruppe nicht, weil mir erstens der ganze Werdegang wesentlich ist, nicht nur der anorganische Teilaspekt, dass es sedimentierte Gesteine sind; zweitens der Unterschied zwischen dem Lebensprozess der primären Bildungen und dem mechanisch-chemischen Vorgang der sekundären Bildungen wesentlich aussagekräftiger erscheint als die Sedimentation; und drittens auch die Kristallinen Schiefer aus den anschließend darzustellenden Phänomenen heraus als «sedimentiert» betrachtet werden können. Ich weiß, dass es schwierig sein wird, sich vielleicht von einem so stark eingeprägten Begriff zu trennen. Diese Problematik wird uns anschließend von anderen Aspekten aus weiter beschäftigen.

Die Entstehungsprozesse der kristallinen Gesteine

Die Problematik der metamorphen Gesteine

Überblick

Die Frage nach den Entstehungsprozessen des Granits und der Kristallinen Schiefer ist ebenso zentral wie die nach der Abstammung des Menschen. In beiden Bereichen ergeben sich Differenzen, wenn man die natur- und die geisteswissenschaftlichen Forschungsergebnisse miteinander vergleicht. Für die Behandlung dieser Fragen erschien es mir wichtig, auf drei Gebieten eine **Grundlage** zu schaffen. Das erste Kapitel betrifft Goethes ahnende Ideen und Steiners Forschungen zur Entwicklung der Erde als Lebewesen. Die im zweiten Kapitel besprochenen Gesteinsfolgen der Erdkruste sollen die charakteristischen Bilder der **Phänomene** liefern, an denen die Werdeprozesse abgelesen werden können. Die Betrachtung der oolithischen Kalksteine und Eisenerze ermöglicht es, sich die bakteriellen Lebensvorgänge bei der Gesteinsbildung vorzustellen.

Auf diesen drei Ausgangsbereichen baut das folgende Kapitel auf. Es führt zu einer vierten Grundlage, welche die Phänomene betrifft, aus denen die Substanzzustände beim Übergang von Flüssig zu Fest vorgestellt werden können. Die Werdebilder in den kristallinen Gesteinen sind durch die endgültige Kristallisation meistens sehr stark überprägt und ausgelöscht. So wurden sie vieldeutig und lassen auch die Annahme zu, sie seien aus aufgeschmolzenen Sedimenten entstanden. Das hat zu einer seit über hundert Jahren andauernden Diskussion über die Granitprobleme und «Metamorphitprobleme» geführt. Diese **Problematik**, wie sie heute innerhalb **der Wissenschaft** selbst besteht, muss zunächst betrachtet werden, wenn wir die Grundlage charakterisieren wollen, auf denen die Vorstellungen von der Gesteinsmetamorphose beruhen. Dabei kann nur an einigen Beispielen auf die prinzipiellen Fragen eingegangen werden. Anschließend führt der Gedankengang zum Aufbau eines **neuen Gesamtbildes** über die Entstehung der kristallinen Gesteine.

Metamorphose oder Umwandlung im Kreislauf?

Auf der populärwissenschaftlichen Ebene erscheint es zunächst so, als seien die wesentlichsten Vorstellungen zur Gesteinsbildung gesichert und als müssten nur einige spezielle Fragen noch geklärt werden. Da heißt es z.B. bei Schumann (1957) kurz und klar: «Metamorphite entstehen durch Umwandlung irgendwelcher Gesteine. Diese Umwandlung – Metamorphose – erfolgt durch großen Druck und hohe Temperaturen; die Gesteinsmasse bleibt dabei in festem Aggregatzustand.» In einer zweiten Ebene dahinter tauchen für die geowissenschaftliche Fachforschung bei einigen Autoren grundsätzliche Probleme auf. Die eigentlichen Widersprüche und Unsicherheiten werden erst in einer dritten Ebene deutlich, wenn man versucht, die Phänomene mit den zahlreichen divergierenden Modellen verschiedener Autoren und Orte zusammenzudenken und zu vergleichen.

Schon zu Beginn des 19. Jahrhunderts fiel auf, dass die Sedimente nach unten hin vielfach in Kristalline Schiefer und schließlich in Granite übergehen. Es war naheliegend, Wärme und Druck in der

Erdkruste als Ursachen für die körnig kristallinen Gefüge und gefalteten Lagen anzunehmen. Die Minerale in jedem Gestein stehen im physiko-chemischen Gleichgewicht mit ihrer Umgebung. Als sich die Bedingungen änderten, gerieten die Minerale in einen instabilen Zustand, der bewirkte, dass sie sich mit der Zeit umwandelten und sich den neuen Bedingungen anpassten, bis ein neues Gleichgewicht ausgebildet war. Die Lebensarbeit bedeutender Petrographen und hervorragender Beobachter muss hier gewürdigt werden. Aus ihren Beobachtungen wurden vor allem am Ende des 19. und Anfang des 20. Jahrhunderts die zahlreichen **Modelle der Gesteinsmetamorphose** entwickelt, die bis heute weltweit noch immer weiter differenziert werden. In der zweiten Hälfte des 20. Jahrhunderts kamen vor allem noch experimentelle Untersuchungen und Modelle spezieller Vorgänge hinzu, z.B. der Ozeanboden-, Impakt- und Mylonit-Metamorphose. Daneben wurden bis zum Beginn 20. Jahrhunderts noch neptunistische Vorstellungen diskutiert. Könnten Kristalline Schiefer nicht auch als Reste einer ersten, wässrig-gallertigen Erstarrungskruste der Erde gedacht werden? Was mag Rudolf Steiner davon erfahren haben, als er bei den Professoren Hochstetter, Toula und Kornhuber 1879/80 an der Technischen Hochschule in Wien Vorlesungen über Geologie und Mineralogie hörte und alle drei Prüfungen mit «vorzüglich» bestand?

Rudolf Steiner greift für die Bildung der Kristallinen Gesteine jedoch nicht die Theorien des 19. Jahrhunderts auf, sondern beschreibt die Vorgänge aus ganz eigenständiger geisteswissenschaftlicher Forschung. Der Absonderung der Substanzen und ihrem Niederschlag aus einer Lebenssphäre der Erde liegt letztlich die Entwicklung des Menschen zugrunde, wie sie am Anfang des Buches geschildert wurde (s. S. 133 ff.). Wie das bis in die Einzelheiten hinein verstanden werden kann, wird Inhalt der folgenden Kapitel sein. Gegegenüber der modernen Petrologie konnte seit über 80 Jahren kein wirklicher Konsens erreicht werden, der auch den geowissenschaftlichen Detailphänomenen gerecht geworden wäre. Hier besteht ein **Dualismus zwischen Geistes- und Naturwissenschaft**, der den Intentionen Rudolf Steiners diametral entgegensteht. Guenther Wachsmuth (1950), Helmut Knauer (1964) oder Walther Cloos (1970) behandelten diese Fragen nur sehr allgemein. Die Beobachtungen der Geisteswissenschaft wurden stets an der Naturwissenschaft und ihren Modellen gemessen und ihnen möglichst angeglichen. Übereinstimmungen sind scheinbar möglich, wo Steiners Aussagen allgemein oder mehr philosophisch aufgefasst werden und verschiedene Interpretationen zulassen. Andere meinen, Steiners Darstellungen seien mehr imaginativ gemeint und beträfen ganz andere Ebenen als die der geologischen Forschung. Wie aber kämen dann die sinnlich sichtbaren Gesteinsmassen oder der Mensch selbst auf die Erde? Diese gut gemeinten Bemühungen mögen für manchen hilfreich sein; in den Details jedoch bleiben sowohl für geschulte Anthroposophen als auch für Naturwissenschaftler bisher zahlreiche Fragen offen. Dadurch gewannen in der anthroposophischen geologischen Literatur die naturwissenschaftlichen Modelle wie der *Kreislauf der Gesteine* an Gewicht; Steiner galt als veraltet, und seine Gedanken wurden gemieden. Man könne sie, so die Meinung, bestenfalls noch dort gelten lassen, wo die Geologie keine Belege mehr hat. Für das früheste Archäikum könne man vielleicht annehmen, dass sich Gneis oder Granit niedergeschlagen hätten, auch dass ein weichkörpriger Mensch gelebt und die Tiere abgelöst habe und dass der Mond abgetrennt worden sei. Dieser Kompromiss widerspricht jedoch vielfach den detaillierten Darstellungen Steiners.

Schon James Hutton nahm 1788 an, dass der Gneis durch das unterirdische Feuer aus Sedimenten gebildet würde (Fischer 1961, S. 32 ff., S. 222 ff.). Ami Boué (1822) und Charles Lyell (1833) führten um die Mitte des 19. Jahrhunderts die Bezeichnung «metamorphe Gesteine» ein. **Metamorphose** bezeichnet Umwandlung, Umgestaltung. Dabei bleibt offen, ob sie im sinnlichen oder übersinnlichen Bereich stattfindet. Goethe (LA I, Bd. 9, S. 23) blickt auf die übersinnliche Seite, wenn er dabei auf die «geheime Verwandtschaft der verschiedenen äußeren Pflanzenteile» als Verwandlungen des Blattes schaut. «Man hat die Wirkung, wodurch ein und dasselbe Organ sich uns mannigfaltig verändert sehen lässt, die Metamorphose der Pflanze genannt.» Im Sinne dieses Wortgebrauches läge der Gesteinsbildung die Metamorphose der irdischen Lebenssphäre und damit des Menschen zugrunde (s. S. 201). In der Geologie bezieht sich der Metamorphose-Begriff jedoch selbstverständlich auf den sinnenfälligen Bereich der physikalisch-chemischen Umwandlung der Minerale. In der anthroposophischen Literatur können dort Missverständnisse entstehen, wo das Wort Metamorphose zugleich für übersinnliche Realitäten im Sinne Goethes und für Umwandlungen der Gesteine im Sinne der Petrologie gebraucht wird (Goebel 1995; Bosse 1996). Ich würde es begrüßen, wenn im anthroposophischen Sprachgebrauch «Metamorphose» der übersinnlichen Realität vorbehalten bliebe. So verwende ich selbst den Ausdruck *Metamorphose des Granits* und spreche von *Umwandlung*, wenn ich geochemische Veränderungen während der Gesteinsbildung meine. Den Ausdruck «metamorphe Gesteine» verwende ich nur, wenn ich das übliche geowissenschaftliche Modell benennen will. Dasselbe Problem besteht bei dem Begriff «Urgestein» (s. S. 202), welcher entsprechend den Begriffen «Urpflanze» und «Urtier» benutzt werden sollte, um eine geistige Realität zu bezeichnen.

Aus den Vorstellungen über die Entstehung der metamorphen Gesteine entstand der Gedanke vom **Kreislauf der Gesteine**. Er wurde in der ersten Hälfte des 20. Jahrhunderts so vorgestellt, dass die Sedimente in den ortsgebundenen Senken («Geosynklinalen») gesammelt und versenkt, zu metamorphen Gesteinen aufgeschmolzen, in den Gebirgen herausgehoben, erneut abgetragen und als Sedimente wiederum abgelagert wurden. An die Stelle der Geosynklinalen ist neuerdings mit der Plattentektonik (s. S. 428) ein weiterer Kreislauf getreten, der «Wilsonzyklus»: Ozeanische und kontinentale Platten würden demnach untereinander geschoben, dabei aufgeschmolzen und in Strömungswalzen des Erdmantels zu den mittelozeanischen Dehnungszonen getragen, wo die umgewandelten Massen wieder heraufkämen. Auch dieser Kreislauf hätte – wie der der Gesteine – mit den ersten Verhärtungen der Erdkruste begonnen. Zwar werden diese Kreisläufe heute nicht mehr nur physikalisch-chemisch gedacht, es werden auch gewisse irreversible Vorgänge während der Erdgeschichte hinzu gerechnet, wie die Anreicherung des Kiesels aus dem Basaltischen, Entwicklungen der frühen Erdatmosphäre, Modifikationen eines zu statisch gedachten Aktualismus oder auch Einflüsse aus der Tier- und Pflanzenevolution. Aber es bleibt doch kein Raum für eine wirkliche Evolution bei der Bildung kristalliner Gesteine, wenn die Hauptprozesse seit dem frühen Präkambrium als Kreislauf der «Gesteinsmetamorphose» vorgestellt werden, der Konstanz physikalisch-chemischer Gesetze unterliegen und die Mineralumbildungen als reversibel gedacht werden.

Die Kreisläufe der Gesteine und der Kontinentalplatten wären also beide Glieder eines dritten, noch umfassenderen kosmischen Kreislaufes, bei dem die Sterne entstehen und vergehen. Das **Kant-Laplacesche System** liegt auch den heutigen, differenzierteren Modellen noch zugrunde. Unser Sonnensystem sei demnach vor 4,5 Milliarden Jahren durch die Kontraktion einer interstellaren Staub- und Gaswolke entstanden, die zu rotieren begann, sich abflachte, dichter wurde, wobei Druck und Temperatur zunahmen (Schultz 1993). Am Ende aller Entwicklungen würden die Sterne wieder zerstrahlen und damit die Staub- und Gaswolken für den nächsten Kreislauf liefern.

Rudolf Steiner hat über den «Kreislauf der Gesteine» meines Wissens nicht gesprochen; das Kant-Laplacesche Weltsystem hat er öfter erwähnt (z.B. GA 102, 15. 2. 1908; GA 136, 8. 4. 1912). Eindringlich verwies er (GA 175, 27. 2. 1917) auf die Konsequenzen, welche sich aus diesen mechanistischen Kreisläufen ergeben, und zeigte, worauf ein solches Denken bei seinen Vertretern beruht. Die ganze moralische Weltordnung hat in solchen Weltbildern keinen Platz. Der Mensch braucht sie zwar zum Zusammenleben; wenn die Welt so gebildet worden wäre, würde sie jedoch nichts anderes als eine Illusion darstellen. Aus Bequemlichkeit hält der Mensch daran fest, lässt neben dem Wissen einen Glauben gelten, der aber mit der Weltentwicklung nichts zu tun hat. Diese Gemütsstimmung bildet sich, weil das Christentum als Lehre aufgefasst wird und der Mensch verlernt hat, das Christus-Mysterium in seinem realen Sinne, in seiner Wirksamkeit für die Weltentwicklung zu verstehen. – Diese Betrachtung fügte Steiner ein in Vorträge über die unbewussten Begegnungen, die der Mensch mit der geistigen Welt und dem Christus hat. Eine mechanisch gedachte Weltordung mit ihren Kreisläufen schließt aber die reale Christus-Wirksamkeit in der Welt aus. Steiner zeigt kompromisslos, wie das materialistische Weltbild keinen Platz für Moralität hat. Es schließt eine geistige und moralische Weltordung aus und damit eine von seelisch-geistigen Wesen geführte Entwicklung des Menschen. Dieser Gesichtspunkt erscheint mir besonders wichtig für die Pädagogik. In der detaillierten Darstellung Steiners wird deutlich, welche Wirkung davon ausgeht, wenn diese Kreisläufe im Unterricht vorgetragen werden!

Da die Entstehung der «metamorphen Gesteine» ein so zentrales Geschehen ist, habe ich diese kontroversen Vorstellungen während der letzten 35 Jahre sowohl an zahllosen Aufschlüssen, Gesteinen und Mineralen als auch an der geologischen Fachliteratur vieler Sachgebiete geprüft und mit möglichst allen Darstellungen Steiners zur Erd- und Menschenentwicklung verglichen. Zunehmend erkannte ich dabei, dass man bei der Differenz von Geistes- und Naturwissenschaft auch umgekehrt vorgehen kann, als es gewöhnlich geschieht: Man kann die geologischen **Modelle** an den übersinnlichen Beobachtungen Rudolf Steiners messen und beide wieder an den Phänomenen prüfen. Aus dem Wechselgespräch dieser drei Blickrichtungen entstand die Möglichkeit, die Gedankenmodelle und ihre Beweggründe besser zu durchschauen.

Modelle sind wichtig, um neue Gedanken zu prüfen. Sie enthalten auch immer etwas, das sie auf den ersten Blick als richtig erscheinen lässt. Die Probleme tauchen auf, wenn andere Phänomene und deren Deutungen hinzugenommen werden, welche unbeachtet blieben, weil sie nicht bekannt waren, oder auch bewusst weggelassen wurden. Bei der Gesteinsbildung beruht jedes Modell auf Voraussetzungen, unter denen die Bilder der Gesteinswelt betrachtet werden. Ein Kugelporphyr oder eine Marmorlinse im Gneis führen zu ganz anderen Vorstellungen, je nachdem, ob ich sie unter dem Aspekt der Schmelzvorgänge, der kolloidalen Lebensprozesse oder der Diffusion im Festen betrachte. Letztlich wären die Phänomene der Maßstab, an dem im Sinne des Goetheanismus (s. S. 19 – 27) Differenzen entschieden werden können.

Mineral-Umbildungen

Welche Spuren ihres Werdens haben die Minerale in den Gesteinen hinterlassen? Welche Bilder prägten sich ein, aus denen wir ihre Bildungen und Umbildungen lesen lernen können? Was dazu im heute fertigen Gestein zunächst beobachtet werden kann, vor allem im Dünnschliff unter dem Mikroskop, sind Reaktionssäume an den Rändern zwischen den Mineralen. Sie haben dort, wo sie aneinander grenzen, miteinander reagiert, während sie verhärteten und kristallisierten. Solche Reaktionen könnten auch von Klüften oder Rissen aus oder im Korn von innen her geschehen. Aus den Übergängen, den Relikten oder den äußeren Kornumrissen lässt sich ablesen, dass ein vorhandenes Mineral eine chemische **Umbildung** erfahren hat (Abb. 162). Es handelt sich also um die letzten Vorgänge, die noch zur Gesteinsentstehung selbst gerechnet werden müssen. Aus den verschieden breiten Übergangszonen lässt sich schließen, dass der Prozess zu verschiedenen Zeiten einsetzte und mineralspezifisch unterschiedlich rasch ablief. Wenn nicht das ganze ursprüngliche Mineral umgewandelt wurde, ist anzunehmen, dass der Prozess in jeweils verschiedenen Stadien abgebrochen wurde. So können örtlich nebeneinander viele Umbildungsstufen festgehalten worden sein. Dadurch kann der gesamte Vorgang rekonstruiert werden. Wichtige Umbildungen dieser Art sind (Rösler 1981, S. 766 u. 775):

- Olivin in Serpentin- oder Talkminerale, Magnesit, Magnetit;
- Serpentin in Chlorit, Hämatit, Opal;
- Pyroxene in Serpentin- oder Amphibolminerale, Karbonate, Hämatit;
- Granat in Amphibol, Chlorit, Epidot, Hämatit;
- Amphibol in Chlorit, Biotit, Magnetit;
- Magnetit in Hämatit, Hämatit in Limonit;
- Biotit in Chlorit, Muskovit, Hämatit, Tonminerale;
- Muskovit in Tonminerale;
- Feldspäte in Serizit, Tonminerale, Epidot, Karbonate, Calcit;
- Cordierit in Serizit, Chlorit.

In der Nähe von Granit- oder Basaltgängen können zu solchen umgebildeten Mineralen weitere hinzukommen, deren Substanzen mit den Ganggesteinen zugeführt wurden und mit dem Nebengestein reagierten («Metasomatose»). Auch hierbei wird aus Feldspäten Serizit und aus Biotit Chlorit oder Muskovit, während der Quarz stabil bleibt. In Erzgängen kann das aggressive Fluor schon gebildeten Calcit, ja sogar Quarz wieder auflösen, wobei die ent-

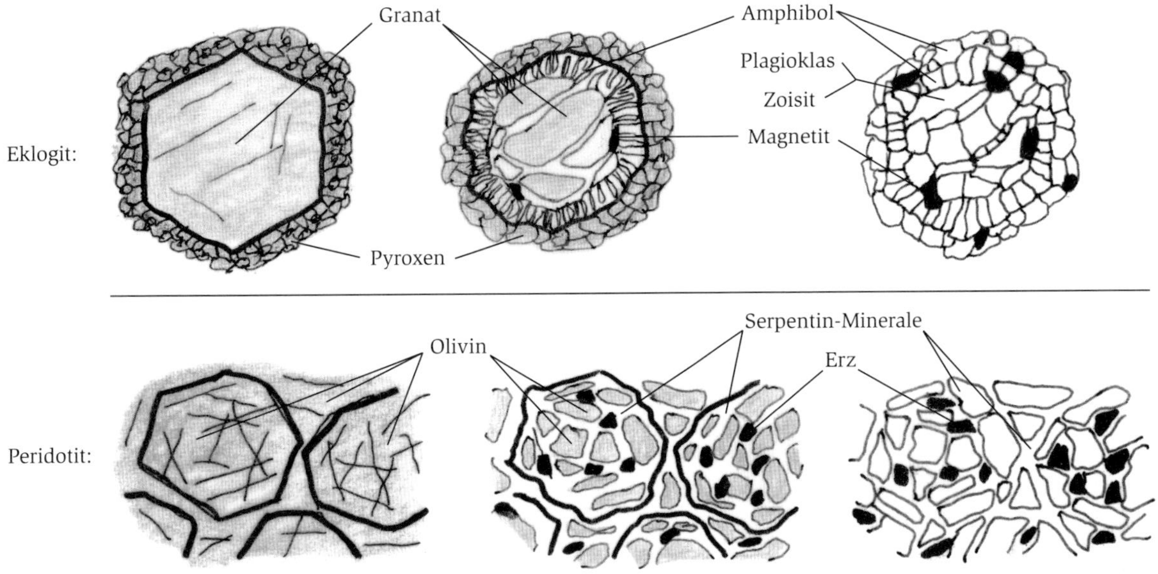

Abb. 162: Zwei Beispiele für Minerale, die während der Verhärtung in andere Minerale umkristallisierten (von links nach rechts). Vom ursprünglichen Mineral blieb die äußere Form erhalten, die Substanz ist umgewandelt; sie konnte nicht die eigene Kristallform ausbilden, sie ist pseudomorph. Korngrößen 0,5 - 1 mm. (Umgezeichnet nach Rösler 1981, S. 228.)

stehenden Hohlräume offen bleiben oder später durch andere Minerale ausgefüllt werden können («Pseudomorphosen»). Besonders vielfältige Kalksilikat- und Skarn-Minerale können entstehen, wenn solche Gänge in Marmorlinsen eindringen.

Eine zweite Gruppe von Mineralen, die auf Umbildungen beruhen, können in Gesteinen beobachtet werden, die an granitische oder basaltische Intrusionen bzw. Gänge grenzen. Sie können auf die höheren Temperaturen der eingedrungenen Gesteine zurückgeführt werden, meist ohne Zufuhr anderer Substanzen. Der Vorgang wird als «Kontaktmetamorphose» bezeichnet, wobei es sich ebenfalls nicht um Metamorphose, sondern um mineralchemische Umbildungen handelt. Die wichtigsten dieser **Kontaktgesteine** sind die Hornfelse. Dabei veränderte sich der Quarz nicht zu einem anderen Mineral, sondern kristallisierte neu und überprägte mit seiner dichten, feinkristallinen Grundstruktur die ursprünglichen Gefüge. Je nachdem, welche Substanzen im ursprünglichen Gestein vorhanden waren, entstanden neue Minerale: hauptsächlich Feldspäte, Cordierit, Silimanit und Hornblenden; nach außen hin Andalusit und verschiedene Glimmer. Sie sammelten sich und bildeten Flecken oder strahlig-stänglige Aggregate. Kalkige Gesteine reagierten besonders empfindlich und wurden zu Marmor, Kalksilikaten oder Granat-Skarnen verändert.

Eine dritte Art von Umbildungen kann heute noch direkt beobachtet werden, und zwar bei der **Verwitterung** (s. S. 282). Dabei wird jedes Mineral mehr oder weniger gelöst und zu neuen Mineralen umgebildet. Die Widerstandsfähigkeit gegenüber der Verwitterung steht interessanterweise im Verhältnis zum relativen Bildungsalter innerhalb der Weltentwicklung. Die Minerale der Peridotitschicht werden am stärksten angegriffen, die der Basaltschicht weniger stark. Vom Granit und Gneis wird zuerst der Plagioklas zersetzt, dann der Alkalifeldspat; das im Glimmer enthaltene Eisen wird gelöst, während der Glimmer selbst und besonders der Quarz - chemisch nahezu stabil - als Sand übrig bleiben. Zum Bereich der Verwitterung gehören auch die sekundären Erzminerale, welche aus den primären Erzen durch das Grundwasser umgebildet wurden (Abb. 182, S. 322). Die dabei entstehenden Minerale können den beim Werdeprozess umgewandelten Mineralen chemisch entsprechen. So werden z.B. die

Feldspäte in beiden Prozessen zu Serizit und Tonmineralen umgewandelt; eisenreiche dunkle Minerale verlieren das Eisen und werden hell etc. Dennoch sind die Minerale deutlich zu unterscheiden, da sie ihre Geschichte in sich tragen und diese aus dem geologischen Zusammenhang und den Substanzgehalten abgelesen werden kann.

Jedes Mineral ist nur unter bestimmten Bedingungen stabil; jedes hat seine eigenen, absoluten und relativen Umbildungszeiten im Kontakt mit anderen Mineralen. Durch Verhärtung und Kristallisation wurde der Bilde- und Umbildevorgang auf verschieden Stufen beendet. Das Gestein verfiel in einen Zustand, der als Dauer bezeichnet werden kann, bis unter Umständen die Verwitterung angreifen konnte und neue Umwandlungen bewirkte. Alle diese Prozesse, soweit sie aus Beobachtungen rekonstruiert werden können, verliefen eindeutig nicht umkehrbar; sie sind **irreversibel**, vor allem wenn dabei Substanzen zu- oder abgeführt wurden. Die Vorstellungen über die Bildung der «metamorphen Gesteine» wurden aus der vergleichenden Deutung solcher Beobachtungen über Mineralumwandlungen gewonnen. Sie wurden Grundlage für umfangreiche Laborversuche, in denen besonders das gegenseitige Schmelzverhalten von Gesteinen, Mineralen und Mischungen chemischer Elemente bei allen Temperatur- und Druckverhältnissen untersucht wurde.

Das Grundproblem der Gesteinsmetamorphose

Da ich dem herkömmlichen Bild der Entstehung der kristallinen Gesteine ein anderes Gesamtbild an die Seite stelle, möchte ich anhand einer modernen Übersichtsdarstellung der Petrologie (Yardley 1997) näher auf die heute üblichen Vorstellungen eingehen. Dabei können nur die wichtigsten Aspekte für ein Gesamtverständnis angeführt werden. Schon im Vorwort heißt es: Die metamorphe Mineralparagenese «beruht auf der grundlegenden Annahme, dass Gesteine reagieren, bis sie während der Metamorphose **chemisches Gleichgewicht** erreicht haben», wobei das thermodynamische Gleichgewicht (S. 50) noch hinzukommt. Das zeige sich in den regional einheitlichen «Paragenesen mit bestimmter chemischer Zusammensetzung und ihrer systematischen Variation». Das heißt phänomenologisch, dass – wie dargestellt – die Gesteinsfolgen von Tonschiefern, Phylliten, Glimmerschiefern und Gneisen sowie die Mineralgesellschaften von Feldspat, Quarz, Glimmer, von Marmor, Kalksilikat, Amphibol, Granat etc. an verschiedenen Orten der Erde im Prinzip dieselben sind (Abb. 123 u. 125, S. 326).

Die normale Folge vom Tonschiefer bis zum Gneis wird als «vorschreitende Metamorphose» bezeichnet. Bei den Umwandlungen würde jeweils das «chemische Gleichgewicht erreicht». Das wird daraus geschlossen, dass die Minerale vollkommen und fertig ausgebildet sind. Die Umwandlungen zeigten deshalb keine Übergänge oder Relikte, weil die gesamte Mineralsubstanz chemisch umgesetzt würde, bis das Gleichgewicht erreicht sei. Im Gegensatz dazu zeugen bei den im vorigen Abschnitt angeführten Umbildungen die Relikte davon, dass dieses Gleichgewicht nicht erreicht wurde. Dadurch kann der gesamte Prozess rekonstruiert werden. In diesem Unterschied liegt einer der Punkte, an dem das Modell der Gesteinsmetamorphose hinkt! Die Übergänge der «vorschreitenden Metamorphose» können also im Wesentlichen nicht an den Phänomenen abgelesen werden, sondern müssen durch die chemischen Reaktionen dargestellt werden, die zwischen den Elementen der gesteinsbildenden Minerale ablaufen.

Wenn belegbar ist, dass sich aus Feldspäten Tonminerale oder Glimmer bilden, warum könnte der Vorgang dann nicht auch in umgekehrter Richtung verlaufen? Rein chemisch gesehen sind die Reaktionen umkehrbar; beide Seiten können ein Gleichgewicht bilden. Müssten sich da nicht auch aus Ton- oder Glimmermineralen neue Feldspäte bilden, wenn die entsprechenden physikalischen Bedingungen aufträten und die weggelösten Substanzen wieder zugeführt würden? Das wird für die «vorschreitende Metamorphose» angenommen. Yardley führt über 80 Mineralzusammenhänge als chemische Formeln an, nach denen die Umwandlungen bei Kristallinen Schiefern abgelaufen sein müssten, wie z.B. Tonminerale → Glimmer oder Feldspäte + Wasser; oder Chlorit + Muskovit → Granat + Biotit + Quarz + Wasser; oder Pyroxen + Plagioklas → Granat + Quarz; oder Muskovit + Quarz → Sillimanit + Kalifeldspat + Wasser oder Olivin + Plagioklas → Granat.

Alle diese Reaktionen sind teils aus Experimenten abgeleitet, teils aus den ablesbaren Umbildungen lediglich umgekehrt, also im Sinne einer reversiblen chemischen Gleichgewichtsreaktion gedacht. Umkehrbarkeit ist eine prinzipielle Möglichkeit, jedoch von konkreten Bedingungen abhängig. Diese sind aber zu wenig bekannt, bzw. es werden bestimmte Annahmen und Modelle zugrunde gelegt und variiert, bis ein Modell gebildet ist, das dem Naturbild möglichst entspricht. Damit ist aber nicht bewiesen, dass die Voraussetzungen stimmen. Dazu heißt es grundsätzlich (Yardley 1997, S. 110): «Man kann zahlreiche Reaktionen beschreiben», die die Mineralgesellschaften (Paragenesen) der Faziesbereiche «in Beziehung setzen, wenn sie auch nicht notwendigerweise stattgefunden haben, sondern chemische Gleichgewichte bestimmter Paragenesen aufzeigen». Das heißt vereinfacht: Rein chemisch gesehen ist viel denkbar; etwas anderes sind jedoch die Minerale, die man im Gestein findet. Beispielsweise würden in mehreren Formeln Calcit und Quarz zu Kalksilikaten reagieren; betrachtet man indessen die Gesteine, so findet man beide Minerale sowohl im Phyllit als auch im Glimmerschiefer und im Gneis nebeneinander, ohne dass an den Grenzen Kalksilikate entstanden sind.

Yardley ist sich auch nicht sicher, ob tatsächlich die auf Phänomenen beruhenden **Mineralübergänge** als Gleichgewichtsreaktionen auf die nicht beobachteten Übergänge der «vorschreitenden Metamorphose» übertragen werden können. Er schreibt: «Oft ist der Sprung zwischen idealisierten und vereinfachten Systemen, die von Experimentatoren untersucht oder in Lehrbüchern diskutiert werden, hin zu den natürlichen Mineralvergesellschaftungen recht schwierig.» Zahlreiche Detailprobleme werden erwähnt, und für jedes werden Hilfsmodelle aufgestellt, da die chemisch errechneten Zusammensetzungen oder die Endglieder der Experimente mit den Mineralen nicht überein stimmen. Um diesen Sprung zu überbrücken, wird die «Aktivität» als Korrekturfaktor eingeführt (S. 58), aber «leider ist die Beziehung zwischen der Aktivität und der Zusammensetzung oft kompliziert und bislang für die meisten wichtigen Mischkristallphasen nur wenig verstanden». Für verzögerte Reaktionen wird die «interne und externe Pufferung» eingeführt; «eingefrorene Reaktionen» werden erdacht, die sich später fortsetzen, sowie zusätzliche Mischungen, Austauschreaktionen oder Komponeneten vermutet; oder es wird angenommen, dass die Reaktionen bei anderen Drücken oder Temperaturen abliefen (S. 75). Es geht mir hier nicht um eine Kritik an Yardley, der sehr verdienstvoll nur das heute gängige Gesamtbild zusammengestellt hat. Es geht um die grundlegenden Voraussetzungen und die Problematik der Modellvorstellungen, auf denen die «vorschreitende Metamorphose» beruht.

In zahlreichen der chemischen Reaktionen der Faziesbereiche treten ausgesprochen seltene Minerale auf, z.B. Laumontit, Phengit, Prehnit, Pumpellyit, Stilpnomelan, Jadeit, Glaukophan. Sie gelten als faziestypisch, weil sie im Experiment fassbar sind, in engen Grenzen stabil bleiben und sich leicht aus den chemischen Rechnungen ergeben. Die typischen **Kontaktminerale** (s. S. 295) nehmen in den Reaktionen und Begründungen einen breiten Raum ein, weil sie am Kontakt durch Übergänge belegbar sind. Diese Reaktionen werden auf die Kristallinen Schiefer übertragen, wo diese Übergänge nicht belegbar sind und die Kontaktminerale nicht oder sehr selten auftreten. Im Kontakthof bilden sich Cordierit, Andalusit, Biotit, Sillimanit; in den Kristallinen Schiefern hingegen Chlorit, Serizit, Almandin u.a., die wiederum in Kontakthöfen nicht entstehen. Die Unterschiede werden damit begründet, dass beim Kontakt nur die Temperatur gewirkt habe. Wäre nicht viel eher denkbar, dass bei Kontakthöfen und Kristallinen Schiefern zwei völlig verschiedene Entstehungsprozesse vorliegen und nicht nur Druckunterschiede? Es gibt jedoch auch Fälle, wo Granite in Kristalline Schiefer eingedrungen sind und dort Kontakthöfe gebildet haben, wie z.B. im Erzgebirge (Abb. 80, S. 216 oder 125, S. 239), an der Schottischen Westküste oder am Bergeller Granit im Tessin. Die dabei umgebildeten Minerale scheinen einen Übergang von der Kontakt- zur Regionalmetamorphose zu belegen. Beispielsweise tritt Sillimanit als typisches Kontakmineral nahe dem Granit auf. Er wird hier aber als regionalmetamorph entstanden gedeutet und nicht als Kontaktmineral. In Kristallinen Schiefern ohne Granitkontakt kommt er aber nicht vor. Auch das relative Alter ist verschieden: Die Granite sind jünger und haben die älteren Minerale der Kristallinen Schiefer überprägt.

Im Gegensatz zur «vorschreitenden Metamorpho-

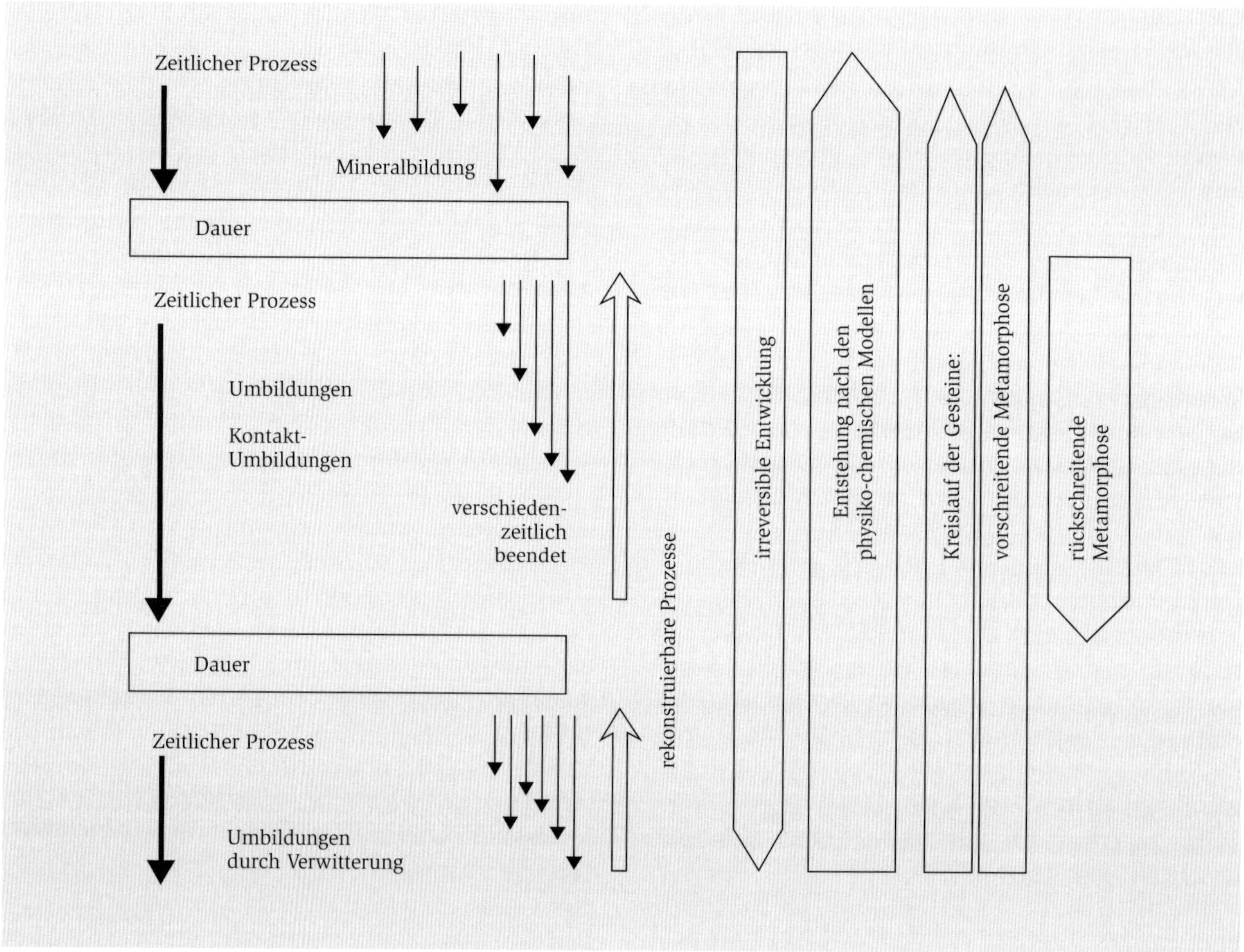

Abb. 163: Zusammenfassendes Schema zu den S. 296 bis S. 300 dargestellten Betrachtungsweisen der Gesteinsumbildungen.

se» wird auch eine «rückschreitende» angenommen. Sie geht von der Beobachtung aus, dass sich Minerale, die im Experiment bei sehr hohen Temperaturen und Drücken entstehen, im Gestein direkt neben solchen finden, die sich unter diesen Bedingungen längst umgewandelt haben müssten. Beispielsweise kommen im Granulit neben den wasserfreien Mineralen Granat, Disthen und Pyroxen auch wasserhaltige wie Glimmer und Amphibole vor. Da die letzteren bei der «vorschreitenden Metamorphose» zu Disthen und Pyroxen geworden wären, stellt man sich vor, dass eine **rückschreitende Metamorphose** (Diaphtorese) stattgefunden haben könnte. Wenn die Temperaturen unter 600° sinken würden und der Druck unter vier kbar fiele, dann könnten Disthen und Pyroxen teilweise wieder *rehydratisiert* und in Serizit bzw. Hornblende zurückverwandelt werden. Wo mag das Wasser dafür hergekommen sein? Der Metamorphosegrad würde demnach durch die jeweils höchste p/T-Modifikation bestimmt, und alles andere sei rückläufig umgewandelt. Dabei würde vorschreitend der Gleichgewichtszustand erreicht, während rückläufig die Übergangsstufen erhalten blieben. Das wird damit erklärt, dass bei der Aufheizung die Reaktionen rasch ablaufen würden, bei der Abkühlung dagegen langsam und unvollständig (S. 43), wobei natürlich keine absoluten Zeiten angegeben werden können.

Als ein **Beispiel** für die Probleme können die Modelle für die Entstehung der **Amphibolite** und **Serpentinite** genommen werden, die meist als Linsen in die Kristallinen Schiefer eingelagert sind (Abb. 122,

123, S. 234 und Abb. 132, 133, S. 244). Jetzt liegen sie vor als Serpentinminerale, Hornblende, Biotit, Muskovit, Chlorit, Hämatit. Die vielfältigen Übergänge (s. S. 294) weisen auf Umwandlungen hin, die nahelegen, dass sie aus den ursprünglichen Mineralen Olivin, Pyroxen, Amphibol, Granat und Magnetit hervorgegangen sind. Diese würden im Experiment aber erst bei hohen Druck-Temperatur-Bedingungen entstehen. Die Umwandlungen entsprächen also einer «retrograden Metamorphose». Die «vorschreitende Metamorphose» dagegen zeigt keine solchen Übergänge. Ihre Reaktionen werden daraus geschlussfolgert, dass die beobachtbaren Übergänge der «retrograden Umwandlungen» im Sinne des chemischen Gleichgewichtes umgekehrt werden. Yardley betont (1997, S. 96), dass bei der «vorschreitenden Metamorphose doch die Sprünge zwischen den Haupttypen recht abrupt» sind; oder (S. 105): «Es ist jedoch sehr schwierig, bestimmte Reaktionen für diese Umwandlungen zu formulieren», weil zu viele chemische Komponenten mitwirken würden. Als eine weitere Begründung wird die Reaktionszeit vermutet, die im Gestein viel länger als im Experiment war, aber prinzipiell nicht bestimmbar ist.

Ein weiteres Problem bietet die **Linsenform** der meisten Amphibolite und Serpentinite. Bei der «vorschreitenden Metamorphose» sollen die Amphibolite aus untermeerischen Basalt- oder Diabas-Ergüssen hervorgegangen sein; chemisch gesehen könnten primär auch Mergellinsen in Sedimenten angenommen werden. Die Chloritschiefer entsprechen mineralchemisch vulkanischen Tuffen, also Spiliten, Porphyroiden oder Schalsteinen. Die Linsen seien nun dadurch entstanden, dass die Gänge oder Schichten solcher Gesteine bei der Faltung stark **zerschert**, durch spätere Kristallisation jedoch alle Spuren davon verwischt worden seien. Für verschieden große, ungeordnet verteilte Linsen ist eine derartige Zerscherung schwer vorstellbar. – Marmorlinsen im Gneis werden auch als isolierte Korallenriffe in den ursprünglichen Meeren gedeutet. Wie wären dann aber isolierte Marmorlinsen von wenigen Dezimetern Größe zu erklären? Sind die Linsen noch kleiner, im Zentimeter-Bereich, wird **Sammelkristallisation** angenommen (Abb. 83, 84, S. 221; Abb. 101, S. 226; 114, S. 232; 170, S. 313). Dabei würde Substanz aus der Umgebung an einen Kristallkeim bzw. ein Mineralkorn angelagert oder durch Druck gelöst und an anderer Stelle des Kornes wieder kristallisiert. Eine einheitliche Idee für die Linsenbildung aller Größenordnungen ergäbe sich aus der Entwicklung im kolloidalen Zustand, was noch erläutert wird (s. S. 342 ff.).

Ebenso bleibt offen, wie sich **Eklogite** (Abb. 92, S. 223 u. S. 423) als isolierte Linsen bei hohen p/T-Bedingungen gebildet haben sollen, ohne dass die umgebenden Gneise davon beeinflusst wurden. Da sie nur sporadisch auftreten, wird heute auch nicht mehr von einer Eklogitzone als Mineralfazies gesprochen. Wegen der Linsenform und der chemischen Zusammensetzung werden Modelle diskutiert (Drescher-Kaden 1968), wonach Eklogite und Serpentinite aus Kalksilikaten oder Kalksteinen durch Magnesium-Silicium-Zufuhr gebildet werden könnten. Die Zufuhr großer Mengen von Magnesium wird gerade in den Alpen angenommen, um die Dolomitisierung der Kalksteine oder die Magnesitlinsen zu erklären. Offen bleibt, woher das Magnesium stammen und wie es eingedrungen sein könnte, ohne bei anderen Mineralen Spuren zu hinterlassen.

Größere Vorkommen von Serpentinit oder auch von Eklogit an tektonischen Störungszonen, z.B. an der berühmten Ivreazone in den Alpen, werden als Späne gedeutet, die bei dem plattentektonischen Unterschieben des Ozeanbodens aus dem oberen Erdmantel aufgequetscht worden seien, also in entgegengesetzter Bewegungsrichtung. Nach Yardley (1997, S. 113) scheinen jedoch Beobachtungen in Norwegen und in den Alpen «eine tektonische Einschuppung aus dem Mantel für viele Eklogite auszuschließen», weil «es noch große Unsicherheiten bei den Berechnungen gibt, die Manteldrücke für Eklogitbildungen fordern».

Bei diesen basaltisch-peridotitischen Gesteinen wird die ganze **Unsicherheit** der Metamorphosemodelle besonders deutlich. Letztlich könnte man für die Entstehung von Chlorit- und Hornblendeschiefer, Amphibolit oder Serpentinit, direkt oder *retrograd* über umgewandelten Eklogit, zwischen mindestens fünf oder sechs sehr verschiedenen Modellen wählen: aus Basalten, Spiliten bzw. Kalksilikaten oder aus Mergeln durch hohe Drucke/Temperaturen; aus Kalksteinen durch Elementzufuhr; aus tektonisch aufgedrungenen Peridotiten vom Ozeanboden mit oder ohne Meerwassereinfluss, wobei verschiedene fehlende Elemente «zugeführt» würden. So unterschiedliche Ursachen müssten sich bei den Mineralen substanziell eingeprägt haben. Davon ist jedoch nichts zu bemerken. Dennoch werden Amphibolite, Serpentinite u.a. als «Metabasite» zusammengefasst, d.h. metamorphe, basische Gesteine oder Pyroxenit und Peridotit als «Ultrabasite» bezeichnet. Ich verwende diese Namen hier deshalb nicht, weil sie erstens ein bestimmtes Genese-Modell implizit voraussetzen. Zweitens wird mit basisch – im Gegensatz zu sauer bei Graniten als kieselsäurehaltig – eine nicht beobachtbare chemische Eigenschaft in den Namen einbezogen (s. S. 248).

Was die «Gesteinsmetamorphose» betrifft, so werden heute hauptsächlich vier Faktorengruppen diskutiert, welche die Sedimente in Kristalline Schiefer und Granite umgewandelt haben sollen: die beiden physikalischen Faktoren **Temperatur** und **Druck** sowie die beiden chemischen Faktoren **Wassergehalt** und leichtflüchtige, heiße **Dämpfe**. Da diese vier Hauptfaktoren verschieden stark wirken können und sich wechselseitig beeinflussen, katalytische Wirkungen noch hinzukommen usw., werden so zahlreiche Umwandlungsprozesse denkbar, dass konkrete Ursachen für einzelne Mineralbildungen letztlich nicht bestimmt werden können. Aber schon bei jedem Einzelnen dieser vier Faktoren ergeben sich zahlreiche Probleme, von denen einige, die prinzipieller Art sind, kurz angesprochen werden sollen, um zu zeigen, wie schwierig dieses Feld ist. Unzählige weitere Probleme würden sich ergeben, nähme man die Beobachtungen an speziellen Aufschlüssen hinzu. Ich weiß, dass die folgenden Erläuterungen vielen Lesern überflüssig erscheinen. Je mehr ich mich aber bemüht habe, diese in sich verschänkten Probleme zu durchschauen, desto mehr hat mich überzeugt, dass ihre Widersprüchlickeit nicht an den Denkmodellen oder ihren Urhebern liegt, sondern dass die Voraussetzungen nicht stimmen. Das sollte nachvollziehbar werden.

Temperatur- und Druckprobleme

Die Erdkruste hat einen sehr differenzierten Wärmeorganismus. Unter der Erdoberfläche herrscht eine Temperatur von 6° bis 8° C – außer in Vulkangebieten. Tägliche Schwankungen der Lufttemperatur dringen nur einige wenige Zentimeter tief ein, jährliche Schwankungen einige Dezimeter. Weiter nach unten hin nimmt die Wärme örtlich unterschiedlich stark zu; die so genannte geothermische Tiefenstufe beträgt heute in Mitteleuropa durchschnittlich 30° pro Kilometer. Das bedeutet, dass erst in 25 km Tiefe die ca. 700° erreicht würden, die nötig sind, um die Aufschmelzung von Gesteinen gerade in Gang zu setzen. Aus Experimenten an typischen Mineralen müssten die Graugneise 15 – 20 km versenkt gewesen sein, Granulite 25 – 40 km, Granite bis 30 km. Von Aufbau der Kristallinen Schiefer her gesehen, kann in weiten Gebieten Mitteleuropas errechnet werden, dass nur wenige Kilometer Gestein abgetragen wurden. Die geothermische Tiefenstufe müßte dann von 30° auf 150° pro km erhöht werden, um z.B. bis in 5 oder 7 km Tiefe die 800° für eine vollständige «Granitisation» zu erreichen. Da das weiträumig im geologischen Zusammenhang ebenso schwer vorstellbar ist wie die tiefe Versenkung, wird vermutet, dass die Aufheizung durch von unten aufgestiegene **Wärmekuppeln** bewirkt wurde, deren Oberflächen den Mineralfaziesgrenzen entsprechen würden. Daraus resultiert die Annahme von partiell aufgeschmolzenen Granitkuppeln innerhalb des Gneis. Diese Hypothese könnte allerdings die weiträumigen Granitgebiete der tieferen Kontinentalsockel schwerlich erklären (Abb. 81, S. 218). Schmelzvorgänge verbrauchen sehr viel Wärme, sodass einige Autoren meinen, für eine partielle Aufschmelzung in Wärmekuppeln hätten derart große Wärmemengen zugeführt werden müssen, dass keine Wärmequelle dazu ausgereicht hätte. Höhere Wärmezufuhr kann beobachtet werden im Umkreis von vulkanischen Herden, über tieferen basaltischen Intrusionen oder auch entlang junger vulkanischer Bruchzonen. So wird beispielsweise auf Island schon nach 100 m eine Temperatur von 200° bis 300° C erreicht, die aber nach unten hin zunächst nicht wesentlich weiter ansteigt, was zeigt, dass die Wärme mehr von vertikalen Gesteinskörpern ausgeht, z.B. von vulkanischen Herden, die – aus Erdbebenmessungen gefolgert – in nur wenigen Kilometern Tiefe in der Erdkruste stecken. Wo sie mit den heißen basaltisch-peridotitischen Massen in Verbindung stehen, die vom Erdmantel her aufdringen (s. S. 450), können oberflächlich wärmere Bereiche entstehen, so genannte «Hot Spots», «Plumes» etc., wie unter Hawaii, Island oder den Kanarischen Inseln. Solche Wärmekuppeln auf Tiefenbrüchen der relativ dünnen ozeanischen Kruste sind aber etwas völlig anderes. Auch haben sie lediglich dort Kontaktumwandlungen bewirkt, wo sie ozeanische Sedimente durchdrangen oder in kontinentalen Gebieten auftreten wie am Kaiserstuhl und Vogelsberg, im Egertalgraben oder in der Rhön. Zur Erklärung der weiträumigen Granitgebiete sind sie nicht geeignet.

Unter **Druck**, der stets hinzukommt, würde der Schmelzpunkt der Gesteine allerdings erniedrigt, vor allem wenn noch Wasser dazutritt. Man rechnet heute an der Granit-Basalt-Grenze in 10 bis 15 km mit drei bis vier Kilobar statischem Druck. Dazu kämen noch der Gasdruck durch Wasserdampf und Kohlensäure sowie der gerichetete tektonische Druck bei Gebirgsbildungen, welcher an Bewegungsflächen bis 2.000 kbar ansteigen könnte (Tachylite). Da nur kleine Proben im Labor untersucht werden können, ist man im Einzelnen auf verschiedenste Vermutungen angewiesen, wie größere Gesteinsmassen bei diesen Drucken reagieren. Man nimmt an, dass statischer Druck außerdem die parallele Struktur der Minerale, vor allem der Glimmer, in den Kristallinen Schiefern bewirkt, dass an den Stellen hohen Druckes die Minerale gelöst werden und im Druckschatten sich die Substanz wieder anlagert und kristallisiert.

Mit der **Plattentektonik** ist eine neue prinzipielle Möglichkeit hinzugekommen, Druck und Temperatur zu erhöhen. Die Sedimente würden demnach in Tiefen bis vielleicht 30 km versenkt – vorausgesetzt, das wäre gravitativ überhaupt möglich (s. S. 440). Dennoch bleibt das Problem der notwendigen Versenkungstiefe. In den Alpen, wo Deckenstapel im Anschnitt der Täler sehr tiefe Beobachtungen zulassen, kann man auch bereits in 6 – 8 km Tiefe in den Bereich der «metamorphen Gesteine» gelangen; in den Kalkalpen auch schon bei 2 – 3 km, da können ursprünglich kaum weitere 20 km Gestein darüber gelegen haben. Die Morphologie der Alpen spricht ebenfalls dagegen (s. S. 491 – 495). Zudem stammt der Kristallinsockel der Alpen ebenso aus dem Proterozoikum und Erdaltertum wie der in Mitteleuropa; er wurde nur nochmals alpin überprägt (s. S. 428). Die Plattentektonik des Meso- und Känozoikums kann die Druck-Temperatur-Probleme nicht lösen, wenn erklärt werden soll, wie in relativ geringer Tiefe die viel ältere kontinentale Kruste entstanden sein könnte. Auch die Frage, wie weit Plattentektonik zurückgerechnet werden kann, muss noch bedacht werden (s. S. 388). Yardley (1997, S. 196 – 224) zitiert zahlreiche Beispiele, wo mit plattentektonischen Modellen die Bedingungen der «Metamorphose» diskutiert werden: in verschiedenen Druckgürteln, bei Wärmeströmungen, Unterschiebungen, Krustenverdünnungen etc. Aber er resümiert: Das Konzept «bietet keine vollständige Erklärung der unterschiedlichen Typen von Metamorphose und ihrer Verteilung»; oder: «Im Detail bleiben viele wichtige Fragen zur Subduktionszonen-Metamorphose offen.»

Ein klassisches Beispiel für die Probleme der Druck-Temperatur-Modelle ist die **Entstehung der Granulite** (Abb. 111, S. 230) zwischen dem Gneis- und Granitstockwerk. Seit 150 Jahren wurden umfangreiche Beobachtungen aus den zahlreichen Aufschlüssen des sächsischen Granulitgebirges beschrieben. Aus Experimenten ergab sich, dass Granulite bei einer Temperatur ab 750° und einem Druck um 11 kbar entstehen. Da die hierfür benötigte Versenkungstiefe von 25 – 40 km geologisch nicht erreicht werden kann, werden verschiedene Modelle konstruiert: Einige Autoren meinen, die Temperatur könne durch randliche Granite bedingt sein; andere erwägen Aufpressung, sog. «Grundgebirgsdiapirismus» in einer großen Störungszone; wieder andere das Gegenteil, nämlich plattentektonische Unterschiebungen, deren geologische Konsequenzen im Umfeld jedoch schwer begründbar sind. Anderenorts, z.B. im Schwarzwald, wo Granulitlinsen im Gneis vorkommen, wird tektonischer Stress vermutet; wieder anderenorts retrograde Umwandlung etc. Viele Fragen bleiben offen, wenn man die Modelle, die an verschiedenen Orten erdacht wurden, untereinander vergleicht. Sind die hellen Granulite aus Sedimenten wie den Arkosen hervorgegangen oder aus sauren Tuffen wie den Rhyolithen? Waren die dunklen Granulite Mergel oder basaltische Tuffe? Wie wären dann die engen Wechsel zwischen hellen und dunklen linsenförmigen Lagen erklärbar? Wie kommen die verstreuten Linsen der Amphibolite und der wasserfreien Pyroxengranulite in die hellen Granulite hinein? Nach über hundert Jahren Spezialforschungen im sächsischen Typusgebiet zum «Granulit-Problem» resümiert der Fachmann: «Es gibt kein widerspruchsfreies Gesamtkonzept für die Granulitgenese» (*Freiberger Forsch. Hefte* C 268, 1968; C 457, 1995).

Ähnliche Gesteine haben meist auch einen ähnlichen Chemismus. Aber auch verschiedene Gesteine, z.B. Grauwacke und Granit, können einen ähnlichen Chemismus aufweisen. Das wird darauf zurückgeführt, dass sich je nach den Temperatur/Druck-Bedingungen verschiedene Minerale bilden und umbilden, wobei der Gesamtchemismus aber gleich bliebe. Das führte vor allem durch Eskola (1915) zu Modellen von Tiefenbereichen, die durch bestimmte Typusminerale charakterisiert sind und zu Zonen der «metamorphen Fazies» zusammengefasst wurden. Empfindlich sind z.B. Albit, Glaukophan, Chlorit, Epidot, Almandin, Sillimanit, die nur in bestimmten Zonen aufträten, während Quarz, Magnetit und Calcit als Durchläufer bezeichnet werden. Allerdings zeigten Beobachtungen, z.B. im sächsischen Granulitgebirge und in den Alpen, dass die **Mineralfazieszonen** nicht übereinstimmen mit den Temperatur/Druck-Gradienten, welche aufgrund der Mineralreaktionen angenommen werden müssten (Frey 1974/75). Die Faziesbereiche würden überhaupt nur gelten, wenn die Minerale im thermodynamischen und chemischen Gleichgewicht mit ihrer Umgebung stehen und keine Stoffe ab- oder zugeführt würden. Derartige Stoffverschiebungen müssen aber gerade für zahlreiche Reaktionen angenommen werden.

Für Umbildungen durch heiße Gase und Lösungen führte Naumann schon 1826 die Bezeichnung «Metasomatose» ein. Zugeführt werden demnach vor allem Kiesel, Alkalien, Calcium, Magnesium, Eisen, Fluor, Chlor, Schwefeloxide, Kohlendioxid und Wasser. Beispielsweise bildeten sich die Linsen der Alkalifeldspäte im Gneis durch Sammelkristallisation («Metablastese»). Die neuen Typusminerale entstehen durch Reaktion mit den vorhandenen Mineralen. Die «metamorphen Fazieszonen» wurden daraufhin in zahlreiche Subfazies-Bereiche differenziert. Die Reaktionen mit **zugeführten Substanzen** konnten nach dieser Anschauung bis zur teilweisen oder völligen Aufschmelzung führen. Das Gestein blieb dabei aber im festen Zustand. Andererseits wurden die hellen Quarz-Feldspat-Schmelzen flüssig und wanderten ab («Migmatite»), die ursprünglichen Kristallinen Schiefer wurden zunehmend homogenisiert und bis zu Graniten umgebildet («Anatexis, Diatexis, Palingenese»). Die Agenzien wanderten diffus entlang der Korngrenzen. Ganze «Granitisierungsfronten» bewegten sich nach oben. – Wo aber kommen solche heißen Dämpfe und Lösungen her, vor allem auch in den benötigten großen Mengen? Woher stammen gerade die Alkalien, welche für die Granitisierung nötig sind? Warum fanden, solche Fronten vorausgesetzt, Stoffumwandlungen in bestimmten Linsen statt, bei den Mineralen im umgebenden Gestein aber nicht? Auch die Reichweite solcher *Fronten* erscheint nur postuliert. Wo sie an Gesteins- oder Erzgängen beobachtbar ist, bleibt sie gering; die empfindlichen Feldspäte werden nur im Abstand von einigen Zentimetern bis Dezimetern vom Gang kaolinisiert (Abb. 186, S. 329). Bei den Umbildungen beschränken sich die Reaktionssäume ebenfalls auf die Korngrenzen der Minerale. Aus all diesen Problemen heraus stellt sich die Frage, ob überhaupt Stoffbilanzen möglich sind, also eine Bestimmung dessen, was ab- oder zugeführt wurde? In der Fachliteratur kehrt sich letztlich der Gedankengang um: Nicht Ursachen werden erklärt, sondern entsprechend der angenommenen chemischen Reaktionen wird auf die Zufuhr oder Abfuhr von Elementen geschlossen.

Der Gehalt an **Wasser** ist dabei ein wesentlicher Faktor, der im Gesteinsexperiment alle Reaktionen beeinflussen kann. Wasser wirkt als Lösungs- und Transportmittel, vermag die Schmelztemperatur zu erniedrigen, kann das chemische Reaktionsverhalten bei Druck und Hitze völlig verändern und eine Schmelze länger in einem beweglichen Zustand halten. In den Sedimenten kann mit Porenwasser gerechnet werden, und in den kristallinen Gesteinen ist ein Wassergehalt chemisch gebunden, und zwar in den OH-Gruppen der Glimmer mit 5 – 7%, im Chlorit bis 12%, im Granit um 5% bis maximal 10%. Auch wenn das geringe Mengen sind, kommt dadurch bei vielen Modellen ein zusätzlicher Unsicherheitsfaktor hinzu, der besonders schwer abzuschätzen ist.

Charakteristische Beispiele für die Problematik des Austausches von Stoffen bieten die Modelle, welche für die Entstehung von Rotgneisen und Kalksilikaten entwickelt wurden. Von der ungeheueren Fülle von Fragen, die während einer zweihundertjährigen Forschung bewegt wurden, können nur einige prinzipielle Aspekte angeführt werden. Die

Rotgneise finden sich linsenförmig in Graugneisen eingelagert. Das gegenseitige Verhältnis im Handstück oder Aufschluss (Abb. 124, S. 237; Abb. 106, S. 228) entspricht dem im Gelände (Abb. 81, S. 218; Abb. 122, S. 234; Abb. 123, S. 236). Die Kristallinsockel der Kontinente zeigen vielerorts wie im Erzgebirge, dass in großen, ringförmigen Strukturen granitische Rotgneiskomplexe von Graugneisen umgeben sind. Beide Gneise wechseln in konzentrischen Schalen oder Linsen miteinander ab, teils in engen Übergängen, teils mit horizontbeständigen Linsenzügen von Skarn, Marmor, Quarzit, Amphibolit etc.

Das «**Rotgneisproblem**» besteht darin, dass die Graugneise aus Sedimenten wie Grauwacken oder Arkosen hervorgegangen sein müssten, die Rotgneise aber aus der Umwandlung von Granit, Quarzporphyr oder Ignimbrit, weil der Natrium- und Kaliumgehalt von Alkalifeldspat und Muskovit nicht in den Sedimenten vorkommt. Pauschal könnte man sich vorstellen, dass granitische Magmen, Quarzporphyre und Basalte in Sedimente eindrangen und mit ihnen zuammen zu Rot- und Graugneisen umgewandelt wurden. Da die Rotgneise manchmal auch grau oder die Färbung sekundär sein kann, wird heute der Rotgneis als «Orthogneis» bezeichnet (aus Graniten umgewandelt) und der Graugneis als «Paragneis» (aus Sedimenten stammend). Da jedoch dieser Begriff wieder bestimmte Genesemodelle impliziert, bevorzuge ich die phänomenologischen Gesteinsnamen, die sich auf die Farbe der Feldspäte beziehen, auch wenn manche Albite weiß sind. Widersprüche bei den Genesemodellen mit granitischen Magmen entstehen, wenn erklärt werden soll, wie eng beide Gneise miteinander abwechseln oder ineinander übergehen, wieso angrenzende Marmorlinsen nicht verändert wurden, wieso der Chemismus der Gneise mit den Sedimenten oder magmatischen Ausgangsgesteinen nicht übereinstimmt usw. Unzählige Modelle wurden diskutiert und wieder verworfen, z.B. tektonisch zerscherte und metamorph umgewandelte Lagergranite, Aplitgänge oder Ignimbritergüsse, Fremdgesteinskörper, kontaktmetamorphe Zonen, alle Arten von Intrusionsmechanismen, interne Granitisierung durch Zufuhr von Alkalien und Kiesel, überprägte Diskordanzen, eingefaltete Schuppen und sogar Deckenüberschiebungen.

Die **Skarnprobleme** beziehen sich auf die Entstehung der Kalksilikat-Linsen (Abb. 122 – 130, S. 234). Trotz jahrzehntelanger Untersuchungen und Bergbau auf Skarnlagerstätten im Erzgebirge gibt es etwa fünf Genesemodelle (*Geol.* 17, S. 398, 1968; FFH C 437, 1989; *Geoprofil* 3, 1991). Zuerst dachte man an Kontaktmetamorphose, die aber nur dort möglich ist, wo Granite in der Nähe sind. Nach dem zweiten Modell wären Skarne zusammen mit den Marmoren und Amphiboliten sedimentär entstanden und bei gleichbleibendem Chemismus umgewandelt worden. Da aber Erze und Minerale beobachtet wurden, die nicht in Sedimenten vorkommen, und Magnetite meist an Marmore gebunden sind, wurde ein drittes Modell erstellt, dem zufolge zusätzlich Dämpfe und Lösungen zugeführt worden seien. Wo Granite in der Nähe waren, wurden diese als Quelle angenommen, zumal auch manche Erzgänge von Graniten durchschlagen werden. Man stellt sich von den chemischen Reaktionen her vor, dass zunächst Lösungsfronten vor den eindringenden Graniten Calcium und Magnesium lösen, dabei Eisen aus dem Nebengestein mobilisieren, Aluminium und Silicium verdrängen und alles zusammen neu zu Skarnmineralen binden; oder auch, dass Dolomit durch Silicium-, Eisen- und Aluminiumzufuhr in Augit, Olivin, Spinell und Skarn umgewandelt wurden. Dagegen spricht unter anderem, dass von einem Transport so verschiedener Lösungen auf Klüften oder Korngrenzen nichts bemerkbar ist, dass die Spurenelemente nicht übereinstimmen, dass die Quellen für die Elementzufuhr fehlen, dass die Mengenbilanzen nicht aufgehen, gerade nicht bei Eisen, das für die Magnetitlinsen nicht ausreicht. Ein Autor (*Freiberger Forsch. Hefte* C 1989, S. 408) entwickelte ein «Mischgenese-Modell», aus dem das jeweils Passende für jede Lagerstätte zusammengestellt werden könnte, relativierte es aber selbst am Ende wieder. Damit werden Modelle zur beliebigen Auswahl angeboten. Es werden chemisch begründete Zufuhren, Lösungen und Umbildungen postuliert, zu denen die Phänomene fehlen. Die chemischen Formeln lassen sich nachvollziehen, die geologischen Prozesse jedoch nicht. Es geht mir dabei nicht um Kritik an den Autoren oder Modellen, sondern ich erwähne diese Einzelheiten nur, um an einigen Beispielen zu zeigen, auf welch prinzipiell unsicherem Boden alle diese Modelle errichtet sind.

Granitprobleme

Schon 1785 schrieben Hutton u.a. den Granitgängen eine pyrogene Entstehung aus dem feuerflüssigen Erdinneren zu (Fischer 1961, S. 32). Seit 1826 wurden die Übergänge vom Tonschiefer bis zum Granit beobachtet und daraus geschlossen, dass der Granit durch Druck und Hitze aus Sedimenten umgewandelt worden sei. Auch Goethe äußerte sich dazu, indem er überlegte, wie man einen «regenerierten Granit» verstehen könnte (Goethe 1994, S. 74). Die weitere Entwicklung der Granitprobleme – das ist auch der treffende Titel eines Buches – wurde in Abständen zusammengefasst, z.B. von P. Niggli (1942), Mehnert (1957 und 1987), Drescher-Kaden (1969), Marmo (1971). Sie ist so vielschichtig, dass hier nur ein sehr knapper Überblick über einige prinzipielle Aspekte gegeben werden kann.

Die heutigen wissenschaftlichen Vorstellungen über die **Entstehung** granitischer Gesteine hat u.a. W. Wimmenauer (1994) leicht verständlich und ohne das verwirrende Feld der Problemdiskussionen dargestellt. Er schreibt zusammenfassend (S. 116): «Granitische Magmen sind verschiedener Herkunft. Sie entstehen hauptsächlich durch Teilschmelzung von Gesteinen der ozeanischen Kruste oder – in der kontinentalen Kruste – von metamorphen Sedimentgesteinen. Granite sind damit immer als Extrakte aus älteren Gesteinen oder als Umwandlungsprodukte von solchen anzusehen. Von den verschiedensten Möglichkeiten der Entstehung granitischer Magmen kommen in ältesten Zeiten nur diejenigen in Betracht, bei denen Granit als Extrakt aus basaltischem Ausgangsgestein entsteht. Vor allem die Teilschmelzung versenkter ozeanischer Krusten wird gegenwärtig als Vorgang angesehen, der ausreichende Quantitäten granitischen Magmas liefern kann.»

Daraus ergeben sich wieder zahlreiche Fragen, zu denen verschiedenene Modelle Teilaspekte behandeln. Auch hier geht es mir in keiner Weise um Kritik an Wolfhard Wimmenauer, dessen präzise, phänomenologisch einleuchtende und didaktisch hervorragende Darstellungen ich nur empfehlen kann; sondern es geht mir um die Problematik der Genesemodelle! Bei den beiden angenommenen Bildeprozessen des Granits – aus dem Basalt und aus Sedimenten – müsste sich vor allem **Quarz** angereichert haben, denn der Kieselüberschuss bildet den Hauptunterschied zum Basalt und zwischen kontinentaler und ozeanischer Kruste. Wieso käme der unterkieselte Basalt überhaupt dazu, Quarz abzugeben? Warum haben sich nicht auch auf dem Mond und den anderen Planeten Granite aus Basalt abgelagert? Selbst mit plattentektonischen Modellen bliebe die Frage, wieso an den mittelozeanischen Rücken, wo sich der Quarz hätte anreichern müssen, gerade kieselärmere Basalte aufsteigen. Warum findet man in den Basalten der Ozeanböden keinen Quarzüberschuss? Warum wurde der durch den Verwitterungsprozess angereicherte Quarz bei der Subduktion von den basaltischen Schmelzen nicht wieder aufgenommen?

Aber auch die Herkunft der anderen Substanzen, die dem Basaltischen fehlen, ist weitgehend offen; das betrifft besonders das Kalium der Alkalifeldspäte, den Kohlenstoff der Organismen, ja das Leben selbst und vieles andere, was über der globalen Basaltschicht in Granit-, Wasser-, Bio- und Lufthülle existiert. Wie sollte sich ein **Wassergehalt** nur im Granit, nicht aber im Basalt angereichert haben, der ja wasserfrei ist? Wieso hat sich zwischen Basalt und Granit, so gut das erfassbar ist, die deutliche Grenzfläche der Conrad-Diskontinuität gebildet, obwohl nach experimentellen Untersuchungen ein Absaigern entsprechend dem spezifischen Gewicht unter dem hohem Druck dieser Tiefen nicht möglich ist?

Nimmt man die in diesem Kapitel erwähnten Vorstellungen hinzu, ergeben sich die heute **wichtigsten Modelle**, wie Granite entstanden sein könnten. Dabei würden einerseits mehrere Vorgänge zusammenwirken; andererseits manche einander ausschließen. Granit könnte sich demnach gebildet haben

- durch primäre Trennung und Entmischung aus dem basaltischen Erdmantel, und zwar nur in der Erdurzeit («Kristallisations-Differenziation»);
- durch Differenziation eines ursprünglichen, tonalitischen Mischmagmas in absinkendes basaltisches und aufsteigendes granitisches Magma («Gravitations-Differenziation»);
- durch Aufschmelzung sedimentärer Gesteine bis zum Gneis, hauptsächlich durch höhere Temperatur und Druck («Diatexis, Anatexis, Palingenese»);

- durch Umbildung der Minerale von Gneisen oder Sedimenten, ohne Schmelzung, im festen Zustand, aber auch durch höhere Temperatur und Druck («Granitisierung in situ»);
- durch Zufuhr der jeweils fehlenden Substanzen in heiß-flüssigem Zustand, hauptsächlich von Alkalien in bestehende Gesteine («Metasomatose + Na-K-Metablastese, Autometamorphose»);
- durch Abwandern von Teilschmelzen, vor allem Alkalifeldspat und Quarz aus angeschmolzenen Gneisen («Metatexis»).

Auf das Problem einer kontinentalen **granitischen Unterkruste** muss noch eingegangen werden, weil die Modelle der teilweisen Aufschmelzung oder/ und der isochemischen Umkristallisation in Wärmekuppeln (s. S. 300) im Widerspruch stehen zur Verbreitung von Graniten in kontinentalen Schilden. Je tiefer Gneise im Grundgebirge angeschnitten sind, je älter sie also sind, desto mehr werden sie von Graniten durchsetzt. Alle alten Kontinentalschilde zeigen sowohl großflächige Granitareale als auch zahlreiche Granitgänge im Gneis, die auf unterlagernde Granite hinweisen. In Finnland z.B. stehen oberflächlich an: 52% Granit, 25 % Gneis, 10% Schiefer und 13% andere Gesteine, aber kaum Basalte. Aus den Aufschmelzungsmodellen ergäbe sich aber, dass die Granite nur in örtlich begrenzten Wärmekuppeln innerhalb der Gneiskruste der Kontinente entstehen und dann nach oben aufdringen. Die kontinentalen Sockel bestünden vorwiegend aus Gneis, welcher an der Conrad-Diskontinuität direkt auf der Basaltschicht läge. Wenn eine durchgehende Granitschicht fehlt, müssten dann nicht vor allem Basaltgänge die Gneise durchschlagen? Diese finden sich jedoch gehäuft in tiefer angeschnittenen Granitgebieten wie der Lausitz oder im Zusammenhang mit Tiefenbrüchen. Die Schwierigkeit, den Granit unter dem Gneis direkt nachzuweisen, liegt auch darin, dass beide in einigen Kilometern Tiefe durch die Seismik nicht mehr getrennt werden können, weil sie geophysikalisch zu ähnlich sind, während die Granit-Basalt-Grenze deutlich herauskommt. Betrachtet man Tiefenprofilschnitte verschiedenster Autoren und Weltgegenden, so wird meistens eine durchgehende Granitschicht dargestellt, es sei denn, es werden die Modelle der Teilaufschmelzung behandelt. Ein kontinentales Granitstockwerk zwischen dem Gneis- und Basaltstockwerk ist ein wichtiges Phänomen in der frühen Entwicklung der Erde (Abb. 77, S. 209; Abb. 82, S. 219). Bereits Goethe wandte sich dagegen, den Granit als abgeleitet und den Gneis als das Ursprüngliche anzusehen (Goethe 1994, S. 76).

Experimentelle Petrologie

Laborversuche mit heißen wässrigen Lösungen und Schmelzen von Gesteinen wurden bereits um die Mitte des 19. Jahrhunderts begonnen. In den 50er bis 70er Jahren des 20. Jahrhunderts wurde besonders unter H. G. F. Winkler, W. Eitel und V. M. Goldschmidt systematisch erforscht, wie sich natürliche und künstliche silikatische Vielstoffsysteme in Hochdruckautoklaven verändern. Dabei wurden reine Substanzen verwendet und beobachtet, wie sich die Minerale im Grenzbereich zwischen Schmelze und kristallisierendem Bodenkörper verhalten, wenn sich Temperatur, Druck oder Wassergehalt ändern. Es eröffnete sich ein weites Forschungsfeld, in dem sich sehr **komplizierte Zusammenhänge** zeigten. Die Mineralreaktionen wurden bis an ihre Grenzen verfolgt, wobei interessant ist, dass diese Grenzen nicht labormäßig apparativ, sondern prinzipiell sind (Schreyer 1965, S. 181). Ein geschmolzener Granit kristallisiert nicht wieder zu einem Granit, sondern erstarrt zu Schlacke. Das sei nur eine Frage der Zeit, wird gegengehalten. Alle Reaktionen sind stark zeitabhängig; jedes Mineral hat verschiedene Reaktionsgeschwindigkeiten, die sich aber weder absolut noch relativ auf die Natur übertragen lassen; jede Zustandsphase hat dabei ihre eigenen Verhaltensweisen und Stabilitäten; die Komponenten reagieren verschieden, je nach den Begleitstoffen; alle Reaktionen werden durch Wasser- und Kohlendioxidgehalte stark verändert; auch kristallographisch einfach gebaute Minerale verhalten sich in der Schmelze zum Teil unerwartet kompliziert; Gleichgewichte stellen sich, wenn überhaupt, nur sehr langsam ein, sodass nebeneinander Relikte, Mischkristalle, Auflösungsformen oder mehrere Bodenkörper mit verschiedener Zusammensetzung existieren; Modifikationen bleiben bestehen, die theoretisch nicht stabil sind; Silikate erweisen sich als besonders reaktionsträge; quarzverwandte Modifikationen wie Tridymit und Cristobalit, die experimentell bei hohen Temperaturen entstehen, finden sich in der Natur im niedrigthermalen Opal; das für Hochdruckmetamorphosen typische Mineral Disthen entsteht im Experiment auch bei niedrigem Druck; Tonminerale lassen sich im Versuch nicht in Serizit umwandeln; Quarz-Feldspat-Minerale trennen sich in der Schmelze nicht von dunklen Mineralen; sie reichern sich nicht zu Aggregaten oder Linsen an, was ein Grundphänomen der Kristallinen Schiefer ist, usw., usf.

Das Hauptproblem der Experimente sind die zahlreichen **Ungleichgewichte** – entgegen der oben erwähnten Grundannahme, dass bei den Mineralen der «vorschreitenden Metamorphose» stets das Reaktionsgleichgewicht erreicht würde (s. S. 296). Können die Ergebnisse aus kleinsten Versuchsmengen auf kilometermächtige Gesteinspakete extrapoliert werden? Wie könnten die gegenseitigen Einflüsse der insgesamt etwa zehn Hauptkomponenten ermittelt werden, wenn immer nur zwei oder drei Komponenten in ihren gegenseitigen Einflüssen überschaubar und darstellbar sind? Welche katalytischen Wirkungen haben seltene Beimengungen, wenn man nur reine Stoffe exakt untersuchen kann und schon da große Schwierigkeiten bestehen? Stoffbilanzen sind prinzipiell nicht möglich – im Experiment so wenig wie bei den schon erwähnten Modellen der Stoffzufuhr. Die Vielzahl der Variablen macht es umöglich, die chemischen oder die Temperatur/Druck-Bedingungen der faziestypischen Minerale exakt herzustellen. Zeitliche Prozesse sind prinzipiell nicht vergleichbar. Ein Gestein ist zu komplex, die meisten Faktoren in der Natur sind unbekannt und wirken derart ineinander, dass die Versuche letztlich solange modifiziert wurden, bis die Ergebnisse den Beobachtungen an den Gesteinen möglichst nahekamen. Daraus wird dann rückwärts geschlussfolgert, dass der natürliche Vorgang etwa so abgelaufen sein könnte. Daher ist verständlich, dass auch in den Fachbüchern die Experimente und die Gesteine als ganz verschiedene Dinge dargestellt werden und nicht einfach aufeinander bezogen werden können. Nach den großen Hoffnungen, die in der Mitte des 20. Jahrhunderts auf die experimentelle Petrologie gesetzt wurden, ist es um sie ruhig geworden; es bleibt im Fachbereich bestenfalls eine gewisse Skepsis.

Was ist Magma?

Magmatische Gesteine sind danach benannt, dass sie aus einem Magma erstarrt sind. Das Wort *Magma* bedeutet im Griechischen *geknetete Masse* und meint heute eine flüssige, von unten aufdringende Gesteinsmasse. Beobachtbar sind bestenfalls Lavaströme, an die auch meistens gedacht wird. Der Begriff beinhaltet aber nur den **Zustand**, unabhängig von der Substanz. Ein Magma kann granitisch, porphyrisch oder basaltisch sein. Damit werden aber die Vorstellungen von Lavaströmen im Grunde auch auf «granitische Magmen» übertragen. Das zeigt die anhaltende Diskussion darüber, wie man sich die Platznahme einer Granitintrusion in der Tiefe vorstellen könnte: durch aktives Aufdringen, durch tektonische Krustendehnung, durch Hinaufschmelzen mit Wärmekuppeln oder Ähnliches. Da die Granite in den höheren Anschnitten scharf gegen den Gneis oder andere jüngere Gesteine darüber angrenzen, war es naheliegend, sich einen relativ zur Umgebung flüssigeren Zustand vorzustellen. Ähnlich wurde beim Quarzporphyr an flüssige Ergüsse gedacht, bis das Ignimbritproblem (s. S. 320) auftauchte und man versuchte, sich Schmelztuffe vorzustellen. Andererseits wären saure Schmelzen so zähflüssig, dass sie überhaupt nicht lavaartig fließen könnten, schon garnicht unter dem hohem Druck in den vorgestellten Tiefen. Daher wird dort auch ein quasi fester Zustand angenommenen. Aus all dem ist es nicht möglich, sich unter dem Begriff des «granitischen Magmas» etwas vorzustellen. Selbst für basaltische Massen kann nicht gesagt werden, in welchem Zustand sie sich in einem Magmaherd bei hohem Druck oder gar in der Basaltschicht (s. S. 416) befinden, weshalb auch für sie der Magmabegriff ungeeignet ist, den Zustand näher zu charakterisieren; eher wird umgekehrt am Lava die Vorstellung vom Magma gebildet.

Der Petrograph Wegmann (1935, S. 343) schilderte drastisch, wie der **Magmabegriff** zustande kam: «Als man erkannte, dass viele kristalline Gesteine als Schmelzflüsse in andere starre Gesteine eingedrungen seien, wurde das Material in diesem, seinem Rahmen gegenüber bildsameren Zustand als Magma bezeichnet. Da die Bestandteile als geschmolzen betrachtet wurden, legte man ihm hohe Temperaturen bei. Da man weiter annahm, dass alle

Schmelzflüsse aus der Tiefe kämen, wurde mit dem Begriff Magma verbunden, dass es etwas sei, das aus großer Tiefe komme. Nach und nach legte man ihm auch chemische Eigenschaften bei, als man nämlich erkannte, dass sich der Chemismus in den Intrusivgesteinen innerhalb gewisser Grenzen hält. Aus dieser Begrenzung wurde wieder auf einen einheitlichen Ursprung geschlossen.»

So bezeichnet das Wort «Magma» unscharfe Vorstellungen von Zuständen, die man nicht kennt; es impliziert ungesicherte Genesemodelle und wird für völlig verschieden reagierende Substanzen, wie heißflüssige Basalte oder plastische Granite, benutzt. Deshalb würde ich vorschlagen, den Magmabegriff überhaupt zu vermeiden. Ich weiß, dass ich hier ein Messer an eine heilige Kuh lege, wenn ich den Magmabegriff mit allen seinen Ableitungen infrage stelle. Statt von magmatischen Gesteinen oder Magma zu sprechen, sollten besser die Massen, die zu Gesteinen kristallisieren, direkt benannt werden: als granitisch, basaltisch, andesitisch oder peridotitisch,. Um die flüssig-weichen Zustände entstehender Gesteine zu bezeichnen, die in feste übergehen, würde sich wesentlich besser Goethes genetisch neutraler Begriff der Solideszenz eignen, des Solide-Werdens (s. S. 199). Er würde einen Prozess bezeichnen, Magma hingegen ein Ding- oder eigentlich ein Unding. Die Begriffe Solideszenz und Porphyrartig im Sinne Goethes (s. S. 198 u. S. 199) ließen sich dagegen auch für Werdeprozesse des Lebendigen anwenden.

Überleitung zu den Entstehungsprozessen

Ich bin nun mit meinen Darstellungen an dem Punkt angekommen, wo die **Blickrichtung** sich ändert; in den weiteren Kapiteln soll darauf geschaut werden, wie Erde und Mensch sich gemeinsam entwickelten. Wir gingen in den ersten Kapiteln von den Phänomenen aus, welche die Gesteinsfolgen in der Erdkruste zeigen. Die Frage nach der Entstehung führte zunächst zur Problematik der «metamorphen Gesteine». Dass hier so viele Fragen offen bleiben, beruht meines Erachtens darauf, dass versucht wird, die substanzielle Herkunft der kristallinen Gesteine unter der Voraussetzung eines materialistischen Weltbildes zu erklären. Es wird ganz selbstverständlich von einer Kosmologie ausgegangen, welche die toten Stoffe des zerfallenen, kosmischen Staubes an den Anfang setzt und bei der das Leben zufällig hinzukommt.

Das ist jedoch nicht der Grund dafür, dass ich dazu gekommen bin, eine «Regionalmetamorphose» abzulehnen; er ist auch nicht darin zu suchen, dass ich etwa die verschiedenen Lösungsansätze oder Phänomene zu wenig kennen und aus der Geisteswissenschaft heraus etwas anderes bevorzugen würde; sondern gerade wenn man sich in die Details der Modelle hineinarbeitet und sie untereinander und an verschiedenen Phänomenen vergleichend anzuwenden versucht, erkennt man ihre Problematik. Auf dem Niveau der Populärwissenschaft ist die Welt noch heil. Im Spezialfall werden die zahlreichen Fragen mit Modellen zu Teilaspekten zu beantworten versucht, welche, an andere Phänomene herangetragen, weitere Fragen und wieder neue Modelle hervorrufen. Die eigentlich gesuchte Erklärung der Ursachen einer Mineralparagenese verschwimmt in der kontrovers diskutierten Vielfalt möglicher Modelle. Nimmt man dagegen die gründlichen Gesteinsbeschreibungen einer soliden, sich auf die Phänomene beschränkenden Petrographie hinzu, wie dies z.B. Wimmenauer 1985 tat, fühlt man sich auf sicherem Boden und meint, in einer völlig anderen Welt zu sein, die ja eigentlich durch die chemischen Reaktionen, Druck/Temperatur-Berechnungen, Schmelzversuche etc. ursächlich erklärt werden sollte. Je genauer man die Vorstellungen durchdenkt, desto mehr bleibt nur die Beschreibung der Phänomene übrig. Und dort ist die Stärke und Aufgabe der materialistischen Naturwissenschaft! Sie hat da ein Fundament gelegt – auf dem auch dieses Buch beruht – und auf dem durch die Geisteswissenschaft ergänzend die hinter den Phänomenen liegenden Fragen der Werdeprozesse behandelt werden können. Erst da werden die grundlegenden Unterschiede in den Voraussetzungen der Weltbilder relevant. Wenn das Schmelzverhalten gewordener Minerale untersucht wird, um die Entstehung zu begreifen, dann setzt man bereits voraus, dass Schmelzen den natürlichen Entstehungsprozessen zugrunde liegen. Kann man wirklich von chemischen Elementen, von Gleichgewichtsreaktionen oder heutigen kristallisierten Mineralen ausgehen, um direkt auf die Werdeprozesse zu schließen?

Wäre das vergleichsweise vielleicht so, als wolle man vom fertigen Knochen ausgehen, um die embryonale Physiologie aus Schmelzversuchen zu ermitteln? Wären vielleicht Übergänge von kolloidalen Zuständen in feste und kristalline eher adäquat und vergleichbar?

Für den «Kreislauf der Gesteine» ergibt sich, dass er sich teils auf Beobachtung gründen lässt, teils nur gedanklich erfasst werden kann. Während der Übergang vom Granit über die Verwitterung zum Sediment beobachtet werden kann, entzieht sich der Weg vom Sediment zum Gneis und Granit prinzipiell der Beobachtungsmöglichkeit. Er kann nur ein auf Stoffberechnungen beruhendes Modell bleiben; fehlende Substanzen werden hinzugedacht; Experimente zeigen andere Ergebnisse; Mineralübergänge fehlen usw. Der fragwürdige Aspekt dieses Kreislaufes ist, dass die mechanistische Betrachtungsweise aus ihrem Gebiet der physiko-chemischen Gesetzmäßigkeiten, wo Kreisläufe oder umkehrbare Reaktionen beobachtet werden können, auf die Entwicklung der Erde angewandt wird. Im Lebendigen dagegen gibt es Evolution und keine Kreisläufe! Selbst wenn sie in der Geologie nicht streng als Wiederholung des Gleichen gedacht werden, schließen sie doch die Betrachtung der Erde als lebendiges Wesen ebenso aus wie den Gedanken, dass die kristallinen Gesteine aus Lebensprozessen abgesondert sein könnten. An dieser Stelle liegt der entscheidende, prinzipielle Unterschied zwischen der irreversiblen Evolution des planetarischen Lebewesens Erde und einem chemisch-physikalisch gedachten «Kreislauf der Gesteine» (s. S. 207).

In den folgenden Kapiteln dieses Buches wird versucht, die Entstehung der Gesteine zu behandeln, wie sie sich mir aus dem Umriss der geisteswissenschaftlichen Forschungsergebnisse Rudolf Steiners ergeben hat. Dazu werden zuerst besonders typische Phänomenfolgen im Granitischen beschrieben, welche Bilder beitragen können für eine Beantwortung der drei Fragen nach den Zuständen zwischen flüssig und fest, den porphyrartigen Gestaltungsprozessen und nach dem Charakter möglicher Lebensvorgänge beim Werden kristalliner Gesteine. Grundlage dafür bildet einerseits der Aufbau der Erdkruste in Mitteleuropa und andererseits die Entwicklung des Menschen, wie sie am Anfang des Buches dargestellt wurden.

Sonderungen im Granitischen

Kugelgranite

In den meisten Graniten sind die Minerale relativ gleichmäßig zueinander angeordnet, sie sind gleichkörnig; im Handstück haben die beiden Feldspäte, die beiden Glimmer und der Quarz ähnliche Größen (Abb. 85 – 88, S. 221). Im Aufschluss oder innerhalb größerer Gebiete schwanken die relativen Mengen der Minerale jedoch, sodass an jedem Ort ein anderes Verhältnis besteht. Jedes Mineral kann sich aber einzeln oder mit den anderen noch weiter heraussondern, bis hin zu seiner individuellen Gestalt und reinsten Substanz (Abb. 83, 84, S. 221; Abb. 171, 172, S. 315). Die Sonderung wurde auch hier auf verschiedenen Stufen durch Verhärtung und Kristallisation festgehalten. Aus der Folge dieser Bilder lässt sich der Werdeprozess ablesen.

Der Kugelgranit ist ein erstes Beispiel, bei dem sich die Minerale nicht gleichmäßig getrennt, sondern in einer bestimmten Form angeordnet haben (Abb. 165 – 170). Diese Kugelformen sind zwar relativ selten, sie sind aber besonders symptomatisch, sodass sich an ihnen leicht Vorstellungen über die Zustandsformen bilden lassen, aus welchen granitische Massen fest geworden sind. Bisher wurden weltweit ca. 150 Fundorte bekannt, wovon die Hälfte allerdings umgelagerte Lesesteine sind. Die meisten primären Vorkommmen wurden aus Finnland und Schweden beschrieben. Die Areale sind meist nur wenige hundert Meter groß. Kugelschalig abgesonderte Minerale finden sich außer in Granitoiden auch in grobkörnigen Basaltoiden, Quarzporphyren und Andesiten. Zwischen dem Gestein und der Kugelbildung ist kein direkter ursächlicher Zusammenhang zu erkennen, weder im Chemismus noch im Mineralgehalt noch zwischen Kugel-Kern und -Schale. Das die Kugeln umgebende kristalline Gestein ist mehr oder weniger richtungslos gleichkörnig. Die Kugeln mit einem Durchmesser im Zentimeter- bis Dezimeterbereich heben sich in ihrer Farbe und dem schaligen Aufbau deutlich vom Nebengestein ab. Sie lassen sich jedoch meist nicht wie Gerölle herauslösen, da sie mit ihrer Umgebung im gemeinsamen Kristallgefüge verzahnt sind. Gute Übersichtsdarstellungen geben z.B. Leveson (1966), Elliston (1984) oder Meyer (1989). Im Folgenden

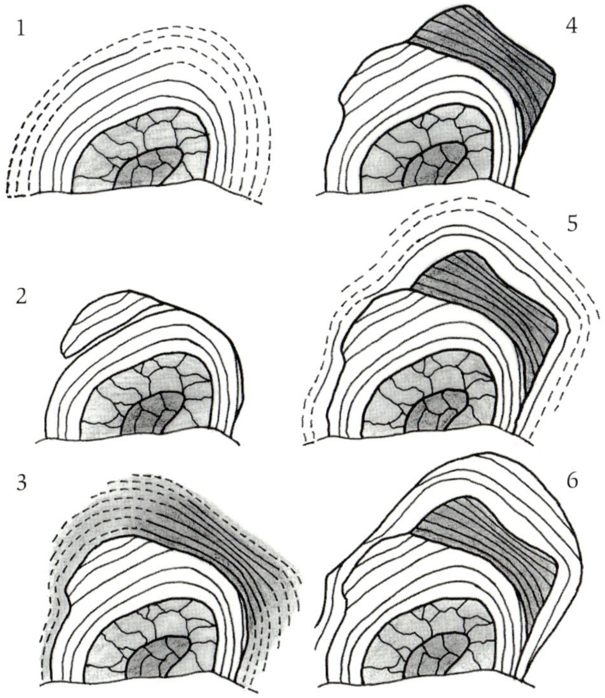

Abb. 164: Rekonstruktion des möglichen Werdeprozesses beim Kugelgranit von Poikelus der Abb. 165. Die nähere Beschreibung im Text.

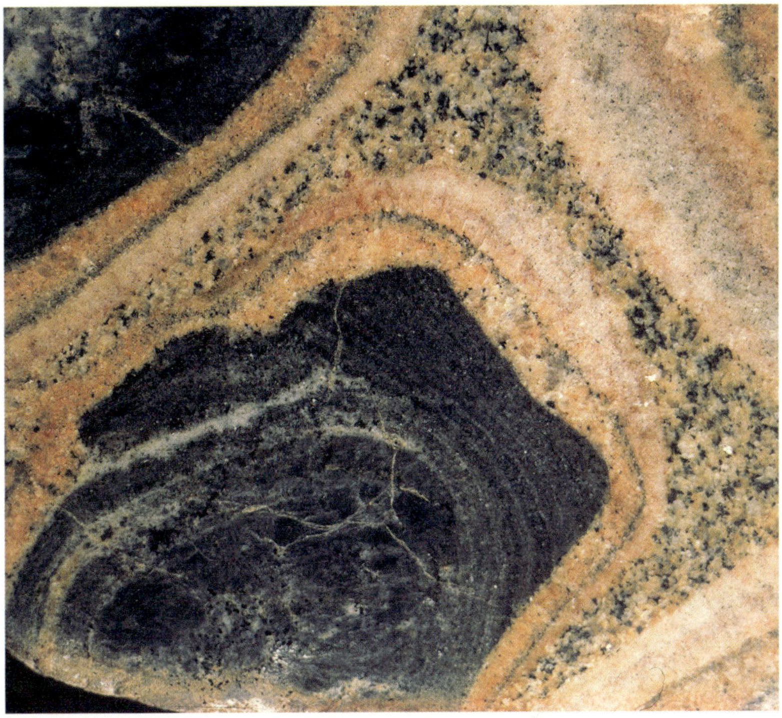

Abb. 165: Teil einer Kugel aus dem Kugelgranit von Poikelus/Kuru im mittleren Finnland mit mehreren Generationen angelagerter und wieder abgelöster Granitschalen. Bildbreite 12 cm.

werden drei unterschiedliche Beispiele aus Finnland genauer beschrieben: Poikelus, Kangasala und Virvik.

Die Bilder zeigen einen Kugelgranit von **Poikelus**/Kuru in Mittelfinnland. Die Kugeln bestehen aus einem hellen granitischen Kern, der in eine erste dunkelgraue Zone mit mehreren Schalen übergeht. Darum herum legen sich ein bis zwei rötlichorange Schalen, die sich ebenso deutlich von der inneren Zone wie von dem kleinkörnigen Granit der Grundmasse abheben. Der Kern besteht aus weißem Plagioklas und Quarz mit Hornblende, die in Biotit übergeht, sowie Magnetitkörnern und wenig Alkalifeldspat. Er geht in cm-dicke Schalen aus Plagioklas und Magnetit über, wobei die radialen Feldspatkristalle kegelförmig miteinander verzahnt sind. Darüber liegt eine dunkle Zone mit sehr feinrhythmischen Lagen aus viel Biotit, Magnetit und Quarz. Davon scharf abgegrenzt legt sich nach außen die Zone mit ein bis zwei hellrötlichen Schalen aus Alkalifeldspäten mit etwas Quarz und Biotit. Sie werden durch eine dünne biotitreichere Lage voneinan-

Abb. 166: Ein Detail aus der Kugel von Abb. 165 zeigt, wie die Feldspatkristalle der äußersten Schale mit denen der umgebenden granitischen Grundmasse verzahnt sind, also gemeinsam kristallisierten. Bildbreite 2,5 cm.

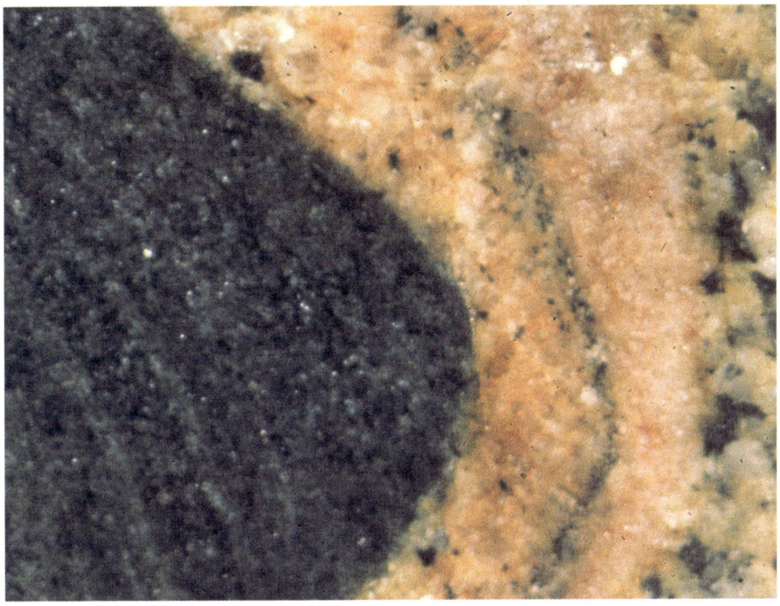

der getrennt. Die innere Feldspatlage ist etwas gröber, die äußere feinkörniger. Die Korngrößen nehmen also sowohl in der inneren, als auch in der äußeren Feldspatzone von außen nach innen zu. Das weist darauf hin, dass die Verhärtung der Kugeln in gleicher Richtung verlaufen ist, denn die rascher verhärtenden äußeren Bereiche ermöglichten nur noch kleinere Kristalle, die inneren blieben länger weich, wodurch größere Kristalle entstehen konnten. Feine Risse, die nur im Gebiet der dunklen Schalen auftreten, zeigen, dass dieser Bereich bereits bruchfest und der Kern noch weich war, als sich die äußeren Alkalifeldspatschalen anlagerten.

Dieser Aufbau der Schalen ist nicht bei allen Kugeln von Poikelus vollständig ausgebildet. Teilweise sind die äußeren feinkörnigen Alkalifeldspatlagen resorbiert und Schalen der inneren Feldspat-Hornblende-Zonen abgelöst, über deren gerundete Bruchflächen sich die folgenden Schalen legen. Aus diesen Verhältnissen lässt sich der vermutliche Werdegang einer solchen Kugel rekonstruieren. Am Beispiel Abb. 165 z.B. wurden dreimal neue Schalen angelagert (Zeichnungen Abb. 164, 1, 3 und 5) und ebenso oft wieder teilweise zerstört (Zeichnungen 2, 4 und 6). Die gerissenen Linien deuten die Schalenbereiche an, welche anschließend wieder resorbiert wurden. Da sich jedesmal anders aufgebaute Schalen angelagert haben, kann man annehmen, dass die Kugeln jeweils in ein anderes granitisches Bildungsmilieu umgelagert wurden, in dem ältere Schalen resorbiert und neue angefügt werden konnten. Bewegungen sind durch Fließformen in der Grundmasse an anderen Stellen belegt. Die Schalen müssen in jeder Phase schon eine solche Festigkeit erlangt haben, dass Schalenteile als Stücke abbrechen konnten.

Die äußerste Schale ist gegen die granitische, gleichkörnige Grundmasse nicht scharf abgegrenzt, wie das bei Geröllen in Konglomeraten der Fall wäre, sondern die Kristalle sind von beiden Seiten ineinander verzahnt (Abb. 166). Das zeigt, dass das gesamte Gestein erst durchkristallisierte, nachdem die Kugeln schon geformt und verhärtet waren. So sind vermutlich Verhärtung und Kristallisation des gesamten Gesteins unterschiedlich rasch verlaufen, zuerst in den Kugelschalen und dann im umgebenden Granit und im Kern. Stellenweise wird das gesamte Gestein noch zusätzlich von Gängen eines mittelkörnigen Granits durchschlagen. Ihre geraden Grenzflächen zeigen, dass das gesamte Gestein bereits verhärtet war, als es zerbrach. Die Kristalle des Ganggranits sind aber ebenso mit dem Kugelgranit verzahnt wie die Kugeln mit der Grundmasse. Auch hier gingen die Verhärtung und die Bruchbildung der verzahnenden Kristallisation voraus. Diese Unterschiede führen uns zum Verständnis des Werdeprozesses.

Ein weiteres Beispiel zeigt einen Kugelgranit aus **Kangasala**. Der Kern ist unregelmäßig begrenzt und besteht aus parallelen Lagen von Quarz-Glimmer und Quarz-Feldspat. Es ist das Stück einer abgebrochenen Schale einer anderen Kugel – so wie das beschrieben wurde (Abb. 165, Abb. 169, S. 313). Solche Kerne wurden auch als Bruchstücke aus angrenzenden Gneisen gedeutet (Leveson 1966, Hesemann 1975, Schad 1981) oder als *basische Schlieren* bezeichnet, nur weil im Schalenbereich Glimmer und Plagioklas überwiegen. Derartige Schlieren hätten andere Formen; es fehlen nahe Kontaktgrenzen, und an einigen Kugeln sind abbrechende Schalenteile zu sehen, die von neuen Schalen umkleidet wurden. Der Prozess ist vergleichbar mit dem, der bei den Kalkoolithen beschrieben wurde (Abb. 148, S. 262).

Dieser Kern wird eingehüllt durch eine Feldspatlage, welche die unregelmäßige Begrenzung ausgleicht und deren Kristalle senkrecht zur Grenzfläche orientiert sind. Die folgende Schale wird aus verschieden breiten Lagen von Quarz-Glimmer und Quarz-Feldspat gebildet. An einer Stelle ist die Schale durchbrochen, und die Bruchstelle wird von einem gleichkörnigen Granit ausgefüllt. Daran können die Festigkeitsverhältnisse zwischen Kern, Schale und Umgebung gut abgelesen werden. Die Schale muss schon bruchfest gewesen sein, als sie

Abb. 167: Kugelgranit aus Kangasala in Finnland. Granitische Schalen ummanteln ein abgebrochenes Schalenbruchstück. Die Schalen sind durchbrochen, und die Bruchstelle ist von granitischer Masse erfüllt. (Sammlung Gerhard Wolber, Stuttgart.)

Abb. 168: Kugelgranit aus Kangasala in Finnland. Die Kugeln befinden sich in verschiedenen Stadien der Auflösung zu einem gleichkörnigen Granit hin. Das Korngefüge der Kristallisation überprägte zunehmend die Kugelformen und löschte sie aus. Die Verhärtung hielt den Prozess auf verschiedenen Stufen fest, durch deren Vergleich er insgesamt rekonstruiert werden kann.

~ 1 cm

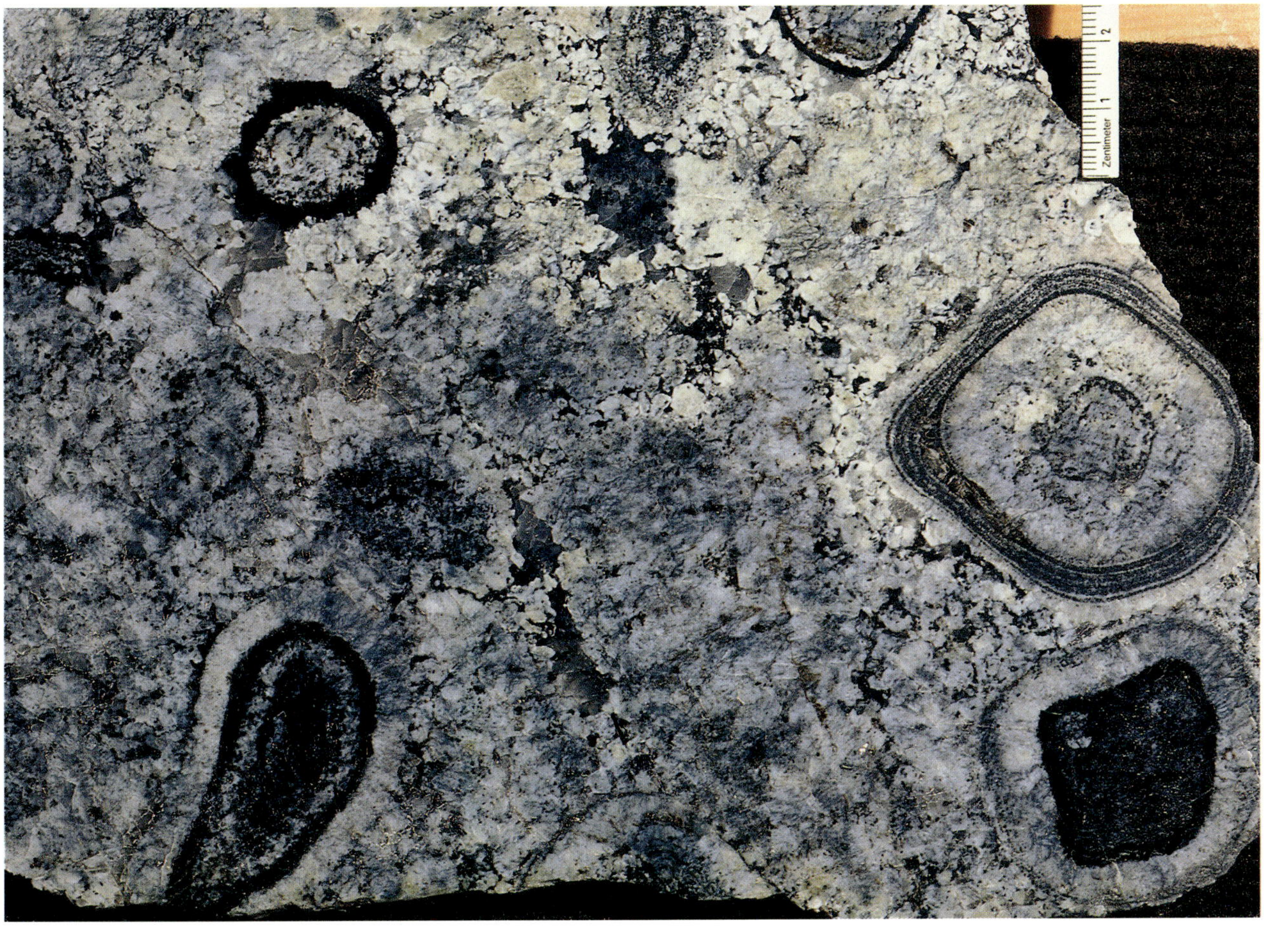
Zentimeter
1
2

aufgelöst wurde, der Kern jedoch fest, die innere Feldspatschale noch weich, aber etwas fester als die eindringende Masse. Das Kristallgefüge der Minerale in allen Bereichen ist auch bei diesem Beispiel eng ineinander verzahnt und zeigt damit wiederum, wie die Kristallisation erst relativ später als die Verhärtung eintrat.

Bei den kleinen Kugeln der Abb. 168 von einem anderen Fundplatz in Kangasala wurde zunächst ein heller Plagioklas-Biotit-Kern gebildet. Darum lagerte sich eine dunkle, biotitreiche Schale mit viel Monazit an, dann eine relativ dicke Plagioklasschale, die jetzt radial kristallisierte, und zuletzt außen Biotit- und Plagioklas-Biotit-Schalen im feineren Wechsel. Die verschiedene Breite der Schalen im Bild ist ebenso durch den Anschnitt bedingt wie die dunklen Kerne dort, wo die erste Schale angeschnitten wurde. Einige Kugeln erscheinen teilweise angelöst, andere weiter zersetzt, bis dahin, dass die Kugelstruktur fast unkenntlich geworden ist. Indem das Gestein verhärtete, wurde die weitere Auflösung beendet. Werden die verschiedenen festgehaltenen Stadien verglichen, kann der Entwicklungsprozess insgesamt rekonstruiert werden. Die Auflösung dürfte in einem anderen Milieu geschehen sein als die Kugel-Bildung. Das legt nahe, dass auch hier die Kugeln in eine etwas andere granitische Grundmasse umgelagert wurden. Die Mineralkörner sind wiederum unabhängig von den Grenzen der Kugelformen kristallisiert. So lassen sich fünf Vorgänge unterscheiden; ihre Folge zeigt, wie die Kugeln gebildet, umgelagert und aufgelöst wurden und dann das Gestein verhärtete und kristallisierte.

Man kann an diesem Beispiel den Übergang vom Kugelgranit zum normalen gleichkörnigen Granit ablesen. Wäre es vielleicht eine Frage der Erhaltung und nicht der unbekannten Entstehungsbedingungen, dass die Kugelgranite so selten zu finden sind? Könnte die kugelige Struktur die ursprüngliche der Granite sein: aus der Verhärtung hervorgegangen, dann aber meistens wieder aufgelöst und durch die anschließende Kristallisation überprägt und gelöscht? Betrachtet man von diesem Blickpunkt aus größere Flächen geschliffener Granite, so deuten sich viele Bereiche an, in denen gerade die Glimmerminerale bogenförmig angeordnet sind, als wären sie Reste aufgelöster Kugelschalen.

Das dritte Beispiel, ein Kugelgranit von **Virvik** (Abb. 169), scheint zunächst anders aufgebaut zu sein. Bei genauerer Betrachtung zeigt sich jedoch eine sehr ähnliche Entstehungsgeschichte. Der Kern der Kugeln ist mittelkörnig, enthält Plagioklas, daneben Biotit und Quarz. Um den Kern lagert sich eine feinkörnige, 5 – 10 cm dicke Schalenzone mit 40 – 50 dünnen, rhythmisoh wechselnden Schichten von hellem, glimmerarmem Plagioklas-Quarz und dunklem Biotit; mitunter auch rötlichem Alkalifeldspat. Die äußeren Lagen fehlen teilweise; gerade auch da, wo sich Kugeln berühren, als wären sie hier angelöst worden. An einigen Kugeln können größere Schalenstücke abgebrochen sein.

Die Kugeln sind eingebettet in einen mittelkörnigen Granit mit Alkalifeldspat, Plagioklas, Quarz und Biotit. Er ist an den Kugeln heller und feldspatreicher, während zwischen den Kugeln dunklere, biotitreiche Schlieren erhalten sind, die teils parallel strukturiert sind, als wären sie aufgelöste Schalenreste. Wo die Kugeln sich berühren, haben sie sich gegenseitig deutlich deformiert; auch sind sie vielfach parallel zu ihren Längsachsen eingeregelt wie in Fließrichtung. Das gesamte Gestein wurde zuletzt erneut zerbrochen, teilweise angelöst und in einem grobkörnigen Granit ähnlicher Zusammensetzung eingebettet. Die Mineralkörner der Kugeln, der Grundmasse und des grobkörnigen Granits sind wiederum durch Kristallisation eng verzahnt, unabhängig von den Kugel- und Bruchstrukturen der Verhärtung. Insgesamt können so drei Phasen der Verhärtung und Wiederauflösung unterschieden werden, bevor die Kristallisation alles überprägt hat.

Ein viertes Beispiel zeigt den **Rapakivigranit**. Er ist hauptsächlich im südlichen Finnland, auf den Åland-inseln und bis nach Estland verbreitet und kommt häufig in norddeutschen Geschieben vor. Die Kugeln bestehen aus einem meist elliptischen Kern von bräunlichem Alkalifeldspat. In manchen Kernen können schalige Zonen mit Körnchen von

Abb. 169: Kugelgranit aus Virvik in Finnland mit granodioritischem Kern und feinlagigen, glimmerreichen Schalen.

Abb. 170: Rapakivigranit aus Wyborg, nordwestlich von Sankt Petersburg, mit rötlichen Alkalifeldspat-Kugeln, von denen einige mit einer graugrünen Plagioklas-Schale eingehüllt sind, eingebettet in eine granitische Grundmasse aus dunkelgrauem Quarz, rötlichem Alkalifeldspat, schwarzem Biotit und Hornblende.

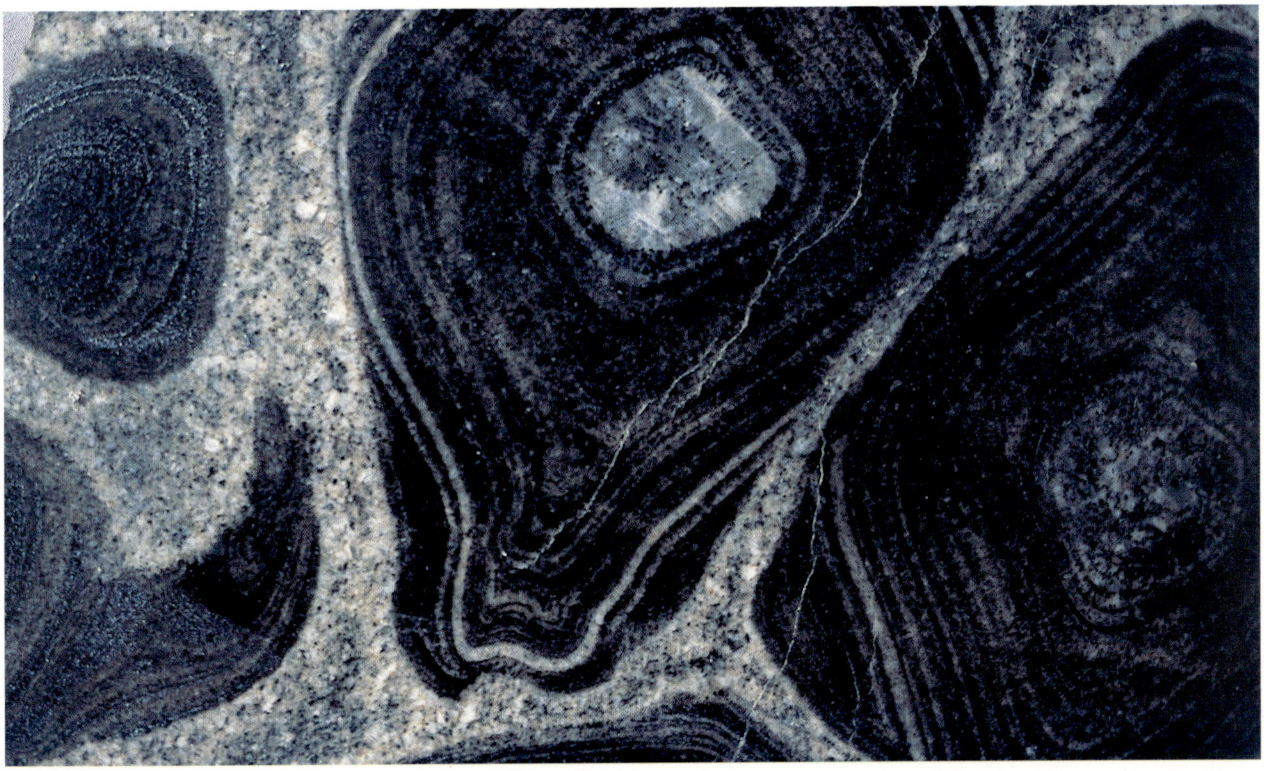

~1 cm

Quarz, Hornblende und Biotit auftreten. Der Quarz ist andererseits auch in feinen Linsen im Feldspat entmischt. Um diese eiförmigen Alkalifeldspat-Kerne lagert sich eine grünlichgraue Schale von Plagioklas, die verschieden dick sein kann, öfter aber auch fehlt. Selten kommt es vor, dass zwei Kugeln von einem gemeinsamen Mantel umgeben werden oder mehrere Schalen ausgebildet sind. Die normale Ausscheidungsfolge der Feldspäte im Granit – erst Plagioklas, dann Alkalifeldspat – ist hier umgekehrt, also Alkalifeldspatkerne mit Plagioklasschalen. Das weist wieder auf geänderte Bildungsbedingungen hin. Erst wurden die Kugelkerne gebildet, dann umgelagert, dabei abgerundet und angelöst und dann in anderem Millieu die Plagioklasschalen aufgelagert. In der unregelmäßig kristallisierten granitischen Grundmasse sind gerundete, im Bild dunkelgrau erscheinende Quarze enthalten, die ebenfalls angelöst wurden. Wenn Kugeln einander berühren, kann eine von der anderen eingedrückt sein. Das alles sind meines Erachtens Bilder der Verhärtungs- und Lösungsprozesse.

Ausdruck der Kristallisation sind die Spaltflächen eines Karlsbader Zwillings, welche die Alkalifeldspäte der Kerne strukturierten. Diese Flächen haben die Kugeln glatt durchdrungen, unabhängig von Substanzunterschieden, dem inneren Schalenbau und der äußeren Kugelform. Das zeigt, dass sie zuletzt entstanden sind. Die Plagioklasschale besteht dagegen aus vielen einzelnen Kristallen. Sie ist wiederum mit der umgebenden granitischen Grundmasse verzahnt. Die Kugeln waren also noch nicht völlig verhärtet, als der umgebende Granit grobkörnig kristallisierte. Im umgebenden Granit können zwei Generationen Feldspat und Quarz unterschieden werden, jeweils eine frühere, eigengestaltige und eine spätere, fremdgestaltige. Die Rapakivigranite sind meist in feinkörnige, granulitische Gneise eingedrungen, welche ähnlich wie im Erzgebirge Linsen enthalten von Quarzit, Marmor, Kalksilikat, Amphibolit, Eisenerz und Serpentin. Mitunter sind Bruchstücke der umgebenden Gneise oder dunkle Schlieren mit Hornblende und Glimmer enthalten. Sie werden von anderen Graniten oder Gesteinsgängen durchschlagen.

Vergleicht man **zusammenfassend** die Phänomene, welche an diesen Beispielen beobachtet werden können bzw. die von mehreren hundert Kugelgranitvarianten beschrieben wurden, so finden sich nur wenige Grundbaupläne – trotz großer Unterschiede im Einzelnen. Kern, Schale und Grundmasse sind aus denselben gesteinsbildenden Mineralen aufgebaut und in der gleichen Ausscheidungsfolge entstanden, wie alle granitischen Gesteine, nur sind sie mengenmäßig und räumlich anders geordnet. Die Kugeln sind meist elliptisch; die Durchmesser liegen zwischen 2 und 5 cm bzw. zwischen 10 und 20 cm, bis maximal 40 cm. Sie können so dicht gedrängt auftreten, dass sie sich gegenseitig deformieren. Kleinere Kugeln sind auch mit Abständen im Nebengestein eingebettet. Zwischen dem Bau der Kerne und der Schalen besteht kein ursächlicher Zusammenhang, d.h. die Zusammensetzung der Kerne bedingt nicht die der Schalen.

Im **Kern** überwiegt bei den meisten Vorkommen der Feldspat, welcher entweder, wie im Rapakivigranit, größere Einzelkristalle bildet oder radialstrahlig angeordnete Kristallgruppen wie in den Kugelgraniten. In beiden Fällen können die Kristalle außen abgerundet sein, so dass elliptische Formen entstehen. Die Feldspäte im Kern enthalten oft Quarz, Glimmer und Erze. Auch abgebrochene Schalenteile können neue Kerne bilden. In den **Schalen** wechseln meist helle, feldspatreiche Lagen mit dunklen, glimmerreichen. Zu den Feldspäten kann Quarz hinzukommen, zu den Glimmern Hornblende und Magnetit, wobei die dunklen Minerale in den Schalen meist überwiegen. Die einzelnen Kristalle sind kleiner als im Kern; überhaupt kann die Korngröße von innen nach außen abnehmen. Bei dickeren Schalen sind dann die einzelnen Kristalle kegelförmig begrenzt, die Spitzen weisen zum Kern, auch sind die feldspatreichen Lagen vielfach radial kristallisiert, während die dunklen Glimmerlagen sich in konzentrischen Schalen anfügen. Die äußerste Schale ist gegen die umgebende Grundmasse zwar deutlich abgegrenzt; die einzelnen Kristalle jedoch – auch die des Kerns, der Schalen und der Grundmasse – sind eng verzahnt und ineinander kristallisiert.

Die Entstehung der Kugelgranite wird deutlicher, wenn sie mit anderen Folgen von Phänomenen zusammen betrachtet wird (s. S. 308 ff.), bei denen sich ebenfalls verschiedene Mineralgruppen aus dem Granitischen abgesondert haben. Sie werden zunächst in den folgenden Abschnitten behandelt. Einen Überblick bietet Abb. 188, S. 332.

Abb. 171: Quarz (dunkel) und Alkalifeldspat (rötlich) sonderten sich im so genannten Schriftgranit, teils parallel zu den Kristallflächen des Feldspates. Norddeutsches Geschiebe aus Skandinavien.

Abb. 172: Druse im Granit mit Alkalifeldspat (hellrot), darauf Albit (weiß) und Rauchquarz, die sich aus dem glimmerarmen mittelkörnigen Granit herausgesondert haben. Königshain bei Görlitz.

Abb. 173: Quarzporphyr mit parallelflächigem Fließgefüge, Feldspatkristallen und herausgesonderten Achat-Quarz-Drusen. Je dunkler die Farbe, desto kieselreicher, d.h. die Außenzonen der Kugeln entkieselten, nachdem sie sich abgegrenzt hatten, nach innen zu den Achat-Quarz-Kernen hin. Rechts eine vertikale Bruchzone, die im weichen Zustand das Fließgefüge unterbricht, die Kugel teils zerbrochen hat und danach von der endgültigen Kristallisation der gesamten Masse überprägt wurde. Nesselhof sw Tambach – Dietharz, Thüringer Wald.

Granitische Drusen

Bei dem normalen, **gleichkörnigen Granit** sonderten sich während der Verhärtung und Kristallisation die Minerale Glimmer, weißer und roter Feldspat, Quarz etc. so, dass die einzelnen Mineralkörner eng miteinander verzahnt sind und keines seine eigene Gestalt ausbilden konnte (Abb. 86, S. 221). Daraus kann geschlossen werden, dass alle etwa gleichzeitig ihre Substanz sammelten und fest wurden. Wenn jedoch der Glimmer schärfer gegen die anderen Minerale abgegrenzt ist und dagegen Feldspat und Quarz stärker ineinander übergehen (Abb. 84, S. 221), hätte sich der Glimmer etwas früher abgesondert, während die eintretende Verhärtung nicht mehr zuließ, dass sich auch Feldspat und Quarz weiter trennen konnten, bevor die Kristallisation die Formen endgültig festlegte.

Eine nächste Stufe der Sonderungen könnte am Beispiel der **Turmalin-Nester** beschrieben werden (Abb. 174), die in differenzierteren Graniten auftreten. Der schwarze Glimmer Biotit fehlt. Er könnte sich substanziell weiter entwickelt haben zum Turmalin. Der Chemismus charakterisiert die Verwandtschaft: Biotit ist ein K-Mg-Eisen-Alumosilikat mit Fluor und OH; Turmalin ein Na-Eisen-Alumosilikat mit Bor und OH. Wenn die Turmalinsubstanz ausreichte und die relative Härte es zuließ, konnte der umgebende Granit von langen, radial nach allen Seiten ausstrahlenden Kristallen durchdrungen werden, den sog. «Turmalinsonnen». Das ist nur vorstellbar, wenn während der Verhärtung kugelförmige Bereiche noch relativ flüssiger blieben, sodass sich die Minerale weiter absondern und kristallisieren konnten, während die umgebende Masse bereits zu einem gleichkörnigen Granit stärker verhärtet war. Der schwarze Turmalin wird jedoch erst im Pegmatit und in Drusenhohlräumen durchsichtig und damit farbig. Auch die Feldspatsubstanz kann entsprechende Entwicklungen durchmachen und wird dann zu Topas, Epidot und ähnlichen Mineralen. Die Feldspäte sind chemisch Ca-Na-K-Alumosilikate; der Topas ein Fluor-Alumosilikat, der Epidot ein Calcium-Eisen-Alumosilikat.

Dieser Prozess führt auf einer nächsten Stufe der Phänomenfolge zu den **pegmatitischen Drusen** ohne inneren Hohlraum. In großer, klassischer Form konnten sie im Oberpfälzer und Bayerischen

Abb. 174: Nester von schwarzem Turmalin, dem so genannten Schörl, umgeben von glimmerarmem Quarz-Alkalifeldspat-Granit, die sich innerhalb eines mittelkörnigen Biotitgranits herausgesondert haben. Eibenstock im Erzgebirge. Bildbreite 30 cm.

Wald betrachtet werden, wo sie gründlich untersucht und lange abgebaut wurden. Sie haben einen Durchmesser bis zu 200 m und liegen im Dachbereich eines glimmerarmen, mittelkörnigen Granits, der schon kleinere Feldspatlinsen enthält und in ältere Gneise und Biotitgranite eingedrungen war. Solch eine Feldspat-Quarz-Druse, wie z.B. bei Hagendorf, ist schalenförmig aufgebaut. Von außen nach innen folgen aufeinander eine bis 10 m mächtige feinkörnige Randzone, eine Alkalifeldspat-Quarz-Zone mit schriftgranitisch verwachsenen Riesenkristallen bis 1 m Kantenlänge, eine reine Alkalifeldspatzone, nach innen zunehmend der Natriumfeldspat Albit sowie ganz innen und unten der reine Quarzkern. In ihm schwimmen scharf begrenzte, abgebrochene Feldspatschollen, was zeigt, dass der Quarz später verhärtete. Zwischen dem Feldspat und dem Quarzkern sind Minerale angereichert, die zuletzt kristallisierten wie Muskovit, Fluorit, Topas, Turmalin, Phosphate und die Erze Pyrit, Hämatit und Zinkblende. Die feinkörnigen Granitaplite am Rand der Pegmatitdruse zeigen an, dass hier schon eine rascher verhärtete granitische Hülle entstanden war, bevor die großkörnigen Minerale im Inneren sich langsamer sonderten, verhärteten und kristallisierten. An den Pegmatitdrusen lassen sich gut die Übergänge beobachten, die vom Granit zu den innen offenen Drusen, zu den Gesteinsgängen von Aplit und Pegmatit und zu den Erzgängen führen.

Eine weitere Stufe bilden die **Drusen**, bei denen im Inneren offene Hohlräume zurückblieben, in die sich Kristalle vom Rand aus nach innen herein ausbilden konnten (Abb. 172, S. 315). Bei Granitdrusen blieben die sich zuerst aussondernden Glimmer meist in der umgebenden Masse, während sich die Feldspat- und Quarzkristalle frei nach innen hin vergrößern konnten, solange noch Substanz vorhanden war, die sich anlagern konnte. Dabei muss der Unterschied im Verhärtungszustand zwischen innen und außen schon größer gewesen sein als bei den Turmalinnestern, sodass die Umgebung nicht nachgab und ein luftig-wässriger Innenraum offen blieb. In den werdenden Drusen konnten die Minerale ihre eigene, substanzspezifische Gestalt ausbilden, die im dicht gedrängten, gleichkörnigen Granitgefüge keinen Raum hat. Der allmähliche Übergang vom Granit in den Drusenraum zeigt, dass es keine Gasblase war, die scharf begrenzt gewesen wäre. An der Gestaltung der Grenzflächen zwischen den gesonderten Mineralen kann das relative Altersverhältnis abgelesen und somit der Werdegang der Druse rekonstruiert werden. Die Feldspäte wechseln mit dem Quarz in mehreren Generationen ab, wobei die Substanzen in rhythmischer Folge mehrfach angelagert und teilweise wieder aufgelöst wurden. Diese Prozesse erinnern an die Kugelgranite, wobei dort die Masse zwischendurch umgelagert wurde, während sie in der Druse am Ort blieb und sich nur von außen nach innen hin sonderte.

Gänge und Granitgenerationen

Eine andere Form der granitischen Sonderungen entstand, wenn die noch nicht verfestigte granitische Masse sich nicht nur im Dachbereich staute, sondern auch in Spalten des überlagernden Nebengesteins abgedrängt wurde, die sich bei Gebirgsbewegungen geöffnet hatten. Auch hier blieben der Biotit und Plagioklas meist schon im Granit zurück. Die Spalten wurden mit einer Masse aus überwiegend Alkalifeldspat, Quarz und Muskovit ausgefüllt, die im Gang feinkörnig kristallisiert **Aplit** und grobkörnig **Pegmatit** genannt wird. Die Korngröße hängt wiederum mit der relativen Bildungszeit zusammen: Glasige Gesteine erstarrten rasch, klein- und mittelkörnige langsamer und große Pegmatitkristalle relativ am langsamsten. Da ist interessant, dass die bedeutendsten Pegmatitgänge mit Riesenkristallen in den proterozoischen Grundgebirgsgneisen auftreten. Die Erdkruste war damals insgesamt noch nicht so weit abgekühlt wie heute. Die späteren variszischen und alpinen Granite werden mehr von Apliten begleitet.

Noch weiter vom Granit entfernt findet sich in den Gängen auch kein Feldspat mehr. Von den gesteinsbildenden Mineralen blieb zuletzt nur der Quarz übrig, zusammen mit leichtflüchtigen Substanzen, die in den Spalten als Erze abgesondert werden. Dieser Prozess wird im nächsten Kapitel speziell behandelt (s. S. 324). Er kann schon im Dachbereich innerhalb der Granite beginnen, z.B. bei den Zinnstein-Flözen. Die **Erzgänge** selbst wurden mit bis zu drei Quarzgenerationen ausgefüllt, in rhythmischem Wechsel mit den jeweiligen Erzparagenesen und anderen Gangmineralen wie Kalkspat und Flußspat (Abb. 186, S. 329).

Wenn im obersten Bereich der Gänge die Substanzmenge nicht mehr ausreichte, um die Kluft vollständig auszufüllen, blieben in der Mitte Hohlräume zurück, in denen wiederum Erz- oder Gangminerale Drusen bilden konnten. Der Quarz ist die letzte Substanz aus der granitischen Sonderung; er schlug sich in den offenen Klüften unmittelbar auf dem schon früher verfestigten Nebengestein nieder und bildete die **Bergkristallklüfte**, die z.B. in den Alpen berühmt wurden. Hier hatte der Quarz wie in den Drusen Raum, seine eigenen, ortsspezifischen Gestalten auszubilden und die Substanz bis zur reinsten Stufe zu läutern. Die Säulen der Quarzkristalle werden dort, wo sie ihre Gestalt rundum frei ausbilden konnten, ohne andere Säulen zu berühren, zum klaren und durchsichtigen Bergkristall. So erreicht der Quarz – und eigentlich damit auch der Granit – im Bergkristall die ihm höchstmögliche Individualisierung von Substanz und Gestalt. Dieser Ich-Charakter wird es sein, der uns besonders anspricht und den auch die Griechen schon erlebten, als sie ihn als den eigentlichen Kristall bezeichneten.

Die Grenzfläche der Granite gegen die Kristallinen Schiefer ist relativ scharf ausgebildet (Abb. 123, 125, S. 236, 238), während in tieferen Anschnitten des Grundgebirges mehr Übergänge zwischen beiden beobachtet werden können. Das relative Alter der Graniterstarrung entspricht etwa dem der Gebirgsbildungen. Daraus kann angenommen werden, dass die granitischen Massen aus den noch flüssigeren Tiefenstockwerken in die darüber schon stärker verfestigten Kristallinen Schiefer bei deren Faltung eingedrungen sind. Das begann im Zentrum der Kontinentalkerne (Abb. 223, S. 430) im oberen Proterozoikum, als die Gneise bereits verhärtet waren. Im Grundgebirge Mitteleuropas und der Alpen drangen die Granite vor allem am Ende der varistischen Gebirgsbildung im Oberkarbon auf; stellenweise auch noch im älteren Tertiär. Mit dem Alter und der Entstehung eines Granits wird in der Geologie die Zeit der Kristallisation bezeichnet, und nicht die Zeit, in der die granitische Substanzmasse selbst gebildet wurde. Das ist nur konsequent, denn was vor der Verhärtung und Kristallisation stattfand, ist von den Modellen abhängig, die man sich von der Erdentstehung macht.

Aus diesen Grenzphänomenen zwischen Graniten und Kristallinen Schiefern kann geschlossen werden, dass die Erdkruste von den archäischen Kernen aus abkühlte und verhärtete, und zwar von innen nach außen und von oben nach unten, d.h. von der Gneisschicht ausgehend immer tiefer in die Granitschicht hinein. Die gebirgsbildenden Bewegungen verliefen rhythmisch, und jedes Mal konnte noch nicht erstarrte Granitmasse aus der Tiefe aufdringen, sodass an manchen Orten mehrere **Granit-Generationen** oder Intrusionsphasen ineinander stecken, die von außen nach innen hin nacheinander erstarrt sind (Abb. 188, S. 332). Dabei veränderte sich die granitische Masse immer mehr, schon deshalb, weil früher verhärtende Minerale wie Biotit und Plagioklas bereits ausgesondert waren und später verhärtende wie Orthoklas und Quarz sowie die Erze sich anreicherten. Zum Beispiel stehen im Erzgebirge zwei verschieden alte Granite an, bei denen jeweils wieder mehrere Generationen unterschieden werden können (Alter jetzt im üblichen Sinne der Verhärtungsepoche gemeint). Bei jeder Intrusionsphase sonderten sich auch Quarz-Feldspatmassen und heiß-flüssig-flüchtige Phasen ab, welche die Klüfte ausfüllend Erz- und Mineralgänge bilden konnten. Für das Erzgebirge z.B. kann man allgemein sagen, dass die obersten, relativ älteren Granite rascher verhärtet waren und die Klüfte mehr mit Gesteinsgängen ausfüllten, also mit Apliten und Pegmatiten. Die Granite der etwas jüngeren varistischen und jüngsten alpinen Intrusionsphasen drangen in sie ein und brachten die meisten Erzgänge bis hin zu den Drusen, da die granitische Masse in der Tiefe relativ mehr Zeit hatte, sich zu sondern.

Die Granitmassive werden häufig durchschwärmt von dunklen, **basaltischen Gesteinsgängen**, den sog. Lamprophyren. Die üblichen Modelle gehen von einer einheitlichen «magmatischen Schmelze» aus, in der sich die gesteinsbildenden Minerale der Schwere nach getrennt, die dunklen Minerale die Lamprophyrgänge und die hellen die Pegmatit- und Aplitgänge gebildet haben sollen. Dagegen spricht, dass die Intrusionszeiten differieren; dass sich zwar Erze, aber nicht Alkalifeldspäte und Quarz aus dem Basalt absondern konnten; dass Entmischungen unter hohem Druck nicht möglich waren; dass zu große chemische Unterschiede zwischen den Gesteinen bestehen; dass Übergänge durch Aufschmelzungen bewirkt wurden, nicht durch Entmischungen etc. (s. S. 424). Viel näher liegt die Annahme, dass sich die Lamprophyre aus der Basaltschicht unter dem Granit ebenso abtrennten wie die Pegmatit- und Aplitgänge aus den tieferen granitischen Bereichen.

Porphyrartige Zirkon- und Feldspatkristalle

Aus einer erstarrenden granitischen Masse sonderten sich zuerst die dunklen, eisenreichen Minerale wie Magnetit, Orthit, Turmalin, Biotit und Hornblende. Das ist daran zu sehen, dass sie ihre Eigengestalt besser ausbilden konnten. Zu ihnen gehört auch der **Zirkon**, chemisch ein sehr widerstandsfähiges Zirkonium-Oxid-Silikat. Seine Kriställchen sind meist *zonar* gebaut, d.h., die Substanz wurde rhythmisch in mehreren Zonen angelagert. Angelöste Oberflächen im Inneren zeigen, dass die Kriställchen verschiedene Bildungsphasen durchgemacht haben. Da der Zirkon Isotope bildet, lassen sich radiometrisch für die einzelnen Zonen verschiedene Alterswerte bestimmen. Unter dem Aspekt, dass der Granit aus älteren Sedimenten umgeschmolzen sei, werden die Zirkone als Relikte aus Sandsteinen angesehen, welche wiederum aus der Verwitterung von noch älteren Graniten herrühren würden. Deren Alter hätten sie in den Isotopen des Kristallkerns bewahrt. Weiterhin hat man 64 Trachtklassen unterschieden, aus Schmelzversuchen die Temperaturen

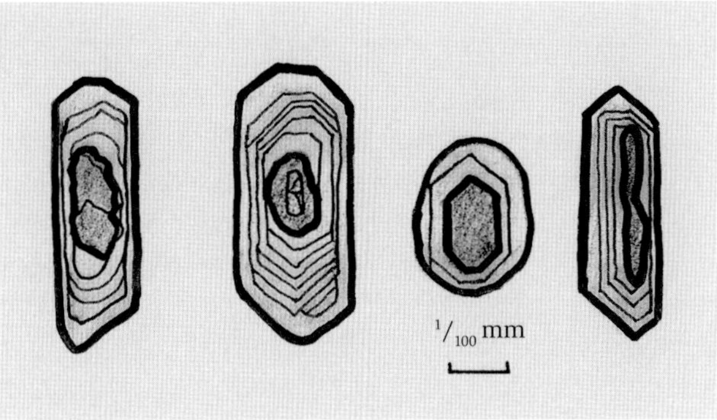

Abb. 175: Zirkon-Kristalle mit angelösten Kernen und zonar gebauten Schalen, wie sie in granitischen und porphyrischen Gesteinen sowie in Sandsteinen vorkommen. (Vergleiche Abb. 176, S. 321. Umgezeichnet nach Rösler 1981; etwa 300fach vergrößert.)

ermittelt, bei denen die Zirkone entstehen, und diese Werte dann als Temperaturen der Granitbildung angesehen. Die Verfahren und Modelle sind allerdings auch umstritten.

Unter dem Aspekt der Sonderung zeigt der Zirkon mit seinem rhythmischen Zonarbau und den Ablösungsflächen sehr viel kleinere, aber ähnliche Bilder wie die Kugelgranite mit Kern und Schale. Sie weisen auf ein rhythmisches Erstarren und Lösen, welches besonders gut erhalten geblieben ist, weil die Zirkone sehr früh verhärteten und kristallisierten.

Nach diesen Erst- oder Frühkristallisaten sonderten sich bei der Verhärtung des Granits die eigentlichen gesteinsbildenden Minerale ab. Biotit, Plagioklas, Alkalifeldspat und zuletzt der Quarz bildeten, während sie sich fast gleichzeitig verfestigten, ein Gefüge ineinander verzahnter Kristalle. Die nächste substanzielle Sonderung lässt sich beim **Feldspat** betrachten. Sie führt von der nicht spezifisch konturierten Masse im gleichkörnigen Granit bis zu den scharf begrenzten Doppelkristallen im Quarzporphyr. Die verschiedenen Übergangsstadien sind wieder durch die Verhärtung festgehalten worden. An ihrer Folge erkannte Goethe einen grundlegenden Gestaltungsprozess, den er «porphyrartig» nannte (s. S. 198). Aus einer ursprünglichen Ganzheit sonderte sich eine Zweiheit, deren Elemente sich zeitlich verschieden weiter entwickelten: das Enthaltende, z.B. die feinkörnige Porphyrmasse, und das in ihr Enthaltene, die Feldspatkristalle. In der Folge der Bilder, welche die Kristalle immer schärfer voneinander abgegrenzt erscheinen lassen, zeigte sich ihm das «Eintreten der ideellen Gestalt in die Wirklichkeit». Wir können an den Prozessen von Verhärtung und Kristallisation ablesen, wie sich das Enthaltene vom Enthaltenden immer weiter getrennt hat. Das führt uns weiter in der hier verfolgten Frage nach dem Zustand, aus dem granitische Massen kristallisierten.

Die erste Stufe dieser Phänomenenfolge über den gleichkörnigen Granit hinaus zeigt sich im **porphyrischen Granit**. Bei ihm haben sich im Randbereich der granitischen Massive größere Kristalle des Alkalifeldspates gebildet (Abb. 74, S. 199; Abb. 83, 84, S. 221; Abb. 100, S. 226). Sie enthalten innen mitunter noch Quarz und Glimmer, werden aber nach außen hin reiner. Vielfach sind sie zonar gebaut, d.h. dass die Substanz schichtweise angelagert wurde. Mikrochemische Analysen zeigen, dass der Natrium- und Kaliumgehalt nach außen hin rhythmisch zunimmt; dass also der Feldspatcharakter vom Plagioklas in den des Alkalifeldspates übergeht. Diese Rhythmen zeigen, dass die umgebende granitische Masse noch weich oder flüssig war, als die Substanzen sich am Kristall sammelten, und dass sich ihr Chemismus veränderte, entsprechend dem der angelagerten Schichten. Bei der Form kann man noch im Granit alle Übergänge finden von ellipsoiden Feldspatklumpen bis zu zonar gebauten Doppelkristallen, die nach außen hin schon schärfer begrenzt sind, aber mit dem Granit noch so verzahnt, dass sie sich bei der Verwitterung nicht glatt herauslösen.

Granit- und Quarzporphyre

Der **Granitporphyr** kann als eine nächste Stufe betrachtet werden. Er kommt in mächtigen Gesteinsgängen vor, die nach der varistischen Gebirgsbildung, im Perm, entstanden sind. Die verhärtete mitteleuropäische Kruste zerbrach entlang weit reichender Brüche, an denen große Mengen noch weicher granitischer Massen nach oben drangen. Sie erstarrten in den Gängen zu Granitporphyr und auf der damaligen Erdoberfläche zu **Quarzporphyr**, welche eine weitere Stufe der Phänomenfolge zeigt. In Mittel- und Norddeutschland lagern Quarzporphyre in Form von Deckenergüssen, die bis zu

2000 m mächtig und über Hunderte von Kilometern ausgedehnt sein können, innerhalb von Sandsteinen und Konglomeraten des Perm. Aufgeschlossen sind sie im Thüringer Wald und Schwarzwald; das größte Massiv Europas ist in Südtirol um Bozen.

Die Grundmasse oder das Enthaltende ist beim Granitporphyr feinkörnig, beim Quarzporphyr so dicht, dass die Minerale nicht mehr unterschieden werden können. Sie besteht überwiegend aus Alkalifeldspat und Quarz; Biotit, Hornblende und Plagioklas sind selten, weil sie als frühe Sonderungen im Granit verblieben. Beide Gesteine enthalten hauptsächlich Kristalle von Alkalifeldspat, die als *Einsprenglinge* bezeichnet werden, obwohl sie gerade nicht hineingesprengt worden sind, sondern sich im Gegenteil herausgesondert haben. Der Quarz bildet kleinere, allseitig regelmäßige, hexagonale Kristalle. Die Alkalifeldspäte sind vielfach zonar gesondert, wobei sich die rhythmisch angelagerten Schalen nach außen hin schrittweise den Doppelkristallen nach dem Karlsbader Gesetz annähern. Die inneren Spaltflächen dagegen gehen glatt durch die substanziell verschiedenen Zonen hindurch. Die Hauptflächen verlaufen parallel zur Fläche 001 (siehe Abb. 200, S. 376), nicht parallel zu der größeren Tafelfläche 010, wie man zunächst denken könnte.

Überhaupt wurde die ursprüngliche Quarz-Feldspat-Masse schon während der Bildung verschiedenen **Veränderungen** unterworfen. Das Eisen oxidierte durchgehend zu Hämatit und färbte das Gestein rotbraun; die Feldspäte wurden vielfach zu Kaolin und die Glimmer zu Chlorit umgewandelt. Das entspricht den Umbildungen, wie sie auch in der Folge der Kristallinen Schiefer oder bei der Verwitterung auftreten (s. S. 294). Dadurch unterscheidet sich der Quarzporphyr von dem mineralogisch ähnlichen, aber jüngeren grauen Rhyolith aus dem Tertiär, welcher diese Veränderungen nicht durchgemacht hat. Die Benennung wird heute jedoch von der chemisch-mineralogischen Analyse bestimmt (s. S. 250), weshalb die Quarzporphyre jetzt als Rhyolith oder auch Paläorhyolith bezeichnet werden. Wegen der klaren phänomenologischen Unterschiede, die auf geologisch ganz verschiedenen Werdeprozessen beruhen, bleibe ich hier jedoch bei dem Namen Quarzporphyr.

Die durchgehend kristalline Form des Quarzporphyrs kann häufig in ein sehr feinlagiges Fließgefüge übergehen (Abb. 173, S. 315), das als Ignimbrit bezeichnet wird (s. S. 337). Darin können eckige Bruchstücke von Quarzporphyren oder Feldspatkristallen enthalten sein. Die Quarze und Feldspäte sind einerseits vollständig mit allen Flächen ausgebildet, andererseits aber auch gerundet, zerbrochen oder teilweise angelöst. Solche Bilder deuten darauf hin, dass das teilweise verfestigte Gestein wieder bewegt wurde, zähflüssig floss, in sich zerbrach und am Ende insgesamt kristallisierte. Oftmals gehen diese Ignimbrite in die roten konglomeratischen oder sandigen Sedimente des Oberkarbon und Perm über. Goethe beobachtete diese Übergänge im Thüringer Wald, wo sie ihm Beispiel dafür waren, wie primäre porphyrartige Bildungen in sekundäre, mechanisch getrennte übergehen können (Goethe 1994, S. 276).

Kugelporphyre

Die ehemaligen Oberflächen der ausgeflossenen Quarzporphyrdecken bildeten in den obersten Metern amorphe, glasige Quarzporphyre, die dem Obsidian des Basaltischen entsprechen und wegen ihrer schwarzen Farbe Pechstein genannt werden. Das weist darauf hin, dass sie relativ rasch erstarrt sind. Nach unten hin gehen sie entsprechend der langsameren Abkühlung in feinkörnige oder schalig-kugelig sich sondernde Zonen über, welche ungeordnet **Porphyrkugeln** von Zentimeter- bis Dezimeter-Größe enthalten. Die parallelschichtigen Fließstrukturen des Quarzporphyrs gehen nahezu unverändert durch die Kugeln hindurch, auch wenn sie schalig aufgebaut sind. Das zeigt, dass das Lagengefüge älter ist als die Kugeln. Diese sind nicht hineingeflogen; sie sonderten sich vielmehr innerhalb des fest werdenden Quarzporphyrs heraus und wurden zuletzt von der Kristallisation durchdrungen. Diese Kugeln enthalten im Kern mitunter Quarz-Feldspatkörner, aber noch keine Absonderungen von Achat und Quarz; sie bestehen durchgehend aus Porphyr. Im Schalenbereich sind sie radial durchkristallisiert, oder es bildeten sich rhythmisch schalig-strahlige Lagen von Biotit im Wechsel mit Quarz-Feldspat. An einigen Kugeln kann beobachtet werden, wie sich in der sehr feinkörnigen Grundmasse gröberkörnige Bereiche mit Quarz-Feldspat-Kristallen gebildet ha-

Abb. 176 (oben): Granitporphyr mit großen, zonar gebauten Alkalifeldspäten, weißem Plagioklas sowie dunklem Quarz und Glimmer, die in eine granitische Grundmasse übergehen, in welcher auch beide Feldspäte noch mit enthalten sind. Beucha bei Leipzig.

Abb. 177 (unten links) und Abb. 178 (unten rechts): Typische Quarzporphyre mit Alkalifeldspat (grau), Plagioklas (weiß), Quarz (dunkel) als Enthaltenes in feinkörnig-dichter Grundmasse, dem Enthaltenden. Rechts großer, mit regelmäßigen Flächen begrenzter Kristall von Alkalifeldspat, innen zum Teil entmischt. Links: Löbejün bei Halle; rechts: Ehrsberg im Schwarzwald.

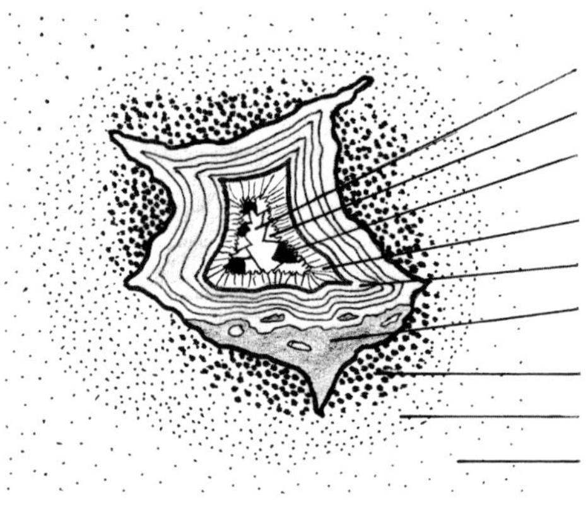

Abb. 179: Schematischer Schnitt durch eine Quarz-Achat-Kugel im Quarzporphyr.

ben, wobei die vorherige dichte Struktur völlig überprägt wurde. Da die verschiedenen Entwicklungsstufen festgehalten sind, kann der gesamte Prozess vorgestellt werden: wie die porphyrische Masse während des Verhärtungsprozesses Kugeln bildete und dann mehr oder weniger kristallisierte, je nach dem vorher erreichten Verhärtungsgrad.

An den im vorigen Absatz beschriebenen Quarzporphyrkugeln können die Bilder der ersten Werdestufen auf dem Wege zu den **Achat-Quarz-Kugeln** beobachtet werden, die mit ähnlicher Größe ebenfalls in den obersten Metern der Quarzporphyrdecken vorkommen (Abb. 179 und Abb. 173, S. 315). Das Lagengefüge des Quarzporphyrs geht durch diese Kugeln nicht mehr hindurch, sondern nur rundum an sie heran. Das zeigt, dass sich ihre Substanz herausgesondert und abgegrenzt hat, noch bevor das Lagengefüge und die Porphyrkugeln aus der umgebenden Masse verhärteten. An ihrer scharfen Grenze können die Kugeln durch die Verwitterung aus dem Gestein herausgelöst werden, weil der Feldspatanteil des umgebenden Quarzporphyrs kaolinisiert ist und leichter zersetzt werden kann als die Kugeln. In ihnen nimmt im Idealfall der Kieselanteil von außen nach innen zu, wodurch sie härter sind. Das ist daran erkennbar, dass der Quarzporphyr im Querschnitt dunkler erscheint. Der Kiesel im Kern ist – im Gegensatz zur äußeren Kugelform – an konkaven Flächen vom Quarzporphyr abgegrenzt. Er ist in einer äußeren Schicht mikrokristallin als Jaspis und Chalcedon oder rhythmisch gefärbt als Achat; im Inneren kann er kristallisiert sein als Quarz, bis hin zum Bergkristall, Rauchquarz oder Amethyst. Ganz innen können noch Kalkspat oder Schwerspat sowie Eisen- und Manganoxide folgen, also ähnlich wie in hohen Bereichen der Erzgänge (Abb. 182, S. 326). Das wären die wichtigsten Phänomene für den Verhärtungsprozess; viele weitere kämen noch hinzu.

Über das «Achatkugelproblem» gibt es seit etwa hundert Jahren eine sehr umfangreiche und widersprüchliche Literatur, über die M. Landmesser (1984) eine gute Übersicht gibt. Studiert man sie genauer, kann man dem Urteil eines der Autoren voll zustimmen, dass es für die Entstehung «noch keine zufriedenstellende physiko-chemische Erklärung» gebe. Das liegt meines Erachtens daran, dass eine «magmatische» Schmelze vorausgesetzt wird, mit der zwar einzelne Phänomene erklärt werden können, die aber andere außer Acht lässt. Die physiko-chemischen Gesetzmäßigkeiten verlaufen eben in einem kolloidalen Lebensprozess anders als in einer Schmelze. Eine Gesamtentwicklung kann verständlich werden, wenn nach einer Zusammenfassung der granitischen Sonderungen (S. 332) einerseits der Zustand deutlicher vorgestellt werden kann und dann andererseits von den Substanzen her die Gesteins- und Erdentwicklung überschaubar wird (S. 351 ff.).

Gestein – Erz – Metall

Auch die Erze als Träger der Metalle kommen zunächst als Gangbildungen vor, die sich aus dem Granitischen gesondert haben. Wollen wir sie im Gebirge aufsuchen, so fällt als Erstes auf, dass sie sehr viel seltener zu finden sind als die besprochenen gesteinsbildenden Minerale. Nur das Eisen bildet eine Ausnahme, indem es fast überall in der Erde gegenwärtig ist. In allen ihren Eigenschaften zeigen die gesteinsbildenden und die metallischen Minerale eine grundsätzliche Polarität. Die Metalle wurden auch von anthroposophischer Seite behandelt; besonders aus medizinischer Sicht liegen gründliche Arbeiten vor, u.a. von Pelikan (1981), Walter (1966), Schramm (1991) – hier auch ein umfangreiches Literaturverzeichnis. Deshalb können diese Eigenschaften in ihrer Polarität hier tabellarisch zusammengefasst werden.

Charakteristik der Gegensätze von	**Stein**	↔	**Metall**
Vorkommen in der Erde:	gesteinsbildend	↔	fein verteilt
Durchschnittliche Dichte:	geringer	↔	höher
z. B.	Quarz = 2,65	↔	Gold = 15–19
Leitfähigkeit (Wärme / elektr. Strom):	geringer	↔	größer
Minerale fühlen sich dadurch an:	wärmer	↔	kühler
Reaktion auf Schlag:	spröde (bricht)	↔	duktil (dehnbar)
Minerale sind für Licht meist:	durchlässig	↔	undurchlässig
Gesteigert bis zur:	Durchsichtigkeit	↔	Gediegenheit
Mineralfarben meist:	weiß, grau	↔	farbig
Zum Klingen:	nicht geeignet	↔	geeignet
Mineralbestimmung möglich nach:	Härte	↔	Farbe, Strich
Differenzieren sich vor allem:	räumlich	↔	zeitlich
Betonen damit besonders den:	Form-Pol	↔	Stoff-Pol
Kristallformen überwiegend:	sechszählig	↔	vierzählig
Entstehungs-Zusammenhang:	Fixsternwelt	↔	Planetenwelt
Konzentration:	in der Lebenssphäre	↔	im Granit
Charakteristik der Alchemisten:	mütterlich	↔	väterlich
Für imaginatives Bewusstsein:	durchsichtig	↔	undurchsichtig
Imaginativ offenbarend:	Raumesbilder	↔	Zeiterinnerungen

Abb. 180: Schematische Übersicht der gegensätzlichen und zum Teil polaren Eigenschaften, die sich in gesteinsbildenden und metallischen Mineralen zeigen.

Ein Weiteres ist, dass die meisten Metalle in den Gesteinen in einer Form vorliegen, dass sie vom Menschen nicht unmittelbar verwendet werden können. Die meisten Metalle müssen erst aus den Erzen gewonnen werden. Im Gebirge sind die **Erze** außerdem mit den gesteinsbildenden Mineralen mehr oder weniger stark verbunden. Beide werden durch die Aufbereitung voneinander getrennt. Das gewonnene Erzkonzentrat wird dann geschmolzen oder chemisch weiter behandelt, um die **Metalle** rein oder als chemische Elemente zu gewinnen, um ihre spezifischen Eigenschaften dann zu nutzen und um neue Verbindungen oder Legierungen herzustellen. Was ein Erz ist, wird sogar vom Nutzen her definiert: dass Metalle mit Gewinn daraus gewonnen werden können. Diese Nutzung hat sich jedoch gerade im 20. Jahrhundert grundlegend geändert und damit auch der Begriff, was ein Erz ist. Früher wurden mit unglaublicher Mühe vor allem relativ metallreiche Erzgänge abgebaut; heute werden zunehmend Gesteine mit geringen Metallgehalten mittels Großtechnik in riesigen Tagebauen in den Billiglohnländern gewonnen, und der Metallinhalt wird durch Aufbereitung angereichert. Selbst gesteinsbildende Minerale werden vom Nutzensaspekt her zum Erz gerechnet, z.B. bestimmte Tone als Rohstoffe für Aluminium oder Kalkgesteine für Magnesium.

Durch diesen Nutzungsaspekt ist die Blickrichtung der Naturwissenschaft mit Recht auf die Analyse und Synthese gerichtet und wird von der chemischen Denk- und Ausdrucksweise dominiert (s. S. 250), nicht so sehr von der genetischen. Wenn die geologischen Werdeprozesse betrachtet werden, werden die Erze vielfach – auch von anthroposophischen Autoren – als «Verbindungen» von Metallen und Nichtmetallen angesehen. Eine Verbindung im Labor hat aber eine ganz andere Biografie und wird niemals wieder ein Erz, wie es im Gang gefunden werden kann! Wir finden z.B. den Bleiglanz und können seine Anreicherungen und Umbildungen verfolgen; die Elemente Blei und Schwefel jedoch erscheinen erst im Labor bei der Analyse; sie können auch wieder verbunden werden, ergeben aber keinen Bleiglanz, wie er im Erzgang entstanden ist. Das Wesen eines Metalls kann durch seine physikalischen und chemischen Eigenschaften mit charakterisiert werden; seine Biografie jedoch muss an den Bildern abgelesen werden, welche die natürlichen Vorkommen zeigen. Sie weisen zunächst auf den Teil der Entstehung hin, der vom flüssigen zum festen Zustand geführt hat, also auf die geologischen Werdeprozesse (sie werden im Folgenden behandelt). Zeitlich noch davor liegen die Metallprozesse, die in der frühen Erdentwicklung von den Planeten her gewirkt haben und auf die hingewiesen werden kann, wenn die geologischen Werdeprozesse genauer dargestellt sind (s. S. 373 ff.; Abb. 215, S. 400).

Aus der Tabelle Abb. 181 ist abzulesen, wie das Metallische im Granit und Basalt der Erdkruste, in allen Gesteinen, in Organismen und im Meer schon ganz fein verteilt enthalten ist. Die Potenzstufen (D) werden nur vergleichsweise angeführt, denn das Potenzieren als Prozesss führt zu etwas, was sich nicht mit einem «Gehalt» vergleichen lässt. Die Elementsymbole stehen dafür, dass die Werte analytisch ermittelt sind und die chemischen Elemente aus den Trägersubstanzen gewonnen werden können, nicht aber, dass sie in jedem Fall elementar darin enthalten wären! Die primären Substanzen sind Ganzheiten, keine Zusammensetzungen. Für den Menschen gewinnbar und nutzbar werden die Metalle erst dann, wenn sie sich in den Erzen sehr stark – teils millionenfach – angereichert haben. Dabei sonderte sich das Metallische von den umgebenden gesteinsbildenden Mineralen. Natürlich wurden zahlreiche Übergänge festgehalten.

Der **Anreichungsprozess** ist ein grundsätzlicher Vorgang bei der Erzbildung. Das Kupfer beispielsweise ist im Meerwasser mit 0,09 bis 0,001 ppm enthalten, im Granit aber mit 20 ppm, wovon 42% im Alkalifeldspat, 16% im Biotit, 14% im Plagioklas, 6% im Magnetit und der Rest intergranular verteilt sind. Im Erzgang hat es sich im Kupferkies auf 35% angereichert, in Fahlerzen auf 20 – 50%, und in der Oxidationszone kann es fast rein und gediegen werden. Die untere Grenze der Abbauwürdigkeit – z.B. in Sandsteinen – liegt im Durchschnitt bei nur einigen Prozent; im Kupferschiefer ebenfalls, nur stellenweise steigt der Anteil in der Lette auf fast 30%.

Die häufig angegebenen Elementgehalte in der gesamten Erdkruste, die so genannten Clarke-Werte, führe ich hier nicht mit an, weil sie darauf beruhen, dass die Gehalte bis zu einer etwas willkürlichen Teufe von 16 km statistisch gemittelt worden sind (s. S. 249). Damit werden die völlig verschieden entstandenen kontinentalen und ozeanischen Krustenbereiche vermischt, was nicht nur den ozeanischen Anteil überbewertet, sondern auch insgesamt wenig Sinn hat, weder genetisch noch erkenntnismäßig noch gewinnungstechnisch. Mit den Entstehungsprozessen der Metalle haben die Clarke-Werte nichts zu tun, und Schlussfolgerungen in dieser Richtung, die auch in der anthroposophischen Literatur daraus gezogen werden, sind sachlich verfehlt.

Gänge mit primären Erzen

Der hauptsächlichste Weg der Anreicherung des Metallischen begann damit, dass die noch weiche granitische Masse während der Gebirgsbildung in den überlagernden Gneis bzw. andere Gesteine eindrang. Dabei rissen Klüfte im Dach des Granits auf, in welche die noch heißen, gasförmigen bis flüssigen letzten Absonderungen eindrangen. Das sind die gesteinsbildenden Substanzen, die dann zu den Gangarten wie Quarz, Kalkspat, Schwerspat, Flußspat erstarrten. Sie trugen die metallischen Substanzen mit herauf. Auf dem Wege durch die Kluftspalten kühlten sie ab, Gangart und Erze trennten sich voneinander (Abb. S. 186, S. 329), schlugen sich in einer charakteristischen Folge nieder, füllten damit die Klüfte und bildeten so die Gänge.

Hauptsächlich scheiden sich vier oder fünf Hauptgruppen von Erzen ab, die als **Paragenesen** (para =

Abb. 181: Die Metallgehalte am Beispiel der sieben Hauptmetalle in Gesteinen und ausgewählten Bereichen der Erde sowie ihre Anreicherung in einigen Erzen. Für andere Metalle würden sich ähnliche Werte ergeben. Entsprechend der chemischen Verwandtschaft zusammengestellt nach Rösler / Lange (1976), Schneiderhöhn (1962) u.a.

Gehalt		%	100	10	1	0,1	0,01	0,001	0,0001						
		%	10^{2}	10^{1}	10^{0}	10^{-1}	10^{-2}	10^{-3}	10^{-4}	10^{-5}	10^{-6}	10^{-7}	10^{-8}	10^{-9}	10^{-10}
		Potenz		1	2	3	4	5	6	7	8	9	10	11	12
		ppm	10^{6}	10^{5}	10^{4}	10^{3}	10^{2}	10^{1}	10^{0}	10^{-1}	10^{-2}	10^{-3}	10^{-4}	10^{-5}	10^{-6}
Grenze der Abbauwürdigkeit			Fe30		Pb4 Sn Cu	Hg	Ag U		Au						
Erzminerale	Argentit		Ag87		Au		Cu	Pb Fe							
Erzminerale	Melierterz			Zn18 Fe12	Pb10 Cu2	Ag	Hg	Au							
Erzminerale	Kupferkies		Cu35 Fe30					Ag	Sn Au						
Erzminerale	Zinkblende		Zn87		Fe Pb	Cu	Sn Ag		Hg						
Erzminerale	Bleiglanz		Pb86		Ag	Cu	Fe Au	Sn	Hg						
Erzminerale	Pyrit		Fe60		Au	Pb Cu	Sn		Ag Hg						
Erzminerale	Zinnstein		Sn75		Fe	Pb	Ag		Cu						
Kupferschiefer					Fe Cu	Pb Ag		Sn	Au	Hg					
Meerwasser											Fe	Cu Pb	Sn Ag	Hg	Au
Organismen						Fe		Cu Pb		Ag Sn	Au	Hg			
Erdboden					Fe			Cu Pb	Sn		Hg Ag	Au			
Erdölaschen					Cu Pb	Sn		Hg Fe				Ag			
Steinkohle						Pb	Cu	Sn	Ag		Au				
Sandstein						Fe		Pb	Cu	Sn	Ag	Hg Au			
Steinsalz								Fe		Cu	Pb Sn	Ag	Au		
Kalkstein					Fe			Cu	Pb	Sn	Hg Ag	Au			
Schiefer					Fe		Cu	Pb Sn		Hg	Ag	Au			
Biotit					Fe16			Sn Pb	Cu		Au				
Orthoklas						Fe		Pb	Su Cu						
Granit					Fe3		Cu	Pb	Sn		Hg Ag	Au	Hg		
Basalt					Fe9		Cu	Pb	Sn	Ag	Hg		Au Hg		

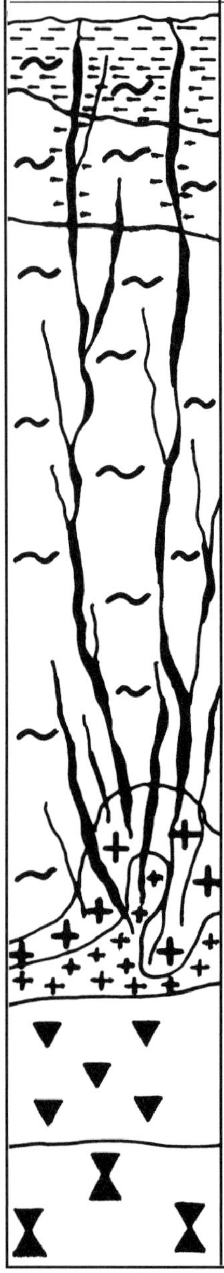

Bildungszonen	Erzminerale primär	Erzminerale sekundär	Gangarten	7 Hauptmetalle	Temperaturmodell	Tiefenzonen
Oxidationszone	Brauneisenerz (Limonit)	Goethit				
	Roteisenerz (Hämatit)	Goethit		Fe		
	Schwefelkies (Markasit)	Goethit			anothermal 0 - 100°	0 - 300 m
Reduktionszone	Weichmanganerze (Pyrolusit)	Manganomelane	Quarz III			
	Zinkblende (Wurtzit)	Zinkblüte				
	Zinnober (Cinnabarit)	Quecksilber (elem.)		Hg		
	Antimonglanz (Antimonit)	Antimonocker				
	Arsensulfide (Realgar)	Auripigment	Kalkspat, Schwerspat		100° - 200°	300 m - 1800 m
	Fahlerze (Tetraedrit)	Silber (elem.)		Ag		
	Buntkupferkies (Bornit)	Malachit/Azurit				(1000 m)
	Kupferkies (Chalkopyrit)	Kupfer (elem.)		Cu		
Gneis u.a. Nebengestein mit Erzgängen	Zinnkies (Stannin)	Holzzinn	Flussspat			
	Bleiglanz (Galenit)	Cerrusit/Pyromorphit		Pb	hydrothermal 200° - 300°	1000 m - 4000 m
	Zinkblende (Sphalerit)	Zinkspat				
	Rotgültigerze (Proustit)	Silber (elem.)	Quarz II, Eisenspat			
	Wismutglanz (Bismuthin)	Wismutocker				
	Kobaltglanz (Cobaltin)	Kobaltblüte				(2000 m)
	Rotnickelkies (Nickelin)	Nickelblüte				
	Uraninit (Pechblende)	Uranglimmer			300° - 450°	
	Schwefelkies (Pyrit)	Brauneisenerz		Fe		
	Arsenkies (Arsenopyrit)	Auripigment				
	Magnetkies (Pyrrhotin)	Goethit				
Außengranit	Molybdänglanz (Molybdänit)	Molybdänocker			Pneumatolytisch 350° - 550°	1.000 m - 10.000 m
	Gold (elementar, legiert)	Seifenmineral	Quarz I	Au		(3000 m)
Innengranit	Wolframit	Seifenmineral				
	Zinnstein (Kassiterit)	Seifenmineral		Sn		
Basaltschicht	Magneteisenerz (Magnetit)	Seifenmineral			Pegmatitisch 450° - 600°	
	Kupferkies (Chalkopyrit)			Cu Fe	Liquidmagmatisch	
	Nickelmagnetkies (Pentlandit)					
	Titaneisen (Ilmenit)	Seifenmineral			700° - 1100°	
Olivinschicht	Chromit	Seifenmineral				
	Platin (elementar, legiert)	Seifenmineral				

Abb. 182: Schema der prinzipiellen Folge der wichtigsten Erze in den Gängen und ihrer Umbildungen im Grundwasserbereich. Die primären Erzminerale beziehen sich auf den relativen Abstand zwischen Granit und Oberfläche zur Zeit der Entstehung im schematischen Schnitt (nicht im Maßstab). Die sekundären Erzminerale beziehen sich nicht auf die Tiefen, sondern auf die jeweiligen primären Minerale, aus denen sie nur in der Oxidations- oder Reduktionszone entstehen, abhängig davon, welche Gangbereiche heute vom Grundwasser erreicht werden. Zusammengestellt nach Schneiderhöhn (1962), Rösler (1981) u.a.

gleich; genese = Werden) bezeichnet werden. Zunächst finden sich im Dachbereich des Granits und im angrenzenden unteren Bereich der Gänge die Zinn-Wolfram-Molybdän-Gold-Erze; im mittleren Gangbereich die Wismut-Kobalt-Nickel-Uran-Erze; etwas darüber die Blei-Kupfer-Zink-Arsen-Erze und im oberen Bereich die Silber-Antimon-Quecksilber-Erze. Die Eisenerze nehmen auch bei den Gängen eine besondere Stellung ein. Sie trennten sich im tieferen Bereich sulfidisch in Variationen des stabilen Pyrit und Kupferkies, der in oberen Bereichen durch den instabilen Markasit ersetzt wurde. Oxidische Eisenerze sind unten der Magnetit, oben der Hämatit und der wasserhaltige Limonit und Goethit. Damit erscheint das Eisen in zwei Hauptabsonderungsformen – oxidisch und sulfidisch –, die ich nicht als Verbindungen bezeichnen möchte, denn genetisch gesehen sind sie Trennungen aus einer ursprünglichen Ganzheit. Auch Kupfer und Zinn können in beiden Formen auftreten; beim Kupfer überwiegt der sulfidische Kupferkies gegenüber dem oxidischen Cuprit, beim Zinn der oxidische Zinnstein gegenüber dem sulfidischen Stannin. Blei, Silber, Quecksilber, auch Antimon sind primär nur sulfidisch gebunden. Gediegen, also im chemischen Sinne elementar, erscheinen als primäre Gangerze nur das Gold – legiert u.a. mit Silber bis 50% – im unteren Gangbereich; im mittleren Arsen und Wismut, sowie im Basaltischen Platin- und Osmiumlegierungen. Die anderen gediegenen Erze sind sekundäre Umwandlungen. Innerhalb der Basalt- und Olivinschicht dominieren die eisenverwandten Erze. Es fehlen die primären Erze, welche sich aus dem Granitischen konzentiert haben. Auch das zeigt den deutlichen Unterschied der Entwicklungsstufen.

Der Beginn der **Gangbildung** (Abb. 182) ist besonders charakteristisch am Zinngreisen (Abb. 184, S. 329) zu beobachten. Schon für Goethe war die Zinnformation besonders wichtig, weil sie das erste Zeugnis des Metallischen in der Gangformation ist, indem sie schon im Granit beginnt (s. S. 196; Goethe 1994, S. 104). Der Granit ist dort in seinen Kuppelbereichen von zahlreichen dünnen Klüften durchsetzt, die mit Quarz ausgefüllt sind und in der Mitte kleine Körnchen von Zinnstein enthalten. Der Zinnstein ist von den Gängen aus auch seitlich in den Granit eingedrungen. Das Gesamtbild zeigt besonders gut die Verhärtungsverhältnisse zur Zeit der Entstehung: Die Klüfte sind geradflächig, was belegt, dass der Granit schon bruchfest war, aber doch noch so wenig verfestigt, dass der Zinnstein von den Klüften aus randlich eindringen konnte. Die höheren Gänge sind gegenüber dem Nebengestein schärfer begrenzt (Abb. 186, S. 329). Im Gang sind die Erze meist in Zonen angeordnet, z.B. die schwarzen Erze Bleiglanz und Zinkblende außen, der gelbe Pyrit und der weiße Quarz innen. Die Umgebung des Ganges kann stärker zersetzt sein, wie zum Beispiel die gelblichen Feldspäte im Gneis zeigen. Solche Umwandlungen (s. S. 294) findet man besonders in höheren Gangbereichen, wo die aggressiven Dämpfe des Fluor wirkten, welche als Gangart kristallisierend zum Flussspat wurden.

Hier können nur die hauptächlichen Minerale und Prozesse aufgeführt werden; im Einzelnen sind die Zusammenhänge noch viel komplizierter. In der mitteleuropäischen Bergbaugeschichte und Erzerkundung ist ein sehr differenziertes Bild der Erzgangbildung herausgearbeitet worden. Die Paragenesen können sich rhythmisch nacheinander und nebeneinander vielfältig durchdringen, mehrfach übereinander im gleichen Gang wiederholen, gegenseitig umgebildet haben und durch lokale Bedingungen modifiziert worden sein. Diese Bilder der Paragenesen weisen auf die Rhythmen der Sonderungen hin, die im erzliefernden Granit stattgefunden haben. Sie entsprechen den Bewegungen des Gebirges und der Erstarrung des Granits. Ein Granitmassiv verhärtete von oben nach unten und von außen nach innen, also von der Grenze zum überlagernden Gestein, beispielsweise dem Gneis, nach dem Inneren der Granitschicht hin. Wenn der obere Teil des Granitstocks schon erstarrt war und erneute Gebirgsbewegungen eintraten, konnten noch weiche Massen aus tieferen Bereichen in die oberen eindringen, erneut Klüfte aufreißen und Erze mit Gangarten abgeschieden wurden (Abb. 188, S. 332). Ältere Erzgänge als Schwächezonen konnten so teilweise mehrfach geöffnet werden, die schon abgesetzten Erze wurden wieder gelöst und umgelagert, sodass neue Erzminerale entstanden. Ähnliches geschah an Gangkreuzen, wenn jüngere Gänge die älteren in anderer Richtung durchschlugen.

Zwischen dem erstarrenden Granit und der Erdoberfläche bestand ein **Temperaturgefälle**. Die Paragenesen entsprechen annähernd den Stufen der Abkühlung. So können gewisse Tiefenzonen abgeschätzt werden, bezogen auf eine Entfernung zwischen der Erdoberfläche und dem Granit zur Zeit der Gangbildung. Kompliziert werden solche Modelle, wenn Gänge mehrfach gefüllt wurden. Heute können sich jedoch durch Abtragung sehr verschiedene Lagerstättenteufen an der Erdoberfläche befinden. Die Fällungsfolge wird in der Mineralogie mit der Abkühlung von metallischen Schmelzen verglichen, da man für die Erzbildung vom Modell einer granitischen Schmelze ausgeht. – Aus Laborversuchen ergeben sich Temperaturbereiche, in denen die Erze sich abgesondert haben sollen. Ich habe diese Temperaturzonen in der Tabelle Abb. 182 nur wegen der Beziehung zur üblichen Lagerstättenliteratur mit angeführt. Geht man jedoch nicht von Schmelzen, sondern von kolloidalen Zuständen aus, wären für die gesamte Gangstrecke vielleicht ähnlich niedrige Temperaturen anzunehmen, wie sie im Schmelzmodell nur für deren obere Bereiche angesetzt werden. Diese Frage, die bei allen beschriebenen Phänomenen granitischer Sonderungen besteht, führt wieder auf die Erdentstehung zurück. Mit diesen Temperaturbereichen bezeichnet die Lagerstättenlehre die Entstehung der Erze; demnach ist beispielsweise der Bleiglanz in «hydrothermalen» Gängen entstanden.

Es wird von hydrothermalen Lösungen oder Restlösungen gesprochen, weil feste Minerale im Granitischen vorausgesetzt werden, welche wieder geschmolzen oder gelöst worden wären. Bei der Bildung der primären Erze müssen wir jedoch von einer Ganzheit ausgehen, die sich aus dem Granitischen absonderte und nicht von Festem, das wieder gelöst wurde. Letzteres würde voraussetzen, dass Erzgänge erneut aufrissen und ältere Minerale gelöst und umgelagert wurden wie bei den chemischen Prozessen der sekundären Erzbildungen.

Der Übergang vom flüssigen zum festen Zustand wird als Entstehung bezeichnet. Von dieser Grenze aus lässt sich die Herkunft der Metalle weiter in den Granit hinein verfolgen; dessen Werden führt in die Entwicklung der Erde. Auch hier bei den Erzen kann Entstehung an der Grenze der Naturwissenschaft unmittelbar durch Geisteswissenschaft erweitert werden zur planetarischen Entstehung des Metallischen. Das wird im Abschnitt «Entmetallisierung» beschrieben, wenn die weiteren Voraussetzungen dafür durchdacht worden sind (s. S. 378 ff.).

Sekundäre Erzbildungen

Die primäre Sonderung der Erzminerale von den gesteinsbildenden Mineralen und den Gangarten erfolgte also in den Gängen oberhalb der Granite. In Mitteleuropa gab es parallel zu den Gebirgsbildungen zwei Hauptepochen der Erzgangbildung, die variszische und die alpine. Die Erde entwickelte sich weiter, und mehr oder weniger spät erreichten Verwitterung und Abtragung, wie sie vor allem seit dem Tertiär wirkten (s. S. 478), auch die primär gebildeten Erze in gangartigen oder sedimentären Konzentrationen. Das Süßwasser im heutigen Zustand als Oberflächen- und Grundwasser (Abb. 182, S. 326, links oben) reagiert mit den Erz- und Gesteinsbildungen aus ganz anderen geologischen Epochen. Dabei entwickeln sich jetzt neue mannigfaltige chemische Prozesse, wodurch Erze einerseits aufgelöst und weggeführt, andererseits neu angereichert werden. Im Gegensatz zu den primären Erzen kann man diese Umbildungen als die sekundären Erze bezeichnen. Es lassen sich im Wesentlichen drei Hauptgruppen unterscheiden.

Zur ersten Gruppe gehören Erze, die der Verwitterung gegenüber sehr widerstandsfähig sind. Da die Metalle ein höheres spezifisches Gewicht oder größere Härte als die gesteinsbildenden Minerale haben, sammeln sich die Erzkörner am Grund fließender Gewässer, am Strand oder durch Windsortierung zu so genannten **Seifen**. Dazu gehören vor allem die älteren oxidischen Erze wie Zinnstein, Ilmenit, Chromit, Magnetit, Wolframit und Uranpechblende sowie Gold und Platinminerale, aber auch Schwerminerale und Edelsteine wie Zirkon, Monazit, Granat, Diamant, Turmalin, Rubin, Topas und Saphir.

Eine zweite und dritte Gruppe von sekundären Erzen entsteht, wenn die Erze durch die Abtragung in den Bereich des **Grundwassers** gelangen. Seine Lösungsfähigkeit und Fließgeschwindigkeit nimmt nach unten hin ab. Oben im Fließbereich werden die Erze gelöst und vielfältig chemisch umgebildet, wobei vor allem Oxide entstehen (Oxidationszone) und schwer lösliche Reste angereichert werden. Weiter unten, im stagnierenden Grundwasser überwiegen reduzierende Prozesse (Reduktions- oder Zementationszone), durch die zahlreiche neue Erze entstehen. Tiefe und Grenze zwischen beiden Zonen sind abhängig vom Grundwasserstand und da-

~ 1 cm

Abb. 183: Melierterz vom Rammelsberg, Goslar

Abb. 184: Zinnsteingänge im Granit (Greisen), Zinnwald, Erzgebirge.

Abb. 185: Buntkupferkieslinse im Kupferschiefer, Sangerhausen

Abb. 186: Bleiglanz-Zinkblendegang im Gneis, Freiberg

Abb. 187: Chromit in Serpentinit, Skoplje

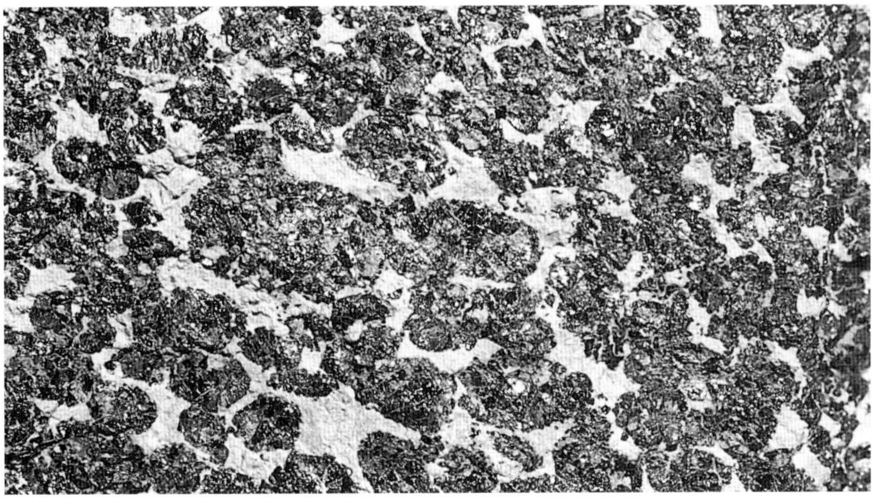

mit von den Klimazonen der Erde. Die Zementationszone kann von einigen Metern bis zu 250 m mächtig werden. In Abb. 182 sind einige der wichtigsten Minerale angeführt, die durch Umbildungen sekundär entstehen, wenn die entsprechenden primären Erze in den Grundwasserbereich gelangen.

In der **Oxidationszone** entstehen hauptsächlich wasserhaltige Oxide und Hydroxide oder Phosphate und Sulfate, je nach den anwesenden Ausgangssubstanzen. Lösliche Stoffe werden mit dem Wasser weggeführt; zurück bleiben vielfach die oxidischen Eisenerze wie Limonit und Goethit. Aus Kupfererzen bilden sich Malachit und gediegenes Kupfer; von Silber- und Quecksilbererzen bleibt ebenfalls die gediegene Form; Bleiglanz geht in Anglesit, Cerussit oder Pyromorphit über, und zahlreiche weitere Erze bilden ihre meist stark farbigen Oxidationsminerale aus. Die Metalle als Träger der Farben entfalten hier ihre Vielfalt, verdünnt durch das Wasser. Besonders Eisen und Kupfer können fast alle Farbnuancen bilden, wenn auch mit deutlich unterschiedlichem Farbcharakter. Weiterhin fallen die starken Farben der Blei-, Arsen- und Uranminerale auf.

Im stagnierenden Grundwasserbereich der **Reduktionszone** hingegen reichern sich vor allem die Sulfide von Kupfer, Silber, Eisen, Zink und Blei an, je nachdem, welche primären Erze anstehen. Manche Vorkommen mit geringen Metallgehalten werden erst durch diese sekundären Anreicherungen zu bauwürdigen Lagerstätten. Auch die gediegenen Erzminerale Silber, Kupfer und Quecksilber bildeten sich erst im oberen, sekundären Umwandlungsbereich. Sie sind meist noch – untereinander und mit verwandten Metallen verbunden – legiert.

In der Betrachtungsweise, welche die Welt aus den Teilen und ihre Minerale aus den chemischen Elementen zusammengesetzt denkt, ist oft das Argument zu hören, dass Elemente nicht nur im Labor, sondern auch natürlich vorkommen. Die Erze, welche chemisch gesehen als **elementare Metalle** auftreten, unterscheiden sich jedoch deutlich von den chemischen Elementen, die durch die Laboranalyse erscheinen. Die Biografien sind verschieden, was sich in ihrer feineren Zusammensetzung zeigt. Bei künstlichen und auch bei natürlichen chemischen Vorgängen werden aus ursprünglicheren, größeren Ganzheiten die chemisch nicht weiter zerlegbaren Stoffe herausgetrennt, die zu neuen Verbindungen führen können, aber keine ursprünglichen Ausgangsstoffe im Werden der Erde sind. Das Eisen kommt gediegen nur äußerst selten vor, wenn zum Beispiel Basalt ein Braunkohlenflöz durchschlug und so eine Art Naturverhüttung eintrat; in den Meteoriten ist es Schmelzprodukt, als Legierung mit Nickel und Kobalt, etwas Gold und Kupfer. Das alles sind sekundäre Prozesse. Primär elementar sind nur Gold, die Platinminerale, Arsen und Wismut. Graphit und die Edelgase müssten noch anders angesehen werden.

Eine weitere große Gruppe von Prozessen, bei denen Erze gewissermaßen aus einer sekundären Umbildung angereichert werden können, spielten sich im früheren wässrigen Umkreis der Erde ab oder finden heute noch in Seen oder im Meer statt. Typische Beispiele wurden im Zusammenhang mit den Gesteinsbildeprozessen besprochen, z.B. beim Kupferschiefer des Perm (Abb. 158, S. 275) oder den Roteisenerzen und Melierterzen des Devon (Abb. 157, S. 271). Ähnlich bildeten sich die Bleiganz- und Zinkblende-Erze in Kalksteinen oder die Kupfererze in Sandsteinen. Solche Lagerstätten werden als sedimentär entstanden bezeichnet, wenn man mit Entstehung wiederum bis zur Grenze des Flüsssigen geht. Die Herkunft der Metalle lässt sich jedoch weiter zurück verfolgen bis zu Gängen aus dem Granitischen oder zu basaltischen Eruptionen. Die Erze wurden in diesen Lagerstätten durch die bakteriellen Lebensprozesse angereichert und gefällt. Dadurch wurden die Luft- und Wassersphäre der Erde weitgehend metallfrei (Abb. 181, S. 325).

Die Eisenerze in der Erdgeschichte

Wenn man weiter in der Erdgeschichte zurückgeht, z.B. bis zu den Bändereisenerzen des Präkambriums (s. S. 272), kann man nicht mehr von sekundären Fällungen sprechen, sondern man gelangt in die primären gesteinsbildenden Prozesse der Erde. Unter den Metallen in der Erde spielt das Eisen überhaupt eine Sonderrolle. Es ist mit Abstand das häufigste der erzbildenden Metalle und macht alle Prozesse der Erzanreicherung mit, im Granitischen, im Basaltischen, in Sand-, Kalk- und Tongesteinen und in den sekundären Umbildungen. Es wird oxidisch und sulfidisch gebunden, wogegen die anderen Metalle meist nur in der einen oder anderen

Form auftreten. Eisenminerale sind in fast allen Gesteinen enthalten. Bei der Verwitterung werden sie gelöst und als Limonit und Goethit wieder ausgefällt. Derartige Eisenoxide sind äußerst stabil. Durch sie werden nahezu überall, wo Oberflächenwässer hingelangen, die Gesteine bräunlich oder rötlichgelblich gefärbt, einschließlich des Erdbodens.

Das Eisen ist auch das einzige Metall, dessen Erze deutlich einen zeitlichen **Entwicklungsprozess** innerhalb der Erdgeschichte durchgemacht haben. Viel ausgeprägter als bei den anderen Metallen sind die allermeisten Eisenerze an Faziesräume und Formationen ganz bestimmter erdgeschichtlicher Epochen gebunden. Besonders dominiert es in den verborgenen Tiefenzonen des Erdmantels. Dort ist es in den gesteinsbildenden Mineralen wie Olivin und Augit kieselig gebunden. Es bildet damit in riesiger Menge eine Grundsubstanz der Erde überhaupt. Wo sich die Eisenerze selbst innerhalb der basaltischen oder peridotitischen Gesteine oberflächennah von den gesteinsbildenden Mineralen absonderten, da erstarrten und kristallisierten sie im Mineralverband verteilt oder trennten sich tropfen- und linsenförmig in schichtartigen Lagen. Diese Erze stiegen nicht wie im Granitischen mit dem Quarz auf und bildeten außerhalb Gänge, sondern sie verblieben im Basaltischen, wohl auch wegen ihres hohen spezifischen Gewichtes. Das Bild ähnelt dem der Olivinknollen im Basalt (Abb. 93, S. 223) und zeigt sich typisch beispielsweise beim Chromit im Serpentin (Abb. 187, S. 329), welcher ja aus einem Peridotit hervorgegangen ist. In den basaltischen und peridotitischen Gesteinen kommen vor allem die Erze der eisenverwandten Metalle vor: die oxidischen Magnetit, Ilmenit und Chromit sowie die sulfidischen Nickelmagnetkies, Kupferkies, Zinkblende und Pyrit. Beide Bindungsarten traten anfangs nebeneinander am gleichen Ort auf, während sie sich später faziell trennten. Diese Erzgehalte nehmen nach oben hin ab, beim Chromit z.B. in Zehnerstufen: in Steinmeteoriten 20.000 g/t, in der Olivinschicht 3.000 g/t, in der Basaltschicht 300 g/t, in der Granitschicht 3 g/t. Für das Eisen lässt sich das nicht genau berechnen, die Tendenz dürfte die gleiche sein. Das Eisen ist ja auch das Metall, welches in den Meteoriten dominiert, wo es zusammen mit Nickel als Legierung erstarrt ist. Die Frage, ob es vielleicht auch im Erdkern (s. S. 418) auftritt, muss offen bleiben.

In der Granitschicht tritt das Eisen weitgehend zurück. Nur im schwarzen Glimmer Biotit ist es noch in der zweiwertigen Form mit etwa 10% enthalten, während dann die rote, dreiwertige Form des Hämatit den Alkalifeldspat nur noch ganz fein durchdrungen hat. Es kann auch dort hinzukommen, wo basaltische Massen in die Granite eingedrungen sind (Abb. 157, S. 271) und z.B. Hornblenden gebildet haben. In den Erzgängen erscheinen die primären Eisenerze als Sonderungen aus dem Granitischen in jeder Paragenese-Stufe, oxidisch oder sulfidisch gebunden, während andere Metalle meist auf bestimmte Stufen und Bindungsarten beschränkt sind (Abb. 182, S. 326).

In der Gneisschicht des Proterozoikums sind die riesigen Linsen von Bändereisenerz und der Magnetit eingelagert. Das Eisen erscheint hier oxidisch oder sulfidisch gebunden nebeneinander, Magnetit und Hämatit zusammen mit Magnetkies, Pyrit, Kupferkies oder Zinkblende. Im Magnetit ist es noch nicht in die zwei- oder dreiwertige Form getrennt. Auch wenn heute diese Minerale und Modifikationen umgebildet und nebeneinander kristallisiert erscheinen, zeigen sie doch ihren Ursprung aus einer übergeordneten Ganzheit.

Die späteren, viel weniger mächtigen Eisenerze im Gang der Erdgeschichte wurden ebenfalls bakteriell gefällt. Im Erdaltertum sind der Chamosit an das Kambrium und Ordovizium gebunden, die Roteisenerze an die Diabase und Keratophyre des Devons und Unterkarbons, die Hämatitüberzüge der Rotsandsteine an die Zeiten zwischen Devon und Buntsandstein, die oolithischen Brauneisenerze an die Kalksteine und Sandsteine von Jura und Kreide; die Pyrite sind in den Kalksteinen und Tonschiefern in bestimmter, faziestypischer Form ausgebildet. Die letzte Bildung sind die Raseneisenerze (s. S. 270), bei denen noch heute die bakterielle Fällung beobachtet werden kann. Insgesamt kann das Eisen als das eigentliche Erdenmetall bezeichnet werden, indem es mit dem Lebensprozess der Erde verbunden ist. Es durchdringt den Erdenplaneten wie das Blut den Menschen. Wie es dazu gekommen ist, wird ebenfalls noch im Zusammenhang mit der planetarischen Entwicklung dargestellt (s. S. 380).

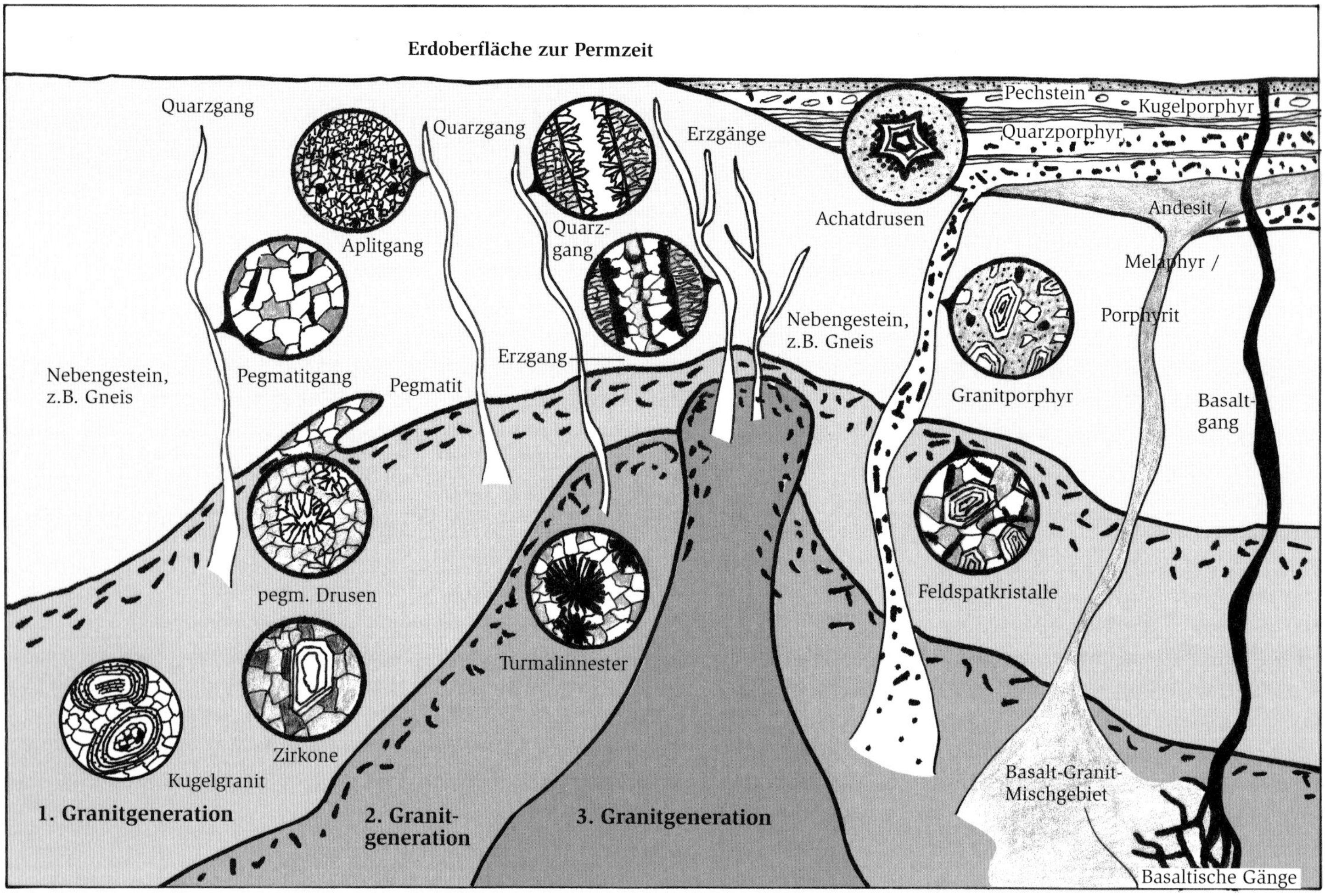

Abb. 188: Schematische Übersicht zu den Sonderungen granitischer Massen während der Verhärtungsprozesse, welche im Text näher besprochen wurden. Im Granit unten verschieden alte Intrusionsphasen und pegmatitische Drusen und Kugelgranite; darüber von links nach rechts: Pegmatit-, Aplit-, Erz- und Quarzgänge. Auf der rechten Seite die Stufen der porphyrartigen Entwicklung von den randlichen Feldspatkristallen über den Granitporphyr, Quarzporphyr, Kugelporphyr bis zum Pechstein und den Achatdrusen. Ganz rechts das Basaltische, welches sich mit dem Granitischen mischt bzw. bis zur Oberfläche durchbricht. (Eine ergänzende Zusammenschau der Bilder aus dem Verhältnis von Verhärtung und Kristallisation wird in Abb. 189, S. 334 versucht.)

Zusammenfassung der Sonderungen im Granitischen

In der Abb. 188 werden schematisch nochmals die wichtigsten Bilder granitischer Sonderungen zusammengestellt, die im Einzelnen besprochen wurden. Die räumlich gesonderten Minerale zeugen von **zeitlicher Differenzierung**. Sie deutet sich bereits fein in dem fast gleichkörnig erstarrten Nebeneinander der vier Granitminerale an. Die granitische Masse differenzierte sich weiter, einerseits in den langsamer erstarrten pegmatitischen Drusen, Gängen und Turmalinnestern und andererseits in den rascher erstarrten Apliten. Die zonar gebauten Minerallagen der Kugelgranite, Zirkone und porphyrartigen Alkalifeldspäte weisen auf rhythmische Prozesse beim Fällen, Lösen, Umlagern und Verhärten hin. Die granitische Masse insgesamt zeigt rhythmische Vorgänge in ihren Generationen, den Intrusionsfolgen, die zusammenkamen mit der Erstarrung von oben nach unten, mit den Gebirgsbildungen oder dem Durchmischen mit dem Basaltischen.

Oberhalb der Granitoberfläche werden die Bilder zeitlicher Differenzierung immer deutlicher. In den Gesteinsgängen sonderten sich die Feldspäte über den Granitporphyr zum Quarzporphyr, über die Kugelbildungen nach innen bis dahin, dass sich der Quarz über den Chalcedon bis zum Bergkristall als letzter heraussonderte. In den Erzgängen hingegen sonderten sich die metallhaltigen Minerale von den gesteinsbildenden Gangarten, vor allem dem Quarz.

Auch in diesen Bilderfolgen erscheinen Werdeprozesse. Der relative zeitliche Unterschied zwischen der letzten Mineralbildung und ihrer Umgebung wurde immer größer. Im Granit entstanden die Minerale fast gleichzeitig; in den offenen Drusen nacheinander; in den Gängen sonderten sich die Feldspäte porphyrartig schwimmend; in den Erzgängen und Bergkristallklüften blieben am Ende Drusenräume mit einseitig angelagerten Kristallen in substanzspezifischer Gestalt und Reinheit. So entfaltete sich zwischen dem Granitischen und den letzten Bergkristallen ein sehr differenzierter Entwicklungsprozess.

Bei allen Beispielen können die Bilder, welche bei der **Verhärtung** entstanden – Kugeln und Schalen – von solchen, welche die **Kristallisation** bewirkten – Außengestalt und innere Spaltflächen – deutlich unterschieden werden. Während die Massen abwechselnd verhärteten und wieder gelöst wurden, trat in verschiedenen Stadien der Verhärtung Kristallisation ein und beendete jegliche primäre Entwicklung. Für die Minerale trat Dauer ein. Erst die Verwitterung und das heutige Süßwasser bewirken, dass neue, sekundäre Minerale entstehen, entsprechend den heutigen chemischen und physikalischen Wirkungen.

Bei den Sonderungen des Metallischen vom Quarz des Granitischen und an den Grenzen des Granitischen zum Basaltischen spielen qualitative Unterschiede der Substanzen mit. Im Granit stiegen die Erze zusammen mit dem Quarz und anderen leichtflüchtigen Substanzen nach oben, der Leichte folgend; im Basalt sonderten sich die Erze von den gesteinsbildenden Mineralen nach der Schwere und sanken nach unten oder sammelten sich in tropfenförmigen Linsen ohne den Quarz. Das Eisen als häufigstes Erdenmetall zeigt die größte Vielfalt von Erzmineralen in allen Bindungsformen, von den ungesonderten zwei-dreiwertigen über die oxidischen und sulfidischen bis zu den wässrigen Bindungen. Es überwiegt in den grünen Mineralen der Peridotit- und Basaltschicht in der zweiwertigen Form und an den Kiesel gebunden, während es in den roten Mineralen der Granit- und Gneisschicht in der dreiwertigen Form erscheint, hauptsächlich als Hämatit, sich vom Quarz sondernd, in den Erzgängen oder Bändereisenerzen.

Alle diese Phänomene bilden die Grundlage für die Untersuchung der weiteren Frage, aus welchen Substanzzuständen die Kristallinen Gesteine hervorgegangen sind. Eine Antwort darauf bildet die Voraussetzung, um den Werdeprozess der Erde zu beschreiben, durch Geisteswissenschaft über die Grenze zwischen Fest und Flüssig hinaus erweitert, bis zu der uns die Naturwissenschaft sicher führt.

Lebensprozess, Verhärtung und Kristallisation

Verhärtung und Kristallisation

Nachdem in Kürze die Phänomene des Granitischen und seiner Sonderungen dargestellt wurden, soll im Folgenden darauf aufbauend versucht werden, aus diesen Bildern des Festen die Entstehungsprozesse abzulesen und damit einen zeitlichen Prozess zu rekonstruieren. Das wird möglich, wenn wir die Formen der Minerale betrachten. Ein Schneekristall kann seine substanzspezifische Gestalt allseitig ausbilden, weil die umgebende Luft sehr viel weicher ist; in einem gleichkörnigen Granit hingegen erreicht keines der Minerale seine eigene Gestalt, wenn alle etwa gleichzeitig kristallisieren. Der Übergang vom Luftigen zum Flüssigen und zum Festen kann verschieden rasch geschehen, sowohl für die gesamte Masse als auch für die einzelnen Minerale. Dabei sind zwei Prozesse beteiligt: die Verhärtung und die Kristallisation. Wenn Minerale aus Schmelzen, Lösungen oder dem gasförmigen Zustand kristallisieren, verhärtet die Substanz; sofern dafür

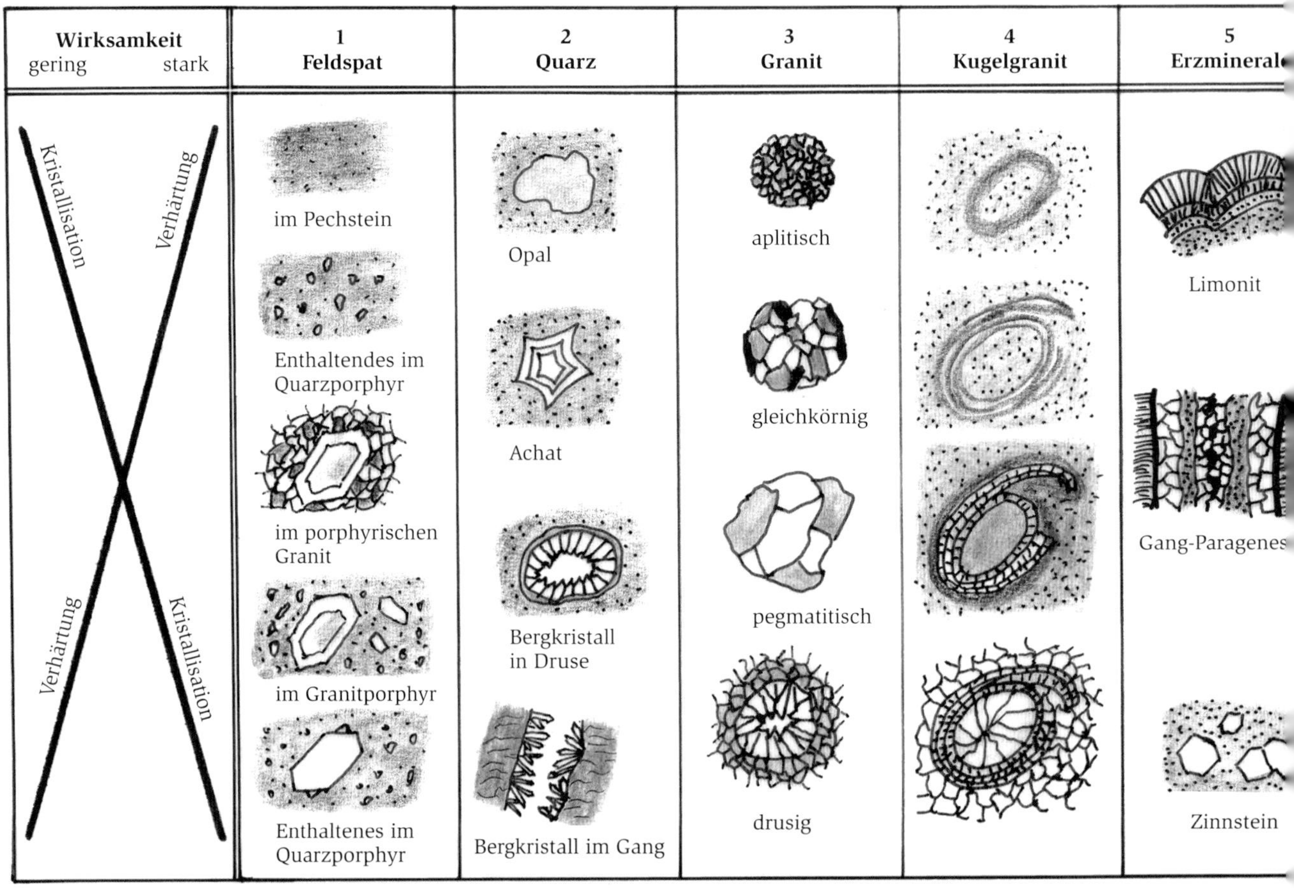

Abb. 189: Zusammenfassende schematische Übersicht einiger Beispiele zum relativen Verhältnis von Verhärtung und Kristallisation, deren Phänomene bereits dargestellt wurden und die im Folgenden (bis S. 342) unter dem Aspekt dieses Kapitels vergleichend beschrieben werden. Das Schema ist so gemeint, dass die Entwicklung aus dem Flüssigen direkt in jedes der fertigen Bilder geht. Der Ablauf wird bestimmt vom relativen Verhältnis von Verhärtung und Kristallisation. Die Folge der Bilder von oben nach unten zeigt dieses Verhältnis als Stufen der Kristallisation, jedoch nicht als Entwicklungsschritte in der Substanz!

Raum ist, kann sich eine äußere Kristallform ausbilden, und das Innere wird flächig durchstrukturiert. In manchen Mineralen können auch Spaltflächen entstehen, die einer oder mehreren Außenflächen parallel verlaufen. Verhärtung und Kristallisation gehen im Allgemeinen nahezu gleichzeitig vor sich, sodass sie während der Kristallisation schwer zu unterscheiden sind.

Wenn nur die **Verhärtung** wirkt, entstehen «feste Flüssigkeiten», wie z.B. das Glas oder der Opal, die nicht kristallisiert sind. Sie erhalten ihre Außenform als Kugel und Tropfen vom Weltall oder vom umgebenden Gefäß. Sie besitzen im Inneren keine kristalline Struktur. Goethe hatte sich mit dem verhärtenden Kiesel, dem Wasserglas, beschäftigt, um sich daran in die Bilder fryher Werdeprozesse der Erde einzuleben (s. S. 191 u. Goethe 1994, S. 296 – 321). Anhand der Bilder an Gesteinen versuchte er, sich den Erstarrungsprozess vorzustellen (Abb. 75, S. 200). Er verglich die Vorgänge mit dem Gerinnen der Milch. Das führte ihn zum Begriff der Solidescenz als dem «letzten Akt des Werdens», «aus dem Flüssigen durchs Weiche zum Festen hingeführt, das Gewordene abgeschlossen darstellend». Solidescenz, Solidewerden, ist ein Ausdruck Goethes für die Verfestigung im Gestein. Am Ende kann die Substanz kristallisieren. Je nachdem, wann die Kristalli-

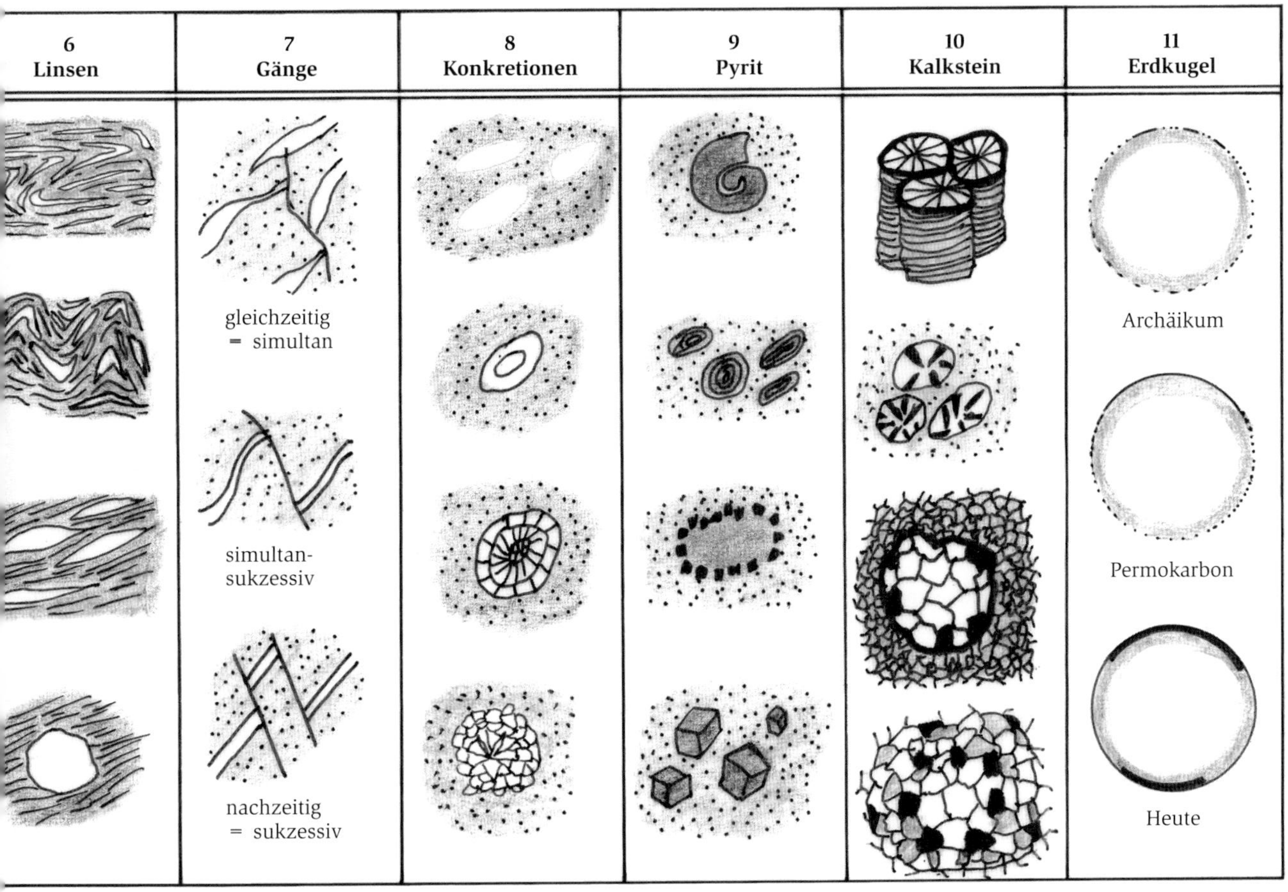

sation einsetzt, können sich noch mehr oder weniger deutlich äußere Kristallgestalten oder flächige Innenstrukturen ausbilden. Die beiden Prozesse können daran unterschieden werden, wie stark unstrukturierte Kugelformen oder strukturierte Kristallformen dominieren. Wenn verschiedene Zwischenstufen der Kristallisation erhalten sind, kann aus der Folge der Bilder der Entstehungsprozess insgesamt rekonstruiert werden. Einige Beispiele zeigt die obige Abbildung; sie sollen im Folgenden beschrieben werden.

Eine besonders charakteristische Folge von Bildern zeigt der **Feldspat** (Spalte 2). Der Granit ist im Inneren der Massive gleichkörnig ausgebildet und geht zum Rand in die Verschiedenkörnigkeit über, indem der Feldspat sich sonderte (Abb. 74, S. 199). Die Substanz wird rhythmisch in Schalen angelagert (Abb. 84, S. 221), womit der Feldspat an die Bildungsweise der Frühausscheidungen von Zirkon und Turmalin anschließt (Abb. 174, 175, S. 316). Von einer oval begrenzten Substanzanhäufung im Granit über eine anfängliche Tafelform am Granitmassivrand tritt die Gestalt immer mehr individualisiert in Erscheinung in den zonar gebauten, stärker abgegrenzten Kristallen im Granitporphyr bis zu den scharf gesonderten Doppelkristallen im Quarzporphyr (Abb. 176 – 178, S. 321). Das ist das, was Goethe als den «porphyrartigen Prozess» beschrieb (s. S. 198 u. Goethe 1994, S. 262). Das Enthaltende – der Quarzporphyr – und das Enthaltene – der Feldspat – sonderten sich voneinander. Die Kristallinität erscheint immer deutlicher, zum einen an den äußeren, substanzspezifischen Kristallflächen, woran Goethe «das Eintreten der ideellen Gestalt in die Wirklichkeit» erkannte; zum anderen bildet sich eine innere Strukturierung, die sich beim Feldspat in den Spaltformen flächig zeigt, bis hin zu den Phänomenen der Anisotropie, also der Richtungsabhängigkeit physiko-chemischer Eigenschaften. Die Spaltflächen verlaufen parallel einer Fläche (001) der Gesamtgestalt, aber unabhängig von den zonaren Substanzrhythmen (Abb. 200, S. 376). Dabei werden auch die Substanzen immer reiner und individueller. Das zeigt sich im rhythmischen Zonarbau, der sich vom Natrium- zum Kaliumfeldspat hin entwickelte. Wenn nur Verhärtung wirkt, bleiben die Stoffe weitgehend ungetrennt wie in einer Flüssigkeit. Durch Kristallisation lassen sich Stoffe aus einem ursprünglichen Ganzen, aus einer flüssigen Mischung oder Lösung voneinander sondern.

Die Kieselsubstanz entwickelte sich, wie bereits dargestellt, mit dem **Quarz** (Spalte 2) auf verschiedenen Wegen. Die gesamten Gesteinsbildungen der Erde wurden ja hauptsächlich vom Kiesel getragen (Abb. 136, S. 252). In der Olivin- und Basaltschicht ist er noch in einer ursprünglichen Ganzheit der Silikate gebunden. Mit dem Granitischen erscheint die Kiesel-Substanz im Überschuss; sie verblieb am längsten im Flüssigen: der Quarz füllte im gleichkörnigen Granit die Resträume zwischen den Kristallen oder sonderte sich als Träger der Spätausscheidungen in den Dachkuppeln der Massive. Von dort aus ging er als wichtigste Gangart bis in die Quarz- und Erzgänge hinein (Abb. 182, S. 326). Im Gang änderten sich – wie bei den Erzen – die dominierenden Formen im Verhältnis von Verhärtung und Kristallisation. Der Quarz I im unteren Bereich der Erzgänge ist derb und dicht wie im Granit. Der Quarz II im mittleren Bereich ist grobstänglig und kann in Hohlräumen der Gänge schon Säulen ausbilden, die meist noch trübe bleiben. Der Quarz III im oberen Bereich bildet den mikrokristallinen Chalcedon, in dem die feinlagig-kugeligen Strukturen der Verhärtung noch überwiegen. Erst zuletzt dominiert Kristallinität, indem sich – vorausgesetzt dass in der Gangmitte Drusenraum frei blieb – aus der wässrigen Restphase Quarz- und Bergkristalle bildeten.

Gesteinsbildend erschien der Quarz aus dem Granit heraus im Pegmatit und Aplit; er bildete im Quarzporphyr einerseits kleine, hexagonale Kriställchen, die allseitig von Flächen begrenzt sind, andererseits sammelte sich die Kieselsubstanz im Pechstein, weiter in den Kugelporphyren sowie den Chalcedon- und Achatkugeln; in den Quarzkristallen ist sie gereinigt und kristallin, und zuletzt wurde sie in Fom und Stoff in den durchsichtigen Bergkristallen der Drusen am höchsten individualisiert (Abb. 179, S. 322).

Die reine Kieselsubstanz im ausgeflockten, nichtkristallinen Zustand heißt Opal; sie kann bis zu 30% Wasser enthalten und ist dann noch weich, erhärtet aber rasch mit der Entwässerung. Opal findet sich vielfach sekundär als Sinter, z.B. an heißen Quellen, in verkieselten Hölzern oder Sanden, in Klüften oder Hohlräumen kiesliger Gesteine, aber auch in Gräsern und Skeletten von Einzellern und Schwämmen. An seinen schimmernden Farben zeigt er, dass in der glasigen Trübe schon mikroskopisch feinste Kügelchen bzw. ungeordnete Kriställchen entstanden sind, an denen sich das Licht bricht. Geht der Opal weiter in Chalcedon bzw. dann in Achat über, bilden sich, senkrecht zur Außenfläche angeordnet, zunehmend radialstrahlige Kriställchen in rhythmischen Lagen. Die Verhärtung überprägt hier die Kristallisation. Das zeigt sich auch daran, dass dem Quarz die Spaltflächen fehlen, dass verwandte Substanzen wie der Rutil noch in hauchdünnen Nadeln hineinkristallisieren konnten oder dass sich von der erstarrenden Chalcedonphase noch eine flüssige Phase trennen konnte, aus der die Bergkristalle kristallisierten.

Die Bildungszeiten werden bei diesen Folgen vom «Gleichzeitigen» zum «Nachzeitigen», wie Goethe sagte, relativ immer länger; die Zeitabstände zwischen der Kristallisation des Enthaltenden und der des Enthaltenen werden immer größer. Das ist wohl dadurch bedingt, dass die Verhärtung die Kristallisation verzögert. Im Granit bildeten sich die Minerale nahezu gleichzeitig; von der Achatdruse bis zu den Bergkristallklüften wird der Abstand immer größer. Ebenso trennen sich auch die Bildungsräume: Herkunftsort und Kristallisationsort der Substanz fallen im Granit zusammen; in den Drusen, den Gängen, den Quarzporphyren sind sie zeitlich immer weiter getrennt.

Genauer betrachtet ist schon die Gleichkörnigkeit im **Granit** (Spalte 3) differenziert. Auf größeren Flächen kann man zahlreiche Stellen entdecken, wo sich kugelige, undeutlich hervortretende Feldspat-Quarz-Bereiche von glimmerreicheren Zonen abheben. Areale mit verschieden großen Mineralkörnern lassen sich unterscheiden, was auf unterschiedliche Verhärtungsbereiche hinweist. Feinkörnigere Stellen waren rascher verhärtet; in grobkörnigeren konnte die Kristallisation länger sondernd einwirken. Ähnliche Bilder verschiedenkörniger Bereiche finden sich in Aplit- und Pegmatitgängen, bei Konkretionen, Drusen und in Kugelgraniten. Blieben die anfänglichen Strukturen der Verhärtung noch lange weich, könnten sie auch durch die spätere Kristallisation völlig überprägt worden sein. Im Gegensatz dazu müssen sich die Substanzen der früh verhärteten Minerale wie Zirkon, Orthit u.a. aus einem großen Umkreis zu einer Stelle hin rhythmisch gesammelt haben (Abb. 175, S. 319). Auch dort, wo sich im Granit statt des Glimmers der schwarze Turmalin Schörl (Abb. 174, S. 316) oder statt des Feldspates der Stängeltopas Pyknit bildete, sonderten sich die früher kristallisierenden Minerale in einer noch weniger verhärteten Umgebung.

Am stärksten differenzierte sich die granitische Masse am Ende der variszischen Gebirgsbildung, in Mittel- und Südeuropa vor allem im unteren Perm, als sie entlang breiter Spalten aufdrang. Sie vermischte sich mit der luftig-flüssigen Lebenssphäre und bildete in ihr die zahlreichen mächtigen Quarzporphyr- und Ignimbritdecken (Abb. 173, S. 315; Abb. 188, S. 332). Dabei könnten sie sich mit Verwitterungsprodukten wie Tonen, Sandsteinen und Konglomeraten vermischt haben, welche ebenfalls innerhalb der Erdsphäre umgelagert wurden. In dem fremden, wässrigen Millieu oxidierte das Eisen, die Feldspäte kaolinisierten. Die Quarzporphyre erstarrten in den obersten Metern rascher zum glasigen Pechstein. Nach unten hin abkühlend blieb das Fließ- und Lagengefüge erhalten, und es entstanden Kugelporphyre ohne Chalcedon- oder Quarzabsonderungen. Darunter geschah die Abkühlung langsamer, die quarzreicheren Partien konnten sich innerhalb der Porphyrmasse kugelig sondern und von außen nach innen verhärten. Der Kiesel sonderte sich dabei nach innen hin zunehmend heraus; die restliche äußere Quarzporphyrmasse verhärtete und riss dann innen auf, sodass sich der noch flüssigere Kiesel in der Mitte ansammeln konnte (Abb. 179, S. 322). Dann sonderten sich im noch weichen Zustand von außen nach innen Chalcedon als Jaspis und Achat ab, wobei die Verhärtung überwog. Nach einer deutlichen Grenze können nach innen hin Quarzkristalle und Bergkristalle folgen, bei denen dann schon die Kristallisation aus dem wässrigen Zustand überwog. Zuletzt kristallisierten Restminerale wie Calcit, Schwerspat, Hämatit oder Manganoxid. Wenn die Substanz nicht ausreichte, um das Innere ganz auszufüllen, und die äußere Schale nicht mehr nachgeben konnte, weil das umgebende Gestein inzwischen zu weit verhärtet war, konnten ganz innen Hohlräume verbleiben. Die Füllungen auch von benachbarten Kugeln sind meist sehr verschieden, weil sie sich früh von der Umgebung abgeschlossen hatten. Wo sich Kugeln berühren, sind nur die äußeren, verbundenen Schichten ähnlich. Die Fließ- und Bruchstrukturen zeigen deutlich die vielfältigsten Bilder der Bewegung und der Übergänge zwischen Verhärtung und Kristallisation. Jedes Vorkommen hat einen anderen, einmaligen Gesamtcharakter. Mit diesem Entstehungsbild könnten die Achat- und Ignimbritprobleme gelöst werden, wenn man nicht schmelzflüssige Quarzporphyre und Glutwolken voraussetzt.

Auch für die Entstehung der **Kugelgranite** (Spalte 4) kann sich ein Gesamtbild ergeben, wenn die Bilder von Verhärtung und Kristallisation getrennt werden. Unter der Voraussetzung eines schmelzflüssigen Granits werden seit etwa hundert Jahren in den bisher ca. 300 Fachpublikationen komplizierte Hypothesen kontrovers diskutiert (H. – P. Meyer 1989). Entmischungen und Schweretrennung von Schmelzen werden ebenso angenommen wie Mischungen verschiedener Magmen, Aufschmelzungen von basaltischen oder geschichteten Nebengesteinsstücken oder überhöhte Temperatur der Schmelze zusammen mit rascher Druckentlastung durch Eruption der begleitenden Porphyre. Die Ursache für Unterschiede in der Diffusion sehen die einen in der Bewegung, andere gerade in der Ruhe. Die Bildung großer Kristalle oder Konkretionen in sehr zähflüssigem Zustand könnte bei einer Autorengruppe durch langsames Erkalten, bei anderen durch rascheres verursacht sein; auch kolloidale Hydrosilikate werden vermutet und vieles mehr. Inzwischen beschränkt man sich meist darauf, die Mineralogie und den Chemismus zu beschreiben, ohne auf die Entstehung einzugehen.

Ein Verständnis des Werdeprozesses wird durch das Grundphänomen ermöglicht, dass in den granitischen Gesteinen die Minerale normalerweise in einer bestimmten Reihenfolge kristallisierten. Zuerst sonderten sich Zirkon und Erze wie Magnetit ab, dann die dunklen Minerale Augit, Hornblende und Biotit; es folgten Plagioklas, danach Alkalifeldspat und zuletzt der Quarz. Die Entstehungsbereiche können sich dabei auch überlagern. Nimmt man eine fortschreitende Kristallisation an, wie sie in einer Schmelze abläuft, so scheint diese Mineralfolge bei den Kugelgesteinen umgekehrt zu verlaufen. Beim Rapakivigranit zum Beispiel bildete sich um einen Kern aus Alkalifeldspat eine Schale aus Plagioklas, welcher sich eigentlich hätte vorher absondern müssen.

Die Bilder (Abb. 164 – 170, S. 309 ff.) zeigen als weiteres Grundphänomnen, dass die Masse nicht gleichmäßig aus einem flüssigen Zustand oder wie eine Schmelze kristallisierte, sondern dass die Substanzen sich zunächst verhärtend voneinander sonderten und abgrenzten. Die Minerale, welche später die Kerne der Kugeln erfüllten, sammelten sich entsprechend der normalen Abscheidungsfolge innnerhalb einer langsam verhärtenden Hülle um einen noch flüssigeren Kern, an die sich – rhythmisch wechselnd zwischen Quarz-Glimmer und Quarz-Feldspat – weitere Substanz schalenförmig anlagerte. Der Prozess konnte durch erneute Verflüssigung unterbrochen werden, besonders dann, wenn die erstarrende Masse durchbewegt und die Kugeln dabei umgelagert wurden. Dabei reagierten Bereiche, die wie die Kugeln bereits stärker verhärtet waren, als Ganzes. Dieser Prozess konnte sich mehrfach wiederholen; am Poikelus z.B. (Abb. 165, S. 309) wäre eine drei- bis viermalige Verhärtung und Lösung denkbar. Durch die Bewegung konnten die äußeren Schalen teilweise angelöst oder abgebrochen worden sein. Die Bruchstücke wurden resorbiert oder zu Kernen von neuen Kugeln. Da die Kugelschalen bereits relativ stärker verhärtet waren, blieb der mineralogische und chemische Unterschied zur neuen umgebenden Grundmasse bestehen, aus der sich wieder in normaler Mineralfolge weitere Schalen anlagern konnten, z.B. mit Alkalifeldspäten oder beim Rapakivigranit mit Plagioklas. Verhärtete die Gesamtmasse jedoch, bevor sich neue Schalen anlagerten, wurden die Bilder der sich auflösenden Kugeln festgehalten. Die Kerne verhärteten später als die Schalen, sodass die weiche Innenmasse in die ebenfalls noch flüssige Umgebung austreten konnte. Dadurch konnten sich die Kugeln auch gegenseitig noch deformieren. Die endgültige Kristallisation setzte erst ein, als die Verhärtung mehr oder weniger weit fortgeschritten war. Sie bewirkte, dass die gesonderten Mineralsubstanzen flächig durchgestaltet wurden. So kristallisierten z.B. die Plagioklase der Kugelkerne von Poikelus radial zum Zentrum, und die Kristalle der jeweils äußeren Schale der Kugeln konnten sich substanziell voneinander sondern und eng mit den Kristallen der umgebenden granitischen Masse verzahnen. Die größeren Kristalle im Kern und die kleineren in den Schalen belegen, dass die Schalen früher verhärtet waren als die Kerne.

Beim Rapakivigranit können die Kugeln in nicht gerundete, normal abgesonderte Alkalifeldspatkristalle übergehen. Das zeigt, dass diese nach ihrer Umlagerung in der neuen Umgebung weitere Substanz anlagerten, und zwar in Richtung auf ihre Kristallgestalt. An den Rändern der Rapakivimassive zu anderen granitischen Nebengesteinen hin werden die Kugeln in den letzten Zehnermetern kleiner oder in eine granitporphyrische Struktur aufgelöst. Beide Phänomene zeigen somit den Übergang von den Kugelformen, die durch Verhärten und Lösen gebildet wurden, hin zur porphyrartigen Kristallisation mit der Entwicklung der Außengestalt.

Bei den **Erzmineralen** (Spalte 5) ist charakteristisch, dass sich die fein verteilten metallischen Substanzen im flüssigen Granitischen auf ein Millionenfaches konzentrieren konnten, dann im heiß-luftigflüssigen Zustand mit dem Kiesel zusammen in den Klüften aufstiegen und sich dort in substanzzpezifischer Folge absonderten (Abb. 182, S. 326). Dabei zeigen die früheren, granitnahen Erze wie Zinnstein, Gold oder Wolframit polyedrische Gestalten, die frei schwebend im Quarz gebildet wurden, so ähnlich wie auch die Frühkristallisate im Granit, z.B. Zirkon oder Apatit. In den mittleren Gangbereichen dominieren randlich aufgesetzte Kristalle, die lagenweise die Kluft ausfüllten. Beim Bleiglanz beispielsweise kann man sehen, wie die einzelnen Körner unregelmäßig rundlich umgrenzt sind, als hätten sie sich zunächst tropfenförmig gesondert, bevor dann jedes Korn für sich innen geradflächigwürflig kristallisierte, also von außen nach innen gestaltet. Die übliche Deutung ist, dass diese Körner von innen nach außen, von einem Keim aus immer mehr Substanz anlagerten, bis sie an die benachbarten anstießen. In den oberen Gangbereichen dominieren zunehmend die außen kugelig begrenzten und innen radial durchkristallisierten Formen, so bei Rot- und Brauneisenerzen. In den Kugelgestalten überwiegen mehr die Verhärtungsformen, in denen die spezifischen Kristallformen unterdrückt sind. Das entspräche von der Form her den Chalcedonlagen bei den Drusenbildungen des Quarzes. Die Kristalle orientierten sich in ihrer Richtung nicht nach der Schwerkraft, obwohl die Stoffe ihr unterworfen sind. Sie richteten ihre Längsachsen vom früher verhärteten Keimpunkt oder der Aufwachsfläche aus senkrecht in den bildsamen Raum hinein, prinzipiell also radialstrahlig vom Punkt zum Umkreis. Das kann auch in anderen Bildungsräumen vielfach beobachtet werden, beispielsweise dort, wo der Turmalin den Granit durchstrahlt oder wo in Gängen oder Drusen der Quarz radial zu kristallisieren beginnt. Selbst bei polyedrischen Kristallen geht die Substanzanlagerung vom Zentrum in die Ecken, wie man an fadenförmigen Gold- oder Silber-Kristallen oder an den unregelmäßigen Flächen der Bleiglanz- oder Flussspat-Kristalle sehen kann. Die zahlreichen Stufen der Kristallisation von der verhärteten Kugel bis zum glattflächigen Polyeder ermöglichen es, den gesamten Werdeprozess im Verhältnis zur Verhärtung nachzuvollziehen.

Eine weitere Folge von Phänomenen zu Kristallisation und Verhärtung ergibt sich bei den **Linsen** (Spalte 6) verschiedener Minerale und Gesteine, welche in den Kristallinen Schiefern eingelagert sind. Von den Mineralen sonderte sich im Gneis, Glimmerschiefer und Amphibolit zuerst der Granat, solange ein flüssig-weicher Zustand dies noch zuließ (Abb. 114, 116, S. 232; 132, S. 244; Abb. 92, S. 223). Es bildeten sich, abhängig von Kristallisation und Verhärtung, kugelig begrenzte Bereiche aus körnig strukturierten oder vollkommenen Einzelkristallen. Anschließend folgten Apatit, Sillimanit und Hornblende; dann Plagioklas und Biotit im Gneis und Muskovit im Glimmerschiefer; zuletzt verhärtete jeweils der Quarz. Wurde die Gesteinsmasse dabei bewegt, konnten verhärtende Minerale wieder zerbrechen und zu Alkalifeldspat, Muskovit oder Quarz einer zweiten Generation umkristallisieren.

Blieben die Linsen länger weich, so wurden sie bei der Verdichtung des Gneis aus ihrer ursprünglichen Kugelform noch stärker zusammengedrückt oder mit ihm verfaltet (Abb. 190 – 193, S. 341). Sie erscheinen jetzt als dünne Lagen, wie sie gerade in den frühen Gneisen häufig sind, beispielsweise im Bändergneis oder Granulit (Abb. 109 – 111, S. 230). Die Petrographie (Wimmenauer 1985, S. 316) deutet sie u.a. als mögliche Mylonite, d.h. durch starke tektonische Bewegungen verursacht, was für geringmächtige Lagen zutreffen könnte; in jedem Fall müssen aber auch andere Bildungsmöglichkeiten geprüft werden. Der Unterschied zwischen der Verhärtung der Linsen und des Gneis war gerade bei den sehr flachen Linsen der älteren Gneise gering; er wurde größer, je mehr die Linsen ihre kugelförmige Gestalt beibehielten, je mehr also die relative Verhärtung zum Gneis ein stärkeres Zusammenpressen verhinderte. Die Linsen konnten zum Umgebenden schärfer abgegrenzt oder durch die abschließende Kristallisation enger verzahnt werden. Dabei können flache und elliptische Formen durchaus nebeneinander vorkommen, da auch die Eigenschaften der Substanzen mitspielen. Die durchgehenden Spaltflächen der Feldspatlinsen zeigen, dass die Kristallisation am Ende unabhängig von der Linsenform die Substanz durchgestaltete – ähnlich wie bei den Feldspatkugeln der Rapakivigranite oder den zonar gebauten Feldspäten der Quarzporphyre.

Bei Gesteinslinsen, die in der Grundentwicklung der Kristallinen Schiefer eingelagert sind, wie Rotgneis, Marmor, Kalksilikat, Magnetit, Quarzit, Amphibolit, Serpentin, Bändereisenerz, lassen sich prinzipiell ähnliche Bilder beobachten, die auf entsprechende Formentwicklungen im Verhältnis von Verhärtung und Kristallisation hinweisen, wofür typische Beispiele gezeigt wurden (S. 219; S. 234 – 241; Abb. 134, S. 244).

Auch bei **Gesteinsgängen** lassen sich Bilder der Verhärtung von solchen der Kristallisation unterscheiden (Spalte 7, Abb. 194, S. 341; Abb. 106, S. 228). Sie können mit Granit, Quarz oder Calcit ausgefüllt sein. Je nachdem, wie stark die umgebenden Gesteine während der Gangbildung bereits verhärtet waren, entstanden Bilder, die noch Bewegung zeigen, wie die Linse in Abb. 194, S. 341 links oben, oder bereits ein gradflächig begrenztes Zerbrechen. Die Verhärtung der Umgebung im zeitlichen Verhältnis zum Ganginhalt zeigt alle Übergänge vom Gleichzeitigen bis zum Nachzeitigen, bzw. vom Simultanen bis zum Sukzessiven, wie Goethe es nannte. Die drei Quarz-Feldspat-Bereiche in Abbildung 194 und 106 zeigen drei verschiedene Verhärtungsstufen. Je höher der Quarzanteil, desto später setzte vielfach die Verhärtung ein; davon war wiederum abhängig, wie stark sich die Kristallisation ausprägte. Insgesamt langsam verlaufende Prozesse führten zu grobkörnigen Gängen, rascher abkühlende zu feinkörnigeren. Manche Gänge zeigen Übergänge von feinkörnigeren Rändern zu einem grobkörnigeren Inneren.

Kugelig-ovale **Konkretionen** (Spalte 8) bilden sich von innen nach außen – im Gegensatz zu den Drusen oder Kugelgraniten. Sie entstehen in verschiedensten Gesteinen, indem sich während der Verhärtung unterschiedliche Minerale sondern. Beispiele sind Markasit sowie kieslige Knollen wie Hornstein, Feuerstein oder Flint im Kalkstein, Calcit im Sandstein, Phosphoritkalk oder Knotenkalk im Tonschiefer (Abb. 120, S. 233). Die Prozesse liefen ähnlich ab wie bei den Quarz- oder Feldspatlinsen im Gneis oder den Erzsonderungen im Gang, indem sich im flüssig-weichen Zustand Substanzen sammelten und von innen nach außen anlagerten. In gleicher Richtung, aber je nach dem Mineral verschieden rasch verhärteten die Konkretionen dann im Verhältnis zur Umgebung. Entsprechend wirkte wiederum zuletzt die Kristallisation. Im härteren Inneren entstanden kleinere Kristalle und im weicheren Äußeren größere – umgekehrt wie bei den Drusen und Kugelgraniten.

Der **Pyrit** bietet ein weiteres Beispiel (Spalte 9; Abb. 195). Er kann sich, wie beschrieben, durch Bakterienprozesse konzentrieren (Abb. 156 – 158, S. 267). Auch dabei entstanden vielfältige Formen zwischen den Bildern der Verhärtung und denen der Kristallisation – von den mikrokristallinen Körnchen als fossile Bakterien oder den Ausfüllungen tierischer Gehäuse über schalig-strahlige Markasitkugeln bis hin zu würflig scharf begrenzten Polyederkristallen in Kalksteinen oder Tonschiefern. Sehr ähnliche Entwicklungen zeigte die bakterielle, stromatolithische Bildung von **Kalkstein** (Spalte 10; Abb. 148 – 151, S. 262). Hier ist besonders interessant, wie vom Mittelpunkt aus eine radialstrahlige Kristallisation begann und die konzentrisch-schaligen Formen der Verhärtung zunehmend überprägte. Diese konnten am Ende, sofern die Verhärtung es noch zuließ, durch die Sammelkristallisation völlig ausgelöscht werden; das Ergebnis ist ein kleinkörniges Aggregat oder sogar ein polyedrischer Einzelkristall. Diese Bilder erinnern an die der Kugelgranite, deren schalige Strukturen ebenfalls umkristallisierten (Abb. 168, S. 311). Auch die Schalenreste von Muscheln oder Stachelhäutern konnten so umkristallisieren, dass der aus der Schale neu sich bildende Einkristall in das umgebende kalkige Bindemittel hineinkristallisierte. Vielfältige Formen von Auflösung und Sammelkristallisation sind zu beobachten; organisch abgesonderter Aragonit kristallisierte zu Calcit um oder feinkörniger, bakteriell abgeschiedener Kalkstein zu kleinkörnigem Dolomit. Für die übliche rein physiko-chemische Betrachtungsweise gelten die feinkristallinen Kalksteine, auch in Konkretionen und Ooiden, immer noch insgesamt als anorganisch entstanden (Tucker 1985, S. 142). Das trifft jedoch nur für den letzten Bildungsakt, also die Kristallisation selbst zu.

Als letztes Beispiel soll noch die gesamte **Erdkugel** angeführt werden (Spalte 11), jedoch nur unter dem Aspekt der Verhärtung und Kristallisation; die Prozesse werden später genauer begründet (s. S. 405, 425 ff.). Mit Beginn der mittleren lemurischen Epoche oder dem Archäikum begann die Verhärtung der Erdkruste im kontinentalen Pol von verschiedenen Kernen aus, sowohl von innen nach außen als auch von der Oberfläche des Gneis aus nach unten. Am Ende der mittleren lemurischen Epoche oder dem Permokarbon mit der variszischen Faltung war das kontinentale Granit-Gneis-Stockwerk weitgehend verhärtet. In den Hochgebirgen wie den Alpen und bei den erzliefernden Graniten zog sich die endgültige Aushärtung noch bis ins Tertiär hin; dennoch war auch dort die verhärtende Faltung der paläozoischen Gesteinsmassen präkristallin, wenn auch später tektonisch stark überprägt. Die Phänomene dazu werden in der Geologie als Unterschiede der tektonischen Stockwerke beschrieben. Sie sind ähnlich wie oben bei den Gängen dargestellt. Überall in den Kristallinen Schiefern ist zu beobachten, dass die Substanzfolgen der Minerale lagenweise verhärteten, die kristallinen Strukturen aber in verschiedenen Richtungen dazu verlaufen (Abb. 81, S. 218 im Verhältnis zu Abb. 123, S. 263; die Mineralfazies verläuft diskordant zur Gefügefazies). Die Substanzprozesse sind mit der Verhärtung verbunden, die Kristallisation mit der Gebirgsbildung.

Die ozeanische Kruste der anderen zwei Drittel der Erde verhärtete nach der Mondentrennung, also ebenfalls bis zum Ende des Erdaltertums. Dann setzte die Plattentektonik ein und mit ihr die Verhär-

190: Graugneis mit Plagioklas-Linsen

Abb. 191: Rotgneis mit Alkalifeldspat-Linsen

192: Graugneis mit Quarz-Feldspat-Linsen

Abb. 193: Albit-Quarz-Linse in Graugneis

194: Granitgang im Graugneis

Abb. 195: Pyritkristalle im Kalkstein

tung und Kristallisation der neu entstehenden Ozeanböden von den Kontinenten aus während des Erdmittelalters (Abb. 413, S. 425 ff.). Von da an dürften Verhärtung und Kristallinität der basaltischen Massen immer mehr gleichzeitig geschehen. Unter diesem Aspekt begann die Erdenentwicklung im Sinne der Gesistesforschung mit dem Durchkristallisieren aller absterbenden Gesteinsmassen. Die Mondenentwicklung und ihre Wiederholung führte nur bis zur Verhärtung (s. S. 407, 408). Selbstverständlich ist heute die gesamte ozeanische und kontinentale Oberkruste kristallin. Aussagen darüber, wie weit ein Zustand, der oberflächlich als Verhärtung verstanden werden kann, heute in die Tiefe reicht, hängen davon ab, nach welchem Modell die Verhältnisse von Druck und Temperatur in das Erdinnere extrapoliert werden (s. S. 416).

Kolloidale Zustände

Fragen wir nach der Entstehung der kristallinen Gesteine, so ist die Grenze der phänomenologischen Beobachtung sofort erreicht, wenn wir uns von dem Bild aus, welches der **feste Zustand** bietet, den davor liegenden vorstellen wollen. Er kann aus verschiedenen vorherigen Zuständen entstanden sein. Beim Übergang **aus flüssigen** Lösungen und Schmelzen wirken Verhärtung und Kristallisation nahezu gleichzeitig. Das ist auch bei der Sublimation aus Gasen – z.B. beim Schnee – der Fall, wobei hier noch ein hauchdünner flüssiger Film zwischen dem gasförmigen und dem festen Zustand besteht. Es gibt aber noch eine Zustandsform, bei welcher der **Übergang** langsamer erfolgt und anderen Gesetzmäßigkeiten unterliegen kann. Es ist der leimförmige, kolloidale Zustand – von griechisch *kolla* = Leim und *eidos* = Form –, dessen Verfestigung man als Gerinnen bezeichnet. Ein typisches Beispiel ist die Milch. Mit ihr – nicht mit Schmelzen – vergleicht auch Goethe die Bilder aus dem Gesteinsbereich und nennt den Gerinnungsvorgang Solideszenz (s. S. 199). Bei diesem Vergleich ist klar: Die Milch bildet sich im Lebendigen als ein Ganzes und sondert sich außerhalb des Organismus in Sahne, Quark, Molke etc. Sie ist nicht aus Wasser, Eiweiß, Fett, Mineralsalzen etc. «zusammengesetzt». Wie wäre die Gesteinsbildung in dieser Weise vorzustellen?

Die Naturwissenschaft muss von der Analyse ausgehen und die Welt aus den Teilen neu zusammensetzen, wenn sie die Grundlage für die Technik liefern will. Unabhängig vom natürlichen Werdeprozess werden die Minerale als «Verbindungen von Elementen» bezeichnet und die Gesteine als aus Mineralen «zusammengesetzt» betrachtet. Bei Schmelzen und Lösungen wird ein vorher Festes geschmolzen oder gelöst, um dann wieder zu verhärten und zu kristallisieren. So sieht auch die Kolloid-Chemie als Gebiet der physikalischen Chemie die Kolloide als Mischung feinster Teilchen (0,1 – 0,001 μ) einer dispergierten Substanz – als disperse Phase – mit einem Dispersionsmittel. Zwei Endzustände werden also als gemischt angesehen bzw. hergestellt, die beide fest, flüssig oder gasförmig sein können; bei der Milch z.B. wären es flüssig und flüssig, beim Nebel flüssig und gasförmig, beim Rauch fest und gasförmig und so weiter. Die Teilchen würden demnach bewirken, dass sich das Licht bricht und sichtbar wird – der «Tyndall-Effekt», woran ein **Kolloid** von einer Lösung unterschieden werden kann. Die physikalische Chemie beschreibt als kolloidal einen Zustand zwischen dem Flüssigen und dem Festen, dessen Eigenschaften von den Teilen her beschrieben und benannt werden. Das hat auf wissenschaftlicher Seite zu vielfältigen Missverständnissen geführt; denn wenn wir die kolloidalen Zustände bei natürlichen Werdeprozessen verfolgen wollen, ist gerade die entgegengesetzte Betrachtungsweise nötig. Es wäre dann eben nicht von Teilchen auszugehen, sondern von einer ursprünglichen Ganzheit, aus der sich die Teilchen erst heraussonderten. Ein zunächst noch dünnflüssiges, mischbares Sol geht in ein dickflüssiges, gebundenes Gel über und sondert sich weiter in eine immer flüssigere Phase und eine andere, die immer fester wird, also z.B. die Milch in Quark und Molke. Was unter dem Aspekt der Teilchen-Kolloide als instabiles Kolloid und spontanes Ausflocken durch entgegengesetzte Ladungen erscheint, entspräche vom Ganzen her gesehen einer **Sonderung** und einem Absterben. Beide Hauptphasen trennen und entwickeln sich immer weiter. Bei der flüssigen Phase verbleibt Wasser bzw. das, was man von der festen Seite her gesehen als eine Lösung bezeichnen würde. In der dichten, gerinnenden Gelphase dominieren dagegen die Verhärtungskräfte immer mehr, sodass sie letztlich zu einem Glas erstarrt. Sie bekommt dann Eigenschaften wie eine Schmelze, die ja ebenfalls aus dem Festen hergestellt wird.

Ein solches Ausflocken von Gelen bedeutet, dass sich um die abgesonderte Substanz eine Art Grenzschicht, eine **Membran** bilden kann, durch welche die Stoffe im kolloidalen Zustand nicht zu diffundieren vermögen. So können innerhalb der Hüllen andere chemische Vorgänge stattfinden als in der flüssigen Phase außen. Damit haben Kolloide insgesamt keine definierte, einheitliche chemische Zusammensetzung wie etwa eine Lösung oder Schmelze, bzw. es sind keine quantitativen Löslichkeitsangaben möglich. Im Gegensatz zu Lösungen können kolloidale Zustände beispielsweise viel metallreicher sein, weil sie andere Stoffe adsorbieren. Sie reagieren chemisch und physikalisch anders miteinander, weil sie durch ihre Hüllen von der Umgebung stärker abgeschlossen sein können. Deshalb spreche ich bei den erzbildenden Prozessen in den Gängen nicht von «hydrothermalen Lösungen» – es wurde nichts Festes gelöst –, sondern schaue auf das Hauptphänomen, dass nämlich ein Ganzes sich gliederte (s. S. 328). Aber auch Kolloide mit einheitlichem Chemismus bei unterschiedlichen physikalischen Zuständen sind möglich. Verschiedene kolloide Phasen können sich abstoßen, adsorbieren oder entmischen.

Wasserliebende Kolloide können, wenn sie bereits zum Gel verhärtet sind, durch wasserentziehende Stoffe oder durch Schütteln wieder verflüssigt werden (Peptisation, Thixotropie). Anschließend erstarrt die Masse erneut; ein Rhythmus von Verfestigung und **Verflüssigung** – Koagulation und Peptisation – kann entstehen. Bei wasserabweisenden Kolloiden, z.B. Metallhydroxiden, hingegen ist der Vorgang irreversibel. Ihr Ausflocken kann jedoch durch hydrophile Kolloide verhindert werden (Schutzkolloide). Damit trennen sich im kolloidalen Zustand die Prozesse bis zur Kristallisation auch in zeitlicher Hinsicht deutlich voneinander.

Verhärtung und Kristallinität können auch durch Erschütterung hervorgerufen werden, was schon Goethe an verschiedenen Versuchen beobachtete und was er in der Aussage verdichtete: «Solideszenz ist mit Erschütterung verbunden» (s. S. 200). Die Verhärtung ist meistens mit Abkühlung verbunden bzw. kann durch sie angeregt oder beschleunigt werden. Aber alle Wärmevorgänge werden von der Umgebung her gesteuert, im Gegensatz zum Organismus.

Die verhärteten, glasartigen Kolloide unterscheiden sich von Kristallen dadurch, dass ihre physikalischen Eigenschaften wie Härte, Leitfähigkeit, Spaltbarkeit, richtungsunabhängig sind. Das Licht geht z.B. in allen Richtungen in gleicher Weise hindurch; sie sind isotrop bzw. amorph, d.h. gestaltlos.

Kristalle sind mineraltypisch richtungsmäßig strukturiert, anisotrop. Die **Kristallisation** beginnt innerhalb der mineralischen Masse von Keimpunkten aus. Ein bekanntes Bild bietet der «Schneeflocken-Obsidian», bei dem die amorphe, schwarze Glasmasse von einzelnen Punkten aus zu entglasen begann, wodurch weiße, radial kristallisierte Quarzflecken entstanden. Solange die Masse es zulässt, bilden sich kleinste Kriställchen zuerst rasch und dann logarithmisch abnehmend immer langsamer, ähnlich dem Verlauf von Lebensprozessen. Das weitere Durchkristallisieren erstarrender Gele kann schnell geschehen. An die werdenden Kristalle wird immer neue Substanz geordnet angelagert. Noch nicht endgültig verhärtete Stoffe können auf allen Stufen wiederum miteinander reagieren, gelöst oder umgebildet werden, bis sich zuletzt die Strukturierungen der einzelnen Mineralkörner gegenseitig berühren. Es entsteht ein festes, gleichmäßig verzahntes kristallines Korngefüge, wie man es typisch vom Granit kennt. Dabei wirkte, wie die Beispiele zeigten, erst die Verhärtung und mehr oder weniger später die Kristallisation, je nach Substanz und äußeren Umständen verschieden.

Besonders gut untersuchte Beipiele für das Eintreten der kristallinen Gestalt in die verhärtende Substanz finden sich in der Fachliteratur zur Struktur der **Feldspäte**, z.B. bei Tröger (1967), Barth (1969) oder Mackenzie (1974). Aus dem Vergleich der mikroskopischen Bilder, in denen durch die Verhärtung verschiedene Stadien der Kristallisation festgehalten sind, kann der differenzierte Prozess rekonstruiert werden, welcher hier nur knapp referiert werden soll. Zunächst sondern sich in der verhärtenden Gesteinsmasse feldspatreichere Ansammlungen (Abb. 83, 84, S. 220; Abb. 178, S. 321). Ein nächstes Stadium ist im Schriftgranit festgehalten, in dem sich Quarz und Feldspat zu entmischen beginnen; der Quarz sondert sich teils noch wolkenförmig, teils bereits zwischen den hakenförmig angeordneten Außenflächen der Feldspatkristalle (Abb. 171, S. 315). Weitere Stadien sind im rhythmischen Zonarbau bewahrt, der bei den Alkalifeldspäten von den natriumreicheren Kernen (Albit) zu kaliumreicheren Randbereichen (Mikroklin) führt. Da Albit monoklin und Mikroklin triklin kristallisiert, wird entsprechend der substanziellen Sonderung die zunächst angelegte monokline Außen- und Innengestalt in die trikline umgebaut. Die eng wechselnden Zwillingslamellen bilden sich im ersten Entmischungsstadium zusammen mit der monoklinen Außengestalt aus, unabhängig vom Zonarbau, über dessen Rhythmen sie hinweggreifen. Von Rand- und Bruchstellen aus wird dann die monokline Innenstruktur in die trikline umgebildet. Durch die endgültige Verhärtung ist in den meisten Kristallen ein substanziell halbentmischter, kristallin im Umbau befindlicher Zustand festgehalten. Sie haben eine monokline Außengestalt (Abb. 200, S. 376), die im Inneren wechselnd verzwillingt ist, sichtbar an den Spaltflächen; in der Feinstruktur sind sie primär monoklin und partiell triklin. Dabei hat jeder Substanzbereich seine eigene Gestalt, Sanidin und Mikroklin sind substanziell gleich, aber kristallin verschieden, Mikroklin und Plagioklas sind substanziell verschieden, aber beide triklin kristallisierend. Vergleicht man zahlreiche mikroskopische Bilder, kann man gerade an den Feldspat-Phänomenen einen guten Eindruck gewinnen von derjenigen substanziellen Entwicklung, die mit der Verhärtung verbunden ist – im Unterschied zur Flächen bildenden Kristallisation, an denen Goethe so treffend das «Eintreten der ideellen Gestalt» erkannte. Von den Formen her bildet dabei die Solideszenz den Tropfen ab, also die Kugelform des Weltalls; die Kristallisation hingegen prägt substanzspezifische Gestalten, an denen Gesetze der Symmetrie und projektiven Geometrie offenbar werden und abgelesen werden können. Mit der Kugel verglichen, sind Kristalle «zerbrochene Formen», wie Rudolf Steiner sie bezeichnete.

Ein weiteres Phänomenfeld entsteht, wenn die Gesteinsmasse während der Solideszenz noch bewegt wird. Die verhärtenden, aber noch nicht kristallisierten **Mineralkörner** können entlang paralleler Flächen **zerbrechen**, was als prä- bzw. postkristalline Kataklase bzw. syn- und postdeformative Rekristallisation beschrieben wird. Mikroskopische Untersuchungen haben hier viele instruktive Bilder geliefert (Wimmenauer 1985, S. 311). Die Kristallisation der Minerale reagiert auf solchen äußeren Druck verschieden, worin sich ihr Verhältnis zur Verhärtung von einer anderen Seite zeigt. Quarz wird leicht deformiert, Feldspäte und Olivine zerbrechen, Glimmer oder Hornblenden werden geknickt und verbogen, Kalkspat bildet interne Verzwillingungen, während Granat und Zirkon als frühe, stark verhärtete Minerale sehr beständig sind. Die zerbrochenen Körner behalten ihre Form bei der anschließenden Rekristallisation, wodurch meines Erachtens beide Vorgänge ebenfalls deutlich unterschieden werden können.

Kolloid und Leben

Diese genauen Beobachtungen dessen, wie die Kristallisation im Gestein eintritt, erscheint mir wichtig, um die Entstehungsprozesse zu begreifen. Erstens kann daran gesehen werden, dass die Gestalt nicht durch Addition von Gitterbausteinen entsteht. Zweitens ist das Eintreten der Gestalt als eine übersinnliche Realität ein anderer Vorgang als die langen geologischen Entwicklungswege der Substanzen, die letztlich mit dem Werden des Menschen zusammenhängen. Drittens sind die Substanzen mit den Verdichtungszuständen der planetarischen Entwicklungsstufen Alter Saturn, Alte Sonne, Alter Mond und Erde verbunden. Viertens kann so genauer verstanden werden, was es bedeutet, dass die Verdichtung mit den Mondenkräften zusammenhängt und und damit auch mit der Wiederholungsepoche des Alten Mondes, während die Kristallinität erst mit der Erdentwicklung im eigentlichen Sinne erscheint. Fünftens sind die kolloidalen Zustände mit den Lebensvorgängen im Wässrigen verbunden; sie können von ihnen durchdrungen und gestaltet werden, was in Schmelzen nicht geschieht. Das führt zu der Frage, ob die Bilder in den kristallinen Gesteinen nicht überhaupt auf kolloidale Werdeprozesse verweisen?

Innerhalb von lebenden **Organismen** sind alle Flüssigkeiten im kolloidalen Zustand, beim Menschen Blut, Lymphe, Muttermilch, Gehirn- und Fruchtwasser etc. Die meisten kolloidalen Mineralprozesse sind ebenfalls an das Wasser gebunden, können es aufnehmen und abgeben und zeigen damit, dass sie mit dem Leben zusammenhängen. Verhärtung und Kristallisation werden vom Entwässern begleitet. Nur im flüssigen Zustand kann der Ätherleib eingreifen. Er trägt und regelt die Lebensfunktionen des Menschen (Steiner, GA 13, Kapitel «Wesen der Menschheit», S. 54). Diese Funktionen – Steiner bezeichnet sie als «Lebensprozesse» (GA 170) – werden z.B. von Christof Lindenau (1977) beschrieben als Aufnahme, Angleichung und Verdauung der Nahrung, Absonderung nach innen und außen, Erhaltung, Wachstum und Hervorbringung. Es sind alles Lebensprozesse, die in der Zeit verlaufen.

In der Welt der entstehenden Minerale liegt der kolloidale Zustand in einem Übergangsfeld, in dem das Ätherische zwar noch einzuwirken vermag, aber sich nicht so weit leibbildend inkarniert wie bei einem lebendigen Organismus, wo es ganz von innen wirkt. Dadurch bleiben zum ersten zeitliche Vorgänge an Mineralen äußerlich; man kann einem Bergkristall sein Alter nicht ansehen. Zum zweiten werden wir, um die Kristallgestalten zu verstehen, auf die Umkreiskugel des Weltalls verwiesen. Zum dritten sind die Substanzprozesse der Mineralbildung nicht aus sich heraus verständlich, sondern führen gleich zu den Entwicklungsprozessen der gesamten Erde. Wenn man alle diese Phänomene zusammennimmt, kann der Begriff vom Ätherleib der Erde konkreter werden. Er erscheint dann nicht als eine bloß hinzugefügte Behauptung, sondern als Erfahrung aus der Anschauung und dem gründlichen Studium der Phänomene!

Im Mineralischen kann ein **Zeitleib** dort mitgestaltend einwirken, wo durch den kolloidalen Zustand die Wirkungen von Verhärtung und Kristallisation zeitlich rhythmisch auseinander gezogen sind, wie die geschilderten Beispiele zeigten. Die spezifischen Rhythmen wie im Zonarbau der Feldspäte, im Schalenbau von Ooiden oder in den bakteriellen Lebensprozessen der Stromatolithen (Abb. 148 – 154, S. 262) und vielen anderen sind Abbilder kosmischer Rhythmen in der Lebenssphäre der Erde. Eine weitere Zeitsignatur des Kolloidalen zeigt sich darin, dass die Verhärtung zuerst rasch und dann immer langsamer durchlaufen werden kann. Die Erstarrungszeit sinkt also exponentiell ab, so wie auch alle Lebensprozesse verlaufen. Jede Substanz hat zudem ihre eigene charakteristische Entwicklungszeit. Die einzelnen Verhärtungsstufen werden von den Mineralen nicht gleichzeitig erreicht. Indem Verhärtung eintritt, kann der Ätherleib – oder beschreibend gesagt: die Lebenskräfte – immer weniger gestaltend einwirken. In einem Organismus entstehen dann Krankheit und Tod. Mit dem Tod zieht sich der Ätherleib als das, was die übergeordnete Ganzheit schuf und aufrecht erhielt, gänzlich zurück. Die kolloidalen Substanzen beginnen zu zerfallen, und die rein chemisch-physikalischen Prozesse können jetzt voll wirken. Physiologisch gesehen kann der Tod geradezu dadurch charakterisiert werden, dass der kolloidale Zustand aufhört, die Sonderung der Phasen beginnt, Abkühlung, Entwässerung und Verhärtung einsetzen, bis am Ende die Kristallisation erscheint, sowohl im Organischen als auch im Mineralischen.

In dem, was von der physikalischen Chemie als anorganische Eigenschaften der Kolloide beschrieben wird, würde ich den Ausdruck von übergeordneten Lebensprozessen sehen, die in die Substanzvorgänge gestaltend eingreifen. Dazu gehören die substanzielle Sonderung und Hüllenbildung mit dem innen und außen verschiedenen Chemismus, die Beherrschung chemischer Vorgänge, die als Resistenzen erscheinen, die verzögerte Keimbildung, die Unterkühlung, die hohe Zähflüssigkeit und Oberflächenspannung, die Kugelformen im Flüssigen, die zurückgehaltene Kristallisation, die unterschiedlichen elektrischen Potenziale, die Rhythmen der Substanzprozesse, die differenzierten Zeit- und Wärmephänomene, die gewisse Reversibilität bei der Peptisation, also die Thixotropie und anderes mehr.

Von verhärtenden Kolloiden sagt man auch, sie würden «altern». Das ist ebenso eine Assoziation aus dem Lebensbereich, wie man bei den Kristallen von «Wachsen» spricht, obwohl bei ihnen – im Gegensatz zum Wachstum von Organismen – das Größerwerden und die Gestalt von außen bewirkt werden. Der exakte Inhalt des Lebensbegriffes fehlt der Naturwissenschaft. Nur solange die Lebenssphäre der Erde erdgeschichtlich wirksam war, war dieser heute äußerlich wirkende Zeitorganismus der Kristalle ein innerer. Wenn man das gleiche Wort «Wachsen» gedankenlos für zwei grundverschiedene Prozesse verwendet, wird eine sachgemäße Erkennnis verhindert. Im «Wachsen» eines Kristalls ist implizit, aber unbewusst, vorausgesetzt, dass die Gestalt durch Addition von Gittern entstehen würde.

Kolloidale Prozesse an der Grenze des **Silikatischen** zum Lebendigen können noch heute beobachtet werden, wenn bei der Verwitterung zahlreiche neue, sekundäre Minerale entstehen, z.B. die verschiedenen Ton-, Kiesel- und Hydroxidverbindungen. Dazu gehören auch die schon beschriebenen Prozesse der Bodenbildung durch Bakterien (s. S. 282). Aus dem Feldspat werden die sekundären Tonminerale der Kaolinit-Gruppe, die ein wesentliches Organ im Erdboden darstellen, das Wasser und mineralische Stoffe aufnehmen kann, wodurch auch bakterielle Lebensvorgänge möglich werden. Das Irdisch-Ätherische wirkt ordnend in der Weise, dass die Nährstoffe für die Pflanzenwurzel in kolloidalem Zustand zugänglich und vom verinnerlichten Ätherleib der Pflanze ergriffen werden können. Aus dieser Sicht ist die Verwandtschaft von Eiweiß und Kiesel interessant. Beide sind optisch aktiv; beide liegen bei niedrigen Temperaturen kolloidal vor. Die Chemie spricht hier von Molekularkolloiden und Großmolekülen, wobei der Molekülbegriff wiederum additiv vom Teil ausgeht, also einen dem Lebensprozess entgegengesetzten Vorgang bezeichnet.

Einen ganz anderen Ansatz, die Erde als einen Organismus zu betrachten, verfolgt James Lovelock mit seinem **Gaia-Prinzip** (1988 u. 1993). Er stellt dar, wie ihm diese Idee intuitiv kam und damit volle Evidenz für ihn erhielt, gesteht aber, dass schon die Frage, was Leben eigentlich sei, auch von den Biologen nicht beantwortet werden könne (1993, S. 39 – 47). Und so reduziert er seine bewusst unverbindlich und spielerisch vorgetragenen Modelle (S. 62) auf vielfältig verknüpfte Ablaufketten geochemischer Prozesse. Er beschreibt das Leben ganz aus dem Materialismus heraus als einen sich selbst regulierenden Funktionsmechanismus mit Rückkopplungssystemen, verursacht durch die Zufälligkeiten physiko-chemischer Vorgänge. Der Zufall markiert hier die gleiche Erkenntnisgrenze, welche von anderen Autoren beim Typus der Tiere oder beim Granit als Urgestein erfahren wird (s. S. 28; S. 202; Abb. 68, S. 170). Welches Selbst bewirkt denn in der Evolution hinter den Zufällen die gerichtete Höherentwicklung? Lovelock resümiert: «Ich werde aber nicht aufhören nach den Grenzen der Gaia-Steuerung zu fragen und nach einer Leitlinie zu suchen» (1993, S. 155). Er hat viele interessante Fakten zusammengetragen, besonders zur Geochemie des Proterozoikums, wobei ihm als Arzt jedoch die geologischen Zusammenhänge weniger geläufig sind. Vor allem aber fehlt ihm ein konkreter Begriff vom Ätherleib und damit vom Leben, und so versucht er, einen mechanischen «Erdorganismus» ohne das Leben zu beschreiben. Im Vergleich dazu erlebe ich Goethes Ahnungen und Steiners Forschungen nicht nur als innerlich wesentlich verbindlicher, sondern auch insofern viel konkreter, als sie sich mit den an den Gesteinen wahrnehmbaren Phänomenen decken. Lovelock weiß von Rudolf Steiner, ignoriert ihn aber aus gutem Grund und erwähnt ihn nicht einmal unter all denen, welche die Erde schon als Organismus bezeichnet haben. Man kann eine Vortragsstelle bei Steiner (GA 324, 19. 3. 1921) geradezu als eine Antwort an Lovelock lesen: «Nicht im Sinne einer vagen Analogie, sondern im Sinne eines wirklichen Durchschauens wird einem die Erde eine Art organisches Wesen. Allerdings ein organisches Wesen, welches durch seine verschiedenen Entwicklungsstadien das mineralische Reich aus sich herausgesondert und auf der anderen Seite das pflanzliche Reich differenziert hat. ... Auf solche bloßen Analogieschlüsse [wie bei F. T. Fechner] gibt aber die Geisteswissenschaft, die hier gemeint ist, gar nichts, sondern nur auf das unmittelbare Anschauen. Daher muss immer betont werden, dass vorangehen müsse dem Sprechen über so etwas wie zum Beispiel die Erde als Organismus das Sprechen über das imaginative Vorstellen, denn nur dem imaginativen Vorstellen, nicht dem kombinierenden Verstande mit seinen Analogien kann gegeben sein die Erde als ein Gesamtwesen.» Auch deshalb wurde diesem Buch ein methodischer Teil vorangestellt (S. 23 – 27). Die ganze Problematik der Fragen nach der Bildung kristalliner Gesteine (s. S. 291 – 305) erscheint in einem anderen Licht, wenn man sie vom Aspekt des Kolloidalen aus anschaut, in den der Ätherleib der Erde gestaltend eingreifen kann. Allerdings muss dabei unterschieden werden zwischen den Phänomenen, die sich auf natürliche Ganzheiten beziehen, und den künstlich hergestellten Kolloiden aus dispergierten Teilchen und einem Dispersionsmittel. Die Erde begann ihre mineralische Entwicklung mit einem Wärmezustand (Abb. 4, S. 57), der sich in einen gasförmigen und weiter in einen dünnflüssigen, dem Sol-Zustand entsprechenden Zustand verdichtete, der weiter in einen dickflüssigen überging, der dem Gel-Zustand entspräche – aber eben als Sonderung, nicht als Lösung, Schmelze, Mischung von Phasen oder Verbindung von chemischen Elementen. Der Unterschied liegt darin, dass man fragen müsste, wie von dem heute beobachtbaren Mittelzustand des in die Verhärtung gehenden Kolloidalen eine ursprüngliche Ganzheit vorzustellen wäre, die sich sonderte – und nicht, wie die Stoffe beschaffen waren, die vom Festen aus gelöst oder geschmolzen wurden. Das Kolloidale müsste wirklich als Prozess der Solideszenz, als Werdevorgang vorgestellt werden, und nicht als ein bestehender Zustand, der vom Teil oder vom Molekül her gedacht ist. Die Biografie der Substanz macht den Unterschied aus.

Die Lebenssphäre der Erde bei Rudolf Steiner

Die bisher dargestellten Phänomene und Bilder der Gesteinsbildungen haben uns auf die kolloidalen Zustände verwiesen, in denen Lebenskräfte wirken können. Durch die Prozesse der Verhärtung und Kristallisation gehen sie in den Tod über. Diese Phänomene sollen nun verglichen werden mit den Darstellungen, welche Rudolf Steiner von dem gleichen Übergangsfeld vom Flüssigen zum Festen für die frühe Erdentwicklung gibt. Die äußerlichen Verhältnisse der Erde werden von ihm jedoch nicht als isolierte, einander wissenschaftlich gegenüberstehende Fakten beschrieben, sondern sie sind innere Erfahrungen, die stets mit dem Menschen und seiner Entwicklung zusammenhängen (Abb. 59, S. 153). Gerade bezüglich der Erdgeschichte schilderte Steiner vom seelisch-geistigen Gesichtspunkt aus überwiegend die Entwicklungen des Menschen, der Naturreiche und der höheren hierarchischen Wesen, welche im differenzierten Zusammenhang zueinander stehen. Die Pflanzen-, Tier- und Menschen-Entwicklung wurde bereits dargestellt (s. S. 133 – 165) und bleibt in diesem Abschnitt unberücksichtigt. Zusammenhängende schriftliche Schilderungen Rudolf Steiners liegen in den entwicklungsgeschichtlichen Grundwerken vor: *Aus der Akasha-Chronik* (GA 11, 1904) und *Die Geheimwissenschaft im Umriss* (GA 13, 1910).

Steiners Darstellungen wechseln mitunter zwischen übersinnlich und sinnlich beobachtbaren Tatsachen. Auch die Beschreibungen von fest, wässrig, luftig und wärmehaft beziehen sich teils auf physikalische, teils auf die elementarisch-übersinnlichen Zustände. Aus dem Zusammenhang geht aber in den meisten Fällen eindeutig hervor, welche Ebene angesprochen ist. Überhaupt entsprechen die Vorstellungen, wie wir sie uns anhand der Gesteine bilden können, wohl kaum den zarten, imaginativ lebendigen Bildern einer übersinnlichen Wahrnehmung. Im Vortragswerk habe ich bisher etwa 30 Stellen* gefunden, in denen Steiner Aspekte dieser Erdsphäre und des darin lebenden Menschen schildert, die für unsere Frage nach der Gesteinsbildung, besonders der kristallinen Erdkruste, wichtig sind. Meistens werden von Steiner jeweils nur bestimmte Gesichtspunkte hervorgehoben, die in anderen Vorträgen modifiziert, wiederholt oder in neue Zusammenhänge gestellt werden. Insofern wären Zitate ohne den Kontext schwierig zu verstehen. Deshalb will ich im Folgenden aus dem Überblick heraus versuchen, kurz referierend ein zusammengefasstes Gesamtbild dessen zu entwerfen, was Steiner schildert, teils auch mit seinen Worten. Der Zusammenhang kann nachgeschlagen werden. Es sind in diesem Abschnitt keine weiterführenden Aspekte von mir oder aus der Geologie hinzugefügt, sondern zunächst soll nur referiert werden, was die Geisteswissenschaft sagt. All das ist zu bedenken, wenn hier vor allem die sinnlich-physische Seite referiert wird, insofern sie sich in der Gesteinswelt abbildet. Ihre Bilder können denen aus der Imagination entgegengetragen werden.

Das Substanzielle verdichtete sich aus dem Geistigen zum Seelischen und zum Lebendigen und bildete die Leiblichkeit seelisch-geistiger Wesenheiten.

* Bei den folgenden Schilderungen wird jeweils nur auf die GA-Nummer verwiesen. Die Vorträge können dem hier anschließenden Verzeichnis entnommen werden: GA 53, 9. 2. u. 9. 3. 1905. – GA 60, 9. 2. 1911. – GA 95, 31. 8. 1906. – GA 99, 3. 6. 1907. – GA 100, 25. 6. 1907. – GA 102, 16. u. 24. 3. 1908. – GA 103, 25. 5. 1908 . – GA 104, 19. u. 23. 6.1 908. – GA 105, 5. 6. 1908. – GA 106, 3. 9. 1908. – GA 106, 7. 9. 1908. – GA 109, 9. u. 10. 6. 1909. – GA 112, 28. 6. 1909. – GA 122, 25. 8. 1910. – GA 127, 11. 2. 1911. – GA 227, 29. 8. 1923. – GA 232, 1. 12. 1923. – GA 232, 9. 12. 1923. – GA 233, 26. 12. 1923. – GA 319, 3. 9. 1923. – GA 347, 23. u. 27. 9. 1922. – GA 354, 3. u. 7. 7. 1924. – GA 354, 9. 7. 1923.

Die übersinnliche Evolution ging während des Wärmezustandes der polarischen Epoche in die sinnlich wahrnehmbare Evolution über; d.h. man hätte diese Seite der Welt wahrnehmen können, wenn es damals schon Sinnesorgane wie die heutigen gegeben hätte (s. S. 48; Abb. 4, S. 57; Abb. 3, S. 47). Die Weltenkörper verdichteten sich zum leuchtenden, durchwärmten Gas-Luft-Zustand der hyperboräischen Epoche und der warmen, wässrig-luftigen Lebenssphäre der lemurischen Zeit. Darin bildeten sich gegen die Mitte der lemurischen Epoche die ersten Verhärtungen, die bis heute als kristalline Gesteine erhalten sind (Abb. 212, S. 397; Abb. 223, S. 430). Hier liegt somit der Beginn der Erdgeschichte für die Geologie.

Steiner schilderte, dass zunächst alles, was heute getrennt auf der Erde vorkommt, noch ungetrennt verbunden war. Die Gesteine, die Wasser der Ozeane, die Luft, alles war durchwärmt, aber nicht im Sinne einer Lösung oder Schmelze. Die Erde war ein lebendiger, empfindender und denkender Organismus (GA 53, 60, 100, 102, 104, 227, 354).

Auch der Mensch lebte im äußeren Umkreis dieser Ursphäre; er war von ihr durchdrungen in luftig-wässriger Substanz und hatte eine fischartige Gestalt. Erst allmählich sonderte sich sein Leben von der Umgebung ab, und indem der Leib dichter wurde, kam er allmählich in immer tiefere Schichten hinunter (GA 53, 95, 100, 105, 109, 227, 233).

Die äußere irdische Sphäre selbst war heiß, feurig, zähflüssig, wie brodelnde Feuernebel; erste dünne Krusten bildeten sich, zerbrachen immer wieder, bildeten und gestalteten sich neu. Es war jedoch eine lebendige Wärme, differenzierte Hitze, unten heißer als oben (GA 53, 60, 95, 99, 103, 105, 106, 109). Diese Wärme durchdrang die wässrig-luftige Grundmasse, die oben dünner war, nach unten dichter wurde und dort von der Sonne nicht mehr durchschienen werden konnte. Erst gegen Ende der lemurischen Epoche, zu der nachfolgenden atlantischen Epoche hin, trennte sich zunehmend das Wasser von der Luft, und die Erde kühlte ab. Über manchen Gebieten setzte die Verhärtung früher ein, andere blieben länger weich (GA 53, 60, 100, 106, 354).

Die dichtesten Massen hatten die Tendenz, sich nach unten zu differenzieren, Dichteres abzusondern. Daraus wurden später die kristallinen Gesteine, die vom Quarz durchdrungen sind, also die Granite, der Gneis etc. Vor allem der Quarz spielte eine bedeutende Rolle. In diese wachsartig flüssigen Massen drangen aus dem Kosmos Imaginationen pflanzenförmiger Bilder gestaltend ein, ähnlich wie durch Sinnesorgane. Sie prägten sich in die verdichtenden Strukturen (GA 53, 60, 106, 112, 127, 232, 233, 319, 354). Solche sich sondernden Massen bildeten inselartige Verhärtungen, welche die Kerne der künftigen Kontinente wurden. Einerseits waren sie schon sehr hart, andererseits noch dünn und zerbrechlich (GA 53, 60, 95, 103, 109, 347, 354).

Meines Wissens wird an vier Stellen – 1908 und dann 1923/24 – dargestellt, dass diese lemurische Sphäre eiweißartig war, etwa vergleichbar dem Hühnerei, aber viel feiner, flüssig-flüchtig. Diese Substanz bildete die Lebensgrundlage für die darin sich organisierenden menschlich-tierischen Wesen (GA 102, 232, 233, 354). Der Verfestigungsprozess ist also zunächst ein Gerinnen. Die kontinentalen, inselartigen Verhärtungen innerhalb des Gallertig-Flüssigen waren in der ersten Hälfte der lemurischen Zeit noch nicht kristallin, sondern hornartig, vom Organismus abgesondert. Die Mondenkräfte wirkten verfestigend, stellenweise physisch durchaus viel härter als heutiges Kristallines. Dennoch waren die Gebilde nicht mineralisch in dem Sinne, wie wir es beim heutigen Smaragd oder Korund oder Diamant vorfinden, sondern sie waren eben hart und hornig. Sie hatten keine kristallinen Formen, sondern solche, denen man ansah, dass sie von organisch Wirksamem abgesondert waren, wie man auch heute nicht von der Kristallgestalt eines Kuhhornes spricht. Kristallisation im Mineralischen trat erst nach der Mondentrennung von der Mitte der Lemuris an ein; erst da kristallisierte die zum Gestein werdende Masse (GA 95, 99, 102, 232, 233, 354). Mit der Kristallisation erstarb die Erde als lebendiges Wesen. Die Lebenskräfte gingen in die Pflanzenwelt und in die weichkörprigen Tiere (s. S. 162) und dann in die Tierwelt über. Das geschah während der Atlantis, vor der Eiszeit, so «dass unsere jetztige Erde eigentlich eine Art von Weltenleichnam ist» (GA 354, 9. 7. 1923). Das würde alle kristallinen Gesteine, aber auch die Hydro- und Atmosphäre der Erde betreffen (s. S. 477).

Rudolf Steiner schildert öfter, wie die geistige Seite der Töne, die **Weltenharmonien**, die er auch als Klangäther bezeichnet, die Gestaltungen in den

Menschen und in die Erde einprägten (GA 13, S. 223, 228, 230; GA 102, 16. 3. 1908; GA 106, 7. 9. 1908; GA 122, 18. 8. 1910; GA 283, 26. 11. 1906). Das begann mit der hyperboräischen Zeit und währte bis in die erste Hälfte der Lemuris, umfasste also die Zeit zwischen der Sonnen- und Mondablösung. Tonharmonien durchwirkten die Erde dort, wo sie wässrig geworden war, aber in diesem «Wasser» noch alle mineralischen und metallischen Substanzen enthalten waren. Steiner vergleicht diese Vorgänge mehrfach den chladnischen Klangfiguren. Der Ton gestaltete ordnend im webenden, wogenden Leben, aus dem Geistigen in das Organische und dann bis ins Mineralische wirkend (s. Goethe 1994, S. 300). Die wichtigste Bildung war das Eiweiß, welches zuerst so etwas wie eine Art Hülle bildete, «wie eine knorplige Leimsubstanz möchte man sagen, damit ein Schutz da ist gegen außen. Das alles bildete sich wirklich nach dem Tanz der Stoffe in Gemäßheit der Sphärenmusik.»

Als eine nächste Stufe schildert Steiner, wie dadurch die Verdichtung zum Festen bewirkt wurde (GA 230, 26. 10. 1923; GA 109, 8. 6. 1909). Die Elemente wurden immer materieller. «Und nun können wir sagen, wenn wir die heutige Erde anschauen, so haben wir innerhalb der Erde das, was das **Feste** bewirkt, den inneren Mond, wesentlich verankert im Erdmagnetismus; den inneren Mond, der ja bewirkt, dass es überhaupt Festes gibt, dass es etwas gibt, was Gewicht hat, und die Gewichtskräfte sind es ja, die aus dem Flüssigen das Feste machen.» Okkult bezeichnet man als Asche, was aus dem Lebendigen der Lebenssphäre nach unten herausfällt und die Stoffe in der Erdenmasse bildete, vor allem dann zur Mitte der Lemuris hin. «Wir haben das Schwere, Feste, besser gesagt das Schwere Wirkende, ins Feste Gehende; wir haben das Flüssige, wir haben die Mond-Erde» – im Gegensatz zum Wärme-, Licht-, Luft-, Sonnenhaften darüber.

Was in dieses Verhärtende neu hineinwirkte und was im Wässrigen vorher nicht vorhanden war, erscheint als Form im **Kristallinen** (GA 243, 13. 8. 1924; GA 321, 8. 3. 1920). Es sind Strömungen, die von allen Seiten aus dem Weltall hereinstrahlen, flächig wirkende Kraftrichtungen, die das Kristalline bewirken. Sie werden an einer Grenze in sich gespiegelt. Die Raumdimensionen gehen von einem Punkt aus und brechen aus einem Geistigen als Inneres in ein Äußeres, Sichtbares hinein, indem der Geist zerbersten muss. «Und zerbrochene Form, zersplitterte Form ist in Wahrheit Materie. Materie im physischen Sinne gibt es nur da, wo Formen zersplittert werden ... Kristalle sind Nachbildungen geistiger Formen, die gleichsam noch durch die eigene Schwungkraft die ursprünglichen Richtungen im entgegengesetzten Sinn beibehalten.» Es sind Kräfte die sich in sich spiegeln, die innerhalb des Raumes eines Minerals tätig sind und in Winkeln und Richtungen zueinander stehen. Wo im Mineralischen Kugelformen erscheinen, sind es nicht seine eigentlichen Formen, sondern die der Pflanze (GA 136, 8. 4. 1912; GA 134, 30. 12. 1911; GA 208, 5. 11. 1920).

Zusammenfassend heißt es in einem Wahrspruchwort (GA 40, bzw. GA 61, 18. 1. 1912):

> «Es lassen die Elemente
> Gestaltend sich vom Geist durchdringen.
> Empfangen mussten sie
> Des Geistes letzten Kräftetrieb,
> Das Menschenwesen einzukleiden
> In Geistgestalt und Seelenleben.»

Gesteinsbildung im Erdorganismus

Was heißt Entstehung bei Gesteinen?

Die Petrologie setzt den Moment der Entstehung mit jener Erkenntnisgrenze gleich, an der eine Gesteinsmasse aus dem Flüssigen in das Kristalline übergeht. Auch eine radiometrische Altersdatierung wird damit möglich; denn die Isotope können aus den Mineralen mit radioaktiven Elementen nicht mehr entweichen und ihre Mengenverhältnisse bleiben erhalten. Auch über die Entwicklungen, die vor dem Kristallisieren liegen, werden von der Petrologie Vorstellungen entwickelt. Beim Gneis wird z.B. der Zeitpunkt der Kristallisation als das «Metamorphosealter» unterschieden von dem Alter der Edukte, also der Ausgangsmassen, die ja meist aus dem Proterozoikum stammen. Da die Granite noch unter dem Gneis liegen, müssten ihre Ausgangsmassen ebenso alt oder noch älter sein – jetzt unabhängig davon, ob sie als «metamorphe» Sedimente oder primäre Niederschläge vorgestellt werden. Fest geworden und kristallisiert sind die Granite aber erst viel später, z.B. im Karbon. Da während dieses Prozesses fast alle Spuren früherer Herkunft überprägt wurden, wird als «**Entstehungsalter**» eines Granits, im Gegensatz zum Gneis, meist nicht mehr die Bildung der Ausgangsmasse angegeben, sondern nur noch die Zeitepoche der Kristallisation.

Diese beiden Auffassungen, was mit Entstehung gemeint sei, führten schon seit Goethe immer wieder zu Missverständnissen (Goethe 1994, S. 73). Goethe verstand unter Entstehung, wie und wann die substanzielle Masse sich bildete. Der Granit wäre demnach älter als der karbonische Tonschiefer, in welchen er eindrang; von der Zeit der letzten Kristallisation her gesehen, wäre der Granit jedoch jünger als der Tonschiefer. Die Petrologie hat hier die Erkenntnisgrenze der Beobachtung konsequent gezogen und damit alle ungewissen Modelle über die davor liegenden Bildungsvorgänge im Flüssigen dem Alter des Granits nicht zugerechnet. Auch im Hinblick auf die Erze wurde schon besprochen (s. S. 328), dass nur ein Teil des Werdeprozesses gesehen wird, wenn man als Entstehung nur die letzte Verhärtung betrachtet, gleichgültig ob sie die primäre oder sekundäre Bildung betrifft. Auch beim Alter der Gebirgsbildungen wird die jeweils letzte Ausformung angegeben (Abb. 79, S. 213). Das variszische Gebirge ist danach im Karbon «entstanden» und die alpidischen Hochgebirge im Tertiär. Diese jeweils letzten Gesteinsbildungen wurden aber weitgehend über mächtigen präkambrischen Kernen oder an deren Bruchzonen und Rändern gebildet, welche nicht nur «Basement» sind, sondern zur Entstehung eines Krustenteils dazu gehören, auch wenn sie weniger aufgeschlossen und schwerer zu entschlüsseln sind.

Das Problem ist, dass man sich darüber verständigen muss, was mit Entstehen gemeint sein soll. Wann wäre der Mensch «entstanden»? Vor der Geburt als Embryo oder am Ende der Eiszeit als Homo sapiens oder in der Lemuris beim Eintritt des Ich oder gar in der alten Saturnentwicklung? Ich betrachte hier im Sinne Goethes als Entstehung eines Gesteins den gesamten Prozess vom Erscheinen der Substanz im sinnlich Wahrnehmbaren über die verschiedensten Differenzierungen der Verhärtung bis zur Kristallisation. Erst damit ersterben die Werdeprozesse, und es tritt für das jeweilige Gestein eine «zeitlose» Dauer ein, während der sich an anderen Orten weitere Entwicklungen abspielen (s. S. 43; S. 249; S. 328). Mit der Verwitterung würde diese Dauer beendet und ein neuer Entwicklungszyklus beginnen. Von diesem Gesichtspunkt aus ist für mich der Granit, ebenso wie für Goethe, das älteste Gestein der Erdenentwicklung – im Sinne dessen, was als Neueinschlag nach der Mondenentwicklung folgte –, also der erste, älteste Niederschlag nach und über dem Basaltischen. In dieser Hinsicht wäre der Granit sinnenfälliger Repräsentant der übersinnlichen Realität eines Urgesteins, in dem noch alle Naturreiche der Erdenentwicklung enthalten waren (s. S. 202).

Ebenso wie die Zeit der Entstehung wird auch der Raum, der **Ort der Kristallisation** für die Einteilung der kristallinen Gesteine als maßgeblich angesehen – nicht das Werden der Gesteinsmasse. So werden in der herkömmlichen Geologie die in der Tiefe erstarrten grobkörnigen Magmatite den oberflächlich erstarrten feinkörnigen Vulkaniten gegenübergestellt, also: Granit ↔ Quarzporphyr oder Rhyolith; Syenit ↔ Trachyt; Diotit ↔ Porphyrit oder Andesit; Gabbro ↔ Basalt usw. Es handelt sich dabei um eine Gliederung der Gesteine nach der Struktur. Diese hängt von der Dauer der Kristallisation ab, die wiederum durch den Ort bedingt ist. Für die Gesteinsbestimmung kann das hilfreich sein; für ein Verständnis des genetischen Prozesses, der Substanzentwicklung innerhalb der Erdgeschichte ist eine solche Einteilung nebensächlich. Aus den üblichen Gesteinsbüchern bekommt man immer wieder den Eindruck, als wären diese Gesteine auch mengenmäßig etwa gleichbedeutend. Sieht man aber auf die Häufigkeit in der Erdkruste, so sind 95% aller «Tiefengesteine» Granite im Sockel der Kontinente, und 95% aller «Eruptivgesteine» sind Basalte unter den Ozeanen (Abb. 76, S. 208). Die anderen angeführten kristallinen Gesteine treten sehr selten auf und könnten als Mischungen, Varianten oder Sonderungen der Grundpolarität Granit ↔ Basalt angesehen werden (s. S. 424). Diese sehr ungleichgewichtige Gliederung in Tiefen- und Oberflächengesteine ist ein Nebenaspekt. Wenn man in einen lebendigen Werdeprozess der Erde einführen will, kann er zum Hindernis werden und sollte deshalb im Schulunterricht nicht an einziger Stelle stehen.

Überblick

Um die Gesteinsbildeprozesse zu betrachten, sind wir von drei Ansatzpunkten ausgegangen. Der erste war Goethes «Metamorphose des Granits», der zweite war die Forschung Rudolf Steiners, und der dritte war die Phänomenfolge der Gesteine, welche die Geowissenschaft beschreibt. Unser Gedankengang verlief zunächst analytisch (s. Abb. 196, S. 352, linke Spalte). Er führte vom Ganzen ins Detail: Ausgehend vom Aufbau der mitteleuropäischen Erdkruste wurden die Phänomene der Gesteine, dann der Minerale und dann deren Chemismus beschrieben. Die Gesteine des Deckgebirges führten uns zu den Fragen der Lebensprozesse in der Kalksteinbildung, die Materialien des Lockergebirges zu Fragen nach den sekundären Umlagerungsprozessen.

Um dann die Entstehungsvorgänge des Granits und der Kristallinen Schiefer zu verstehen, war erforderlich, zunächst einige der prinzipiellen Probleme anzuführen, welche in der Wissenschaft entstehen, wenn diese Bildevorgänge als Gesteinskreisläufe rekonstruiert werden. Danach wechselte der Gedankengang zu einer anderen Sicht der Entstehungsprozesse der kristallinen Gesteine. Dazu wurden zunächst die typischen Phänomene geschildert. Die Abschnitte über die Sonderungen im Granitischen führten uns zu den Bildern des Kolloidalen, seinem Zusammenhang mit dem Leben und über die Solideszenz bis zur Kristallisation. Diese Phänomene wurden gegenübergestellt den Forschungen Rudolf Steiners zu den physisch-mineralischen Aspekten der irdischen Lebenssphäre; die Aspekte der Naturreiche in der Lebenssphäre wurden am Anfang des Buches dargestellt. Die übersinnliche Seite dazu muss bei Steiner nachgelesen werden. Sie gehört unbedingt hinzu, wenn man zu einer Gesamtsicht kommen will.

Das nun folgende Kapitel soll über den substanziellen Zustand hinaus zu den gesteinsbildenden **Lebensprozessen** der Erde selbst hinführen. Die beiden Ausgangspunkte dafür bildeten zum einen das heutige bakterielle Leben (s. S. 125) und zum anderen die fossil gewordenen Bilder davon in den stromatolithischen Phänomenen (s. S. 264 – 274). Dadurch können Gesichtspunkte für den Vorgang gewonnen werden, wie sich anorganische Substanz aus Lebensvorgängen abgegliedert hat. Der hierfür notwendige flüssige Zustand ist der kolloidale, in dem die Solideszenz langsam abläuft und die Bildekräfte des Ätherischen gestaltend eingreifen können. Auf der Grundlage dieser Phänomene wird im Folgenden versucht, ein mögliches Gesamtbild zu entwickeln, das zeigt, wie sich während der Erdgeschichte auch die kristallinen Gesteine aus der Lebenssphäre gebildet haben könnten.

Dazu wird der Gedankengang in dem Sinne umgewendet, dass die jeweils tiefere Betrachtungsebene die höhere zu **charakterisieren** vermag. Das Wort «charakterisieren» soll auf den methodischen Unterschied zu einem «Synthetisieren» hinweisen, bei dem die Welt aus den Teilen zusammen gesetzt gedacht wird: die Minerale aus den chemischen Elementen, die Gesteine aus den Mineralen, die Gebirge aus den Gesteinen etc. Gemeint ist die qualitative Seite, die als Ganzes intuitiv das Gemeinsame charakterisieren kann und so erkennbar werden lässt, beispielsweise das, was als das Gemeinsame alle Minerale charakterisiert, aus denen Silicium oder Calcium frei wird – nicht enthalten ist. In diesem Sinne kann der Chemismus die Minerale charakterisieren, diese die Gesteine und diese wiederum die Zusammenhänge des Gebirgsbaus bis hin zur Gliederung der Erdkruste. So können wir aufsteigen bis zur Ebene des Erdwerdens selbst. Die Bilder des Gewordenen und ihre Übergänge weisen uns auf einen Prozess, der in einer kolloidalen, flüssig-luftigen und durchwärmten Lebens-Ursphäre der Erde ablief. Dort wirkten Polaritäten, Steigerungen und Höherentwicklung als Ausdruck der Evolution des Menschen während der Erdgeschichte. Ein Gesamtbild kann gewonnen werden, wenn im goetheanistischen Sinne anschauendes Denken und denkendes Anschauen zwischen den Ebenen geübt wird. Die Darstellungen Steiners begegnen dem von der geistigen Seite her. Sie steigen von der Welt der Hierarchien zum Menschen und zu den Naturreichen ab. Hier führen sie zum Verständnis der inneren Entwicklungswege, deren äußere Zusammenhänge die Naturwissenschaften schildern. In der Geologie begegnen sich meines Erachtens beide Forschungsrichtungen auf der Ebene der Gebirge und Gesteine, dort, wo aus den Lebensprozessen der Erdensphäre die Substanzen abgesondert wurden und im Bereich der Erdkruste verhärteten.

Betrachtungsebenen	Richtung der Evolution →		
Zeitalter	**Polaris**	**Hyperboräis**	**Erste Hälfte Lemu**
Menschenkeim	geistig-seelische Entwicklung		
Lebenssphäre	wärmehaft	luftig	wässrig, erdig
Erdkruste/ Erdmantel	peridotitisch		basaltisch ***unterkieselt, wasserfrei***
Gebirge			***Vulkanisch***
Gesteine	Peridotit	Eklogit	**Basalt** Gabbro Keratophyr Lamprophyr Obsidian Lava, Asche vulk. Tuff
Umwandlungen	Serpentinit		Amphibolit Diabas Melaphyr Schalstein
Minerale	Olivin	Granat Magnetit	Pyroxen Plagioklas
Umwandlungen	Serpentin Talk	Chlorit Eisen-Minerale	Amphibol Epidot Albit
Chemische Elemente hinzukommend	Si	O Mg Fe + +	Al Ca

Gedankengang:

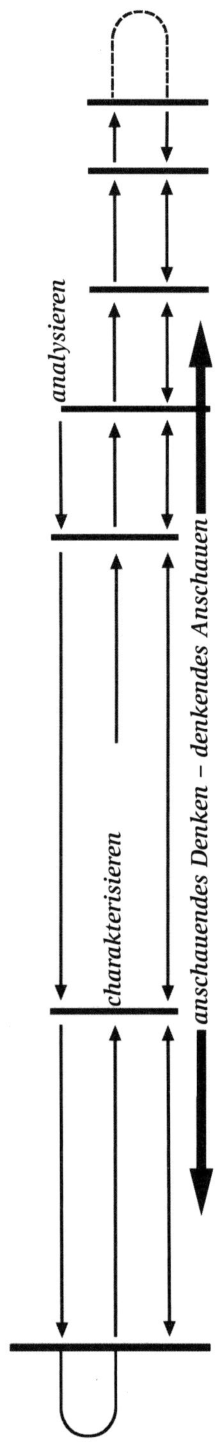

Abb. 196: Zusammenfassung der Betrachtungsebenen zur Erkenntnis der Gesteinsentwicklung. Der Gedankengang (linke Spalte) verlief zunächst methodisch analysierend von oben nach unten. In den folgenden Abschnitten soll die

Folge der Gesteine →						Zusammenfassende Abbildungen / Seite
Erste Hälfte Lemuris				**Zweite Hälfte Lemuris**	**Atlantis**	
	M o n d e n t r e n n u n g					
Ich-Geburt	Pflanzen-Trennung	Tier- Trennung		Mensch erscheint		6 / S. 66 72 / S. 182 222 / S. 415 4 / S. 57 1 / S. 36
wässrig-erdig		Kontinentalpol	Wassersphäre	Atmosphäre		
Primäre Bildungen		Grundentwicklung + Linsen		***sekundäre Bildungen***		76 – 78 / S. 208 – 210
granitisch kieselig wasserhaltig		Kristalline Schiefer kieselig-tonig		Schichtgesteine kalkig-salzig		
	Kristalline Gesteine des Grundgebirges			***Geschichtete Gesteine des Deckgebirges***	***Umgelagerte Gesteine des Lockergebirges***	205 / S. 384 82 / S. 219 147 / S. 259
Granit		**Grau-Gneis**	**Glimmerschiefer**	**Tonstein**	Sand Ton	197 / S. 360
Granodiorit	Erze	Granulit	Phyllit	**Kalkstein**	Mergel	122 / S. 234
Monzonit	Pegmatit	Marmor	Chloritschiefer	**Salzgesteine**	Geröll	140 / S. 255
Diorit	Aplit	Dolomit		**Sandstein**	Löss Torf	188 / S. 332
Syenit	Granitporphyr	Kalksilikatgestein	**Tonschiefer**	Konglomerat	Erdboden	157 / S. 271
Trachyt	Quarzporphyr	Bändereisenerz	Alaunschiefer	Kieselgesteine		
Phonolith	Rhyolit			Grauwacke		
				Quarzit		
				Steinkohle		163 / S. 298
	Rot-Gneis	Hornfels				
Biotit	Amphibol	Muskovit	Chlorit	Calcit Aragonit		95 – 97 / S. 225
Plagioklas				Gips/Anhydrit		102 – 105 / S. 227
Alkalifeldspat	Eisen-Minerale			Salz-Minerale		107, 108 / S. 231
Quarz		Pyrit		Kohle-Minerale		121 / S. 233
	Granat	Graphit				182 / S. 326
	Kalksilikate					155 / S. 266
Muskovit	Chlorit			Calcit	Verwitterung	
sekund. Erze				Limonit	Abtragung	
					Tonminerale	
Na K OH Fe+ + +		S C				136 – 139 / S. 252, 253 158 / S. 275

Entstehung der Gesteine zusammengefasst werden, indem ich charakterisierend von unten nach oben vorgehe und von links nach rechts, entsprechend der Evolution.

Der Chemismus charakterisiert die Minerale

In dem Abschnitt über die gesteinsbildenden Minerale und ihren Chemismus (s. S. 251) wurde zwischen den beiden Blickrichtungen unterschieden, mit denen auf die Stoffe gesehen wird. Die chemische Kunst vermag die Stoffe bis in das zu zerlegen, was sie Elemente nennt, Individualitäten also, die chemisch nicht weiter getrennt werden können. Damit bringt sie Wesen zur Erscheinung, die vielfach im natürlichen Zusammenhang so nicht vorkommen, beispielsweise die Leichtmetalle Natrium, Magnesium, Silicium etc. Wendet man die Blickrichtung von diesem Endpunkt auf die Werdeprozesse der Ausgangsstoffe, so können deren Eigenschaften durch die chemischen Reaktionen näher charakterisiert werden. Wir gewinnen ein zusätzliches Verständnis für das **Wesen des Minerals**, wenn wir z.B. das Element Calcium in der Analyse des Plagioklas, des Kalksteins, des Eisenspates oder der Muschelschale wiederfinden. Versucht man hinter dem, was Rudolf Steiner in Kurzform (s. S. 247) Calcium, Blei oder Kohlenstoff nennt, nicht die chemischen Elemente zu sehen, sondern die Stoffe als «geronnene Prozesse» (GA 313, 11. 4. 1921), dann kann etwas von ihrer geistigen Seite erfahren werden. In dem, was sich als gemeinsamer Charakterzug hindurchzieht, was als Biografie einer Substanz in der Erdgeschichte erscheint, kann vielleicht etwas vom Ich eines Minerals erkannt werden.

In diesem Sinne wurden bereits anhand der zusammenfassenden Tabelle zum Chemismus der Minerale (Abb. 136, S. 252) verschiedene **Entwicklungslinien** beschrieben, welche die großen Schritte der Evolution charakterisieren. Kiesel und Magnesium bilden die Ausgangssituation. Mit dem Marsdurchgang (s. S. 380, 408) – vermutlich zu Beginn der Lemuris – kam das Eisen hinzu. In der Lemuris erscheint im Basaltischen eine Zweiheit mit dem Aluminium und Calcium im Pyroxen und Plagioklas. Zusammen mit dem Plagioklas tritt der Granat auf – zuerst als der Magnesium-Aluminium-Granat Pyrop. Dagegen folgen später in den Glimmerschiefern hauptsächlich der Almandin und in den Kalksilikaten der Grossular/Andradit als Eisen-Aluminium-Calcium-Granate. An der Granatgruppe ist besonders gut zu sehen, wie Minerale mit der gleichen Kristallform doch substanziell und genetisch sehr unterschiedlich sein können, entsprechend dem umgebenden Gestein, aus dem sie sich individualisierten.

Mit der Erdentwicklung im eigentlichen Sinne kommt der chemisch gebundene Wassergehalt in den OH-Gruppen neu herein, und damit entsteht ein anderes Verhältnis zum Sauerstoff, was sich als Oxidation zeigt. Das freie Wasser entsteht erst später und leitet dann die Umwandlungen durch Verwitterung ein. Das Eisen charakterisiert diese drei Schritte der Wassertrennung (wasserfrei – gebunden – freies Wasser) in der Erdsphäre besonders deutlich: zuerst im Magnetit zwei-/dreiwertig oder grün als zweiwertig im Pyroxen integriert; dann rot als dreiwertig im Hämatit und zuletzt braun mit OH-Anteilen im Limonit. Das Kalkige entwickelte sich während der Erdenstufe weiter vom Calcium zum Natrium und Kalium, ersichtlich sowohl bei den Feldspäten, die vom Plagioklas über den Albit zum Alkalifeldspat gehen, als auch bei den Schichtgesteinen vom Kalkstein über Gipsstein zum Steinsalz und Kalisalz. Aus den organischen Prozessen wird Kohlenstoff gesteinsbildend eingelagert, vom Graphit über die Kohleminerale bis zu Erdöl und pflanzlichen Resten. Die Schwefelprozesse führen zu Gips und Pyrit, der im Kristallinen und Sedimentären weit verbreitet ist.

Die Minerale charakterisieren die Gesteine

Der **Evolutionsweg** der Minerale führt vom monomineralischen Peridotit über den bimineralischen Basalt zum trimineralischen Granit (Abb. 136, S. 252). In jedem Stockwerk kommen neue Minerale hinzu. Die hauptsächlichen sind im Basaltstockwerk Pyroxen und Plagioklas und im Granitstockwerk Quarz, Alkalifeldspat und Biotit. Vom Granitstockwerk an kommt der kristallin gebundene Wassergehalt hinzu; statt des wasserfreien Pyroxen sind im Granit und Gneis die wasserhaltigen Minerale Amphibol und Biotit enthalten. Sie überwiegen mit dem Plagioklas in den tieferen Granodioriten und Graniten. Im mittleren granitischen Bereich halten sich die beiden Feldspäte etwa die Waage, der Quarz nimmt etwas zu, während der Glimmergehalt gering ist. Nach oben hin überwiegen Alkalifeldspat und Quarz. Während die granitische Masse weiter erstarrte, gliederte sie sich zeitlich, räumlich und substanziell immer mehr auf (Abb. 128, S. 332). In ihr sonderten sich die Frühkristallisate, grob- und feinkörnige Bereiche, glimmer-, quarz-, oder feldspatreiche Stellen, die Drusen und die Erze. Die Feldspäte gestalteten sich in der Reihe vom porphyrartigen Granit über den Granitporphyr bis zum Quarzporphyr und auch in Drusenräumen bis in ihre spezifischen Doppelformen. Die Erzminerale konzentrierten sich, wobei im Basaltischen die eisenverwandten Minerale dominieren und im Granitischen die anderen Planetenmetalle, die sich dann hauptsächlich außerhalb des Granits in ihren typischen Erzparagenesen niederschlugen.

Der nächste große Entwicklungsschritt führt über den Granit in die **Kristallinen Schiefer** mit ihren vier Hauptgesteinen der Grundentwicklung (Abb. 122, S. 234). Von den Mineralen her charakterisiert, wurde das gleichgewichtige Nebeneinander von Glimmer, Feldspat und Quarz im Granit überschritten, und man kann verfolgen, wie «jeder sein eigenes Reich gründet», wie Goethe schrieb (Goethe 1994, S. 62 – 66). Daraus entwickelten sich die Hauptlinien der Schiefer- und der Kalkgesteins-Reihen, die sich rein phänomenologisch durch die jeweils dominierenden Minerale verfolgen lassen. Quarz und Feldspat überwiegen zunächst in den Granuliten, Lewisischen Gneisen und ähnlichen tiefsten, ältesten Gneisvarietäten, wobei der Glimmer zurücktritt. Darüber folgen die Graugneise, in denen umgekehrt nun der **Glimmer** quantitativ zunimmt und auch qualitativ die blättrige Struktur der Gesteine prägt. Die Feldspäte sammeln sich dazwischen in Linsen, und der Quarz sondert sich in dem feinkörnigen Glimmer-Quarz-Grundgefüge. In der weiteren Entwicklung nimmt der Feldspat ab; Glimmer und Quarz bleiben bzw. nehmen relativ zu. Das Gestein wird zu Glimmerschiefer und Phyllit. Der Biotit wird eisenfrei, geht in Muskovit und Serizit über. An dieser Stelle erscheinen die mächtigen Bändereisenerze (s. S. 272). Durch all diese Prozesse werden Sonderungen in der Lebenssphäre charakterisiert, welche anschließend besprochen werden. Die Schiefergesteinsreihe endet im Tonschiefer, in dem schon sekundäre, sedimentäre Anteile hinzukommen. Neu eingelagert finden sich Graphit im Gneis, Kohlenstoff im Ton- und Alaunschiefer und zuletzt Kohleminerale, Erdöl, Pflanzenfossilien und -reste.

Die Feldspäte entwickeln sich über die Kalksilikate zum Calcit hin. Sie gehen somit in die Reihe der Kalkgesteine hinein, doch nicht so kontinuierlich wie die Glimmerreihe, sondern verwandelt. Darin zeigt sich der Unterschied zwischen Pflanzen- und Tier-Bildeprozess. Sie erscheinen als Einlagerungen in den Kristallinen Schiefern. Vom Chemischen her zeigt sich, wie der Feldspat mit dem Kalksteinprozess zusammenhängt: Aus den kieselgebundenen Mineralen lässt sich das Calcium vom Silicium trennen, aus dem Kalkstein das Calcium vom Kohlenstoff. So gesehen erscheinen Silicium und Kohlenstoff als Gerüstbildner sowohl der Erdkruste als auch der Organismen. Dabei sind auch hier keine geochemischen Umwandlungen von Feldspat oder Calciumsilikaten in Kalkstein gemeint, sondern Prozesse, die primär in der Lebenssphäre abliefen. Die Kalkgesteinsreihe beginnt mit dem Plagioklas, der als Calcium-Aluminium-Silikat unter diesem Aspekt auch schon als «**Kalksilikat**» angesehen werden könnte. Während die Feldspatlinsen vom Gneis zum Glimmerschiefer hin verschwinden, erscheinen neu die Granate Almandin und Grossular, die als Eisen-Calcium-Aluminium-Silikate substanziell in die mit dem Feldspat verbundene Folge gehören. Sie können schon im Gneis auftreten und bis in den Phyllit hineinreichen; ihr Hauptfeld ist aber der Glimmerschiefer. Etwa gleichzeitig, ebenfalls von der Gneis-Glimmerschiefer-Grenze an, erscheinen neu andere Kalksilikate und der dolomitische **Marmor** in die Gesteine der Grundentwicklung eingelagert. Die durchschnittliche Größe der Feldspatlinsen liegt im Zentimeter-Bereich, der Granate im Millimeter-Bereich, der Kalksilikate im Dezimeter- bis Meter-Bereich und der Marmorlinsen im Meter- bis Hundertmeter-Bereich. Alle diese linsenförmigen Bildungen sind scharf gegen ihre Umgebung abgegrenzt. Der Graphit dagegen erscheint zwar auch in Linsen, aber diffus eingestreut und ohne Abgrenzung. Die Kalksilikate und Skarne könnten als substanzielle Übergänge zwischen dem Feldspat und dem Marmor aufgefasst werden. Marmorlinsen werden häufig von Kalksilikaten begleitet oder von ihnen in mehreren Schalen umhüllt (Abb. 126 – 130, S. 238 ff.). Von außen nach innen lässt sich – bei vollständiger Ausbildung – eine bestimmte Abfolge erkennen. Der Plagioklas bzw. der Biotit im umgebenden Gneis lässt sich in die Elemente Calcium, Aluminium, Eisen und Silicium trennen. Zum

Marmor hin erscheinen der braune Granat Grossular/Andradit und der grüne Epidot, welche sich in die gleichen Elemente trennen lassen; dann folgt Diopsid: Calcium, Magnesium und Silicium; dann Wollastonit: nur Calcium und Silicium. Nach einer deutlichen Grenze folgt der dolomitische Marmor: Calcium und Kohlenstoff, mit etwas Magnesium. In der Erdensphäre waren nicht Elemente oder Ionen vorhanden, sondern es wirkte bezüglich der Kalkreihe ein einheitlicher tierischer Lebensprozess, aus dem sich die Substanzen der Kalksilikat-Karbonat-Minerale absonderten, denen gemeinsam ist, dass sich aus ihnen Calcium trennen lässt. Dabei sind jene weichkörprigen Tierwesen gemeint, in denen der Stoffwechselprozess noch nicht individualisiert war, denn wir sind noch in den Kristallinen Schiefern des Präkambriums. Erst in den **Kalksteinen** des Erdaltertums traten dann Tierfossilien immer deutlicher auf, da die Verhärtung zunehmend stärker wurde gegenüber der Kristallisation und die Formen dadurch nicht mehr zerstört wurden (Abb. 189, S. 334: Spalte 6, 9, 10). Der Kalkprozess war zuerst überwiegend phosphatisch und wurde dann karbonatisch (Abb. 155, S. 266). Er wurde immmer weiter verinnerlicht. Aus dem tierischen Stoffwechsel wurde meist der instabile Aragonit in die Kalkschalen eingelagert, der dann während der Gesteinsbildung in Calcit umkristallisierte.

Die Kalkgesteinsreihe endet in Gips- und **Salzgesteinen**. Die Entwicklung geht – wiederum chemisch gesagt – von der Calciumvormacht zum Natrium und Kalium hin. Das ist innerhalb der Feldspäte vom Plagioklas zum Alkalifeldspat hin zu beobachten, aber auch von den Pyroxenen zu den Amphibolen. Ebenso geht die Reihe der Salzablagerungen vom Kalkstein (Calciumcarbonat) zum Gipsstein (Calciumsulfat) zum Steinsalz (Natriumchlorit) und weiter zu den Kaliumsalzen Hartsalz, Sylvin, Carnallit, Kainit, Polyhalit, bei denen Magnesium wieder hinzukommt. Erdgeschichtlich gesehen erscheint das Magnesium in der Analyse aller frühen Kalksteine, die dann als Dolomit bezeichnet werden. Das zeigt, dass die Kalkbildung anfangs stärker salinar war. Das bezieht sich hauptsächlich auf die mittlere lemurische Epoche, an deren Ende im Perm die Salze weitgehend abgeschieden wurden. Die anschließende spätlemurische Zeit, das Erdmittelalter, war die Hauptentwicklungszeit der Kalksteine, die in ihren primären Ablagerungsgebieten, z.B. den Kalkalpen, ebenfalls noch als Dolomite ausgebildet sind.

Die Kalisalze werden durch einen feinen Hämatitgehalt zart rötlich gefärbt – ebenso wie die Alkalifeldspäte. Diese Zusammenhänge könnten zu einem Verständnis dafür beitragen, dass Rudolf Steiner als erstes den Kalifeldspat Orthoklas und dann erst den Quarz als Substanzen für das Düngepräparat Hornkiesel nannte (GA 327, 11. 6. 1924; Bosse 1983). Leider werden für das Präparat meistens immer noch weder Orthoklas noch Quarz, sondern Bergkristall verwendet, den Rudolf Steiner jedoch nicht nannte. Der wesentliche Unterschied besteht in einer zunehmenden Individualisierung, wie sie bei den Sonderungen des Granitischen (Abb. 189, Spalte 2, S. 334) beschrieben wurde. Nur für ein Denken im Materiell-Chemischen wären Quarz und Bergkristall gleich! Bei Verwendung des Orthoklas bestände die Möglichkeit, mit einem homöopatisierten Präparat, welches von der Ganzheit eines viel früheren Lebensprozesses ausgeht, aufbauend zu wirken, im Gegensatz zur stofflichen Wirkung von Kalisalzen, welche wesentlich zur Zerstörung der Lebenskräfte des Bodens beitragen. Im Rotgneis (Abb. 109, S. 230) haben wir ein sprechendes Bild für die wirkenden Kräfte der früheren Stufe: die Linsen von Orthoklas (Alkalifeldspat), die von Quarz und Glimmer umgeben sind. Dagegen sind Bergkristall und erst recht Kalisalz entsprechend spätere Entwicklungen. Von der Biografie der Substanz her gibt es gute Gründe, Rudolf Steiners Angabe, bei der Präparateherstellung den Orthoklas zu verwenden, ernst zu nehmen.

Der **Quarz** zeigt im Gegensatz zu Feldspat und Glimmer keine eigene Entwicklung. Er bleibt in der Evolution vom Granit bis zur Verwitterung nahezu unverändert. Er hielt sich im kolloidalen Zustand und fiel jeweils zuletzt aus, erst am Ende der Sonderungen im Granit, im Pegmatit- oder Aplitgang, im Erzgang, im Kugelporphyr, in den Achatkugeln. In den Kristallinen Schiefern begleitete er mit den Millionen von Quarzlinsen die Schiefer-Entwicklung vom Gneis bis zum Tonschiefer und die Feldspat-Reihe in den Granulit und in die Kalksilikate hinein. Erst wenn ganz zuletzt in Drusen oder Gängen alle anderen Minerale ausgefällt waren und Hohlräume verblieben, individualisierte er sich kristallin bis zum klaren Bergkristall. Einer differenzierteren Betrachtung erweisen sich die Entwicklungen von Glimmer, Feldspat und Quarz als recht verschieden, bedingt durch die unterschiedlichen Prozesse der Lebenssphäre, was in den späteren Abschnitten behandelt wird.

Der Quarz führt in die sekundär gebildeten Gesteine des **Deckgebirgs-Stockwerks** hinein, was an einer anderen Phänomenfolge gezeigt werden kann. Er verhärtete in den Graniten und Kristallinen Schiefern als letzter und ging von den gesteinsbildenden Mineralen am weitesten in die Härte hinein. Der Glimmer hat Härte 4, der Feldspat Härte 6 und der Quarz Härte 7; nur die sehr seltenen Edelsteine gingen unter besonderen Umständen noch weiter. Durch seine Härte eröffnete der Quarz die Reihe der sekundären Bildungen, deren erster der Quarzit ist. Er konnte überall dort entstehen, wo ältere Gesteine der primären Entwicklungen bereits so stark verfestigt waren, dass sie zerfielen und umgelagert wurden. Das begann bereits im oberen Proterozoikum (Abb. 122, S. 234). Jedoch ist vom Mineralverband her anzunehmen, dass die Sandkörner damals nur verhärtet waren, als sie vom Kiesel selbst wiederum verbacken wurden, und erst in den späteren Quarziten vor ihrer erneuten Bindung kristallin waren. Wie neueste Untersuchungen zeigen (*Spektrum* 9/2000), können Quarzkörner auch bakteriell abgesondert worden sein, worauf ein interner, konzentrischer Schalenbau hinweist. Dann würde es sich sogar um primäre Bildungen handeln und nicht um Abtragungsprodukte. Das würde besonders die Quarzitlinsen in den Kristallinen Schiefern neu verständlich machen. Bei der Bildung der Kieselschiefer, Radiolarite, Feuersteine und Hornsteine waren Einzeller, aber auch Bakterien beteiligt; die Tertiärquarzite entstanden durch sekundäre Kiesellösung.

Nach den frühen Quarziten dominierten im Erdaltertum die Grauwacken und Arkosen. Sie enthalten noch Feldspatkörner, was auf eine anders geartete Verwitterung als die heutige hinweist. Vom Erdmittelalter an überwogen Sandsteine und Tonsteine, je mehr sich wohl eine Wasser- und Luftsphäre abtrennte. Sie gehen nach unten hin in die sandigen Tonschiefer über, die quantitativ Dreiviertel aller Schichtgesteine überhaupt ausmachen. In ihnen verzahnen sich die primären Kristallinen Schiefer mit den sekundären Abtragungsprodukten. Zu den sandigen Anteilen kommen als letzte primäre Bildungen aus der Lebenssphäre zum einen die Tonminerale, die als Aluminium-Silikate Endglieder der Glimmer- und Feldspat-Reihe sind, und zum anderen die großen Mengen von organischem Kohlenstoff – angeblich ein Vielfaches aller Steinkohlenlager. Die primären Entwicklungsprozesse vom Feldspat und Glimmer zu den Tonmineralen entsprechen interessanterweise den sekundären Vorgängen, welche heute bei der Verwitterung beobachtet werden können. Denn dabei werden aus dem Feldspat das Natrium und Kalium weggelöst bzw. aus dem Muskovit das Kalium, aus dem Chlorit Eisen und Magnesium. In beiden Prozessen – dem primären und dem sekundären – bleiben die Tonminerale (Alumosilikate) am Ende der Umwandlung zurück. In den Tonsteinen, die vom Erdmittelalter an auf die Tonschiefer folgen, verzahnen sich auch primäre und sekundäre Tonminerale. Dazu gehören der Kaolinit mit gebundem Wasseranteil und vom Erdmittelalter an, wo freies Wasser auftrat, der wasserhaltige Montmorillonit. Die anderen Substanzen der Schichtgesteine, Kalksteine, Kieselgesteine und Kohlen wurden durch primäre Lebensprozesse konzentriert, wenn auch schon durch den Stoffwechsel individualisierter Organismen. Durch die Trennung des Wassers aus dem Erdumkreis, also vom Erdmittelalter an, entstanden für alle primären Minerale neue Bedingungen, denen gegenüber sie nicht mehr stabil sind. Dadurch entstanden nun in einem neuen erdgeschichtlichen Bildungszyklus bis heute hin die sekundären Minerale und Gesteine des Lockergebirges. Die wasserfreien Minerale wie Olivin und Pyroxen bildeten sich sekundär in kristallwasserhaltige wie Serpentin und Amphibol; diese weiter in Talk und Chlorit mit OH-Gruppen bis hin zu den Tonmineralen, die Wasser direkt zu speichern vermögen. Auch die Feldspäte wandeln sich bis zu den Tonmineralen. Die Kalk- und Salgesteine werden gelöst und zum Teil wieder bakteriell ausgefällt. Das Eisen wird gelöst und kann in Limonit und Goethit neue Minerale bilden, welche mit ihrer dichten braunen Farbe vielfach die Klüfte in den Gesteinen überziehen und den Erdboden färben. Auch die anderen primären Erzminerale bilden sich zu den sekundären um, wenn sie in den Grundwasserbereich gelangen. Der Quarz bleibt in allen Sandanteilen am stabilsten.

Die Gesteine charakterisieren den Erdkrustenbau

Die Gesteine werden am besten durch die gegenseitigen Verhältnisse ihrer Minerale charakterisiert. Gesteinsbestimmung heißt zunächst, die Minerale zu erkennen, die in ihnen enthalten sind. In den Mineralen ist die substanzielle Entwicklung ins Detail geführt, individualisiert und am Ende angekommen – ähnlich wie die Pflanzenart in der Blüte. Die Abb. 197, S. 360 zeigt eine bildliche Zusammenfassung der wichtigsten Gesteine, die bereits früher abgebildet waren und deren Beschreibung anhand der Abbildungsnummern nachgeschlagen werden kann. Die Tafel soll zu einem zusammenfassenden Gesamtbild anregen. Jedes der Bilder soll in diesem Sinne ein Phänomenfeld repräsentieren, welches Ausdruck ist für ineinander übergehende Entwicklungsschritte. Das Basalt-Gabbro-Stockwerk rechts wäre unter das Granitstockwerk zu setzen und darunter noch der Olivin aus der Peridotitschicht. Serpentinit und Amphibolit wären anzusehen als linsenförmige Reste in den Kristallinen Schiefern (Abb. 82, S. 219; s. S. 365 u. S. 425); Diabas, Phonolith, Basalt und Lava als Beispiele für aufgedrungene Massen (Abb. 78, S. 210; Abb. 128, S. 332).

Die Gesteine bilden innerhalb des aufsteigenden Gedankenganges (Abb. 196, S. 352) als mittlere Ebene eine sichere phänomenologische Basis. In den Übersichten habe ich die wichtigsten Gesteine angeführt, welche gewisse «Mittelpunkte» bilden, wie Goethe das nannte, von welchen aus die zahlreichen anderen Gesteine verstanden werden können. Eigentlich sind es nur neun Gesteine, die jeder Mensch vom 6. Schuljahr an kennen sollte. Ihre Kenntnis kann dann in der 9. Klasse um die typischen Variationen erweitert werden. Denn wenn man davon ein lebendiges Bild und bewegliche Begriffe gewinnen kann, lassen sich alle anderen Gesteine anschließen. Wenn der Laie die Einzelheiten in einen Zusammenhang einfügen kann, helfen ihm auch Mineral- und Gesteins-Bestimmungsbücher weiter.

So wie die Minerale die wichtigsten Entwicklungslinien der Gesteine charakterisieren, so die Folge der Gesteine die Geschichte der Erde insgesamt. Deshalb bin ich von der Folge der Gesteine in der Erdkruste ausgegangen (Übersichten in Abb. 76, S. 208; 78, S. 210; 82, S. 219; 122, S. 234; 140, S. 255; 147, S. 297; 188, S. 332). Darauf aufbauend sollen jetzt die wichtigsten Entwicklungslinien hervorgehoben werden. Sie können die gesteinsbildenden Prozesse in der Lebens-, Wasser- und Luftsphäre des Erdumkreises mit charakterisieren. Aus der Folge der Gesteinskomplexe in der Erdkruste ergibt sich außerdem eine petrografische Gliederung in fünf große Gruppen: Basaltoide, Granitoide, Kristalline Schiefer, Schichtgesteine und Lockergesteine. Diese Gruppierung ist phänomenologisch begründet und weist von da aus auf verschiedene Aspekte der Entstehung und damit auf die großen Entwicklungschritte der Erdgeschichte.

Die erste Gruppe, die **Basaltoide,** die auch als Ophiolithe bezeichnet werden, bildet als Stockwerk der Erdkruste unter den Ozeanen und Kontinenten weltweit eine einheitlich durchgehende Kugelschale. Der Olivin, als Gestein Peridotit, Dunit, Lherzolith, würde als eine noch tiefere Schale des Erdmantels mit zu dieser Gruppe gehören; ebenso der Eklogit aus der Übergangszone Peridotit/Basaltiod. Für die Basaltoide oder Ophiolithe ist charakteristisch, dass sie überall von den Wassermassen und dem kontinentalen Granit-Gneis-Stockwerk bedeckt werden und dadurch nur dort aufgeschlossen sind, wo ihre Gesteinsmassen an die Oberfläche heraufgedrungen sind. So bildeten sich in anderen Gesteinen je nach Raum und Zeit die beschriebenen Varietäten, vom Gabbro, Norit, Pyroxenit in der Tiefe bis nach oben zum Basalt und zur vulkanischen Lava und vom alten Diabas über den Melaphyr bis zum neueren Lamprophyr und Tephrit. Die ursprünglichen Basaltoide sind insgesamt weltweit viel einheitlicher zusammengesetzt als spätere Gesteinsgruppen. Vielfältig werden sie dort, wo sie in die noch weichen oder wieder aufgeschmolzenen Massen der kontinentalen Kruste eindrangen und sich mit ihnen mischten. Dann konnten vielfältige Übergänge entstehen: in der Tiefe Syenite, Monzonite, Tonalite, Diorite und weiter oben Andesite, Trachyte, Phonolithe. Ihre Variationsbreite ist bedingt durch ihre verschiedene Enstehungsgeschichte und den substanziellen Gegensatz zwischen dem Basaltischen und den überlagernden Gesteinen. Diese Mischlinge könnten für eine erste Ordnung je nach ihrem hauptsächlichen Mineralgehalt entweder den Basaltoiden oder Granitoiden zugerechnet werden.

Eine zweite Gruppe würde die **Granitoide** umfassen. Bezüglich des freien Quarzes, des Wassergehaltes und der damit beginnenden, unter den Planeten einmaligen Erdentwicklung bis zum Menschen hin stehen sie den Ophiolithen polar gegenüber. Die Granitoide variieren nur wenig in der Körnigkeit und im Gehalt ihrer drei Mineralfamilien: Glimmer, Feldspäte und Quarz. Wegen seiner Ausgewogenheit kommt der Granit dem Bild eines Urgesteins als einer geistigen Realität (s. S. 202) noch am nächsten; denn an ihm lassen sich Charakter und Bildungsgesetze einer neuen, noch ungegliederten Sphäre am deutlichsten ablesen. Die Unterschiede zwischen den Graniten entstanden erst im Bereich der Erdkruste während der Verhärtung. Dabei sonderte sich die Masse in sich selbst in die Minerale, nach unten hin in die verschieden verhärtenden Granitgenerationen und nach oben hin in die Gesteinsreihen zum Pegmatit und Aplit oder zum Granitporphyr, Quarzporphyr und Pechstein (Abb. 188, S. 332).

Die ***Kristallinen Schiefer*** als dritte Gruppe gliedern sich in die vier Hauptgesteine der Grundentwicklung: Gneis, Glimmerschiefer, Phyllit und Tonschiefer. Die Reihe der Kristallinen Schiefer enthält die Einlagerungen der Kalkreihe und der Gesteinslinsen. Im Granulit und den tieferen monotonen Graugneisen sind sie regional noch wenig differenziert. In den oberen Gneisen und zum Glimmerschiefer hin beginnen mit den zahlreichen Einlagerungen vielfältige örtliche Unterschiede. Sie ermöglichen sogar, die Gesteinserien über größere Entfernungen zu parallelisieren. Dabei zeigte sich, dass der Grundaufbau der kontinentalen Kruste weltweit prinzipiell recht ähnlich ist. Ebenfalls vom Glimmerschiefer an erscheint der Kohlenstoff, vom Graphit über die Steinkohle-Minerale bis zu den Pflanzenfossilien in den Tonschiefern. An dieser Folge wird anschaulich, wie sich die Pflanzenwelt aus dem allgemeinen Lebendigen der Erdsphäre zunehmend herausgliederte, bis hin zu den festgelegten, individualisierten Arten. Zu dem schichtig ausgebreiteten Schieferigen bilden die Einlagerungen mit den zusammengezogenen, abgegrenzten Kugelbildungen eine wichtige Polarität. Sie verweisen auf die Tierbildung innerhalb der Lebenssphäre. Die Reihe geht vom frühesten Substanzprozess der Feldspäte/Kalksilikate über die kristallinen Kalkgesteine/Marmore bis zu den Kalksteinen mit den Schalenbildungen der fossil erhaltenen Tierarten. Beide Entwicklungslinien, das Pflanzliche und das Tierische, setzten im Proterozoikum etwa zur gleichen Zeit ein (Abb. 155, S. 266). Das könnte als ein erstes Absterben der Lebenssphäre angesehen werden, mit dem auch die Bakterien als früheste, abgesondert erhaltene Organismen auftauchten und gesteinsbildend wirkten (Abb. 6, S. 66).

Eine vierte Gruppe umfasst die **Schichtgesteine** des Deckgebirges, deren Grundmerkmal die rhythmische Schichtung ist. Sie wurden im Erdaltertum hauptsächlich in kontinentalen Senken und vom Erdmittelalter an auch an den randlichen Abhängen der Ozeanbecken abgelagert bzw. sind dort erhalten geblieben. Dabei können sie Mächtigkeiten von mehreren tausend Metern erreichen, während sie auf den kontinentalen und ozeanischen Flächen im Bereich von mehreren hundert Metern bleiben. In der Entwicklung der Schichtgesteine verzahnten sich die primären Bildungen der Lebenssphäre mit den sekundären, die aus der Verwitterung früherer Gesteine stammten. Die primären Bildungen setzten sich aus der Glimmerreihe noch bis in die Tonminerale hinein fort und aus der Kalkreihe über die Kalksteine hinaus bis in die Dolomite, Anhydrit-/Gipsgesteine und Salzgesteine. Von der sekundären Seite her mischen sich rhythmisch wechselnd vor allem die vielfältigen Varietäten der Sandsteine hinein, die Brekzien und Konglomerate, die Arkosen, Grauwacken und Quarzite.

Die umgelagerten **Lockergesteine** bilden eine fünfte Gruppe. Durch Verwitterung und Abtragung wurden die Minerale und Gesteinsbrocken aus den Festgesteinen getrennt, neu gemischt und je nach Bindemittel und Ausgangsmaterial nur mäßig wieder verfestigt. Dazu gehören die Gerölle, Kiese, Sande, Tone und Kalktuffe/Travertin, die tonig-kalkig-sandigen-Mergel und der Löss, der tonig-kalkige Lehm, der tonig-sandige Schluff. Sie wurden in der Erdneuzeit seit dem Tertiiär vor allem durch die Niederschläge der Wasser-Luft-Sphäre, durch Flüsse und Gletscher um- und abgelagert. Darüber folgen noch der Erdboden, Torf und anthropogene Schuttmassen.

Nächste Doppelseite: Abb. 197: Zusammenfassende Übersicht der primären und sekundären Gesteine in der Folge, wie sie in der Erdkruste lagern. Die Bilder sind Verkleinerungen der bereits abgebildeten Gesteine. Sie repräsentieren zusammenfassend typische Stufen einer Entwicklung, die als Gesamtprozess vorzustellen ist.

Deck-gebirgs-Stock-werk

Grauwacke, S. 233

Quarzit, S. 257

Konglomerat, S. 257

Sandstein, S. 256

Kalk-gesteins-Reihe

Kalksilikatlinse, S. 241

Marmor, S. 241

Kristalliner Kalkstein, S. 241

Muschelkalkstein, S. 256

Schiefer-gesteins-Reihe

Glimmerschiefer mit Granat, S. 226 + S. 232

Phyllit, S. 226

Phyllit, S. 232

Gneis-Stock-werk

Granulit, S. 230

Lewisischer Gneis, S. 230

Grauer Gneis, S. 226

Roter Gneis, S. 230

Granit-Stock-werk

Granit u.Turmalin, S. 316

Quarzporphyr mit Feldspat und Quarzdruse, S. 321 + S. 315

Gangerz, S. 329

2-Feldspat-Granite, S. 221 + S. 226

Alkalifeldspat-Granit, S. 221

Granitdruse, S. 315

ıydrit-/Gipsstein, S. 256

Steinsalz, S. 256

Kalisalz, S. 256

Lava, S. 223

‹stein mit Pyrit, S. 340

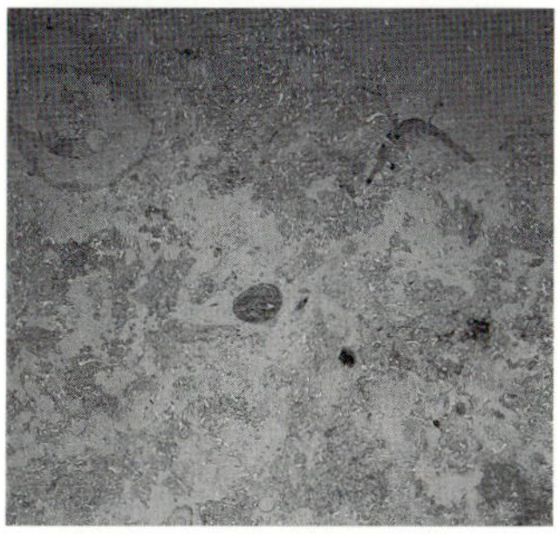
Jurakalkstein, S. 267

Stromatolithen, S. 265

Phonolith, S. 223

llit + Granat, S. 232

Grauwacke + Farn, S. 233

Tonschiefer mit Kalkstein, S. 233

Diabas, S. 223

ugneis + Granat, S. 232

Bändereisenerz, S. 244

Kalksilikatlagen, S. 241

Amphibolit, S. 244

nit mit Alkalifeldspat, S. 221

Rapakivigranit, S. 313

Syenit, S. 221

Serpentinit, S. 244

gioklas-Granit, S. 221

Granodiorit, S. 221

Basalt u. Olivin, S. 223

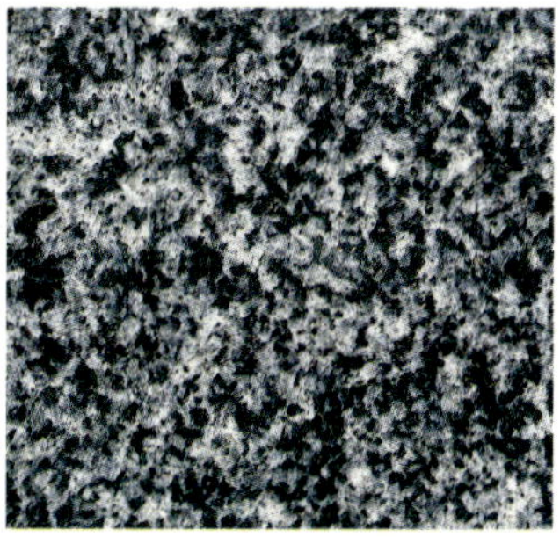
Gabbro, S. 223

Basalt-Stockwerk

Eine andere Gliederung wäre von den grundsätzlichen substanziellen **Polaritäten** der Entwicklung her möglich. Da würde ein erster Schritt vom Unterkieselten im Basalt zum freien Quarz im Granitischen führen. Er weist uns auf die planetarische Entwicklung der Erde hin. Ein nächster Schritt ginge von der Gleichgewichtigkeit des Granitischen einerseits in die Glimmer-Gneis-Schiefer-Reihe, welche als eine Art Grundentwicklung mit dem Pflanzlichen verbunden ist, und andererseits in die darin eingelagerte Feldspat-Skarn-Kalkstein-Reihe, die zum Tierischen gehört. Es sind die beiden großen, Substanz konzentrierenden Prozesse, deren Charakter und Unterschied erst am Ende erscheint, indem sie die festen Gerüste der Organismen aufbauen. Das Pflanzliche bleibt während der Erdgeschichte äußerlich, der Kohlenstoff wird im Gestein eingelagert; das Tierische dagegen stülpt den Kalkprozess nach innen; der Quarz begleitet beide Reihen gerüstbildend bis an die Grenzen des individualisierten Lebens. Alle drei Reihen weisen damit auf qualitativ sehr unterschiedliche Werdeprozesse, die nicht im Sinne einer schematischen Dreigliedrigkeit egalisiert werden sollten. Sie weisen auf die Lebensprozesse hin, die uns im nächsten Abschnitt weiter beschäftigen werden.

Eine ganz andere Gliederung der Gesteine wäre vom Aspekt der **Formen** her möglich. Goethe (1994, S. 170) unterschied die «allgemeinste Form» der Kugel von der «allgemeinen Form» des Würflig-Polyedrischen. Dieses prägte sich als rhythmisch strukturiertes Gefüge von flächigen Schwächezonen der Erdkruste selbst während ihrer Verhärtung ein. Diese Flächen erscheinen in Klüften und Gängen, in Störungen und Tiefenbrüchen. Bei den Gebirgsbildungen zerreißt das feste Gestein entlang dieser Flächen, welche von der Tektonik (s. S. 469) beschrieben werden. Eine dritte Form unterscheidet Goethe mit dem Porphyrartigen. Während die Verhärtung zur allgemeinen Form der Klüftung führt, beginnt mit dem Porphyrartigen der in die Individualisierung führende Gestaltungsprozess der «besonderen Fom». Durch das Porphyrartige wird das Werden der Minerale aus dem Umgebenden der Gesteine verständlich. In der Kristallisation kann die Individualität des Minerals am reinsten erscheinen: in der gereinigten Substanz (Edelstein), in der geometrischen Form (Tracht) und in der eigenen Gestalt (Habitus).

Es gäbe sicher noch andere solcher Großgliederungen für die Welt der Gesteine, je nachdem, welchen Aspekt man inhaltlich hervorheben möchte. Gemeinsame Basis sollte jedoch sein, dass wirklich vom Phänomen ausgegangen wird. Bei der Gliederung in magmatische und metamorphe Gesteine geschieht dies meines Erachtens nicht, sondern es werden **Genesemodelle** zugrunde gelegt. Gegen die Bezeichnung «metamorphe» Gesteine (s. S. 291) habe ich vorgebracht, dass sie weder aus Metamorphosen noch sonstigen Umwandlungen hervorgegangen sind, und gegen die «magmatischen» Gesteine (s. S. 306) Gesteine, dass der Magmabegriff zu diffus ist, die substanzielle Seite nicht berücksichtigt und für den Granit überhaupt nicht zutrifft. Aber auch die als «Vulkanite» oder «Eruptivgesteine» bezeichneten Gesteine sind mit dem heutigem Vulkanismus eigentlich nicht zu vergleichen, was deutlich wird, wenn man z.B. vom Phänomen her versucht, sich die Bildung der ausgeflossenen Quarzporphyre, also der Ignimbrite (s. S. 320) oder der Schalsteine (s. S. 271) vorzustellen. Selbst die rhythmischen Wechsellagerungen von Basalt- und Tufflagen der weitflächigen Plateaubasalte (s. S. 443) haben eigentlich einen sedimentären Charakter. Aber auch der Name «Sedimente» müsste revidiert werden, denn unter den bisher vorgetragenen Aspekten wären auch die kristallinen Gesteine aus der Lebenssphäre «abgesetzt», also Sedimente im weiteren Sinn. Das hängt jedoch davon ab, was unter «Entstehung» (s. S. 349) verstanden wird. Man könnte zu den Sedimenten im engeren Sinne rechnen, was aus dem Wasser abgesetzt wurde. Wenn, wie üblich, die Konstanz der Ozeane bis in vorsedimentäre geologische Zeiten angenommen wird, gibt es hier kein Problem. Gegen diese Annahme sprechen indessen die angeführten Phänomene, wie z.B. die schichtinternen Gesteinsumlagerungen bei Grauwacken, Sandsteinen und Kalksteinen, die frühen kristallinen Kalke ohne Schichtstruktur, die Oberflächenphänomene auf nahezu allen Schichtflächen mächtiger Gesteinspakete, das stromatolithische Wachstum über mehrere tausend Meter und anderes mehr. All das deutet mehr auf bewegte, substanzbeladene, dickflüssige Zustände einer nur teilweise wässrigen Erdsphäre hin. Insofern würde ein aktualistischer Sedimentbegriff, der von den heutigen Luft-Wasser-Verhältnissen ausgeht, eigentlich nur für die Erdneuzeit zutreffen, stellenweise vielleicht noch für das Erdmittelalter. Also auch der übliche Begriff der Sedimente ist bei genauer Betrachtung diffus und setzt ein bestimmtes Weltbild voraus. Deshalb fände ich den phänomenologischen Begriff der Schichtgesteine geeigneter. Insgesamt erscheint mir die Gliederung in Magmatite, Vulkanite, Metamorphite und Sedimentite nicht mehr sinnvoll. Sie lenkt die Vorstellungen auf Entstehungsmodelle, die voller Probleme stecken, und geht zu wenig von den erdgeschichtlichen Phänomenen aus bzw. extrapoliert die Situation einer abgestorbenen Erde als aktualistische Voraussetzung bis hin zum Beginn aus totem kosmischen Staub. Auch zahlreiche weitere Gliederungen und Benennungen der Wissenschaft gehen von ähnlichen Entstehungsmodellen aus. Davon wurden schon verschiedene Namen besprochen: Ortho- und Paragneise; alle Meta-Bezeichnungen wie Metabasit, Metapelit, Metasomatite, auch Migmatite; die auf dem Chemismus beruhenden Bezeichnungen wie saure und basische Gesteine; Alkali- und Kalkalkali-Feldspäte bzw. entsprechende Basalte. Solche Benennungen mögen im Rahmen bestimmter Modelle nützlich sein, z.B. für Bestimmungs-Nomenklaturen aufgrund des modalen Chemismus oder für Modelle von Gesteinsschmelzen. Für den geologisch Interessierten bauen sie unnötige Hürden auf, weil die Entstehungsmodelle bestimmte Voraussetzungen enthalten, die als selbstverständlich und bewiesen gelten, in Wirklichkeit aber nicht durchschaut sind. Eigentlich stecken diese Gliederungen und Namen voller materialistischer Ideologie und verhindern in verdeckter Weise, dass von den Phänomenen her auch andere Anschauungen der Erdentwicklung vorstellbar werden. Sie sollten mindestens in den Schulen durch andere, phänomenologische Gliederungen der Gesteinswelt ersetzt werden, auch wenn man damit natürlich in den Verruf gerät, gegenüber einem etablierten Weltbild «unwissenschaftlich» zu sein. Die materialistischen Auffassungen und ihr «Kreislauf der Gesteine» können eingeführt werden, wenn die Problematik ihrer Begriffsinhalte verstanden werden kann.

Die Erdkruste charakterisiert die Lebenssphäre

An den Phänomenen der Kugelbildungen im Kristallinen konnten Vorstellungen zum kolloidalen Zustand und zum Ablauf der Verhärtung und Kristallisation gebildet werden (s. S. 333 – 347). Solange die Flüssigkeiten kolloidal sind, kann der Ätherleib der Erde dabei ebenso wirken wie der menschliche Ätherleib. Wie sich der menschliche Ätherleib mit dem Tod aus dem physischen Leib herauszieht, so der Ätherleib der Erde aus dem kristallinen Zustand der Gesteine. Er ist noch wirksam in der Bodenbildung, zusammen mit den Bakterien. Die primären gesteinsbildenden Prozesse des Basaltischen, des Granitischen, der Kristallinen Schiefer waren insgesamt vom Ätherischen der frühen irdischen **Lebenssphäre** durchdrungen. Die damaligen geochemischen Vorgänge müssen ebenso verschieden von den heutigen vorgestellt werden wie die chemischen Vorgänge innerhalb oder außerhalb des Menschen, also vor oder nach dem Tode. In den Modellen präkambrischer Erdsphären, wie sie die Geowissenschaften entwerfen (z.B. bei Lovelock 1993 und Pflug 1984), wird die Entstehung des Lebens durch zufällige chemische Verbindungen vorgestellt. Geht man von der Lebenssphäre eines Organismus Erde aus, so entsteht es durch Verdichtung aus dem Geistigen über das Astralische (Frisch 1992).

Die erste irdische Gashülle kann in ihrer stofflichen Seite etwas verglichen werden mit heutigen Planetensphären, Meteoriten und Gaseinschlüssen in Kristallen. Danach hätte sie zu 80 – 90 % aus Kohlendioxid bestanden; dazu kämen noch 6 % Stickstoff, etwas Schwefelwasserstoff, Ammoniak, Methan und Wasserdampf. Freier Sauerstoff wäre nicht enthalten gewesen; der hätte sich erst durch UV-Strahlung und bakterielle Tätigkeit gebildet. Wir müssen nun dieses Gasgemisch chemischer Endstoffe umgekehrt zurückdenken in eine lebendurchdrungene Ganzheit. Das Erscheinen eines abgesonderten Teiles, wie des Sauerstoffs im mittleren Proterozoikum, würde dann anzeigen, dass er sich aus dem Lebenszusammenhang getrennt hat. Die ersten Eisenoxide zeigen freien Sauerstoff und Bakterientätigkeit als zwei Seiten einer evolutiven Sonderung aus der Lebenssphäre. Auch die Gaseinschlüsse in Kristallen sind dieser Anschauung entsprechend mit den umgebenden Kieselsubstanzen noch ein Ganzes, welches sich erst während der Solideszenz sonderte. Geochemisch werden die Gase aus dem oberen Erdmantel abgeleitet, da das Isotopenverhältnis in glasig erstarrten Basalten dem der heutigen Atmosphäre entspricht. Diese Beobachtung könnte auch umgekehrt gedeutet werden, dass nämlich das Basaltische ursprünglich aus der Erdsphäre stammte.

Zur erstaunlichen Konstanz der Erdtemperatur seit dem Archäikum, trotz des hohen Kohlendioxidgehaltes, schreibt Pflug (1984, S. 125), das erscheine nur möglich, wenn irgendein Mechanismus in die Atmosphäre steuernd eingreife; und der Regulator müsse sehr wirksam und sehr empfindlich gewesen sein. Heute wirken dabei die Pflanzen mit, und Pflug schließt, dass es durch die frühzeitige Besiedlung die Lebewesen selbst sind, «die mithilfe ihrer Steuerungstätigkeit ihren Planeten in bewohnbarem Zustand halten». Lovelock leitet in seiner Gaia-Theorie daraus ab, dass die Erde sich wie ein hochintegrierter Organismus verhalte, der sein Milieu selbst steuere, und zwar mithilfe eines komplizierten Systems von Regelkreisläufen und Rückkopplungsmechanismen, an denen die Biosphäre maßgeblich beteiligt sei. Die Phänomene legen es nahe, sich eine Lebenssphäre vorzustellen. Die geisteswissenschaftliche Forschung zeigt jedoch, dass sie nicht durch ein zufällig entstandenes System von Regelkreisläufen gesteuert wird, sondern von höheren Hierarchien , so wie ein Mensch vom Geistig-Seelischen aus. Die Paläobiochemie beschreibt zahlreiche interessante Phänomene im Gestein und hat von daher wichtige Zusammenhänge gefunden. Hier schließen Steiners Forschungen unmittelbar an und gehen weiter zurück: bis zum geistigen Ursprung und dem Zusammenhang mit der Entwicklung des Menschen.

Die **Schichtung** ist ein weiteres wesentliches Grundphänomen der Gesteinsbildung, durch das die Prozesse der Lebenssphäre charakterisiert werden können. Schichten sind räumlich festgehaltene Bilder von zeitlichen Rhythmen des Erdumkreises, welche wiederum mit dem ganzen Kosmos, vor allem der Sonne und dem Jahreslauf zusammenhängen. Rhythmen sind überall Ausdruck von Lebensprozessen. Wir betrachteten typische Beispiele von Schichtung aus dem Deckgebirge, wo wir sie in allen Gesteinen finden: im Sandstein (Abb. 142, S. 256), in Grauwacken (Abb. 119, S. 233), im Tonstein, Kalkstein (Abb. 153, S. 265) und Gipsstein (Abb. 159, S. 279). Hier wirken unmittelbar äußere Rhythmen des Erdumkreises. Im Deck- und Grundgebirge können z.B. die Schichten bei den Stromatolithen und den präkambrischen Bändereisenerzen (Abb. 134, S. 244) direkt auf bakterielle Lebensprozesse zurückgeführt werden. In den Kugelgraniten (Abb. 165 – 170, S. 309) hängen die lagigen Schalen mit kolloidalen Verhärtungsrhythmen zusammen. Aber auch in den Kristallinen Schiefern (Abb. 109 – 111, S. 230 u. 190 – 193, S. 340) ist eine schichtartig flächige Struktur ein wesentliches Merkmal. Sie wird hauptsächlich durch die blättrigen Glimmerkristalle sichtbar. Der Gebirgsbau zeigt, wie diese Struktur zunächst parallel der Erdoberfläche entstand und dann während der Verhärtung häufig gefaltet wurde. Im Sinne der «Gesteinsmetamorphose» wird sie vor allem darauf zu-

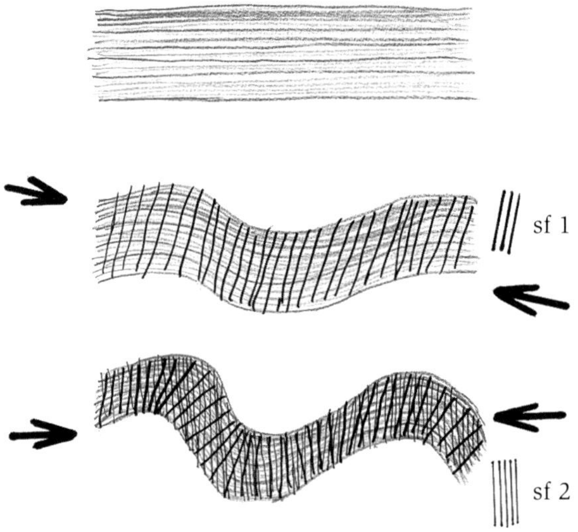

Abb. 198: Entstehung von zwei Schieferungsflächen (sf 1 und sf 2), wie sie in Tonschiefern und Grauwacken vielfach zu sehen sind. Die Schieferung liegt in verschiedenen Winkeln zur Schichtung (ss). Sie wurde dem Gestein während der Faltung parallelflächig dadurch aufgeprägt, dass die blättrigen Glimmer- und Tonminerale rotierten und sich senkrecht zur Druckrichtung ausrichteten. Die Gesteinsmasse war dabei noch nicht verfestigt. An verformten Graptolithen hat man ermittelt, dass die Tonschiefer bis auf die Hälfte ihres ursprünglichen Volumens zusammengedrückt werden konnten.

rückgeführt, dass die ursprünglichen Minerale dort aufgelöst worden seien, wo der höchste Druck herrschte, und dann im Druckschatten neu kristallisierten, wobei meist noch Fließbewegungen der Gesteinsmasse hinzugekommen seien. Diese Struktur wird als Kristallisations-Schieferung (Abb. 81, S. 218) bezeichnet im Gegensatz zur **Schieferung** (Abb. 198), welche bei Tonschiefern und Grauwacken gut beobachtet werden kann und nur auf Druck zurückgeführt wird.

Kommt man aus den Tonschiefern ein Stockwerk tiefer in die Phyllite hinunter, können Schichtung und Schieferung meist noch unterschieden werden, in den Glimmerschiefern und Gneisen jedoch nur, wenn eindeutige Schichtmerkmale wie z.B. Geröllhorizonte vorhanden sind. Stattdessen tritt die Kristallisations-Schieferung immer stärker hervor. Ich würde aber eine Umkristallisation weitgehend ausschließen – die «Gesteinsmetamorphose» sowieso – und stattdessen diese Flächenstruktur der Glimmerkristalle als eine ursprüngliche Schichtung ansehen, als Ausdruck des primären Substanzniederschlages aus der Lebenssphäre bzw. von bakteriellen Lebensrhythmen. Druck und Fließbewegungen mögen noch hinzugekommen sein, ebenso ein kolloidaler Zustand. Man müsste dann von einer Kristallisations-Schichtung sprechen. Dieser Gedanke wäre noch an weiteren Phänomenen zu prüfen. Beachtet man den Unterschied zwischen Verhärtung und Kristallisation, wird auch hier verständlich, warum die Schieferung im Grundgebirge sich nach unten hin verliert. In den tieferen Stockwerken überwiegt die Kristallisation, weiter oben die rhythmische Verhärtung, durch welche das Flächengefüge dem Gestein jeweils eingeprägt wurde.

Die Bändereisenerze weisen noch auf einen weiteren Prozess in der Lebenssphäre hin. Sie entstanden hauptsächlich im Übergangsbereich zwischen Gneisen und Glimmerschiefern (s. S. 273). Im Gneis enthält der Biotit bis zu 10 % Eisen; der Muskovit des Glimmerschiefers im Stockwerk darüber ist nahezu eisenfrei (Abb. 137, S. 253). Könnte man sich da nicht eine gewaltige **Konzentration des Eisens** vorstellen, rhythmisch wechselnd mit dem Kiesel? Dieser Wechsel muss natürlich in einem Medium stattgefunden haben, welches solche Prozesse noch zuließ, also vielleicht luftig-feinflüssig, bakteriell, lebendurchdrungen war. Die Faltenstrukturen könnten auch durch die Bewegungen in der Lebenssphäre entstanden sein. Man kann den Eindruck gewinnen, dass die Lebenssphäre vom Eisen wie gereinigt wurde (s. S. 380 ff.), eine «Entmetallisierung» eintrat. Die Bilder der Magnetit-Hämatit-Quarz-Rhythmen entsprechen ganz der Kristallisations-Schichtung, wie sie die Glimmer-Quarz-Rhythmen in den Graugneisen und Glimmerschiefern zeigen. Beides ist so nur im Präkambrium zu finden. Spätere Nachklänge oolithischer Eisenerze bis in den Phyllit des Ordoviziums hinein sind wesentlich kleinräumiger und hängen mit dem Chlorit (Chamosit, Thuringit) zusammen, d.h. das Eisen sonderte sich innerhalb der Wasser-Luft-Sphäre aus basaltischen Restlinsen (s. S. 381).

Zu den Einlagerungen der Kristallinen Schiefer gehören die **Gesteinslinsen** der Serpentine, Pyroxengranulite, Amphibolite und Rotgneise. Sie sind vom Chemismus und von den Mineralen her deutliche Fremdkörper in ihrer Umgebung. Ihre Minerale weisen auf die früheren Absonderungen der tieferen Erdkruste hin, auf die Granit-, Basalt- und Peridotitschicht. Wie sind sie in das höhere Stockwerk hineingelangt? Es wurden zahlreiche Modelle entwickelt und wieder verworfen (s. S. 299). Derzeitig ist die am meisten verbreitete Ansicht, dass die Ophiolithlinsen Reste von Ozeanböden waren, welche bei der Plattenunterschiebung abgeschert wurden (s. S. 440). Es mag Stellen geben, an denen das zutrifft. Das kann aber nicht auf die sehr viel häufigeren kleinen Gesteinslinsen übertragen werden, die nicht mit tektonischen Tiefenbrüchen zusammenhängen. Die Modelle zeigen sofort ihre Widersprüchlichkeit, wenn damit gleichartige Phänomene an einem anderen Ort oder in anderen Größenordnungen erklärt werden sollen.

Unter dem Aspekt der Lebenssphäre gesehen, könnten diese Gesteinslinsen als tropfenartige Überreste früherer Erdepochen verstanden werden. Danach blieben sie als Peridotite, Basalte und Granite in der Erdumgebung zurück, als die Entwicklung bereits bei den Kristallinen Schiefern angekommen war, und wurden in jeder Größe kugelig abgegrenzt, als Fremdkörper wie die Öltropfen im Wasser oder der Olivin im Basalt. Beim Heruntersinken während der Solideszenz wurden sie zu Linsen zusammengedrückt (Abb. 82, S. 219; 122, 123, S. 234). Dabei wurden die basaltischen, wasserfrei gebildeten Minerale vom Wässrigen der veränderten Lebenssphäre bereits primär umgewandelt. Die Stärke der Umwandlung entsprach demnach dem relativen Alter der Gesteinsmasse, die natürlich noch im kolloidalflüssigen Zustand war. Das zeigen die Grenzflächen zum jetzigen Nebengestein. Die peridotitischen Olivin-Gesteine wurden am stärksten umgewandelt, bis zum Serpentin und dieser weiter bis zu Talkmineralen. Die basaltischen Gesteine wurden weniger angegriffen. Im Granulit-Stockwerk, also in einer ebenfalls noch wasserfreien Umgebung, wurden sie zu Pyroxengranulit, im Graugneis-Stockwerk darüber zu Amphibolit und im Glimmerschiefer zu Chloritschiefer. Am wenigsten verändert wurden die Granitkugeln durch den Übergang in die Rotgneislinsen. Ihnen wurde vor allem durch Fließbewegungen während der Solideszenz die flächige Glimmerstruktur aufgeprägt. – Damit lösen sich viele der Gneisprobleme (s. S. 303), beispielsweise die Wechsellagerungen von Rotgneislinsen jeder Größe im Graugneis oder die Umwandlungsstärke besonders der peridotitischen und basaltischen Gesteine.

So wird auch verständlich, warum im Modell der «Gesteinsmetamorphose» die Minerale der vorschreitenden Umwandlung keine Übergänge zurückließen, während sie bei der rückschreitenden erhalten geblieben wären (s. S. 298). Wir hatten drei Gruppen von Mineral-Umwandlungen erwähnt (s. S. 294), bei denen Übergänge vorhanden sind. Das war bei den Amphibolit- und Serpentinlinsen, bei Granit- und Basalt-Kontakten und bei der Verwitterung, wo sie noch heute beobachtet werden können. Im Folgenden drei solcher Mineralfolgen, an denen Übergänge beobachtet werden können:

- Plagioklas und Alkalifeldspat werden zu Muskovit und Serizit.
- Biotit, Hornblende, Augit, Granat werden zu Chlorit.
- Plagioklas wird zu Epidot, Granat, Diopsid, Wollastonit.

Es ist naheliegend anzunehmen, dass sich solche Umwandlungen auch früher, also primär in der Lebenssphäre, ähnlich abspielten – jedoch nicht als geochemische Prozesse, die zwischen bereits festen Mineralen ablaufen, sondern so wie heute Stoffumwandlungen innerhalb eines Organismus geschehen, z.B. vom Knorpel zum Knochen. Wir können hier in den Mineralreihen Bilder anschauen, die der Gesteinsfolge der Kristallinen Schiefer entsprechen (Abb. 136, S. 252). Konnten sich nicht auch in der Lebenssphäre Plagioklas und Alkalifeldspat zu Muskovit und Serizit entwickelt haben, die sich in der Folge vom Gneis zum Phyllit niederschlugen? Konnten nicht ebenso Pyroxen, Biotit und Hornblende zu Chlorit geworden sein, wobei das Eisen herausging und sich zu den Bändereisenerz-Linsen sonderte?

Die Lebenssphäre wird charakterisiert durch den weltweit sehr ähnlichen Grundaufbau der Erdkruste in lagenweisen Stockwerken. Er deutet auf einheitliche Substanzsonderungen vom Peridotit über den Eklogit bis zum Basaltischen. Dann konzentrierte sich die **Entwicklung über dem Kontinentalpol**. Sie begann mit einem Überschuss an Quarz. Bis zur Basaltschicht blieb der Kiesel als silikatisches Gerüst in den Mineralen verborgen; dann erschien er als Sonderung aus der Masse, die zum Granit wurde. Der Granit war nach unten hin noch mit dem Basaltischen vermischt; nach oben hin ging er in die Granulite und Gneise über. Die archäischen Kerne zeigen überall einen ortsständigen Schalenbau, der schon im Proterozoikum zu einer geschlossenen kontinentalen Schicht geführt haben könnte, wie im folgenden Kapitel noch näher besprochen wird (Abb. 211, S. 395). Wenn man Gesteinsbildungen kontinentalweit vergleicht, zeigt sich, dass die Entwicklungen anfangs substanziell und zeitlich ähnlich verliefen, wohl wegen der im Archäikum noch rundum weniger gegliederten Lebenssphäre. Im oberen Proterozoikum differenzierten sich die Einlagerungen. Vom Kambrium an beschränkten sich die primären Substanzprozesse weitgehend auf schmale, langgezogene Senken über mobilen Tiefenbruchzonen zwischen den schon verhärteten Granit-Gneis-Krustenplatten. Die festeren Gebiete zerfielen bereits, und ihr Abtragungsschutt vermischte sich mit primären Gesteinsbildungen in den mobilen Zwischensenken. Sie werden seit Hans Stille Geosynklinalen genannt, doch muss dieser Begriff jetzt um die plattentektonischen Aspekte erweitert werden (s. S. 427). Erdgeschichtlich gesehen werden die Mächtigkeiten der darin abgelagerten Gesteine, relativ zur Granit-Gneis-Schicht, zunehmend geringer, auch wenn sie stellenweise noch mehrere Kilometer erreichen können. Ich sehe darin einen Ausdruck für den Absterbeprozess innerhalb der Lebenssphäre über dem jeweiligen Ort. Die Gesteine unter den Senken werden ortsständig nach der Tiefe hin immer älter, wie die gelegentlichen Aufschlüsse zeigen und die neuere Tiefenseismik immer deutlicher belegt. Dieses Basement der kaledonischen und variszischen Gebirgssockel besteht wahrscheinlich doch aus den archäischen Kontinentalkernen. In den alpidischen Gebirgen dürfte dieser Grundaufbau ebenfalls gelten, nur ist er da schwerer fassbar. Hier kommen die Bruchtektonik und teilweise größere Deckenüberschiebungen aus der Epoche der Plattentektonik hinzu.

Dieser Bau der kontinentalen Erdkruste weist insgesamt darauf hin, dass sich die primären Prozesse in der präkambrischen Lebenssphäre auf den Kontinentalpol der Erde begrenzten. Im Gebiet des ozeanischen Pols ist demnach eine heißflüssige Basaltschicht anzunehmen, aus der sich der Mond ablöste (Abb. 216, S. 401). Die beschriebenen kontinentalen Gesteinsfolgen spiegeln die Evolution der Lebenssphäre räumlich und zeitlich differenziert im Verhältnis zur Erdkruste. Der einheitliche Substanzniederschlag der Granite gliederte sich während der Erdgeschichte zeitlich immer weiter auseinander. In den einzelnen Senken ist die Folge der Kristallinen Schiefer, ihre Grundentwicklung, zwar prinzipiell ähnlich, doch jede Senke hatte ihre eigenen zeitlichen Abläufe, die als kaledonische, variszische und alpidische unterschieden werden können. Die simultanen Prozesse gliedern sich immer mehr auseinander, werden sukzessiv – um mit Goethe zu sprechen. Es ist dieselbe Gesetzmäßigkeit, welche wir auch bei der Verhärtung und Kristallisation fanden. Beispielsweise liegt die Phyllitentwicklung in den norwegischen Kaledoniden im Kambrium; wir finden darin ausschließlich zahlreiche Quarzlinsen. Im Gebiet der variszischen Gebirge liegt sie im Ordovizium; wir finden neben Quarzlinsen erste Marmorlinsen. In den Alpen reicht sie noch bis in die «Kalkepoche» des Jura; wir finden zahlreiche gemischte Quarz-Marmorlinsen. Die allgemeine Folge der Gesteine variiert in diesen Senken auch horizontal mit vielfältigen Übergängen. So gehen jene alpinen Phyllite nach Süddeutschland zu in die Tonsteine der Trias und des Jura über; oder im Kambrium entstanden im Erzgebirge die Glimmerschiefer , während wir gleichzeitig in Böhmen und den Ardennen bereits Tonschiefer und Sandsteine finden. Vielfältige Beispiele ließen sich schildern. Dennoch bleibt die relative Folge der Gesteine im Prinzip erhalten.

Wollen wir uns die **Anreicherung und Absonderung** der Substanzmassen innerhalb der Lebenssphäre vorstellen, so können von heutigen, substanzanreichernden Lebensprozessen in den Organismen ausgehen und diese nach rückwärts in die Gesteinsbildung verfolgen. Wir gelangen auf diese Weise von den pflanzlichen Stoffen über die Kohlen und das Erdöl/Erdgas bis zum organischen Graphit und von den tierischen Knochen- und Schalenbildungen bis zu den stromatolithischen Kalksteinen und Marmoren. Hauptsächlich konnten jedoch die aeroben und anaeroben **Bakterienprozesse** sowie die Archaebakterien als einzige Lebensgemeinschaft, die nicht von Photosynthese abhängt, in vielfältiger Weise Substanz anreichern. Gerade die Bakterien können auch mit dem Kiesel umgehen. Aus ähnlichen Lebensprozessen im Kolloidalen könnten die stark schichtigen Kristallinen Schiefer der Grundentwicklung hervorgegangen sein. In den Bakterienprozessen, wie sie heute noch in Stromatolithen oder innnerhalb von Organismen ablaufen, sehe ich einen letzten Rest der gesteinsbildenden Prozesse, wie sie früher im Erdenumkreis gewirkt haben. Nur darf man sich dabei nicht eine flüssig-luftige Bakterienmasse denken, sondern ebenfalls einen einheitlichen Lebensprozess, der vom Ätherleib der Erde gesteuert wurde, ähnlich wie die gesunden Bakterienprozesse im Menschen von ihm beherrscht werden. Spezialisierte Bakteriengruppen und gesonderte Stoffe wären bereits Belege für einen Todesprozess in der Erdensphäre. Die Bakterien gehörten vielleicht zur frühesten archäischen Absonderung der Lebenssphäre; die letzte im Tertiär wäre der Mensch selbst gewesen. Ich würde also nicht die heutigen Bakterienprozesse bis in eine präkambrische Erdsphäre extrapolieren, sondern sie als Beobachtungsgrundlage nehmen, um sich daran Prozesse vorzustellen, die ein Lebensprodukt in den Tod und die Verhärtung führen können, wie beispielsweise in der Milchbildung und Gärung. Es wäre falsch, wenn man verkürzt sagen würde, die Kristallinen Gesteine seien aus Bakterienprozessen hervorgegangen.

Aus dem Überblick über die Gesteinsfolgen ergeben sich verschiedene **Polaritäten**, welche die Lebensvorgänge in der Erdsphäre weiter charakterisieren können. Allerdings sind es Polaritäten der Sinneswelt, auf die stets noch Entwicklung aus dem Übersinnlichen wirkte. Man könnte die Stufen als Steigerung auffassen; auch Umstülpungen würden sichtbar. Hier ist der Ort, wo wirklich von Metamorphose im Sinne Goethes gesprochen werden kann (s. S. 201). Wenn solche Gegensätze aufgesucht werden, ergeben sich außerdem einfache Gliederungsmöglichkeiten für die Ordnung der Gesteine, welche auf prinzipiellen Evolutionsprozessen beruhen. So besteht eine erste Polarität zwischen den vorirdischen Wiederholungen und der Erdenentwicklung – also von der Polaris bis zur Mitte der Lemuris. Sie zeigt sich auf der Mineralebene unterkieselt ↔ kieselig; auf der Gesteinsebene basaltisch ↔ granitisch, mit allen erwähnten Mischfeldern; auf der Krustenebene ozeanisch ↔ kontinental mit den Ablagerungssenken dazwischen. Mit der Mondenwiederholung sind die Kräfte der Verhärtung verbunden, mit der Erdenentwicklung die der Kristallisation. Wir betrachteten Beispiele, wie sie in Abbildung 189, S. 334 gezeigt sind, im Mineralischen bei Quarz und Feldspat, bei Gesteinen in der Linsenbildung, beim Kalkstein und Quarzit, in der Erdkruste bei Bruch- und Faltentektonik. An diesen Gegensatz schließt sich die Polarität von primären und sekundären Bildungen, man könnte auch sagen die Polarität zwischen den lemurischen und atlantischen Substanzprozessen. Sie hängt davon ab, ob das Wasser in der Lebenssphäre noch im salzigen Milieu gebunden war oder wie heute im Wasserkreislauf, aus dem das Süßwasser hervorgeht, frei ist. Wir haben die Bilder dazu betrachtet bei den primären und sekundären Erzen, bei den kristallinen und geschichteten Gesteinen im Gegensatz zu den umgelagerten sowie bei den primären, verwitterungsbedingten Umbildungen.

Die wichtigste Polarität der Lebensprozesse in der Erdsphäre bestand aber zwischen der **Glimmer-Schiefer-Reihe** einerseits und der **Feldspat-Kalkstein-Reihe** andererseits. Die Übergänge in der Glimmerreihe vom Granit bis zum Tonschiefer sind phänomenologisch kontinuierlich; das Pflanzenwesen erscheint wie äußerlich eingelagert, vom Graphit über die Kohlen bis zum Fossil. Die Übergänge der Kalkreihe hingegen sind diskontinuierlich: vom Feldspat bis zu den Kalksilikaten, dann vom Marmor bis in die Kalksteine, dann bis in die Tierfossilien. Jedes Mal wird die Kalkbildung weiter nach innen genommen. Eine letzte Entwicklungsstufe führt vom Anhydritstein bis in die Salzgesteine. Hier endet der primäre Substanzniederschlag (Abb. 205, S. 384).

Im *Landwirtschaftlichen Kurs* sprach Rudolf Steiner über die Polarität des Kiesligen und des Kalkigen (GA 327, 7. – 16. 6. 1924, speziell 11. 6. 1924). Nachdem er beide Pole charakterisiert hatte, fasste er die Unterschiede mit den Worten zusammen: «Das Kieselige ist der allgemeine äußere Sinn im Irdischen, das Kalkige ist die allgemeine äußere Begierde im Irdischen, und der Ton vermittelt beides. Ton steht dem Kieseligen etwas näher, aber er vermittelt doch hin nach dem Kalk.» (Mit «Ton» ist das Mineral gemeint.) Mit dem «allgemeinen äußeren Sinn» wäre die Fähigkeit verbunden, kosmische Kräfte aufzunehmen; die «allgemeine äußere Begierde» wirkt anziehend, abgrenzend.

Diese Eigenschaften als seelische Qualitäten der beiden polaren Substanzgruppen finden wir in den Entwicklungsgesten und Formen der Minerale wieder, die damit noch von anderer Seite die Lebenssphäre charakterisieren. Steiner schilderte (s. S. 149), wie auf der Alten Sonne, d.h. auch bei deren Wiederholung in der Hyperboräis, zuerst die Anlagen des Tierreichs entstanden und dann mit dem Alten Mond, also auch in der frühen Lemuris, die Anlagen des Pflanzenreiches. Dem entsprechend setzte die Feldspatreihe zuerst ein, schon vom Basaltischen und Granitischen her und dann in den Linsenbildungen der frühen Gneise. Der Kohlenstoff als abgesonderte Substanz fehlt jedoch noch weitgehend im Granit und den tiefen Gneisen. Er trennte sich erst später aus der Lebenssphäre heraus und erschien in der Form feiner Graphitblättchen, etwa ab dem Glimmerschiefer-Stockwerk. Die Pflanzenentwicklung begleitete die Schiefer-Reihe wie äußerlich; die Pflanze nimmt den Kohlenstoff aus der Assilimation in sich auf, nicht aber den Glimmer; beide haben aber die ausgebreitete Blättrigkeit gemeinsam. Das Tier konzentriert dagegen die Kalksubstanz aus der Umgebung und nimmt sie nach innen in sich hinein. Mit der Atmung, dem Astralischen des Stickstoffs als Träger der Empfindung (GA 327, 11. 6. 1924) und der Bildung von Eiweiß, sondert sich das Tier ab und wird zunehmend frei beweglich. Der Astralleib gliederte sich heraus. Darin liegt die Ursache, dass sich sowohl die Substanzen als auch die Gestalten während der Kristallisation zunehmend individualisieren, rein und eigengestaltet erscheinen.

Mit diesen gestaltenden Prozessen sind substanziell die Entwicklungen verknüpft, die in die **Kalkstein-Tier-Reihe** münden. Ich möchte diese Folge anhand der bereits abgebildeten Phänomene nochmals kurz zusammenfassen (siehe Abbildungen), weil sie die Lebenssphäre weiter charakterisiert und auf die Menschenentwicklung zuläuft, was das Thema im nächsten Abschnitt sein wird. Mit der astralischen Wirkung trennte sich substanziell und gestaltlich ein ursprünglich Ganzes in ein Enthaltenes und ein Enthaltendes, das sich dann – äußerlich begierdehaft Substanz sammelnd – in der Kugel abschloss. Diese Bildegeste erschien zwar schon im Granit, z.B. in der Drusenbildung, rückte dann aber in den Kristallinen Schiefern immer weiter auseinander, in die Grundentwicklung einerseits und die Einlagerungen andererseits. Zuerst erschien das Kalkige mit dem Plagioklas im Basaltischen und entwickelte sich innerhalb einer übergeordneten Ganzheit mit dem Kiesel zum Alkalifeldspat des Granitischen. Die allgemeinen äußeren Sinnes- und Begierdefunktionen sind darin noch eins. Erst nach ihrem Niederschlag begannen innerhalb der Erdkruste Kalkiges und Kieseliges sich gestaltlich zu sondern: in den Granitdrusen, im porphyrartigen Granit (Abb. 83, 84, S. 221; 172, S. 315) und in den Quarzporphyren (Abb. 176 – 178, S. 321). In den Kristallinen Schiefern mit ihren Millionen von Feldspat- und Quarzlinsen (Abb. 101, S. 226; 190 – 193, S. 340) ging die Entwicklung weiter, indem sich die Substanzen innerhalb eines flüssigen oder weichen kolloidalen Zustandes sammelten und abgrenzten. Solche Kugeln als Vorstufen der Linsen könnten jene von Steiner beschriebenen (s. S. 462; Abb. 212, 6, S. 397) kugelförmigen Schleimbatzen sein, die sich durch zellenartiges Wachstum abgliedern, kleiner werdend eine abgrenzende Schale bilden und dann immer mehr verhärten. Dadurch nahmen sie innen eine andere Entwicklung als außen. Dieser Prozess wäre einerseits in ländergroßen Krustenbildungen zu finden, andererseits auch in kleineren Bildungen, wenn von Millionen solcher Abgliederungen gesprochen wird (s. S. 375). Bei seiner weiteren Entwicklung innerhalb der Lebenssphäre ging der Feldspat über in die Kalksilikatlinsen (Abb. 116, S. 232; Abb. 129, 130, S. 241) und schlug um in den dolomitischen Marmor, sich abgrenzend in «allgemeiner äußerer Begierde». In den überlagernden Glimmerschiefern und Phylliten fehlt der Feldspat; es finden sich getrennte Quarz- und Marmorlinsen (Abb. 126, S. 238). Im Tonschiefer (Abb. 120, S. 233) sonderten sich im Erdaltertum die bakteriell gefällten, fossilfreien Kalksteine in Linsenform zunehmend vom Tonigen. Dann erschienen auch die Stromatolithen (Abb. 152 – 154, S. 265). Aber nicht die Bakterien sind es, die Kolonien bilden, sondern umgekehrt gliederte sich vom Kambrium an die Gesamttierwesenheit in die dargestellten Gruppen auf (Abb. 7, S. 70; Abb. 35, S. 115; Abb. 39, S. 121). Sie sonderte sich vor allem in Riffbildungen (Abb. 156, S. 267), in denen alle kalkabscheidenden Tiergruppen beteiligt sind: von den Bakterien über die Foraminiferen, Schwämme, Bryozoen, Korallen bis zu den Schalentieren wie Brachiopoden, Muscheln, Ammoniten und Stachelhäutern. In der weiteren Tierentwicklung wird das Außenskelett zunehmend abgebaut (Abb. 25, 26, S. 94), der kalkbildende Prozess wird immer mehr mach innen genommen, bis hin zu den Innenknochen der Gliedmaßen bei den Wirbeltieren und dem Menschen (Abb. 72, S. 182). Das leitet den Blick auf die nächste unserer Betrachtungsebenen, denn durch die Prozesse des Kalkigen in der Lebenssphäre wird die Evolution des Menschen vom Substanziellen und Porphyrartigen her charakterisiert.

Die Lebenssphäre charakterisiert den Menschen

Rudolf Steiner notierte im Jahre 1923 Stichworte zur Entwicklung der Gesteine im Zusammenhang mit dem Menschen, die als ein geisteswissenschaftliches Forschungsergebnis angesehen werden können (Abb. 199, nächste Seite). Sie finden sich in einem Notizbuch (Archiv Nr. NB 310; *Beitr.* zur GA, Heft 122, S. 55, Dornach 2000, Cloos 1958, S. 172) und wurden nach seinem Tode 1927 erstmals veröffentlicht (*Ztschr. für Anthroposophie*, 9. Jg., Nr. 41, S. 173, 9. 10. 1927, Stuttgart). Es ist kein Vortrag darüber bekannt; nur thematische Anklänge finden sich in den Arbeitervorträgen im Juni/Juli 1923.

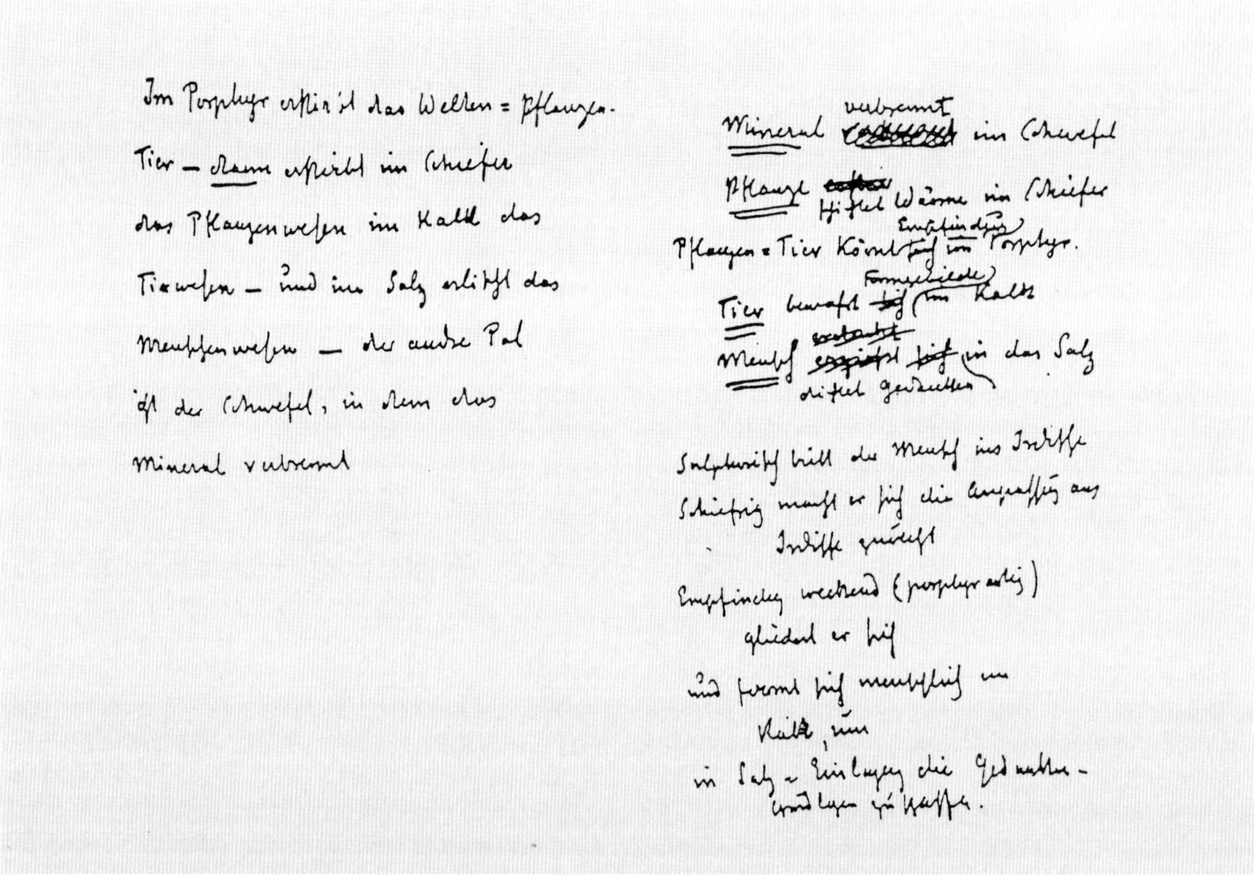

Abb. 199: Notizblatt von Rudolf Steiner 1923

Auf der linken Seite des Notizblattes richtet sich der Blick mehr auf den Kosmos, rechts oben auf die Naturreiche und darunter auf den Menschen. Alle fünf Stoffe werden in jedem der Absätze genannt. Es beginnt mit dem Porphyr, und da es rechts oben «körnt» heißt und am Ende direkt «porphyrartig», ist anzunehmen, dass der Formprozess und nicht das Gestein Quarzporphyr gemeint ist. Das unterstrichene dann in der 2. Zeile links betont den Entwicklungsaspekt. Es wurde bereits dargestellt (Abb. 6, S. 66; GA 13, S. 193), wie das Pflanzentier im Mondenzustand ein mittleres Doppelnaturreich bildete. Es «erstirbt» dann während der Erdentwicklung, indem es sich in die Tier- und Pflanzengruppen aufgliederte. Die absterbenden Stoffe wurden in den Kristallinen Schiefern der Grundentwicklung und der Feldspat-Kalkstein-Reihe als Einlagerungen abgesondert.

Gleichzeitig mit der Notiz von 1923 schrieb Rudolf Steiner eine ausführliche Buchbesprechung zu Henrik Steffens Anthropologie (GA 36; *Zs. Goetheanum* Jg. 2, Nr. 50, 22. 7. 1923), die Hermann Poppelbaum gerade in der Goetheanum-Bücherei (Der Kommende Tag, Stuttgart 1922) herausgegeben hatte. Henrik Steffens (1779 – 1845; vgl. Möller 1962, Steffens 1822) war Geologe und veröffentlichte 1822 seine Menschenkunde, eine geologische «Anthropologie». Er gliederte die Gesteine und die Erdgeschichte in drei Epochen: die Schiefer-, die Kalk- und die Porphyr-Formation. Rudolf Steiner schrieb dazu: «Und in dieser Kosmos-Geburt, die dann sich weiter entwickelt, sucht er die Entstehungsmomente der Lebewesen bis herauf zum Menschen.» Bei der Porphyrformation unterschied Steffens zwischen dem Gestein und der porphyrartigen Struktur, also zwischen dem Substanz- und dem Form-Aspekt. Rudolf Steiner benutzte dieselben drei Formationsnamen wie Steffens. Walther Cloos (1958) hat den Inhalt von Rudolf Steiners Notizblatt seinem

Im Porphyr erstirbt das Welten = Pflanzen-
Tier – dann erstirbt im Schiefer
das Pflanzenwesen im Kalk das
Tierwesen – und im Salz erlischt das
Menschenwesen – der andre Pol
ist der Schwefel, in dem das
Mineral verbrennt

Mineral verbrennt im Schwefel
Pflanze schichtet Wärme im Schiefer
Pflanzen = Tier körnt Empfindung im Porphyr
Tier bewahrt Formgebilde im Kalk
Mensch dichtet Gedanken in das Salz

Sulphurisch tritt der Mensch ins Irdische
Schiefrig macht er sich die Anpassung ans Irdische zurecht
Empfindung weckend (porphyrartig) gliedert er sich
und formt sich menschlich im Kalk, um
in Salz = Einlagerung die Gedanken-Grundlagen zu schaffen.

Text des nebenstehenden Notizblattes

Buch *Lebensstufen der Erde* als Leitfaden zugrunde gelegt und mit Aspekten aus der Geologie verarbeitet. Es sind viele anregende Gedanken darin zu finden. Allerdings erwähnt Cloos die Beziehung von Steiners Notiz zu dem Buch von Steffens nicht. Damit fasste er das Porphyrartige als Gestein auf und nicht als Gestaltprozess, wie es Steiner in der Notiz im Sinne Goethes verstand.

Auf diesem Blatt wird zusammengefasst, wie die Prozesse in der Lebenssphäre, die im vorigen Abschnitt behandelt wurden, eine Ebene darüber die **Evolution des Menschen** charakterisieren. In einem Vortrag ein Jahr vor dieser Notiz (GA 213, 2. 7. 1922) betont Rudolf Steiner, dass man «den Unterschied der Schieferformation und der Kalkformation zurückführen[muss] auf das Verhältnis, das die eine und die andere Formation nun zum Menschen, zum tierischen, zum pflanzlichen Dasein hat. Man muss sehen, wie das, was als Seelisch-Geistiges zur Erde gehört, sich verhält zu diesen Gesteinsarten ... Und da bekommt man einen innigen Zusammenhang zwischen allem, was Schieferformation ist, und dem pflanzlichen Dasein, zwischen alle dem, was Kalkformation ist und dem tierischen Dasein.» Zur Schieferformation gehört der Kieselprozess. Bezogen auf die irdischen Lebensprozesse bezeichnete Steiner die Schiefer-Kiesel-Bildung als «Entvegetabilisierung» und die Kalkstein-Bildung als «Entanimalisierung» (GA 313, 11. 4. 1921). Diese beiden Ausdrücke erinnern zunächst an Stichworte, die Goethe 1806 in einer Gliederung zur Bildung der Erde notierte, (Goethe 1994, S. 334). Steiner hatte diese Notizen Goethes für die Weimarer Ausgabe neu angeordnet und seine Aspekte dazu extra begründet (Goethe, WA, Abt. II, 9, S. 268 ff. u. S. 313). Bei Goethe heißt es für das Ende der Kiesel-Schiefer-Entwicklung: «Eintreten der Vegetation» und für das Ende der Kalkentwicklung: «Eintreten der Animalisation». Der Blick ist auf die Fossilien gerichtet. Steiners Begriff geht weiter und zielt im medizinischen Sinn auf die Substanzwirkung im Menschen. Deshalb möchte ich auch besonders für den anthroposophischen Arzt noch drei erläuternde Abschnitte anfügen. Sie ergeben sich, wenn geisteswissenschaftliche Forschungen mit den Phänomenen der kristallinen Gesteine verglichen werden, in denen die Prozesse der irdischen Lebenssphäre die Evolution des Menschen näher charakterisieren.

Entvegetabilisierung

Rudolf Steiner bezeichnete im Zweiten Ärztekurs (GA 313, 11. 4. 1921) das als primär wirksam, was mit den Vorgängen der außermenschlichen Natur vergleichbar ist. Der physische Leib ist im Haupt, besonders im Hinterhaupt, primär wirksam als physischer Prozess, während Ätherleib, Astralleib und Ich sich nur als Abdruck im menschlichen Haupt eingeprägt haben. «Wenn Sie draußen im Universum im Urgebirge denjenigen Prozess sehen, der sich in der Schieferbildung ausdrückt, namentlich in alledem, was von der Kieselerde aus in die Schieferbildung führt, dann haben Sie in den Kräften, die da drinnen, in diesem Prozesse, dem von der Kieselerde ausgehenden Schieferbildungsprozesse, wirken, den polarisch entgegengesetzten Prozess von dem, der sich hier einerseits in der physischen Hauptesbildung abspielt.» Weiter heißt es, «dass der Prozess der Schieferbildung ... mit dem zusammenhängt, was man Entvegetabilisierung nennen könnte. Wir müssen gewissermaßen mineralisch gewordene Pflanzenwelt in der Schieferbildung suchen.»

Davon sprach Rudolf Steiner genauer in den Vorträgen zur *Allgemeinen Menschenkunde* (GA 293, 3. 9. 1919). Auch hier geht er vom Nerven-Sinnes-System des Kopfes aus und stellt dar, wie die von dort wirkenden Kräfte vor allem das, was zur Tierform tendiert, fortwährend in das Menschliche verwandeln (Abb. 45, S. 138; Abb. 63, S. 156).

Steiner geht dann über zum Rumpfsystem und zur Atmung. Der Mensch «nimmt den Sauerstoff auf, und er verwandelt durch seinen Lebensprozess den Sauerstoff, indem er ihn mit dem Kohlenstoff verbindet, zur Kohlensäure ... und wenn der Mensch jetzt in der Lage wäre, innerlich den Sauerstoff wieder fortzuschaffen, auszuschalten, aber den Kohlenstoff drinnen zu verarbeiten, was würde denn da im Menschen entstehen? Die Pflanzenwelt ... Kopf und Gliedmaßen lassen es nicht dazu kommen; sie wehren sich dagegen. Und so treibt der Mensch die Kohlensäure heraus und lässt das Pflanzenreich in sich nicht entstehen. Er lässt draußen das Pflanzenreich entstehen aus der Kohlensäure ... In dem Augenblick, wo nur ein bisschen in uns entsteht ... werden wir krank.» Steiner geht nun auf Bazillen und Bakterien ein und zeigt, dass es darauf ankomme, sich so zu verhalten, dass «für all das vegetabilische Gezücht kein angenehmer Aufenthaltsort mehr da ist». Aus einer solchen Betrachtung dieser Prozesse geht hervor, dass wir heute im Atemvorgang noch etwas in uns haben, was in der lemurischen Lebenssphäre als äußerer Weltenprozess vor sich ging. Zunächst war der Mensch noch ganz mit dem kosmischen pflanzenhaften Leben verwoben und begann, die Pflanzenwelt und die Schieferbildung allmählich aus sich heraus zu setzen (s. S. 154).

In dem anderen, bereits zitierten Vortrag zur Gesteinsbildung (GA 213, 2. 7. 1922) unterschied Steiner zwischen der Pflanzenwelt und den Kräften, die sowohl mit dem **Schiefrigen** als auch mit dem Kiesligen zusammenhängen. «Wenn die Kräfte, die im Schiefrigen enthalten sind, allein wirken würden auf der Erde, so würden sie im Zusammenhang mit einem Lebendigen stehen müssen, das sich geradeso entwickelt, wie sich die Pflanzenwelt entwickelt. Die Pflanzenwelt entwickelt sich so, dass sie nur physische Körperlichkeit, ätherische Körperlichkeit darstellt.» Dagegen müssten «wir uns das Astralische der Pflanzenwelt als eine Astralatmosphäre denken, die die Erde umgibt ... Man hat also in der Schieferformation alles das, was das Bestreben hat, die ganze Erde zu einem Organismus zu machen.» Das war während des planetarischen Zustandes der Alte Sonne. «Da wurde innerhalb der Erde das Schiefrige zubereitet, nicht etwa schon gebildet in seiner heutigen Gestalt, sondern zubereitet ... die Erde selber hatte eine Art Pflanzendasein, und aus diesem Pflanzendasein heraus entstand auf der einen Seite die Pflanzenwelt, auf der anderen Seite verhärtete sich dasjenige, was in der Pflanzenwelt aber auch Bildungskraft ist, zu der Schieferformation» (Abb. 65, S. 159). Dieser Prozess wiederholte sich während der hyperboräischen Epoche. Steiner schilderte weiter, wie das Schiefrige verbunden ist mit dem Quarz und wie im Menschen die Kraft des Kohlenstoffs dem entgegenwirken muss. Der Kohlenstoff bindet uns an die Erde; der Kiesel führt uns heraus, ins Übersinnliche. Diese Prozesse entsprechen denen der irdischen Lebenssphäre, als frühlemurisch die Kristallinen Schiefer ausgesondert wurden. Indem sich das Quarzige einerseits und das Pflanzenwesen andererseits trennten, erschienen etwa vom Glimmerschiefer-Stockwerk an einerseits die reinen Quarzlinsen und andererseits der Kohlenstoff als Graphit. In diesen Prozessen liegt der Zusammenhang zwischen der Schiefer-Glimmer-Reihe, dem Kohlenstoff, der Pflanzenwelt und der Menschenevolution.

Die Bilder dazu kann uns ein typischer, blaugrauer Tonschiefer liefern, wie wir ihn z.B. im Hunsrückschiefer aus dem Unterdevon des Rheinischen Schiefergebirges finden (Meyer 1996; Abb. 196, S. 352). Die insgesamt etwa 3000 m mächtigen Schichten, auch mit kieseligen Einschaltungen, sind wie kilometergroße Linsen allseitig von Arkosen und Grauwacken umgeben, mit allen Übergängen. Der vertikale Fazieswechsel entspricht aber nicht wechselnden Bildungsräumen oder Tiefenlagen der Senke, sondern ist Abbild rhythmischer Materialzufuhr (Abb. 157, S. 271). Darin bilden sich kosmische Rhythmen ab, vermutlich eine anfängliche Erdumdrehung, vielleicht etwa zwischen Tag und Jahr (s. S. 408). Die reiche Fauna von Brachiopoden, Schnecken, Trilobiten, Fischen, Echinodermen schließt eine anaerobe H_2S-Fazies aus, auch wenn viel Kohlenstoff, Calcit und Pyrit enthalten sind (Abb. 158, S. 275). Aber auch der Vergleich mit heutigen Tiefseetonen ist nicht haltbar, ähnlich wie es schon bei den Radiolariten und Kieselgesteinen beschrieben wurde (s. S. 274). Diese Tonschiefer wurden zuletzt variszisch gefaltet und verschiefert (Abb. 198, S. 364). Wir können ihre Entstehung insgesamt aus dem Menschen-Pflanzenprozess heraus verstehen, in dem sich die primären Entwicklungslinien des Kieseligen, Tonigen und Kohlenstofflichen innerhalb der irdischen Lebenssphäre bereits getrennt hatten und rhythmisch wechselnd von den sekundären Gesteinsbildungen durchdrungen wurden (Abb. 118, S. 232).

Entanimalisierung

In der oben angeführten Notiz von Rudolf Steiner (Abb. 199, S. 370) ist vermerkt, dass zuerst das einheitliche Pflanzentier erstirbt, dann das Pflanzenwesen im Schiefer und das Tierwesen im Kalk; zuletzt erlischt das Menschenwesen im Salz. Wir wollen das Ersterben des Tierwesens in diesem Abschnitt mit den beschriebenen Phänomenen der Kalksteinreihe zusammenfassend vergleichen. Dabei ist der Substanzprozess viel stärker als bei der Pflanze mit einem **Formprozess** verbunden, den wir zunächst betrachten wollen. Das «Pflanzentier körnt Empfindung»; das Tier «bewahrt Formgebilde im Kalk»; der Mensch «gliedert sich, Empfindung weckend (porphyrartig), formt sich im Kalk». Steiner verwendet hier Goethes Begriff des *«Porphyrartigen»* (s. S. 198 u. 321), um einen zentralen Gestaltungsprozess des Menschen zu bezeichnen. Goethe bezeichnete damit das Differenzieren einer ursprünglichen Einheit als «die schönste Metamorphose des unorganischen Reiches» und erkannte am porphyrartigen Granit das «Eintreten der ideellen Gestalt in die Wirklichkeit», womit das Individualisieren der Naturreiche begann.

Rudolf Steiner führte die gestaltenden Kräfte, welche zu Beginn der lemurischen Epoche auf den sich gliedernden Menschenkeim wirkten, weiter zurück bis zu den formenden Tönen der **Weltenharmonie**, die in den wässrigen Zustand der Erde hineinwirkten.* Diese Wirkungen verglich er mit den Chladnischen Klangfiguren. Auch Goethe (Goethe 1994, S. 296 – 301) kam bereits zu diesem Vergleich, sowie zu Phänomenen der Polarisation und Lichtbrechung, als er die gestaltenden Kräfte zu verstehen suchte, welche die Formen des Porphyrartigen und der Kristallisation bewirken könnten. Da ist die Beobachtung interessant, dass Kieselgallerte im Laborversuch zu tönen vermag (Prasad in: *Kolloid-Ztschr.*, Jg. 33, S. 279, 1923); und zwar sind die Töne umso höher, je wasserärmer die Gallerte ist. Die Klang- und Licht-Phänomenen führen zu interessanten Ansätzen, um zu verstehen, was dieses «Eintreten der ideellen Gestalt» oder das eigentliche Wesen des Kristallinen ist,

* GA 13, S. 223 u. 229; auch GA 102, 16. 3. 1908; GA 106, 7. 9. 1908; GA 109, 8. 6. 1909; GA 122, 18. 8. 1910; GA 222, 16. 3. 1923; GA 272, 16. 8. 1915.

was die Mineralsubstanz und die Erdkruste flächig, innen und außen, rhythmisch, gesetzmäßig gestaltet (s. S. 343).

Rudolf Steiner erforschte aber auch noch die dahinter wirkende seelisch-geistige Ebene der menschlichen Gestaltung. Die porphyrartige Sonderung offenbart ein wesentliches Grundgesetz der Entwicklung. Wenn ein Einheitliches zu einem Höheren wird, muss es ein Zurückbleibendes abtrennen. In Steiners Worten (GA 13, S. 191, S. 160): «Darauf beruht ja alle Entwicklung, dass erst aus dem Leben der Umgebung selbstständige Wesenheit sich absondert; dann in dem abgesonderten Wesen sich die Umgebung, wie durch Spiegelung, einprägt und dann dies abgesonderte Wesen sich selbstständig weiter entwickelt.» Am Abgesonderten wird für höhere Wesen Erkenntnis möglich. Auch der heutige Mensch kann nur das erkennen, was er sich bewusst gegenüberzustellen vermag. Das beginnt in der polarischen Epoche (GA 13, S. 222 u. 232), in welcher der Mensch auftritt als «Astralleib, der auch den Lebensleib und den physischen Leib noch in sich aufgelöst enthält». Ihm «gliedert sich die erste Anlage zu dem ein, was später zur Empfindungsseele wird». Steiner bezeichnet die auf dieser Entwicklungsstufe auftretende Empfindung des eigenen Leibes mit den Worten: «Das ist dir.»

Was ist **Empfindung**, wie sie hier am Beginn der irdischen Menschheitsentwicklung zuerst auftritt? Empfindung kann nur an einer Grenze entstehen, an der ein Wesen nach innen sich selbst und nach außen ein Anderes, Fremdes empfindet. Die Sinnesorgane (s. S. 104, 138) entstehen als erste Anlagen ebenfalls in der polarischen Epoche. Sie vermitteln an der abgrenzenden Hülle zwischen den Wahrnehmungen des Menschen in der Außenwelt und solchen in seiner Innenwelt mit Begehren, Freude, Trieb und Lust. Steiner charakterisiert die Empfindung (GA 293, 28. 8. 1919) als verwandt «mit dem fühlenden Wollen oder dem wollenden Fühlen»; das Fühlen ist nach innen, die Empfindung nach außen gerichtet. Darin wirkt die Empfindungsseele (GA 127, 8. 1. 1911) einerseits als «alles Willensartige, alles, was von innen heraus Anstöße gibt, ein Verhältnis zur Außenwelt zu suchen», andererseits ist sie «die wichtigste Vermittlerin … auch des Empfangens von äußeren Eindrücken des Wahrnehmens». In der polarischen Epoche (GA 13, S. 232) sind physischer und ätherischer Leib noch im Astralleib aufgelöst, und «dann gliederte sich dieser Astralleib in einen feineren astralischen Teil, die Empfinduungsseele, und in einen gröberen, ätherischen, welcher nunmehr von dem Erdenelement berührt wird» und auch als Seelen- oder Empfindungsleib bezeichnet wird. Kurz zusammengefasst hieße das für den Menschen: «Empfindung weckend (porphyrartig) gliedert er sich.» Als seine äußere Form ergibt sich die **Kugelgestalt**, die sich allseitig abgrenzt. Steiner zeichnete sie von der Saturnstufe bis in die frühlemurische Zeit als Eiform (Abb. 43 – 45, S. 135). Abgrenzen führt zum eigenen Selbst. Als im frühlemurischen Zustand in das Flüssige das Feste eingelagert wurde, trat dem Menschen sein «Ich» entgegen und «die Menschenleiber gerieten unter die Einwirkungen der Erde, die auf verschiedenen Teilen von deren Oberfläche verschiedener Art waren» (GA 13, S. 230). Die Individualisierung des Menschen wird bewirkt von den Kräften der Erde im weitesten Sinne, bis hin zum Schicksal. Die Granite der Welt zeigen uns das im Bild. Aus einem einheitlich Flüssigen sonderten sich nur die drei bis vier Minerale – aber wie verschieden an jeder Stelle, an jedem Ort! Und wie verschieden werden die Menschen durch ihr Erdenschicksal! Dem gesamten Prozess entspricht, dass sich auch heute noch der Mensch «porphyrartig gliedert», wenn embryonal die Organe entstehen. Ebenso bildeten sich die Sinnesorgane in der frühen Erde zuerst. Das Auge stülpte sich aus der Haut nach innen und wurde durchsichtig, so wie der Bergkristall im Hohlraum des Granits aus dem trüben, ungestalteten Quarz herausgeformt wurde. Makrokosmos und Mikrokosmos entsprechen einander in den Gestaltungsprozessen.

Wie kann nun der **Substanzaspekt** verstanden werden? Wie wird das, was als gesteinsbildende Masse im Bereich des Erdenkörpers erscheint, vom Menschen abgesondert? In der Polaris gliederte sich – wie schon auf dem Alten Saturn – ein ursprünglich undifferenzierter Wärmezustand in übersinnliche und sinnlich wahrnehmbare Wärme (GA 110, 13. 4. 1909), aus welcher sich der Mensch den physischen Wärmeleib bildete. Im letzten Abschnitt von Steiners Notiz (Abb. 199, S. 370) ist mit «sulphurisch» der Feuerprozess im alchemistischen Sinne gemeint. Im Gegensatz zur Verdichtung im Salprozess verschwinden die Stoffe, wie beispielsweise bei chemischen

Umwandlungen, bei denen der Stoff, «vom Schwefel getragen, hineinflutet in das Ununterscheidbare des Weltalls» (GA 327, 11. 6. 1924) oder anders gesagt: «Mineral verbrennt im Schwefel.» Das könnte auch auf Entwicklungen hinweisen, die in der Zukunft den Erdenzustand in den Jupiterzustand hinüberführen.

Bezüglich der Substanz verdichtete sich die Erde von der Polaris bis zur **frühen Lemuris** weiter in den flüssig-luftig-heißen Zustand. Steiner beschreibt diese Vorgänge so: «Als vor der Trennung des Mondes von der Erde die Mondenkräfte in der Letzteren immer mehr zur Verfestigung führten, geschah es, dass durch diese Kräfte unter den Nachkömmlingen der von den Menschen auf der Erde zurückgelassenen Keime solche waren, in denen sich die aus dem leibfreien Zustand zurückkehrenden Menschenseelen nicht mehr verkörpern konnten. Die Gestalt solcher Nachkömmlinge war zu verfestigt ... Nur ein Teil der leiblichen Menschennachkömmlinge wurde zu Trägern irdischer Menschen. Ein anderer Teil konnte wegen der verfestigten Gestalt nur Seelen aufnehmen, welche niedriger standen als diejenigen der Menschen» (GA 13, S. 240). – «Alle für den Menschen brauchbaren Stoffe wären verwendet worden, um die Erde anzufüllen mit den verholzten Überresten von Verkörperungen» (GA 13, S. 231) . Für die Zeit, bevor zu dem wässrigen Element das «feste, das man ‹erdig› nennen kann», hinzutritt, heißt es: «Da nicht alle Teile des Erdenkörpers zum Aufbau von Menschenleibern verwendet werden, so hat man sich auch nicht vorzustellen, dass in der Nachtzeit der Erde diese einzig nur aus den verfallenden Leichnamen und den auf Erweckung wartenden Keimen besteht. Alles dieses ist eingelagert in andere Gebilde, die aus den Substanzen der Erde sich formen» (S. 229). Es werden somit im hinuntersinkenden Verhärtenden drei Gruppen von Menschen unterschieden (S. 237): zum einen die «Substanzen der Erde», zum weiteren die «anderen Gebilde», die sich daraus formen, womit vermutlich die Pflanzentiere gemeint sind, und zum dritten die «verfallenden Leichname» der Menschen. Diese menschlichen Hüllen waren physisch-mineralisch, kugel- bis eiförmig und verfestigten – verholzten – aus dem flüssigen bis gelartigen Zustand in den festen, der noch nicht kristallin war. Solche Hüllen konnten Seelen aufnehmen, die unter der fortschreitenden menschlichen Entwicklung standen. Vom Menschen aus gesehen, wäre es eine Entanimalisierung (s. S. 377). Wäre darunter das zu verstehen, wovon es in der Notiz (Abb. 199, S. 370) heißt: «Pflanzentier körnt Empfindung im Porphyr» – d.h. im Porphyrartigen? Der Empfindungsleib war bei den Menschen der frühen Lemuris angelegt. Gleichzeitig wurde das Pflanzliche herausgegliedert: «Schiefrig» macht sich der Mensch «die Anpassung ans Irdische zurecht.» Und in den Kristallinen Schiefern finden wir als kugelige Aussonderungen jene unzähligen Linsen von Feldspat, Quarz und kalkigsilikatischen Einlagerungen. Versuchen wir, uns das Werden dieser Linsen vorzustellen, gelangen wir zu ähnlichen Bildern: Zurückgebliebene Wesen verbinden sich mit dem Kieseligen als Träger des «allgemeinen äußeren Sinnes» und ziehen es im Kolloidalen des umgebenden Schiefrigen zusammen; es grenzt sich kugelförmig ab wie der Empfindungsleib, kann sich sondern in Quarz, Feldspat, Kalksilikat, Marmor, zieht sich verhärtend zusammen, sinkt hinunter, wird im Bereich der kontinentalen Erdkruste linsenförmig zusammengedrückt und zuletzt kristallin, das Granit-Gneis-Stockwerk bildend. Diese frühen Kalkprozesse und Absonderungen sind mit dem Phosphorit verbunden (s. S. 274; Abb. 155, S. 266; Abb. 120, S. 233). Das kann Ausdruck davon sein, was Rudolf Steiner zur Bedeutung des kohlensaueren und phosphorsaueren Kalkes sagt: sie bilden für die Erde, bzw. für den Kosmos «den Angriffspunkt, um den Knochen zu formen» (GA 316, 4.1.1924), der im Menschen in der frühen Lemuris natürlich erst weichkörprig angelegt war, mit dem Kambrium aber in den hartschaligen Tieren fossil erscheint.

In der **mittleren Lemuris** (s. S. 140 ff.) «trat ein Ereignis ein, welches der ganzen Entwicklung eine andere Wendung gab. Alles, was im festen Erdenstoffe zur bleibenden Verhärtung beitragen konnte, wurde ausgeschieden. Unser gegenwärtiger Mond verließ damals die Erde. Und was vorher unmittelbar in der Erde zur bleibenden Formbildung beigetragen hatte, das wirkte jetzt mittelbar in abgeschwächter Art vom Monde aus. Die höheren Wesen, von denen diese Formbildung abhängt, hatten beschlossen, ihre Wirkungen nicht mehr vom Innern der Erde, sondern von außen dieser zukommen zu lassen. Dadurch trat in den leiblichen Menschengebilden eine Verschiedenheit auf, welche

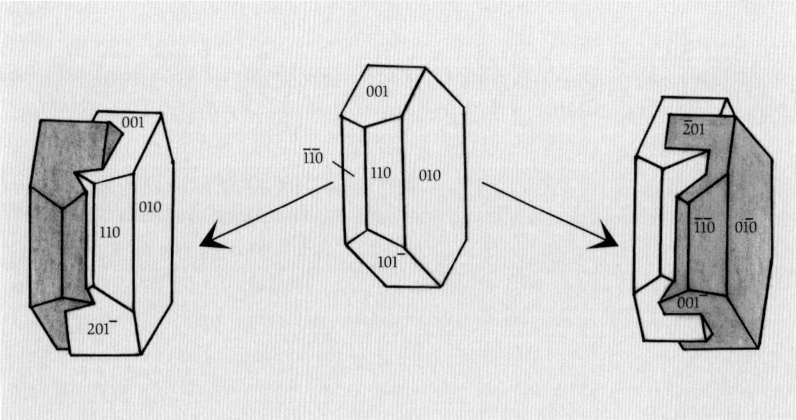

Abb. 200: Alkalifeldspat im Quarzporphyr als Doppelkristalle nach dem Karlsbader Gesetz, mit Modell und Zeichnung, die das Auseinanderfallen der Grundform zeigt. Wenn der Quarzporphyr verwittert, bleiben die Kristalle zurück, und man kann eine Reihe zusammenstellen von solchen, die gestaltlich kaum getrennt sind, bis zu solchen, die sehr weit nach rechts oder links auseinandergerückt erscheinen. Im inneren Bau sind sie jedoch alle getrennt. Das ist deutlich an der Lage der Hauptspalt-flächen zu sehen, die parallel einer Außenfläche – 001 – verlaufen. Innen grenzen die beiden Individuen unregelmäßig aneinander, was an den verschieden orientierten Spaltflächenrichtungen zu sehen ist. Die Kristalle stammen aus Ehrsberg südlich Schönau im Schwarzwald.

man als den Anfang der Trennung in ein männliches und weibliches Geschlecht bezeichnen muss» (GA 13, S. 231). Luziferische Geister griffen ein und bewirkten Erkenntnis und Irrtum, Krankheit und Tod. Damit sind weitere gravierende Ereignisse verbunden, die hier nicht referiert werden sollen (siehe dazu GA 13, S. 231 – 259), sich aber auch im geologischen Geschehen spiegeln. Das Ich begann den Astralleib zu durchdringen, und der Mensch wurde zunehmend selbstständiger. Er wurde tiefer auf die Granit-Gneis-Schollen heruntergezogen, die schon vor der Mondentrennung verhärtet waren: «Und während vorher der Mensch als ein feinorganisiertes Wesen über dem festen Erdboden in einer Art schwimmend-schwebender Bewegung war, musste er nunmehr ‹aus dem Erdenumkreis› herabsteigen auf Teile der Erde, die schon mehr oder weniger verfestigt waren» (GA 13, S. 250; Abb. 212/4, S. 397).

An den **Feldspatkristallen** zeigt sich ein interessantes Bild, durch das die Ereignisse in der Menschen- und Gesteinsbildung – mikro- und makrokosmisch – charakterisiert werden. Meines Erachtens würde ja die mittlere lemurische Epoche, geologisch gesehen, etwa mit der Karbon-Perm-Zeit enden (Abb. 4, S. 57). Die Tierentwicklung (Abb. 7, S. 70) zeigt die stärksten Einschnitte. Anschließend wurde die Warmblütigkeit verinnerlicht; die Salze schlugen sich nieder; mit der variszischen Gebirgsbildung war die hauptsächliche primäre Gesteinsentwicklung des Kontinentalpols abgeschlossen etc.

Die Quarzporphyre im Perm sind die letzten Ergüsse aus der verhärtenden Granitschicht (s. S. 320). Während sie verhärteten, sonderten sich in ihnen die Mineralsubstanzen: Diejenigen, die zum Feldspatkristall wurden, trennten sich zunächst kugelförmig (Abb. 176 – 179, S. 321) und dann rhythmisch zonar, wobei die Außengestalt immer deutlicher hervortrat. Erst am Ende der Verhärtung wurde die Gestalt mit der verstärkt wirkenden Kristallisation in rechte oder linke Formen (Abb. 200) getrennt, was an den in zwei Richtungen orientierten Spaltflächen zu sehen ist, die unabhängig vom Zonarbau den Kristall durchflächen. Praktisch alle Feldspatkristalle der variszischen Granite und Quarzporphyre kristallisierten als Doppelformen, etwas mehr linke als rechte – Milliarden von Kristallen! Substanziell stehen die Feldspäte an der Basis der Kalksteinreihe, der Entanimalisierung. Gestaltlich bilden sie bereits in den Kristallinen Schiefern die abgegrenzten Linsen mit Doppelkristallen. Ihre Entwicklung zu den rechts-links-getrennten Formen gehört meines Erachtens in die Reihe der oben angeführten Signaturen der Mondentrennung, welche wie irdische Abbilder der männlich-weiblichen Geschlechtertrennung erscheinen. Dabei würde ich nicht an eine Ursache-Wirkung-Beziehung denken, sondern eher daran, dass die Kräfte, welche in der Lebenssphäre so wirkten, wie Steiner das genauer schildert, von den Substanzen aufgenommen wurden und sich darin ihre Wirkung fortsetzte. Auf den Menschen bezogen, schrieb Rudolf Steiner (GA 11, Kap. «Trennung der Geschlechter»): «Solange die Stoffe noch nicht verfestigt waren, konnte die Seele diese Stoffe unter ihre eigenen Gesetze zwingen.» Es ist demnach nicht erforderlich, dass die Prozesse in Erde und Mensch unmittelbar gleichzeitig wirkten. Für den Menschen gilt sogar: «Die zweigeschlechtliche Fortpflanzung rückte erst vollständig in der Mitte der atlantischen Epoche heran» (GA 106, 10. 9. 1906).

In der **späten Lemuris** wirkten die abgetrennten Mondenkräfte gestaltend von außen auf die Erde. Der Mensch formte sich im Kalkigen. In den Marmor- und Kalksteinlinsen erschienen zunehmend die Schalen der ersten fossil erhaltenen Tiere. Das Außenskelett wurde abgebaut und das Innenskelett gebildet, welches sich mit den Gliedmaßen verband, die es dem Menschen ermöglichen, frei beweglich in der Welt zu wirken (Abb. 72, S. 182). In dem schon mehrfach genannten Vortrag vom 2. 7. 1922 (GA 213) schilderte Steiner nach dem Schiefer die Kalkformation, welche «in innigem Zusammenhang steht mit allem, was auf der Erde das tierische Dasein mit Selstbständigkeit durchdringt», d.h. sich vom Irdischen abhebt und frei beweglich ist. «Was von dem zurückwirkenden Sonnenlichte vom Monde her durch das Gestaltete auf die Erde herunterströmt, was dann auch in unser Gedankenleben hineinströmt und in diesem als das Gestaltende wirkt, das trägt auch die tierischen Gestaltungen heran ... Dass die verschiedenen Tiere verschieden gestaltet sind, hängt davon ab, dass der Mond den Tierkreis durchläuft ... Was gewissermaßen auf die Erde herunter anzieht die Gestaltungen, die sonst sich im Umkreis der Erde wie ein Nebel verlieren würden, das sind die aus der Kalkformation ausströmenden Kräfte.» Es steht im Zusammenhang mit dem auf Seite 375 erwähnten kohlen- und phosphorsauren Kalk der Knochenbildung.

In dem genannten Vortrag aus dem Zweiten Medizinerkurs führte Rudolf Steiner weiter aus, «dass Kalkgebirge im Wesentlichen auf einem Prozess der Erdbildung, den wir Entanimalisierungsprozess nennen können, beruhen. Es ist das der entgegengesetzte Prozess des Tierwerdens. Und wiederum der polarisch entgegengesetzte Prozess spielt hier drinnen. Wenn wir also dem Silicium und dem Calcium, die zur Ruhe gekommene Prozesse sind, einen Anteil an der menschlichen Hauptesbildung zuschreiben, so müssen wir uns klar sein, dass dadurch in diese menschliche physische Hauptesbildung etwas hineinspielt, was draußen, in der ganzen Natur unserer Erde wenigstens, eine sehr bedeutsame Rolle spielt» (GA 313, 11. 4. 1921) . Aus der Menschheitsentwicklung wurde die Pflanze abgetrennt: Entvegetabilisierung; es fällten das Kieslige und der Schiefer aus. Es wurde das Tier abgetrennt: **Entanimalisierung**; es wurde der Kalkprozess nach innen in den Stoffwechsel genommen und über ihn als Schale nach außen abgeschieden, es entstanden die Muschel bzw. das menschliche Haupt. Von beiden ursprünglichen Prozessen – der Überwindung des Pflanzlichen und der des Tierischen – ist noch etwas in unserem physischen Haupte wirksam. «Wir sind als Menschen auf die Erde gestellt, in der es Kieselerdeprozesse gibt, Kalkerdeprozesse gibt. Wir würden nicht Menschen sein, wenn diese Prozesse uns erfüllen würden. Wir sind dadurch Menschen, dass wir die polarisch entgegengesetzten Prozesse in uns tragen, dass wir also dem Kieselbildungsprozess entgegenwirken können und den entgegengesetzten Pol in uns tragen, dass wir dem Kalkbildungsprozess entgegenwirken, indem wir den entgegengesetzten Pol in uns tragen» (ebenda). Rudolf Steiner führte weiter aus, wie das rhythmische System des Menschen mit dem Pflanzenreich, das Stoffwechsel-Gliedmaßen-System mit dem Tierreich zusammenhängt, worin außer dem Kalkigen der Stickstoff wirkt. «So dass wir sagen können: Auf der einen Seite bilden im Menschen einen polarischen Gegensatz Kiesel und Kohlenstoff, auf der anderen Seite bilden einen polarischen Gegensatz Stickstoff und Kalk.»

Am Ende der mittleren lemurischen Epoche wurden als letzte, primär aus der Lebenssphäre gefällte Substanzgruppe die **Salzgesteine** abgeschieden (Abb. 205, S. 384). Die weltweit mächtigsten Salinar-Formationen (s. S. 278) folgen über dem Quarzporphyr im oberen Perm. Im Erdmittelalter wurden zwar noch mächtige Kalkstein- und Salinarschichten abgelagert, aber nur wie ein nachklingender Prozess an einigen Senkungsgebieten, über denen die Lebenssphäre noch nicht ganz abgestorben war. Der Übergang aus den Kalk- in die Salzablagerungen weist auf einen weiteren Entwicklungsschritt des Menschen in der Lebenssphäre. Vom Erdmittelalter an begannen sich die Wasser niederzuschlagen, welche über den kristallisierenden basaltischen Platten die Ozeanbecken füllten (s. S. 478). Der mit der Tierwesenheit verbundene Kalkprozess wurde weitergeführt in den Menschen hinein. Das Menschenwesen «erstirbt» aber nicht in der Lebenssphäre wie die Pflanzen-Tier-Reiche, sondern es «erlischt» im Salz, Gedanken dichtend, die Denkgrundlagen schaffend (Abb. 199, S. 370). Steiner schilderte (GA 13, S. 248) die Folgen der luziferischen Einwirkungen auf den Menschen nach der Mondentrennung. «Sein Bewusstsein wurde dadurch des Charakters eines bloßen Spiegels des Weltalls entkleidet, weil im menschlichen Astralleibe die Möglichkeit erregt wurde, von diesem aus die Bewusstseinsbilder zu regeln und zu beherrschen. Der Mensch wurde der Herr seiner Erkenntnis.» Die ersten Anlagen des selbstständigen Denkens wurden gebildet. Der dazu polar entgegengesetzte Prozess war die Absonderung der Salze. Das Denken wird stets begleitet von einer feinen Salzabsonderung, aus der sich das imponderable Geistige heraushebt. Rudolf Steiner sagt (GA 312, 25. 3. 1920), «dass alles Salzartige dadurch entsteht, dass die entsprechenden Substanzen entblößt sind, befreit sind von der inneren Wirkung der Imponderabilien, des Lichtes und anderer Imponderabilien». Und an anderer Stelle: «Gerade das ist für den Menschen der gegenwärtigen Erdenentwickelung charakteristisch, dass er den mineralischen Bildungsprozess mitmacht ... Wir können ihn nennen ... nach seinem Charakteristischsten den Entsalzungsprozess ... eine Tendenz, die Salzbildung in ihr Gegenteil zu verwandeln, und darauf eigentlich beruht unser Menschsein, vor allen Dingen unser über das Tierische hinausgehendes menschliches Denken» (GA 312, 4. 4. 1920). Er vergleicht den Vorgang mit einer Lösung, aus der festes Salz auskristallisiert. «Ein ganz gleicher Prozess spielt sich nun ab, wenn wir denken. Es ist der entsprechende Prozess des Denkens sozusagen ein Einlagerungsprozess von Salz» (GA 128, 27. 3. 1911). Interessant ist, dass Steiner am Ende dieses Vortrags die menschliche Knochenbildung der Salzbildung polar entgegensetzt. Erste größere Salzablagerungen treten im Devon auf, wo die Fische das Innenskelett anlegen; und vom Perm an werden die Gliedmaßen entwickelt. Auch hier entsprechen sich Mikro- und Makrokosmos.

Entmetallisierung

In konzentrierter Form wirken die meisten Metalle auf die höheren Organismen lebensfeindlich. Die heutige Wassersphäre der Erde ist weitgehend frei von Metallen im ponderablen Zustand und der Luftraum erst recht (Abb. 181, S. 325). In höherer Konzentration sind alle Metalle in einen festen Zustand gebannt. Wo sie durch Erzgänge oder Verwitterung mit dem Wässrigen in Berührung kommen – das gilt für die ganze Erdgeschichte –, sorgen sofort Bakterien dafür, dass sie wieder in unlösliche, feste Zustände ausgefällt werden (Abb. 155, S. 266). Wir hatten betrachtet (s. S. 324), wie die primären Erze hauptsächlich dadurch gebildet wurden, dass sich die Metalle im granitischen bzw. basaltischen Krustenstockwerk der Erde sehr stark anreicherten. Bis

Die Wirkungen der Metalle in der Erde.
Wandtafelskizzen von Rudolf Steiner zu Vorträgen von 1923 (GA 232), in denen er sagte:

Zu Abb. 201: «Da unten also unter der Erde sind die Metalle in Begrenzungskonturen, in einer in sich geschlossenen Gestalt, ... aber in der Umgebung der Erde sind sie in fein verteiltem Zustande, und da zeigen sie sich in einem fortwährenden Strahlen, sodass eigentlich ein Strahlen in den Weltenraum hinausgeht» (30. 11. 1923).

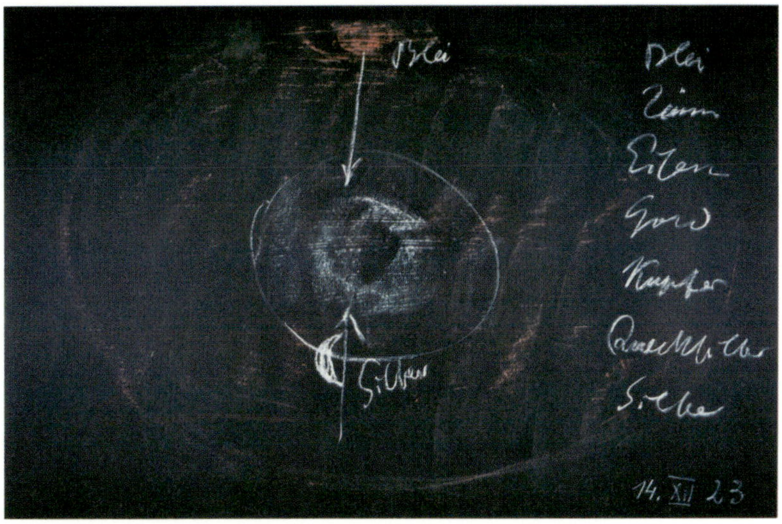

Zu Abb. 202: «Denn außerhalb der Bleierz-Arten der Erde ist das Blei eben in solcher Verdünnung vorhanden, dass es nur noch auf den ätherischen Leib des Menschen wirken kann. ... Die Erde, in den Weiten der Saturn, der aber erfüllend das ganze planetarische System mit dem feinen Blei, mit der feinen Bleisubstanz» (14. 12. 1923).

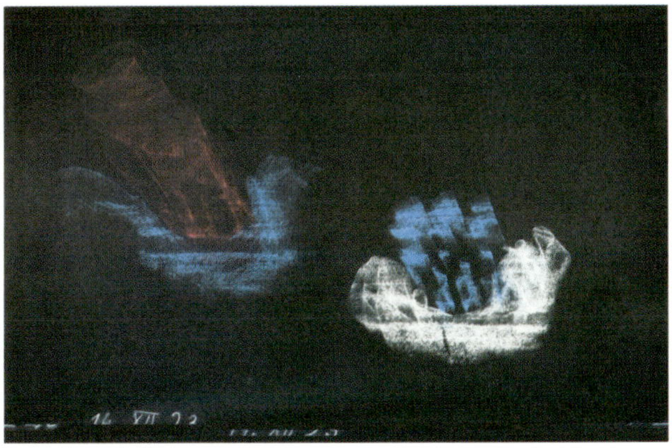

Zu Abb. 203: «Das Metallische ist vom Kosmos herein; dasjenige, was von der Erde ist, das nimmt wie liebevoll auf das, was vom Kosmos hereinkommt. ... Und dasjenige, was da dem Metall entgegenkam, man nannte es die Mutter» (14. 12. 1923).

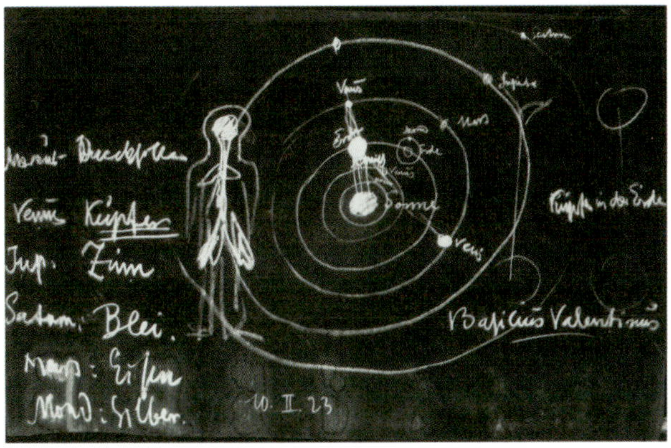

Zu Abb. 204: «Es gab einmal einen Zusammenhang mit dem Weltenurbrei – es gab einen Zusammenhang der Erde mit allen Planeten, die heute um die Erde herum kreisen, und dieser Einfluss ist in den Metallen zurückgeblieben» (GA 348, 10. 2. 1923).

dahin kann die geologische Forschung eine «Entstehung» der Erze zurückverfolgen. Noch davor liegt derjenige Bereich, in dem die unterschiedlichen Substanzen der Metalle selbst entstanden. Dabei werden wir auf den Zusammenhang mit den Planeten verwiesen. Das antike Wissen davon konnte noch in der Alchemie des Mittelalters bis zu Paracelsus überliefert werden und erlosch dann mit der Neuzeit. Rudolf Steiner ging darüber hinaus, indem er durch seine eigenen Forschungen die Grundlagen schuf, die Bildung der Metalle und der menschlichen Organe aus den Planetenkräften innerhalb der frühen irdischen Lebenssphäre neu zu verstehen.* Dadurch wird vor allem eine rationelle Therapie möglich, worüber besonders von der anthroposophischen medizinisch-pharmazeutischen Seite aus zahlreiche Veröffentlichungen vorliegen (Pelikan 1952; Walter 1966; Bott 1985; Schramm 1991 – dort weitere Literatur). Im Folgenden können nur kurz von der Geologie her einige Aspekte angesprochen werden (Abb. 201 – 204, S. 379).

Rudolf Steiner stellte dar, wie es die ätherischen Kräfte der jeweiligen **Planetensphäre** sind, die auf die Erde strahlen und hinter denen wiederum Wesen geistiger Hierarchien wirken (GA 313, 18. 4. 1921). Die Planetenkörper markieren nur die Grenzen der Sphären. Die sieben Hauptmetalle sind so von den Planeten, der Sonne und dem Mond bewirkt. Die anderen, verwandten Metalle entstanden aus dem Zusammenwirken mehrerer Planeten miteinander. Derartige Wirkungen dürften erst möglich geworden sein, nachdem sich die Planeten aus ihrem Zusammenhang mit dem Sonnensystem getrennt hatten (Abb. 215, S. 400). Das geschah in der hyperboräischen und frühen lemurischen Epoche (Abb. 4, S. 57). Von da an verdichteten sie sich aus dem imponderablen in den luftigen und flüssigen Zustand der Lebenssphäre hinein. Steiner bezeichnete sie als «luftgeborene und erdbezwungene». Dabei wirkten besonders der Schwefel und der Sauerstoff mit; der Schwefel führte mehr das Geistige, der Sauerstoff mehr das Lebendig-Ätherische herein. Die meisten Erze finden sich als Sulfide oder Oxide. So kann man den Eindruck gewinnen, dass die eingestrahlte Metallität in der frühlemurischen Zeit über das Granitische bzw. Basaltische insgesamt gebunden wurde. Im Sinne von Steiners Wortprägung könnte man somit auch von einer Entmetallisierung der lemurischen Lebenssphäre sprechen. Am Beispiel des Bleis schildert Steiner näher, wie der Mensch damals diese vergiftenden Metallprozesse überwand: «Aber bevor der Mensch in seiner Haut eingeschlossen war, als er noch ein metamorphosierendes Gebilde war, das mit dem Kosmos einig war, hat er den Bleiprozess überwunden. Sodass er heute noch in sich hat die Überwindung, die Ausscheidung des Bleiprozesses» (GA 316, 4. 1. 1924). Im Erdkrustenbereich sonderten sich die metallischen Substanzen weiter von den gesteinsbildenden und konzentrierten sich in den Erzen (Abb. 182, S. 326). Die Luft- und Wasserhülle der Erde wurden damit entgiftet. Aus der Differenz zwischen den Metallgehalten im Granitischen und im Meereswasser lässt sich diese «Entmetallisierung» der irdischen Lebenssphäre ablesen. Es mag eine der Voraussetzungen dafür gewesen sein, dass sich die Tierwelt vom Erdaltertum an auf den verhärteten Gebiete der Erdkruste ausbreiten konnte. Denn die Metalle wirken als Gifte abbauend; sie sind «in ihrer Wirkung auf den menschlichen Organismus verwandt der Tätigkeit der astralischen und der Ich-Organisation» (GA 319, 24. 7. 1924). Dadurch können sie aber als Heilmittel angewandt werden. Steiner stellte ausführlich ihre Zusammenhänge mit den menschlichen Organen dar, die sich ja in frühlemurischer Zeit etwa gleichzeitig mit den Planetenwirkungen bildeten (s. S. 134 – 140; 152 – 159). Auch heute noch besteht diese imponderable Wirkung, besonders wenn im Vorgeburtlichen der Ätherleib aufgebaut wird. Interessant ist z.B., dass sich bei der Herstellung der Metallspiegel im pharmazeutischen Prozess die Metalle wiederum im kolloidalen Zustand befinden! Durch die weitere Verarbeitung können sie in einen ähnlichen Zustand geführt werden, in dem sie bei ihrer Bildung waren, und so ihre Kräfte therapeutisch genutzt werden.

Unter den Metallen spielt das **Eisen** für die Erde und den Menschen eine besondere Rolle. Rudolf

* Unter dem Stichwort «Metalle» finden sich im Sachwortregister zur Gesamtausgabe (1998) zahlreiche Vortragsstellen nachgewiesen.

** GA 93a, 28. 10. 1905; GA 94, 12. 6. 1906; GA 98, 8. 2. 1908; GA 99, 31. 5. u. 4. 6. 1907; GA 100, 19. 11. 1907; GA 102, 15. 2. 1908; GA 136, 14. 4. 1912; GA 351, 27. 10. 1923.

Steiner sprach öfter über die Herkunft des Eisens.** In der polarischen und hyperboräischen Epoche war es noch nicht mit der Erde verbunden. Kurz nach der Sonnentrennung löste sich der Mars heraus und «ließ zurück auf der Erde die Substanz, die man als das Eisen bezeichnet». Also noch vor der Mondentrennung geschah ein «Durchgang des Mars durch die Erdenmasse, wurde der aus leichtflüssigen Substanzen bestehende Weltenkörper von den gleichfalls flüssigen Strömungen des Planeten Mars durchzogen» (GA 94, 12. 6. 1906). In dem bereits physischen Formzustand der Erde (Abb. 3, S. 47) wurde das Eisen eingefügt. In der Erde ist es ein Resultat dieses Vorganges. Steiner schilderte genauer (siehe die in der Fußnote genannten Vorträge), wie von den hierarchischen Wesen im Menschenvorfahren, der in der Lebenssphäre der Erde lebte, damit bewirkt wurde, dass im Astralleib die Empfindungsseele entwickelt werden konnte, dass die Sauerstoffatmung begann, dass die offene Blutzirkulation abgeschlossen wurde und sich das rote Blut bilden konnte, welches zum physischen Träger der Ich-Organisation wurde. Kaltblütige Tiere wie z.B. die Weichtiere enthalten als Blutfarbstoff das kupferhaltige Hämocyanin statt des eisenhaltigen Hämoglobin des Menschen und der warmblütigen Tiere.

Schaut man von diesen Aspekten aus nochmals auf die geologische Seite, so wird verständlich, dass in der **Peridotit- und Basaltschicht** das zweiwertige grüne Eisen, das an den Kiesel gebunden ist, stark überwiegt. Man kann sich fragen, ob die Erde vor diesem Eiseneinschlag in ihrem luftig-flüssigen Kieselzustand durchsichtig war und die Undurchsichtigkeit durch das Eisen und die anschließende Verdichtung bewirkt wurde. – Nach dem Eiseneinschlag setzte die Umdrehung der Erde ein (s. S. 408), und es wird verständlich, dass erst bei einer undurchsichtig gewordenen Erde Tag und Nacht entstehen können. Das hat allerdings nichts mit Tag und Nacht des vierten Schöpfungstages der Genesis zu tun, weil damit Wesenheiten gemeint sind und keine astronomischen Aspekte (1. Moses 1, 16; GA 122, 21. 8. 1910; s. S. 54).

Die Lebenssphäre, die sich über der Basaltschicht dann ausbildete, hatte von diesem Eisen nur eine Tingierung erhalten. Das zeigt sich besonders schön im Granit, in dem sich mit dem Biotit und der Hornblende noch die zweiwertige Form sonderte, während dann die rote, dreiwertige Form des Hämatit den Alkalifeldspat fein durchdringen konnte. Nachdem sich im Kontinentalpol das Granitische niedergeschlagen hatte, sammelten sich im Bereich der **Gneisentwicklung** die verbliebenen Eisenmassen linsenförmig und sonderten sich mit dem Gneis und Glimmerschiefer als die gewaltigen Massen von Bändereisenerzen bakteriell ab (Abb. 155, S. 266; Abb. 131, S. 242). Ebenfalls bakteriell gebunden wurden der Pyrit und die anderen Sulfide. Damit war die Lebenssphäre am Ende des Proterozoikums auch vom Eisen weitgehend frei geworden. Was später noch im Wässrigen der Erde an Metallen vorhanden war, wurde immer gleich wieder durch Bakterien gebunden, wenn es durch basaltische Eruptionen oder aus granitischen Erzgängen bis in die Wassersphäre heraufkam oder wenn das Grundwasser die Erzgänge erreichte (Abb. 157, 158, S. 271). Fragen wir also in diesem Sinne nach der Entstehung der Metalle, so müssen wir mindestens vier Stationen unterscheiden: die Planetenwirkung, die Konzentration im Granitischen, die Sonderung der primären Erze in den Gängen und die Umbildungen der sekundären Erze. Alle diese sehr verschiedenen Vorgänge werden mit Entstehung bezeichnet.

Was die **Metallverteilung auf der Erde** und die Zuordnung zu den Planeten betrifft, so werden in der anthroposophischen Literatur mitunter weitreichende Schlussfolgerungen gezogen, z.B. bei Pelikan (1952), Knauer (1961) oder Schmutz (1986). Damit sind aber prinzipielle Probleme verbunden. Als Grundlage für die Metallvorkommen in der Erde werden Lagerstättenkarten verwendet. Dass Lagerstätten von Erzen nachgewiesen werden, ist aber abhängig von der gewinnbringenden Nutzung, also von den Metallgehalten, den Nebenerzen, den Erschließungskosten, der Vorratsmenge, den Weltmarktpreisen etc., bezogen auf den technisch zugänglichen Oberflächenbereich der Kontinente. Beispielsweise erscheint eine Kupfer-Silber-Erzlagerstätte in der Lausitz in keiner Karte, weil sie in 900 m Tiefe ökonomisch zur Zeit nicht abbauwürdig ist. Sodann fällt auf, dass auf den Karten der Metallverteilung die Erze der oberen Gangbereiche mehr in den Gebirgszügen liegen und die der unteren Gangbereiche auf den alten Kontinentalkernen. Das hat aber nichts mit der Entstehung der Lagerstätte, sondern mit ihrem jetzigen Anschnittsniveau zu tun. Wäre beispielsweise das Erzgebirge in der Kreidezeit statt 2000 m nur 1500 m gehoben worden, wäre dort kein Zinnerz abgebaut worden, weil es zu tief läge. Ein weiterer Aspekt ist, dass über die Hälfte aller Lagerstätten vor dem Perm entstanden sind und damit auf dem Kontinentalpol der Erde an einer ganz anderen Stelle, als sie heute liegen. Weiterhin können hohe Metallgehalte in geringmächtigen Gängen ebenso zu «Lagerstätten» werden wie sehr geringe, nicht sichtbare Gehalte in mächtigen, aber oberflächennahen Gesteinen. Lagerstättenkarten zeigen also die Ökonomie der Metalle, ihre Abbauwürdigkeit, abhängig vom derzeitigen Verkaufswert im Verhältnis zur Abbautiefe und zur Technologie der Aufbereitung. Geologisch zeigen sie die derzeitige kontinentale Lage im jetzigen Anschnittsniveau der Gänge, nicht aber die Verbreitung der Metalle in der Erdkruste während der Entstehung! Lagerstättenkarten sind ungeeignet, genetische Beziehungen zu den Planeten abzuleiten. Die Anreicherung von Erzen ist in erster Linie von den Sonderungsprozessen im Granitischen abhängig, die überall an der Granit-Gneis-Grenze geschahen. Ob sie oberflächennah gefunden werden können, wurde von den Gebirgsbildungen bestimmt.

Das doppelte Gesetz der Gesteinsbildung

Ich beschrieb das doppelte Gesetz der Evolution bereits für die Entwicklung der Naturreiche und des Menschen. Das kann jetzt in entsprechender Weise für die Gesteinsbildungen ergänzt werden (siehe nebenstehende Abb.). Damit kann der Weg des Charakterisierens zusammengefasst werden, der uns vom Chemismus über die Minerale, Gesteine, Erdkruste, Lebenssphäre bis zur Entwicklung des Menschen geführt hat. Das Schema deutet an, wie sich diese Entwicklung in den Gesteinen abbildet. Sie kann als Metamorphose des Granits im Sinne Goethes bezeichnet werden (s. S. 201, 202). Das Granitische, das sich aus der Makro-Evolution als Erstes abgelöst hat, kann mit Recht als Urgestein bezeichnet werden. Was aus Goethes Schriften über die Metamorphose in der Lebenssphäre der Erde ersehen werden kann, hatte ich versucht darzustellen (Goethe 1994, S. 354). In diesem Sinne kann verstanden werden, was Goethe als «Individualisieren der Natur» bezeichnete und was er in einer «universellen Morphologie» zusammenfassen wollte. Die Lehre der Metamorphose als Gestaltenlehre ist Verwandlungslehre. Alle Gesetzmäßigkeiten einer Evolution müssten somit auch auf die Lebenssphäre der Erde zutreffen. Und so wird auch Goethes Ahnung verständlich, dass der Granit «die älteste Urkunde des Menschengeschlechts» ist (s. S. 205; Goethe 1994, S. 352).

In der Abbildung sind nur die primären Bildungen der Erdenentwicklung im eigentlichen Sinn dargestellt, d.h. vom Granitischen der frühlemurischen Kontinentalentwicklung an, nicht die Vorläufer bis zum Basaltischen. Das «Gesetz der inneren Natur» zeigt eine kontinuierliche Entwicklung und wirkte in der Lebenssphäre, wodurch die vollständigen Substanzfolgen konstituiert wurden. Das «Gesetz der äußeren Umstände» wirkte modifizierend im Absterben, in der Verhärtung und der Kristallisation. Damit gewinnt auch der Begriff des Porphyrartigen noch eine weitere Bedeutung. In ihm zeigt sich das Gesetz der Sonderung für die Gesteinswelt, welches für die Organismen in Abb. 6, S. 66 beschrieben wurde: Einheitliches trennt sich in ein Enthaltendes und ein Enthaltenes; eines entwickelt sich weiter, während das andere zurückbleibt.

Ein solches Gesamtbild ist deshalb schwieriger als bei der Blattmetamorphose zu gewinnen, weil überall auf der Erde nur Teilfolgen der Gesteinsentwicklung ausgebildet, erhalten oder aufgeschlossen sind, die Beobachtungsmöglichkeiten also eingeschränkt sind. Außerdem sind die zeitlichen und räumlichen Dimensionen so, dass sie nicht mehr mit einem Blick überschaut werden können, sondern zusammengetragen und vorgestellt werden müssen. Aber in den Gedanken der Geologen, welche die Gesteine weltweit vergleichen, kann ein kontinuierliches Entwicklungsbild der ganzen Erde entstehen, welches sich immer mehr der unsichtbaren Realität einer vergangenen Evolution anzunähern vermag. Die konstituierende Höherentwicklung im Umkreis der Erde führte zu den großen Schritten vom Granit bis in die Kristallinen Schiefer und Schichtgesteine. Die begleitenden Entwicklungsfolgen der Pflanzen und Tiere erschienen substanziell und fossil als Einlagerungen. Die vielfältigen, modifizierenden Reihen setzten mit dem Absterben in die Verhärtung und Kristallisation ein. Die unendliche Fülle der Phänomene ordnet sich in einem großen Entwicklungs-

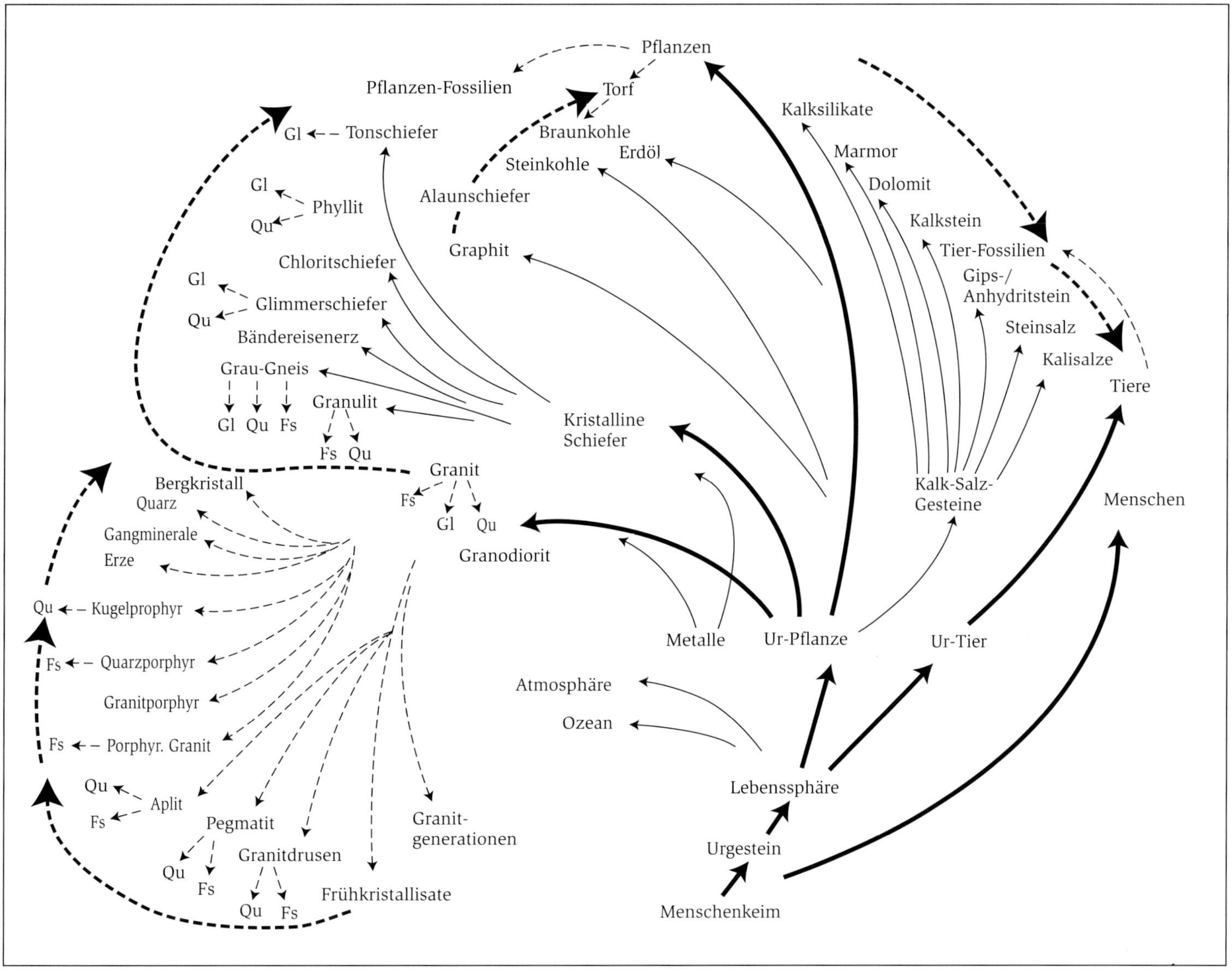

Abb. 205: Versuch, die Metamorphose der Gesteinsbildungen in der irdischen Lebenssphäre darzustellen nach dem doppelten Gesetz der Makro-/Mikro-Evolution in der gegenläufigen Evolutionsspirale. Die durchgehenden Pfeile von der Mitte nach außen weisen auf die kontinuierliche, transspezifische (Makro-)Evolution in der fortschreitenden, regelmäßigen Metamorphose aus dem Übersinnlichen heraus. Die gepunkteten Pfeile außen weisen auf die diskontinuierliche, spezifische (Mikro-) Evolution in der rückschreitenden, unregelmäßigen Metamorphose, welche in die Sinneswelt führt bzw. in ihr verläuft. Die Abbildung ergänzt die entsprechenden Darstellungen, die in Abb. 24, S. 93 und Abb. 72, S. 182 für die Entwicklung des Menschen gegeben wurden.

gesetz, wenn wir versuchen, die geronnenen Bilder der Gesteinswelt in ihren zusammenhängenden Folgen im goetheanistischen Sinne in uns wieder lebendig werden zu lassen. Nehmen wir andererseits die Vorstellungen aus der Geisteswissenschaft nicht als Glaubensinhalte, sondern so in uns auf, dass sie wieder zu Imaginationen werden, und verweben wir beide Bilderfolgen, dann können wir für die Welt und den Menschen einen neuen Blick gewinnen. Die Welt wird reich, und wir können lernen, die offenbaren Geheimnisse der Gesteinswelt zu lesen und sie zu lieben, weil wir in jedem Sein etwas von der eigenen Menschheitsgeschichte entdecken können.

Die Bildung der Erdkruste und ihrer Landschaft

C OCEAN FLOOR
et below sea level
.9000 Height above sea level
ve the 16,000-foot average depth of the abyssal plains
duced in the Geographic Art Division
tional Geographic Society
LVIN M. PAYNE, PRESIDENT
ONAL GEOGRAPHIC MAGAZINE
EDITOR-IN-CHIEF; GILBERT M. GROSVENOR, EDITOR
MSTROM, CHIEF, GEOGRAPHIC ART DIVISION
Bruce C. Heezen and Marie Tharp of the Lamont Geological Observatory
rich C. Berann, Compiled by Leo J. Boberschmidt
,580,000 OR 483 MILES TO THE INCH AT THE EQUATOR
VERTICAL SCALE EXAGGERATED
Mercator Projection
ICELAND
Reykjavík
SURTSEY
JAN MAYEN RIDGE
FAEROE ISLANDS
REYKJANES RIDGE
CONTINENTAL SLOPE
MID-OCEAN CANYON
LOUSY BANK
ROCKALL
NORTH SEA
DEVILS HOLE
BRITISH ISLES
Stockholm
Hamburg
London
Le Havre
EUROPE
BISCAY ABYSSAL PLAIN
FLEMISH CAP
ISLAND OF NEWFOUNDLAND
CAPE BRETON ISLAND
MIQUELON ISLANDS
GRAND BANKS OF NEWFOUNDLAND
SABLE ISLAND
St. Lawrence
LAURENTIAN CONE
KELVIN SEAMOUNT
SOHM ABYSSAL PLAIN
OCEANOGRAPHER FRACTURE ZONE
CORNER SEAMOUNTS
AZORES
HUDSON CANYON
Boston
New York
Washington
APPALACHIAN MOUNTAINS
Mt. Mitchell
BERMUDA ISLANDS
BERMUDA RISE
HATTERAS ABYSSAL PLAIN
OUTER RIDGE
BLAKE PLATEAU
BAHAMA
Miami
NARES
Lisbon
IBERIAN PENINSULA
Mt. Blanc
ALPS
Marseille
CORSICA
SARDINIA
Rome
SICILY
ADRIATIC SEA
BALEARIC IS.
AMPERE SEAMOUNT
MADEIRA ISLANDS
CANARY ISLANDS
Jebel Toubkal
ATLAS MOUNTAINS
SAHARA

CONTINENTAL SHELF
BERING SEA
BERING ABYSSAL PLAIN
BOWERS BANK
ALEUTIAN ISLANDS
ALEUTIAN TRENCH
ALASKA RANGE
Anchorage
GULF OF ALASKA
PATTON SEAMOUNT
PARKER SEAMOUNT
COAST MOUNTAINS
ROCKY MOUNTAINS
Vancouver
Seattle
Mt. Rainier
ALEUTIAN ABYSSAL PLAIN
CASCADIA CHANNEL
San Francisco
Mt. Whitney
Death Valley
Los Angeles
San Diego
SEA OF OKHOTSK
KAMCHATKA PENINSULA
Magadan
SAKHALIN
OKHOTSK ABYSSAL PLAIN
KURIL TRENCH
HOKKAIDO
Amur
MANCHURIAN PLAIN
Vladivostok
SEA OF JAPAN
HONSHU
JAPAN
Tokyo
JAPAN TRENCH
SHATSKY RISE
CHINOOK FRACTURE ZONE
EMPEROR SEAMOUNTS
JINGU SEAMOUNT
KINMEI SEAMOUNT
YELLOW SEA
Shanghai
EAST CHINA SEA
KYUSHU
TAIWAN
LUZON
PHILIPPINE SEA
PHILIPPINE ISLANDS
PHILIPPINE TRENCH
MARIANA TRENCH
CAROLINE RIDGE
CELEBES SEA
NEW GUINEA
SOLOMON RISE
NEW BRITAIN
SOLOMON SEA
CORAL SEA
QUEENSLAND PLATEAU
NEW HEBRIDES
FIJI PLATEAU
MANIHIKI PLATEAU
CHRISTMAS ISLAND
MARQUESAS ISLANDS
GALAPAGOS
Mauna Kea
HAWAIIAN ISLANDS
Darwin
CONTINENTAL SHELF

Planetarische Entwicklungen

Die kontinentale und ozeanische Erdkruste

Landschaften der Ozeanböden

Seit der Mitte des 20. Jahrhunderts werden die Ozeangebiete weltweit systematisch morphologisch kartiert, geologisch erkundet und abgebohrt. Die Landschaften, die dadurch ins Bewusstsein der Menschheit traten, zeigen ganz andere Formen, die zum Teil unerwartet waren, vor allem aber sich von den Landschaften auf den Kontinenten sehr unterscheiden. Die Deutung ihrer Entstehung hat zu wesentlichen neuen Erkenntnissen vom Werden der Erde geführt, die unter dem Begriff der «Plattentektonik» inzwischen allgemein bekannt geworden sind. Die Meeresbodenkarten wurden inzwischen in die meisten Atlanten aufgenommen.

Betrachten wir die hauptsächlichsten Großformen dieser **Landschaften der Meeresböden**. Neu waren die Strukturen der Mittelozeanischen Rücken, die sich ununterbrochen vom Nordpol durch den Atlantik, den Indik und Pazifik bis zum Golf von Kalifornien verfolgen lassen und dort im amerikanischen Kontinentalrand enden. Dieser Rücken ist etwa 60.000 km lang und damit das weitaus längste Gebirge der Erde. In der Mitte verläuft ein Zentralgraben, der immer wieder an rechtwinklig dazu liegenden *Querstörungen* versetzt wird. Das fordert direkt dazu heraus, ganz andere Entstehungstheorien zu entwickeln als für die Gebirge auf den Kontinenten. Auch die früheren Vorstellungen, dass die Meeresböden versunkene Kontinente mit ähnlichen Landschaften wie am Lande seien, müssen geändert werden. Zwischen dem Mittelozeanischen Rücken und den Kontinentalhängen breiten sich die Tiefsee-Ebenen aus, auf denen die meisten Vulkankegel sitzen, im westlichen Pazifik etwa 1000. Sie erheben sich vom Meeresboden in teilweise gewaltige Höhen und überragen alles, was es auf den Kontinenten gibt: Der höchste Vulkanberg ist Hawaii mit 9.000 m; auf Teneriffa sind es etwa 7.000 m, im westlichen Pazifik 4.000 bis 5.000 m. Zwischen den Tiefsee-Ebenen und den Kontinentalhängen erstrecken sich rund um den Pazifik die Tiefseegräben, die im Atlantik fehlen. Die Kontinente setzen sich im flachen und geglätteten Schelf fort und fallen ab 200 bis 300 m Wassertiefe mit einem Winkel von 30° bis 45° ab. Die Kontinentalhänge sind weltweit von zum Teil tiefen Canyons zerschnitten. Die überfluteten Schollen am Rande der Kontinente, von denen die größte das Rockall-Plateau im nördlichen Atlantik ist,

Abb. 206: Die Morphologie vom Meeresboden des Atlantischen Ozeans mit seinen großen Landschaftsformen; von außen nach innen: glatter Schelf, zertalter Kontinentalhang, Tiefsee-Ebene, Vulkankegel und Mittelozeanischer Rücken mit dem Zentralgraben, der durch die Querstörungen versetzt wird. Westlich von Irland das Rockall-Plateau, eine überflutete kontinentale Scholle, ähnlich wie die Schelfmeere.

Abb. 207: Die Morphologie vom Meeresboden des Pazifischen Ozeans mit ähnlichen Formen wie im Atlantik; dazu den Tiefseegräben am Rande. Der Mittelozeanische Rücken verläuft in den Golf von Kalifornien und wird von den Rocky Mountains überschoben. Auffällig sind die zahlreichen untermeeerischen Vulkane auf der Tiefsee-Ebene des Westpazifik, die vielfach Atolle tragen. Das geologische Alter zeigt Abb. 209, S. 392. (Beide Karten: Heezen, Tharp / Berann, 1969; Ausschnitt.)

gehören geologisch zum Schelf bzw. zum Kontinent. Die ozeanischen Landschaftsformen gliedern sich so, im Überblick gesehen, in drei gegensätzliche Paare, deren Entstehung neu gedeutet werden musste:

- Schelfflächen und Kontinentalabhänge
- Tiefsee-Ebenen und Vulkankegel
- Mittelozeanische Rücken und Tiefseegräben.

Zur landschaftlichen Morphologie kamen seit der 2. Hälfte des 20. Jahrhunderts etwa dreitausend geologische Bohrungen und ein dichtes Netz geophysikalischer Profile hinzu, mit denen von Schiffen aus die **Gesteine** auf den Meeresböden erkundet wurden. Auch diese Forschungen brachten neue, unerwartete Ergebnisse. Zuoberst lagern die lockeren, echten Tiefseesedimente, die zumeist aus der Nacheiszeit stammen. Darunter wurde generell ein Deckgebirge aus Sandsteinen, Tonsteinen und Kalksteinen erbohrt, was heutigen Flachwasserablagerungen entspricht. Die Mächtigkeiten und das geologische Alter nehmen prinzipiell vom Kontinentalrand zum Mittelozeanischen Rücken hin ab. Am Kontinentalhang können die Ablagerungen 2.000 bis 3.000 m mächtig werden; im Bereich der Rücken sind es oft nur um 100 m. Sie stammen meist aus der Kreide- und Tertiärzeit, an wenigen Stellen an den Rändern des mittleren Atlantik und im westlichen Pazifik auch aus dem Jura (Abb. 209, S. 392). Ältere Gesteine wurden nicht gefunden. Unter diesem Deck- und Lockergebirge wurde als Grundgebirge stets die basaltische Kruste (Abb. 76, S. 208) erbohrt, deren radiometrisches Alter dem der jeweils überlagernden Sedimente entspricht. Die Granit-Gneis-Kruste der Kontinente ist nur in den randlichen Schelfgebieten und einzelnen Inseln vorhanden und fehlt überall unter den Ozeanen. Damit wurde der Gedanke bestätigt, dass die Kontinente mit ihrer spezifisch leichteren Kruste wie Eisschollen im Wasser auf dem schwereren Basalt schwimmen. Die Parallelität der Küstenlinien – oder genauer der Schelf-Abbrüche – gerade des atlantischen Ozeans hatte schon im 19. Jahrhundert den Gedanken aufkommen lassen, dass die Kontinente einst zusammengehangen haben und dann auseinander gebrochen sind. Alfred Wegener machte 1910 diese Entdeckung neu und veröffentlichte sie 1912 (Rohrbach 1993). Damals war jedoch die Geologie der Ozeanböden noch nicht bekannt. So blieb die Vorstellung von der Lagekonstanz der Kontinente und möglicher verbindender Landbrücken herrschend, bis in der Mitte des 20. Jahrhunderts die Ozeanerkundung begann.

Der Gedanke der Kontinentaldrift wurde durch die neuen Ergebnisse zur **Plattentektonik** erweitert, indem der Bildungsprozess der Ozeanböden rekonstruiert wurde. Die Kontinentalkruste riss auf, basaltische Massen drangen hoch, erstarrten und verschweißten den Riss wieder, rissen in der Mitte erneut auf und so fort. So entstand der Mittelozeanische Rücken mit seinem zentralen Graben und den beidseitigen parallelen Bruchrändern mit den streifenweise hinzugebildeten Ozeanböden. Die erstarrten Platten bestehen also aus basaltisch-ozeanischer und kontinentaler Kruste und werden durch bewegliche Ränder begrenzt: einerseits die Mittelozeanischen Rücken und andererseits Zonen wie die Tiefseegräben, in denen die Platten übereinander geschoben werden. Ein zusätzliches Indiz bei der Rekonstruktion der Plattenlage wurde die jeweilige Lage des Magnetfeldes der Erde, welches sich dem Magnetit der Basalte im Moment der Erstarrung einprägte. So entstand die Möglichkeit, aus der Paläomagnetik, dem Basalt- und Sedimentalter, den genauen Ablauf der Kontinentaldrift und der Ozeanentstehung bis in Details der Bewegungen hinein zu rekonstruieren (Abb. 227, 229, S. 434; Abb. 231, 232, S. 438). Werden die Kontinente so in die Ausgangslage zurückgeführt, bevor sie auseinander brachen, ergibt sich, dass am Ende des Erdaltertums ein Großkontinent bestanden haben muss, was durch zahlreiche weitere Phänomene inzwischen vielfältig bestätigt wurde. Dieser Kontinent wurde von Wegener als Pangäa bezeichnet – ein Ausdruck, der heute wieder aufgegriffen wird, aber nicht sehr glücklich ist, weil dieser Kontinent eben nicht die «Ganzerde» umfasst, sondern nur etwa ein Drittel ihrer Oberfläche. Er zerbrach zwischen Trias und Jura, die Teile drifteten zentrifugal auseinander. Auf der anderen Seite, da, wo sich heute der Pazifische Ozean befindet, schoben sich von fast allen Seiten die auseinander driftenden Kontinente zusammen und überfuhren dort die erstarrende Basaltkruste des Ozeanbodens. Sie taucht in den Erdmantel unter, was auch dadurch belegt ist, dass an den Reibungsflächen gerade zirkumpazifisch die vielen

Erdbeben entstehen, deren Zentren allseits mehrere hundert Kilometer tief schräg unter die Kontinente untertauchen (Abb. 232, S. 441). Somit zeigt sich zunächst eine Grundpolarität der Erdkruste, deren Bewegungen zu Dehnungs- und Pressungsstrukturen geführt haben. Dieses Bild wird noch modifiziert durch die kontinentalen Hochgebirgszüge. Andere Erklärungsmodelle für die Entstehung der Ozeanböden wurden meist nur auf Grund weniger Phänomene aufgestellt und lösen sich auf, wenn sie mit anderen Beobachtungen zusammengebracht werden.

Dehnungs- und Pressungsstrukturen

Durch die Plattentektonik wurde nicht nur für die Entstehung der Ozeanböden und der Erdbeben ein schlüssiges Gedankenkonzept entwickelt, sondern auch für die Deutung des Vulkanismus. Es können zwei auffällige **Vulkantypen** unterschieden werden, die explosiven und die effusiven, ruhig ausfließenden (Schmutz 1986). Der effusive Vulkanismus entsteht, wenn das Basaltische an den Dehnungsstrukturen unter den Ozeanen oder innerhalb von Kontinenten direkt aufdringt und oberflächlich erstarrt, wobei sich flachgewölbte Schildvulkane bilden. Wo jedoch die basaltische Masse die Kontinentalkruste oder Sedimente aufschmilzt und sich mit fremdem Material mischt (s. S. 423, 410), entsteht der andesitische, explosive Vulkanismus, der mit starken Erdbeben verbunden ist und hohe Vulkankegel aufbaut. Er ist rund um den Pazifik verbreitet: entlang der kontinentalen Hochgebirgszüge; an Kontinentalrändern, wie z.B. der Vesuv und der Ätna, oder wo mächtige Sedimente durchschlagen werden, wie z. B. an den Kanarischen Inseln. Diese Polarität von effusiv und explosiv entspricht dem Gegensatz zwischen dem Granit-Gneis-Sockel der zusammengeschobenen Hochgebirge des Kontinentalpols und den gedehnten Rissmustern der Ozeanböden.

Rudolf Steiner antwortete 1924 bei einem Arbeitervortrag auf die Frage, wie die Vulkane entstehen (GA 354, 18. 9. 1924) damit, dass er sagte, die Erde sei «aus dem Weltenraum zusammengespritzt» und habe eine **Tetraeder-Gestalt**. Man habe sich ein sphärisches Dreieck vorzustellen, mit den Ecken in Mittelamerika, dem Kaukasus und Japan, von denen drei Kanten nach unten zur Antarktis verlaufen. Die Vulkane lägen etwa an den Kanten dieses Tetraeders. H.-U. Schmutz (1986) hat umfassend zusammengestellt, wie diese Vorstellung aus der heutigen Sicht der Plattentektonik begründet werden kann. Steiner erzählt in dem gleichen Vortrag von seinem Geologiestudium in Wien 1879/80 bei Ferdinand Hochstetter, der in seinem geologischen Kabinett Versuche gemacht hatte, wie sich – dem Kant-Laplaceschen System entsprechend – Substanzen zu Weltenkörpern verdichten und dann auch wieder abtrennen können. Der Gedanke einer Tetraedergestalt der Erde war damals sehr aktuell, und man darf annehmen, dass er auch im Kreis um Hochstetter diskutiert wurde. Er stammte von den Engländern R. Owen (1857) und L. Green (1875, 1887). Sie begründeten ihre Theorie mechanisch mit dem Volumenschwund bei der Abkühlung der Erde, da ein Tetraeder bei größter Oberfläche den kleinsten Raum einnimmt. Steiner beschreibt sein Tetraeder in der gleichen Lage wie Green. – Diese Gedanken wurden immer wieder in der Literatur behandelt, z.B. durch Gregory (1899), welcher einen Hexakistetraeder einbeschrieb; auch Ikosaeder wurden angenommen; M. Bertrand (1900) nahm für beide Erdhälften je einen Tetraeder an; de Lapparent (1905) legte die Ecken in die ältesten Gneiskerne als Ausgangspunkte der Verhärtung, M. Levy (1898) dagegen die Flächen in die Kontinente.

Die Geometrie wird durch sich selbst als evident erlebt. Diese Evidenz möchten mathematische Methoden bei ihrer Anwendung auf Naturformen übertragen. Ein geometrisches Modell bleibt aber rein beschreibend und bezieht sich auf den fertigen Zustand. Vergleiche mit dem geologischen Werdeprozess und der Plattentektonik lassen jedoch, trotz der umfangreichen Arbeiten von H.-U. Schmutz, noch manche Frage offen, beispielsweise: Was geschieht an den Stellen, wo Dehnungs- und Pressungstetraeder sich durchkreuzen? Welcher genetische Zusammenhang besteht zwischen der geometrischen Form und den Kräften des Vulkanismus? Auf welcher Ebene wäre die Erde als ein Tetraeder anzusehen? Denn physisch ist sie in erster Annäherung doch eine Kugel, in zweiter Annäherung ein Rotationsellipsoid; in dritter Annäherung ein Geoid, also die Abweichung vom Ellipsoid durch die Schwereverhältnisse, die in der Größenordnung von +/- 80 Metern liegen. Diese Anomalien sieht Schmutz oktaedrisch angeordnet. In welcher Hinsicht wäre aber nun die Erde ein Tetraeder bzw. Oktaeder? Bei Steiner ist meines Wissens nichts weiter dazu zu finden. In dem genannten Vortrag betont er, dass Vulkanismus, Verdichtung der Erde und Mondentrennung zusammengehören. «Nun hat man den ganzen Vorgang. Die Hauptmasse des Mondes ist von der Erde ausgeschmissen worden; weil die da war, ist von allen Seiten aus der Welt leichter Stoff angeschmissen worden, der ja immer im Weltenall enthalten ist – in den Meteorsteinen fällt er ja herunter, wird aber immer angeschmissen. Und so hat man die Entstehung des Mondes. Diese Dinge gehören alle zusammen.»

Damit entsteht die Notwendigkeit, mehrere Vorgänge im Verhältnis zueinander zu betrachten. Mit den zentripetal wirkenden Verhärtungskräften des Mondes war verbunden, dass die Substanzmassen der Erde überhaupt aus dem Weltall zusammengezogen wurden und dass die Verhärtung, die mit der geometrischen Gestalt zusammenhängt, eine dünne Kruste bildete (s. S. 413). Andererseits wären polar dazu gerichtet die zentrifugalen Kräfte, die sich in der Mondentrennung, den Deckenergüssen der Ozeanböden und den heute begrenzt punktuellen Resten des Vulkanismus zeigen. Damit verweist Steiner jedoch darauf, wie die Krustenbildung überhaupt vom Weltall her bewirkt wird – und zwar während der ganzen Erdgeschichte, also vom Archäikum an.

Die Idee der Tetraederstruktur der Erde stammte aus der statischen Betrachtungsweise des 19. Jahrhunderts. Schmutz zeigt (1986, S. 42), wie sich die Nähte der Tetraederformen völlig verändern, wenn man plattentektonisch die Kontinentallagen zurückverfolgt. Was würde es denn geologisch bedeuten, wenn zwischen Jura und Tertiär von der Drittelkugel des Großkontinents aus eine solche sphärische Form angestrebt wurde? Die Bruchzonen, an denen der Kontinentalpol zerbrach (gerissene Linien in Abb. 211, S. 395), wären ja als langgestreckte vulkanische Förderspalten anzusehen, an denen letztlich die gesamten Ozeanböden emporgequollen sind (Abb. 209, S. 392). Nimmt man die ausgedehnten Deckenergüsse der Kreide- und Tertiärzeit (Abb. 236, S. 444) noch hinzu, so wäre das Ausfließen eigentlich die quantitativ hauptsächlichste Art des Vulkanismus. Kann man aber dieses viel umfassendere und verborgene Phänomen überhaupt noch als «Vulkanismus» bezeichnen? Es zeigt ein Bild von ganz anderem Charakter, den Goethe bereits aussprach, als er den ruhigen Lavastrom sah und sich mit Recht gegen die Vulkanisten wandte, welche die Gebirgsbildung mit Vulkanismus begründen wollten.

Die erwähnten Basaltausflüsse dominierten vor allem im ausgehenden Erdmittelalter. In dem Maße, wie die Erde zunehmend verhärtete, blieben punktuelle Förderschlote übrig, zunächst noch flächig wie im westlichen Pazifik, heute nur noch an wenigen Stellen der Dehnungsfugen Mittelozeanischer Rücken oder ihrer Ausläufer und Parallelstörungen in kontinentalen Gebieten. Nach dem toten Kreislaufmodell der Erde existiert diese Abnahme seit dem Erdmittelalter nicht, weil es eine Angelegenheit von Jahrmillionen wäre (s. S. 449). Als den eigentlichen Vulkanismus können wir uns die explosive Form vorstellen mit ihren Kegelkratern und spektakulären Ausbrüchen. Sie beruht jedoch darauf, dass sich substanziell Fremdes mischt (s. S. 423). Prozessual und substanziell ist der effusiven und explosiven Form gemeinsam, dass die heiße basaltische Masse aufdringt und die verhärtete Kruste dem entgegensteht. Beides würde mit den Mondenkräften und ihrer Trennung zusammenhängen. Diesen Zusammenhang bezeichnet Steiner direkt als ein Ergebnis geisteswissenschaftlicher Forschung, nicht aber die Tetraedergestalt der Erde, die er vermutlich durch Hochstetter kennen gelernt hatte.

Kontinentaler und ozeanischer Pol

Die Zeichnung Abb. 208 zeigt einen Querschnitt durch die Erde, um das Verhältnis des Großkontinents zum Mond in den heutigen Relationen zu zeigen. Bei Annahme einer elliptischen oder weniger verdichteten Gestalt der Erde (Abb. 216, S. 401) wäre der Mond noch kleiner anzunehmen. Die Krustendicke ist stark überhöht gezeichnet. Im Verhältnis zu 12.000 km Erddurchmesser dürften die 10 bis 20 km der damals verhärteten kontinentalen Kruste nur 0,1 mm dick gezeichnet werden; die heutige kontinentale Kruste 1 mm dick und die heutige feste ozeanische Kruste 0,05 mm. Bei einem 2 m

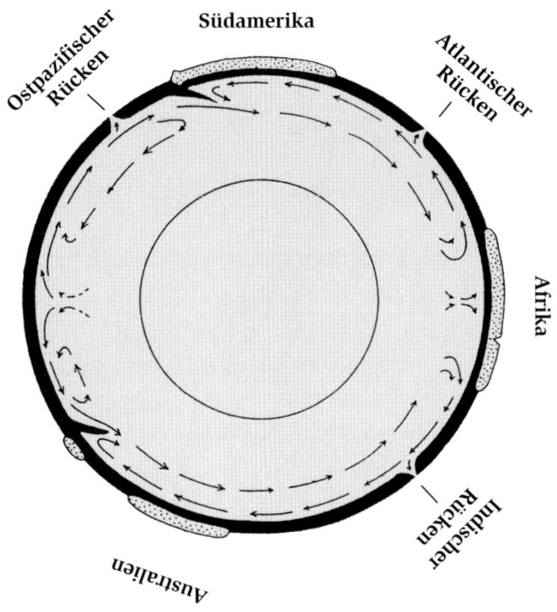

Abb. 208: Äquatorialer Schnitt durch die Erde mit heutiger Kontinentlage und Tiefenströmungen, wie sie G. Bischoff (1987) vermutet: Den allseitigen Dehnungsstrukturen am kontinentalen Pol und am Boden des Pazifik stehen die Unterschiebungen an den zirkumpazifischen Tiefseegräben gegenüber. Erdkruste stark überhöht; Basaltschicht schwarz, Kontinente punktiert.
Rechts daneben: Der Mond in seiner heutigen Größe – relativ zur dargestellten Größe der Erde; die Entfernung beider Körper würde jedoch bei dieser Größe über zwei Meter betragen!

großen Globus würde die kontinentale Kruste heute 0,5 – 1 cm, die ozeanische 2 mm ausmachen. Dadurch wird vielleicht deutlich, wie hauchdünn diese «feste» Erdkruste ist, die zudem an den Plattenfugen rundum gerissen ist!
Nach der Mondentrennung rückten die **Kontinentalschollen** auseinander und die Zeichnung zeigt ihre heutige Lage. Ich habe diese Rekonstruktion von Bischoff (1985) gewählt, weil er ein plausibles Gesamtkonzept vorlegte. Er machte auf das wichtige Problem aufmerksam, dass mit dem Mittelatlantischen Rücken, dem Indischen Rücken und den Afrikanischen Grabenbrüchen drei Dehnungszonen parallel verlaufen, ohne dass eine Unterschiebungszone dazwischen die gedehnten Krustenbereiche kompensieren würde. Das heißt, dass auch die sich so parallel dehnenden Rücken von einem Zentrum unter Afrika nach außen zum Pazifik hin wandern müssen. An den dortigen Kontinentalrändern wird die pazifische Kruste unterschoben. Sie wird im Ostpazifik ebenfalls von einem Dehnungsrücken durchzogen, der im Norden von Nordamerika überfahren wurde. Insgesamt ergibt sich für Bischoff, dass sich im Erdmantel zwei aufsteigende Konvektionsströme gegenüberliegen müssen – einer im Pazifik und einer unter Afrika.

In der Morphologie des westlichen **Pazifik** ist das Tiefseeplateau von Mikronesien, auf dem die zahlreichen Vulkankegel sitzen (Abb. 207, S. 386), besonders auffällig. Es ist der Rest des ältesten, aus dem Jura stammenden Ozeanbodens (Abb. 209, S. 392: blau). Wir haben hier einen Rest der ursprünglichen pazifischen Erstarrungskruste, die im Jura noch recht dünn war. Sie läge etwa über dem zentralen Aufstiegspunkt der Konvektionsströme, von dem aus die Dehnungsrisse nach allen Seiten wanderten. Gerade dort wurden die größten Basaltüberflutungen (Abb. 236, S. 444) erbohrt, die sich während der Kreidezeit noch über die Jurasedimente ergossen haben. Die Dehnungsrisse verlaufen auf drei Seiten um dieses Plateau von Mikronesien; auf der vierten Seite wurde die Platte von Australien/Neuseeland überschoben. Bischoff macht darauf aufmerksam, dass der Mittelozeanische Rücken aus dem Indik sich nicht direkt in den Pazifik fortsetzt, sondern südlich von Tasmanien/Neuseeland stark abgesetzt ist, was auf zwei Bildungsepochen hinweisen könnte. Weltweit wurden auf den Ozeanböden keine Gesteine gefunden, die weiter als bis zum Jura zurückgehen. Diesen ältesten Flächen fehlt im inneren Aufbau das Magnetstreifenmuster der Basaltangliederungen, d.h. sie sind relativ rasch

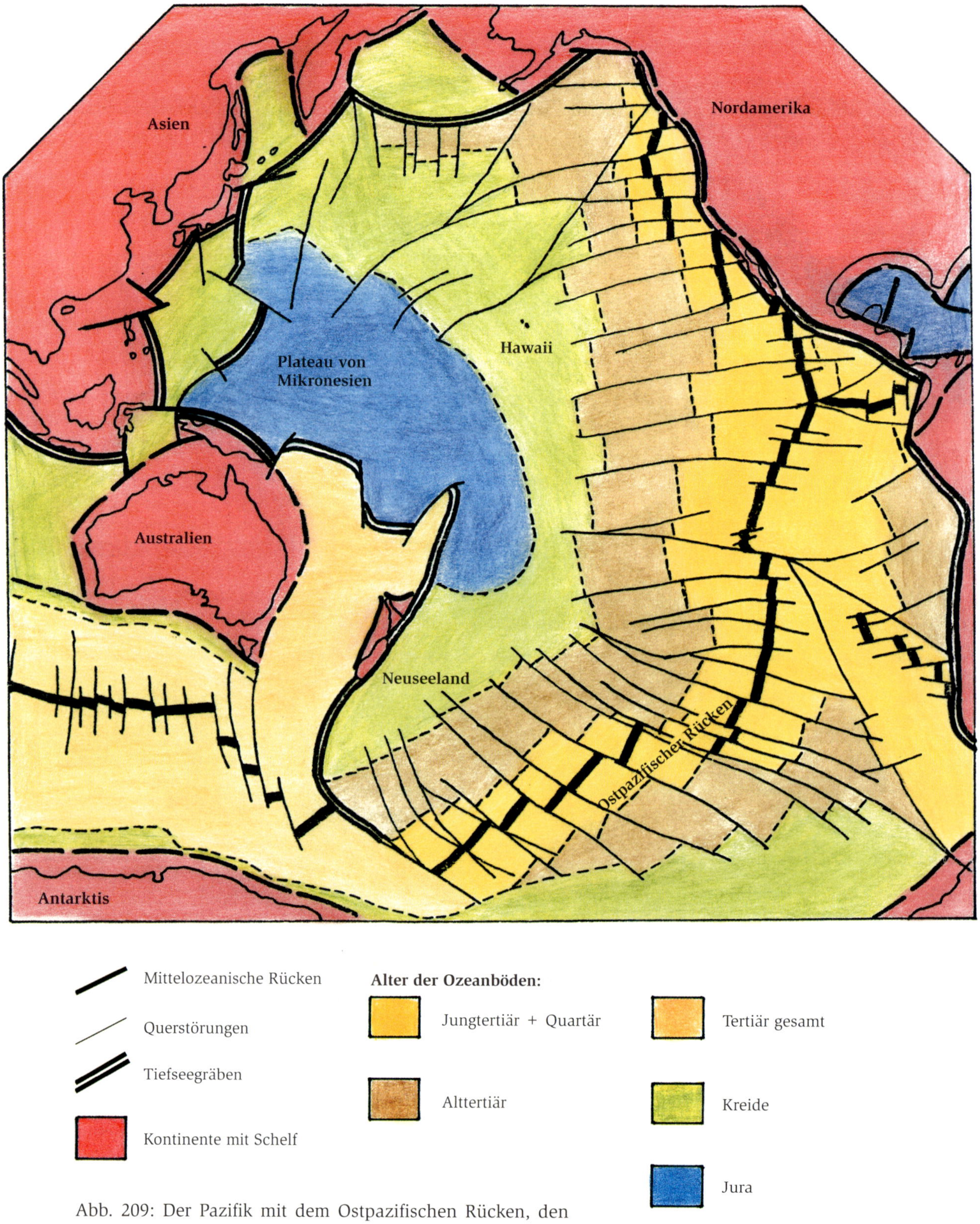

Abb. 209: Der Pazifik mit dem Ostpazifischen Rücken, den randlichen Tiefseegräben, dem Plateau von Mikronesien und dem geologischen Alter des Ozeanbodens (nach Bischoff 1987, Owen 1983 u. a., ergänzt).

insgesamt erstarrt und nicht aus mittelozeanischen Dehnungsfugen hervorgegangen. In den Gebirgszügen rund um den Pazifik finden sich die üblichen Gesteinsserien des Erdaltertums; die Triasablagerungen entsprechen heutigen Flachmeerbildungen (s. S. 428, 441).

Die rhythmisch strukturierten Erstarrungsflächen des Mittelozeanischen Rückens sind vor allem in der Kreidezeit und im Tertiär entstanden. An der nordamerikanischen Westküste treffen die Dehnungs- und Pressungsstrukturen aufeinander. Nordamerika hat damit die Dehnungsstrukturen etwa des halben Urpazifik überschoben. Im Gegensatz dazu wurden Schollen von Ostasien nur wenig weit vorgeschoben, mit Japan am vorderen Rand. Südamerika wurde stärker vorgeschoben als Australien-Neuseeland. Durch die Kugelgestalt der Erde bedingt, sind vor der südamerikanischen Küste weitere Dehnungsstrukturen und kleinere Platten entstanden. All diese Erscheinungen machen für den Pazifik insgesamt ein Genesemodell erforderlich, welches die drei verschiedenen Grundstrukturen verständlich macht: die erstarrte Plateaufläche aus dem Jura mit den Vulkankegeln, die Dehnungsstrukturen beidseitig des Mittelozeanischen Rückens und die Pressungsstrukturen der Tiefseegräben.

Mit dem Werdegang des Pazifik ist die grundsätzliche Frage verbunden, ob und wie das **plattentektonische Konzept** des Erdmittelalters in die Zeit vor dem Großkontinent des Permokarbon extrapoliert werden kann. Es gibt keine unmittelbaren Phänomene, die dafür sprechen würden. Von der Voraussetzung aus, dass die Ozeanbecken mit Wasser gefüllt und die Ozeanböden vom Proterozoikum an erstarrt waren, wäre das erforderlich. Verlängert man den Dehnungsprozess der Mittelozeanischen Rücken immer weiter, so würde letztlich ein Großozean entstehen, und auf der anderen Seite würden die Kontinente zu Gebirgen zusammenstoßen und gegenseitig unterschoben werden (Wilson-Zyklus, Wilson 1963). Diese Situation wäre für die ganze Erde am Ende des Erdaltertums gegeben.

Für die Zeit davor wurden für den pazifischen Raum recht verschiedene Modelle aufgestellt. Sie beruhen in erster Linie auf der Paläomagnetik. Im Moment, da die Magnetitkörner basaltischer Gesteine kristallisierten, prägte sich ihnen das Magnetfeld der Erde ein. So können Anhaltspunkte für eine Lage der beprobten Gesteinskomplexe gewonnen werden. Es ist aber nur möglich, relative Bezüge zu berechnen, weil durch den häufigen Wechsel des Magnetfeldes und die wandernden magnetischen Pole kein dauerhaftes absolutes Bezugsfeld existiert. Dazu kommt, dass durch die tektonischen Bewegungen immer nur kleine Bereiche bestimmt werden können. Eine Vielzahl widersprüchlicher Daten führt damit zu Rechnungen mit vielen Unbekannten und zu unterschiedlichsten Modellen, wodurch man in letzter Zeit der Paläomagnetik wieder skeptischer gegenübersteht. Die viel sichereren Gesteinsbelege sind nicht vorhanden, weil sie mit den Ozeanböden unterschoben und damit ausgelöscht wurden (zu den Ophiolithlinsen s. S. 365, S. 423). In der sehr vielfältigen Fachliteratur wurden für Teilgebiete immer neue plattentektonische Modelle des Erdaltertums erarbeitet, die aber meist nicht aufeinander eingehen. Zum Beispiel habe ich für die Abbildung 210, S. 394 nur vier Modelle herausgegriffen, welche die Lage der Kontinente am Ende des Präkambriums zeigen sollen. Gemeinsam ist ihnen, dass die Südkontinente zusammenblieben, dass aber für die Kontinentalteile der Nordhalbkugel die größte Unsicherheit besteht. Bei den meisten Rekonstruktionen des Pazifik für die Zeit vor dem Karbon fehlen die Mittelozeanischen Rücken und damit der plattentektonische Ablauf. Außerdem wird für diese Kontinentalschollen ja angenommen, dass ihr Granit-Gneis-Stockwerk aus dem «Kreislauf der Gesteine» hervorgegangen sei, d.h. aus aufgeschmolzenem Abtragungsmaterial, welches wiederum von noch früheren Kontinenten geliefert worden sein müsste, über die erst recht keine Aussage mehr möglich ist. Für diese Zeit des Präkambriums wird angenommen, dass von 2600 Millionen Jahren an die Kontinentalschollen sechsmal zusammengeschoben und wieder auseinander gebrochen wären (Wilson-Zyklus; Dalziel 1995). Dazu käme noch ein Kontinentalstadium im Silur.

Für die Evolution einer lebendigen Erde käme als Ort einer möglichen Mondablösung die dem permischen Großkontinent gegenüberliegende Seite der Erde in Frage, die ja zwei Drittel der heutigen Erdoberfläche einnehmen würde. Das wäre natürlich nur vorstellbar, solange dort noch mit einer heißflüssigen basaltischen Masse gerechnet werden

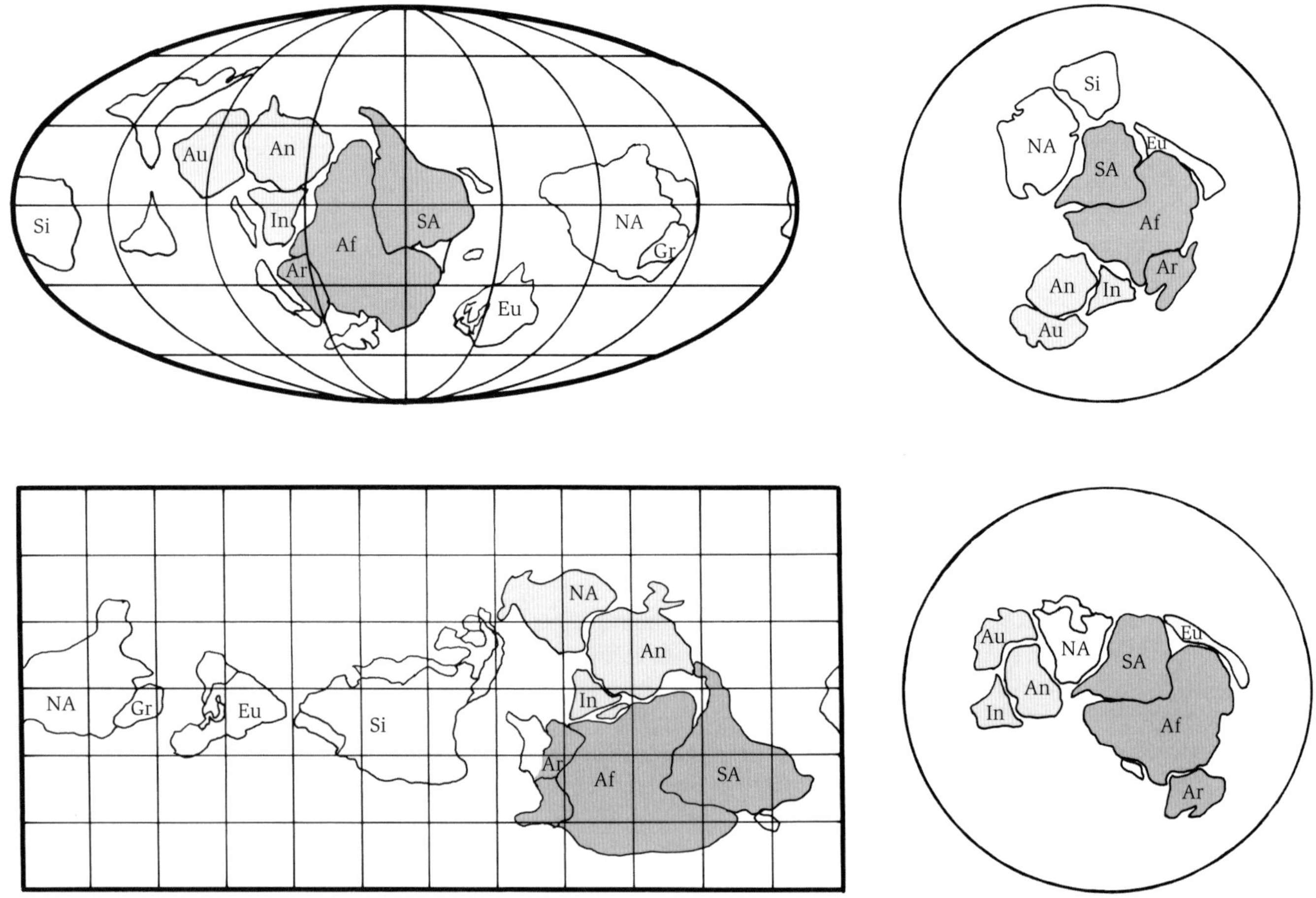

Abb. 210: Vermutete Lage der Kontinente am Ende des Proterozoikums in vier verschiedenen Varianten und Projektionen. Umgezeichnet, aber in der Lage belassen; nach Scotese 1979, Murphy/Nance 1992, Dalziel 1995, Audley-Charles 1988 u.a.

kann. Da es dafür keine direkten geologischen Belege gibt, käme – wenn überhaupt – von der Voraussetzung der Kant-Laplaceschen Erdentstehung her nur eine Ablösung in der planetarischen Frühzeit infrage. Eine Mondablösung im Proterozoikum anzusetzen, nachdem gegenüber bereits gewisse Verhärtungen der kontinentalen Granit-Gneis-Schicht eingesetzt hatten, hätte als Konsequenz, dass man im gesamten Gebiet außerhalb des Kontinentalpols keine Ozeane, sondern flüssige Basaltmasse anzunehmen und alles Wasser noch in der umgebenden Lebenssphäre zu suchen hätte.

Der **Kontinentalpol** (Abb. 211) ergibt sich aus einer Rückrechnung der Ozeanböden. Er zerfiel entlang von Trenn- und Dehnungsfugen, welche nicht den heutigen Küstenlinien, sondern etwa den Schelfrändern entsprechen. Die dickeren Doppelstriche markieren die Hochgebirgsgürtel, welche sich außen herum ziehen und entlang an jener Fuge zwischen Europa/Asien im Norden und Afrika/Indien/Australien im Süden, aus welcher das Alpen-Himalaya-

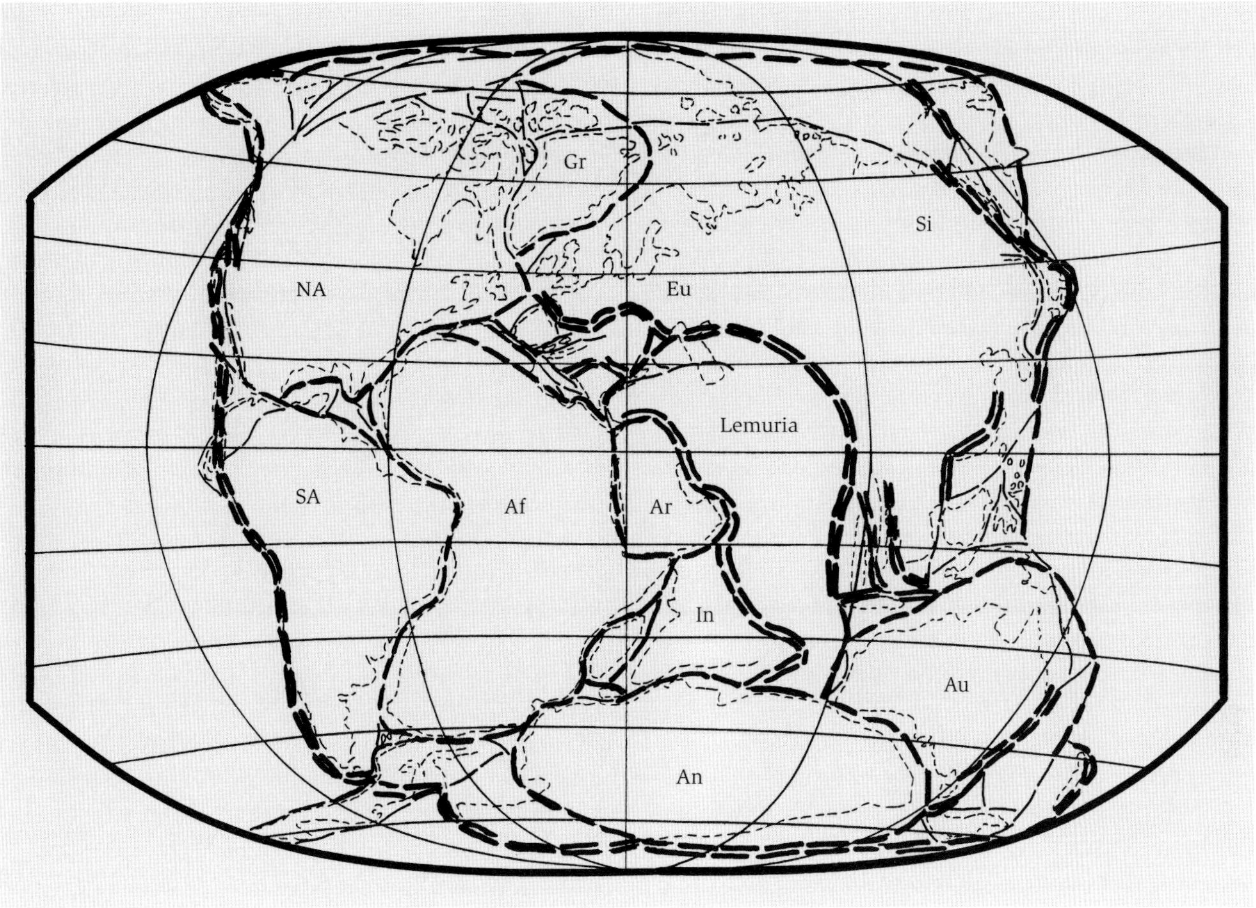

Abb. 211: Der vermutliche Großkontinent am Ende des Erdaltertums (nach Owen 1983), der etwa ein Drittel der Oberfläche der heutigen Erdkugel eingenommen hätte. Die ältesten archäischen Kerne innerhalb der Kontinente zeigt Abb. 223, S. 430: gerissen die späteren Zerfallsgrenzen; verstärkt die schmalen Zonen weiterer primärer Gesteinsbildung im Gebiet der späteren Hochgebirgsgürtel. Le = Lemuria: südlich von Asien, östlich von Afrika und nördlich von Australien, wie Steiner beschreibt (s. S. 436).

Orogen entstand. An ihnen begegneten bei dem Zerfall gewissermaßen die Ränder der Gneisschollen dem noch heißflüssigen Basaltischen. Die Hochgebirge wurden gleichzeitig mit dem Zerfall zusammengeschoben und am Ende, vom Alttertiär an, herausgehoben.

In der Mitte bleibt ein Gebiet, welches ich hier mit **Lemuria** bezeichnen möchte. In der Literatur werden auch andere Namen verwandt wie Portoindia, Greather India, Kimmeriden etc. Je nachdem, wie man mit diesem Gebiet umgeht, ergeben sich verschiedene Rekonstruktionen. Das eine Extrem ist eine Art Kontinent-Gürtel mit Ostasien am Nordpol und Australien am Südpol; das andere eine geschlossene Form, wie sie Abb. 211 zeigt, wo Südostasien an Australien herangezogen wird. Die vielleicht bekannteste Variante ist eine mittlere, welche zwischen dem heutigen mittleren Asien im Norden und Arabien/Indien/Australien einen mehr oder weniger breiten Raum als Tethys einzeichnet. Er würde als «Tiefseegebiet» zwischen Ostasien und Australien mit dem pazifischen Gebiet verbunden sein. Dagegen sprechen u.a. neuere geologische Untersuchungen, besonders im Himalaja und Ostasien. Die Unterschiebung von kontinentalen Teilen unter den Himalaya ist geophysikalisch gut belegt (Abb. 228, S. 434). Daraus ergibt sich für die Kreidezeit eine doppelte

Tethys (s. S. 432), zuerst nördlich und dann südlich des heutigen indischen Schildes. Probleme bereitet noch die komplizierte Rekonstruktion der kleineren Kontinentalschollen Südostasiens. Die paläomagnetischen Daten ergeben auch hier ein verwirrendes Bild. Die Florenprovinzen Ostasiens, Australiens und Indiens ähneln sich vom Karbon bis zum Jura sehr stark, sodass sie durch eine breite Tethys nicht auseinander gerissen werden könnten, erst recht nicht zur Hälfte in polare Bereiche kommen dürften. Auch die Gesteinsfazies zeigt rundherum von der Trias bis zum Eozän durchgehende Flachmeerablagerungen (*Geol. Rundschau*, 71, H. 3, 1982). All das spricht gegen eine weite Trennung durch einen «Tethysozean», mehr noch gegen eine Tiefsee. Für die Trias, wo in den allermeisten Gebieten das kristalline Grundgebirge fertig verhärtet ist, können überhaupt weltweit nirgends Tiefe und Ausdehnung ozeanischer Räume angegeben werden. Insofern sprechen die derzeit bekannten Phänomene am meisten für die in Abb. 211 wiedergegebene Rekonstruktion von Owen, d.h. für einen geschlossenen Großkontinent im Permokarbon (Abb. 223 – 225, S. 430).

Für die Entwicklungen, für die die geologischen Belege außerhalb des Großkontinents fehlen, können die Darstellungen von Rudolf Steiner hinzugezogen werden. In verschiedenen Arbeitervorträgen schildert er in drastischen, bildhaften Vergleichen die Verhältnisse des **Kontinental- und Mondenpols**. Die imaginativen Bilder wurden zwar während des Sprechens zu rasch hingeworfenen Schemata; sie sind dennoch in sich exakt und stimmig, im Zusammenhang passend und mit den Forschungsergebnissen der Geologie übereinstimmend. Deshalb besteht für mich kein Grund, sie als unzureichend zu relativieren, auch wenn sie natürlich nicht als paläogeographische Karten gewertet werden können.

Im ersten Vortrag Rudolf Steiners (GA 347, 23. 9. 1922; *Wandtafelzeichnungen* XXV,Tf. 7, S. 23) wird an die vorangehende Darstellung der Saurier (Abb. 50, S. 142) angeknüpft, die harte Schuppenpanzer bildeten. Die Kontinente bildeten sich ähnlich wie die Schalen der Weichtiere, der Austern (siehe Zitat S. 421). Eine schleimige Masse, die außen verhärtete, blieb innen noch ganz weich; die Kontinente schwammen in der dicklichen Erde wie Klöße in der Suppe. Unter der Wirkung der Sonne von außen (Abb. 212, 1, Flecke unter den Pfeilen) gebar die lebendige Erde, «die einmal solch ein riesiges Ei hat sein können», solche ländergroßen Gesteinsmassen, während andere abstarben. Der Mond war da noch in der Erde (1: links) und wirkte von innen befruchtend auf diesen Lebensprozess, vergleichbar den Embryonalvorgängen; er war noch nicht abgegrenzt, sondern er war darin noch eine dicklichere Kugel. Die Kontinente schwammen in der Erde wie in Wasser (2), wie einstmals die Riesentiere, und man kann heute noch sehen «an den Ausbuchtungen der Kontinente, dass der Mond einmal herausgeflogen ist».

Im nächsten Vortrag (GA 347, 27. 9. 1922; *Wandtafelzeichnungen* XXV, Tf. 8, S. 25) zeichnet Steiner die Lage des Mondes. «Man muss annehmen, wie der Mond noch in der Erde drinnen war, da war er nicht in der Mitte drinnen, sondern etwas nach außen gelegen» (4: links). Steiner weist vergleichend auf die heutige Verteilung von Land und Wasser hin: «Der Mond war eben nach der Seite gelegen, wo die Erde überhaupt die Neigung hat, schwer zu sein. Natürlich, wenn da ein fester Stoff liegt, ist sie dort schwer (3: links).» Auf der gegenüberliegenden Seite zeichnete Steiner die sich bildenden Kontinentalschollen ein, wiederum oben mit harter äußerer Kruste und unten dem weicheren Inneren (4: rechts oben). Geologisch könnte man an die ältesten archäischen Verhärtungen denken. Dann ging Steiner mit der Betrachtung weiter zurück in die Zeit, als die Erde noch in der Sonne war und den Mond in sich hatte (5: Sonne: waagrechte Linien; Erde: Kreis; Mond: gekreuzt). Da pflanzten sich diese riesigen, noch nicht verhärteten, schleimigen Absonderungen (6) sehr rasch fort, Millionen von Nachkommen entstanden, ähnlich dem Embryo, bei dem sich auch am Anfang – nur viel kleiner – die Zellen sehr rasch vermehren (s. S. 375; Abb. 190 – 193, S. 341). Alle folgenden Trennungen, also der Sonne von der Erde mit dem Mond und dann des Mondes von der Erde, müssten als Lebensprozesse betrachtet werden, nicht nur im Sinne der Himmelsmechanik.

Im dritten Vortrag (GA 347, 30. 9. 1922; *Wandtafelzeichnungen* XXV, Tf. 9, S. 27) setzte Steiner das Thema fort, indem er Makrokosmos und Mikrokosmos

Abb. 212: Skizzen Rudolf Steiners in verschiedenen Vorträgen zur Bildung der Kontinente und zur Lage des Mondes in der Erde vor seiner Ablösung. Zum Teil umgezeichnet. Nachweise und Erläuterungen im Text.

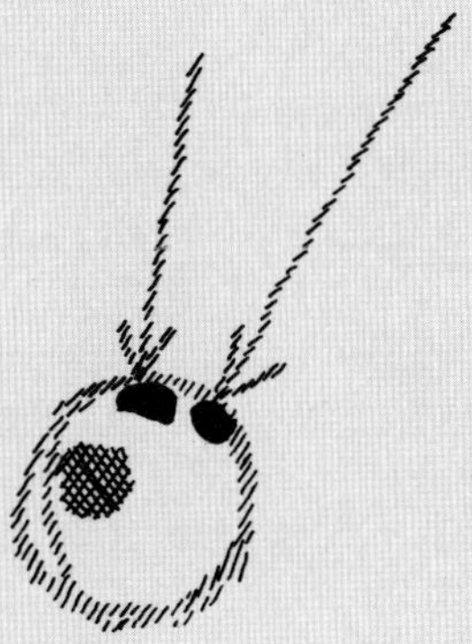

1

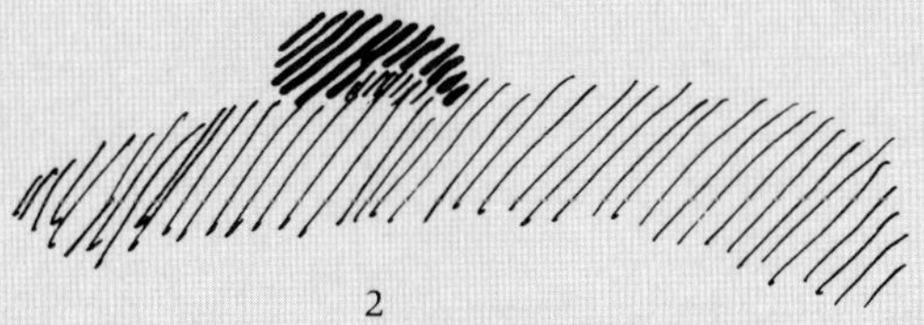

2

3

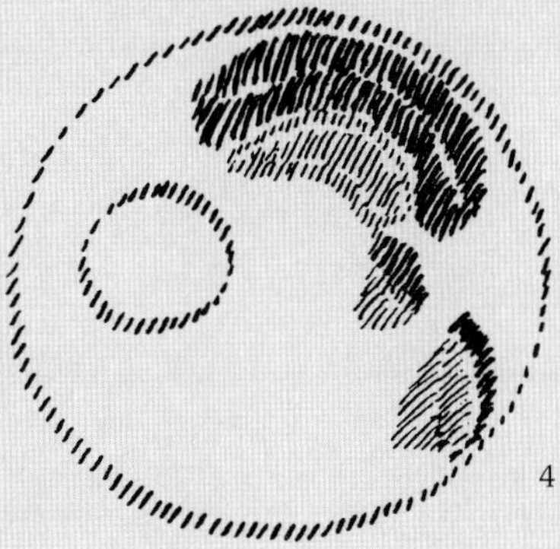

4

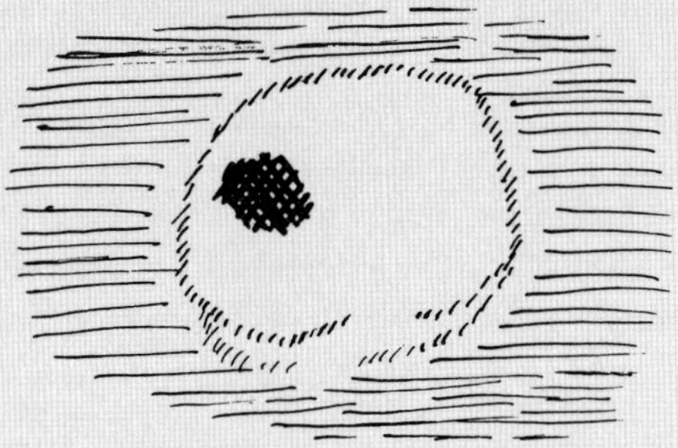

5

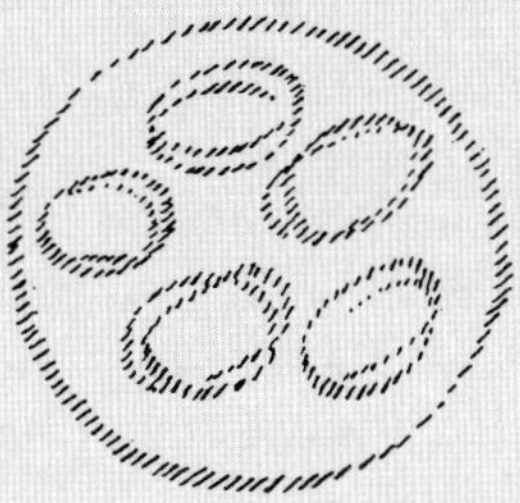

6

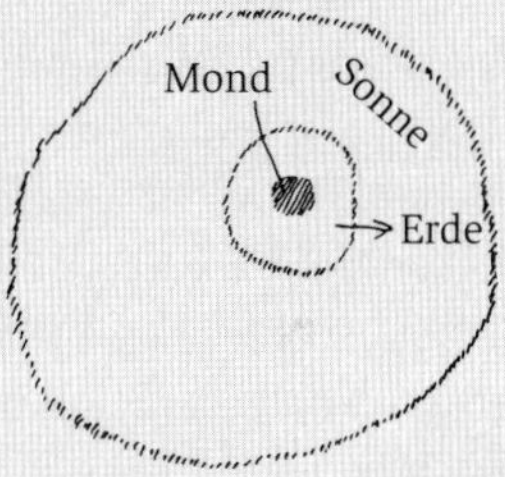

7

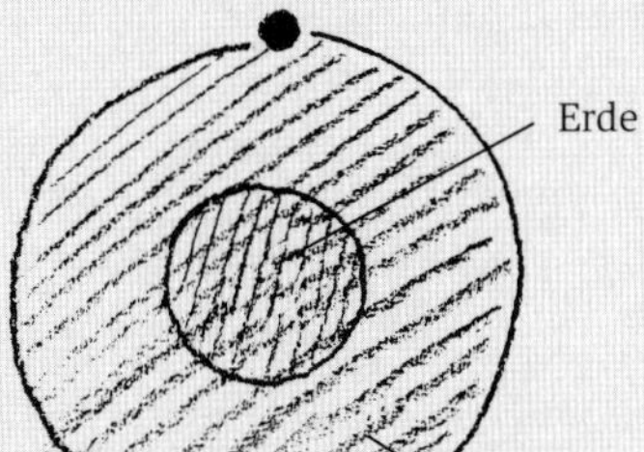

8

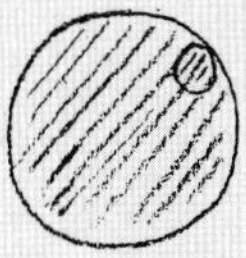

9

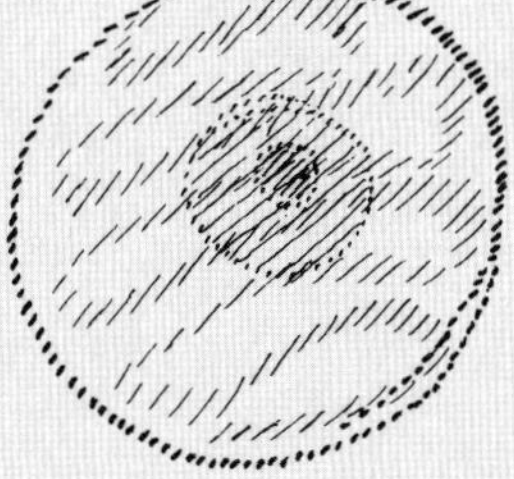

10

miteinander verglich: die Erde als Adam Kadmon mit dem damals noch kugelförmigen Menschen, aus dem der heutige menschliche Kopf hervorging (Abb. 47 u. Zitate S. 139). Die Gesteinskruste verglich er mit der Schädeldecke, ihre Differenzierungsprozesse mit der Embryonalentwicklung. Er zeichnete nochmals die Sonne, (Abb. 47, rechts unten; umgezeichnet Abb. 212,7) darin die Erde mit dem Mond, wie sie vor der Sonnentrennung noch ineinander wirkten. Die Sonne war riesig, viel größer als die Erde, die eigentlich in ihr war. Eine Sonnentrennung wäre dann vielleicht so vorzustellen, dass sich innerhalb des Sonnengebietes der heutige Sonnenkörper zusammenzog und sammelte. In diesem Sinne ist die Erde auch heute noch im Sonnenbereich.

Entsprechend schildert Steiner (GA 323, 14. 1. 1921) zu einer Zeichnung die Mondensphäre, in der die Erde enthalten ist, wie es für das ptolemäische Welterleben «noch wahrnehmend im ganzen Menschen lebte (Abb. 212, 8) ... Das ist die Erde und das Ganze ist der Mond, der ja viel größer ist als die Erde ... Und dieser Körper, der sonst überall unsichtbar ist, der entwickelt an dem einen Ende einen Vorgang, durch den dieses kleine Stückchen sichtbar wird ... und ist außerdem von solcher Substanzialität, dass man drinnen leben kann, dass man von ihm durchdrungen wird. Nur an diesem einen Ende, da wird es sichtbar. Und im Verhältnis zur Erde dreht sich diese ganze Sphäre, die übrigens nicht eine Sphäre ist, sondern ein Rotationsellipsoid, und damit dreht sich dasjenige, was das sichtbare Stückchen ist, was der sichtbare Mond ist.» Dieses Bild vergleicht Steiner mit der menschlichen Keimzelle, die «durchaus analog gedacht werden muss (Abb. 212, 9). Da ... bildet sich an der einen Stelle des sonst im wesentlichen durchsichtigen Eikeimes der so genannte Fruchthof, und von dem Fruchthof geht die Bildung des übrigen Embryos aus. Also exzentrisch, peripher bildet sich ein Mittelpunkt, von dem dann die übrige Bildung ausgeht.»

Wieder bei einem Arbeitervortrag (GA 351, 10. 10. 1923; *Wandtafelzeichnungen* XXVII) entsteht nochmals eine Skizze von Sonne, Erde und Mond (Abb. 212, 10). Steiner schildert bildhaft den Prozess rückwärts: «Wenn wir mächtig wären, «die ganze Erde zusammenzupacken, sie auf einen Weltenwagen zu laden, schnell zum Mond hinfahren würden – den Mond, den stecken wir hinein in die Erde, in den Stillen Ozean, und nachher fahren wir mit der Erde und dem Mond, den wir aufgepackt haben in den Stillen Ozean, hinauf und fahren flugs in die Sonne hinein: dann hätten wir wiederum den Zustand herbeigeführt, der einmal war.» Hier nennt Steiner deutlich den Austrittsort des Mondes. Diese geologisch schwierige Frage soll nun weiter erwogen werden.

Die Trennung des Mondes von der Erde

Zu Abb. 213, Bild 1 schilderte Rudolf Steiner (GA 354, 3. 7. 1924; *Wandtafelzeichnungen* XXVIII, S. 49) zunächst die Erde (links oben) vor der Mondentrennung: «Wie wir also ein dickliches Wasser haben – wenn man nicht besonders schwer gewesen wäre, hätte man spazieren gehen können auf diesem Wasser; es ist so wie rinnender Teer zuweilen gewesen –, so ist die Luft auch dicker gewesen.» Und zweimal betont er, dass dies mit heutigen Augen und Sinnesorganen wahrnehmbar gewesen wäre, nur eben als dickliche, luftig-flüssige, eiweißartige Masse, in der der Mensch in Fischform lebte (Abb. 65, S. 159).

Nachdem er die frühlemurische Tierwelt in dieser Lebenssphäre geschildert hat, beschreibt er, wie später – also nach der Bildung der ersten, niederen Tiere (!) – der Mond sich abtrennte (Abb. 213, Bild 1, rechts). «Die Sache geschah so, dass da ein kleiner Auswuchs entstand; das verkümmerte da und spaltete sich zum Schluss ab. Und es entstand statt dem da hier ein Körper draußen im Weltenraum, der das Luftförmige, das da in der Umgebung ist, innerlich hatte, und außen die dickliche Flüssigkeit hatte. Also ein umgekehrter Körper spaltete sich ab. Während die Mondenerde dabei blieb, ihren innerlichen Kern dickflüssig zu haben, außen dickliche Luft zu haben, spaltete sich ein Körper ab, der außen das Dickliche hat und innen das Dünne. Und in diesem Körper kann man ... den heutigen Mond erkennen. ... Die Erde hat da gewisse Substanzen verloren, und jetzt erst konnte sich das Mineralische in der Erde bilden. Wenn die Mondensubstanzen in der Erde drinnen geblieben wären, so hätte sich niemals das Mineralische bilden können, sondern es wäre immer ein Flüssiges und Bewegtes gewesen. Erst der Mondenaustritt hat der Erde den Tod gebracht und damit das Mineralreich, das tot ist. ...

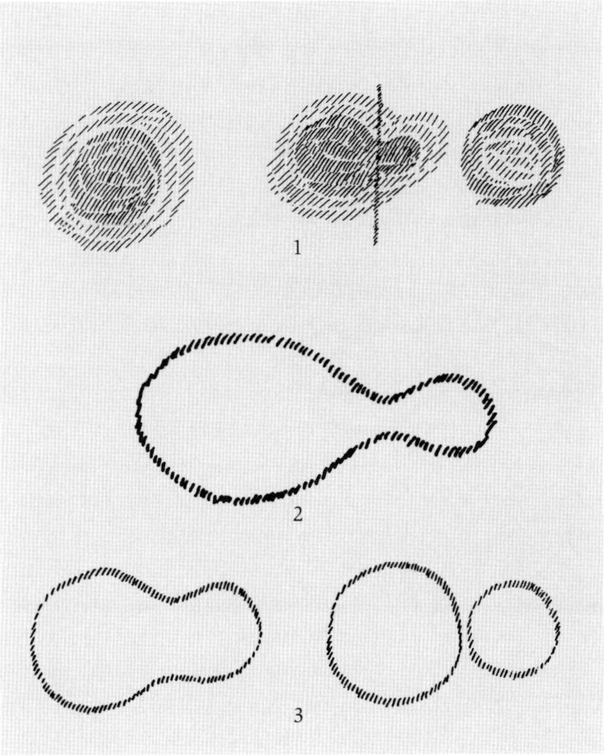

Abb. 213: Die Trennung des Mondes von der Erde nach drei Darstellungen Rudolf Steiners. Nachweise und Erläuterungen im Text.

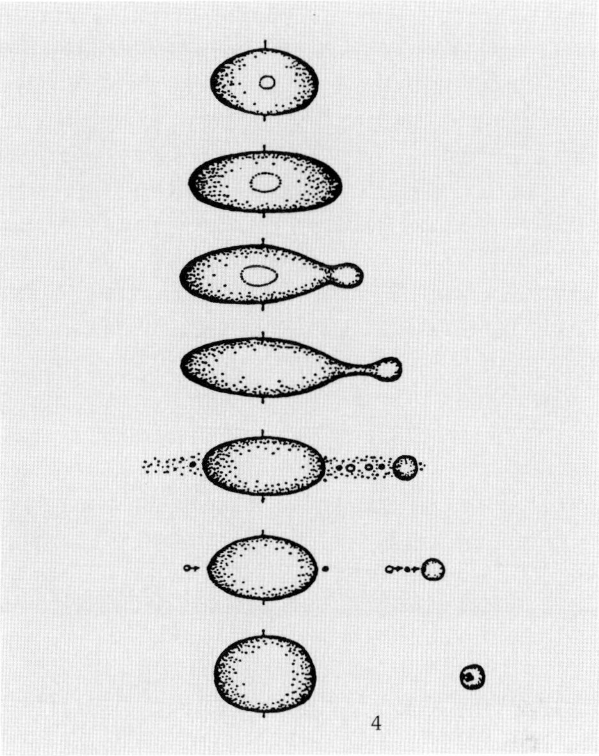

Abb. 214: Die Abschnürung des Mondes von der Erde nach George Howard Darwin (1879; aus Wise 1967). Bereits im 19. Jahrhundert tauchten Ideen auf, wie sich der Mond abgetrennt haben könnte; sie wurden später weiter modifiziert. Dabei wurden als Ursachen für die Ablösung besonders die Geschwindigkeiten der Umdrehung und die Lage der Achsen beschrieben.

Es ist aus dem alten Mondenzustand der Erde der heutige Erdenzustand entstanden.» Steiner schildert weiter, dass der Mond nach außen «eine ganz hornartig dickliche Masse» bildete. «Die ist nicht so, wie unser Mineralreich, sondern die ist so, wie wenn unser Mineralreich hornartig geworden wäre und verglast wäre, außerordentlich hart, härter als alles Hornartige, was wir auf der Erde haben, aber doch nicht ganz mineralisch, sondern hornartig.» Damit ist auf den Unterschied von Verhärtung und Kristallisation hingewiesen (s. S. 333).

Anschließend bespricht Steiner ausführlich den Kieselgehalt der Lebenssphäre, aus der sich die weiteren granitischen Gesteine des Kontinentalpols absonderten, mit denen die Erdenentwicklung im eigentlichen Sinn begann.

Bild 2 zeigt eine Vortragsskizze Steiners (GA 105, 5. 8. 1908), zu der er die Verhältnisse vor der lemurischen Zeit schilderte. «Wir betrachten jenen Zeitpunkt, da Sonne und Erde noch wie eine Biskuitform zusammenhängen, und zwar so, dass der eine Teil, eine kleinere Kugel – nämlich die Erde und der Mond – an der Sonne hängt.» Noch früher waren Sonne, Erde und Mond ein kugelförmiger Körper. Die Sonnenkräfte brachten vorschreitendes Leben in die Erdensphäre, die Mondenkräfte Gestaltung und Vertrocknung. Der Erden-Monden-Körper trennte sich von der Sonne also in der gleichen Biskuitform wie später der Mond von der Erde.

In Bild 3 skizzierte Steiner (GA 93a, 25. 10. 1905) die Entwicklung während des Alten Mondes. «Ein Teil der Sonnenmaterie will sich ablösen. Es entsteht zunächst eine Art Biskuitform [links unten]. Dann löst sich der eine Teil ganz ab, und die beiden Körper gehen nebeneinannder als Sonne und Mond.» In allen Fällen nannte Steiner die verschiedenen Ge-

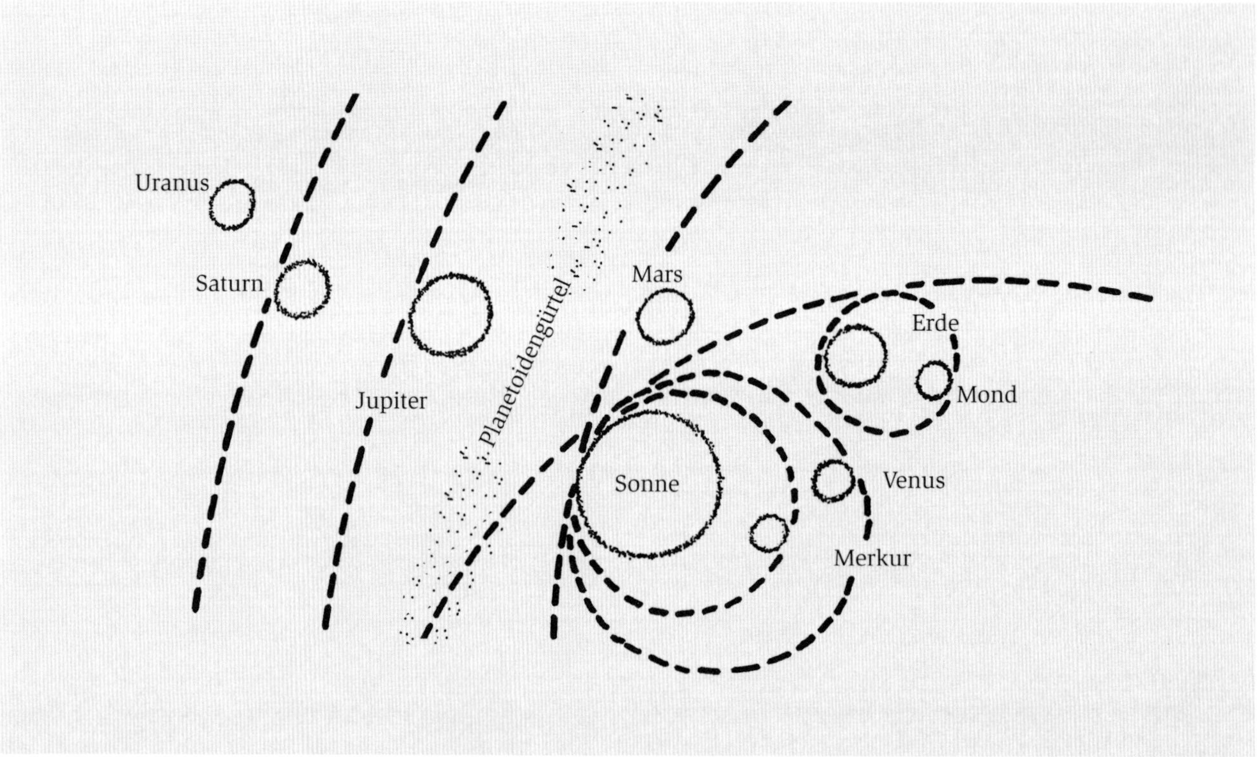

Abb. 215: Skizze zur Trennung der Planeten bei einem Vortrag von Rudolf Steiner (GA 102, 15. 2. 1908). Die Sonnensphäre zieht sich immer weiter zusammen und lässt die Planeten an der Peripherie ihrer Sphären zurück. Die Skizze im Buch zeigt nur die Kreise der Planetenkörper. Die gestrichelten Linien, welche die Sphären begrenzen, sind vom Verfasser entsprechend dem Text ergänzt. Die Skizze zeigt nur das Prinzip; Größen und Entfernungen sind völlig andere und auf einer Zeichnung nicht maßstabgerecht darstellbar.

schwindigkeiten, welche die geistigen Wesenheiten für ihre Entwicklung benötigen, als die Ursache für die Trennung der Himmelskörper (z.B. GA 13, S. 180, 190 u. 224; GA 102, 15. 2. 1908; GA 110, 14. 4. 1909).

Rudolf Steiner beschrieb (GA 102, 15. 2. 1908) detailliert die Trennung der Planeten innerhalb des Sonnensystems als physischen Ausdruck der Entwicklung geistiger Wesenheiten und des Menschen (Abb. 215). Nach der Trennung von Saturn, Jupiter und Mars sonderte sich das Erde-Mond-System aus der Sonne, und danach trennten sich noch aus der Sonnensphäre die untersonnigen Planeten sowie der Mond von der Erde. Nimmt man für den äußeren Hergang dieser Trennungen dasselbe Prinzip einer Zusammenziehung der Substanzen an, so könnte sich für die Mond-Erde-Trennung das in Abb. 216 dargestellte Bild ergeben.

In der Planetengeologie neigt man heute durchaus zu der Anschauung, dass das Erde-Mond-System substanziell aus einem Körper hervorgegangen ist. Dafür gibt es mehrere Denkmodelle. Eine Annahme ist, dass ein Planet einschlug und der Mond dadurch an der gegenüberliegenden Seite herausschoss. Das müsste vor jeder kontinentalen Bildung geschehen sein. Spuren einer solchen Kollision sind nicht zu finden. Eine andere Vorstellung ist, dass der Mond von der Erde eingefangen wurde. Dem widersprechen aber die geologischen Phänomene, die im Folgenden noch behandelt werden.

Einen Kompromiss stellt die dritte These dar, dass Erde und Mond gleichzeitig entstanden. Hierzu könnte man auch die von Steiner dargestellten Bilder rechnen; denn von Seiten der Astronomie sind eine frühere Entstehung der Erde und eine anschließende Mondentrennung sowieso nicht belegbar. Damit könnte auch die Hauptfrage, wie der Mond

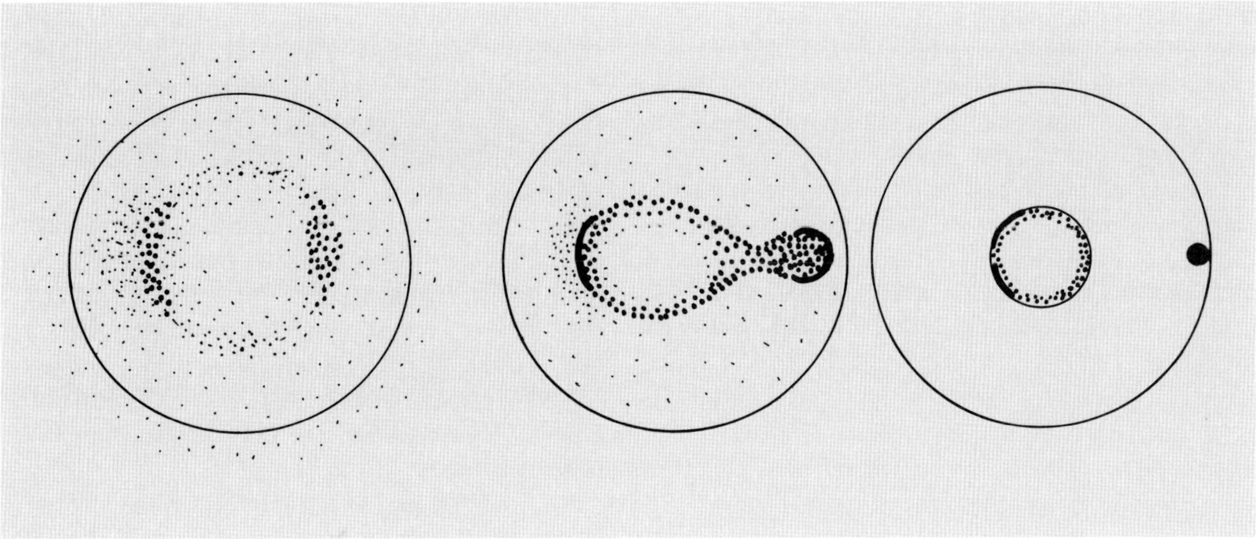

Abb. 216: Die Trennung des Mondes von der Erde, nach dem Prinzip der Abschnürung, welches Rudolf Steiner für die Planetentrennung darstellte. Die Substanzmassen sammelten sich an zwei Polen und zogen sich in der Mitte und am äußeren Rand der Sphäre zusammen. Erde und Mond sowie der Kontinent- und Basaltpol sind maßstabgerecht gezeichnet; die Entfernung Erde – Mond wäre allerdings entsprechend der Größe im Druck etwa 40 cm; das gesamte Gebilde war also wesentlich größer! Entsprechend hat man sich die Zusammenziehung der Substanzen vorzustellen. Schwarz gezeichnet wurden die verhärtete Granit-Gneis-Kruste der Kontinente sowie die Basaltkruste des Mondes. Die Kontinente trennten sich nach der endgültigen Mondablösung, und die ozeanische Kruste verhärtete (dünne Kreislinie); die Plattentektonik begann. Die mittlere Skizze entspricht damit etwa dem Beginn, die rechte dem Ende des Erdaltertums.

die Erdanziehung überwunden hat, gelöst werden. Die Physik geht davon aus, dass die Gravitation über alle denkbaren erdgeschichtlichen Zeiten hinweg konstant geblieben ist. Welche gewaltigen Kräfte für eine Trennung nötig gewesen wären, zeigen schon die Satellitenstarts. George Howard Darwin (1879) sah einen Ausweg in der Zentrifugalkraft und stellte Berechnungen an (Abb. 214), nach denen bei einer Umdrehungsdauer der Erde von 4 Stunden, oder nach anderen Berechnungen sogar nur 1,4 Stunden, die Zentrifugalkräfte so stark werden, dass eine Mondmasse die Erdanziehung und die Zähigkeit des Basaltes überwinden könnte. Diese Vorstellungen waren um die Jahrhundertwende populär; z.B. beschreibt sie Eduard Sueß (1909), den Rudolf Steiner öfter zitiert. Vielleicht wurden sie auch im geologischen Kabinett bei den Professoren Ferdinand Hochstetter und Franz Toula an der Technischen Hochschule in Wien behandelt, wo Steiner 1879 bis 1883 Geologie gehört hat. Er erwähnte später in Vorträgen gern den Professor, der am Modell der Öltröpfchen dreht, um den Weltenwirbel des Kant-Laplaceschen Urnebels darzustellen, sich selbst aber als «Deus ex Machina» dabei vergisst (GA 102, 15. 2. 1908). In einem solchen Modell wären die Zentrifugalkräfte die Ursache, während Steiner insgesamt von Zusammenziehung und Konzentration spricht, am Ende jedoch von einer Abtrennung des Mondes. G. H. Darwins Überlegungen wurden später durch weitere Berechnungen der Hydrodynamik, der Viskositäten, Gezeitenkräfte und Resonanzen ergänzt. Wise (1967) diskutiert verschiedene Einwände, die hauptsächlich die hohe Rotationsgeschwindigkeit und die Trennungsmechanik betreffen. Letztlich sind es in allen Modellen physikalische Überlegungen, die eine Abtrennung des Mondes von der Erde unmöglich machen. Physikalische Gesetze werden durch Lebensprozesse nicht aufgehoben, aber doch modifiziert. Hier liegt der eigentliche Grund, warum Steiners Forschungsergebnisse nicht anerkannt werden. Wie überwindet z. B. ein Lebewesen die Gravitation, die damit ja nicht aufgehoben wird? Ist die nur physische Betrachtung der Mondtrennung nicht so, als würde man die Fotos eines liegenden Neugeborenen und eines aufrecht gehenden Erwachsenen vergleichen und dann berechnen, welche Umdrehungsgeschwindigkeit nötig war, oder welche Masse ein Schuss von unten brauchte, um ihn aufzurichten? Die Frage wäre, was Gravitation eigentlich ist – nicht nur wie sie gemessen werden kann – und wie geistige Wesen bezüglich ihrer Entwicklung damit umgehen.

Der innere Aufbau von Erde und Mond

Zur Geologie des Mondes

Was sagt der **geologische Vergleich** zwischen Erde und Mond über eine mögliche Trennung? Interessant ist, dass in den 50er- und 60er-Jahren des 20. Jahrhunderts die Basalte vom Mond heruntergeholt und dessen tote Kraterwelten ins Bewusstsein der Menschheit gerückt wurden und gleichzeitig die Basalte der Ozeanböden heraufgeholt sowie ihre gewaltigen Gebirgslandschaften entdeckt wurden. Auf dem Mond ist der Krater fast die einzige Landschaftsform – in Größen von einigen Zentimetern bis zu 120 km Durchmesser. Es sind alles Einschlagkrater, keine Vulkankrater – bis auf wenige Ausnahmen. Sie stammen hauptsächlich aus der Entstehungszeit des Mondes, und zwar von den auf den Mond ungebremst aufschlagenden Meteoriten. Gegen übermäßigen Meteoritenfall sprechen allerdings die niedrigen Nickelgehalte im Mondbasalt. An den Landschaften kann schon viel über die Entwicklung der Mondkruste abgelesen werden, wie ein Beispiel zeigt (Abb. 217). Man sieht bereits von der Erde aus am Vollmond hellere Gebiete, die von runden dunklen Flecken durchsetzt sind. Die hellen wurden in Analogie zur Erde Terra-Gebiete und die dunklen Mare-Gebiete genannt, obwohl es keinerlei Wasser gibt. Auf den Terra-Gebieten sind vier- bis zehnmal so viele Krater wie in den Mare-Gebieten – weshalb die Mond-Expeditionen auch zuerst dort landeten.

Durch die Einschläge wurde die verhärtete Mondoberfläche fein zertrümmert. Sie ist mit einigen Zentimetern ganz feinen Staubs überzogen. Darunter sind überall die Trümmermassen des Mondbodens, des Regolith. Er besteht aus zerbrochenem Basaltschutt, gemischt mit bräunlich-grünlichem Gesteinsglas, das aus geschmolzenem Basalt sehr rasch erstarrt ist. Dabei können die Trümmer durch die Einschläge angeschmolzen und verbacken worden sein und Brekzien gebildet haben. Im Umkreis sehr großer Einschläge, z.B. des Kopernikus-Kraters, lassen sich Regolith-Schichten mit mehreren Meter Mächtigkeit erkennen, die strahlenförmig vom Krater ausgehen und aus hochgeschleuderten Massen bestehen.

Nachdem man 1969 die ersten **Gesteine** vom Mond auf die Erde gebracht hatte, wurden diese etwa 382 kg mit allen Methoden modernster Labortechnik analysiert und so zu der am besten untersuchten Substanz der Welt überhaupt. Es bestätigte sich, was vorher schon durch automatische Sonden, Foto- und Albedo-Auswertungen vermutet worden war, dass nämlich die meisten Gesteine auf dem Mond den irdischen Basaltoiden sehr ähnlich sind. Sie sind allgemein dunkelgrau, und ihr Mineralbestand liegt innerhalb der Variationsbreite irdischer Flut-Basalte (s. S. 443), deren Ursprung in der unteren Erdkruste vermutet wird (Abb. 76, S. 208). Man kennt auch auf der Erde Gebiete, z.B. in Süd-Norwegen, in denen im Proterozoikum basaltisches Material aus dem Grenzgebiet zwischen Erdkruste und Erdmantel aufgedrungen ist. Hier kann man heute an der Erdoberfläche diese Gesteine finden und ihre Werdeprozesse rekonstruieren. Die basaltischen und peridotitischen Gesteine mischten und entmischten sich während des Erstarrens. Der Calcium-Feldspat Anorthit trennte sich und bildete als monomineralisches Gestein den Anorthosit, der Pyroxen den Pyroxenit; der Magnetitanteil sammelte sich in Linsen. Auf dem Mond bildete der Anorthosit die hellen Oberflächen der Terra-Gebiete, die sich dadurch deutlich von den basaltischen Mare-Einschlägen abheben, auf denen nur selten auch herübergeschleuderte Anorthosite umherliegen.

In der **chemischen Analyse** fällt besonders auf, dass die Mondbasalte mit 40 – 44 % durchschnittlich weniger Kiesel enthalten als die irdischen (Abb. 218, S. 404). Dieser liegt bei Graniten um 70 %, bei den Basalten der Ozeanböden um 50 % und kann

Abb. 217: Terra- und Mare-Gebiete am Nordrand des Mare Imbrium (vorn), dahinter die Mond-Alpen, das Mare Frigoris und die Terrae zum Mond-Nordpol hin. Das relative Alter der Krater ist an ihrer Morphologie erkennbar: Die ältesten sind die undeutlichen größeren Krater der Terrae; danach kamen die Einschläge der Maria, wobei auch das Alpental (vorn rechts) aufriss. Es zeigt in seiner Geradlinigkeit, wie weit die Kruste bereits verhärtet war. Die Mare-Einschlagkrater wurden von Basalt überflutet, der auch z.T. randliche Krater der Terrae erfüllte – wie den großen Krater vorn links – und sehr rasch erstarrte. Danach entstanden nur noch die relativ wenigen, scharf umgrenzten Einschlagkrater. (Foto: Luna Orbiter 4, aus: Newell 1969, S. 94).

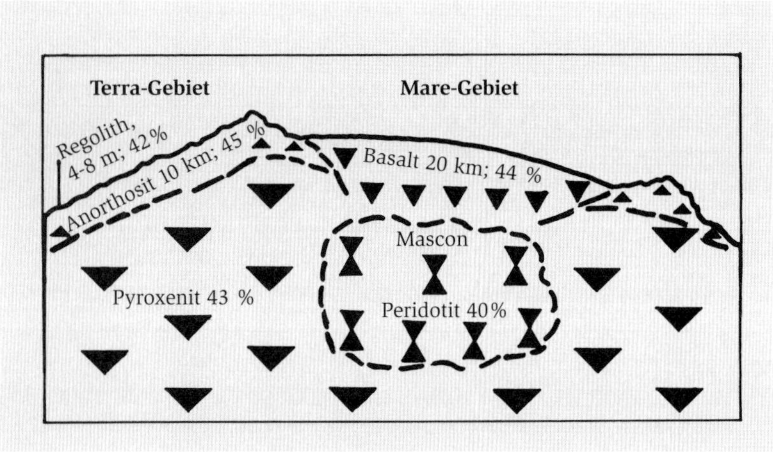

Abb. 218: Der innere Aufbau des Mondes, vereinfacht nach den Darstellungen aus der umfangreichen Spezialliteratur. Die Prozentangaben beziehen sich auf den Kieselgehalt. Den entsprechenden Aufbau der Erdkruste zeigt Abb. 76, S. 208.

an den Mittelozeanischen Rücken, wo Material aus größerer Tiefe heraufkommt, bis auf 45 oder 42 % weiter absinken. Bei den Spurenelementen sind gegenüber irdischen Basalten einige angereichert, andere wie Chrom, Vanadium und Mangan deutlich verringert, was den Gehalten im Erdmantel entspricht. Eigentlich müssten die Gehalte dieser Elemente dort höher sein, da sie sich in silikatischen Schmelzen anreichern. Ihr Fehlen begründete man damit, dass sie unter sehr hohem Druck leichter löslich sind und an eine Eisenschmelze im Erdkern gebunden sind – vorausgesetzt, die Erde hat einen Eisenkern. Der Mond hat keinen Eisenkern, was aus dem Fehlen eines eigenen Magnetfeldes geschlossen werden kann. Also müsste er nach diesem Modell im geschmolzenen Zustand mit einem eisenreichen Planeten wie der Erde einmal zusammengehangen haben. Dafür würde ebenfalls sprechen, dass der Mond noch einen Restmagnetismus hat, den er aus einem anderen Magnetfeld mitgebracht haben müsste.

Weiterhin unterscheidet sich der Mondbasalt vom Erdmantelgestein dadurch, dass er weniger Alkalien enthält und keine Mineralien mit OH-Gruppen auftreten. Das weist darauf hin, dass er sich abgelöst hat, bevor jegliches Wasser sich gesondert hatte, also vor dem Granit, der Minerale mit OH-Gruppen enthält (Abb. 136, S. 252).

Insgesamt gesehen sind die Mondgesteine mineralogisch und geochemisch mit denen des Erdmantels (bis 700 km Tiefe) praktisch gleich und könnten sich von daher aus ihm abgelöst haben. Die Unterschiede liegen im Spielraum der Entmischungsprozesse, die beim Erkalten der aufdringenden Schmelzen stattfanden. Die Silizium- und Alkali-Gehalte weisen darauf hin, dass Material aus tieferen Mantelbereichen beteiligt ist (Abb. 222, S. 415).

Was ergibt sich nun aus dem Vergleich des **inneren Aufbaus** von Erde und Mond? Heute reicht der Erdmantel bis ca. 3.000 km Tiefe; der Mond hat einen Durchmesser von 3.476 km und nur 1/49 des Erdvolumens (Abb. 208, S. 391). Wie bei der Erde kann der Aufbau des Mondes aus der Laufzeit von Bebenwellen erschlossen werden. Bei den Landungen von Apollo 12, 14 und 15 wurden auf dem Mond Seismometer aufgestellt, die Mondbeben sowie natürliche und künstliche Einschläge registrierten und zur Erde funkten. So konnte ermittelt werden, dass der Regolith der Terra-Messstelle 8 m und im Mare-Gebiet 4 m mächtig ist. Darunter folgen in den Mare-Gebieten 20 km Basalt, was sicher lokal sehr verschieden sein kann. Der Anorthosit der Terra-Gebiete bildet eine etwa 10 km mächtige Kruste. Aus Schweremessungen und Laufzeitrechnungen kann geschlossen werden, dass sich unter dem Anorthosit der Terrae und dem Basalt der Maria Pyroxenit befindet. Es ist mineralogisch denkbar, dass sich aus ihm einerseits der Anorthosit und andererseits der Basalt entmischt haben, als der Mond entstand.

Ein überraschendes Ergebnis war, dass durch die ersten Orbiter-Satelliten über den großen, runden Mare-Gebieten wie Serenitatis, Imbrium oder Crisium positive Schwere-Anomalien gemessen wurden, die durch ihre größere Anziehung zu leichten Bahnabweichungen führten. Das lässt vermuten, dass im Untergrund ein dichteres, spezifisch noch schwereres Material liegt. Diese Massen wurden Mascons genannt. Sie könnten von ihren physikalischen Eigenschaften her aus einem ähnlichen Peridotit bestehen wie jene Massen, die aus größeren Tiefen des Erdmantels heraufdringen. Sie werden auf größere Einschläge am Ende der Mondentstehung zurückgeführt. Die relativ wenigen Krater

(Abb. 217, S. 403) in den Mare-Gebieten legen nahe, dass die Mascons einschlugen, als die Terra-Kruste bereits entmischt und fester geworden war. Wenn man, wie üblich, gleichmäßige Meteoriteneinschläge annimmt, so bleibt unverständlich, warum sehr viel mehr Einschläge am Anfang der Mondbildung geschahen als später, warum sie fast nur auf der erdzugewandten Seite des Mondes eingeschlagen sind und warum dann im Basalt nicht ein höherer Nickelgehalt gefunden wird. Ich würde in den einseitigen Mare-Einschlägen mit den Mascons Restmassen aus dem Ablösungsprozess sehen, die aus dem tieferen Erdmantel erdzugewandt und zuletzt einschlugen, als die Terra-Gebiete bereits oberflächlich entmischt und verhärtet waren. Das zeigt, wie relativ rasch die Verhärtung des Mondes geschah! Seither hat es auf seiner Oberfläche fast keine Veränderungen mehr gegeben.

Nach diesem knappen Überblick wäre folgende **Entstehung des Mondes** vorstellbar (Abb. 216, S. 401). Aus einer basaltischen Ausgangsmasse entmischten sich im flüssigen Zustand der leichtere Anorthosit nach oben und der Pyroxenit nach unten; sie entgasten dabei, und die oberste Kruste unter den Terrae erstarrte sehr rasch. Dann schlugen große Massen schwereren, peridotitischen Materials ein und erstarrten als Mascons; kleinere Brocken bildeten die zahlreichen Terra-Einschläge. Der Basalt, der auch durch den Aufprall geschmolzen sein könnte, füllte die großen Einschlagkrater zu den Maria auf. Danach geschahen auf der gesamten Oberfläche nur noch wenige Einschläge, die sich durch scharf begrenzte runde Kraterformen auszeichnen. Eine Ausnahme bilden jene Einschlagkrater, von denen helle Strahlen ausgehen, wie z. B. der Kopernikus; sie sind noch jünger als die Mare-Gebiete. Eine solche Folge der Ereignisse wird auch durch die radiometrischen Altersbestimmungen der Basalte bestätigt.

Die Terrae und Maria entstanden in sehr kurzer Zeit, gemessen an der gesamten Entwicklung von Erde und Mond. Auf eine schnelle Verhärtung weisen auch die glasigen Tropfen in den Brekzien, die Kleinkörnigkeit des Basalts und die Beobachtung, dass die Dichte-Anomalien seit ihrer Entstehung erhalten geblieben sind. Insgesamt erstarrte der Mond kurz nach seiner Entstehung sehr rasch bis ins Innerste. Er ist vermutlich durch und durch kristallisiert. Auf der Erde kommt in den Vulkanen der flüssige Basalt von unten nach oben, Krater bildend, herauf; auf dem Mond entstanden die Krater durch Einschläge von außen. Echter Vulkanismus ist dort sehr selten; an einigen Stellen werden noch Gase ausgehaucht. Dort sind auch die Herde der Mondbeben. Doch ist die Seismizität des Mondes um ein Hundertfaches geringer als auf der Erde. Die tote Erstarrtheit seiner Oberfläche gilt also auch für das Innere.

Insgesamt würde der geologische und mineralogische Vergleich dafür sprechen, dass sich der Mond aus dem Bereich abgetrennt hat, welcher in der Erde etwa dem Erdmantel entspricht.

Die Verhärtung der Erdkruste

Bei den Werdeprozessen der Erde sind die Substanzen, also Basalt, Granit usw., zu unterscheiden von den **Zuständen**, die sie im Laufe der Entwicklung durchlaufen. Die Zustände beginnen in der polarischen Epoche als Wärmesphäre (s. S. 472). Es sei nochmals daran erinnert, dass die Vorgänge von der polarischen Epoche an im mineralischen Lebenszustand und physischen Formzustand verliefen (Abb. 3, S. 47), also sinnlich wahrnehmbar gewesen wären – wenn es damals schon Beobachter gegeben hätte. Die Wärmesphäre war wohl bis zur heutigen Saturnbahn ausgedehnt, wie das Steiner für die alte Saturnzeit schilderte (GA 110, 12. – 18. 4. 1909). Sie war durchlebt von seelisch-geistigen Wesenheiten einschließlich der Menschenanlagen, die darin ihren physischen Leib hatten. Man kann sich fragen, ob vielleicht im Erdkern diese Wärmesubstanz noch enthalten ist (Abb. 222, S. 415).

In einem Vortrag (GA 216, 29. 9. 1922) schildert Rudolf Steiner, wie sich die Planetensphären aus der Zusammenziehung während der Erdentwicklung in der heutigen Erde spiegeln (Abb. 219, S. 406). Die breite, tiefrote Fläche bezeichnet das Gebiet zwischen Erde und Mondbahn. «Das, was da in der Umgebung der Erde ist, findet sich abgespiegelt, aber nur verdichtet, in einer äußeren Schicht der Erde selbst. Gehen wir jetzt zu dem nächsten Planeten, der mit der Erde um die Sonne kreist, so können wir uns schematisch – es ist natürlich hier ungenau – diesen Planeten, die Venus, in ihrer Bahn

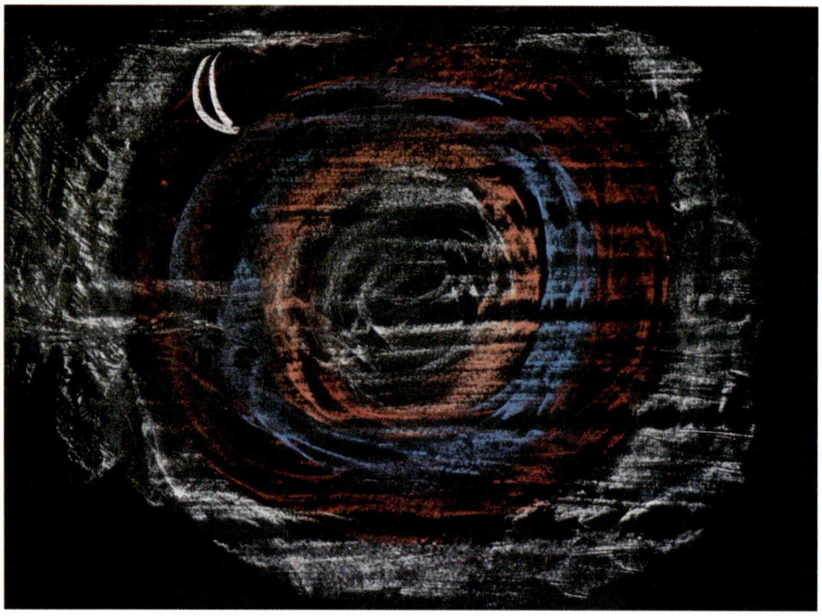

Abb. 219: Wandtafelbild zu einem Vortrag von Rudolf Steiner: Die Erde und ihr Umkreis bis zum Mond: feste Erde (weiß), flüssige Erde, Wasser (hellrot), Luft (blau), das Ganze von Feuer durchdrungen und von Feuer umgeben (tiefrot). (Wandtafelzeichnungen XI, S. 16.)

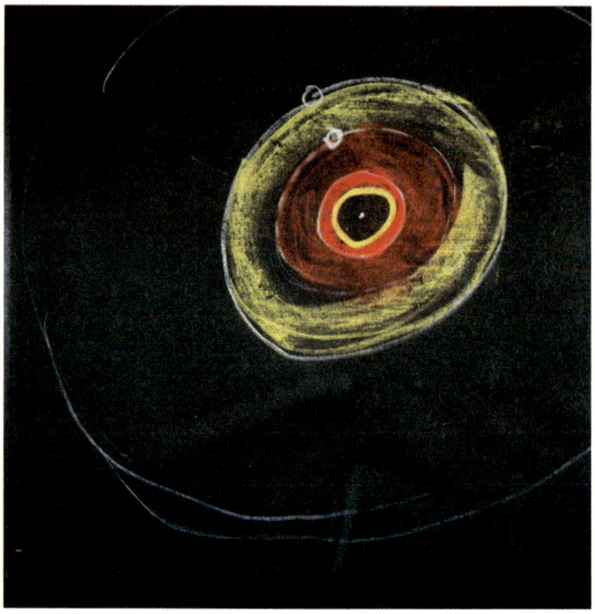

Abb. 220: Wandtafelbild zu einem Vortrag von Rudolf Steiner: Die Spiegelung des Erdenumkreises an der Erdoberfläche ins Erdinnere in der Mitte der lemurischen Epoche. (Wandtafelzeichnungen XIV, S. 47.)

vorstellen und können das, was in dem Raum auf eine luftförmige, ätherische, feinere Art eingeschlossen ist, wiederum in dieser Weise bezeichnen (gelb), und wir müssten, wenn wir die nächste Schicht der Erde zeichnen, diese Schicht wieder als eine Spiegelung dessen zeichnen, was da draußen ist (gelb). Und so würden wir die ganze Erde bekommen als ein Spiegelbild des Universums, nur dass wir immer das, was draußen in ätherischer Verdünnung, in ätherischer Flüchtigkeit ist, zusammengedrückt, verdichtet finden würden, wenn wir in die Erde hineingraben. Und wenn wir dann zu dem äußersten Umkreis des Weltalls kommen würden, so würde dieser äußerste Umkreis des Weltalls im Mittelpunkte der Erde ganz verdichtet in einem einzigen Punkte sein.» (Abb. 222 rechts, S. 415).

Was sich nach der polarischen Epoche dann zusammenzog als Wiederholung der Sonnenentwicklung wird als luftige, durchwärmte, belebte Lichtkugel der hyperboräischen Zeit beschrieben. Die folgende lemurische Epoche beginnt mit der Wiederholung des alten Mondenzustandes. Der planetarische Körper verdichtete sich bis zum Flüssigen und Festen, aber nur Verhärteten, noch nicht Kristallinen. Etwa für die Mitte der lemurischen Epoche, als der Mond gerade abgelöst war, zeichnete Steiner (GA 233, 27. 12. 1923) einen Schnitt durch drei Hüllen zwischen dem Festen der Erde und dem Mond (Abb. 220). Er schilderte wie bereits Aristoteles von dieser Lebenshülle sprach und sie als flüssig und luftig bezeichnete, «das Ganze mit dem Feuer durchdrungen und vom Feuer umgeben» (tiefrot). Die Erde reichte mit dieser Sphäre bis zum Mond hinauf, und vom Tierkreis reichte der Äther bis zum Mond hinunter. In dieser Sphäre begegneten sich «das irdisch Wärmehafte» und der Wärmeäther vom Kosmos. Lichtäther, chemischer Äther und Lebensäther waren «auch einstmals mit der Erde verbunden. Das alles ging bis zur Erde herein. Als aber der Mond sich zurückzog in der alten Entwickelung, da zog sich der Äther von der Erde zurück. ... So ist dasjenige, was äußerlich räumlich tote Welt ist, auf der Erde zunächst nicht vom Äther durchzogen»; doch wirkt er weiter in den Lebewesen.

Würde das nicht heißen, dass seit der Mondentrennung die Erde insgesamt nicht mehr belebt ist? Sie ist in ihren festen, flüssigen und luftigen Hüllen zusammengezogen, aber sie ist **Leichnam** geworden bis zur Kristallinität. Wir sehen nur noch Bilder des Lebendigen, beispielsweise in den Wirbeln der Gebirge, Ozeane oder Zyklone, im Porphyrartigen, in den Kugelbildungen. Das Leben, welches vor der Mondentrennung ausgebreitet war, zog sich in die einzelnen Ätherleiber der Organismen zurück, individualisiert, wozu am untersten Ende auch die Bakterien zu zählen wären. Der Ätherleib wirkt nun von innen. Was als Substanz herausgesetzt wird, stirbt ab und kann dann von der Geologie untersucht werden. «Die Naturwissenschaft ist dazu gekommen, das Leichnamhafte an der Natur zu betrachten. Die anthroposophische Geisteswissenschaft muss zu diesem Leichnamhaften hinzufinden die Anfangszustände, die nur im Menschen selber erhalten sind und einstmals in älteren Epochen der Weltentwickelung, der Erdenentwickelung, auch äußerlich reale waren. Einstmals waren ganz andere Prozesse Naturprozesse, Prozesse, die auch ihren Anfang in sich hatten. Heute gehen wir auf den Leichnamen desjenigen herum, was anfangs war. Aber im unteren Menschen sind die Anfangszustände bewahrt. Da kann man finden bis zum Saturnzustand hinauf, was einstmals war» (GA 326, 6. 1. 1923). Hier könnte man wiederum an die Welt der Bakterien denken, die in diesem «aktualistischen» Mensch-Erde-Vergleich angedeutet wird.

Die Erde starb ab mit der Mondentrennung! Die Folge war, dass die Lebenssphäre zerfiel, die noch nicht niedergeschlagenen Substanzen herausgesondert wurden und sich die ätherischen Kräfte in die Ätherleiber der Lebewesen konzentrierten. Durch diese geisteswissenschaftlich erforschte Tatsache lassen sich zahlreiche Phänomene verstehen, z.B. das Absterben aller Gesteinssubstanzen, die Erdöl/Erdgas-Niederschläge im ausgehenden Erdmittelalter, die Trennung der Luft- und Wasserhülle, aus denen sich ein unmittelbares ätherisches Wirken zurückgezogen hatte (s. S. 477). In allem bakteriellen Leben würde ich noch einen Rest des von außen wirkenden Ätherleibes sehen, der heute jedoch auch stärker differenziert ist als in geologischen Zeiten, zum Beispiel im Humus.

Die Konsequenzen für die Entwicklung der Menschheit schildert Steiner an verschiedenen Stellen. In einem Vortrag 1909 heißt es: «Wir wissen aber auch, dass, wenn die Erde mit dem Monde zusammengeblieben wäre, alles, was an Menschenwesen da war, verhärtet, mumifiziert worden wäre, in einen verholzten Zustand übergegangen wäre. Um das zu verhüten, musste alles, was in dem Monde an Substanzen und Wesenheiten war, erst herausgestoßen werden. ... Es gab also, während der Mond noch in der Erde enthalten war, einen solchen Zustand, welcher die weitere Menschheitsentwickelung nicht gestattete. Die physische Materie wurde immer dichter und dichter, sodass der Mensch tatsächlich einen Anlauf zu einer Verhärtung nahm. ... Es trat das ein, dass gewisse Menschenseelen, die ihren Leib verlasssen hatten, in die geistige Welt hineingegangen waren und sich wiederum neu jetzt verkörpern wollten, jetzt unten eine Menschensubstanz vorfanden, die ihnen zu hart, zu verholzt war, sodass sie sich nicht verkörpern konnten» (GA 114, 18. 9. 1909). Und Rudolf Steiner schildert weiter, wie diese Seelen vor der Mondentrennung zu anderen Planeten geführt wurden, wie die Erde verödete und schließlich nur noch ein Menschenpaar die Kraft hatte, sich zu verkörpern, das in der Bibel Adam und Eva genannt wird. Das wurde bereits bei der zeitlichen Parallelisierung dargestellt (Abb. 2, S. 44).

Die Verdichtung war auch schon vor der Mondentrennung so stark, dass das Feste in der Erdkruste sich zu bilden begann (Abb. 212, 4, S. 397). In der Aufsatzfolge *Aus der Akasha-Chronik* schildert Rudolf Steiner das mit folgenden Worten (GA 11, «Anfang der gegenwärtigen Erde. Austritt der Sonne»): «Für die Erde war die Folge des Heraustretens der Sonne eine weitere stoffliche Verdichtung. Es bildete sich fester Stoff aus dem flüssigen heraus. ... Es schied sich ein Teil von Wesen aus, der geeignet war, die derbe, feste Stofflichkeit zu bearbeiten. Und damit war für die Erde das feste Knochengerüst des mineralischen Reiches entstanden.» Und in der *Geheimwissenschaft* heißt es (GA 13, S. 245): «Auch das Mineralreich der Erde ist durch Ausstoßung aus der allgemeinen Menschheitsentwicklung entstanden. Seine Gebilde sind dasjenige, was verfestigt geblieben ist, als der Mond sich von der Erde trennte.» Wenn diese Verhärtungen «verfestigt geblieben» sind, heißt das, dass schon vor der Mondentrennung verfestigte Kontinentalgebiete an der Erdoberfläche waren. Es kann sich nur um die Granit-Gneis-Kerne des Archäikums handeln, um die sich der proterozoische Großkontinent weiter ausbildete (Abb. 223, S. 430). Damit begann am Kontinentalpol die Erdenepoche im eigentlichen Sinne, die über die Wiederholung der Mondenepoche hinausgeht, während gleichzeitig am basaltischen Pol gegenüber die Mondentrennung noch weiterging (Abb. 212, 1 u. 4, S. 397; Abb. 216: Mitte, S. 401). Die Verhärtung an beiden Polen zeigt sich in der raschen Erstarrung der Mondkruste und den ersten Verhärtungen der Granite und Gneise, die bereits im Archäikum bis zu den ältesten Quarziten umgebildet wurden. Beide Phänomene wurden radiometrisch mit etwa 3,5 Milliarden Jahren datiert. Zur Gleichzeitigkeit dieser beiden Vorgänge sagt Steiner auch an anderer Stelle eindeutig (GA 95, 31. 8. 1906): «Kurz vor der Trennung von Erde und Mond waren dichtere Einlagerungen entstanden, und nach der Trennung bildeten sich in Mensch und Tier knorpelartige Substanzen mit Anlagen zur Knochenverdichtung. ... Dem Wasser waren kleine Kontinente, inselartige Gebilde eingelagert.» Wir werden die paläogeographische und geologische Entwicklung dieser Gebiete im nächsten Abschnitt weiter verfolgen. Hier geht es zunächst um die Verhärtungsprozesse selbst, die von den geistigen Wesen bewirkt wurden, welche, noch mit den Mondenkräften verbunden, in der Erde wirkten. Die Verhärtungsphänomene in den damals entstandenen Gesteinen wurden bereits dargestellt (s. S. 333 – 337).

Mit der Mondablösung begann in der frühen Lemuris die **Umdrehung der Erde**. Rudolf Steiner begründet diese aus der Entwicklung des Menschen (GA 13, S. 226): «Man kann durchaus sachgemäß davon sprechen, dass in diesen Zeiten urferner Vergangenheit die Erde eine Tages- und eine Nachtzeit durchmacht. Physisch-räumlich drückt sich dieses dadurch aus, dass durch die gegenseitige Wirkung der Sonnen- und Erdenwesen die Erde in eine Bewegung im Verhältnis zur Sonne kommt; dadurch wird der Wechsel der charakterisierten Nacht- und Tageszeit herbeigeführt. Die Tageszeit spielt sich ab, wenn die Erdenfläche, auf welcher sich der Mensch entwickelt, der Sonne zugekehrt ist; die Nachtzeit, also die Zeit, in welcher der Mensch ein rein seelisches Dasein führt, dann, wenn diese Fläche der Sonne abgekehrt ist. Man darf sich nun allerdings nicht denken, dass in jener Urzeit die Bewegung der Erde um die Sonne schon der gegenwärtigen ähnlich war. Es waren die Verhältnisse noch ganz anders.» Das heißt auch, dass man noch nicht mit Jahren zu rechnen hat. Noch im Jura drehte sich die Erde langsamer als heute (GA 247, 20. 9. 1922).

Damit überhaupt eine Nachtzeit entstehen kann, muss die Erde für Licht undurchlässig geworden sein. In der hyperboräischen Epoche war sie noch luftförmig und damit von Wärme und Licht durchstrahlt. Substanziell wurde das kieselgetragene Peridotitische angelegt. Dann erfolgte der Marsdurchgang und prägte das Eisen hinein. Vergleicht man den durchscheinenden Olivin mit dem undurchsichtigen Basalt, sieht man, wie hier die Grenze liegt, an der die Erde lichtundurchlässig wurde. Etwa 10 % Eisen sind sowohl in dem Eisensilikat Fayalit des Olivin enthalten als auch im Pyroxen des Basaltes. Dagegen bleiben lichtdurchlässig das Magnesiumsilikat Forsterit im Olivin und der Plagioklas im Basalt. Ich könnte mir daher vorstellen, dass mit dem Marsdurchgang und dem Eiseneinschlag in der frühen Lemuris die Erde für das Licht undurchlässig wurde und damit die Voraussetzung für den Tag-Nacht-Rhythmus gegeben wurde.

Interessant ist die Ausssage Steiners in dem zitierten Text: Es gab eine «Erdenfläche, auf welcher sich der Mensch entwickelt» hat. Ich sehe darin eine Bestätigung dafür, dass die Entwicklung der Naturreiche von den Gesteinen bis zum Menschen über einem bestimmten Erdgebiet stattfand und nicht in dem gesamten oberflächennahen Erdenumkreis. Auch ein Tag-Nacht-Rhythmus kann nur wirken, wenn die Entwicklung räumlich begrenzt ist. Man kann sich also vorstellen, dass die Erde, bevor ihre Umdrehung begann, mit dem Kontinentalpol der Sonne zugekehrt war, von welcher aus die Entwicklung wesentlich bewirkt wurde. Die Absonderung der menschlichen Hüllen, was bereits als Gesteins- und Tierbildung zitiert wurde, beschreibt Steiner anschließend (s. S. 375). Sie wäre über dieser Fläche anzunehmen.

Für den früheren planetarischen Zustand des Alten Mondes schildert Steiner diese Konstellation, mit deren Wiederholung frühlemurisch gerechnet werden kann, folgendermaßen (GA 93a, 25. 10. 1905): «Der Mond drehte sich damals so um die

Sonne herum, dass er immer nur die eine Seite ihr zuwendete. Ein Mondentag dauerte also so lang wie heute ein halbes Jahr. Es entstand dadurch eine ungeheuere Glut auf der einen Seite und auf der anderen Seite eine ungeheuere Kälte.» Und ergänzend sagt er (GA 94, 12. 6. 1906): «Die Mondrotation um die Erde ist eine Fortsetzung dieser Bewegung, wie sie einstmals um die Alte Sonne vollführt wurde. Diese beiden Gestirne verbanden sich am Anfang und am Ende dieser kosmischen Periode, wie sich die Erde, der Mond und die Sonne am Anfang der Erdperiode miteinander verbanden und sich am Ende wiederum vereinigen werden.» Betrachtet man unter diesem Aspekt die Abbildungen 216 (S. 401) und 224 (S. 430), so wird deutlich, dass die Erdachse wahrscheinlich senkrecht zu der gezeichneten Stellung gelegen hat. Das hieße auch, dass sie von Anfang an ähnlich lag wie heute.

Nach dieser Darstellung würde naheliegen, dass sich die Erde erst mit dem Archäikum langsam zu drehen begann. Das steht im Widerspruch zu den rein physikalisch begründeten Ansichten der Erdentstehung, die aufgrund des Kant-Laplaceschen Modells heute gelten. Danach wäre gerade die Rotation notwendig, um die Verdichtung der kosmischen Staubwolke und ihre Aufheizung zu verursachen. Die Vorstellungen stehen ebenfalls im Konflikt mit dem Modell einer früheren Mondtrennung durch Rotation (s. S. 401), bei dem sich die Erde schneller gedreht haben müsste. Sie widersprechen der Annahme, dass die Rhythmen tierischer Kalkschalenbildung im Devon oder die zahlreichen Sedimentationsrhythmen Jahresrhythmen entsprechen. Nimmt man dagegen eine langsam beginnende Rotation an, wäre an Rhythmen zu denken, die zwischen Tagen und Jahren lägen. Erst mit dem Abschluss der Mondentrennung im Permokarbon könnten sich die heutigen Verhältnisse weitgehend eingespielt haben. Spätestens seit der Mitte der Atlantis, also dem Tertiär, ist sicher mit Jahren zu rechnen, wenn auch nicht mit Jahrmillionen (Abb. 2, S. 44).

Verhärtung, Vulkanismus und Erdbeben

Die außerordentlich starke Tendenz zur **Verhärtung** ist eine sehr wichtige Eigenschaft der basaltischen Lava (Abb. 89, S. 223). An ihrem Charakter lässt sich noch viel von dem erfahren, was verhärtende Mondenkräfte sind. Die Erstarrungszeit reichte nicht zur Bildung sichtbarer Kristalle aus. Die sich noch absondernden Gase konnten bald nicht mehr entweichen und wurden als Blasen eingeschlossen. Deshalb ist die Lava oberflächennah porös. Die Masse wurde glasig bis mikrokristallin; sie erscheint «hornartig», wie Steiner sagt und zerbricht spröde klirrend. Ein wenig tiefer konnten sich die Gase vor der Verhärtung nicht mehr entmischen, und die Masse wurde zum kleinkristallinen Basalt. Ein **Lavafluss** verkrustet immer sofort auf seiner Oberfläche und an seinen Rändern. Dadurch erhöht er sein Flussbett – im Gegensatz zum Wasser. Kann die Masse vorn noch ausfließen und lässt der Strom von hinten nach, so bilden sich Lavatunnel. Die gewaltige Hitze darin schmilzt die Wände an, und es entstehen Tropfen, die wie Stalaktiten von Decke und Wänden herabhängen, aber ebenfalls sofort wieder erstarren. Die sich immer wieder neu bildenden spröden Oberflächenkrusten zerbersten leicht durch nachdrängende Massen, werden zusammengeschoben, zu bizarren Formen aufgetürmt und machen ein solches Lavafeld nahezu unpassierbar (Abb. 221, S. 411).

Goethe schilderte in der *Italienischen Reise* seine Eindrücke an einem Lavastrom, den er am 20. März 1787 beobachtete, als er zum dritten Mal den Vesuv bestieg: «Wir gingen mutig auf einen ungeheuren Dampf los, der unterhalb des Kegelschlundes aus dem Berge brach, bis wir endlich unter klarem Himmel aus dem wilden Dampfgewölke die Lava hervorquellen sahen. Man habe auch tausendmal von einem Gegenstande gehört, das Eigentümliche desselben spricht nur zu uns aus dem unmittelbaren Anschauen. Die Lava war schmal, vielleicht nicht breiter als zehn Fuß, allein die Art, wie sie eine sanfte, ziemlich ebene Fläche hinabfloss, war auffallend genug: denn indem sie während des Fortfließens an den Seiten und an der Oberfläche verkühlt, so bildet sich ein Kanal, der sich immer erhöht, weil das geschmolzene Material auch unterhalb des Feuerstroms erstarrt, welcher die auf der Oberfläche schwimmenden Schlacken rechts und links gleichförmig hinunterwirft, wodurch sich denn nach und nach ein Damm erhöht, auf welchem der Glutstrom ruhig fortfließt wie ein Mühlbach» (HA, Bd. 11, S. 215). Dieser effusive, ausfließende Vulkanismus hat außer durch seine versengende Hitze eigentlich wenig Zerstörerisches. In Island wurde ein Lavastrom sogar durch Abkühlung mit Wasser aufgehalten. Die rasch fließende Lava kann weite Flächen überdecken. Die bedeutendsten Überflutungen von basaltischem Material sind an der Wende Kreide/Tertiär weltweit als Plateau- oder Flutbasalte ausgeflossen (Abb. 236, S. 444). Sie müssen jedoch vom effusiven Vulkanismus unterschieden werden.

Etwas anderes ist der **explosive Vulkanismus** mit seinen verheerenden Ausbrüchen und alles verschüttenden Aschemassen. Wie kommt es dazu? Die Eigenschaft des Basaltischen, unmittelbar zu erstarren, führt dazu, dass ein Vulkanschlot im oberen Bereich sofort verstopft, sobald die Lava nicht mehr ausfließt. Wenn der Druck der nachdrängenden Massen stark genug geworden ist, kann der ganze Berg explodieren, was zu spektakulären Ausbrüchen führt und weite Flächen mit Asche und basaltischen Brocken überdeckt. Die Vorstellungen von Vulkanismus sind somit vor allem von den explosiven Ereignissen geprägt. Sie treten weltweit nur punktuell auf, und es werden geologisch gesehen nur geringe Massen gefördert – sehr viel weniger als bei den effusiven Ereignissen.

Die basaltische Gesteinsmasse wird sehr viel zähflüssiger, weil sie auf ihrem Weg nach oben die kontinentale Kruste durchschlagen muss und dabei Gesteinsmaterial aus dem Grund- oder Deckgebirge aufschmilzt. Durch den höheren Kieselgehalt entstehen andesitische Gesteine (s. S. 424), die Lava wird zäher, und die vulkanische Tätigkeit zunehmend explosiv. Die meisten explosiven Vulkane liegen auf den Kontinenten oder an deren Rändern. Wenn der Eruptionsweg durch den explosiven Ausbruch freigeräumt ist, fließt die Lava relativ ruhig aus dem Schlot oder aus breiteren Spalten. Wo keine verhärtenden Krusten durchschlagen oder keine quarzreichen Gesteine aufgenommen wurden, wie z.B. auf Hawaii, können sich sogar im Krater Lavaseen bilden, die nur dann, wenn Gase entweichen, fontänenartig aufspritzen.

Der explosive Vulkanismus führt landschaftlich zu Kegelbergen, die mitunter auf der Windseite sichelförmig offen sind und leicht wieder bewachsen werden, während die Lavaströme weite, flach abfallende Ebenen bilden, auf deren Krusten Pflanzen nur schwer anwurzeln können. Das explosive Durchbrechen ist also eine direkte Folge der Verhärtungsprozesse, sowohl bezüglich der Erdkruste als auch der Eigenschaften der Lavamassen. Hier liegt der Zusammenhang zwischen dem von unten aufdrängenden Vulkanismus, den verhärtenden Mondenkräften und dem Charakter des Basaltischen. Wiederum hat **Goethe** das, zunächst am Vesuv, als sichtbare Imagination erlebt – ähnlich wie schon die Lebenssphäre der Erde auf dem Brocken (s. S. 192). In eindrucksvollen, treffenden Worten hat er dieses Erlebnis in der *Italienischen Reise* geschildert, in genialer Ahnung im zweiten Teil des *Faust* künstlerisch gestaltet.

Am 2. Juni 1787 nahm Goethe auf dem Heimweg nach Weimar Abschied von Neapel. Ein letztes Mal sah er den Vesuv und die Lava «auf ihrem glühenden ernsten Wege». «Sehnsuchtsvoll blickte ich nach dem Dampfe, der, den Berg langsam hinab nach dem Meer ziehend, den Weg bezeichnete, welchen die Lava stündlich nahm» (HA, Bd. 11, S. 345). Am Abend war Goethe zur Herzogin von Giovane eingeladen, wo er Folgendes erlebte: «Wir gingen im Zimmer auf und ab, und sie, einer durch Läden verschlossenen Fensterseite sich nähernd, stieß einen Laden auf, und ich erblickte, was man in seinem Leben nur einmal sieht. Tat sie es absichtlich mich zu überraschen, so erreichte sie ihren Zweck vollkommen. Wir standen an einem Fenster des oberen Geschosses, der Vesuv gerade vor uns; die herabfließende Lava, deren Flamme bei längst niedergegangener Sonne schon deutlich glühte und ihren begleitenden Rauch schon zu vergolden anfing; der Berg gewaltsam tobend, über ihm eine ungeheure feststehende Dampfwolke, ihre verschiedenen Massen bei jedem Auswurf blitzartig gesondert und körperhaft erleuchtet. Von da herab bis gegen das Meer ein Streif von Gluten und glühenden Dünsten; übrigens Meer und Erde, Fels und Wachstum deutlich in der Abenddämmerung, klar, friedlich, in einer zauberhaften Ruhe. Dies alles mit einem Blick zu übersehen und den hinter dem Bergrücken hervortretenden Vollmond als die Erfüllung des wunderbarsten Bildes zu schauen, musste wohl Erstaunen erregen. … Wir hatten nun einen Text vor uns, welchen Jahrtausende zu kommentieren nicht hinreichen. Je mehr die Nacht wuchs, desto mehr schien die Gegend an Klarheit zu gewinnen; der Mond leuchtete wie eine zweite Sonne; die Säulen des Rauchs, dessen Streifen und Massen bis ins Einzelne deutlich, ja, man glaubte mit halbweg bewaffnetem

Abb. 221: Die Formen einer Vulkanlandschaft am Beispiel der kanarischen Insel Lanzarote. Blick vom Rand eines explosiv entstandenen Kraters, aus dessen Schlot in der Mitte unten Lavaströme hervorquollen, welche weite Flächen überfluteten. Im Mittelgrund weitere explosive Krater; ganz im Hintergrund Teile des gehobenen Inselkernes, der aus Plateaubasalten besteht.

Auge die glühend ausgeworfenen Felsklumpen auf der Nacht des Kegelberges zu unterscheiden.» (HA, Bd. 11, S. 345f.).

Schon vorher, am 30. Mai, hatte er sich von der Hafenmole aus in das Bild vertieft: «Nachts durch die Stadt spazierend, gelangt' ich zum Molo. Dort sah ich mit einem Blick den Mond, den Schein desselben auf den Wolkensäumen, den sanft bewegten Abglanz im Meere, heller und lebhafter auf dem Saum der nächsten Welle. Und nun die Sterne des Himmels, die Lampen des Leuchtturms, das Feuer des Vesuvs, den Widerschein davon im Wasser und viele einzelne Lichter ausgesät über die Schiffe.» (HA, Bd. 11, S. 342).

Im zweiten Teil des *Faust*, in der Szene «Am oberen Peneios» der Klassischen Walpurgisnacht, wird die Entwicklung des Menschen im Zusammenhang mit der Erde dargestellt (Bosse 1995). Im Gegensatz zu den ruhigen Vorgängen der Menschenbildung erscheint das Erdbeben persönlich als Seismos (Vers 7519 – 7585) und stemmt ein Gebirge herauf: «Noch drängt sich Fels auf Fels bewegt heran.» Die Sphinxe aber wirken entgegen und bringen die Bewegung zur Ruhe. Anaxagoras beschwört die drei Eigenschaften des Mondes – Diana, Luna, Hekate – und ruft ihn zu Hilfe (7901 – 7947). Ein Stein kommt herabgeflogen – «der Fels war aus dem Mond gefallen», und Homunculus stellt fest:

«Doch muss ich solche Künste loben,
Die schöpferisch, in Einer Nacht,
Zugleich von unten und von oben
Dies Berggebräu zustand gebracht.»

Goethe schildert hier – vorahnend in einem Wahrbild – den wesensmäßigen Zusammenhang von

Vulkanismus, Erdbeben, Gebirgsbildung, Mondenkräften und Basaltischem, die von unten und von oben wirken.

Auch die **Erdbeben** gehören in den Zusammenhang der Verhärtungsphänomene. Alle Vulkanausbrüche sind mit Erdbeben verknüpft und können dadurch auch bis zu einem gewissen Grade vorhergesagt werden. Der Druck aus dem Erdinneren erhöht sich, bis die verhärteten Krusten zerbrechen. Die Druckkräfte von unten überwiegen gegenüber der Erstarrung der Kruste. – Eine zweite Gruppe von Erdbeben ist die häufigste; sie hängt ebenfalls mit der Verhärtung zusammen. Sie entstehen vor allem rund um den Pazifik, wenn die verhärteten Platten des pazifischen Ozeanbodens unter die Kontinente geschoben werden (Abb. 233, S. 441). An den Reibungsflächen kann sich sehr hoher Druck aufbauen, der dann schlagartig gelöst wird, unberechenbar und mit hohen Temperaturen verbunden. Die meisten Bebenherde liegen im Bereich der Erdkruste; sie reichen bis etwa 400 km Tiefe, einige bis 700 km, was vermuten lässt, dass bis zu dieser Tiefe noch quasi «feste» Zustände erhalten bleiben können.

Bei diesen plötzlichen Entspannungen entstehen hauptsächlich zwei Arten von Druckwellen. Die schnelleren Primärwellen bewirken, dass sich das Gestein in Laufrichtung der Wellen sehr rasch ausdehnt und zusammenzieht. Die Folge ist, dass z.B. Spalten aufreißen, in die Menschen oder Wände hineinstürzen, und im nächsten Augenblick sich wieder schließen. Die nachfolgenden Sekundärwellen schwingen senkrecht zur Fortpflanzungsrichtung. Sie gehen nicht durch den Erdkern, während die primären Wellen hindurchgehen. Überall, wo die Wellen gebrochen werden oder sich überlagern, wie z.B. an der Erdoberfläche oder an Schichtgrenzen des Erdinneren, können weitere Schwingungsarten entstehen. Zum Beispiel werden bei einer Wellenlänge von 20 m Häuser an einer Ecke 30 – 50 cm ungleichmäßig angehoben und 2 Sekunden später um einen ähnlichen Betrag gesenkt. Das überstehen nur in sich genügend versteifte oder sehr locker gefügte Bauwerke. Die Bewegungen werden von einem dumpfen, donnerartigen, gespenstischen Grollen und Bersten begleitet; Bäume schwanken einen Moment lang wie im Sturm; Staubwolken und Erdrutsche können entstehen. Kommen die Wellen von der festen Kruste ins Meer, so entstehen die Tsunamis, so genannte Seebeben, bei denen aber nicht die See bebt, sondern etwa 30 m hohe Wellen mit 300 m Wellenlänge entstehen, die mit 700 bis 1000 km pro Stunde den Ozean überqueren. Ein Warnsystem hat seit 1960 rund um den Pazifik dazu beigetragen, dass die Tsunami-Schäden gering blieben. Alle weiteren physischen Phänomene von Erdbeben und erstrecht die verheerenden Wirkungen für den Menschen sind oft beschrieben worden.

Die **seelischen Wirkungen** für den Menschen charakterisieren das Wesenhafte der Erdbeben weiter, welches durch die Geisteswissenschaft noch verständlicher werden kann. Zwei klassische Äußerungen führen in diese Richtung. Charles Darwin schilderte, was er 1835 bei seiner Weltreise mit der Beagle in Chile erlebt hat: «Ein heftiges Erdbeben zerstört mit einem Schlage alle gewohnten Vorstellungen, dass nichts so sicher und fest sei wie die Erde, die wir bewohnen; nun schwankt plötzlich der Boden unter unseren Füßen wie eine dünne Kruste über einer unsicheren Flüssigkeit. Eine einzige Sekunde dieses Bebens ruft ein ganz fremdartiges Gefühl der Unsicherheit hervor.» Und Alexander von Humboldt schreibt in seinem Kosmos: «Alle Zeugnisse unserer Sinne haben den Glauben an die Unbeweglichkeit des Bodens, auf dem wir stehen befestigt. Wenn nun urplötzlich der Boden erbebt, so tritt geheimnisvoll eine unbekannte Naturmacht als das Starre bewegend, als etwas Handelndes auf. Ein Augenblick vernichtet die Illusion des ganzen früheren Lebens. Das Erdbeben stellt sich als etwas Allgegegnwärtiges, Unbegrenztes dar... man glaubt sich überall, wohin auch die Flucht gerichtet sei, über dem Herd des Verderbens.» Auch andere Berichte bestätigen, dass Angst und Schrecken weniger davon ausgehen, dass Häuser oder materielle Werte zerstört werden, sondern dass es unser selbstverständliches Lebensgefühl ist, welches tief verunsichert wird. Das führt uns zu der Frage, welche Kräfte und geistigen Wesenheiten hinter dem wirken, was der Mensch als verhärtet erlebt und dem er sich gegenüberzustellen vermag.

Treffende Schilderungen dessen, was ein Mensch seelisch bei einem Vulkanausbruch erlebt, findet man selten in der umfangreichen Literatur. Eine der besten Schilderungen stammt von dem französischen Geologen Haroun Tazieff (1956), der nicht nur die seelischen Erlebnisse, sondern auch die irdischen Fakten sachgemäß und anschaulich schildert. Er findet treffende Worte für den Widerstreit zwischen den überwältigenden, fesselnden Eindrücken einer ungeheuerlichen Pracht und der panischen Todesangst vor der elementaren Gewalt glühender Lavabrocken; und dazu die wissenschaftliche Nüchternheit eines registrierenden Beobachters. Er nennt sein Buch *Tore der Hölle,* vergleicht mit «Hexenkesseln», Goethe spricht vom «Höllenbrudel»; Cesar Manrique in Lanzarote wählte den Teufel als Wahrzeichen des Vulkanischen – Künstler und auch Naturvölker erleben noch diffus, dass in Vulkanausbrüchen und Erdbeben etwas geistig Wesenhaftes wirksam ist.

Die Geisteswissenschaft ermöglicht eine genauere Erkenntnis. Zunächst muss unterschieden werden zwischen den Wesenheiten, welche die regelmäßige Entwicklung der Welt lenken, und denen, welche als luziferische und ahrimanische Wesen zurückgeblieben sind und zerstörerisch hineinwirken. Die Aufgabe des Bösen hat Steiner bei vielen Gelegenheiten differenziert beschrieben; bezüglich unseres Themas sagt er (GA 120, 22. 5. 1910): «Alles, was zur regelmäßigen Fortentwicklung führt, gehört den Kräften der Erde selber an. Wenn der Vulkan seine Laven hinausschleudert, so wirken darin Kräfte, welche als verspätete Kräfte vom Alten Mond mit herüber gebracht worden sind, damit sie Korrektur schaffen im Erdenleben.» Geologisch gesehen wäre also zu unterscheiden zwischen den irregulären Mondenkräften, die im Basaltischen, verborgen unter Kontinent und Ozean, unberechenbar wirksam sind, und den regelmäßigen Entwicklungskräften der Erdenepoche vom Granit bis zum Menschen. Damit wird die Polarität Granit ↔ Basalt noch von anderer Seite her verständlich (s. S. 362, 368).

Rudolf Steiner unterscheidet bei dem Wirken der höheren Hierarchien zwischen dem **Verdichtungsprozess** der Erde zum Festen, welcher mit den Geistern des Willens zusammenhängt, und den darin auftretenden Formen, d.h. dem Kristallisationsprozess, welche durch die Geister der Form bewirkt werden. Dieser Unterschied wurde bereits für die Gesteinsbildung an Beispielen dargestellt (Abb. 189, S. 334). Steiner führt aus (GA 122, 22. 8. 1910): «In diesem Verdichten selber liegt ein geistiges Weben und Wesen, liegt eine geistige Tätigkeit. ... In diesem Festen wirken Kräfte, die einzig und allein möglich machen, dass dieses Feste existiert. ... Hinter allem, was uns als Festes entgegentritt, wirken und weben die Geister des Willens, die Throne.» Sie haben, unabhängig vom Substanziellen, diese sehr dünne, verhärtete Grenzfläche der Erdkruste als Zustand bewirkt.

Steiner schildert die Erdkruste, wie bereits erwähnt, als Spiegel (Abb. 220, S. 406) zwischen dem, was sich von außen herein verdichtete, und dem, was vom Erdmittelpunkt aus während der Wiederholungsepochen zurückblieb vom wärmehaften Saturnzustand, vom luftigen Sonnenzustand und vom Flüssigen des Mondenzustandes, der die Verhärtung bis zum Festen trieb. Der Erdenzustand führt mit der Kristallinität darüber hinaus, indem die verhärtende Substanz von Formen durchdrungen wird. So ist auch zu verstehen, was die Genesis (1. Moses 1, 7) für den so genannten zweiten Schöpfungstag beschreibt, dass nämlich die Elohim, die Geister der Form, eine «Feste» zwischen den Wassern bildeten. Rudolf Steiner sagt zu dieser Feste (GA 122, 19. 8. 1910): «Mit dem, was dazwischen ist, ist nichts gemeint, was man mit der Hand anfassen kann, sondern es ist eine Scheidung vollzogen in Bezug auf zwei Kraftcharaktere ... die Auseinanderscheidung zweier Kraftrichtungen.» Dieser Vorgang ist äußerlich vergleichbar den Wolken, die aufsteigen oder sich unten sammeln. Sie halten sich am Spiegel der kristallinen Erdkruste die Waage, was Steiner so charakterisiert (GA 121, 11. 6. 1910): Wenn von unten «die Kräfte allein wirken, würden sie den Menschen mit rasender Schnelligkeit in den Raum hinausschleudern. Dass er auf dem festen Boden stehen kann, das verdankt er dem Umstande, dass aus dem Weltenraum von allen Seiten andere Kräfte hereinstrahlen. Immerfort begegnet sich die Sphäre der hereinstrahlenden Kräfte mit derjenigen der herausstrahlenden Kräfte, und da, wo sie zusammenkommen, bilden sie sozusagen eine Grenze, und das ist die Oberfläche der Erde.» In den Kräften, die von unten herauf gerichtet sind, wirken die Geister des Willens und von oben herunter die Geister der Bewegung. Wenn jedoch nur diese beiden Kräfte wirken würden, wäre die Erdoberfläche in fortdauernder Bewegung. Steiner nennt als Beispiel die Bildung der Alpen, die als «zähflüssige Wellen» von Süden nordwärts gegen «ältere Erhebungen, die damals schon fest geworden waren», aufgeworfen wurden (Abb. 232, S. 438; Abb. 235, S. 443). Das hätte immer weitergewirkt. Doch können wir uns vorstellen, «dass diese Geister der Form, gleichsam auf den Wellen tanzend, die bewegten Massen zur Ruhe bringen, in Formen gießen, sodass wir also ein Zusammenwirken von dreierlei Kräften zu verzeichnen haben». Die Geister der Form wirken im Wärmeelement, das ja alle Substanzen und Räume durchdringt. Kristallisation setzt ein, wenn die Substanz sich abkühlt. «Alles Feste hat den Drang, kristallinisch zu sein. Was feste Materie ist, drängt nach Kristallgestalt, drängt nach Form ... Dadurch, dass es gestaltet erscheint, dass gleichsam in dieser Grundsubstanz immer Gestalten geformt werden, kündigt es sich an als äußere Offenbarung der Elohim ... Wenden Sie also den Blick auf das Drängen nach kristallinischer Gestalt im Umkreise, dann haben Sie auf einer unteren Stufe das, was in dem Schießen in die Kristallgestalt äußerlich die Kräfte manifestiert, die da weben und walten in der Substanz der Throne als die Elohim selber, als die Geister der Form» (GA 122, 22. 8. 1910). Es ist beobachtbar in der verhärtenden Substanz als Kristallisation.

Man fühlt sich auch an Worte Goethes aus dem Jahr 1817 erinnert (Goethe 1994, S. 170): «Alles Materielle kommt uns formlos vor, wenn wir unaufmerksam sind. Aber es hat eine unwiderstehliche Neigung, sich zu gestalten», aus dem «freien», flüssigen Zustand in den «gedrängten» überzugehen, d.h. in «das Aufgelöste vor seiner Erstarrung», schließlich in den «gehäuften, wenn das Erstarrte einzeln teilweise sich berührt, ohne ineinander zu greifen». Aus diesen drei Zuständen geht das Materielle in den geformten, kristallinen Zustand. In einem anderen Zusammenhang betont Goethe extra (ebenda, S. 297): «Solideszenz ist mit Erschütterung verbunden» und kann auch durch Erschütterung bewirkt werden. Er schloss daran Beobachtungen an den chladnischen Klangfiguren, rhythmischen Farberscheinungen der Polarisation an Mineralen, Brechungsphänomenen des Lichtes und an Gängen. Er erwähnte in diesem Zusammenhang (ebenda, S. 300), dass es ihm um «eine reine methodische Analogie» gehe, «wodurch Erfahrung erst belebt wird, indem das Abgesonderte und entfernt Scheinende verknüpft, dessen Identität entdeckt und das eigentliche Gesamtleben der Natur empfunden wird». Goethe ahnte wiederum, wo die Ursachen wirklich zu suchen sind, die der Verhärtung und Kristallgestaltung und damit auch den Phänomenen von Erdbeben und Vulkanismus zugrunde liegen. Die geisteswissenschaftliche Forschung ermöglicht durch das, was bereits über die gestaltenden Kräfte des Klanges erwähnt wurde (s. S. 348), die tieferen Zusammenhänge zu verstehen.

Erdmantel und Erdinneres

Mit Hilfe von Bohrungen, geophysikalischen Reflexionsmessungen und den entsprechenden geologischen Extrapolationen können wir uns vom Aufbau der Erde einigermaßen zuverlässige Vorstellungen bilden. Sie erfassen im Grundgebirge 1 bis 2 km und im Deckgebirge vielleicht 6 bis 10 km Tiefe. Auch wenn Tiefenbohrungen 9 km überschreiten – in Deutschland sind es etwa sieben –, bleiben die Ergebnisse speziell an wenige Punkte gebunden. Bei 6.370 km Erdradius ist das verschwindend wenig. Was darunter folgt, wissen wir nur aus dem, was Erdbebenwellen erzählen können, d.h. wie ihre unterschiedlichen Laufzeiten im Laborvergleich physikalisch interpretiert werden. Mit einiger Sicherheit kann nur geschlossen werden, dass die Erde aus verschiedenen **Schalen** (Abb. 76, S. 208 u. Abb. 222) aufgebaut ist, die durch Übergangszonen getrennt werden, in denen sich die Laufzeiten der Wellen ändern. Ob es sich bei diesen Schalen aber um verschiedene Zuständen oder verschiedene Substanzen oder um beides handelt, kann nicht sicher gesagt werden. Die sechs bis zehn Modelle vom Aufbau des Erdinneren, von denen jedes sehr glaubhaft erscheinen will, hängen von den Voraussetzungen ab, unter denen sie aufgestellt werden.

Das trifft auch für die **Erdwärme** zu. Die obersten Meter der Erdkruste sind überall auf etwa 8° C abgekühlt. Darunter nimmt die Temperatur differenziert zu: in alten Kernen wie in Südafrika um 1° auf 100 Meter; in Deutschland um 1° auf 30 m; in vulkanischen Gegenden wie in Island kann schon in wenigen Metern Tiefe 100° C herrschen. Ein Lavasee hat an der Oberfläche 1100° bis 1200° C; etwas tiefer in der flüssigen Lava nimmt die Temperatur aber ab, was darauf zurückgeführt wird, dass sich die

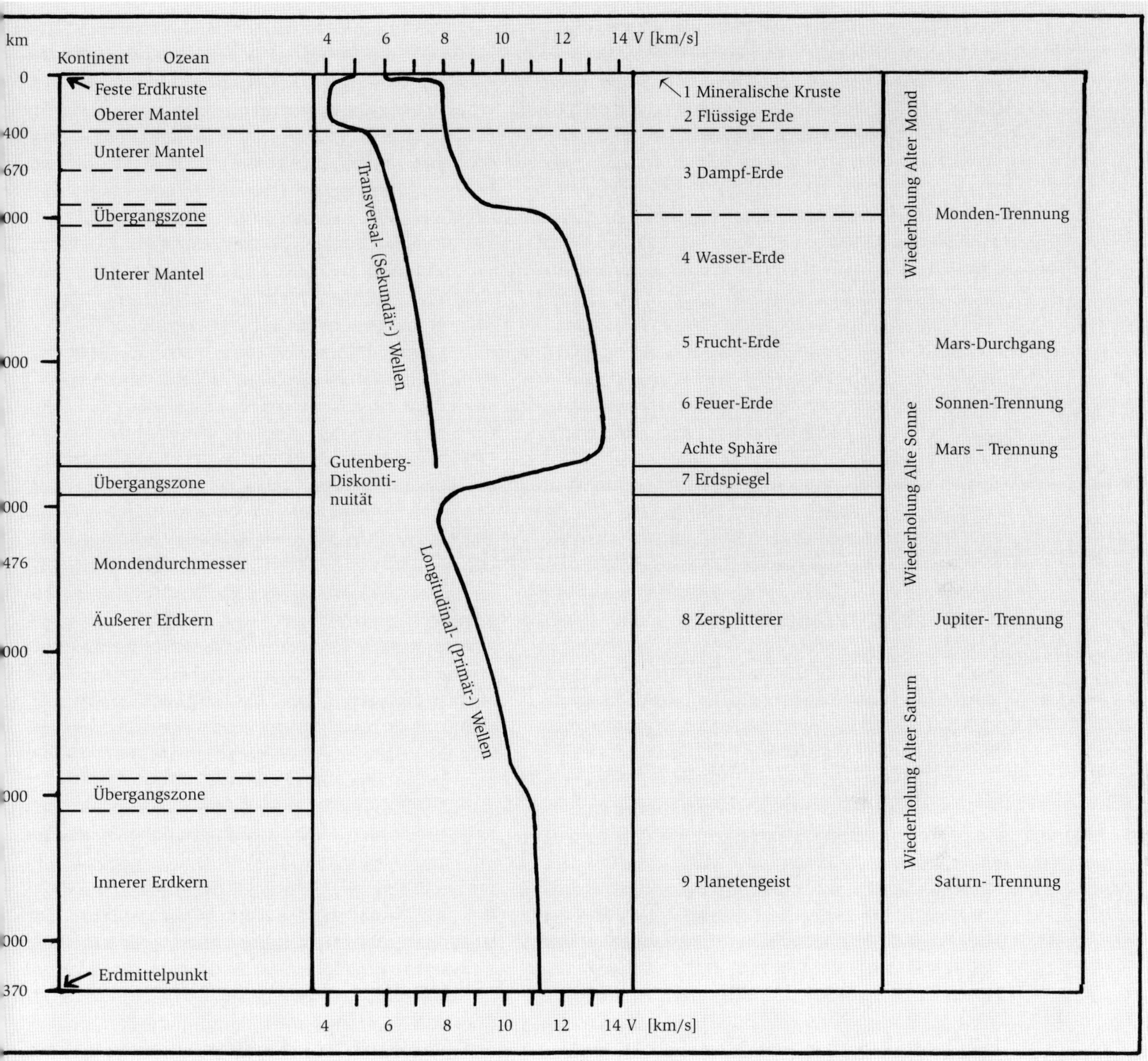

Abb. 222: Zusammenfassendes Schema vom inneren Aufbau der Erde, die Laufzeiten der Erdbebenwellen und Versuch, die Forschungsergebnisse der Geophysik mit denen von Rudolf Steiner zu vergleichen. Erläuterungen im Text. Zu den Trennungen der Planeten siehe Abb. 215, S. 400; zum Marsdurchgang S. 380 und S. 408; zu den planetarischen Entwicklungen S. 150 – 152.

basaltische Masse, vom Druck entlastet, entmischt, wodurch Wärme und Gase entweichen. Die weiteren Extrapolationen der Geophysik kommen im unteren Erdmantel auf Temperaturen von 2800 – 4500 °C und im Erdkern auf 3500 – 5500 °C und einen Druck von 3,5 bis 4 Millionen Atmosphären. Das sind allerdings alles Beträge, welche einen ähnlichen Erkenntniswert haben wie die «Jahrmillionen» bei der Zeitrechnung.

Es gibt ein interessantes Phänomen, welches Rückschlüsse auf die Abkühlung der Erde und die Tiefe der Vulkanherde ermöglicht. Auf Lanzarote beispielsweise, aber auch an anderen Orten, enthalten die tertiären Basalte den Olivin nur als kleine Mineralkörnchen. Die nacheiszeitlichen Laven führen jedoch zahlreiche Olivinknollen (Abb. 93, S. 223), die aus der Peridotitschicht unter der Basaltschicht stammen. Eine weitere Beobachtung dazu erwähnt Wimmenauer (1985, S. 207 u. 358); er fand, dass Olivinknollen fast ausschließlich in Alkali-Olivin-Basalten vorkommen, d.h. solchen, die in kontinentalen Gebieten aufdringen, während sie in ozeanischen Basalten fehlen. Daraus könnte man schließen, dass die Vulkanherde unter Ozeanen noch in der Basaltschicht liegen, während sie unter Kontinenten oder ihrem Rand heute bereits in die Peridotitschicht abgesunken sind, weil die Erde inzwischen weiter abgekühlt ist.

Über den Zustand unter der Basalt- und Peridotitschicht lassen sich auch nur Vermutungen anstellen. Die Asthenosphäre unter der Erdkruste wird als «flüssig» bezeichnet, und es wird angenommen, dass die Kontinentalplatten darauf «schwimmen». Das sind aber nur relative Bestimmungen, bezogen auf Dichtewerte und lange erdgeschichtliche Zeiträume. Der Gedanke beruht vor allem darauf, dass eine rein mechanische Ursache für den Transport der Kontinentalplatten benötigt wird, da eine seelisch-geistige nicht anerkannt werden kann (s. S. 435).

Der Druck in 500 km Tiefe wäre vermutlich schon so groß, dass wir uns einen Zustand vorstellen müssten, der fest, flüssig, gasförmig und heiß zugleich ist, also eine heiße, gasförmige Masse, die unter Druck eigentlich flüssig ist, aber wie ein fester Stoff reagiert. Etwas davon war vielleicht bei dem Ausbruch des Mont Pelée auf Martinique 1902 zu beobachten, als eine Glutwolke vom Krater in einem Tal wie eine Flüssigkeit herabfloss und alles niederwälzte, als wären es feste Massen; aber es blieb nur eine dünne Staubschicht liegen.

Auch über die **Substanzen** unter dem Peridotit, also unter etwa 400 bis 600 km Tiefe, können nur Vermutungen angestellt werden. Das gilt für den «Eisen-Nickel-Kern» ebenso wie für den «festen» Zustand des Erdkerns und andere Modelle, die alle von den Voraussetzungen abhängig sind, unter denen sie aufgestellt werden. Unterhalb von dem, was während der Erdenentwicklung im eigentlichen Sinne aus der Lebenssphäre hervorgegangen ist und uns umgibt, bilden die Basalt- und Olivinschicht unter den Kontinenten und Ozeanen verborgene, einheitlich rund um die Erde ausgebildete Schalen. Diese Schichten müssten sich nacheinander aus der Lebenssphäre der Erde von außen nach innen hin abgesondert haben, bevor mit dem Niederschlag der kontinentalen Gesteine die eigentliche Erdepoche begann. Der basaltische obere Erdmantel und die Peridotitschicht könnten somit der Wiederholung der Mondenentwicklung in der frühen Lemuris entsprechen.

Wir kommen damit zu den Darstellungen des Erdinneren durch Rudolf Steiner. Anlässlich des Vesuvausbruchs Ostern 1906 sprach er über Vulkanismus, später auch über Erdbeben und über den inneren Schichtenbau der Erde, wobei sich die Themen stets auch durchdringen.*

Rudolf Steiner schildert keine geologischen Verhältnisse, sondern die seelisch-geistigen Qualitäten von **neun Schichten des Erdinneren**, besonders insofern sie eine Beziehung zum Menschen haben. Der Erkenntnisaspekt entspricht der Situation der naturwissenschaftlichen Forschung: «Dabei will ich im voraus bemerken, dass es auch unter Okkultisten zu den schwierigsten Aufgaben gerechnet wird, über den geheimnisvollen Bau und die Zusammensetzung unseres Erdplaneten zu sprechen» (GA 96, 16. 4. 1906).

* Zum Vulkanismus: GA 94, 11. 7. 1906; GA 96, 16. 4. 1906; GA 108, 7. 9. 1908; GA 120, 22. 5. 1910; GA 180, 30. 12. 1917; GA 219, 26. 11. 1922; GA 236, 27. u. 29. 6. 1924; GA 326, 7. 1. 1923; GA 350, 2. u. 25. 6. 1923; GA 354, 18. 9. 1924. – Zu Erdbeben: GA 95, 4. 9. 1906; GA 107, 1. 1. 1909. – Zum Erdinneren: GA 94, 12. 6. 1906; GA 95, 4. 9. 1906; GA 96, 16. 4. 1906; GA 97, 21. 4. 1906; GA 107, 1. 1. 1909).

Das Innere der Erde ist in neun Schichten gegliedert, die Steiner mit den in Abb. 222 angegebenen Namen bezeichnet. Die erste Schicht ist die feste mineralische Erdkruste. Sie ist – relativ gesehen – sehr dünn; im Bereich der Kontinente und Ozeane ist das Verhältnis zur Gesamterde etwa wie das der Strichstärke zur Länge des Schemas. «Vom okkulten Standpunkt aus besteht ein Zusammenhang zwischen Menschenleben, Erdschichten, Erdbeben und Vulkanausbrüchen und so weiter ... Die Ansicht der Naturwissenschaft, das Erdinnere sei glutflüssig, ist nicht richtig. Die bestimmte Substanz, die Sie aus der äußeren Anschauung kennen, weil Sie darauf treten, das ist die äußerste, physisch substanzielle Schicht der Erde. Man nennt sie die mineralische Erde. Die Naturwissenschaft kommt nicht einmal bis zur Mitte dieser Schicht ... Was in der zweiten Schicht ist, lässt sich mit keinem chemischen Stoff der obersten Schicht vergleichen, das ist schon eine ganz andere Materie. Die physische Wärme nimmt nur in der ersten Schicht zu» (GA 94, 11. 7. 1906). Weiter wird gesagt, dass sie eine halbflüssige Umhüllung der Erde ist, in der alles Leben erstirbt, vernichtet und aufgelöst wird. Man kann sich das noch vorstellen, wenn man an einen Lavasee mit 1100° C denkt. Die dritte Schicht – in dampfförmigem Zustand – wirkt ebenso zerstörend, indem sie seelisch das Bewusstsein und die Gefühle sowie alle Formen umkehrt. «Eine ungeheuere Expansionskraft ist ihr eigen, und nur mit Mühe gelingt es der mineralischen Schicht, sie fest zu umschließen» (GA 97, 21. 4. 1906). Hier wären die tieferen Vulkanherde zu vermuten, welche die Peridotitknollen mit heraufreißen. Diese drei Schichten entstanden nach der Mondentrennung; ihre Substanzen hat der Mond mit 1/49 des Erdinhaltes mit der Erde gemeinsam. «Streichen wir diese drei Schichten in Gedanken, so finden wir die Erde wieder in dem Zustand, in dem sie war, bevor der Mond sich von ihr trennte» (GA 94, 12. 6. 1906). Deutliche seismische Grenzschichten liegen bei 400 km Tiefe, was als Untergrenze der Peridotitschicht gedeutet wird, und bei 670 km Tiefe.

Die vierte Schicht enthält alle Formen der mineralischen Schicht im Negativ. Von ihr und den nach unten folgenden Schichten wird gesagt, dass sie «keine Stofflichkeit mehr aufweisen, wie sie auf der Erde angetroffen werden kann. In dieser Schicht sind also die Substanzen so, dass sie für keinen äußeren Sinn wahrnehmbar werden. Sie sind in einem astralischen Zustand» (GA 96, 21. 4. 1906). In der fünften Schicht liegt der Ursprung allen irdischen Lebens. «Die sechste Schicht ist die Feuer-Erde, eine Substanz, die aus purem Willen besteht, Element des Lebens, der Bewegung, ohne Unterlass durchzogen von Impulsen, von Leidenschaften, ein wahrhaftes Reservoir von Willenskräften. Sieht man in Gedanken von diesen drei neuen Schichten ab, so kommt man zu dem Zustand, in dem die Weltkugel sich befand, als Sonne Mond und Erde zusammen noch einen Körper bildeten» (GA 94, 12. 6. 1906). Weiter sagt Steiner, dass die sechste Schicht mit den vulkanischen Herden und Ergüssen der Flutbasalte am Ende der lemurischen Epoche (Abb. 236, S. 444) «in Verbindung stehen. ... Im Laufe der Entwicklung senkte sich diese sechste Schicht immer mehr gegen den Erdmittelpunkt, und aus diesem Grunde wurden die vulkanischen Eruptionen weniger zahlreich» (GA 94, 12. 6. 1906). Das bestätigt sich in der oben dargestellten Zunahme der Olivinkollen. Es kann somit angenommen werden, dass in der sechsten Schicht der Bereich zu finden ist, aus dem der Impuls für den Vulkanismus aufsteigt. Das entspräche auch neueren Modellen der Geophysik (Vogel 1994), nach denen von der Mantel-Kern-Grenze aus Hitzezellen durch den Mantel aufsteigen, die vulkanische Herde in der oberen Kruste speisen. Allerdings bleibt wissenschaftlich noch vieles unklar: «Je detaillierter die seismischen Untersuchungen und je genauer ihre Ergebnisse wurden, desto ungewöhnlicher und rätselhafter erschien diese Schicht, deren Mächtigkeit regional beträchtlich schwankt» (Vogel 1994). Hier bleibt Raum für viele physikalische Modelle. Die sechste Schicht bildete sich am Ende der hyperboräischen Epoche, und somit ist verständlich, dass sie mit denjenigen geistigen Wesen verbunden ist, die mit der Sonnentrennung zurückgeblieben sind (GA 107, 1. 1. 1909). Auf die Spiegelung der äußeren und inneren Sphären wurde bereits hingewiesen (Abb. 219, S. 406).

In den noch tieferen Schichten werden die Eigenschaften und Qualitäten gepiegelt, zerstückelt, vervielfacht, seelisch umkehrt; alle Naturkräfte werden ins Geistige umgesetzt. Die «achte Sphäre» ist eine Bezeichnung, die nicht zu dieser Gliederung gehört, sondern (GA 93a, 9. u. 16. 10. 1905; GA 254, 17. u.

18. 10. 1915) einen geistig-seelischen Bereich bezeichnet, in den «alles dasjenige hingeht, was sich nicht dieser fortlaufenden Entwicklung anschließen kann» (GA 93 a, 9. 10. 1905), welche die Erde mit der polarischen Epoche bzw. mit dem Alten Saturn begonnen hat. Weitere Einzelheiten dazu müssen bei Steiner direkt nachgelesen werden.

Der Zustand des Erdkerns wird von der Geophysik zur Zeit als fest angesehen. Als Substanz wird meistens doch wieder eine Eisen-Nickel-Legierung und Eisensulfide angenommen, die etwa der Zusammensetzung der meisten Meteorite entspricht. Im äußeren Kern wird flüssiges Eisen vermutet, welches zirkulieren und dadurch das Magnetfeld bewirken würde. Dafür gibt es allerdings auch andere Modelle. Rudolf Steiner sieht die Ursache für die qualitative Seite des Magnetismus und der Gravitation mit den Verdichtungs- und Verhärtungskräften des Mondes zusammen: «Zum Beispiel sind die Kräfte der Schwere durchaus etwas, was vom Monde zurückgeblieben ist in physischer Beziehung ... er hat in der Erde zurückgelassen das, was man im weiteren Sinne den Erdmagnetismus nennen kann; die Kräfte der Erde, namentlich die Schwerekräfte der Erde, die Wirkungen, die man als Gewichtswirkungen bezeichnet, sind vom Monde zurückgeblieben ... Und nun können wir sagen, wenn wir heute die Erde anschauen, so haben wir innerhalb der Erde das, was das Feste bewirkt, den inneren Mond, wesentlich verankert im Erdmagnetismus; den inneren Mond, der ja bewirkt, dass es überhaupt Festes gibt, dass es etwas gibt, was Gewicht hat, und die Gewichtskräfte sind es ja, die aus dem Flüssigen das Feste machen» (GA 230, 26.10.1923).

Auch für das Erdinnere müsste gelten, dass die Forschung von den Phänomenen ausgehen und aktualistisch denken sollte. Dabei kämen zu den physikalischen Beobachtungen die seelischen und geistigen hinzu, welche durch Rudolf Steiner erforscht wurden. Durch eine solche Ergänzung kann verständlich werden, welche Wesen im Vulkanismus, in den Erdbeben, im Verdichten und Verhärten der Gesteine wirken. Sie dringen irregulär aus der Erdvergangenheit in eine geordnete Evolution herauf. Der Mensch erlebt das als unberechenbar, zerstörend, feindlich und beängstigend.

Die Entwicklung der Kontinente

Übergang zur Erdentwicklung

Überblick

Die Phänomene der Gesteine hatten uns zu den Fragen ihrer Entstehung geführt, zu Vorstellungen über die Lebenssphäre der Erde, die Absonderung der Gesteine bis zu Verhärtung und Kristallisation. Die primäre Gesteinsbildung über dem Kontinentalpol hatte ich – erdgeschichtlich gesehen – bereits im Zusammenhang mit der Menschenentwicklung dargestellt (S. 358 – 362). In den anschließenden Kapiteln führte uns der Unterschied im Aufbau der kontinentalen und ozeanischen Erdkruste zur Frage der Mondablösung, wobei der innere Aufbau von Erde und Mond verglichen wurde. Daraus ergab sich die Notwendigkeit, die Verhärtungsprozesse zusammen mit den Phänomenen des Vulkanismus und der Erdbeben zu betrachten. Die Schichtung im Inneren der Erde bewahrte – wiederum erdgeschichtlich gesehen – den Entwicklungsprozess von der Polaris bis zur Wiederholung der Mondenentwicklung, d.h. vom Kern bis zu den weltweit durchgehenden Schalen der wenig differenzierten Peridotit- und Basaltschicht. Darüber setzte sich am Kontinentalpol die Erdentwicklung im eigentlichen Sinne fort, die über die Wiederholung des Mondenzustandes mit neuen Entwicklungen hinausgeht. Wir betrachteten, wie sich die Tier- und Pflanzenwesen sonderten (Abb. 6, S. 66) und wie die gesteinsbildenden Prozesse abliefen.

Daran anknüpfend kann nun im Folgenden die paläogeographische Entwicklung der Kontinente verfolgt werden. Dabei sind mehrere Themenfelder zu behandeln. Das erste wäre die mehr allgemeine kontinentale Krustenbildung, wie sie Rudolf Steiner für den vorgeologischen Bereich beschreibt. Daran schließt sich als zweites das geologische Phänomenfeld der frühesten präkambrischen Granit- und Gneisbildungen an. Diese lagerten sich auf die noch weiche basaltische Schale. Das hat zu zahlreichen Grenzphänomenen und Mischgesteinen zwischen Basalt und Granit geführt, welche innerhalb der Gesteinsentwicklung jetzt am besten dargestellt werden können, im Zusammenhang mit der Kontinentalbildung.

Der Niederschlag der primären Gesteine bildete bis zum Ende des Erdaltertums die Erdkruste des Kontinentalpols. Anschließend wird dessen Zerfall verfolgt, der zum Untergang der Lemuris am Ende des Erdmittelalters geführt hat. Danach erfolgte während des Tertiär und Quartär der endgültige Niederschlag der Wasser aus der absterbenden Lebenssphäre. Dabei zeigt die untermeerische Morphologie die Phänomene vom Untergang des atlantischen Lebensraumes. Im folgenden Kapitel wird dann betrachtet, wie dabei die heutigen Landschaftsformen über und unter den Meeren entstanden sind.

Bildung der Kontinente in der Lemuris

Zunächst können die Darstellungen von Rudolf Steiner für die ältesten Zeiten dort, wo die geologische Forschung an Grenzen der Sinnesbeobachtung kommt, Bilder liefern. Ich referierte zuerst die Charakteristik der Lebenssphäre (s. S. 347) und die Entwicklung des Menschen (Abb. 46 – 53, S. 139 – 145). Dann betrachteten wir die Zeichnungen Steiners (Abb. 212, S. 397), in denen er prinzipiell erste kontinentale Verhärtungen skizzierte, wie sie sich während der Mondablösung zu bilden begannen. Speziell zur **frühlemurischen Kontinentalbildung** sagt Steiner (GA 109, 10. 6. 1909), dass die Erde sich allmählich verdichtete und fester wurde in Bezug auf Stärke und Qualität. «Aus dem feuerflüssigen Zustande der Erde gliederten sich dann inselartige Gebilde heraus, und die Wesen darauf haben eine entfernte Ähnlichkeit mit unseren heutigen Tieren und Pflanzen. Der Mensch selber aber wohnte während der ersten Hälfte des lemurischen Zeitalters nicht unmittelbar auf der Erde, sondern in der Sphäre über der Erde in einer dünnen, feinen Leiblichkeit.» Wenn bereits von Tieren und Pflanzen auf den inselartigen Gebilden die Rede ist, dürfte das spätere Erdaltertum gemeint sein. «Es steigt wirklich alles herunter aus höheren Sphären, auch die sich verdichtenden Kontinente.» Der luziferische Einschlag führte dazu, dass der Mensch «zu früh auf die Erde heruntergeführt wird, auf der sich eben Kontinente bilden», d.h. also wohlgemerkt *vor* bzw. *während* der Mondentrennung! Dafür spricht auch die schriftliche Darstellung für die Zeit nach dem luziferischen Einschlag (GA 13, S. 250): «Und während vorher der Mensch mehr als ein feinorganisiertes Wesen über dem festen Erdboden in einer Art schwimmend-schwebender Bewegung war, musste er nunmehr ‹aus dem Erdenumkreis› herabsteigen auf Teile der Erde, die schon mehr oder weniger verfestigt waren.» Mit diesen zu früh verfestigten Menschenvorfahren sind wohl zunächst die frühen Wirbeltiere gemeint (s. S. 140).

Im Zusammenhang mit der Mondentrennung sagt Steiner (GA 106, 7. 9. 1908): «Mächtige Katastrophen erschütterten die Erde, und für den Okkultisten erscheinen die Basaltbildungen als Überreste jener reinigenden Kräfte, die dazumal den Erdenkörper erschütterten, als der Mond sich von der Erde trennen musste. Das war aber auch die Zeit, in der sich immer mehr verdichtete der Wasserkern der Erde [‹Wasser› im Sinne von flüssigem Zustand] und in der allmählich der feste mineralische Kern entstand. Die Erde wurde auf der einen Seite verdichtet durch den Herausgang des Mondes, auf der anderen Seite gaben jedoch die oberen Partien ihre schwereren, gröberen Substanzen an die unteren Partien ab.» Hier wird deutlich zwischen dem Mondenpol und dem Kontinentalpol unterschieden.

Die Situation der **Kontinente in der mittleren Lemuris** schildert Steiner an anderer Stelle (GA 99, 3. 6. 1907): «Wie sah nun die Erde aus, nachdem sie sich vom Mond befreit hatte? Früher war sie umgeben gewesen von Feuernebel, wie in einem kochenden dampfenden Kessel, und dann zogen sich allmählich die dichten Wasserdämpfe zurück. Jetzt gestaltete es sich so, dass die Erde eine nur sehr dünne verhärtete Decke hatte unter welcher dieses brodelnde sprudelnde Feuermeer sich befand, das der Überrest des Feuernebels der alten Atmosphäre war. Allmählich kamen dann kleine Inselchen heraus, die ersten Anfänge unseres jetztigen Mineralreiches. Während auf dem Monde noch ein Pflanzenmineralreich vorhanden war, gliederten sich jetzt die ersten Ansätze unserer heutigen Felsen und Gesteine heraus durch Verhärtung, Vermineralisierung dieser Masse ... So war die Erde in der alten lemurischen Zeit eine Art feurige Masse, in der das heutige Mineral zum größten Teil aufgelöst und flüssig war, wie heute in einem Eisenwerk das Eisen. Daraus entwickelte sich die erste mineralische Inselmasse heraus.» – Und an anderer Stelle (GA 53, 9. 2. 1905): «Nicht die gesamte Oberfläche der Erde war da in feuerflüssigem Zustande, nur der Wohnplatz der Wesen war feuerflüssig. Bei der Abscheidung der mineralischen Wesenheiten war etwas wie eine Art Überrest, schon fast ein Einschlag eines Knochengerüstes vorhanden, der Wesenheiten beherbergen konnte, welche in irgendeiner Form schon feste Gestalt angenommen haben. Nur das kann durch die Paläontologie nachgewiesen werden, was feste Gestalt angenommen hatte.»

Zur Kontinentalbildung in der **zweiten Hälfte der lemurischen Epoche**, also etwa dem Erdmittelalter, heißt es (GA 103, 25. 5. 1908; ähnlich in GA 104, 23. 6. 1980 und GA 100, 25. 6. 1907): «Es würde sich Ihnen zwar der Anblick darbieten, dass gewisse Gebiete unserer Erdoberfläche schon annähernd so wie Inseln herausragen aus der im übrigen noch flüssigen, entweder vom Meerwasser umgebenen oder in Dampf gehüllten Erde. Aber diejenigen Gebiete, die als Inselgebiet herausragen, waren doch nicht solche festen Länder wie unsere heutigen Festländer, sondern weiche Erdmassen, zwischen denen Feuergewalten spielten, sodass solche Inselgebiete fortdauernd durch die damaligen vulkanischen Gewalten heraufgetrieben werden und wiederum untergehen.

Kurz, es ist noch ein im Feuer tätiges Element der Erde, lebendig flutet noch alles, wandelt sich. Sie würden finden, dass auf gewissen Gebieten, die schon da sind, die bis zu einem solchen Grade schon abgekühlt sind, Vorläufer unsrerer heutigen Tierwelt leben. Von denen könnten Sie da oder dort schon etwas wahrnehmen: groteske Gestalten würden Sie finden, Vorläufer unserer Reptilien und Amphibien. Aber vom Menschen würden Sie nichts sehen können, weil der Mensch in der damaligen Zeit einen so dichten, festen physischen Leib gar nicht hatte.»

In einem Arbeitervortrag (GA 347, 23. 9. 1922 vergleicht Steiner die lemurische Lebenssphäre mit der Milch als einer von Leben durchdrungenen kolloidalen Flüssigkeit, die außerhalb des Organismus abstirbt (Abb. 212, 1 + 2, S. 397). Die ersten kontinentalen **Verhärtungen** bilden sich wie die Austern ihre Schalen, aber viel größer, sodass «zum Beispiel das heutige Frankreich bequem daraufgegangen wäre. Die ältesten dieser Tiere waren so riesige Kerle, weil die Erde auch noch riesig groß war. Also es waren einmal ‹Riesentiere›, die eigentlich nur aus einer schleimigen Masse bestanden haben und die ja auch nur so sich bewegen konnten wie die Austern. … Und diese schleimigen Tiere, die einen riesigen Schildkrötenpanzer hatten, schwammen in dieser dicklichen Erde drinnen. – Also sehen Sie, die Erde war wirklich so etwas Ähnliches, wie wenn Sie sich heute eine riesige dicke Suppe vorstellen und darinnen Klöße. Abert die Klöße müssen Sie sich so vorstellen, dass sie auf der einen Seite ganz dick werden, sodass Sie sich die Zähne ausbeißen würden, wenn Sie auf dieser einen Seite hineinbeißen würden, und auf der anderen Seite ganz weich. … Das ist viel weicher gewesen bei diesen Tieren als dasjenige, in dem sie drinnen schwammen, als diese dickliche Erde. … Wenn die Schnecken kriechen, dann können Sie die Spur von diesen Schnecken verfolgen; sie ist ganz voll von diesem Schleim … Der Schleim, der wird heute aufgetrocknet von der Sonne. Heute bedeutet er nicht viel. Aber denken Sie, in der alten Zeit, wo die Erde nicht so fest war, da ließen diese Tiere in der dicklichen Erdensuppe auch diesen Schleim zurück, und der vermischte sich mit dieser dicklichen Erdensuppe. Sodass diese Tiere fortwährend sehr nützlich gewesen sind in dieser dicken Erdensuppe. … Die haben in der Erdensuppe fortwährend dasjenige abgesondert, was sie da als Schleim von sich gaben, und haben diese Erdensuppe dadurch immer aufgefrischt, immer, immer aufgefrischt … da wirkte dieser Schleim, wenn er in die Erde hineinkam, so, dass aus der Erde selber wiederum solche riesigen Tiere sich immer wieder entwickelten. Die alten starben ab, aber aus der Erde selber entwickelten sich die neuen Tiere heraus.» Steiner vergleicht den Vorgang mit dem Niederschlag von kristallisierendem Salzwasser, «aber nach oben abgesondert, sodass das Dünnere unten geblieben ist». Diese Krusten hoben sich nach oben heraus, und so wie sich bei einer Wunde eine Kruste bildet, «wenn die Sonne darauf scheint, so verdickt sie den Schleim durch die Wärme. … Dadurch dass die Sonne darauf schien, entstanden an einzelnen Stellen solche Verdickungen, wie sie beim Hund auf der Wunde entstehen. Das waren die Schalen. Und darunter war, weil sich eine Verdickung bildete, eine dünnere Schleimmasse. Und so entstanden diese Riesenaustern … die Sonne holt aus der Erde heraus diese Riesenaustern.» Verglichen mit der heutigen Erde, «haben wir ja eigentlich den Erdenkörper aus Wasser bestehend, und da in diesem Wasser schwimmen die Kontinente drinnen, die Landmassen, wie einstmals diese Riesentiere darinnen geschwommen sind».

Noch früher in der planetarischen Erdentwicklung bildete auch die Sonne noch mit der Erde einen einzigen Körper, oder anders gesagt: die Erde mit dem Mond im Bereich des Sonnenkörpers, welcher allen lebendigen Wesen die Lebenskräfte gab. Steiner sagt (GA 347, 27. 9. 1922; Abb. 212, S. 397, Nr. 7 – 10): «Da war also die Erde, der Mond in ihr, die Sonne war in der Erde drinnen, ‹Austern› entwickelten sich, die keine Schalen hatten, sondern die Schleim waren. Es entstand Schleim; der schmierte sich ab, trennte sich ab, wiederum entstand eine Auster, wiederum entstand eine Auster und so weiter fort», riesengroß, aneinander angrenzend wie die Zellen im Gehirn, «lauter solche Riesenschleimbatzen nebeneinander, und die pflanzten sich immer fort». Der Erdkörper «ist ganz Leben, bringt fortwährend Leben hervor, besteht nicht nur aus Millionen ineinander geschobenen Austern, sondern die vermehren sich fortwährend.» Rudolf Steiner vergleicht diese Bildungen mit den ersten Wochen des embryonalen Stadiums des Menschen, in denen sich die Zellen sehr rasch vermehren. Es ist ein Bild dafür, wie die Millionen von

Linsen der Kalk-Feldspat-Reihe porphyrartig in den Kristallinen Schiefern entstehen, wie bereits beschrieben wurde (Abb. 190 – 193, S. 340 u. S. 369; Abb. 212, 6, S. 397).

An mehreren Stellen betont Steiner besonders den **Quarz**, der ja nach der Basaltschicht mit einem deutlichen Überschuss im Granit den Beginn der Erdepoche charakterisiert (s. S. 153 – 155; Abb. 136, S. 252; S. 358; GA 232, 1. 12. 1923): Die «ersten Urgebirge», die festen Einlagerungen des Granits und der Kristallinen Schiefer, «bildeten sich aus dem Kosmos herein. ... Als träufelndes Wachs aus dem Kosmos kommen die Urgebirgsgesteine. Und das alles ist durchsichtig, wie es aus dem Kosmos da herein sich schiebt, kann in seiner relativen Härte, in seiner Wachshärte eben nur beschrieben werden so, dass man den Tastsinn darauf anwendet: Man würde es spüren, wenn man es angreifen könnte, wie man Wachs spürt.» Der Quarz in seinem kolloidalen Zustand wurde innerhalb der Lebenssphäre noch vom Ätherleib der Erde durchdrungen. Diese flüssig-flüchtige Kieselsubstanz war eiweißartig (GA 233, 26. 12. 1923; s. S. 348): «Und man schaute an, wie dasjenige, was in dieser Eiweiß-Substanz schon in einem gewissen Sinne da war, fein verteilt, aber durchaus mit der Tendenz, überall zu kristallisieren, was da in fein verteiltem Zustande als Kieselsäure war, eine Art Sinnesorgan der Erde darstellte, das die Imaginationen, die Einflüsse überall vom Kosmos her in sich aufnahm. Sodass man in dem Kieselsäuregehalt der irdisch-eiweißartigen Atmosphäre überall reale, äußerlich vorhandenene Imaginationen hatte.»

An anderer Stelle wird vom **Granit** gesagt, dass er sich niederschlägt (GA 60, 9. 2. 1911). Es wird geschildert, «dass wir im Umkreis unserer Erde nicht nur solche mineralische Luft und solche mineralische Wolkenbildung finden, wie wir sie jetzt haben, sondern dass wir innerhalb dessen, was zu unserer Erde gehört, in den ältesten Zeiten etwas wie lebendige Glieder eines großen lebendigen Wesens finden. ... Auf dem Erdboden herrscht allerdings eine so große Temperatur, dass sich Leben nicht entwickeln kann; aber im Umkreis entwickelt sich Leben, Leben, das herunter will, aber nicht herunter kann. Warum kann es nicht herunter? Da unten wird durch den Feuerprozess, den Prozess hoher Erwärmung zunächst das aufgenommen, was das Lebendige unserer Erde so aus sich heraus absondert, wie unser lebendiger Organismus die festen Bestandteile, die Knochen, aus den weichen Teilen heraus absondert. Und jetzt blicken wir auf die Granitbildung und sagen: Das Material, welches der Granit enthält – Quarz, Feldspat und Glimmer – ist ursprünglich aufgelöst in dem großen lebendigen Wesen Erde. Das braucht zur Entwicklung die Tatsache, dass es sich dieser Stoffe entledigen kann, es sondert sie aus, lässt sie zur Erde fallen. Was unten ist, nimmt dies Abgesonderte auf, bildet ein Grundmassiv, ein Knochengerüst in dem Lebewesen Erde» (Abb. 61, S. 154). Bezüglich der Lebenssphäre sind es Zerstörungsprozesse, bei denen die Substanzen abgesondert werden (GA 127, 11. 2. 1911): «Von dem Erdenorganismus fielen wie ein Regen heraus die chemischen Stoffe, die heute der Organismus nicht mehr enthält, also zum Beispiel die Stoffe, aus denen der Granit besteht. Das sickerte herunter, und im Wesentlichen waren es diese Zerstörungsprozesse, die im Verein mit dem Chemismus der Erde jene Möglichkeit hervorriefen, dass der Granit entstand als fester Mutterboden der Erde. Aber damals wurde schon ein Zersetzungsprozess eingeleitet, und was heute ist, muss die Folge sein. Unsere mineralischen Prozesse sind Folgen jenes Zersetzungsprozesses, der in gerader Linie fortgeht.» Der Absonderungsprozess anorganischer Substanz aus dem Lebensprozess ist vergleichbar den flächig ausgebreiteten Stromatolithen, die nach oben wachsen und nach unten den Kalk absondern.

Nehmen wir diese Schilderungen als exakte Bilder, dann wird deutlich, dass die Erde auf der einen Seite, auf dem basaltischen, ozeanischen Pol, heiß und feuerflüssig war und dünne Krusten bildete, die ständig von vulkanischen Eruptionen wieder durchbrochen und aufgelöst wurden. Auf der anderen Seite überwog die kieselige Lebenssphäre (s. S. 347), aus deren Absterbeprozessen sich die Substanzen der Gesteine sonderten. Indem sich diese nach unten niederschlugen, bildeten sich die Ausgangsmassen der Granite und Gneise, zunächst inselartig im Basaltischen schwimmend, von außen nach innen, also von oben nach unten verhärtend, sich beim Abkühlen in Minerale differenzierend, dann auch kristallisierend. Sie sammelten sich auf der sonnenzugewandten Seite (s. S. 408) zum Großkontinent. Auf diesem Gebiet konnte sich bereits eine frühe Pflanzen- und Tierwelt ansiedeln. Darüber lebte auch der Mensch, noch in kugeliger Form (Abb. 46, S. 139).

Begegnungen zwischen Basalt und Granit

Die geologischen Phänomene zeigen den ersten Schritt kontinentaler Bildung dort, wo sich das **Granitische** und das **Basaltische** in ihrer grundsätzlichen Polarität begegneten und durchdrangen. Ein wichtiger Gegensatz liegt bereits im Quarzgehalt (Abb. 95 – 97, S. 225; Abb. 136, S. 252). Jetzt kann von der Weltentwicklung her betrachtet werden, wie sich eine neue Epoche an eine vorherige anschließt. Und aus den heute beobachtbaren Gesteinen kann ein lebendiger Begriff von diesem Grenzbereich gewonnen werden, denn die Ausbildung der Minerale entspricht der erdgeschichtlichen Epoche und dem Bildungsort. Es können etwa vier größere Gruppen von Gesteinen unterschieden werden, in denen sich diese beiden Welten in ihren fest werdenden Massen begegneten.

Das untere, früher gebildete Basaltische ist als spezifisch schwerer, aber wohl noch heiß und dünnflüssig anzunehmen, als sich die ersten granitischen Niederschläge darüber legten, die vielleicht sogar bald zähflüssiger als das Basaltische wurden. In der Lebenssphäre darüber wären in der Zeit, als der Granit sich absonderte, noch verschieden große, tropfenförmig abgeschlossene Reste der peridotitischen und basaltischen Massen vorzustellen, welche aus früheren Epochen zurückgeblieben waren. Sie wurden erst später mit dem Gneis zusammen niedergeschlagen, in dessen tieferen Lagen Linsen von Pyroxengranulit enthalten sind, der in seinen Mineralen (Abb. 113, S. 231) den basaltischen Charakter noch deutlich bewahrt hat. Dagegen haben die Serpentin- und Amphibolit-Linsen, die in den Kristallinen Schiefern eingelagert sind (Abb. 122, S. 234 u. Abb. 132, 133, S. 244; s. S. 365), einen Wassergehalt in ihre Minerale aufgenommen, der auf die qualitativ veränderte Lebenssphäre der Erdentwicklung hinweist. Ähnlich dürften die Magnesitlinsen entstanden sein, indem der Peridotit (Eisen-Magnesium-Kiesel) durch ‹Hydratisierung› zum Serpentin und Talk (beide Magnesium-Kiesel, wasserhaltig) umgewandelt wurde und dieser weiter durch ‹Karbonatisierung› in Magnesit (Magnesiumkarbonat) übergehen konnte. Dies geschah ebenfalls bereits primär in der wässrigen Lebenssphäre während der Bildung des Gneis.

Eine zweite Gruppe von Gesteinen entstammt unmittelbar dem Grenzbereich zwischen der Granit- und Basaltschicht. Sie kann heute dort beobachtet werden, wo der Sockel der Kontinente nicht – wie meistens – in größerer Tiefe liegt (Abb. 82, S. 219), sondern durch Gebirgsbildung gehoben und durch Abtragung freigelegt oder angeschnitten wurde, wie beispielsweise im Proterozoikum von Böhmen oder des südlichen Norwegen. Die basaltische Masse selbst erstarrte grobkristallin als **Gabbro**, wobei sie sich differenzierte. Die Massive werden begleitet vom mitgerissenen Eklogit und Lherzolith, Olivin und Granat aus der noch tieferen Peridotitschicht. Linsen davon im Gabbro entsprechen im höheren Stockwerk den Olivinknollen im Basalt.

Während des Festwerdens sonderten sich die Minerale, ähnlich wie beim Granitischen beschrieben, nur spielte die spezifische Schwere eine größere Rolle. Die schweren Erze wie Chromit, Platin, Nickelmagnetkies und Ilmenitmagnetit reicherten sich in Linsen oder lagenweise im unteren Bereich solcher Massive an. Es folgen die pyroxenreichen Norite und der mittlere Gabbro; nach oben hin kann sich der leichtere Plagioklas stärker absondern. Im Extrem können so Gesteine entstehen, die fast nur Plagioklas enthalten, wie der Anorthosit, der z.B. bei Egersund in einem größeren Gebiet aufgeschlossen ist. In ähnlicher Weise hat sich bei der Abkühlung des Mondes die Oberflächenschicht der Terra-Gebiete aus Anorthosit gebildet (Abb. 218, S. 404). Wenn diese noch heißflüssigen basaltischen Massen in der Tiefe dem noch weichen Granitischen begegneten und beide sich durchdrangen, entstanden die bereits beschriebenen grobkristallinen **Mischgesteine** Diorit, Granodiorit, Syenit, Charnockit, Hornblendegranit oder Monzonit (Abb. 95 – 97, S. 225; Abb. 188, S. 332). Die Namen kennzeichnen Mischungen, die sich dann in Gesteine mit unterschiedlichen Mineralgehalten sonderten. In den deutschen Mittelgebirgen sind sie während der variszischen Gebirgsbildung stellenweise zusammen mit Graniten in die präkambrischen Gneise eingedrungen und langsam erstarrt, sodass sie grobkristallin wurden. Wir finden sie heute herausgehoben wie z.B. im Odenwald, im Brockengebiet, am Kyffhäuser, am Rand des Granulitgebirges oder in der Elbtalzone.

Zu einer dritten Gruppe basaltisch-granitischer Mischungen können die kleinkörnig kristallisierten Gesteine zusammengefasst werden, die im Laufe der Erdgeschichte dort entstanden, wo die schon verfestigte kontinentale Kruste entlang von Tiefenbrüchen vulkanisch durchschlagen wurde. Auf dem Wege nach oben konnte sich die heißflüssige basaltische Masse mit den Gesteinen des Grund- und Deckgebirges mehr oder weniger durchdringen und sie partiell aufschmelzen. Die neu entstehenden Mischgesteine variieren in kleinen Gebieten sehr vielfältig. So finden sich verschiedene Bereiche mit mehr granitischen Mineralen, andere mit mehr basaltischen. Kieselreiche Tropfen sonderten sich ab und wurden drusenartig eingeschlossen, wie z.B. in Melaphyren. Die Andesite und Tephrite haben höhere basaltische Anteile, die Trachyte und Phonolithe höhere granitische (Abb. 91, S. 223) – wobei Tephrite und Phonolithe unterkieselt sind. Die Latite stehen da in der Mitte. Der Obsidian und der Bimsstein sind überkieselt und erstarrten glasig sehr rasch an der Oberfläche. Klassische Beispiele dafür sind die Liparischen Inseln und der Vesuv, der Phonolithe und Andesite fördert und wo wahrscheinlich ist, dass sein Aufschmelzungsherd in ca. 6 km Tiefe innerhalb der Krustengesteine liegt.

Diese Mischgesteine treten – gemessen an Basalten und Graniten – insgesamt selten auf. Das spricht dafür, dass die primäre Grenzzone zwischen Basaltischem und Granitischem vermutlich relativ geringmächtig war, was auch die Tiefenseismik bestätigt. Die Gesteine dieser grob- oder feinkristallinen Übergangsfolgen zeigen sehr vielfältige Bilder der Mischung zweier einander fremder Substanzmassen, die sich wohl in einem flüssig-kolloidalen, verschieden verfestigten Stadium durchdrangen. Obwohl die Verbreitung der Gesteine unter 1 % liegt, hat die chemische Nomenklatur zu mehreren hundert verschiedenen Namen geführt, die insgesamt über 40 % aller Gesteinsnamen überhaupt ausmachen! Eine phänomenologische Betrachtung, die sich einen lebendigen Begriff von den beiden Polen des Granitischen und Basaltischen zu bilden vermag, kann auch das Zwischenfeld viel leichter verstehen und differenziert benennen.

Statt einer Mischung wird auch angenommen, dass sich ein einheitliches «Urmagma» entmischt habe. Diese Ansicht geht aber weniger von den Phänomenen aus, sondern ergibt sich wiederum aus der Voraussetzung, dass die Aufschmelzung kosmischen Staubes zunächst zu einem Urmagma geführt habe, welches pauschalchemisch dem höchst seltenen Tonalit oder Monzonit entspräche (Abb. 96, S. 225). Um von da aus eine Peridotit-, Basalt- und Granit-Schicht zu differenzieren, würde nur eine Entmischung infrage kommen. Da möchte ich mich W. Wimmenauer (1986, S. 119) anschließen, der, von den Phänomenen ausgehend, schreibt, dass Syenite und Monzonite in größerer Menge weder von primären Magmen aus dem Erdmantel noch durch Aufschmelzung von Sedimenten oder Sonderung innnerhalb von Magmen abgeleitet werden können. Für eine Mischung des Basaltischen mit dem Granitischen – statt der Entmischung – spräche meines Erachtens, dass

- die Mineralgehalte stark und kleinräumig variieren, das heißt, dass die Ausgangsmassen verhärtet waren, bevor sie sich völlig gemischt hatten,
- die basaltischen Minerale im neuen Milieu umgebildet – z.B. wasserhaltig – wurden,
- unterkieselte Minerale auftreten,
- die Gesteine relativ selten gebildet wurden,
- sie an einen Vulkanismus gebunden sind, der Grund- oder Deckgebirge durchschlug, wo also Fremdmaterial aufgenommen werden konnte.

Wo die **basaltische** Masse an der **Oberfläche** selbst austrat, durchdrang sie sich nicht mehr mit dem Granit oder anderen Gesteinen, sondern mischte sich mit der Lebenssphäre. Dadurch entstanden Modifikationen des Basaltischen, die dem Entwicklungsstand des wässrig-luftigen Umkreises entsprachen. So bildeten sich bis zum Devon Spilit, Porphyroid, Kersantit und Diabas bzw. Schalstein; im Perm Melaphyr und Porphyrit; im Tertiär Basalt und Lamprophyr und heute an der Berührungsfläche mit der Luft die Lava (Abb. 89 – 91, S. 223). Es wurde bereits darauf hingewiesen (s. S. 250), dass die heutige Nomenklatur diese offensichtlichen Unterschiede in der Genese der basaltischen Masse nicht mehr berücksichtigt, weil sie bei der Umrechnung der pauschalchemischen Analyse nicht in Erscheinung treten, sondern nur aus der Mineralbestimmung ersichtlich sind. Die alten Gesteinsnamen wie Quarzporphyr etc. sind nicht veraltet, sondern beruhen auf einer genetischen Phänomenologie und sollten deshalb auf diesem Felde weiter benutzt werden. Auch der Zusammenhang zwischen den so genannten Ergussgesteinen oder Vulkaniten und den entsprechenden Tiefengesteinen oder Plutoniten (s. S.

350) beruht hauptsächlich auf dem ähnlichen Chemismus und nicht auf einer gemeinsamen Genese. Unmittelbare, auf der geologischen Entstehung gründende Beziehungen, wie sie zwischen Graniten und Quarzporphyren noch eher bestehen, finden sich zwischen den grob- und feinkörnigen Vertretern der Mischgesteine meist nicht. Gabbro-, Diorit- oder Syenitkomplexe sind zu anderen geologischen Zeiten, an anderen Orten und unter anderen Bedingungen entstanden als Diabase, Basalte, Andesite, Phonolithe oder Trachyte, die ihnen vom chemischen Aspekt her als entsprechende «Ergussgesteine» zugeordnet werden. Eine Nomenklatur, die auf einem Chemismus beruht, der am Gestein nicht zu sehen ist, kann für eine exakte Ordung und eine rasche Bestimmung nützlich sein, erschwert aber die Erkenntnis der eigentlichen Zusammenhänge.

Entstehung der kontinentalen Erdkruste

Es gibt Gebiete auf der Erde (Abb. 223, S. 430), an denen die ältesten Gesteine der Granit-Gneis-Kruste an der Erdoberfläche anstehen. Sie werden radiometrisch auf 3,5 bis 3,8 Milliarden «Jahre» eingestuft (Abb. 2, S. 44); von da an wird das Archäikum datiert. Meist handelt es sich um Granite und feinkörnige, granulitische Gneise mit zahlreichen Gabbro- und Amphibolit-Linsen. Im heutigen Anschnitt der Erdoberfläche schließen sich an diese frühesten archäischen Gebiete ringförmig die üblichen proterozoischen Grau- und Rotgneise an, mit ihren Linsen von Amphibolit, Marmor, Quarzit, Bändereisenerz etc. (Abb. 79, S. 213; Abb. 81, S. 218; Abb. 123 – 125, S. 236 ff.; 226, S. 433). Beispielsweise lagern in Südafrika Granitgneise, die auf 3 bis 2,5 Milliarden datiert sind, im Wechsel mit Amphibolit-Linsen von 10 – 20 km Durchmesser; danach drangen noch Granite auf, mit einem Maximum bei 1,8 – 1,6 Milliarden Jahre. Solche Bilder zeigen die Spezialkartierungen präkambrischen Grundgebirges weltweit, sei es in der Ostantarktis, der Ukraine, in Sibirien, Skandinavien oder in Kanada.

Diese **archäischen Gebiete** waren meist kontinuierlich vom Erdaltertum an Hebungs- und damit Abtragungsgebiete. Dabei wurden sie oben durch die Luft-Wasser-Sphäre geradflächig abgetragen und eingeebnet. Eine beulenförmige Hebung führte zu dem Oberflächenbild, bei dem die Gesteinsstockwerke als konzentrische Schalen rundum dachziegelartig angefügt erscheinen, von innen nach außen in immer jüngere Folgen übergehend. Es würden sicher weitere archäische Bereiche hinzukommen, wenn man die mit jüngeren Gesteinen überdeckten Flächen überall durchschauen könnte. So ist naheliegend, dass sich im gesamten Gebiet des Kontinentalpols eine einheitliche archäische Granit-Gneis-Kruste bildete, die heute nur stellenweise oberflächlich angeschnitten ist.

Die neuere Tiefenseismik, wie sie z.B. Brause (1990) aus dem Erzgebirge beschreibt (s. Abb. 82, S. 219; Abb. 77, S. 209), zeigt einen «intensiv schichtigen Feinstrukturbau. Dabei treten über große Strecken einheitliche Gruppierungen von Reflexionsbändern auf, die kaum anders als Relikte eines primären schichtigen Baues gedeutet werden können». Die Conrad-Diskontinuität zwischen der Granit-Gneis-Oberkruste und der basaltischen Unterkruste würde damit zu einer stratigraphisch fixierbaren Grenze, die bei etwa 2 Milliarden Jahre eingestuft wird. Sie kann kontinentweit zwischen 10 und 15 km Tiefe verfolgt werden. Die Oberkruste und ihre «Reflexionsarmut entspricht einem petrophysikalisch monotonen Aufbau, der sehr wahrscheinlich einer primär monotonen sialischen Gesteinsschicht entspricht», die als proterozoische Granite und/oder Gneise gedeutet wird. Die basaltische Unterkruste wäre dann archäisch. Auch andere Gebiete zeigen einen nahezu identischen Grundaufbau.

Die feste Erdkruste wird nach unten hin durch die Mohorovičić-Diskontinuität begrenzt. Sie findet sich unter den Ozeanen bei 10 km Tiefe, unter den Kontinenten bei 30 km und geht unter den Hochgebirgen bis etwa 50 km Tiefe hinunter. Als Substanzgrenze zwischen Basalt und Peridotit kann sie als eine entwicklungsgeschichtliche Grenze gelten; doch wird sie auch als Phasengrenze angesehen: zwischen fest und zähflüssig bzw. den entsprechenden Strukturphasen. Darunter beginnt der Obere Erdmantel, dessen obere Schicht als Asthenosphäre bezeichnet wird. In ihr würden die Konvektionsströmungen ablaufen, welche die Kontinentaldrift der Plattentektonik bewirkten (s. S. 416). Brause (1990) hält dies auf Grund der Tiefenseismik für fraglich: «Die Asthenosphäre besitzt nicht solche Dimensionen, dass Großkonvektionen ohne weiteres möglich sind. Der Bereich unterhalb der Lithosphäre besitzt eine nachweisbare Feinstruktur mit festen Zwischenschichten», welche näher beschrieben werden als eine bewegliche Schicht bei 20 – 50 km, und eine festere bei 30 – 100 km. «Unter solchen Voraussetzungen muss der Konvektionsgedanke wohl prinzipiell fallengelassen werden.» Wer jedoch noch daran festhält, erweitert die Konvektionswalzen-Hypothese auf den gesamten Erdmantel. Müsste man vielleicht stattdessen ein laminares Gleiten der verhärteten Krustenteile annehmen, wie es im Wasser oder Eis geschieht? Die Konvektionswalzen sind ja gedacht, um eine Erklärung für den Antrieb der Plattentektonik zu haben. Aus all diesen Gründen verwende ich die Begriffe Lithosphäre – also Gesteinssphäre – und Astenosphäre als schwach fließende Zone hier nicht, weil sie zu unscharf bzw. theoriebelastet sind und ihnen keine Phänomene zugrunde liegen.

Wenn keine Konvektionswalzen bestehen, würde auch eine wesentliche Stütze des Wilson-Zyklus wegfallen, nach dem die früheste Erdkruste durch Plattenbewegungen entstanden sein soll (s. S. 391 – 393). Nach dem Wilson-Zyklus würde sich aus der gleichmäßigen Drift der Platten ein Höchstalter der ozeanischen Kruste von 200 Millionen Jahre – d.h. etwa von der Trias bis heute – ergeben. Durch ihre Neubildung an den Mittelozeanischen Rücken einerseits und ihre Subduktion andererseits entstünde etwa alle 500 Millionen Jahre ein Großkontinent. Das ist aus der Entwicklung im Erdmittelalter abgeleitet und wird kreislaufartig und rein hypothetisch bis weit ins Präkambrium hinein zurück extrapoliert. Vor dem Großkontinent des Permokarbon läge der nächstfrühere am Ende des Proterozoikums und so weiter. Vieles widerspricht diesem Zyklus-Modell: die Faunenbereiche des Erdaltertums (Abb. 224, S. 430), wo die Kontinentteile wieder getrennt werden müssten; die wasserfreien Minerale der Tiefenbasalte an den Mittelozeanischen Rücken; die fehlenden Belege für frühere Kontinente, Ozeane und Mittelozeanische Rücken und überhaupt das mechanistische Kreislaufdenken, das einem Organismus nicht angemessen ist. Evolution wird von innen bewirkt, nicht durch äußere Ursachen.

Wenn man versucht, die **Entstehung** der kontinentalen **Erdkruste** zu erklären, stößt man in der wissenschaftlichen Literatur zuerst auf zahlreiche Namen und Gliederungen. Damit werden dann verschiedenste mobilistische oder statische Modelle beschrieben, welche die Bildung der frühen Erdkruste erklären sollen: Regeneration nach Hans Stille, Plattentektonik im Wilson-Zyklus, Basifizierung nach Beloussuv, Granitisation aus der Aufschmelzung von Sedimenten, Entmischung aus einem Urmagma etc. Als erste Voraussetzung ist dabei das Kant-Laplacesche Weltbild in seinen Grundzügen immer noch gültig, dem zufolge die Sonne und die Planeten durch die Kontraktion einer interstellaren Staub- und Gaswolke entstanden sind. Dieser Staub sei aus dem Kreislauf des Werdens und Vergehens von Sternen hervorgegangen. Durch Rotation habe sich die Staubwolke abgeflacht, und indem sie sich zusammengezogen habe, seien Druck und Temperatur angestiegen. – Ganz äußerlich betrachtet entspräche diese Vorstellung stellenweise fast dem geisteswissenschaftlichen Bild, bei dem allerdings am Anfang geistige Wesenheiten und die Lebenssphäre eines Organismus Erde stünden. B. L. Schultz (1993) räumt jedoch unter astronomischen Aspekten ein: «Wir sind nicht in der Lage ein eindeutiges, naturwissenschaftlich begründetes Bild der Entstehung und Entwicklung des Weltalls zu liefern.»

Aus meiner Sicht stellt sich die frühe kontinentale Entwicklung so dar: Die Peridotitschicht des Oberen Erdmantels und die Basaltschicht der Unteren Erdkruste bis zur Conrad-Diskontinuität sind weltweit durchgehende Lagen (Abb. 222, S. 415). Mit ihrem Niederschlag war die Wiederholung der Epoche des Alten Mondes vom Substanzaspekt her abgeschlossen – vom Kräfteaspekt her erst nach der Mondentrennung. Darüber lagerte sich als Neueinschlag die Lebenssphäre, womit die **Erdentwicklung** im engeren Sinne begann. Aus ihr sonderten sich auf der sonnenzugewandten Seite, also auf einem Drittel der Oberfläche, die Massen ab, die sich dann zur **Granitschicht** verdichteten. Es entstand der kontinentale Pol der Erde, während auf den anderen zwei Dritteln noch bis in den Jura hinein die heißflüssige Basaltschicht unter der Lebenssphäre erhalten blieb. Die granitische Masse war vor ihrer differenzierenden Verhärtung und Kristallisation noch so homogen, dass sich nur drei bzw. fünf Minerale aus ihr heraussonderten (s. S. 221 ff.), außer dort, wo sie sich mit der basaltischen Masse mischte. Nach oben geht die Granitschicht kontinentweit in die **Gneisschicht** über. Je weiter die primäre Entwicklung der Lebenssphäre über den Granitniederschlag hinaus vorschritt, desto stärker differenzierten sich die Gesteinsbildungen innerhalb der Kristallinen Schiefer (Abb. 122, S. 234). Über granitischen Gneisen folgen die Granulite des Proterozoikums und in abnehmender Mächtigkeit die Kristallinen Schiefer in ihrer Grundentwicklung. In den linsenförmigen Einlagerungen (Abb. 155, S. 266) erscheinen die ersten Spuren von abgesonderten Lebensformen, wie die stromatolithischen Kalksteine, die Bändereisenerze oder die ersten graphitischen Einzeller (Abb. 155, S. 266). Tropfenförmig abgesonderte Reste der Peridotit- und Basaltschicht innerhalb der Lebenssphäre wurden in den Gneisen eingelagert und bilden heute die Serpentin- und Amphibolit-Linsen. Während die Gneisschicht in allen Kontinenten den Sockel bildet, konzentrieren sich die überlagernden Kristallinen Schiefer auf bestimmte Zonen, die aus weniger verhärteten mobilen Gürteln innerhalb der stärker verfestigten Gneise hervorgegangen sind (s. S. 366). Sie können Tausende von Kilometern lang und Hunderte von Kilometern breit gewesen sein. In diesen Senken – den Geosynklinalen – sammelte sich die Hauptmenge der niederschlagenden Substanzmassen, zunehmend vemischt mit dem Lockermaterial aus der Verwitterung bereits härterer Gebiete. Erst vom Erdmittelalter an würden plattentektonisch entstandene Senken und Kontinentalränder hinzukommen, nicht bereits im Präkambrium oder Erdaltertum. Yardley (1997) meint in seiner Petrologie, es «fragt sich jeder Geologe, der metamorphe Gesteine bearbeitet, warum und wie ein bestimmter Gürtel entstand und warum Gesteine, die in der Tiefe rekristallisierten, heute an der Oberfläche liegen».

Vom Kreislauf der Gesteine und von plattentektonischen Konzepten her gesehen müssten ja die allerältesten archäischen Gneise aus Abtragungsschutt hervorgegangen sein, welcher immer noch ältere Kontinente voraussetzen würde. Wenn Granite keine durchgehende Schicht bildeten, sondern nur durch teilweise Aufschmelzung entstanden wären und die Gneise dem Basalt der Unterkruste auflägen, bliebe ganz unverständlich, warum überall die Granite zunehmen, je tiefer man im Grundgebirge kommt.

Die kontinentale Gneisschicht verhärtete bereits im Proterozoikum langsam von oben nach unten. Man könnte sich vorstellen, dass dabei durch laminares Fließen und Zusammenziehen verschieden fester Bereiche auch weiträumige Falten entstanden sind. Ein Phänomen für die rhythmische Verhärtung sind die verschiedenen Strukturstockwerke innerhalb der Gneisschicht. Oben sind die Mineralkomplexe stärker gesondert; je weiter man nach unten kommt, desto mehr verfließen sie ineinander (Abb. 190 – 193, S. 340; Abb. 109 – 111, S. 230). Die verschiedenen Schichtbereiche können durch statistische Auswertung der Quarzachsen unterschieden werden. Ihre Grenzzonen sind teilweise geophysikalisch fassbar. Sie werden als präkambrische Gebirgsbildungen gedeutet (Abb. 155, S. 266). Es ist mitunter gelungen, sie mit radiometrischer Datierung über kontinentweite Entfernungen zu paralellisieren. Auch das spricht für Schichten unterschiedlicher Verhärtung.

Von der Zeit an, da innerhalb oder oberhalb der Gneise die ersten Quarzite auftreten (Abb. 161, S. 285), kann mit verhärteten Gebieten gerechnet werden, in denen bereits eine gewisse Trennung von Luft und Wasser begonnen hatte. Die unverwitterten Feldspäte in den Arkosen (s. S. 285 ff.) zeigen aber an, dass die Oberflächenverhältnisse noch ganz anders als die heutigen waren. Für tiefe Binnenmeere oder Ozeane im heutigen Sinne gibt es bis ins ausgehende Erdmittelalter hinein keine eindeutigen Hinweise (s. S. 275).

Die Verhärtung der Erdkruste ging stellenweise bereits im Proterozoikum vom Gneis bis in die unterlagernde Granitschicht hinein. In den mobilen Zonen blieb das Granitische jedoch als eine flüssige, weiche Masse, die bei späteren Gebirgsbildungen immer wieder in die Gneise eindringen konnte. An der Folge der granitischen Teilintrusionen kann abgelesen werden, wie die Kruste im Granit weiter von oben nach unten erstarrte (Abb. 188, S. 332). Auch die Porphyrite, Melaphyre und Quarzporphyre des Perm zeigen dies an den Anteilen basaltischer Minerale und ihrem zunehmenden Titan- und Vanadiumgehalt. Nicht nur in Mitteleuropa, sondern auch in vielen anderen Gebieten der Erde drangen während der Karbon-Perm-Zeit Granite auf. Erst mit der variszischen Gebirgsbildung verhärtete die Granitschicht in zahlreichen kontinentalen Gebieten weitgehend – von Ausnahmen in einigen mobilen Zonen abgesehen. Aus dieser Sicht gehe ich davon aus, dass bereits am Ende des Proterozoikums auf einem Drittel der Erde jener Großkontinent weitgehend fertig ausgebildet war, welcher dann bis in die Trias-Jura-Zeit hinein bestand, ohne dass die Kruste dazwischen im Erdaltertum, entsprechend dem Wilson-Zyklus, nochmals zerbrochen wurde. Diesen Großkontinent nannte Alfred Wegener Pangäa, also «Ganzerde» – ein Name, der in die neuere Literatur übernommen wurde. Ich verwende diesen Begriff deshalb nicht, weil nur das kontinentale Drittel fest war und die anderen zwei Drittel noch flüssig waren.

Eine durchgehende Granit-Gneis-Kruste gilt meines Erachtens auch für das Grundgebirge der Kaledoniden in Norwegen / Großbritannien, der Alpen, der Anden und weiterer Gebiete, in denen im Erdaltertum noch primäre Gesteine gebildet wurden. Das Alter der jeweils letzten, konsolidierenden Gebirgsbildungen erscheint an der Oberfläche dadurch zonenweise jünger (z.B. Abb. 79, S. 213 für Europa; Abb. 226, S. 433 für Asien), obwohl darunter mächtiges, früher verfestigtes Basement liegt. Die Kontinentalbildung erreichte damit im Proterozoikum weitgehend ihr heutiges Ausmaß – von der Gesamtkrustenfläche her, nicht von der Lage der Kontinente! Rudolf Steiner vergleicht ja die frühe Kontinentalentstehung mit der embryonalen Bildung der Plattenknochen oder mit einer Austernschale – nur nicht kalkig, sondern auf Kieselbasis – oder auch mit der Wundheilung, bei welcher ein Gerinnungsprozess von außen nach innen fortschreitet, vom Verhärteten zum Flüssigeren hin (s. S. 421).

Der Großkontinent der Karbon-Perm-Zeit (Abb. 223 – 225, S. 430, 431) wurde zunächst so rekonstruiert, dass die Schelfränder der heutigen Kontinente als Grenzlinien der kontinentalen Schollen benutzt wurden. Allerdings gab es immer Stellen, an denen die Schollen schlecht aneinander passten. Inzwischen hat sich empirisch gezeigt, dass die 1000 m-Tiefenlinie als beste Passlinie gilt. Dort sind jedoch die angeschütteten Ablagerungen der Kontinentalhänge am mächtigsten, sodass der wirkliche Rand der Granit-Gneis-Kruste schwer bestimmt werden kann. Typisches Beispiel sind die Ränder des mittleren Atlantik (Abb. 295, 296, S. 514, 515), die nicht durch die 1000-m-Tiefenlinie bestimmt sind. Besonders schwer zu rekonstruieren ist die mittlere Zone des Großkontinents. Von ihr hängt aber ab, wie Australien und Asien zusammenhingen, wie groß «Lemuria» anzusetzen ist und ob eine Tethys als Flach- oder Tiefsee überhaupt existierte. Vergleicht man die **Rekonstruktionen** verschiedener Autoren (Smith 1994, Scotese 1988 bis 1991, Audley-Charles 1988), so sieht man den Spielraum, der aber auf den gleichen Ausgangsdaten beruht. Die kontinentalen Schollen der Karibik, des Mittelmeeres und Ostasiens sind auf komplizierte Weise gedreht worden; die Differenz am Tiefenbruch unter der Amazonassenke wird meistens nicht berücksichtigt und Nordamerika wird Afrika viel zu nahe gelegt. Wegen dieser Unsicherheiten habe ich mich für die Rekonstruktion entschieden, die Owen (1983) von der Trias gezeichnet hat. Er nimmt allerdings dafür 80 % des heutigen Erddurchmessers an, weil sich erst dann eine genaue Passform der heutigen Kontinentalplatten zu einem Großkontinent ergibt. Da die restlichen 20 % jedoch nicht die Flächen der Kontinente, sondern die basaltische Ozeankruste betreffen, deren Größe sowieso kaum zu bestimmen ist, erscheint mir diese Rekonstruktion dennoch möglich. Sie entspricht am besten der Biogeographie des Erdaltertums. Sie widerspricht zwar den häufig abgebildeten Darstellungen mit getrennten Kontinentalgebieten im Sinne des Wilson-Zyklus. Ergänzt man aber bei diesen das offene Gebiet von Lemuria, so ergibt sich auch für das ältere Erdaltertum ein Großkontinent, der damit vom Proterozoikum bis zum Jura existiert haben dürfte. Der ganze Randbereich der Tethys war in der Trias kontinental, auch im späteren Alpengebiet. Sowohl für Karbon als auch für Jura wird von ganz verschiedenen Autoren eine einheitliche Florenprovinz in Ostasien / Australien / Nordindien angegeben, die im Jura bis nach Ostafrika reichte. Andere Rekonstruktionen zeigen für das Karbon und Perm im Bereich von Australien / Ostasien einen geschlossenen kontinentalen Inselbogen und nehmen für den Tethysraum ein großes Binnenmeer an. Die Modelle mit einem trennenden «Tethys-Ozean» sind konstruiert worden, als die frühe Biogeographie und die verdoppelte Geschichte der Tethys (Sengör 1985) noch nicht bekannt waren.

So könnte sich ergeben, dass die wichtigsten **Schritte der Evolution** auf und über diesem kontinentalen Drittel der Erde stattgefunden haben. Zeitlich wären sie zwischen den beiden großen Verhärtungsphasen, dem Proterozoikum und der Trias, anzusetzen. Bevor die Erdumdrehung stärker wurde, war das genannte Drittel die sonnenbeschienene Seite der Erde. Auffällig ist bei dieser Rekonstruktion, dass das spätere Gebiet von Palästina sehr genau in der Mitte des Großkontinents liegt. Über dem mittleren Bereich lebte der Mensch in der höheren Lebenssphäre, während unten die Tierwelt ausgestaltet wurde. Auf der Erdoberfläche, wo schon ein wässrig-luftiger Zustand begann, wird im jüngeren Erdmittelalter mit einer durchschnittlichen Temperatur von ca. 20° C gerechnet, während Steiner (GA 347, 23. 9. 1923) für die höhere Luft-Wärme-Sphäre über hundert Grad angibt. Auf dieser verhärteten, kontinentalen Oberfläche erschien vom Kambrium an eine Tierwelt, von der Reste fossil erhalten sind, weil sie von da an Hartteile ausbilden konnte (Abb. 7, S. 70; 35, S. 115; 39, S. 121). Die Arten waren schon weit differenziert, nachdem sie sich bereits vorher im Proteroikum in weichkörpriger Form entwickelt hatten. Bis zum Perm breiteten sich auf diesem Kontinent die vielfältigen Gruppen aus, von den Stachelhäutern bis zu den frühen Säugetieren, gemeinsam mit den Gruppen der Insekten-, Hohltier- und Grünpflanzen-Stämme. Vom Charakter der **fossilen Tierwelt** her wurde ja das nachfolgende Erdaltertum bezeichnet und untergliedert. Die Entwicklung führt bis zum Perm immer tiefer in Individualisierung und Verhärtung hinein. Im Perm starb die gesamte Tier- und Pflanzenwelt aus – vielleicht von einigen Ausnahmen abgesehen –, wenn man es auf der Artebene betrachtet. Nur auf den Ebenen der höheren Kategorien, also bei den Gattungen, Ordnungen, Familien etc. waren wohl durchgehende Gruppen vorhanden. Sie entsprachen der Ebene der weichkörprigen und geistig-seelischen Formen, welche die kontinuierliche Höherentwicklung weitergetragen haben (Abb. 68, S. 170).

Für die gegenüberliegenden zwei Drittel der Erde, die spätere **pazifische Seite**, fehlen vor dem Jura alle geologischen Belege – aber nicht aus mangelhafter Kenntnis! Für dieses Gebiet treffen meines Erachtens diejenigen Schilderungen Steiners zu, die besagen, dass noch bis in die mittlere Lemuris hinein große Teile der Erde mit heißflüssigen basaltischen Massen bedeckt waren. Das schließt jedoch die Tier- und Pflanzenentwicklung auf dem anderen, kleineren Erdteil nicht aus! Auf der noch flüssig bis weichen Basaltseite wurde meines Erachtens zwischen dem Archäikum und dem Ende des Erdaltertums der Mond in der dargestellten Art abgetrennt (Abb. 216, S. 401). Die Hauptmasse könnte sich während des Archäikums ausgesondert haben, die überschüssigen Reste während des Proterozoikums. Die Mondentrennung würde ich somit als einen allmählichen Prozess ansehen und nicht als ein kurzfristiges Ereignis – schon gar nicht durch einen Planetoiden-Einschlag bewirkt! Erst im Jura erstarrte – vom Kontinentalpol ausgehend und rundum fortschreitend über die gesamte Fläche hin – die pazifische Basaltkruste relativ rasch. Dabei wurde sie ständig wieder von Vulkanen durchbrochen (Abb. 207, S. 386). Die ältesten noch erhaltenen Ozeanböden des Pazifik in der Platte von Mikronesien stammen aus dem Jura (Abb. 209, S. 392). In ihnen fehlen die Magnetstreifenmuster der späteren Ozeanböden, die durch das rhythmische Aufreißen der mittelozeanischen Dehnungsfugen angegliedert wurden (s. S. 388; Bott 1979, Frisch und Löschke 1990). Auch für die anderen Ozeanböden – Atlantik, Arktik, Indik – gibt es weltweit keine Belege, die älter als der Jura sind. Erst nach ihrem Aushärten konnten sich Ablagerungen bilden. In der Kreidezeit und im Tertiär drang das Basaltische weiterhin herauf, erstarrte aber dann gleich im Bereich der ozeanischen Längsrisse und bildete die Mittelozeanischen Rücken, ähnlich wie im Atlantik. Als Gegenbewegung wurde von allen Seiten das pazifische Gebiet zugeschoben, einerseits von den beiden amerikanischen Kontinenten und andererseits von Teilen der asiatisch-australischen Kontinentränder. Dabei wurde die pazifische Platte unterschoben. Dafür sprächen auch die geologischen Phänomene der Mischung des Basaltischen mit dem Granitischen an den pazifischen Rändern während der Kreide-Tertiär-Zeit (Abb. 233, S. 441).

Unter der üblichen Voraussetzung, dass der Mond sich gar nicht oder bestenfalls früharchäisch aus der Erde ablöste, wird angenommen, dass der Ozeanboden zwischen Archäikum und Jura restlos unter die Kontinente subduziert worden sei. Als Belege dafür werden die linsenförmigen Ophiolithe als eingeschuppte Reste solcher Ozeanböden angeführt. Aber gerade rund um den Pazifik, wo sie dieser Annahme zufolge gehäuft auftreten müssten, fehlen sie. Und wo sie unregelmäßig in die Gneise eingelagert sind, fehlen die kontinentalen Subduktionszonen, sodass sie eher als primäre Einlagerungen gedeutet werden müssen (s. S. 440).

Blick aus Richtung der Sonne auf die Granit-Gneis-Kruste des Großkontinents während der lemurischen Zeit. Auffällig ist, dass das Gebiet von Palästina sehr genau in der Mitte liegt. Die Erdachse, um die eine Drehung erst in dieser Epoche begannt (s. S. 408), läge etwa wie heute senkrecht zur Blickrichtung. Gestrichelte Linien: heutige Küstenumrisse zur Orientierung; unterbrochene Linien: kontinentale Trennfugen. Kontinentnamen auf Abb. 211, S. 395; Bändereisenerze auf Abb. 131, S. 242 (Kontinentallage nach Owen 1983).

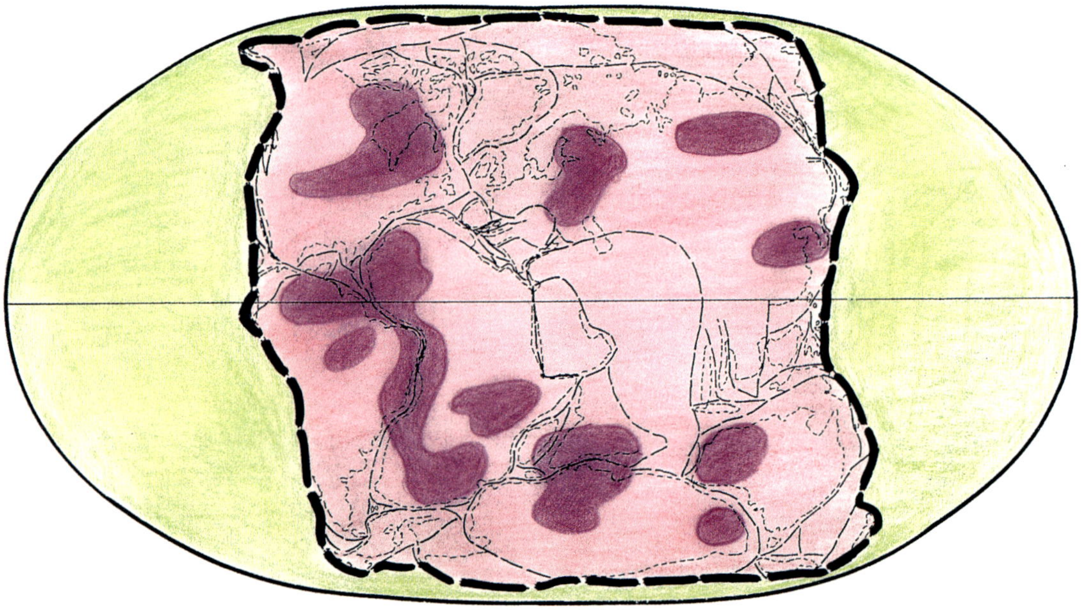

Abb. 223: Dunkelrot: die ältesten, heute oberflächlich angeschnittenen Gebiete des Archäikums; hellrot: der Großkontinent, wie er meines Erachtens bereits am Ende des Proterozoikums bestand; grün: das umgebende weiche, basaltische Gebiet des Mondenpols grün. (Nach diversen Spezialarbeiten bis 1990).

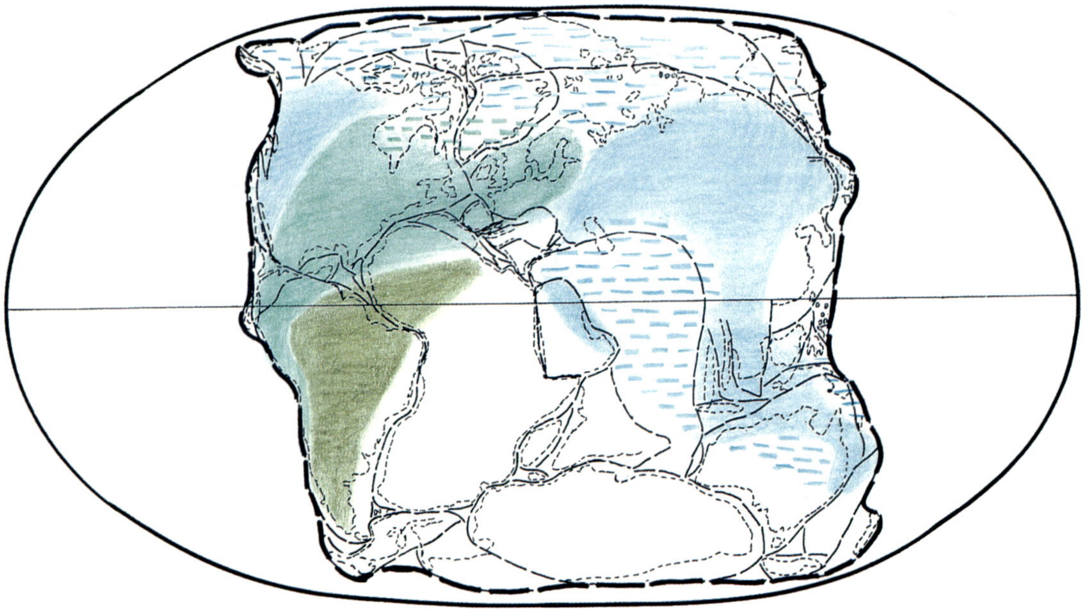

Abb. 224: Floren- und Faunenprovinzen während des Silurs, vereinfacht nach mehreren Arbeiten von Boucot (1979 bis 1990). Es zeichnet sich außen eine vergleichsweise kühlere Provinz ab und innen wärmere Provinzen. Ihre Lagen sprechen für einen geschlossenen Großkontinent, der auch von Boucot für das Silur angenommen wird. Die Verbreitungsgrenzen sind auf die Kontinentallage nach Owen 1983 übertragen. (Nach Boucot und Gray 1979, Scotese und Mckerrow 1990, Boucot 1990).

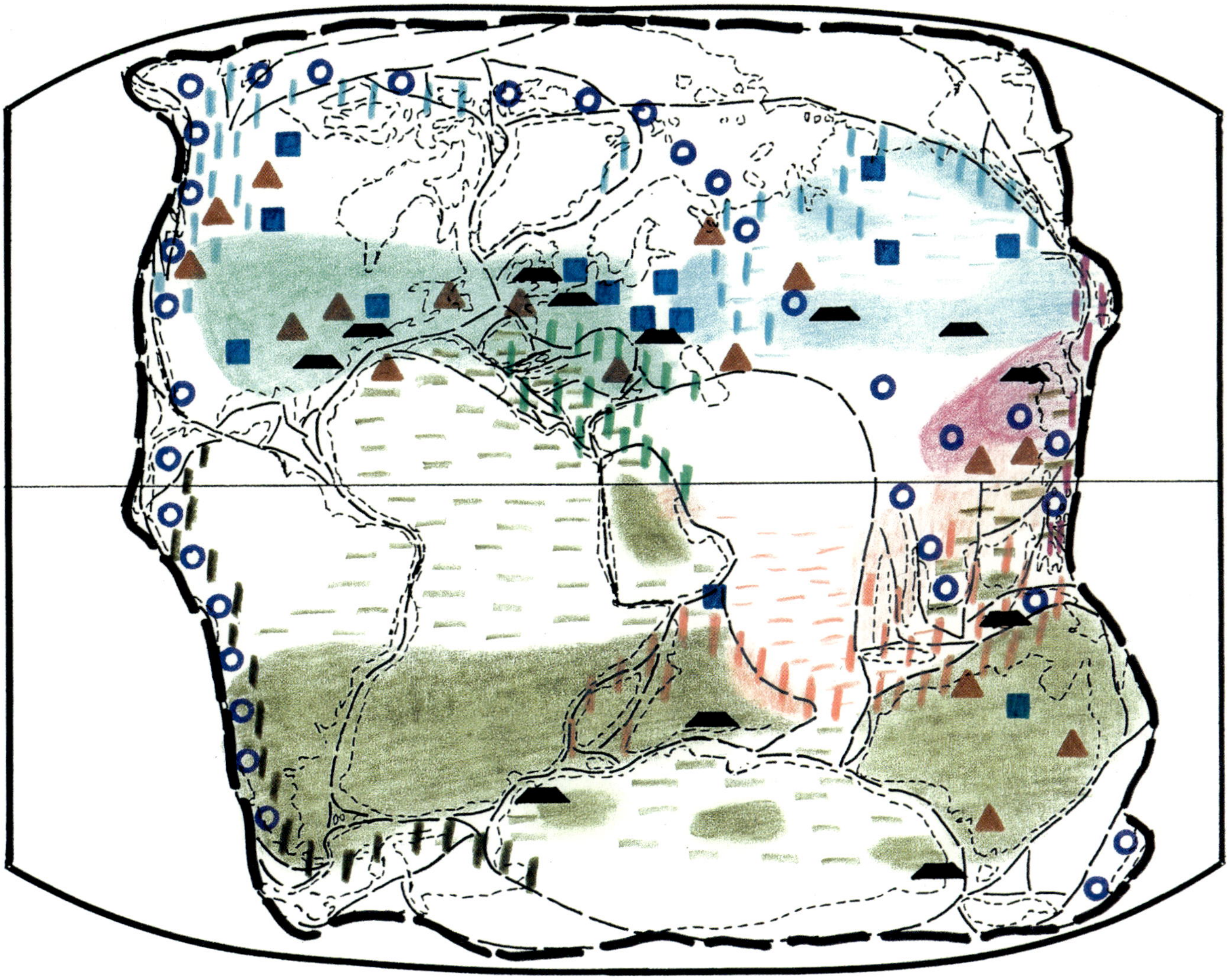

Florengebiete:

- Salzablagerungen
- Kohleablagerungen
- Riffe, Devon
- Fusulinen
- Kontinentalgebiet

- Euramerika
- Angara
- Gondwana
- Nord-Cathaysia
- Süd-Cathaysia

Abb. 225: Aspekte der Lebenswelt im Karbon/Perm, nachdem die Absonderung des Mondes abgeschlossen war und bevor die Einzelkontinente sich abtrennten. Die waagrechten Striche deuten vermutete Verbreitungen an. Belege sind ja nur dort möglich, wo Ablagerungen entstanden bzw. erhalten sind oder nicht unterschoben wurden, wie in Lemuria. Die senkrechten Striche zeigen die entsprechenden Florenprovinzen im oberen Jura (oberer Dogger bis Malm), als der Großkontinent gerade zu zerbrechen begann. Das ermöglicht, die Veränderungen vom Perm bis zum Jura zu vergleichen. – Die Fusulinen charakterisieren kühlere Lebensbereiche, die Riffe, Salz- und Kohlelager mehr wärmere, soweit Belege überliefert sind. Insgesamt war das Klima weltweit sehr ausgeglichen und – verglichen mit heute – humid-tropisch; die Bäume hatten keine Jahrringe. (Nach Maruyama 1986, Sengör 1985, Schwarzbach 1993; Jura nach Tröger 1984).

Die **Mondablösung** in einer evolutiven Weise vom Archäikum bis zum Perm zu sehen, ist eine Vorstellung, die mir nach dreißigjährigem Umgang mit dieser Frage derzeit am besten mit den mir bekannten Phänomenen übereinzustimmen scheint. Es wurde gezeigt, wie die geisteswissenschaftlichen Forschungsergebnisse auf den verschiedensten Gebieten unmittelbar anschließen. Dabei handelt es sich weder um eines der unverbindlichen Modelle, wie sie Lovelock postulierte, noch um ein geologisch ungreifbares, ätherisches Ereignis, wie es aus anthroposophisch-naturwissenschaftlicher Sicht immer wieder angenommmen wird. Nimmt man all die Phänomene der primären Gesteinsfolge, die des anschließenden Erdmittelalters und die der menschlichen und tierischen Entwicklung zusammen, dann erscheint der Einschnitt an der Perm-Trias-Grenze besonders deutlich (Abb. 72, S. 182). Er läge am Ende des Zeitraums, in dem der Mond sich trennte. Könnte das Erscheinen der fossilen Formen im Kambrium nicht Ausdruck davon sein, dass der Mensch keine Hüllen mehr zur Verkörperung fand, wie Steiner darstellt (s. S. 375), und somit andere Wesen sich verstärkt in diesen abgesonderten Hüllen inkarnierten? Sprechen diese Verhärtungsphänomene der Tierwelt und der Erdkruste nicht auch davon, dass die Mondenkräfte bis zum Perm hin noch vom Inneren des Erdorganismus aus wirksam waren und erst im Erdmittelalter von außen?

Lemuria

Entwicklung in Asien

Nach dem endgültigen Abschluss der Mondentrennung zerfiel der Großkontinent. Die detaillierte Erkundung des Himalaja mit Tibet sowie Mittelasiens in den letzten beiden Jahrzehnten erbrachte die genauere Geschichte des lemurischen Blockes und der Tethys. Vor der Trias sind weder in den Alpen noch im Himalaja Ablagerungen eines Tethys-Meeres zu beobachten (Sengör 1985). Auch zwischen Ostasien und Australien bestand ein geschlossener kontinentaler Zusammenhang. Perm und Trias und teils schon Karbon lagern nahezu überall mit scharfer Grenze dem Gneis-Schiefer-Grundgebirge auf, jedenfalls in Mitteleuropa, den Alpen, im Himalaja und den Anden (Kristan-Tollmann 1982; Trümpy 1982). Die weitere Entwicklung der Hochgebirge während des Erdmittelalters und des Tertiär konnte inzwischen aus den Ablagerungen der Ozeanböden, der radiometrischen Datierung der Basalte und der tektonischen Rück-Abwicklung der Hochgebirge sehr genau rekonstruiert werden. Darüber liegen umfangreiche Arbeiten vor, aus denen ich drei Beispiele ausgewählt habe, die insofern typisch sind, als sie auf andere Gebiete übertragbar bzw. wichtig sind für die Entwicklung des Menschen. (Es wurden für die Beispiele ca. 60 regionale Spezialarbeiten der Siebziger- bis Neunzigerjahre verglichen, darunter Audley-Carles 1983, Fourcade 1985, Gansser 1973, Gwinner 1971, Maruyama 1985, Sengör 1985, Trümpy 1980.)

Beim ersten Beispiel handelt es sich um das Hochland von Tibet mit dem **Himalaja-Gebiet**, zwischen dem Pamir und dem westlichen China. Die tektonische Karte Asiens zeigt (Abb. 226), dass das Grundgebirge ähnlich wie in Europa von Norden nach Süden konsolidiert wurde. Auch die Rhythmen der Gebirgsbildung liegen im Großen gesehen zeitlich ähnlich (Abb. 79, S. 213). Nachdem die proterozoische Granit-Gneis-Kruste gebildet war, setzten sich die primären Gesteinsbildungen in schmalen, langgezogenen Trögen während der gesamten folgenden Erdgeschichte noch fort.

Im südlichen Asien ist geologisch interessant, dass man heute davon ausgehen muss, dass in diesem Gebiet zwei alpinotype Gebirge nacheinander angefaltet und übereinander geschoben wurden, was bei anderen Hochgebirgen in dieser Art nicht stattfand. Die erste Gebirgsbildung, Kimmeriden genannt, reichte vom Karbon bis zum Jura; eine zweite, die Alpiden, vom Tertiär bis fast heute. Bei beiden wurde das nördlich angrenzende variszisch gefaltete Gebiet bruchtektonisch ähnlich zerlegt wie in Mitteleuropa. In sehr großen Zügen referiert ergibt sich die folgende Entwicklung

Aus dem Alter der Zuwachsstreifen der ozeanischen Kruste kann rekonstruiert werden, wie die **doppelte Gebirgsbildung** im südlichen Asien abgelaufen ist (vgl. die Karten Abb. 225, S. 431, Abb. 227, 229, S. 434; Abb. 246, S. 453; Abb. 248, S. 458). Der Großkontinent begann bereits im Karbon, mit dem Ende der variszischen Verhärtungsphase, in seiner Mitte, an der Fuge zwischen Lemuria und dem mittle-

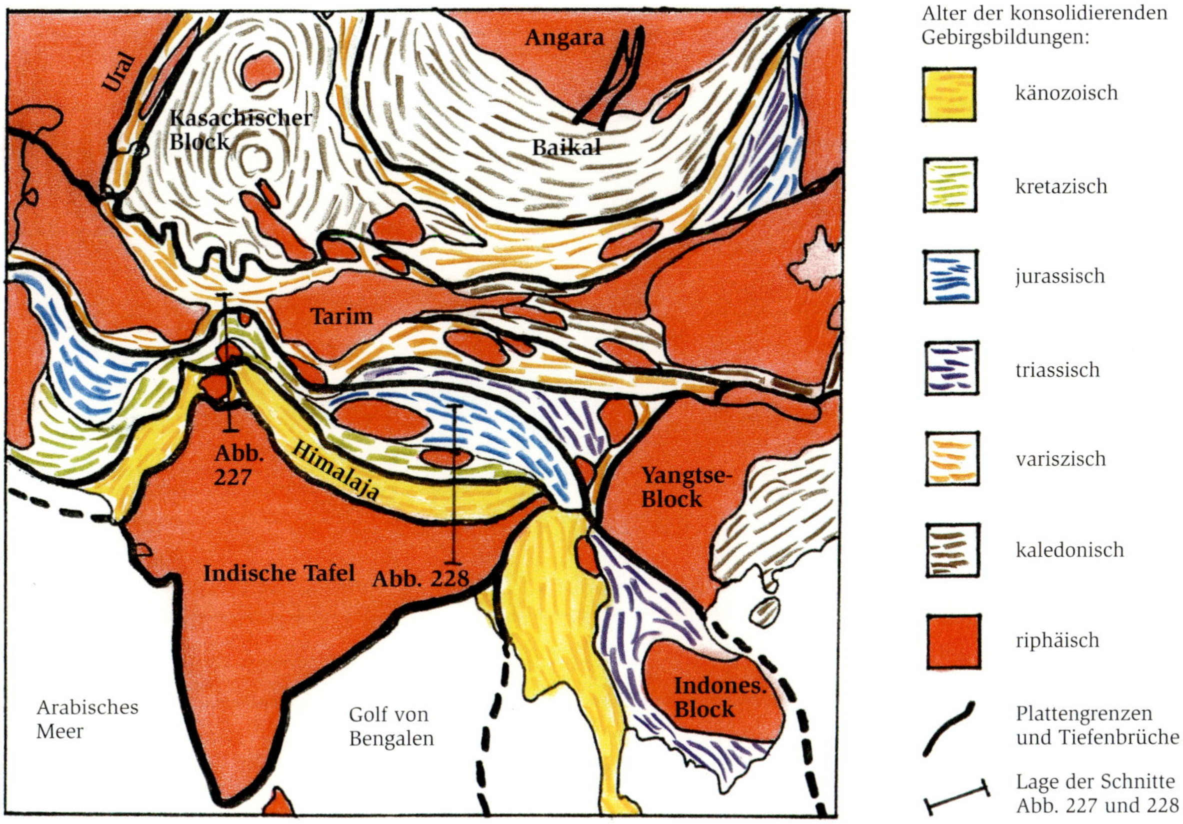

Abb. 226: Die tektonische Gliederung des mittleren und südlichen Asien zeigt an der Oberfläche zahlreiche, teilweise große proterozoische Granit-Gneis-Gebiete und dazwischen schmale Züge mobiler Zonen mit jüngeren Gebirgsbildungen (nach Maruyama 1985).

ren Asien, auseinander zu brechen. Der Bruch weitete sich dann im Jura aus, und zwar entlang einer mittleren von West nach Ost verlaufenden Zone zwischen Nordamerika/Afrika, Afrika/Europa, Indien/Lemuria und Asien/Australien. Den Kontinentalrändern parallel verlaufende basaltgefüllte Gänge aus der Trias weisen auf erste kontinentale Tiefenbrüche hin. Die Granit-Gneis-Scholle von Lemuria wird vom Karbon bis zum Jura unter Asien geschoben, was jetzt als alpinotype Kimmeriden-Orogenese erkannt wurde. Die Schnitte von Abb. 228, S. 434 zeigen, dass die geophysikalisch gut verfolgbare Grenze zwischen Basalt- und Peridotitschicht unter dem Himalaja auf 60 bis 80 km Tiefe abtaucht. Die Platten wurden dachziegelartig gestapelt, wobei das Gebirge heraufgehoben wurde.

Morphologisch fällt auf, dass das Himalajagebiet um etwa zweitausend Meter höher herausgehoben wurde als alle anderen Hochgebirge der Welt. Hier liegt die Gipfelflur, wie die Geographen das nennen, bei 4.000 bis 6.000 m Höhe, während sie in allen anderen Hochgebirgen bei 2.000 bis 4.000 m Höhe bleibt (Abb. 264, 266, S. 488). Dennoch ist eine solche zusätzliche Hebung, gemessen an der mächtigen unterschobenen Kontinentplatte mit 25 bis 30 km Mächtigkeit, noch relativ wenig. Wahrscheinlich hat überhaupt nur im Himalajagebiet eine echte Kontinent-Unterschiebung stattgefunden; in den Alpen wurden Decken übergeschoben.

Die anderen von Nord nach Süd verlaufenden Bruchzonen des Großkontinents öffneten sich erst anschließend, hauptsächlich während der Kreidezeit, nachdem die lemurische Scholle untergeschoben war. Dabei entstanden die Magnetstreifenmuster der basaltischen Anschweißungen, indem die Fugen immer wieder in der Mitte aufrissen, neues Material aufdrang und sofort erstarrte. Von da an kann man mit Recht von **Plattentektonik** sprechen.

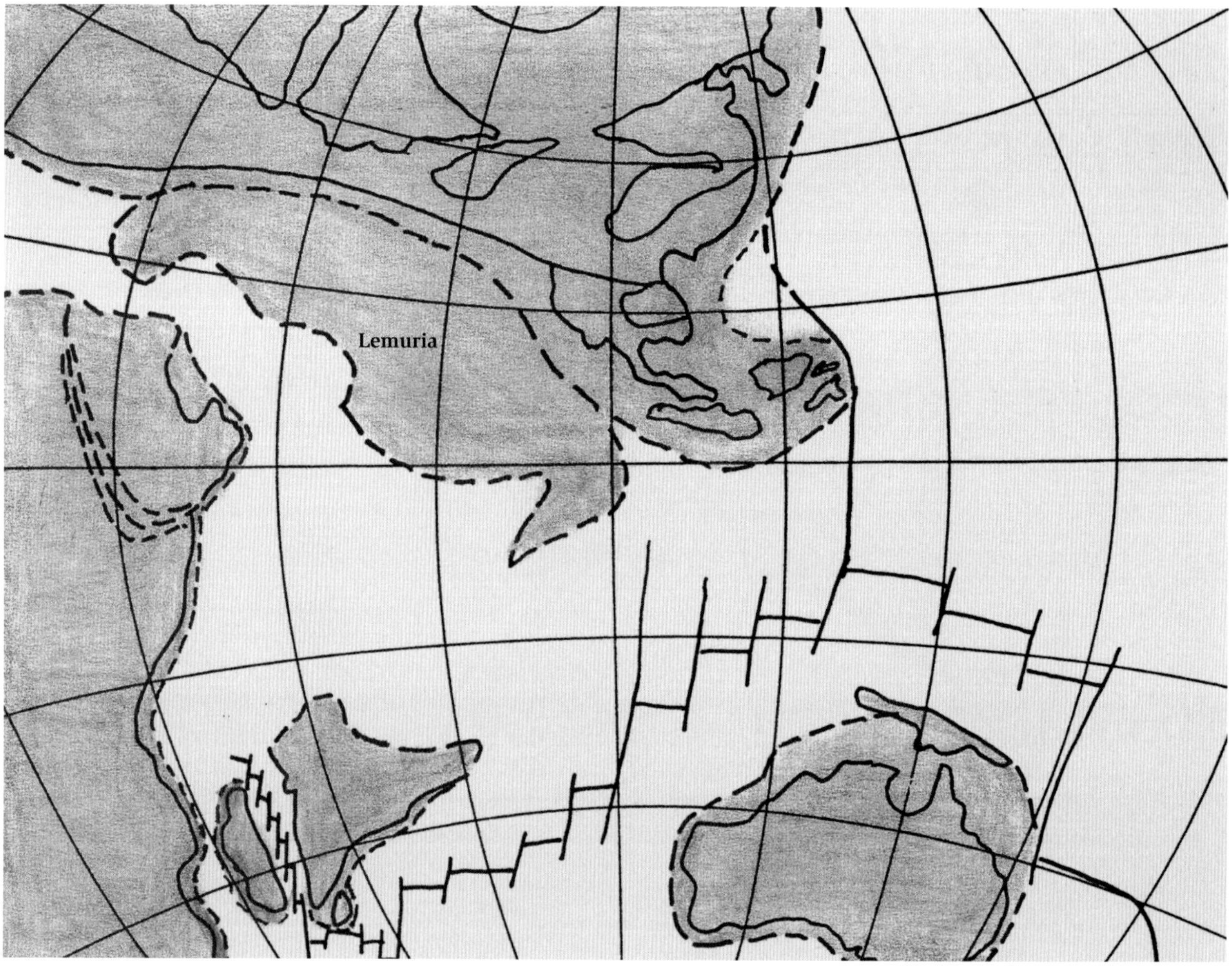

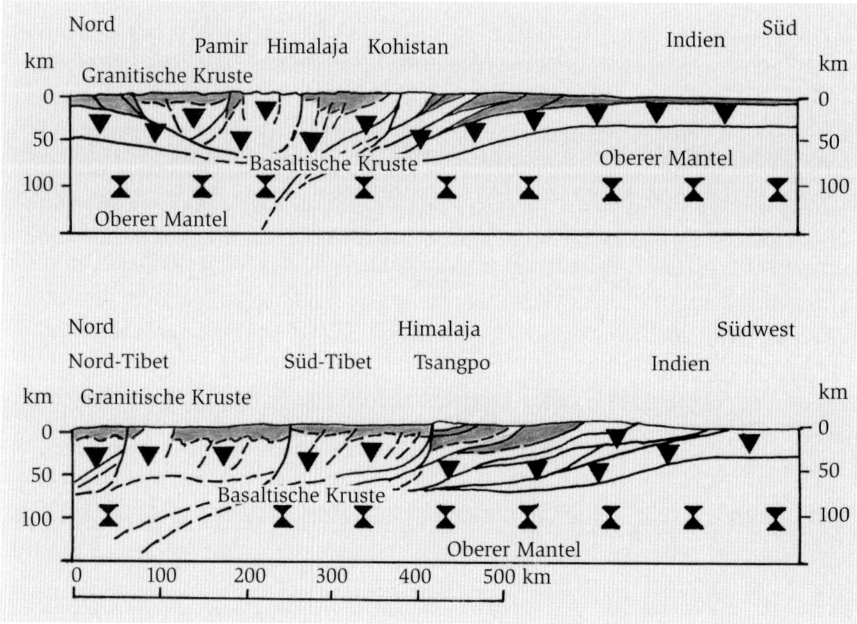

Abb. 227: Beginn der Unterschiebung Lemuriens unter die variszisch verhärtete Kontinentalkruste von Mittelasien während des Erdmittelalters. Rekonstruktion der Verhältnisse in der mittleren Kreidezeit. In Abb. 227 und 229 grau: Proterozoische Kontinentalkerne bis zur Schelfgrenze; weiß: Basaltische Erstarrungskrusten mit den Mittelozeanischen Rücken und den Transform-Störungen. (Nach Maruyama 1985, Le Pichon 1982 u.a.)

Abb. 228: Unterschiebung von Lemuria unter Asien im westlichen und östlichen Himalaja nach geophysikalischen Tiefenprofilen (Lage auf Abb. 226; nach Mattauer 1993 u.a.).

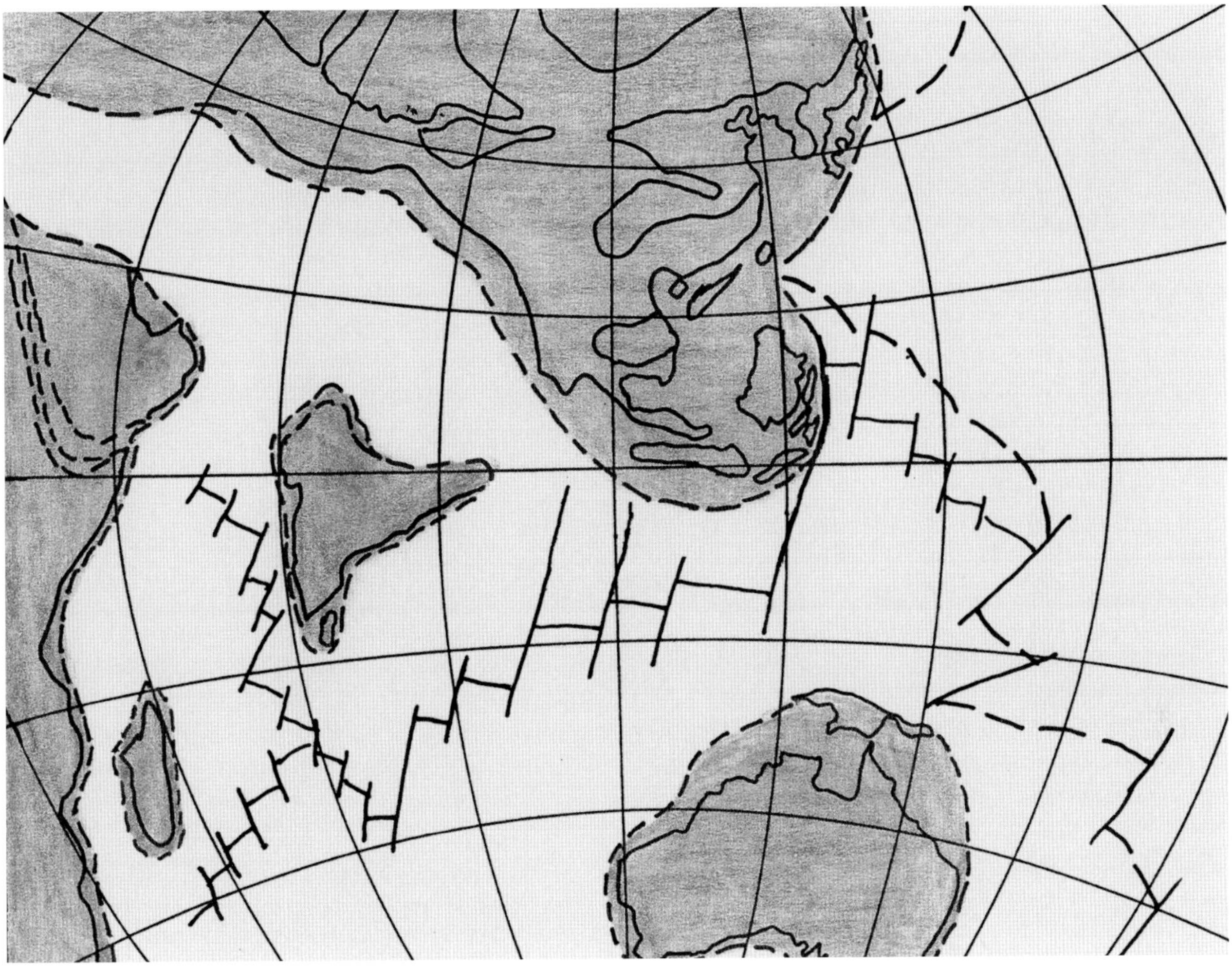

Abb. 229: Lage von Indien im Alttertiär (Eozän = frühe Atlantis) nach der Unterschiebung von Lemuria. Zwischen Indien und dem Himalaja-Gebiet entstand eine neue Ablagerungssenke von Deckgebirgsgesteinen, die vom Eozän an dem Himalaja angefaltet und eingeschuppt wurde (nach Maruyama 1985, Le Pichon 1982 u.a.).

Eine verhärtete Platte umfasst also eine kontinentale Scholle und die angrenzenden, immer größer werdenden Ozeanböden bis zu den Bewegungszonen der Mittelozeanischen Rücken bzw. des pazifischen Randes. Von den Kontinenten aus wurde zwischen Jura und Tertiär viel Abtragungsmaterial eingeschwemmt, zwischen dem auch Kalk- und Salzgesteine entstanden. Es lagerte sich an den Kontinentalhängen ab und kann mehrere Kilometer mächtig werden (Abb. 242, S. 448; Abb. 286, S. 507), besonders am Atlantik und Indik, wo keine Hochgebirgszüge die Kontinente begrenzen. Der morphologische Kontinentalhang, wie er auf den Ozeanbodenkarten erscheint, wird also meist von diesem Deckgebirge gebildet.

Die Bewegungsursachen der Kontinentaldrift oder Plattentektonik werden in großen Konvektionsströmen unterhalb der Erdkruste gesucht, in dem Bereich, der dann entsprechend als Asthenosphäre bezeichnet wird (s. S. 416, Abb. 208, S. 391). Eine nähere Beobachtung dieser Ströme ist naturgemäß unmöglich, mit den Druckverhältnissen sind Konvektionsströme schwer vereinbar. Globale Gesamtmodelle zeigen zahlreiche Widersprüche. Wie sollten die Konvektionswalzen liegen, um solche Schollen, wie sie in Abb. 210, S. 394 angenommen werden, zu dem Kontinent zusammenzubringen? Wie lägen sie bei dem differenzierten Auseinanderbrechen? Wie würden sie im Pazifik verlaufen? Wie könnten sie die komplizierten Drehbewegungen der Karibik und des Mittelmeeres erklären (Abb. 232, S. 438)?

Auch in diesen Fragen nach den Bewegungsursachen bietet die geisteswissenschaftliche Erweiterung der geologischen Erkenntnisse eine Möglichkeit, den Zusammenhang mit der Menschenentwicklung zu verstehen. Wir hatten verfolgt, wie der noch weichkörprige Mensch in der Zeit nach der Mondentrennung aus der oberen Lebenssphäre auf die verhärteten Kontinentalflächen herabgezogen wurde (s. S. 140). Seine weiteren Entwicklungsschritte während der späten lemurischen Zeit bildeten sich in den Formen und Wanderwegen der frühen Säugetiere im Erdmittelalter ab (Abb. 21, 22: Prosimiae, S. 84, 87; Abb. 246, S. 453). Das Zentrum der menschlichen Entwicklung wird von okkulter Seite im Gebiet von **Lemuria** gesehen, im Zentrum des Großkontinents, südlich vom heutigen Asien. Benannt wurde es nach den Lemuren, antiken Gespenstern, die bei den Römern die bösen Geister der Verstorbenen wurden und als solche auch in Goethes *Faust* erscheinen. Der Name wurde dann im 18. Jahrhundert von französischen Forschungsreisenden auf die Halbaffen von Madagaskar assoziativ übertragen (was ist ein halber Affe?). Die Tatsache, dass ähnliche Gruppen der frühen Affen bis Südindien, Malaysia und Indonesien verbreitet sind, führte dazu, dass man aus fixistischer Sicht der Erde im Indischen Ozean eine hypothetische Landbrücke annahm. Ernst Haeckel fasste diese Tiergruppe als Vorfahren des Menschen auf. Das wurde dann von Scott-Elliot (1896) aus okkulter Sicht auf die Menschenvorfahren übertragen. Sie hätten auf einer gebirgigen Insel im Indischen Ozean gelebt, welche untergangen ist. Heute sieht man, dass seine Karte dieser Insel jedoch keinerlei geographisch-geologische Relevanz hat.

Von Rudolf Steiner wurde nur der Name Lemuria übernommen für das Gebiet, über dem sich der Mensch nach der Mondentrennung entwickelte. Nur die zu früh verhärteten Formen erschienen fossil direkt auf den Kontinenten. Dabei handelt es sich jedoch noch nicht um die frühen Affen, denn die erscheinen erst mit dem Alttertiär, nachdem die Lemuris bereits untergegangen war. Zur Lage des lemurischen Gebietes sagt Rudolf Steiner (GA 100, 25. 6. 1907): «Südwärts vom heutigen Asien dehnte sich dieser Kontinent aus, bis nach Afrika und Australien herüber; den bewohnten unsere Vorfahren, als sie noch Lemurier waren.» Und ein Jahr später (GA 105, 11. 8. 1908) spricht er von «Katastrophen der Erdentwicklung, die wir vulkanisch nennen können, wo Ländermassen zugrunde gingen, auf denen die Vormenschheit lebte, die südwärts vom heutigen Asien, ostwärts von Afrika und nordwärts von Australien lagen. Das waren Ländermassen, auf denen die Vormenschheit lebte, die man nach einem der Naturwissenschaft entlehnten Ausdruck den lemurischen Kontinent nennt.» Dessen Untergang wird im nächsten Abschnitt behandelt; hier geht es mir zunächst um die exakte Beschreibung des geographischen Ortes. Steiners Formulierung scheint dabei umständlich. Er sagt nicht «südlich von Indien» oder «im Indischen Ozean untergegangen» und bezieht sich auch nicht auf die von Scott-Elliot gezeichnete Insel. Würde man imaginativ den Lebensraum des weichkörprigen Menschen als in der Erdsphäre über der Erdoberfläche liegend verstehen, so läge der Kontinentteil, welcher in Abb. 211, 227 Lemuria genannt wird, räumlich gesehen unterhalb dieses Lebensraumes des Menschen. Das wäre aber nördlich des indischen Blocks – nicht südlich von Indien wie im fixistischen, die Kontinanetalbewegungen nicht berücksichtigenden Bild von Scott-Elliot! Dennoch läge der menschliche Lebensraum an der gleichen Stelle – bezogen auf die ganze Erde! Die lemurische Platte nördlich von Indien wurde dem Himalaja untergeschoben; eine südlich von Indien untergegangene gebirgige Insel hat es sicher nicht gegeben. Dieser wichtige Unterschied zwischen Steiner und Scott-Elliot wird erst heute durch die Plattentektonik ganz deutlich. Eine ähnliche Differenz wird uns bei der Lagebeschreibung der Atlantis noch einmal begegnen (s. S. 455). Ich sehe in Steiners umständlich erscheinender Ortsangabe eine möglichst exakte Lagebeschreibung des imaginativ erfassten Lebensgebiets der Menschen. Dieser Ort kann erst jetzt auf Grund der mobilistischen Modelle paläogeographisch angegeben werden, während er nach den damaligen fixistischen Vorstellungen gar nicht lokalisierbar war. Steiners Darstellungen beschränken sich auf die exakte übersinnliche Beobachtung und sind nicht veraltet wie naturwissenschaftliche Modelle seiner Zeit, sondern sie halten einer genauen Prüfung stand.

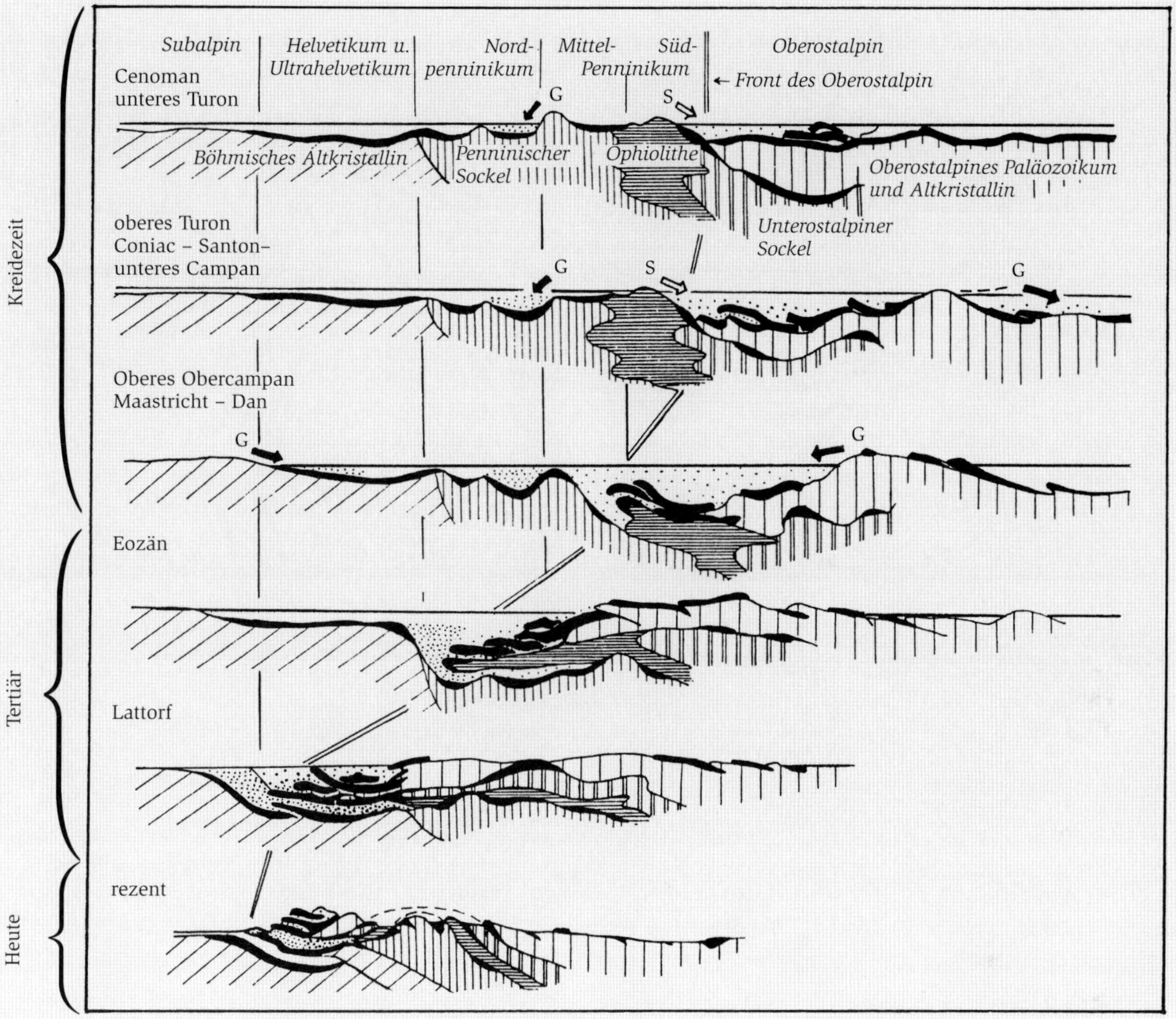

Abb. 230: Prinzip der Alpenfaltung am Beispiel eines Schnittes durch die Ostalpen. Der heutige Zustand unten; daraus abgewickelte fünf frühere Stadien, die den zeitlichen Ablauf von oben nach unten seit der mittleren Kreidezeit zeigen. Die dargestellten tektonischen Einheiten sind am oberen Schnitt beschriftet. Schräg, senkrecht und waagerecht liniert: Grundgebirge; schwarz: Deckgebirge = Kalkentwicklung der Trias und des Jura; weiß und punktiert: Lockergebirge; G und S: Schüttungen von Verwitterungsmaterial. Die senkrechten Linien begrenzen die großen Ablagerungsräume. Deutlich dargestellt ist die Überschiebung der Decken unterhalb der Krustenoberfläche; danach wird der fertige Gebirgsblock herausgehoben. (Nach Oberhauser; aus Gwinner 1971, Abb. 160).

Gebirgsbildung der Alpen und Anden

Nach dem Himalaja soll ein zweites Beispiel einen prinzipiellen Schnitt durch die östlichen **Alpen** zeigen. Für die westlichen, also vorwiegend die Schweizer Alpen nimmt z.B. Trümpy (1980) eine Zerscherung der Schichtpakete an, die zu prinzipiell ähnlichen Übersichtsschnitten führt. Ein variszisch gefaltetes Grundgebirge wurde eingeebnet; darüber lagerte sich im Erdmittelalter ein mächtiges kalkiges Deckgebirge ab (schwarz). Es wurde von Süd nach Nord fortschreitend abgeschert, in Decken übereinandergeschoben und dabei verfaltet. Die gerade Linie in den Zeichnungen kennzeichnet die Erdoberfläche, die nach Anstieg des Ozeans der heutigen

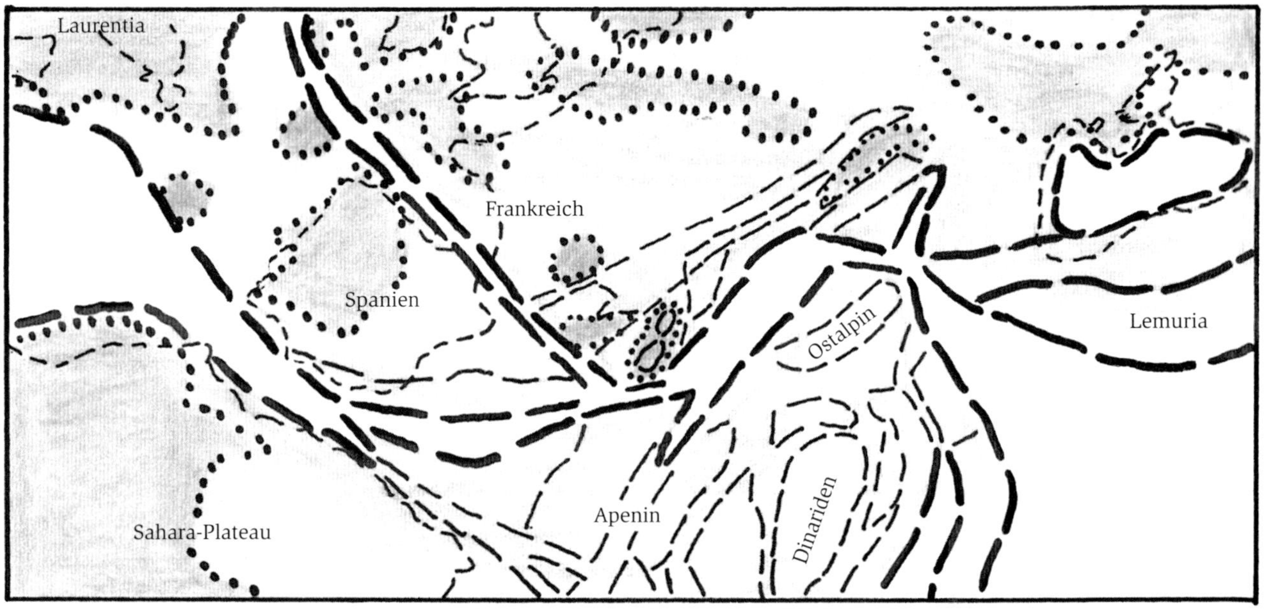

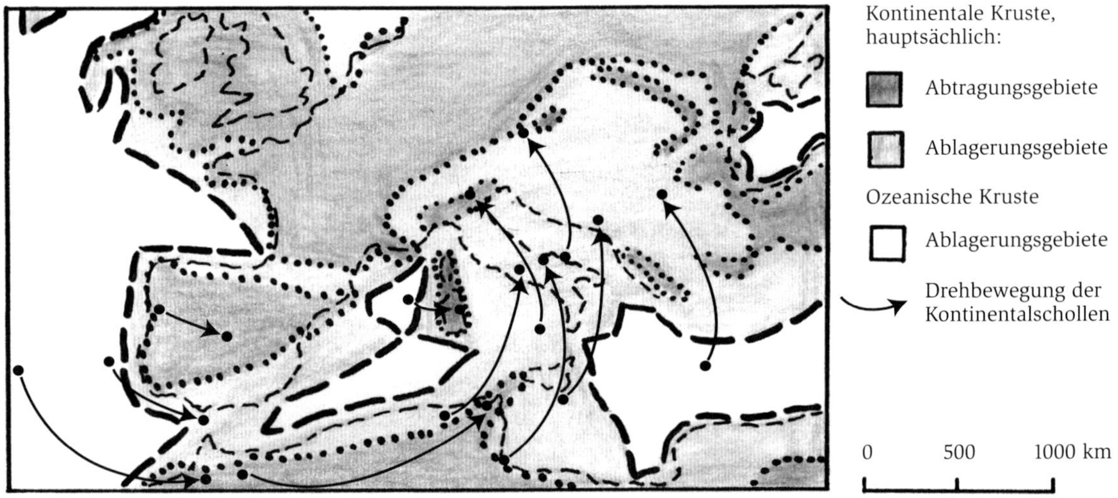

Verlagerung der kontinentalen Krustenteile während der alpinen Gebirgsbildung:
Abb. 231 (oben): Lage im oberen Jura (Oxford-Tithon)
Abb. 232 (unten): Lage im Jungtertiär (mittleres Miozän)

Meeresoberfläche entspräche. Das Mittelmeer, im Profil rechts, füllte sich erst im Jungtertiär, ab dem Miozän (Abb. 279, S. 498); in den Schnitten wird es zeitlich durchgehend dargestellt.

Die so genannten Wurzelzonen der übergeschobenen Decken, also die variszischen Granit-Gneis-Kristallin-Sockel (senkrecht liniert), über denen das Deckgebirge primär abgelagert wurde, müssten im heutigen Mittelmeerraum gesucht werden. Dessen komplizierte Entwicklung legt nahe, dass kontinentale Blöcke von Süden aus herangedreht, übergeschoben und gefaltet wurden. Das schon stärker verfestigte Mitteleuropa (schräg liniert) zerbrach lediglich, und die Mittelgebirge wurden heraufgedrückt. Trümpy rechnet mit einer Einengung auf etwa 1/4 der ursprünglichen Breite. Bei diesen Schollenbewegungen wurde das Deckgebirge des Erdmittelalters von der Oberkreide bis zum Alttertiär von den Wurzelzonen abgeschert, unterhalb der eigentlichen Erdoberfläche übereinander geschoben und gefaltet. Welche Kräfte haben bei solchen gewaltigen Deckenbewegungen gewirkt? Man staunt, wenn man z.B. bei Schwanden, südlich Glarus (Schweiz) an einer solchen Deckenfuge steht, wie geringmächtig die zerrüttete Grenzzone in einem weichen Mergelkalk ist, über den eine Decke mit mehreren hundert Metern permischer Konglomerate übergeschoben wurde. Nimmt man jedoch den Aspekt einer Luft-Wasser-Sphäre hinzu, könnte man eher an eine Art Aufschwimmen denken. Auf die interessanten Ergebnisse der unübersehbar gewordenen Speziallitertur zur Alpentektonik kann leider hier nicht weiter eingegangen werden.

Von der Mitte des Tertiärs an (Abb. 230, vorletztes Bild) änderte sich das Kräfteregime. Die Überschiebungen hörten auf, und das weitgehend fertige Gebirge wurde insgesamt als Block vertikal heraufgehoben. Das ist heute noch deutlich an der Ebene zu sehen, welche die so genannte Gipfelflur bildet – die Fläche, bis zu der die meisten Gipfel heraufragen. In sie wurden vom Alttertiär an die Täler eingeschnitten. Das führt uns zum Thema der Landschaftsbildung, auf das später eingegangen werden soll (Abb. 264 bis 266, S. 488).

Vergleichen wir die **Bewegungen der Kontinente** auf den Karten der Abb. 225, S. 431; 229, S. 435 und 246, S. 453, dann wird deutlich, dass durch die Unterschiebung von Lemuria zwischen Karbon und Jura eine Lücke mit Ozeanboden entstand, in welche die indische Scholle nach Norden gezogen wurde. Die afrikanisch-arabische Scholle ist dabei ebenfalls gegen den europäisch-asiatischen Kontinent gedreht worden. Die Abb. 231 und 232 zeigen, wie sich dies im Zwischenbereich des heutigen Mittelmeergebietes ausgewirkt hat. Der afrikanische Block drehte sich mit den nördlich angrenzenden Schollen nach Osten und Norden. Dabei entstand der Westalpenwirbel; der Appenin drehte um etwa 90° und nahm Korsika und Sardinien von der Iberischen Halbinsel aus auf etwa die halbe Strecke mit. In den Lücken unter verschiedenen Gebieten des östlichen und westlichen Mittelmeeres fehlt die kontinentale Kruste (s. a. Abb. 206, S. 386).

Ein drittes Beispiel zeigt einen Schnitt durch die südamerikanischen Anden etwas nördlich von Antofagasta. Ich habe dieses Beispiel ausgewählt, weil **Südamerika** oft wieder als Modell für den Kreislauf der Gesteine herangezogen wird (s. S. 207 u. S. 291). Der Schnitt Abb. 233, S. 441 zeigt, wie die südamerikanische Kontinentalplatte auf die ozeanische Kruste des Ostpazifiks aufgeschoben wurde. Dabei wurde das Deckgebirge am östlichen Rand der Anden, im Gebiet der Ostkordillere, stark zusammengeschoben. Die proterozoische Oberkruste mit der Gneis-Granit-Schicht und die basaltische Unterkruste wurden ähnlich wie im Himalaja gestaucht und vermutlich schuppenartig unterschoben. In Fortsetzung dieser Platten fallen an der abtauchenden ozeanischen Kruste nach der Tiefe hin drei Bereiche auf, in denen sich die Erdbebenherde konzentrieren. Ein Maximum liegt in etwa 100 km Tiefe; wenige Tiefbeben reichen mehrere hundert Kilometer tief bis in den unteren Mantel. Die Konzentrationsbereiche der Bebenherde dürften darauf hinweisen, dass hier verhärtete Krustenteile gegeneinander geschoben werden. Die bruchtektonische Hebung der Anden im Jungtertiär, mit dem Hochplateau des Altiplano um 4000 m, könnte damit zusammenhängen. Die Tiefenseismik ermöglicht jedoch keine genaueren Interpretationen von abtauchenden Krustenstücken. Es werden auch andere Modelle diskutiert.

Im Gegensatz zu dieser Bewegungsrichtung wurden im Deckgebirge zwischen dem Schelf und dem Tiefseegraben große Abschiebungen erkundet, die eine Dehnung belegen (Abb. 234). Das Grundgebirge der abgesunkenen Schollen mit Granitplutonten wird vom Deckgebirge des Erdmittelalters und der Erdneuzeit überlagert. Ähnlich ist auch die anschließende Prä- und Küstenkordillere aufgebaut. Dort besteht der Unterbau aus Kristallinen Schiefern mit Graniten und ist durchweg im Proterozoikum und Erdaltertum entstanden. Dieses Grundgebirge wird vom Devon, teilweise auch erst von der Trias an von Ablagerungen des Deckgebirges diskordant überlagert. Vor allem während der Drift zwischen dem Jura und dem Jungtertiär bildeten sich hier zahlreiche tiefe, küstenparallele Dehnungsgräben. Sie wurden mit mächtigen Ablagerungen in Flachmeer-Fazies und kontinentalen Rotsedimenten gefüllt und im Tertiär schwach gefaltet. Allgemein setzte von der Trias an hauptsächlich Bruchtektonik ein, die im Tertiär dominierte; es gibt keine Deckenüberschiebungen wie in den Alpen. Der Zusammenschub geschah aber erst im Jungtertiär. Vom oberen Jura bis zum Alttertiär drangen Granit-Granodiorit-

Intrusionen auf. Gleichzeitig setzte entlang von tiefreichenden Dehnungsbrüchen ein starker Vulkanismus ein, der sich von West nach Ost verlagerte und bis heute noch abgeschwächt anhält. Dabei mischte sich das basaltische Material im Gebirgssockel mit dem Grundgebirge zu überwiegend andesitischen Gesteinen, die mehrere tausend Meter mächtig werden können. Der Kieselgehalt nahm während der Ausbruchsphasen immer weiter zu, was einen explosiven, mit Tuffen vermischten Vulkanismus verursachte.

Die kontinentale Granit-Gneis-Schicht von Südamerika bildete sich im Proterozoikum. Sie reicht im Pazifik bis in die abgesunkenen Schollen des Schelfs hinein. Durch die Ablagerungen an den Kontinentalhängen des Atlantik ist gut belegt, dass Südamerika sich erst in der mittleren Kreidezeit, zwischen Cenoman und Apt, von Afrika zu trennen begann. Das Deckgebirge von der Trias bis zu den Senken des Jura wurde also gebildet, als Südamerika noch mit dem Großkontinent zusammenhing! Die etwa 4000 km weite Drift nach Westen über die pazifische Platte hinweg fand zwischen der mittleren Kreide und dem Jungtertiär statt. Während dieser Zeit war im Westen der andesitische Vulkanismus an Dehnungsbrüchen aktiv; die Plutone drangen auf; es bildete sich die Pressungstektonik am Ostrand der Anden, und die Unterkrustenschollen wurden unterschoben.

Diese Entwicklungen, die hier nur in großen Zügen referiert werden können, zeigen andere Phänomene, als was vom Kreislauf der Gesteine her vorgestellt wird (s. S. 291). Da meint man, dass während der Kontinentaldrift die Sedimente mit den Ozeanböden unterschoben und dadurch in größeren Tiefen zu Metamorphiten und Graniten aufgeschmolzen würden, welche dann die Kontinentkruste bildeten und den Vulkanismus verursachten. Im Folgenden werden einige Hauptwidersprüche genannt:

1. Das kristalline Grundgebirge, welches bis in die Küstenkordillere reicht, entstand hauptsächlich im Proterozoikum, als Südamerika noch Teil des Großkontinents war, und nicht durch Unterschiebung während der Drift.
2. Die Deckgebirgsentwicklung beginnt wie überall auf dem Großkontinent in der Trias, stellenweise schon im Devon; frühere Wilson-Zyklen sind im Grundgebirge nicht nachweisbar.
3. Schon rein physikalisch ist nicht vorstellbar, dass sich ein wassergetränktes, unverfestigtes Lockermaterial auf dem Ozeanboden zwischen verhärtete Basaltplatten schieben lässt, welche sich mit so hohem Druck aufeinander pressen, dass Erdbeben ausgelöst werden! Frisch und Löschke (1990, S. 79) berechneten: Wenn nur 5 % Meerwasser im Sediment subduziert würde, dann wäre in 700 Millionen Jahren die gesamte ozeanische Wassermasse subduziert, d.h. seit dem Archäikum mehrmals durch den Mantel gegangen! Das Wasser müsste in die Ophiolithe eingebaut sein; deren Minerale sind aber wasserfrei!
4. An der Stirnfront, wo vom Modell her die Sedimente aufgeschmolzen würden, finden keine Aufschmelzungen statt, sondern es stoßen mächtige, verhärtete Basaltkrusten des Ozeanbodens und der kontinentalen Unterkruste gegeneinander, sodass Erdbeben entstehen.
5. Die aufgeschmolzenen Sedimente müssten als Magma die Peridotit- und die verhärtete Basaltschicht nach oben durchdringen, mit allen petrologischen Konsequenzen.
6. Das Modell erforderte an der Stirnfront des Tiefseegrabens kontinentwärts gerichtete Aufschiebungs- und Pressungs-Strukturen; die Schnitte zeigen dagegen gestaffelte Abschiebungen und zahlreiche Dehnungsgräben.
7. Die Gebirgsbildung zeigt überwiegend Bruchtektonik und keinen Falten- oder Deckenbau.
8. Es fehlen eingeschuppte Ozeanbodenspäne im Grund- und Deckgebirge.

Zwei Schnitte durch die mittleren Anden auf gleicher Profillinie, um die Überschiebung der Kontinentalplatte von Südamerika über den Ozeanboden des Pazifik zu verdeutlichen. (Vereinfacht nach Scheuber und Giese 1999, Reuter 1996).

Abb. 233 (oben): Der nicht überhöhte Schnitt zeigt die Krustenstockwerke in ihren Mächtigkeiten, den wirklichen Winkel der Überschiebungsfläche, sowie die hauptsächlichen Bereiche der Erdbebenherde.

Abb. 234 (unten): Schnitt durch Schelf und Tiefseegraben bis zum Ozeanboden auf der gleichen Schnittlinie. Der nur wenig überhöhte Ausschnitt zeigt die Dehnungs- und Abschiebungstektonik im Grund- und Deckgebirge, sowie das geringmächtige Lockergebirge.

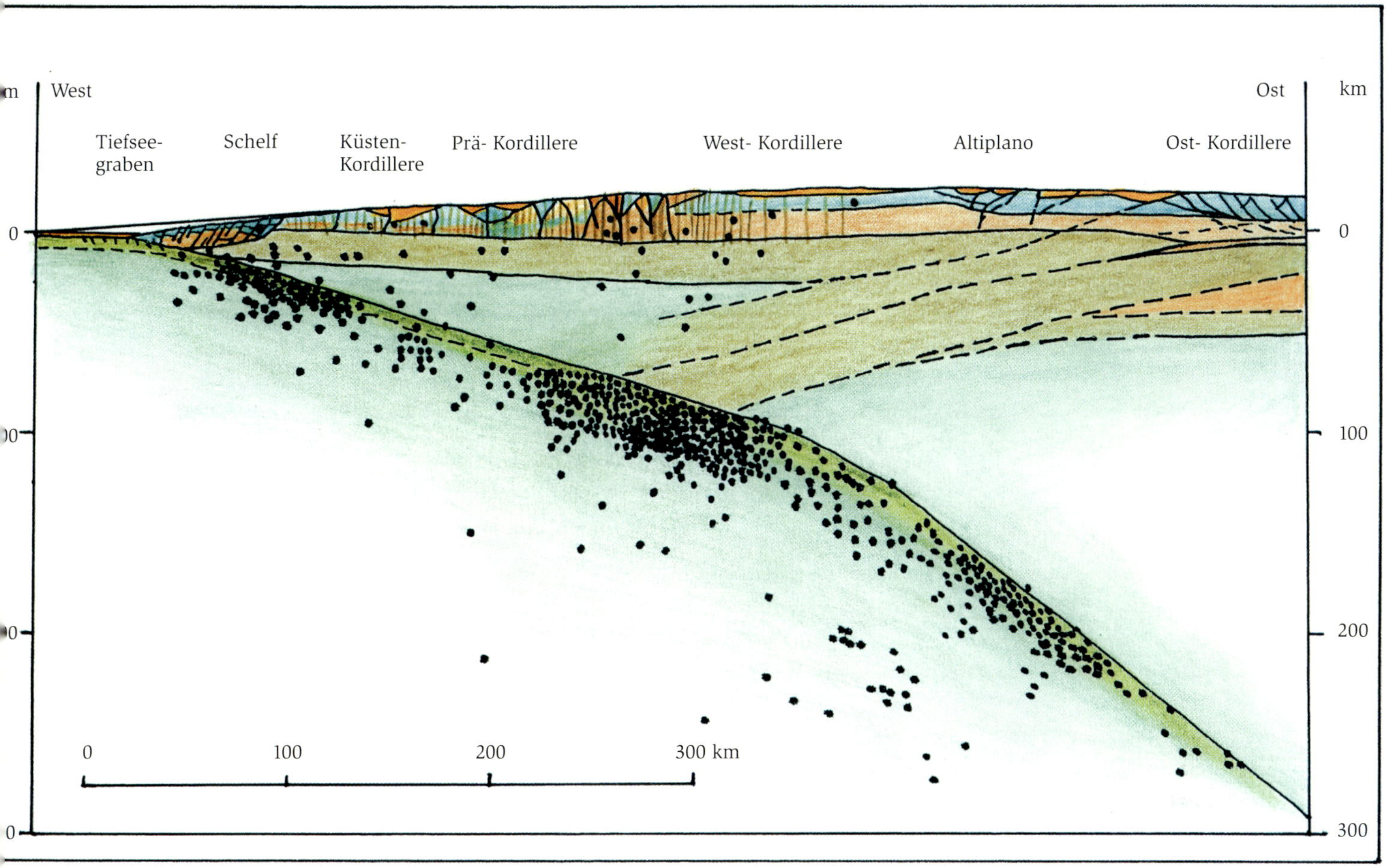
km
West
Ost
km
Tiefsee-
graben
Schelf
Küsten-
Kordillere
Prä- Kordillere
West- Kordillere
Altiplano
Ost- Kordillere
0
100
200
300
0
100
200
300 km

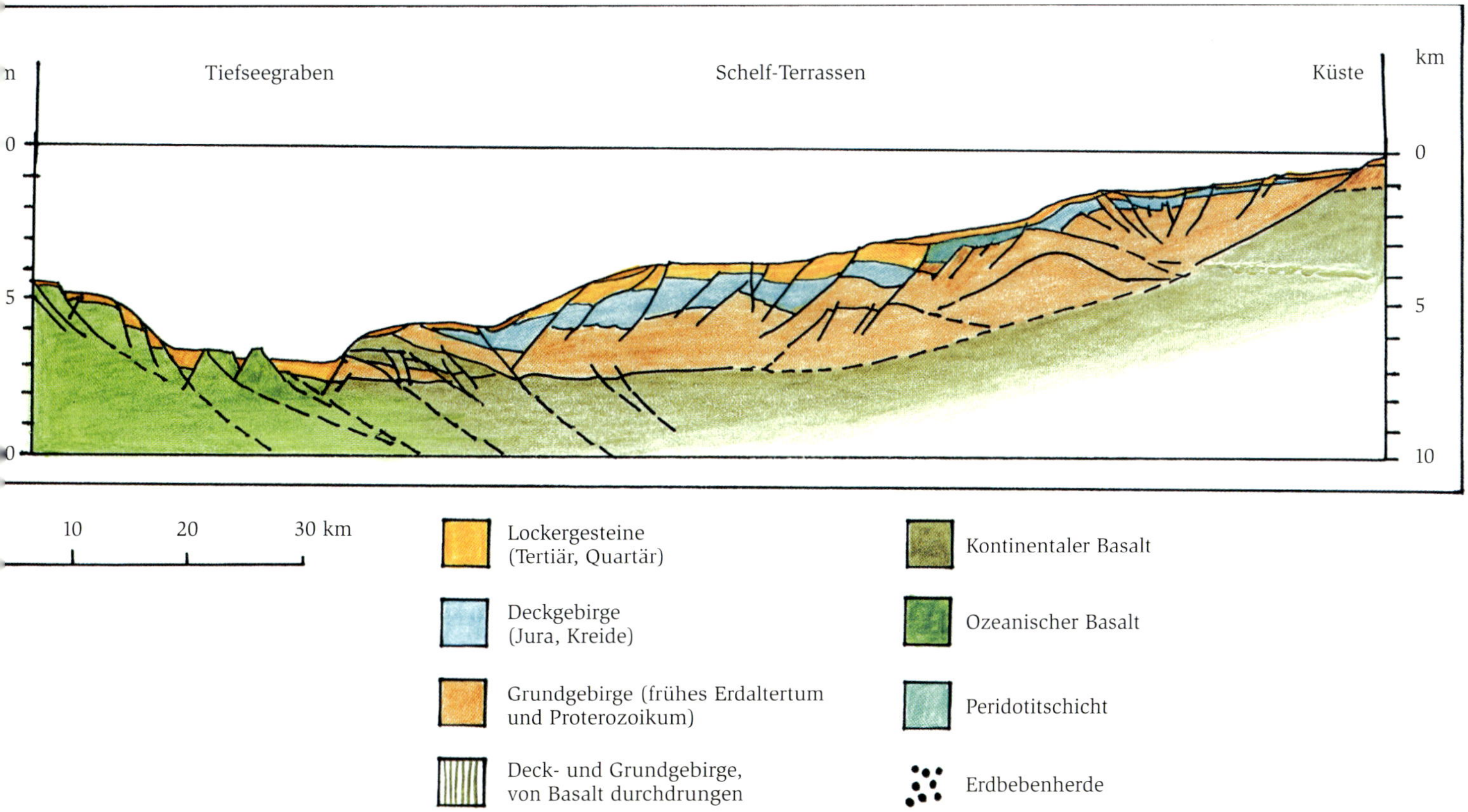
km
Tiefseegraben
Schelf-Terrassen
Küste
km
0
5
10
10
20
30 km
Lockergesteine
(Tertiär, Quartär)
Deckgebirge
(Jura, Kreide)
Grundgebirge (frühes Erdaltertum
und Proterozoikum)
Deck- und Grundgebirge,
von Basalt durchdrungen
Kontinentaler Basalt
Ozeanischer Basalt
Peridotitschicht
Erdbebenherde

Für einen Kreislauf der Gesteine, der die kontinentale Granit-Gneis-Kruste gebildet hätte, fehlen gerade in Südamerika alle Phänomene. Selbst wenn man weitere Zusatzmodelle einbezieht, sind die populären, immer wieder gezeichneten Schemata schlichtweg falsch, zumal wenn sie vielfach noch bis zu 30-fach überhöht gezeichnet werden. Sie sollten vor allem in den Schulen nicht weiter propagiert werden, auch wenn dieses simple Modell leicht vorstellbar ist! Was bleibt, ist ein Beispiel dafür, wie ein Modell ziemlich unabhängig von den Sachverhalten seine «Phänomene» erst hervorbringt, um anschließend seine Voraussetzungen zu «beweisen».

Nach der oben dargestellten Entwicklung des Großkontinents würde sich demgegenüber ergeben, dass die kontinentale Granit-Gneis-Kruste im Proterozoikum entstanden ist und das Deckgebirge bis einschließlich der Jura-Senken noch im Zusammenhang mit den anderen Kontinenten abgelagert wurde. Bis dahin hätte der Außenrand noch an den heißflüssigen, basaltischen Bereich des pazifischen Pols gegrenzt. Erst in der Kreidezeit, als die Drift begann, schob sich der Kontinent über die zunächst noch dünne pazifische Basaltkruste aus dem Jura, welche außerdem noch vom Ostpazifischen Rücken aus entgegengeschoben wurde. Das führte während der Drift der Kreide-Tertiär-Zeit zu dem starken Vulkanismus, der zuerst basaltisch war und dann zunehmend andesitisch wurde. Mit der weiteren Verhärtung, besonders im Tertiär, dominierte die Bruchtektonik, die Unterschiebungen der Platten im Osten, damit die Hebung des Gebirges, das Abgleiten der Schollen im Schelfgebiet. Die Sedimente des Deckgebirges wurden bis zur Kreidezeit in Binnensenken abgesetzt. Die Wasser des Ozeans stiegen erst vom Jura an und erodierten dabei die untermeerischen Terrassen im Schelfbereich (s. S. 515).

Verfolgen wir diese Lagerungsverhältnisse weiter rund um den Pazifik, so bestätigt und ergänzt sich dieses Bild. Auch in Peru und Equador reicht das Grundgebirge bis an die Küste: proterozoische Gneise; bis zu 6.000 m Phyllite und Quarzite des Ordoviziums; silurische Schwarzschiefer; 4000 m devonische Schiefer-, Sandstein- und Quarzitserien; karbonische Senken mit bis zu 3000 m Tonschiefer, Sandsteinen und Kalksteinen; das Ganze variszisch gefaltet mit Graniten im Perm und der Trias – eine Entwicklung, wie sie sehr ähnlich auch in Mitteleuropa oder anderen Gebieten des Großkontinents ablief. Darüber folgen wieder ab der Kreidezeit Innensenken mit Vulkaniten. Die Schnitte aus dem nördlich anschließenden Kolumbien, zeigen noch deutlicher, wie Späne der basaltischen Unterkruste des Kontinents bis in den Küstenbereich dachziegelartig gegen die ozeanische Platte aufgeschoben wurden und die Granit-Gneis-Schicht weiter östlich zurückgeblieben ist – also umgekehrt als in den Alpen, wo das Deckgebirge abgeschert und überschoben wurde. Auch in den nordamerikanischen Rocky Mountains sind proterozoische Krustenteile enthalten, die dort als angeschweißte «Kleinkontinente» gedeutet werden. Darüber bildeten sich während der Drift vom Jura bis zum Jungtertiär zahlreiche Innensenken mit 5.000 bis 8.000 m mächtigen Ablagerungen. Nach Osten schließt sich die proterozoische Granit-Gneis-Kruste des Kontinentes an; die Moho-Diskontinuität liegt wie in Europa bei 30 – 40 km Tiefe.

Entsprechende Entwicklungen durchliefen die vorgeschobenen Inseln am westlichen Pazifikrand – in Taiwan, auf den Salomon Islands, in Neuguinea oder Neuseeland. Das Grundgebirge ist auffallend ähnlich; es wurde variszisch gefaltet, darüber folgt kontinentale Trias, diskordant darüber Jura-Kreide-Senken; andesitischer Vulkanismus im Alttertiär; diskordant darüber Miozän-Sedimente. Der so genannte Andesitring, der um den ganzen Pazifik zu verfolgen ist, charakterisiert die Grenze zwischen der kontinentalen Gneis-Granit-Schicht und dem ozeanischen Basalt (s. S. 424). Rund um den Pazifik wäre ab dem Jura mit einer dünnen, verhärteten Kruste zu rechnen, von der unteren Kreide an weitgehend überschoben bis hin zu den angrenzenden, durch Dehnung neu gebildeten Ozeanböden (Abb. 209, S. 392).

Zusammenfassend sehen wir, wie bei allen drei Beispielen die Gebirge verschiedene «Baustile» haben. Im Himalaja wurde in zwei getrennten Phasen ein halber Kontinentalteil verschuppt unterschoben, wobei die Lemuris unterging. In den Anden und den Rocky Mountains wurden Kontinente weit über eine junge Ozeankruste geschoben, was mit Dehnung und Pressung zu Vulkanismus und Erdbeben geführt hat. In den Alpen wurden Decken vom Grundgebirge abgetrennt, weit überschoben und dabei unter dem Niveau der Erdoberfläche gefaltet, bis dann das Gebirge als Block herausgehoben wurde. Die Krustenblöcke wurden von Süden gegen die mitteleuropäische Kruste hereingedreht. Wunderlich (1973) hat am Westalpenbogen diesen Wirbel wohl als Erster beschrieben. Da ähnliche Bewegungen in der Karibik und in Ostasien anzunehmen sind, stellt sich die Frage, ob nicht überhaupt mit Strömungswirbeln gerechnet werden müsste, die sich hauptsächlich oberflächenparallel um eine senkrechte Achse drehen wie die Zyklone, und nicht mit tief bis in den Erdmantel hineinreichenden Konvektionswalzen.

Man könnte sich auch für die Lebenssphäre Wirbel vorstellen, in denen die Bewegungen noch zusammen waren, welche heute in Atmosphäre und Hydrosphäre getrennt beobachtet werden können (s. S. 475). Daran schließt sich die Frage: Wodurch sind überhaupt die Kontinente an ihren heutigen Ort gekommen? Rudolf Steiner verweist auch hier, wie bei der Frage nach dem Vulkanismus auf saugende Kräfte des Weltenalls.

Zu der Skizze Abb. 235 erläuterte Steiner, dass man nach dem Inneren der Erde hin sehr bald in flüssige Schichten kommt. «Also nach dem, was man immerhin annimmt, schwimmen die Kontinente. Nun fragt es sich, warum sie nicht durcheinander purzeln, warum es nicht hin und her geht, warum sie immer gleich voneinander entfernt sind, da doch die Erde allen möglichen Einflüssen ausgesetzt ist... Da gibt es aus dem Inneren der Erde keine Erklärung dafür. Das kommt von außen.... Die Kontinente auf der Erde werden von außen festgehalten durch Fixsternkonstellationen... Die Kontinente sind von der Peripherie herein gehalten; die große Sphäre hält die Erdteile. Der Mond dagegen wird dynamisch von der Erde gehalten, wie auf einem Zapfen. Der Mond geht so mit, wie wenn er einen richtigen Zapfen hätte.» Für den Erde-Mond-Körper ist das zu verstehen (Abb. 213, S. 399). Für die Kontinente bleiben da noch Fragen offen, wie man sich eine solche lebendige Dynamik vorstellen kann. Der Großkontinent zerfiel als feste Scholle; die Teilschollen bewegten sich wie dargestellt, wobei sie etwas in verschiedene Richtungen gedreht wurden. Das geschah auf einer sich selbst drehenden Erde, zwischen Jura und Tertiär, d.h. in der 2. Hälfte Lemuris und 1. Hälfte Atlantis. Mitte Atlantis kamen sie an den Orten zur Ruhe, wo wir sie heute finden.

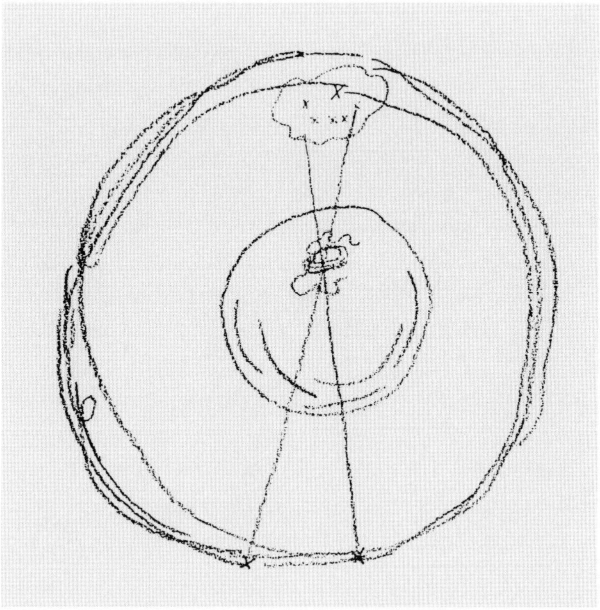

Abb. 235: Skizze von Rudolf Steiner zu einer Frage nach dem Schwimmen der Kontinente bei einer Lehrerkonferenz (GA 300 c, 25.4.1923).

Die Deckenergüsse der Flutbasalte

Als **Flut- oder Plateaubasalte** werden Basaltdecken bezeichnet, die im Wechsel mit Tufflagen sehr mächtig werden, über außerordentlich große Flächen ausgebreitet sind und innerhalb der Erdgeschichte nur kurzzeitig zwischen Erdmittelalter und Erdneuzeit auftraten. Sie werden vielfach zum effusiven Vulkanismus gezählt, obwohl sie die Dimensionen von Vulkanen bei weitem übertrafen und sich auch mineralogisch von ihnen unterscheiden. Sie sind auf den Kontinenten schon länger bekannt, während sie untermeerisch erst seit 1981 näher erkundet wurden. Bohrungen und detaillierte seismische Profile führten zu der unerwarteten Entdeckung, dass Flutbasalte auch riesige Flächen der Ozeanböden überdeckt haben (z.B. Coffin und Eldholm 1993). Damit ist jetzt nicht gemeint, dass die Ozeanböden sowieso aus Basalt gebildet wurden, sondern dass über diesem ozeanischen Basalt kreidezeitliche Sedimente lagern, die erneut von mächtigen Basaltdecken überflutet wurden – unabhängig von plattentektonischen Prozessen. Von diesen sind sie dadurch zu unterscheiden, dass sie keine verti-

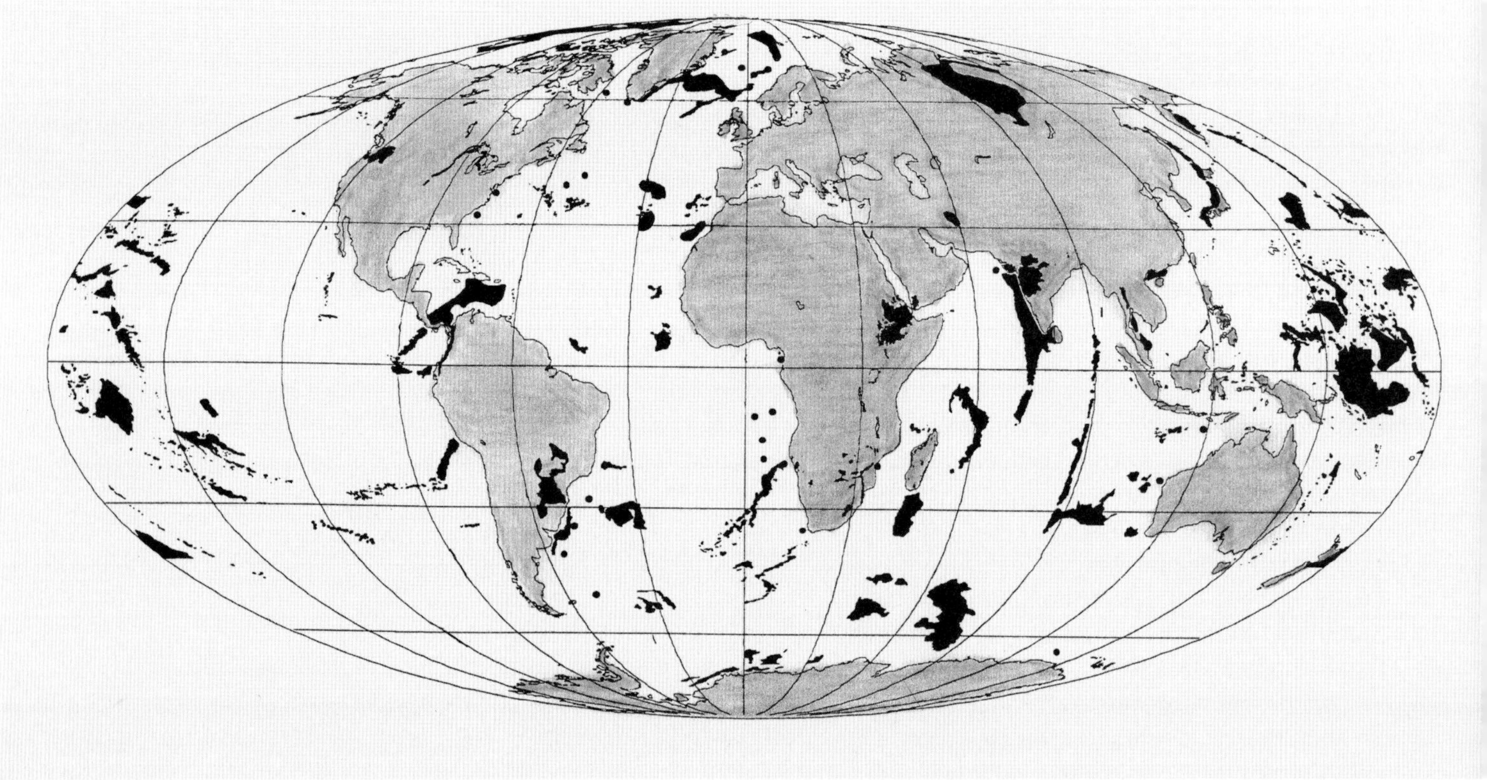

Radiometrische Datierung ("Millionen Jahre")			
8 – 20	Tertiär	Miozän	Westl. Nordamerika Kanaren
30	Tertiär	Oligozän	Äthiopien
40	Tertiär	Eozän	Nord-Atlantik
50	Tertiär	Paläozän	Indien, Dekkan
70 – 100		Kreide	Indien, Ganges Westpazifik Antarktis/Kerguelen Südwestafrika Ontong-Java-Plateau Südamerika Antarktis
150		Jura	Südafrika Östl. Nordamerika
200		Trias	Sibirien
250		Perm	

Abb. 236: Die Gebiete der Flutbasalte, welche hauptsächlich während der Kreidezeit von Basaltdecken überlagert wurden; eingetragen in die heutige Geographie. Zur paläogeographischen Situation an der Grenze Kreide/Tertiär siehe Abb. 246, S. 453. Die Tabelle zeigt die zeitliche Einstufung der wichtigsten Gebiete im logarithmischen Zeitmaßstab. (Karte aus Coffin und Eldholm 1994, ergänzt; Einstufung nach Rampino 1988 u.a.)

kalen Magnetstreifenmuster besitzen wie die Ozeanböden, die vom Mittelozeanischen Rücken aus angegliedert wurden. Dafür sind die einzelnen Decken mitunter verschieden gepolt, was zeigt, dass sie – geologisch gesehen – rasch gebildet wurden. Sie bestehen aus tholeitischen Basalten, die zwar ähnlich sind wie die der Ozeanböden, sich aber durch andere Spurenelemente und Isotope von ihnen unterscheiden.

Die ausgeflossenen Basaltmengen stufen sich bei den sechs größten Gebieten ab (Abb. 236), und zwar in der Reihenfolge: Ontong-Java-Plateau – Kerguelen – Dekkan – Nordatlantik – westliches Nordamerika – Südamerika. Die Flutbasalte überdecken riesige Flächen – bis zu zwei Million km^2 im westlichen Pazifik. Hier und im Gebiet des Indischen Ozeans, also im Umkreis des lemurischen Kontinents, liegen die größten Massen. Etwa gleichzeitig mit seinem Untergang sind in der oberen Kreide auch die meisten Flutbasalte entstanden. Die Mächtigkeiten schwanken stark zwischen 1000 m und mehreren Kilometern. Auf den Kontinenten ist das Dekkan-Plateau mit 2000 bis 3000 m auf dem indischen Block die größte überflutete Fläche. Indien lag bei dem Dekkan-Ausbruch an der Kreide-Tertiär-Grenze noch in der Höhe von Ostafrika (Abb. 246, S. 453). Die größten Ergüsse sind untermeerisch und können mitten auf Platten oder im Bereich von Querstörungen liegen. Sie hängen in ihrer tektonischen Position nicht mit den mittelozeanischen Rücken zusammen – selbst nicht auf Island, wo das zunächst den Anschein hat. Addiert man die geschätzten Gesamtmengen, die weltweit ausgeflossen sind, so entspricht das etwa noch einmal dem Volumen des Mondes! Dieser wichtige Prozess, sein genaues Ausmaß und seine geologische Bedeutung sind noch gar nicht zu überschauen, zumal sein ozeanischer Anteil erst jetzt näher bekannt wird. Da noch nicht alle Flächen daraufhin untersucht sind, könnten noch weitere Gebiete mit Flutbasalt hinzukommen.

Die Flut- oder Plateaubasalte lassen sich dort genauer studieren, wo sie wie in Indien oder in Schottland die Kontinente überdeckt haben oder wo sie die Meeresoberfläche als Inseln überragen, wie z.B. im Pazifik, auf den Kanaren, den Kerguelen, den Azoren, Madeira oder auf Island. An zwei typischen Beispielen, die ich näher untersuchen konnte, sollen ihre Phänomene charakterisiert werden.

Auf den geologischen Karten von **Island** sind im westlichen und östlichen Drittel der Insel tertiäre Flutbasalte dargestellt, während im gesamten mittleren Bereich, durch den der Mittelatlantische Rücken hindurchläuft, quartäre Basalte eingetragen sind. Das führt zu der Vorstellung – die auch in der Literatur öfter gezeichnet wird –, dadurch dass der Atlantik auseinander driftete, habe sich die Insel während des Quartärs vom Mittelatlantischen Rücken aus um die Breite dieses mittleren Streifens gedehnt (Abb. 206, S. 386). Betrachtet man jedoch die geologische Situation im Gelände genauer, so kann man sehen, dass auch in dem mittleren Bereich die Flutbasalte überall

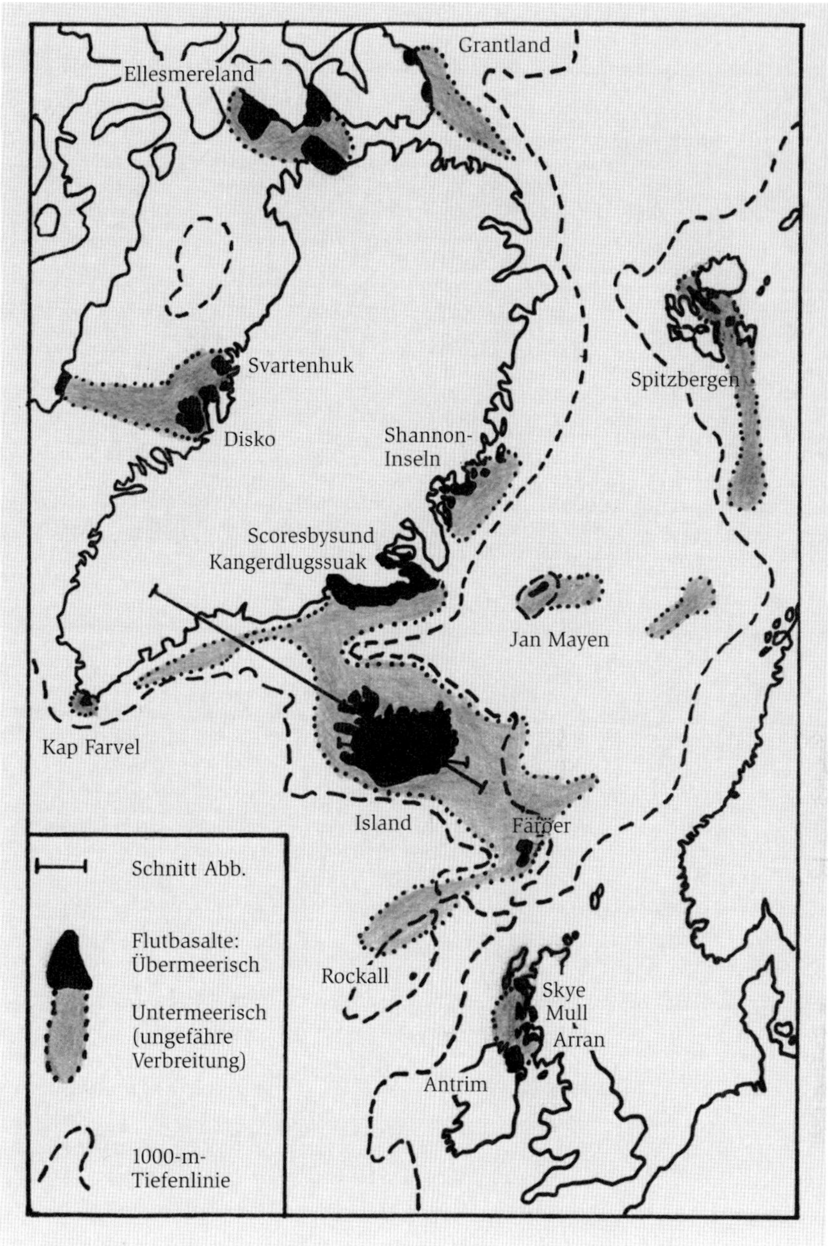

Abb. 237: Verbreitung der Flutbasalte im nördlichen Atlantik, besonders auf der Schwelle von Island zwischen Grönland und Schottland.

unter den quartären Ergüssen hindurchgehen. Sie sind von zahllosen Gängen durchschlagen, die Förderspalten des jüngeren Vulkanismus waren und die im Schnitt (Abb. 240, S. 446) schematisch angegeben sind. Sie machen die Dehnung der Insel aus; die quartäre effusive Überdeckung, die in den Karten dargestellt ist, lagert nur geringmächtig auf dem Flutba-

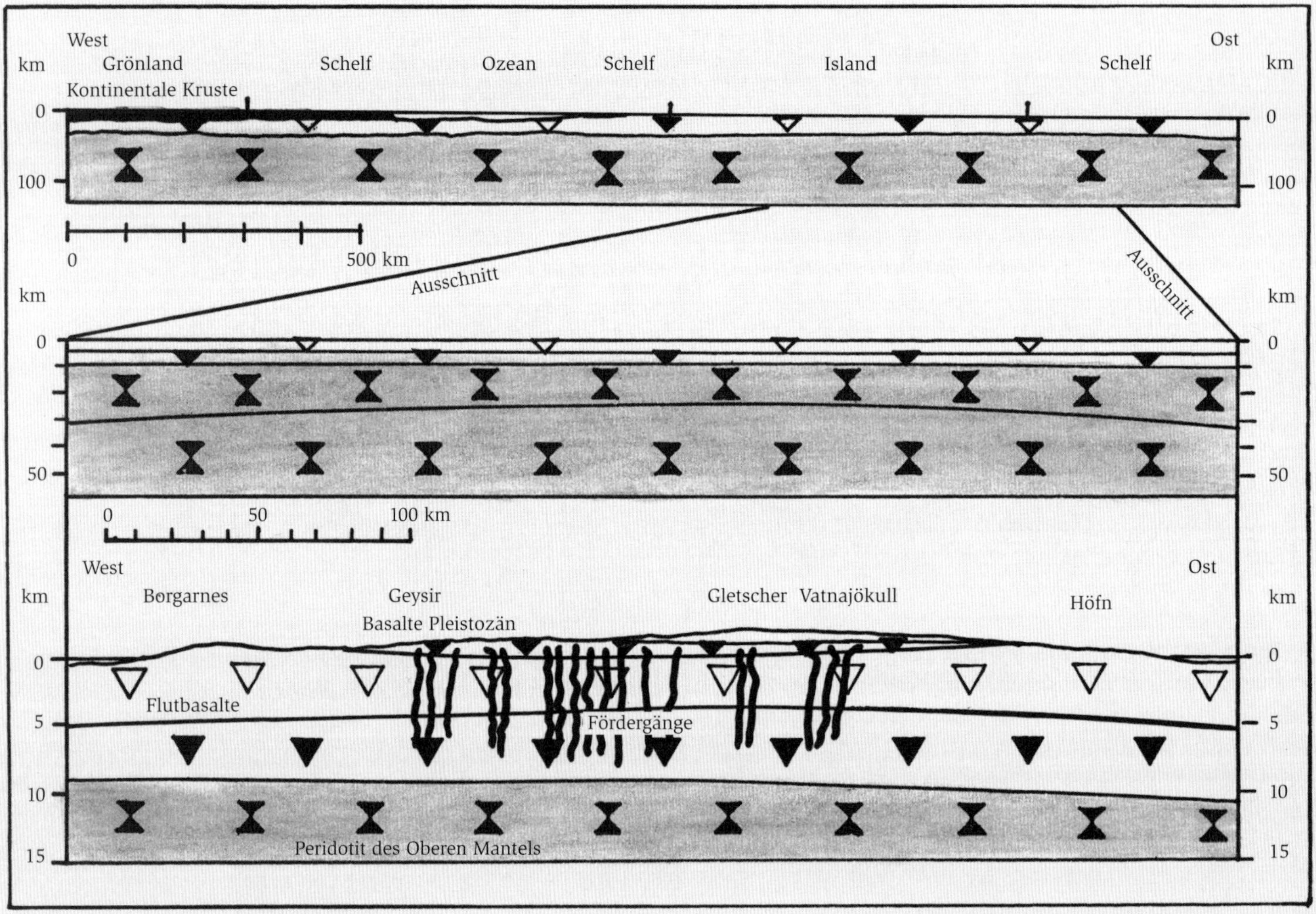

Drei West-Ost-Schnitte durch Island; Lage auf Abb. 237.
oben: Abb. 238: Schnitt von Grönland bis Island, etwa im Maßstab 1:1.
Mitte: Abb. 239: Ausschnitt, nur Island, etwa i. M. 1:1.
unten: Abb. 240: Der gleiche Ausschnitt wie Abb. 239, dreifach überhöht.
(Ergänzt nach Moores und Fairbridge 1997, Schutzbach 1976, Ziegler 1990 u.a.).

salt. Der Mittelatlantische Rücken, den ich erwartet hatte, war nicht zu sehen – bestenfalls schmale Stücke eines zentralen Grabens.

Auch die geophysikalischen Profile bestätigen, dass die Flutbasalte noch bis etwa 5 km Tiefe hinuntergehen, leicht geneigt nach der Mitte der Insel hin einfallen und sich untermeerisch weiter verfolgen lassen, einerseits bis nach Grönland, wo sie teilweise bis zu 10 km mächtig werden sollen, und andererseits bis nach Schottland/Nordirland, wo sie eine Mächtigkeit um 1.000 m erreichen. So bestand vom Eozän bis zum Pleistozän zwischen Grönland und Schottland die so genannte Thule-Landbrücke, was auch durch getrennte Muschelarten belegt ist. An sie war das Rockall-Plateau mit angeschlossen. Sie blieb trotz des sich weitenden Ozeans bestehen.

Um ein Bild von der Ausdehnung der Flutbasalte zu gewinnen, wurden die beiden Schnitte Abb. 239 und 240 nicht überhöht gezeichnet. Das Ausfließen begann im Eozän, hatte seinen Höhepunkt im Miozän und reichte bis ins Pleistozän. Neben Förderspalten hat man 65 Ausbruchszentren lokalisiert, ca. 700 Decken gezählt und eine maximale Mächtig-

Abb. 241: Die drei hauptsächlichsten Landschaftstypen des Vulkanismus auf Island am Beispiel von Snæfellsnes mit dem Eldborg-Krater. Im Hintergrund der Sockel mit den alttertiären Flutbasalten, die oben geradflächig absetzen; darauf die explosiven Kegel aus dem Pleistozän; im Mittelgrund ein junger Explosionskrater, der auf einer Dehnungsspalte sitzt. Man hat die Flutbasalte auch als «Trapp» bezeichnet, von holländisch Treppe, da sie aus zahllosen Einzeldecken bestehen, mit einzelnen Mächtigkeiten von unter einem Meter bis über 100 m, die im Anschnitt treppenartig abgesetzt sein können. Die kompakten Basaltlagen werden mitunter durch dünne Tuffschichten oder Zwischenlagen von Sandstein getrennt.

keit von 8.500 m ermittelt! Auffällig ist, dass die einzelnen Decken, auch wenn sie nur wenige Meter mächtig sind, meistens als Säulenbasalt ausgebildet wurden. Der jüngere Vulkanismus fördert keine Flutbasalte mehr und hängt mit dem Mittelatlantischen Rücken zusammen. Er ist vielfach explosiv; die Basalte bilden kaum Säulen, sondern Lavakrusten und Tufflagen, was wieder auf die Veränderung der Luft-Wassersphäre hinweist.

Es ist erstaunlich, wie ähnlich die **Kanarischen Inseln** und Island aufgebaut sind, obwohl sie geologisch in einer ganz anderen Position liegen: nicht auf dem Mittelatlantischen Rücken, sondern etwa dort, wo die afrikanische Granit-Gneis-Kruste an die basaltische Ozeankruste grenzt (Abb. 242 – 245, S. 448, 449). Vermutlich sind die Inselsockel vom ersten Aufreißen des Großkontinents an gebildet worden. Am Ostrand von Lanzarote verläuft die älteste Magnet-Anomalie aus dem mittleren Jura, als die ersten Trennungsrisse gegen Südamerika entstanden sind. Die Magnetstreifenlineation der atlantischen Ozeanböden beginnt knapp westlich der Kanaren mit der M-25-Anomalie, d.h. dem unteren Miozän. Etwa gleichalt sind die jüngsten Deckenlagen der Flutbasalte, von denen auf Lanzarote heute etwa 600 m über dem Meeresspiegel aufgeschlossen sind. Wie auf Island bilden sie durchgängig die Sockel der Inseln, wovon 2.500 m erbohrt wurden, ohne dass die Basis erreicht worden wäre. Die einzelnen basaltischen Lagen von Dezimeter- bis Meter-Mächtigkeit wechsellagern mit geringmächtigen Tuffschichten. Die Tuffe sind oben oft rot verfärbt, was auch untermeerisch erbohrt wurde. Die Färbung entsteht, wenn das Basaltische mit Wasser in Kontakt kommt und der Eisengehalt oxidiert. Wie auf Island bildeten auch die tertiären Flutbasalte wieder Säulen, welche an den späteren effusiven Decken kaum auftreten. Rotfärbung und Säulen würde ich darauf zurückführen, dass jede abkühlende Deckenlage und Oberfläche mit der Wasser-Luft-Sphäre in Berührung kam, die im Tertiär noch wenig getrennt war.

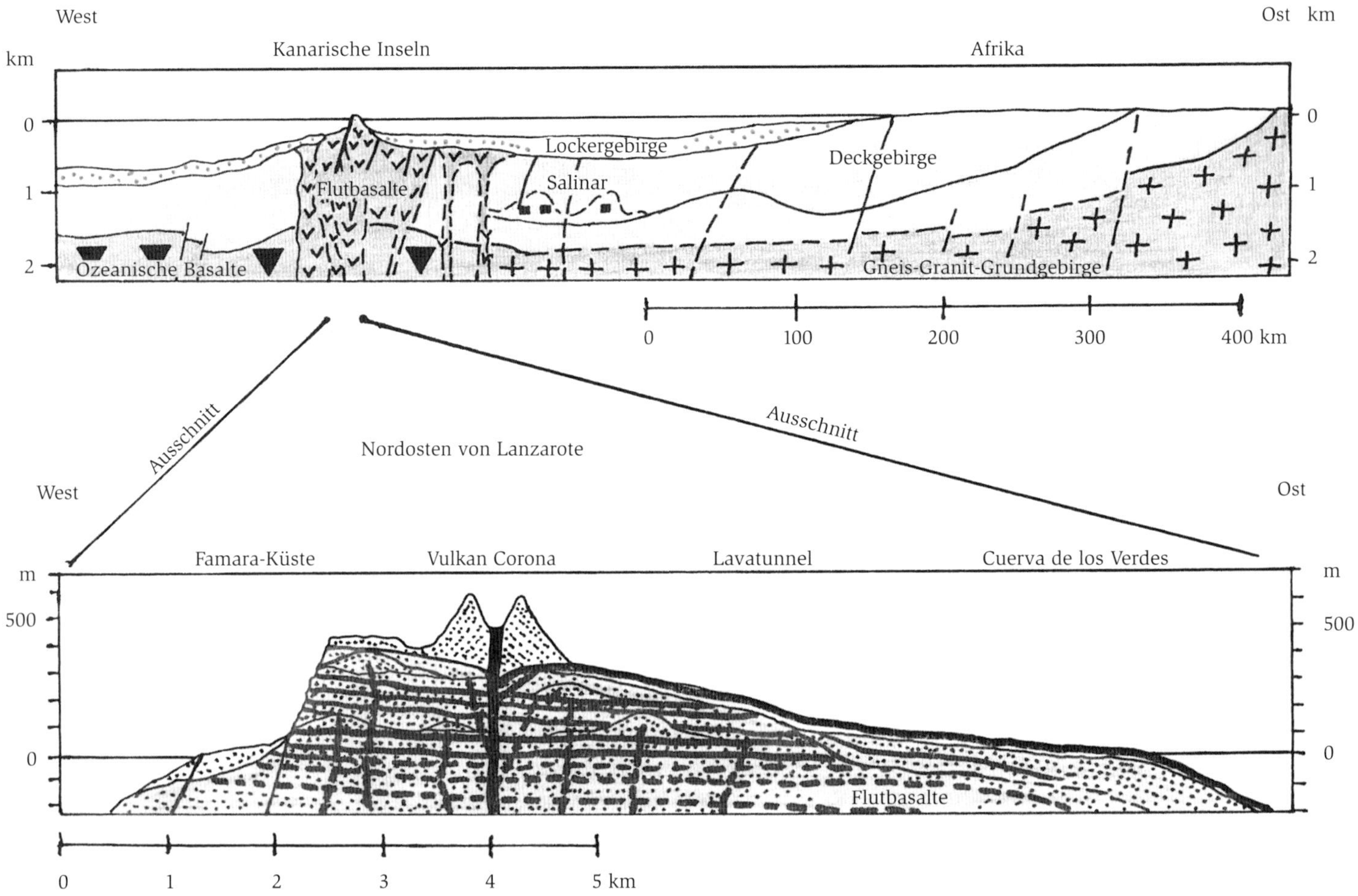

Abb. 242, 243: Schnitte durch den Kontinentalrand an den Kanarischen Inseln und durch das nordöstliche Lanzarote. (Nach Rothe 1996). Landschaftsfotos siehe Abb. 221, S. 411 und Abb. 245; einen weiteren Schnitt zeigt Abb. 295, S. 515.

Abb. 244: Lage der Schnitte und geologische Situation zwischen den Kanarischen Inseln und dem Schelfrand von Afrika. Im Vergleich mit dem Schnitt ist zu sehen, wie sich die Senken auf dem heutigen Schelf von der Trias zum Jura nach außen verlagert haben. Die Flutbasalte brachen im Jungtertiär an der Grenze zur ozeanischen Platte aus.

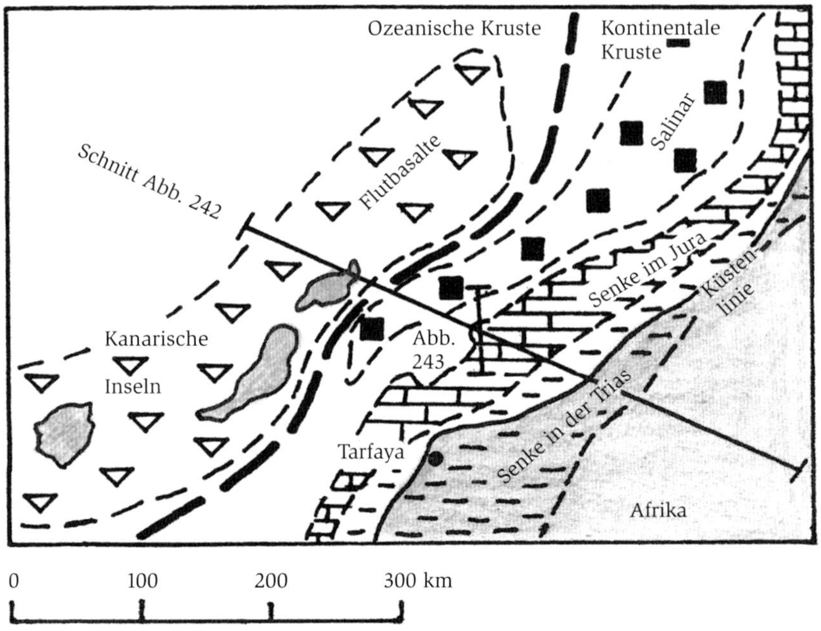

Im Pleistozän wurden auf den Flutbasalten – wie in Island – explosiv entstandene Kegelberge aufgesetzt, die bei einigen Inseln die ganze übermeerische Fläche einnehmen. Sie werden damit vor allem auf den geologischen Karten dargestellt und lassen die Inseln viel jünger erscheinen. Die pleistozänen Lagen sind aber nur relativ geringmächtig auf dem älteren Sockel. Vermutlich wurde die ganze Platte des kanarischen Flutbasalt-Blockes erst im Pleistozän in einzelne Schollen parallel zum afrikanischen Bruchrand zerbrochen und über den Meeresspiegel herausgehoben. An den Bruchzonen drang der explosive Vulkanismus auf.

Zuletzt folgten die rezenten Lava- und Aschedecken, die oft nur wenige Meter mächtig sind, sich aber großräumig ausgebreitet haben. Abb. 221, S. 411 zeigt ein Bild von Lanzarote, welches dem von Island (Abb. 241) entspricht: im Vordergrund der neueste explosiv-effusive Vulkanismus, darauf im Mittelgrund die pleistozänen Explosionskegel und im Hintergrund der gehobene Sockel der tertiären Flutbasalte, der nach Westen zum Betrachter hin an einer geradflächigen Störung 500 m steil abfällt. Ein Schnitt durch diesen Sockel (Abb. 243) zeigt den typischen Aufbau der Insel: den nacheiszeitlichen Krater des Mt. Corona auf den Lagen von Flutbasalten. Charakteristisch ist, dass sowohl auf Island wie auch auf Lanzarote die an sich sehr festen Flutbasalte durch großräumige, fjordartige Täler eingetieft sind. Auch die Insel Madeira bildet einen solchen gehobenen Block aus abwechselnden Basalt- und Tufflagen, deren Mächtigkeiten horizontal und vertikal stark schwanken. Sie werden von zahlreichen Basaltgängen durchschlagen, die meist annähernd vertikal stehen und scharf gegen die angrenzenden Basalte oder Tuffe abgesetzt sind. Die Basalte haben deutliche Fließtexturen im cm-Bereich, die sich als hellere, feldspatreichere Sonderungen abheben. Nach Ablagerung der Flutbasalte haben sich auch auf Madeira steile Kerbtäler eingeschnitten.

Vergleicht man die qualitativen Unterschiede der jüngeren Basalte in ihrer zeitlichen Folge von den Flutbasalten bis zu den heutigen effusiven Lavadecken, so ist eine deutliche **Entwicklung** festzustellen. Im Kapitel über die Verhärtung der Erde wurde bereits erwähnt, dass man aus der Tatsache, dass die Erdkruste nach unten hin verhärtet (s. S. 416), den Eindruck gewinnen kann, sie werde rela-

Abb. 245; Flutbasalte auf Lanzarote; eine typische Basalt-/Tuff-Wechsellagerung; angeschnitten an einer ehemaligen Steilküste, an deren Fuß unten Lava des 18. Jahrhunderts geflossen ist. Höhe der Wand ca. 15 m; Plaxa del Paso nördlich von El Golfo.

tiv mächtiger. Die tertiären Basalte haben wenig Olivinkugeln als Einschlüsse; die neueren enthalten viele. Daraus könnte man, ganz im Groben gesehen, die jeweils obersten, bei der Eruption noch fließfähigen Gesteinsmassen als die Grenze ansehen, bis zu der die Erstarrung der Kruste hinuntergesunken ist; am Ende des Proterozoikums wäre die Gneisschicht bis an ihre Untergrenze erstarrt; im Karbon bei der variszischen Gebirgsbildung bis in die Granitschicht hinein, im Tertiär bis zur Basaltschicht, und heute wäre die Kruste bis in die obere Peridotitschicht fest, aus der die Olivinknollen mitgebracht werden.

Zumindestens gilt das für **Mitteleuropa** – vorausgesetzt, man geht von einem dem Leben entsprechenden logarithmischen Zeitmaß aus; rechnete man mit Jahrmillionen, dann würde dieser Evolutionsaspekt entfallen. Die meisten Granite erstarrten hier im Oberkarbon. Die größten Mengen von basaltisch-granitischem Mischmaterial, also die Porphyrite, Quarzporphyre u.ä., überdeckten in Sachsen und Norddeutschland während des unteren Perm sehr große Gebiete. Kleiner sind schon die tertiären Ausbruchskrater und Fördermassen, und zwar in der Reihenfolge: Eifel (Eozän, Oligozän), Röhn (oberes Oligozän), Westerwald, Duppauer Gebirge und Böhmisches Mittelgebirge (oberes Oligozän bis Miozän), Hessen (Miozän), Vogelsberg (oberes Miozän). Was heute von diesem Vulkanismus geblieben ist, sind letzte wässrige Aushauchungen, fumarolisch, solfatarisch oder als Geysir in Karlsbad (Karlovy Vary).

Da die Flutbasalte substanziell den Basalten der Ozeanböden und den Laven der Vulkane ähnlich sind – wenn auch unterscheidbar –, stammen vermutlich doch alle drei aus der Basaltschicht der unteren Erdkruste, als diese noch nicht verhärtet war. Die Herkunft der Massen wäre zu unterscheiden von dem Impuls zum Ausbrechen, der aus tieferen Schichten kommen dürfte. Die Flutbasalte werden, geophysikalisch gesehen, aus dem unteren Erdmantel hergeleitet. Von der Substanz her erscheint mir das sehr fraglich, weil da Peridotit anzunehmen wäre; vom Impuls her würde das jedoch auch den oben dargestellten Forschungsergebnissen von Rudolf Steiner entsprechen (Abb. 222, S. 415). Die Tektonik sieht die Ursache der Ausbrüche in den so genannten Heißen Flecken (Hot spots), die von der Grenze zwischen Erdmantel und Erdkern aufsteigen sollen und von denen man annimmt, dass sie stationär sind, während sich die Krustenplatten darüber hinweg bewegen. Für die sehr wenigen Stellen, wo diese Erklärung nahe liegt, gibt es jedoch auch andere Erklärungen, was zu begründen hier zu weit führen würde. Damit wäre auch noch nichts ausgesagt über die eigentlichen Ursachen dieses erdgeschichtlich einmaligen Phänomens der Flutbasalte, ebenso wenig über ihre räumlichen und zeitlichen Zusammenhänge. Die Hypothesen beschreiben oft nur lokale Situationen, während sie für andere Orte nicht zutreffen. Da das Maximum der Flutbasalt-Eruptionen in der Zeit der Kreide-Tertiär-Grenze liegt, lässt sich vermuten, dass sie mit dem Aufbrechen des Großkontinents zusammenhängen. Im *Spektrum der Wissenschaft* (Coffin 1993) werden z.B. abenteuerliche Hypothesen wie die der Planetoideneinschläge (s. S. 168) aufgestellt. Auch hier sollen physikalische, äußerlich wirkende Katastrophenszenarien den Leser beeindrucken; wieder einmal wären die Saurier und die ganze Tierwelt des Erdmittelalters dadurch ausgestorben etc. Aber vielleicht liegen diesen Erscheinungen doch gewisse Katastrophen zu Grunde? Wie schon bei anderen Prozessen können die geisteswissenschaftlichen Forschungergebnisse auch das Phänomen der Flutbasalte durch den Zusammenhang mit der Menschenentwicklung verständlicher machen.

Der Untergang von Lemuria

Der noch weichkörprige Mensch war nach der Mondentrennung innerhalb der Wasser-Luft-Sphäre zwar tiefer heruntergezogen worden, aber man muss sich vorstellen, dass nur die zurückbleibenden Gruppen, die wir an der Tierentwicklung betrachtet haben, die Erdoberfläche betraten (Abb. 48 – 53, S. 140 ff.). Die hauptsächliche spätlemurische Entwicklung von Mensch und Tier müsste sich im Zentrum des Großkontinents, wo **Lemuria** lag, konzentriert haben (Abb. 225, S. 431). Interessanterweise liegt bei der Rekonstruktion des geschlossenen Kontinentalpols ohne die Tethys (nach Owen 1983) das Gebiet von Palästina, wo später das Zentralereignis der Erdentwicklung stattfand, sehr genau in der Mitte. Bevor die Erdumdrehung begann war der Kontinetalpol die sonnenbeschienene Seite, und sie lag gegenüber dem Austrittsort des Mondes. Das gibt zusätzliche Gesichtspunkte zu den Schilderungen, die Rudolf Steiner 1913/1914 von den *Vorstufen zum Mysterium von Golgatha* während der lemurischen Zeit gibt (GA 152). Die heißflüssige Umgebung des Großkontinents begann spätestens ab dem Jura mit einer dünnen, aber wohl durchgehenden Basaltkruste zu verhärten. Danach folgten einerseits nahe der Zonen, an denen der Kontinent zerbrach, die Ergüsse der Flutbasalte, andererseits bildeten sich etwa gleichzeitig, von der Kreidezeit an, die Mittelozeanischen Rücken im Verhältnis zur Drift der Kontinentalschollen.

Imaginativ gesehen beschrieb Steiner den Entwicklungsort des Menschen so (GA 11, Kap. «Die lemurische Rasse»): Er «war ein solcher, in dem die damals noch sturmbewegte Erde einigermaßen zur Ruhe gekommen war. Denn Lemurien war sturmbewegt. Die Erde hatte ja damals noch nicht ihre spätere Dichte. Überall war der dünne Boden von vulkanischen Kräften unterwühlt, die in kleineren oder größeren Strömen hervorbrachen. Mächtige Vulkane waren fast allerorten vorhanden und entwickelten fortdauernd eine zerstörende Tätigkeit.» Das Feuer der Natur diente den Menschen. «Durch die Tätigkeit dieses vulkanischen Feuers ist auch der Untergang des lemurischen Landes herbeigeführt worden. Der Teil von Lemurien, aus dem sich die ... Atlantier entwickeln sollte[n], hatte zwar heißes Klima, doch war er im Großen und Ganzen von der vulkanischen Tätigkeit ausgenommen.»

In der *Geheimwissenschaft im Umriss* heißt es für die Zeit nach der Mondentrennung (GA 13, S. 259): «Nun war bei den niedriger stehenden Menschenarten der Lebensleib doch zu wenig geschützt, um den Einwirkungen des luziferischen Wesens genügend widerstehen zu können. Sie konnten die Willkür des in ihnen befindlichen Feuerfunkens des ‹Ich› so weit ausdehnen, dass sie in ihrem Umkreis mächtige Feuerwirkungen schädlicher Art hervorriefen. Die Folge war eine gewaltige Erdkatastrophe. Durch die Feuerstürme ging ein großer Teil der damals bewohnten Erde zugrunde und mit ihm die dem Irrtum verfallenen Menschen.»

Auch an anderer Stelle (GA 109, 10. 6. 1909) sind nach Steiner die luziferischen Wesen dafür verantwortlich, dass «der Mensch früher, zu früh aus der Atmosphäre über der Erde auf die Erde heruntergeführt wurde ... auf der sich eben Kontinente bildeten. Damals hatte nun der Astralleib des Menschen noch einen viel größeren Einfluss auf seine Umgebung, der Mensch hatte größere magische Kräfte als später, es war noch keine so strenge Trennung zwischen Naturgesetz und Menschenwille. ... Böse Gelüste in der Seele des Menschen hatten eine sichtbare magische Naturwirkung, sie zogen die Kräfte des Feuers über und auf der Erde an, und der Mensch entflammte die Naturkräfte durch seine bösen Gelüste, seinen magischen Willen. ... Dadurch nun, dass Massen von Menschen böse wurden ... wurden auf den Kontinenten der Lemuria die Feuerkräfte entflammt, und die Lemuria ging unter durch die wütenden Feuermassen, durch die Schlechtigkeit eines großen Teils ihrer Bewohner. Die Menschen, die gerettet wurden, gingen nach Westen auf einen Kontinent, der zwischen dem heutigen Afrika, Europa und Amerika sich befand, die Atlantis.»

Die Erdkruste kühlte sich weiter ab, die ozeanische Kruste erstarrte; die Flutbasalte drangen herauf und brachten das Feurige an die Oberfläche. Die warme, wässrig-luftige Lebenssphäre erstarb und begann in der späten Lemuris zu zerfallen (s. S. 478). Steiner sagt dazu (GA 107, 1. 1. 1909): «In der lemurischen Zeit wurde den Menschen die Gewalt entzogen, auf das Feuer zu wirken. Vorher konnte der Mensch auf das Feuer wirken. Daher ist das alte Lemurien zugrunde gegangen durch die Feuerleidenschaften der Menschen. Da war dasselbe Feuer, das jetzt unten ist, oben. Damals ist das Feuer zurückgetreten von der Erdoberfläche; dasselbe Feuer, das wie ein Extrakt aus dem Urfeuer herausgekommen ist, ist das unorganische Feuer, das mineralische Feuer von heute. Ebenso ist es gegangen mit den Kräften, die durch Luft und Wasser gehen und die durch die Leidenschaften der Menschen die Katastrophen von Atlantis herbeigeführt haben. Es war ein Gesamt-Menschheitskarma, das diese atlantischen Katastrophen hervorgerufen hat. Aber es ist ein Rest davon geblieben und dieser Rest ruft die Nachklänge dieser Katastrophen hervor. Unsere Vulkanausbrüche und unsere Erderschütterungen sind nicht anderes als die Nachklänge dieser Katastrophen.» Steiner betont anschließend, dass nicht eine persönliche Schuld vorliegt, wenn Menschen heute von Vulkanausbrüchen oder Erdbeben betroffen werden, sondern eine Menschheitsschuld.

Geologisch gesehen bildet sich das Ende der lemurisschen Epoche in den Ereignissen ab, welche die tiefen Entwicklungseinschnitte zwischen Erdmittelalter und Erdneuzeit charakterisieren und sich von der mittleren Kreidezeit bis in das mittlere Tertiär abgespielt haben:

- das Aufbrechen des Großkontinents in der Mitte; sein Zerfall erst von West nach Ost, dann von Nord nach Süd und das Herüberrücken von Amerika auf die Seite des früheren Mondenpols; der Beginn der Plattentektonik;
- die Unterschiebung der kontinentalen Platte von Lemuria; dabei die Heraushebung des Himalaja um die doppelte Höhe der Hochgebirge;
- die Überflutungen riesiger Flächen durch die Flutbasalte, vor allem im Umkreis von Lemuria und in einer Menge, die noch einmal etwa der Masse des Mondes entspricht;
- das Absterben der lebendigen Luft-Wasser-Sphäre, von der nur die Atmosphäre zurückblieb. Abgetrennt wurden das Wasser, das sich in den Ozeanbecken sammelte, und der organische Anteil, der sich in den riesigen Mengen an Erdöl und Erdgas der Kreide-Tertiär-Zeit niederschlug

- die Hälfte der heutigen Weltvorräte bildete sich in der Kreidezeit.
- das Aussterben der Pflanzen- und Tierwelt des Erdmittelalters; neu erscheinen die Vorläufer der heutigen Lebenswelt, deren Artenreichtum den aller früheren Zeiten weit überbietet. Dabei dominieren besonders die Blütenpflanzen, die Knochenfische, die Vögel und die drei Hauptgruppen der Säugetiere.

Aus der geisteswissenschaftlichen Forschung lassen sich die wirklichen Ursachen der geschilderten geologischen Phänomene verstehen. Es sind die Entwicklungsschritte der Menschen in ihrem Verhältnis zur Erde und deren Naturreichen. Die detaillierten Beschreibungen der geistig-seelischen Entwicklung und der Tätigkeit der darin wirkenden geistigen Wesenheiten mögen bei Rudolf Steiner direkt nachgelesen werden.

Atlantis

Entwicklungen der frühen Atlantis

Das Zentrum der menschlichen Entwicklung wurde von Lemuria nach einem Gebiet verlagert, welches Steiner als Atlantis bezeichnete. Er übernahm damit zwar den Namen, der von Plato stammte und den auch Scott-Elliot verwandte, gab ihm aber einen anderen Inhalt. Er formulierte schriftlich (GA 13, S. 259): «Nur der kleinste Teil [der Menschheit], der vom Irrtum zum Teil unberührt geblieben war, konnte sich auf ein Gebiet der Erde retten, das bis dahin geschützt war vor dem verderblichen menschlichen Einflusse. Als ein solcher Wohnplatz, der sich für die neue Menschheit besonders eignete, stellte sich das Land heraus, das auf dem Flecke der Erde war, der gegenwärtig vom Atlantischen Ozean bedeckt wird. Dorthin zog sich der am reinsten vom Irrtum gebliebene Teil der Menschen. Nur versprengte Menschheitsglieder bewohnten andere Gegenden. Im Sinne der Geisteswissenschaft kann man das Erdengebiet zwischen dem gegenwärtigen Europa, Afrika und Amerika, das einstmals bestanden hat, ‹Atlantis› nennen.» Es war (GA 109, 10. 6. 1909) «ein Kontinent, der zwischen dem heutigen Afrika, Europa und Amerika sich befand». Die umständlich erscheinenden Formulierungen deuten bereits an, dass es sich nicht um Inseln handelt mit einer solchen Kultur, wie sie Platon schilderte, die dann untergegangen sind.

Bezogen auf den Beginn der atlantischen Epoche muss die heutige **geographische Situation** unter drei Aspekten modifiziert betrachtet werden:
- Diese *neue Menschheit* lebte noch weichkörprig im unteren Bereich der Wasser-Luft-Sphäre, also noch nicht auf der festen Erdoberfläche.
- Die driftenden Kontinentschollen hatten noch nicht ihre heutige Lage erreicht.
- Die Wassermassen begannen erst sich niederzuschlagen, sodass die Ozeane noch von ganz anderen Küstenlinien begrenzt wurden.

Die Karte Abb. 246 zeigt die Lage der kontinentalen Schollen nach dem Untergang von Lemuria. Der angrenzende indische Subkontinent näherte sich dem südlichen Asien an, wobei noch weitere, kleine kontinentale Zwischengebiete angenommen werden können. Fester basaltischer Ozeanboden hatte sich bereits seit der Kreidezeit überall von den Mittelozeanischen Rücken aus gebildet. Nord- und Südamerika waren noch nicht so weit von Europa und Afrika abgerückt wie heute. Im oberen Jura hatte die Trennung von Nordamerika und Nordafrika begonnen, in der unteren Kreide die von Südamerika und Südafrika; dann brach der Zusammenhang im Süden über die Antarktis auseinander. Die Thule-Landbrücke im Nordatlantik (Abb. 247, 248; S. 456, 458) bestand noch bis in das Pleistozän hinein, ebenso die Landverbindung zwischen Asien und Alaska, die während der Eiszeiten eisfrei blieb. Dadurch bestanden pflanzen- und tiergeographisch wichtige Landverbindungen. Außerdem war der Wasserspiegel der Ozeane noch nicht so hoch wie heute, weil die Wassermassen erst von der Kreidezeit an sich stärker niederzuschlagen begannen (s. S. 478). Dadurch konnten auch noch Inseln von Pflanzen und Tieren besiedelt werden, die heute völlig isoliert im Wasser liegen. Typische Beispiele sind die frühen Affen auf Madagaskar, die Schildkröten auf den Galapagos-Inseln oder die Eidechsen und miozänen Straußeneier auf den kanarischen Inseln – aber die höheren Säugetiere fehlen noch. Endemische Pflanzen, d.h. solche, die nur auf ein

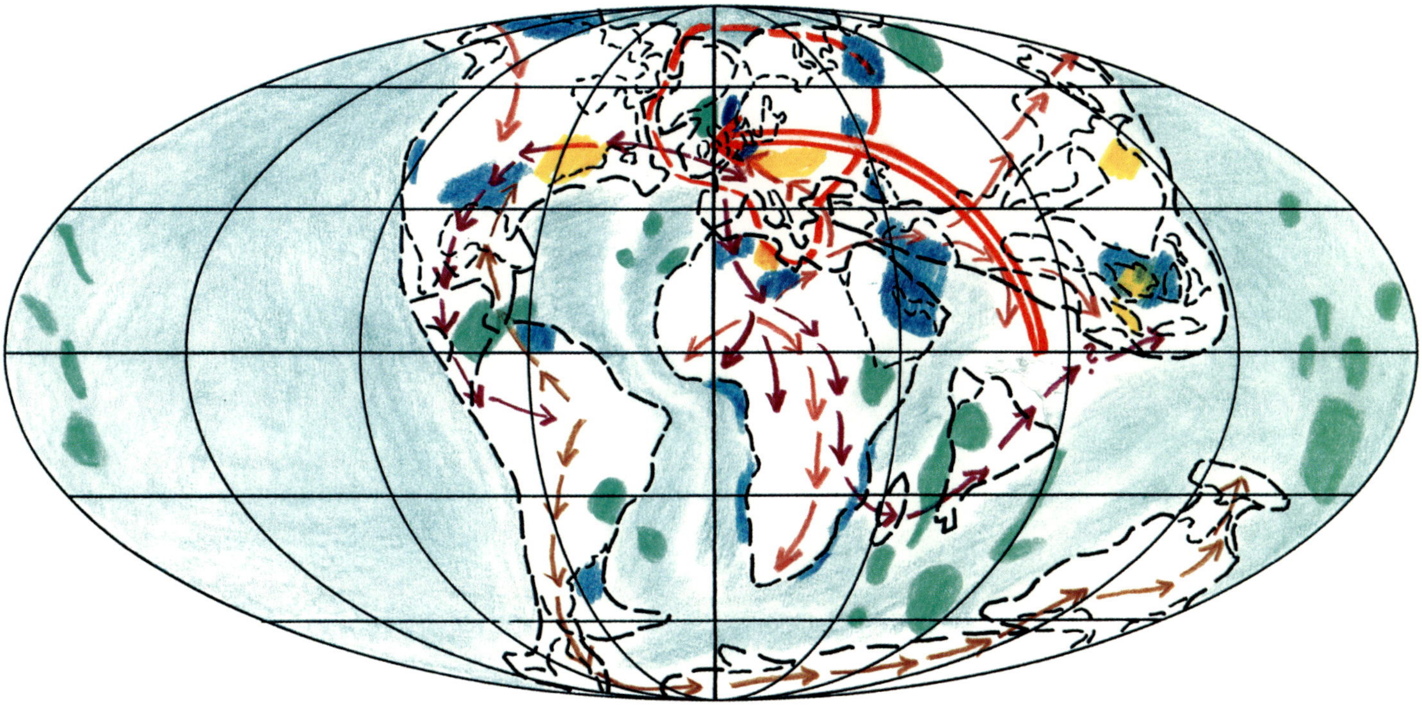

Abb. 246: Wege der Menschheitsentwicklung von der Lemuris zur Atlantis, auf dem Hintergrund der Paläogeographie an der Wende von der Kreide zum Tertiär. (siehe auch Abb. 247, S. 456; Kontinente im Maastricht nach Scotese 1988.)

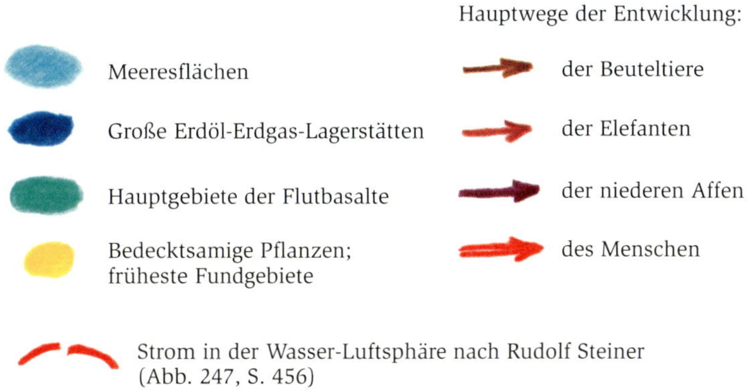

kleines Gebiet beschränkt sind, zeigen, wie lange die Inseln bereits abgesondert sind. Sie machen z.B. folgende Anteile an der Pflanzenwelt aus: auf Hawaii 85 %, auf Neuseeland 60 %, auf den Kapverden 30 %, den Kanaren 33 % und auf Korsika 5 %. Abb. 294, S. 513 zeigt die anfängliche Situation des Atlantik im Jura, die sich bis zum Beginn der Atlantis, also dem Ende der Kreidezeit, noch entsprechend weiterentwickelt hatte. Die Situation gegen Ende des Tertiärs, also in der Mitte der atlantischen Epoche, zeigt Abb. 248, S. 458; die heutige Wasserfüllung die Abb. 206, S. 386; Abb. 293, S. 512.

Auf den so verteilten Ländern breitete sich eine neue Lebewelt aus. Wir betrachteten bereits die Entwicklung des atlantischen Menschen (Abb. 72, S. 182; S. 146 ff.; S. 160 ff.). Die daraus zurückbleibenden Gruppen der Tiere (Abb. 21, S. 84) werden als Spuren der menschlichen Entwicklung in Abb. 246 mit dargestellt. Die Beuteltiere wanderten bis zum Ende der Kreidezeit vermutlich von Südamerika aus über die Antarktis bis nach Australien/Neuguinea, konnten aber nicht weiter nach Asien hinüber, da Landverbindungen fehlten. Die frühen Säugetiere am Anfang des Tertiärs hatten ihr Entwicklungszentrum in Afrika und breiteten sich rasch auf allen Kontinentalflächen aus. Als Beispiel für die Entwicklungswege vieler Gruppen sind die Wege der Elefanten dargestellt. Interessant ist, dass die niederen Affenartigen des Alttertiärs aus dem Gebiet von Europa/Nordamerika stammten und sich dann, als das Klima kühler wurde, nach Süden ausbreiteten. Während also die Gruppen, welche sich am Ende der Lemuris auf den Weg machten, auf den Südkontinenten erschienen, brachen vom Tertiär an die Gruppen aus dem Gebiet auf, welches Steiner als das atlantische bezeichnet.

Die Pflanzenfunde bezeugen während des Alttertiär, d.h. während der ersten bis zweiten atlantischen Epoche, eine reiche **Flora** (Kahlke 1981). Sie kann bereits mit der heutigen verglichen werden und ermöglicht Rückschlüsse auf das Klima. Bis in die heute arktischen Gebiete von Alaska, Grönland und Sibirien wuchsen Sumpfzypresse, Kiefer, Tanne, Birke, Hasel, Mammutbaum, Ulme, Platane, Esche, Tulpenbaum, Ahorn und Wein; weiter südlich schloss sich ein immergrüner, paratropischer Regenwald an mit Palmen bis nach Skandinavien; in Mitteleuropa gab es im Eozän Palmen, Magnolien, Myrthen- und Lorbeergewächse, Feigen, Zimt-, Mammut- und Gummibäume, wovon Funde im Geiseltal, in Messel oder im Bernstein zeugen. Das weist hin auf subtropisches Klima, eine Durchschnittstemperatur von 21 °C, viele Niederschläge und ein bis zwei etwas trockenere Monate im Winter. Diese weltweit einheitliche Klimasituation, die das Leben hoher Bäume bis in polnahe Lagen ermöglichte, ist vom Aktualismus her schwer verständlich. Eine solche Vegetation belegt jedoch gut eine durchwärmte, durchlichtete Luft-Wasser-Sphäre in der frühen Atlantis.

Rudolf Steiner schildert die Situation so (GA 104, 25. 6. 1904): «Noch einmal versetzen Sie sich mit mir zurück in die älteste atlantische Zeit, in jene Zeit, von der wir gesagt haben, dass die Luft noch durchsetzt war von Wasser. Der **Mensch** war noch für das Wasser gebaut. In der Mitte der Atlantis erst ist er so weit, dass er sich dem Wasser entreißt und den festen Boden betritt. Bis zu der Zeit, wo die Erde in der Mitte ihrer Entwicklung war, müssen wir das Wasser ebenso als den Träger der menschlichen Entwicklung auffassen wie später die feste Erde. Die feste Erde wurde sozusagen erst spät der Schauplatz der Menschen. Es ist nur halb richtig, wenn man von der ganzen Atlantis wie von einem trockenen Lande spricht. Sie ist in vieler Beziehung nicht etwa vom Meere bedeckt, aber von einem solchen Mittelding, wie Luft, die von Wasser dicht erfüllt ist, und diese Wasser-Luft gehört zu dem Elemente, in dem der Mensch lebte. Erst später wurde er fähig, in der freien Luft zu leben und auf dem festen Boden zu stehen.» Und an anderer Stelle heißt es zur ersten atlantischen Zeit (GA 288, 30. 12. 1921): «Da fanden große Umlagerungen der Kontinente statt. Man blickt zurück mit dem schauenden Blicke in die Zeit der Erdenentwicklung, in welcher dasjenige, was jetzt von dem atlantischen Ozean bedeckt ist, bedeckt war von Land. Aber man kommt zugleich zurück in eine Erdenentwicklungsperiode, in welcher der Mensch noch nicht in der Form hätte vorhanden sein können wie jetzt, in einer – so wie die heutigen Muskeln und Knochen sind – gebildeten Form. Wenn man etwa Meerestiere nimmt, Quallen, die man kaum von ihrer Umgebung unterscheiden kann, dann kommt man zu der materiellen Gestaltung, in der der Mensch einmal auf der Erde war, während der alten atlantischen Zeit, in der die Erde noch überall bedeckt ist von dauerndem dichten Nebel, in welchem der Mensch lebte und daher auch ein ganz anders organisiertes Wesen war.» Und an anderer Stelle (GA 112, 28. 6. 1909): «Es war die Zeit, wo die Luft noch durchsetzt war mit dicken Dämpfen der mannigfaltigsten Stoffe. Reine Luft, reines Wasser im heutigen Sinne war im Grunde genommen in dieser Zeit nicht vorhanden oder wenigstens nur in den kleinsten Gebieten der Erde.» Und (GA 100, 25. 6. 1907): «Wenn Sie sich diesen Kontinent seiner physischen Beschaffenheit nach vorstellen wollen, bekommen Sie am besten ein Bild davon, wenn Sie an ein Gebirgstal denken, das von dichten Wasserdämpfen und Nebelmassen angefüllt ist. Es gab für den Atlantier niemals eine wasserfreie Luft.» (siehe auch S. 146 ff., 160).

Dadurch dass der Mensch in diesem weichkörprigen Zustand war, konnten die Kräfte des Erdenorts, an dem er lebte, viel stärker als heute prägend auf ihn einwirken. So entstanden die verschiedenen **Rassen** der Menschheit, mit bewirkt durch die zurückgebliebenen «abnormen Geister der Form». Steiner betont jedoch (GA 121, 10. 6. 1910), «dass nur in der Vergangenheit die Rassenmerkmale durch den Ort hervorgebracht sind, an dem die Menschen geboren wurden. Das war in der letzten lemurischen und ersten atlantischen Zeit der Fall, als der Mensch direkt von der irdischen Umgebung abhängig war. In späterer Zeit beginnt die Rasse den Charakter zu haben, dass sie an die Vererbung gebunden ist und nicht mehr an den Ort.» Durch Reinkarnation können so die Menschen in den verschiedenen Rassen differenzierte Erfahrungen erlangen. In der Zukunft werden sich die Menschenrassen wieder aufheben; sie werden sich immer mehr vermischen und schließlich vergehen (s. S. 181 – 185).

Erst als der Mensch der Erde näher kam, konnten die rassebildenden Wirkungen einsetzen (GA 121, 12. 6. 1910, vorm.): «Aber es gilt das, was ich gesagt habe für die verschiedenen Punkte der Erde, wieder nur für einen ganz bestimmten Zeitpunkt der Entwicklung. Es gilt für den Zeitpunkt, wo an einem bestimmten Momente der alten atlantischen Entwicklung die Völkerzüge von einem Punkt der Atlantis ausgehen und dorthin wandern, wo sie die entsprechende Rassenausbildung in dem betreffenden Punkte erhalten können.» Steiner zeichnete den Weg der führenden Menschheit von der Lemuris zur Atlantis vom lemurischen Land nach Europa, dann ab Mitte der Atlantis wieder vom Westen nach Osten in das mittlere Asien (Abb. 246, 248). Dabei bildeten sich drei Grundrassen (GA 349, 3. 3. 1923): die schwarze, die gelbe und die weiße. Sie breiteten sich weiter aus: die schwarze (Afrikaner) von Afrika nach Amerika, wo sie kupferrot wurde (Indianer); die gelbe (Mongolen) von Mittel- und Ost-Asien nach Südostasien (Malayen), wo sie braun wurde, und die weiße (Kaukasier) von Europa nach Indien. Auch die moderne Anthropologie geht von drei Hauptrassen aus: der afrikanischen, dann der ostasiatischen und zuletzt der europäischen.

Von einem anderen Aspekt aus (GA 121, 12. 6. 1910; GA 354, 9. 8. 1924) begründet Steiner fünf Hauptrassen aus den fünf Planetensphären, welche in differenzierter Weise auf die Erde wirken und von dort wieder auf den Menschen zurückgestrahlt werden. Sie wirken jedoch auf die verschiedenen Wesensglieder des Menschen verschieden, was eine Systematik noch weiter komplizieren würde. Bezogen auf die physischen Wirkungen ergäbe sich die folgende zeitliche Reihenfolge:

Merkur:	Afrika, schwarze, äthiopische Rasse;
Venus:	Südostasien, braune, malayische Rasse;
Mars:	Mittelasien, gelbe, mongolische Rasse;
Jupiter:	Europa, weiße indogermanische Rasse;
Saturn:	Amerika, rote, indianische Rasse.

Es liegt nahe, die geistigen Zentren dieser Menschengruppen in den entsprechenden Gegenden zu suchen. Steiner nennt diese Zentren Orakel (GA 13, S. 262: «oraculum im Sinne eines Ortes, wo die Absichten geistiger Wesenheiten vernommen werden»; Einzelheiten dazu siehe dort). Anthroposophische Autoren wie B. Wulf und J. Sæther suchen die Orte auf Inseln im Atlantischen Ozean, ohne Platons Atlantisbegriff (s. S. 462) von dem Steiners zu unterscheiden und ohne die geologische und zeitliche Situation zu berücksichtigen. So entstehen zahlreiche Ungereimtheiten: andere Küstenlinien; Widerspruch zu den Orten der Rassenbildung, die erst seit dem Miozän Inseln darstellen, während die Rassenbildung schon Ende der lemurischen Zeit stattfand, wobei die hier vertretene zeitliche Einstufung durch die Säuger- und Menschenentwicklung recht sicher ist. Auch vermutete Steinbauten, wie sie bei Platon beschrieben werden, wären dem weichkörprigen Menschen bis Ende der Atlantis unmöglich – sie fehlen selbst bei den ab der Mitte von Atlantis zu früh verhärteten menschlichen Vorläufern.

Die **geographische Lage** der frühen Atlantis, über welcher der Mensch noch in der Wasser-Luft lebte, kennzeichnet Steiner deshalb nicht als Kontinental- oder Inselgebiet, welches durch Meere begrenzt würde, sondern er schildert einen **Strom**, welcher das Gebiet umfloss (GA 121, 16. 6. 1910; Abb. 247, S. 456): «Betrachten wir hellseherisch den alten Kontinent der atlantischen Welt, den wir zu suchen haben da, wo jetzt der Atlantische Ozean ist, zwischen Afrika und Europa einerseits und Amerika andererseits. Dieser Kontinent war umschlossen von einer Art von warmem Strom, bezüglich dessen das hellseherische Bewusstsein ergibt, dass er, so sonderbar es klingen mag, von Süden herauf ging, durch die Baffinbai gegen das nördliche Grönland verlaufend und es umfassend, dann herüberfloss nach Osten, sich allmählich abkühlte, dann in der Zeit, in welcher Sibirien und Russland noch lange nicht zur Erdoberfläche gehoben waren, in der Gegend des Ural hinunterfloss, sich umkehrte, die östlichen Karpaten berührte, in die Gegend hineinfloss, wo die heutige Sahara ist, und endlich beim Meerbusen von Biscaya dem Atlantischen Ozean zuging, sodass er ein ganz geschlossenes Stromgebiet hatte. Sie werden begreifen, dass dieser Strom nur noch in den allerletzten Resten vorhanden sein kann. Dieser Strom ist der Golfstrom, der einst den atlantischen Kontinent umflossen hat.»

Betrachtet man zu der Schilderung von Rudolf Steiner auf der Karte Abb. 247 die **Paläogeographie**

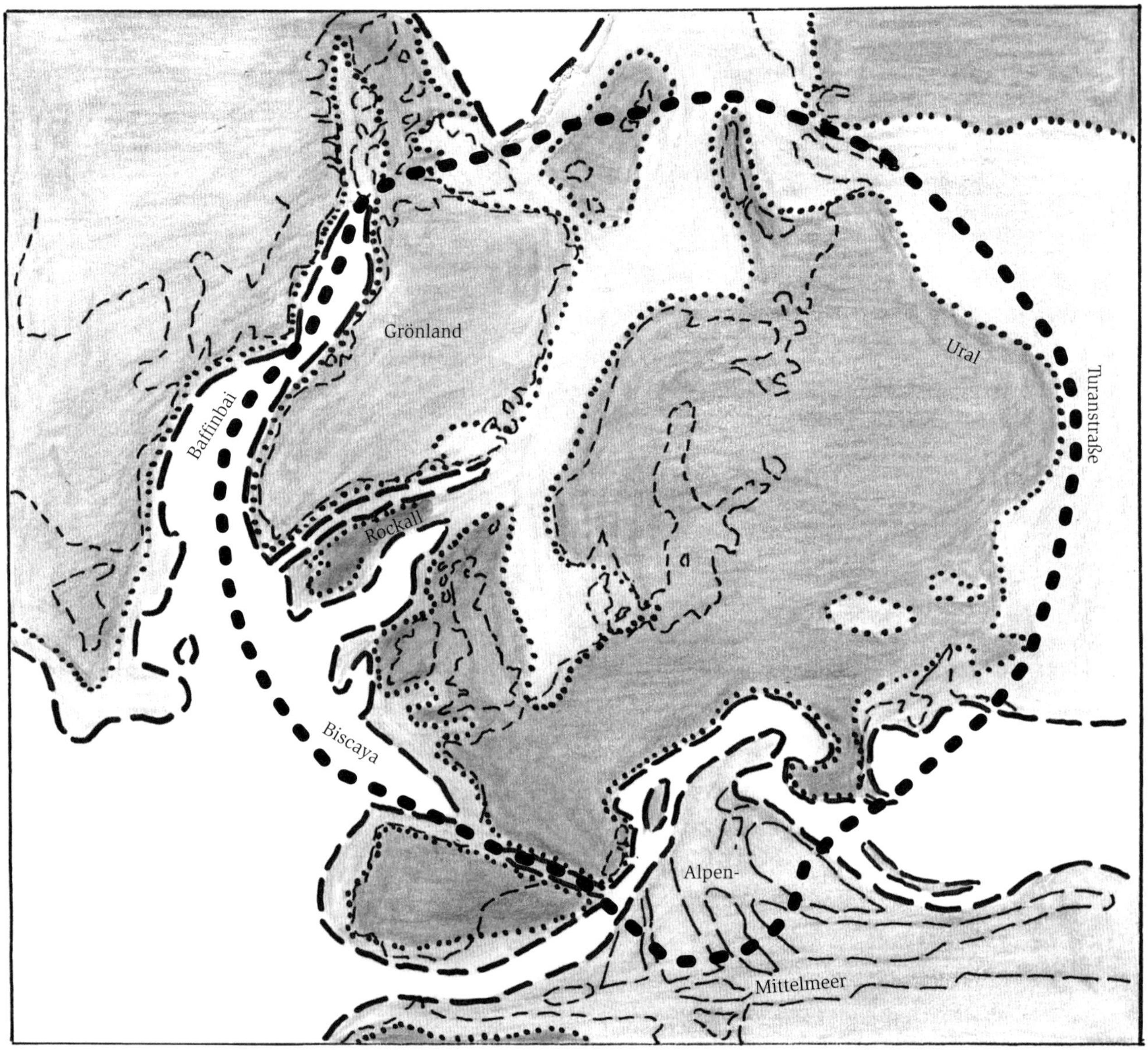

Kontinentale Kruste, hauptsächlich:

Abtragungsgebiete

Ablagerungsgebiete

Ozeanische Kruste

Ablagerungsgebiete

Strom in der Wasser-Luft-Sphäre nach Rudolf Steiner

Abb. 247: Das Gebiet des nördlichen Atlantischen Ozeans zu Beginn der atlantischen Epoche im Paläozän, der ersten Epoche des Tertiär; vergleiche auch Abb. 249, S. 460; Abb. 237, S. 445. (Nach Ziegler 1988.)

des europäisch-nordatlantischen Gebietes zu Beginn des Tertiär im Paläozän, so zeigt sich eine auffällige Übereinstimmung mit den damaligen Ablagerungsbereichen von Lockergesteinen, die unter diesem Strom zusammen gespült wurden. Flachmeere und Ozeane im heutigen Sinne, wie sie Ziegler u.a. annehmen, sind insofern anzuzweifeln, als mindestens für das Mittelmeer inzwischen sicher ist, dass es erst im Jungtertiär gefüllt wurde (Abb. 279, S. 498). Ähnliches ist für den Atlantik anzunehmen (s. S. 513). Die detaillierte plattentektonische Entwicklung des Nordatlantik während aller Stufen des Tertiär ist durch die Erdgaserkundung sehr gut bekannt. Zuerst öffnet sich die Baffinbai zwischen Nordamerika und Grönland, dann der Bruch zwischen dem Rockall-Plateau und Irland/Schottland und zuletzt erst der heutige Nordatlantik zwischen Grönland und dem Rockall-Plateau (vgl. mit Abb. 249, S. 460). Die Flachmeergebiete der Turanstraße östlich des Ural, durch die eine europäische von einer sibirischen Florenprovinz getrennt wurde, verlandeten im Oligozän. Im Alpengebiet war die Gebirgsbildung noch im vollen Gange (Abb. 230 – 232, S. 437). Die Decken waren schon weitgehend zusammengeschoben, sie wurden aber erst vom Eozän/Oligozän an herausgehoben, d.h. während der ersten und zweiten atlantischen Epoche.

Paläogeographien zum Untergang der Atlantis

Klimatisch gesehen kühlte sich die zerfallende Luft-Wasser-Sphäre während des gesamten Tertiär allmählich ab, in ryhthmischen Schwankungen, aber insgesamt kontinuierlich (Abb. 1, S. 36). Die vierte, mittlere atlantische Epoche war bereits teilweise kühler als die heutige Zeit. Von da an schmolzen die Gletscher der Antarktis und Grönlands nicht mehr vollständig ab. In die fünfte atlantische Epoche fällt das Maximum der Eiszeit mit den beiden Phasen des Elsterglazial; die Saale-Eiszeit läge in der sechsten und die Weichsel-Eiszeit in der siebenten atlantischen Epoche. Die Kälteperioden wechselten mit warmen Zwischeneiszeiten, was wiederum weltweit auf die Pflanzen und Tierwelt wirkte. Alle großen Klima-Rhythmen gliederten sich weiter in zahlreiche Unterrhythmen. Die tropisch-subtropische Vegetation zog sich am Ende der Eiszeiten in die äquatorialen Gebiete zurück.

Bis zum Pliozän, d.h. der dritten bis vierten atlantischen Epoche, bildeten sich die **Vegetationszonen** heraus, wie wir sie heute etwa kennen, modifiziert durch die bis dahin herausgehobenen Hoch- und Mittelgebirge. In Mitteleuropa wird noch eine Sommertemperatur von 14° C angenommen. Wir finden Nadel-Laub-Mischwälder, aber auch Palmen, in feuchten Lagen Sumpfzypressen-Wälder, in trockeneren Mammutbaum, Buche, Eiche, Walnuss; in Berggebieten Fichten- und Tannenarten, Kiefern, Arven, Lärchen. Nach Osten hin nimmt der Steppencharakter zu. Im Inneren der Sahara, in Innerasien und in Nordamerika beginnen sich Steppen und Wüsten auszubreiten. Beispielsweise zeigen die Funde in dem heute völlig wüstenhaften Trockenklima des Großen Beckens (Rocky Mountains), wie dort im Miozän noch ein sommergrüner Laubwald wuchs, der dann zum Pliozän hin in einen Nadelwald überging, der im oberen Pliozän zum Grasland und zur offenen Halbwüste wurde und ab dem Pleistozän zur Vollwüste (Schwarzbach 1993).

Die ältere Säugetierwelt begann bereits Mitte der Atlantis wieder auszusterben (Abb. 21, S. 84). Dafür dominierten die Nage-, Raub- und Huftiere, die sich vermutlich auch von Afrika, Europa und Nordamerika aus verbreiteten. Die Entwicklungsräume der höheren Affen im Pliozän – am Ende des Tertiärs – entsprachen denen der niederen Affen am Anfang des Tertiärs (Abb. 246). Thenius (1993, Bd. 10, S. 305) schreibt: «Die Neuweltaffen und die Altweltaffen scheinen nach neueren Untersuchungen und Fossilfunden nicht aus zwei völlig getrennten Halbaffenzweigen hervorgegangen zu sein, wie einige Zoologen früher angenommen haben. Wahrscheinlich stammen alle Affen von einer einheitlichen Wurzelgruppe ab ... die im Tertiär in Nordamerika und Europa verbreitet war. Das Entstehungszentrum der Affen scheint demnach der nordamerikanisch-europäische Raum gewesen zu sein. Von dort aus wanderten die Ausgangsformen der Breitnasenaffen nach Südamerika und die Schmalnasenaffen nach Afrika; in beiden Räumen entfalteten sie sich und schlugen getrennte Entwicklungswege ein.» Das ist aus Forschungen Rudolf Steiners gut zu verstehen, da diese Gruppen die letzten Säugetiere sind, die sich vom weichkörprigen Menschen abgelöst haben, und zwar

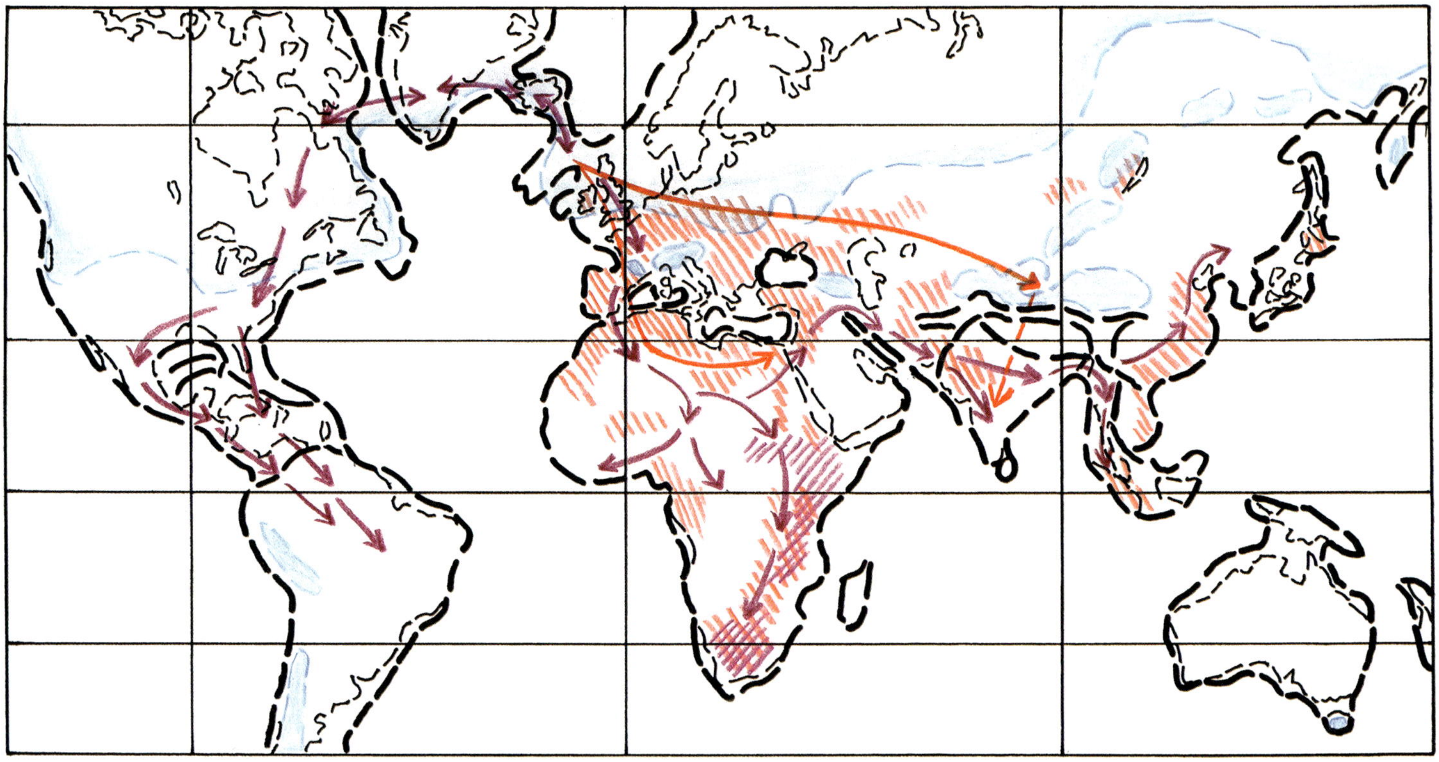

Maximale Verbreitung der eiszeitlichen Gletscher

Entwicklungswege der höheren Affenartigen

Fundgebiete:

Australopithecinen / Habilinen

Homo erectus / Homo neanderthalensis

Züge der Menschen

Abb. 248: Situation der Menschheitsentwicklung in der Mitte der Atlantis, auf dem Hintergrund der Paläogeographie des Pliozän, also der Tertiär-Quartär-Grenze. (Kontinente vereinfacht nach Scotese 1988 in Mercator-Projektion; Isochrone 5,9 Ma; Fundgebiete nach Thenius 1993, Herrmann 1984 u.a.).

erst in der Mitte der atlantischen Zeit (Abb. 21, S. 84). Das Zentrum der menschlichen Entwicklung lag in diesem nordamerikanisch-europäischen Raum, d.h. im Gebiet der Atlantis.

Während der zweiten Hälfte der Atlantis verblieb ein Teil der **Menschen** immer noch in der weichen Form. Die ersten bereits verknöcherten Frühmenschen erschienen in Ost- und Südafrika. Sie sind vermutlich ebenso wie die Menschenaffen aus dem Gebiet der Atlantis dorthin eingewandert. Afrika wäre danach also nicht als «Geburtsland der Menschheit» (*Spektrum der Wiss.* 2/1991; Schad 1992 a) anzusehen – oder eben nur dann, wenn man vom Aspekt des Darwinismus einen durchgehenden Vererbungsstrom voraussetzt (s. S. 171 ff.). Die meisten Funde von Werkzeugen und Knochen der anschließenden Frühmenschen (Homo erectus) wurden im mittleren und südlichen Europa und in Asien gemacht; zuletzt wurden auch Australien und Amerika besiedelt. Die Ausbreitung der Menschen während des Pleistozäns entsprach den Bewegungen des Inlandeises. Die Wanderzüge vom nordamerikanisch-europäischen Raum aus bewegten sich wahrscheinlich in den Zwischeneiszeiten, wo Mittelasien Steppengebiet war, an das sich nördlich bis zum Polarkreis Misch- und Nadelwälder anschlossen. Die letzte Gruppe, die feste Knochen ausbildete, war der Homo sapiens sapiens, dessen älteste Funde aus Südeuropa, Nordafrika und Mittelasien stammen. Von dieser Gruppe ging die kontinuierliche Folge der Generationen bis heute aus. Damit ist etwa ab dem Ende der letzten Eiszeit zu rechnen, d.h. dem Beginn der Urindischen Epoche um 7.000 bis 8.000 v.Chr. – radiometrisch datiert um 40.000 (Abb. 2, S. 44; s. S. 160 – 162). Alle anderen Gruppen der Frühmenschen sind wieder ausgestorben.

Rudolf Steiner beschreibt (GA 13, S. 255, bzw. 260 – 273), wie in der Mitte der atlantischen Zeit niedere ahrimanische Wesenheiten besonders stark wirken konnten. Von ihnen gingen starke **Verhärtungskräfte** aus, die vermutlich zu einem endgültigen Absterben und Erstarren der Erde führten. Dieser Vorgang zeigt sich in der weltweiten Abkühlung im Jungtertiär und im Abregnen der Wassermassen, die in den Polargebieten bis zu den Gletschern der Eiszeit kristallisierten. «Das führte zur allmählichen Zerstörung des atlantischen Gebietes durch Luft- und Wasserkatastrophen der Erde. ... Damals erhielt die Erde durch diese Stürme ein neues Antlitz.» Auch in mehreren anderen Vorträgen schildert Steiner diesen **Untergang**, z.B. (GA 112, 29. 6. 1909): «Nun kam die große Katastrophe, die den atlantischen Kontinent hinwegfegte. Gewaltige Vorgänge im Luft- und Wassergebiete, gewaltige Erschütterungen der Erde bewirkten, dass nach und nach das ganze Antlitz der Erde sich änderte. Europa, Asien, Afrika, die nur zum kleinsten Teil Land waren, erhoben sich aus dem Wasser, ebenso Amerika. Atlantis verschwand. Es wanderten die Menschen nach Osten und Westen hinüber, und es entstanden die mannigfaltigsten Besiedelungen.» (Weiteres dazu in GA 121.) Mit diesen Änderungen im Antlitz der Erde entstanden unsere heutigen Landschaften, was im nächsten Kapitel noch genauer dargestellt wird. Den Weg der Menschheit fasste Steiner mit folgenden Worten zusammen (GA 115, 27. 10. 1909): «Die Geisteswissenschaft sagt, dass der Mensch einst im alten Lemurien lebte, da wo heute das Meer liegt zwischen Asien und Afrika. Dann zog er aus, die Sprache zu lernen. Er konnte nicht nach Süden und nicht nach Norden ziehen; er musste nach Westen ziehen und zog in die alte Atlantis. So lernte der Mensch die Sprache in der alten Atlantis. Dann aber sollte er an der Sprache den Vorstellungssinn entwickeln ... Der Mensch musste umkehren, nachdem er sprechen gelernt hatte. Er musste von der Atlantis nach Osten ziehen, um an der gelernten Sprache weiter zu entwickeln den Vorstellungssinn.»

Aus dem Vergleich der Abbildungen 247 und 249 bzw. 246 und 248 wird die Kontinentalbewegung ersichtlich. Gleichzeitig mit dem Niederschlag der Wasser stieg der Ozeanspiegel an, was noch genauer betrachtet wird. Während der zweiten Hälfte der Atlantis, also während der Eiszeiten, liegt die Schwankungshöhe der Ozeane um 200 m bis 400 m, was also – flächenmäßig gesehen – etwa den heutigen kontinentalen Schelfbereich betreffen würde. Die Thule-Landbrücke, auf denen sich die Flutbasalte ausgebreitet hatten, und das Rockall-Plateau waren noch nicht überflutet (Abb. 237, S. 445).

Rudolf Steiner spricht öfter von den Ereignissen in der **Mitte der Atlantis** und nennt an mehreren Stellen die Gegend, von wo aus die nachatlantischen Kulturen ausgingen, z.B. (GA 109, 10. 6. 1909): «Und namentlich der ahrimanische Einfluss war es, der sich im Menschen geltend machte und bewirkte, dass ein Teil der Erde zugrunde ging: die Atlantis.» Der Mensch konnte seine seelischen Kräfte magisch verwenden und dadurch «gleichzeitig auf die Kräfte von Luft und Wasser wirken. Und als nun der Wille der Atlantier böse wurde und diese seelischen Kräfte zu egoistischen Zwecken verwendete, da rief er zugleich auch die Kräfte des Wassers und der Luft auf, entfesselte sie, und dadurch ging die alte Atlantis zugrunde. Die Kontinente entstanden durch das Zusammenwirken der Elemente und Menschen.» – (GA 99, 4. 6. 1907): «Dann kam die Zeit, in welcher ein besonders fortentwickelter Teil des Menschengeschlechts, der in einer Gegend lebte, die ebenfalls heute Meeresboden ist, in der Nähe des heutigen Irlands, zuerst ... eine Erweiterung der Intelligenz erfuhr. Dieser Teil begann, unter Führung des Vorgeschrittensten nach Osten zu ziehen, während nach und nach mächtige Wassermassen den atlantischen Kontinent überschwemmten.» – (GA 105, 10. 8. 1908): «Auswanderungszüge gingen von der Atlantis nach Afrika, Europa, Asien, Amerika. Die am letzten auswanderten, das waren diejenigen Men-

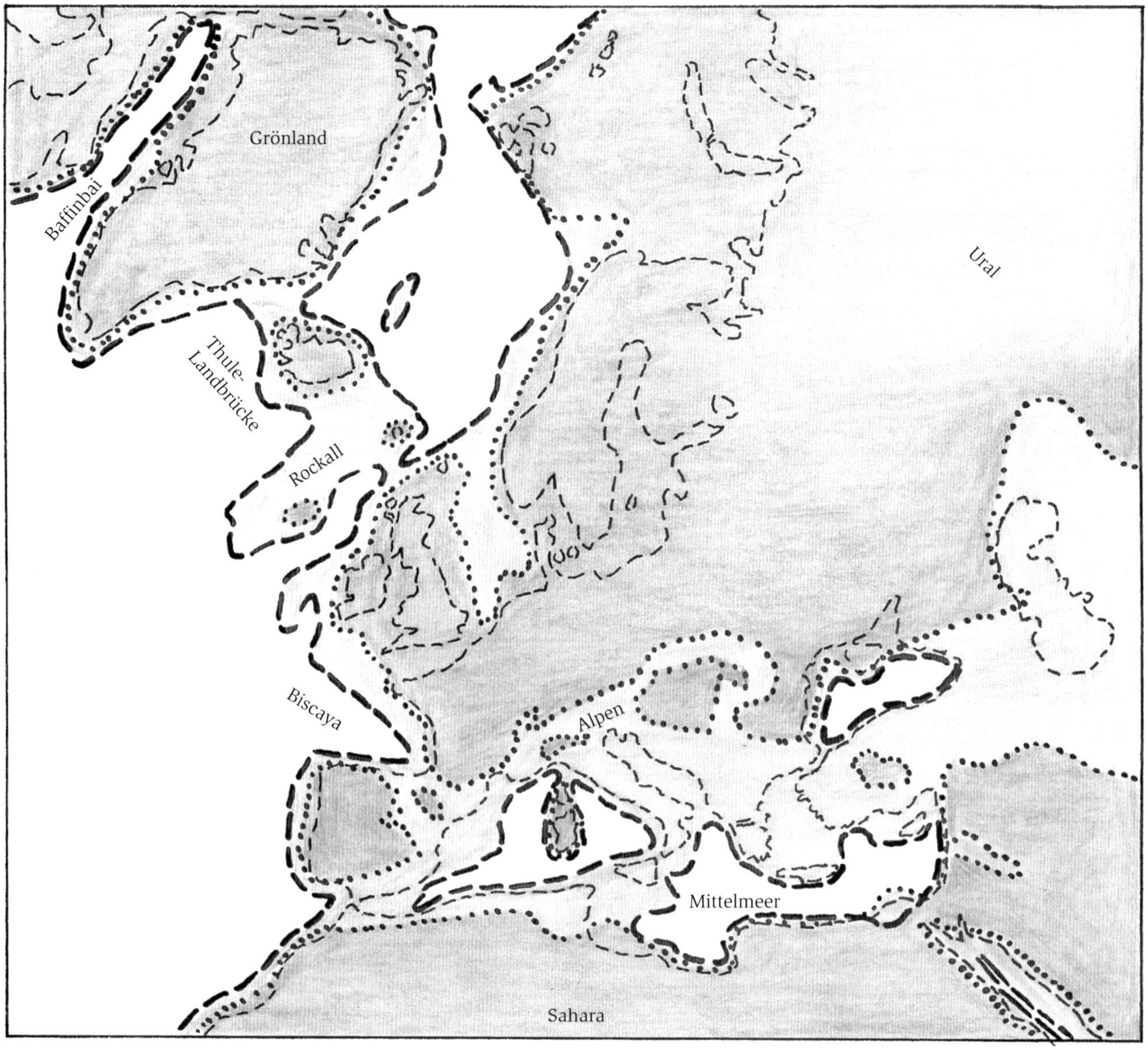

Abb. 249: Das Gebiet des nördlichen Atlantik in der Mitte der atlantischen Epoche, also im Pliozän, vor Beginn der Eiszeit. (Nach Ziegler 1988.)

schen, die in der Nähe des heutigen Irlands wohnten, und die sich am längsten schmiegsam erhalten hatten.» – (GA 104, 25. 6. 1908): «Es war im letzten Drittel der atlantischen Zeit, die die Menschen ja auf dem Boden durchlebten, der heute vom Atlantischen Ozean bedeckt ist, als sich ein kleines Häuflein in der Nähe des heutigen Irland bildete, das zur höchsten Kulturstufe der Atlantis gekommen war und das dann auszog nach dem Osten, von wo aus alle späteren Kulturen ausgegangen sind.» Sie bewohnten «diesen Fleck Erde, der heute jenes Meer bildet im Westen von Irland». Dieses kleine Häuflein

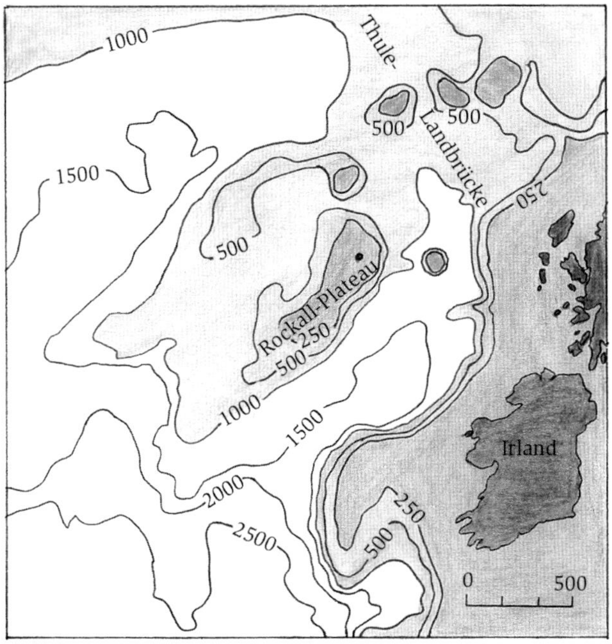

Abb. 250: Das Rockall-Plateau westlich von Irland, verbunden mit der Thule-Landbrücke. Steiner bezeichnet ein bestimmtes Gebiet im Atlantik, nämlich «diesen Fleck Erde, der heute jenes Meer bildet im Westen von Irland», als das kulturelle Zentrum der vierten und fünften atlantischen Epoche, also zwischen dem Pliozän und der Elstereiszeit.

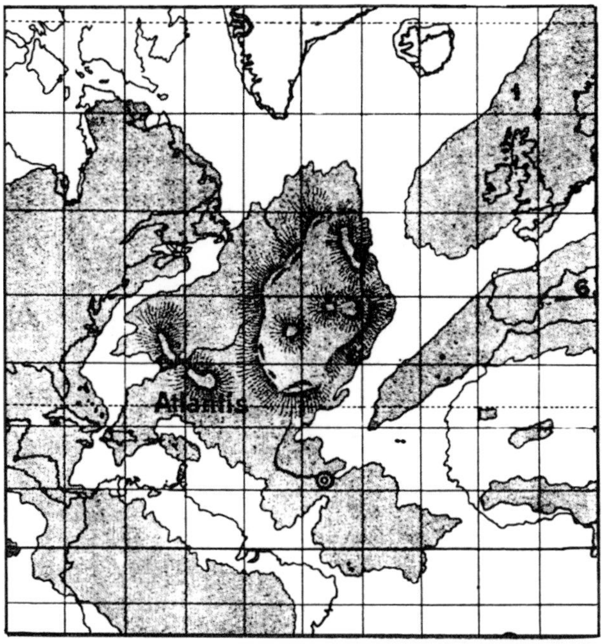

Abb. 251: Das Gebiet der Atlantis, bezeichnet als «vor 80.000 Jahren», von Walter Scott-Elliot (1869); Ausschnitt aus einer der Karten-Darstellungen; in der heutigen Geographie ohne Kontinentaldrift als Insel dargestellt, die anschließend dadurch untergeht, dass sie an diesem Ort zunehmend in den Atlantik versinkt, wobei die Kontinente als örtlich fixiert betrachtet werden.

zog nach Mittelasien, vermutlich in das Gebiet des heutigen Tarimbeckens, das damals noch eine weite, fruchtbare Gegend war, rundum geschützt von Hochgebirgszügen. Es zog vermutlich fort, noch bevor in der fünften atlantischen Epoche mit dem Elsterglazial das Maximum der Eiszeit erreicht war (Abb. 248, S. 458). – Hier können nur die geologischen Aspekte begründet werden; alle seelisch-geistigen Entwicklungen sind bei Steiner direkt nachzulesen. Eine gute Zusammenschau bietet auch Sigismund von Gleich (1969), abgesehen von der geologischen Grundlage, die auf Modelle vom Anfang des 20. Jahrhunderts zurückgeht und vielfach nicht den heute bekannten Phänomenen entspricht.

Das **Rockall-Plateau** ist ein etwa 300 mal 500 km großes kontinentales Bruchstück und Hochgebiet, welches heute etwa 500 m unter dem Wasserspiegel liegt (Abb. 250; Abb. 206, S. 386). Nur der Rockall-Felsen aus Lewisischem Gneis ragt mit etwa 30 m^2 aus dem Wasser heraus. Auf dem Tiefenlinienplan der Karte Abb. 250 wurde das Gebiet hervorgehoben, welches heute innerhalb der 250 m-Linie und der 1.000 m-Linie liegt. Daran kann man sehen, wie hier eine größere Halbinsel westlich von Irland bestand, die erst überflutet wurde, als der Wasserspiegel entsprechend höher angestiegen war. Vor dem Elsterglazial, also dem Höhepunkt der Eiszeit, etwa in der fünften atlantischen Epoche, lag der Wasserspiegel vielleicht noch 300 – 400 m tiefer. Das belegen die Talrinnen, welche z.B. die Elbe in die tertiären Schichten eingeschnitten hat, was darauf hinweist, dass auch das Erosionsniveau der Nordsee in dieser Zeit entsprechend tief gelegen haben muss (Abb. 281, S. 500). Man könnte vermuten, dass es das Rockall-Plateau war, von dem «ein kleines Häuflein» von Menschen nach dem Inneren Asiens auszog. Durch die Thule-Landbrücke waren aber auch Übergänge nach Amerika möglich (Abb. 237, S. 445).

Bis in die Mitte des 20. Jahrhunderts, als man von

der Geologie der Ozeanböden fast noch nichts kannte, war die allgemeine Anschauung (z.B. Kayser 1912), dass durch die ganze Erdgeschichte unverändert eine wesentlich gleichbleibende Verteilung der kontinentalen und ozeanischen Schollen anzunehmen sei. Während man in den Kontinentalsockeln im Niveau zurückgebliebene und teilweise sogar gehobene Rindenteile sah, wurden die Böden der ozeanischen Becken als die am tiefsten eingesunkenene Stücke der Kruste betrachtet. Auch die Karten von Arldt (1914, 1929), die S. v. Gleich (1969) noch verwendet, und die Entwürfe von G. Wachsmuth (1950, S.102) sind von solchen Vorstellungen bestimmt.

Walter Scott-Elliot (1896) zeichnete vier Karten von der **Atlantis** vier Karten zu verschiedenen Stufen des Untergangs mit den gebirgigen **Inseln** Ruta, Daitya und Poseidonis im mittleren Atlantik (Abb. 251). Platons Stadt der goldenen Tore – Doppelkreis in der Karte – hätte danach mitten auf dem Abhang des Mittelatlantischen Rückens 1.200 km westlich der Kapverdischen Inseln gelegen. Diese Karten-Darstellungen stimmen ebenso wie die der Lemuris in keiner Weise mit den inzwischen gut bekannten morphologischen und geologischen Verhältnissen des Atlantik überein – man vergleiche mit Abb. 206, S. 386! Rudolf Steiner hingegen formuliert scheinbar stets umständlich, um die Lage von Atlantis zu bezeichnen (GA 13, S. 259): «das Erdengebiet zwischen dem gegenwärtigen Europa, Afrika und Amerika»; oder: «das auf dem Flecke der Erde war, der gegenwärtig vom Atlantischen Ozean bedeckt wird»; oder (GA 121, 11. 6. 1910): der «Kontinent der atlantischen Welt, den wir zu suchen haben da, wo jetzt der Atlantische Ozean ist, zwischen Afrika und Europa einerseits und Amerika andererseits». Man kann an den Formulierungen bemerken, dass er vielleicht doch sehr exakt ein imaginatives Bild zu beschreiben versucht, das erst heute auch paläogeographisch gedeutet werden kann – wie schon bei Lemuria bemerkt (s. S. 436).

Die meisten Atlantis-Sucher gehen zunächst von Platons Atlantis-Bericht in den Dialogen *Timaios* und *Kritias* aus, die um 348 v. Chr. aufgeschrieben wurden (z.B. Luce 1969, Gsänger 1975). Die Erzählung war an Platon überliefert von Solon, der sie 571 v. Chr. an einer Säule des Tempels der Neith zu Sais in Ägypten gesehen hatte. Da ist die Rede von metallbeschlagenen Mauern, Steinbauten, Bodenschätzen, Kriegsschiffen, Häusern, Palästen etc. Der Hauptort «jenseits der Säulen des Herkules» heißt Schurippak – ein Name, der einen Ort nördlich von Uruk im Sumerer-Reich des 3. Jahrtausend v. Chr. bezeichnet. Vergleicht man die Schilderung Platons mit Steiners Schilderungen der Atlantis, so wird deutlich, dass sie sich auf eine viel spätere Kultur in ganz anderen Gegenden bezieht. Bei Platon sind vielleicht verschiedene historische Berichte miteinander verknüpft. Ihm ging es in diesen Dialogen auch nicht um geographisch-historische Beschreibungen, sondern um juristische und volkspädagogische Aspekte.

Mühlestein (1957, 1981) macht auf das Gebiet des Tritonsees aufmerksam (Abb. 252). Die Tritonen waren bei den Griechen Delphin-Menschen, Kinder des Nereus, des Okeanos. Er sieht hier die Atlantis der Griechen, belegt durch Funde und Felszeichnungen, durch Texte von Diodor, Herodot und Strabo. Die Hauptargumente sammelten Borchardt u.a. 1927: Die bei Platon angegebenen Größen stimmen überein; die Namen sind in griechischen und römischen Quellen belegt; die heutige Oberfläche des westlich angrenzenden Schott Meghir liegt 30 m unter dem Mittelmeer; die wilden Elefanten gab es hier, aber beispielsweise nicht in Spanien usw. Der Untergang wird etwa 1300 v. Chr. angenommen, als die Lybier zunehmend nach Ägypten einfielen. Man nimmt an, dass durch ein Erdbeben das Gebiet so weit gehoben wurde, dass der Kanal vom Meer abgeschnitten wurde und das Gebiet trockenfiel. Außerdem breitete sich die Sahara bis dahin aus. Die Säulen des Herkules sind nach dieser Auffassung zwei Felsen an der Einfahrt von der Kleinen Syrte aus, nördlich von Gabes, die auch dem Abstand entsprechen, den Platon angibt. Die Straße von Gibraltar ist 120 km breit und wurde erst viel später von Strabo (63 v. Chr. – 23 n. Chr.) aufgrund der erweiterten geographischen Kenntnisse der Griechen so bezeichnet.

Wo hat man Platons Atlantis nicht überall schon gesucht! Tollmann (1995) schätzt, dass zum Thema Atlantis und Sintflut etwa 1.500 Publikationen erschienen sind. Schaut man näher in diese Literatur, so steht man vor einem Chaos widersprüchlichster Deutungen. Der räumliche Aspekt ist am nächstliegenden und meint die Inseln im Atlantik: Azoren

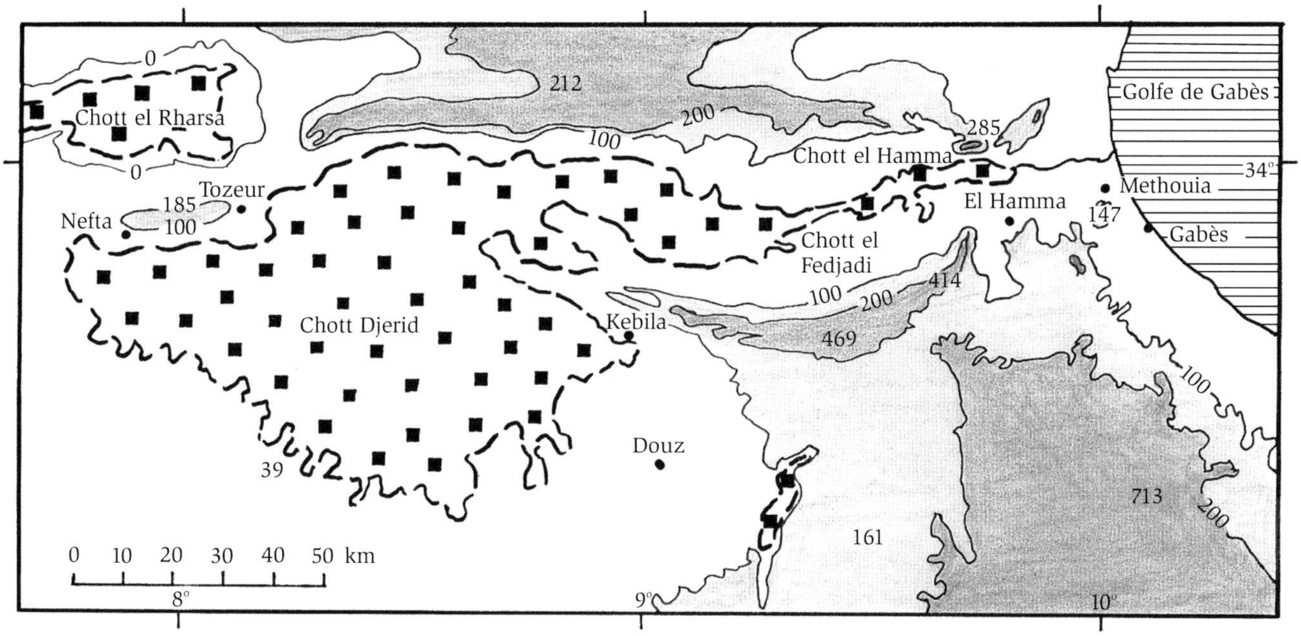

Abb. 252: Das Triton-Gebiet im südlichen Tunesien, welches unterhalb des Wasserspiegels des Mittelmeeres liegt, war zwischen 9.000 und 2.000 v. Chr. dicht bewohnt. Es ist heute ein Salzsee (schwarze Quadrate). Von hier aus wurden das ägyptische Niltal, Kreta und Italien besiedelt. Auf dieses Gebiet bezieht sich meines Erachtens am wahrscheinlichsten, was die Griechen als Atlantis bezeichneten: am Fuße des Atlas und jenseits der Säulen des Herkules liegend.

(Donnelly 1882, dt. 1895, 1911, 1974), Kanaren, Kapverden, Madeira. Das sind aber alles Vulkane, die von unten heraufgekommen sind und nicht untergehen, vor allem, wenn man den Wasserspiegel auf etwa gleicher Höhe belässt, wie alle annehmen. Der Aspekt einer Überflutung ist das wichtigste Argument bei den Autoren, die sich Randgebiete des Atlantik vorstellen wie die Bahamas, Rockall oder Helgoland (Spannuth 1953). Der Aspekt von Untergängen und Katastrophen tritt bereits in den Sintflutsagen vieler Völker auf, die jedoch mehr den Bewusstseinsumschwung um 7.000 v. Chr. spiegeln, der mit Noah verbunden ist. Die moderne Literatur ist voll davon, und man glaubt die Belege zu finden in der Vulkanexplosion von Thera (= Santorin; Ausbruch um 1.500 v. Chr.); im Bermuda-Dreieck vor Florida; im Kampf um Troja (Eroberung um 1.200 v. Chr.); dem Tritonsee (Austrocknung um 1.500 – 1.200 v. Chr.); oder den Planetoid- oder Meteoriten-Einschlägen (Köfels/Österreich um 9.500 v. Chr. (nach Tollmann 1995; Muck 1976). Wieder andere Autoren lassen sich vom Aspekt großer Bauwerke zur Megalithkultur führen, z.B. in Südspanien, Marokko, Malta, Sardinien, Stonehenge, am Golf von Morbihan, bis hin zu den Maya-Tempeln in Mittelamerika. Die Megalithkultur begann aber erst um 4.000 v. Chr., während der zweiten nachatlantischen Kulturperiode und reichte ja örtlich bis ins Mittelalter. Steiner verweist (GA 273, 17. 1. 1919; auch GA 265, S.177) außerdem noch darauf, «welche große Rolle in den verschiedenen Verbildlichungen des Erkenntnisweges die Säulen des Herkules in der alten Mythe spielten. Da wird immer gesagt: Wenn der Mensch verschiedene Erkenntnisstufen durchschritten hat, schifft er hinaus durch die Säulen des Herkules. ... Für den Griechen bedeutete es, dass er eigentlich eine ganz andere Welt betrat, und er fühlte ... dass er dann frei wurde von alldem, was ihn mit der Erde zusammenhielt, vor allen Dingen mit den Kräften seines Leibes.» Diesen Aspekt greift Lindenberg (1994) auf.

Versucht man, die so widersprüchlichen Atlantis-Hypothesen zeitlich und räumlich differenziert zu vergleichen, dann können sich ordnende Aspekte und Maßstäbe in diesem Chaos ergeben. Der Überblick zeigt, dass Steiner einen eigenständigen Begriff für eine Zeitepoche der Menschheitsentwicklung bildet. Was sich in dieser Zeit abspielte, möge auch hier wieder bei ihm selbst nachgelesen werden, da ich mich hier auf die geologischen Aspekte zu beschränken habe. Bezüglich der Atlantis übernahm Steiner von Scott-Elliot Verschiedenes, beispielsweise die Namen der sieben atlantischen Kulturepochen, nicht aber dessen kartographische Darstellungen. Auch knüpft Steiner weder an Platon noch an die Bibel oder die vielen Sintflutsagen der Völker an, noch stützt er sich auf die damals anerkannten naturwissenschaftlichen Vorstellungen, sondern er schildert seine eigenen Beobachtungen und greift nur sehr selten auf Anschauungen seiner Zeit zurück, was dann auch deutlich erkennbar ist. Insofern ist die Behauptung, dass Steiners Anschauungen zeitbedingt und heute veraltet wären, einfach falsch. Im Gegenteil, seine eigenen Forschungen beginnen erst heute sich zu bewahrheiten! Rudolf Steiner sagt zum Beispiel in einer Zeit, wo die Geologie, wie oben zitiert, fest an ein fixistisches Weltbild – also ohne Kontinentaldrift – glaubte, über die erste atlantische Zeit (GA 288, 30. 12. 1921): «Da fanden große Umlagerungen der Kontinente statt.» Guenther Wachsmuth (1950, S. 58) schreibt, Rudolf Steiner habe ihn im Gespräch darauf aufmerksam gemacht, «dass die geisteswissenschaftliche Betrachtung nicht davon ausgehen kann, dass die kontinentalen Gebilde als in ihrer jetzigen Lage entstanden und dauernd fixiert anzusehen seien, sondern dass diese in einer flüssigeren Unterlage schwimmen und ihre Beziehung zueinander im Laufe der Entwicklung mannigfach verändert haben» (Abb. 235, S. 443). Insofern sehe ich keinen Anlass, auch seine anderen Anschauungen über den Niederschlag der kristallinen Gesteine oder der Ozeanwasser, über den weichkörprigen Menschen oder die Entwicklung der Tierwelt, über die Mondentrennung etc. nur deshalb anzuzweifeln, weil sie den derzeitigen naturwissenschaftlichen Vorstellungen widersprechen. Mit den geologischen Phänomenen stimmen sie überein.

Die Gestaltung der Landschaft aus der Ebene

Die Formen der Landschaft

Überblick

Die nächsten beiden Kapitel behandeln den letzten großen Entwicklungsschritt der Erde, wie nämlich die heutigen Landschaften aus dem Niederschlag der Luft-Wasser-Sphäre entstanden sind. Aus der Lebenssphäre der Erde, die eine wichtige Rolle in der Erd- und Menschheitsentwicklung spielt (s. S. 347 und 363), wurden Naturwesen abgesondert, welche dann ihren eigenen Entwicklungsweg antreten konnten. Nachdem die Tiere und zuletzt auch der Mensch feste Formen erhalten hatten, kühlte sich während der atlantischen Epoche die Erde so weit ab, dass schließlich auch das Wasser von der Luft abgetrennt wurde und sich an den Polen bis in die feste Form der Gletscher verdichtete. Während die Gebirge auftauchten, wurden durch die Niederschläge die Täler eingeschnitten. Unsere heutigen Landschaften wurden ausgegestaltet, die Gletscher formten sie mit, und die Wassermassen füllten die Ozeanbecken auf. Dazu werden im Folgenden einige typische Beispiele aus verschiedenen Gegenden der Welt dargestellt. Zunächst soll beschrieben werden, wie durch die Eiszeit die Landschaftsformen in Norddeutschland entstanden sind. Dann wird die Entwicklung der Wasser-Luft-Sphäre der Erde und zuletzt die Formungsprozesse der Täler und der Ozeanbecken durch den Niederschlag der Wassermassen dargestellt.

Wege der Landschaftserkenntnis

Jede Landschaft eines bestimmten Erdgebietes kann zum Schlüssel seiner Geschichte werden. Jedes Gestein bildet seine eigenen, charakteristischen Landschaftsformen. Auf die feste Erdoberfläche wirken von oben Verwitterung und Abtragung; von unten stehen dem die verschieden verhärteten Gesteine entgegen. Diese Oberfläche bildet die Gleichgewichtslage zwischen beiden Kräften. Sie ist dadurch bis in die kleinsten Details hinein ein ganz sensibler Ausdruck ihrer Werdeprozesse, welche dadurch an den Landschaftsformen abgelesen werden können.

Landschaften bilden individuelle Räume der Erdoberfläche. Alexander von Humboldt bezeichnete die Landschaft als den «Totalcharakter einer Erdgegend». Und Rudolf Steiner stellt dar (GA 121, 8. 6. 1910), wie die geistig wahrnehmbare Ätheraura eines Gebietes mit den Menschen, die dort wohnen, zusammenhängt und sich entsprechend verändern kann. Um diesen Charakter genauer zu fassen, beginnen die Geographen gewöhnlich mit der Frage, wie Landschaftsräume voneinander abzugrenzen seien. Ganze Bibliotheken von Büchern befassen sich mit diesem Thema – was zeigt, wie die imaginative Fähigkeit verloren gegangen ist, die Individualität einer Landschaft unmittelbar wahrzunehmen. Ein Beispiel für eine quantifizierende Naturwissenschaft ist die analytische Gliederung der Landschaft in Komponenten, wie sie Herz (1980) vorgenommen hat: «Die Arealstruktur-Konzeption kann nur die inhaltlichen Kategorien als Landschaftskomponenten anerkennen, die merkmalskorrelative Einheiten bilden.» Diese Elemente bilden «Standortgefüge», welche die Typisierung von Wirtschaftsräumen ermöglichen usw. Das krasse Gegenteil beschreibt Egli (1975): «Landschaft strahlt also Kräfte direkter menschlicher Veredlung aus. ... Auch sie wendet uns hin zu Höherem, zur Realität der landschaftlichen Erscheinungen, deren Zusammenhang die Kräfte der Schöpfung gestaltet haben und unaufhörlich weiter gestalten.

Goethes Ansatz liegt zwischen diesen Extremen. Am 27. 10. 1786 schreibt er in der *Italienischen Reise*, dass «man die Gegend real nimmt, wie sie daliegt; ... und so habe ich bisher immer den geologischen und landschaftlichen Blick benutzt, um Einbildungskraft und Empfindung zu unterdrücken und mir ein freies klares Anschauen der Lokalität zu erhalten.» Oder noch genauer 1805 über die Granitfelsen des Bodetales im Harz: «... ihre Eigenheiten zu erkennen und ihre Eigenschaften, sofern wir sie durchdringen, zu einem höheren Grade zu schätzen wissen. Jene Art des Anschauens gewährt der künstlerische Blick; diese eignet dem Naturforscher; und ich musste mich – zwar anfangs nicht ohne Schmerzen – zuletzt doch glücklich preisen, dass indem jener Sinn mich nach und nach zu verlassen drohte, dieser sich in Aug und Geist desto kräftiger entwickelte.» Den Charakter von Landschaften erkennen hieße, mit dem geologischen und dem künstlerischen Blick zu schauen.

Jochen Bockemühl (vor allem 1984 und 1992) verdanke ich einen wichtigen methodischen Zugang zum Wesen der Landschaft aus goetheanistischer und künstlerischer Sicht. Sein Weg, der von den beobachtbaren Erscheinungs-Zusammenhängen ausgeht und dann aufsteigt zu den Verwandlungs-, Lebens- und Sinn-Zusammenhängen eines Landschaftraumes, erwies sich für mich als sehr fruchtbar. Diese Methode ermöglicht, Blickrichtungen zu gewinnen, die sich auf jeden Landschaftsraum anwenden lassen. Sie können zum Erkennen der typischen Motive einer Landschaft führen.

Landschaft gibt es eigentlich nur für den Menschen. Zum Erfahren ihres individuellen Raumes gehört ein Ich, welches sich erkennend gegenüberstellt. Erst mit Beginn der Neuzeit, als sich der Mensch in seinem Ich erleben lernte und von der Umgebung unabhängiger wurde, bestiegen Menschen hohe Berge, um Ausschau zu halten. Auch ein kleines Kind kann die Aussicht von einem Berg noch nicht so wahrnehmen wie ein Erwachsener. Für ein Tier gibt es keine Landschaft in unserem Sinn; da müsste man von Umwelt sprechen, die unmittelbar auf Instinkt und Willen wirkt. Tiere reagieren auf ihre Wahrnehmungen artgemäß; der Mensch kann sich betrachtend gegenüberstellen und aus Erkenntnis handeln.

Das Berg- und Talkreuz Mitteleuropas

Hans Cloos zeichnete das nebenstehende Reliefbild als eine Strukturkarte Mitteleuropas, die erst nach seinem Tod veröffentlicht wurde (Cloos 1955). Sie zeigt die Sicht eines Geologen, der auf die Landschaftsformen schaut. Die dunkleren Schollen des Grundgebirges sind von den etwas helleren Deckgebirgsgebieten abgesetzt; das Lockergebirge ist weiß gelassen wie in Norddeutschland, im Rheintalgraben und südlich der Donau. Die Kanten der Bruchschollen durchschneiden die Kruste, wie z. B. die Abbrüche des Erzgebirges, des Taunus, des Schwarzwaldes und der Vogesen. In den ältesten Grundgebirgskernen ist die Ringstruktur der Schieferung angedeutet, wie in Böhmen, dem Erzgebirge und dem Granulitgebirge. In den später gebildeten variszischen Gebirgen des Karbon sind die Faltenstrukturen eingetragen, wie in den Ardennen, im Rheinischen Schiefergebirge, im Harz, im Fichtelgebirge und im Vogtland. Das Deckgebirge ist charakterisiert durch seine Steilstufen, wie z.B. die des Muschelkalkes in Thüringen, in Franken und westlich des Rheins oder die des Jura in Schwaben. Die Krater heben sich gut heraus wie der Einschlagkrater des Nördlinger Ries oder die tertiären Vulkane wie der Vogelsberg, das Böhmische Mittelgebirge, der Kaiserstuhl, im Hegau und in der Eifel. Der Rheintalgraben setzt sich nach Nordnordost fort über den Vogelsberg und den Leinetalgraben und schneidet den Harz im Westen ab. Zwischen Bingen und Bonn hat sich der Rhein rechtwinklig zur Streichrichtung der variszischen Falten tief eingeschnitten.

Vier Hauptrichtungen treten in diesen Strukturen der mitteleuropäischen Erdkruste besonders hervor. Die Geologen kennen sie schon seit dem Anfang des 20. Jahrhunderts. Hans Stille in Göttingen hat diese tektonischen Richtungen benannt, und die Namen haben sich in der geologischen Fachsprache be-

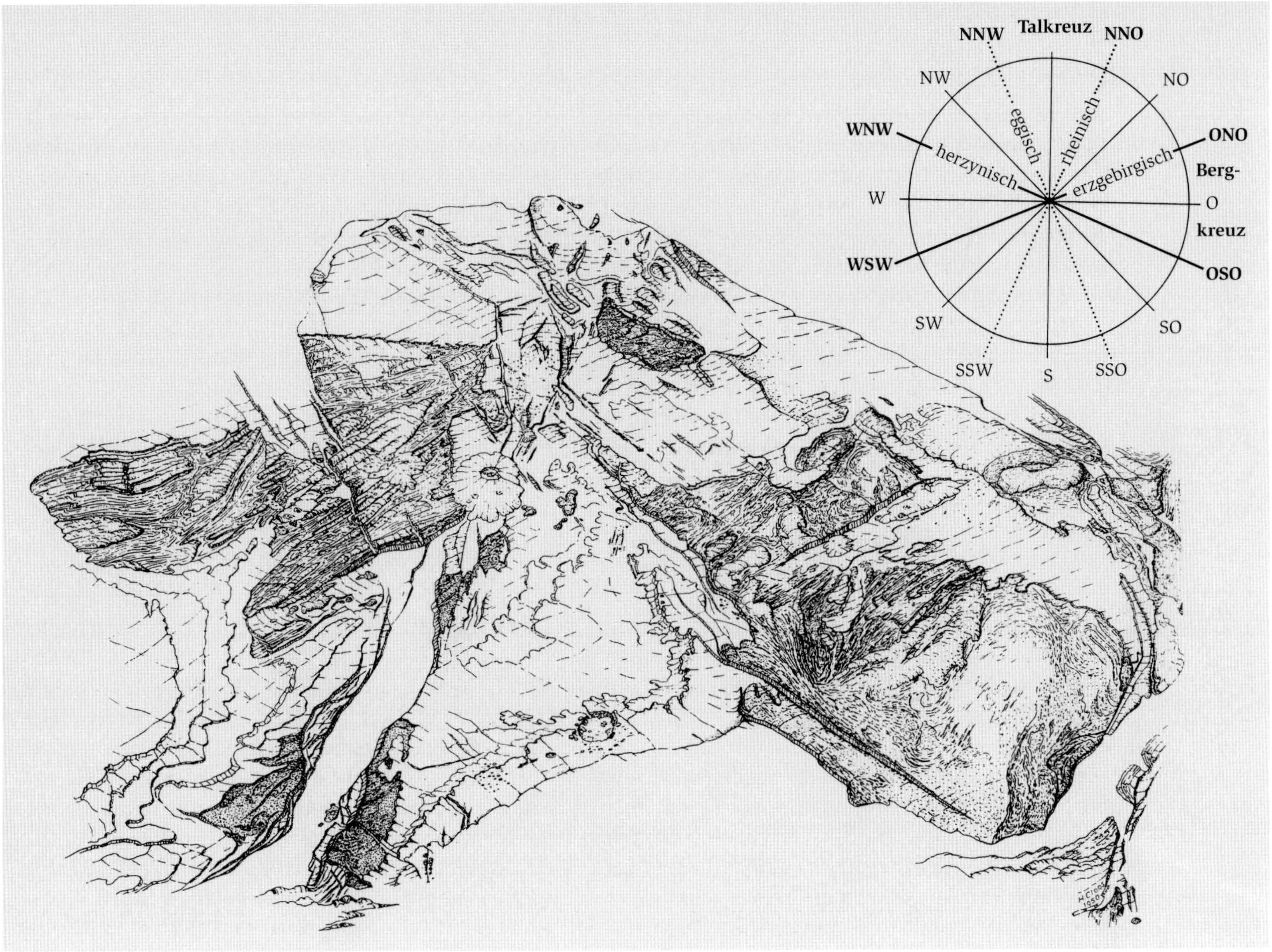

Abb. 253: Tektonische Strukturkarte der mitteleuropäischen Mittelgebirge in plastischer Schrägansicht, gezeichnet von Hans Cloos 1950. Oben rechts die vier Richtungen des Bergkreuzes und des Talkreuzes.

währt. Die Richtungen wurden nach den Hauptstörungen bezeichnet, welche die Mittelgebirge begrenzen: herzynisch, erzgebirgisch, eggisch – und rheinisch nach dem oberen Rheintalgraben zwischen Basel und Mainz (Abb. 253, rechts oben). Wichtig ist, dass diese Richtungen nicht einfach Nordwest – Südost und Nordost – Südwest verlaufen, sondern dass es zwei Kreuze sind, die etwas gegeneinander verdreht liegen. Ich möchte sie das Bergkreuz und das Talkreuz Mitteleuropas nennen. Je eine Richtung des Bergkreuzes steht somit jeweils etwa rechtwinklig auf je einer des Talkreuzes. Diese vier Richtungen prägen die Landschaft Mitteleuropas grundlegend. An jedem Ort sind sie in vielfältigsten Details variiert und dennoch überall sichtbar oder dem Strukturgefüge der Erdkruste eingeprägt.

Das **Bergkreuz** trifft sich im Fichtelgebirge: Thüringer Wald und Bayerischer Wald einerseits, Schwäbisch-Fränkische Alb und Erzgebirge andererseits. Zwischen diesen Bergzügen liegen vier Senken, in die hinein vier Flüsse fließen, die drei Stromgebieten angehören: nach Süden der Naab zur Donau, nach Westen der Main zum Rhein, nach Norden die Saale und nach Osten die Eger, beide zur Elbe. Die Höhenzüge des Bergkreuzes sind – kurz gesagt – dadurch entstanden, dass die mitteleuropäische Kruste bei der variszischen und der alpidischen Gebirgsbildung gegen die bereits stärker verhärtete Kruste Nordeuropas gepresst wurde. So entstanden während der variszischen Gebirgsbildung die erzgebirgischen Richtungen

(Abb. 79, S. 213) und während der alpidischen die herzynischen Richtungen (Abb. 232, S. 438 und Abb. 261, S. 484). Genauer betrachtet ist die mitteleuropäische Kruste aber nicht nur dadurch zerbrochen, dass sie zusammengeschoben wurde. Im rhythmischen Wechsel mit den Druckkräften wirkten untergeordnet auch Dehnungen. So entstanden Grabenbrüche, welche die gleiche Richtung wie das Bergkreuz haben. Klassische Beispiele sind z.B. in Thüringen untersucht worden. Die drei Bruchstrukturen im Thüringer Becken, die auf Abb. 253 eingezeichnet wurden, sind solche Grabenbrüche. Auch der Elbtalgraben bei Dresden gehört dazu. Er ist Teil einer uralten Störungszone, die sich geologisch im tieferen Untergrund Europas vom Harz bis auf den Balkan verfolgen lässt. Im Kreuz dazu verläuft der Egertalgraben, der den Erzgebirgsabbruch südlich begleitet. In ihm liegt der große Vulkan des Duppauer Gebirges; und an der Kreuzung mit dem Elbtalgraben finden sich die tertiären Vulkane des Böhmischen Mittelgebirges, die sich bis in die Oberlausitz fortsetzten.

Das **Talkreuz** wird am besten durch die beiden Richtungen des Rheintales repräsentiert. Der Oberrheinische Grabenbruch zwischen Basel und Frankfurt ist Teil eines kontinentalen Tiefenbruches, welchen Hans Stille die Mittelmeer-Mjösen-Zone nannte. Sie verläuft von der Rhônemündung nach Norden, westlich der Alpen durch den Rheintalgraben und die Hessische Senke und westlich am Harz vorbei; sie ist in Norddeutschland und in der Nordsee im tieferen Untergrund zu verfolgen, kommt im Oslograben wieder an die Oberfläche und endet im Gebiet des Mjösensees. Diese Zone liegt in der einen Richtung des Talkreuzes. Die andere Richtung ist die eggische. Sie müsste eigentlich nicht nach einem Gebirge, sondern nach dem zugehörigen Grabenbruch, dem Leinetalgraben, benannt werden, aber zu Zeiten von Stille wurde die Grundpolarität von Pressen und Dehnen in der Erdkruste noch nicht so gesehen. Parallel zu den beiden Richtungen des Talkreuzes laufen zahlreiche Störungen, Spaltensysteme und Züge von Gesteins- und Erzgängen. Auch Vulkane sind oft an den Kreuzungspunkten beider Kluftrichtungen aufgedrungen, beispielsweise der Westerwald und der Vogelsberg, in der Rhön, im Hegau, in der Eifel oder in der Hessischen Senke. Diese Bruchzonen weisen auf die Dehnung der Kruste hin, die hauptsächlich dadurch verursacht wurde, dass der Großkontinent zu Beginn des Erdmittelalters auseinander zu brechen begann. Die rheinische Richtung der Mittelmeer-Mjösen-Zone und die zugehörige eggische Richtung laufen generell parallel zu den Tiefenbrüchen, an denen sich Nordamerika und Europa trennten. Sie lassen sich nach Süden weiter verfolgen in der Sahara bis zur Nigermündung und in den Grabenbruchsystemen vom Jordangraben durch das Rote Meer bis nach Ostafrika.

Die Richtungen des Talkreuzes werden besonders durch die Flussläufe abgebildet. Sie folgen oft den vorgeprägten Kluftsystemen, in denen das Gestein zerrüttet war. Solche etwas weicheren Zonen wurden leichter ausgewaschen und zu Tälern erweitert. Das zeigen viele Flüsse Mitteleuropas, z.B. der Rhein zwischen Bingen und Bonn, der Main, der Neckar, die Weser oder die Saale. Selbst im Tiefland, welches durch die Gletscher geformt wurde, fließen die Flüsse in diesen Richtungen, z.B. die Elbe bei Magdeburg, die Oder und die Weichsel. Sie fließen in Taldurchbrüchen, welche in entgegengesetzter Richtung angelegt wurden, als das abfließende Schmelzwasser die Endmoränenlinien rechtwinklig durchbrach. Die Flüsse wurden jedoch wegen ihrer großen morphologischen «Sensibilität» auch in die Richtungen des Bergkreuzes abgelenkt, z.B. die Elbe entlang der Endmoränen oder die Donau am Fuße der Schwäbischen Alb.

Das Berg- und Talkreuz lässt sich an der Karte entdecken, mit anderen Gegenden vergleichen und im Werdegang rekonstruieren. Etwas anderes ist es, die Richtungen im Gelände auch zu **erleben**. Wie verschieden empfinden wir Berg und Tal! Das Bergkreuz entstand durch Zusammenpressen: in den Mittelgebirgen nördlich gerichtet durch die angefalteten Alpen und in Norddeutschland südlich gerichtet durch die Gletscher als bis zu Eis verdichtete Wassermassen. Entsprechend gehört seelisch zum Erlebnis des Berges, dass man sich zusammennehmen und anstrengen muss, um hinaufzusteigen. Vom Berg aus sieht man in die Ferne, gewinnt Überblick, das Detail verschwindet. Hier wurden die Burgen gebaut und die Länder regiert. Ein starkes, individuelles Ich wird gefordert.

Ganz anders ist das seelische Erleben eines Tales. Der Mensch ist von einem Raum umschlossen, den er seelisch erfüllen kann. Die nahen Einzelheiten werden bedeutend. Ein Tal hat immer eine Richtung, die leitet und orientiert. Der Mensch kann sich seelisch hingeben und führen lassen. Das Talkreuz entsteht entsprechend durch Dehnung; die ihm folgenden Täler werden vom Wasser ausgewaschen. Ein Talraum kann so weit führen, dass die Menschen sich abschließen, bis hin zu eigener Kultur und Sprache; man denke nur an die Schweizer Talschaften. Wie schwer ist es da, ein Bewusstsein von den angrenzenden Tälern zu gewinnen!

Will man auch die Himmelsrichtungen des Berg- und Talkreuzes in ihren verschiedenen Qualitäten bewusst erleben, ist viel Übung erforderlich. Wir leben heute weitgehend von unserer Umgebung getrennt. Im alten Griechenland hatte noch jeder Wind entsprechend seiner Richtung einen eigenen Namen. Für einen Bauern im Mittelalter war es selbstverständlich zu erleben, wie die Sonne in Tag und Jahr über den Himmel geht und in welchen Himmelsrichtungen die Felder oder die Nachbarorte liegen. Die Bergleute benannten selbst untertage die Richtung der Gänge nach den Stunden des Tages. Man konnte sich noch «orientieren», das heißt ja doch, sich nach dem Orient, dem Osten, dem Sonnenaufgang hin ausrichten. Heute sollten wir neu lernen, diese Beziehungen im Raum zu erleben. Wer viel mit Karten umgeht, kann ein bewusstes Empfinden der Himmelsrichtungen und der Qualitäten des Berg- und Talkreuzes gewinnen. Wir können dann auch in neuer Weise die Kräftewirksamkeiten der Erde erkennen; die vielfältigen Aspekte von Pressung und Dehnung nacherleben. Das Berg- und Talkreuz kann uns überall in Mitteleuropa zu einem lebendigen Begriff der Landschaft führen, wenn wir es am Wohnort in seiner individuellen Prägung entdecken und erleben. Es ist ein Gestaltelement der Landschaft als sensible Gleichgewichtsfläche zwischen den inneren und äußeren Kräften der Erde.

Ein weiterer Gestaltungsprozess der Landschaft zeigt sich daran, dass sich die Störungs- und Kluftzonen in der Gesteinskruste in bestimmten **rhythmischen Abständen** wiederholen. Sie liegen bei den hauptsächlichsten Tiefenbrüchen zwischen 50 und 100 Kilometern (Abb. 253, S. 467); z.B. in der Folge Bayerischer Pfahl, Thüringer Wald, Kyffhäuser, Harz, Flechtinger Höhenzug; ähnlich auch im Erzgebirge oder im Rheinischen Schiefergebirge. Die kleineren Abstände im Kilometer- oder Hundertmeter-Bereich kennen vor allem die Geologen. Dass z. B. die Granitsteinbrüche in der Lausitz meist 60 mal 60 Meter groß sind, hängt damit zusammen, dass Kluftzonen in diesen Abständen brüchiges Gestein verursachen, aus dem keine Werksteine gewonnen werden konnten. Jede Felsengruppe zeigt eigentlich schon diese Rhythmen der Klüftigkeit, bis in die kleinsten Abstände hinein. Beim Schlagen von Handstücken oder Pflastersteinen kann man dies nutzen. Auch in zahlreichen Mineralen finden wir als noch feinere Flächenstruktur die Spaltflächen. Sie liegen meist parallel zu einer oder mehreren äußeren Kristallflächen und zeigen damit, dass sie mit der Kristallisation des Minerals zusammenhängen (s. S. 344, 362).

Diese regelmäßigen Abstände der Verwerfungen, Klüfte und Spaltflächen hängen damit zusammen, dass die Gesteinskruste der Erde nicht gleichmäßig verhärtete. Als die Masse abkühlte, zog sie sich so zusammen, dass stets etwas härtere mit weniger harten Bereichen rhythmisch abwechselten. So entstand ein latentes Flächengefüge mit etwa gleichen Abständen, die natürlich materialspezifisch sind. Sichtbar wird diese Struktur erst bei der Verwitterung als Kluft im Gestein, bzw. bei der Abtragung als Störungszone in der Landschaft. So sind im Berg- und Talkreuz Mitteleuropas die Kräfterhythmen der Verhärtung räumlich im Bild der Landschaft enthalten; die zeitlichen Rhythmen von Dehnen und Pressen können aus ihnen abgelesen werden.

Schon Goethe (1994, S. 176) erkannte die regelmäßigen Abstände der Klüfte im Gestein. Er bemerkte, dass sie der Möglichkeit nach hineingeprägt sind und erst durch die Verwitterung an den Felsen sichtbar werden. Er zeichnete zahlreiche Felsformen, maß die Kluftrichtungen mit dem Kompass und versuchte ihre Gesetzmäßigkeiten zu ergründen, die er als kosmisch-tellurisch bezeichnete. Er vermutete, dass sie mit den Haupthimmelsrichtungen übereinstimmen. Auch bemerkte er, dass die Hochgebirge auf der Erde in einem Kreuz angeordnet sind.

1818 beschrieb Goethe, wie sich bei der Solideszenz das Gestaltete aus dem Formlosen heraus gebildet hat (s. S. 198). Er unterschied dabei drei Formen:

die Kugel als die allgemeinste; das Polyeder als die allgemeine und die individuelle Kristallgestalt als die besondere Form. Die allgemeinste und die besondere Form können sich nur in Freiheit bilden, also die Kugel des Tropfens einerseits und die Kristallgestalt andererseits, die im Prozess des Porphyrartigen erscheint. Dazwischen liegt das, was als die allgemeine Form die Gesteinsmassen als Klüfte und die Kristalle mit Spaltflächen im Inneren durchgestaltet. Ihr liegt als Idealgestalt der Würfel zugrunde. Folgerichtig erweiterte Goethe den Begriff der Kristallisation von den Mineralen auf die Klüftung der Gesteine. Danach wäre Kristallisation ein Vorgang, bei dem solideszierende Substanzen von einem Flächengefüge außen begrenzt und innerlich durchdrungen werden. In diesem Sinne kann Kristallisation als Durchflächung verstanden werden.

Rudolf Steiner hat in den Lehrplanbesprechungen für die Waldorfschule geraten (GA 300/I, 25. 9. 1919), in der neunten und zehnten Klasse das **Gebirgskreuz** der Erde zu behandeln. Damit sind jene beiden großen Hochgebirgszüge gemeint, die die Erde umgreifen: West-Ost-gerichtet in Eurasien und Nord-Süd-gerichtet in Amerika. Ein wirkliches Kreuz bilden diese Gebirge jedoch erst, wenn wir uns die Erdkugel durchsichtig vorstellen. Es ist damit aber auf das Kräfteprinzip von Dehnen und Pressen hingewiesen, welches sich in den Gebirgsrichtungen offenbart. Andreas Suchantke (1988) hat anschaulich herausgearbeitet, welch großen Einfluss diese kontinentalen Gebirgsmauern auf das Klima, die Pflanzenwelt und die Wanderstraßen der Tiere haben. Auch die geschichtlichen Entwicklungen der Menschheit sind davon geprägt.

Zu der horizontalen Kreuzesform der Hochgebirge kommt noch eine vertikale, welche in der Richtung oben – unten wirkt, oder auch außen – innen. Steiner begründet (GA 230, 4. 11. 1923), welche geistigen Wesen die Kreuzesform geprägt haben. Sie stehen im Zusammenhang mit den Mondenkräften und mit der Verhärtung bis in die Mitte der atlantischen Zeit (s. S. 413). Das Berg- und Talkreuz kann deshalb nur in erster Annäherung mechanisch aufgefasst werden als Scherbruchsystem, welches durch Pressen und Dehnen verursacht wurde. Es ist ein Glied im Zusammenhang mit der gesamten Gestaltung der Erdkruste. Die Polarität der erdgestaltenden Kräfte ist hier in der Mitte Europas ausgewogen und doch örtlich individuell differenziert den Strukturen der Landschaft eingeprägt. Es ist eine Signatur der Mitte, die wir sonst nirgendwo auf der Erde so wieder vorfinden.

Rhythmen der Eiszeit

Die Gletscher rückten während der Eiszeit von Norden und Nordosten bis an den Rand der Mittelgebirge vor. Die Vorstellung, dass die norddeutsche Landschaft durch **Gletscher** geprägt wurde, setzte sich erst am Ende des 19. Jahrhunderts durch. Davor dachte man, dass die großen Findlinge vulkanisch ausgeworfen, durch Geröllfluten geschüttet oder auf Eisschollen transportiert worden seien. Goethe (1994, S.37) bringt in Wilhelm Meisters Wanderjahren (2. Buch, 9. Kap.) ein Gespräch, in dem für die Herkunft der norddeutschen Findlige fünf Varianten diskutiert wurden. Er erkannte als einer der ersten, dass die Moränen im Alpenvorland durch die Gletscher gebildet wurden. 1875 sah der schwedische Geologe Otto Torell die Gletscherschrammen auf dem Kalkstein von Rüdersdorf bei Berlin als eindeutigen Beleg für Inlandeis an. Schon wenige Jahre danach hatte sich durch die genaue Kartierung der Landschaftsformen auch in Norddeutschland diese Ansicht durchgesetzt.

Bei den **Landschaftsformen** kann man vier hauptsächlichste Typen unterscheiden. Sie bilden die so genannte glaziale Serie: 1. die Grundmoräne als mittlere Ebene, auf der die Gletscher vorrückten; 2. die Berge der Endmoräne aus dem Material, das vor dem Gletscher hergeschoben und zusammengestaucht wurde; 3. die Sanderflächen, die vor den Endmoränen entstanden, als das Eis wieder abtaute; und 4. die Urstromtäler, durch welche das Schmelzwasser zur Nordsee hin abfloss und welche noch später teilweise von den Flüssen durchströmt wurden. – Die Grundmoränen liegen in Norddeutschland meist um 50 Meter über NN; die Endmoränen erreichen 100 bis 200 m Höhe, und die Urstromtäler gehen von 30 m bis auf Meeresniveau hinunter. Als Vegetation finden wir auf den Grundmoränen meist Ackerflächen, in den Endmoränen Buchenwälder, auf den Sandern Kiefernwälder und in den Urstromtälern Wiesen oder Sumpfgebiete mit Erlenbruchwald.

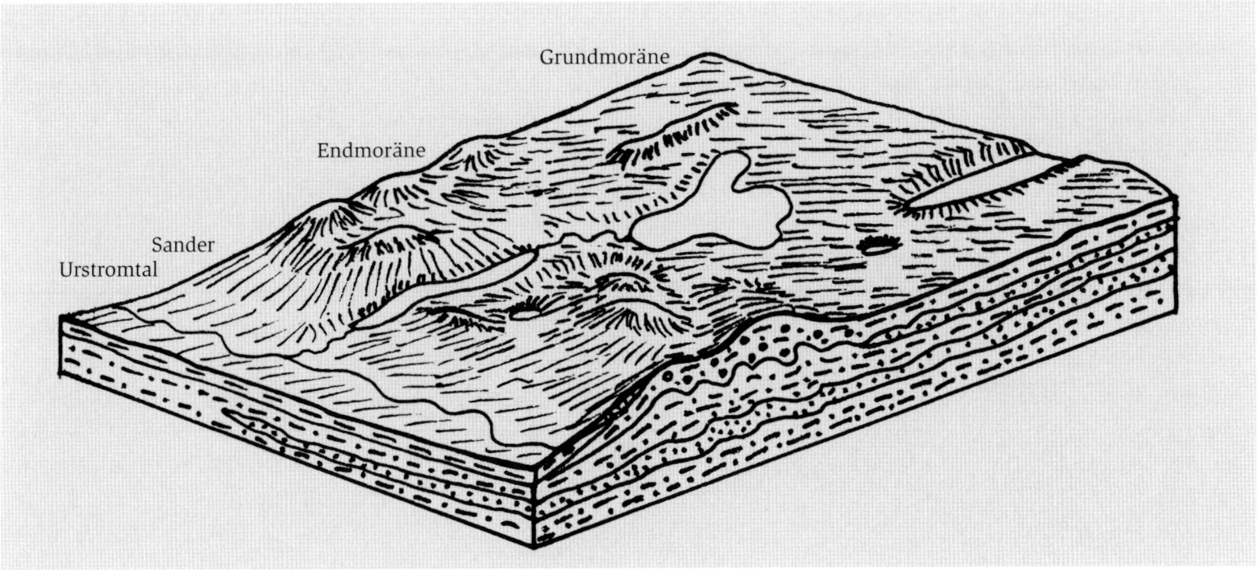

Abb. 254: Schematisches Blockbild der «glazialen Serie» in Norddeutschland bzw. dem Alpenvorland: eine Folge von Landschaftsformen, die durch die Inlandeis-Gletscher während der Eiszeit entstanden.

Innerhalb dieser glazialen Serie kommen noch weitere kleine Geländeformen hinzu. Sie sind durch Vorgänge entstanden, die heute noch am Inlandeis beobachtet werden können: die Zungenbeckenseen (Z) durch wiederholtes Vordringen schmaler Gletscherzungen; die flachen Eisstauseen (E) im Rückland der Endmoräne; die tiefen Rinnenseen (R) in den Abflusstälern durch die Endmoräne; die Sölle (S) und Toteis-Seen (T) durch auftauende Eisblöcke in der Moräne; die langgestreckten Oser (O) oder Kiesrücken sowie die hügelartigen Drumlins durch Geröll aus Gletscherspalten und die Gletscherschrammen an größeren Findlingen oder Festgestein.

Im Vorland der Gletscher entstanden durch den Wind Dünen von ausgewehtem Sand, Löss aus Staubverwehungen, Eiskeile im Dauerfrostboden und die dreiflächig geschliffenen Windkanter an freiliegenden Geschieben. Im Altmoränengebiet der jeweils früheren Eisvorstöße schafften die Niederschläge vor den nächsten Eiszeiten kurze Rinnentäler, die so genannten Rummeln, wie sie z.B. im Fläming beobachtet werden können. Wo Schmelzwasser in ruhige Seen flossen, lagerten sich die Bändertone ab.

Die **Richtungen** der Endmoränen ergeben sich zunächst aus der Eisbewegung. Wie die Gletscher geflossen sind, kann aus dem Vergleich charakteristischer Findlinge belegt werden (Sme d 1994). Norddeutschland wurde, erdgeschichtlich gesehen, in geologisch jüngster Zeit gestaltet, aber aus einem Material, welches aus der Verwitterung der ältesten Gesteine Europas hervorgegangen ist. Das Inlandeis bewegte sich aus Skandinavien durch das Ostseebecken, südlich an Bornholm vorbei, auf Rügen zu. An dem Kern der Kreidefelsen, die aber auch überflossen wurden, teilte sich der Odergletscher nach Süden ab, wobei seine Spitze entlang dem heutigen Oderlauf und in das nördliche Polen vordrang. Ein anderer Gletscherstrom floss weiter auf die Lübecker Bucht zu und nach Dänemark. So richtete sich die Gletscherstirn in Norddeutschland entsprechend dem Bergkreuz aus, wobei die eine Richtung westlich der Oder, die andere östlich dominiert. Die Schmelzwasser durchbrachen die Endmoränen vielfach rechtwinklig, so dass dann die Täler und Seenrinnen den beiden Richtungen des Talkreuzes folgen. Die Urstromtäler verlaufen vor den Endmoränen und damit wieder mehr in den Richtungen des Bergkreuzes.

Die Serie eiszeitlicher Landschaftsformen wiederholt sich mehrfach zwischen der Ostsee und den Mittelgebirgen und auch im Alpenvorland. In den **Wiederholungen** bildet sich ab, wie das Eis immer wieder vorrückte, dann bis etwa zur Ostsee bzw. zum Alpenrand abschmolz und erneut vorrückte – jedoch jedes Mal weniger weit. Die Gletscher trafen aber bei jedem Vorrücken überall schon eine Landschaft an, die bereits vorher gestaltet worden war. Sie wurde durch den neuen Vorstoß mit einer weiteren glazialen Serie überprägt und entsprechend umgestaltet. Dadurch sind die Landschaftsformen an jedem Ort verschieden, trotz eines prinzipiell einheitlichen Entstehungsvorganges. Die drei bis vier Hauptrhythmen sind durch weitere und diese wiederum durch viele noch kleinere Rhythmen untergliedert. Vor allem die letzten Vorstöße der letzten Eiszeit haben das heutige Oberfächenbild rhythmisch gestaltet. Aber auch in der Tiefe lagern die jeweiligen Grundmoränenfolgen übereinander und können durch ihren Geröllinhalt gut unterschieden werden. Die Rhythmen im Raum, die Endmoränen nebeneinander und die Grundmoränen übereinander, sind geronnene Bilder der großen kosmischen Rhythmen in der Zeit. Wenn man diese wenigen Hauptformen der glazialen Serie zu unterscheiden gelernt hat, kann die Landschaft im norddeutschen und im voralpinen Raum für den Betrachter zum Abbild der klimabildenden Entwicklungsprozesse der Erde werden (Abb. 1, S. 36).

Die Lebenssphäre der Erde

Entwicklung der Lebenssphäre anhand der Gesteinsphänomene

Die irdische Atmosphäre entstand nach dem materialistischen Modell dadurch, dass bereits im Proterozoikum der Erdmantel entgaste. Wasser und Luft werden ebenso wie der Granit und die Kristallinen Schiefer aus der Peridotit- und Basaltschicht hergeleitet. Wie konnten diese Schichten aber so vollständig entgasen, dass nur wasserfreie Minerale darin zu finden sind? Warum hat der Prozess dann nicht ebenso auf dem Mond, dem Merkur oder dem Mars stattgefunden, die einen ähnlich aufgebauten Mantel haben? Woher stammen der Kieselüberschuss, die Luft, das Wasser oder das damit verbundene Leben, die alle nur auf der Erde vorhanden sind? Viele Fragen bleiben offen.

Die geisteswissenschaftlichen Forschungsergebnisse gehen von einem lebendigen Erdorganismus aus, dessen äußere Hülle aus einer heiß-luftig-flüssigen Lebenssphäre bestand. Ihre Entwicklung soll in diesem Abschnitt zusammengefasst werden. Sie wurde bereits an den Phänomenen der Tierentwicklung und der Gesteinsbildung beschrieben. Ich fasste zusammen, wie Rudolf Steiner die irdische Lebenssphäre und ihre kosmische Entwicklung charakterisierte (s. S. 347 ff): Die Erde war anfangs ein empfindender, denkender Organismus. Ihre Sphäre war von lebendiger Wärme durchdrungen, einer differenzierten Hitze, die im unteren Bereich heißer war als oben, anfangs bis einige hundert Grad, und sich wie brodelnde Feuernebel ausnahm. Diese Wärme durchdrang die wässrig-luftige Grundmasse, nicht als eine Lösung oder Schmelze früherer Stoffe, sondern aus dem Geistigen über den kolloidalen Lebenszustand hereinverdichtet, belebt, eiweißartig, etwa vergleichbar mit dem Hühnerei, aber viel feiner, flüssig-flüchtig und hauptsächlich kieselig. Diese Substanz bildete die Lebensgrundlage für die darin sich organisierenden, noch weichkörprigen pflanzlichen und später menschlich-tierischen Wesen.

Die Lebenssphäre wurde im **hyperboräischen** Zeitalter gebildet, bevor Sonne und Erde sich trennten. Steiner sagt dazu: «Nur dadurch, dass die Sonne einmal mit der Erde verbunden war, dass das Licht der Sonne in der Erde, die noch luftförmig war, selber erglänzte, sodass die Erde eine Luftkugel war, welche inneres Licht in den Weltraum hinausstrahlte, nur dadurch konnte die spätere Metamorphose eintreten, die jetzige Erdenmetamorphose, wo die Erde von einer Luftatmosphäre umschlungen wird, in die von außen die Sonnenstrahlen hineinfallen» (GA 230, 26. 10. 1923). An anderer Stelle schildert Steiner (GA 347, 30. 9. 1922; Abb. 47, rechts unten, S. 139), wie bereits vor der Sonnentrennung belebte, schleimig-flüssige Zustände bestanden, wohl als allererste Anlage eines Wässrigen, das sich erst nach der Sonnentrennung ausbildete. Die Sonne war viel größer und die Erde eigentlich in der Sonne darin (Abb. 212, 5 + 7 + 10, S. 397) – wie sie ja auch heute noch im

Sonnenbereich sich befindet. Eine substanzielle Trennung wäre dann vielleicht so vorzustellen, dass sich innerhalb des Sonnengebietes der heutige Sonnenkörper sammelte (Abb. 215, S. 400). Das Leben, welches in der Erdensphäre wirkte, stammte von der Sonne, d.h. von den dort lebenden geistigen Wesenheiten.

Von der **lemurischen** Zeit an zog sich die Lebenssphäre immer weiter bis zum heutigen Erddurchmesser zusammen, meines Erachtens bis zur Obergrenze der heutigen Troposphäre in 10 bis 12 km Höhe. Im Bereich der Erdoberfläche entstand ein Gleichgewicht der Kräfte zwischen den von innen und von außen wirkenden geistigen Wesen, sodass diese Größe der Erde nach der Mondentrennung nicht mehr weiter unterschritten wurde (s. S. 413). Die äußere Schicht, die spätere Erdkruste und der obere Mantel, wurden zähflüssig und verdichteten sich so weit, dass sie von der Sonne nicht mehr durchschienen werden konnten. Aus dem Umkreis wurden zuerst die unterkieselten Massen ausgeschieden, welche heute die Peridotit- und Basaltschicht bilden. Mit Beginn der Erdentwicklung im eigentlichen Sinne wurden dann die Substanzmassen mit einem Kieselüberschuss abgesondert. Das geschah besonders auf dem sonnenbeschienenen Kontinentalpol, bevor die Erde sich zu drehen begann. Hier entstand der Großkontinent zunächst als eine geronnene, hornartig sich verhärtende Schicht, in welcher der kolloidale Quarz die integrierende Substanz bildete. Diese Schicht wurde zuerst immer wieder teilweise aufgelöst, zerbrochen und umgebildet. Ihre Lebendigkeit starb ab, sie verhärtete, bis sich zuletzt die Minerale zum Granit bzw. zu den Kristallinen Schiefern sonderten. Bis zur Mitte der atlantischen Zeit wurden sie dann auch kristallin durchdrungen. Die anderen zwei Drittel der Erdoberfläche bestand noch aus der heißflüssigen Basaltschicht. Die Lebenssphäre blieb in der lemurischen Zeit noch länger dünnflüssiger und warm. Über dem Großkontinent war sie noch stärker vom Leben durchdrungen, und die Naturreiche differenzierten sich hier heraus. Die Lebenssphäre wäre also sehr differenziert und gegliedert vorzustellen, sowohl horizontal über die Erde hin als auch in ihrer vertikalen Schichtung.

Rudolf Steiner schildert (GA 351, 10. 10. 1923), dass der Sauerstoff der Luft und die Kohlensäure, die mit der Bildung von Kalkstein und Kohle zusammenhängt, bei der Mondentrennung auf der Erde zurückgelassen wurden. Diese Sonderung des Luftigen zeigt sich auf den Kontinentalgebieten daran, dass vom mittleren Proterozoikum an der Kohlenstoff eingelagert wurde (Abb. 122, S. 234), die Rotverwitterung erschien und die Bändereisenerze niedergeschlagen wurden (Abb. 155, S. 266).

Innerhalb der mittellemurischen Lebenssphäre waren noch tropfenförmige Reste der peridotitischen oder basaltischen Massen zurückgeblieben. Sie sammelten sich in großen Kugeln und wurden dabei ganz von dem Wässrigen durchdrungen, das sich mit der Erdentwicklung im engeren Sinne abzusondern begann – wenn auch noch nicht als freies Wasser (s. S. 365). Dadurch entstanden aus den peridotitischen bzw. basaltischen Mineralen die wasserhaltigen Serpentin-, Talk-, Magnesit-, Glimmer- und Hornblende-Minerale. Diese Tropfen von älterem Fremdmaterial wurden in späteren Entwicklungsepochen – vor allem gemeinsam mit Gneismassen – niedergeschlagen und zusammengepresst, sodass sie heute als linsenförmige Einlagerungen von Meter- bis Kilometer-Größe zu finden sind (Abb. 122, S. 234; s. S. 423). Die mineralchemischen Umbildungsprozesse entsprechen bei diesen frühen Veränderungen im Allgemeinen denen der heutigen Verwitterung (s. S. 294). Sie wirkten aber nicht nur oberflächlich, sondern durchdrangen in der Lebenssphäre während ihrer Solideszenz gleichmäßig die gesamte Masse.

Ebenso waren während des Gneisniederschlages auch noch tropfenförmige Reste granitischer Massen zurückgeblieben. Sie bildeten die linsenförmigen Einlagerungen von Rotgneis in den Kristallinen Schiefern (Abb. 82, S. 219; Abb. 108, S. 228; Abb. 124, S. 237). Aber auch dort, wo die primären granitischen Massen aus der Erdkruste wiederum bis an die Erdoberfläche aufdrangen, wurden sie durch die Wirkungen der Lebenssphäre zum Quarzporphyr verändert (Abb. 188, S. 332; s. S. 319 und S. 337). Auch dabei gelangte ein ursprünglich kristallwasserarmes Ausgangsmaterial in die Luft-Wasser-Sphäre. Dabei wurde es so verändert, dass sich bei der Kristallisation andere Minerale bildeten, vor allem oxidierte der Eisenanteil in der Grundmasse. Die wirbelnde Sphäre begründet auch die weite Ausbreitung der Quarzporphyre und Ignimbrite, ihre feinlagigen Fließtexturen und ihre intern umgelagerten Bruchstücke neben unversehrt kristallisierten Hochquarzen.

Auch die basaltischen Massen wurden dort, wo sie bis an die Erdoberfläche heraufkamen, mineralchemisch umgewandelt (Abb. 188, S. 332). Diese Wirkungen nehmen deutlich zu, je weiter man erdgeschichtlich zurückgeht. Am stärksten sind die präkambrischen Spilite und Porphyroide des frühen Erdaltertums verändert. Es folgen die Keratophyre, Diabase und Schalsteine des Devon (Abb. 157, S. 271) und dann die Melaphyre des Perm. Stets wurden die Pyroxene bzw. Hornblenden weitgehend chloritisiert, sowie die Feldspäte serizitisiert und kaolinisiert. Das Eisen konnte sich abtrennen und oxidisch oder sulfidisch neu binden (s. S. 330). Von der Petrologie werden die diabasischen Gesteine aktualistisch als untermeerische Ergüsse gedeutet. Die Frage ist dann nur, warum sie sich so stark von den heutigen untermeerischen Basalten unterscheiden, in denen die Minerale so gut wie nicht umgewandelt werden. So erstarrte der Basalt erst etwa ab dem Erdmittelalter bzw. dem Tertiär, nachdem sich die Wasser- und Lufthülle gesondert hatten. Damit könnte auch das interessante Phänomen zusammenhängen, dass die Basaltdecken im Tertiär auch bei nur wenigen Metern Mächtigkeit meist säulig abgesondert sind, während vom Quartär an Basaltsäulen meines Wissens ausgesprochen selten sind. Auf den Flutbasaltdecken werden im Aufschluss und untermeerisch Verwitterungskrusten von Laterit gefunden, bzw. können zwischenlagernde Tuffschichten oben durch Eisenoxid rot verfärbt sein. Beides würde ich darauf zurückführen, dass jede abkühlende Basaltlage bzw. Tuffoberfläche bis zum Tertiär mit der noch wenig getrennten Wasser-Luft-Sphäre in Berührung gekommen war, während sie heute unter Luft oder unter Wasser nicht umgebildet werden.

Die Wirkungen der wässrig-luftigen Erdsphäre sind auch dort zu finden, wo die Gesteinsoberfläche bereits verhärtet war, zu zerfallen begann und abgetragen wurde. Die ersten **sekundären Gesteine** zeigen das Alter der ältesten Verhärtung an. Radiometrisch datiert liegen sie heute bei 3,6 bis 3,8 Milliarden «Jahren», wobei darin enthaltene Zirkone bis auf 4,2 Milliarden Jahre datiert wurden, d.h. im Gebiet des Großkontinentes bereits in der frühen Lemuris. Es entstanden Brekzien, Gerölle, Konglomerate, Grauwacken, Quarzite und Sandsteine, die auf S. 283 – S. 290 beschrieben wurden. Dazu gehören folgende Phänomene: Kreuzschichtung, Trockenrisse, Lebensspuren, geritzte Gerölle, unverwitterte Feldspäte in Arkosen, Hämatitkrusten um Sandkörner oder die zahlreichen Beobachtungen, wo Material bereits innerhalb der gleichen Gesteinsformationen umgelagert wurde. Das führte zu mehr oder weniger abgerundeten Gesteinsstücken, die als Fremdlinge unregelmäßig in verschiedensten anderen Gesteinen eingelagert sind: in Geröllgneisen, Grauwacken, Quarziten und Sandsteinen; in Tonschiefern wie dem Lederschiefer des thüringer Ordoviziums; in Kalksteinen wie dem devonischen Kramenzel-, Flaser- und Riffkalk, dem triassischen Wellen- und Schaumkalk oder in den Riffdolomiten der alpinen Trias. Schließlich gehören auch die Oolithe in diese Gruppe der bewegten Gesteinspartikel. Die Ooide wurden dabei noch von bakteriell abgesonderter Eisen- oder Kalk-Substanz umschlossen und bildeten so die weit ausgedehnten Vorkommen von Bändereisenerz, Chamosit, Rogenstein, Schaumkalk, Doggerkalkstein oder Bohnerz (s. S. 260 – 272).

Die Entstehung all dieser Umlagerungsphänomene wird kontrovers diskutiert, weil es auch für die Entstehung früher sekundärer Gesteine bei genauer Betrachtung der Phänomene keine heute vergleichbaren Bilder gibt. Das gilt besonders für die Urzeit der Erde und das Erdaltertum. Da vom Aktualismus her gesehen die Lebenssphäre der Erde nicht mehr beobachtet werden kann, sind die Werdeprozesse der sekundären Gesteine nur annähernd zu klären. Besonders die großen Ablagerungsräume und das Medium für den Transport von gröbstem und gleichzeitig feinstem Material sind heute nicht mehr zu finden. Kreuzschichtung oder Trockenrisse könnte man am Strand oder in flachen Seen beobachten – aber nicht in Gebieten mit 1000 km^2 Ausdehnung und 1500 m Mächtigkeit. Wie sollen Schotterlagen in Flachwassergebieten von diesem Ausmaß transportiert worden sein? Auch wird heute bei der Verwitterung der Kiesel weggeführt, während er im Proterozoikum das Bindemittel der Quarzite bildete. Wie müsste man sich das Millieu vorstellen, in dem gerundete Sandkörner durch Quarz zu Quarzit verbunden werden? Es bleiben bei allen

Modellen die beschriebenen Probleme bestehen, vor allem, wenn man die detaillierten Phänomene an verschiedenen Orten miteinander vergleicht. Hauptsächlich denkt man heute bei der Genese von Geröllhorizonten an untermeerische Schutt-, Schlamm- und Trübeströme oder kontinentale Sturmfluten. Die erdgeschichtliche Fazies wäre dann mit allen heutigen Ablagerungsräumen gleichzeitig vergleichbar und wird als marin-brackisch-limnisch-fluviatil-terrestrisch bezeichnet! Mit solchen Vorstellungen kommt man einer wirbelnden Wasser-Luft-Gesteins-Aufschlämmung, wie sie in einer Lebenssphäre vorzustellen wäre, zumindestens physikalisch schon recht nahe.

Auf dem kontinentalen Pol der Erde gab es Gebiete, wo die Erdkruste wie aufgebeult wurde. Dort wirkten bereits seit den ersten Verhärtungen Zerfall und Abtragung. Das führte zu den heutigen Schilden, auf denen die ältesten Granite und Gneise mit umlaufendem Streichen anstehen (Abb. 223, S. 430; Abb. 81, S. 218). Andererseits bildeten sich dort auch eingebeulte flache Senken, in denen die zusammengewirbelten Schuttmassen abgesetzt wurden. Eine darüber wirbelnde Sphäre wäre sicher räumlich ähnlich differenziert vorzustellen wie heutige Wetterzyklone oder Meeresströmungen. Dadurch werden weit entfernte Liefergebiete, die ungleichen Gerölle, das Trockenfallen oder die Kreuzschichtung über weite Flächen hin verständlich. Eine solche Umlagerung durch ein suspensionsartiges Medium an der Grenze der Wasser-Luft-Sphäre gegen festeren Untergrund täuscht Transgressionen und Regresssionen eines Flachmeeres vor. An Schelf- und Randmeeren von Ozeanen, wie man sie heute kennt und wie man sie sich aus plattentektonischen Modellen vorstellt, wäre dabei jedoch bis ins Erdmittelalter hinein nicht zu denken. Bis dahin gibt es auch für tiefe Binnenmeere oder Ozeane im heutigen Sinne bei genauerer Untersuchung keine eindeutigen Hinweise. Je detaillierter im 20. Jahrhundert die Ablagerungsräume durch die Erdöl-/Erdgassuche bekannt wurden, desto deutlicher wurde die Frage nach den Flachmeeren mit einer Strandfazies, die sich über Flächen von mehreren hundert Kilometern Breite und Länge erstrecken würden. Auch bleibt für die aktualistische Paläoökologie unklar, wie die zahlreichen Rhythmen und Zyklen der Sedimentation im Einzelnen entstanden. Noch bis in die Kreidezeit und das Alt-Tertiär liegen in weiten Gebieten der Kontinente die Ablagerungen mehrere hundert Meter über dem heutigen Wasserspiegel der Ozeane. Das bedeutet nicht, dass die Kontinente seither gehoben worden wären, sondern dass noch bis in die Mitte des Tertiär die Wasser-Luft-Sphäre das Abtragungsmaterial flächig verteilen konnte. Deshalb sind auch Küstenlinien oder Deltabildungen im heutigen Sinne für die frühere Erdgeschichte praktisch nicht erkennbar, sondern bestenfalls breite Übergangszonen zwischen Abtragung und Ablagerung. Das zeigen die sedimentpetrographischen Spezialberichte aus gut untersuchten Gebieten wie dem Rheinischen Devon oder dem oberen Rotliegenden und dem Buntsandstein der Mitteleuropäischen Senke. Hinweise auf Klippenzonen wie z.B. an Hartgesteinen in der Oberkreide im Syenit von Freital/Dresden oder im Muschelkalk bei Heimburg/Harz sind selten und bleiben auf jüngere Epochen begrenzt.

Entsprechend fehlen auch bis ins ausgehende Erdmittelalter Tiefseeablagerungen, die wirklich mit heutigen verglichen werden könnten (s. S. 274). Sollten sie alle so restlos verschluckt worden sein – auch noch von einer Plattentektonik, für die es vor Trias/Jura gar keine Belege gibt? Alle diese und ähnliche Phänomene mit Millionen von Jahren zu erklären, würde auch hier nur wieder eine Erkenntnisgrenze errichten, zumal die Phänomene nicht auf langzeitige Prozesse hinweisen. Die Annahme, dass die Zeit dann in den Diskordanzen stecke, wäre nur eine weitere Erkenntnisgrenze, an der nicht weitergefragt werden kann.

Erst vom Erdmittelalter an, also mit dem Beginn der Plattentektonik, entstehen an den Kontinentalrändern und in den Grabenbrüchen innerhalb der Kontinente neue Ablagerungsräume, in welchen sich tausende Meter mächtige Sedimentmassen ansammelten (z.B. Abb. 286, S. 507; Abb. 295, 296, S. 514). In der Kreidezeit und dem Tertiär wurden von den Kontinentflächen aus ungeheuere Massen von Sand, Silt und Ton eingetragen (s. S. 288), in denen die größten Erdöl-Erdgas-Lagerstätten enthalten sind. Noch bis ins Jung-Tertiär hinein überwog der Transport in der Wasser-Luft-Sphäre, wärend er dann im Pleistozän mehr vom fließenden Wasser übernommen wurde.

Die Lebenswelt in der Luft-Wasser-Sphäre

Nicht nur in den Gesteinen, sondern auch in der Entwicklung der Lebewesen finden sich zahlreiche Phänomene, die eine Luft-Wasser-Sphäre belegen. Sie war der hauptsächliche, primäre Entwicklungsraum der Lebenswelt, solange sie sich noch in weichkörprigen Formen ständig umzubilden vermochten (s. S. 162 ff.). In den materialistischen Vorstellungen einer toten Erde wird der Entwicklungsraum des Lebens dagegen gewissermaßen eine Etage tiefer gelegt, in ihr Abbild, wie es sich aus heutigen Bildern vorstellen lässt. Wolfgang Schad (1992 b, S. 99) meint, «dass die innovativen Vorgänge zur Ausbildung neuer Klasseneigenschaften vermutlich ... von dem Berührungsraum von Salzwasser, Süßwasser, dem Uferland und der dort reichen Luftbewegung begünstigt war. Der litorale Brackwasserbereich war offensichtlich der vorwiegende Biotop für die Makroevolution der Vertebratenklassen.» Es wird also nicht an die Lebenssphäre, sondern wie bei den sekundären Gesteinen an eine marin-brackisch-limnisch-fluviatil-terrestrische Fazies gedacht.

Erst nachdem vom **Erdaltertum** an das Gebiet des Großkontinents weitgehend verhärtet war, lebten dort erste hartschalige bzw. verknöcherte Individuen (Abb. 224, S. 430). Es waren im Kambrium bodenbewohnende Tiere wie Trilobiten, Brachiopoden, Korallen, Schwämme, Stachelhäuter oder frühe Fische. Auch die Ediacara-Fauna zeigt ein Übergewicht von Bodenbewohnern (Abb. 40, S. 122). Nur wenige Gruppen lebten passiv schwebend wie die Graptolithen und einige Fische (Abb. 9 – 12, S. 73 ff.; 35, S. 115; 39, S. 121). Ihr Lebensraum könnte in ruhigen Senken im unteren Bereich der Luft-Wasser-Sphäre gewesen sein. In den meisten Gebieten der Welt ist das Kambrium jedoch konglomeratisch und fossilarm, das Ordovizium mehr quarzitisch, und im Silur dominieren weltweit kohlenstoffreiche Schwarzschiefer.

Etwa mit dem Devon begann die erste, lokale Trennung von Wasser und Luft aus der Lebenssphäre im mittleren Teil des Großkontinentes. Von da an sind einerseits flachmeerartige Senken mit überwiegend feintonigen bis sandigen Sedimenten und Fischresten zu finden, andererseits erste Landpflanzen, die wurzelähnliche Bildungen aufweisen. Die ersten Fischartigen waren Lungenatmer: Die Plattenfische besaßen Nasenöffnungen; die meisten frühen Fische hatten meist Lungen, aus denen sich dann erst die Schwimmblase entwickelte. Die Quastenflosser hatten embryonal Lungen und dann bildeten dann erst Kiemen aus; erst die Teleostei vom Karbon an haben nur Kiemen (Abb. 7, S. 70). Die materialistische Evolutionstheorie führt dies darauf zurück, dass sich im Devon erstes Festland gebildet hatte. Dagegen müsste man umgekehrt annehmen, dass sich aus der Lebenssphäre erste Flachseeräume und die Änfänge heutiger Luft ausgesondert hatten. Die Evolution der Tiere ging also nicht vom Wasser aufs Land, sondern von der Lebenssphäre ins Wasser. Über den wässrigen Gebieten muss die Lebenssphäre vom Kambrium an schon abgekühlt und für das Sonnenlicht durchscheinend gewesen sein. Die Trilobiten und Plattenfische hatten bereits Augen. In anderen Gebieten, vor allem über dem größten Teil der Erde – dem Mondenpol – blieb die Wasser-Luft-Sphäre jedoch noch bis ins ausgehende Erdmittelalter ungetrennt.

Die Situation der Erdsphäre wird auch im Karbon gut durch die Lebenswelt charakterisiert. Weltweit weisen die Pflanzen zwischen den Steinkohlenschichten auf einheitlich feuchtwarmes Klima. Die Blätter entsprechen denen im heutigen Regenwald. Die dicken Wasserleitgefäße deuten auf eine stark wassergesättigte Atmosphäre. Das Holz hatte noch keine Jahrringe oder ruhende Knospen, d.h. es gab noch keine Umdrehung der Erde im heutigen Ausmaß (s. S. 408) und wohl auch keine Polarnacht. Erst vom Perm an hatten die Koniferen Zuwachsstreifen. Einiges spricht dafür, dass nun die Erdumgebung in einigen Gebieten stärker aufgelockert war. Vom Devon an gab es Bärlappsamen, im Karbon Sporen und Pollen. Die ersten Insekten kennt man aus dem Silur und Devon; im Karbon gab es schon große Libellen.

Die Lebenssphäre änderte sich mit dem **Erdmittelalter** deutlich, nachdem die Mondablösung am Ende des Erdaltertums völlig abgeschlossen war. Charakteristisch dafür ist z.B. die Wechselwarmblütigkeit der Reptilien und der Knochenbau der Saurier. Darüber hat Janensch (1925 – 1961) umfangreiche Untersuchungen gemacht. Die riesigen, äußerlich sehr kompakt wirkenden Gliedmaßen- und Wirbelknochen sind extrem dünnwandig und innen mit großen Lufträumen ausgefüllt, welche vermutlich sogar Verbindungen mit der Lunge hatten. Die Halswirbel bestehen oft nur aus einem zerbrechlich anmutenden Gitterbau dünner Knochenverstrebungen. Man hat berechnet, dass diese Skelette dennoch bis zu 50 Tonnen Fleisch getragen haben sollen! Zusammen mit der Ernährung und dem Wärmehaushalt charakterisieren solche Phänomene deutlich eine durchwärmte Luft-Wasser-Sphäre, in der die Lufträume in den Knochen für Auftrieb sorgten. So konnte auch der Urvogel im Jura in einer Luft-Wasser-Sphäre leicht gleitend fliegen; es fehlt ihm noch das Sternum, an dem bei den Vögeln die Flugmuskulatur ansetzt. Von der Oberkreide an treten dann echte Vögel auf, und es erscheinen Blütenpflanzen. Das zeigt, wie mit dem Ende der Lemuris das Wasser sich aus der Erdsphäre so weit abzutrennen begann, dass sie von der Sonne immer mehr durchschimmert werden konnte.

Die **Temperaturen** in der unteren Lebenssphäre im Gebiet des Kontinentalpols der Erde könnten im Präkambrium noch über 100° C gelegen haben. Darauf weist, dass die Archaebakterien und gewisse Bakterienstämme noch heute für Lebewesen ungewöhnlich hitzebeständig sind (s. S. 127). Zur gleichen Zeit wären für die basaltischen Gebiete auf der größeren Rückseite der Erde bis zum Abschluss der Mondentrennung wesentlich höhere Temperaturen anzunehmen. Ähnliches würde wohl auch für die Lebenssphäre der polarischen und hyperboräischen Epoche zutreffen. Vom Erdaltertum an, wo die fossile Überlieferung begann, sind wohl heiß-tropische Temperaturen anzunehmen, zumindest für den unteren Bereich im mittleren Gebiet des Großkontinents. Denkbar wäre etwa eine Temperatur um 40°, wie sie später den Vögeln verinnerlicht wurde. Wolfgang Schad (1992 b, S. 68), der die heutigen Verhältnisse extrapoliert, schreibt, dass die Amphibien die Atmung im Karbon verinnerlicht hatten, «obgleich sie sich mit Betreten des Landes sehr viel größeren Temperaturschwankungen aussetzten, denen sie nicht mit der Ausbildung von Endothermie begegnen konnten. Sie bleiben außerdem an einen hohen Feuchtigkeitsgrad ihrer Umgebung hoch adaptiert.» Unter dem Aspekt einer warmen Luft-Wasser-Sphäre werden solche Phänomene erst verständlich, wenn man bedenkt, dass ein Abschluss des Wärme- und Wasserhaushaltes eben noch nicht erforderlich war. Für die höhere Erdatmosphäre bezeichnet Steiner (GA 347, 20. 9. 1922; Abb. 50, S. 142) noch im Jura den Lebensraum der Flugsaurier als «Feuerluft». Das Erdmittelalter war direkt über den Kontinenten weltweit einheitlich warm und völlig eisfrei, was den Theorien über die Lage von Polargebieten und von wiederkehrenden Eiszeiten einige Probleme bereitet. Aktualistisch gesehen bleibt unklar, wie zu verstehen ist, dass weltweit keine Unterschiede im Klima und in den Lichtverhältnissen bestanden haben können.

Vom Ende der Lemuris bis zur Mitte der Atlantis – also etwa Oberkreide bis Pliozän – erstarb die Erde als lebendiges Wesen. Ihr Ätherleib trennte sich weitgehend vom physischen Leib der Gesteinskruste. Steiner deutet an (GA 354, 7. 7. 1924), dass der **Todesprozess** nicht nur die kristallisierenden Gesteine betraf, sondern auch die Wasser- und Luftsphäre der Erde. Die Lebenskräfte differenzierten sich zunächst in die weichkörprigen Tiere und Pflanzen hinein, dann auch in die Vertreter der individualisierten, fossil gewordenen Arten. Die Eiweißsubstanzen könnten ebenso verinnerlicht worden sein und sich dort zum heutigen Zustand weiterentwickelt haben. Steiner bezeichnet ja mehrfach die Lebenssphäre selbst als «flüssig-flüchtig» und «eiweißartig» (s. S. 348). Ein anderer, wohl größerer Teil der Eiweißsubstanzen schlug sich bei dem Absterbeprozess am Ende der Lemuris nieder, bevor sich dann in der Atlantis noch das Wasser absonderte. Das ergab die unvorstellbar großen Mengen an **Erdöl und Erdgas**, die vor allem in der Kreidezeit und im Tertiär entstanden. Zu den Erdöl-Erdgas-Vorräten, die derzeit aus dieser Epoche bekannt ist, muss noch etwa die doppelte Menge hinzugerechnet werden, die nicht gefördert werden kann, ebenso die unbekannte Menge, die durch tektonische Vorgänge bereits aus den Speichergesteinen entwichen ist; dazu kommen noch laufend neue Lagerstätten an den Kontinentalrändern und die Vorräte in den weit verbreiteten Ölschiefern (Abb. 246, S. 453). Etwa Dreiviertel dieser Mengen bildeten sich in der Kreide-Tertiär-Zeit. Trotz intensiver Forschungen ist die Bildung des Erdöls aus naturwissenschaftlich aktualistischer Sicht mit Problemen behaftet. Das spricht dafür, dass noch andere Vorstellungen denkbar sind (Cloos 1958, S. 94). Von der anorganischen Bildung ist man heute weitgehend abgerückt und denkt jetzt hauptsächlich an Bakterienprozesse, welche organische Eiweißsubstanzen unter Luftabschluss abbauen (Abb. 158, S. 275). Dazu kommen katalysatorische Wirkungen von organisch gebundenen Metallen. Im Erdöl sind untergeordnet noch Sporen, Pollen, Wachs und Harze enthalten. Interessant ist, dass heute gebildete Erdöle geochemisch anders aufgebaut sind als fossile, was auf andere Entstehungsbedingungen hinweist. Erdgas entsteht, wenn die Schichten, welche Kohlenwasserstoffe enthalten, unter 2000 – 3000 m Tiefe versenkt werden. Es kann sich auch bei der Inkohlung aus Steinkohle gebildet haben. Darauf werden z.B. die Lagerstätten aus dem Erdaltertum zurückgeführt. In der Kreide-Tertiär-Zeit war aber meines Erachtens die Hauptquelle für Erdöl/Erdgas die absterbende Lebenssphäre der Erde selbst, neben bakteriell zersetztem pflanzlich-tierischem Eiweiß.

Die Trennung des Wassers von der Luft

Am Ende der lemurischen Epoche kühlte die Lebenssphäre gleichzeitig mit ihrem Sterben zunehmend ab. Aus den Tierfossilien kann auf das Klima und die Temperaturen in den Meeresräumen erst vom Ende des Erdmittelalters an geschlossen werden; aus Pflanzenresten erst ab dem Tertiär (Abb. 1, S. 36). Daraus ergeben sich etwa folgende Durchschnittstemperaturen: in der Kreidezeit 20° bis 15° C, im Oligozän (Alttertiär) 10° C, im Miozän (Jungtertiär) 7° C, während wir heute in Mitteleuropa 1,5° C haben. Im Alttertiär ist weltweit ein artenreicher tropischer Regenwald belegt; im Jungtertiär (Miozän) beginnt die Wüstenbildung; es treten verbreitet Roterden auf, d.h. lateritische Verwitterung. Deutliche Jahreszeiten sind erst ab dem Pliozän belegt, also mit Beginn der Eiszeit, d.h. seit der Mitte der Atlantis. Damit bildete sich aus der einheitlich warmen Luft-Wasser-Sphäre unsere heutige, sehr differenzierte Klima- und Wettersituation heraus.

Zur atlantischen Atmosphäre sagte Steiner in einem Arbeitervortrag: «Die Luft wurde immer reiner, nicht so wie die heutige, aber schon wesentlich reiner. Sie wurde nur in dem späteren Zustand eine Art von Wasserluft, immer von dichten Wasserdämpfen, von Nebeldämpfen durchzogen. Früher war es eigentlich viel reiner, weil die Luft wärmer war. Später kühlte sie sich ab und war furchtbar neblig. Es war eigentlich ein Nebel über der Erde, der gar niemals recht aufhörte, auch unter dem Einfluss der Sonne nicht ganz aufhörte; es war eine neblige Schichte» (GA 347, 20. 9. 1922). Auch sie muss sicher räumlich und zeitlich differenziert vorgestellt werden. Während diese Nebeldämpfe im Norden, also im Hauptentwicklungsgebiet der Menschen (Abb. 246, S. 453) vorherrschten, könnten sich in den äquatorialen Gegenden die Wasser schon von der Kreidezeit an niedergeschlagen haben. In der zentralen Sahara begannen im Miozän sich die Steppen und ersten Wüsten auszubreiten. Diese Steppengebiete wurden auch die Lebensräume der tertiären Tierwelt und der zuerst zurückgebliebenen Menschenvorfahren (Abb. 246 u. Abb. 248, S. 458).

Mit der zweiten Hälfte der Atlantis, der **Eiszeit**, trennten sich die Wassermassen endgültig aus der Erdensphäre. Dadurch entstanden unsere heutigen Landschaften (Abb. 254, S. 471), was im nächsten Kapitel noch beschrieben wird. In vielfältigen großen und kleinen Rhythmen kühlte sich die Erdsphäre ab (Abb. 1, S. 36). In der höheren Troposphäre bildete sich Schnee, der sich über den Polen zu Gletschern verdichtete. Gleichzeitig fielen in den gemäßigten und äquatorialen Gebieten gewaltige Regengüsse. Die Wolkenbildungen an der Obergrenze der heutigen Troposphäre in 10 bis 12 km Höhe – sie lassen sich gut aus dem Flugzeug beobachten – zeigen meines Erachtens noch treffende Bilder der atlantischen Situation. Dort ist die jetztige Luft-Wasser-Hülle bis auf minus 50° C abgekühlt und bildet schwebende Schneekristalle, an denen die Farben der Halos entstehen. Das entsprechende Bild wäre der Regenbogen vor der sonnenbeleuchteten Regenwand (1.Mose 8 u. 9,13).

Im Jungtertiär begann sich das Inlandeis der Antarktis und Grönlands zu bilden. Die Gletscher der Eiszeit wurden 2000 bis 3000 m mächtig und schmolzen in den Zwischeneiszeiten wieder weitgehend ab. Der Wasserspiegel der Ozeane schwankte entsprechend um 150 bis 200 m. Die äußerlichen Ursachen der Eiszeit weisen auf rhythmische Konstellationen von Erde und Sonne. Ein Aspekt ist die Ekzentrizität der Erdachse, für die man 95.000 Jahre berechnet hat. Man nimmt an, dass durch den verschieden steilen Einfall der Sonnenstrahlen das Eis in den Polargebieten im Sommer nicht mehr auftaut und damit die Albedo größer und der ganze Prozess sich immer weiter aufschaukeln würde. Hinzu käme die Lage der vereisten Gebirge zur Erdachse, wie z.B. Tibet. Auch veränderte Meeresströmungen oder der Kohlendioxidgehalt der Luft durch Vulkanismus wirkten auf das Klima etc. Man meint heute, dass viele Faktoren zusammenkommen, und spricht von einer multilateralen Eiszeitentstehung. Es hat sich aber gezeigt, dass keine der astronomischen oder geophysikalischen Erklärungen für die Entstehung der Eiszeit hinreichend ist.

Sicher waren derartige Faktoren wirksam; aber die eigentlichen Ursachen des Phänomens der quartären Eiszeit werden im Zusammenhang der Gesamtentwicklung der Erde wiederum erst durch die geisteswissenschaftliche Forschung verständlich. Mit dem Absterben der Lebenssphäre verlor auch der Mensch seinen bisherigen Lebensraum. Er bildete als letzter feste Knochen aus und betrat die Erdoberfläche. Rudolf Steiner beschreibt und begründet genauer (z.B. GA 13, S. 260, 267, 270), wie und warum im Zusammenhang mit der Entwicklung des atlantischen Menschen und den hereinwirkenden geistigen Wesen die Lebenssphäre der Erde zerstört wurde. Auch aus diesen Gründen und aus dem fortlaufenden Entwicklungsprozess der Lebenssphäre, wie er bisher dargestellt wurde, nehme ich an, dass es vor dem Quartär keine früheren Eiszeiten gegeben hat. In den wenigen – umstrittenen – Belegen, die dafür vom Ende des Proterozoikums und vom Permokarbon angeführt werden, wie Tillite oder geritzte Flächen, sehe ich Phänomene der Luft-Wasser-Sphäre (s. S. 284).

Aus der Annahme, dass sich die Hauptmenge des Wassers geologisch so spät niedergeschlagen hat, würde sich ergeben, dass sich auch erst von da an ein Kreislauf des Wassers herausbilden konnte. Heutiges **Süßwasser** in größeren Mengen hätte es damit ab dem Tertiär bzw. besonders während der Eiszeit gegeben. Es ist anzunehmen, dass vom Devon/Karbon an, als die Landpflanzen erschienen, stellenweise ein anfänglicher Wasserkreislauf begann und damit erstes Süßwasser gebildet wurde. Der jetztige Salzgehalt der Ozeane zeigt, dass der primäre Wasserniederschlag salzig gewesen war. Die Lebenssphäre hatte vielleicht als Ganzes eine höhere Salinität als das heutige Meerwasser. Die Kalksteine, die daraus zuerst bakteriell konzentriert wurden, waren primär dolomitisch. Im Perm sonderten sich vor allem die Salze ab (Abb. 78, S. 210, Abb. 147, S. 259; Abb. 225, S. 431). Danach wurden auch die Schalen der späteren, höheren Lebewesen zunehmend aragonitisch und calcitisch. Heute ist 96,5 % des irdischen Wassers Salzwasser und nur 2,5 % Süßwasser. Davon sind wiederum zwei Drittel im Inlandeis gebunden, und nur ein Drittel, also unter 1 % des irdischen Wassers, ist als Süßwasser im Erdboden, in Flüssen und Seen. Es ist eigentlich der wertvollste Bodenschatz der Erde! Das Grundwasser stammt hauptsächlich aus dem Pleistozän, wie z.B. in den Oasen der Sahara oder im quartären Lockergebirge in Nordeutschland. Im Alpenvorland wechseln im Jungtertiär (Miozän) Meeres- und Süßwassermolasse miteinander ab. Damals begannen sich vielleicht die Speichergesteine zu füllen. In Schichten, die vor dem Tertiär abgelagert wurden, haben die zahlreichen Erdöl-Erdgas-Tiefbohrungen kein primäres Süßwasser angetroffen. Wo es in älteren Gesteinen auftritt, ist es später hineingekommen. Es wird jedoch auch kein fossiles Meerwasser gefunden! Durch die Lösungskraft des Wassers werden zahlreiche Minerale gelöst, vor allem Salze, Kalk und Kiesel, sodass die Formationswässer schon von daher mineralisiert sind. In Porenräumen von Kalk- und Sandsteinen sind durchschnittlich 10 % Wasser enthalten; der Kristallwassergehalt beträgt im Gneis 8 %, im Granit 6 % und im Basalt höchstens 2 %.

Letzte Erinnerungen an das Leben der Erdsphäre sind die Humusböden (s. S. 182). Auch sie entstanden erst im Pleistozän. Von der Eiszeit an lassen sich Böden deutlich unterscheiden. Früher sind sie selten; maximal bis zum Jura oder der Trias zurück können Anzeichen für Paläoböden gefunden werden, z.B. Graulehme wie im tropischen Regenwald auf den Ebenheiten der Mittelgebirge. Aus dem Erdaltertum sind keine Bodenprofile bekannt. Die so genannten Wurzelböden des Oberkarbon sind keine Böden im heutigen Sinn und nicht damit vergleichbar. Auch das Fehlen von Erdboden spricht für die wirbelnde, abtragende Wasser-Luft-Sphäre.

Abb. 255: Zwei Ebenheiten im schottischen Hochland, Blick nördlich vom Loch Assynt nach Süden. Die untere Ebenheit über den Lewisischen Gneisen entstand im Archäikum; darüber wurde dann im jüngeren Proterozoikum der bis zu 6000 m mächtige Torridonsandstein abgelagert. Seine Oberfläche bildete die zweite Ebenheit, die heute im Bild bei 850 bis 900 m NN liegt; sie wurde von da an wieder zertalt; nur die drei Berge im Hintergrund blieben erhalten. Durch die Abtragung seit dem Kambrium wurde die erste archäische Ebenheit wieder freigelegt; in sie wurden zuletzt Ansätze von Hoch- und Kerbtälern eingetieft, wie sie im Mittelgrund zu sehen sind.

Das Werden der Landschaft

Ebenheit – Hochtal – Kerbtal

Durch die wirbelnde Luft-Wasser-Sphäre bildete die Oberfläche des gesamten Großkontinents weltweit eine flachwellige Ebene. Sie hatte sich bereits im Proterozoikum ausgebildet, nachdem die meisten Substanzmassen der Kristallinen Schiefer niedergeschlagen und verhärtet waren. Vielleicht wurde nur durch gewisse Härteunterschiede oder tektonische Bewegungen im Laufe der Erdgschichte ein geringes Relief bewirkt. Die Bewegungen in der Luft-Wasser-Sphäre könnte man sich vorstellen wie die heutigen Meeresströmungen und Zyklonwirbel des Wetters in Eines zusammengenommen. Durch diese Bewegungen wurde Material aus dem Zerfall der verhärtenden Gesteine mitgerissen, welche im Proterozoikum und frühen Erdaltertum bereits bruchfest, aber noch nicht bis zur heutigen Kristallinität verhärtet waren. Das Abtragungsmaterial bildete eine dichte, suspensionsartige Masse, welche den Untergrund einebnete. Man müsste also Abtragungs- und Ablagerungsgebiete unterscheiden. Eine mehr lineare Erosion, die durch Niederschläge Täler bildet, gab es noch nicht. Täler konnten sich erst einkerben, als sich vom Erdmittelalter an die Wassermassen abzutrennen begannen. Der Übergang von den flächig verebnenden Luft-Wasser-Wirbeln zu den einschneidenden Flüssen bildete sich vor allem während des Tertiärs heraus. Morphologisch kann er am schrittweisen Übergang von der Ebenheit zu Hoch- oder Plateautälern beobachtet werden. Sie bildeten kilometerbreite, wannenartige Abflusssenken mit geringem Gefälle, die nur flach eingetieft waren und ihre generelle Richtung über weite Strecken beibehielten. Flussläufe im heutigen Sinne gab es in diesen Hochtälern meines Erachtens noch nicht. Die Schotter sind über kilometerweite Flächen ausgebreitet, wie es bei allen Hochterrassen belegt werden kann, z.B. bei Elbe, Rhein, Saale oder auch bei

Abb. 256: Die Ebenheit der Pultscholle des Erzgebirges, gesehen von der Heinzebank nordwestlich von Marienberg nach Südwesten. Die Ebene wird von den Kristallinhärtlingen des Keilberges und des Fichtelberges überragt. Außerdem sind ihr die drei Basaltkuppen vom Bärenstein, Pöhlberg und Scheibenberg aufgesetzt. Die flach eingesenkten Hochtäler sind erkennbar; darin liegen noch tief eingeschnittene Kerbtäler.

den Bohnerzen der Schäbischen Alb (Abb. 281, S. 500; Abb. 255).

Während des Jungtertiärs und am Anfang des Pleistozäns schlug sich die Hauptmenge der Wassermassen nieder. Das geschah räumlich und zeitlich differenziert über die Erde hin. Das Maximum dürfte zwischen dem Miozän und dem Elsterglazial gelegen haben, oder anders gesagt in der vierten und fünften atlantischen Epoche (Abb. 1, S. 36). Innerhalb der mehr weiten, geradlinigen Hochtäler begannen sich Ströme und Flüsse zu konzentrieren und bildeten Mäander aus. Während der Eiszeit wurden die Hochtäler immer tiefer zu Kerbtälern eingeschnitten. Dabei wurden die Mäander der Hochtäler mitunter in ihrem ursprünglichen Verlauf tiefer gelegt, wodurch sich mäandrierende Kerbtäler ausbilden konnten, z.B. bei Rhein, Mosel oder Main. Die Niederschlagsmenge nahm zum Ende der Eiszeit hin immer mehr ab. Unsere heutigen Flüsse sind gegenüber den breiten Strömen der Hochtäler nur letzte schmale Rinnsale.

Ein Beispiel für die tertiäre Ebenheit ist die Pultscholle des Erzgebirges, wo sie noch weitgehend erhalten ist (Abb. 256). Unter den drei Basaltbergen blieben 10 bis 40 m mächtige Sande erhalten, die nach Blattfunden ins Oberoligozän eingestuft werden. Sie liegen auf der alttertiären Ebenheit. Diese wurde dann in der Umgebung noch etwas tiefer gelegt. Als kristalline Härtlinge einer noch älteren Ebenheit blieben der Fichtelberg und der Keilberg erhalten. Auch in der Hohen Rhön sind die Sande unter Basalten aus dem Miozän, im Westerwald aus dem Oligozän und um Kassel ebenfalls aus dem Oligozän und Miozän. Die Auflagerungsfläche der Sande entspricht in ganz Mitteleuropa der Ebenheit, wie sie im Alttertiär bestanden hat. Mit einer solchen «Tabula rasa» begann die Bildung unserer Landschaften – hier und auf allen Kontinenten.

Von der Oberkreide durch das ganze Tertiär wurden die Bruchschollen der Mittelgebirge aufgestemmt. Das Bergkreuz (s. S. 466) entstand durch das Anbranden der Alpen, hauptsächlich im älteren Tertiär. Endogene Druckkräfte der Erde wirkten von Süden nach Norden; rhythmisch modifiziert durch Dehnungen. Gleichzeitig wurden die Kluftsysteme

Übergang von der Ebenheit über das Hochtal zum Kerbtal am Beispiel von Mosel und Rhein:

Abb. 257: Karte der Moselläufe unterhalb von Trier vom Tertiär bis heute. (Umgezeichnet nach Quitzow 1969, J. M. Müller 1974, W. Meyer 1994.)

Abb. 258: Profil durch die Talterrassen des Rheins zwischen Andernach und Bonn; schwarz: Schotter. (Ergänzt aus Schwarzbach 1993, nach Kaiser, Quitzow, Meyer u.a.)

Abb. 259, S. 483: Blick oberhalb von Mülheim/Mosel (Mitte unten) westlich von Bernkastel-Kues nach Nordwesten auf das Niveau der mittleren Hauptterrasse (Horizonte hinten); die untere Hauptterrasse ist als Umlaufberg (Mitte) erhalten. Der Betrachter steht auf der Mittelterrasse, auf der auch Monzel (ganz links) und Lieser (rechts) liegen. Die Mäander der Mittelterrasse wurden abgeschnitten. Auf der Niederterrrasse über dem Fluss liegt Mülheim (Mitte).

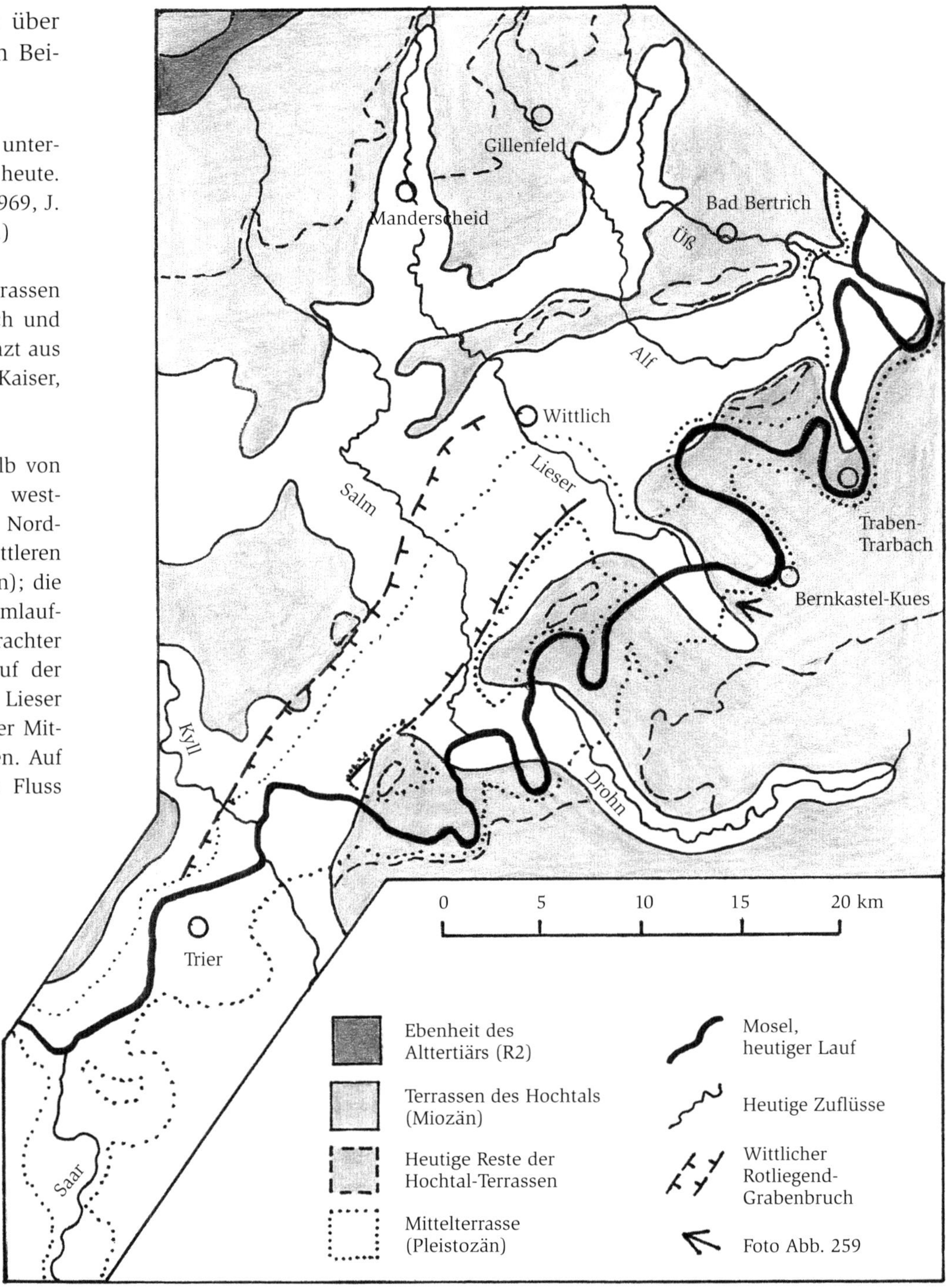

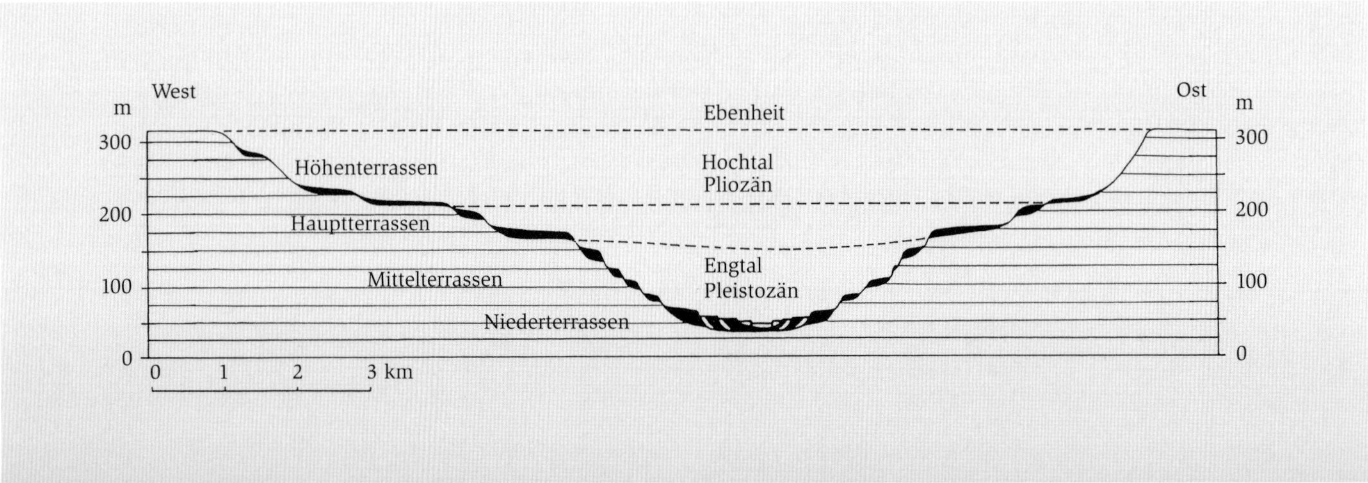

des Talkreuzes durch die Krustendehnung von Ost nach West aktiviert. Die abfließenden Wassermassen richteten sich nach den Hauptformen vom Tal- und Bergkreuz aus und schnitten sich entlang der Störungszonen ein. Danach erst wurde während der Eiszeit das Bergkreuz im Tiefland gestaltet. Hier wirkten exogene Kräfte in den Gletschern von Norden nach Süden, rhythmisch modifiziert durch Gefrieren und Schmelzen, Aufstauchen und Abfließen. Die gleichen klimatischen Rhythmen, wie sie sich in den Endmoränen hintereinander abbildeten, prägten sich in den Kerbtälern in Form der Talterrassen übereinander ein. Die drei hauptsächlichen Terrassenstufen entsprechen den drei Haupteiszeiten. Die gewaltigen Niederschläge jeweils vor den Eiszeiten tieften im Süden die Täler ein und bildeten im Norden die vorrückenden Gletscher. Während der Eiszeiten wurden im Süden die Täler aufgeschottert und im Norden die Endmoränen aufgestaut. Die Bergzüge der Endmoränen und die Täler im Festgestein sind beide durch das Wasser bewirkt: in flüssiger Form erodierend und in fester Form schiebend. Insofern sind beide Landschaften durch die letzten Entwicklungsschritte der Wasser-Luft-Sphäre gebildet. Die zeitlichen Rhythmen der Polarität von Verhärten und Lösen können in den räumlichen Rhythmen der Landschaft Mitteleuropas überall abgelesen und nachempfunden werden (s. S. 470).

Diese **drei Hauptschritte**, von der ausgebreiteten **Ebenheit** zu den weiten, flachen **Hochtälern** und zu den engen, mäandrierenden **Kerbtälern** mit ihren Terrassen sind nicht nur in Mitteleuropa, sondern weltweit zu beobachten. Die Lebenssphäre der Erde machte selbstverständlich überall eine ähnliche Entwicklung durch. Modifizierend wirkten die entstehenden Klimasituationen zwischen Pol und Äquator, die tektonischen Bewegungen und Gebirgsbildungen, die Härte der jeweiligen Gesteine oder der Anstieg des Wasserspiegels der Ozeane, bis zu deren jeweiligen Niveau die Flüsse erodieren konnten. Dazu werden in den nächsten Abschnitten einige Beispiele dargestellt, die ich aus zahlreichen weiteren ausgesucht habe. Sie sind typisch für unterschiedliche geologische Situationen in kontinentalen oder ozeanischen Gebieten, welche doch durch einen weltweit einheitlichen Prozess entstanden sind. Die Beispiele ließen sich vielfach vermehren. Hat man erst einmal einen Blick dafür entwickelt, lassen sich überall diese drei Hauptschritte der exogenen Landschaftsbildung wiederfinden. Dennoch werden sie in der geomorphologischen Literatur nur wenig behandelt, obwohl schon seit dem Anfang des 20. Jahrhunderts gründliche Untersuchungen zu den Niveaus der Ebenheiten vorliegen. Das liegt vielleicht daran, dass vom aktualistischen Aspekt aus schwer zu erklären ist, wie sich kontinentweite Ebenen durch Flusserosion ausbilden können. Auch hier wird wieder mit Jahrmillionen argumentiert, obwohl, in diesen Zahlen gerechnet, in den letzten 60 Millionen Jahren lediglich Täler, aber längst noch keine Ebenheiten entstanden sind.

Beispiele aus den deutschen Mittelgebirgen

Das Gebiet der Mosel und des mittleren Rheins war in der Eiszeit nicht vergletschert. Deshalb sind die Schotterterrassen erhalten geblieben und können zeitlich eingestuft werden. Eine umfangreiche Forschung hat die verschiedenen Terrassen parallelisiert und so ein plausibles Bild der Flussgeschichte entworfen (W. Meyer 1996). Ich schildere dieses

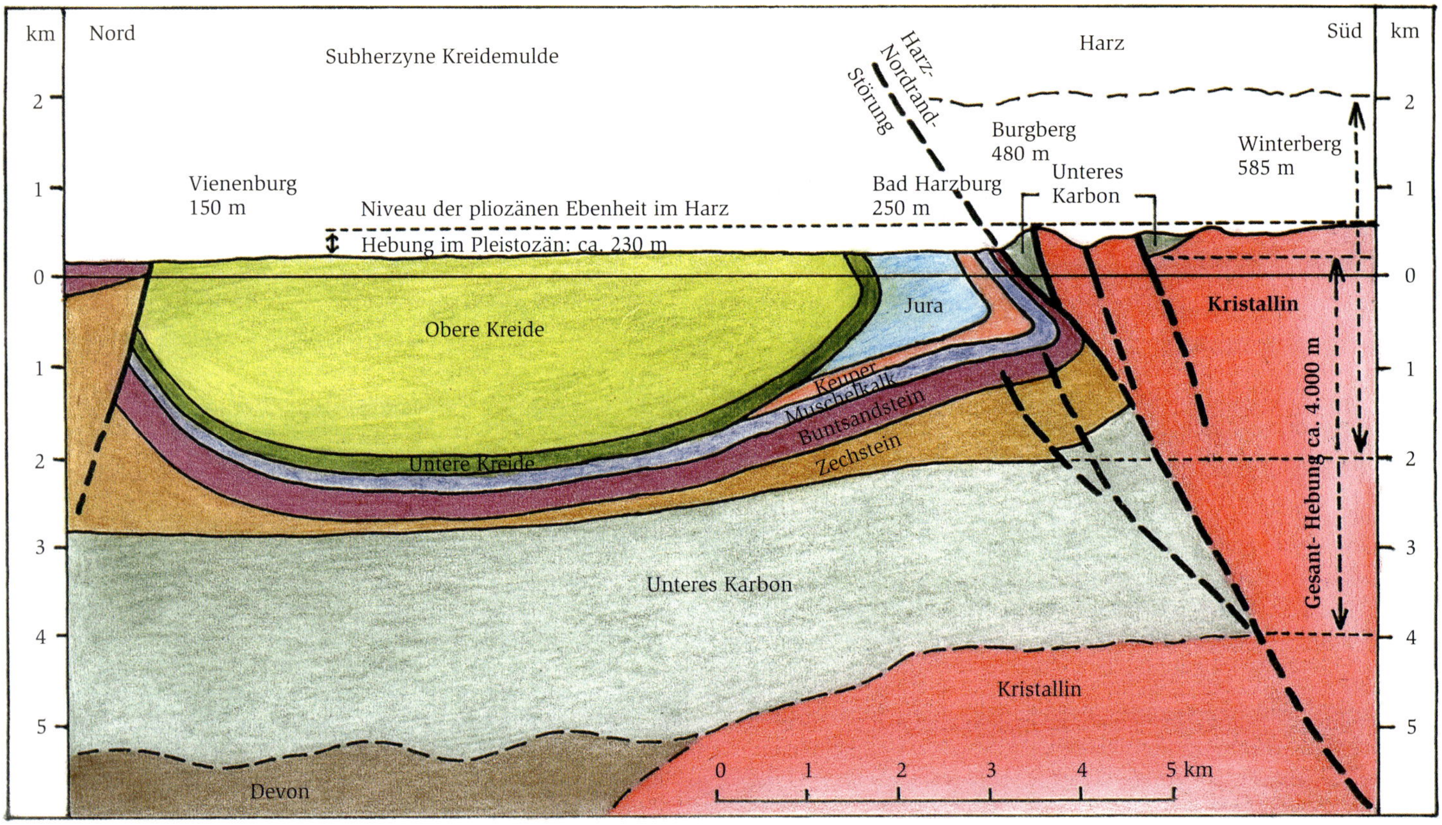
km
Nord
Subherzyne Kreidemulde
Harz-Nordrand-Störung
Harz
Süd
km
Burgberg 480 m
Winterberg 585 m
Vienenburg 150 m
Bad Harzburg 250 m
Unteres Karbon
Niveau der pliozänen Ebenheit im Harz
Hebung im Pleistozän: ca. 230 m
Jura
Obere Kreide
Kristallin
Keuper
Muschelkalk
Buntsandstein
Zechstein
Untere Kreide
Gesamt-Hebung ca. 4.000 m
Unteres Karbon
Kristallin
Devon
0 1 2 3 4 5 km
2
1
0
1
2
3
4
5

Beispiel am Anfang, weil es für alle mitteleuropäischen Flüsse typisch ist (Abb. 257 – 259, S. 482f.).

Die Landschaftsgeschichte beginnt mit zwei weit gedehnten Ebenheiten, die flach bis nach Norddeutschland und weiter in das Nordseebecken abfielen. Die ältere Ebenheit liegt heute bei ca. 700 m Höhe. Ihr sitzen die Vulkane der Hocheifel auf, die etwa auf Ende Eozän datiert sind. Die jüngere Ebenheit liegt bei ca. 600 m Höhe und hatte noch kaum ein Relief. Nur wenige Quarzit-Härtlinge ragten über sie auf. Sie wird nach Resten von Sanden ins Miozän eingestuft. Das nächste Niveau liegt bei 500 m mit einem relativen Relief um 100 m. Vermutlich mit dem Oligozän begann das Auswaschen der Hochtäler. Sie waren 20 bis 30 km breit und verliefen in der generellen Richtung der heutigen Flussläufe, während dazwischen die Wasserscheiden im Niveau der Ebenheiten stehenblieben. Auch die Anlage der Hochtäler des Rheins und der Lahn werden ins Oligozän eingestuft. Im unteren Miozän bestand eine Verbindung zwischen dem Mainzer Becken und der Niederrheinischen Bucht in der Lage des heutigen Rhein. Bis zum Alttertiär verlief ein Entwässerungsstrom entlang der Mittelmeer-Mjösen-Zone vom Rheintalgraben durch die Hessische Senke in Richtung Kassel und weiter nach Norden. Das Gebiet des Rheinischen Schiefergebirges begann am Taunus/Hunsrück aufzusteigen und im Norden abzusinken, mit einer Kippachse etwa bei Bonn. Dadurch divergieren die Rheinterrassen zur Mündung hin. Diese Bewegungen wurden durch regionale Tektonik weiter differenziert, z.B. durch den Einbruch des Neuwieder Beckens um 350 m oder den Wittlicher Grabenbruch. Das erschwert die Parallelisierung der Terrassen.

Mit dem Pliozän begann der Einschnitt der Kerbtäler, an der mittleren Mosel in einer heutigen Höhe von etwa 350 m. Im Niveau der oberen Mittelterrasse teilte sich das um 5 km breite Hochtal des Urmoselstromes zwischen Schweich und Osann. Ein Arm lief durch den Wittlicher Graben, der an der heutigen Lieser dann unterschnitten wurde (Abb. 259, S. 483). Der andere Arm verblieb im Bereich des heutigen Flusses. Durch ihn wurden dann die untere Mittelterrasse und die Unterterrassen ausgebildet. Die meisten Terrassen lassen sich im Rheintal weiter verfolgen. Hier werden die Höhenterrassen dem Pliozän/Pleistozän-Übergang zugeordnet, die Hauptterrassen der Elstereiszeit, die schmalen Mittelterrassen der Saaleeiszeit und die Niederterrassen der Weichseleiszeit. Die Täler wurden jeweils vor den Eiszeiten erodiert und während der Eiszeiten aufgeschottert.

Abb. 260: Geologischer Schnitt durch den Nordrand des Harzes bei Bad Harzburg und die Subherzyne Kreidemulde. (Ergänzt und umgezeichnet nach Geologischen Karten des Niedersächsischen Landesamtes für Bodenforschung).
Abb. 261: Blick vom Burgberg oberhalb von Bad Harzburg nach Nordosten auf den Nordrand des Harzes, der von Kerbtälern zerschnitten ist; davor die Subherzyne Kreidemulde; im Hintergrund der Große Fallstein.

Der Schnitt durch den **Nordrand des Harzes** zeigt, dass der nordwestliche Harz seit der Oberkreide um über 4000 m gehoben und dabei gleichzeitig abgetragen wurde. Das kann man daran ablesen, dass die Auflagerung des Unterkarbons auf dem Kristallin am Burgberg bei Bad Harzburg etwas über NN liegt, während sie im Vorland bei etwa 4000 m unter NN anzunehmen ist. Über der heutigen Harzfläche lagerten zu Beginn der Hebung noch Zechstein und Trias mit vielleicht 1000 m Mächtigkeit. In der Oberkreide (Coniac, Santon) setzten die ersten Bewegungen ein, durch die der Harz nach Nordwesten hin auf sein Vorland aufgeschoben wurde. Gleichzeitig mit der Hebung wurden das Deckgebirge und das Unterkarbon abgetragen. Dabei blieb die Ebenheit von der Harzhochfläche in das umgebende Vorland hinein weitgehend erhalten, von Härtlingen wie dem Brocken- und Ramberggranit oder dem Acker-Bruchberg-Quarzitzug abgesehen. Nur die letzte pliozäne Hebung um etwa 200 m wurde nicht mehr eingeebnet und führte zu dem heutigen morphologisch sichtbaren Mittelgebirge. In diese letzte pliozäne Ebenheit haben sich im Pleistozän die steilen Kerbtäler eingeschnitten. Der weiter nördlich liegende Flechtinger Höhenzug wurde an der Mitteldeutschen Hauptlinie geologisch auch um 5000 bis 6000 m herausgehoben. Da die letzte Hebung jedoch ausblieb, erscheint er morphologisch nur als geringer Höhenzug und nicht als Mittelgebirge. Er zeigt somit noch das Bild, welches die anderen deutschen Mittelgebirge im Tertiär auch geboten haben, bevor sie im Pliozän gehoben wurden.

Im Gebiet des **Elbtalgrabens** deutet sich seit der Oberen Kreidezeit eine flache Einsenkung an, die

zunächst tektonisch angelegt wurde. Sie ist im Tertiär zu einem weiten Hochtal eingetieft worden, das im Elbsandsteingebirge bis auf das Niveau der dort so genannten Ebenheit ausgewaschen wurde. Das heutige Engtal der Elbe und die Kerbtäler ihrer Zuflüsse entstanden anschließend während des Pleistozän. Die Terrassen lassen sich schwer verfolgen, da das Erzgebirge hauptsächlich während des Tertiärs gehoben wurde und die Härte der Sandsteinbänke sehr unterschiedlich ist. Die Verebnungen schneiden aber die Schichten in flachen Winkeln und zeigen damit, dass sie einem übergeordneten Bildungsprozess unterlagen.

Ähnliches ist auch in den großen geologischen Mulden zu beobachten, wie in Franken, im Münsterland oder im Thüringer Becken. Geht man von innen nach außen, so streichen rundum immer ältere Stufen des Erdmittelalters aus, die oben von der tertiären Ebenheit gerade abgeschnitten wurden. In Thüringen hatten sich im Pliozän bereits flache, 3 bis 5 km breite Hochtäler mit geringem Gefälle nach Nordosten eingesenkt. Dort, wo anschließend Thüringer Wald und Schiefergebirge Ende Tertiär aufstiegen, wurden sie während der Eiszeit zu Kerbtälern eingetieft. Die Flüsse richten sich vielfach nach

Abb. 262 und Abb. 263: Blick auf die Ebenheit im Hochschwarzwald vom Feldberg aus: Linkes Bild nach Norden über das Zastlerbachtal, das Höllental und das Hochtal von St. Peter zum Kandel. Rechtes Bild nach Nordosten über das Hochtal des Rotbachs Richtung Hinterzarten: dem Kristallin liegt der mittlere Buntsandstein bei Eisenbach auf; nach rechts anschließend der Muschelkalk und ganz hinten die Stufe des Jura östlich von Schwenningen. Davor im Mittelgrund das pliozäne Hochtal der Feldbergdonau; rechts davon am Bildrand der Hochfirst östlich von Titisee, gerade noch im Kristallin.

den vorgegebenen tektonischen Richtungen des Berg- und Talkreuzes. Die so genannten Durchbrüche des Rheins, der Elbe, der Weser oder der Unstrut zeigen anschaulich, dass die Flüsse älter sind als das Bergkreuz der Mittelgebirge.

Der **Schwarzwald** zeigt bezüglich der drei Schritte Ebenheit – Hochtal – Kerbtal ein ähnliches Bild wie die anderen Mittelgebirge. Dem Grundgebirge lagert nach Osten zur Schäbischen Alb hin das Deckgebirge der Trias auf. Die obigen Bilder zeigen, wie die nach Südosten eintauchenden Schichten von der Ebenheit im flachen Winkel diskordant abgeschnitten werden. Der Einebnung konnten im Grundgebirge die Härtlinge des Feldberges (1493

m), des Belchen (1414 m), des Schauinsland (1284 m) und des Kandel (1241 m) widerstehen. Die Ebenheit bestand bis Anfang des Tertiärs, da eine Schlotfüllung zeigt (Wimmenauer 1982), dass noch im Eozän das Deckgebirge bis nach Frankreich hinüber vollständig vorhanden war.

Ab dem Eozän brach der Rheintalgraben um etwa 1500 m ein, und ab dem Oligozän stieg der Schwarzwald um fast 2000 m auf. Gleichzeitig wurde das Deckgebirge bis auf das Grundgebirge flächig abgetragen und die Hochtäler wurden angelegt. Dabei wurden die Kanten der Schichtstufen des Deckgebirges herausmodelliert. Am Südwestende der Schwäbischen Alb bei Blumberg lagern im Niveau der Hochtäler bei heute etwa 900 m Jura-Nagelfluh-Schotter aus dem Miozän und Streuschotter aus dem Pliozän, die teilweise Gesteine aus dem heutigen Aare-Einzugsgebiet enthalten (Hebestreit 1999). Bis dahin reichte das alpine Molassebecken, in dem die quartären Mächtigkeiten bis zu 5000 m ansteigen! Während der Eiszeit wurden dann die Kerbtäler erodiert, während der Schwarzwald bis zum heutigen Mittelgebirgsniveau gehoben wurde. Die höchsten Gebiete um den Feldberg waren vergletschert. Die berühmte Wutachschlucht wurde erst nacheiszeitlich eingeschnitten. Die interessante Flussgeschichte von Rhein, Donau und Aare soll hier nicht dargestellt werden.

Ein schönes Beispiel für die Landschaftsbildung in Süddeutschland sind die so genannten **Bohnerze,** welche auf der Schwäbischen Alb in tertiären Karsttaschen weit verbreitet sind. Es sind zentimetergroße Kügelchen aus bakteriell gefälltem Brauneisenerz. Über ihre Entstehung ist viel gerätselt worden, denn man kennt sie so nur auf der Alb. Das Eisen sollte aus dem Pyrit des Kalksteins stammen – warum aber dann nur dort? Die plausibelste Erklärung (Huber 1997) ist wohl diese, dass die Ebenheit im Tertiär die Brauneisenerze des Doggers angeschnitten hatte, welche damals viel weiter nördlich in der Ebenheit ausstrichen. Die Phänomene weisen auf starke Wasserfluten in Hochtälern, durch welche das Eisen zwischen Oberkreide und Eozän abgetragen und weitflächig umgelagert wurde. Indem sich dann im Tertiär/Pleistozän der Albtrauf ausbildete, wurde der Dogger mit dem Einfallen zurückgeschnitten und streicht jetzt z.B. bei Aalen in 550 m Höhe aus, d.h. etwa 80 m unter den Lagerstätten der Bohnerze oben auf der Alb. Der Prozess ist ein schöner Beleg für den Übergang Ebenheit – Hochtal – Kerbtal.

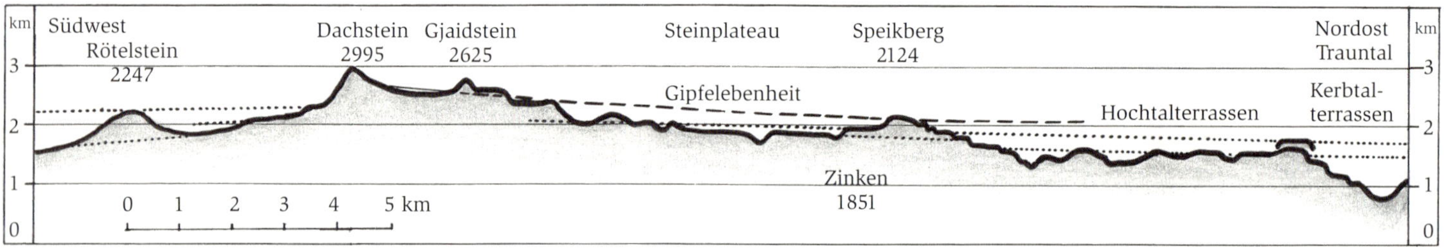

Beispiele der Talbildung in den Alpen

Auch in den Alpen kann überall die Entwicklung der Landschaft von der prätertiären Ebenheit über die tertiären Hochtäler zu den pleistozänen Kerbtälern beobachtet werden, obwohl hier die Gebirgsbildung ganz anders erfolgte als in den Mittelgebirgen und die Morphologie zusätzlich durch die Gletscher beeinflusst wurde. Die Ähnlichkeit der Großformen zeigt jedoch, dass die Entwicklungen während der atlantischen Epoche weltweit gewirkt haben und kosmische Rhythmen widerspiegeln. Auch hier können nur einige typische Beispiele angedeutet werden, die verschiedene Aspekte des Prozesses zeigen sollen. Ich beginne mit dem Übergang von den Ebenheiten in die Hochtäler am Beispiel des Dachsteingebietes und der Südtiroler Dolomiten; es folgt die Entwick-

Abb. 264: Die Gipfelebenheiten und Hochtäler der Ostalpen: Blick vom Hohen Dachstein (2995 m) nach Ostnordosten über den Hallstädter Gletscher vorn und das Steinplateau im Mittelgrund zum Grimming (2351 m, Bildmitte); rechts davon die Kammspitze (2140 m); links davon im Hintergrund das Tote Gebirge (Ebenheit bei 2000 m, Großer Priel 2515 m); davor das Trauntal (um 800 m).

Abb. 265: Morphologischer Schnitt durch das Dachsteingebiet etwa in gleicher Richtung wie die Fotos mit den Niveauflächen der Ebenheiten und Hochtäler; gering überhöht. Die Autoren unterscheiden 4 Hauptniveaus und 12 Unterniveaus, die ich etwas zusammengefasst habe. (Umgezeichnet und vereinfacht nach Winkler-Hermaden, Wien 1957; Machatschek, Seefeldner.)

Abb. 266: Blick vom Hohen Dachstein nach Westsüdwesten auf die Gipfelebenheit der Hohen Tauern bis zum Großglockner (3798 m, im Hintergrund links) und Großvenediger (3674 m, rechts); davor eine zweite, tiefere Ebenheit im Niveau der Radstädter Tauern (2000 – 2300 m), die nach dem Ennstal im Mittelgrund (um 850 m) abfallen. Im gleichen Niveau der lange Rücken des Rossbrand (1770 m, im Mittelgrund), fortgesetzt bis zum Hochgrindeck (1827 m); davor das Tal des Fritzbaches mit Filzmoos (um 1000 m) und der Rötelstein (2247 m) vorn rechts; ganz rechts hinten der Abhang des Hochkönig (2941 m). Die Hochtalebene am Fuß des Rötelsteins dürfte zusammen mit dem Ramsau-Niveau in 1500 m dem Präglazial entsprechen; darunter liegt die Mittelterrasse. Die Haupttalrichtungen wurden entlang großer tektonischer Bruchzonen angelegt.

lung der Hochtäler im Gotthardgebiet und der Übergang zum Kerbtal im Unterengadin und in Kärnten.

Im **Dachsteingebiet** wird die höchste Gipfelflur von 2800 – 3000 m ins Oligozän gestellt; die Gipfelebenheiten von 2200 – 2600 m (K1, K2, K3) ins obere Miozän (Sarmat); die Hochtalebenen zwischen 1400 und 1900 (St1, St2, St3, St4) ins Pliozän (Pannon); die Terrassen zwischen 1000 und 1400 m (L1, L2, H1, H2) und 800 bis 1000 m (P) unmittelbar ins Präglazial. Die bedeutendsten Niveauflächen lassen sich mit großer Wahrscheinlichkeit in angrenzende Gebiete verfolgen. Daraus ergibt sich, dass das Ostalpengebiet insgesamt vom Oligozän an über die kontinentalweite Ebenheit herausgehoben und dabei nur leicht aufgewölbt wurde, wobei sich in den gleichen Rhythmen die Täler entsprechend eingeschnitten haben.

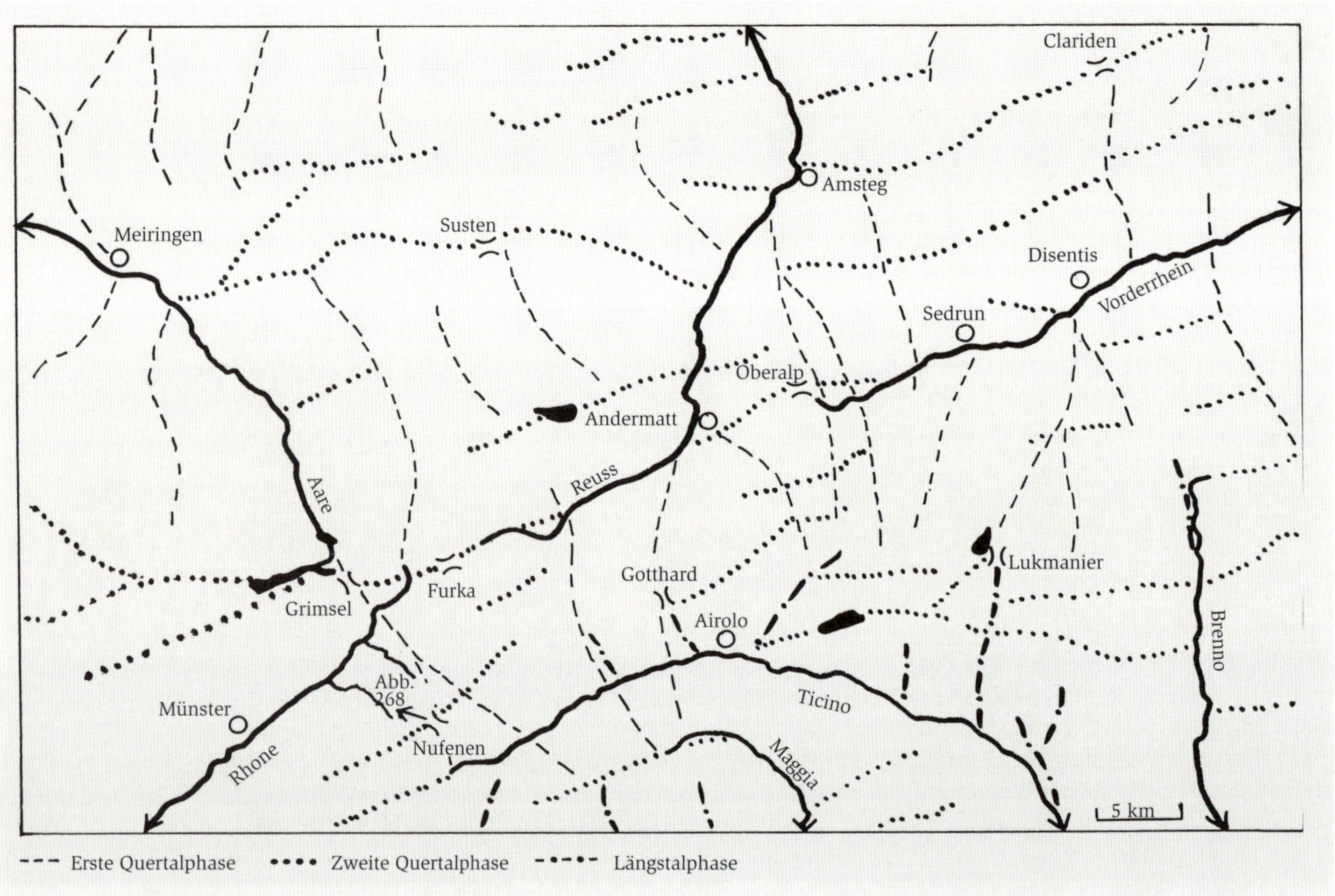

Clariden
Amsteg
Meiringen
Susten
Disentis
Sedrun
Vorderrhein
Oberalp
Andermatt
Aare
Reuss
Lukmanier
Gotthard
Furka
Grimsel
Airolo
Brenno
Abb.
268
Münster
Ticino
Nufenen
Rhone
Maggia
5 km
Erste Quertalphase
Zweite Quertalphase
Längstalphase

Finsteraarhorn
4274
Schreckhorn
4078
Gipfelebenheit 3200 m – 3400 m
Hochtal
Kerbtal

In der **Zentralschweiz** liegt die Ebenheit in Gipfelhöhe – von den Geographen auch «Gipfelflur» genannt – im Aaremassiv am höchsten, bezogen auf den Längs- und Querschnitt der Alpen. Sie wird nur überragt von Härtlingen, wie die Amphibolitspitze des Finsteraarhorns (nebenstehende Abb.). Je weiter sich die Hochtäler zu den Kerbtälern eingeschnitten haben, desto stärker wird die Talmorphologie durch die Härteverhältnisse der Gesteine und die tektonisch geprägten Schwächezonen modifiziert. Das zeigt besonders deutlich die tektonische Längszone des Tavetscher Zwischenmassivs: Rheintal – Urserental – Rhônetal mit seinen weichen Konglomeraten und Schiefern.

Hans Heierli (1963) beschreibt, wie sich die fünf großen Flusssysteme der zentralen Schweiz im Gotthardgebiet entwickelt haben. Im Oligozän, als die Gebirgshebung begann, überragten in diesem Gebiet die ersten langgestreckten Inselzüge die Ebenheit. Die ältesten, breiten Hochtäler waren vor allem nach Norden und Süden ausgerichtet, also als Quertäler zur Richtung des Gebirges. Ihre Anlagen sind heute noch gut im Gelände zu verfolgen. Die Wasserscheiden lagen wesentlich weiter südlich als heute. Die Ur-Reuss und Ur-Aare begannen im Gebiet der heutigen Lage von Ticino und Maggia; der Ur-Rhein floss aus dem obersten Engadin und Bergell über den Kunkelspass Richtung Säntis.

Im unteren und mittleren Miozän bewirkte der Deckenvorschub, dass die Hauptwasserscheide nach Norden verlagert wurde. Entlang der Deckenstirnen entstanden die Längstäler. Sie wurden besonders stark durch die Gesteinsunterschiede an den Stirnseiten der Decken beeinflusst. Ältere Quertäler wurden dabei abgelenkt. Die Ur-Aare floss über die Urserenmulde und die Furka zum Grimsel und nahm den südlichen Oberlauf der Ur-Reuss auf; die Rhône dafür den Oberlauf der Ur-Aare. Auch der Vorderrhein griff über den Oberalppass bis in die Urserenmulde zurück; der Hinterrhein wurde mehrfach in die Längsrichtung abgelenkt. Gleichzeitig stieg das Gebirge weiter auf, wobei die großen tektonischen Blöcke differenziert gehoben wurden. So wurde im oberen Miozän und Pliozän entlang von Nord-Süd-Zonen eine zweite Quertalrichtung bewirkt. Dadurch schnitten vor allem die nach Süden fließenden Flüsse mit größerem Gefälle tiefer ein. Da das Erosionsniveau des Mittelmeers in der Kerbtalphase tiefer lag als heute, wurden die Taleinschnitte am Ende der Eiszeit teilweise wieder aufgefüllt. So entstanden die ebenen Talauen, welche von den steilen Flanken der Kerbtäler begrenzt werden (Abb. 280, S. 498).

In den **Dolomiten** (Abb. 269) schneidet die oberste Gipfelebenheit um 3000 m, geologisch betrachtet, in der Bildmitte diskordant eine Mulde von Dachsteindolomit an, während die Berge rechts und links und der Vordergrund aus Schlerndolomit bestehen. Das zeigt wieder, wie die Ebenheiten primär nicht von den Schichtstufen bestimmt wurden. Unter diesem Niveau kann man mit Heissel (1982) drei Verebnungen unterscheiden, die meines Erachtens den Hochtäler entsprechen. Sie liegen etwa im gleichen Niveau, sind ebenfalls relativ unabhängig vom Gestein des Untergrundes und entsprechen in der Höhe und im Alter Flächen- und Talsystemen auch außerhalb der Dolomiten. Sie werden von Heissel (1982) auf Grund morphologischer Vergleiche ins mittlere bis obere Miozän gestellt. Ihre Niveaus liegen in folgenden Höhen:

1. 2600 bis 2800 m z.B. Sella-Plateau, Pale di S. Martino;
2. 2400 bis 2500 m z.B. Puez, Rosengarten, Cristallo-Ebenheit, der Schlernpass, die meisten Kare und hohen Talschlüsse;
3. 2000 bis 2300 Fanes-Alm, Drei-Zinnen-Plateau, Monte Piano, zahlreiche Pässe: Pordoi-Joch, Sella-Joch, Grödner Joch u.a., Seiser Alm, Pralongia. Gerade diese Pässe zeigen, dass es sich um alte Hochtäler handelt, die zwischen den Felsmassiven mit ihren Gipfelebenheiten liegen.

Abb. 267: Die alttertiären Hochtäler im Gotthard-Gebiet im Verhältnis zu den heutigen Flussläufen. (Umgezeichnet nach Heierli 1963.)
Abb. 268: Ein Beispiel für die alpine Landschaftsentwicklung: Blick vom Nufenenpass (2478 m) nach Westen ins Agenetal, welches bei Ulrichen (1350 m) in das Rhônetal mündet. Dahinter die Berner Alpen mit ihrer Gipfelebenheit, über die nur einige Spitzen herausragen. Die Talschulter links (2200 m) gehört zum Hochtal, das quer zur Bildebene verläuft (siehe Karte). Die Berghänge bis kurz unter die Gipfelebenheit wurden vom Gletschereis geglättet. Blickpunkt und -richtung auf obiger Karte.

Abb. 269: Blick vom Drei-Zinnen-Plateau nach Westen auf die Morphologie der Südtiroler Dolomiten. Gipfelebenheit erstreckt sich vom Cristallo (links: 3216 m) über Hohe Geisl (Mitte: 3146 m) bis zum Dürrenstein (rechts: 2839 m). Davor der Abhang des Hochtals, abfallend von den Strudelköpfen (rechts: 2307 m) bis zum Knollkopf (Mitte: 2204 m), dem Monte Piano (Mittelgrund davor: 2320 m) und dem Standort des Betrachters (2330 m). Von hier aus fällt das Kerbtal der Schwarzen Renz (rechts) bis auf 1400 m ab.

Auch in den Alpen begann wie in den Mittelgebirgen mit dem Pleistozän die Kerbtalphase. Die Täler wurden jeweils vor der Vergletscherung eingetieft. Die Terrassenreste entsprechen auch hier den Haupteiszeiten (Abb. 270). Unter dem Eis wurde das Gestein durch die Frostverwitterung gelockert, und die **Gletscher** transportierten alles Lockermaterial ins Vorland. Da die Tiefenverwitterung nicht nur unter dem Eis, sondern auch nach den Talseiten wirkte, entstand die charakteristische U-Form der Täler mit ihren steilen Flanken. Die Talböden und -flanken wurden bis an die Oberkante des Eises geglättet. Diese Grenze ist im Gelände gut zu verfolgen, da die höheren Bergspitzen zackiger blieben (Abb. 271). Am stärksten war die Frostverwitterung im Nährgebiet der Gletscher, da hier das Eis auch in den Zwischeneiszeiten kaum auftaute. So bildeten sich die Kare aus. Solche übertiefte Kessel konnten dort ausgeräumt werden, wo weichere Gesteine am Talboden anstehen oder Störungen kreuzen. Mitunter wird die Meinung vertreten, dass die Alpentäler oder auch die Fjorde insgesamt durch das Eis ausgeräumt worden seien. Das kann aber nur auf den Anteil an gelockertem Material zutreffen. Diese Vorstellung ist nicht aus der Beobachtung begründet, sondern entstand für die Alpen wohl aus dem Problem, die Entstehung der norwegischen Fjorde zu erklären, ohne dort den Wasserspiegel der Ozeane wesentlich zu verändern, worauf noch eingegangen wird (Abb. 282, S. 503).

Purtscheller (1978, S. 52) beschreibt für das **Ötztal-Stubaier-Massiv** die Absenkung der Ebenheiten von der Gebirgsmitte bis zum Rand. Die Gipfelebene des

Abb. 270: Blick vom Höhenrain (1957 m) des Dobratsch (2166 m), westlich von Villach in Kärnten, nach Osten, Richtung Klagenfurt. Im Tal liegt Villach, an der Mündung der Gail (von rechts) in die Drau (von links), welche nach rechts hinten weiterfließt. Hinter Villach der Wörther See; rechts die Karawanken mit der Gipfelebene, die ins Miozän gestellt wird. Das Niveau des weiten, präglazialen Hochtales liegt in der Höhe des Betrachters und der Talwolken im Hintergrund; darunter die Terrassen des Pleistozäns. Die aufgeschütteten Talauen zeigen, dass das Tal noch tiefer eingeschnitten war und späteiszeitlich aufgefüllt wurde (s. Abb. 280, S. 499). Die Haupttäler folgen deutlich großen tektonischen Bruch- und Überschiebungszonen. Hier konnten die zerrütteten Gesteine leichter ausgewaschen werden.

Alpenhauptkammes ist in diesem Gebiet eine recht einheitliche Fläche in etwa 3700 m Höhe, die nach Norden hin bis auf 2800 – 2700 m südlich des Inntales abfällt. Die nächste Verebnung darunter zeigt bereits die Basis der älteren, quer zum Alpenkamm verlaufenden Hochtäler an (Abb. 271 – 274, S. 496f.). Sie wird von Purtscheller als «mitteltertiäre Landoberfläche» bezeichnet, d.h. Oligozän/Miozän. Sie liegt im inneren Ötztal bei 2800 – 2700 m, wo sie die Unterfläche der Gletscherkare bildet. Das stimmt in der Höhe auch mit dem Dachsteingebiet überein. Von diesem Niveau fällt sie auf 2200 – 2000 m im Inntal ab. Es fehlen zwar auch hier Altersbelege durch Schotter, aber die Flächen lassen sich bis an den Alpenrand weiter verfolgen, wo sie eingestuft werden können. Alle tieferen Terrassenreste, also der jungtertiären Hochtäler und der pleistozänen Kerbtäler, können nur sehr schwer parallelisiert werden.

Selten gut ist das tertiäre Hochtal des Inn (auf der Karte Abb. 274 hellgrau) auf der Pillerhöhe zu sehen, weil es heute noch in seiner Morphologie erhalten ist und nicht nur Terrassen übrig geblieben sind. Das liegt daran, dass der Flusslauf vor der Eiszeit an der Pillerhöhe das Tal verlassen und sein heutiges Bett über Landeck nach Imst eingekerbt hat. Im alten Inntal hat sich der Pitzbach zwischen Wenns und Pitztal eine tiefe Schlucht gegraben. Der präglaziale Lauf des Inn würde wohl der Längstal-

Gipfelebenheit
Hochtalterrasse
Kerbtal

Gipfelebenheit
Prägaziales Hochtal

Gipfelebenheit
Hochtalterrasse
Kerbtalterrassen

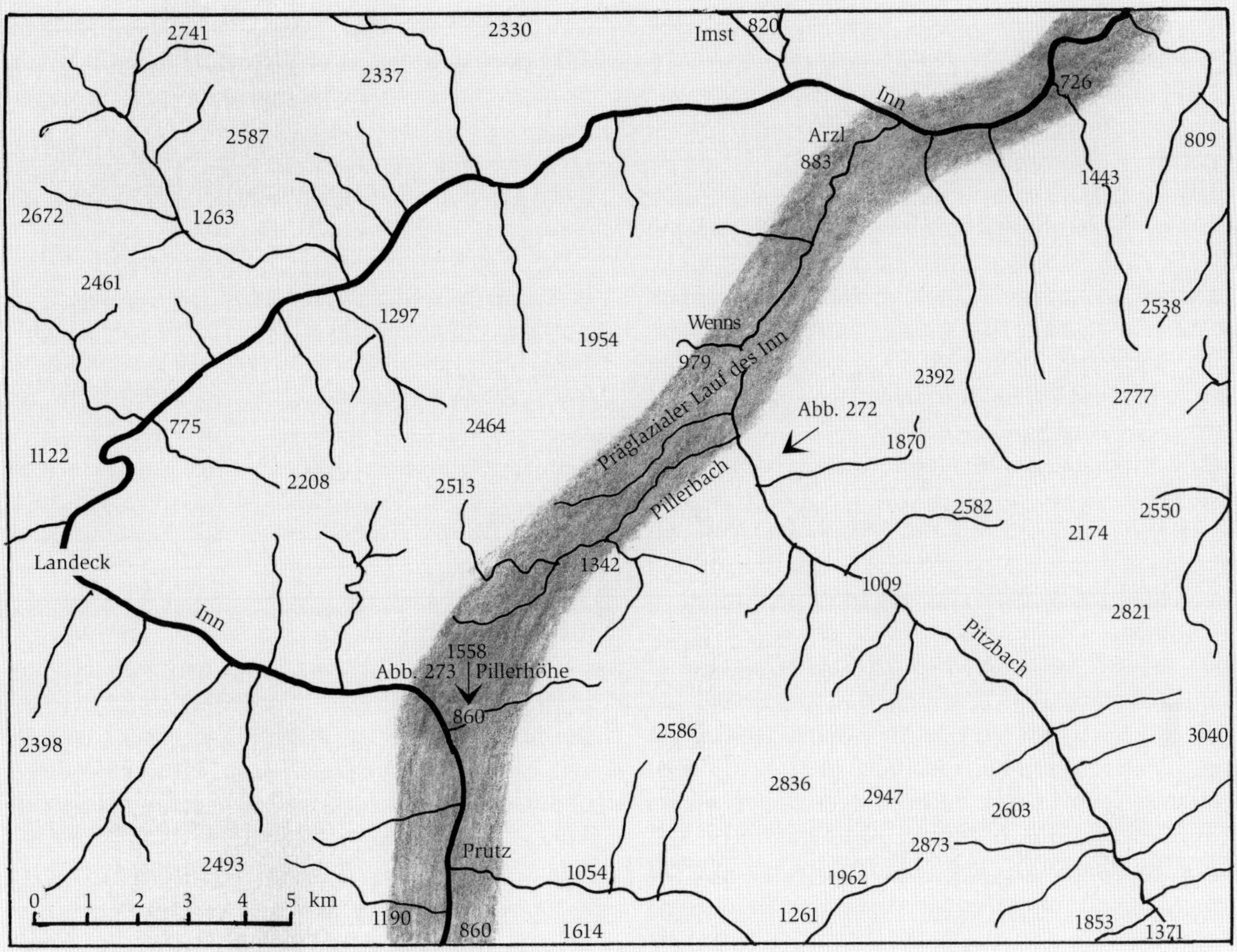

Abb. 274: Kartenskizze vom Lauf des Inn bei Landeck westlich Innsbruck.

Bilder von den Stufen der Landschaftsentwicklung im Inntal und im Ötztal-Stubaier Massiv.
Abb. 271: Blick von der Hohen Mutt oberhalb von Obergurgl im inneren Ötztal nach Norden.
Abb. 272: Blick oberhalb von Jerzens nach Südwesten auf die Pillerhöhe, das prägaziale Hochtal des Inn.
Abb. 273: Blick von der Pillerhöhe nach Süden in das pleistozäne Kerbtal des Inn.

phase im Gotthardgebiet entsprechen. – Gerade diese Entwicklungen belegen einerseits sehr gut die drei Stufen Ebenheit – Hochtal – Kerbtal während des Quartärs auch in den Alpen. Andererseits zeigen sie, dass die Täler in erster Linie durch Erosion und nicht durch Gletscher eingeschnitten wurden. Zum Dritten belegt die erwähnte zeitliche Einstufung der Hochtäler, wie sie Heierli im Gotthardgebiet und Purtscheller im Inntal beschreiben, dass keine größeren Gesteinsmächtigkeiten oberhalb der heutigen Gipfelebenheiten abgetragen worden sind. Für eine «Regionalmetamorphose» wären 20 – 30 km Versenkungstiefe erforderlich (s. S. 301), die niemals zwischen dem Beginn der Alpenhebung und der Auswaschung der Hochtäler hätten abgetragen werden können.

Verschüttete Täler unter dem Meeresspiegel

Flüsse können sich nur so tief einschneiden, wie ihre Mündung im Ozean liegt. In den letzten Jahrzehnten wurden nun immer mehr Beispiele gefunden, wo tiefe Täler weit unterhalb der Meeresoberfläche eingeschnitten sind und z.T. anschließend wieder mit Lockermaterial ausgefüllt wurden. An diesen Phänomenen kann die Frage geklärt werden, wann die Ozeanbecken gefüllt wurden, d.h. wann sich die Lebenssphäre in Wasser und Luft getrennt hat. Um diese Frage zu untersuchen, habe ich aus den weltweit zahlreichen Beispielen einige ausgewählt, welche verschiedene Aspekte beleuchten können.

Ich beginne mit dem **Tal des Nil** und einigen Beispielen aus dem europäischen Mittelmeerraum. Auf den präkambrischen Gneisen des afrikanischen Kontinentalschildes lagern im Gebiet von Ägypten und Lybien 2000 – 3000 m mächtige Kalk-, Sand- und Tonsteine des Jura und der Kreidezeit. Die Schichten lagern waagrecht über weite Flächen und fallen nach Norden hin allmählich in das Gebiet ein, welches dann zu den Alpen aufgeschoben wurde (Abb. 231, S. 438). Auf dieser Ebenheit bildete sich im Eozän und Oligozän im Bereich des heutigen Nil eine 200 – 400 km breite, sehr flache Stromrinne, die bis in den heutigen Sudan hinein durch grobes, sandiges Material belegt ist (Abb. 278). Sie könnte den bisher geschilderten Hochtälern entsprechen. Parallel zum Aufreißen des Roten Meeres am Ende des Alttertiärs entstanden Dehnungsbrüche, an denen im ägyptischen Gebiet effusive Basalte aufdrangen. In der Sahara bildeten sie bis zu 1000 m mächtige Flutbasaltdecken (Abb. 275, 276).

Wichtig ist nun, dass in die bisherigen Schichten des Alttertiärs im Miozän ein Kerbtal eingeschnitten wurde, welches z.B. im Gebiet von Kairo etwa 2000 m tief ist, bei einer Breite von 10 – 15 km zwischen den Mokkatambergen und den Pyramiden. Im nördlichen Delta liegt das Miozän sogar bis über 4000 m tief diskordant auf dem Alttertiär (Abb. 275). Der Taleinschnitt verläuft Nord–Süd, ist unter dem ganzen Niltal nachgewiesen (Abb. 277) und hat bei Assuan noch eine Tiefe von 200 m unter der kreidezeitlichen Ebenheit. Entsprechend dem Haupttal haben sich die Zuflüsse von beiden Seiten eingetieft. Das zeigt auch, dass es kein tektonisch angelegter Grabenbruch ist, wenn auch einzelne kleinere Störungen auftreten. Der Paläonil konnte dieses canyonartige Tal im Miozän nur unter der Voraussetzung einschneiden, dass das Mittelmeer kein Wasser hatte! Die Erdölerkundung im Niltal hat detaillierte Tiefenlinien der diskordanten Miozänbasis geliefert.

Die drei Schnitte zeigen, dass das ganze Kerbtal einschließlich seiner Nebentäler danach durch die Anschwemmungen des Nil wieder aufgefüllt wurde (in den Schnitten punktiert). Das geschah während des Jungtertiärs und Quartärs parallel mit dem Anstieg des Wasserspiegels vom Mittelmeer. Noch im Pliozän reichte ein schmaler Meeresarm in der Breite der heutigen flachen Nilaue bis oberhalb von Luxor. An den Steilwänden, welche diesen einzigartigen Talraum und die einmündenden Wadis beidseitig begleiten, kann man noch sehr gut die Breite des miozänen Kerbtales erkennen. Kommt man aus diesem Taleinschnitt herauf, so steht man auf der Ebenheit, welche sich weit über große Gebiete Nordafrikas erstreckt. Sie hatte sich bis zur Kreidezeit durch die wirbelnde Wasser-Luft-Sphäre ausgebildet, welche das zerfallende Lockermaterial in die Ablagerungssenken transportierte. Bilder aus der Sahara zeigen vielfach solche Ebenheiten mit ihren weiten Hochtälern. Mit dem Niederschlag der Wasser wurden sie in eine Landschaft aus Kerbtälern und Tafelbergen zerschnitten. Alles Grundwasser in der Wüste stammt aus diesen pleistozänen Niederschlägen. Eine entsprechende Klimaentwicklung wird durch Verwitterungsrückstände und Paläoböden in den heutigen Wüsten charakterisiert. In der westlichen Sahara war bis ins Pliozän noch tropischer Wald; ab Oligozän erscheinen Lateritkrusten; ab Miozän Phosphate, Kaolin und Kieselkongretionen; ab Pleistozän Eisenkrusten und Kalkkrusten. Noch bis zum Alten Reich gab es Steppen mit reicher Tierwelt auf den Ebenheiten, wo jetzt Wüste ist (s. S. 462, 463 zur Atlantisfrage). Diese Ebenheiten aus der späten Kreidezeit können weltweit auf allen Kontinenten beobachtet werden.

Ein weiteres Beispiel betrifft die Salinarschichten aus dem Miozän, welche unter dem **westlichen Mittelmeer** zwischen der französischen Küste, Sardinien, Afrika und den Balearen verbreitet sind und unter dem östlichen Mittelmeer von Sizilien bis an die israelische Küste. Sie setzen sich fort im Graben-

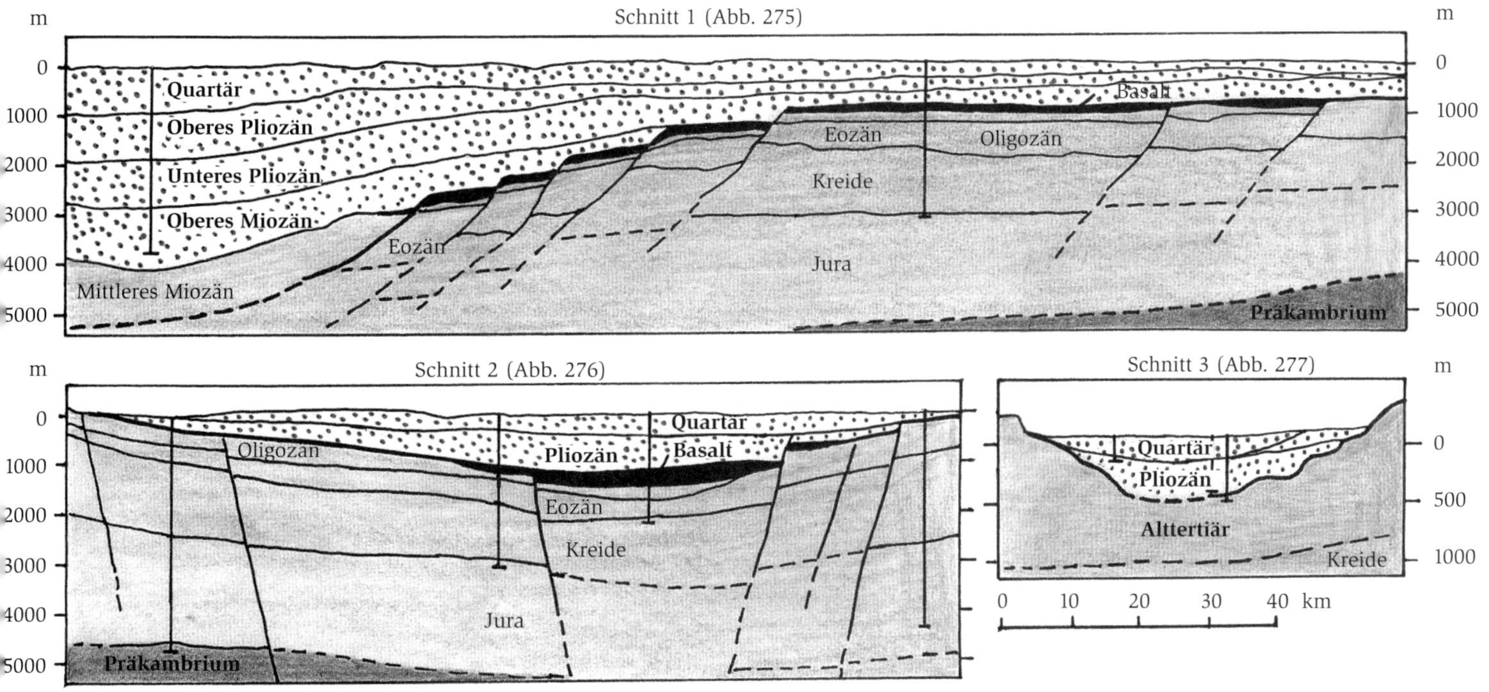

bruch des Roten Meeres, wo in der gleichen Epoche etwa 600 m mächtige Salinarfolgen entstanden sind, die nach dem Golf von Suez hin bis auf 3000 m ansteigen. Nach Westen hin sind sie vergleichbar mit einer ähnlichen Salinarfazies während des Jura im Atlantik (Abb. 290, 291, S. 514; Abb. 242, S. 448).

Zu ihrer Entstehung werden verschiedenste Modelle diskutiert (z.B. Sonnenfeld in: Stanley 1985). Man hat ernsthaft berechnet, dass die gesamte heutige Wassermasse des Mittelmeeres etwa zwanzig Mal eingedampft worden sein müsste, um diese Salzlager abzuscheiden; oder dass durch die Straße von Gibraltar ständig neues Wasser nachfloss und im Becken verdunstete; oder einen Wasserfall bei Gibraltar; oder den «Einbruch des Mittelmeeres» im Miozän um mehrere tausend Meter; oder eine langsame Absenkung während der Verdunstung des Wassers; oder die Konzentration durch Strömungsschichtung im Tiefwasser und anderes mehr. Von einer Luft-Wasser-Sphäre aus gesehen, wären diese Salinare ein weiterer interessanter Hinweis darauf, dass das heutige Mittelmeerbecken bis zum Miozän bestenfalls mit einem Flachmeer erfüllt war, weil sich die Wassermassen hier noch nicht niedergeschlagen hatten. Die erwähnten Salze wären die letzten primären Substanzniederschläge (s. S. 273, 378) – entsprechend

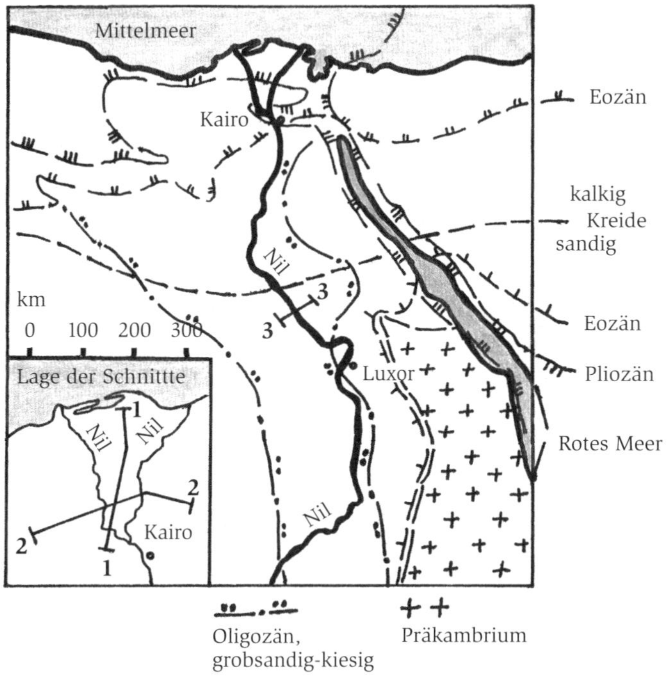

Abb. 275 – 277: Geologische Quer- und Längsschnitte durch das Tal des Nils in Ägypten, aus denen etwas über die Geschichte des Mittelmeeres abgelesen werden kann.

Die Karte Abb. 278 zeigt dazu die Verbreitung der Tertiär-Formationen und die Lage der Schnitte im Nildelta und bei Sohàg. (Nach Said 1981, 1990.)

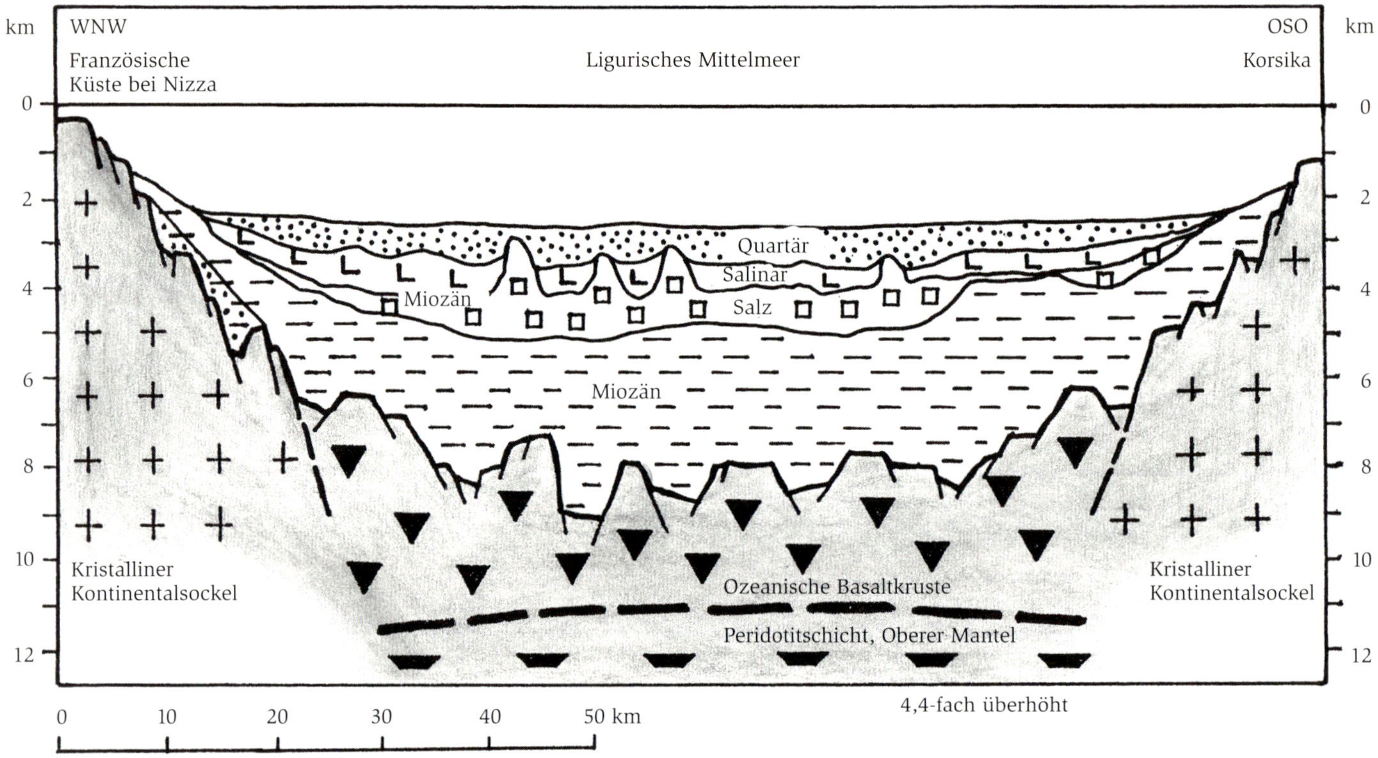
km
WNW
Französische
Küste bei Nizza
Ligurisches Mittelmeer
OSO
Korsika
km
0
2
4
6
8
10
12
Quartär
Salinar
Miozän
Salz
Miozän
Kristalliner
Kontinentalsockel
Ozeanische Basaltkruste
Peridotitschicht, Oberer Mantel
Kristalliner
Kontinentalsockel
0
10
20
30
40
50 km
4,4-fach überhöht

Hochtal
Gipfelebenheit
Verschüttetes Kerbtal

Abb. 297: Überhöhter Schnitt durch den Boden des Mitelmeers von der Französischen Küste nach Korsika. Bei dem Abdrehen von Korsika (Abb. 231, S. 438) erstarrte die ozeanische Kruste. Über ihr lagerten sich seit dem Miozän 6000 m Deck- und Lockergebirge ab. Darin sind bis zu 1500 – 3000 m mächtige Salinarschichten enthalten. Sie wurden im Miozän über der basaltischen Kruste abgelagert. (Umgezeichnet nach Rehault u. a. 1985).

wie in den mobilen Zonen der heutigen Hochgebirgsgürtel, in denen vorher im Erdmittelalter die Kalksteine abgeschieden wurden.

Ein weiteres Beispiel zeigt das Tal der Etsch. Die Etsch fließt von Bozen aus durch die breite Talaue und dann, weiter nach Süden durch eine Talenge, erreicht bei Verona die Po-Ebene in 60 m Höhe und mündet südlich von Venedig ins Adriatische Meer. Das Tal ist ein Beispiel für ein **verschüttetes Kerbtal** in den Südalpen. An der Form des Tales fällt auf, dass die steilen Flanken unvermittelt in eine völlig ebene Talsohle übergehen. Das zeigt, dass das Kerbtal einmal viel tiefer eingeschnitten war und anschließend durch das Material des Flusses aufgeschottert wurde. Das wird verständlich, wenn man bedenkt, dass während der hauptsächlichen Eintiefung des Tales noch viel weniger Wasser im Mittelmeer war. Erst mit dem Anstieg wurde auch die Po-Ebene aufgeschottert und das Erosionsniveau höher gelegt, während gleichzeitig die Täler aufgefüllt wurden. Diese Entwicklung entspricht der des Niltales.

In den südlichen Alpen war die Entfernung zum Becken des heutigen Mittelmeeres kürzer als im Norden, dadurch waren die Höhenunterschiede zwischen Gipfelebene, Hochtal und Kerbtal besonders groß. Aber auch am nördlichen Alpenrand lag das Erosionsniveau noch viel tiefer, da die Molassesenken des Alpenvorlandes, des Wiener Beckens und des Pannonischen Beckens ebenfalls noch nicht aufgefüllt waren. Diese Senken wurden vor allem im Miozän und Pliozän mit 3000 – 5000 m mächtigem Abtragungsschutt aus den Alpen aufgefüllt, wobei natürlich gleichzeitig der Beckenboden einsank. Dadurch konnten die Alpentäler überall wesentlich tiefer eingeschnitten werden als das Niveau, auf dem sie heute aus dem Gebirge treten (s. auch Abb. 270, S. 493). Der Wechsel zwischen Meeres- und Süßwassermolasse im nördlichen Alpenvorland, der mit dem Oligozän/Miozän einsetzte, zeigt auch, dass mit der Trennung der Wassermassen der Kreislauf des Wassers begann.

Abb. 280: Das Tal der Etsch (= Adige, 250 m) südlich von Bozen/Südtirol. Blick von der Montagna-Terrasse südlich von Ora (= Auer, Ort im Tal links) nach Norden; über dem Ort links der Mitterberg (610 m); dahinter links der Penegal (1737 m); am Talschluss rechts Bozen (265 m), dahinter die Hochtalverebnung des Salten (1200 – 1400 m); darüber die Gipfelebenheit mit den Spitzen der Sarntaler Alpen (2400 – 2600 m) östlich von Meran.

Bei den Alpen kommt noch hinzu, dass die Gletscher der letzten Eiszeit dort, wo die Täler das Vorland erreichen, ihre Endmoränen ablagerten. Die Alpenrandseen, z.B. der Lago Maggiore mit 680 m Tiefe, zeigen teilweise noch etwas von der ursprünglichen Tiefe der Erosionstäler. Die Flüsse, welche heute ins Mittelmeer münden, haben ihre Kerbtäler nur entsprechend der transportierten Schuttmenge auffüllen können. Wo wenig Material mitgebracht werden konnte wie z.B. auf dem Peloponnes, bildeten sich nach dem Meer hin dreieckige Mündungsebenen, die zu wichtigen Siedlungsgebieten wurden. Im Gegensatz dazu haben die großen Ströme wie der Nil, die Rhône oder der Po ihre Talböden aufgefüllt und große Deltas vorgebaut.

Zu den verschütteten Tälern unter dem Meeresspiegel gehören auch die Rinnen, welche in die tertiären Schichten des norddeutschen Tieflands eingeschnitten wurden (Abb. 281). Sie verlaufen in deutlichen Mäandern. Die tieferen haben V-Form, flachere mehr U-Form. Die Flanken können steil bis 60° einfallen. Die Rinnen sind mit Sanden ausgefüllt, welche durch den so genannten Lauenburger Ton des Holstein-Interglazials bedeckt werden, der nach der Elstereiszeit abgelagert wurde. Daraus ergibt sich, dass die Rinnen vor der Eiszeit eingeschnitten und nach der Elstereiszeit aufgefüllt wurden. Die Sande enthalten Süßwasser – im Gegensatz zu dem umgebenden salzwasserführenden Tertiär –, wodurch sie als Grundwasserspeicher wichtig wurden. Das zeigt wiederum den Umschwung vom Salz- zum Süßwasser-Niederschlag im Pleistozän.

Die Rinnen können bis zum Rand der Mittelgebirge verfolgt werden. Die gerissene Linie kennzeichnet die Nordgrenze der oberflächlich anstehenden

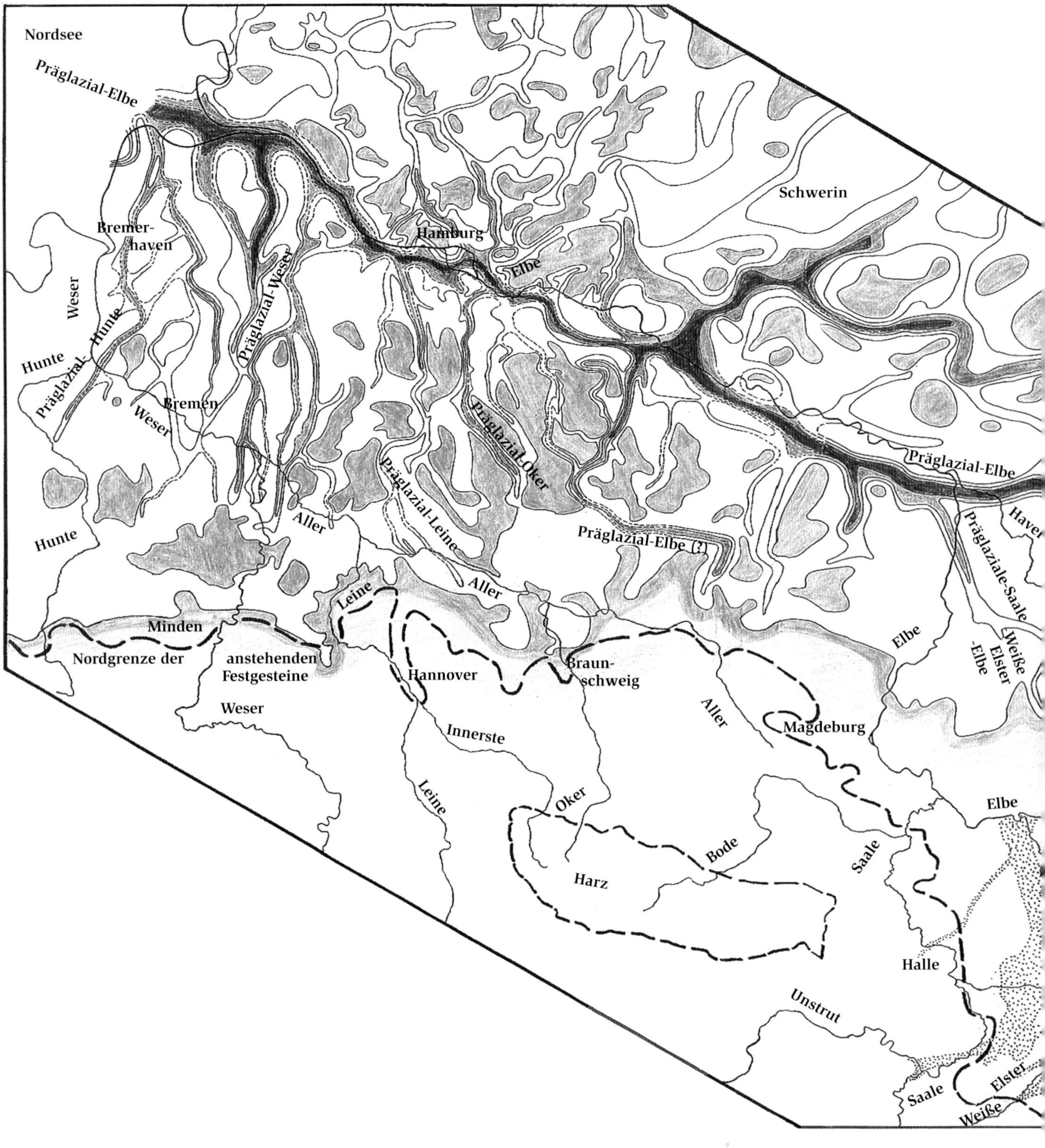
Nordsee
Präglazial-Elbe
Bremer-
haven
Weser
Präglazial-Hunte
Hunte
Präglazial-Weser
Bremen
Weser
Hamburg
Elbe
Schwerin
Präglazial-Oker
Präglazial-Leine
Aller
Präglazial-Elbe (?)
Präglazial-Elbe
Havel
Präglaziale-Saale
Weiße
Elster
-Elbe
Hunte
Aller
Leine
Minden
Nordgrenze der
anstehenden
Festgesteine
Hannover
Braun-
schweig
Elbe
Weser
Innerste
Aller
Magdeburg
Leine
Oker
Elbe
Bode
Saale
Harz
Halle
Unstrut
Saale
Elster
Weiße

Abb. 281: Das Talnetz der verschütteten voreiszeitlichen Flusstäler und Schotterflächen im Untergrund von Norddeutschland. (Nach Cepek 1966, Eißmann 1969, 1975, Kuster und Meyer 1979, Wolf 1992.)

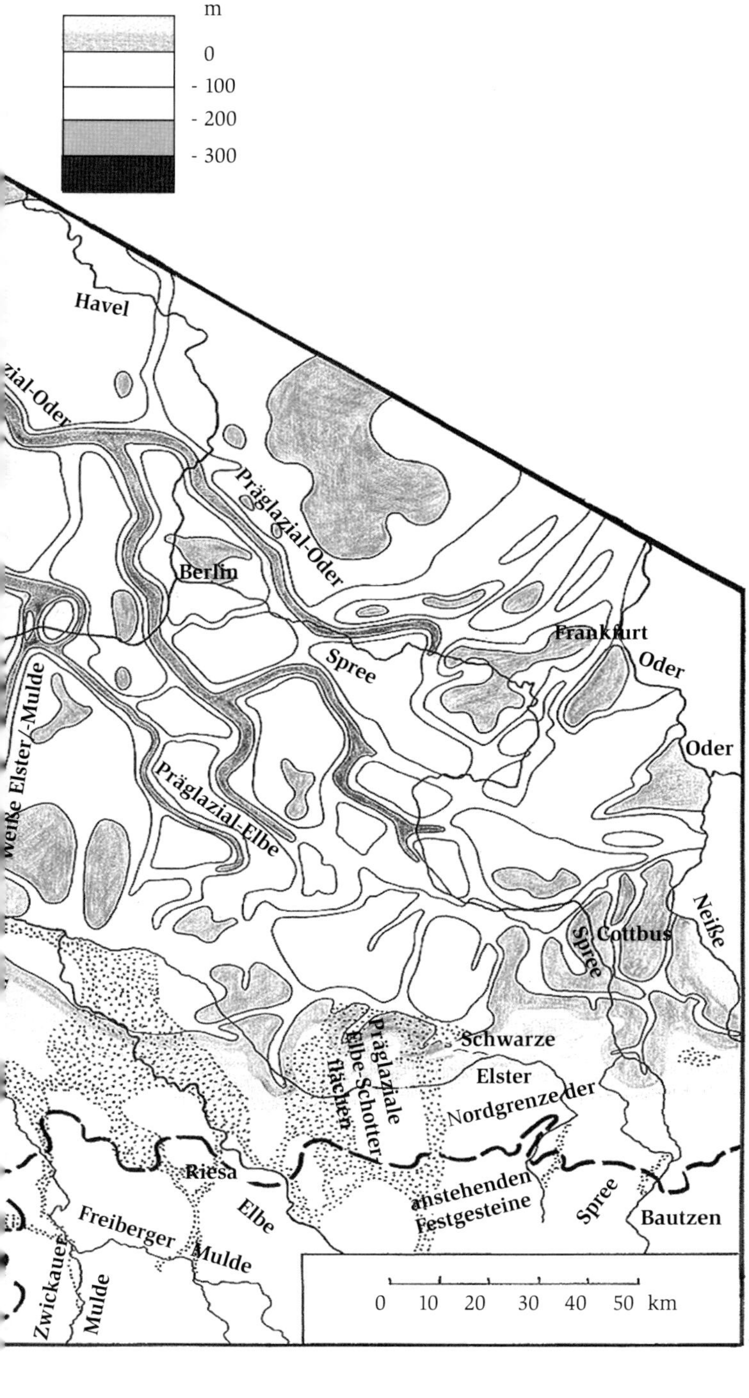

Festgesteine. Dort lassen sich die Rinnen an die größeren, von Süden kommenden Flüsse anschließen, welche im Westen durch Täler, im Osten durch tertiäre Schotterflächen gut belegt sind. Auch das Rinnensystem, welches östlich von Berlin weiter nach Nordwesten verläuft, ließe sich als ein präglaziales Bett der Oder auffassen, das vielleicht sogar zeitweise mit der präglazialen Elbe zusammenlief. Die meisten Täler kommen von Südosten; von Norden kommen nur wenige. Nach der Nordsee hin werden die Rinnen immer tiefer, vor allem im zentralen Elbegebiet. Die Hauptentwässerung liegt in der tertiären und pleistozänen Beckenachse. Die Rinnen setzen sich auch in die Deutsche Bucht hinein fort. Ihre genauere Erkundung ist dort erschwert, weil die aufsteigenden Eismauern die Morphologie nachträglich veränderten (Abb. 147, S. 259). Ähnliche Rinnen wurden aus Polen, Russland, den Niederlanden und England beschrieben.

Über die Entstehung dieser Rinnen sind in den letzten Jahrzehnten zahlreiche kontroverse Aufsätze erschienen. Verschiedene Autoren nehmen auch Talerosion an, gehen aber davon aus, dass durch die Eislast in Skandinavien sich auch die angrenzenden Gebiete um 400 – 500 m gehoben hätten. Das ist aber durch andere Phänomene nicht überzeugend belegbar. Die zur Zeit gängige Deutung geht von der Voraussetzung aus, dass der Wasserspiegel der Ozeane im Tertiär ähnlich dem heutigen war und nur in den Eiszeiten etwa 150 m tiefer lag. Um übertiefte Täler auszuwaschen, denkt man an Abflussrinnen unter dem Inlandeis in Fließrichtung der Gletscher, also nach Südwesten (Kuster und Meyer 1979, Ehlers 1991, 1994, S. 72). Die Karten werden dann entsprechend so konstruiert, dass die Rinnen nicht zur Nordsee hin abfallen, sondern von Nordost nach Südwest verlaufen und in der Mitte die tiefsten Bereiche haben (z.B. Ehlers 1994, Schwab 1996). Kann aber das Eis mehrere

Kilometer breite, flache Talsenken überspannen? Wo wäre das am Mittelgebirgsrand wieder auftauchende Wasser Richtung Nordsee geflossen? So denkt man an glaziales Aushobeln, wobei wieder die Richtung nicht stimmen würde; oder an Verflüssigung des Lockermaterials unter Eisdruck. Ein Hauptargument ist, dass die Täler wechselnd breit und tief sind. Da wäre zu fragen, ob die Bohrungen die Talmitte oder einen Umlaufberg getroffen haben? Warum sind die Rinnen hauptsächlich vor der Elstereiszeit entstanden und kaum bei den späteren Vorstößen? Wo sind die aktualistischen Beobachtungen an heutigen Gletschern? Zeigt nicht ein Gletschertor, dass eher das Eis ausgewaschen wird als der Untergrund? Wie sollen Seitentäler und Mäander durch subglaziale Schmelzwässer im Detail entstehen? Warum liegen die Rinnen in Verlängerung der Flüsse von Süden? Viele Fragen bleiben bei diesen Deutungen offen.

Ich sehe in diesen präglazialen Rinnen ein Flussnetz, welches an der Wende Tertiär/Pleistozän entstanden ist. Eine wirbelnde Luft-Wasser-Sphäre wirkte in Mitteleuropa während des Tertiärs noch überwiegend flächig abtragend und umlagernd. Dadurch wurden das norddeutsche und das Nordsee-Becken mit Ablagerungen von mehreren tausend Metern Mächtigkeit aufgefüllt, die salziges Porenwasser enthalten. Das Erosionsniveau lag noch niedriger, weil die Ozeane den heutigen Wasserstand noch nicht erreicht hatten. Erst vom Beginn des Pleistozäns an schlugen sich in unseren Breiten die Wassermassen nieder. Damit begann die stärker lineare bis mäandrierende Tiefenerosion. Dazu kommen als örtlich modifizierende Faktoren: Ausstrudelungen, subglaziale Erosion, härtere Schichten oder Salzstöcke im Untergrund etc. Da die Niederschläge vor allem erodierten und nicht aufschotterten, findet man naturgemäß wenig Abtragungsmaterial aus dem Süden. Die Rinnen wurden durch das elsterglaziale Gletschereis weiter ausgeschürft und erweitert. Durch das Schmelzwassser wurden sie dann mit Sanden aufgefüllt, die Süßwasser enthalten, da mit den pleistozänen Niederschlägen der Wasserkreislauf begann.

Ein klassisches Beispiel für die Talbildung während des Pleistozän sind die **Fjorde**, die man z.B. sehr schön im westlichen **Norwegen** studieren kann. Die zentralen Hochebenen liegen um 1400 – 1600 m. Im Bereich der Fjorde sind die Hochtäler bis auf 900 – 1200 m eingesenkt. Man bemerkt sie deutlich, wenn man auf die Hochebenen hinaufkommt. In das Niveau der Hochtäler wurden dann die steilen und tiefen Kerbtäler eingeschnitten. Dabei wurden die Mäander in ihrer Lage tiefer gelegt, wie wir schon bei der Mosel betrachtet haben (Abb. 257, S. 482). An den Talflanken sind meist nur wenige schmale Terrassen ausgebildet. Die nacheiszeitliche Aufwölbung von Skandinavien beträgt für das Gebiet, welches die Abb. 282 zeigt, nur etwa 50 – 80 m. Dieser Betrag erscheint also nur in den untersten Terrassen. Unter dem heutigen Wasserspiegel sind weitere Terrassen ausgebildet. Der Fjordboden fällt zum Atlantik hin bis auf über 1300 m ab. Die einmündenden Nebenfjorde werden vom zentralen Sognefjord meist beträchtlich unterschnitten. Das Längsprofil zeigt dabei Querschwellen, die vor allem im Küstenbereich bei nur 150 – 250 m Wassertiefe liegen. Sie könnten auch als Endmoränen weichselglazialer Rückzugsstadien gedeutet werden, solange nicht belegt ist, dass es Festgesteinsriegel sind. Holtedahl (1975) zeigt in Quer- und Längsprofilen, dass der Hardangerfjord eine ähnliche Morphologie wie der Sognefjord hat. Er schneidet bis auf 900 m unter das heutige Meeresniveau und hat ebenfalls Querschwellen im Küstenbereich, die sich dort auf den angrenzenden Inseln in Endmoränenzügen fortsetzen (Holtedahl 1975, S. 81). Das bestätigt die naheliegende Annahme, dass es sich bei den Querschwellen um Moränen handeln könnte, die quer zum Fjord verlaufen.

Abb. 282: Der Sogndalsfjorden in Norwegen, ein Nebenarm des inneren Sognefjords. Blick über dem Barsnesfjorden nach Südwesten. Am rechten Ufer Sogndal (So), dahinter der Sogndalsfjorden, der im Hintergrund in den Sognefjord mündet; darüber der Fresvikbreen (1660 m). Der Sognefjord verläuft im Mittelgrund quer zur Blickrichtung und setzt sich nach rechts hinten fort, wo er zwischen Vangsnes (Va) und Balestrand (Ba) wieder nach Süden (links) abbiegt. (Gezeichnet nach einer Luftbildpostkarte von Camera Bergum, Sogndal.)
Abb. 283: Situationskarte zur Abb. 282, die von der rechten oberen Ecke der Karte aus gesehen ist. Die Höhenangaben entsprechen denen auf der Zeichnung; Minuswerte sind Fjordtiefen. Die Entfernung von Sogndal bis zu Küste beträgt etwa 150 km.

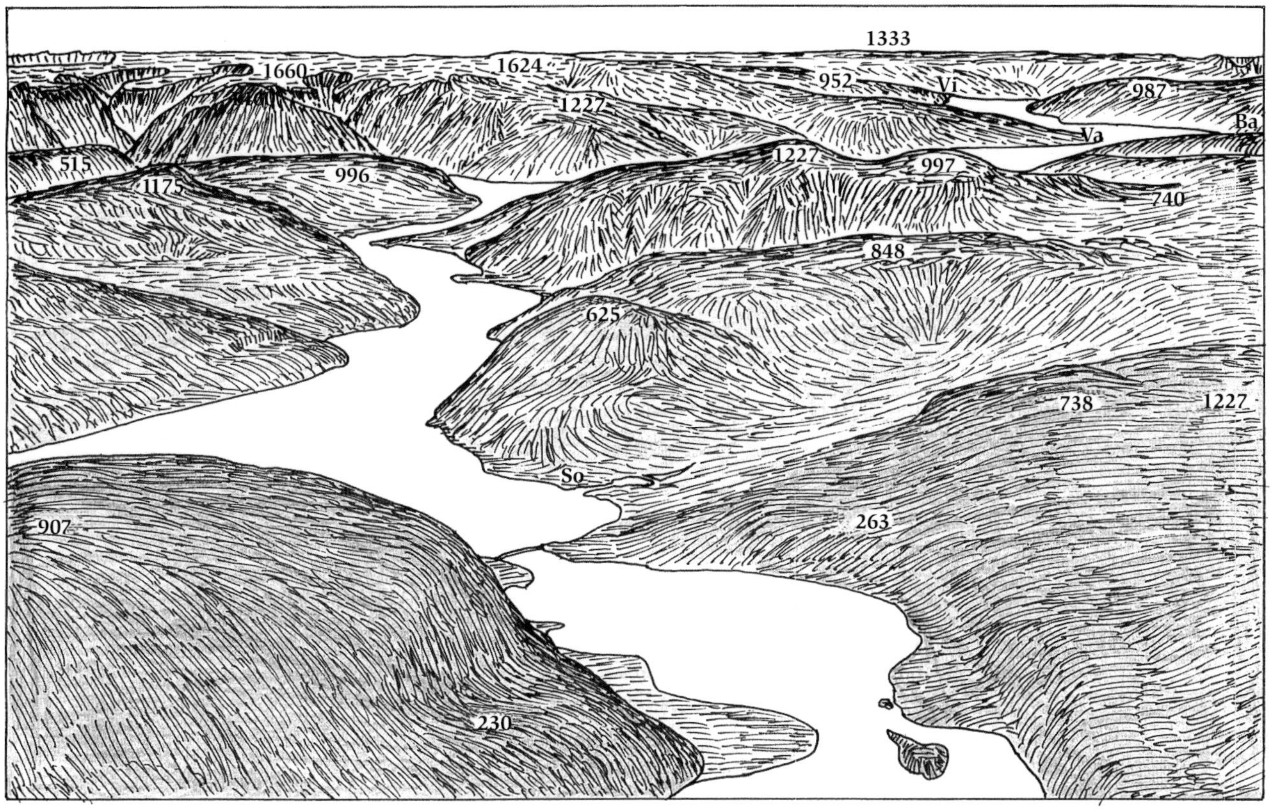

1333
1660
1624
952
Vi
987
1227
Ba
Va
515
1175
996
1227
997
740
848
625
738
1227
So
907
263
230

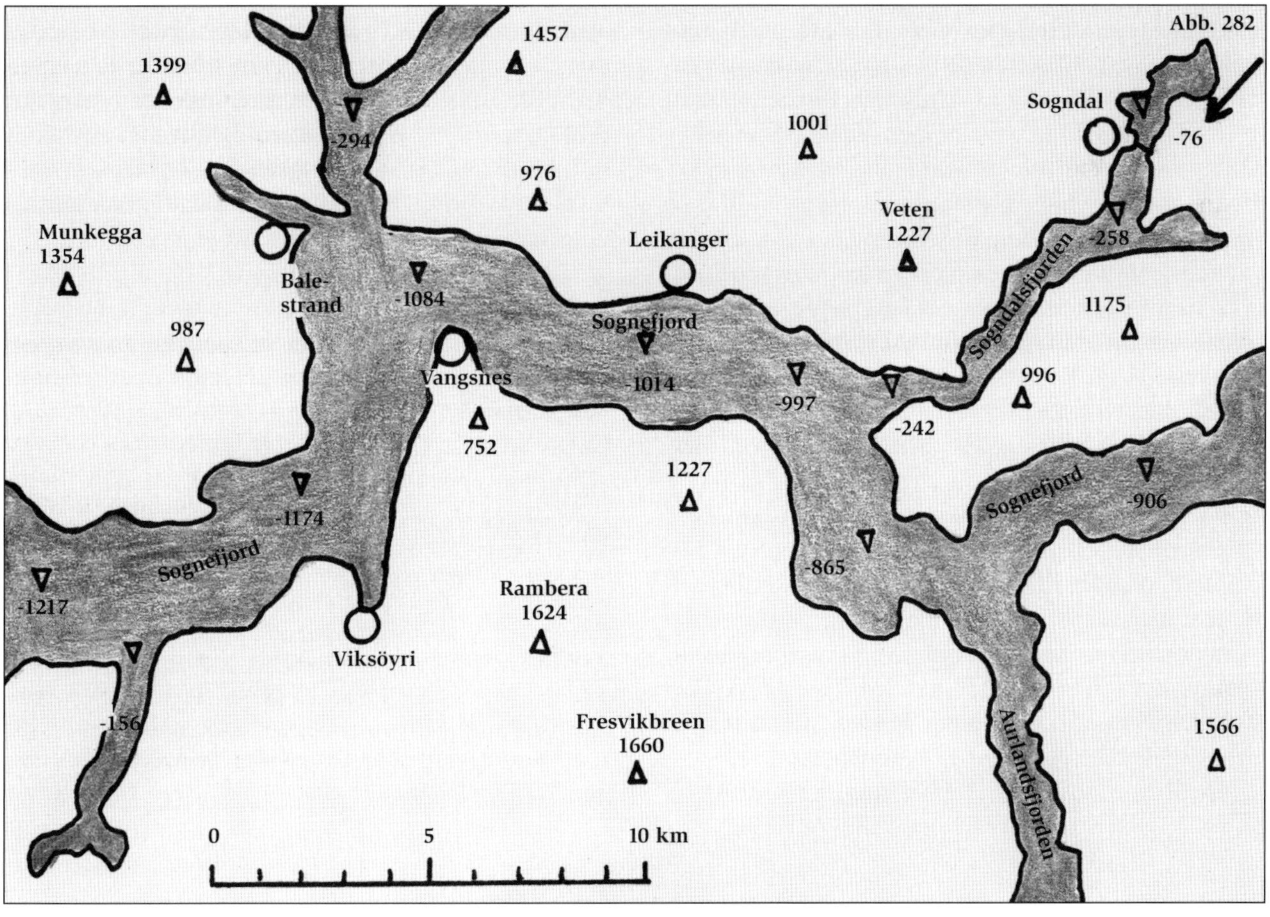

Abb. 282
1457
1399
-294
Sogndal
-76
1001
976
Munkegga
1354
Veten
1227
Leikanger
-258
Sogndalsfjorden
Bale-
strand
-1084
1175
987
Sognefjord
Vangsnes
-1014
-997
996
-242
752
1227
-1174
Sognefjord
-906
Sognefjord
-1217
-865
Rambera
1624
Viksöyri
-156
Fresvikbreen
1660
1566
Aurlandsfjorden
0
5
10 km

Den Grund für die **Entstehung der Fjordtäler** selbst sieht Holtedahl (1975, S. 25) in erster Linie in Flusserosionen jeweils vor den Eiszeiten; diese Täler wären dann in den Eiszeiten durch Gletschererosion übertieft worden. Holtedahl stellt dies in Blockbildern dar, in denen er das voreiszeitliche Flusssystem im Gebiet des Hardangerfjordes mit dem heutigen vergleicht. In die ursprüngliche Ebenheit bei 1800 m wurde ein weitflächiges Hochtalniveau von 1200 – 1600 m eingetieft, in dem durch verschieden harte Gesteine und tektonische Bruchzonen Vorzugsrichtungen bestimmt wurden. In dieses Niveau sind die Kerbtäler der heutigen Fjordlandschaft bis zu 2500 m tief eingeschnitten, vom Hochtalniveau aus gerechnet! Der Dreischritt Ebenheit – Hochtal – Kerbtal ist auch hier prizipiell der gleiche.

Festgestein kann vom Gletscher nicht so erodiert werden, wie es dem fließenden Wasser möglich ist. An heutigen Gletschern kann nicht beobachtet werden, dass anstehendes Festgestein erodiert wird, sondern nur, wie gelockertes Gestein in vorhandenen Tälern transportiert wird. Ohne die Voraussetzung, dass die Ozeane vor der Eiszeit etwa den gleichen Wasserstand hatten wie heute, wäre die Annahme völlig abwegig, dass im Gneis über zweitausend Meter tiefe Täler durch Erosion unter dem Gletscher ausgewaschen oder durch Gletschererosion primär angelegt bzw. wesentlich vertieft werden könnten! Die Fjorde sind meines Erachtens in erster Linie durch fließendes Wasser erodiert worden. Dafür sprechen folgende Beobachtungen:

- Eis *gleitet* über den Untergrund; es wird dabei plastisch verformt; es fließt laminar wie Wasser, d.h. wenn Hindernisse aus Festgestein entgegenstehen, werden sie überflossen und nicht weggeräumt. Das zeigt jede Karschwelle, aber auch z.B. die weichen Bergrücken aus Gips der Trias am Lukmanierpass, die nicht abgetragen, sondern nur geglättet wurden.
- An Bergkuppen kann beobachtet werden, dass die Seite in Richtung der Gletscherherkunft leicht abgeflacht und geglättet ist, auf der Leeseite dagegen steiler und angeschüttet. Daran kann man das geringe Ausmaß der Gletschererosion ablesen.
- Eis breitet sich geradlinig aus und würde keine Mäander bilden wie fließende Flüsse.
- Seitliche Nebentäler, die tief eingekerbt sind und rechtwinklig einmünden wie z.B. in Fjorde, können nicht von einem Gletscher angelegt werden, der von einem Zentrum aus nach allen Seiten abfließt.
- Talterrassen könnten durch Gletscher nicht entstehen, da Eis im ganzen Tal gleichmäßig fließt und nicht Mäander so einschneiden kann, dass Terrassen zurückbleiben.
- Wenn Fjorde oder Alpentäler in harte Gesteine durch Eis eingeschnitten werden könnten, dann müssten sie erstrecht im Lockergebirge vorkommen, wo aber solche Täler fehlen.

Purtscheller (1978) kommt für die Alpen ebenfalls zu dem Schluss: «Der Einfluss der eiszeitlichen Vergletscherung sowie der verschiedenen Rückzugsstadien und der rezenten Gletscher auf die Morphologie ist relativ gering; die Wirkung ... zeigt sich mehr in der Ausgestaltung und Ausschleifung der bereits vorhandenen Großhohlformen.» Der morphologische Vergleich zeigt es deutlich, dass der V-förmige Kerbtalquerschnitt unter Gletschern U-förmig werden kann, weil Frostverwitterung unter dem Eis das Gestein lockert, das dann erst ausgeschürft werden kann (siehe Text zu Abb. 270, S. 493). Das wird auch durch das Phänomen belegt, dass die Fjorde mit U-förmigem Querschnitt im Umkreis der Nähe der Pole und in Hochgebirgen vorkommen, während man die V-förmigen Kerbtäler in den mittleren und äquatornahen Gebieten findet.

Die kesselförmigen **Talschlüsse** sind ein weiteres Charakteristikum der Fjorde. Sie erinnern mitunter an die Gletscherkare in den Alpen, die durch Frostverwitterung ausgeweitet und eingetieft wurden. Ähnliche Talschlüsse finden sich jedoch auch in unvergletscherten Mittelgebirgsgebieten oder z.B. auf den Kanarischen Inseln, wo sie in ausgesprochen harten Flutbasalten ausgebildet sind. In diesen Talschlüssen beginnen weite, mehrere hundert Meter tiefe Talsenken, ohne dass ein eigentliches Einzugsgebiet mit größeren Zuflüssen zu erkennen wäre. Auch das zeigt meines Erachtens, dass die Hauptmenge des erodierenden Wassers unmittelbar von oben niedergeschlagen wurde.

Die Landschaften auf anderen Kontinenten sind prinzipiell ähnlich gestaltet. Auch in Kanada wird die Bildung der Ebenheit in die Kreidezeit und die der Täler ins Quartär gestellt. Das Eis hat sie nur

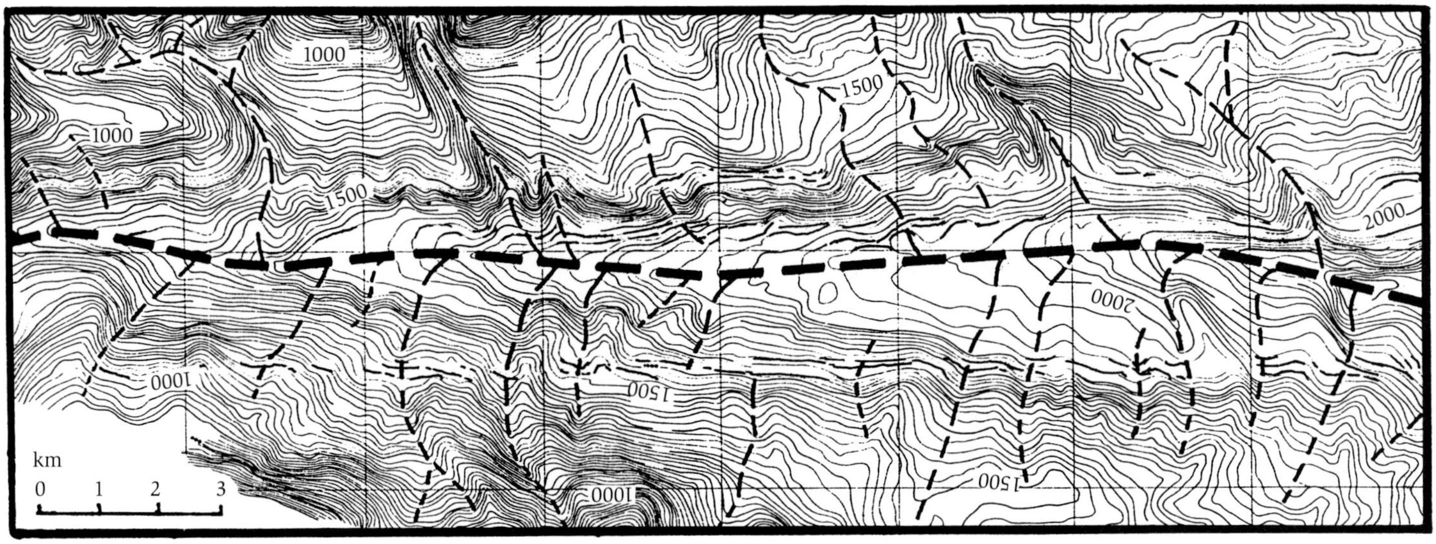

Abb. 284: Untermeerisches Tal – der Stoechades-Canyon – in 1000 bis 2300 m Wassertiefe, auf dem Meeresboden vor der französischen Mittelmeerküste südöstlich von Toulon (Lage: 6° 38' – 6° 56' ö. Lg.; 43° 04' – 43° 08' ndl. Br. Aufnahme von S. Monti, aus: Le Pichon 1982, Fig. 1; Tiefenangaben verdeutlicht.)

erweitert und vertieft. Auf Grönland ist die ursprüngliche Ebenheit noch weitgehend unzertalt erhalten geblieben, da sie seit dem Tertiär unter dem Eis geschützt war; steile Kerbtäler haben sich lediglich in den Rand eingeschnitten. Ihre Talböden reichen vielfach tief unter den heutigen Meeresspiegel. Zu den gewaltigsten Taleinschnitten der Welt gehört der Grand Cañon des Colorado in Utah/USA. Sandig-toniges Miozän lagert dort noch als oberste Schicht und bildet die Ebenheit. Dann wurden vom Pliozän an die gewaltigen Kerbtäler eingeschnitten, also ebenfalls hauptsächlich während der Eiszeiten. Die Beispiele ließen sich rund um die Welt vermehren. Meine Auswahl war dadurch bestimmt, dass mir bei der Literaturdurchsicht gut untersuchte Spezialarbeiten auffielen. Das trifft auch für die Beispiele im nächsten Abschnitt zu.

Untermeerische Taleinschnitte

Durch die Erdgaserkundung wurden in den letzten 50 Jahren alle Kontinentalhänge und Ozeanböden morphologisch genau kartiert und abgebohrt. Dabei wurden an den Kontinentalhängen zahlreiche tief eingeschnittene Kerbtäler, so genannte submarine Canyons entdeckt, die vorher unbekannt waren (Abb. 206, 207, S. 286). Die Abb. 284 zeigt eine untermeerische Talmorphologie durch Isolinien im 100 Meter-Abstand. Ein Haupttal verläuft mit kontinuierlichem Gefälle von links nach rechts. Von beiden Seiten münden Nebentäler ein. Das Bild entspricht einem **Talsystem**, welches auch an der Erdoberfläche entstanden sein könnte. Durch untermeerische Bodenströmungen könnten z.B. keine Nebentäler in dieser Weise erodiert werden. Das Bild belegt, dass das Tal eingeschnitten wurde, bevor das Mittelmeer mit Wasser gefüllt wurde, wie zu Abb. 275 – 277, S. 497 erläutert wurde. Schotterproben stammten aus dem oberen Miozän; für die Talerosion wird oberes Oligozän angenommen. Zahlreiche entsprechende Taleinschnitte wurden an allen Kontinentalabhängen des Mittelmeeres kartiert. Vielfach liegen sie vor den Mündungen großer Flüsse und lassen sich direkt anschließen. Selbst in die untermeerischen Abhänge von Korsika und Sardinien sind die Täler in zum Teil sehr harte Kristallingesteine eingeschnitten.

Während für das Mittelmeer inzwischen ange-

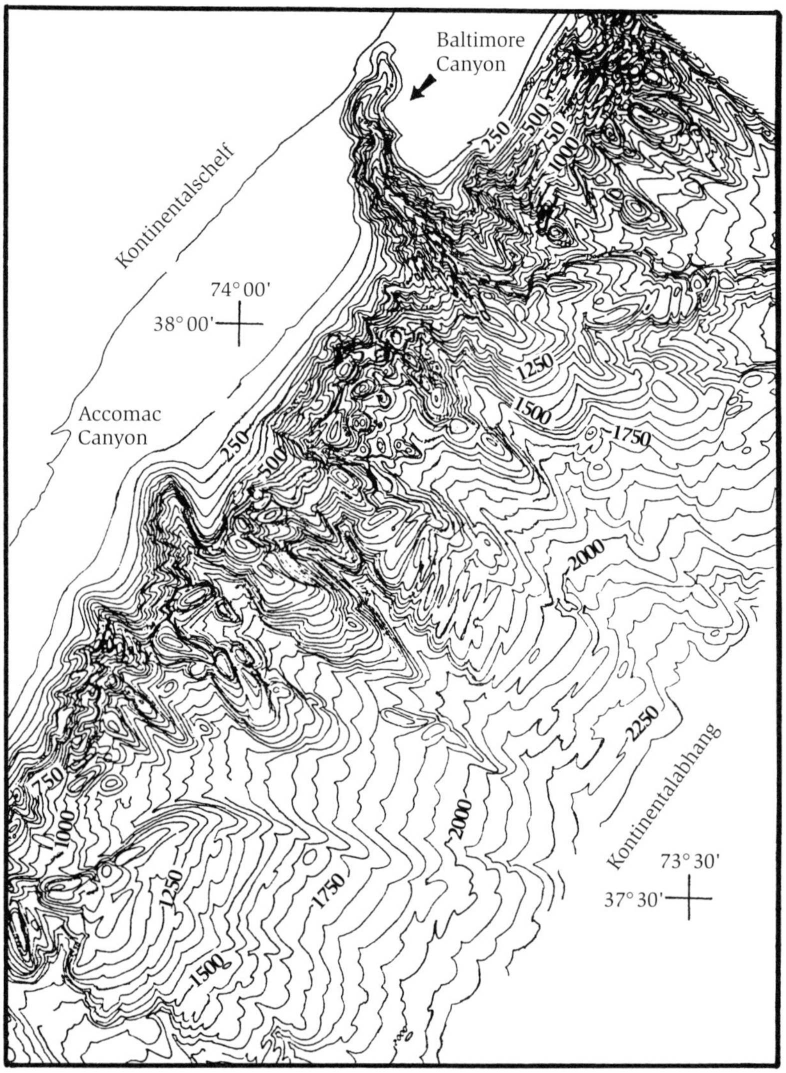

Abb. 285: Untermeeerische Täler an einem Kontinentalhang des atlantischen Ozeans an der nordamerikanischen Küste östlich von Washington. Das Baltimore-Canyon liegt direkt vor der Mündung des Delaware River; der Abstand der Isolinien beträgt 50 m. (Nach C. Fefe, Ausschnitt aus Malahoff 1982).

nommen wird, dass es im Tertiär zeitweilig wasserfrei war, ist eine solche Vorstellung für den Atlantik oder Pazifik schon schwieriger. Es wurden jedoch auch dort an allen **Kontinentalhängen** tief eingeschnittene **Kerbtäler** gefunden und genau kartiert (Abb. 285, Abb. 289, S. 508). Die Karte zeigt, dass der Schelfbereich vor der Küste auffällig eben ist. Hier sind die Täler vielfach später verschüttet worden; ihr Zusammenhang mit den Flussläufen ist z.T. geophysikalisch nachgewiesen. Vor den Mündungen der großen Flüsse liegen die tiefsten Taleinschnitte. Bei einer Meerestiefe von etwa 200 m bricht der Kontinentalhang steil ab, wird nach unten hin flacher und geht in die Ebene der Tiefsee über. Die Taleinschnitte sind weiter oben tiefer und schärfer, während sie nach unten auslaufen. Sie mäandieren wie Flüsse an der Erdoberfläche, sogar mit echten Umlaufbergen, können an Störungen abgelenkt sein und haben teilweise Terrassen gebildet. Auch am Kontinentalhang können streckenweise untermeerische Verebnungen verfolgt werden, in denen Terrassen zu vermuten sind.

Eines der markantesten Beispiele ist der V-förmige Kerbtaleinschnitt vor der Kongomündung. Der Einschnitt beginnt bereits 20 km landeinwärts vor der Mündung und hat im Schelf bereits eine Tiefe von 500 m. Bei 1000 m Wassertiefe z.B. ist er 8 km breit und 900 m tief mit deutlichen Prall- und Gleithängen und Talterrassen. In 4500 m geht er in einen großen Schüttfächer über. (Shepard & Emery 1973.)

Ein anderes interessantes Tal ist in den Ozeanboden der Labradorsee zwischen Grönland und Neufundland eingeschnitten (Abb. 206, S. 386; Heezen u.a. 1969). Es verläuft in einer Wassertiefe von 3000 – 5000 m, beginnt am Boden der Baffinbay, nimmt außer kleineren Nebentälern vor allem ein größeres aus der Hudsonbay auf, ist insgesamt etwa 3200 km lang; durchschnittlich 5 – 6 km breit und 200 m tief; es hat steile Wände und wird von seitlichen Dämmen von 10 – 60 m Höhe und 1 – 5 km Breite begleitet. Der Verlauf und die seismische Erkundung zeigen, dass das Tal wahrscheinlich durch Erosion entstand und nicht ein tektonischer Grabenbruch ist, obwohl Letzteres durch die Westdrift Nordamerikas naheliegen würde.

Der Schnitt Abb. 286 zeigt, dass im Jura ein tiefes Tal in das Kristallin des südafrikanischen Sockels (dunkelgrau) eingeschnitten wurde. Dann wurde es mit Jura-Ablagerungen gefüllt (hellgrau). In einem Teil dieser Schichten wurde in der unteren Kreidezeit ein weiteres Tal ausgewaschen (dickere Punkte links). Seine Morphologie ist bis zu einer Teufe von 2500 m genau kartiert (Abb. 288). Die Isolinien zeigen Haupt- und Nebentäler, Mäander, Prall- und

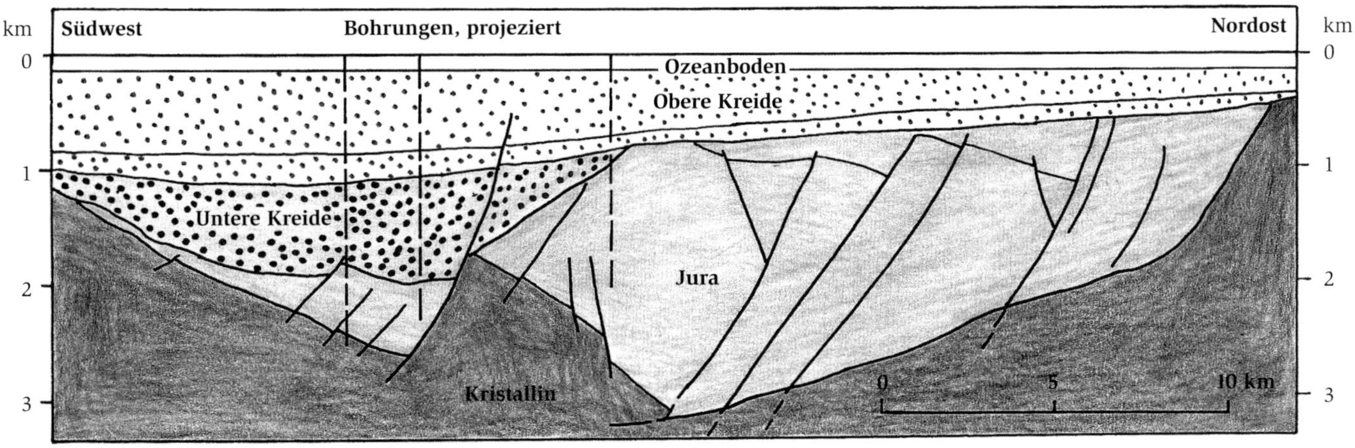

Abb. 286: Untermeerischer Taleinschnitt aus der Jura- und Kreidezeit an der Südküste Südafrikas zum Indischen Ozean bei Port Elizabeth (siehe auch Abb. 224, S. 430; vereinfacht nach McMillian 1997, Fig. 23).
Abb. 287: Situationskarte zur Abb. 286: Punktiert sind die heute oberflächlich anstehenden kreidezeitlichen Ablagerungen auf dem Festland (grau) und dem Schelf.
Abb. 288: Die Isolinien zeigen die Morphologie der Unterfläche der kreidezeitlichen Schichten nach seismischen Profilen und Bohrungen, sowie die Lage des Schnittes Abb. 286: (Aus McMillian 1997, Fig. 23).

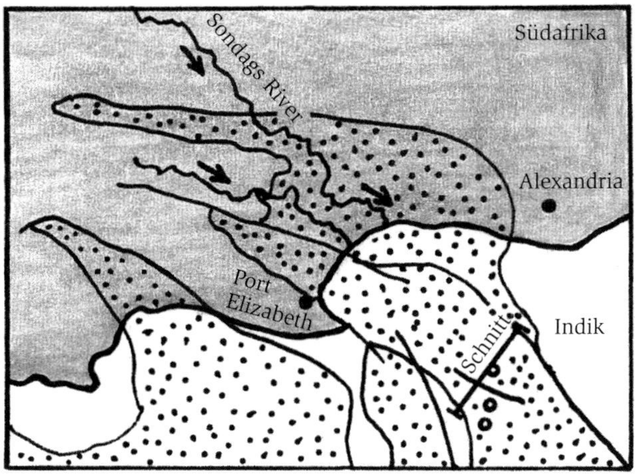

Gleithänge und belegen damit, dass das Tal so nur durch Flusserosion unter Luft ausgeräumt wurde und nicht unter Wasser. Dieses Tal wurde in der unteren Kreidezeit aufgefüllt. Die Störungen zeigen nur einen geringen Versatz, keinen Grabenbruch. Die Oberkreide überlagerte diskordant die Schichten aus Jura und Unterkreide (Abb. 286 kleine Punkte; 287 punktiert). Sie reicht randlich bis auf das kristalline Grundgebirge, wodurch noch die Breite des aufgefüllten Taleinschnittes deutlich wird (Abb. 286 rechts).

Das Gebiet lag im Jura an der Nahtzone zwischen Afrika und der Antarktis (Abb. 224, S. 430; Abb. 246, S. 453). Das Tal wurde eingeschnitten, als die Südkontinente auseinander brachen. Wie die Morphologie zeigt, wurden diese Täler von mehreren tausend Metern Tiefe an den Bruchkanten in harte kristalline Gesteine eingeschnitten, und nicht als Grabenbruch tektonisch angelegt. Die Tiefe der Taleinschnitte im Jura und der Kreide lassen Rückschlüsse auf das damalige Erosionsniveau zu, d.h. auf den Wasserstand des Indischen und Pazifischen

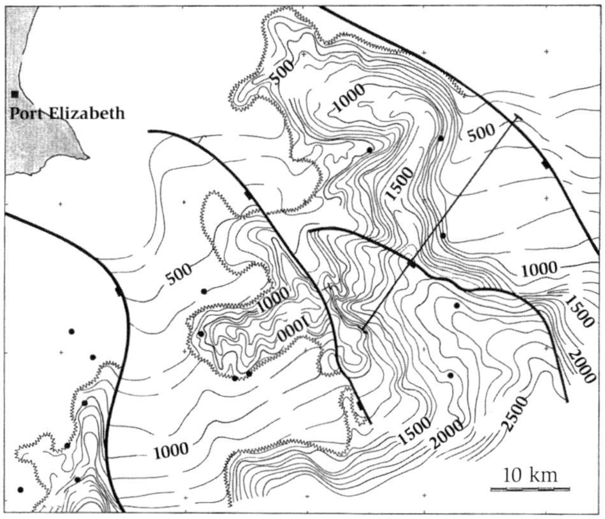

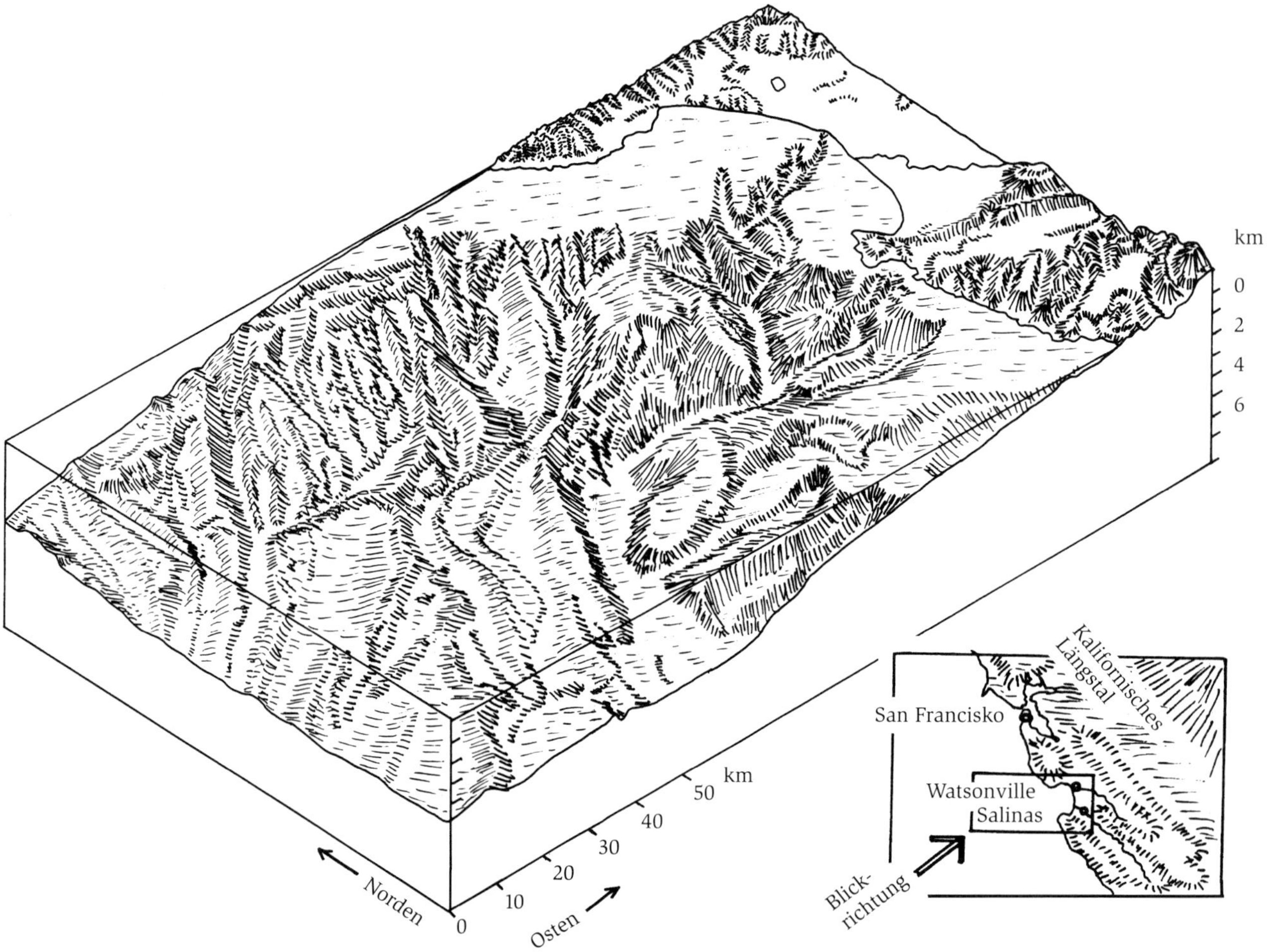

Ozeans. Durch solche Phänomene kann genauer rekonstruiert werden, wann die Ozeane mit Wasser gefüllt wurden. Daraus ergibt sich die Geschichte der Lebenssphäre (s. S. 478 ff.).

Dieses Beispiel ist kein Sonderfall. Auch an anderen Abschnitten der Küste Ostafrikas wurden zwischen dem Jura und dem Tertiär mächtige Sedimentmassen abgelagert, z.B. vor der Sambesimündung, in Kenia und Somalia. Es ist naheliegend, dass die weitere Erkundung darin ebenfalls tief eingeschnittene Täler vorfinden wird, die aufgefüllt wurden. Unter den Mündungen des Niger und des Indus sind ebenfalls 3000 – 6000 m mächtige Talfüllungen erkundet worden, welche aber in Bruchzonen liegen. Der erosiv verursachte Anteil kann da erst durch Detailschnitte von dem tektonischen unterschieden werden. Ähnlich ist es auch vor Shanghai unter dem Ostchinesischen Meer, wo in der Oberkreide und

Abb. 289: Untermeerische Taleinschnitte an der nordamerikanischen Pazifikküste südlich von San Francisko (1 : 4 überhöht; umgezeichnet nach Shepard 1973).

dem Tertiär 6000 – 8000 m mächtige Sedimentschüttungen abgelagert wurden. Vor der Mündung von Ganges / Bramaputra ist untermeerisch eine Flussrinne in den Schüttfächer eingetieft, die 900 m tief und 18 km breit ist. Nehmen wir noch ein Beispiel aus dem Pazifik: Das Blockbild Abb. 289 zeigt einen pazifischen Kontinentalhang, der dem Bild vom Atlantik prinzipiell entspricht (Abb. 285, S. 506). Während man beim Atlantik noch sagen könnte, dass die Wasserfüllung erst mit dem Jura oder der Kreidezeit aus dem Pazifik eingedrungen sei, fällt dieses Argument beim Pazifik fort. Man sieht ein untermeerisches Talnetz, das oben vom Schelf abgeschnitten wird. Das tiefste der Kerbtäler reicht bis an die Küste.

Es beginnt dort, wo die stärksten Zuflüsse vom Land her münden. Es ist bis auf über 4000 m Wassertiefe in den Kontinentalhang eingeschnitten.

In der Fachliteratur werden zahlreiche untermeerische Kerbtäler an der nordamerikanischen Pazifikküste beschrieben, deren Morphologie auf eine gleiche Entstehung hinweist (z.B. Shepard 1973). Die Talflanken sind stellenweise in harte kristalline Gesteine eingeschnitten. Auch können schmale Terrassen ausgebildet sein. Auf den Talböden wurden nach dem V-förmigen Einschnitt vielfach feinsandige Lockersedimente abgelagert, sodass die Böden jetzt eben sind. Sie enthalten Reste von Landpflanzen, zeigen Rippelmarken und entsprechen einer Flachwasserfazies, deren Alter mit Jungtertiär bis Quartär bestimmt wurde. Die Kerbtäler selber müssten danach älter sein. Sie werden nach den Schichten, in die sie eingeschnitten sind, meistens ins Alt- bis Mitteltertiär eingestuft, mitunter auch ins frühe Pleistozän (z.B. Scholl 1970 in der Beringsee). Die Schüttfächer vor manchen Canyons können 300 km breit und 1000 km lang werden.

Zur **Entstehung** dieser **Taleinschnitte** wurden in den letzten 30 Jahren vielfältige und widersprüchliche Modelle aufgestellt. Ähnlich wie bei den so genannten «metamorphen Gesteinen» werden an einem Beispiel Vorstellungen entwickelt, welche jedoch die gleichen Phänomene an anderen Orten nicht erklären könen, für die dann, ohne zu vergleichen, wieder andere Modelle entwickelt werden. Je genauer die Geologie und Morphologie der Ozeane bekannt wurde, desto mehr Widersprüche entstanden. Malahoff (1982) konstatiert am Ende seiner gründlichen Beschreibungen: «The origin of the notches is unknown.» Alle diese Phänomene sind bisher noch wenig unter dem Aspekt untersucht worden, wie und wann sich die Ozeanbecken gefüllt haben. Das grundlegende Dilemma entsteht dadurch, dass vom anorganischen Modell der Erdentstehung aus vorausgesetzt wird, die Ozeanbecken seien seit dem Archäikum wassergefüllt gewesen; darunter seien die Ozeanböden kristallin fest gewesen und im Sinne der Wilsonzyklen der Plattentektonik mehrfach vollständig unterschoben worden (s. S. 393).

Eines der am häufigsten diskutierten Modelle nimmt an, dass die Kerbtäler durch untermeerische Schlammströme oder Rutschmassen eingeschnitten worden seien, zumal in den Tälern Trübeströme be-

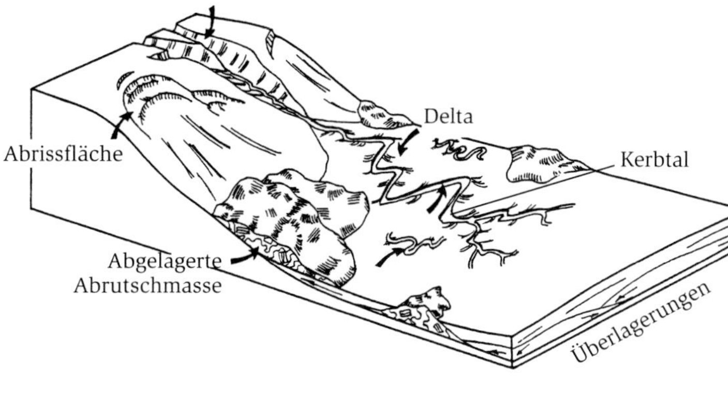

Abb. 290: Prinzipskizze zum Gegensatz zwischen einem untermeerischen Hangrutsch am Kontinentalhang und einem untermeerischen Kerbtal. (Übernommen aus: Normark 1993).

obachtet wurden, die von den Flüssen eingetragen werden. Das belegt aber noch nicht, dass sie dadurch auch im Tertiär eingeschnitten wurden. Normark (1993) beschreibt und zeigt in seiner Skizze (Abb. 290) deutlich die Verschiedenartigkeit zwischen beiden morphologischen Formen, welche durch die detaillierten Radarkartierungen genau unterschieden werden können. Das Tal hat vielfach Beziehung zu einer Flussmündung; es mäandriert, ist V-förmig, hat Terrassen und Seitentäler, einen deltaartig ansetzenden geschichteten Schüttkegel, auf dem sich das Tal ebenfalls mäandrierend fortsetzen kann. Der Hangrutsch ist breitflächig, mit wannenartigem Abriss, hat keine Beziehung zu Flüssen, verläuft geradlinig, sein Schüttkegel ist ungeordnet, ohne Flussrinne und fällt vielfach zum Kontinentalhang hin ab. Interessant ist auch die Tatsache, dass die Kerbtäler nur an den kontinentalen Küsten auftreten und nicht an den mittelozeanischen Rücken. Warum treten dort keine Rutschungen auf? Wenn die Täler tektonisch verursacht wären, wie würden dann Mäander und sogar Umlaufberge entstehen, wie z.B. vor der Mündung des Amazonas? – Die Widersprüche zwischen den Genese-Modellen untermeerischer Kerbtäler lösten sich jedoch auf, wenn im Sinne des Aktualismus die beobachtbaren Erosionsformen auf den Kontinenten auch auf diese Phänomene angewandt würden.

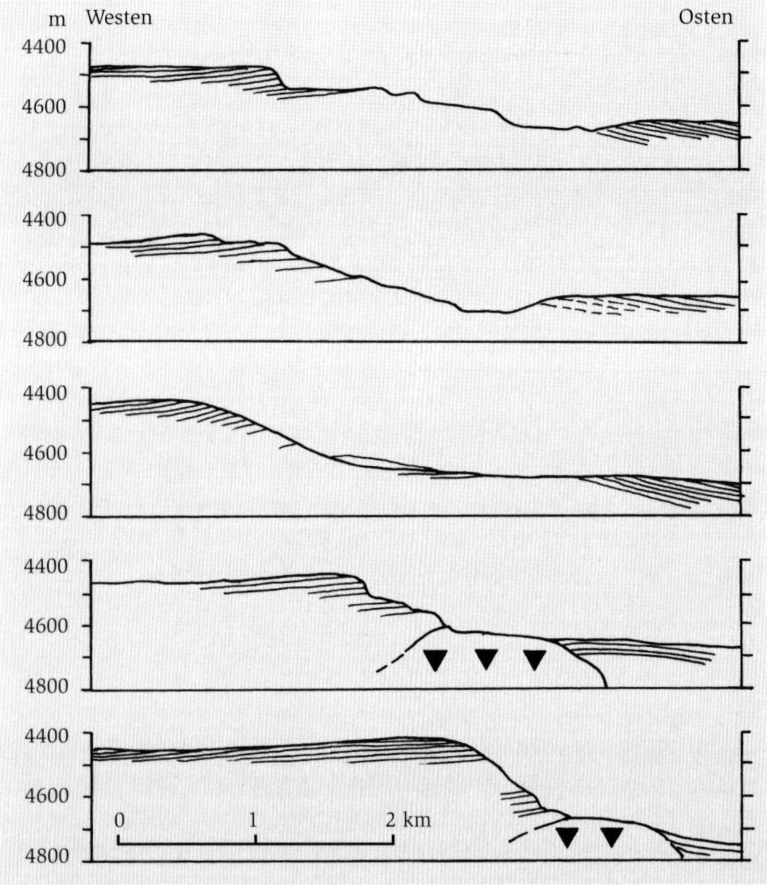

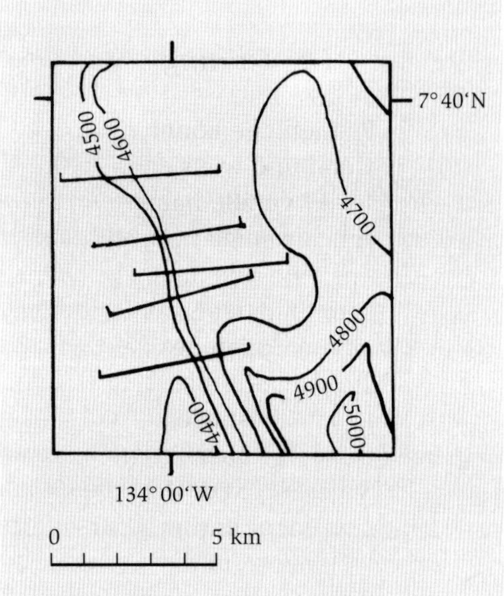

Abb. 291: Eine Serie von Schnitten, welche die untermeerischen Abtragungen am Boden des Pazifischen Ozeans zeigen; südöstlich von Hawaii in einer Meerestiefe von 4000 – 5000 m; rechts die Morphologie mit der Lage der Schnitte. (Umgezeichnet nach Johnson 1972).

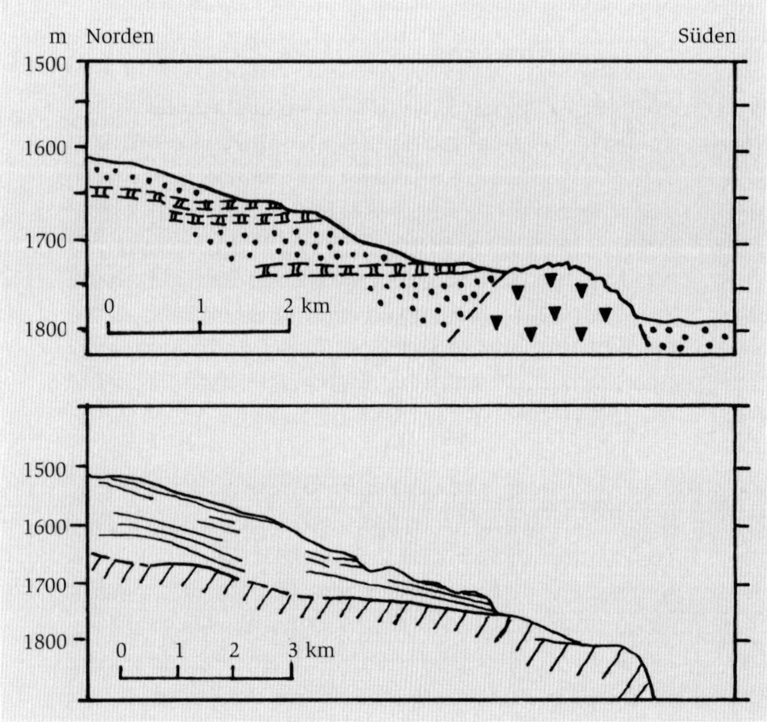

Abb. 292: Zwei Schnitte vom Ozeanboden an der Flanke des untermeerischen Vulkanberges Horizon Gyott im Pazifischen Ozean, 1400 km westlich von Hawaii, in einer Meerestiefe von 1600 – 1800 m. (Umgezeichnet nach Lonsdale 1972).

Die Füllung der Ozeane

Welche Phänomene könnten auf die Frage antworten, ob, wann und wie sich die Ozeanbecken geologisch so spät gefüllt haben? In diesem Abschnitt werden einige wenige Beispiele angedeutet, die zeigen können, wie sich auch diese Phänomene in ein neues Gesamtbild der Erdentwicklung einfügen. Beginnen wir am Boden des pazifischen Ozeans.

Die Schnitte auf Abb. 291, 292 zeigen an zwei verschiedenen Beispielen, dass Kalksteinschichten (parallele Linien) auch in großer Meerestiefe nach ihrer Ablagerung von der **Erosion** wieder angeschnitten wurden, darunter auch harte basaltische Gesteine (Dreiecke in der Zeichnung). Die Schichtung konnte geophysikalisch bestimmt werden. Außerdem wurden Gesteinsproben genommen bzw. erbohrt. Es handelt sich um eozäne Kalksteine mit eingelagerten Hornsteinbänken (senkrechte Striche). Das abgetragene Material füllt mitunter nahegelegene Senken und Flussrinnen auf. Weitere Erosionsdiskordanzen auf untermeerischen Kuppen zeigen die Abb. 297 – 300, S. 516.

Ähnliche Situationen sind keine Seltenheit und werden aus verschiedenen Gebieten des Pazifik beschrieben. Vielfach wurden die erodierten Schichten später wieder überlagert. Solche Diskordanzen, die geophysikalisch und durch Bohrungen oft belegt sind, wurden zwischen Oberkreide / Miozän, Eozän / Oligozän und Miozän / Pleistozän besonders häufig nachgewiesen (Nairn 1986; von Rad und Sarti 1986). Im Beringmeer z.B. lagert über paläozoischen Konglomeraten und Sandsteinen diskordant Eozän; darüber in einer zweiten Diskordanz Miozän und in einer dritten Pleistozän. Auch Abb. 296, S. 515 zeigt drei Diskordanzen: über dem Jura die Kreide, darüber Alttertiär und darüber Jungtertiär. Im Golf von Biskaya wird in 3500 – 4500 m Tiefe Kreide diskordant überlagert von Eozän / Oligozän; dieses wurde am Ende Oligozän erodiert und wieder diskordant von Miozän überlagert. In der Nordsee wurden zahlreiche Diskordanzen im oberen Jura, in der Oberkreide und im Tertiär erbohrt. Die Oberflächen von Flutbasalten, die heute in großen Wassertiefen lagern, haben teilweise deutliche Erosionsrinnen und lateritische Verwitterungsoberflächen, welche zeigen, dass die Ausbrüche damals nicht unter Wasser stattgefunden haben.

Die Beispiele ließen sich vielfach vermehren. Trotz ihrer Ähnlichkeit wird die Entstehung der Diskordanzen von den verschiedenen Autoren sehr unterschiedlich erklärt. Die am weitesten verbreiteten Diskordanzen des Oligozän und Miozän werden auf untermeerische Bodenströmungen zurückgeführt; sie seien dadurch verstärkt worden, dass der antarktische Kontinent getrennt wurde und die zirkumantarktische Meeresströmung entstand. Wie aber soll das auch im Beringmeer jenseits der Aleütenkette oder in der Nordsee wirksam sein? Andere Autoren halten die Bodenströmungen für viel zu schwach, da Lockersedimente heute nicht oder nur gering erodiert werden, während im Tertiär Hartgesteine Erosionsspuren zeigen. Da werden dann chemische Lösung oder Seebebenwellen zur Erklärung bemüht. Die anderen Flächendiskordanzen werden dagegen durch Absinken des Ozeanbodens von den mittelozeanischen Rücken aus erklärt, indem angenommen wird, dass ihre Zentralachsen im Tertiär über den Wasserspiegel ragten, obwohl sie heute meist in großen Meerestiefen sind. Das würde wieder ein ganz anderes isostatisches Gleichgewicht zwischen Ozean und Kontinent erfordern. Die subaerischen Merkmale auf den untermeerischen Vulkankegeln werden wiederum so gedeutet, dass die Vulkanberge nach dem Ausbruch mehrere hundert Meter tief in die Kruste eingesunken seien. Warum aber hauptsächlich die, auf denen Atolle sitzen? Für die Diskordanzen in der Nordsee, in der Niger- oder Indusmündung werden kontinuierlich absinkende Grabenbrüche angenommen. Ähnlich werden die Diskordanzen an den Kontinentalrändern gedeutet (vgl. dazu Abb. 296, S. 515 mit Abb. 242, S. 448). Wieder andere Autoren schreiben, dass die Ursachen der Erosionen und Diskordanzen auf den Ozeanböden weitgehend ungeklärt seien. Nur im Mittelmeer werden die gleichen Phänomene durch den Anstieg des Wasserspiegels erklärt (Abb. 279, S. 498).

Ich will nicht bestreiten, dass die erwähnten Faktoren wie Bodenströmungen, chemische Lösung, Tektonik, Absenkung der Vulkanberge und Schelfgebiete etc. auch mitspielen können. Aber waren sie die Hauptursache? Nehmen wir an, dass diese heute untermeerische Erosion durch die wirbelnde Luft-Wasser-Sphäre entstand, und fragen wir, wie die Füllung der Ozeanbecken durch deren Niederschlag

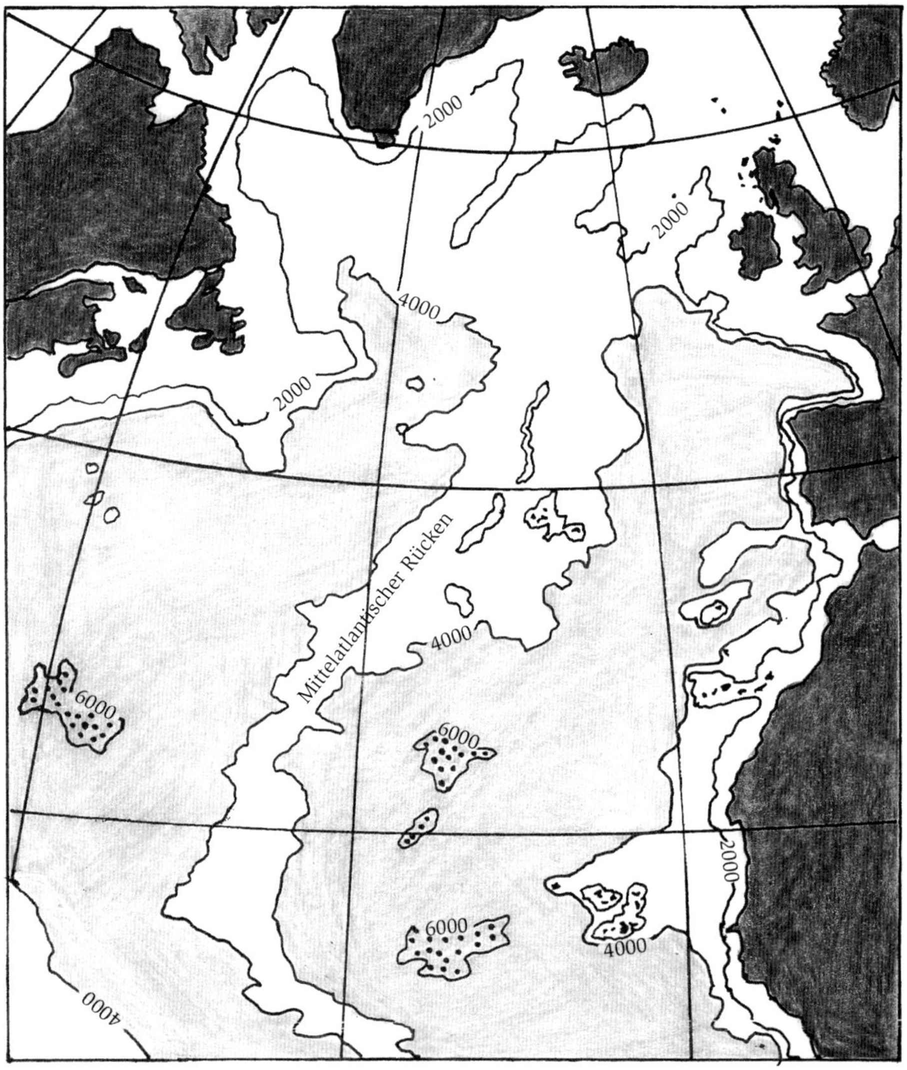

Abb. 293: Drei Tiefenlinien des heutigen Ozeanbodens im nördlichen Atlantik. Die grauen Flächen kennzeichnen eine Wassertiefe unter 4000 m. Sie entsprechen etwa den Gebieten, die während der Kreidezeit zuerst überflutet wurden. Man vergleiche auch mit der Ozeanbodenkarte Abb. 206, S. 386.
Abb. 294: Paläogeographie und Fazies im Nordatlantik in der frühen Kreidezeit. (Umgezeichnet, ergänzt nach Ziegler 1988, von Rad und Sarti 1986 u.a.)

abgelaufen sein könnte. Ich weiß, dass dies durch die wenigen Beispiele noch nicht ausreichend belegt werden kann; doch können damit erste Aspekte im Rahmen eines Entwicklungsbildes für die ganze Erde und ihre Lebenssphäre gegeben werden. Wie fügt sich in dieses Bild die Tatsache, dass die stärksten Diskordanzen in den Ozeanen und auch im Mittelmeer, besonders an den Grenzen Kreide/Tertiär, Alt-/Jung-Tertiär und Tertiär/Pleistozän lagen?

Der **Atlantische Ozean** hat sich seit dem Tertiär nur noch am Mittelatlantischen Rücken gedehnt, nicht mehr an den kontinentnahen Tiefseegebieten (Abb. 246, 248, S. 453). Deshalb könnten die heutigen Tiefenlinien, vor allem an den Kontinentalrändern und an der Thule-Landbrücke, ein ungefähres Bild vom steigenden Wasserstand vermitteln (Abb. 293). Hinzu kommt das interessante Phänomen, dass in diesen Randzonen des Atlantik vor den Kontinenten auf 100 – 400 km Breite die magnetischen Anomalien fehlen, die beim rhythmischen Aufreißen im Sinne der Plattentektonik entstehen müssten (s. S. 388). Das entspricht der Situation auf dem Plateau von Mikronesien im westlichen Pazifik (Abb. 209, S. 392; s. S. 429). Von daher ist anzunehmen, dass auch der Atlantik zuerst um 200 – 800 km Breite aufriss und dort der Ozeanbodenbasalt etwa gleichzeitig erstarrte. Der älteste Basalt stammt aus dem oberen Jura; dann erst begann die rhythmische

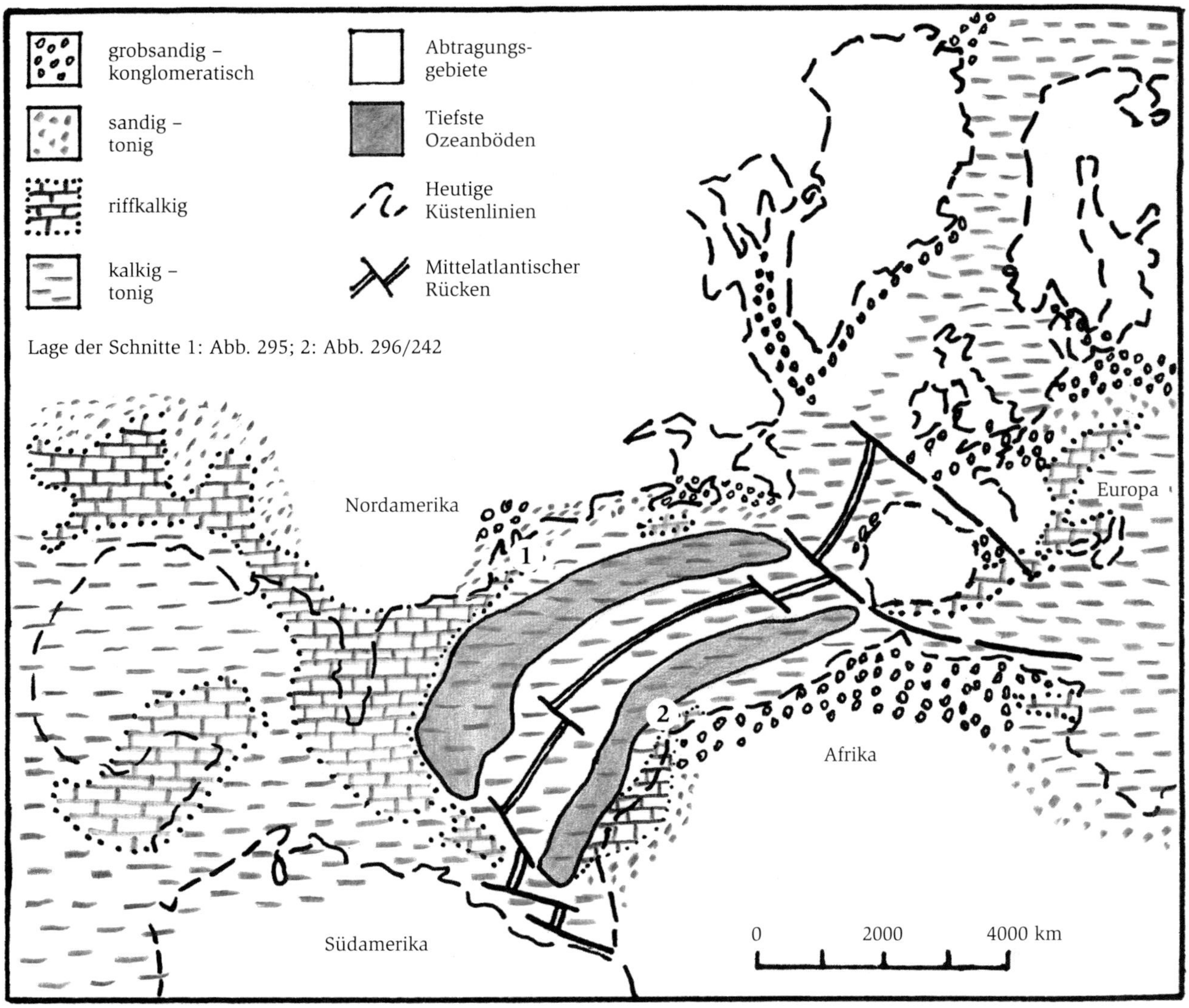

Dehnung der Ozeanbodenkruste mit ihren wechselnden Anomalien. Morphologisch zeigt sich das auch in den kontinentalnahen Ebenen der Tiefsee, während der Mittelozeanische Rücken erst weiter nach der Mitte hin ansteigt (Abb. 206, S. 386). Der nördliche Atlantik öffnete sich erst während des Tertiärs. Abb. 294 zeigt somit auch die Situation am Übergang zwischen Lemuris und Atlantis.

Nach dieser ersten Verfestigung im Jura setzten die Niederschläge aus der Lebenssphäre stärker ein. Erst von da an sind Ablagerungen erhalten. Im oberen Jura und der Unterkreide überwiegt Flachmeerfazies (Ehrmann und Thiede 1986). Die Kontinentalränder sind konglomeratisch bis sandig; 80 % sind terrigenes Material; besonders hohe Mächtigkeiten lagern vor Flussmündungen; zum Inneren des Beckens hin setzten sich z.T. mächtige Salinarschichten ab; darüber folgen randlich Riffkalke, nach innen hin Plattenkalke (Abb. 242, S. 448; Abb. 295). Von der mittleren Kreidezeit an wurde die Fazies überwiegend kalkig bis tonig; zum Mittelatlantischen Rücken und zum Beckenrand hin überwog dolomitische Fazies; das terrestrische Material nahm ab. Bis ins Jungtertiär sind zahlreiche Diskordanzen nachgewiesen. Die Fazies zeigt vom Jura bis zum Tertiär den Charakter eines Flachmeeres, welches zunehmend tiefer wurde und in das von den kontinentalen Abtragungsgebieten aus viel Material

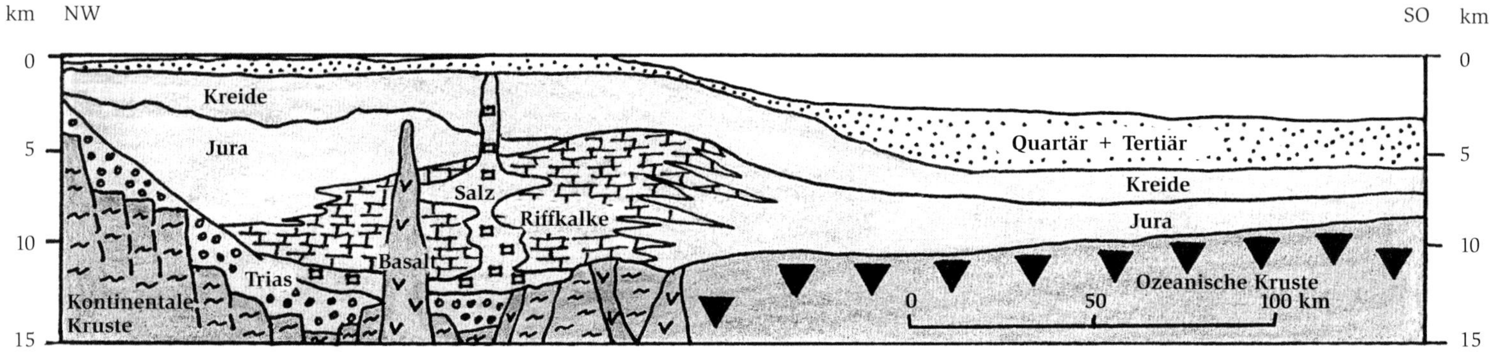

eingeschwemmt wurde. Eine Küstenlinie anzugeben, wäre aus der Sicht der Luft-Wasser-Sphäre nicht sachgemäß; man kann (vgl. dazu Abb. 231, 232, S. 438) nur zwischen Abtragungs- und Ablagerungsgebieten unterscheiden.

Die Abbildungen 295 und 296 zeigen zwei charakteristische Beispiele der **Kontinentalhänge** des nördlichen Atlantik im Schnitt. Seit der Öffnung im Jura wurden bis zu 8000 m mächtige Sand- und Kalksteine abgelagert. Deutliche Diskordanzen liegen im unteren, mittleren und oberen Jura, in der Unterkreide und an den Grenzen zwischen Kreide/Tertiär und Alt-/Jungtertiär. Sie zeigen an, dass zu diesen Zeiten noch Abtragungen durch die Luft-Wasser-Sphäre bis auf die entsprechenden Niveaus möglich waren. Die Gesteinsfazies, besonders die oberflächennah gebildeten Riffkalke, lassen auch die Annahme zu, dass der Wasserspiegel bis zur Kreidezeit nur ungefähr das Gebiet aufgefüllt hatte, welches heute unterhalb der 3000-, oder 4000-m-Linie liegt (Abb. 293). Eine deutliche Erhöhung des Meeresniveaus wird ab der Oberkreide angenommen. Sie wird von starken kontinentalen Sandschüttungen begleitet, welche durch die wirbelnde Luft-Wasser-Sphäre transportiert und an den Kontinentalränder oder in Senken flächig abgelagert wurde. Mit den zunehmenden Niederschlägen überwog von der Mitte des Tertiärs an die Tiefenerosion. Dadurch wurden die zahlreichen Kerbtäler in den Mittelgebirgen und ebenso in den Kontinentalhängen eingeschnitten (Abb. 259, S. 483; Abb. 285, S. 508; Frisch und Löschke 1990).

Ähnliche Faziesverhältnisse wie im Atlantik werden aus dem Pazifischen Ozean beschrieben (z.B. Davies 1982). Heute sind dort rote Tiefseetone und Kieselschlamm weit verbreitet. Sie wurden erst vom Jungtertiär an abgelagert. Kalkige Ablagerungen des Jura und der Unterkreide weisen auf ein Flachwassermilieu. Das wird aber nicht so gedeutet, dass ein niedrigerer Wasserstand angenommen wird, sondern dass der Ozeanboden während der Dehnung vom Mittelozeanischen Rücken aus immer weiter abgesunken sei Davies 1982). Dem entgegengesetzt befinden sich heutige Ozeanrücken allerdings meist auch in 3000 – 4000 m Tiefe, auf denen geringmächtige Tiefseetone lagern. Nach diesem Modell müssten die Ozeanböden zu Beginn der Drift im Jura nur wenig tiefer als die Kontinente gelegen haben und wären erst später mit ihren Flachmeerablagerungen abgesunken. Die Schnitte zeigen, dass die kontinentale Kruste unter den großen Mächtigkeiten der Schelfgebiete in über 10 km Tiefe liegen kann (Abb. 295; Abb. 242, S. 448). Verglichen aber mit der allgemeinen Oberfläche der ozeanischen Kruste ist der Unterschied doch relativ gering. Es gibt meines Wissens keine überzeugenden Phänomene, die ein allgemeines Absinken der Ozeanböden des Atlantik belegen. Dieses Modell wird nur angenommen, um die Flachwasserfazies zu erklären. Es widerspricht auch dem isostatischen Gleichgewicht der leichteren Kontinentalmasse, die in der Basaltschicht «schwimmt» (Abb. 76, S. 208). Danach müssten die Ozeanböden von Anfang an in ihrer heutigen Tiefe von 5000 – 6000 m erstarrt sein. Für den Pazifik

Abb. 295 (links): Schnitt durch den Kontinentalhang vor New Jersey östlich von Washington (Lage siehe Abb. E89; umgezeichnet nach von Rad und Sarti 1986).
Abb. 296 (rechts): Schnitt durch den Kontinentalhang von Westafrika östlich der Kanarischen Inseln (siehe auch Schnitt Abb. 242, S. 448; Lage siehe Abb. 244, S. 448 umgezeichnet nach von Rad und Sarti 1986).

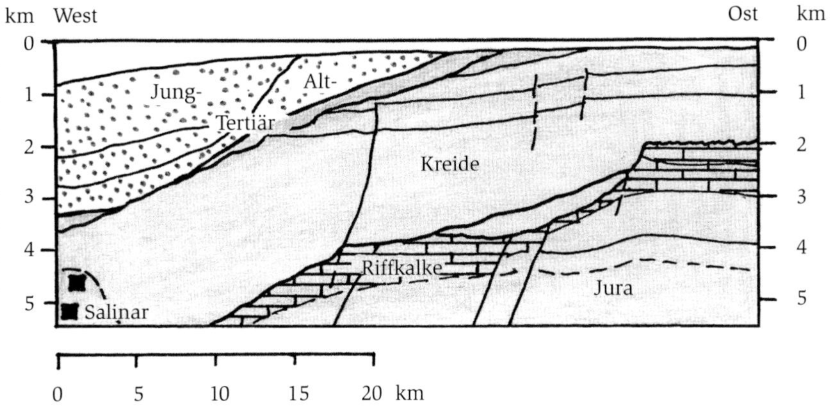

könnte man schon leichter an ein allmähliches Absinken denken, da hier angenommen werden kann, dass die Ozeanböden, die älter als Jura sind, unterschoben wurden. Aber auch dafür fehlen eben die Phänomene (s. S. 442)!

Ich würde aus allen diesen Gründen die anfängliche Flachmeerfazies und die Erosionsdiskordanzen auf Ozeanböden weltweit nicht ihrem Absinken zuschreiben, sondern dem Anstieg des Wasserspiegels! Könnten die mittelozeanischen Rücken nicht auch dadurch immer höher geworden sein, dass die Ozeanbodenbasalte vom Jura bis heute immer zähflüssiger, also stärker verfestigt wurden? Deuten nicht auch die weiten Flutbasaltdecken der Kreidezeit darauf hin, verglichen mit heutiger effusiver Lava (s. S. 447)? Auch das Absinken der Vulkanherde spräche dafür, dass die Kruste während der Erdgeschichte immer mehr verfestigt wurde (s. S. 416). Solche Aspekte würden einer Evolution der Erde entsprechen, allerdings nicht dem evolutionslosen Wilson-Zyklus mit seinen Jahrmillionen.

Die Terrassen, welche vielfach an den Kontinentalhängen kartiert wurden, wären ein weiteres, allerdings noch unsicheres Phänomen für den Anstieg der Ozeane. (z.B. Abb. 289, S. 508; auch Abb. 234, S. 441; Abb. 285, S. 506). Sie werden meist als Abrasionsflächen angesehen, welche durch Abtragung nahe der Meeresoberfläche entstanden, wie beim Schelf. Mitunter könnten auch tektonisch abgesunkene Bruchschollen solche Terrassen erzeugen. Das kann nur dort unterschieden werden, wo hinreichend genaue seismische Profile vorliegen. Da auch das Alter der Terrassen nur schwer bestimmt werden kann, ist eine weltweite Parallelisierung noch nicht möglich. Es könnten sich darin die zeitlichen Rhythmen der Niederschläge abzeichnen, die den Talterrassen auf den Kontinenten entsprechen würden. Meeresterrassen, die heute über dem Meeresniveau liegen, sind durch spätere tektonische Hebung in dieses Niveau gekommen, wie z.B. in Skandinavien oder auf den Kanarischen Inseln. Trotz der Unsicherheiten möchte ich aus der Literatur einige Beispiele für die Tiefenlage von untermeerischen Terrassen anführen:

Norwegen: –200 m, –400 m, –800 m, –1100 m, –1400 m, –2800 m.
Madeira: –100 m, –1700 m, –2300 m.
Meteorbank, westliche Kanarische Inseln: –300 m, –700 m, –610 m.
Horizon Guyott, Hawaii: –1400 m, –1700 m, –1900 m, –2100 m, –2500 m.
Hawaii, Hauptinsel: –20, –200 m (8 Terrassen), –370 m, –550 m
Chile: –2000 m, –4000 m, –6000 m.

Beispielsweise lagern auf den deutlich abgesetzten Terrassenstufen am Kontinentalhang vor der Küste von Chile mächtige terrigene Sedimentabfolgen; Schichtausstriche sind erodiert, die Abrasionsplattformen sind mit gut gerundeten Strandgeröllen überdeckt und durch Hartgründe plombiert (Abb. 234, S. 441; Kiefer und Wissmann 1995). Der Kontinentalhang ist von untermeerischen Kerbtälern durchfurcht, insbesondere vor der Mündung des

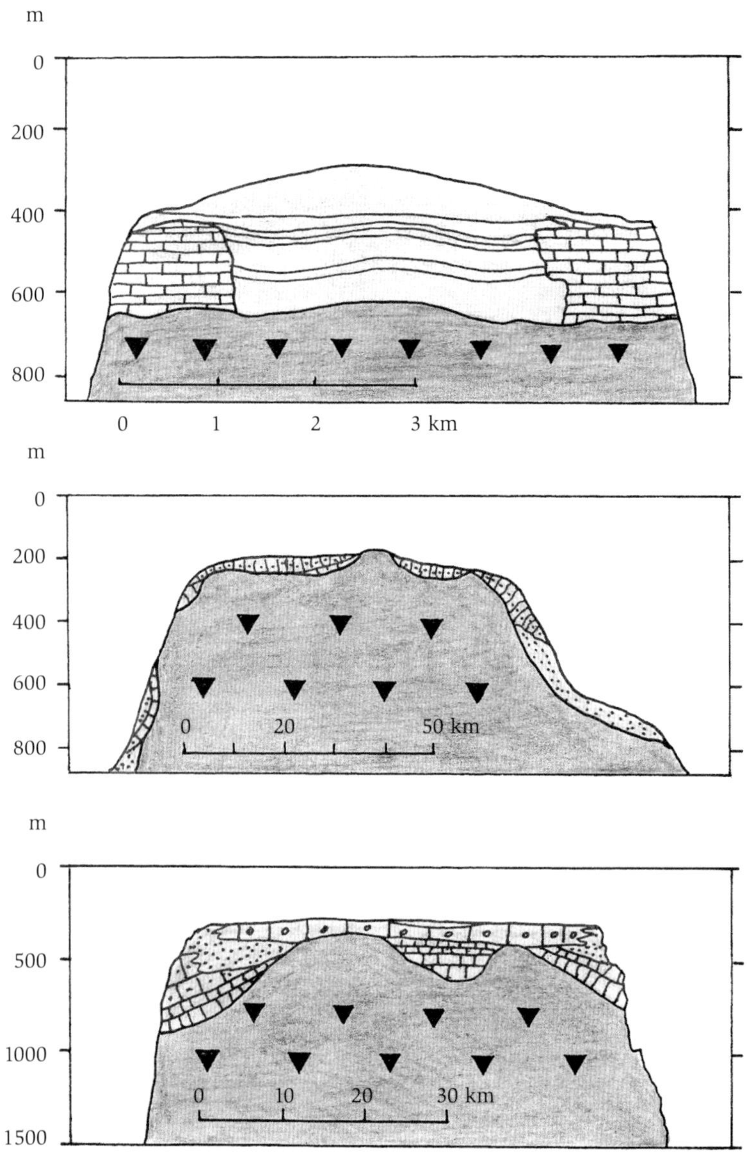

Drei Schnitte durch vulkanische Tiefseekuppen (dunkelgrau mit Dreiecken), die mit Korallenkalken und kalkig-sandigen Ablagerungen bedeckt sind (hellgrau).
Abb. 297: Schnitt durch den Allison Gyott im mittleren Pazifischen Ozean. (Umgezeichnet nach Washington, aus Winterer 1991.)
Abb. 298: Schnitt durch die Josephinebank im Atlantik. (Umgezeichnet nach von Rad 1974.)
Abb. 299: Schnitt durch die Große Meteorbank westlich der Kanarischen Inseln. (Umgezeichnet nach Ulrich 1971, aus von Rad 1974).

Rio Loa, mit mäandrierenden Rinnen mit Einschnitten bis zu 150 m Tiefe.

Noch ein Phänomen könnte den Anstieg des Ozeanwasserspiegels mit charakterisieren; es erscheint jedoch ebenfalls noch unsicher. Die untermeerischen **Enden der Taleinschnitte** an den Schwemmfächern könnten als Indiz gelten für die Höhe des Ozeanspiegels, da die Kerbtäler sich meines Erachtens auch in den Kontinentalhang nicht tiefer einschneiden als bis zum jeweiligen Niveau des Wasserspiegels (Abb. 275 – 277, S. 497; Abb. 289, S. 508). Auch hier können tektonische Bewegungen die Teufen verändert haben. Die geologische Epoche der Einschnitte ist schwerer zu bestimmen als ihre Morphologie. Sie liegt zwischen dem Alter der durchschnittenen Schichten und dem der ältesten Talsedimente. Wo deren Alter bestimmt werden konnte, kam man für die Einschnitte meist auf Tertiär bis frühes Pleistozän. Einige Beispiele für die Niveaus der Kerbtalmündungen in den Schwemmfächer sind:

Pazifik: Beringmeer, 2500 – 3200 m; Quenn Charlotte Islands, 2000 m; Columbia River, 1400 m.

Atlantik: Labradorsee, 4700 – 5000 m; Hudson River, 3800 – 4000 m; Biskaya, 3500 m; Madeira, 3400 m; Senegal, 2200 m; Kongo, 3800 – 4000 m.

Mittelmeer: Rhône, 2300 m; Nil, 4000 m; Indik, Port Elizabeth, 2500 m.

Das würde bedeuten, dass im Tertiär der ozeanische Wasserspiegel noch sehr tief gelegen hätte. Es könnte aber auch sein, dass die Einschnitte bereits in der Kreidezeit mit dem Beginn der Niederschläge angelegt wurden. Auch hier sind weitere Recherchen notwendig.

Ein weiteres Phänomen, an dem das Niveau des Wasserspiegels im Pazifischen Ozean abgelesen werden kann, ist die Geschichte der **Korallenriffe und Atolle**, die sich über Vulkankegeln gebildet haben. Korallen können nur bis maximal dreißig Meter Wassertiefe leben. Menard beschrieb bereits 1964 an pazifischen Kegelbergen Stromatolithe in 2000 m Tiefe, eozäne Riffe in 1000 m Tiefe und jungtertiäre Korallen in 400 – 500 m Tiefe. Die Schnitte von Abb. 297 – 299 zeigen Beispiele, wo Riff- und Plattenkalke bis über 600 m tief auf Vulkankuppen aufsitzen. Die geophysikalischen Profile zeigen den kegelförmigen Innenaufbau dieser Kuppen. Bei der Meteorbank belegen die aufsitzenden

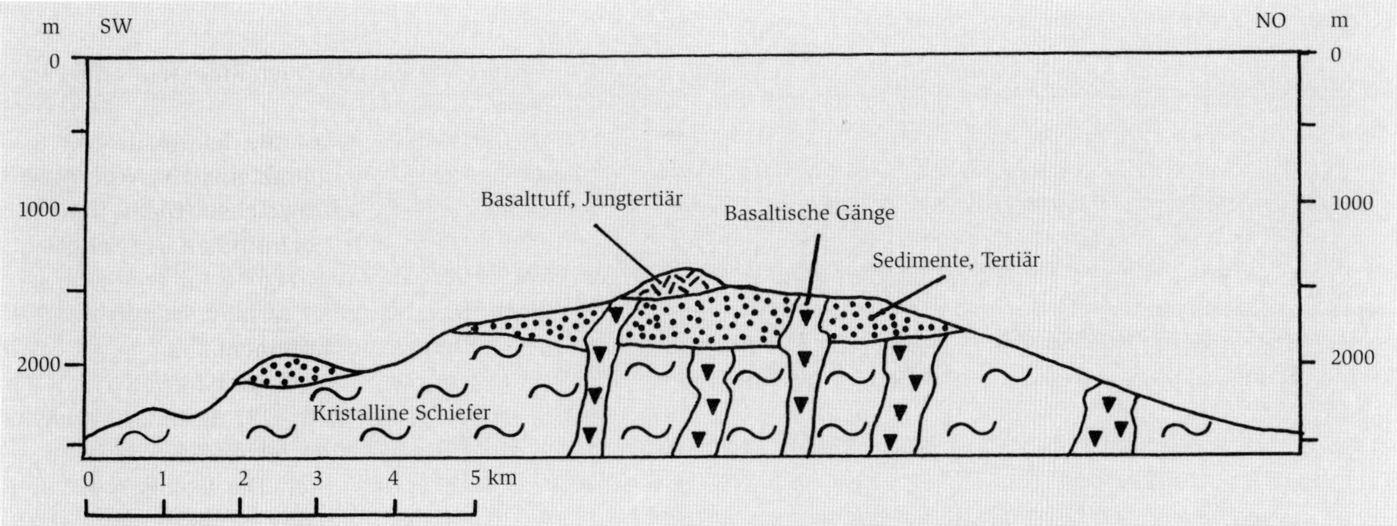

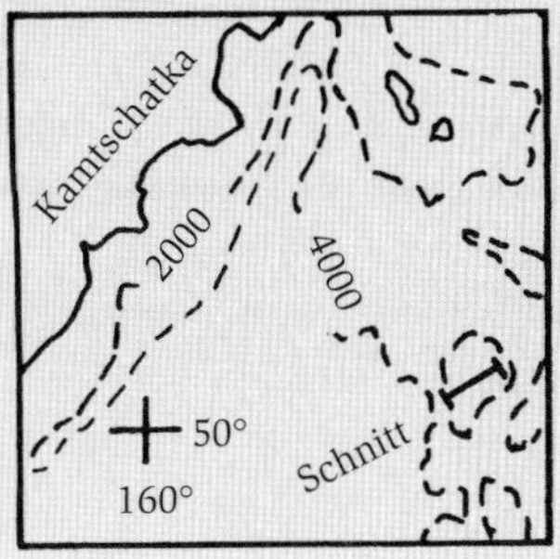

Abb. 300 Schnitt durch die kontinentale Scholle der Detroit-Tiefseekuppe im nördlichen pazifischen Ozean östlich von Kamtschatka (1:2 überhöht; umgezeichnet nach Choi und Vasilyev 1990.)

Riffe, dass die Vulkanspitze im oberen Miozän in 600 m Wassertiefe erosiv eingeebnet wurde (von Rad 1974). Die Oberfläche des Allison Gyott (Abb. 297) in 600 m Tiefe zeigt ein Karstrelief, auf dem Riffe der Oberkreide aufsitzen. Shepard (1973) verglich die Oberflächensedimente auf den Basaltkuppen unter acht Atollen und bestimmte, dass das Eozän bei 900 m Tiefe und das Miozän bei 200 m Tiefe liegt. Die Oberfläche des Horizon Gyott im mittleren Pazifik zeigt in über 1200 m Tiefe Erosionsformen in Hartgesteinen, Eisen-Mangankrusten über Basalten und vulkanische Kalkbrekzien mit Hartgründen, die im aktualistischen Vergleich alle unter Luft entstanden sein müssten. An der Kuppenoberfläche wurden in 1000 m Tiefe Wellenrippeln in verschiedenen Richtungen und dünenartige Sandumlagerungen beobachtet, die nahe der Meeresoberfläche gebildet wurden. Gegen eine Erosion am tieferen Meeresboden spricht, dass z.B. unverfestigter tertiärer Kalkschlamm trotz Bodenströmungen von 30 cm/sec nicht erodiert wurde. Die Gesamtgenese der Ablagerungsprozesse auf den Vulkankuppen ist für kritische Autoren noch ein Problem (z.B. Lonsdale 1972).

Für die Vorstellung, die Vulkane wären nach dem Ausbruch in den Ozeanboden entsprechend eingesunken, fehlen die tektonischen Belege.

Auch aus dem nördlichen Pazifik werden verschiedentlich kontinentale Schollen beschrieben, die von tertiären Ablagerungen überdeckt wurden (Abb. 300). In das präkambrische Kristallin intrudierten Ende Jura ozeanische Basalte. In der frühen Kreidezeit wurde die Oberfläche, welche jetzt in 1800 – 2200 m Tiefe liegt, «unter Luft» erodiert. Darauf lagerten sich hauptsächlich im Miozän mit basaltischen Tuffen durchtränkte Tone. Die Verfasser gehen davon aus, dass das Gebiet im Pleistozän auf die heutige Teufe abgesenkt wurde, obwohl die Kuppe eigentlich in einem Gebiet liegt, in dem der Ozeanboden bereits in der Kreidezeit erstarrt ist.

Landschaft und Menschenentwicklung

Dieses Kapitel zusammenfassend zeigt sich, dass anhand der wenigen Beispiele bei weitem noch kein detailliertes Gesamtbild vom Anstieg des Ozeanspiegels gegeben werden kann. Dennnoch soll versucht werden, die dargestellten **Phänomene** zusammenzuschauen:

- der Umschwung vom Hochtal zum Kerbtal auf den kontinentalen Hochflächen, in den Alpen und den Mittelgebirgen;
- die Erosion der präglazialen Rinnen in Norddeutschland;
- der Umschwung am Kontinentalhang vom flächigen Anschütten zum Einschnitt der Kerbtäler;
- der Anstieg der Ozeane von der Kerbtalmündung in den Schüttfächern bis zum Schelfniveau;
- die Terrassen am Kontinentalhang als Ausdruck rhythmischen Niederschlags;
- die Geschichte der Schelfverflachung im Verhältnis zu den Eiszeitrhythmen;
- die Erosionsdiskordanzen auf den Ozeanböden und in den tertiären Schichten;
- die Belege von Verwitterung unter Luft in Meerestiefen;
- der Übergang der Ozeansedimente von der Kontinental-, Salinar- und Riff-Fazies zur heutigen Tiefseefazies;
- das Wachsen der Korallenriffe;
- die Geschichte der Erdböden und des Süßwassers;
- die Faunenprovinzen und Wanderwege der Tiergruppen.

In der Fachliteratur liegt sehr viel Material dazu vor. Wenn die vorliegenden Beobachtungen systematisch unter diesem Aspekt ausgewertet würden, dann könnte meines Erachtens eine genaue Entwicklung der kontinentalen und ozeanischen Landschaften beschrieben werden, welche den Niederschlag der Lebenssphäre widerspiegeln würde. Die unterschiedlichen Tiefenwerte für die geologischen Epochen zwischen Jura und Pleistozän weisen darauf hin, dass noch zahlreiche modifizierende Faktoren zu berücksichtigen sind, vor allem tektonische Bewegungen. Trotzdem könnten sich erste Ergebnisse abzeichnen.

Nachdem die Ozeanböden des **Pazifischen Ozeans** im Jura fest wurden und die Lebenssphäre zu zerfallen begann, konnten sich die niedergeschlagenen Wasser dort zuerst sammeln. Bis zur Unterkreide könnte die heutige 4000 m-Tiefenlinie erreicht worden sein. Das würde bedeuten, dass im Indischen und Pazifischen Ozean die gesamte Fläche bereits mit Wasser bedeckt war – ausgenommen nur die mittelozeanischen Rücken und einige Randgebiete. Aus der Calcit-Kompensationstiefe (CCD), bei der sich Kalkschalen von Mikroorganismen auflösen, kann je nachdem, ob Kalkablagerungen vorhanden sind, auf den Abstand zum Ozeanboden geschlossen werden – natürlich unter Extrapolation heutiger Klimaverhältnisse, die damals jedoch noch nicht gegeben waren. Diese Tiefenzone lag ungefähr in der Oberkreide und im Eozän bei 2500 m, im Oligozän bei 4000 m, im Miozän bei 3000 m und heute bei 4800 m Tiefe. Daraus wird geschlossen, dass der Ozeanboden durch die Kontinentaldrift entsprechend abgesunken sei. Man könnte aber die gleichen Werte auch verstehen als Niveauflächen eines ansteigenden Meeresspiegels. Mit dem Jungtertiär änderte sich aprupt die Tiefsee-Sedimentation. Von da an überwiegen der heutige rote Tiefseeton, die Kieselschlämme und Eisen-Mangan-Knollen. An den Kontinenträndern werden kreidezeitliche und alttertiäre Ablagerungen in –3000 bis –1000 m heutiger Wassertiefe erodiert und diskordant vom Jungtertiär überlagert. Die Kerbtäler schneiden sich in die Kontinentalhänge ein, die terrestrischen Komponenten in den Ablagerungen nehmen ab.

Der **Atlantische Ozean** mit dem Mittelmeer war bis zur mittleren Kreidezeit vermutlich noch vom Pazifik getrennt. Hier konnten sich nur die Wasser sammeln, welche von den angrenzenden Kontinentalflächen hereinflossen. Die Salinar-, Riff- und Sandfazies des Jura und der Unterkreide entstanden dort in flachen wassergefüllten Senken, ähnlich wie auf den angrenzenden Kontinenten. Der deutliche Wasseranstieg in der Oberkreide mit seiner Plattenkalkfazies weist auf Verbindungen mit dem Pazifik, vor allem durch die Trennung Südamerikas von Afrika. Von da an kann in allen Ozeanen mit einer gemeinsamen Entwicklung gerechnet werden. Auch im Atlantik und seinen Randmeeren transgrediert das Jungtertiär in –3000 bis –1000 m über Oberkreide und Alttertiär. Diese Wassertiefen werden durch den Sedimentcharakter bestätigt (Ehrmann und

Thiede 1986). Auch die Wanderwege der Tier- und Pflanzenwelt deuten auf einen solchen Wasserstand im Tertiär. So konnten z.B. die Eidechsen noch trockenen Fußes die Kanarischen Inseln und Madeira erreichen. Für die ab Eozän entstehenden Säugetiere war das nicht mehr möglich (Abb. 246, 248, S. 453). Entsprechendes gilt für Inseln im Mittelmeer oder im Pazifik sowie für die Ausbreitung der Pflanzen (s. S. 452, 453).

Das Rockall-Plateau und die Thule-Landbrücke, ein für den Menschen wichtiges Gebiet, wurden erst überflutet, nachdem der Ozean höher als die heutige 500 m-Tiefenlinie angestiegen war (Abb. 250, S. 461; Abb. 294, S. 513). Zeitlich war das mit Beginn des Pleistozän erreicht. Das ist auch dadurch belegt, dass sich vorher die Muschelarten im Skandik und Atlantik getrennt entwickelt hatten. Das Meeresniveau könnte mit Beginn der Eiszeit vielleicht bei etwa –400 m gelegen haben, womit der primäre Anstieg gemeint ist. Das würde auch die Rinnen im Untergrund Norddeutschlands verständlich machen. Durch den rhythmischen Wechsel der Eiszeiten und Zwischeneiszeiten schwankte der Ozeanwasserspiegel im Pleistozän, wofür 120 – 200 m angenommen werden (Schwarzbach 1993, S. 247). Dadurch entstanden die ebenen Flächen des Schelfs, die weltweit bis etwa 200 m Wasertiefe hinab reichen. Dabei wurden die Verbindungen der Flussmündungen mit den Kerbtälern des Kontinentalhanges abgeschnitten (Abb. 285, S. 506; Abb. 289, S. 508). Nach der letzten Eiszeit lag der Wasserspiegel, z.B. der Nordsee, bei –130 m und zur indischen Epoche um 7000 v. Chr. bei –40 m.

Im **Überblick** gesehen lässt sich schon ein Gesamtablauf erkennen. Die Wasser-Luft-Sphäre begann nach dem Zerfall des Großkontinents abzusterben und ihr Wasser abzugeben. Die Niederschläge dürften in den äquatorialen Gebieten in der Oberkreide und im Alttertiär begonnen haben, weiter polwärts wohl erst im Alttertiär. Die horizontal wirbelnde, flächenbildende Abtragung ging in die vertikale, lineare Erosion der Täler über. Der Süßwasserkreislauf entwickelte sich stärker. Das Maximum der **Niederschläge** fiel in die Zeit vom Jungtertiär bis zum Beginn der Elstereiszeit. Das entspricht der dritten bis fünften atlantischen Epoche, d.h. der **Mitte der Atlantis** (Abb. 1, S. 34; Abb. 4 S. 57).

Knüpft man dieses Ergebnis an das vorherige Kapitel an, so kann man sagen, dass der Untergang der Atlantis räumlich und zeitlich ein vielschichtiges Geschehen war (s. S. 457 ff.). Rudolf Steiner stellt dar, wie darin der Ausdruck des ahrimanischen Einschlages gesehen werden kann – aber auch im Gegengewicht dazu die Wirkungen des Christus (GA 13, S. 260 – 272). Es war vor allem ein Entwicklungsschritt der Menschheit in Richtung zur Freiheit; das Erwachen zum Denken, zum Selbstbewusstsein, zur Wahrnehmung der Sinneswelt. Durch den Verrat der Mysteriengeheimnisse trat eine Verhärtung ein, es bildete sich die verhärtete Knochensubstanz bei den Menschen und den höheren Tieren, die aber nicht kristallin wurde. Mit all dem waren die Schicksale der Erde verknüpft: Ihre Kruste verhärtete endgültig, zuletzt mit der Bildung der Hochgebirge; das Mineralische kristallisierte umfassend, indem es mit flächiger Struktur durchprägt wurde; die warm-luftig-flüssige Lebenssphäre starb ab; die Erdöl-Erdgas-Lagerstätten entstanden; die Wassermassen schlugen sich nieder; unsere heutigen Landschaften wurden gestaltet, die Ozeanbecken gefüllt, die Wasser bis zum Inlandeis verdichtet und die Moränen aufgehäuft. Auch bei diesen Phänomenen schließen die geisteswissenschaftlichen Forschungen Rudolf Steiners unmittelbar dort an, wo die geowissenschaftliche Beschreibung der Sachverhalte endet. Dadurch ergibt sich überhaupt erst ein zusammenhängender Sinn der Phänomene untereinander sowie zwischen der Erd- und Menschenentwicklung.

Die Schritte von der Ebenheit zum Hochtal und zum Kerbtal sind den Kontinenten und ihren Abhängen zur Tiefsee deutlich eingeprägt. Durch ihre Bildung wird Landschaft in einem weltweit einheitlichen Prozess gewissermaßen von oben herausgeschnitzt. An den Formen kann abgelesen werden, wie die Gestaltungsprozesse während der Atlantis in großen Rhythmen von der flächig abtragenden Wirbelerosion zur linear mäandrierenden Tiefenerosion übergingen. Den gleichmäßig verteilten Niederschlägen von oben stehen die differenzierenden Kräfte von unten entgegen: die verschiedenen Härten der Gesteine, die Hebung der Gebirgsblöcke und die Auswürfe vulkanischer Massen. Im gleichzeitigen Zusammenspiel beider Wirkungsrichtungen werden die konkreten Landschaftsformen unendlich variiert und an jedem Ort individuell. Die Landschaft bildet so eine geologisch ganz sensible Fläche, rhythmisch schwingend in den zahllosen Variationen zwischen hart und weich, in ständigem Umbilden begriffen. Keine ihrer Gestalten ist dabei zufällig. Auch die Veränderungen durch den Menschen prägten sich unverkennbar ein. Jede noch so kleine Form erzählt dem, der es hören kann, ihre spannende Biografie von der Substanz bis zur Gestalt!

Mit dem Entstehen der Landschaft ist die Werdegeschichte der Erde im Wesentlichen abgeschlossen. Nur der Jahrmillionen-Aspekt ignoriert eigentlich eine Evolution der Erde, wie sie die Phänomene nahelegen, weil angenommen wird, dass seit dem frühesten Archäikum bis in alle Zukunft verhärtete Platten in immer neuen Zyklen unterschoben würden, auf denen sich die Lebenswelt als zufallsbedingtes Genpuzzle abgespielt hat. Da heute fast nur noch Zerstörungsvorgänge stattfinden, wie sie stellenweise bereits im Präkambrium eingesetzt haben, wird die Erde insgesamt nur unter anorganischen Gesichtspunkten betrachtet. Landschaften wie die heutigen hätte es danach schon immer gegeben.

Die Phänomene sprechen vielfach dagegen. Es kann versucht werden, sie als Schrift einer Lebensgeschichte zu lesen, die vergangen ist. Die Landschaft war das letzte Kapitel ihrer Biografie, und sie ist zugleich das erste für den Menschen, denn sie ist der Ausgangspunkt jeglicher geowissenschaftlicher Betrachtung. Von ihr aus kann im Sinne der Übersicht Abb. 196, S. 352 und Abb. 197, S. 360 zu den Gesteinen gegangen werden. Sie wiederum offenbaren ihr Werden durch das Verhältnis ihrer Minerale und die Folge ihres Chemismus, wie es in Abb. 136, S. 252 dargestellt wurde. Das charakterisiert uns in umgekehrter Blickrichtung die Evolutionsströme der Naturreiche, wie sie zusammengefasst wurden in Abb. 205, S. 384 für die Gesteine; für Mensch und Tier in Abb. 7, S. 70 und Abb. 72, S. 182 und für die gesamte Naturentwicklung in Abb. 6, S. 66. Die Landschaft ist wie ein offenbarer Text, in dem alle Werdeprozesse irdischer Substanzen und Formen geronnen sind. Sie ist das Fenster, durch das die gemeinsame Geschichte von Mensch und Erde betrachtet werden kann. Deshalb soll mit diesem Thema auch das Buch abgeschlossen werden. Es schließt direkt an die Perspektive an, die ich im letzten Abschnitt des Goethebuches darstellte (Goethe 1994, S. 368). Es ist der Versuch einer Geologie der lebendigen Erde – einer geologischen Menschenkunde wie sie nur möglich wurde durch die anthroposophische Welt- und Menschenkunde von Rudolf Steiner im Sinne seines Wortes: «Und die Lehre vom Menschen, der aus den Kräften der Erde geformt ist, ist Geologie» (GA 149, 31. 12. 1913).

Der Geologe Hans Cloos (1947) schrieb in seinem Lebensbericht *Gespräch mit der Erde* auf den ersten Seiten sehr treffende Worte: «Was ist die Schönheit der Landschaft? Ist es nicht unbewusste Einsicht in die innere Ordnung der Erde, in den Rhythmus ihrer Wiederholungen, in die Harmonie der Flächen und Linien, in das ausgewogene Maß des Zusammenspiels ihrer Teile, empfunden von einem Wesen, das selbst Teil und Kind der gleichen Natur und also innerlich unterworfen ist den gleichen Ordnungen, die es außerhalb seiner selbst antrifft? Unser Glück im Anschauen der Natur, wächst es nicht aus dem Zusammenklang der zum Schwingen erregten Saiten unserer Seele mit der Musik der Erde?» Und ich kann Hans Cloos zustimmen, wenn er weiter schreibt, dass er «in einigen Feierstunden seiner Arbeit vermeint hat, auch den innneren Klang des großen Werkes, die Musik der Erde selbst zu hören».

Literatur

A. Werke von Rudolf Steiner

Die Vorträge werden zitiert nach der im Rudolf Steiner Verlag, Dornach erscheinenden Gesamtausgabe (= GA). Siehe *Bibliographische Übersicht*, Bd. 1, Rudolf Steiner Verlag, Dornach, 2. Aufl. 1984. Bei schriftlichen Werken wird die GA-Nr. und z.T. die Seitenzahl angegeben, die in den Ausgaben seit ca. 1983 gleichbleibend ist. – Im Folgenden zur schnellen Orientierung die Titel der zitierten Werke in Kurzform:

GA 1 *Einleitungen zu Goethes Naturwissenschaftlichen Schriften.*

GA 1 a – e J. W. Goethe: *Naturwissenschaftliche Schriften.* Mit Einleitungen, Fußnoten und Erläuterungen im Text herausgegeben von Rudolf Steiner.

GA 2 *Grundlinien einer Erkenntnistheorie der Goetheschen Weltanschauung.*

GA 4 *Die Philosophie der Freiheit.*

GA 6 *Goethes Weltanschauung.*

GA 9 *Theosophie.*

GA 10 *Wie erlangt man Erkenntnisse der höheren Welten?*

GA 11 *Aus der Akasha-Chronik.*

GA 13 *Die Geheimwissenschaft im Umriss.*

GA 26 *Anthroposophische Leitsätze.*

GA 27 *Grundlegendes für eine Erweiterung der Heilkunst.*

GA 28 *Mein Lebensgang.*

GA 30 *Methodische Grundlagen der Anthroposophie.*

GA 40 *Wahrspruchworte.*

GA 45 *Anthroposophie. Ein Fragment.*

GA 53 *Ursprung und Ziel des Menschen.*

GA 60 *Antworten der Geisteswissenschaft auf die großen Fragen des Daseins.*

GA 61 *Menschengeschichte im Lichte der Geistesforschung.*

GA 67 *Das Ewige in der Menschenseele. Unsterblichkeit und Freiheit.*

GA 73 *Die Ergänzung heutiger Wissenschaften durch Anthroposophie.*

GA 74 *Die Philosophie des Thomas von Aquin.*

GA 81 *Erneuerungsimpulse für Kultur und Wissenschaft. Berliner Hochschulkurs.*

GA 88 *Über die astrale Welt und das Devachan.*

GA 93a *Grundelemente der Esoterik.*

GA 94 *Kosmogonie.*

GA 95 *Vor dem Tore der Theosophie.*

GA 96 *Ursprungsimpulse der Geisteswissenschaft.*

GA 97 *Das christliche Mysterium.*

GA 99 *Die Theosophie des Rosenkreuzers.*

GA 100 *Menschheitsentwickelung und Christus-Erkenntnis.*

GA 101 *Mythen und Sagen.*

GA 102 *Das Hereinwirken geistiger Wesenheiten in den Menschen.*

GA 103 *Das Johannes-Evangelium.*

GA 104 *Die Apokalypse des Johannes.*

GA 105 *Welt, Erde und Mensch.*

GA 106 *Geisteswissenschaftliche Menschenkunde*

GA 107 *Gegenwärtiges und Vergangenes im Menschengeiste.*

GA 108 *Die Beantwortung von Welt- und Lebensfragen durch Anthroposophie.*

GA 109 *Das Prinzip der spirituellen Ökonomie.*

GA 110 *Geistige Hierarchien und ihre Widerspiegelung in der physischen Welt.*

GA 112 *Das Johannes-Evangelium im Verhältnis zu den drei anderen Evangelien.*

GA 113 *Der Orient im Lichte des Okzidents.*

GA 114 *Das Lukas-Evangelium.*

GA 115 *Anthoposophie – Psychosophie – Pneumatosophie.*

GA 116 *Der Christus-Impuls und die Entwickelung des Ich-Bewusstseins.*

GA 118 *Das Ereignis der Christus-Erscheinung in der ätherischen Welt.*

GA 120 *Die Offenbarungen des Karma.*

GA 121 *Die Mission einzelner Volksseelen.*

GA 122 *Die Geheimnisse der biblischen Schöpfungsgeschichte.*

GA 124 *Exkurse in das Gebiet des Markus-Evangeliums.*

GA 125 *Wege und Ziele des geistigen Menschen.*

GA 127 *Die Mission der neuen Geistesoffenbarung.*

GA 128 *Eine okkulte Physiologie.*
GA 129 *Weltenwunder, Seelenprüfungen und Geistesoffenbarungen.*
GA 130 *Das esoterische Christentum und die geistige Führung der Menschheit.*
GA 132 *Die Evolution vom Gesichtspunkte des Wahrhaftigen.*
GA 134 *Die Welt der Sinne und die Welt des Geistes.*
GA 136 *Die geistigen Wesenheiten in den Himmelskörpern und Naturreichen.*
GA 152 *Vorstufen zum Mysterium von Golgatha.*
GA 156 *Okkultes Lesen und okkultes Hören.*
GA 159/160 *Das Geheimnis des Todes.*
GA 164 *Der Wert des Denkens für eine den Menschen befriedigende Erkennnis.*
GA 165 *Die geistige Vereinigung der Menschheit durch den Christus-Impuls.*
GA 170 *Das Rätsel des Menschen.*
GA 172 *Das Karma des Berufes des Menschen in Anknüpfung an Goethes Leben.*
GA 174 *Zeitgeschichtliche Betrachtungen. Das Karma der Unwahrhaftigkeit* – Zweiter Teil.
GA 175 *Bausteine zu einer Erkenntnis des Mysteriums von Golgatha.*
GA 177 *Die spirituellen Hintergründe der äußeren Welt. Der Sturz der Geister der Finsternis.*
GA 180 *Mysterienwahrheiten und Weihnachtsimpulse. Alte Mythen und ihre Bedeutung.*
GA 184 *Die Polarität von Dauer und Entwickelung im Menschenleben.*
GA 187 *Wie kann die Menschheit den Christus wiederfinden?*
GA 188 *Der Goetheanismus, ein Umwandlungsimpuls und Auferstehungsgedanke.*
GA 194 *Die Sendung Michaels.*
GA 197 *Gegensätze in der Menschheitsentwickelung.*
GA 205 *Menschenwerden, Weltenseele und Weltengeist.*
GA 208 *Anthroposophie als Kosmosophie* – Zweiter Teil.
GA 213 *Menschenfragen und Weltenantworten.*
GA 216 *Die Grundimpulse des weltgeschichtlichen Werdens der Menschheit.*
GA 219 *Das Verhältnis der Sternenwelt zum Menschen und des Menschen zur Sternenwelt.*
GA 220 *Lebendiges Naturerkennen. Intellekueller Sündenfall und spirituelle Sündenerhebung.*
GA 222 *Die Impulsierung des weltgeschichlichen Geschehens durch geistige Mächte.*
GA 225 *Drei Perspektiven der Anthroposophie.*
GA 227 *Initiations-Erkenntnis.*
GA 228 *Initiationswissenschaft und Sternenerkenntnis.*
GA 230 *Der Mensch als Zusammenklang des schaffenden, bildenden und gestaltenden Weltenwortes.*
GA 232 *Mysteriengestaltungen.*
GA 233 *Die Weltgeschichte in anthroposophischer Beleuchtung.*
GA 233a *Mysterienstätten des Mittelalters.*
GA 234 *Anthroposophie. Eine Zusammenfassung.*
GA 235 *Esoterische Betrachtungen karmischer Zusammenhänge.* Erster Band.
GA 240 *Esoterische Betrachtungen karmischer Zusammenhänge.* Sechster Band.
GA 243 *Das Initiaten-Bewusstsein.*
GA 254 *Die okkulte Bewegung im neunzehnten Jahrhundert.*
GA 257 *Anthroposophische Gemeinschaftsbildung.*
GA 265 *Zur Geschichte und aus den Inhalten der erkenntniskultischen Abteilung der Esoterischen Schule von 1904 bis 1914.*
GA 266 *Aus den Inhalten der esoterischen Stunden*, Band I – III.
GA 272 *Geisteswissenschaftliche Erläuterungen zu Goethes «Faust»*. Band I: *Der strebende Mensch.*
GA 273 *Geisteswissenschaftliche Erläuterungen zu Goethes «Faust»*. Band II: *Das Faust-Problem.*
GA 283 *Das Wesen des Musikalischen.*
GA 287 *Der Dornacher Bau als Wahrzeichen geschichtlichen Werdens.*
GA 288 *Stilformen des Organisch-Lebendigen.*
GA 293 *Allgemeine Menschenkunde als Grundlage der Pädagogik.*
GA 300 *Konferenzen mit den Lehrern der Freien Waldorfschule*, 3 Bände a – c.
GA 303 *Die gesunde Entwickelung des Menschenwesens.*
GA 312 *Geisteswissenschaft und Medizin.*
GA 313 *Geisteswissenschaftliche Gesichtspunkte zur Therapie.*
GA 316 *Meditative Betrachtungen und Anleitungen zur Vertiefung der Heilkunst.*
GA 317 *Heilpädagogischer Kurs.*
GA 319 *Anthroposophische Menschenerkenntnis und Medizin.*
GA 323 *Das Verhältnis der verschiedenen naturwissenschaftlichen Gebiete zur Astronomie.*
GA 324 *Naturbeobachtung, Experiment, Mathematik und die Erkenntnisstufen der Geistesforschung.*
GA 326 *Der Entstehungsmoment der Naturwissenschaft.*
GA 327 *Geisteswissenschaftliche Grundlagen zum Gedeihen der Landwirtschaft.* Landwirtschaftlicher Kurs.
GA 347 *Die Erkenntnis des Menschenwesens nach Leib, Seele und Geist. Über frühe Erdzustände.*
GA 348 *Über Gesundheit und Krankheit.*
GA 349 *Vom Leben des Menschen und der Erde.*
GA 350 *Rhythmen im Kosmos und im Menschenwesen.*
GA 351 *Mensch und Welt.*
GA 354 *Die Schöpfung der Welt und des Menschen.*

B. Allgemeine und spezielle Literatur

Von den mehreren hundert geologischen und paläologischen Spezialarbeiten, die den Detaildarstellungen und Abildungen zugrunde liegen, werden im Folgenden nur die für diese Arbeit wichtigsten zitiert.

Appenzeller, K. (1976): *Die Genesis im Lichte der menschlichen Embryonalentwicklung,* Basel.

Arldt, T. (1919): *Handbuch der Paläogeographie,* 2 Bd.

Arnold, W. (Hrsg., 1989): *Entwicklung – Interdisziplinäre Aspekte zur Evolutionsfrage,* Stuttgart.

Audley-Charles, M. G. (1983): Gondwana and Tethys. Geological Society, Special Publications, Bd. 37, Oxford.

Audley-Charles, M. G. (1988): Mesozoic-Cenozoic rift-drift sequence of Asia. *Tectonophysics,* Nr. 155, S. 317.

Autorenkollektiv (1998): *Anthroposophie und die Frage der Rassen. Zwischenbericht der niederländischen Untersuchungskommission,* Info3-Verlag. KonText, Band 1, Frankfurt.

Backhaus, E. / Bähr, R. (1992): Schwemmfächer-Playa. Sedimentation einer Rotliegend-Rinne des Böllsteiner Odenwaldes, *Geologisches Jahrbuch für Hessen,* Bd. 120, S. 37.

Barth, T. F. W. (1969): *Feldspars,* New York.

Benesch, F./Wilde, K. (1983): *Kiesel – Kalk – Ton,* Stuttgart.

Benesch, F. (1981): *Apokalypse. Die Verwandlung der Erde. Eine okkulte Mineralogie,* Stuttgart.

Berlitz, Ch. (1984): *Der achte Kontinent. Wiege aller Kulturen,* Wien.

Biedermann, F. von (1909): *Goethes Gespräche,* Bd. 1, Leipzig.

Bischoff, G. (1985): Die tektonische Evolution der Erde von Pangäa zur Gegenwart, *Geologische Rundschau* 74/2, S. 237, Stuttgart.

Blavatsky, H. P. (1899): *Geheimlehre.* Englischer Titel: *Secret Doctrine.*

Bock, E. (1934): *Urgeschichte. Beiträge zur Geistesgeschichte der Menschheit,* Bd. 1, Stuttgart. 7. Aufl. 1978.

Bockemühl, C. (1999): Isotopen-Analysen und Altersbestimmungen an Goethes «Urgestein» – vom Umgang mit den «vier Elementen» in der Geologie, in Bockemühl, C. (Hrsg.): *Erdentwicklung aktuell erfahren,* S. 150 – 192.

Bockemühl, C. (Hrsg. 1999): *Erdentwicklung aktuell erfahren. Geologie und Anthroposophie im Gespräch,* Stuttgart.

Bockemühl, J. (Hrsg. 1977): *Erscheinungsformen des Ätherischen,* Stuttgart.

Bockemühl, J. (1982): Bildebewegungen im Laubblattbereich höherer Pflanzen, in Schad, W. (Hrsg.): *Goetheanistische Naturwissenschaft,* Bd. 2, *Botanik,* S. 17, Stuttgart.

Bockemühl, J. (1984): *Sterbende Wälder – eine Bewusstseinsfrage,* Dornach.

Bockemühl, J. (1992): *Erwachen an der Landschaft,* Dornach.

Bockemühl, J. (1982): Lebensrhythmen im Pflanzen- und Tierreich, in Schad, W. (Hrsg.): *Goetheanistische Naturwissenschaft,* Bd. 1: *Allgemeine Biologie,* S. 26 – 29, Stuttgart.

Boie, D. (1968): *Das erste Auge. Ein Bild des Zirbelorgans aus Naturwissenschaft, Anthroposophie, Geschichte und Medizin,* Stuttgart.

Borchardt, P. u.a. (1927): Verschiedene Beiträge zu Atlantis im Tritongebiet, *Petermanns Geographische Mitteilungen,* 73, Gotha.

Bosse, D. (1983): *Zum Wesensbild des Orthoklas als biologisch-dynamisches Düngepräparat.* Unveröffentlichtes Manuskript.

Bosse, D. (1992): Vergleich der anthroposophischen und der geologischen Gliederung der Erdgeschichte, *Der Merkurstab,* H. 4, S. 291, Stuttgart.

Bosse, D. (1993): Wie alt ist unsere Erde?, *Der Merkurstab,* H. 4, S. 382, Stuttgart.

Bosse, D. (1994): Die lebendige Ursphäre der Erde bei Goethe und Steiner, *Die Drei,* H. 10, S. 768, Stuttgart.

Bosse, D. (1995): *Goethes Initiation und die Ursphäre der Erde,* Stuttgart.

Bosse, D. (1996): Das Urgestein und seine Metamorphose. Begriffsverwirrungen um die Entstehung des Granits, *Die Drei,* H. 1, S. 43, Stuttgart.

Bott, V. (1985): *Anthroposophische Medizin, Bd. 2: Planeten und Metalle,* Heidelberg.

Bottke (1981): *Lagerstättenkunde des Eisens,* Essen.

Boucot, A. I. (1990): Silurian biogeography, *Palaeozoic Palaeogeography and Biogeography, Geological Society Memoir,* Nr 12, S. 191 – 196.

Brause, H. (1990): Beiträge zur Geodynamik des Saxothuringikums, *Geoprofil,* 2, S. 1 – 88, Freiberg.

Brinkmann, R. (1967): *Lehrbuch der Allgemeinen Geologie,* Bd. 3, Stuttgart.

Caroll, R. (1993): *Paläontologie und Evolution der Wirbeltiere,* Stuttgart.

Cepek, A. G. (1968): Quartär. In *Grundriss der Geologie der DDR,* S. 385 – 425, Berlin.

Choi, D. R./ Vasilyev, B. I. (1990): The great Oyashio Palaeoland, *Critical Aspects ... Plate Tectonics* I, S. 197.

Cloos, H. (1947): *Gespräch mit der Erde,* München.

Cloos, H. (1955): Geologische Strukturkarte von Mitteleuropa, *Geol. Rundschau,* Bd. 44, S. 480, Stuttgart.

Cloos, W. (1929): Über das Kieselige im Zusammenhang mit dem geologischen Werden des Erdenleibes, *Die Drei,* H. 6, Stuttgart.

Cloos, W. (1958, 1970): *Lebensstufen der Erde. Beiträge zu einer organischen Gesteins- und Mineralkunde,* Freiburg i. Br. – 2. Auflage 1970, Stuttgart.

Cloos, W. (1959): Die Spuren der Mondentrennung, *Beiträge zu einer Erweiterung der Heilkunst,* H. 2, Stuttgart.

Cloud, P. (1990): Die Biosphäre, *Spektrum der Wissenschaft: Fossilien*, Heidelberg.

Coffin, M./Eldholm, O. (1993): Große Eruptivprovinzen, *Spektrum der Wissenschaft*, H. 12, S. 58, Heidelberg.

Coffin, M./Eldholm, O. (1994): Large ingenious provinces, *Reviews of Geophysics*, 32, S. 1.

Colbert, E. (1980): *Evolution of the Vertebrates*, New York.

Dalziel, J.W. (1993): Die Erde vor Pangäa, *Spektrum der Wissenschaft*, H. 3, S. 64, Heidelberg.

Darwin, C. (1859): *Über die Entstehung der Arten durch natürliche Zuchtwahl*, Stuttgart 1876.

Darwin, G. H. (1879): Artikel in *International dictionary of Geophysics*, Bd. 2, Oxford.

Davies, T. A. (1982): Mesozoic and Cenozoic Sedimentation, in: Nairn, A. E. (1985): *The ocean basins and margins*, Bd. 7B, New York.

Donelly, I. (1882): *The Antidiluvian World*, London. dt.: *Atlantis, die vorsintflutliche Welt*, Leipzig 1895; Deisenhofen 1911.

Donelly, I. (1883): The Destruction of Atlantis, New York 1974.

Drescher-Kaden, F. K. (1968): Die metasomatische Entstehung einiger Serpentinite der Alpen, *Berichte der Dt. Gesellschaft für Geologische Wissenschaften*, B 13, S. 59, Berlin.

Drescher-Kaden, F. K. (1969): *Granitprobleme*, Berlin.

Dullo, W.-C. (1999): Aktuelle Erfahrungen als Verständnisschlüssel für vergangene Entwicklungen – Aktualismus und Uniformitarismus, in Bockemühl, C. (Hrsg.): *Erdentwicklung aktuell erfahren*, S. 56 – 75.

Dumke, K. (1988): *AIDS, die tödliche Befruchtung. Untersuchungen zur Menschenkunde, Epidemiologie und Schicksalssprache einer modernen Seuche*, Stuttgart.

Eckstein, O. (1930): *Mensch und Gestein.* Basel.

Egli, E.: (1975): *Mensch und Landschaft.* Zürich.

Ehlers, J. (1994): *Allgemeine und historische Quartärgeologie*, Stuttgart.

Ehlers, J. / Wingfield, R. (1991): The extension of the late Weichselian / Late Devensian ice sheets in the North Sea Basin, *Journal of Quarternary Science* 6, S. 313.

Ehrmann, W. U. / Thiede, J. (1986): Correlation of terrigenous and biogenic sediment flexus, *Geologische Rundschau*, 75/1, S. 43.

Eissmann, L. (1975): Das Quartär der Leipziger Tieflandsbucht ... *Schriftenreihe für Geologische Wissenschaften*, Bd. 2, Berlin.

Erbe, W. (1966): Zum Aufbau der Ooide ... *Berichte der Dt. Gesellschaft für Geologische Wissenschaften B*, Jg. 11, S. 379, Berlin.

Fabricius, F. H. (1961): Die Räth- und Liasoolithe der nordwestlichen Kalkalpen, *Geologische Rundschau*, 51, S. 647, Stuttgart.

Fischer, W. (1961): *Gesteins- und Lagerstättenbildung im Wandel der wissenschaftlichen Anschauungen*, Stuttgart.

Fourcade, E. (1985): Paléobiogéographie de la Thétys, *Bulletin de la Société Géologique de France*, 8. Serie, Nr. 5, S. 623.

Frey, M. u a. (1974): Alpine Metamorphism of Pelitic and Marly Rocks of the Central Alps, *Schweizerische Mineralogische und Petrographische Mitteilungen* 54, H. 2, S. 274 – 489, Zürich.

Wenk, E.: (1975): Zur alpinen Metamorphose, *Schweizerische Mineralogische und Petrographische Mitteilungen* 55, H. 1, S. 166, Zürich.

Frisch, K. (1993): Zur geologischen Datierung des Mondaustritts, *Beiträge zu einer Erweiterung der Heilkunst*, H. 4, S. 396.

Frisch, K. (1992): Über den Ursprung des Lebens, *Die Drei*, H. 5, S. 376.

Frisch, W. / Löschke, J. (1990): *Plattentektonik*, 2. Aufl. Darmstadt.

Gansser, M. (1973): Anden, Himalaja, Alpen, *Eclogae geol. Helveticae*, 66, S. 23.

Genmanipulation an Pflanze, Tier und Mensch (1994), hrsg. von einer Arbeitsgruppe am Louis-Bolk-Institut, Driebergen/Stuttgart.

Hoff, C. E. A. von (1822 – 1834): *Geschichte der durch Überlieferung nachgewiesenen natürlichen Veränderungen der Erdoberfläche*, Gotha.

Geyer, O. (1973): *Grundzüge der Stratigraphie und Fazieskunde*, Band 1, *Geochronologie*, S. 239, Stuttgart.

Geyh, M. A. (1980): *Einführung in die Methode der physikalischen und chemischen Altersbestimmung*, Darmstadt.

Geyh, M. A. (1983): Konfusion über quartäre Zeitskalen, *Geologisches Jahrbuch*, A 71, S. 311, Stuttgart.

Glaessner, M. F. (1971): Die Entwicklung des Lebens im Präkambrium, *Geologische Rundschau*, Bd. 60, S. 1350, Stuttgart.

Gleich, S. v. (1969): *Der Mensch der Eiszeit und Atlantis*, Stuttgart.

Gleich, S. von (1950): *Siebentausend Jahre Urgeschichte der Menschheit*, Nürnberg.

Göbel, Thomas (1995): Granit – Urgrund und Metamorphose. Goethe und die heutigen Geowissenschaften, *Die Drei*, Nr. 5, S. 389.

Göpfert, C. (1995): Erdgeschichte als Lebensvorgang. Zur Behandlung der Geologie in der Oberstufe, *Die Drei*, Nr. 2, S. 127 –138.

Göpfert, C. (1999): *Das lebendige Wesen der Erde. Zum Geographieunterricht der Oberstufe*, Stuttgart.

Goethe, J. W. (1795): Vorarbeiten zu einer Physiologie der Pflanzen, LA I, Bd. 10, S. 135.

Goethe, J. W. (1953): *Maximen und Reflexionen*, hrsg. von Hoyer, Leipzig.

Goethe, J. W. (1967): *Sprüche in Prosa*, hrsg. und kommentiert von Rudolf Steiner, Stuttgart 1967. Neuausgabe 1999.

Goethe, J. W. (*Metamorphose*): *Die Metamorphose des Granits. Substanz- und Gestaltbildung des Erdorganismus*, zusammengestellt und bearbeitet von Dankmar Bosse, Stuttgart 1994.

Goethe, J. W. (CZ): *Zeichnungen.* Nach: Corpus der Goethe-Zeichnungen, in 10 Bänden, Bd. I - VII, Leipzig 1958 -1973.

Goethe, J. W. (HA): *Werke.* Hamburger Ausgabe, 14 Bände, 1974 - 1977.

Goethe, J. W.: (LA): *Naturwissenschaftliche Schriften.* Leopoldina-Ausgabe, I. Abt., Bd. 1 u. 2: *Geologie. Mineralogie,* Weimar 1947, 1949.

Goethe, J. W.: (WA): *Briefe.* Weimarer Ausgabe, Abt. IV, 49 Bände.

Green, L. (1875): *Vestiges of the molten globe,* London.

Grosvenor, M. B. (Hrsg. 1996): Atlantic Ocean Floor and Pacific Ocean Floor, 2 Karten von B. C. Heezen und H. C. Berann im Maßstab 1:30.580.000, *National Geografic Magazine.*

Grzimeks Tierleben (1993), Bd. 1 bis 13, dtv München.

Gsänger, H. (1975): *Atlantis - der Beginn der Mysterien,* Freiburg.

Guta, J. (1982): Tektonik, Texturen und Mineralogie der präkambrischen Eisenerze. Dissertation Technische Universität Clausthal.

Gwinner, M. (1971): *Geologie der Alpen,* Stuttgart.

Haage, R. (1970): Beitrag zur Genese von Ooiden, *Geologie,* Jg. 19, S. 106, Berlin.

Haeckel, Ernst (1903): *Die Welträtsel. Gemeinverständliche Studien über Monistische Philosophie,* Stuttgart.

Hagemann, E. (1957): Gedanken zur Evolution der Naturreiche, *Beiträge zu einer Erweiterung der Heilkunst,* Jg. 10, Heft 9/10, S. 196 und 11/12, S. 231, Stuttgart.

Hagemann, E. (1973): *Weltenäther, Elementarwesen, Naturreiche,* Freiburg.

Halla, F. (1968): Der Begriff des Physischen und Mineralischen im Werke Rudolf Steiners, *Mitteilungen aus der anthroposophischen Arbeit in Deutschland,* Nr. 83, Stuttgart.

Hamprecht, B. (1986): Die äußere - und innere Katastrophe um die Kernenergie, *Die Drei,* Sonderheft.

Hebestreit, C. (1999): *Wutach- und Feldbergregion,* Stuttgart.

Heezen, B. C. u. a. (1969): The NW Atlantic Mid-Ocean Canyon, *Canadian Journal of Earth Sciences,* Jg. 6, S. 1441.

Heezen, B. C. / Tharp, M. / Berann, H. C. (1969): Atlantic Ocean Floor and Pacific Ocean Floor. 2 Karten im Maßstab 1: 30 580 000, *National Geographic Magazine.*

Heierli, H. (1963): Geologie und Tektonik der zentralschweizerischen Kristallmassive, *Aufschluss,* 12. Sonderheft.

Heikel, E. (1960): Wie lange dauert unsere Zeit?, *Mitteilungen aus der anthroposophischen Arbeit in Deutschland,* Ostern, Stuttgart.

Heissel, W. (1982): *Dolomiten.* Sammlung Geol. Führer, Nr. 71, Stuttgart.

Hemleben, J. (1971): *Biologie und Christentum,* Stuttgart.

Henningsen, D./Katzung, G. (1992): *Einführung in die Geologie der Bundesrepublik Deutschland,* Stuttgart.

Herrmann, J. (1984): *Die Menschwerdung.* Studienbücherei Geographie für Lehrer. Landesamt Nordrhein-Westfalen, Krefeld.

Herz, K. (1980): *Analyse der Landschaft,* Gotha.

Hesemann, J. (1975): *Kristalline Geschiebe der nordischen Vereisungen,* Geologisches Landesamt von Nordrhein-Westfalen, Krefeld.

Heusser, P. (1989): Das zentrale Dogma nach Watson und Crick und seine Widerlegung durch die moderne Genetik. *Verhandlungen der Naturforschenden Gesellschaft,* Basel, Bd. 99. - Auch in *Der Merkurstab,* H. 3/1990; H. 2/1991; H. 5/1993.

Hirschmann, G. (1994): Zu Korrelationsmöglichkeiten des Erzgebirgsproterozoikums mit den Profilen des Ooldanubikums, *Zeitschrift für geologische Wissenschaften,* 22, S. 587, Berlin.

Hochstetter, F: (1875): *Die Erde,* Prag.

Hoerner, W. (1978): *Zeit und Rhythmus. Die Ordnungsgesetze der Erde und des Menschen,* Stuttgart.

Holdrege, C. (1999): *Der vergessene Kontext. Entwurf einer ganzheitlichen Genetik,* Stuttgart.

Holtedahl, H. (1975): The geology of the Hardangerfjord, *Norges Geol. Und.* 323, Bull. 36. S. 87, Trondheim.

Hoth, K. / Hirschmann, G. (1970): Das Jungpräkambrium im Bereich der Vorisciden und Kaledoniden, *Berichte der Dt. Gesellschaft für Geologische Wissenschaften A,* Jg. 15, S. 397, Berlin.

Hoth, K./ Lorenz, W. / Hirschmann, G. (1979): Lithostratigraphische Gliederung des Erzgebirges, *Zeitschr. für Geologische Wissenschaften,* Jg. 7, S. 397, Berlin.

Huber, H. (1997): Die Bohnerze der Schwäbischen Alb, *Schriftenreihe des Dt. Naturkundevereins,* Nr. 19, Stuttgart.

Jaeger, H. (1978): Entwicklungszüge in der Evolution der Graptolithen, *Schriftenreihe für Geologische Wissenschaften,* Nr. 10, S. 5, Berlin.

Jarvik, E. (1980): *Basic Structure and Evolution,* Bd. 1 + 2, London.

Johnson, D. A. (1972): Ocean-Floor Erosion, *Geological Society of America,* Bull. Vol. 83, S. 3121.

Jubelt, R./Schreiter, P. (1972): *Gesteinsbestimmungsbuch,* Leipzig.

Julius, F. H. (1965): *Grundlagen einer phänomenologischen Chemie.* Bd. 2: *Zum Chemieunterricht der Oberstufe,* Stuttgart. 2. Aufl. 1988.

Julius, F. H. (1970): *Das Tier zwischen Mensch und Kosmos. Neue Wege zu einer Charakteristik der Tiere,* 2. Aufl. 1981.

Kahle, H. (1984): *Evolution. Irrweg moderner Wissenschaft?* Bielefeld.

Kahlke, H. D. (1981): *Das Eiszeitalter,* Leipzig.

Kalkowsky, E. (1908): Oolith und Stromatolith im norddeutschen Buntsandstein, *Zeitschrift der Deutschen Geol. Gesellschaft,* Jg. 60, S. 68, Berlin.

Kämpfe, L./ Kittel, R. (1980): *Leitfaden der Anatomie der Wirbeltiere,* Stuttgart.

Kayser, E. (1912): *Lehrbuch der Geologie,* Stuttgart.

Kipp, F. A. (1958): Zu Ernst Hagemann, *Beiträge zu einer Erweiterung der Heilkunst*, Jg. 11, Heft 3, S. 78, Stuttgart.

Knauer, H. (1961): *Erdenantlitz und Erdenstoffe. Gestaltung und Aufbau des Erdorganismus*, Dornach.

Kniebe, G. (Hrsg., 1993): *Was ist Zeit? Die Welt zwischen Wesen und Erscheinung*, Stuttgart.

Knoll, A. (1991): Das Ende des Präkambriums, *Spektrum der Wissenschaft*, H. 12, S. 100, Heidelberg.

Koepf, H. (1980): *Landbau – natur- und menschengemäß*, Stuttgart.

König, K. (1966): *Embryologie und Weltentstehung*, Manuskriptdruck, Freiburg i. Br.

Kötter, D. (1993): Von der inneren Uhr der Evolution. Mathematische Aspekte logarithmischer und projektiver Zeitskalen, in Kniebe, G. (Hrsg.): *Was ist Zeit?*, S. 57 – 101.

Kraft, A. (1968): Organismus, Zelle und «Ultrastruktur», *Elemente der Naturwissenschaft*, Heft 9, S. 45, Dornach.

Kranich, E.-M. (1989): *Von der Gewissheit zur Wissenschaft der Evolution. Die Bedeutung von Goethes Erkenntnismethode für die Evolutionslehre*, Stuttgart.

Kranich, E.-M. (1995): *Wesensbilder der Tiere. Einführung in die Goetheanistische Zoologie*, Stuttgart.

Kristen-Tollmann, E. (1982): Entwicklung der Tethystrias, *Geologische Rundschau*, Bd. 71, S. 987.

Krutzsch, W. (1992): Paläobotanische Klimagliederung des Alttertiärs, *Neues Jahrbuch für Geologie und Paläontologie*, 186, S. 137.

Kümmell, S. (1999): Der Kreislauf der Gesteine, in Bockemühl, C. (Hrsg.): *Erdentwicklung aktuell erfahren*, S. 36 – 55.

Kürten, O. (1990): *Über die Elementarreiche in der Darstellung Rudolf Steiners*, Basel.

Kuster, H. / Meyer, K.-D. (1979): Glaziäre Rinnen im mittleren und nordöstlichen Niedersachsen, *Eiszeitalter und Gegenwart*, Jg. 29, S. 135, Hannover.

Landmesser, M. (1984): Das Problem der Achatgenese. *Mitteilungen Pollichia*, 72. S. 5 – 137, Bad Dürkheim.

Lang, K. (1966): *Die drei Weltalter*. Privatdruck, Clausthal.

Leveson, O. J. (1966): Orbicular rocks, a review, *Bull. Geological Society of America*, Vol. 77, S. 409, New York.

Liedtke, H. (1981): *Glazialmorphologie*, Bochumer geographische Arbeiten, Bd. 40.

Lievegoed, B. (1993): *Alte Mysterien und soziale Evolution. Gesellschaftliche Krisen und Entwicklungsperspektiven*, 2. Auflage Stuttgart.

Lindenau, C. (1977): Lebensorganisation und Denkorganisation, in: Bockemühl, J. (Hrsg.): *Erscheinungsformen des Ätherischen*, S. 163, Stuttgart.

Lindenberg, C. (1994): Atlantis, *Lehrerrundbrief*, Nr. 52, S. 3 und Nr. 63, S. 23, 1998, Stuttgart.

Lonsdale, P. (1972): Sedimentation and erosion on Horizon Guyott, *Geological Society of America*, Bull. 83, S. 289.

Lorenz, W. / Hoth, K. (1964): Die lithographische Gliederung des kristallinen Vorsilurs, *Geologie*, Jg. 13, Beiheft 44, Berlin.

Lorenzen, I. T. (1969): *Evolution durch Inkarnation und Metamorphose*, Selbstverlag, Hamburg.

Lovelock, J. (1988/93): *Das Gaia-Prinzip*, Insel-Tb. Nr. 1542, Frankfurt a.M.

Luce, J. V. (1969): *Atlantis. Legende und Wirklichkeit.*

Lyell, C. (1830): *Grundzüge der Geologie*, London.

Mackensen, M. v. (1994): *Prozesschemie*, Kassel.

Mackenzie, W. S. / Zussmann, J. (Hrsg.1974): The Feldspars. Manchester.

Mader, D. (1992): *Beiträge zur Paläökologie des Buntsandsteins und Paläoenvironment*, Stuttgart.

Malahoff, A. / Embley, R. W. (1982): Geomorphology of Norfolk and Washington Canyons, in Scrutton, R. A. / Talwani, M.: *The Ocean Floor*, New York.

Marmo (1971): *Granite Petrology and the Granite problem*, Amsterdam.

Marti, E. (1994): *Das Ätherische. Eine Erweiterung der Naturwissenschaft durch Anthroposophie*, 2. Auflage, Basel.

Marti, T. (1997): Motive in der Entwicklungsgeschichte des Tierreichs, *Tycho de Brahe-Jahrbuch für Goetheanismus*, S. 144, Niefern.

Marti, T. (1998): *Die Lebenswelt der Käfer*, Stuttgart.

Mc Millian. J. K. (1997): Late Mesozoic Sedimentation of South Africa, in *Sedimentary Basins of the World*, Bd. 3.

Mees, W. (1997): *Het raadsel van de sfinx*, Zeist.

Mehnert, K. R. (1957): Der gegenwärtige Stand des Granitproblems, *Fortschritte der Mineralogie*, Jg. 37, H. 2, S. 117 – 206.

Mehnert, K. R. (1987): 50 Jahre Granitforschung, *Geologische Rundschau*, 76/1, S. 1, Stuttgart.

Meyer, H.-P. (1989): *Zur Petrologie von Orbiculiten*, Dissertation Universität Karlsruhe.

Meyer, R./Schmidt-Kaler, H. (1991/94): *Wanderungen in der Erdgeschichte*, Band I und II, München.

Meyer, W. (1996): *Das Rheintal zwischen Bingen und Bonn*, Sammlung geologischer Führer, Nr. 89, Stuttgart.

Milankovic, M. (1938): Mathematische Klimalehre und astronomische Theorie der Klimaschwankungen, *Handbuch der Geophysik*, Bd. IX.

Mohr, K. (1984): *Westlicher Harz*. Sammlung geologischer Führer, Nr. 58, Stuttgart.

Mollenhauer, D. (1973): Möglichkeiten und Grenzen der vergleichenden Morphologie, *Reden und Aufsätze der Senckenbergischen Naturforschenden Gesellschaft*, S. 63, Frankfurt a.M.

Möller, I. (1962): *Henrik Steffens*, Stuttgart.

Monty, C. (1981, Hrsg.): *Phanerozoic Stromatolites*, Berlin.

Muck, O. (1976): *Alles über Atlantis*, Düsseldorf.
Mühlestein, H. (1957, 1981): *Die verhüllten Götter*, München.
Müller, A. H.: *Lehrbuch der Paläozoologie*, 3 Bd. in 6 Teilen. Ab 1956; zahlr. Nachaufl. Jena.
Müller, A. H. (1961): *Großabläufe der Stammesgeschichte*, Jena.
Müller, A. H./Zimmermann, H. (1962): *Aus Jahrmillionen – Tiere der Vorzeit*, Jena.
Murphy, B. B. / Nance, R. D. (1992): Gebirgsgürtel und Superkontinent-Zyklus, *Spektrum der Wissenschaft*, H. 6, S. 52, Heidelberg.
Nairn, A. E. (Hrsg., 1985): *The ocean basins and margins*, 7 Bände, New York.
Naumann, C. F. (1826): *Grundriss der Kristallographie*, Leipzig.
Neumann, W. (1978): Ein geologisches Modell zur Interpretation des tiefenseismischen Profils Granulitgebirge – Erzgebirge, *Geodätische und geophysikalische Veröffentlichungen*, R. III, 39, S. 64, Berlin.
Newell, H. E. (Hrsg., 1969): *Satelliten erkunden Erde und Mond*, Frankfurt a.M.
Niggli, P. (1942): Das Problem der Granitbildung. *Schweizerische Mineralogische und Petrographische Mitteilungen* 22, S. 1 – 84.
Normark, W. R. (1993): Turbidite Systems, *Reviews of Geophysics*, 31, 2, S. 91.
Oltmann, O. (1986): Fische im Lichtraum des Wassers, *Die Drei*, H. 11, S. 819.
Owen, H. G. (1983): *Atlas of continental displacement*, Cambridge.
Pelikan, W. (1952, 1981): *Sieben Metalle*, Dornach.
Pfeiffer, E. (1926): Die geologische Erdentstehung im Lichte der Geisteswissenschaft, *Gäa-Sophia. Jahrbuch der Naturwissenschaftlichen Sektion am Goetheanum*, Bd. 1, S. 318, Dornach.
Pfeiffer, L. / Kurze, M. / Mathé, G. (1981): *Einführung in die Petrologie*, Berlin.
Pfennig, N. (1984): Mikroorganismen im Naturzusammenhang, *Elemente der Naturwissenschaft*, H. 40, S. 1, Dornach.
Pfennig, N. (1995): Prozess und Gestalt bei prokaryotischen Mikroorganismen, *Elemente der Naturwissenschaft*, H. 63, S. 37, Dornach.
Pflug, H. D. (1984): *Spur des Lebens*, Berlin.
Pflug, H. D. (1990): Die Evolution im Spiegel der Erdgeschichte, *Spektrum der Wissenschaft: Fossilien*, S. 7, Heidelberg.
Pietzsch, K. (1963): *Geologie von Sachsen*, Berlin.
Poeppig, F. (1962): *Das Rätsel der Atlantis und die Eiszeit*, Freiburg.
Poppelbaum, H. (1928): *Mensch und Tier*, Dornach. – Fischer-TB Nr. 5509. Frankfurt a.M., 1981.
Poppelbaum, H. (1938, 1982): *Tier-Wesenskunde*, Dornach.
Poppelbaum, H. (1974): *Entwicklung, Vererbung und Abstammung*, Dornach.
Portmann, A. (1976): *Einführung in die vergleichende Morphologie der Wirbeltiere*, Basel.
Prescher, H. (1978): *Goethes Sammlungen zur Mineralogie, Geologie und Paläontologie*, Sammlungskatalog, Berlin.
Purtscheller, F. (1978): *Ötztaler und Stubaier Alpen*, Sammlung geologischer Führer, Nr. 53, Stuttgart.
Quiering, H. (1944): Oolithentstehung, *Zeitschrift d. Deutschen Geologischen Gesellschaft*, Bd. 96, S. 75.
Rad, U. v. (1974): *Great Meteor and Josephine Seamounts* ... Meteor-Forschungsergebnisse, Reihe C, Nr. 19.
Rad, U. v. / Sarti, M. (1986): Early Cretaceus «events» ... *Geologische Rundschau*, 75/1, S. 139, Stuttgart.
Rampino, M. R. (1988): Flood basalt Volcanism, *Sciences*, 241, S. 663, Washington.
Raske, H. (1983): *Das Farbenwort. Rudolf Steiners Malerei und Fensterkunst im ersten Goetheanum*, Stuttgart.
Remane, A. / Storch, V. / Welsch, U. (1981): *Kurzes Lehrbuch der Zoologie*, Stuttgart/Jena.
Reutter, K. J. / Scheuber, E. u. a. (1996): The Precordilleran Fault System of Chuquicamata, *Tectonophysics*, 259, S. 213.
Rey, J. (1991): *Geologische Altersbestimmung*, Stuttgart.
Richter, D. (1974): *Grundriss der Geologie der Alpen*, Berlin.
Richter-Bernburg, G. (1960): Zeitmessung geologischer Vorgänge nach Warven-Korrelat, *Geologische Rundschau*, Jg. 49, S. 132.
Rissmann, R. (1969): *Evolution der Pflanze*, Stuttgart.
Rohen, J. (2000): *Morphologie des menschlichen Organismus*, Stuttgart.
Röhlich, P. / Fediuk, F. (1964): *Geologisches Profil des Algonkiums*, Exkursionsführer, Prag.
Rohrbach, K. (1993): *Alfred Wegener*, Stuttgart.
Romer, A. S. / Parson, T. (1983): *Vergleichende Anatomie der Wirbeltiere*, Hamburg.
Ronov, A. B. (1971): Allgemeine Entwicklungstendenzen in der Zusammensetzung der äußeren Erdhülle, *Berichte der Dt. Gesellschaft für Geologische Wissenschaften A*, Jg. 16, S. 331, Berlin.
Rösler, H. J. (1981): *Lehrbuch der Mineralogie*, Leipzig.
Rösler, H. J. / Lange, H. (1976): *Geochemische Tabellen*, 2. Aufl., Leipzig.
Rothe, P. (1996): *Kanarische Inseln*, Sammlung geologischer Führer, Nr. 81, 2. Aufl., Berlin.
Sæther, J. (1999): *Wandeln unter unsichtbaren Menschen. Eine karmische Autobiographie*, Stuttgart.
Said, R. (1981): *The geological Evolution of the River Nile*, Berlin.
Said, R. (1990): *The Geology of Egypt*, Amsterdam.
Schad, W. (1971): *Säugetiere und Mensch. Zur Gestaltbiologie vom Gesichtspunkt der Dreigliederung*, Stuttgart.
Schad, W. (1981): Sphärische Urgesteine, *Die Drei*, H. 7/8.
Schad, W. (Hrsg. 1982 – 1985): *Goetheanistische Naturwissenschaft*. Stuttgart.
– Band 1 (1982): *Allgemeine Biologie*.

- Band 2 (1982): *Botanik.*
- Band 3 (1983): *Zoologie.*
- Band 4 (1985): *Anthropologie.*

Schad, W. (1982): Archäopteryx lithographica - eine Mosaikform?, in *Goetheanistische Naturwissenschaft,* Bd. 1: *Allgemeine Biologie*, Stuttgart.

Schad, W. (1985): Gestaltmotive der fossilen Menschenformen, in *Goetheanistische Naturwissenschaft,* Bd. 4: *Anthropologie,* S. 57, Stuttgart.

Schad, W. (1989): Die Zeitgestalt in der Evolution der Ceratites-Ammoniten aus dem Oberen Muschelkalk Mitteleuropas, in Arnold, W. (Hrsg.): *Entwicklung - Interdisziplinäre Aspekte zur Evolutionsfrage,* Stuttgart.

Schad, W. (1992a): Afrika - Geburtsland der Menschheit, *Die Drei*; auch in Goepfert, C. (1999), S. 14.

Schad, W. (1992b): *Der Heterochroniemodus in der Evolution der Wirbeltierklassen und Hominiden,* Dissertation Universität Witten/Herdecke.

Schad, W. (1993): Vom Verstehen der Zeit, in Kniebe, G. (Hrsg. 1993): *Was ist Zeit?,* Stuttgart.

Schad, W. (1995): Anton Schrammen, *Tycho de Brahe-Jahrbuch für Goetheanismus,* S. 31, Niefern.

Schad, W. (1996): Das Denken in Entwicklung. Zugänge durch Goetheanismus und Evolutionsbiologie, *Die Drei,* H. 3, 5 und 6.

Schad, W. (1998): Das Denken ohne Entwicklung, *Die Drei,* H. 2.

Scheffler, A. (1979): Kiesel und Kalk in der Erdbildung, in *Der Heilmittelbegriff bei Rudolf Steiner,* Referate der Tagung 1978, S. 16 - 25, Stuttgart.

Scheuber, E. / Giese, P. (1999): Architecture of the Central Andes, *Journal of South American Earth Sciences,* 12, S. 103.

Schindewolf, O. H. (1950): *Grundfragen der Paläontologie,* Stuttgart.

Schindewolf, O. H. (1960): Stratigraphische Methodik und Terminologie, *Geologische Rundschau,* Jg. 49, S. 1, Stuttgart.

Schmidt, T. (1975): Das Zeitproblem in der Anthroposophie und der modernen Naturwissenschaft, *Mitteilungen aus der anthroposophischen Arbeit in Deutschland,* Michaeli, Stuttgart.

Schmutz, H.-U. (1986): *Die Tetraederstruktur der Erde. Eine geologisch-geometrische Untersuchung anhand der Plattentektonik*, Stuttgart.

Schmutz, H.-U. (2001): *Erdkunde,* Stuttgart.

Schneiderhöhn, H. (1962): *Erzlagerstätten,* Stuttgart.

Scholl, D. W. (1970): The structure and origin of submarine Canyons of the Bering Sea, *Marine Geology,* Jg. 8, S. 187.

Schramm, H. (1991): *Metalle und Mineralien in der Therapie,* Schaffhausen.

Schreyer, W. (1965): Möglichkeiten und Grenzen experimenteller Petrologie, *Berichte der Geol. Gesellschaft der DDR,* Jg. 10, S. 181, Berlin.

Schumann, H. (1957): *Einführung in die Gesteinswelt,* Dresden.

Schutzbach, W. (1976): *Island. Feuerinsel am Polarkreis,* Bonn. 3. Aufl. 1985.

Schwab, G. (1996): Zum Relief der Quartärbasis, *Zeitschrift für Geologische Wissenschaft,* Jg. 24, S. 344, Berlin.

Schwartz, V. (1973): *Vergleichende Entwicklungsgeschichte der Tiere,* Stuttgart.

Schwarzbach, M. (1967): Methoden der geologischen Zeitmessung, in Brinkmann, R. (1967): *Lehrbuch der Allgemeinen Geologie,* Bd. 3, Stuttgart.

Schwarzbach, M. (1993): *Das Klima der Vorzeit,* Stuttgart.

Schweingruber, F. H. (1983): *Der Jahrring,* Bern.

Scotese, C. R. (1979): Paleozoic base maps, *Journal of Geology,* Bd. 87/1, S. 217.

Scotese, C. R. (1988): Mesozoic and cenozoic plate reconstruction, *Tectonophysics* 155, Nr. 1 - 4.

Scotese, C. R. / Mc Kerrow (1990): Palaeozoic Palaeogeography, London.

Scott-Elliot, W. (1896, 1904, 1925): *The Story of Atlantis. The Lost Lemuria,* London.

Scrutton, R. A. / Talwani, M. (1982): *The Ocean Floor,* New York.

Sengör, A. (1985): Alpiden und Kimmeriden, *Geologische Rundschau,* 74/2, S. 181, Stuttgart.

Shepard F. P. / Emery, K. O. (1973): Congo Submarine Canyon and Fan Valley, *American Association of Petroleum Geologists,* Bulletin V. 57, 9, S. 1691, Tulsa.

Shepard, F. P. (1973): *Submarine Geology.*

Siewing, R. (1969): *Lehrbuch der vergleichenden Entwicklungsgeschichte der Tiere,* Hamburg.

Smed, P. / Ehlers, J. (1994): *Steine aus dem Norden,* Berlin.

Smith, A. G. (1994): *Atlas of Mesozoic an Cenozoic Coastlines,* London.

Stanley, D. J. (1985): *Geological Evolution of the Mediterranean Basin,* Berlin.

Starck, D. (1978 - 82): *Vergleichende Anatomie der Wirbeltiere,* Berlin.

Steffens, H. (1822, 1922, 1962): *Anthropologie,* Stuttgart.

Steiner, G. (1977): *Zoomorphologie in Umrissen,* Stuttgart/Jena.

Steiner, R: siehe oben, S. 521f.

Storch, W. / Welsch, U. (1989): *Evolution,* dtv-TB. Nr. 4499. München.

Storch, W. / Welsch, U. (1991): *Systematische Zoologie,* Stuttgart.

Straßburger, E. (1971): *Lehrbuch der Botanik,* 31. Aufl., Stuttgart.

Suchantke, A. (1967): Paläontologie als Menschenkunde. Eine Skizze, *Die Menschenschule,* Heft 4/5, S. 105 - 149.

Suchantke, A. (1983): Konvergente Evolution des Skeletts, in *Goetheanistische Naturwissenschaft,* Bd. 3: *Zoologie,* S. 12ff., Stuttgart.

Suchantke, A. (1988, Hrsg.): *Mitte der Erde - Israel,* Stuttgart.

Suchantke, A. (1994): *Metamorphosen im Insektenreich. Beitrag zu einem Kapitel der Tierwesenskunde*, Stuttgart.

Suchantke, A. (1998): Verjugendlichungstendenzen in der Evolution, in *Goetheanistische Naturwissenschaft*, Bd. 5: *Ökologie*, Stuttgart.

Suchantke, A. (1981): Sexualität - Individualität - Bewusstein, *Erziehungskunst*, Heft 3/4, S. 130 - 155.

Sueß, E. (1909): *Das Antlitz der Erde*, Bd. 3/2, S. 694, Wien.

Tazieff, H. (1956): *Tore der Hölle*, Zürich.

Thenius, E. (1972): *Grundzüge der Verbreitungsgeschichte der Säugetiere*, Jena.

Thenius, E. (1993): Stammesgeschichte; in: *Grzimeks Tierleben* (1993), dtv München.

Tollmann, A. (1995): *Und die Sintflut gab es doch*, München.

Toomey, D. / Nitecki, M. H. (1985): *Paleoalgology*, Berlin / Heidelberg.

Tröger, K.-A. (1984): *Abriss der historischen Geologie*, Berlin.

Tröger, W.-E. (1967): *Optische Bestimmung der gesteinsbildenden Mineralien*, Bd. 2, Stuttgart.

Trümpy, R. (1980): *Geology of Switzerland*, Basel.

Trümpy, R. (1982): Das Phänomen Trias, *Geologische Rundschau*, Bd. 71, S. 711, Stuttgart.

Tucker, M. E. (1985): *Einführung in die Sedimentpetrologie*, Stuttgart.

Turner, P. (1980): *Continental red beds*, Amsterdam.

Usdowski, H. (1962): Die Entstehung der kalkoolithischen Fazies des norddeutschen Unteren Buntsandsteins, *Beiträge zur Mineralogie und Petrologie*, Bd. 8, S. 141, Berlin.

Verhulst, J. (1999): *Der Erstgeborene. Mensch und höhere Tiere in der Evolution*, Stuttgart.

Vidal, G. (1984): Die ältesten Eukaryonten, *Spektrum der Wissenschaft*, H. 1, S. 46, Heidelberg.

Vogel, A. (1994): Die Kern-Mantel-Grenze, *Spektrum der Wissenschaft*, H. 11, S. 64, Heidelberg.

Vreede, E. (1954): *Astronomie und Anthroposophie*, Dornach. - 2. Aufl. 1980.

Wachsmuth, G. (1950): *Die Entwicklung der Erde*, Dornach.

Wagenbreth, O. / Steiner, W. (1990): *Geologische Streifzüge*, 4. Aufl. Leipzig.

Walter, H. (1966): *Die sieben Hauptmetalle*, Dornach.

Walter, M. R. (1976): *Stromatolites*, Amsterdam.

Walter, R. (1992): *Geologie von Mitteleuropa*, 5. Aufl. Stuttgart.

Wegmann, C. E. (1935): Zur Deutung der Migmatite, *Geologische Rundschau*, Jg. 26, S. 305, Stuttgart.

Wendt, H. (1982): Die Huftiere, in *Grzimeks Tierleben*, Bd. 12, S. 466.

Wendt, J. (1988): Radiometrische Methoden in der Geochronologie, *Clausthaler Tektonische Hefte*, H. 23, Clausthal.

Westbroek, P. (1983): *Biomineralization*.

Weyland, H. (1938): Goethes Urpflanze vom stammesgeschichtlichen Standpunkt gesehen, Zeitschrift *Goethe*, 3. Jg., S. 181.

Wild, H. W. (1998): *Führer durch die Besucherbergwerke in Deutschland*, 2. Aufl. Haltern.

Wilson, J. T. (1963): Continental Drift, *Scientific American*, April.

Wimmenauer, W. (1985): *Petrographie der magmatischen und metamorphen Gesteine*, Stuttgart.

Wimmenauer, W. (1994): Der Granit - 200 Jahre nach Goethe, *Tycho de Brahe-Jahrbuch*, Niefern.

Winkler-Hermaden, A. (1957): *Geologisches Kräftespiel und Landformung*, Wien.

Winterer, E. L. (1991): The Tethyan Pacific during late Jurassic an Cretaceous times, *Palaeogeography, Palaeoclimatology, Palaeoecology*, Jg. 87, S. 253.

Wise, D. U. (1967): Moon, escape from the Earth; in *International Dictionary fo Geophysics*,2, S. 1000 - 1002, Oxford.

Wray, J. (1977): *Calcaraeus algae*.

Wunderlich, H. G. (1973): Grundzüge der alpinen Geodynamik Westeuropas, *Neues Jahrbuch für Geologie, Monatshefte*, S. 99.

Yardley, B. (1997): *Einführung in die Petrologie metamorpher Gesteine*, Stuttgart.

Ziegler, B. (1974): *Einführung in die Paläobiologie*, Bd. 1 u. 2.

Ziegler, P. A. (1988): Evolution of the Arctic - North Atlantic, *American Association of Petroleum Geologists*, Mem. 434, Tulsa.

Ziegler, P. A. (1990): *Geological Atlas of Western and Central Europe*, London.

Register

Zeitalter nach Rudolf Steiner	Geologische Ären, Systeme, Epochen (Abb. 2, S. 44)			Stockwerke (Abb. 78, S. 210)
Nach-Atlantis	**Känozoikum** (Erdneuzeit)	Quartär	Holozän (Nacheiszeit)	**Lockergebirgs-Stockwerk:**
2. Hälfte Atlantis **Mitte Atlantis**			Pleistozän (Eiszeitalter)	
		Jung-Tertiär	Pliozän	
1. Hälfte Atlantis			Miozän	
		Alt-Tertiär	Oligozän	
			Eozän	
Untergang Lemuris			Paläozän	
	Mesozoikum (Erdmittelalter)	Kreide	obere	
			untere	
		Jura	Malm	
Späte Lemuris			Dogger	**Deckgebirgs-Stockwerk:** (Abb. 140, S. 255)
			Lias	
		Trias	Keuper	
			Muschelkalk	
			Buntsandstein	↑ sekundäre Gesteine überwiegend: primäre Gesteine ↓ (Abb. 196, S. 352; Abb. 197, S. 360; Abb. 205, S. 384)
	Paläozoikum (Erdaltertum)	Perm	Zechstein	Übergangs-Stockwerk:
			Rotliegendes	
		Karbon	oberes	**Grundgebirgs-Stockwerk:**
			unteres	
		Devon		
Mittlere Lemuris		Silur		Schiefergebirgs-Stockwerk:
		Ordovizium		
		Kambrium		
Frühe Lemuris	**Proterozoikum** (Erdurzeit) **Archäikum** (Erdvorzeit)	Präkambrium		Kristallin-Stockwerk: Stromatolithen Bakterien Archaebakterien ↑ Bakterien-Gesteins-Stamm → Primäre Gesteine; Obere Erdkruste Untere ↑ Mineral-Pflanzen ↑ Mineral-Pflanzen-Tiere ↑ Menschenvorfahr (Abb. 43, S. 135) → Pflanzen-Tier → Menschen
Hyperboräis				
Polaris				

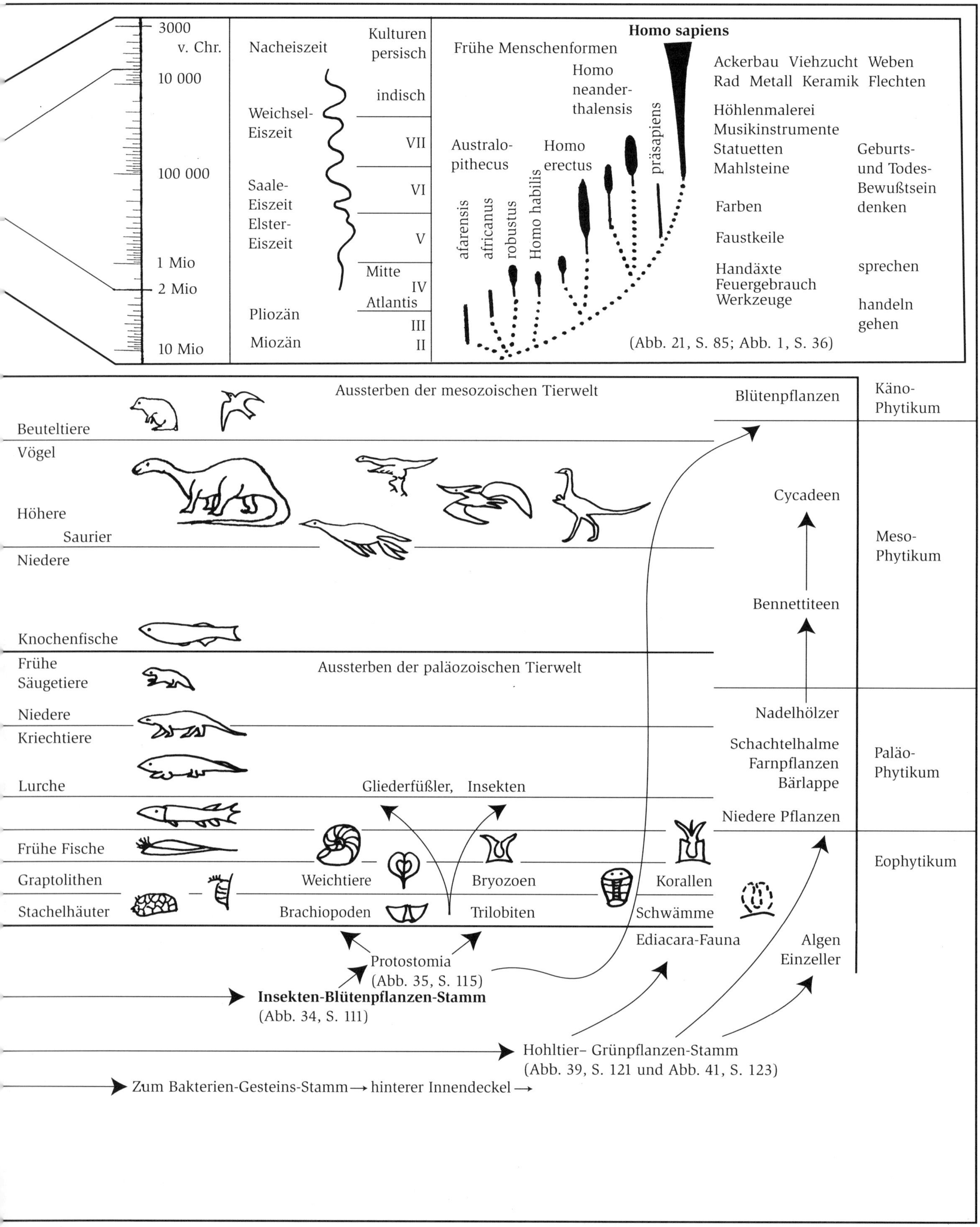
3000
v. Chr.
10 000
100 000
1 Mio
2 Mio
10 Mio
Nacheiszeit
Weichsel-Eiszeit
Saale-Eiszeit
Elster-Eiszeit
Pliozän
Miozän
Kulturen persisch
indisch
VII
VI
V
Mitte
IV
Atlantis
III
II
Frühe Menschenformen
Homo sapiens
Homo neanderthalensis
präsapiens
Australopithecus
Homo erectus
afarensis
africanus
robustus
Homo habilis
Ackerbau Viehzucht Weben
Rad Metall Keramik Flechten
Höhlenmalerei
Musikinstrumente
Statuetten
Mahlsteine
Geburts- und Todes-Bewußtsein
denken
Farben
Faustkeile
Handäxte
Feuergebrauch
Werkzeuge
sprechen
handeln
gehen
(Abb. 21, S. 85; Abb. 1, S. 36)
Aussterben der mesozoischen Tierwelt
Blütenpflanzen
Käno-Phytikum
Beuteltiere
Vögel
Höhere
Saurier
Niedere
Cycadeen
Meso-Phytikum
Bennettiteen
Knochenfische
Frühe Säugetiere
Aussterben der paläozoischen Tierwelt
Niedere
Kriechtiere
Nadelhölzer
Schachtelhalme
Farnpflanzen
Bärlappe
Paläo-Phytikum
Lurche
Gliederfüßler, Insekten
Niedere Pflanzen
Frühe Fische
Eophytikum
Graptolithen
Weichtiere
Bryozoen
Korallen
Stachelhäuter
Brachiopoden
Trilobiten
Schwämme
Ediacara-Fauna
Algen
Einzeller
Protostomia
(Abb. 35, S. 115)
Insekten-Blütenpflanzen-Stamm
(Abb. 34, S. 111)
Hohltier– Grünpflanzen-Stamm
(Abb. 39, S. 121 und Abb. 41, S. 123)
Zum Bakterien-Gesteins-Stamm → hinterer Innendeckel →